黄河水沙时空图谱

（第二版）

刘宝元　唐克丽　焦菊英　马小云　张晓萍　曹　琦
肖培青　魏　欣　符素华　缪驰远　李占斌　赵广举　著

科学出版社
北　京

内 容 简 介

黄河水沙及其变化规律是全世界水文领域和我国各部门十分关注的问题。本书对黄河近100年来的水沙数据进行了系统地整理，并以散点连线图、柱状直方图和空间分级图的方式，全面描绘了黄河径流量和输沙量的时间变化和空间分布状况。全书共包括1052幅图，水、沙各526幅。这些图件首先按干流、支流制作了4个图组，包括干流32个水文站（包括龙门、华县、河津、洑头4站之和，简称龙华河洑）的水沙时间序列图组和水沙沿程变化图组；29条一级支流32个水文站水沙时间序列图组和产流产沙图组；另外还包括61组空间区域径流深与输沙模数分级图。

本书可供水文、水利、水土保持、生态、环境、农业、国土整治等领域有关研究、教学人员和各级管理人员参考。

图书在版编目（CIP）数据

黄河水沙时空图谱/刘宝元等著. —2版. —北京：科学出版社，2019.10
ISBN 978-7-03-062557-1

Ⅰ. ①黄… Ⅱ. ①刘… Ⅲ. ①黄河–含沙水流–变化–图谱
Ⅳ. ①TV152-64

中国版本图书馆CIP数据核字（2019）第223080号

责任编辑：刘宝莉 / 责任校对：郭瑞芝
责任印制：师艳茹 / 封面设计：陈 敬

科学出版社出版
北京东黄城根北街16号
邮政编码：100717
http://www.sciencep.com
中国科学院印刷厂印刷
科学出版社发行 各地新华书店经销
*
1993年2月第一版 开本：787×1092 1/16
2019年10月第二版 印张：39 1/2
2019年10月第二次印刷 字数：936 000

定价：298.00元

（如有印装质量问题，我社负责调换）

第二版前言

黄河治理和黄河水沙变化从古至今一直受到官方的高度重视和中外学者的广泛关注。古人云，“圣人出，黄河清”，足见对黄河泥沙的关心。联合国驻北京代表泰勒认为“如果不了解黄河，就不能称其为一个全面的水文学家”，并在丁联臻、徐明权和刘宝元的陪同下对黄土高原进行了半个月的考察。原水利部总工程师，水利和水土保持学者张含英认为，“盖一切学理之推求，方案之建议，必以数值为准”。黄河水沙数据是研究黄河，提出黄河管理与治理方案的基础和限制因素。本书的目的是提供直观而可视性强的水沙变化数据资料。

本书第一版于1993年出版，得到时任水利部部长杨振怀和前一任部长钱正英的鼓励和肯定，并希望作者团队继续努力。

中国人民政治协商会议全国委员会

《黄河水沙时空图谱》收到，谢谢。粗粗翻阅后，认为你们做了很有意义的工作，请代向刘宝元、唐克丽、焦菊英等同志致意。

现在水利部委托徐乾清、顾文书两位同志综合研究黄河的水沙变化，建议将此书送他们征求意见。

敬礼

钱正英 9.10

中华人民共和国水利部

《黄河水沙时空图谱》一书及随函一并收阅，对该书的出版发行表示祝贺。

你们在“七五”期间，对黄河数十年的水沙数据进行了大量而系统地分析计算，并以散点连线图、柱状直方图和等值线图等方式，全面描绘了黄河径流量和输沙量的时空变化分布状况，为综合开发利用黄河水沙资源、水土保持、环境保护及国土整治等工作提供了有用素材。值此，向你们在科研工作中付出的辛勤劳动深致敬意。

我国水利建设事业方兴未艾，任重道远，需要一代又一代年轻的科技工作者去从事这项伟大的事业。望你们在水利科技领域，尤其在水沙研究方面多出成果，多作贡献。

谨此共勉

杨振怀
93.5.20.

本书第一版的资料截至1985年，大部分为1955年到1985年30余年的数据。到现在已过去30多年的时间，黄河水沙也发生了巨大变化。为此，我们更新了数据，延长至2015年，编辑出版第二版。此外本书第一版作图时由于计算机不能输入汉字，部分文字使用了汉语拼音，该情况在第二版中得到了改善。

正像杨振怀部长所言，黄河的事情需要一代又一代人来开展研究。我们希望这个数据集能够持续更新，30年后出版第三版，而且一直以数据为主。本书几乎不含作者观点，只是提供数据，读者可以以数字化的形式全面了解黄河水沙变化。通过阅读此书了解黄河水沙变化全貌，进行分析，形成观点。

在阅读此书时，建议对照序图的“黄河干流水文站分布图”、“黄河主要支流及把口水文站分布图”、“黄河干流水文站相对位置、控制面积与区间面积示意图”、“黄河主要支流相对位置、流域面积与水文站控制面积示意图”，心中始终有空间概念。特别建议将这 4 幅图复印放在旁边，或拿在手里对照阅读图谱中的时间变化和空间分异。

本项工作得到中国科学院水利部水土保持研究所“十三五”重点突破项目“复杂环境下土壤侵蚀产沙机理与过程模拟”(A315021613)、国家自然科学基金面上项目“黄土高原径流泥沙过程对土地利用变化和植被演替的响应及其区域差异”(41877083)、中国科学院西部引进人才项目“流域土侵蚀过程模型建立与研发”(K3180216023)和“十三五”国家重点研发计划项目“黄土高原区域生态系统演变规律和维持机制研究”(2016YFC0501600)的资助。全部工作在黄土高原土壤侵蚀与旱地农业国家重点实验室支持下完成，并得到西北农林科技大学“双一流”学科建设的支持。工作过程中，王万忠、刘晓燕、姚文艺、党维勤、赵力毅、袁建平、王志坚、杜鹏飞等同志给与了建设性意见，郭晋伟、贺洁、陆绍娟、黄涛、王举凤、何亮、吕渡、许小明等协助整理了资料、绘制了图件，特此致谢。

由于涉及水文站数量多、水文数据时间序列长、数据量大，受水平限制，书中数据难免有不足之处，恳请读者指正。

第一版前言

黄河水沙研究是治理黄河的科学依据，一直受到各方面的重视。近年来黄河水沙的变化及其原因引起国家水利部门领导和各界学者的关注和兴趣。1986年在原水电部部长钱正英的指示下召开了黄河中游近期水沙变化情况研讨会。此后不少学者进行了一系列研究。

黄河水沙时间序列变化和空间分布规律及其成因是黄河水沙研究的最基本内容。但由于资料数据庞大，资料年限不一，需要分析计算的时间系列多，区域范围大，区域划分多，资料整理和计算需耗费大量时间和精力，致使很多非常有见识的学者和有关人士不能很好地分析研究。为此，我们将黄河水文泥沙资料进行了系统整理、计算机输入、程序调试、自动制图等工作。在上述工作的基础上，完成了一套微机数据资料管理、计算、作图系统。本系统可为有关部门和人员提供服务。现打印出670幅最常用和最基本的水沙图件汇编成册，形成这本《黄河水沙时空图谱》，供有关方面参考使用。

该项工作是在中国科学院西安分院院长择优支持费的资助下完成的，同时得到国家重大基金课题“黄河流域环境演变及水沙运行规律”和“八五”国家科技攻关项目“黄土高原水土流失区综合治理与农业发展研究”的资助。全部工作在中国科学院水利部西北水土保持研究所黄土高原土壤侵蚀与旱地农业国家重点实验室完成。除作者外，王文龙、王占礼、郭绍政、付群等协助整理了资料。汪立直、王万忠、薛建民、朱显谟、彭祥林、田均良对该项工作给予了具体指导和大力支持，文字由从怀军编辑打印，特此致谢。

目　　录

1 绪　论

1.1 编制本书的意义

黄河水沙的空间分布和时间变化问题，一直受到各方面的重视，近年来国家有关部门以及科学工作者十分重视黄河水沙的变化及其成因问题。1986 年 6 月 24～27 日，在原水电部部长钱正英的指示下，中国水利学会泥沙专业委员会和黄河水利委员会在郑州主持召开了黄河中游近期水沙变化情况研讨会，有 22 个单位，44 位代表参加了会议，收到论文 23 篇，对黄河中游水沙明显减少的原因等问题进行了讨论。主要分析了 1970 年前后两个阶段(1950～1969 年和 1970～1984 年)，河口镇以上，河口镇—龙门，渭河华县以上，汾河河津以上，北洛河洑头以上五片区域的水沙变化及其原因。此后不少学者对黄河水沙变化非常关注，并进行了一系列的分析。这些分析主要包括黄河水沙不同时段的变化、水沙变化的气候原因、人为作用等。其中人为作用有水土保持的减沙作用、人为增沙作用。水土保持包括坝库拦沙、林草恢复等的作用和影响。

我国从 20 世纪 60 年代起对黄河水沙的来源、分布等进行了分析，这属于空间分布的研究。1986 年郑州会议主要是对黄河水沙时间序列变化的讨论，从此拉开了黄河水沙变化研究的序幕。截至 1990 年初，主要有三个方面的研究：时间变化分析、空间差异研究和区域分异规律。

时间段的划分主要有：

(1) 1949 年前后的比较(齐璞，1989)。

(2) 1960 年前后的比较(陈枝霖，1986)，认为三门峡水库的兴建是黄河干支流治理的开始。

(3) 1970 年前后的对比(龚时旸等，1978；熊贵枢，1986；张胜利等，1987；赵业安，1986)，认为 1970 年是黄河中游水土保持发挥作用的开端，这种认识比较普遍。

(4) 以 1953 年、1970 年为界划为三个阶段(陈永宗，1988)，认为第一阶段 1919～1953 年为龙华河洑(龙门、华县、河津、洑头 4 站之和，简称龙华河洑)的输沙代表自然侵蚀产沙阶段，1954～1970 年为人为和降雨增沙阶段，1971～1985 年为水利水土保持减沙阶段。

(5) 各阶段丰水年和丰水年、枯水年和枯水年比较(张启舜，1986；王涌泉，1986)。

空间划分方面，有陕县以上的上中游；河口镇—陕县的中游；龙华河洑的上中游；兰州以上、兰州—河口镇、河口镇—龙门、龙门以下沿干流的分段；河口镇以上、河口镇—龙门区间、华县以上、河津以上、洑头以上五片区和各支流的分区(王云璋等，1992；张胜利等，1992)。

(6) 每 10 年进行比较(赵业安等，1992；熊贵枢，1992)。此外，在具体时间的划分上有多种多样，有以 1919、1920、1929、1949、1950、1954、1960、1970、1974、1982、1983、1984、1989 年等为界进行时间分段。

在上述时间分段和地域分区的基础上，对水沙资料进行了统计、对比和分析。

区域分异规律方面，黄河中游共出现过两幅全沙输沙模数和两幅粗沙模数等值线图。1979 年龚时旸和熊贵枢在《人民黄河》上发表了全沙和粗沙模数图各一幅。这两幅图是黄河水利委员会 1975～1977 年进行治黄规划时所做，选用资料为 1965～1977 年。钱宁(1980)用该图和同期悬移质级配资料做了一幅粗沙图。1980 年龚时旸和熊贵枢在《河流泥沙国际学术讨论会论文集》中发表了一幅全沙图(龚时旸等，1980)，选用了 1955～1974 年的资料。

从 1988 年开始，我国对黄河水沙进行了大规模的研究，主要有：

(1) 1988 年始，水利部黄河水沙变化研究基金资助并开展了“黄河水沙变化及其影响研究”“河龙区间水土保持措施减水减沙作用分析”等 2 期项目，历时 10 年左右(黄河水沙变化研究基金会，1993；汪岗等，2002；冉大川等，2000)。

(2) 1988 年，黄河水利委员会启动了历时十余年的 3 期水保科研基金课题“黄河中游多沙粗沙区水利水保措施减水减沙效益及水沙变化趋势研究”“黄土丘陵沟壑区小流域坝系相对稳定及水土资源开发利用研究”等(于一鸣，1993；张胜利等，1994；黄河水利委员会水土保持局，1997)。

(3) 1988～1992 年国家自然科学基金重大项目“黄河流域环境演变与水沙运行规律”(左大康，1991；唐克丽，1993；钱意颖等，1993；叶青超，1994)。

(4) 1991～1995 年黄委会黄河上中游管理局“八五”重点课题“黄河中游河口镇至龙门区间水土保持措施减水减沙效益研究”(黄委会黄河上中游管理局，1995)。

(5) 1993～1995 年“八五”国家科技攻关项目的课题“多沙粗沙区水沙变化原因分析及发展趋势预测”(景可等，1997；张胜利等，1998)。

(6) 2006～2010 年科技部“十一五”国家科技支撑计划重点项目的课题“黄河流域水沙变化情势评价研究”(姚文艺等，2011)。

(7) 2012～2015 年科技部“十二五”国家科技支撑计划重点项目的课题“黄河中游来沙锐减主要驱动力及人为调控效应研究”(刘晓燕等，2016)。

(8) 目前正在执行的有科技部“十三五”国家科技支撑计划重点项目“黄河水沙变化机理与趋势预测”(执行期：2016～2020 年)。

除此之外，还有不少科研院所和高等院校，包括博士和硕士研究生的研究。今后还将会有更多的研究，都离不开数据。数据是研究的限制因素。如果有良好的数据作为基础，就会节省大量的时间和精力，产出更好的成果。

例如，黄河水沙大家最关心的是黄河径流量即水资源量有多小？输沙量有多大？逐年怎样变化？变化的周期和趋势如何等问题，都需要数据来回答。1962 年，黄河水利委员会组织人员编辑整理了《黄河干支流各主要断面 1919～1960 年水量、沙量计算成果》(黄河水利委员会，1962)。该成果以陕县为黄河流域上中游水沙总量控制站，发布了黄河流域 1919～1960 年多年平均输沙量为 16 亿 t，被使用多年。多年平均 16 亿 t 的黄河输沙量经过国家水土流失治理和生态环境建设，发生了怎样的变化？用陕县和龙华河洑组成的数据序列作为黄河上中游产水产沙总量的代表，作出逐年、滑动平均、累年平均等图可以给出一个清晰的轮廓，如图 1.1 所示。累年平均，是指从分析资料第 1 年起逐年计算的多年平均。从图 1.1(h)的累年平均输沙量变化中可以看出，1919～2015 年的 97 年间多年平均输沙量只有 8 年超过 16 亿 t，到 1959 年第一次超过 16 亿 t(16.3 亿 t)，1967～1973 年持续 7 年超过 16 亿 t，1973 年以后多年平均再没有达到 16 亿 t，到 2015 年降至 12.1 亿 t。

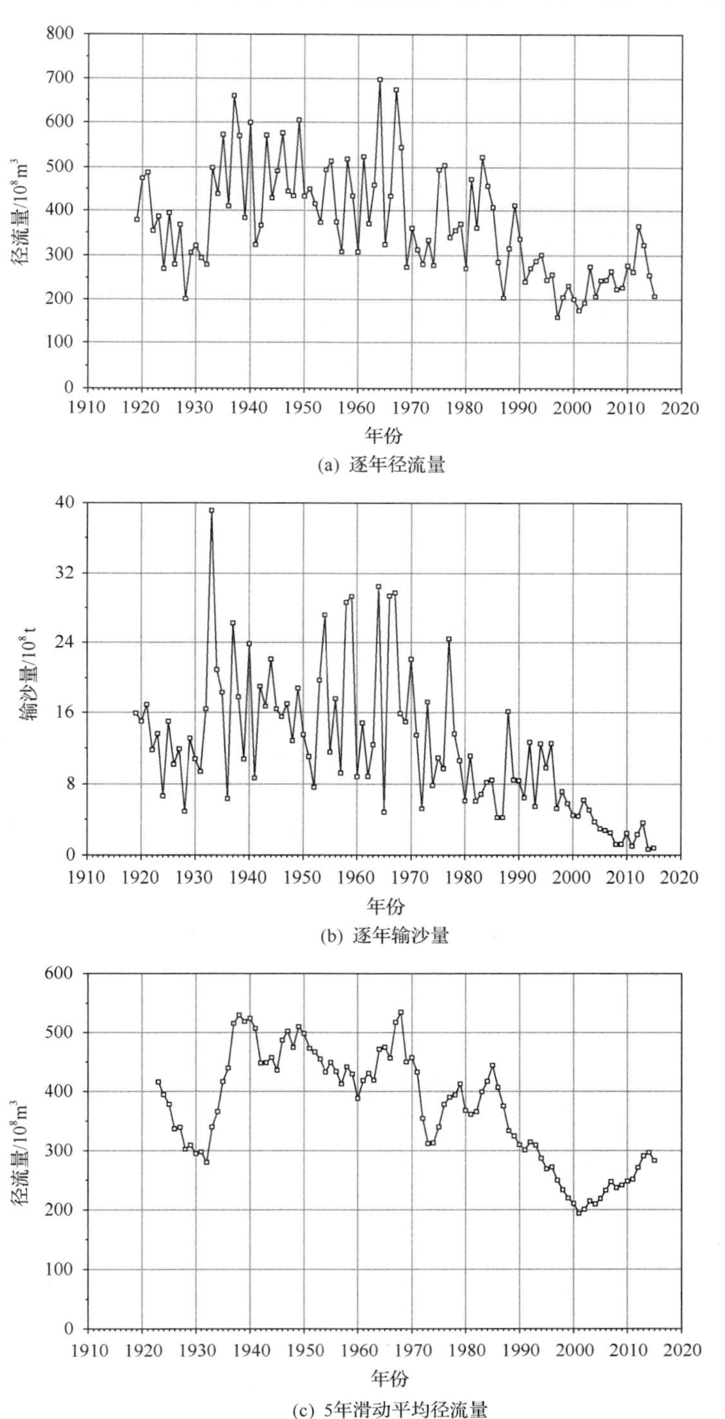

(a) 逐年径流量

(b) 逐年输沙量

(c) 5年滑动平均径流量

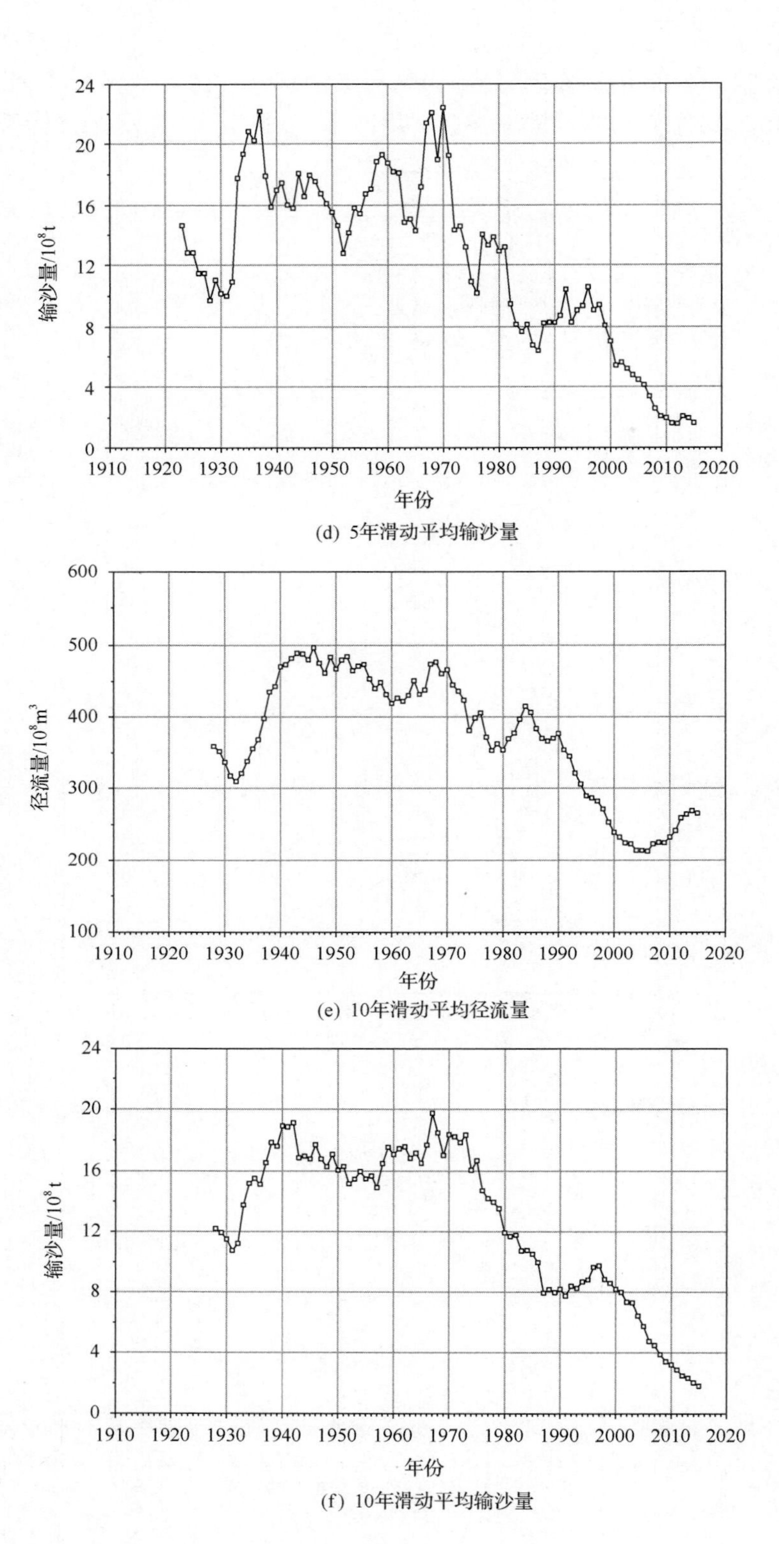

(d) 5年滑动平均输沙量

(e) 10年滑动平均径流量

(f) 10年滑动平均输沙量

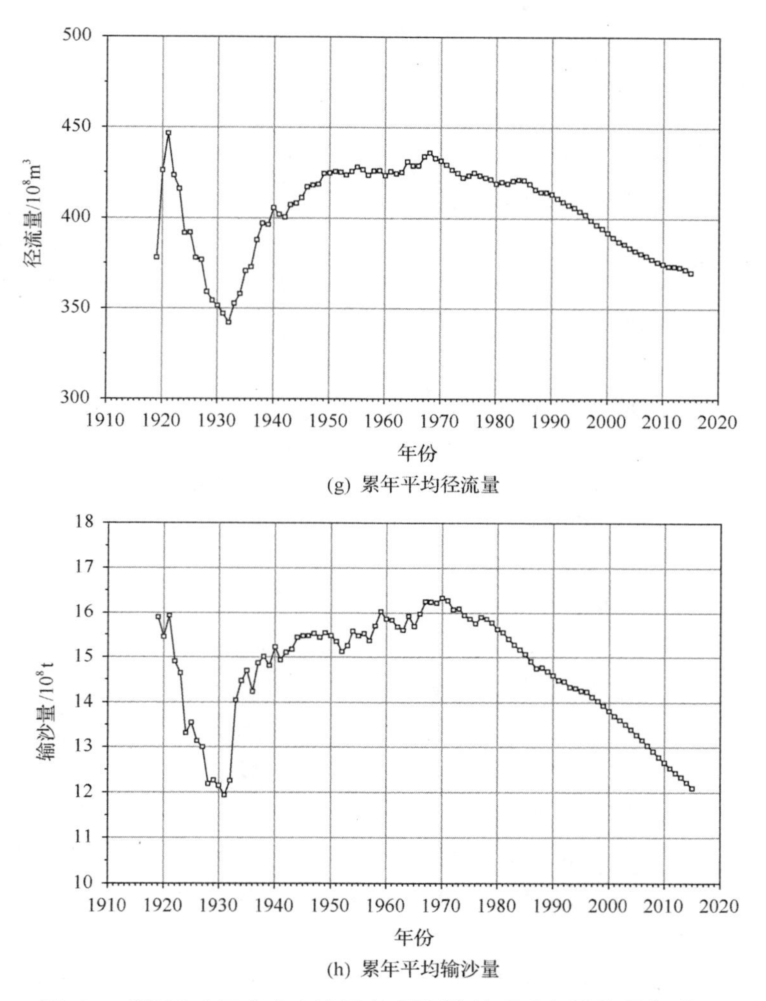

(g) 累年平均径流量

(h) 累年平均输沙量

图 1.1　黄河上中游产水产沙量序列图(陕县/龙华河洑数据序列)

为此，1986 年郑州会议后，我们花了几年时间，将黄河水沙资料进行了系统整理、计算机输入、计算、程序调试和自动制图等工作，完成了一套数据资料管理、计算、作图系统，汇编成《黄河水沙时空图谱》，于 1993 年出版，数据序列到 1985 年，绘制出 670 幅最常用和最基本的图件。现在 30 多年已经过去，黄河水沙也发生了巨大的变化。我们将数据序列延长至 2015 年，更新成《黄河水沙时空图谱(第二版)》，包括 1052 幅图，以供有关方面参考和分析研究使用。

1.2　资料来源与计算

本书收录了黄河干流 31 个水文站资料，另外把龙华河洑作为一个水文站，共 32 个水文站的径流和输沙数据。支流共收集 29 条一级支流(见序图)32 个水文站资料。29 条一级支流上各一个水文站，此外增加了湟水支流大通河和渭河支流北洛河、泾河等 3 条支流出口水文站，共 32 个水文站。资料年限均从建站到 2015 年。

1. 资料来源说明

(1) 延用《黄河水沙时空图谱》中截至 1985 年的数据。此部分数据来源于水利部水文局出版发行的《黄河流域水文资料(中华人民共和国水文年鉴)》(中华人民共和国水利部水文局，1953～1985)。

(2) 1986～1990 年数据，同样来源于水利部水文局出版发行的《黄河流域水文资料(中华人民共和国水文年鉴)》(中华人民共和国水利部水文局，1986～1990)。

(3) 1991～2001 年数据，来源于中国河流泥沙公报(中华人民共和国水利部，2000)、2 期水利部黄河水沙变化研究基金，3 期黄河水利委员会水保科研基金，1 项国家自然科学基金重大研究项目，3 项国家科技支撑计划重点项目研究成果等资料。

(4) 2002～2015 年数据，来源于水利部水文局出版发行的《黄河流域水文资料(中华人民共和国水文年鉴)》(中华人民共和国水利部水文局，2002～2015)。

2. 数据处理说明

(1) 三门峡站数据说明。

陕县站，控制面积 68.786 9 万 km^2，水文站运行时间 1919～1959 年，三门峡水库合拢运行后停止观测；三门峡站，控制面积 68.842 1 万 km^2，水文站运行时间 1953～2015 年。陕县、三门峡两站控制面积相差 552km^2，其面积差占三门峡站控制面积的 0.08%。控制面积的差别对两站产流和产沙过程及其数量影响极小。

陕县和三门峡两站数据序列重合 7 年，即 1953～1959 年。对两站 7 年的年径流量进行截距归零回归，关系式为 Y=1.01X，R^2=0.985 9。同理，做年输沙量回归，关系式为 Y=0.996 3X，R^2=0.961 8。两站年径流量和年输沙量均高度相关，在年尺度上完全可以视为同一序列。

合并为陕县/三门峡站使用时，1919～1952 年径流量和年输沙量取陕县站值，1953～1959 年取两站均值，1960～2015 年取三门峡站值。本书中陕县/三门峡站序列简称三门峡站。

(2) 龙华河洑数据说明。

干流龙门站控制面积 49.755 2 万 km^2，渭河华县站控制面积 10.649 8 万 km^2，汾河河津站控制面积 3.872 8 万 km^2，北洛河洑头站控制面积 2.564 5 万 km^2。依据控制面积由大到小，取名为“龙华河洑”，总控制面积 66.842 3 万 km^2，与陕县站、三门峡站和花园口站控制面积接近。花园口站是黄河中游和下游的分界线。龙华河洑4 站到潼关站、三门峡站之间会有泥沙沉积，三门峡站到花园口站间沉积更明显。因此，龙华河洑的数据常作为上中游产水产沙总量的代表。

(3) 黄河上中游总水沙量数据说明。

由于陕县建站最早(1919 年)，而且也接近中下游划分界线(花园口站)，所以本书中黄河上中游总水沙量数据早期取陕县站数据序列(1919～1950 年)，后期取龙华河洑的数据序列(1951～2015 年)。

(4) 对黄河干流区间产水产沙量负值的说明。

黄河干流区间水沙数据是用下一站减去同时间上一站得到。产水量负值，表示区间内耗水量大于产水量。产沙量负值，表示区间内淤积量大于产沙量。

1.3 制图内容与方法

根据一般分析需要，作了 5 个图组 11 种类型，共 1052 幅图。5 个图组分别为干流水沙时间序列图、干流水沙沿程变化图、支流水沙时间序列图、支流产水产沙图和区域分异序列图。前 4 个图组均将水沙要素放在同一页面以便对比。

1.3.1 黄河干流水沙时间序列图

此图组共包括 3 种类型，每种图都以时间为横坐标，以年水沙量为纵坐标，分别反映干流水文站、干流各水文站区间、干流各区间占黄河上中游总水沙量比例三种要素随时间变化的图。

1. 黄河干流各水文站水沙时间序列图

从上游到下游共选了 31 个站，另外包括反映黄河上中游总水沙量的陕县/龙华河洑，分别作了 32 幅径流量、输沙量时间序列图，共 64 幅。以黄河沿水文站径流量时间序列图为例示意，如图 1.2 所示。

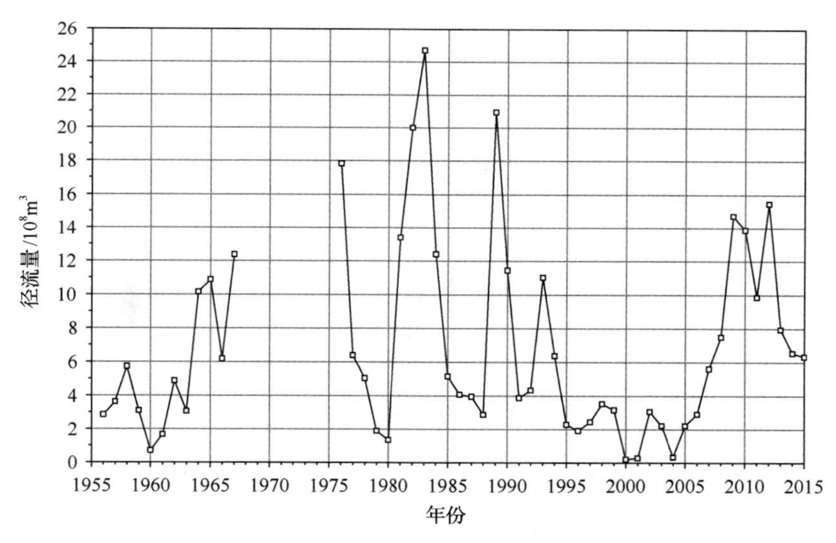

图 1.2 黄河沿水文站径流量时间序列图

2. 黄河干流各水文站区间产水产沙量时间序列图

此类型图反映各水文站区间产水产沙量随时间变化的情况。区间产水产沙量是由下一站水沙数量减去同时间上一站水沙数量得到。共选择了 18 个区段，分别作产水量、产沙量时间序列图各 18 幅，共 36 幅。以河源—贵德站区间产水量时间序列图示意，如图 1.3 所示。

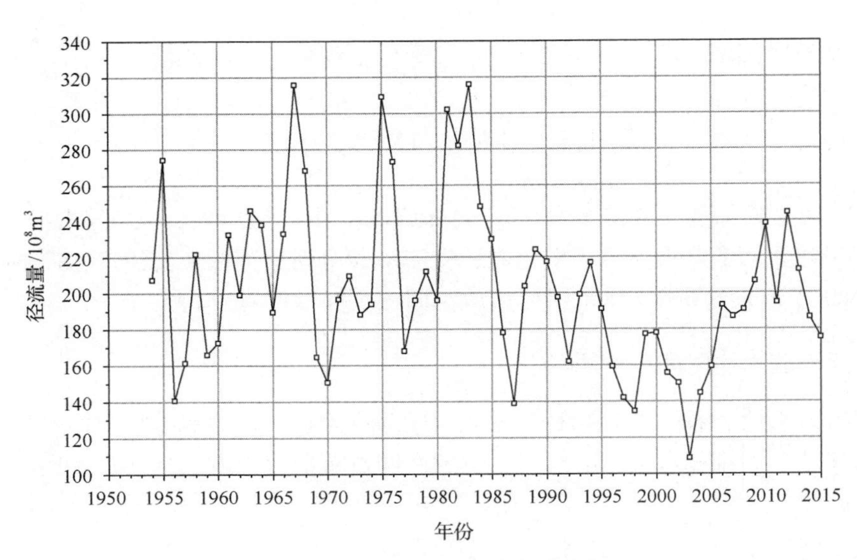

图 1.3　河源—贵德区间产水量时间序列图

3. 黄河干流各水文站区间产水产沙量占黄河上中游总水沙量比例时间序列图

此类型图反映干流不同区间年产水、产沙量所占同年黄河上中游总水沙量比例随时间的变化。这类水沙图各 18 幅，共 36 幅，时间序列为相邻水文站序列较短的时间序列。以河源—贵德站区间产沙量占黄河上中游总输沙量比例时间序列图为例示意，如图 1.4 所示。

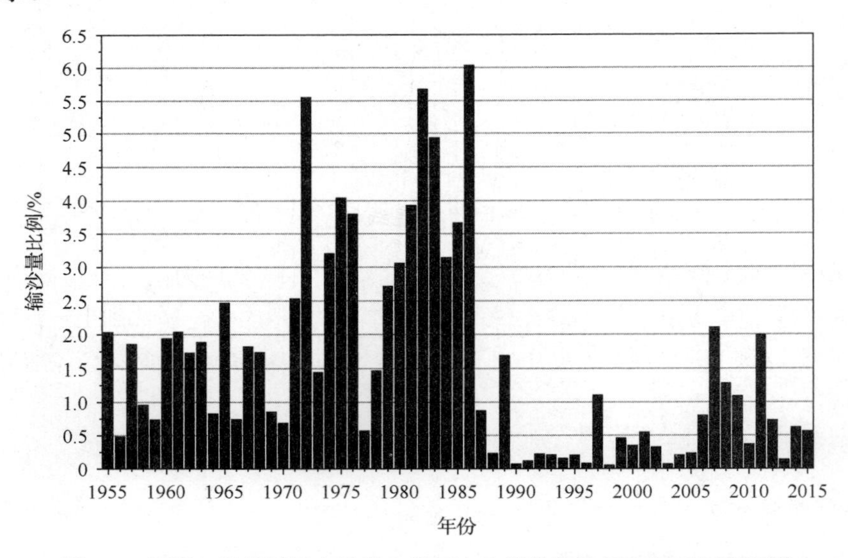

图 1.4　河源—贵德区间产沙量占黄河上中游总输沙量比例时间序列图

1.3.2　黄河干流水沙沿程变化图

此图组资料选取 18 个干流主要水文站，包括干流水文站逐年水沙沿程累积曲线图、逐年各水文站区间产水产沙量连线图、各区间产水产沙量占黄河上中游总水沙量的比例等三种类型图，全面反映了黄河水沙从上游到下游沿程的增加和减少情况，反映了黄河干流水沙的空间差异。

1. 黄河干流水沙量沿程累积曲线图

黄河干流水沙沿程变化曲线图反映黄河水沙沿程的累积和减少过程。包括 1954～2015 年逐年干流水文站区间水沙变化曲线图各 62 幅，1956～2015、1956～1970、1971～1985、1986～2000 与 2001～2015 年 5 个时期平均水沙量变化曲线图各 5 幅，共 134 幅。以 1954 年黄河干流径流量沿程变化曲线图为例示意，如图 1.5 所示。

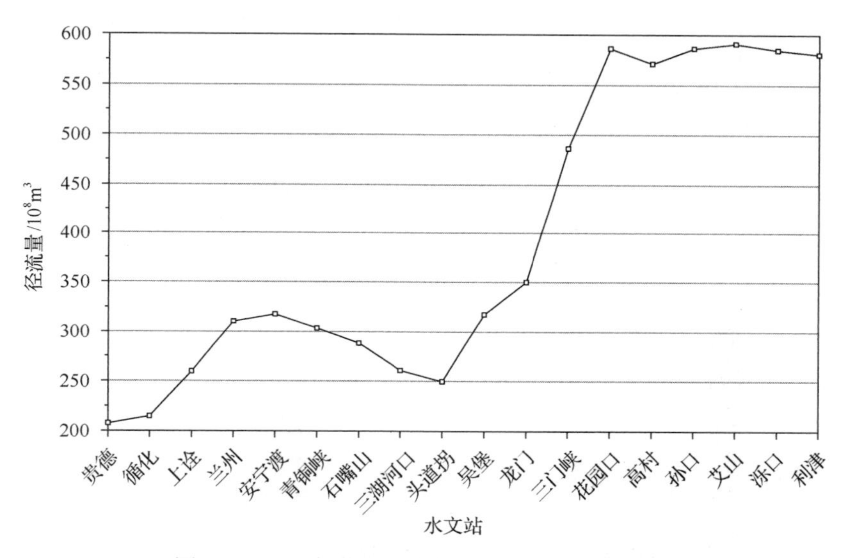

图 1.5 1954 年黄河干流径流量沿程变化曲线图

2. 黄河干流水文站区间产水产沙量散点连线图

此类型图反映该年各水文站区间净产水产沙情况。横坐标为两水文站区间，纵坐标为水沙量。为了使坐标标注清楚，我们只标出一个站名，指的是该站到上一站(即坐标左边一个站)的区间。包括 1954～2015 年逐年连线图各 62 幅，1956～2015、1956～1970、1971～1985、1986～2000 与 2001～2015 年 5 个时期平均水沙量连线图各 5 幅，共 134 幅。以 1954 年黄河干流区间产水量散点连线图为例示意，如图 1.6 所示。

3. 黄河干流水文站区间产水产沙量占黄河上中游总水沙量的比例柱状图

此类型图反映干流各水文站区间年产水产沙量占同年黄河上中游水沙总量的比例。包括 1954～2015 逐年水沙图各 62 幅，1956～2015、1956～1970、1971～1985、1986～2000 与 2001～2015 年 5 个时期的年均比例图各 5 幅，共 134 幅。以 1954 年黄河干流水文站区间产水量占黄河上中游总径流量比例图为例示意，如图 1.7 所示。

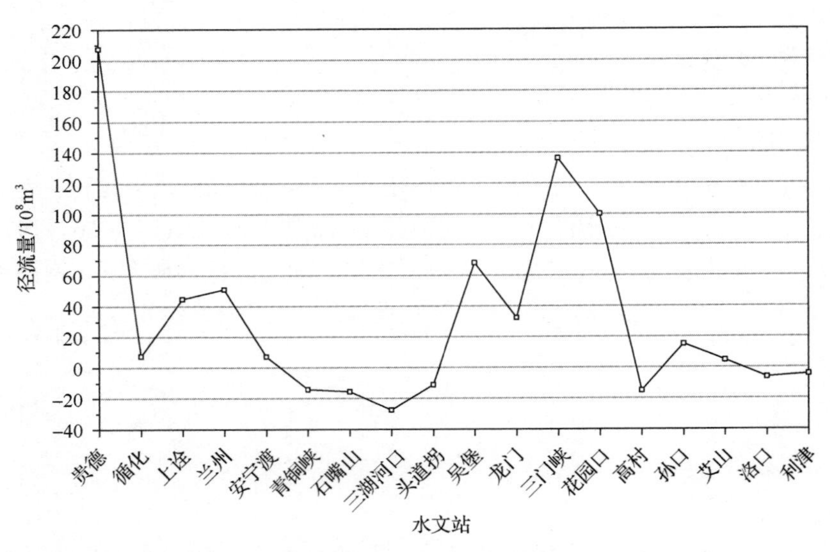

图 1.6　1954 年黄河干流区间产水量散点连线图

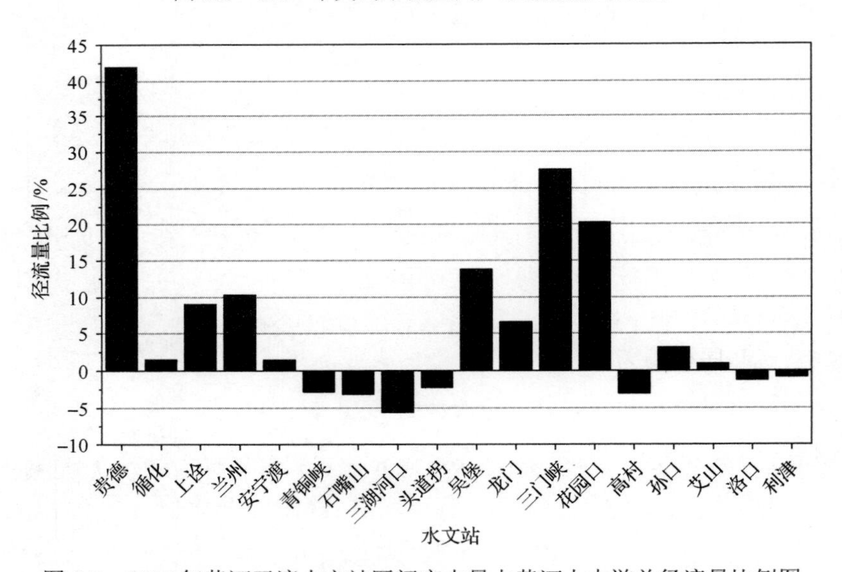

图 1.7　1954 年黄河干流水文站区间产水量占黄河上中游总径流量比例图

1.3.3　黄河主要支流水沙时间序列图

此图组包括洮河、湟水、祖厉河等 29 条主要一级支流 32 个水文站的水沙时间序列图，和各支流水沙量占黄河上中游总水沙量比例时间序列图。反映各支流水沙量随时间的变化规律。除 29 条支流各一个出口水文站外，增加了湟水支流大通河享堂站，渭河支流北洛河洑头站，渭河支流泾河张家山站 3 个水文站。

1. 黄河主要支流水沙时间序列图

此类型图包括主要支流上 32 个水文站年径流量和年输沙量随时间变化的 64 幅散点连线图。横坐标为时间，纵坐标为年径流量或年输沙量。以黄河支流洮河红旗水文站径流量时间序列图为例示意，如图 1.8 所示。

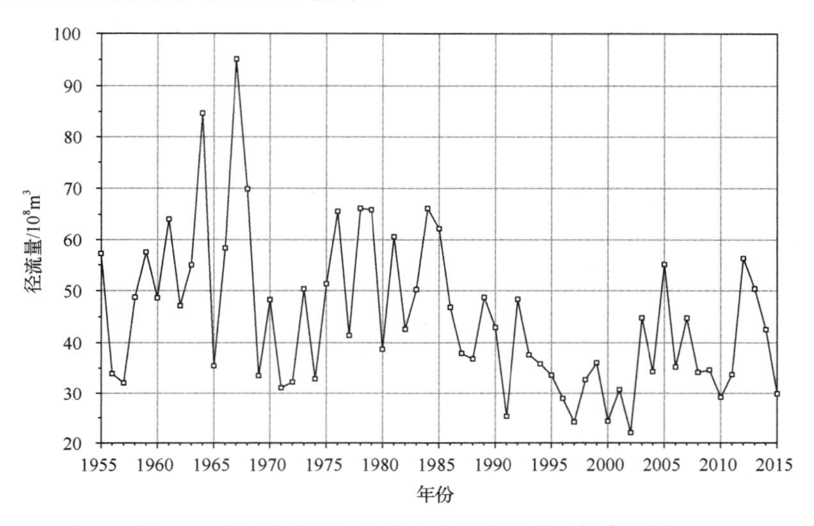

图 1.8 黄河支流洮河红旗水文站径流量时间序列图

2. 黄河主要支流水沙量占黄河上中游总水沙量比例时间序列图

此类型图将支流水文站的年水沙量分别除以同年黄河上中游总水沙量，以这个比例作纵坐标，以时间为横坐标。比例时间序列图反映了该支流产水产沙量对黄河上中游总水沙量的贡献随时间的变化，共 64 幅。以黄河支流洮河红旗水文站输沙量占黄河上中游总输沙量比例时间序列图为例示意，如图 1.9 所示。

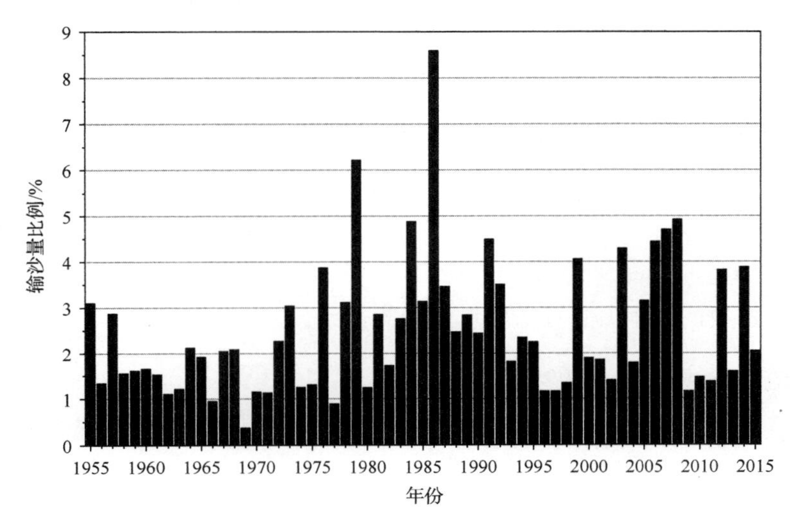

图 1.9 黄河支流洮河红旗水文站输沙量占黄河上中游总输沙量比例时间序列图

1.3.4 黄河主要支流产水产沙图

此图组选取 18 条主要一级支流，21 个水文站，1955～2015 年水沙资料，将不同支流产水产沙量及其占上中游总水沙量的比例，从上游到下游排列在一幅图上，反映黄河流域主要支流水沙的空间分布特征。共包括两种类型图：一种是水沙量散点连线图；另一种是水沙量占黄河上中游总水沙量的比例。

1. 黄河主要支流产水产沙量散点连线图

该类型图以各支流为横坐标，水沙量为纵坐标，包括 1955～2015 年逐年水沙图各 1 幅，共 122 幅，加上 1956～2015、1956～1970、1971～1985、1986～2000、2001～2015 年多年平均水沙图各 1 幅，共 10 幅，总共 132 幅图。以 1955 年黄河主要支流产水量散点连线图为例示意，如图 1.10 所示。

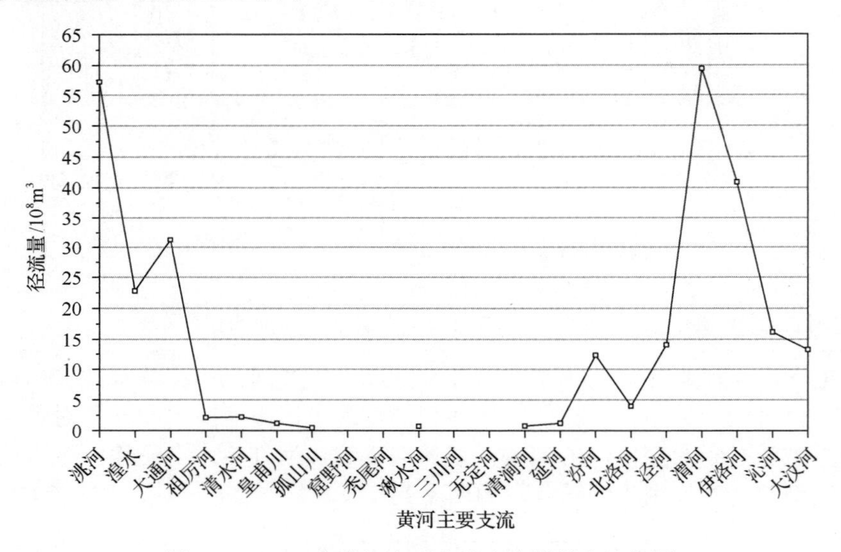

图 1.10　1955 年黄河主要支流产水量散点连线图

2. 黄河主要支流产水产沙量占黄河上中游总水沙量比例柱状图

以各支流为横坐标，水沙量占黄河上中游总水沙量的比例为纵坐标，包括 1955～2015 年逐年水沙图各 1 幅，共 122 幅，加上 1956～2015、1956～1970、1971～1985、1986～2000、2001～2015 年多年平均水沙图各 1 幅，共 10 幅，总共 132 幅。以 1955 年黄河主要支流径流量占黄河上中游总径流量比例图为例示意，如图 1.11 所示。

1.3.5 黄河流域水沙区域分异序列图

用水文站控制区或流域相邻两站之间的控制区作为基本单元，下游水文站减上游水文站所得水沙量为控制区的水沙量，该水沙量除以控制区的面积为径流深、输沙模数。以此数据为基础作黄河流域水沙空间分布图。

采用 27 个干流水文站和 38 个支流水文站，获得 65 个控制区、1960～2015 年的资料，作逐年水沙空间分布图，1960～2015、1960～1970、1971～1985、1986～2000 和 2001～2015 年水沙平均空间分布图，水沙各 61 幅，共 122 幅。以 1960 年黄河流域输沙模数空间分布图为例示意，如图 1.12 所示。

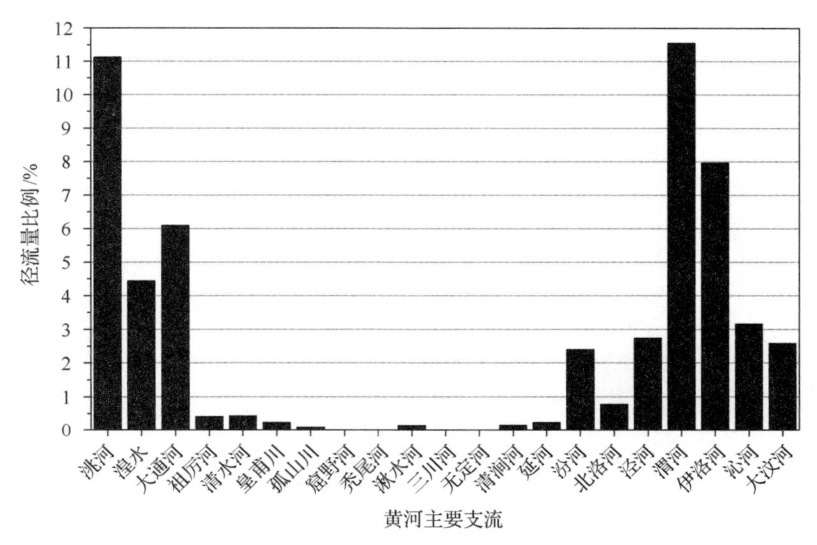

图 1.11 1955 年黄河主要支流径流量占黄河上中游总径流量比例图

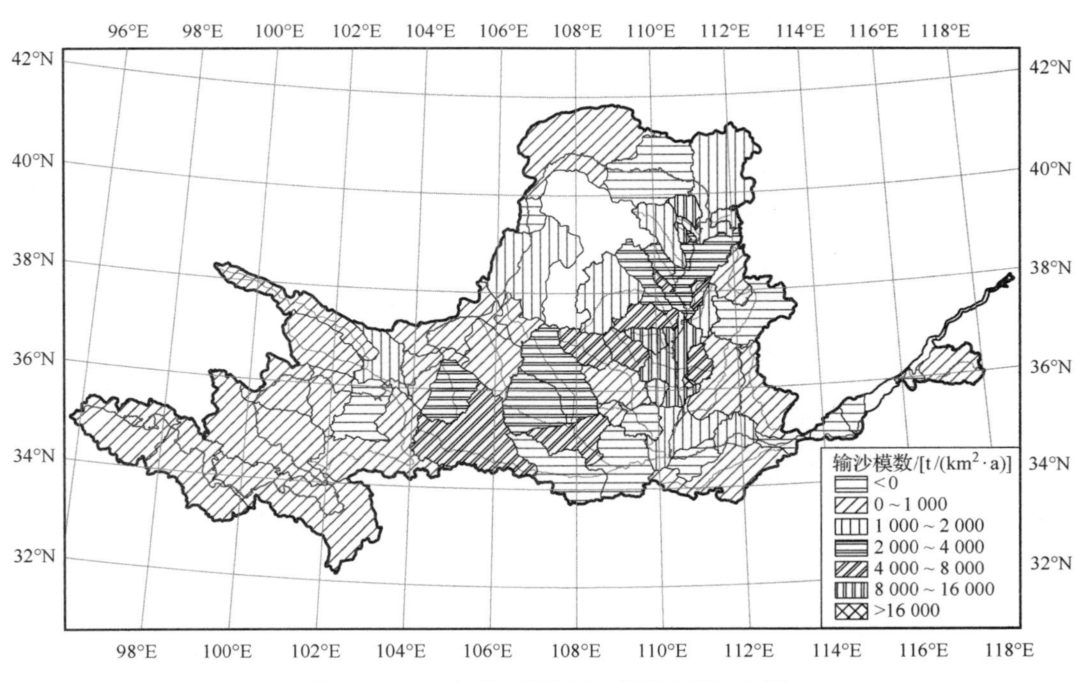

图 1.12 1960 年黄河流域输沙模数空间分布图

2 序　　图

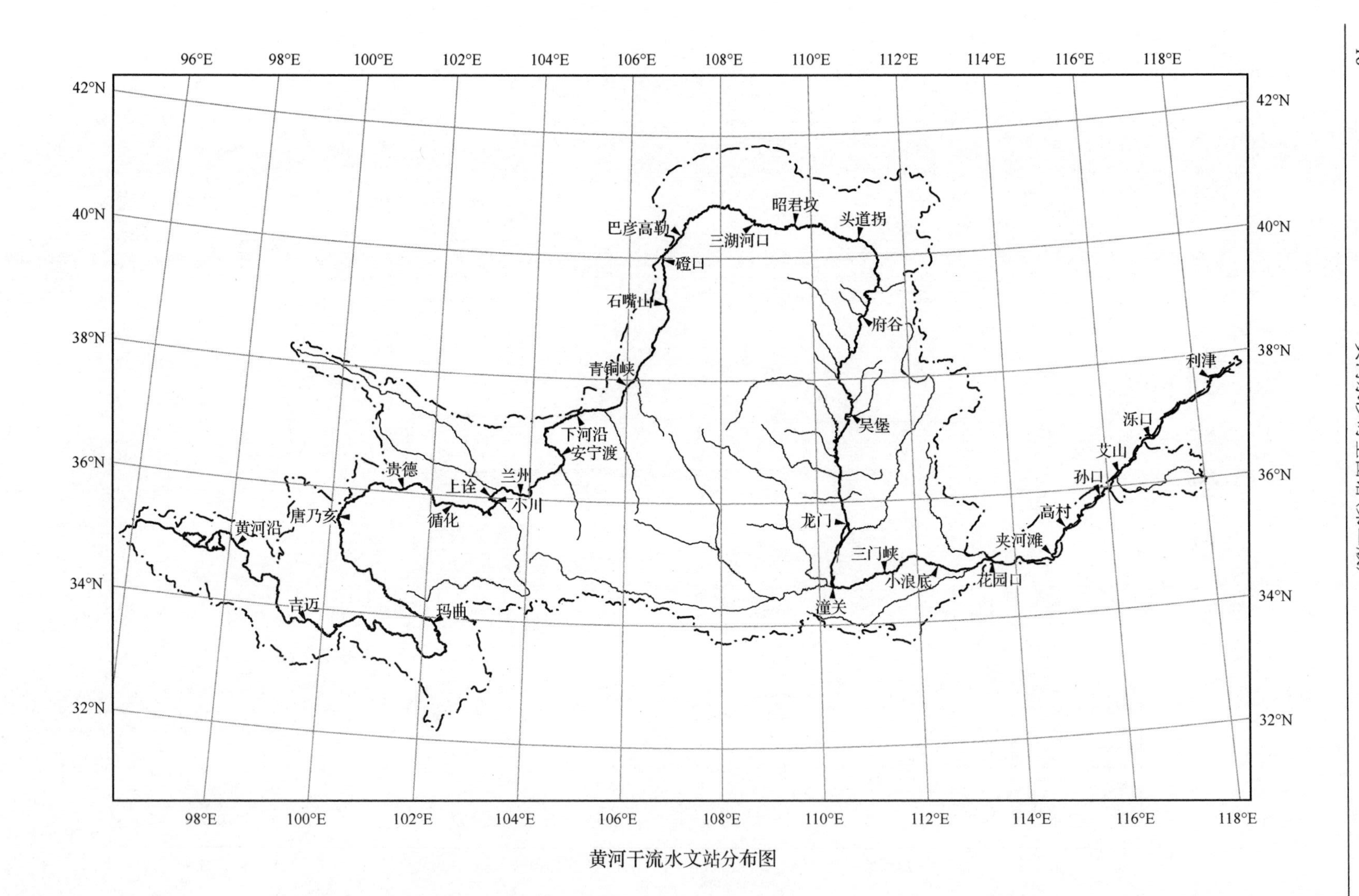
96°E
98°E
100°E
102°E
104°E
106°E
108°E
110°E
112°E
114°E
116°E
118°E
42°N
40°N
38°N
36°N
34°N
32°N
巴彦高勒
昭君坟
头道拐
三湖河口
磴口
石嘴山
府谷
青铜峡
利津
吴堡
泺口
下河沿
安宁渡
艾山
孙口
贵德
兰州
上诠
小川
唐乃亥
高村
循化
黄河沿
龙门
夹河滩
三门峡
小浪底
花园口
吉迈
潼关
玛曲

黄河干流水文站分布图

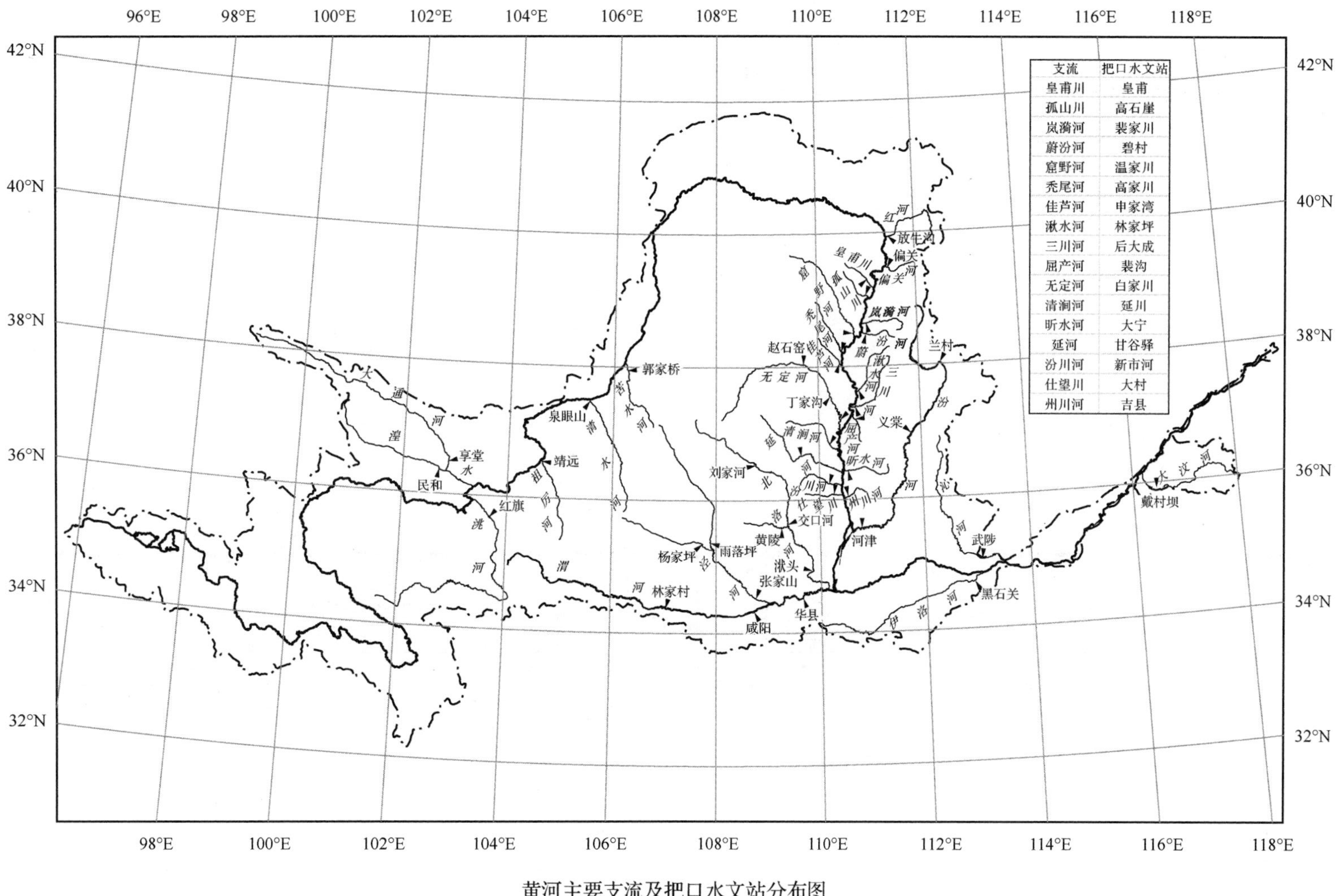

支流	把口水文站
皇甫川	皇甫
孤山川	高石崖
岚漪河	裴家川
蔚汾河	碧村
窟野河	温家川
秃尾河	高家川
佳芦河	申家湾
湫水河	林家坪
三川河	后大成
屈产河	裴沟
无定河	白家川
清涧河	延川
昕水河	大宁
延河	甘谷驿
汾川河	新市河
仕望川	大村
州川河	吉县

黄河主要支流及把口水文站分布图

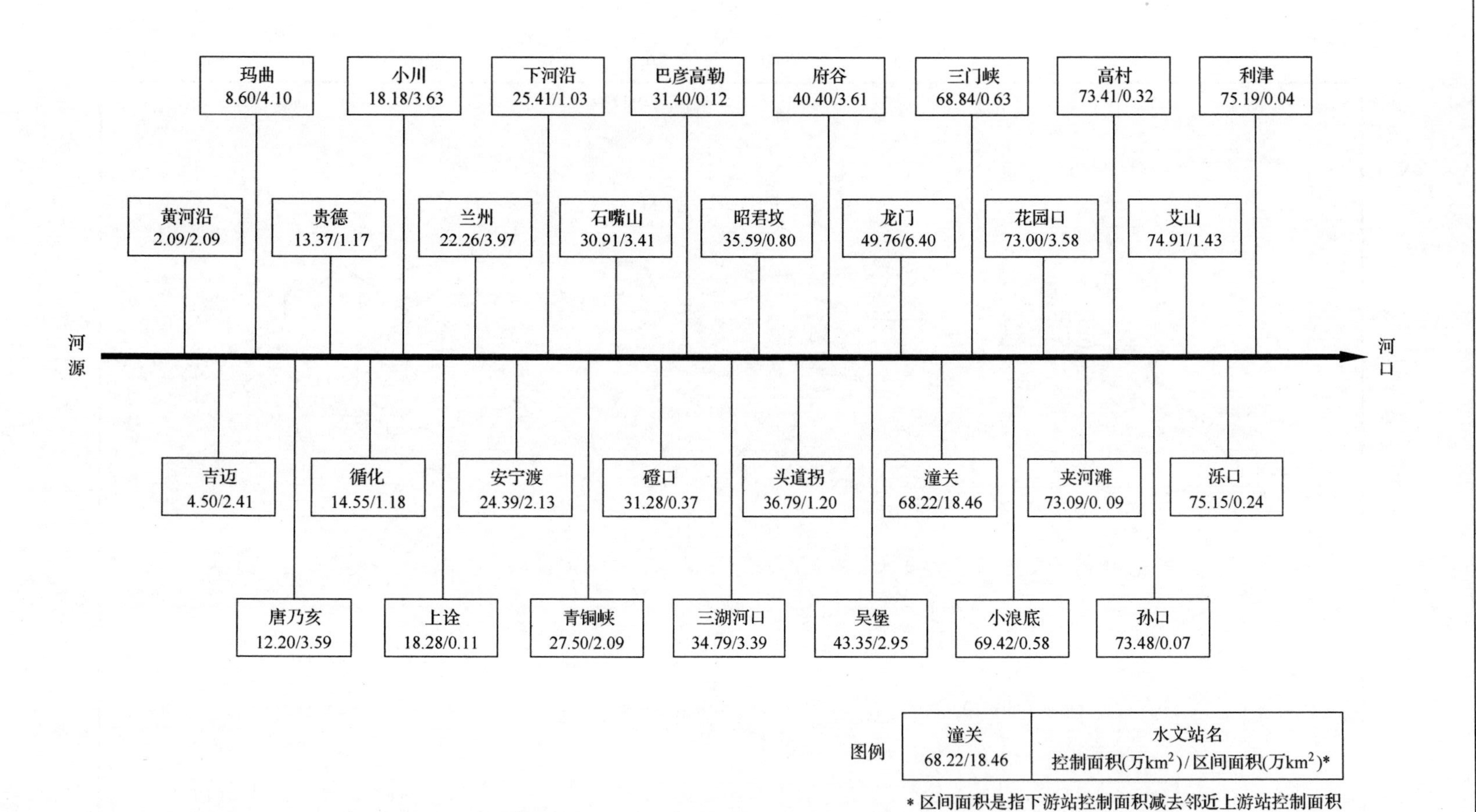

黄河干流水文站相对位置、控制面积与区间面积示意图

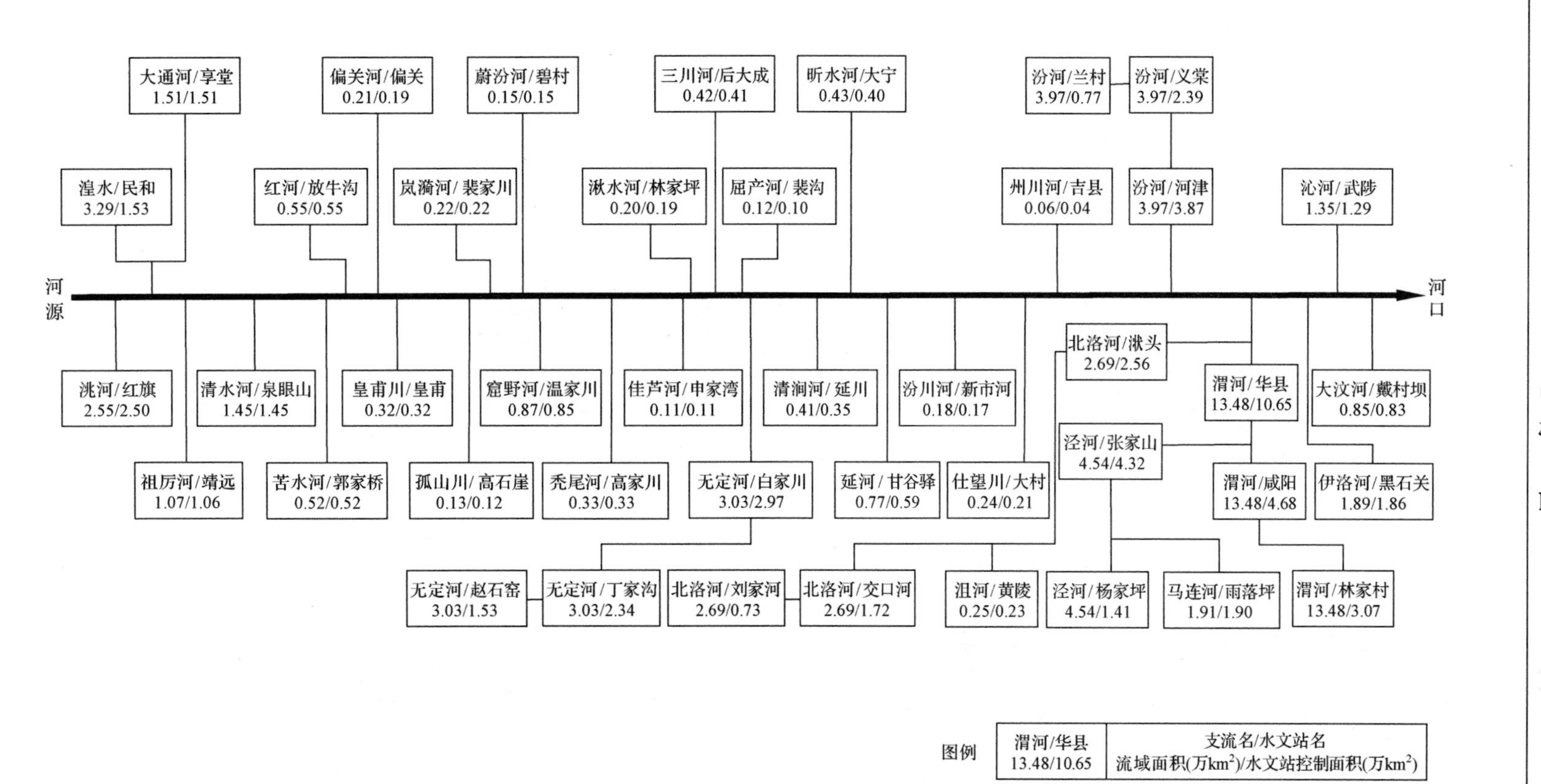

黄河主要支流相对位置、流域面积与水文站控制面积示意图

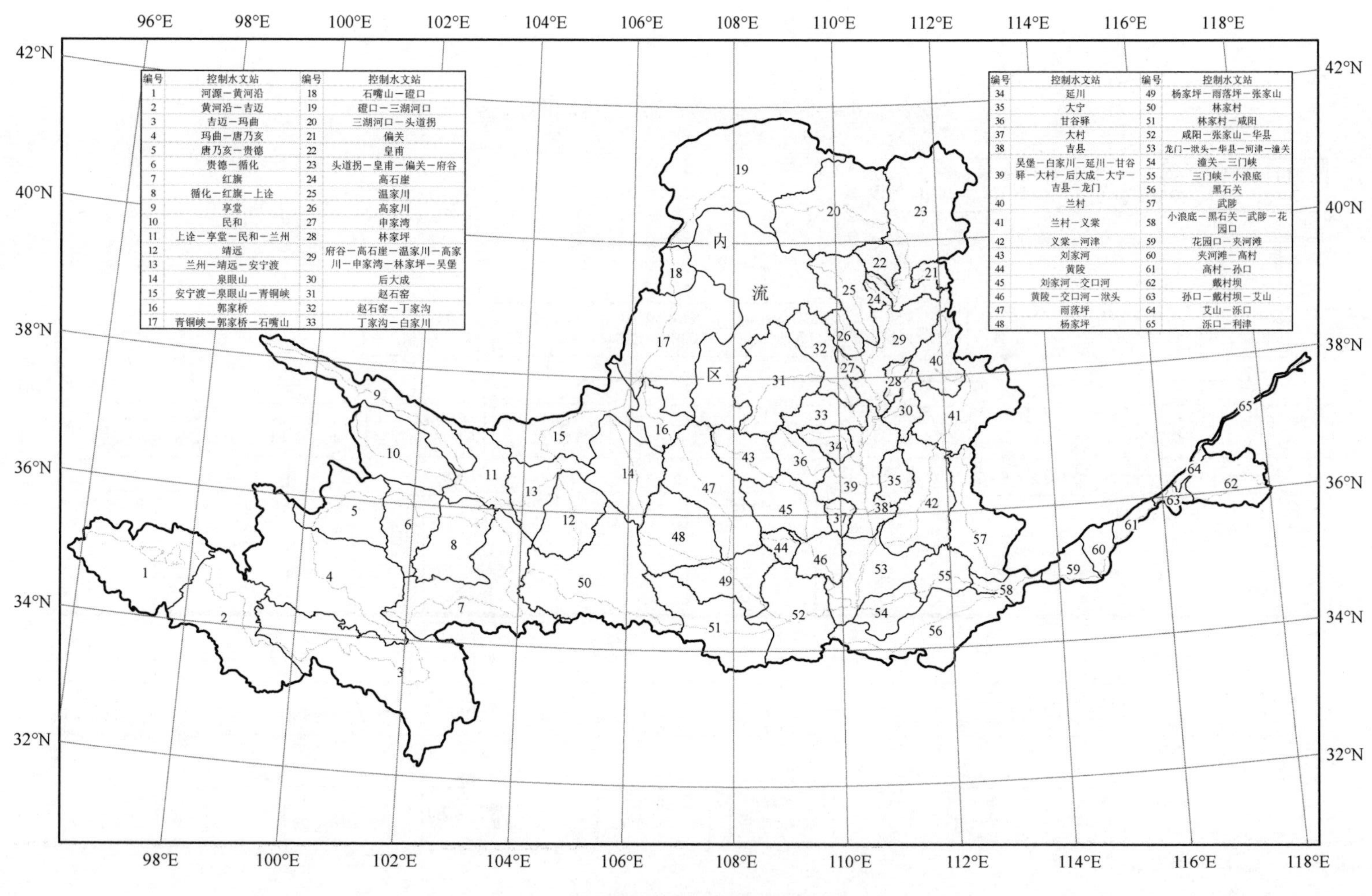

编号	控制水文站	编号	控制水文站
1	河源－黄河沿	18	石嘴山－磴口
2	黄河沿－吉迈	19	磴口－三湖河口
3	吉迈－玛曲	20	三湖河口－头道拐
4	玛曲－唐乃亥	21	偏关
5	唐乃亥－贵德	22	皇甫
6	贵德－循化	23	头道拐－皇甫－偏关－府谷
7	红旗	24	高石崖
8	循化－红旗－上诠	25	温家川
9	享堂	26	高家川
10	民和	27	申家湾
11	上诠－享堂－民和－兰州	28	林家坪
12	靖远	29	府谷－高石崖－温家川－高家川－申家湾－林家坪－吴堡
13	兰州－靖远－安宁渡		
14	泉眼山	30	后大成
15	安宁渡－泉眼山－青铜峡	31	赵石窑
16	郭家桥	32	赵石窑－丁家沟
17	青铜峡－郭家桥－石嘴山	33	丁家沟－白家川

编号	控制水文站	编号	控制水文站
34	延川	49	杨家坪－雨落坪－张家山
35	大宁	50	林家村
36	甘谷驿	51	林家村－咸阳
37	大村	52	咸阳－张家山－华县
38	吉县	53	龙门－洑头－华县－河津－潼关
39	吴堡－白家川－延川－甘谷驿－大村－后大成－大宁－吉县－龙门	54	潼关－三门峡
		55	三门峡－小浪底
		56	黑石关
40	兰村	57	武陟
41	兰村－义棠	58	小浪底－黑石关－武陟－花园口
42	义棠－河津	59	花园口－夹河滩
43	刘家河	60	夹河滩－高村
44	黄陵	61	高村－孙口
45	刘家河－交口河	62	戴村坝
46	黄陵－交口河－洑头	63	孙口－戴村坝－艾山
47	雨落坪	64	艾山－泺口
48	杨家坪	65	泺口－利津

黄河流域水文站控制区域图

3　黄河干流水沙时间序列图

3.1　黄河干流各水文站水沙时间序列图

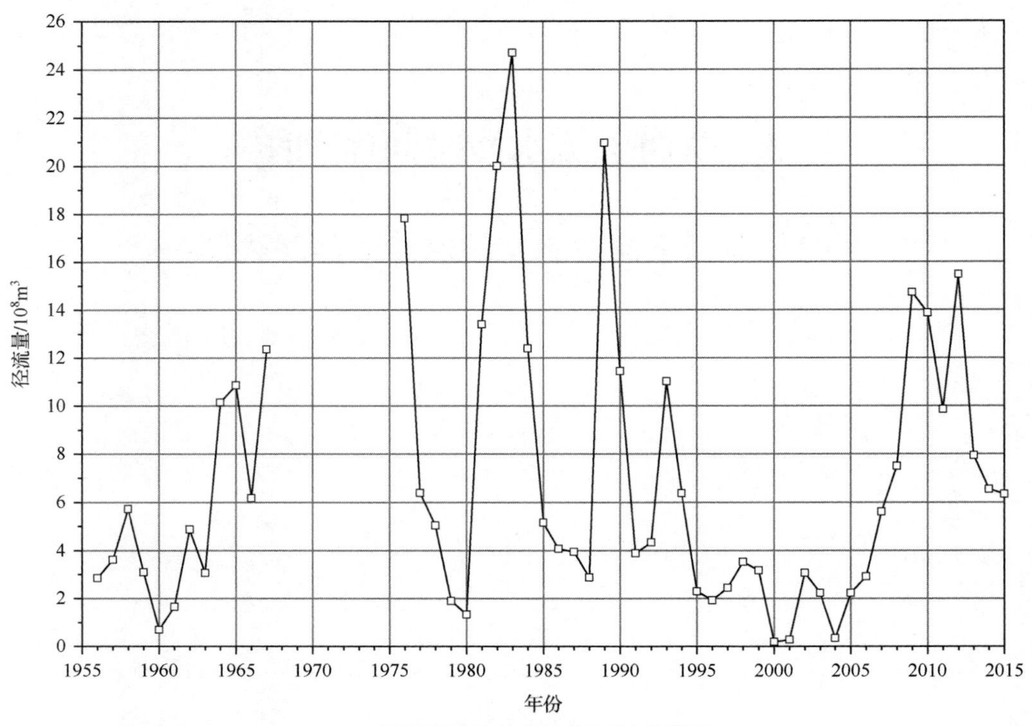

黄河沿水文站径流量时间序列图

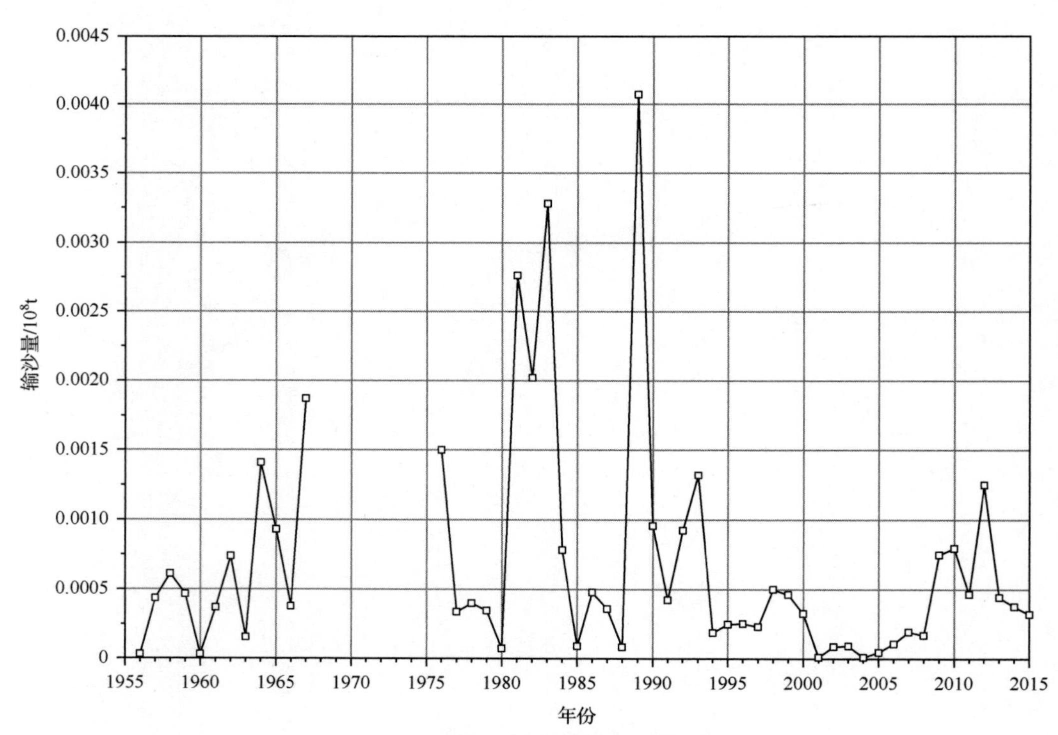

黄河沿水文站输沙量时间序列图

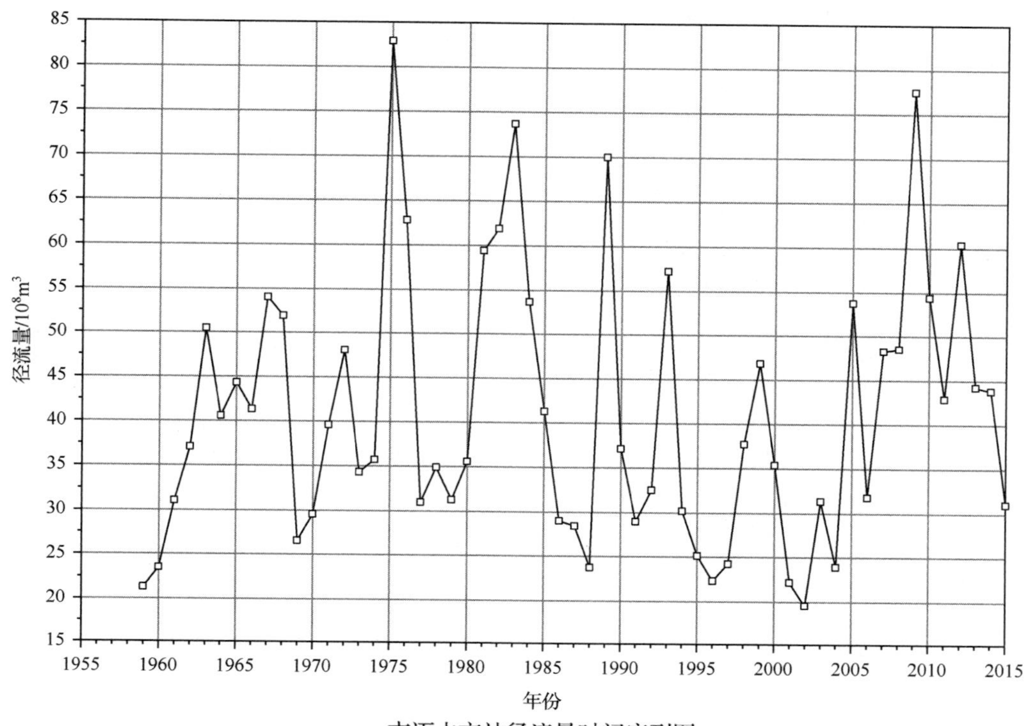

吉迈水文站径流量时间序列图

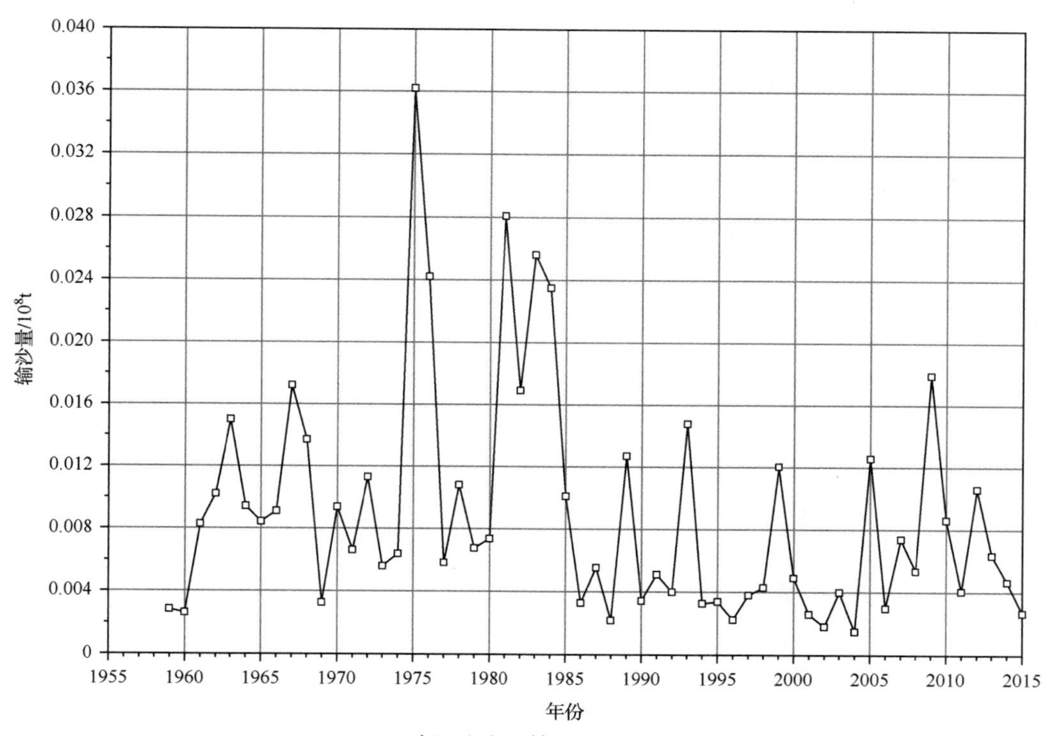

吉迈水文站输沙量时间序列图

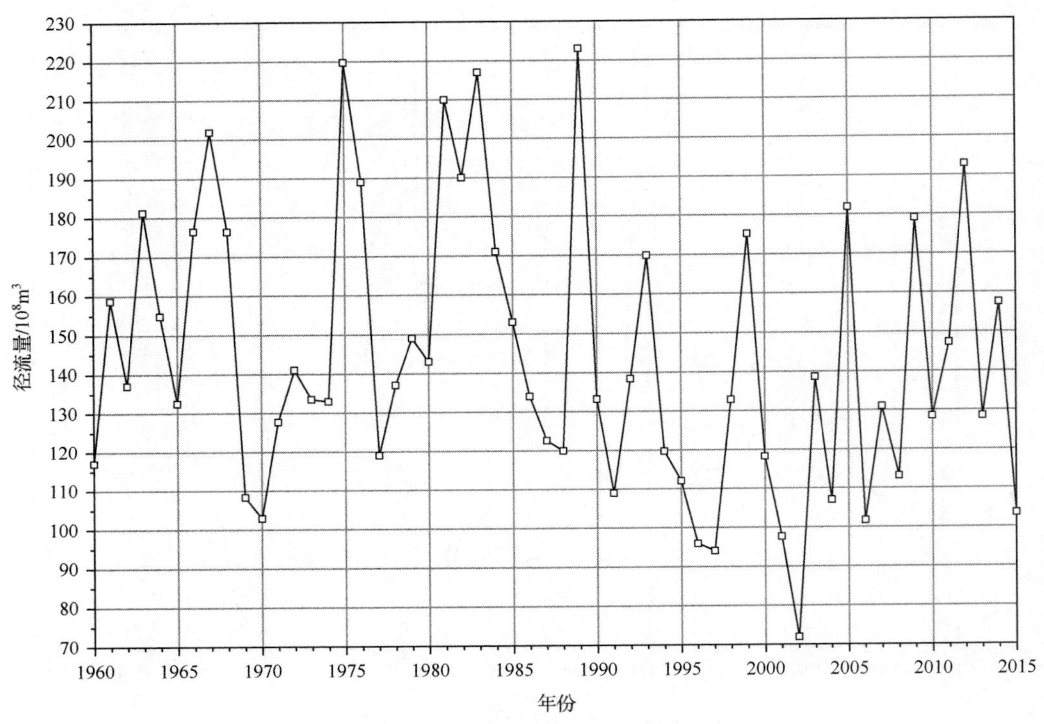

玛曲水文站径流量时间序列图

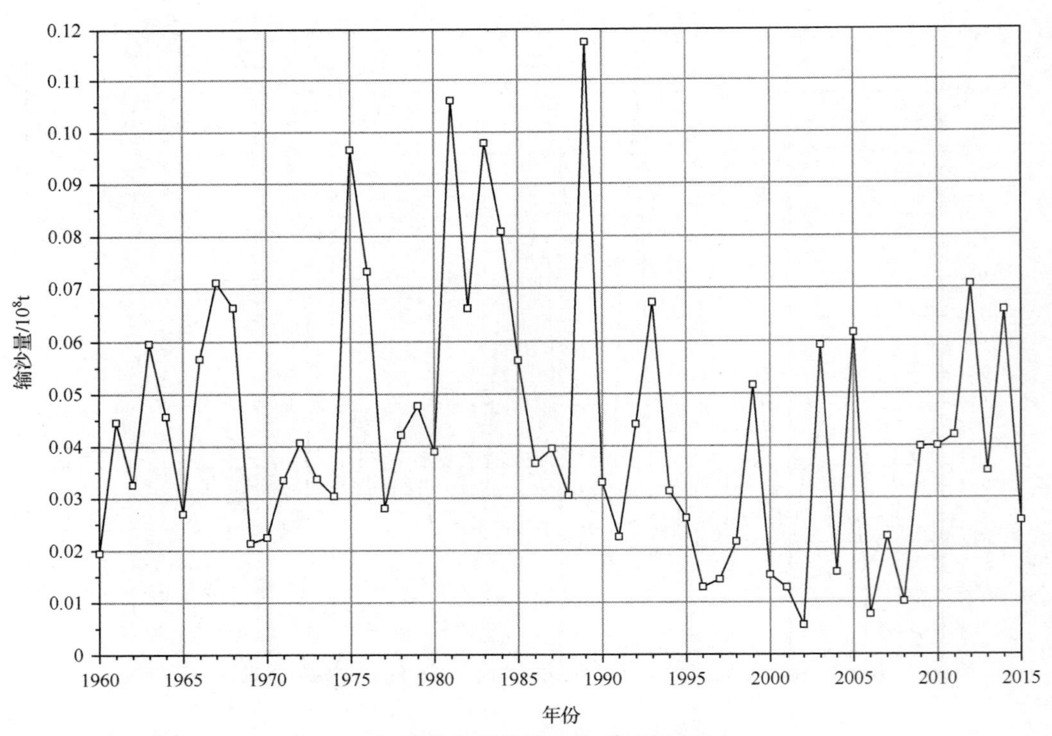

玛曲水文站输沙量时间序列图

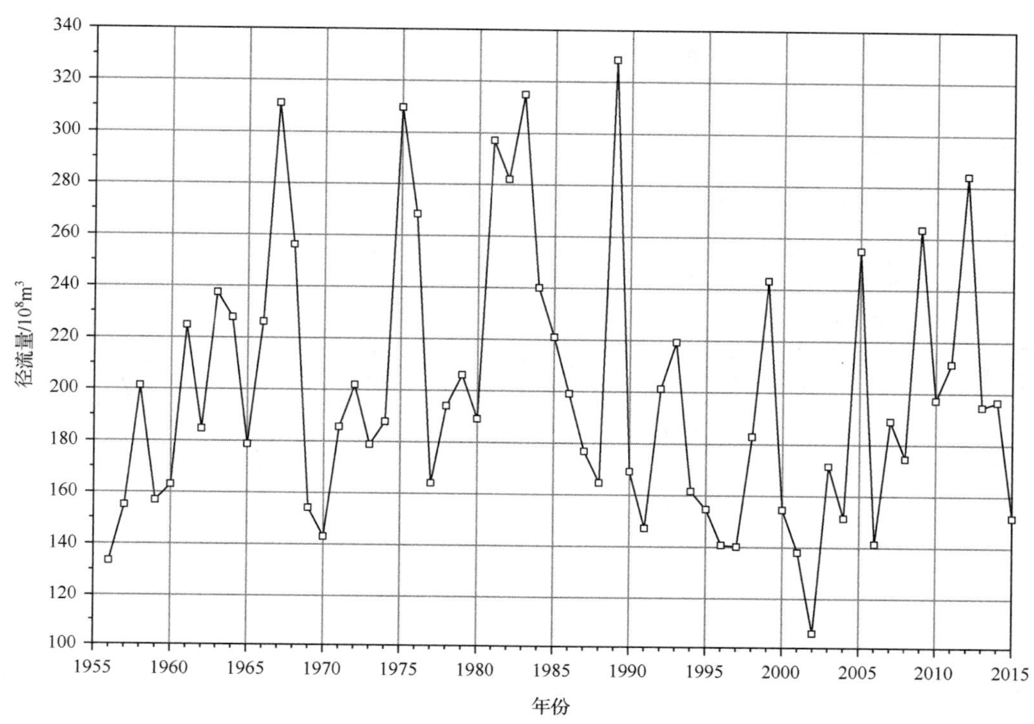

唐乃亥水文站径流量时间序列图

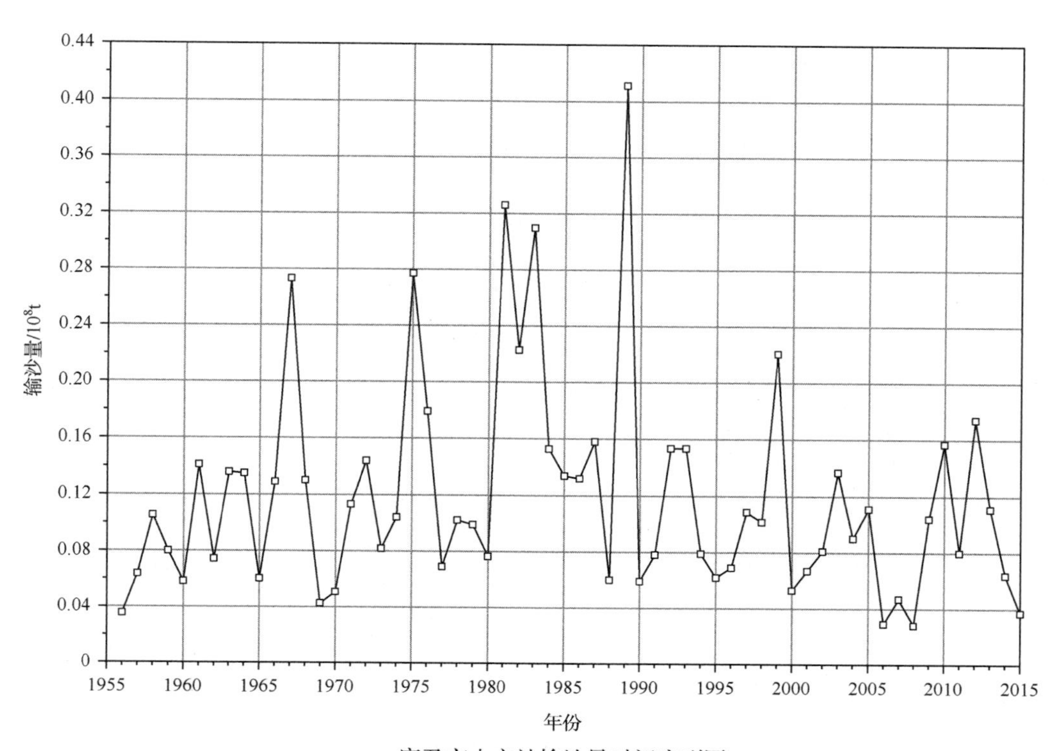

唐乃亥水文站输沙量时间序列图

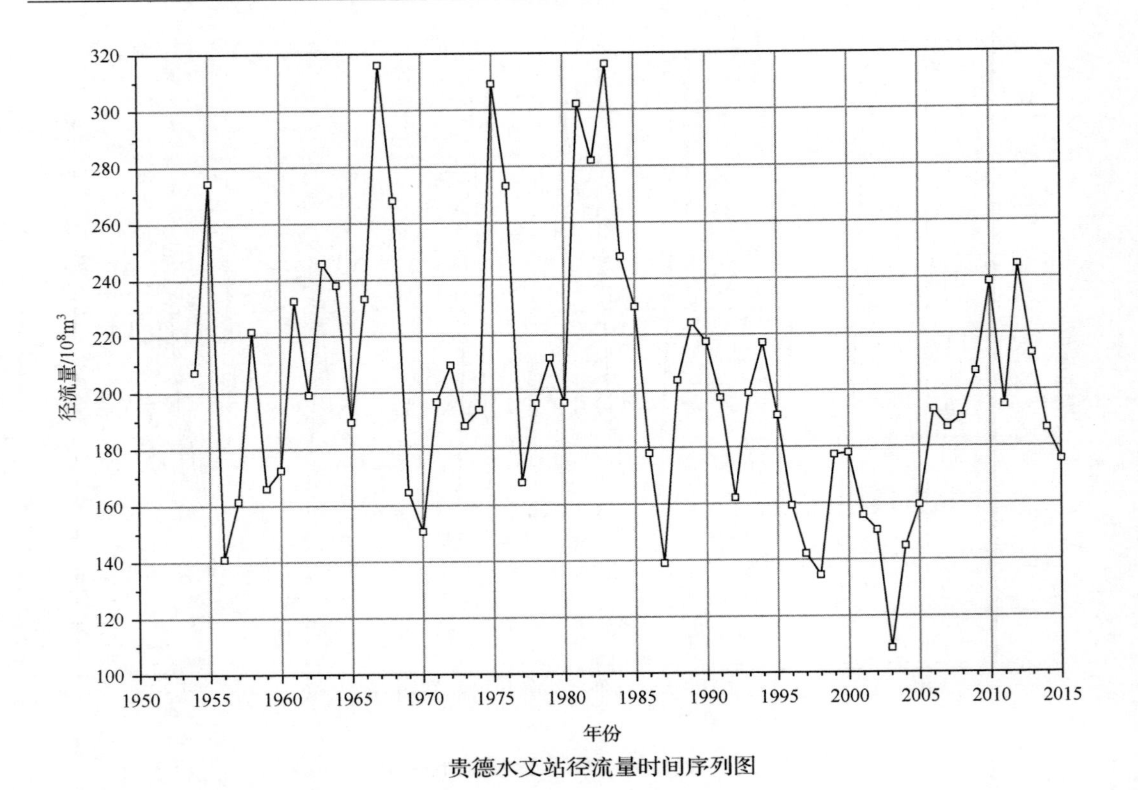

贵德水文站径流量时间序列图

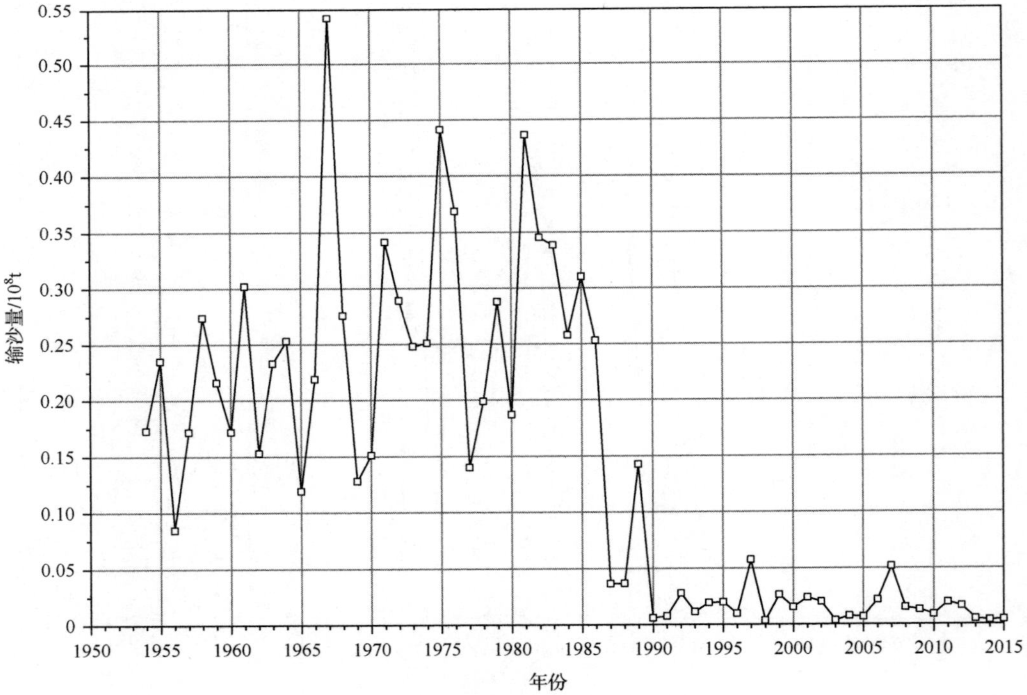

输沙量/10^8t

0.55
0.50
0.45
0.40
0.35
0.30
0.25
0.20
0.15
0.10
0.05
0

1950 1955 1960 1965 1970 1975 1980 1985 1990 1995 2000 2005 2010 2015

年份

贵德水文站输沙量时间序列图

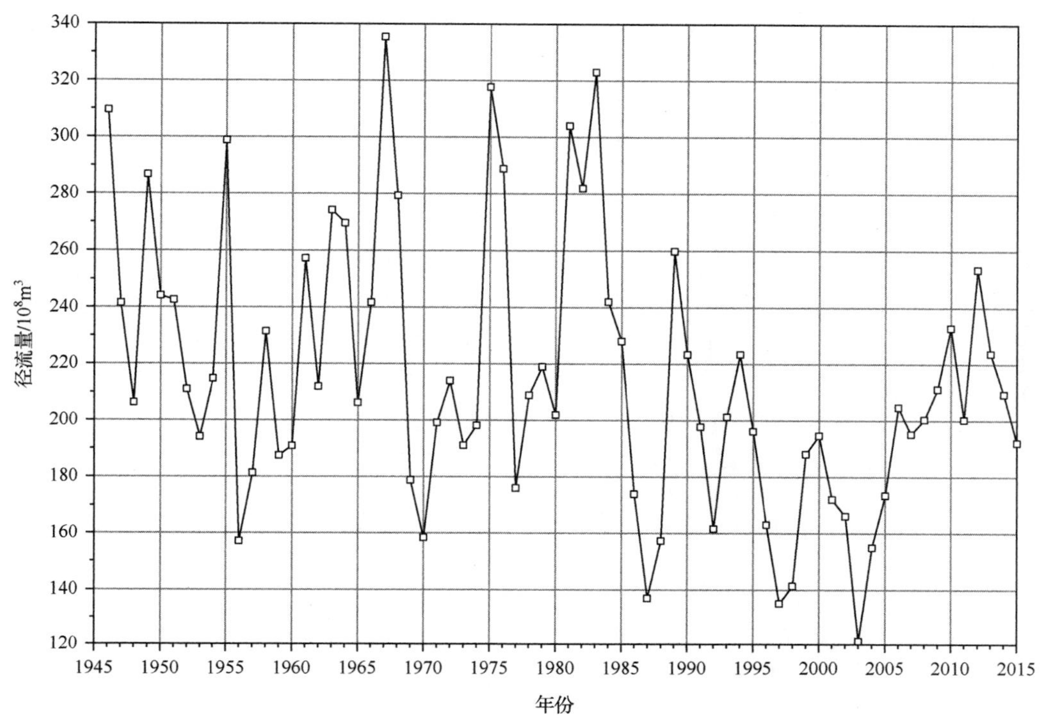

循化水文站径流量时间序列图

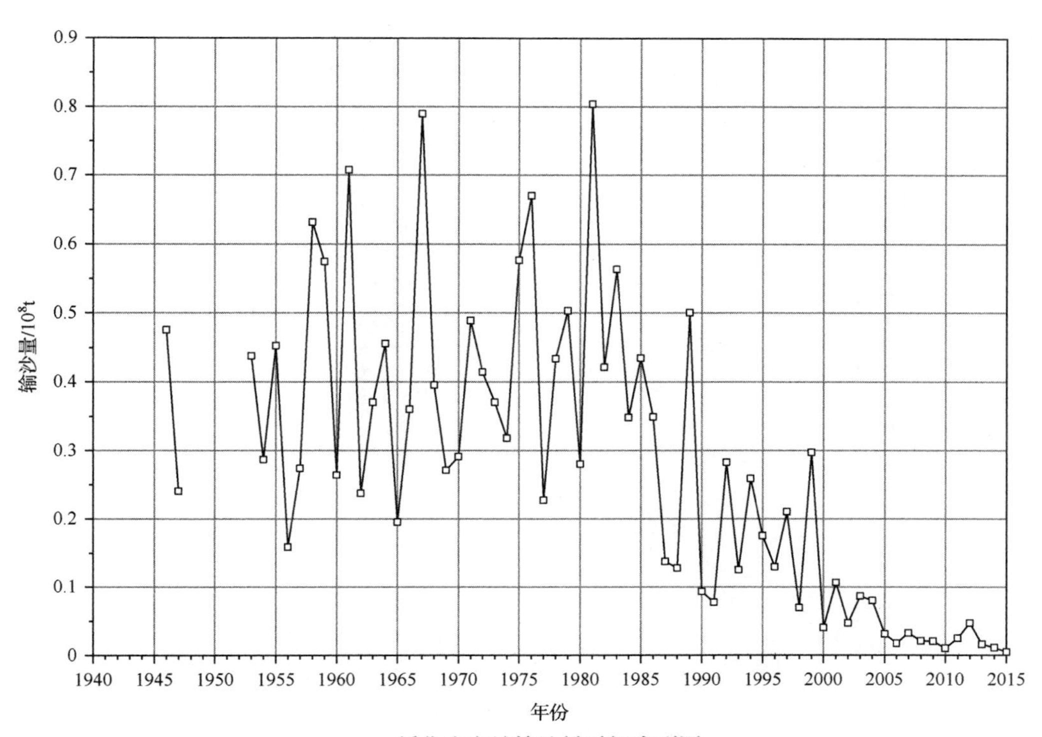

循化水文站输沙量时间序列图

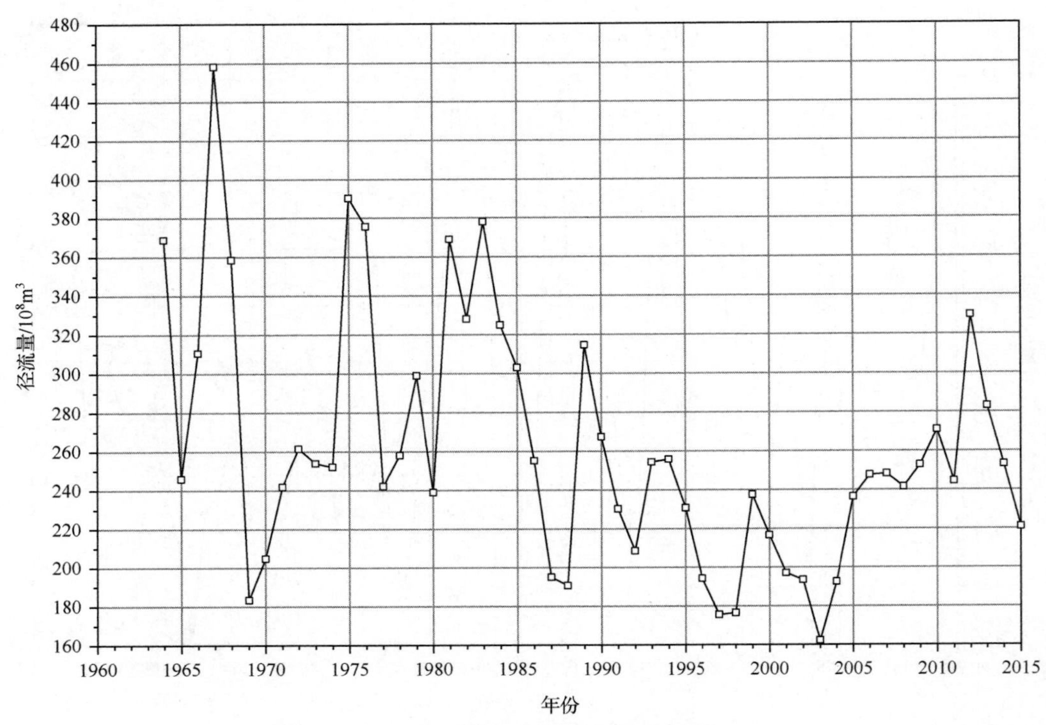

小川水文站径流量时间序列图

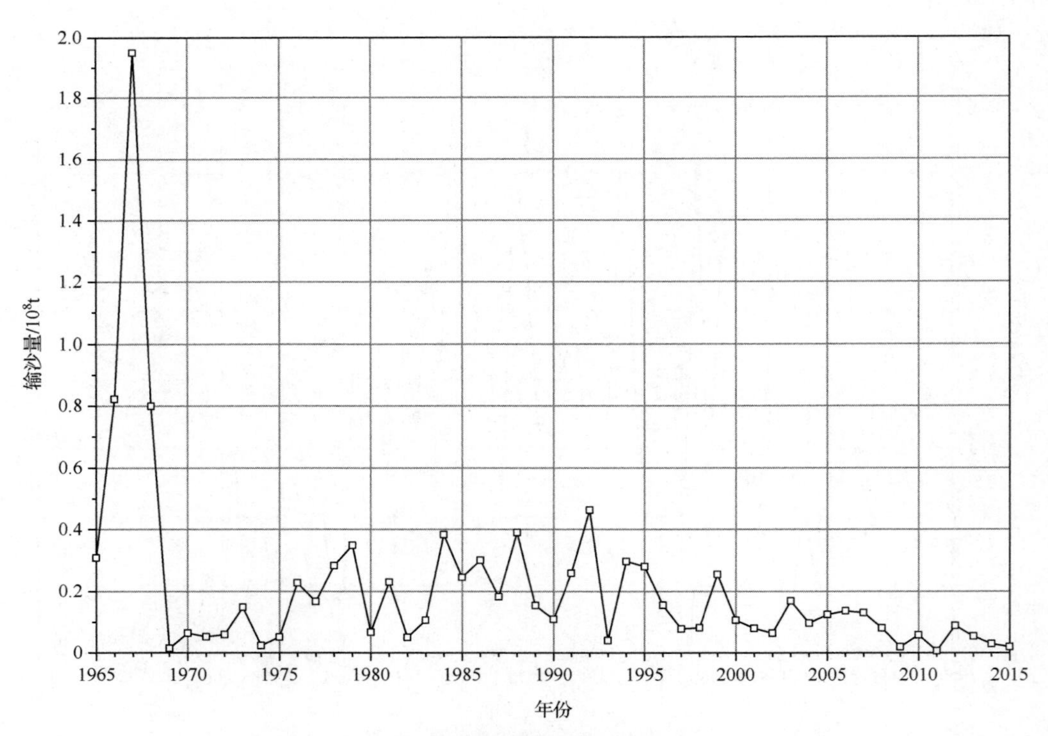

小川水文站输沙量时间序列图

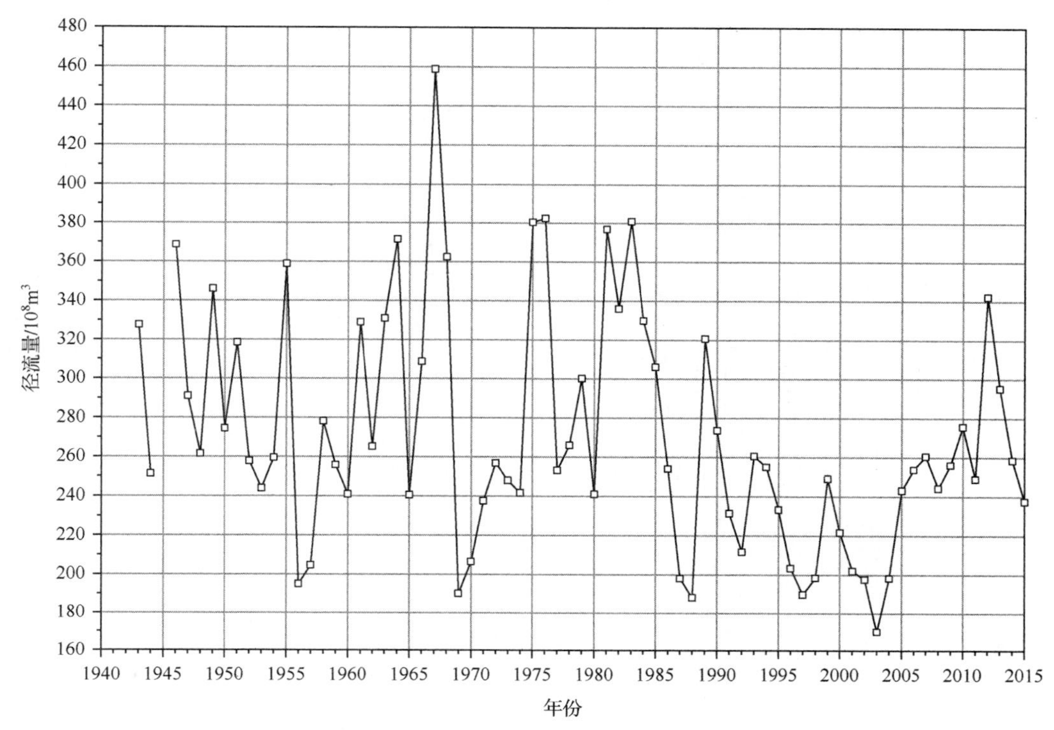

上诠水文站径流量时间序列图

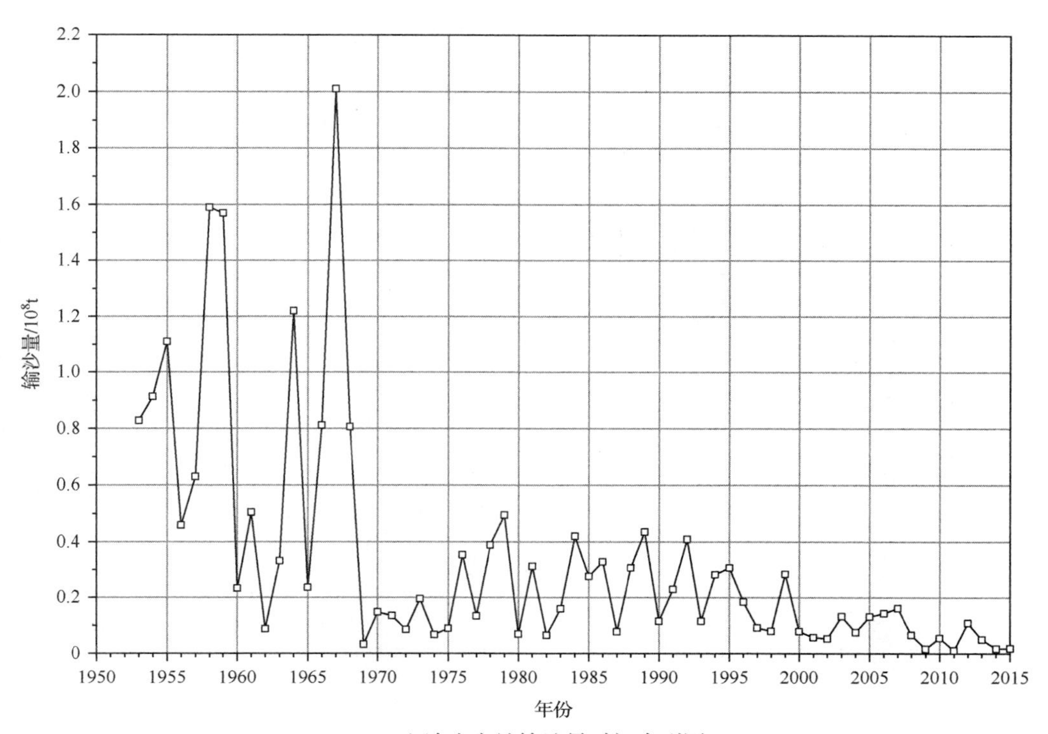

上诠水文站输沙量时间序列图

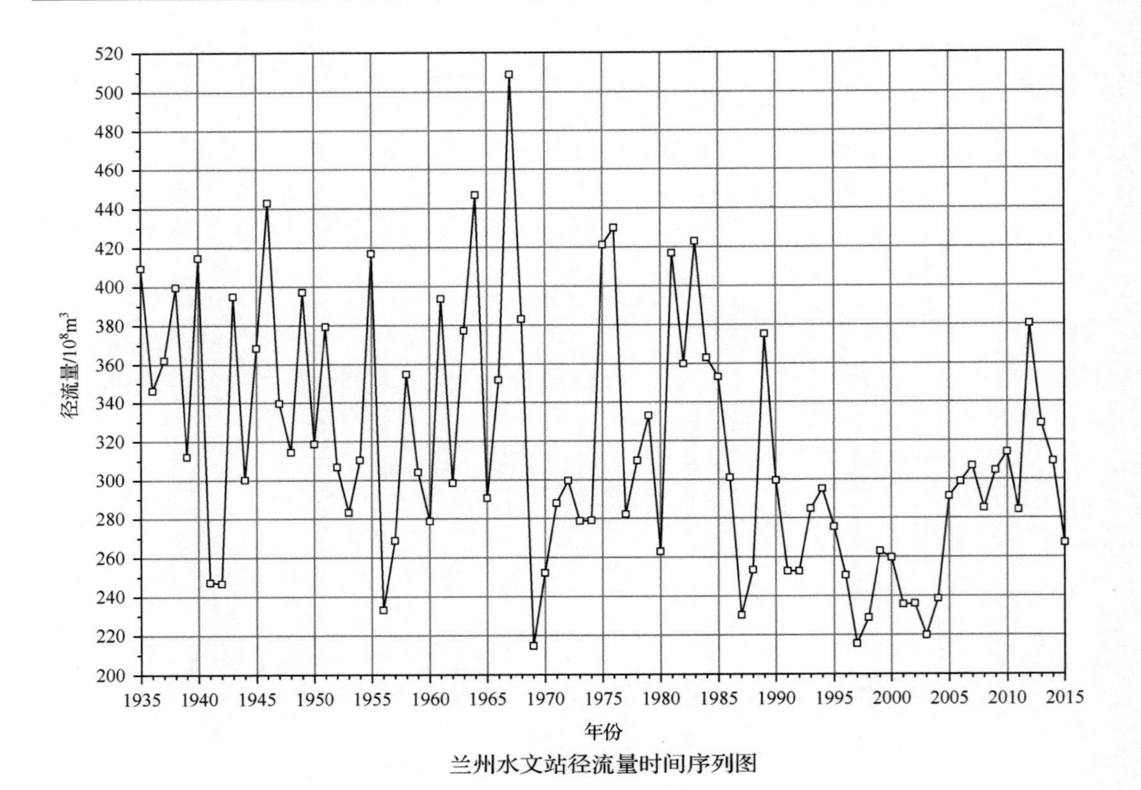

兰州水文站径流量时间序列图

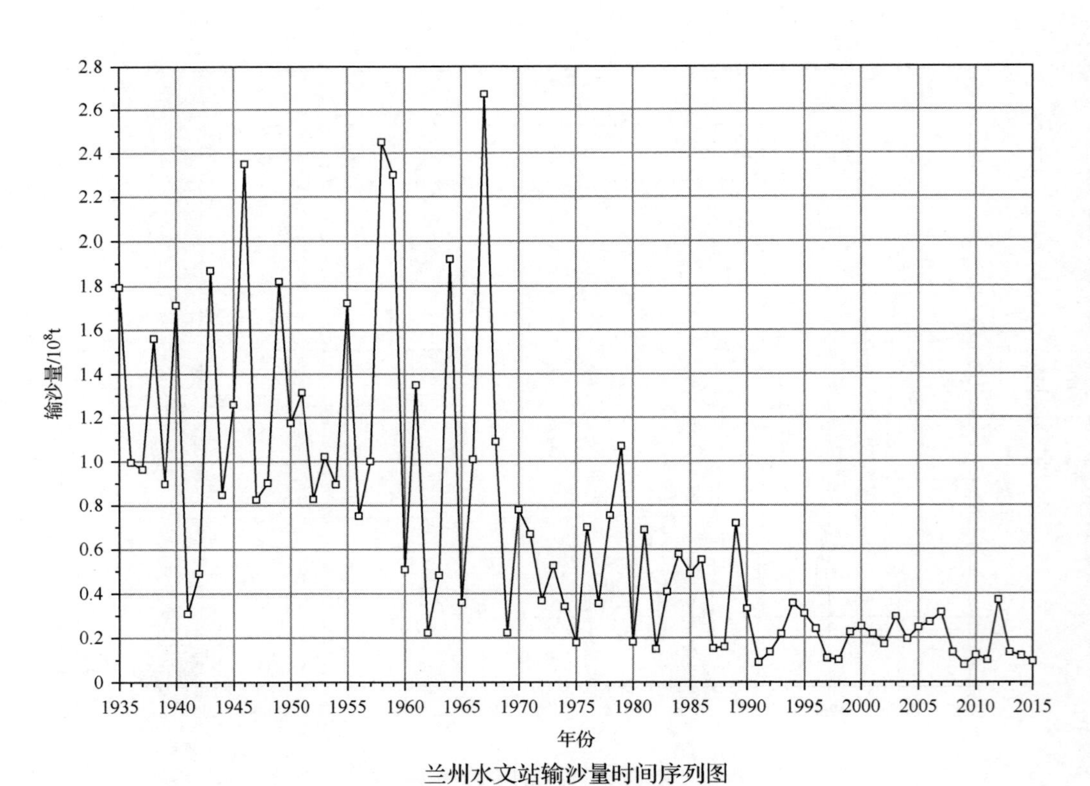

兰州水文站输沙量时间序列图

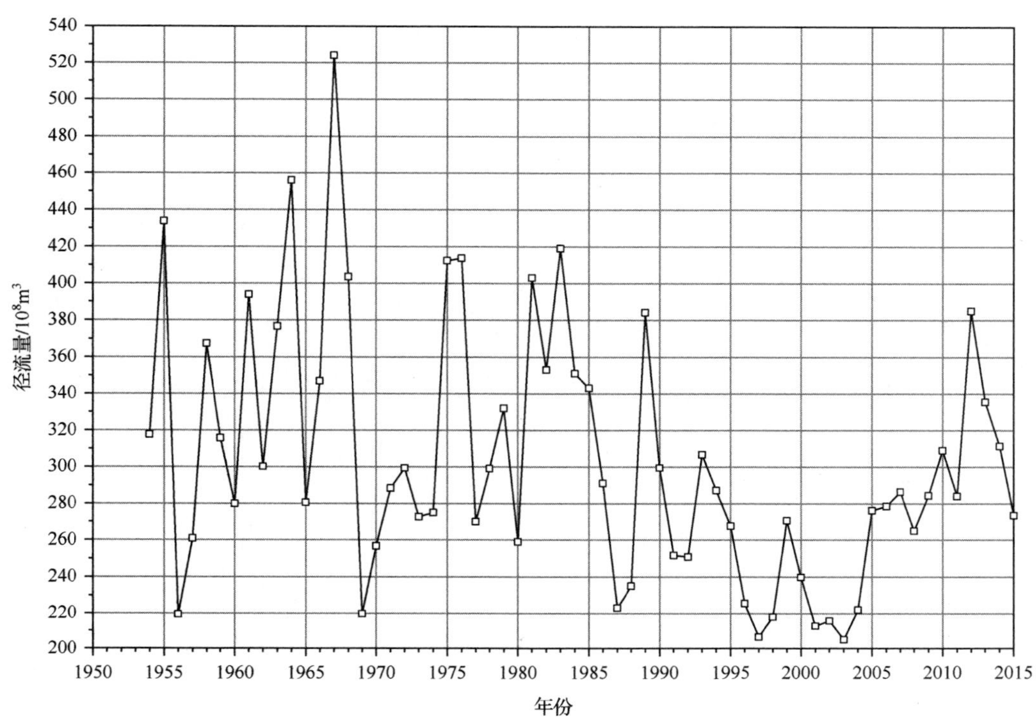

安宁渡水文站径流量时间序列图

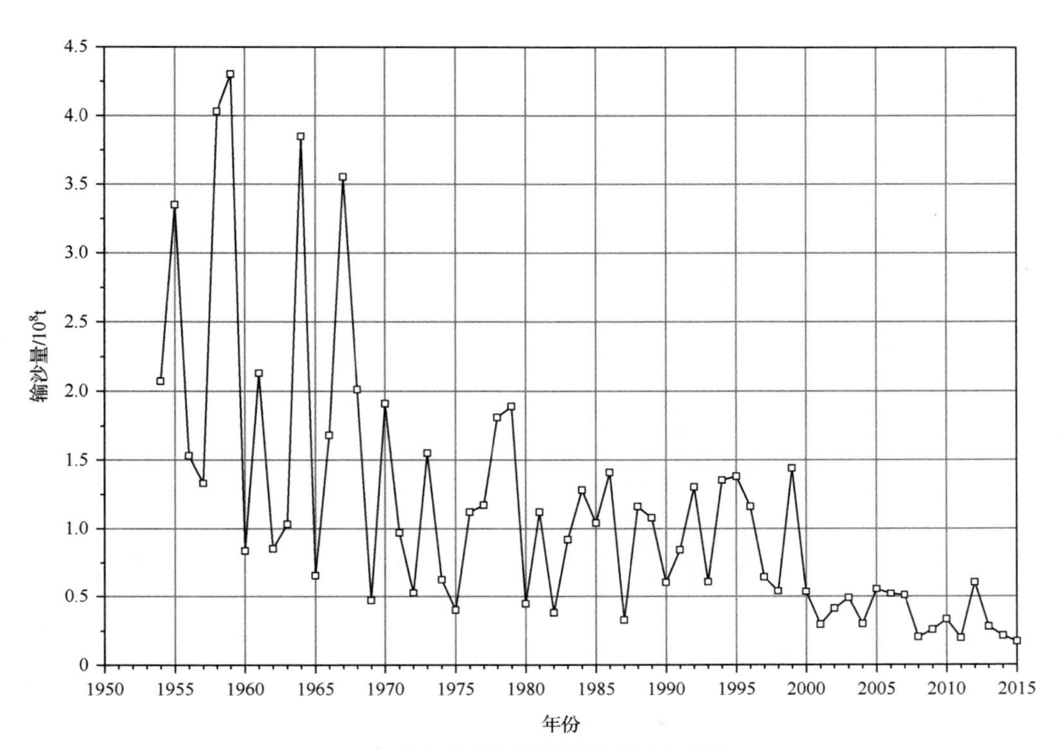

安宁渡水文站输沙量时间序列图

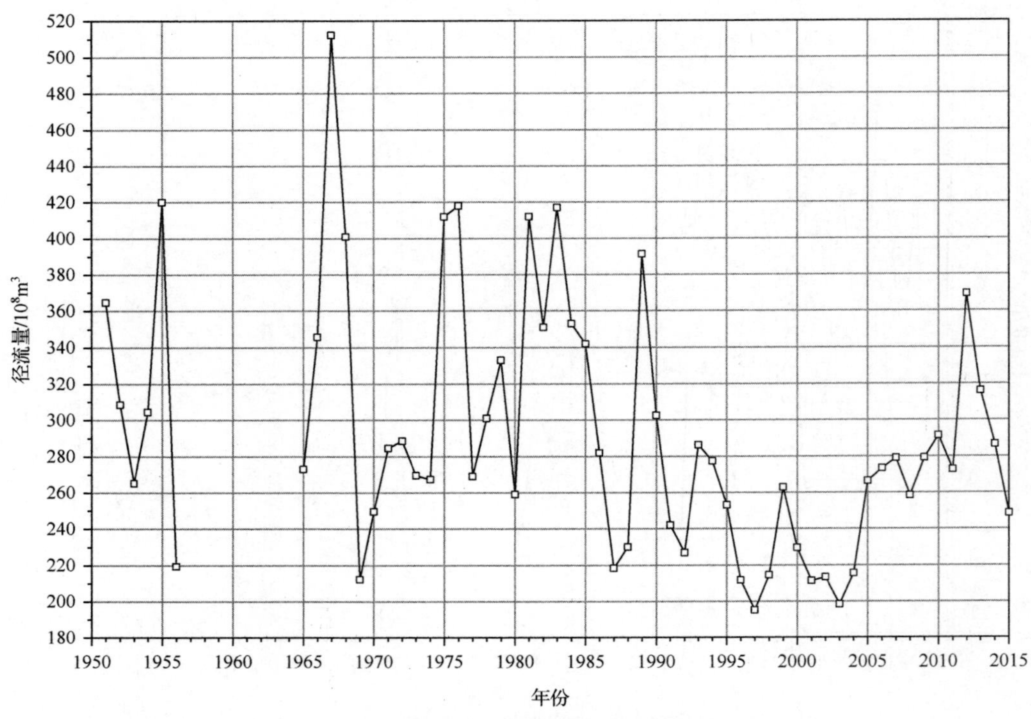

下河沿水文站径流量时间序列图

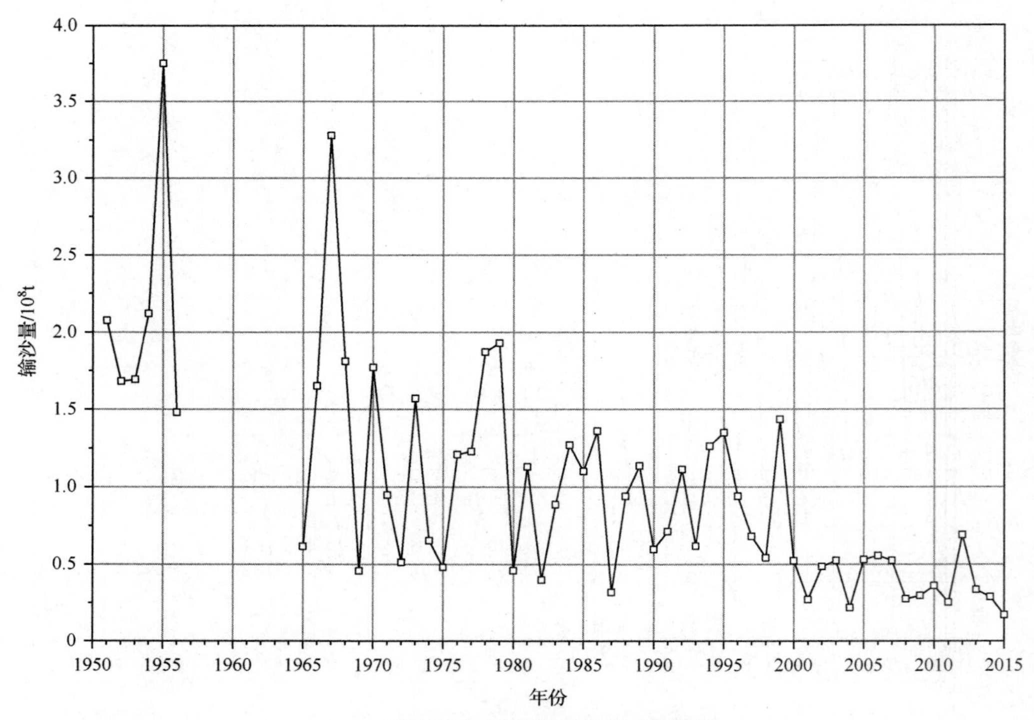

下河沿水文站输沙量时间序列图

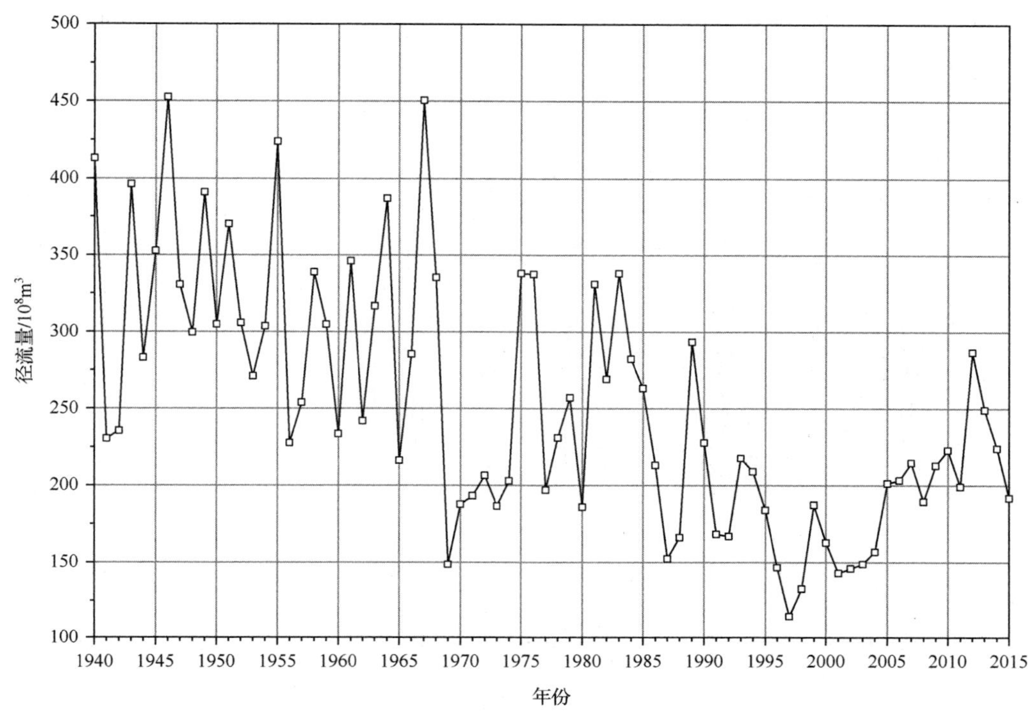

青铜峡水文站径流量时间序列图

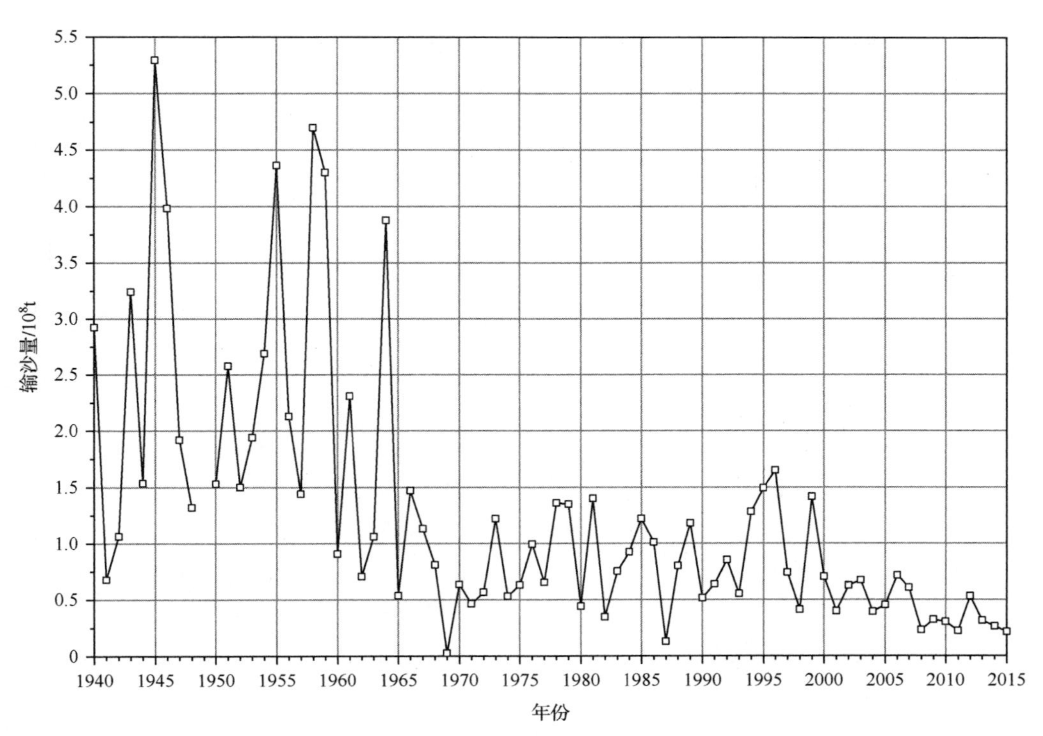

青铜峡水文站输沙量时间序列图

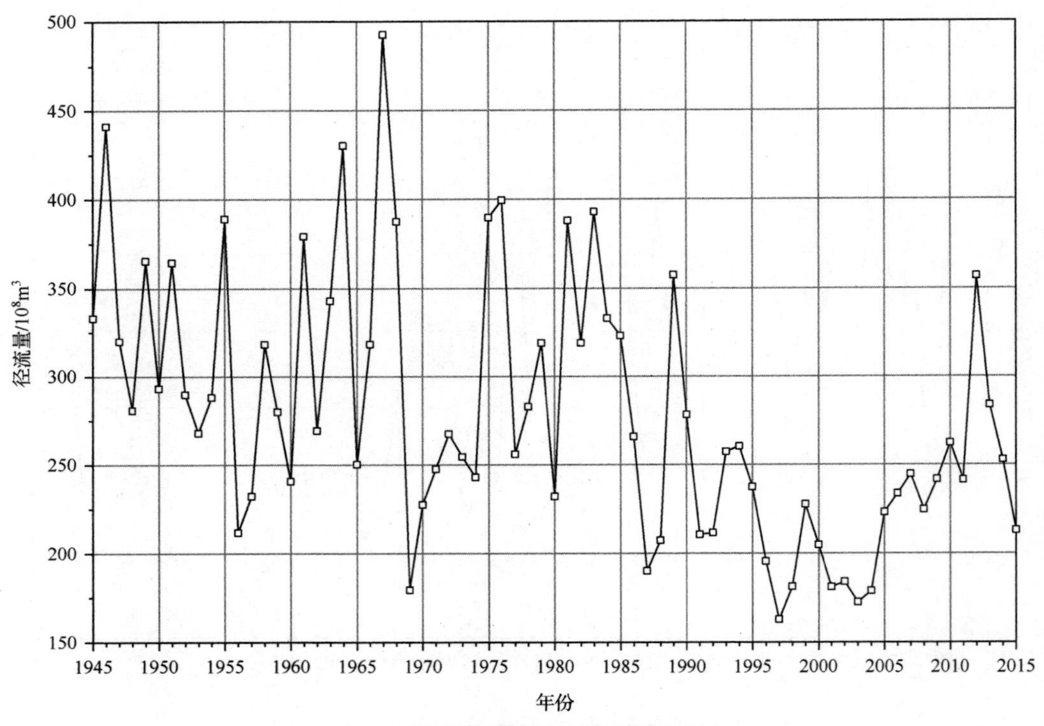

石嘴山水文站径流量时间序列图

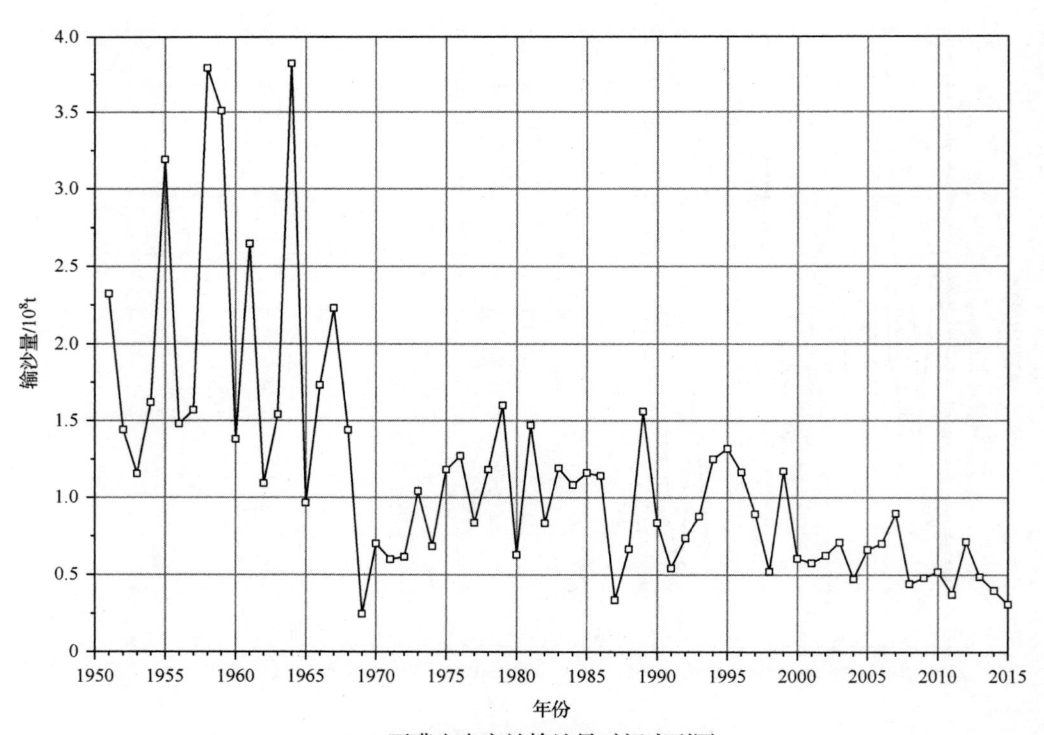

石嘴山水文站输沙量时间序列图

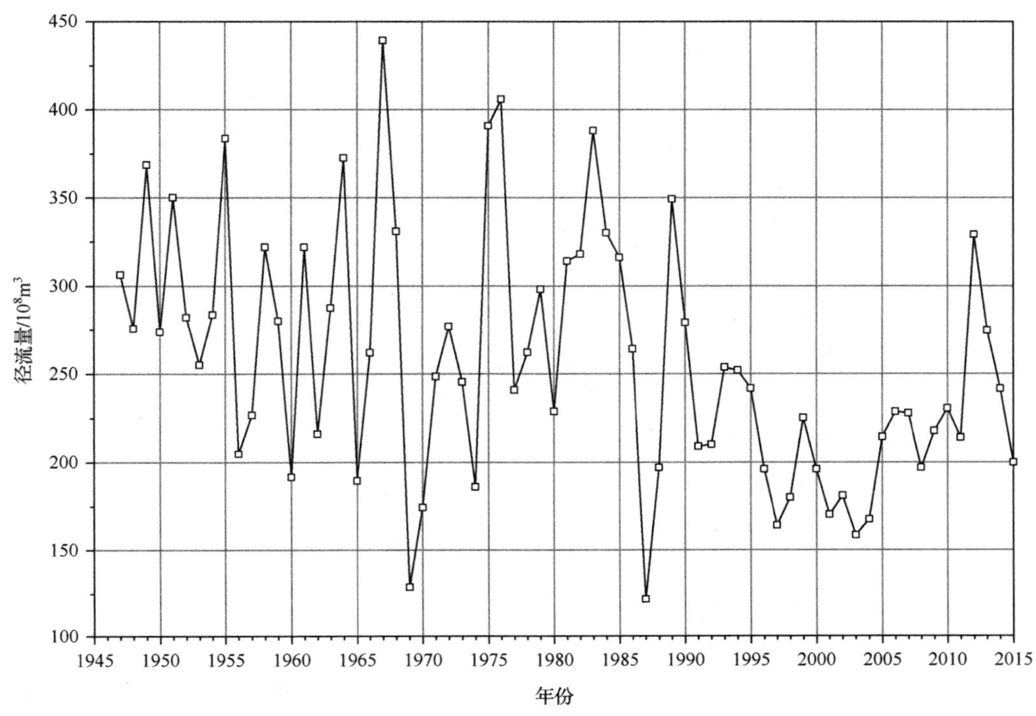

磴口水文站径流量时间序列图

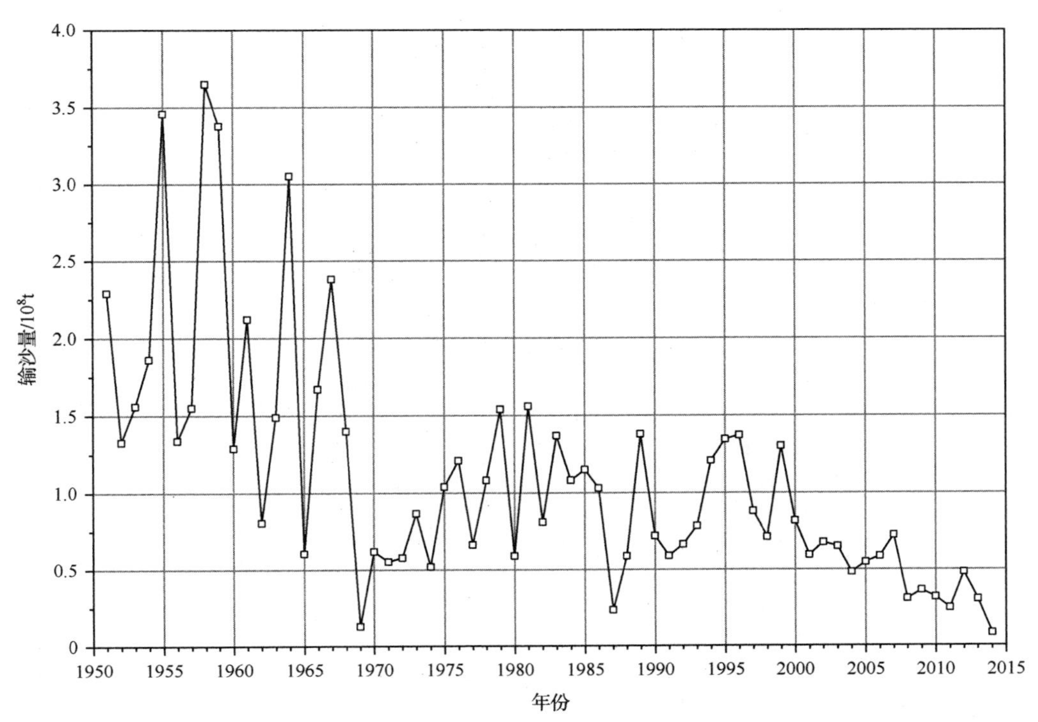

磴口水文站输沙量时间序列图

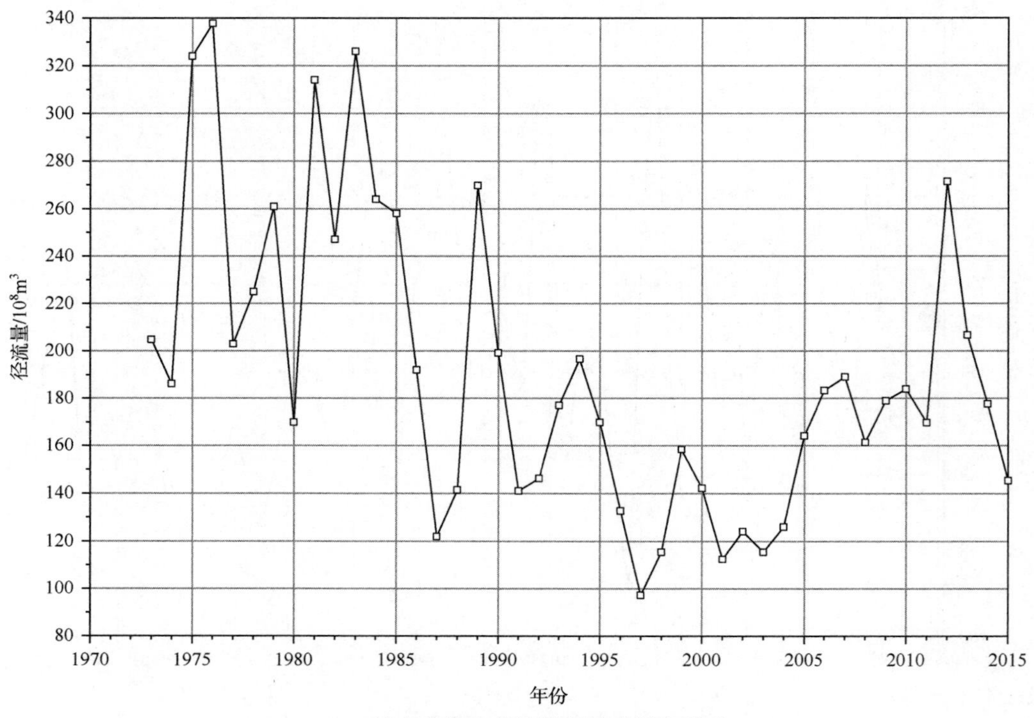

巴彦高勒水文站径流量时间序列图

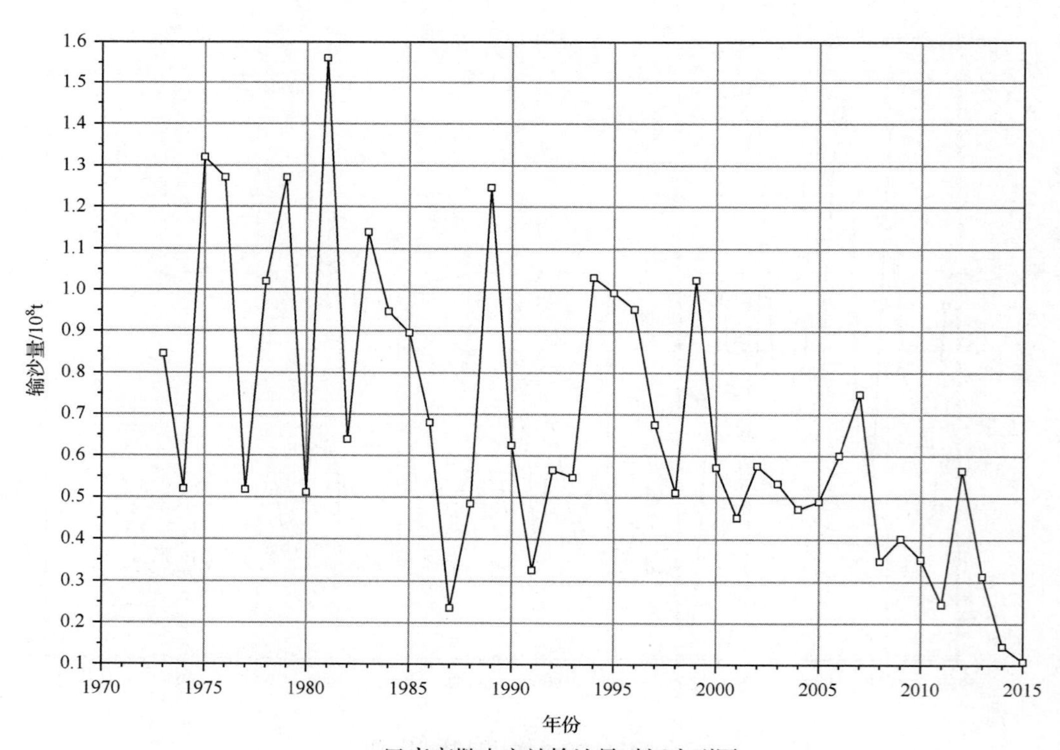

巴彦高勒水文站输沙量时间序列图

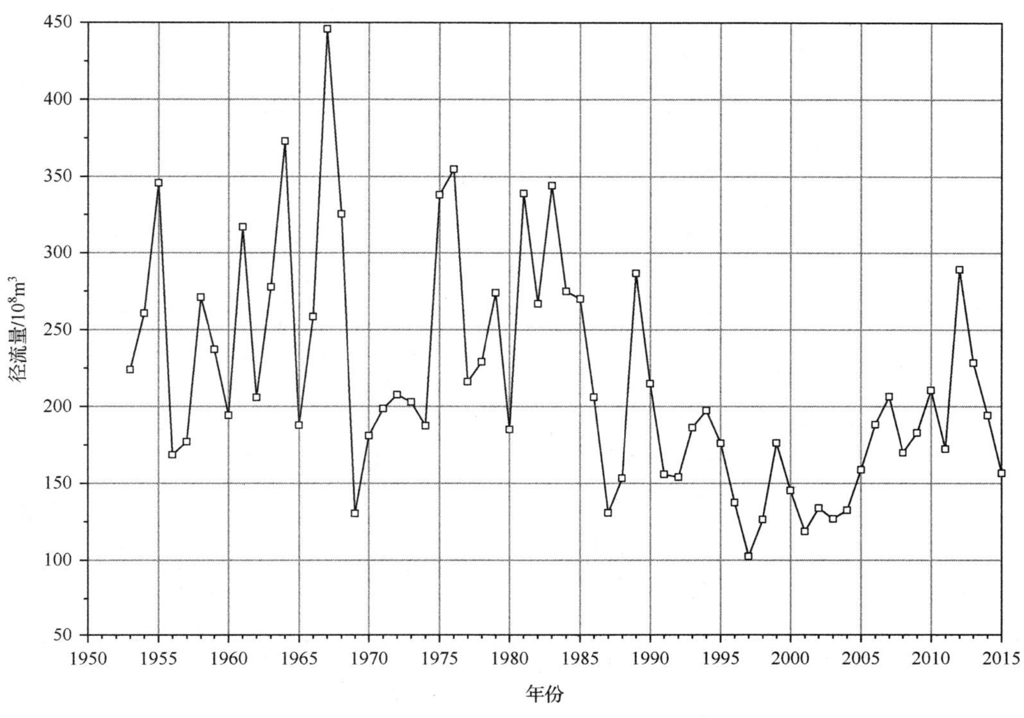

三湖河口水文站径流量时间序列图

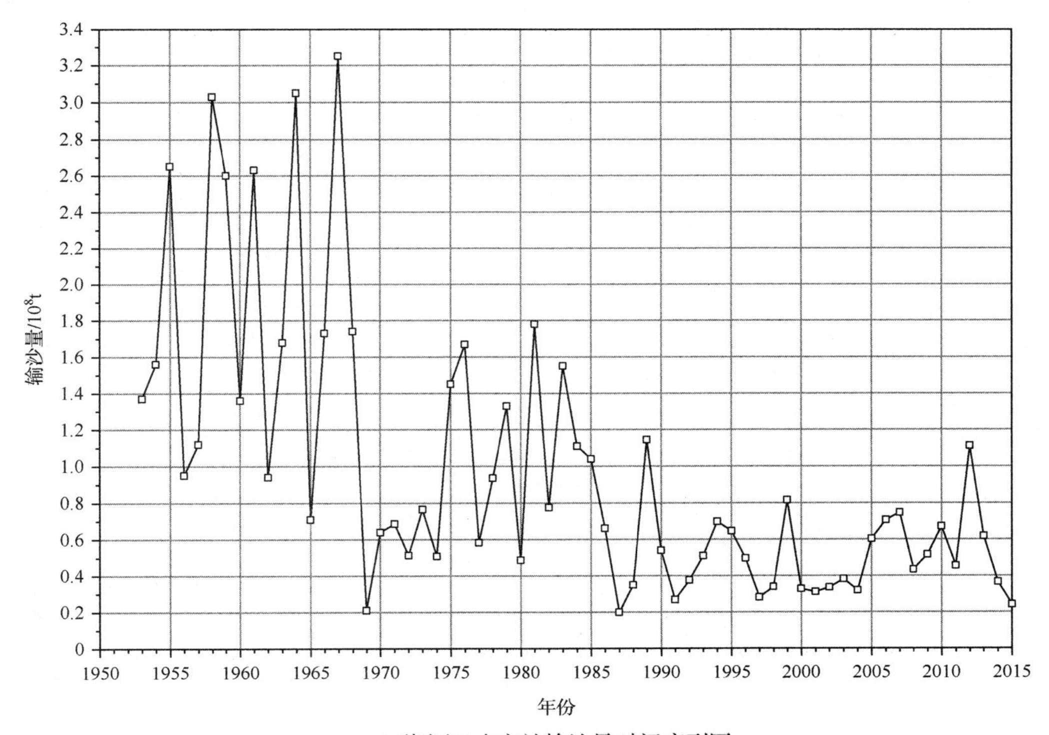

三湖河口水文站输沙量时间序列图

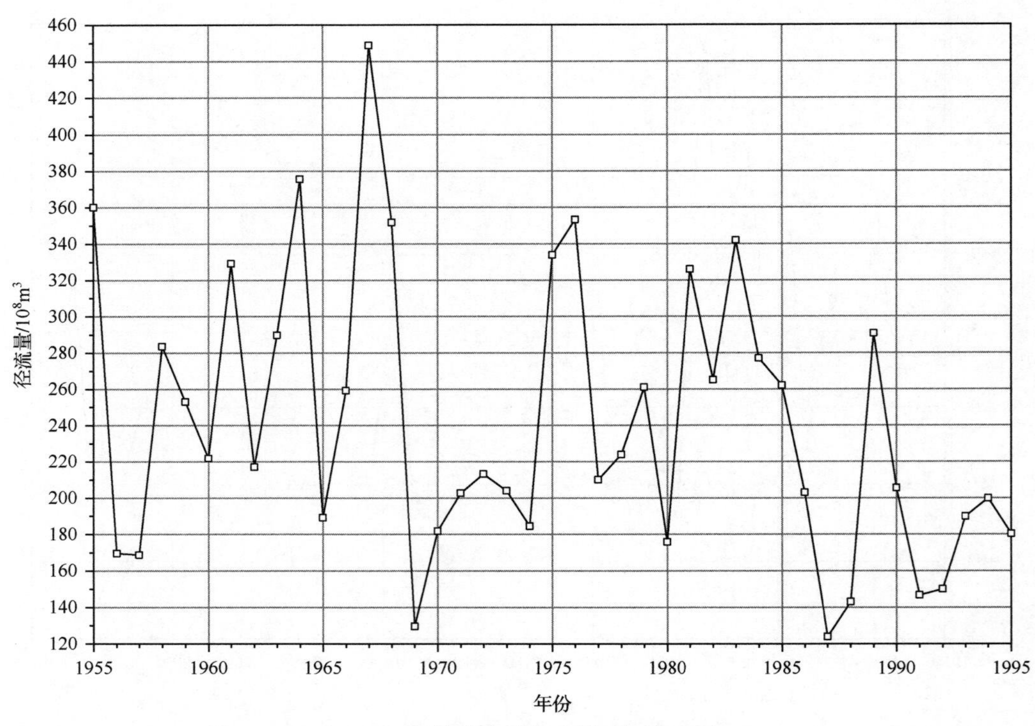

昭君坟水文站径流量时间序列图

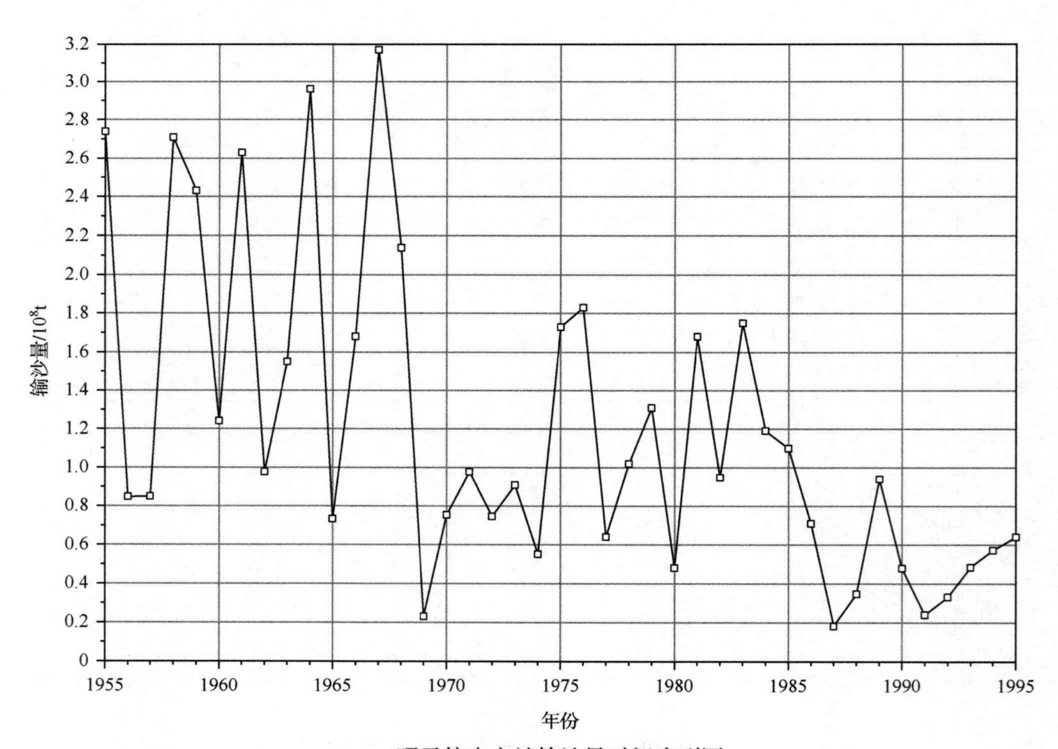

昭君坟水文站输沙量时间序列图

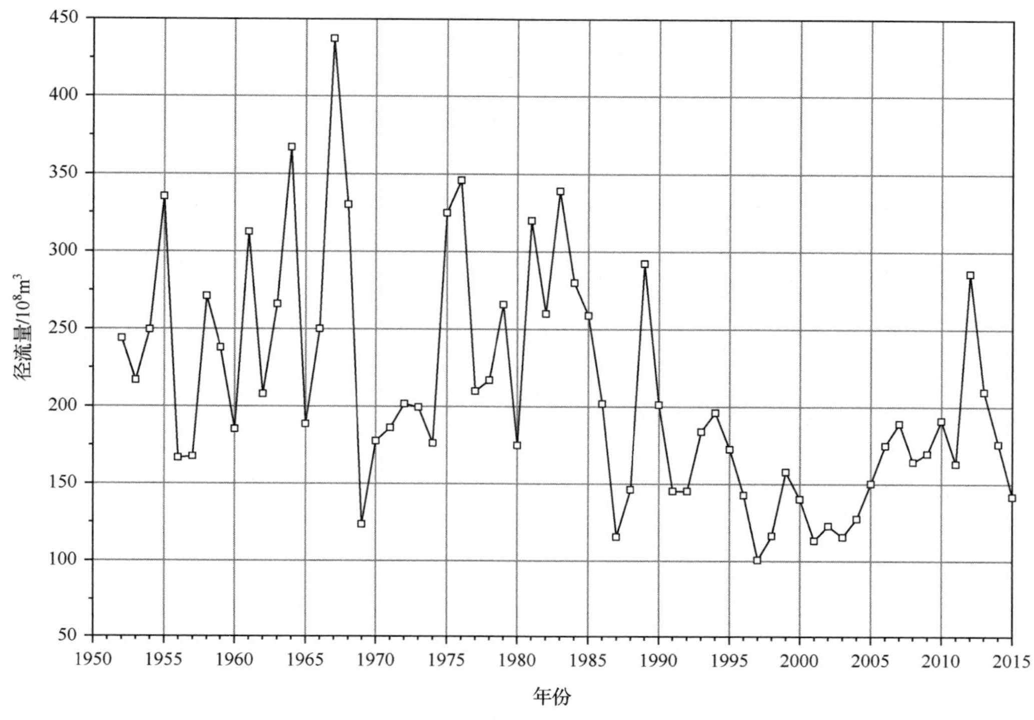

头道拐水文站径流量时间序列图

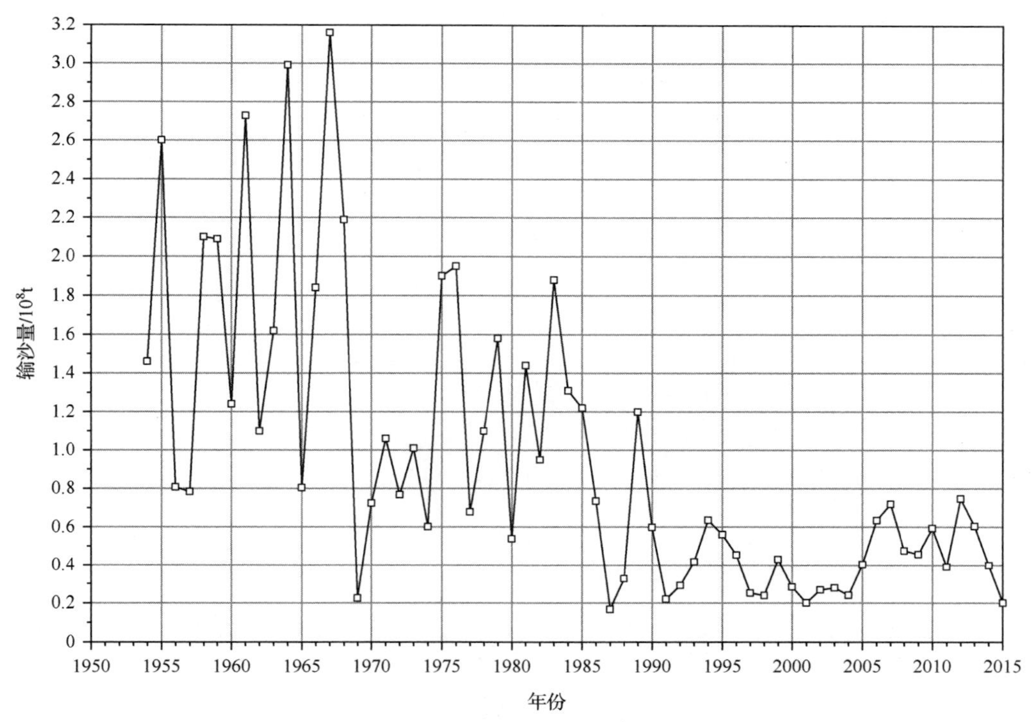

头道拐水文站输沙量时间序列图

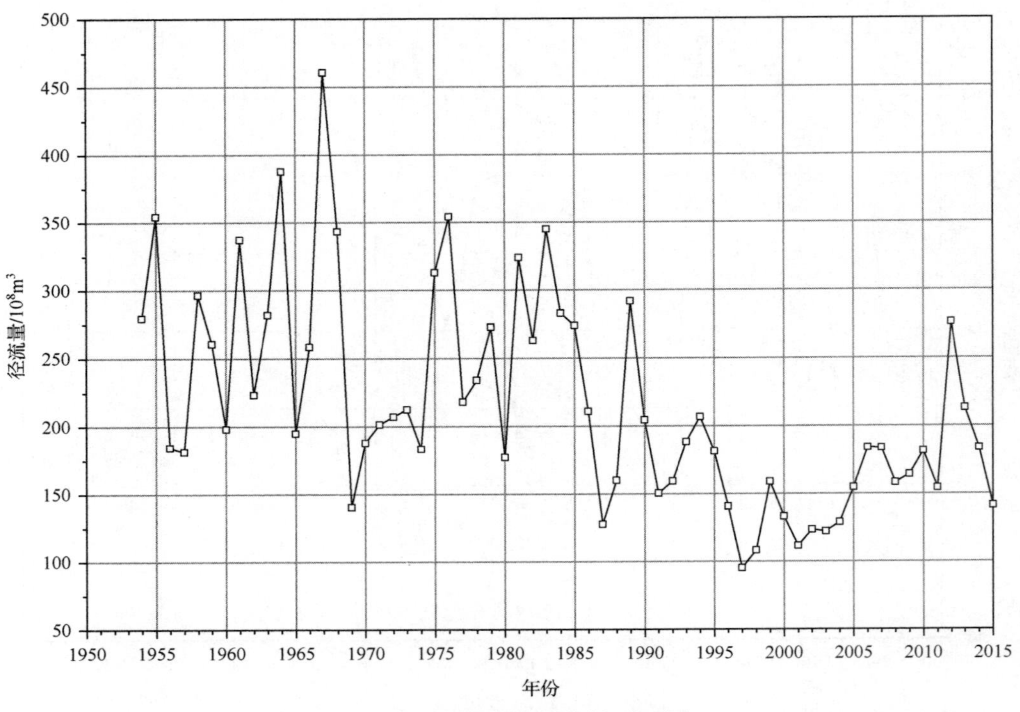

府谷水文站径流量时间序列图

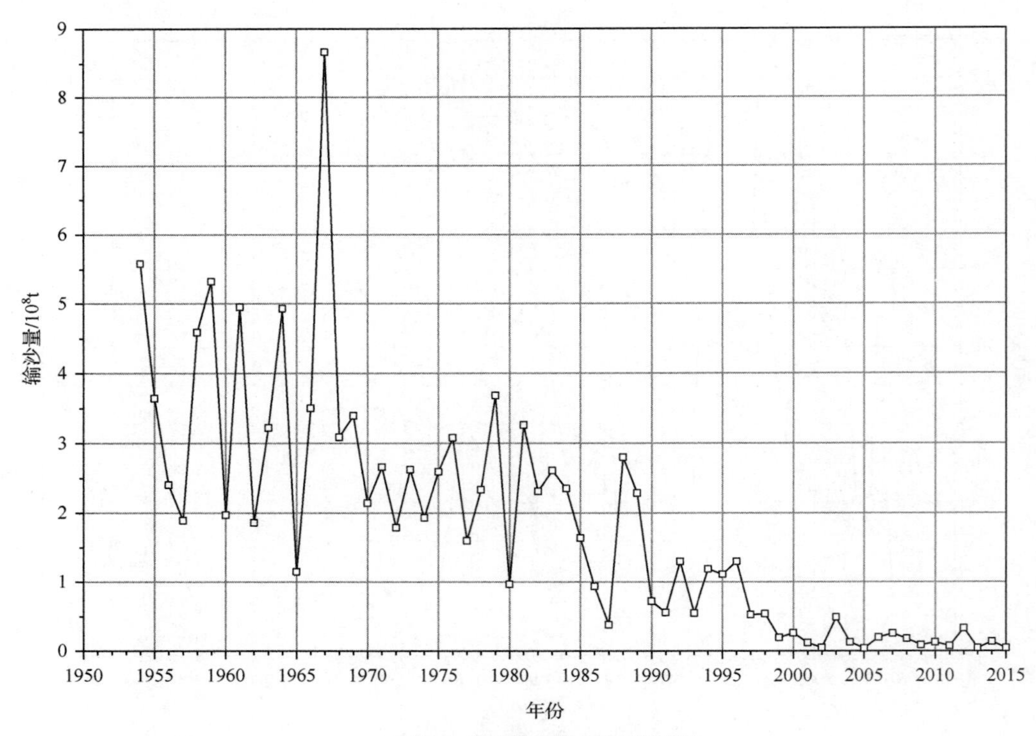

府谷水文站输沙量时间序列图

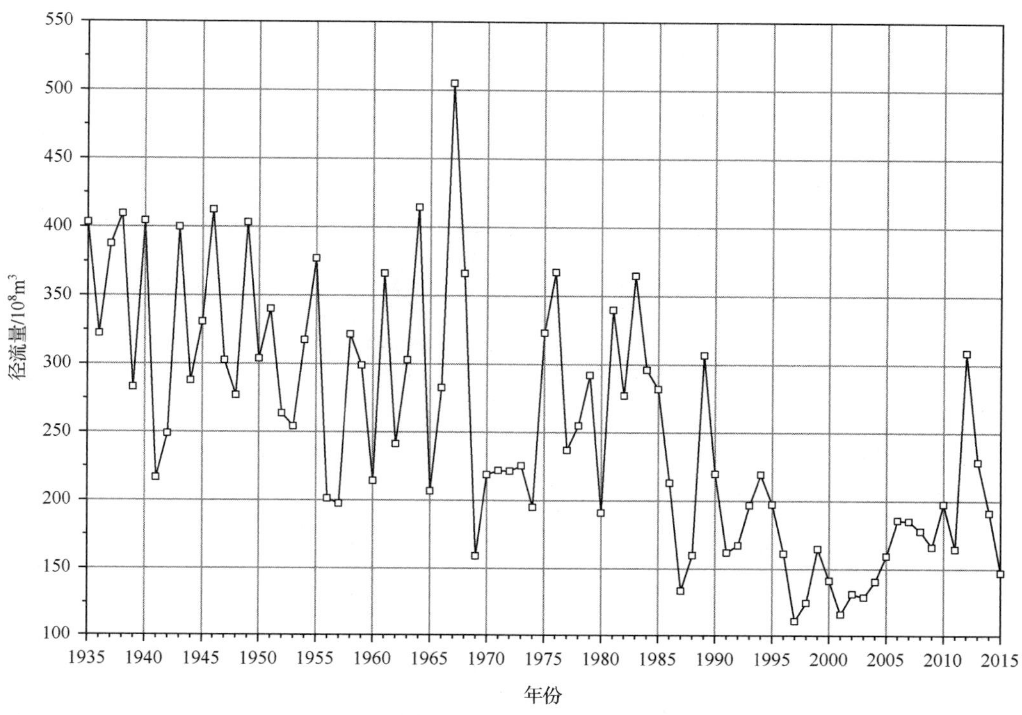

吴堡水文站径流量时间序列图

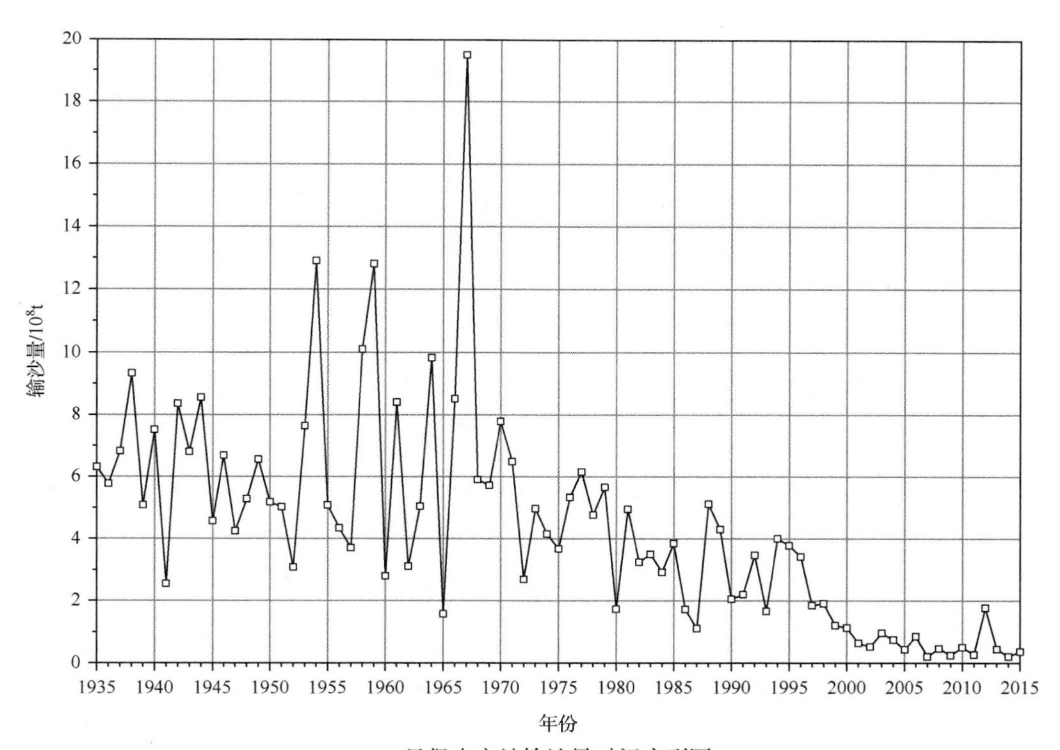

吴堡水文站输沙量时间序列图

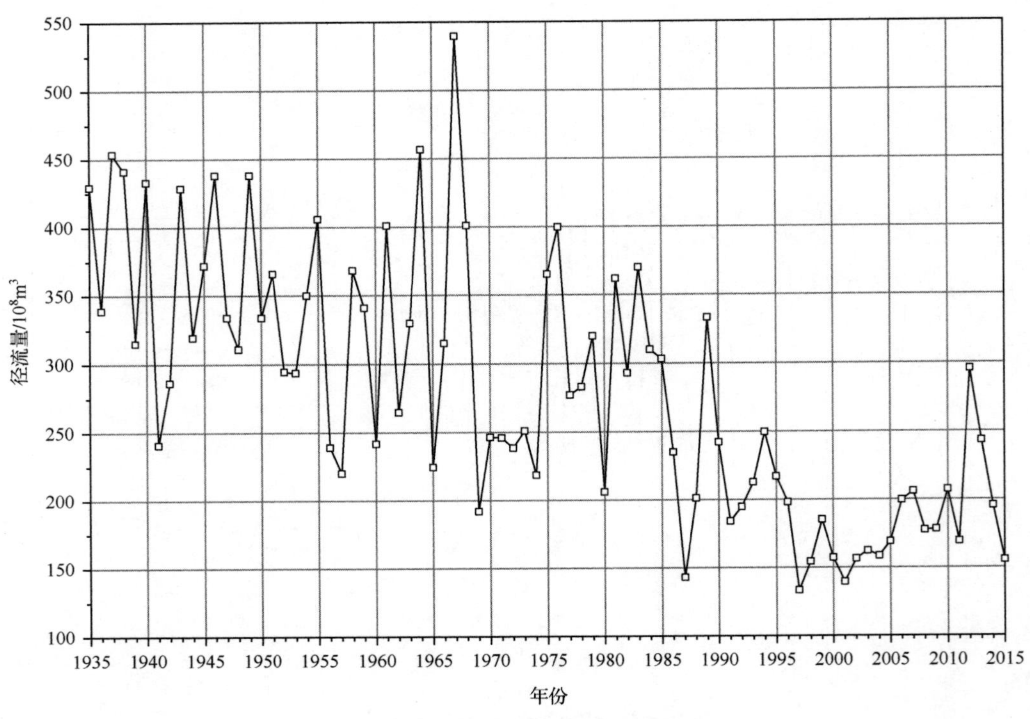

龙门水文站径流量时间序列图

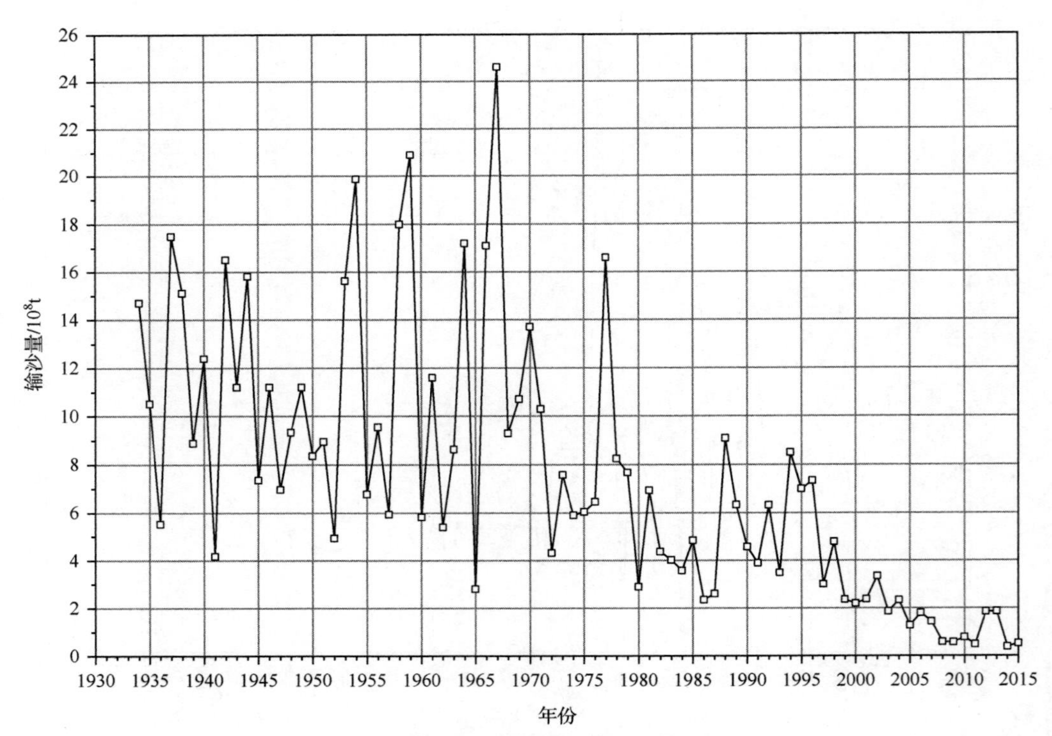

龙门水文站输沙量时间序列图

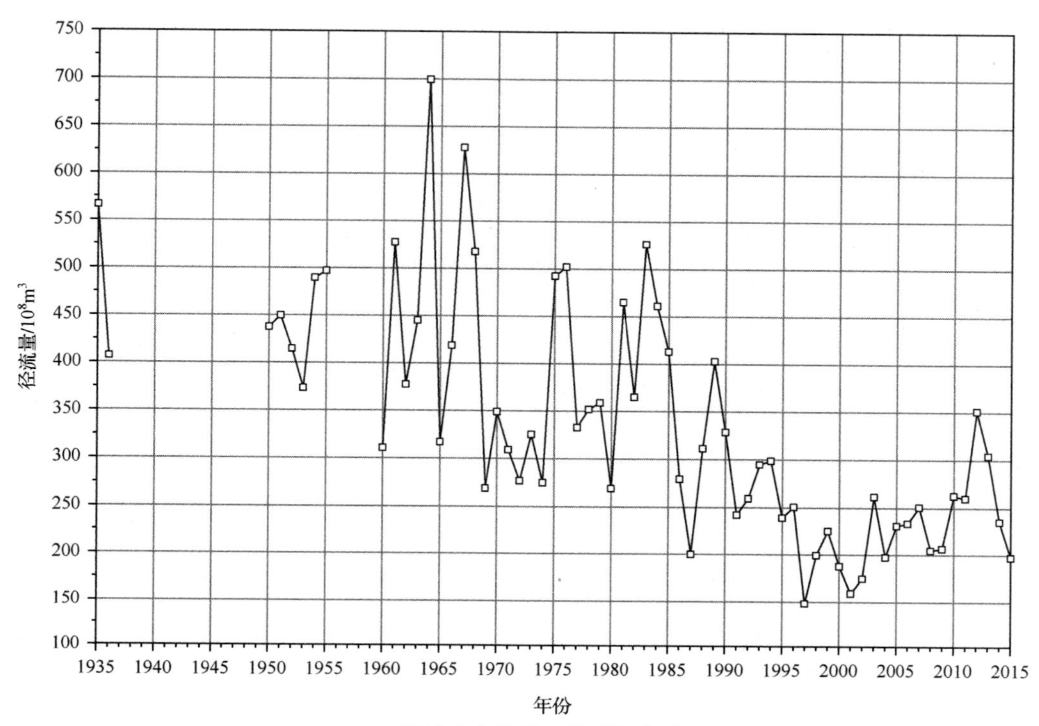

潼关水文站径流量时间序列图

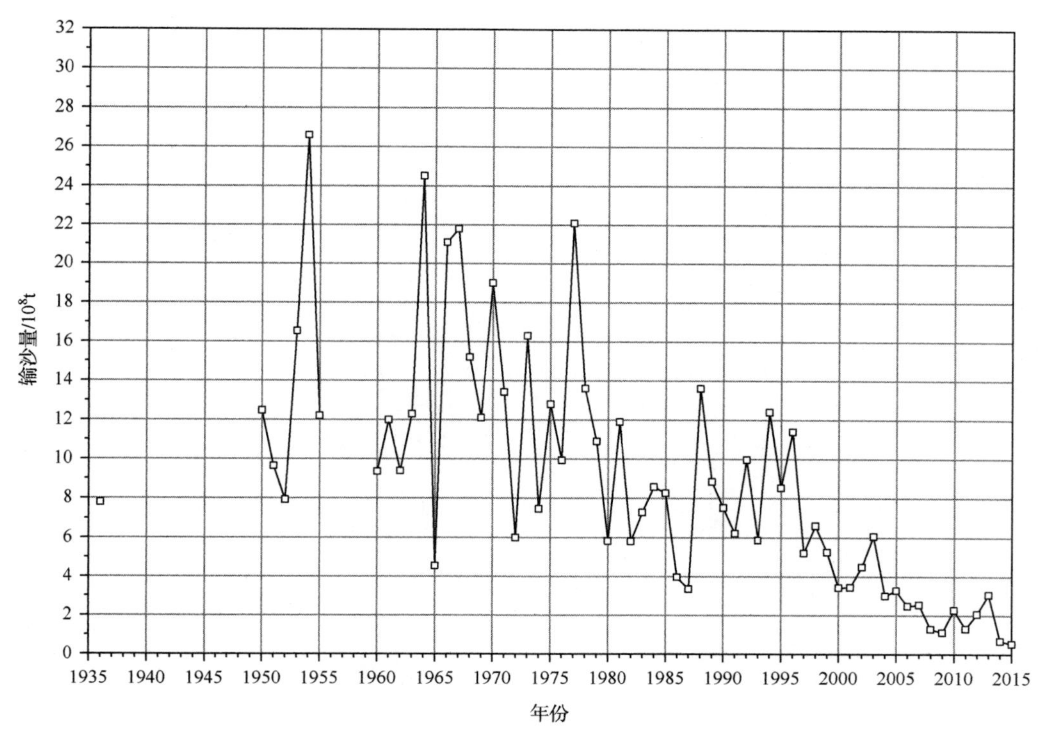

潼关水文站输沙量时间序列图

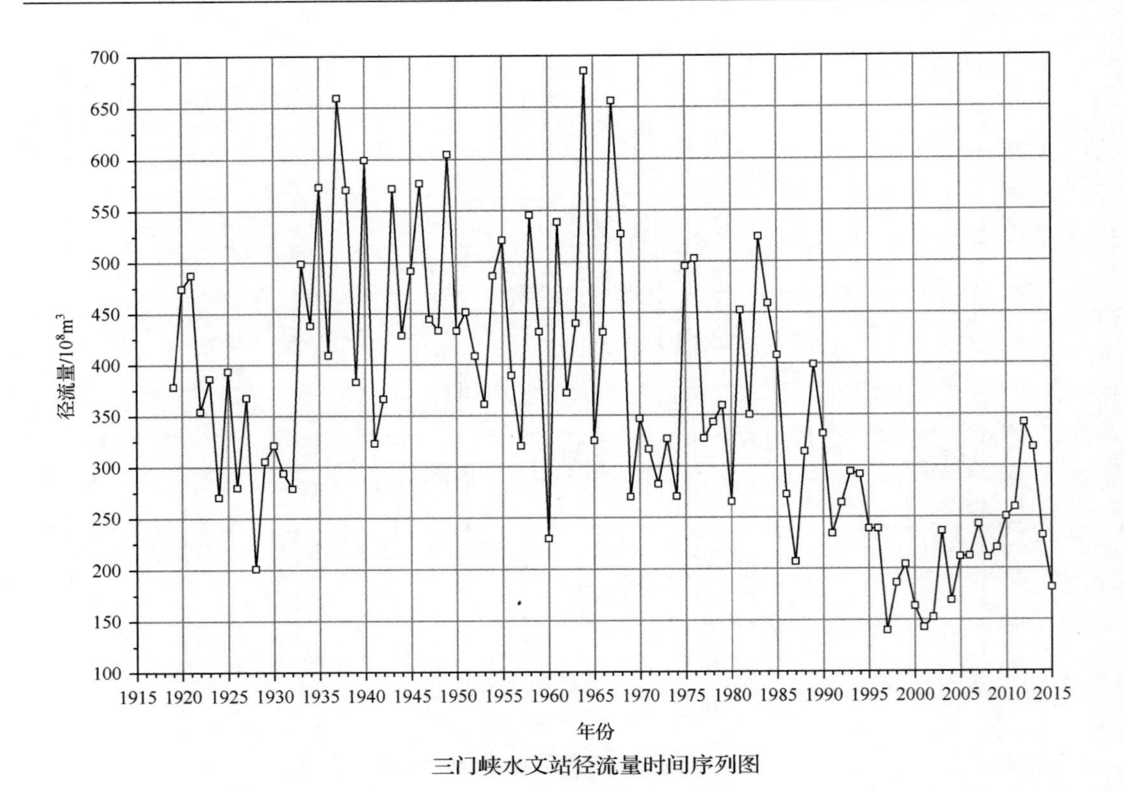

三门峡水文站径流量时间序列图

输沙量/10^8t

40
35
30
25
20
15
10
5
0

1915 1920 1925 1930 1935 1940 1945 1950 1955 1960 1965 1970 1975 1980 1985 1990 1995 2000 2005 2010 2015

年份

三门峡水文站输沙量时间序列图

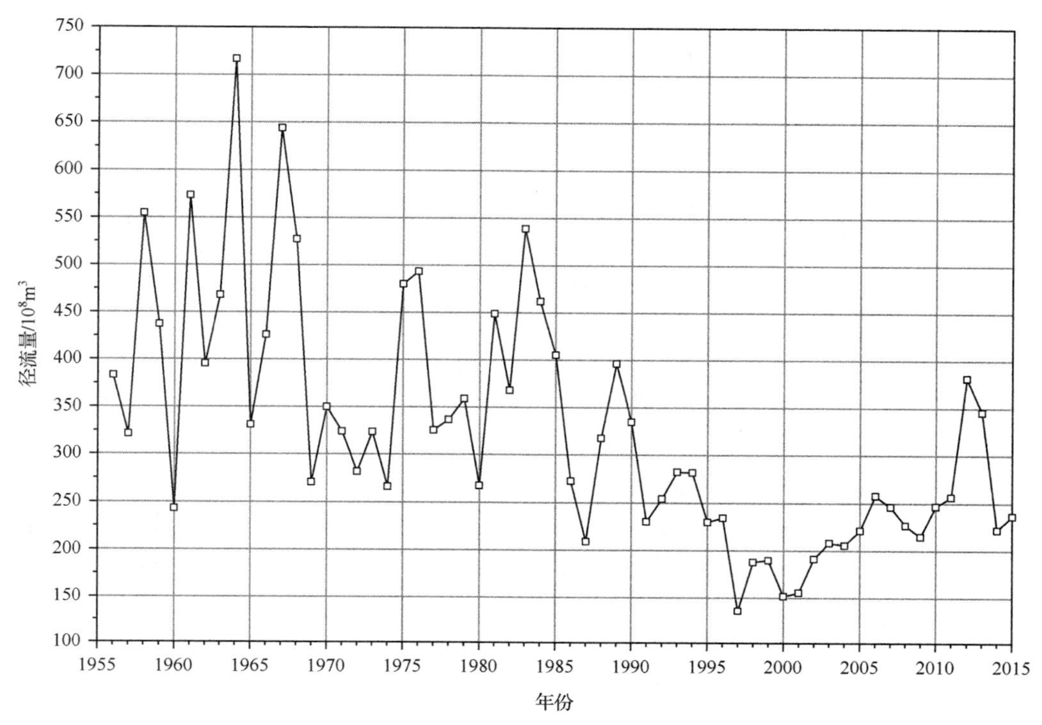

小浪底水文站径流量时间序列图

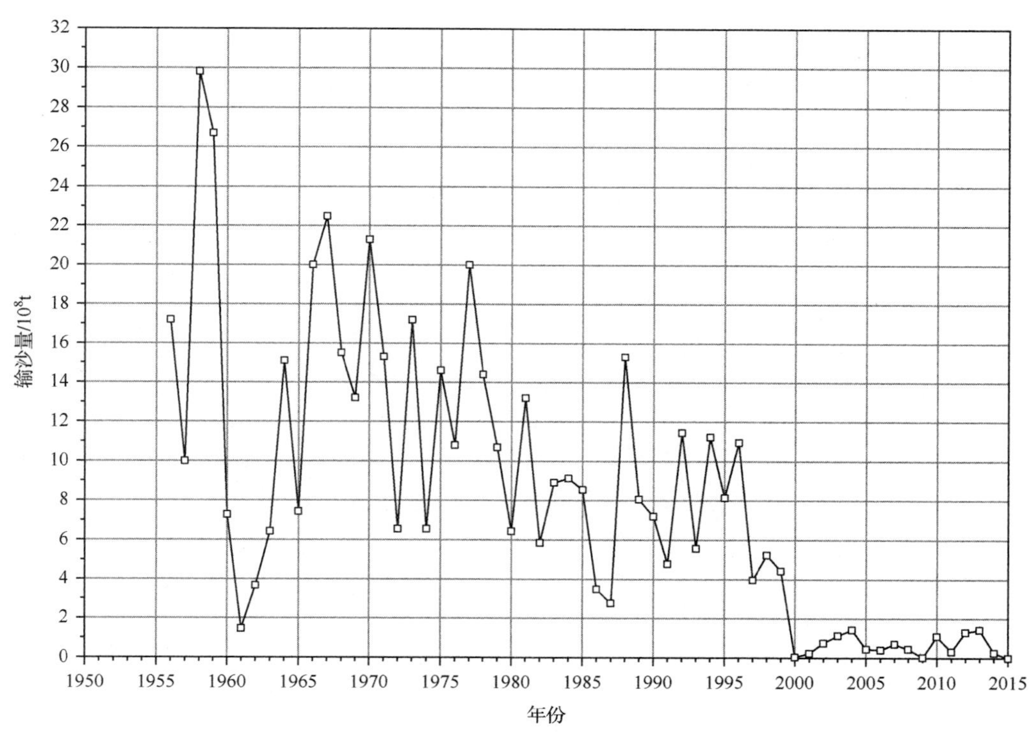

小浪底水文站输沙量时间序列图

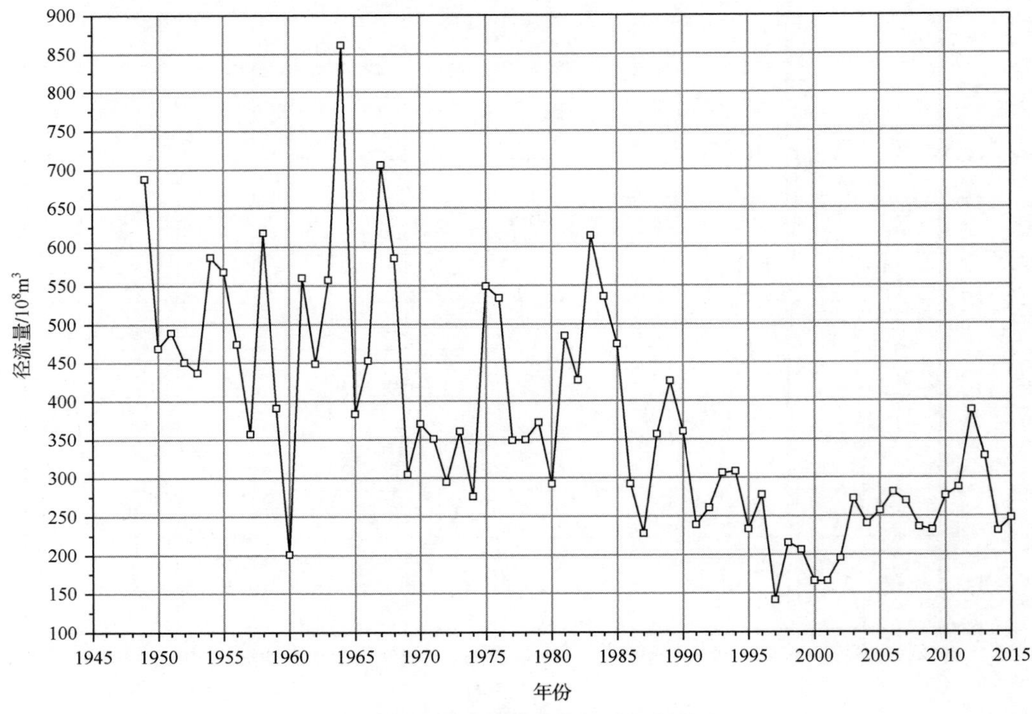

花园口水文站径流量时间序列图

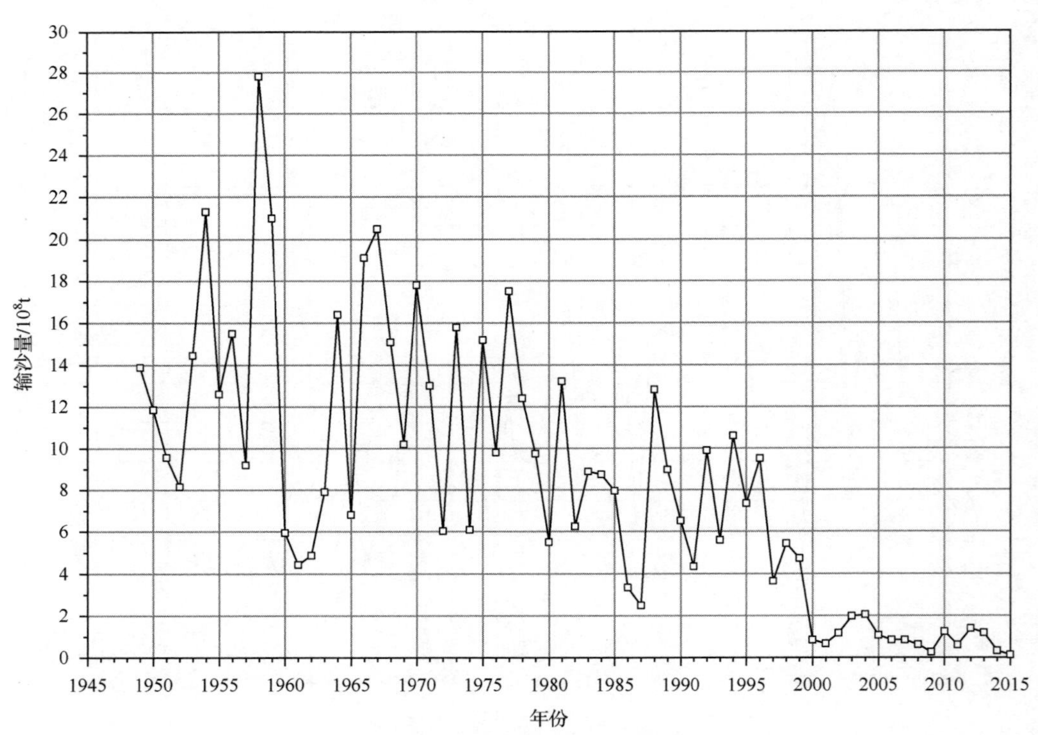

花园口水文站输沙量时间序列图

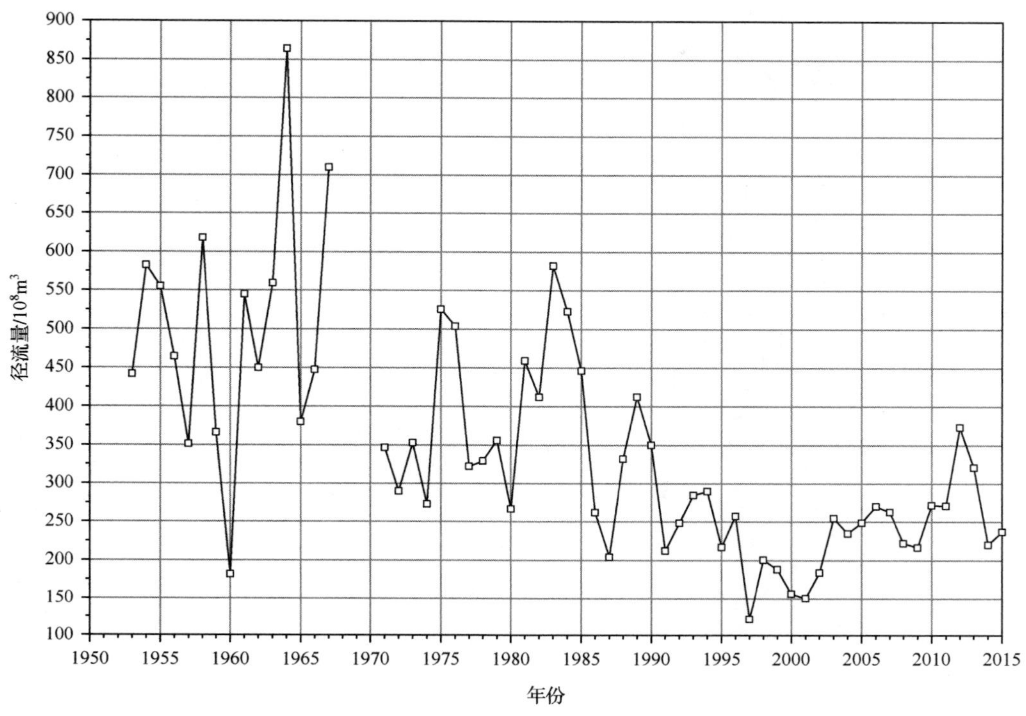

夹河滩水文站径流量时间序列图

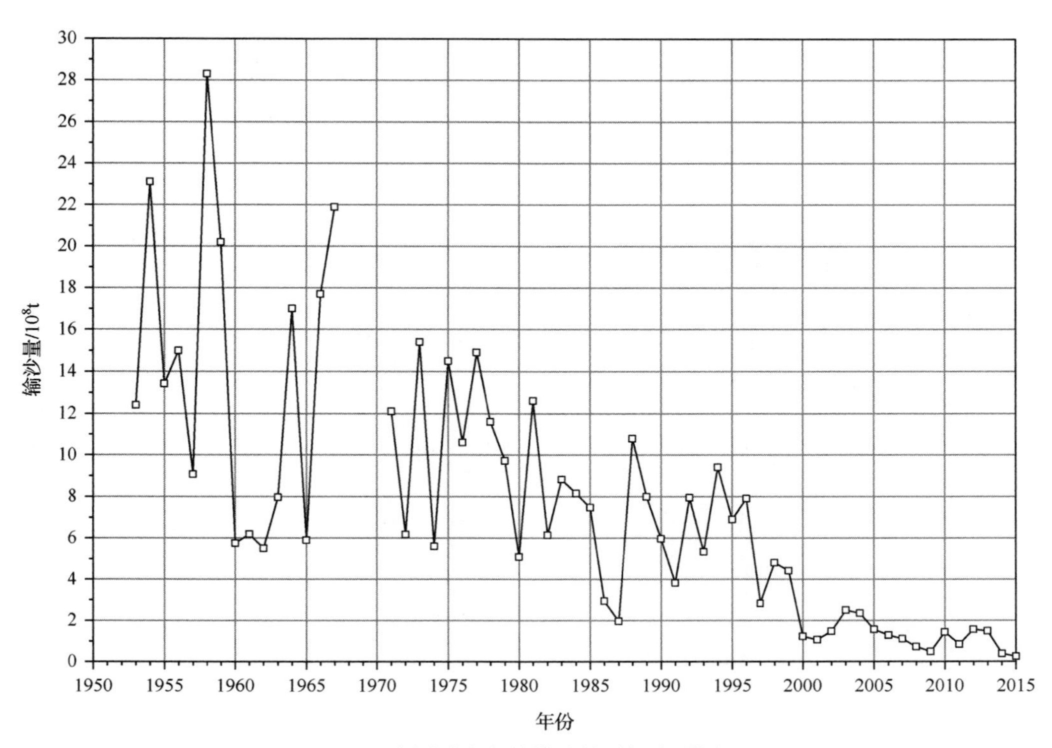

夹河滩水文站输沙量时间序列图

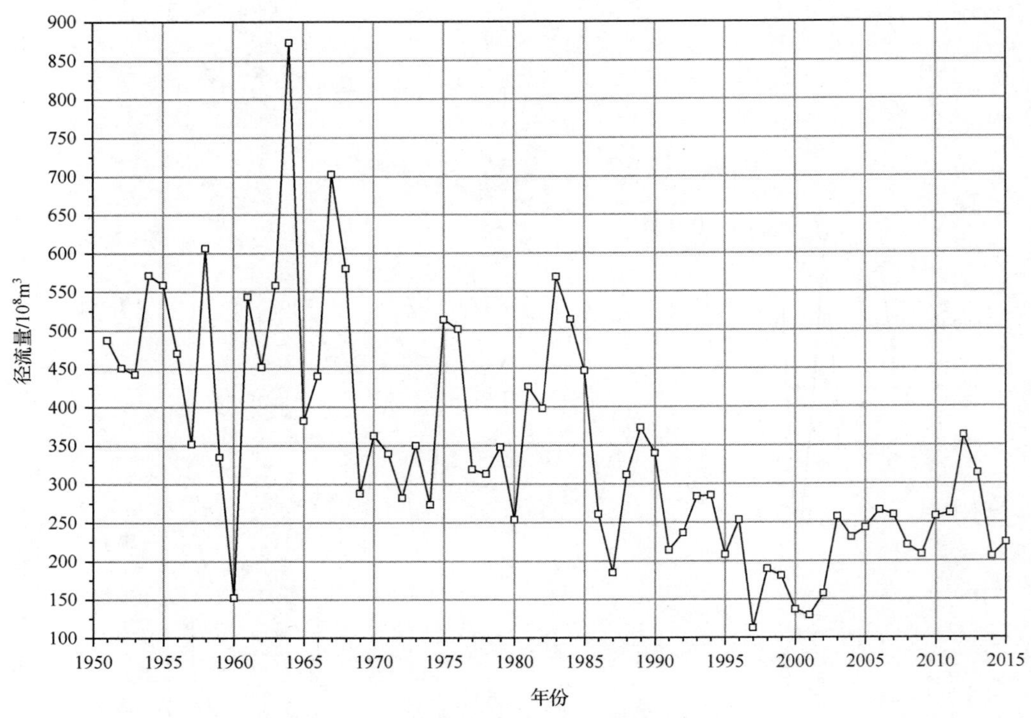

高村水文站径流量时间序列图

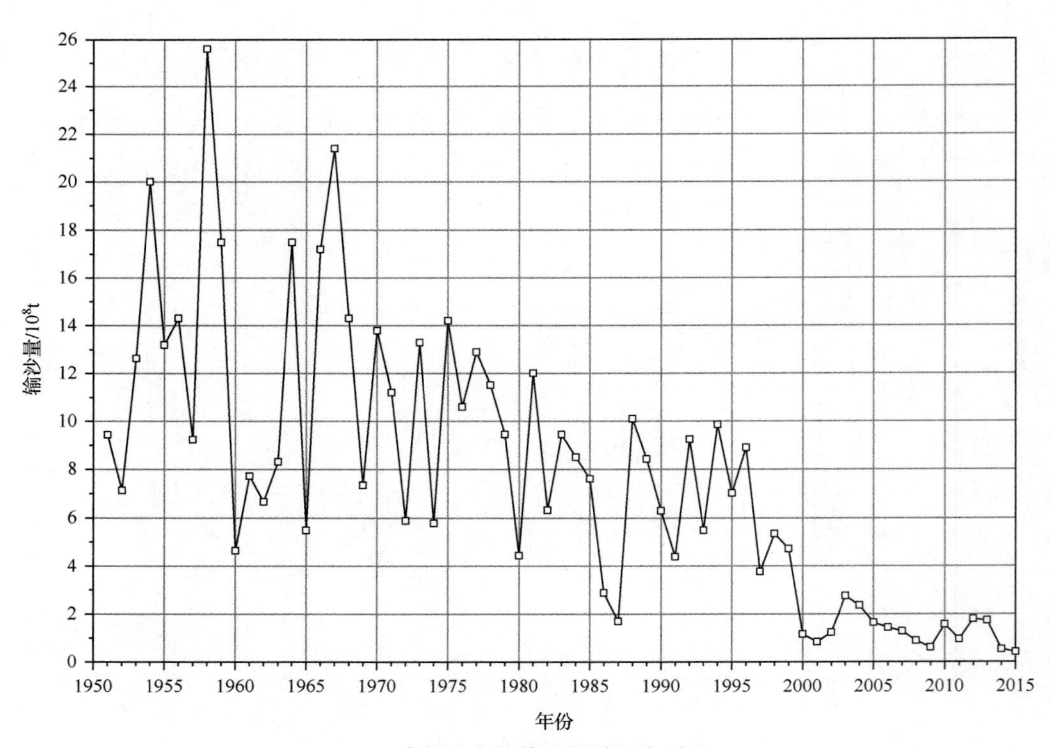

高村水文站输沙量时间序列图

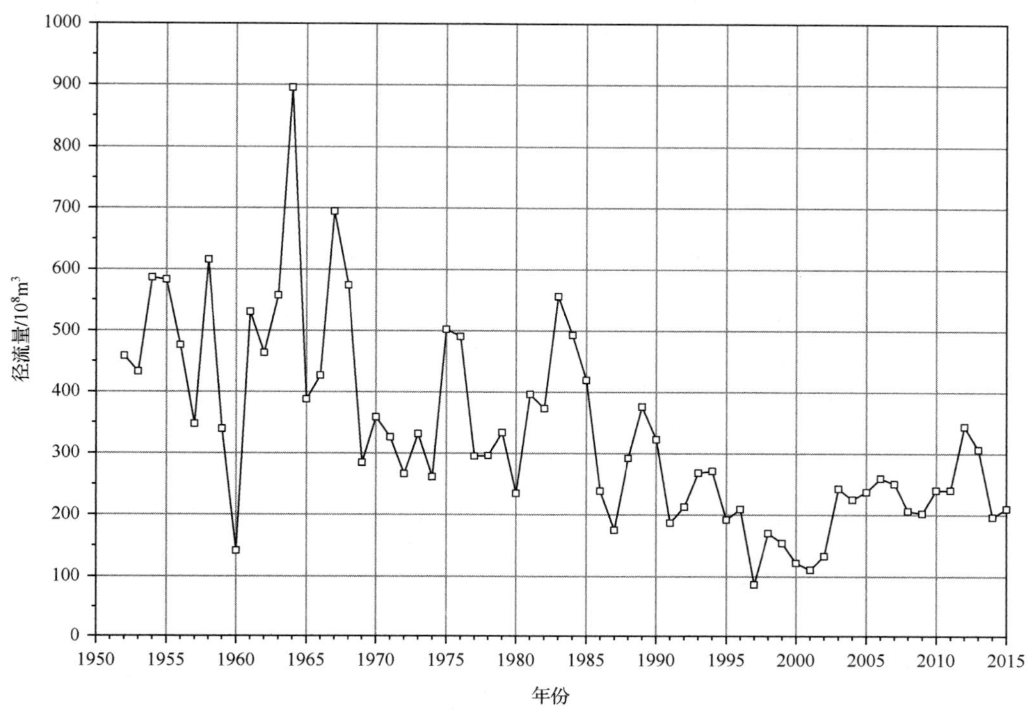

孙口水文站径流量时间序列图

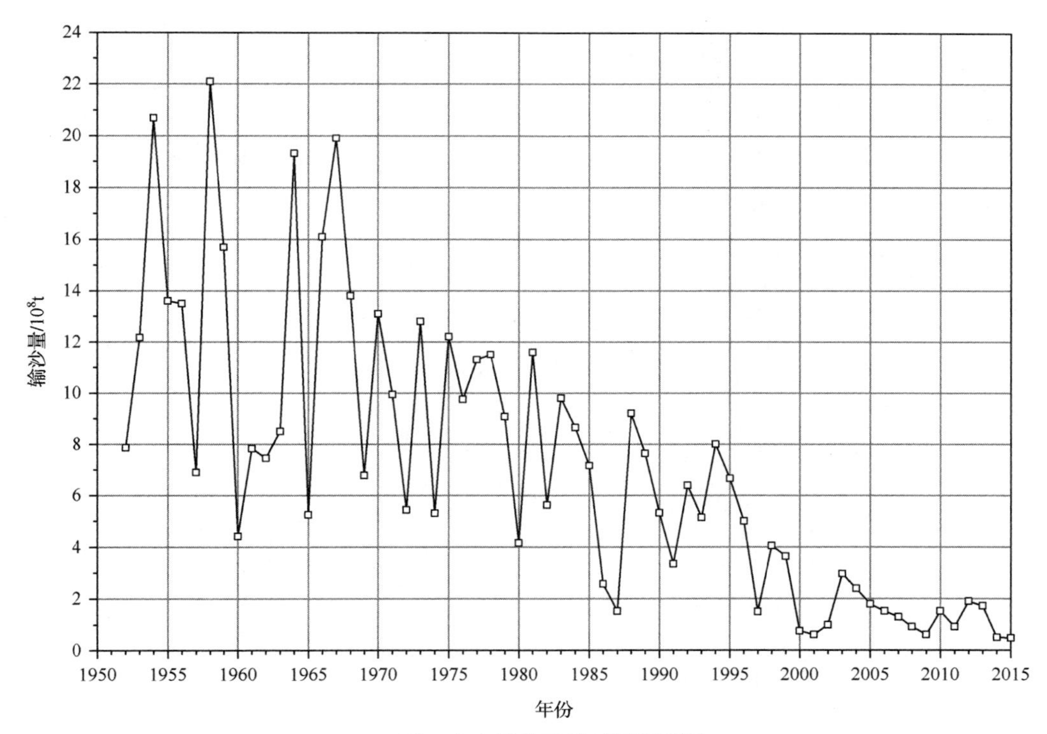

孙口水文站输沙量时间序列图

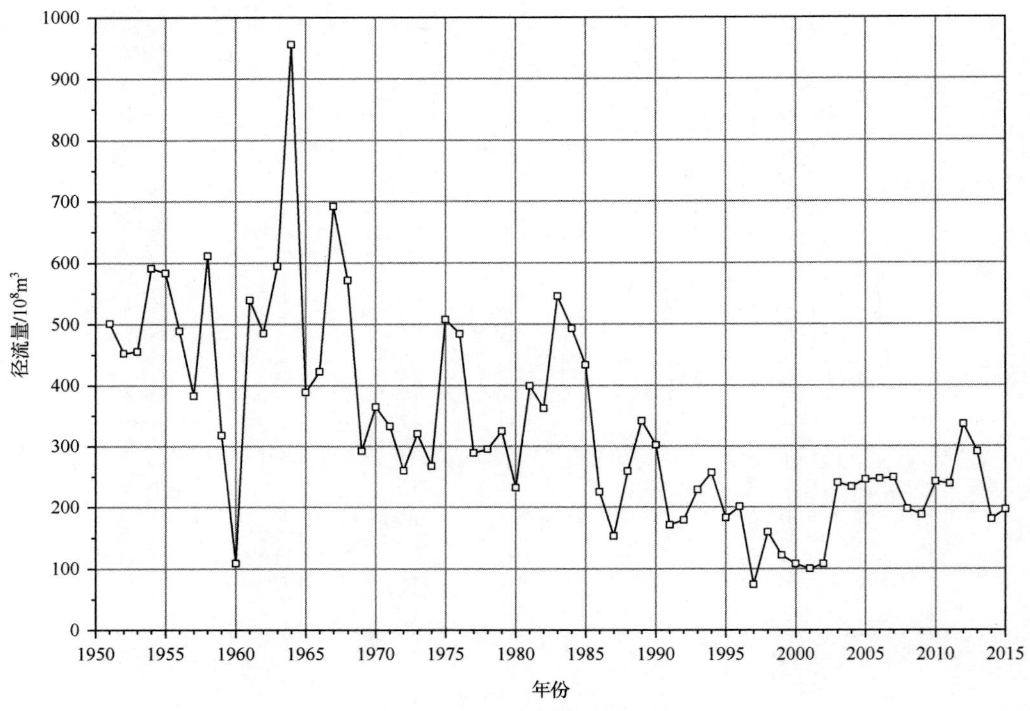

艾山水文站径流量时间序列图

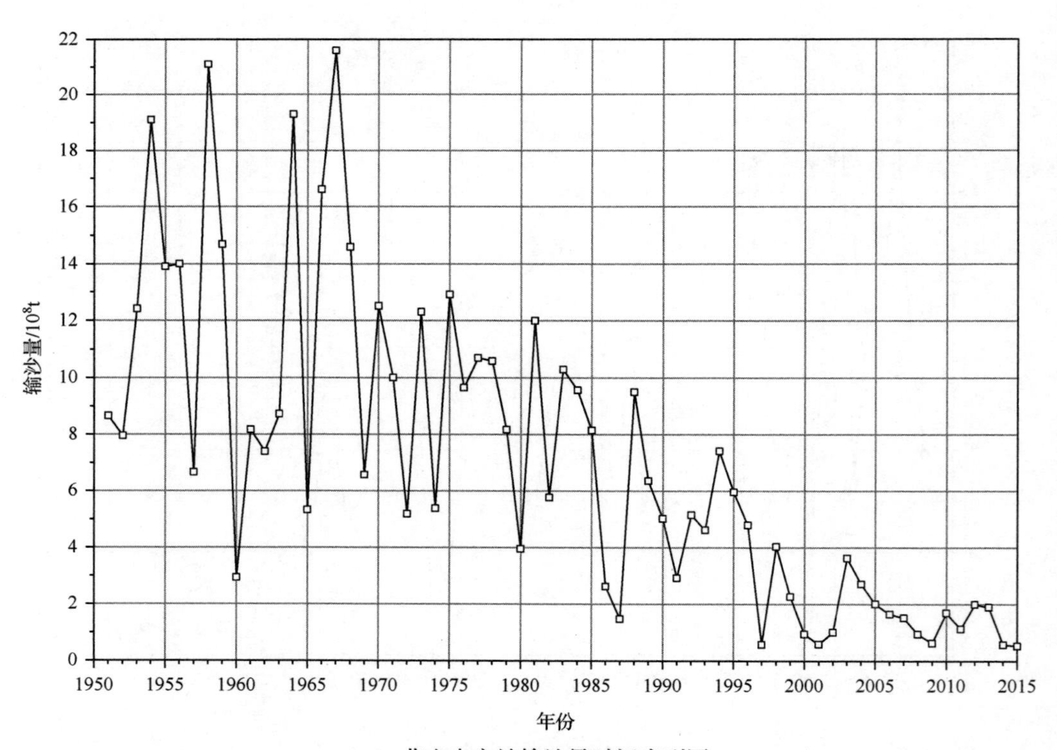

艾山水文站输沙量时间序列图

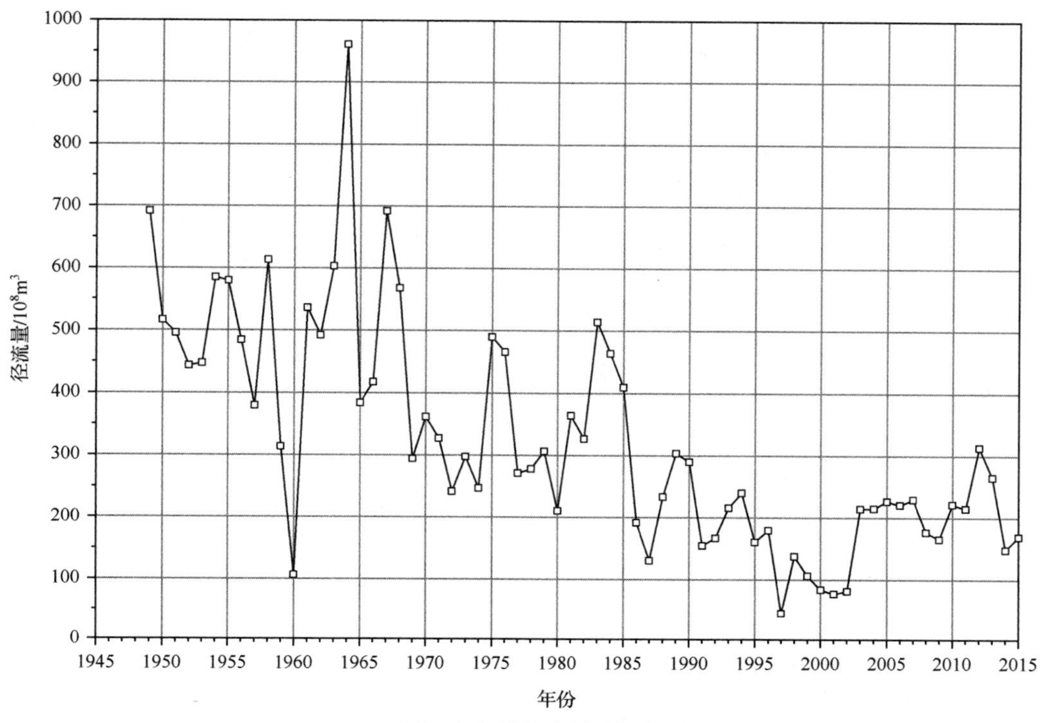

泺口水文站径流量时间序列图

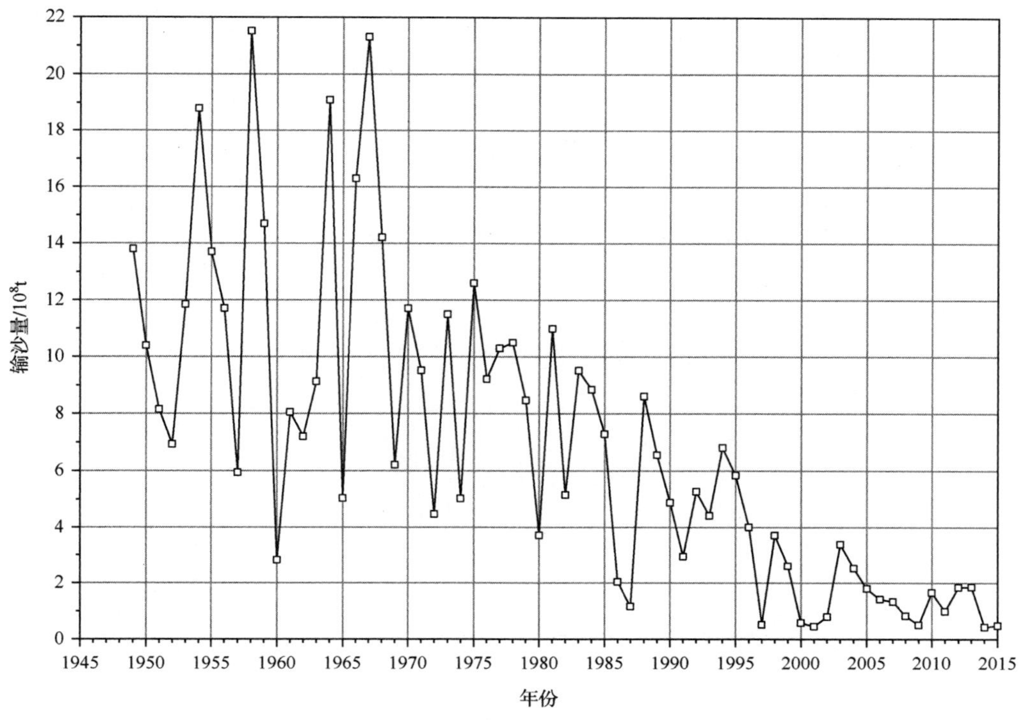

泺口水文站输沙量时间序列图

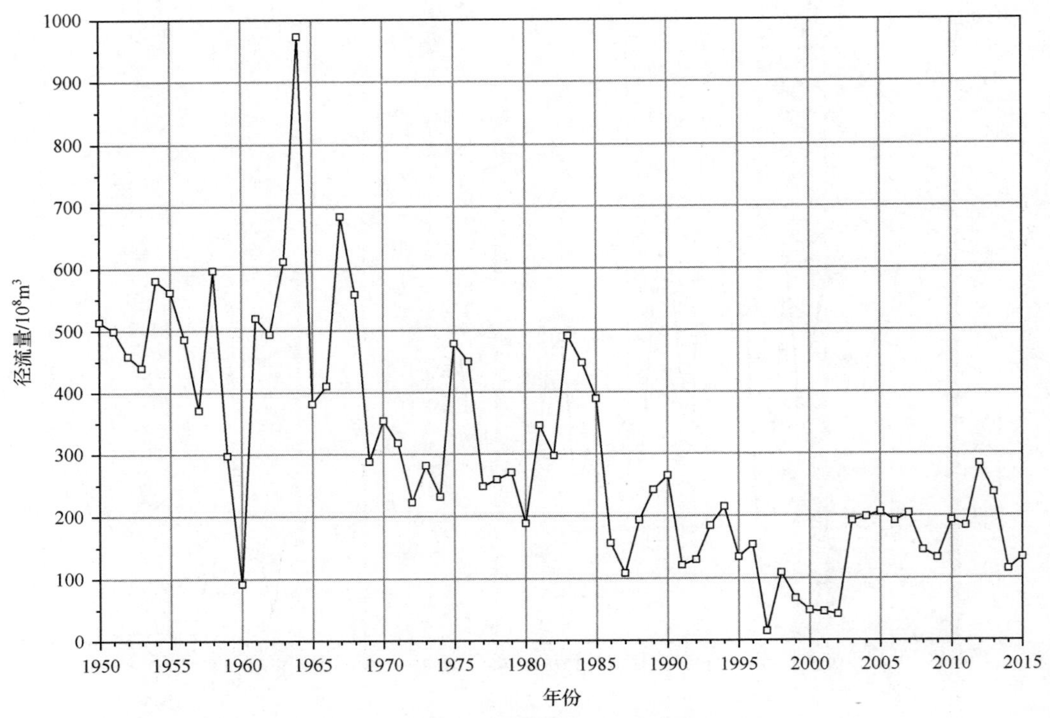

利津水文站径流量时间序列图

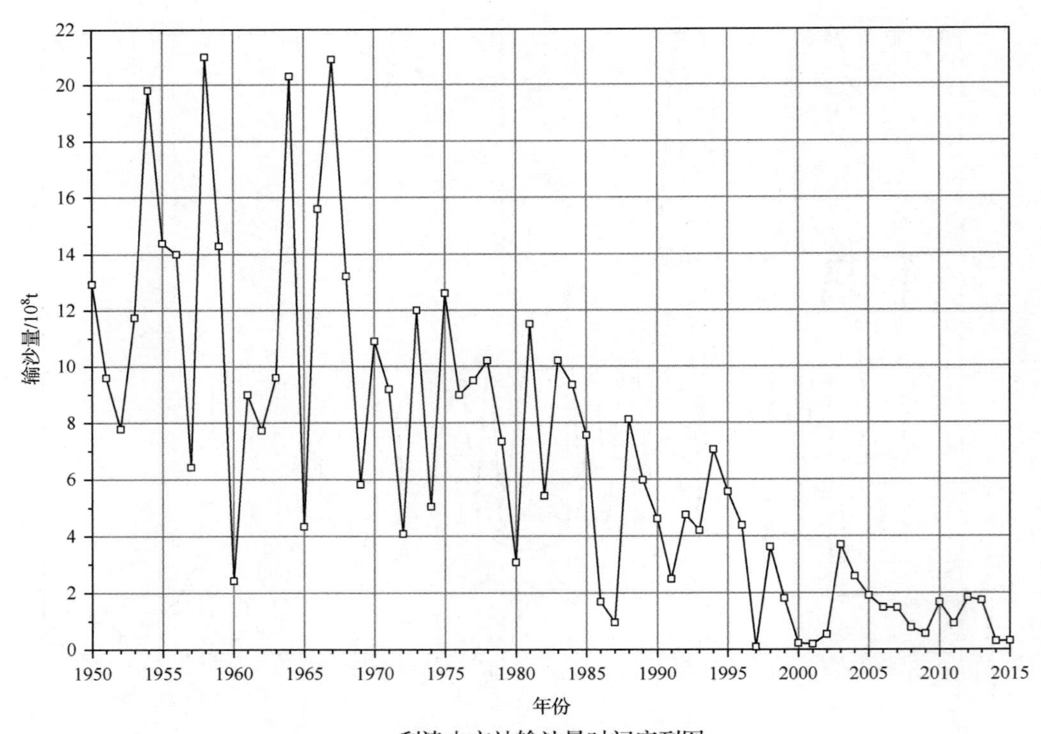

利津水文站输沙量时间序列图

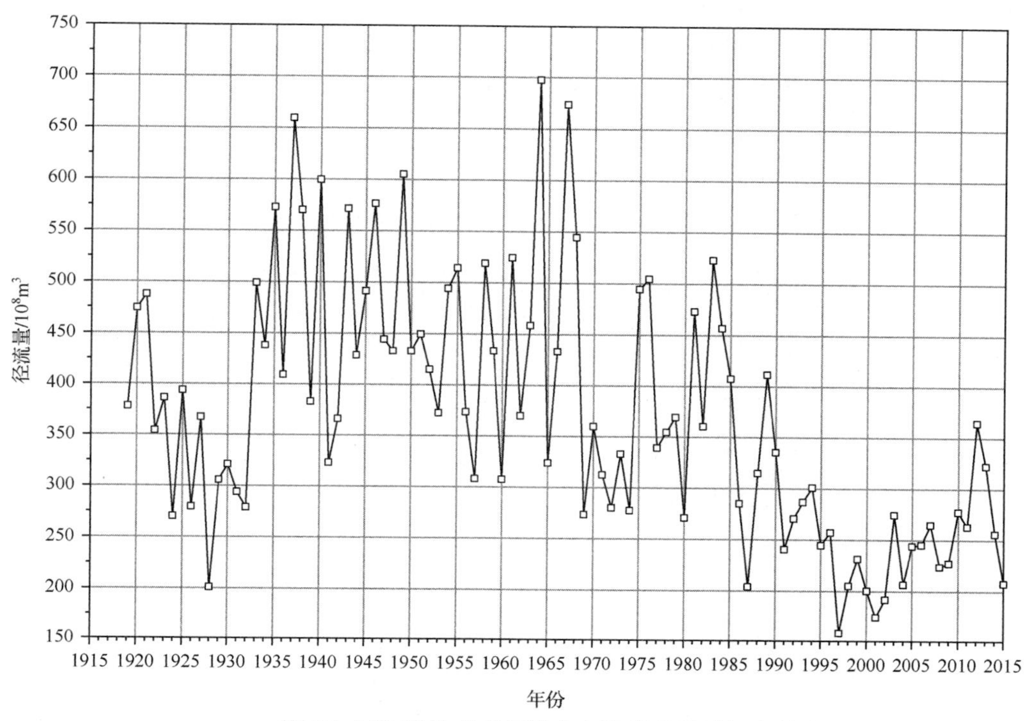

黄河上中游(陕县/龙华河湫水文站)径流量时间序列图

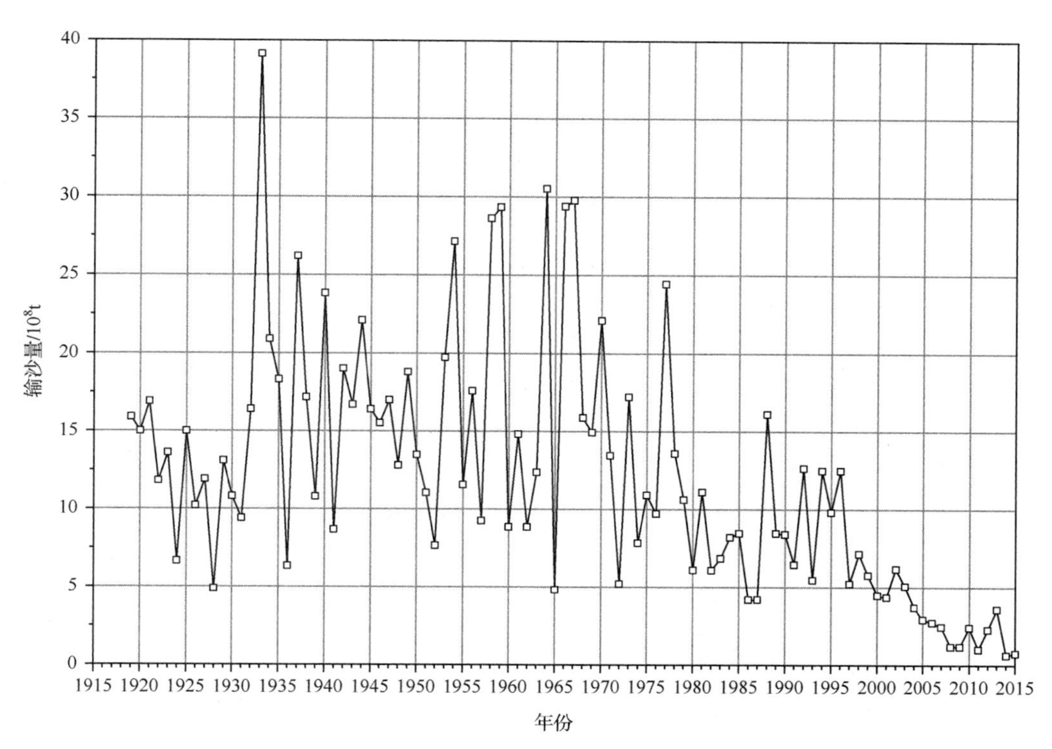

黄河上中游(陕县/龙华河湫水文站)输沙量时间序列图

3.2 黄河干流各水文站区间产水产沙量时间序列图

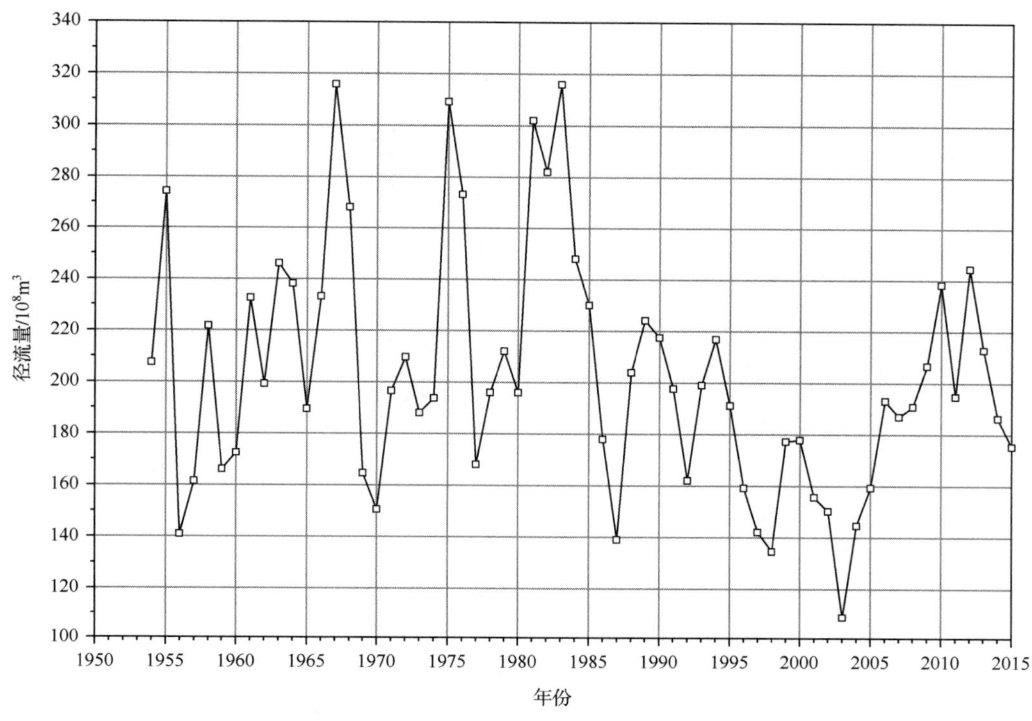

河源—贵德区间产水量时间序列图

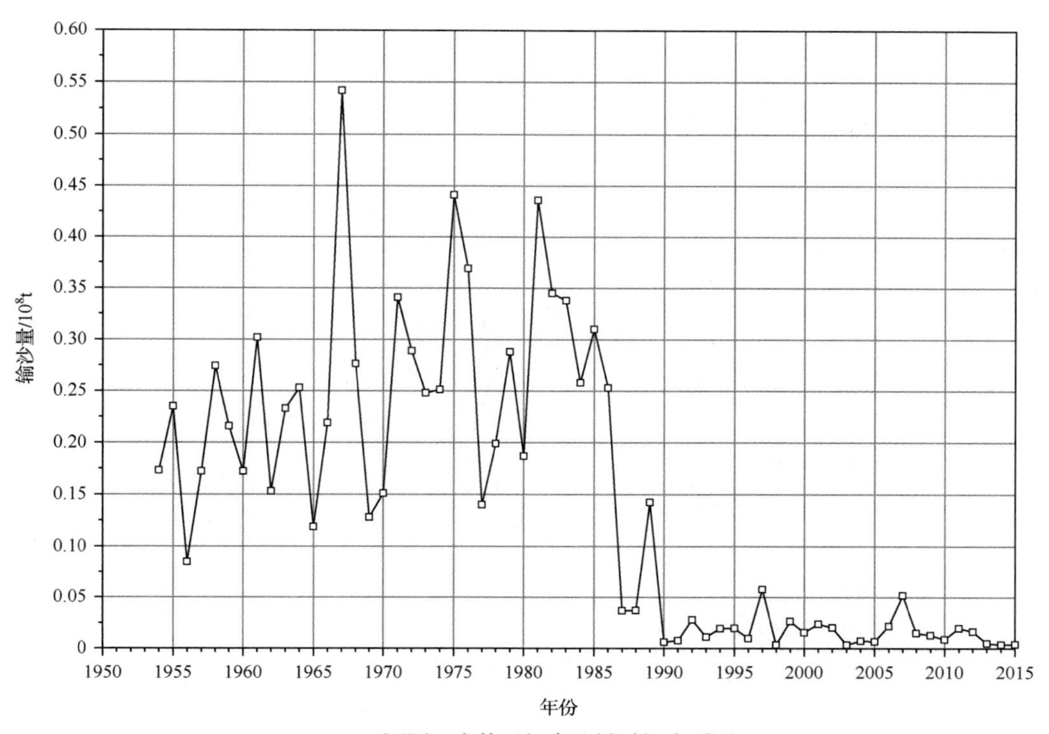

河源—贵德区间产沙量时间序列图

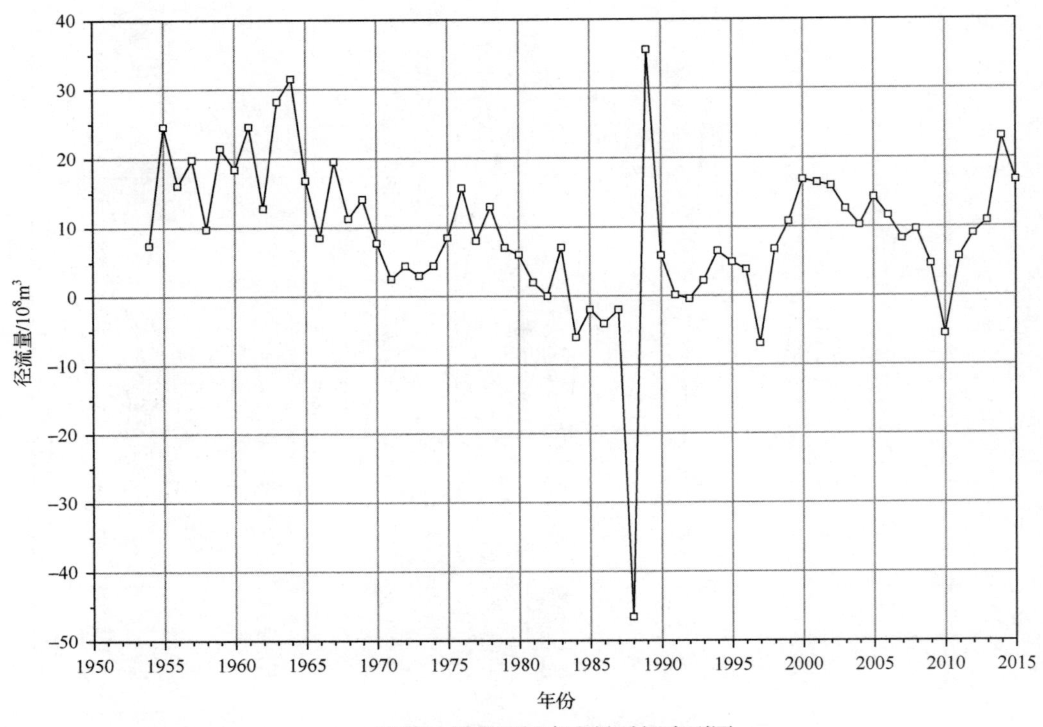

贵德—循化区间产水量时间序列图

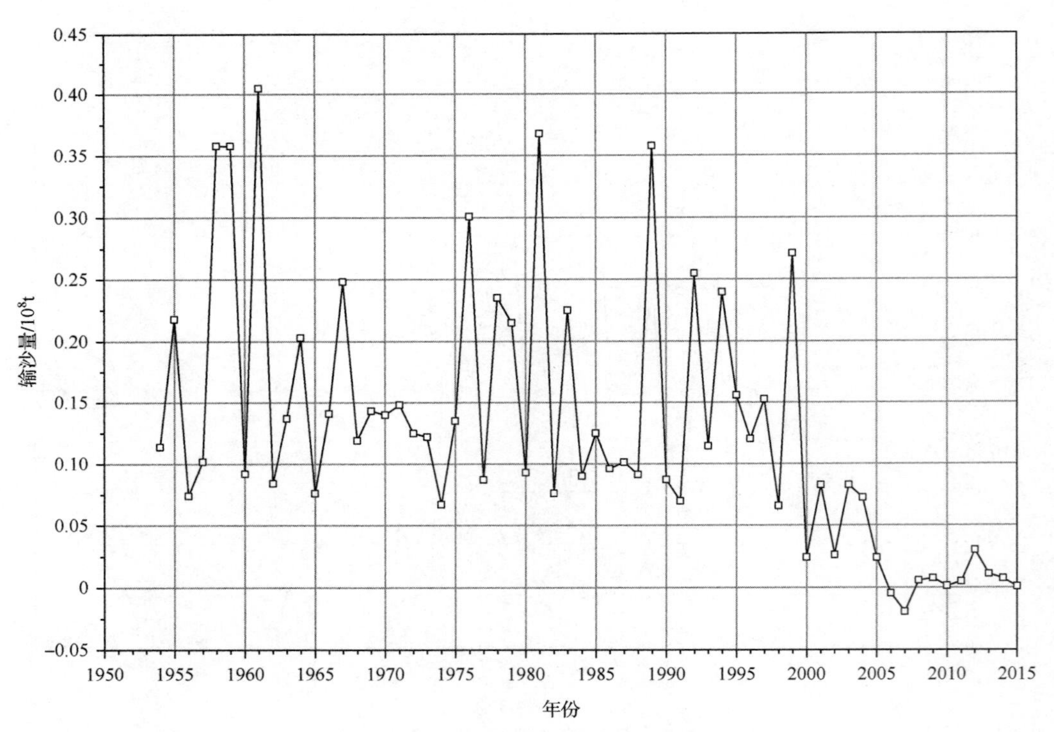

贵德—循化区间产沙量时间序列图

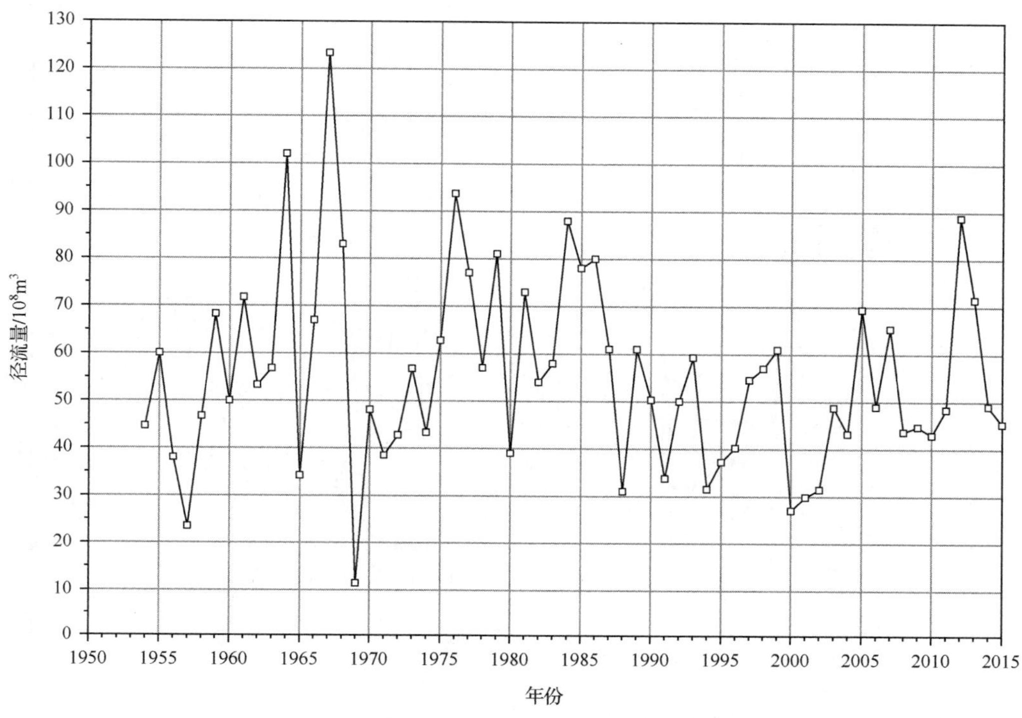

循化—上诠区间产水量时间序列图

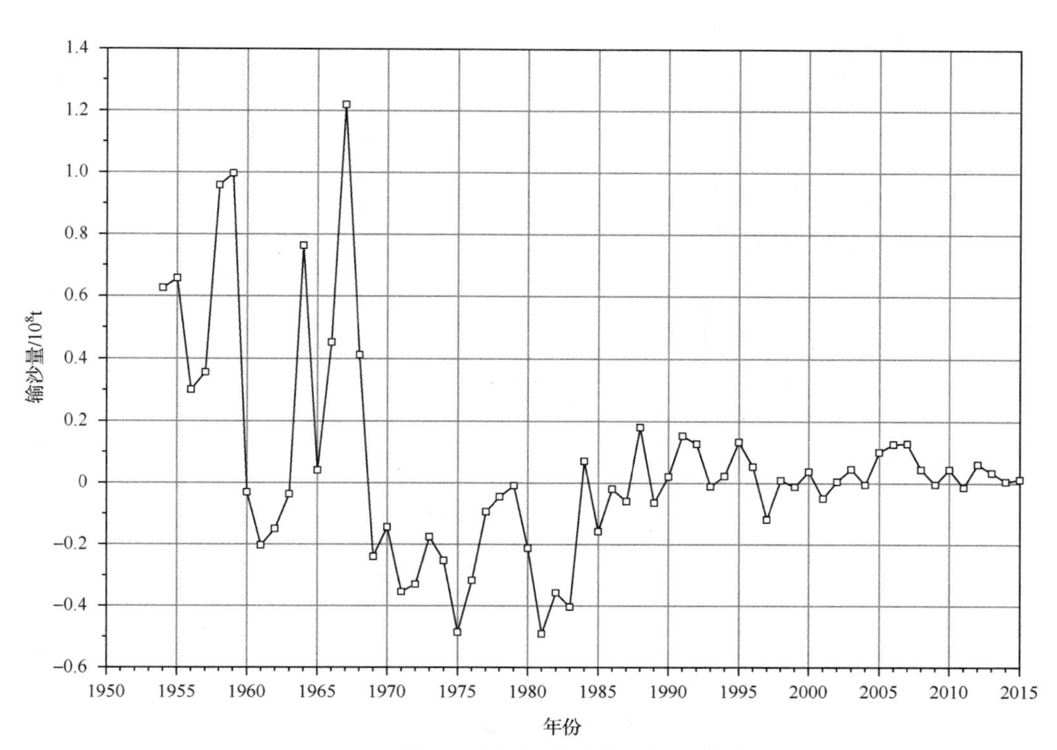

循化—上诠区间产沙量时间序列图

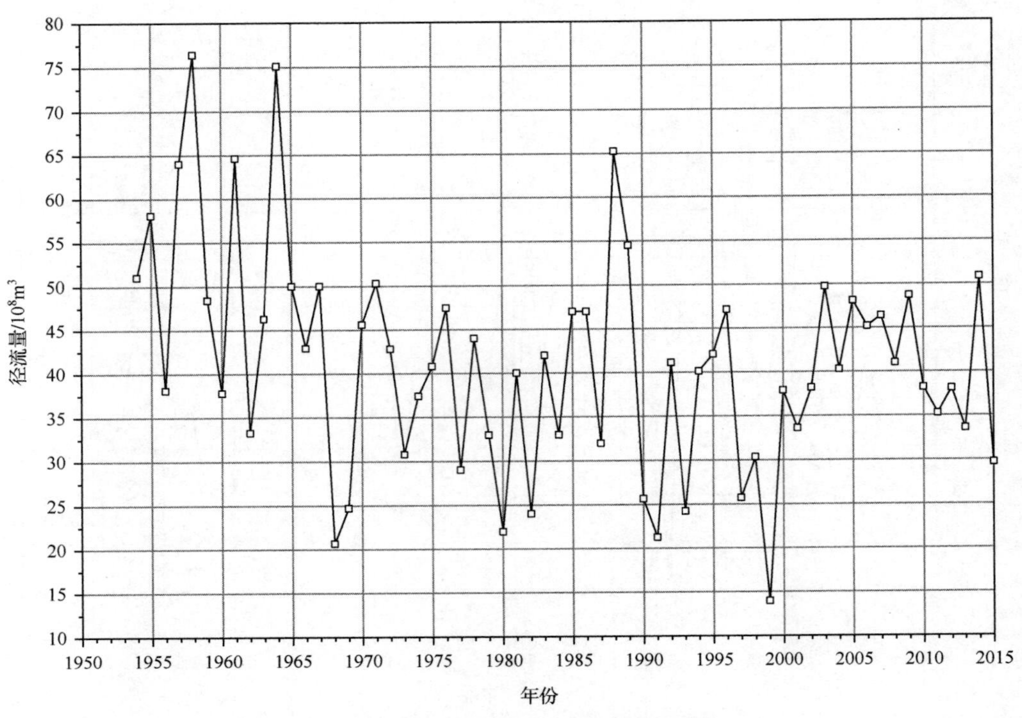

上诠—兰州区间产水量时间序列图

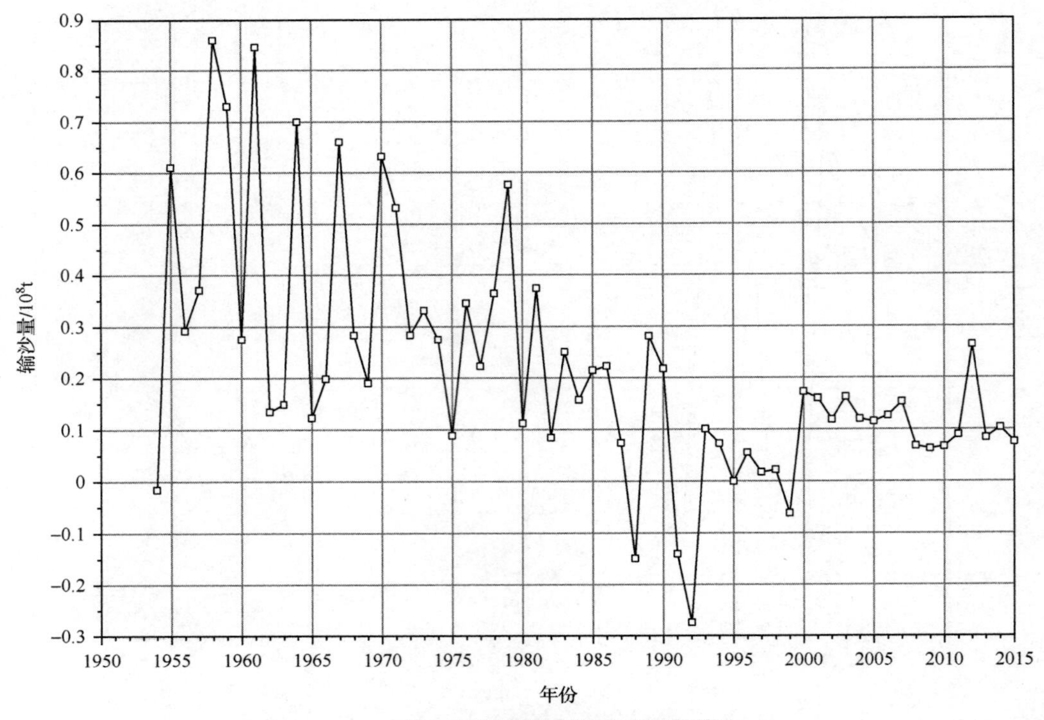

上诠—兰州区间产沙量时间序列图

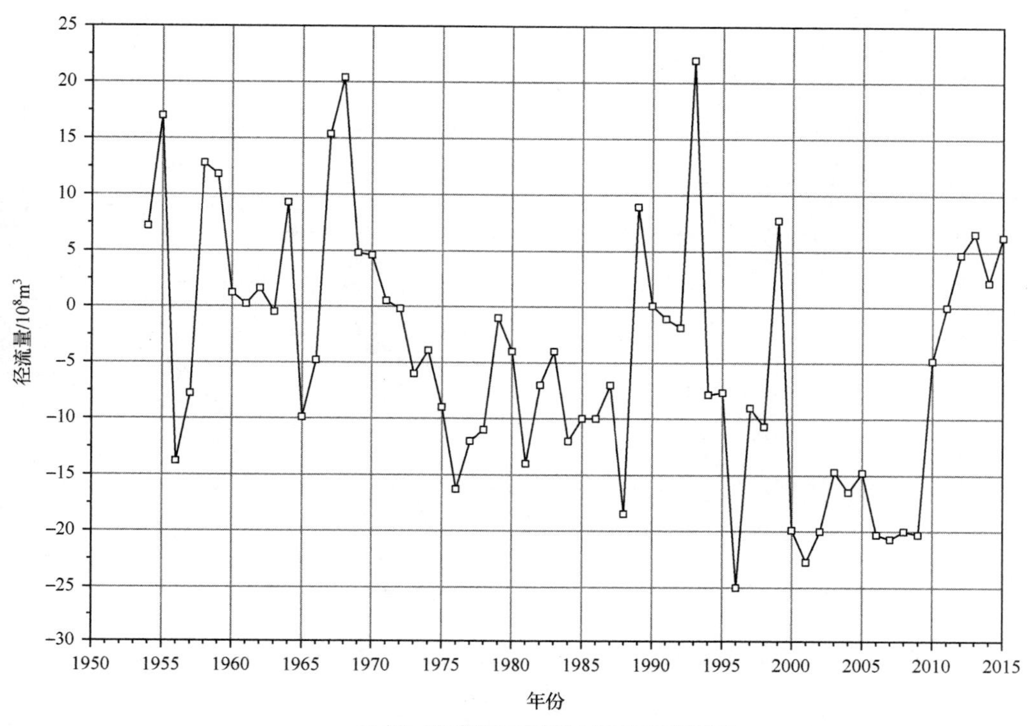

兰州—安宁渡区间产水量时间序列图

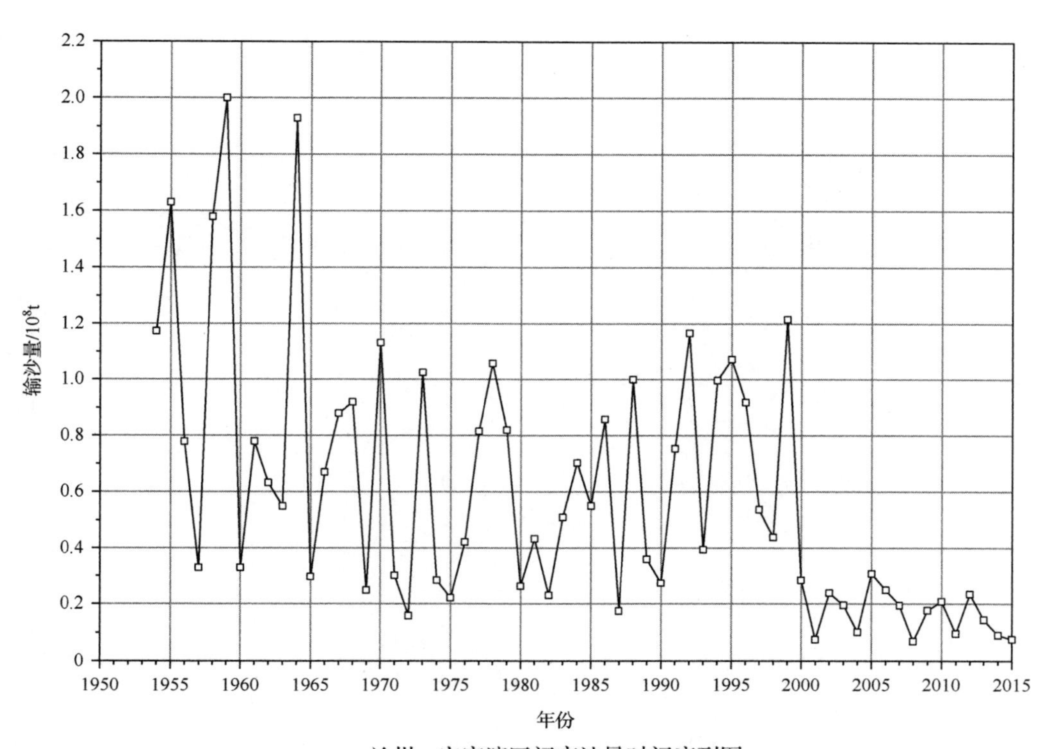

兰州—安宁渡区间产沙量时间序列图

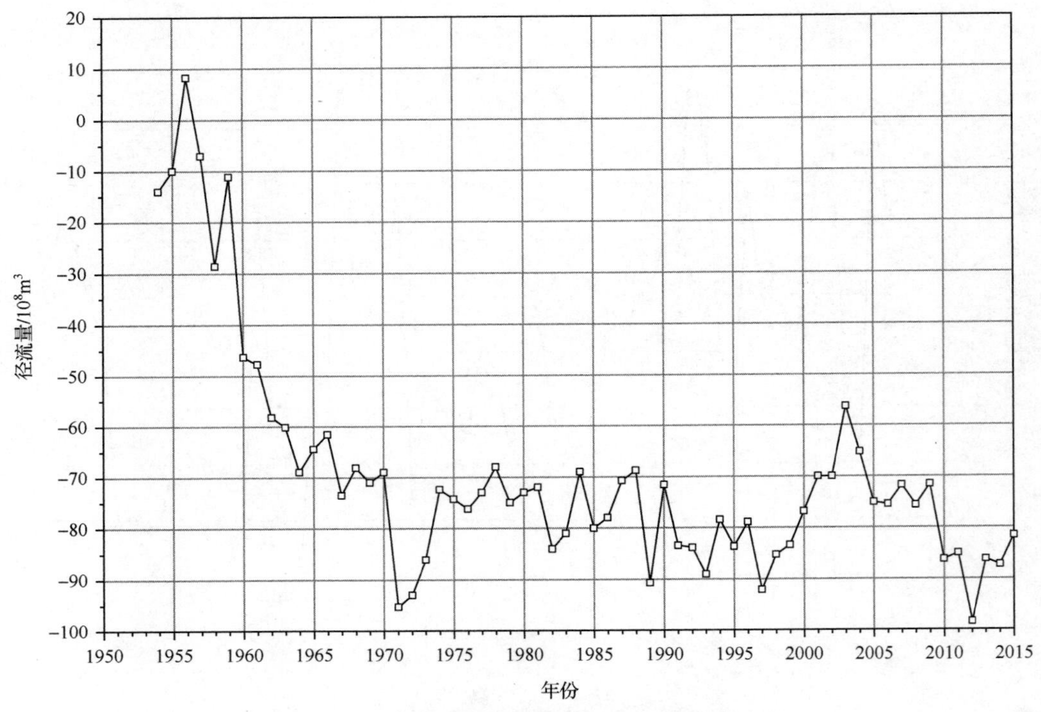

安宁渡—青铜峡区间产水量时间序列图

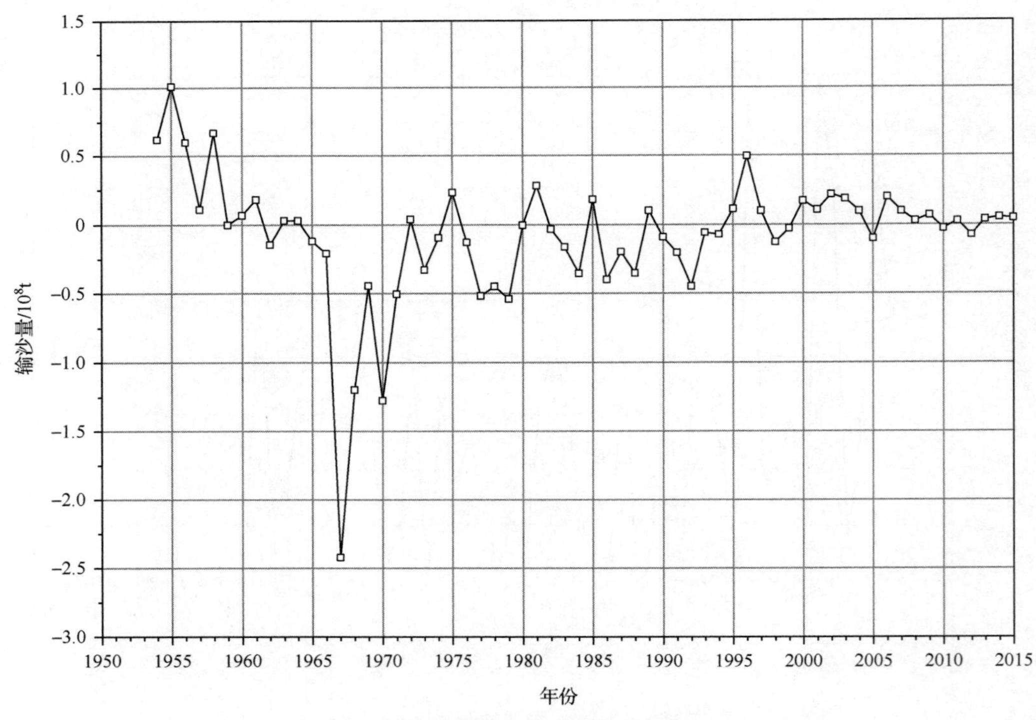

安宁渡—青铜峡区间产沙量时间序列图

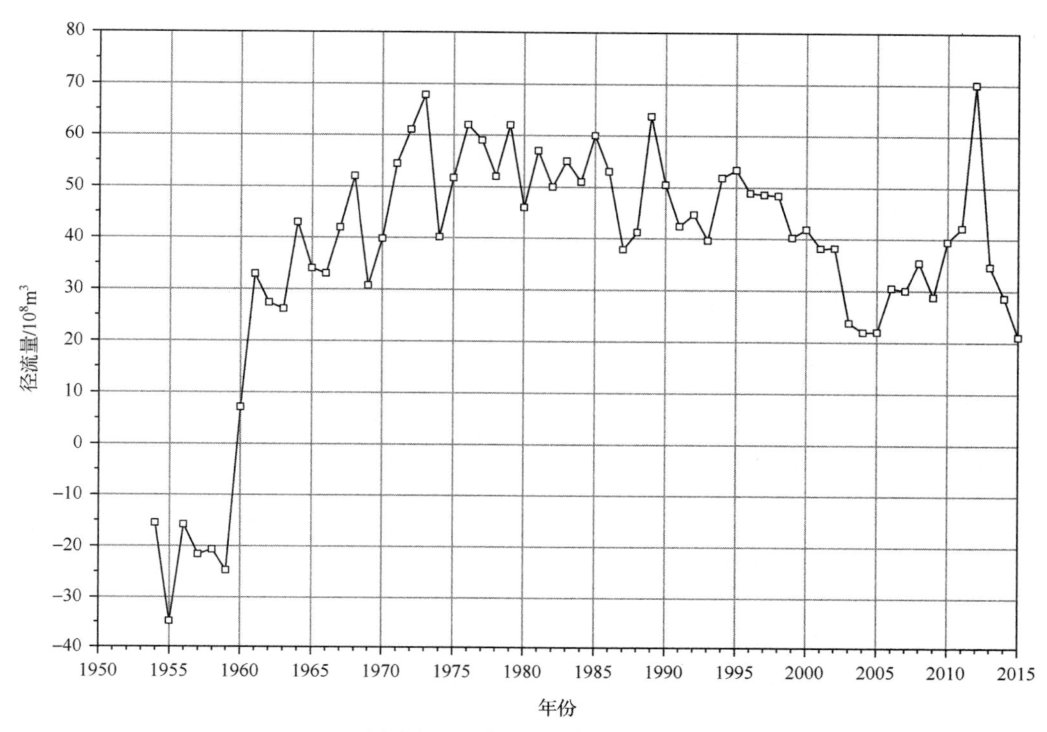

青铜峡—石嘴山区间产水量时间序列图

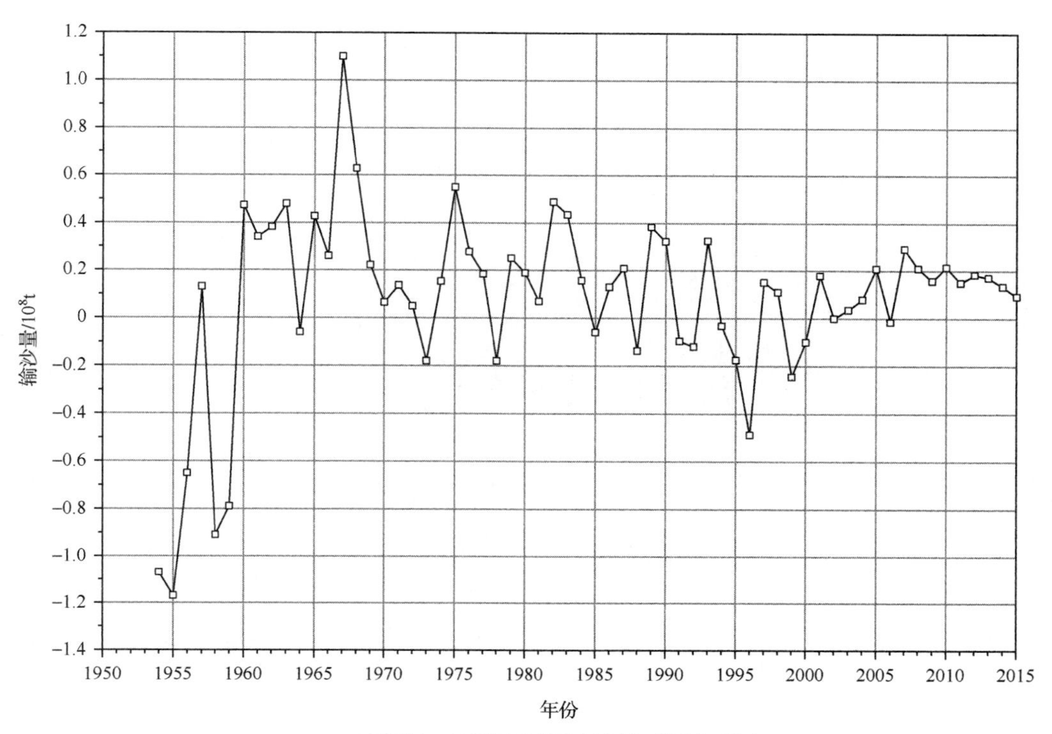

青铜峡—石嘴山区间产沙量时间序列图

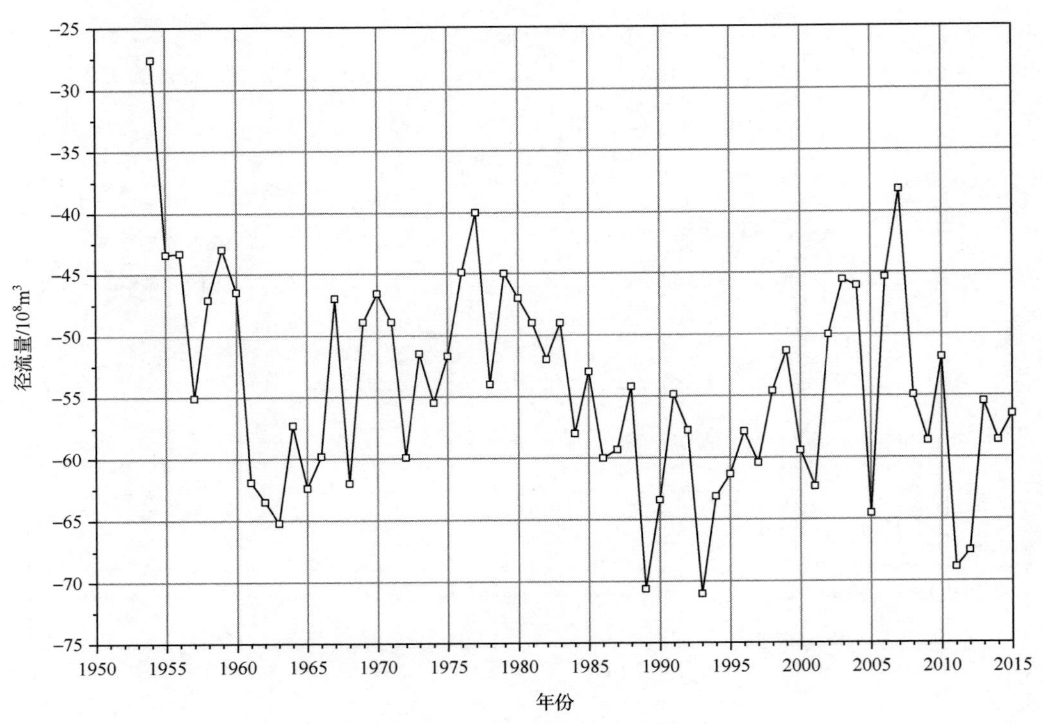

石嘴山—三湖河口区间产水量时间序列图

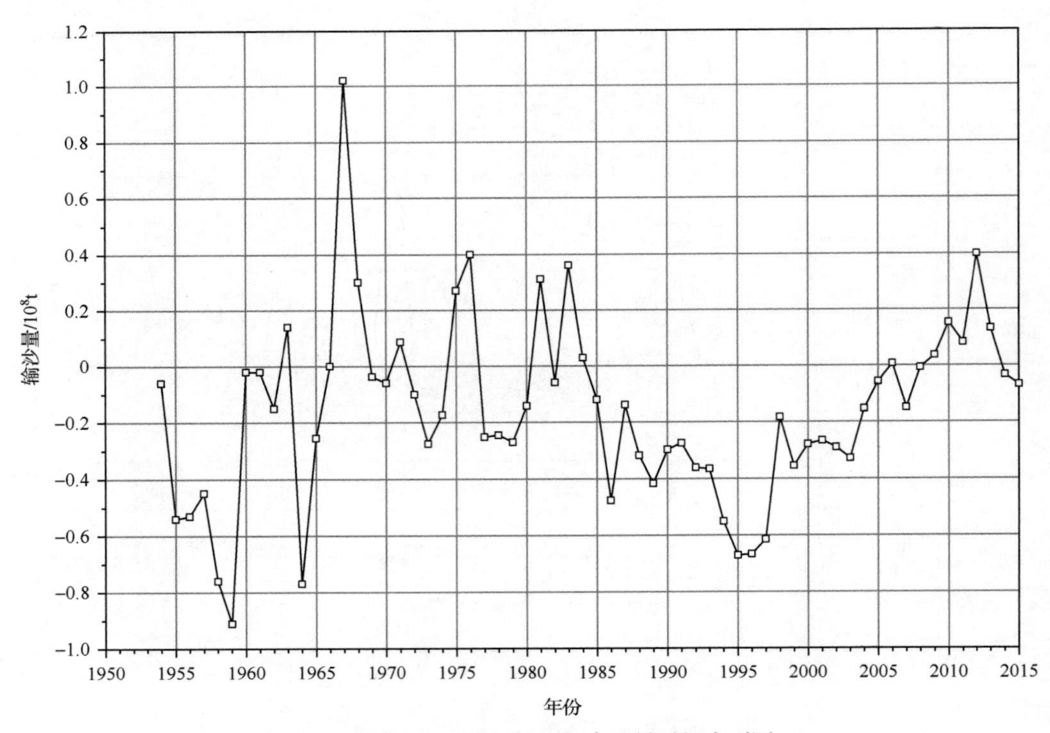

石嘴山—三湖河口区间产沙量时间序列图

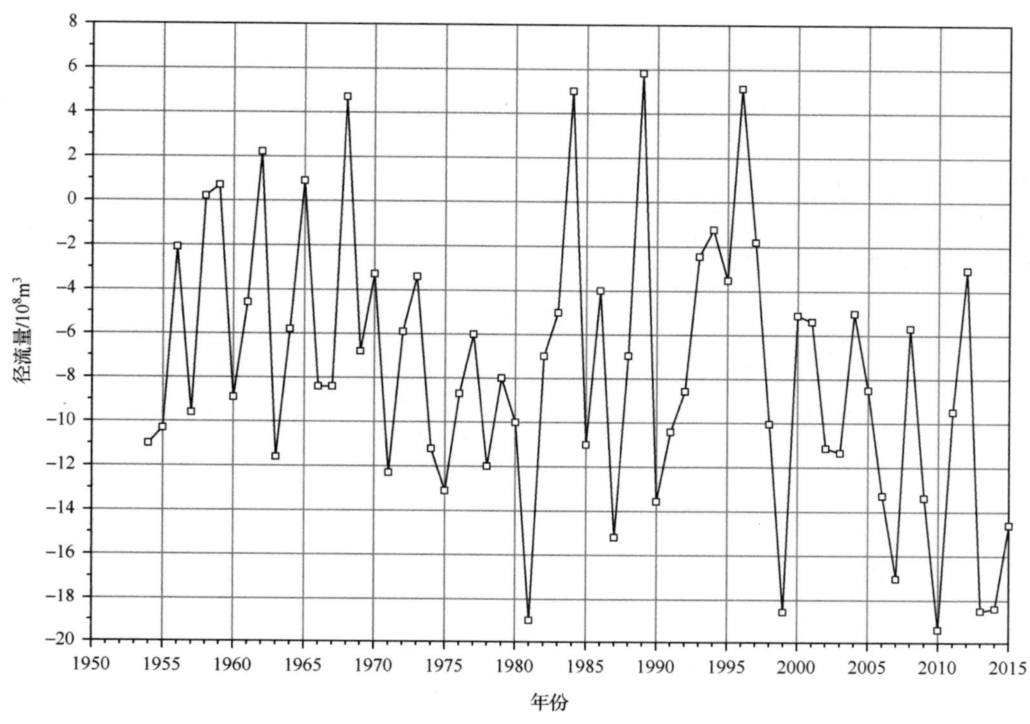

三湖河口—头道拐区间产水量时间序列图

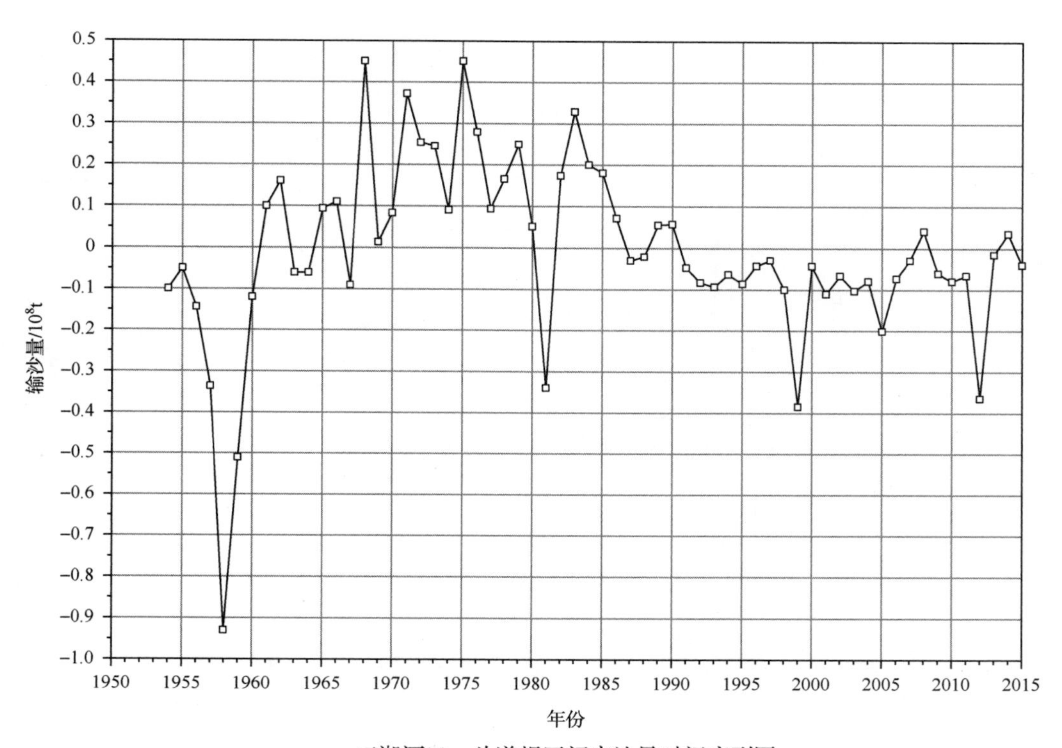

三湖河口—头道拐区间产沙量时间序列图

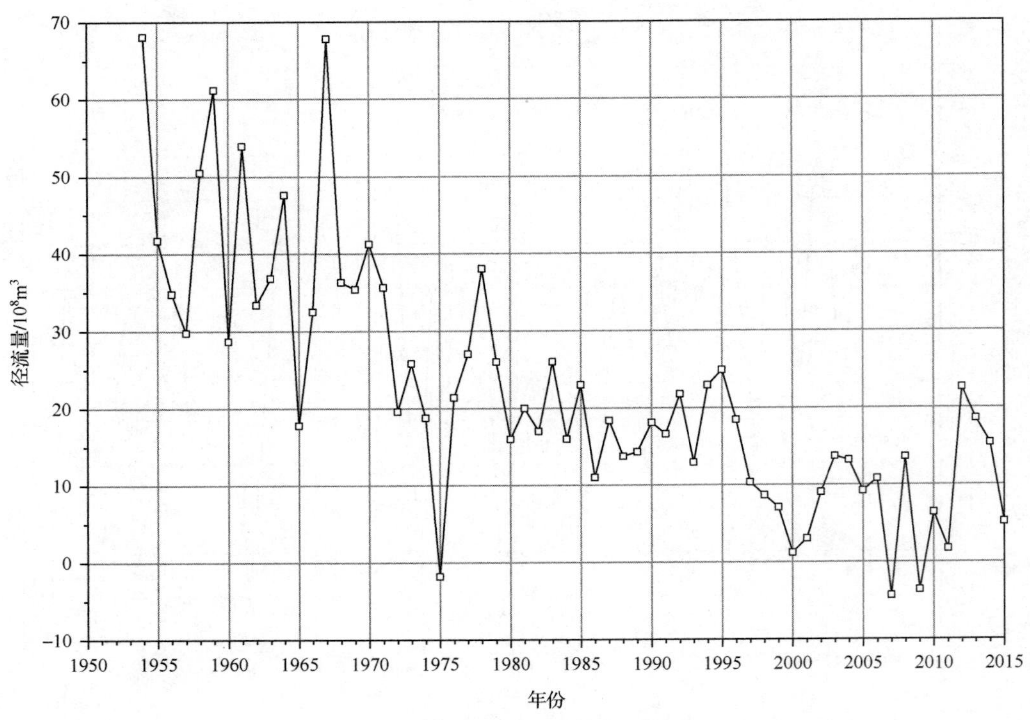

头道拐—吴堡区间产水量时间序列图

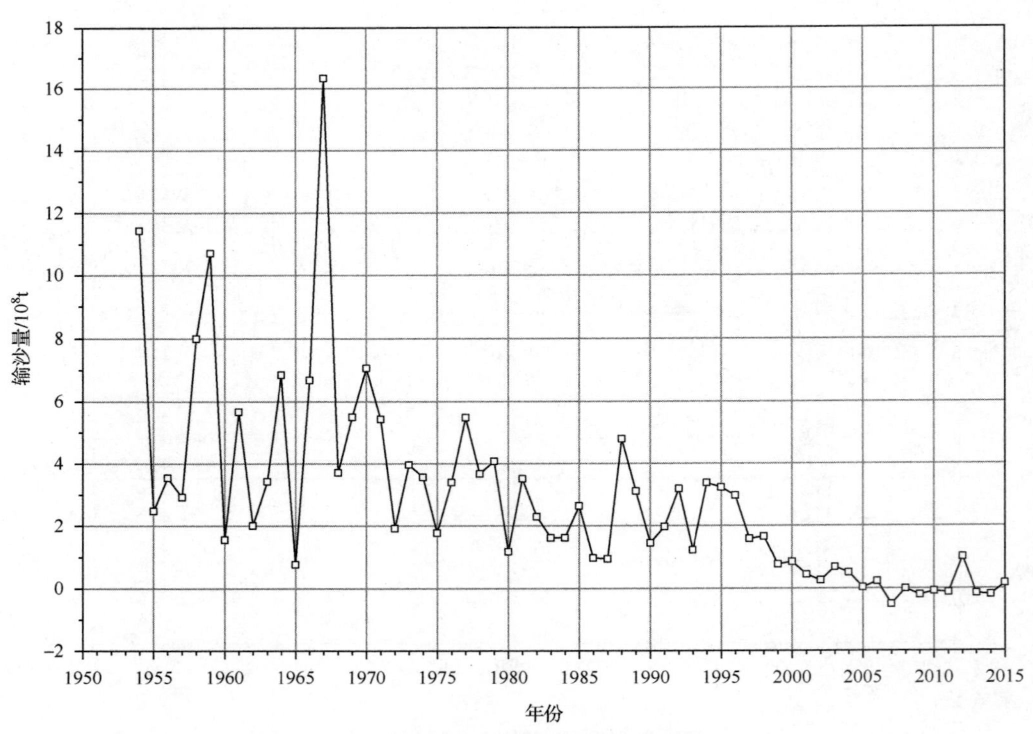

头道拐—吴堡区间产沙量时间序列图

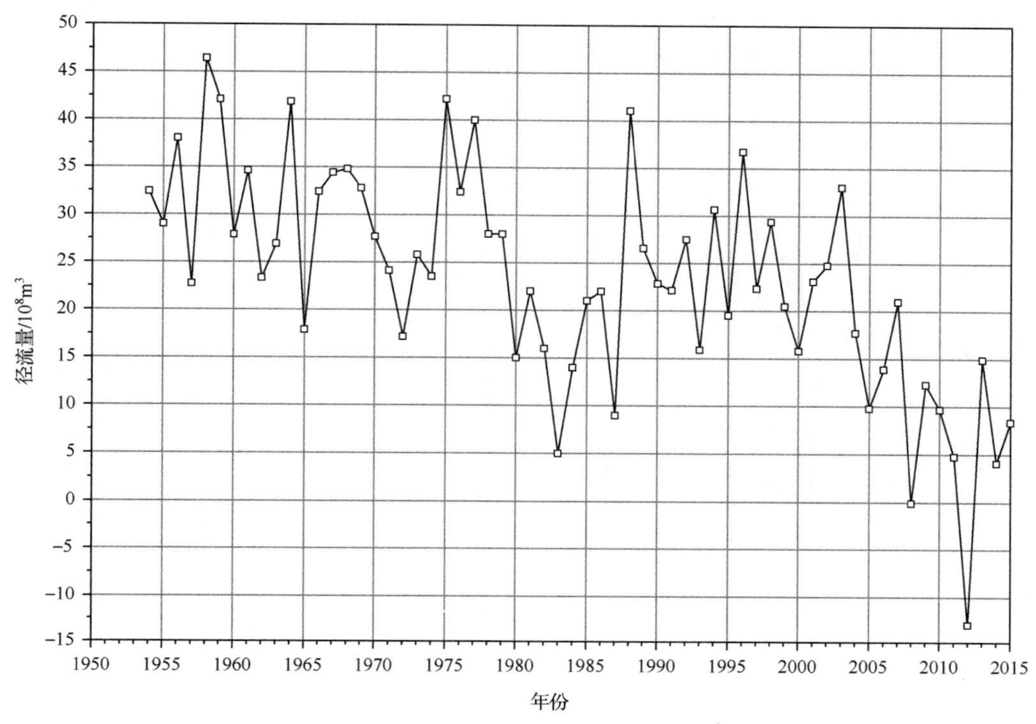

吴堡—龙门区间产水量时间序列图

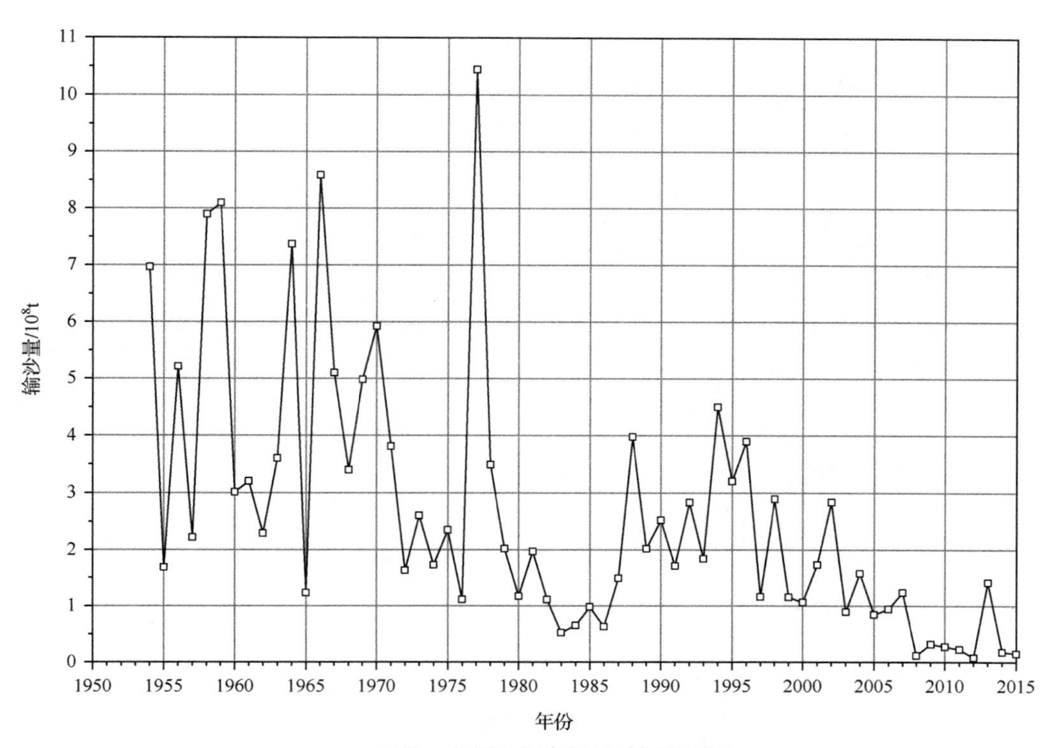

吴堡—龙门区间产沙量时间序列图

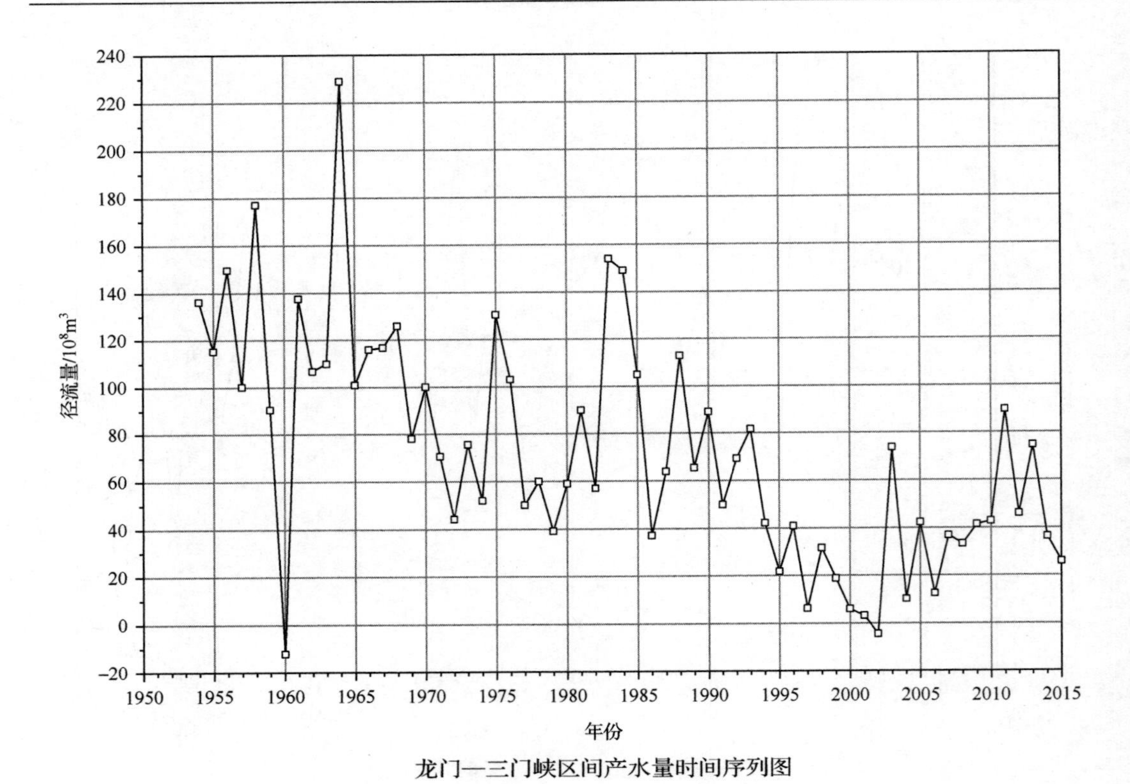

龙门—三门峡区间产水量时间序列图

龙门—三门峡区间产沙量时间序列图

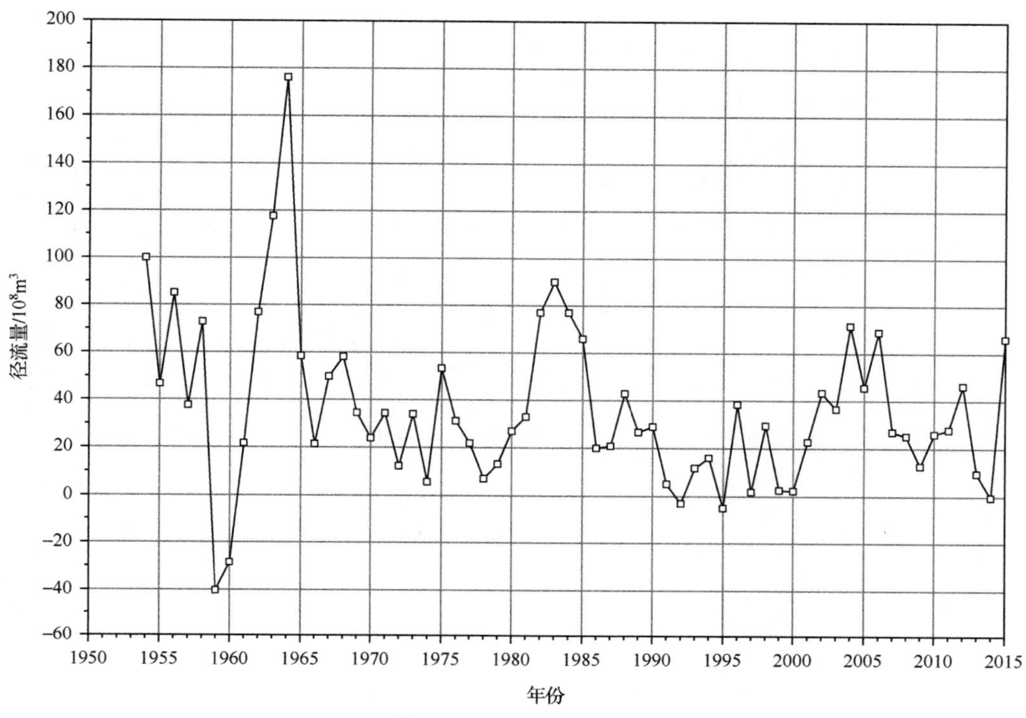

三门峡—花园口区间产水量时间序列图

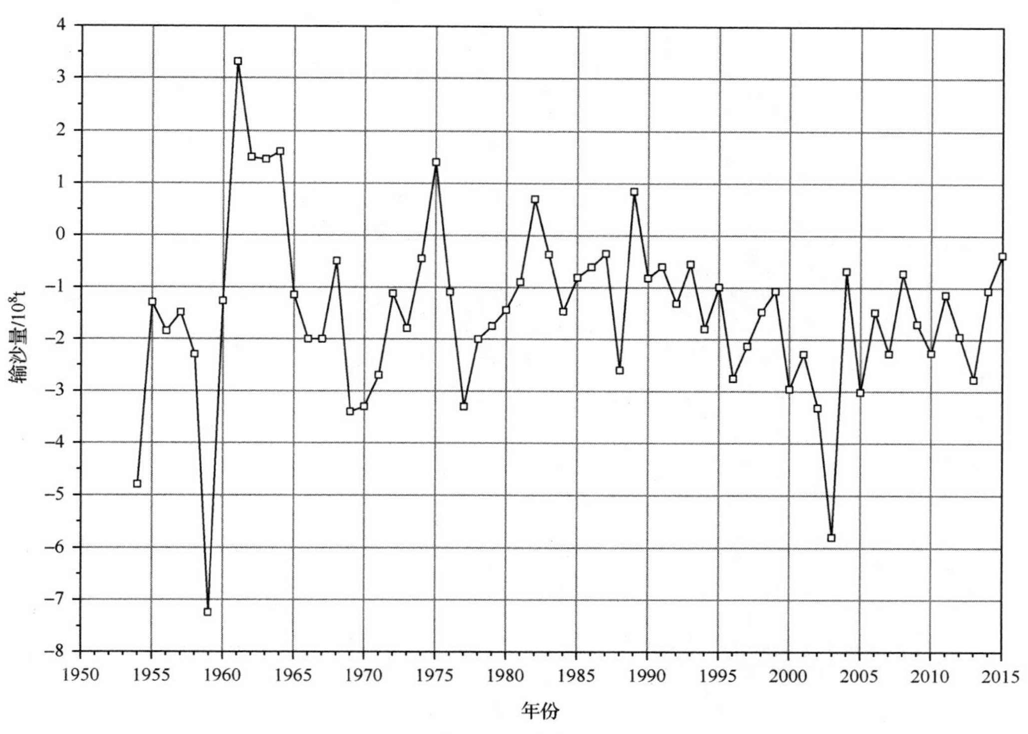

三门峡—花园口区间产沙量时间序列图

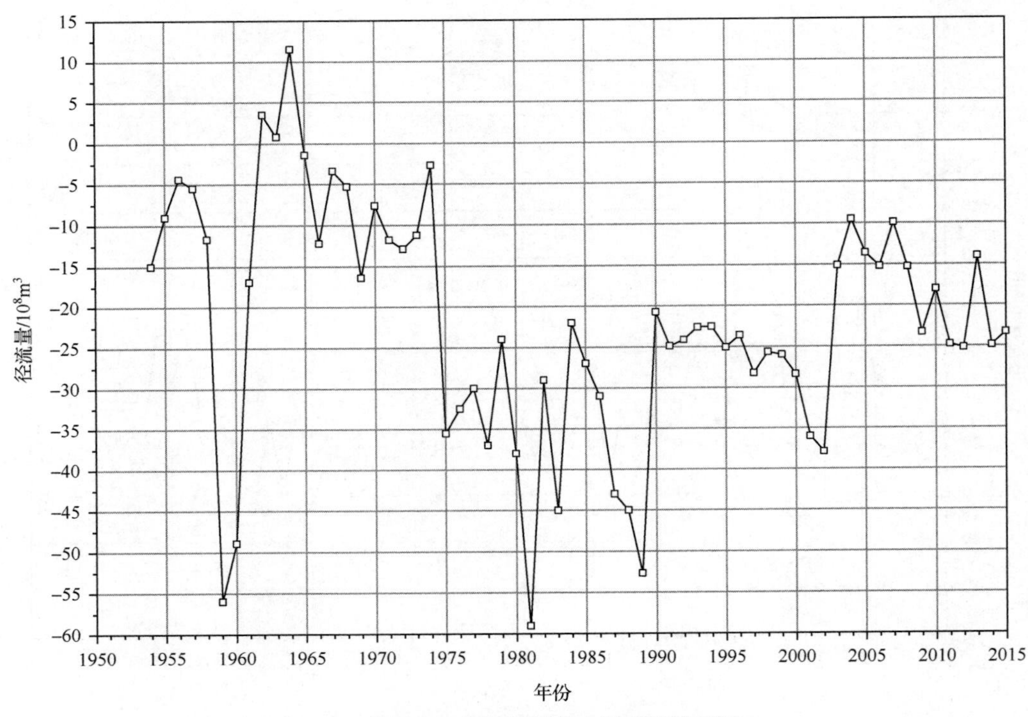

花园口—高村区间产水量时间序列图

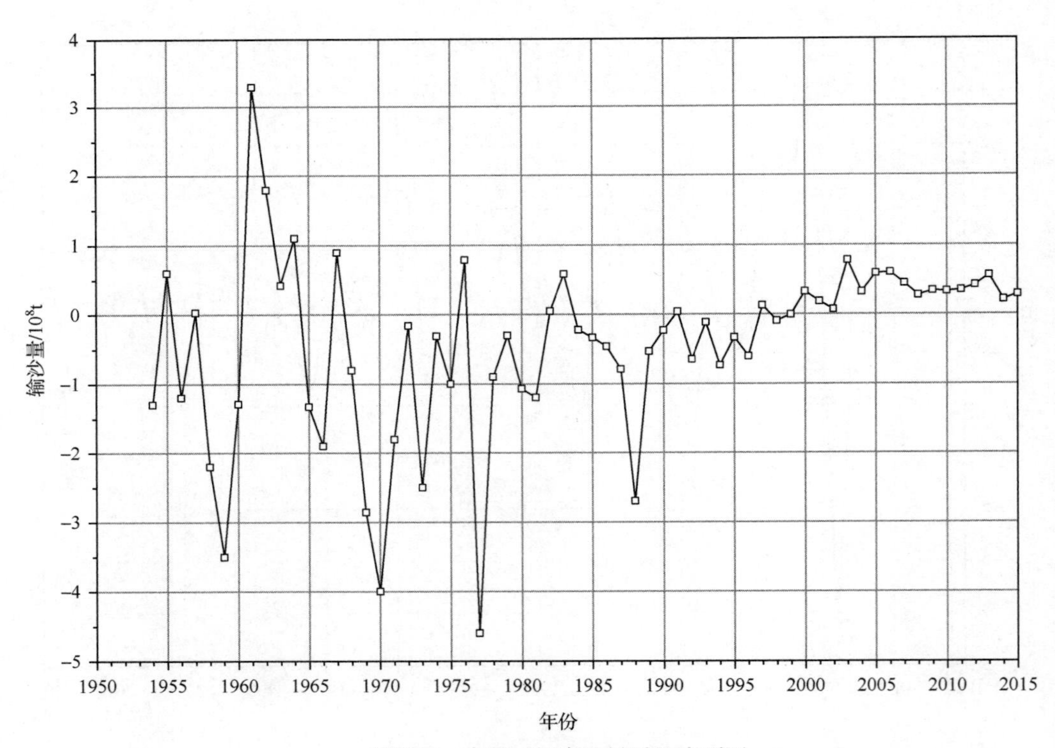

花园口—高村区间产沙量时间序列图

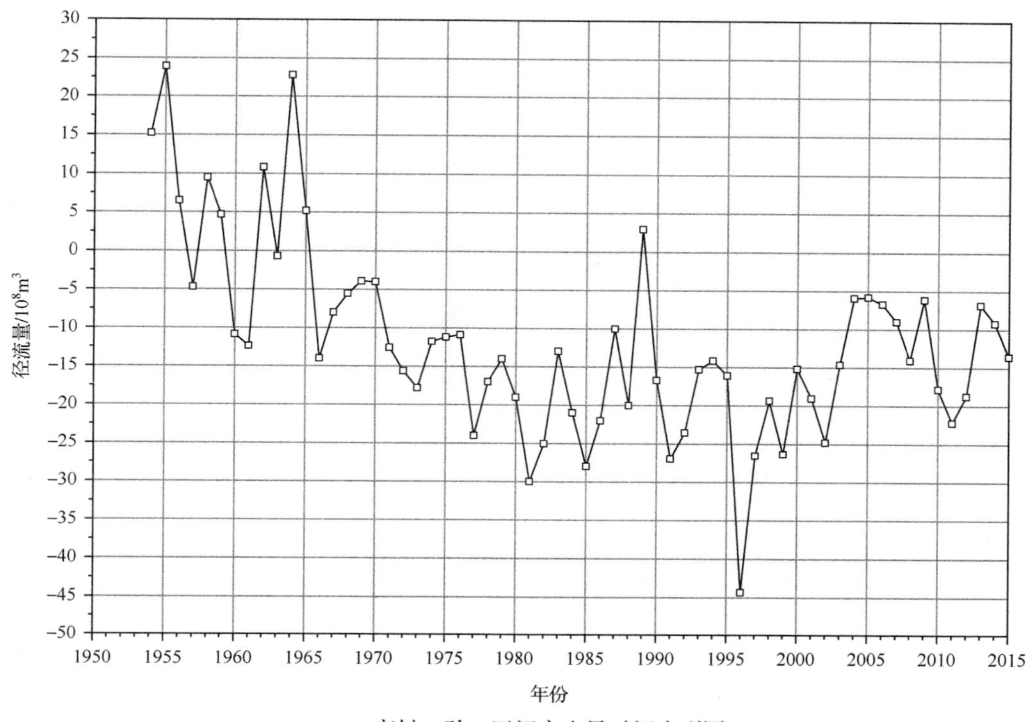

高村—孙口区间产水量时间序列图

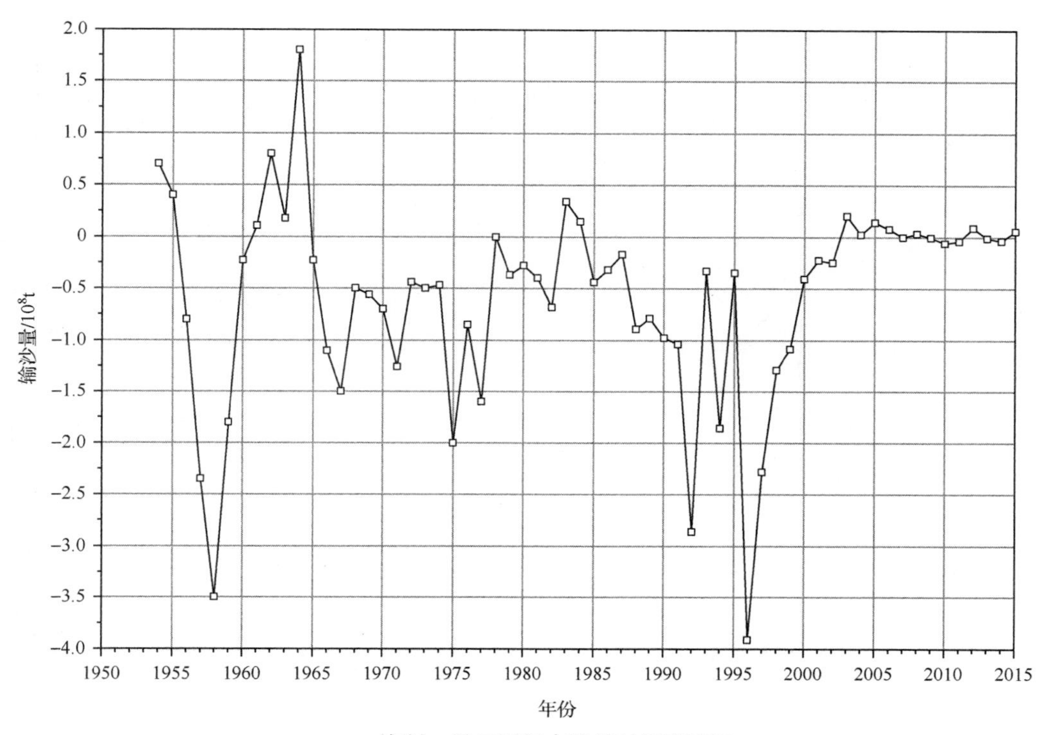

高村—孙口区间产沙量时间序列图

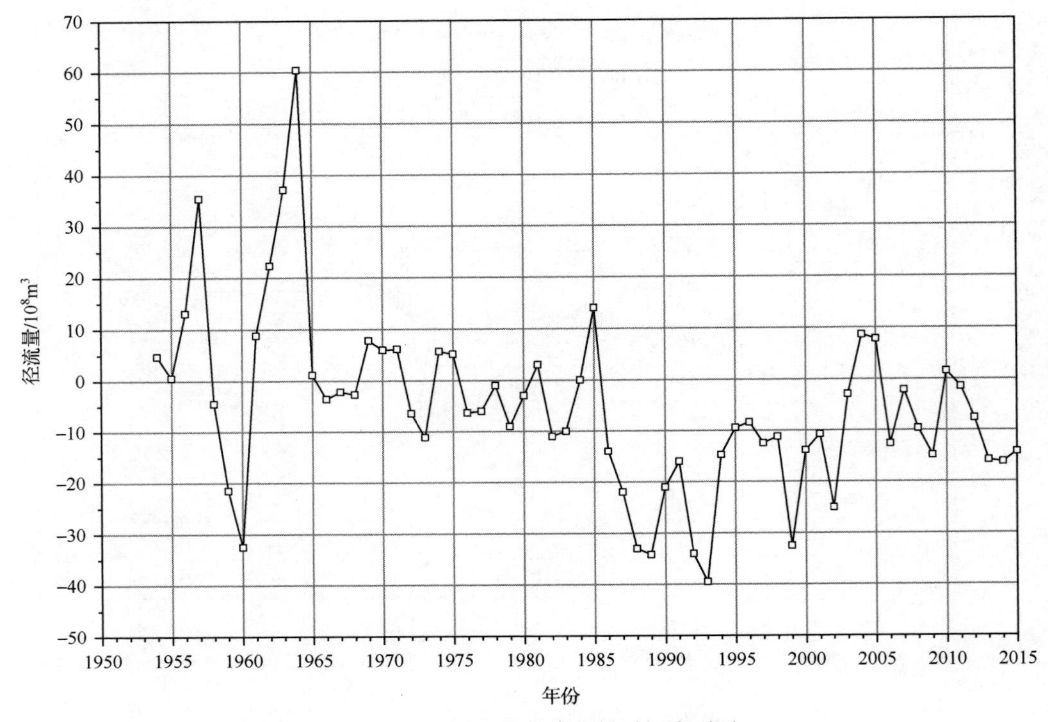

孙口—艾山区间产水量时间序列图

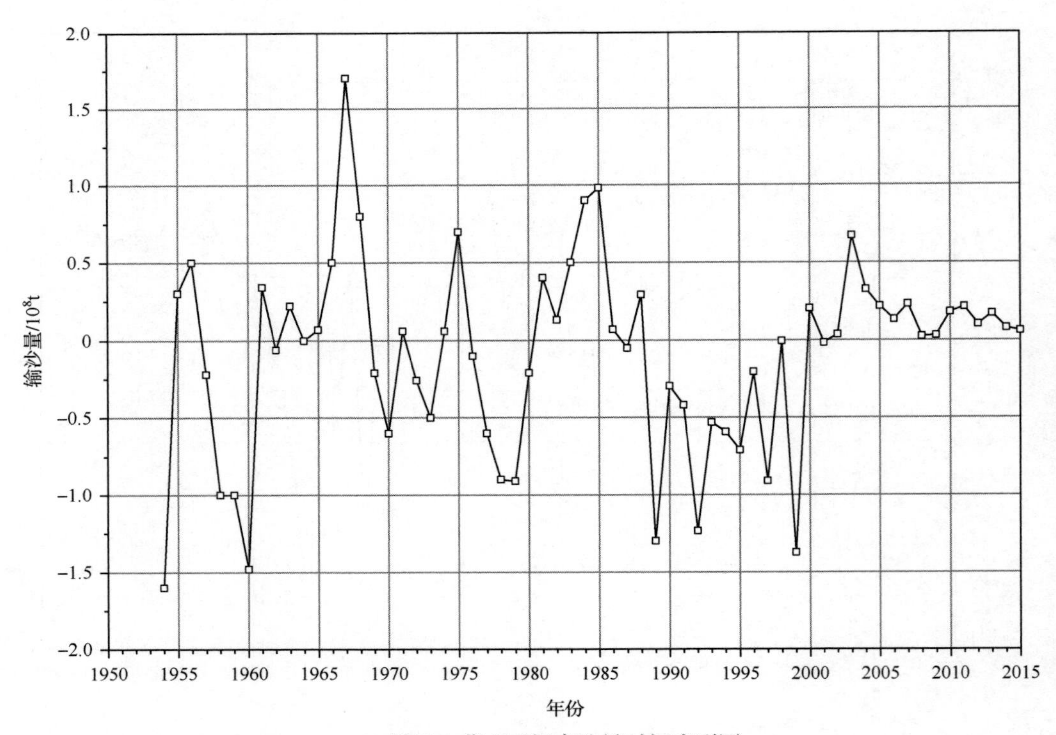

孙口—艾山区间产沙量时间序列图

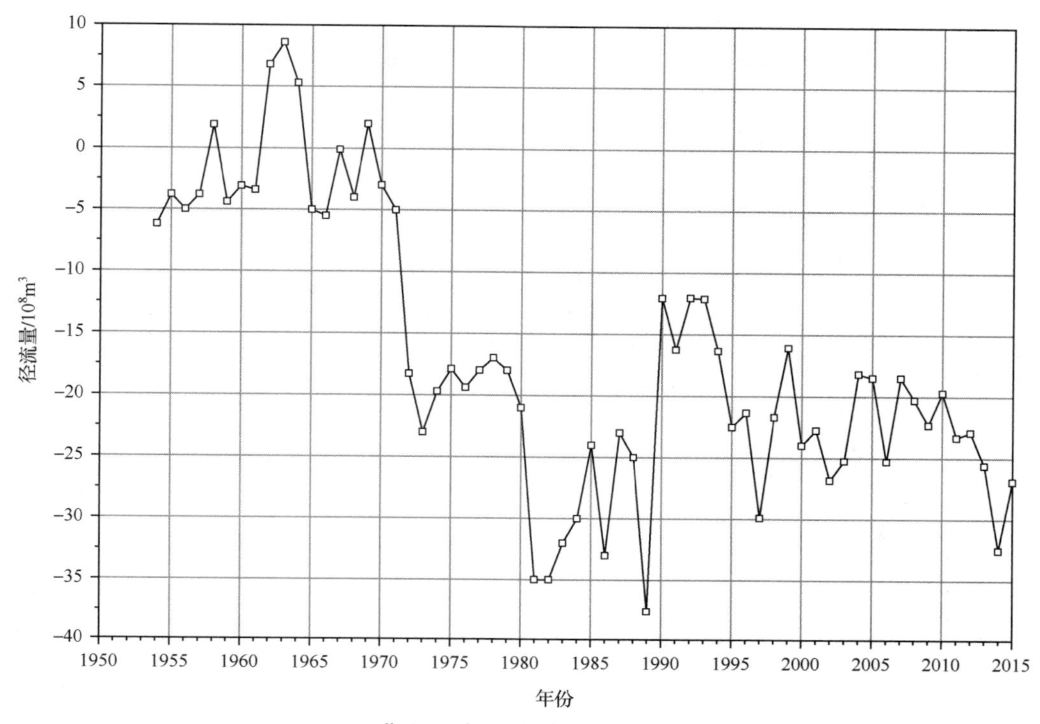

艾山—泺口区间产水量时间序列图

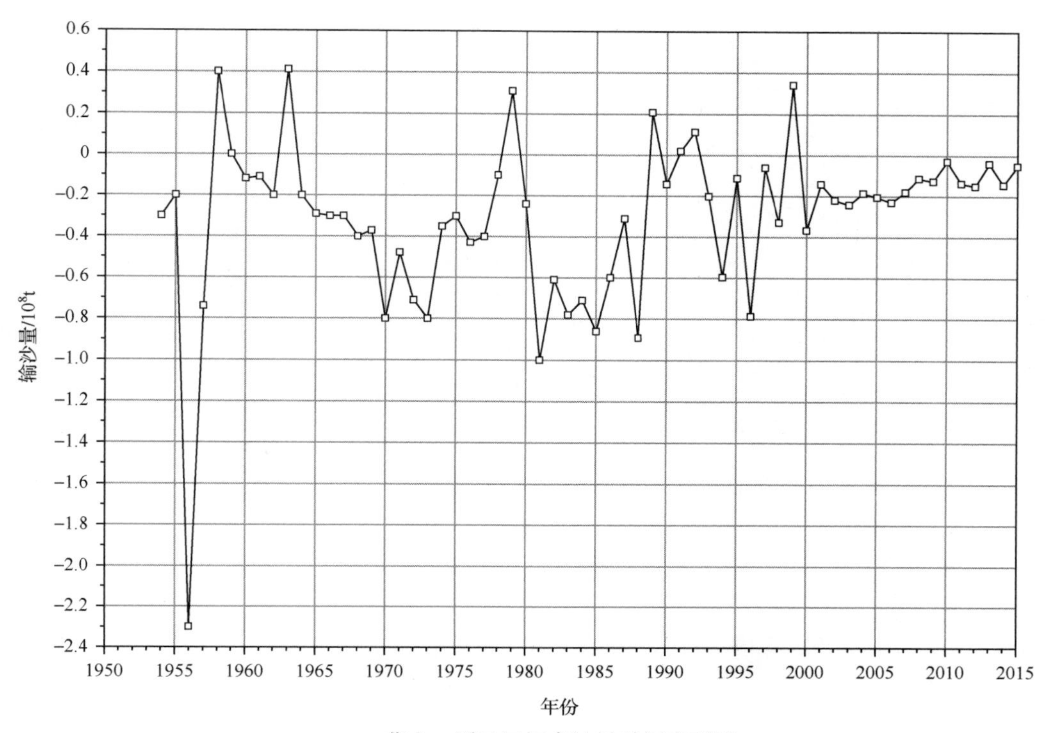

艾山—泺口区间产沙量时间序列图

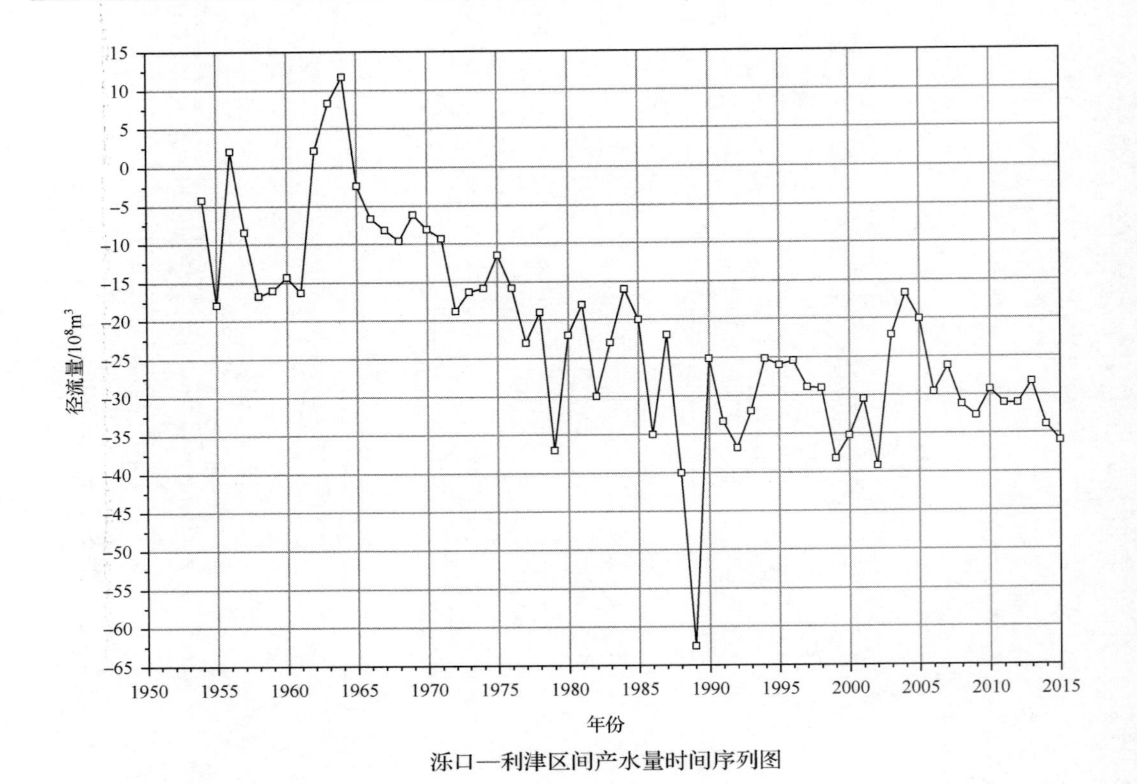

泺口—利津区间产水量时间序列图

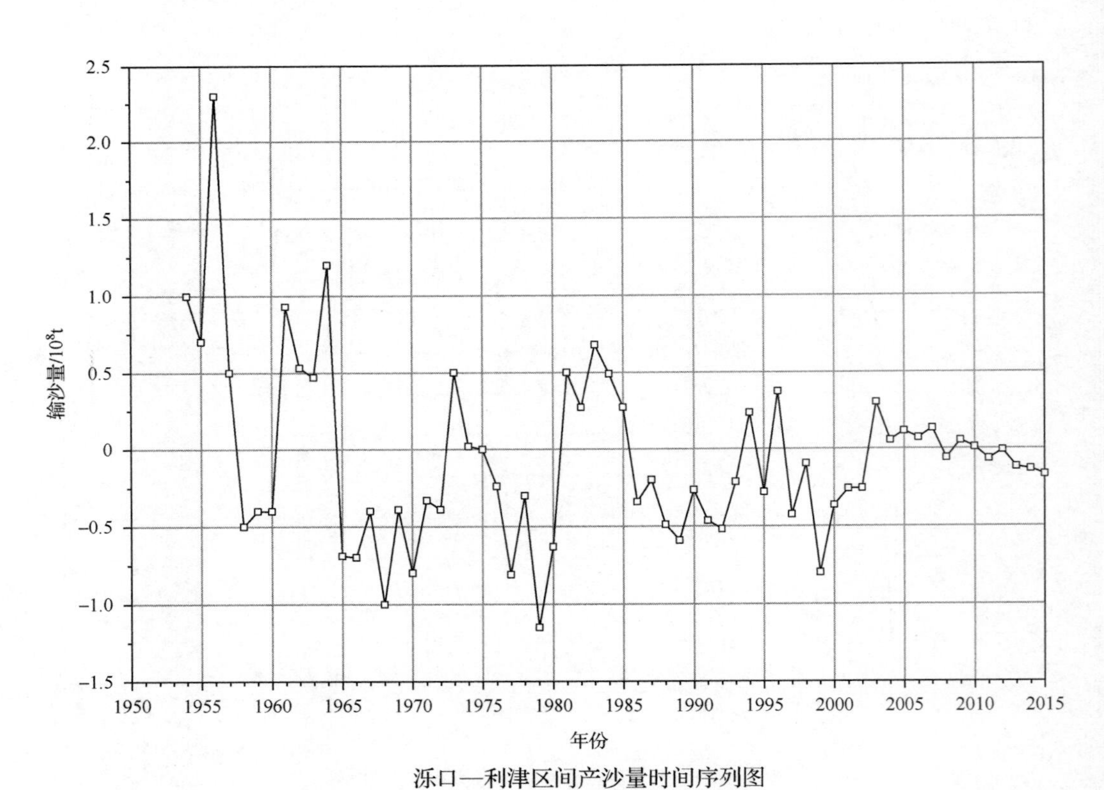

泺口—利津区间产沙量时间序列图

3.3　黄河干流各水文站区间产水产沙量占黄河上中游总水沙量比例时间序列图

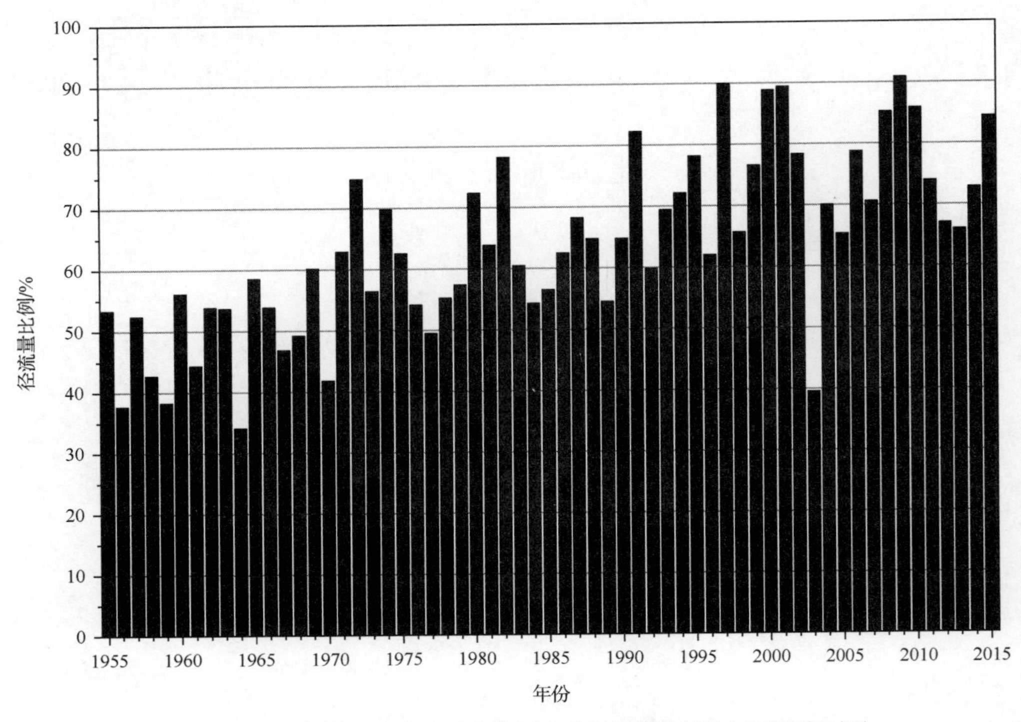

河源—贵德区间产水量占黄河上中游总径流量比例时间序列图

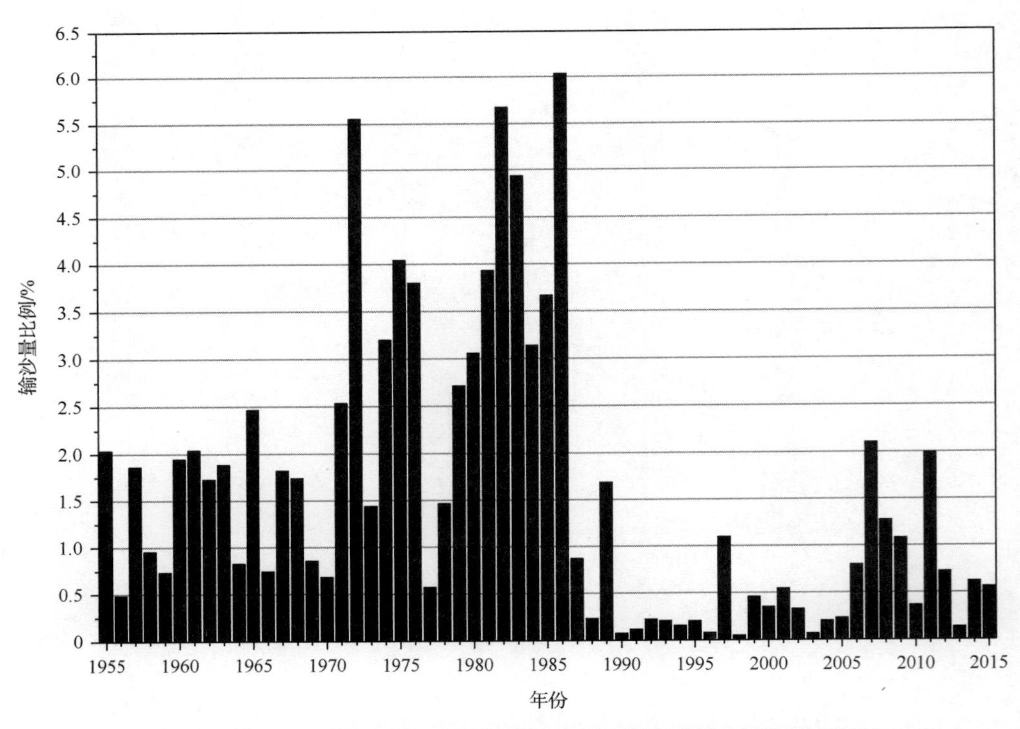

河源—贵德区间产沙量占黄河上中游总输沙量比例时间序列图

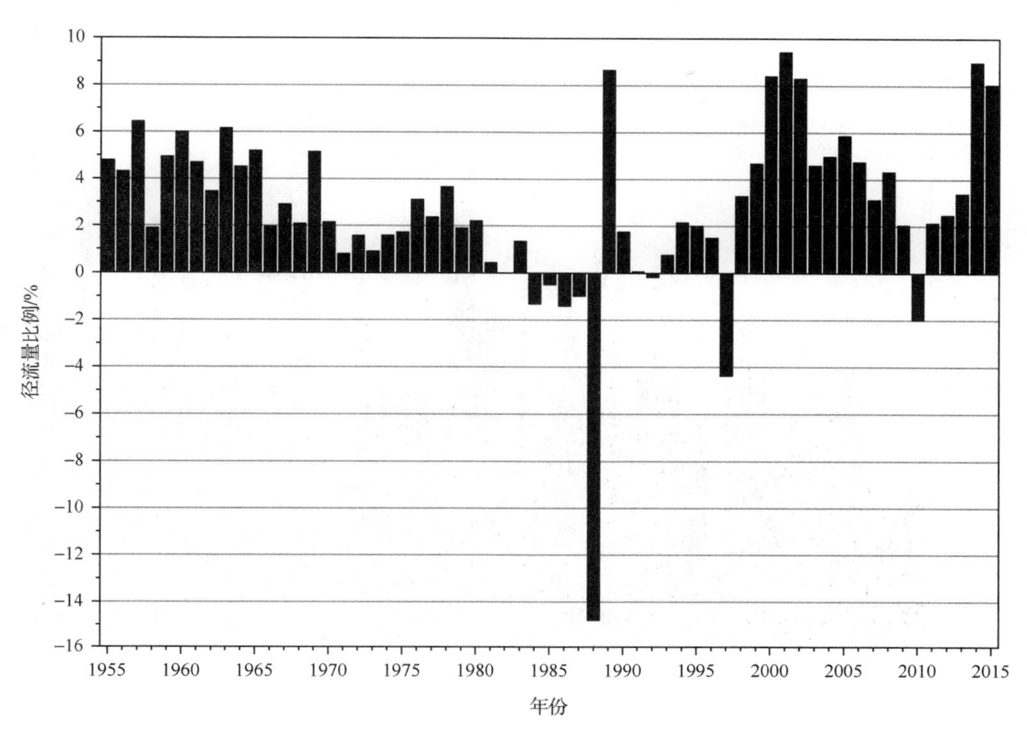

贵德—循化区间产水量占黄河上中游总径流量比例时间序列图

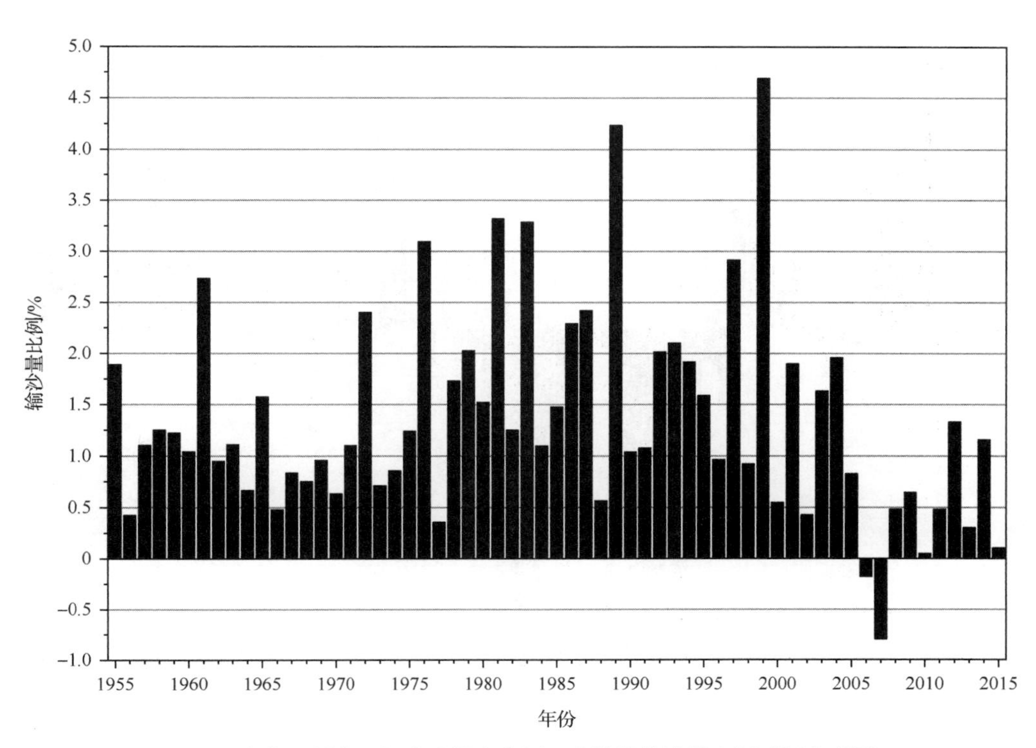

贵德—循化区间产沙量占黄河上中游总输沙量比例时间序列图

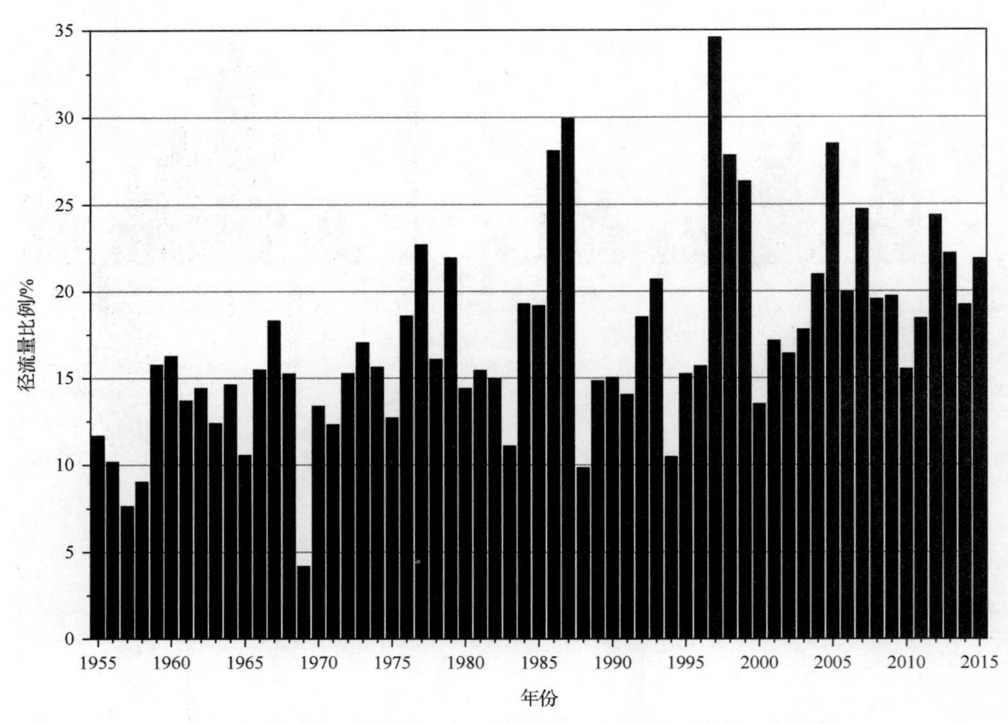

循化—上诠区间产水量占黄河上中游总径流量比例时间序列图

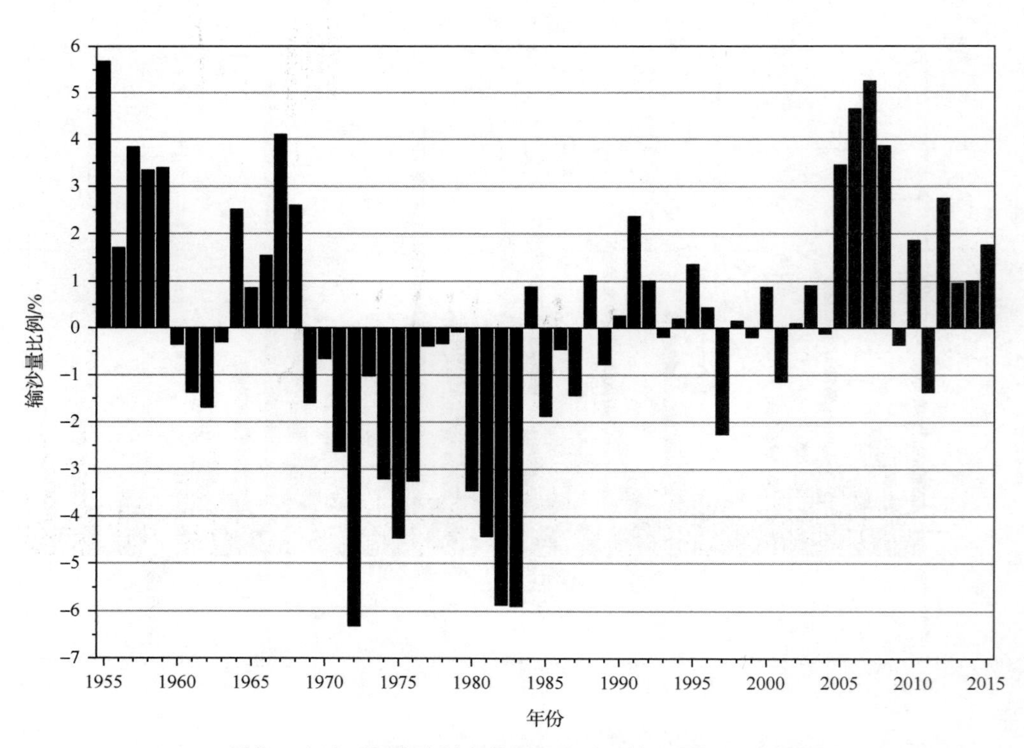

循化—上诠区间产沙量占黄河上中游总输沙量比例时间序列图

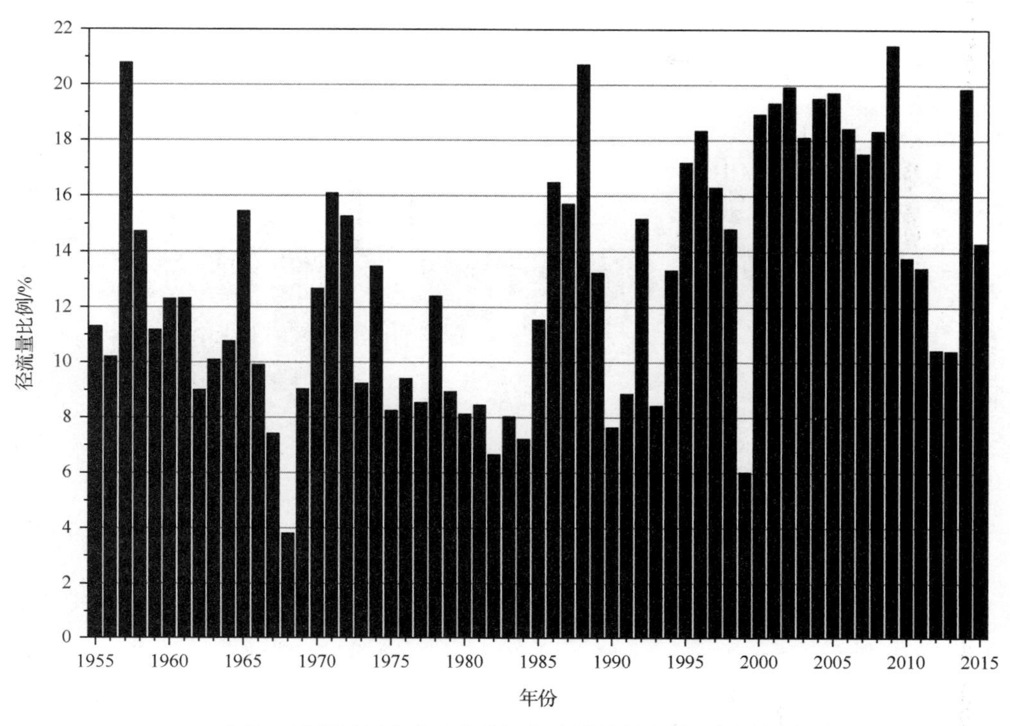

上诠—兰州区间产水量占黄河上中游总径流量比例时间序列图

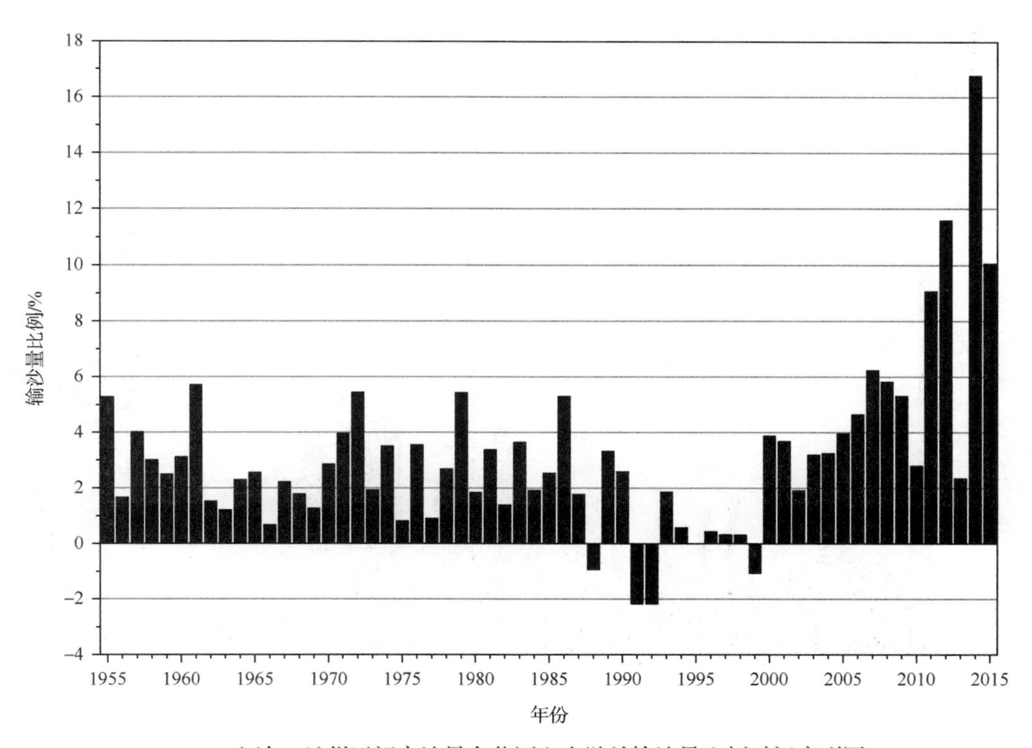

上诠—兰州区间产沙量占黄河上中游总输沙量比例时间序列图

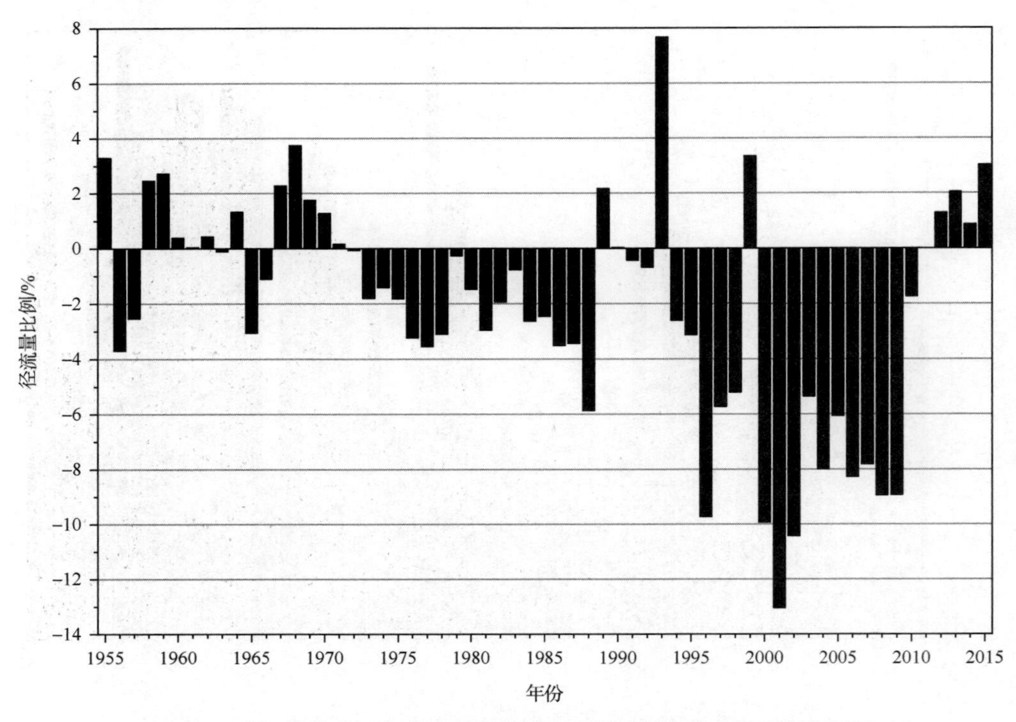

兰州—安宁渡区间产水量占黄河上中游总径流量比例时间序列图

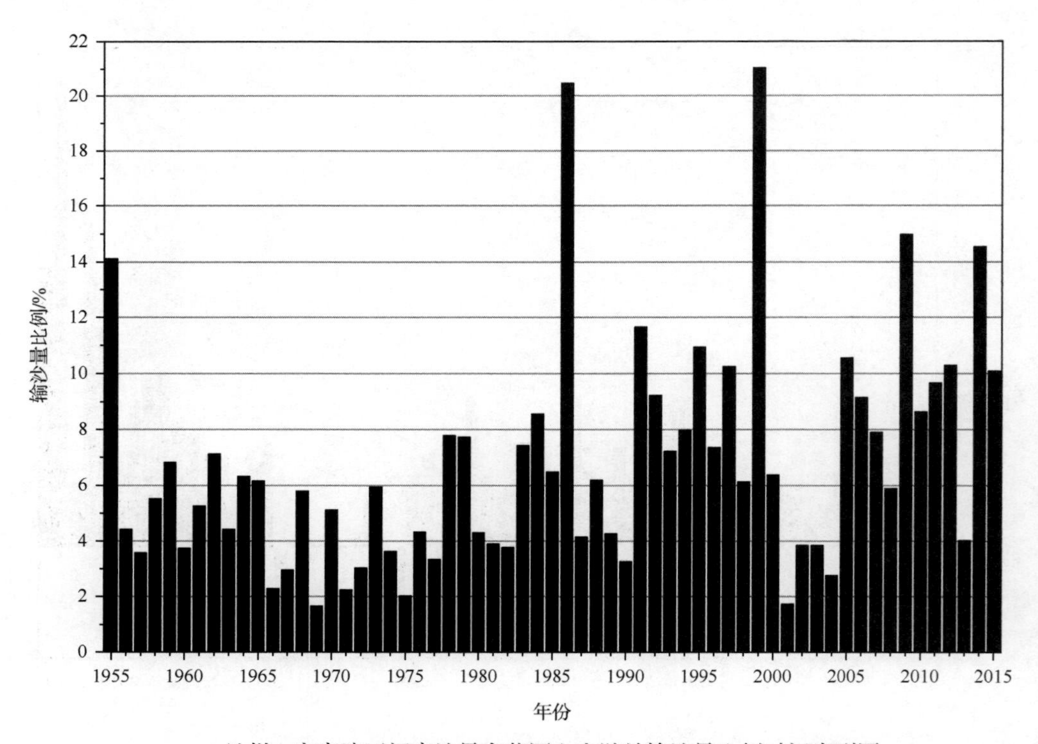

兰州—安宁渡区间产沙量占黄河上中游总输沙量比例时间序列图

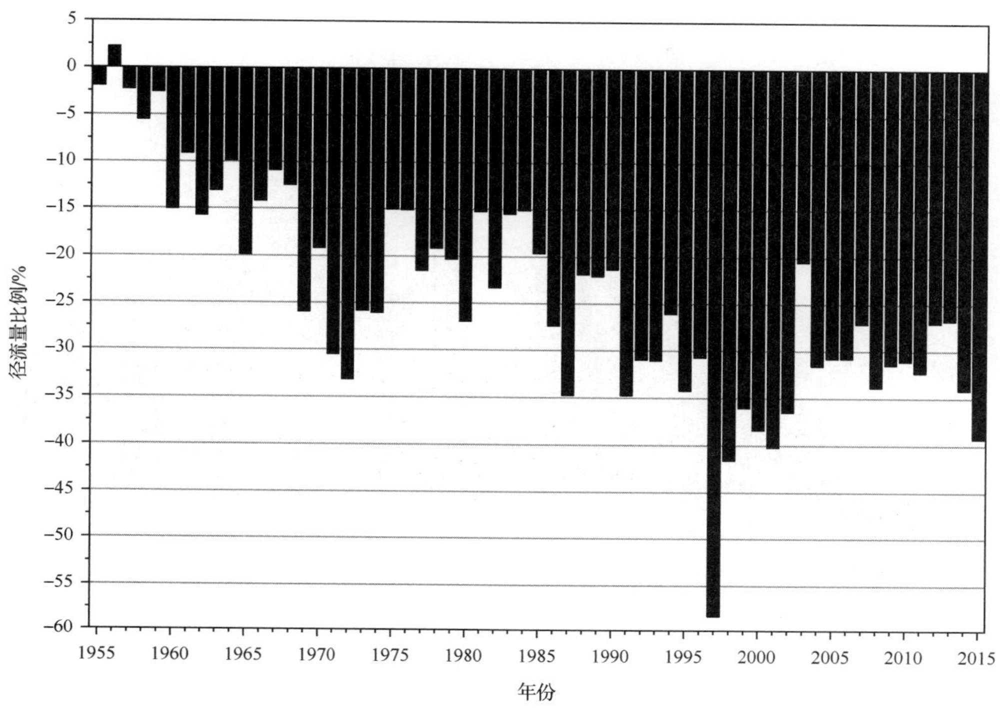

安宁渡—青铜峡区间产水量占黄河上中游总径流量比例时间序列图

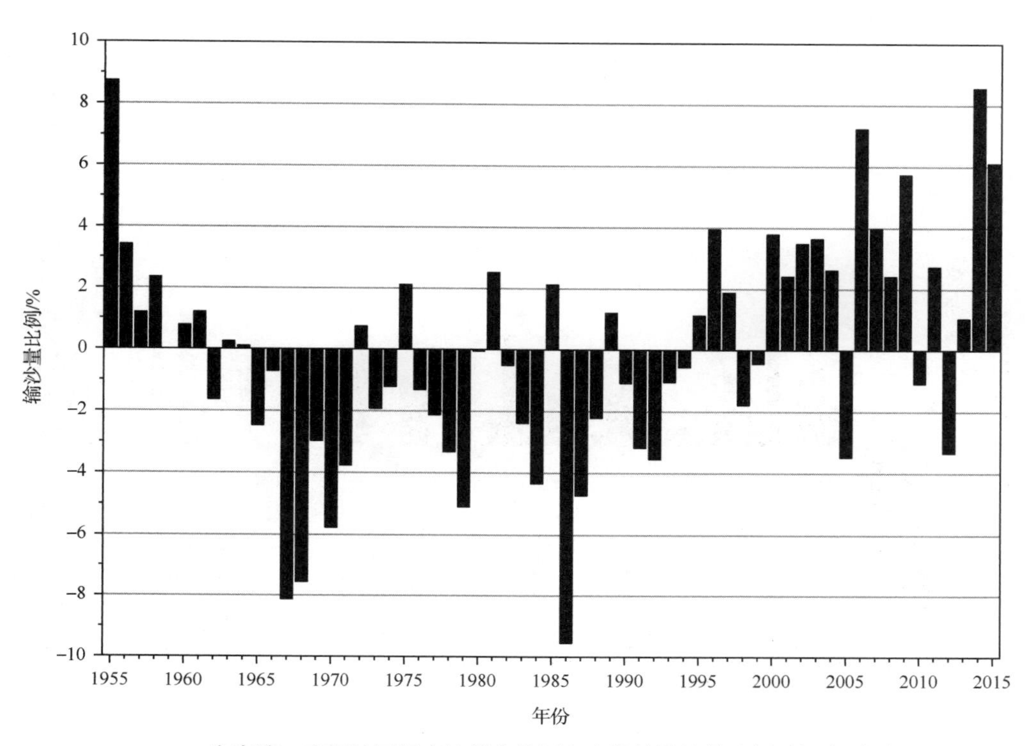

安宁渡—青铜峡区间产沙量占黄河上中游总输沙量比例时间序列图

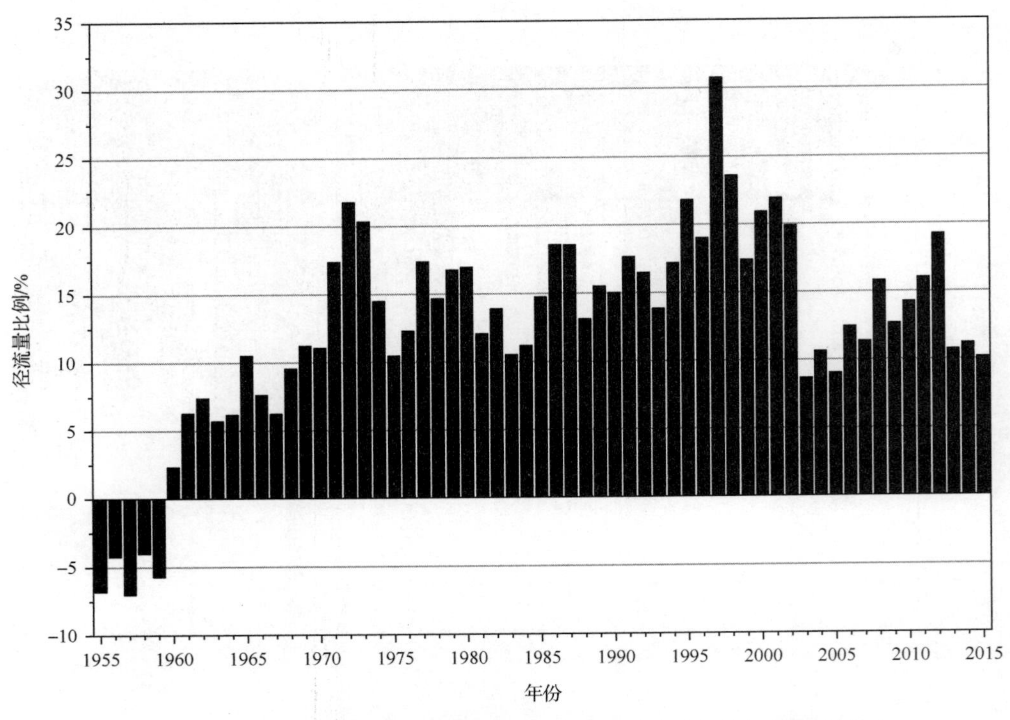

青铜峡—石嘴山区间产水量占黄河上中游总径流量比例时间序列图

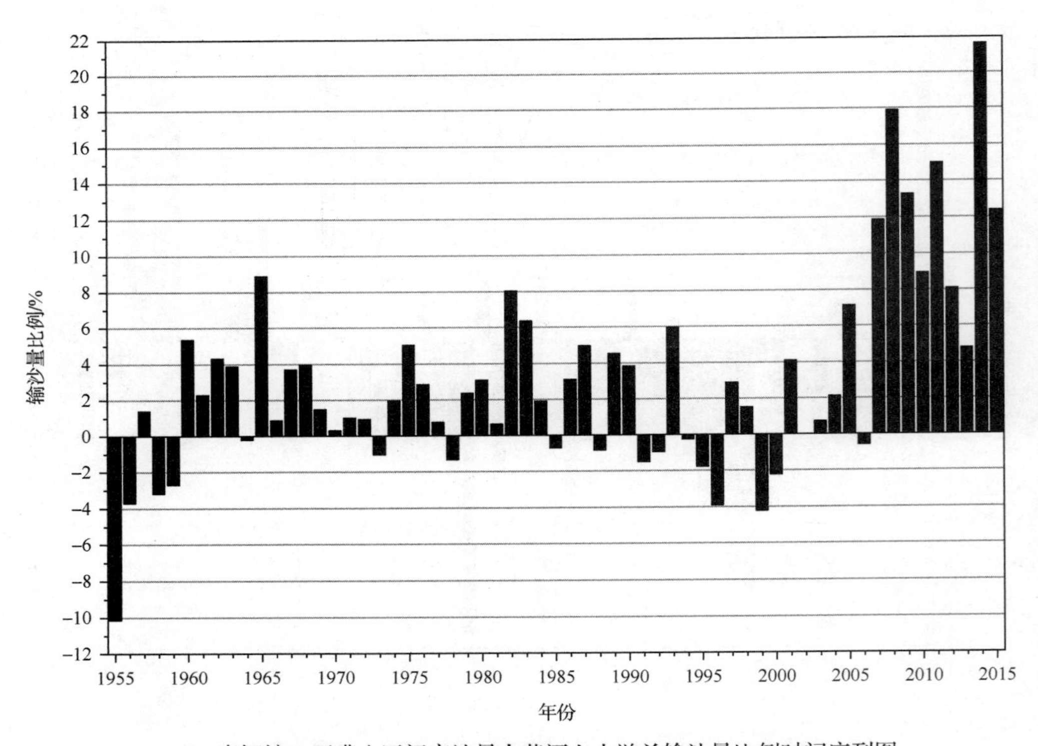

青铜峡—石嘴山区间产沙量占黄河上中游总输沙量比例时间序列图

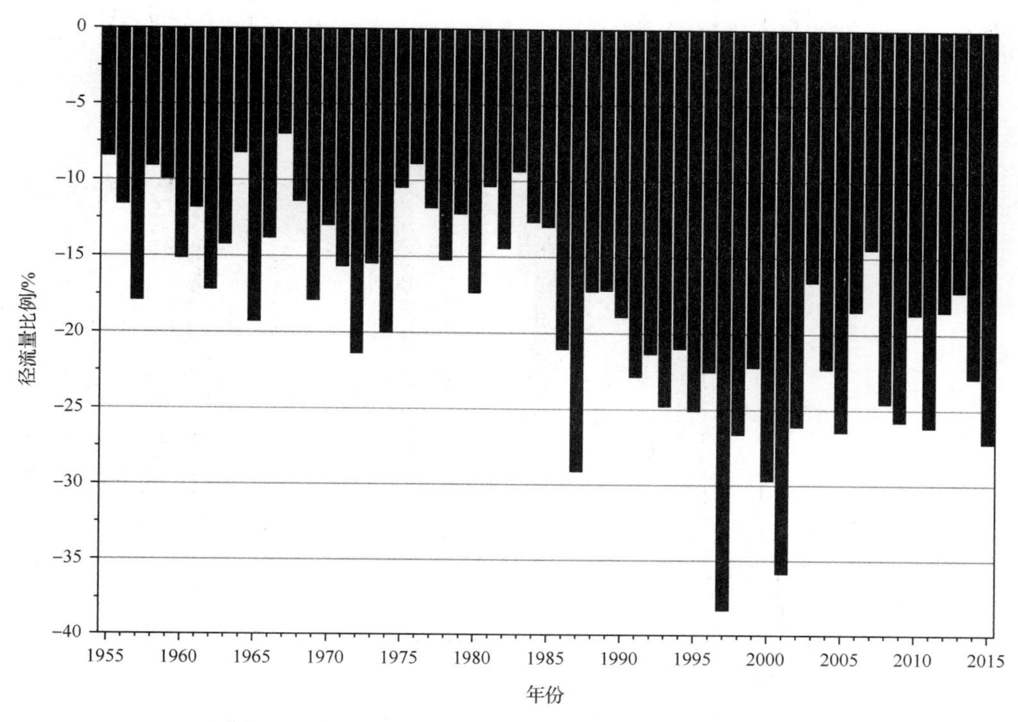

石嘴山—三湖河口区间产水量占黄河上中游总径流量比例时间序列图

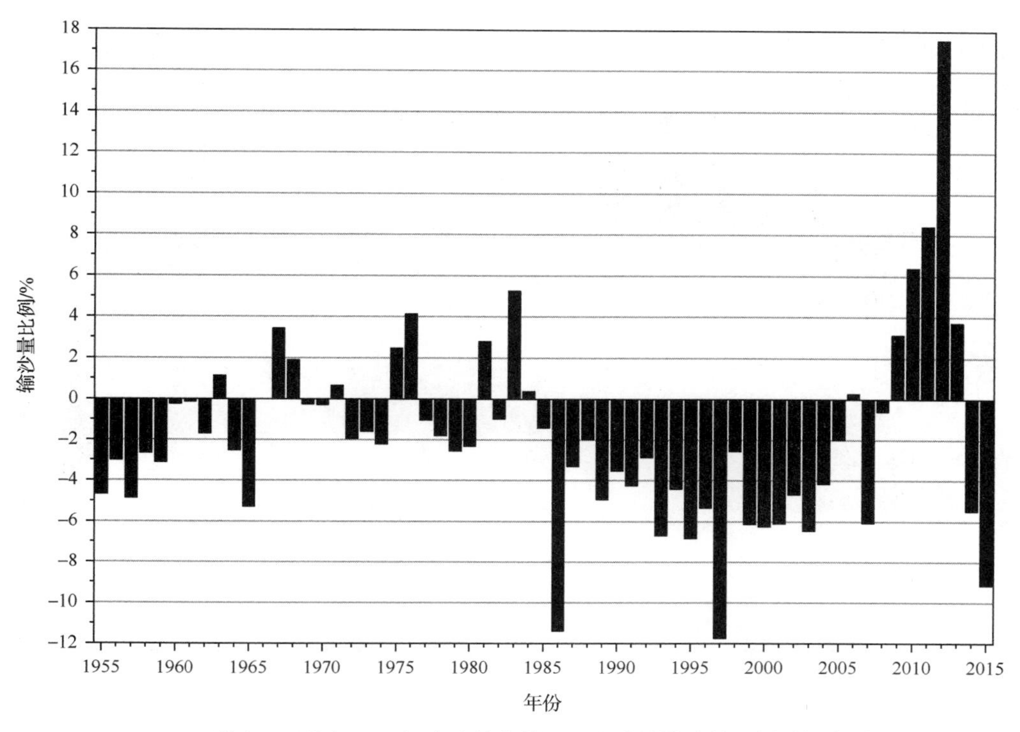

石嘴山—三湖河口区间产沙量占黄河上中游总输沙量比例时间序列图

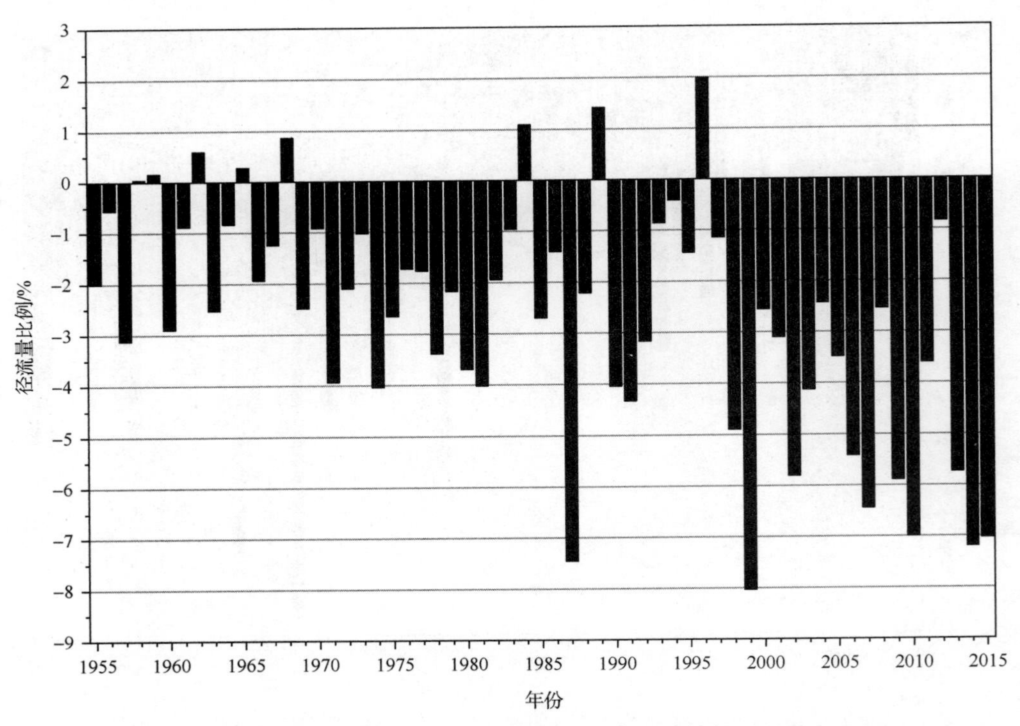

三湖河口—头道拐区间产水量占黄河上中游总径流量比例时间序列图

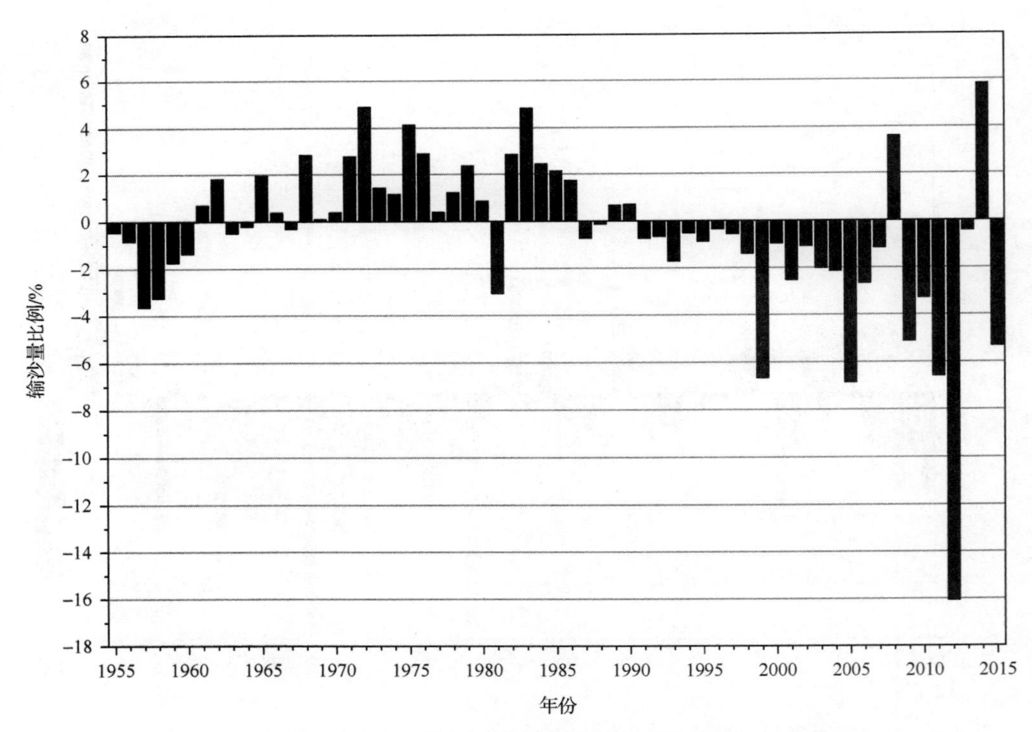

三湖河口—头道拐区间产沙量占黄河上中游总输沙量比例时间序列图

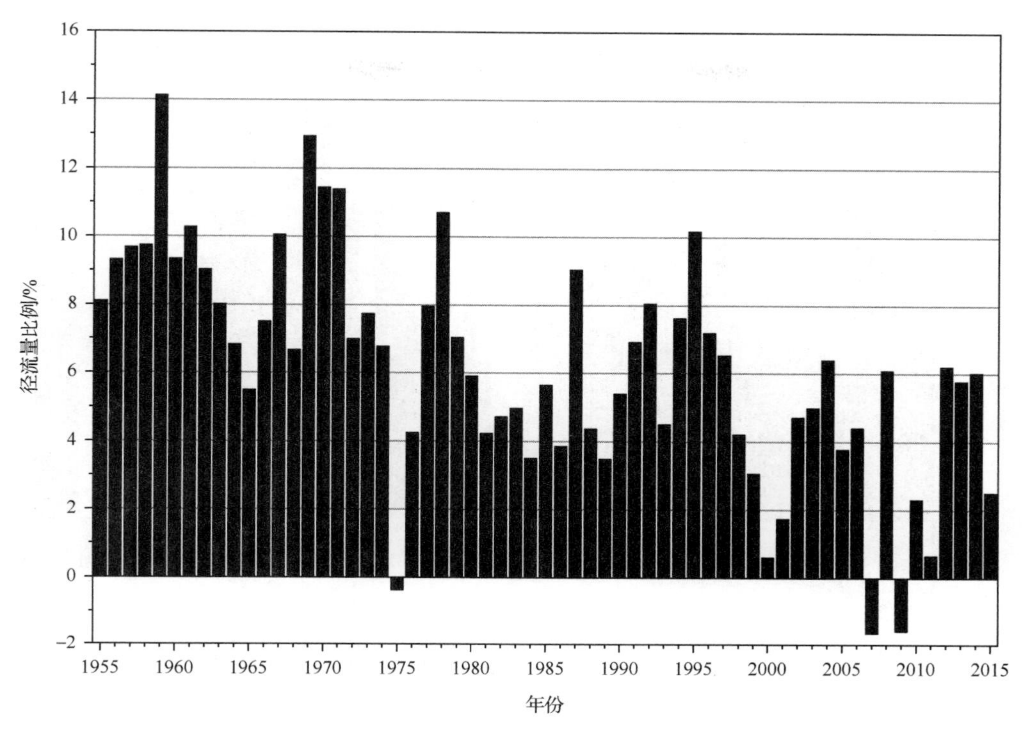

头道拐—吴堡区间产水量占黄河上中游总径流量比例时间序列图

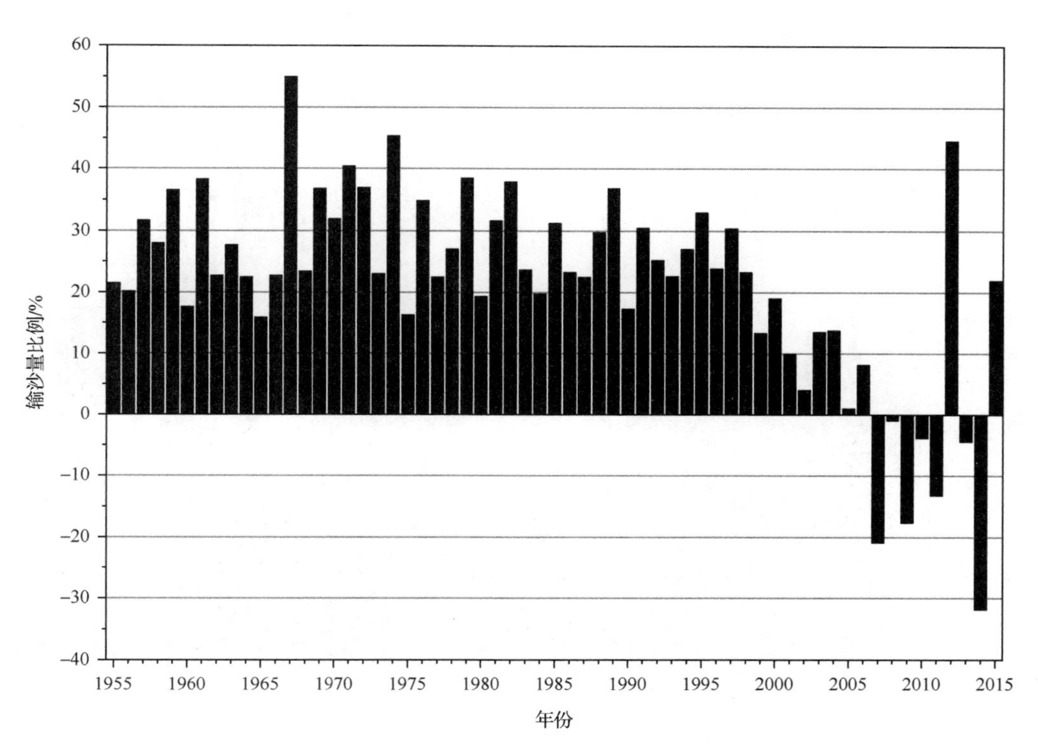

头道拐—吴堡区间产沙量占黄河上中游总输沙量比例时间序列图

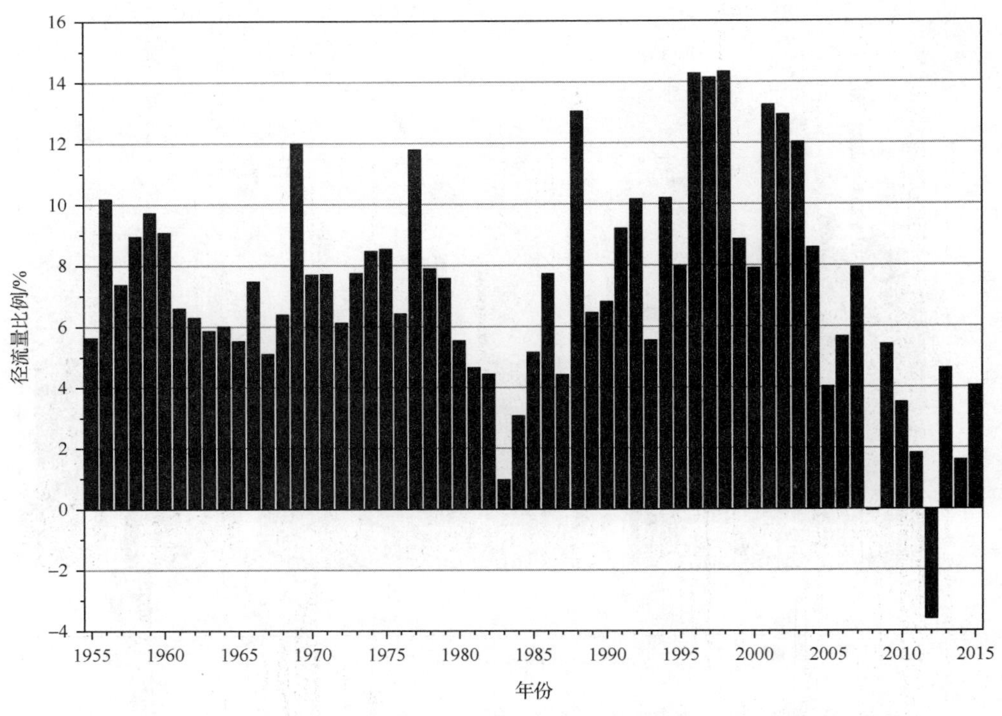

吴堡—龙门区间产水量占黄河上中游总径流量比例时间序列图

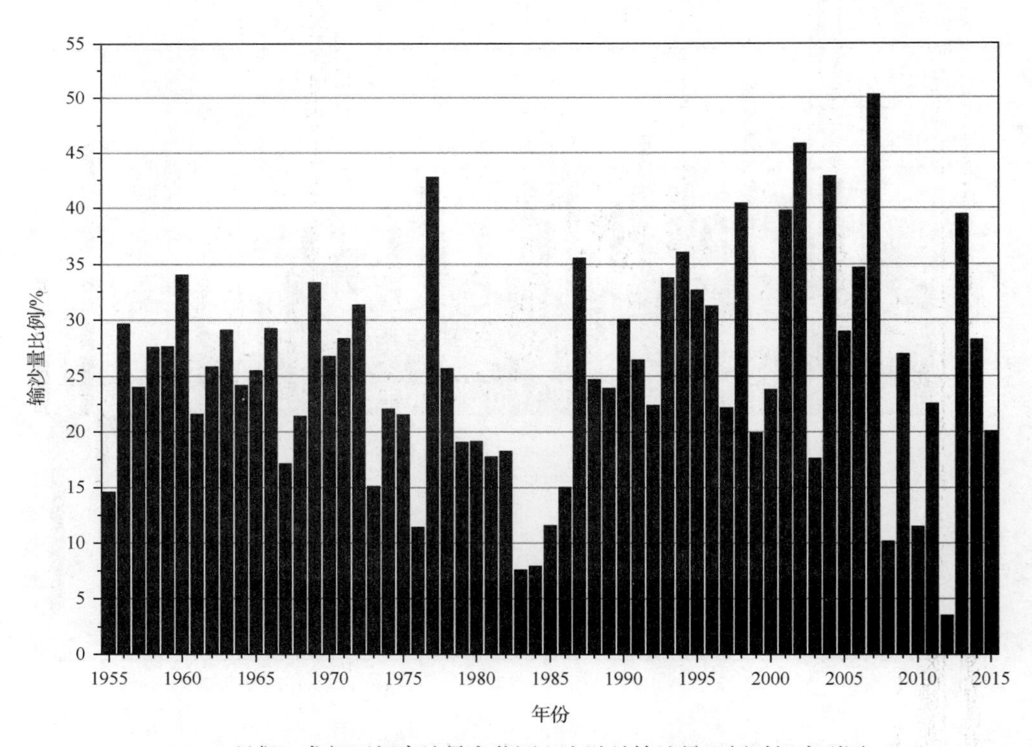

吴堡—龙门区间产沙量占黄河上中游总输沙量比例时间序列图

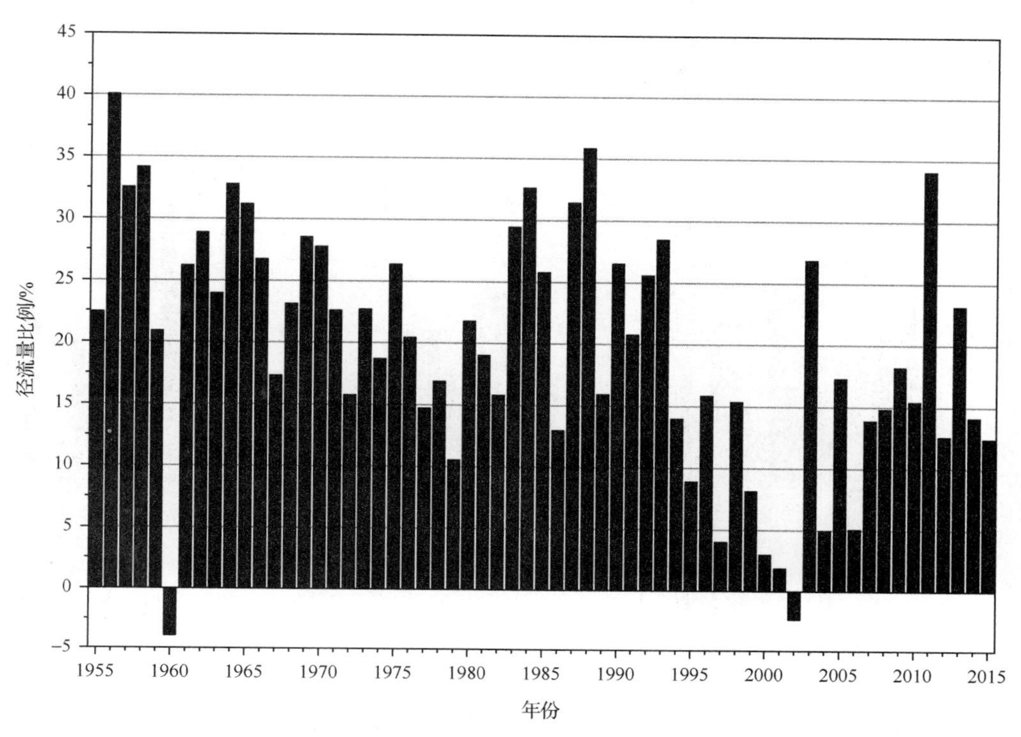

龙门—三门峡区间产水量占黄河上中游总径流量比例时间序列图

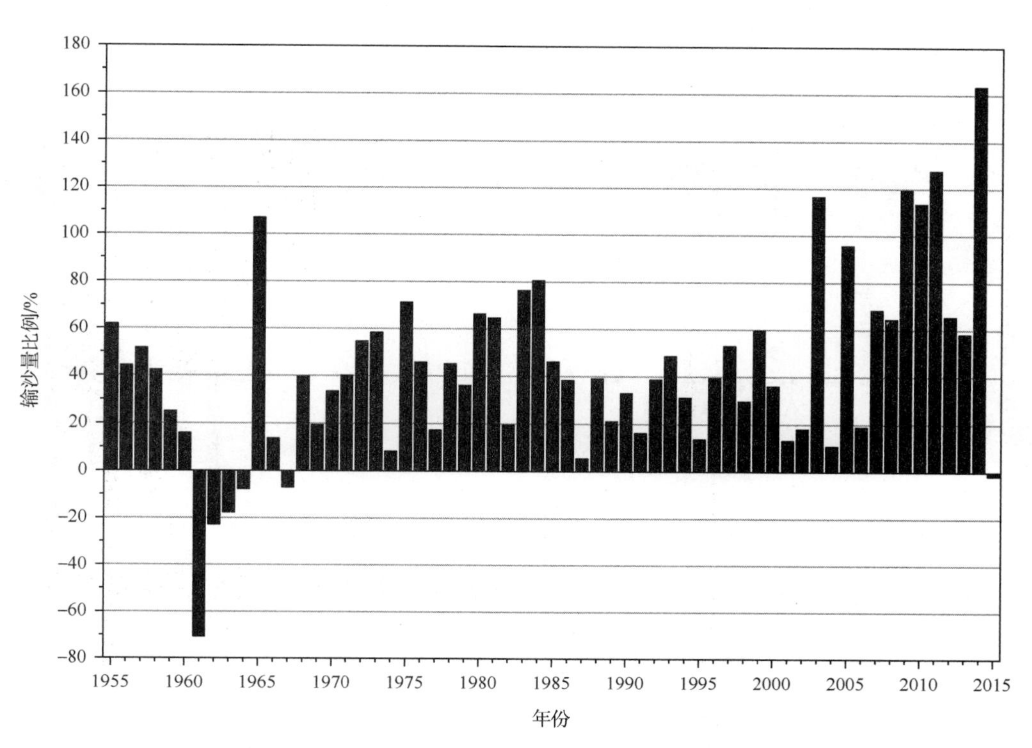

龙门—三门峡区间产沙量占黄河上中游总输沙量比例时间序列图

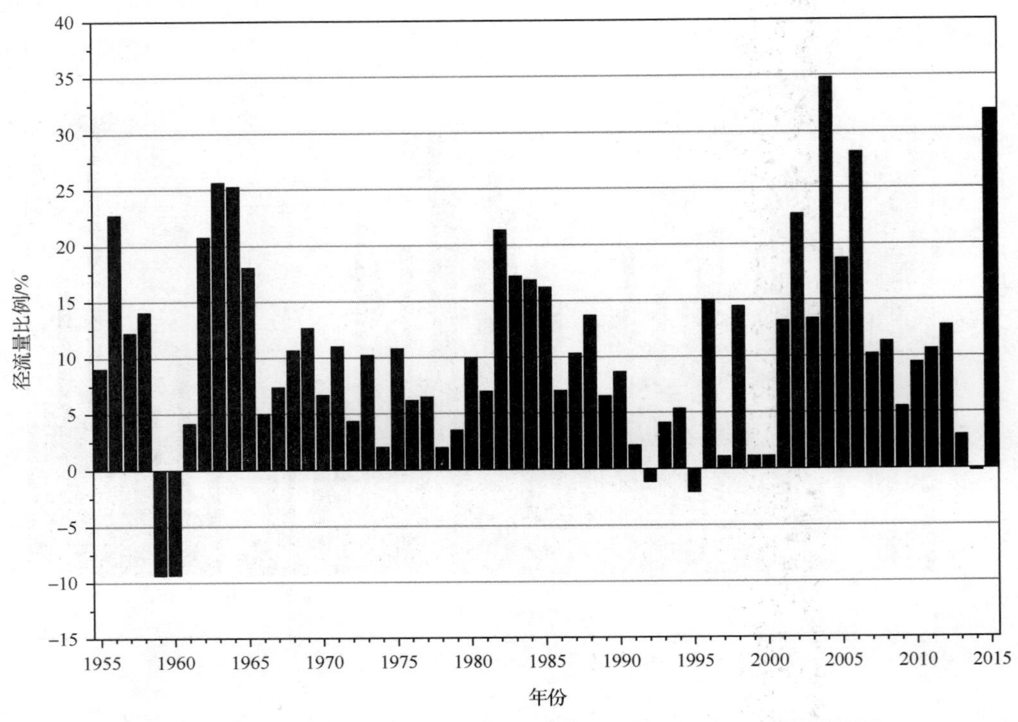

三门峡—花园口区间产水量占黄河上中游总径流量比例时间序列图

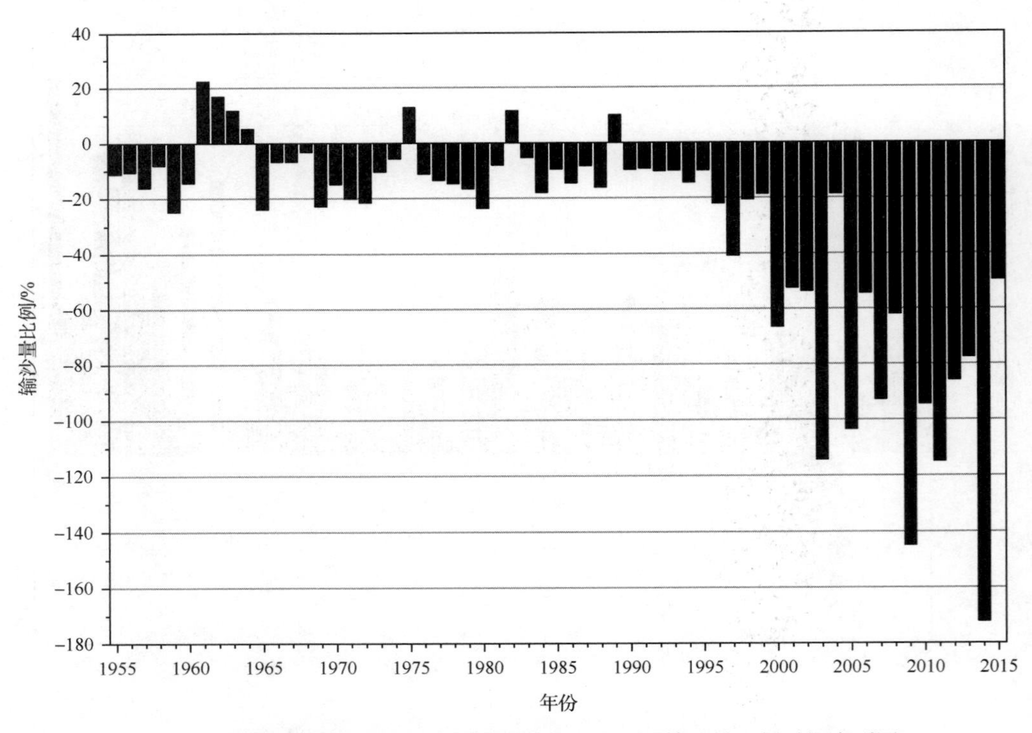

三门峡—花园口区间产沙量占黄河上中游总输沙量比例时间序列图

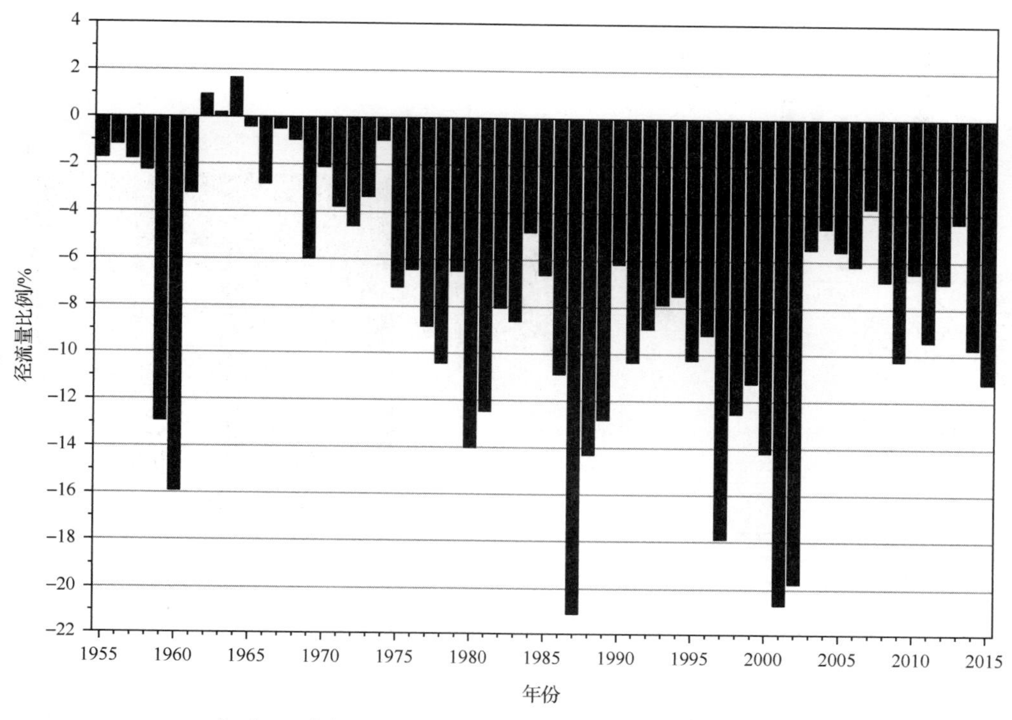

花园口—高村区间产水量占黄河上中游总径流量比例时间序列图

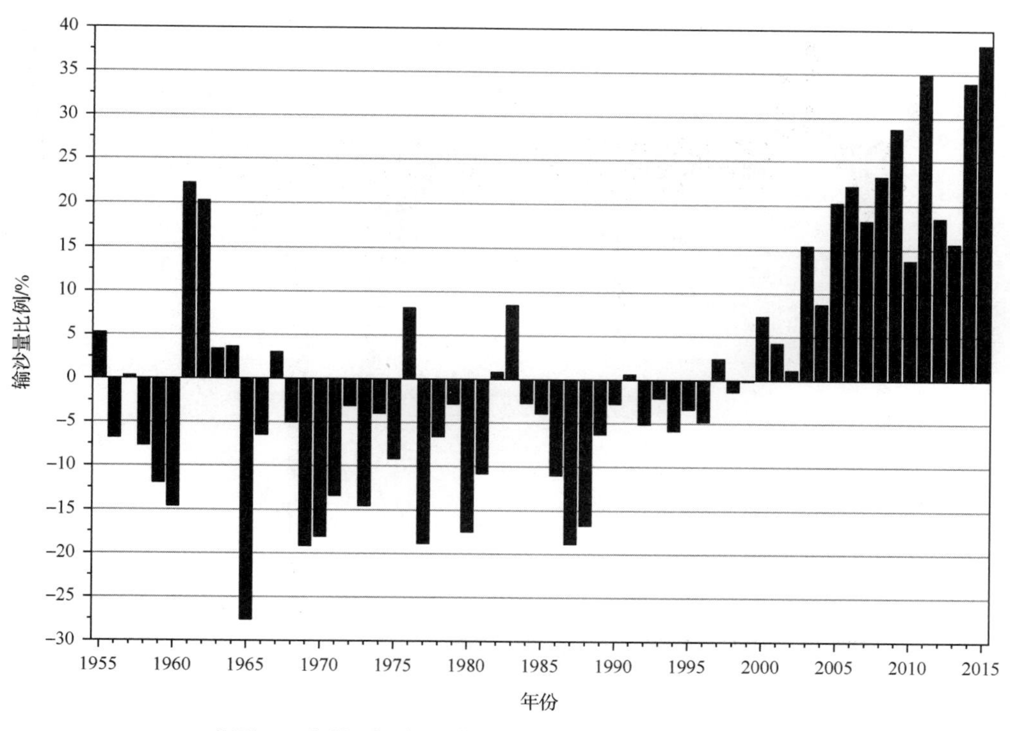

花园口—高村区间产沙量占黄河上中游总输沙量比例时间序列图

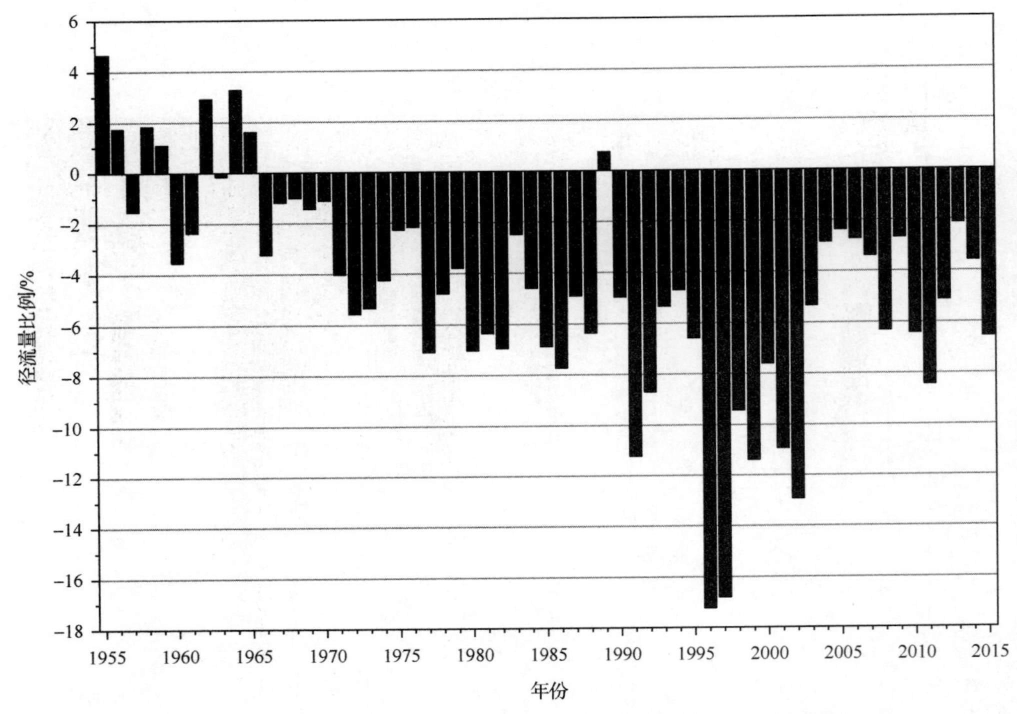

高村—孙口区间产水量占黄河上中游总径流量比例时间序列图

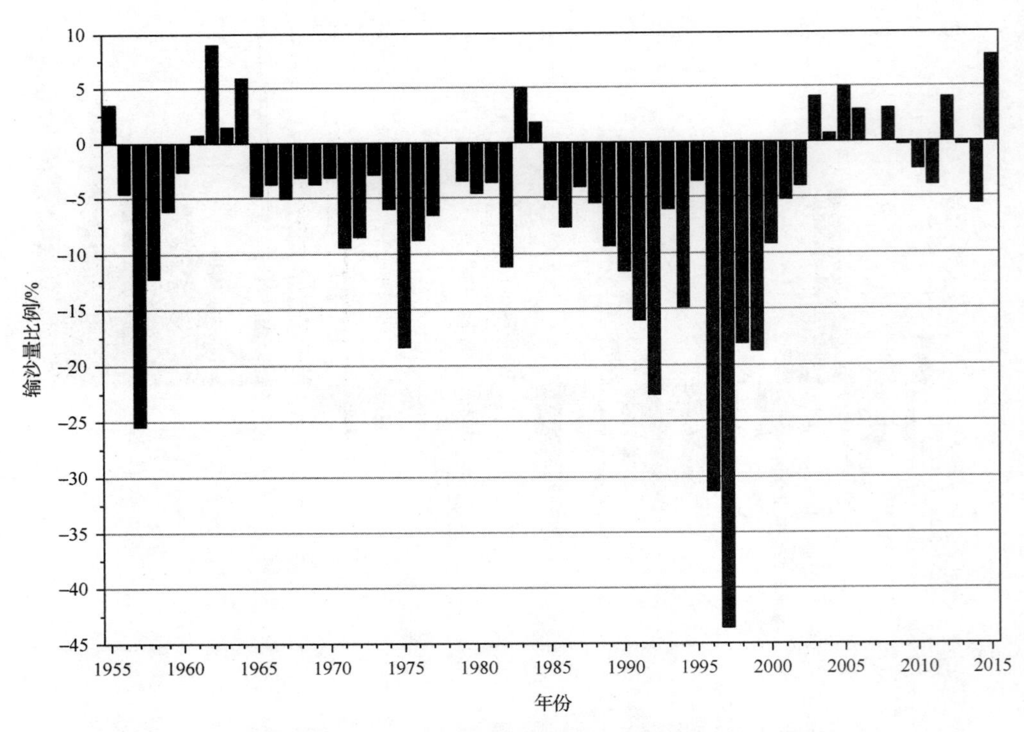

高村—孙口区间产沙量占黄河上中游总输沙量比例时间序列图

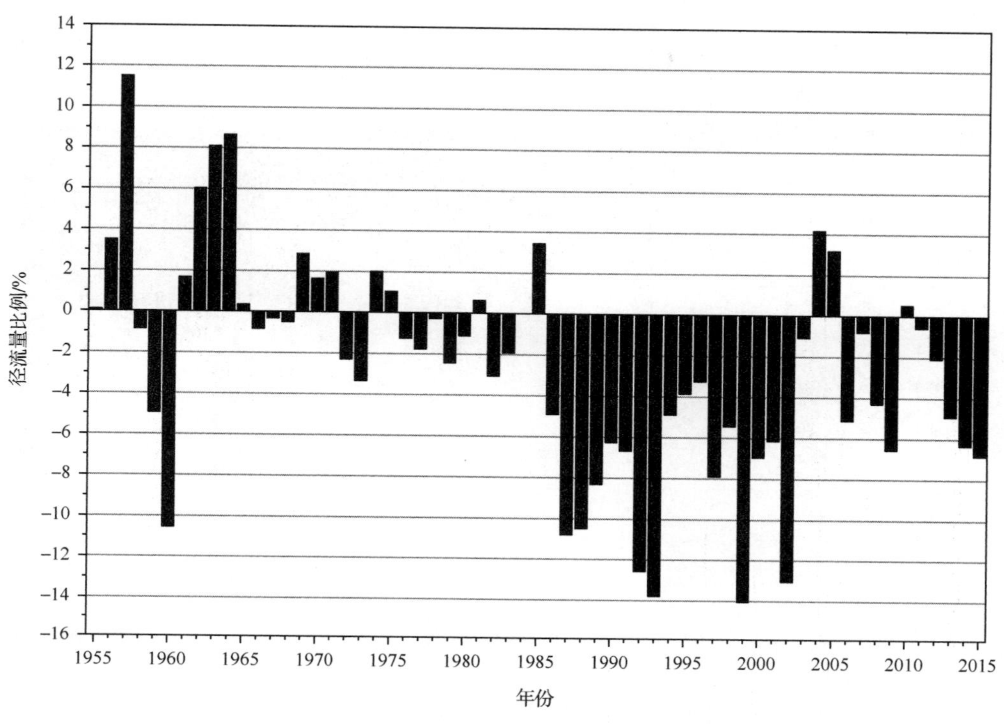

孙口—艾山区间产水量占黄河上中游总径流量比例时间序列图

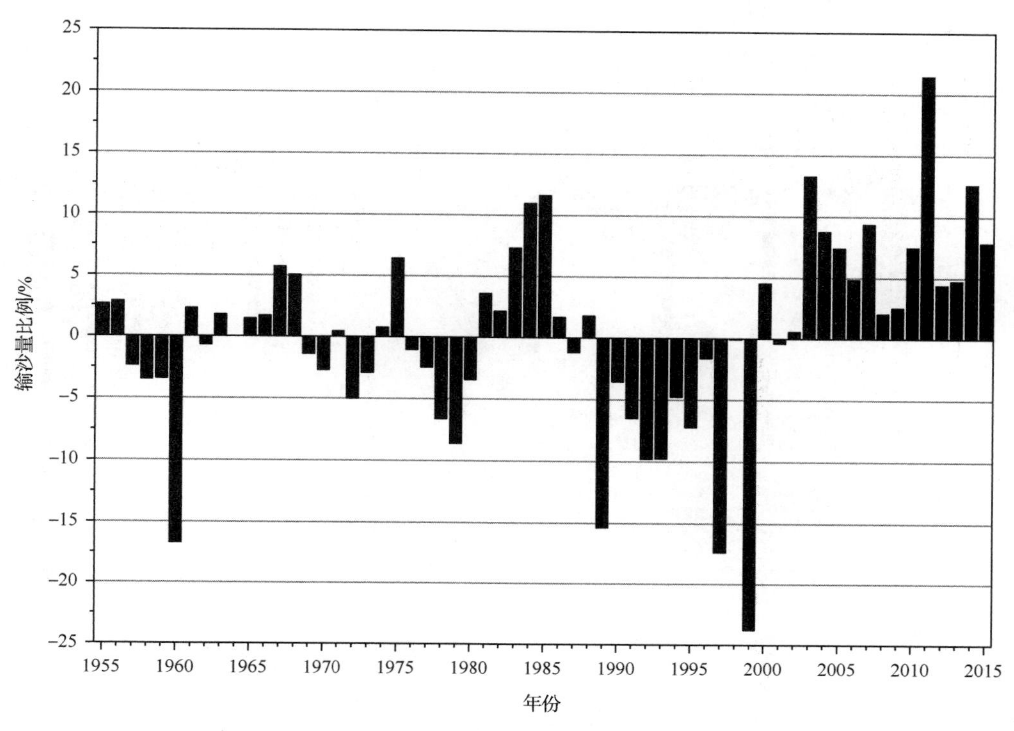

孙口—艾山区间产沙量占黄河上中游总输沙量比例时间序列图

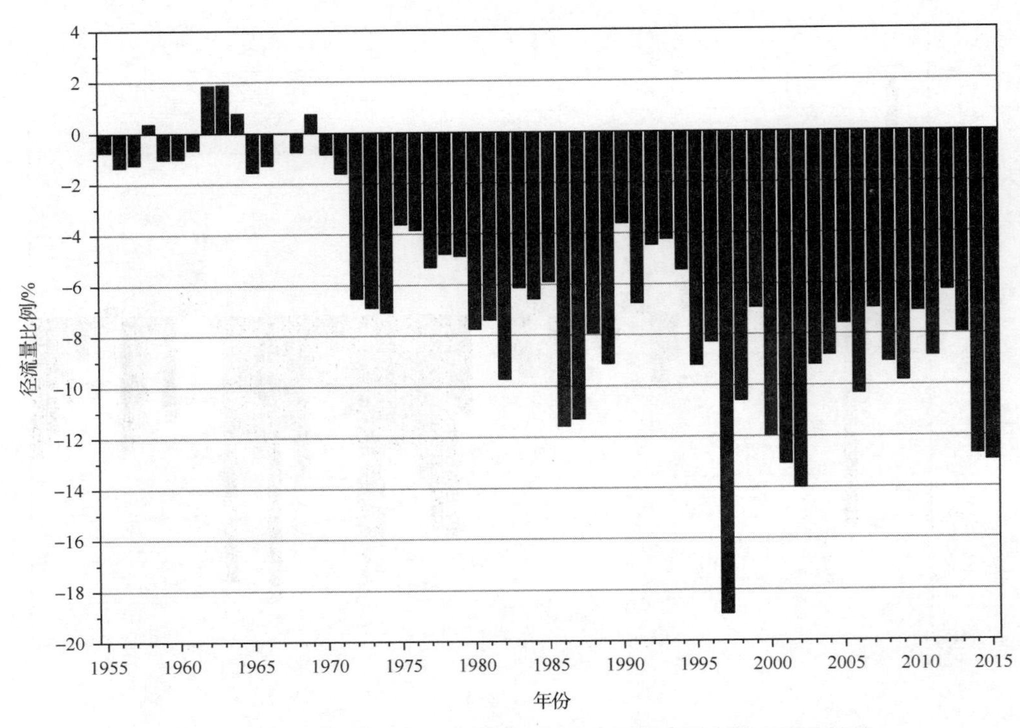

艾山—泺口区间产水量占黄河上中游总径流量比例时间序列图

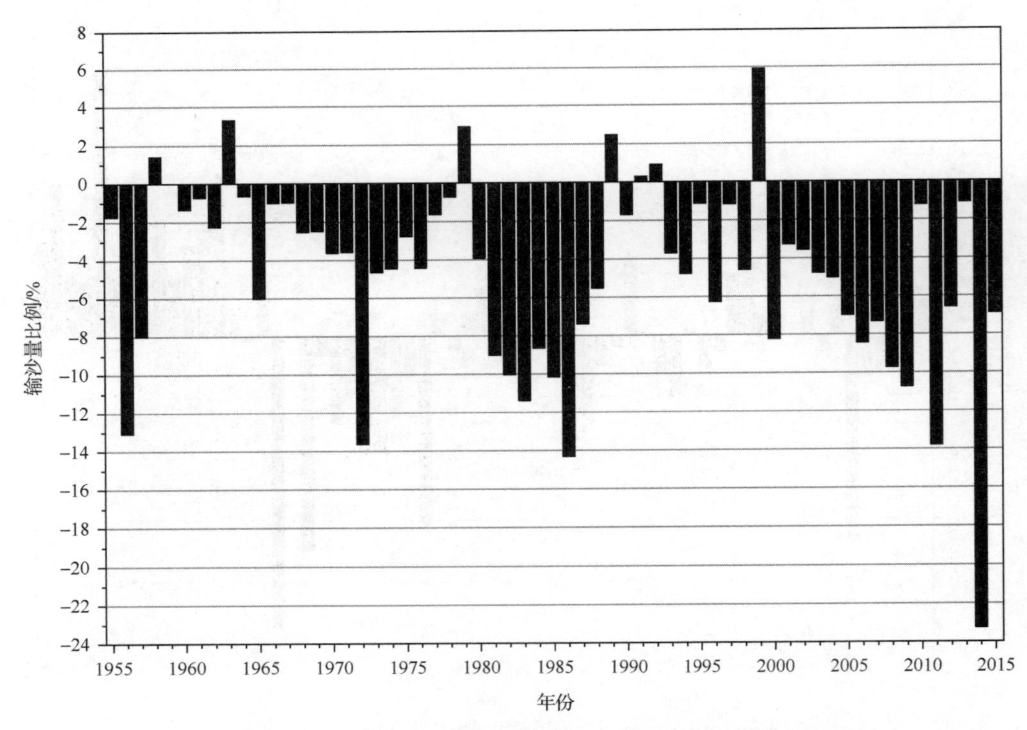

艾山—泺口区间产沙量占黄河上中游总输沙量比例时间序列图

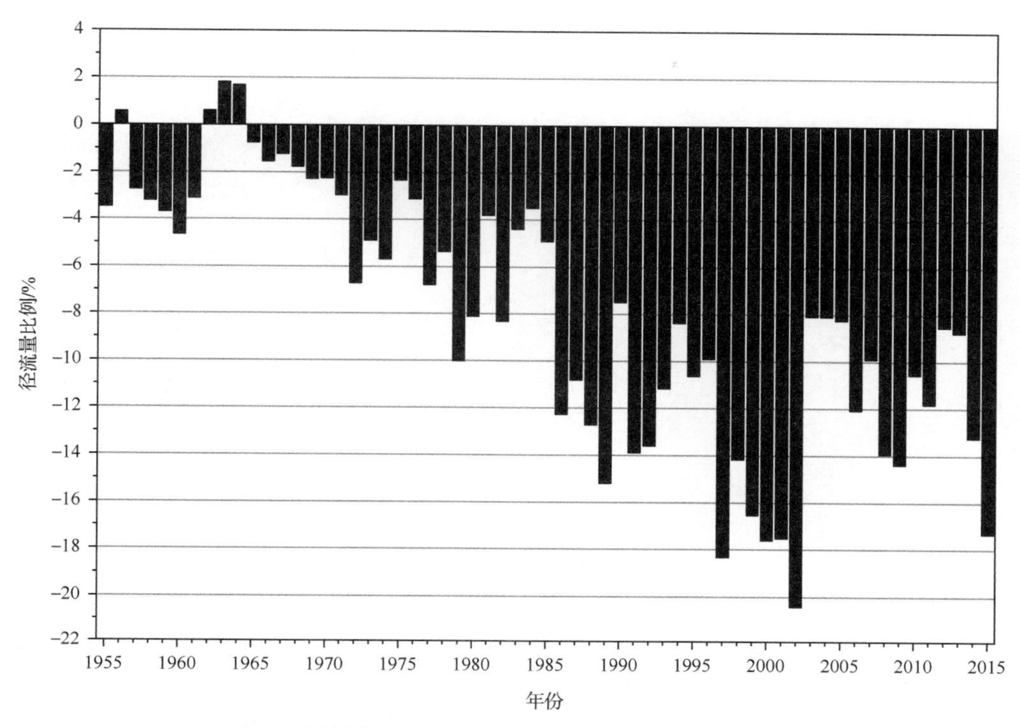

泺口—利津区间产水量占黄河上中游总径流量比例时间序列图

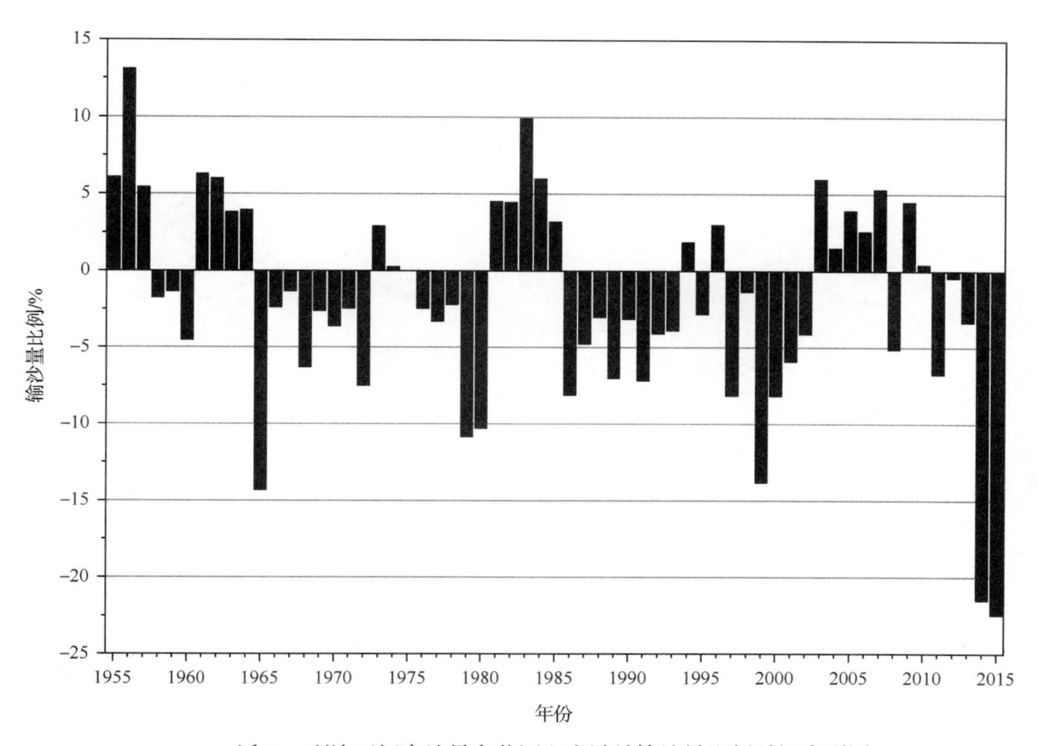

泺口—利津区间产沙量占黄河上中游总输沙量比例时间序列图

4　黄河干流水沙沿程变化图

4.1　黄河干流水沙量沿程累积曲线图

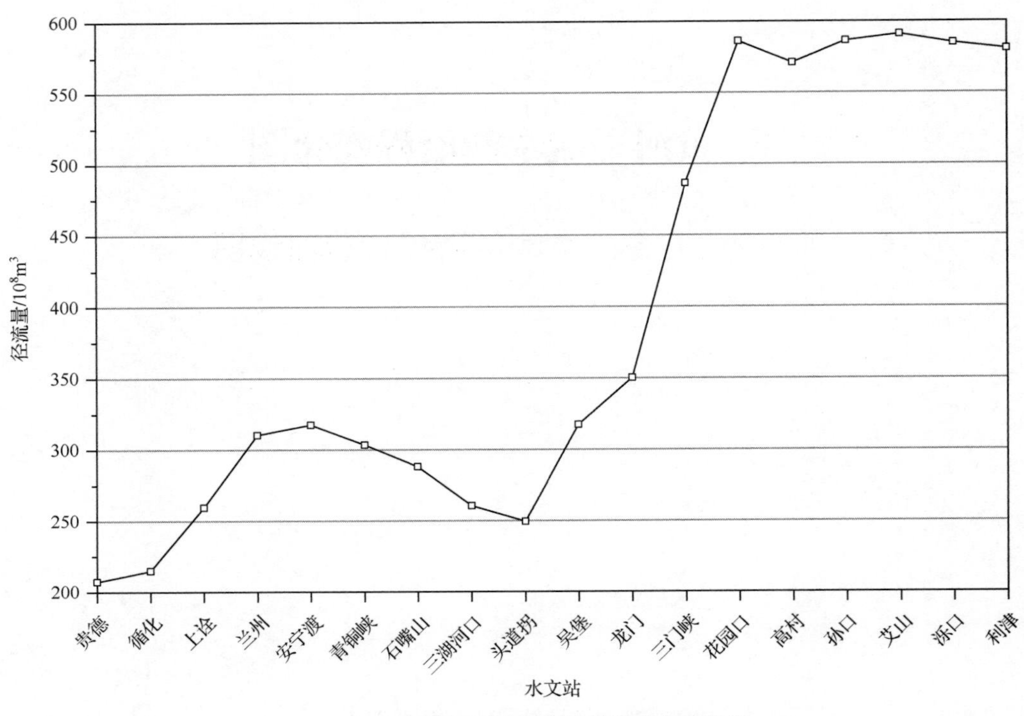

1954年黄河干流径流量沿程变化曲线图

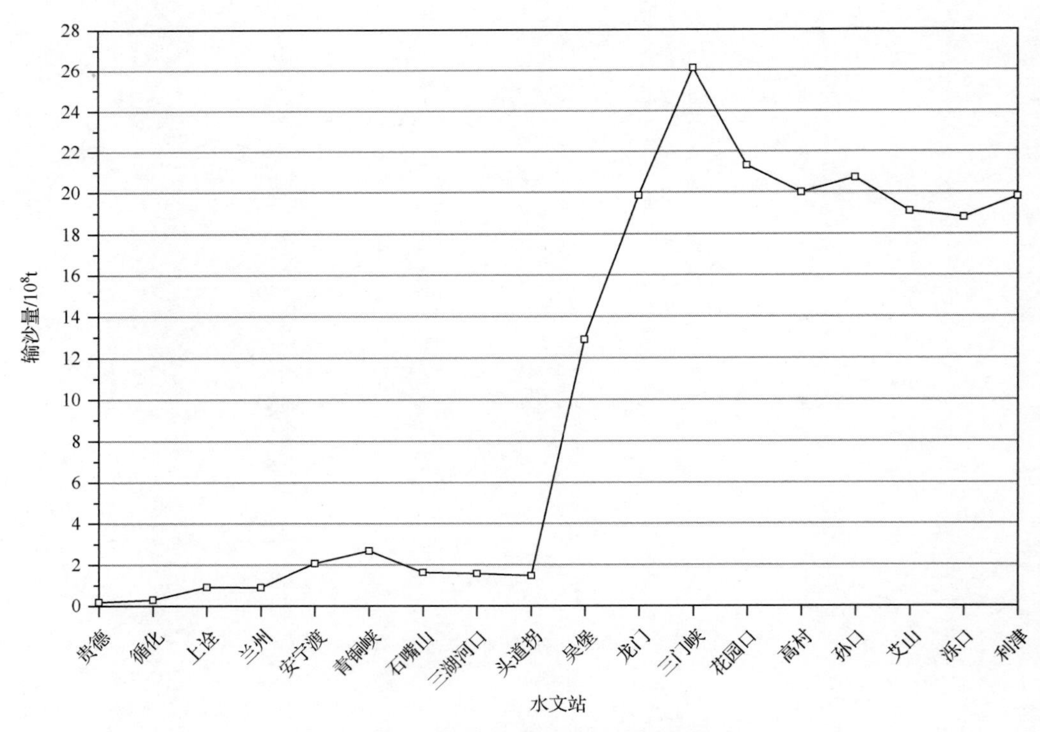

1954年黄河干流输沙量沿程变化曲线图

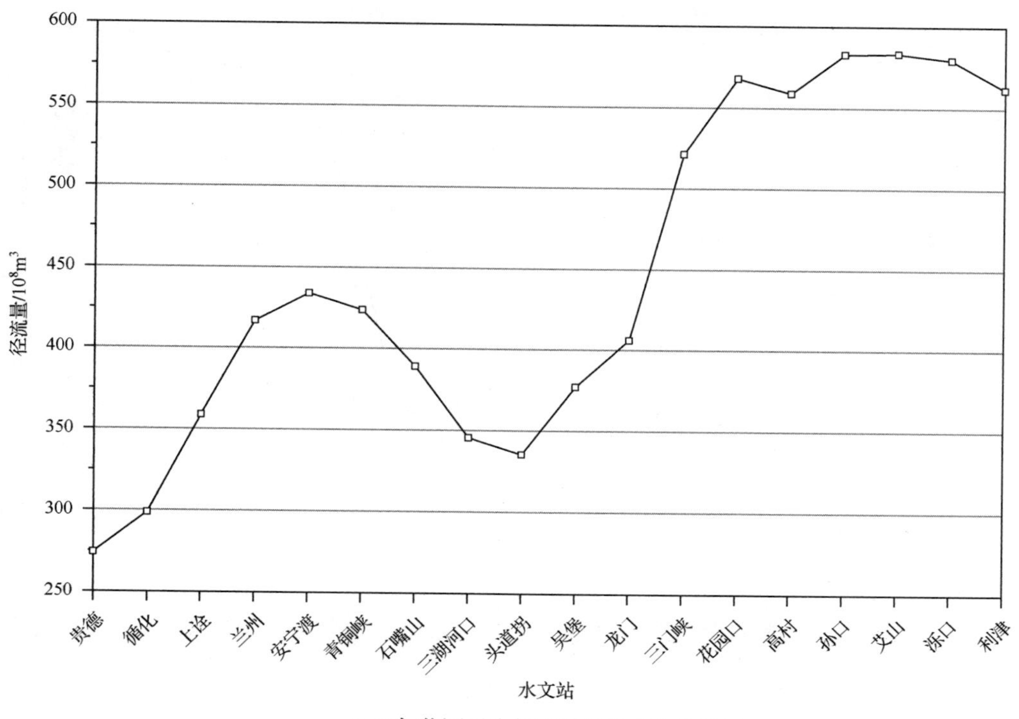

1955年黄河干流径流量沿程变化曲线图

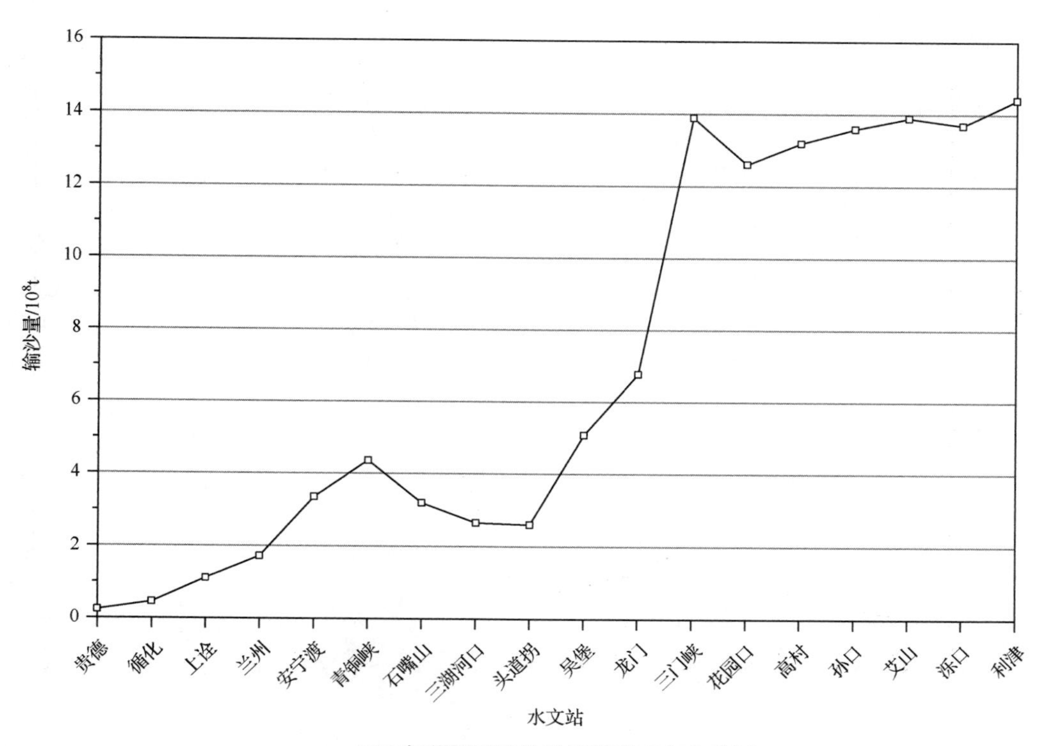

1955年黄河干流输沙量沿程变化曲线图

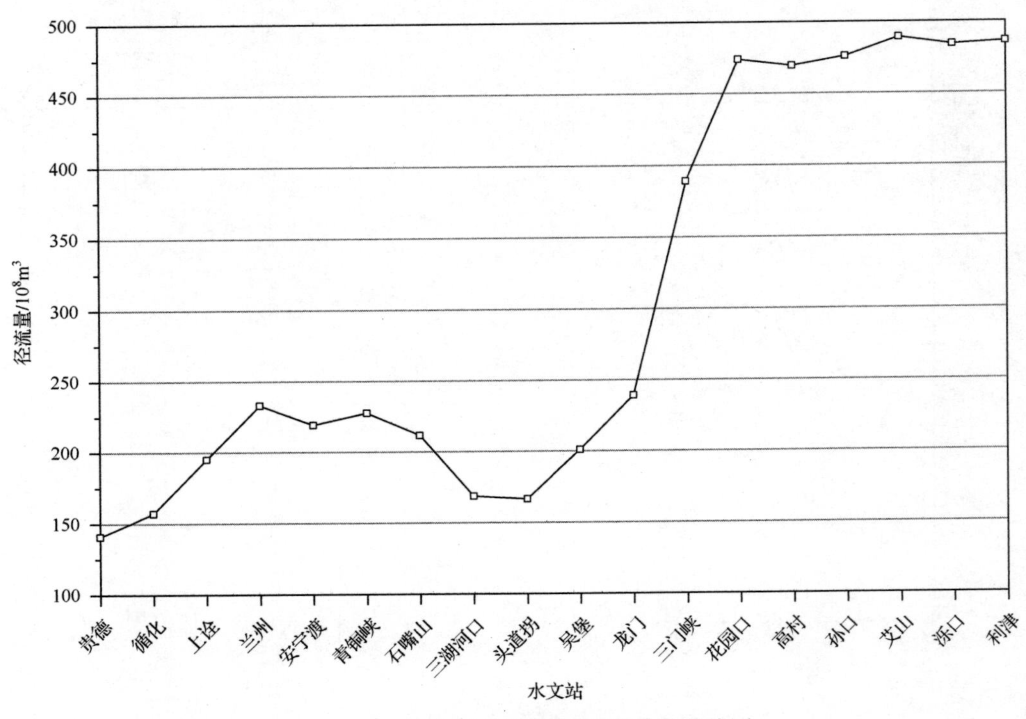

1956年黄河干流径流量沿程变化曲线图

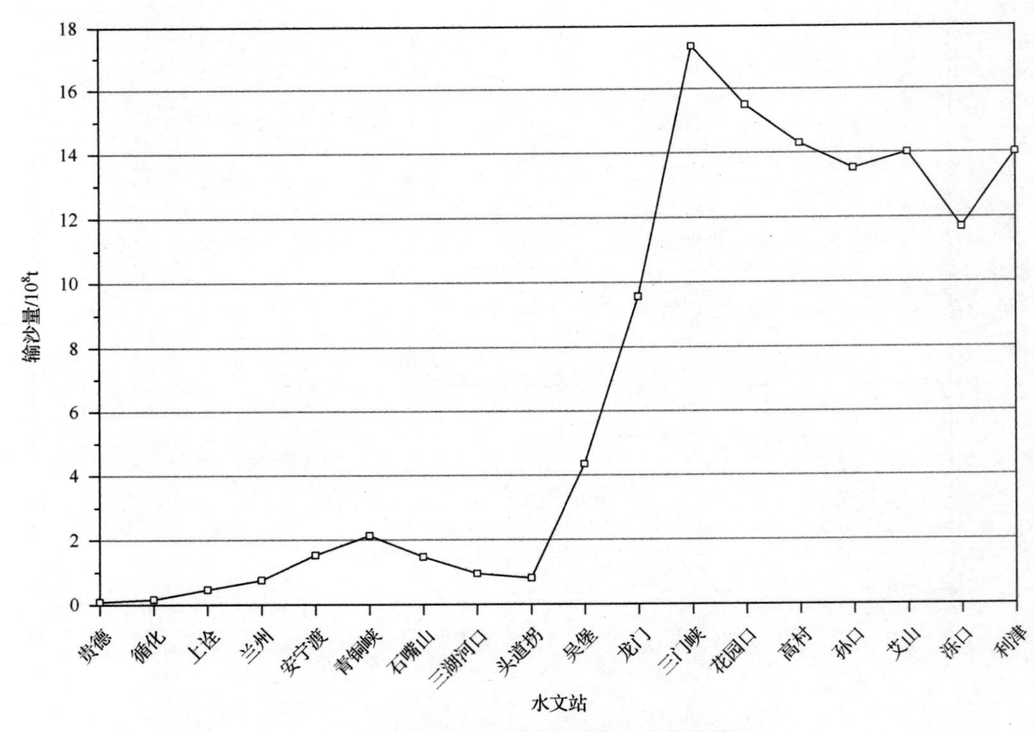

1956年黄河干流输沙量沿程变化曲线图

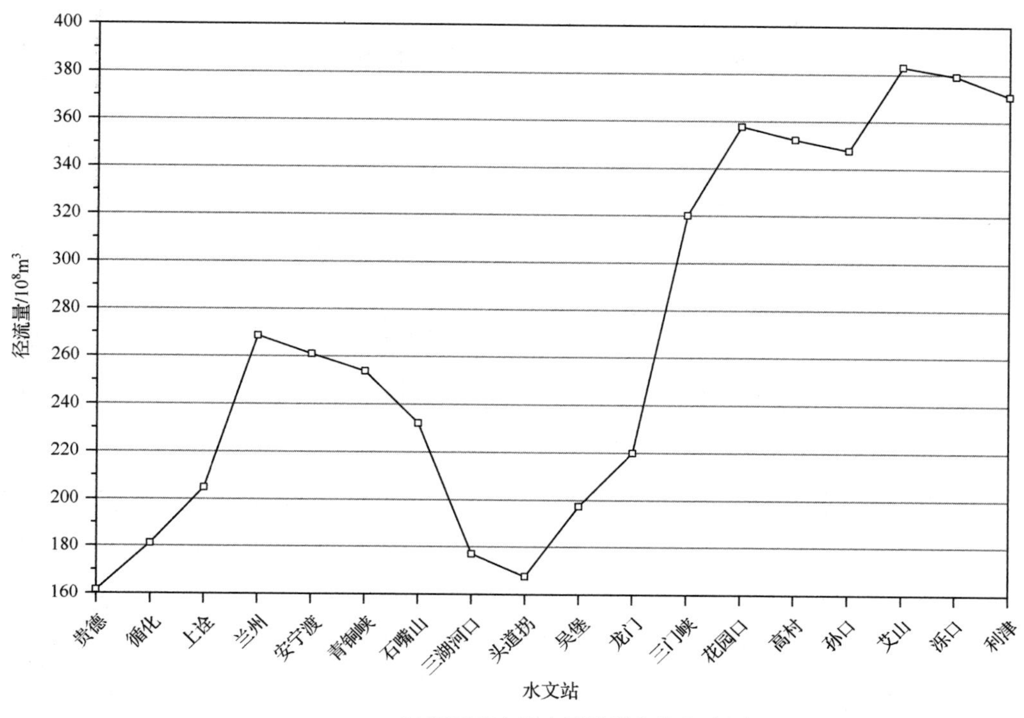

1957年黄河干流径流量沿程变化曲线图

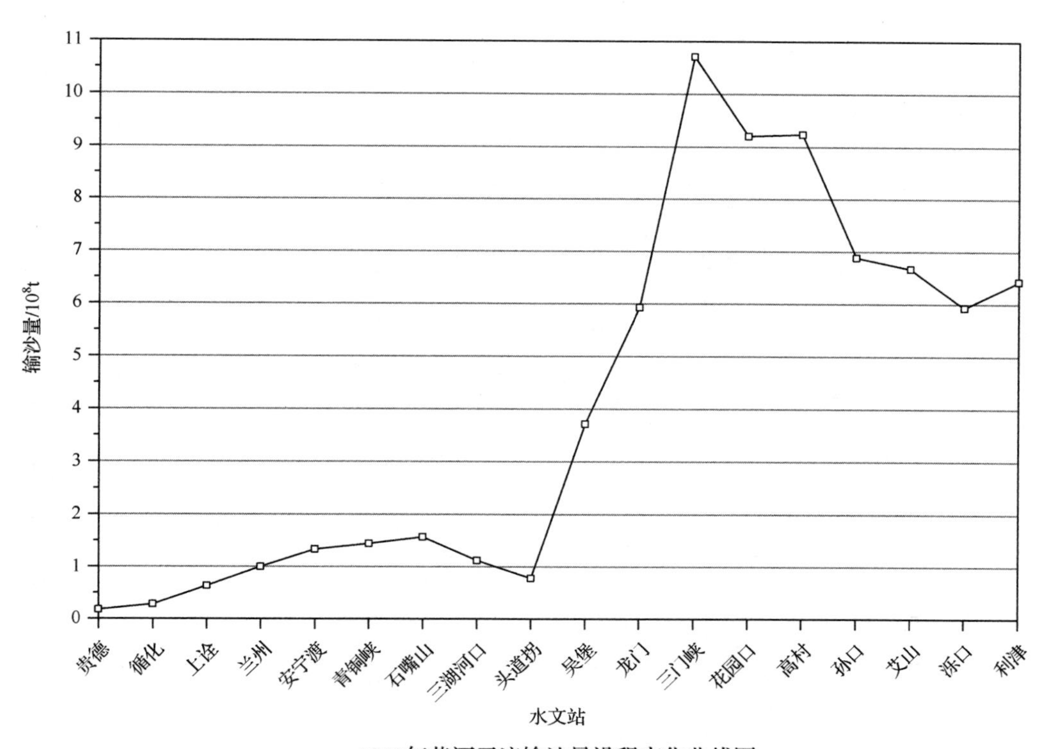

1957年黄河干流输沙量沿程变化曲线图

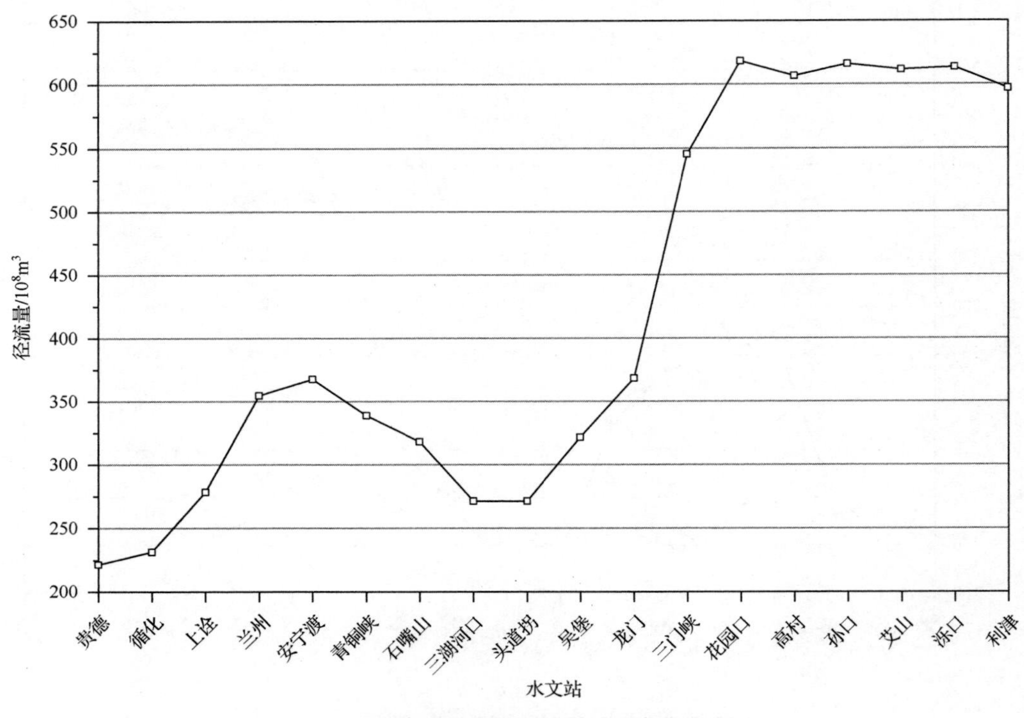

1958年黄河干流径流量沿程变化曲线图

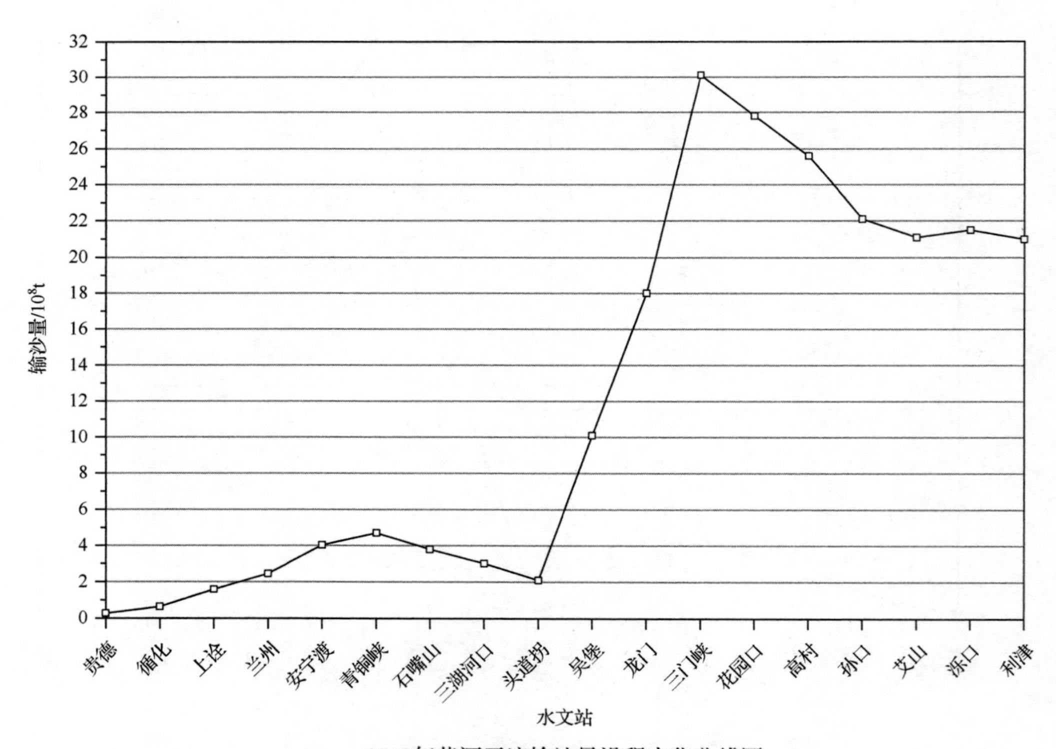

1958年黄河干流输沙量沿程变化曲线图

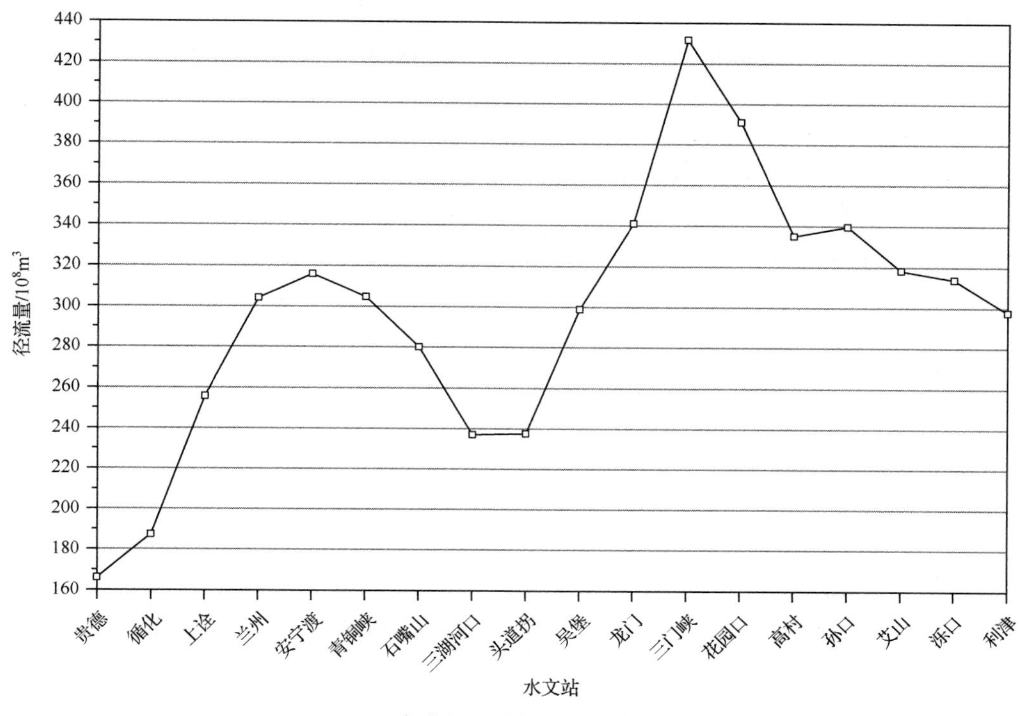

1959年黄河干流径流量沿程变化曲线图

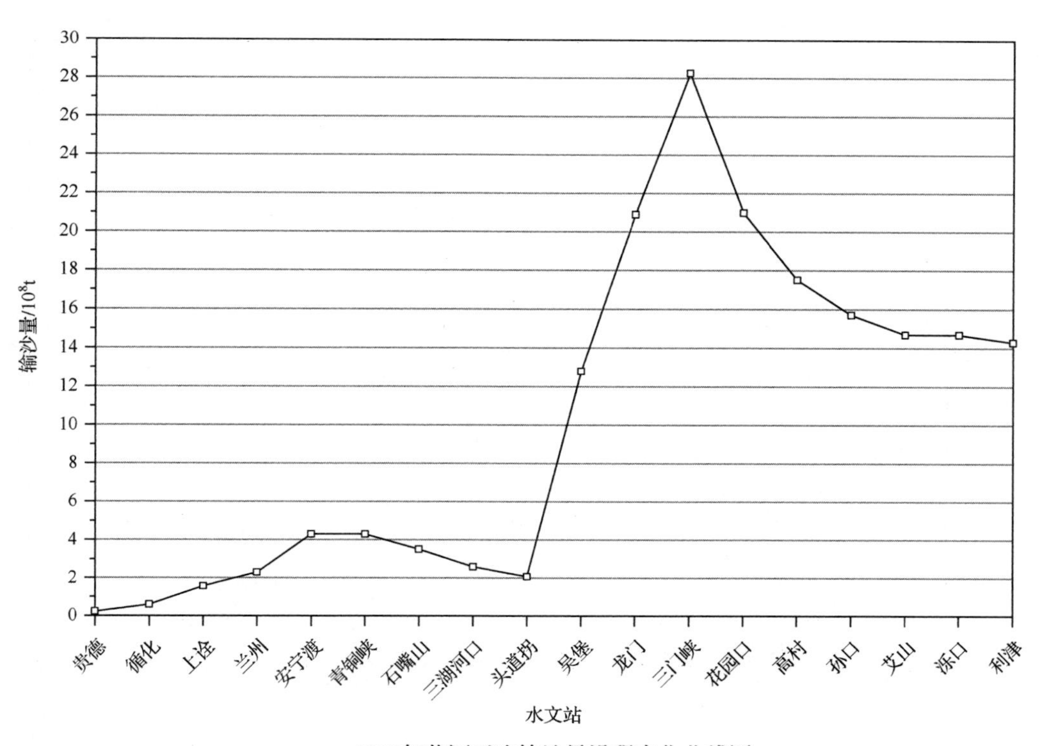

1959年黄河干流输沙量沿程变化曲线图

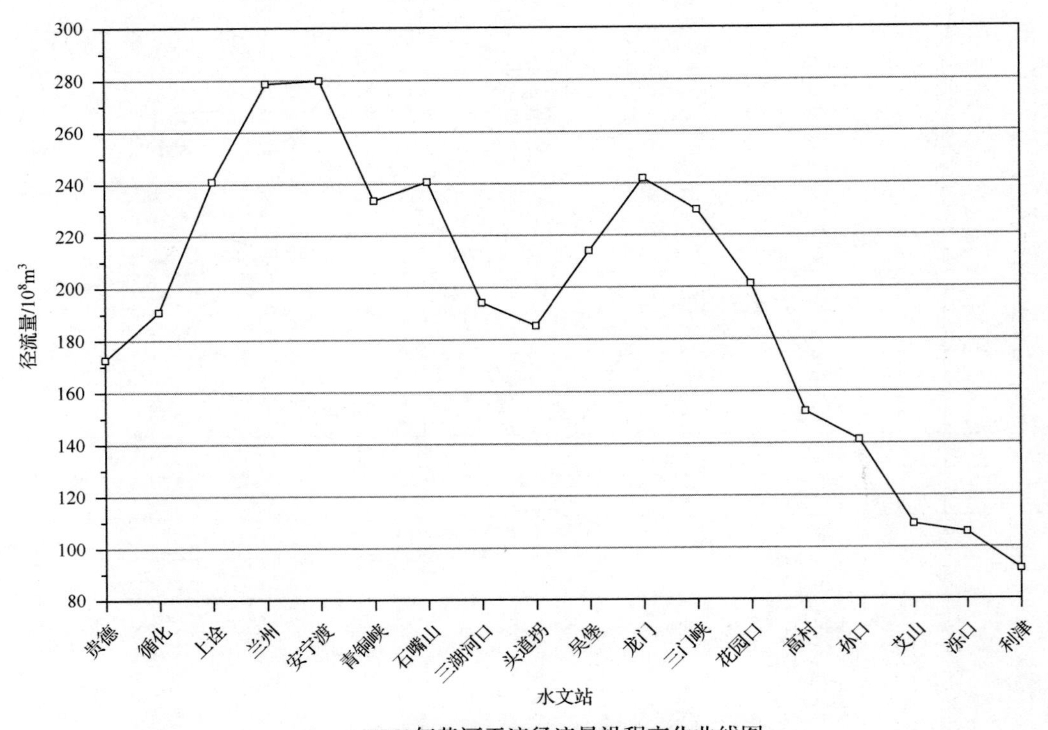

1960年黄河干流径流量沿程变化曲线图

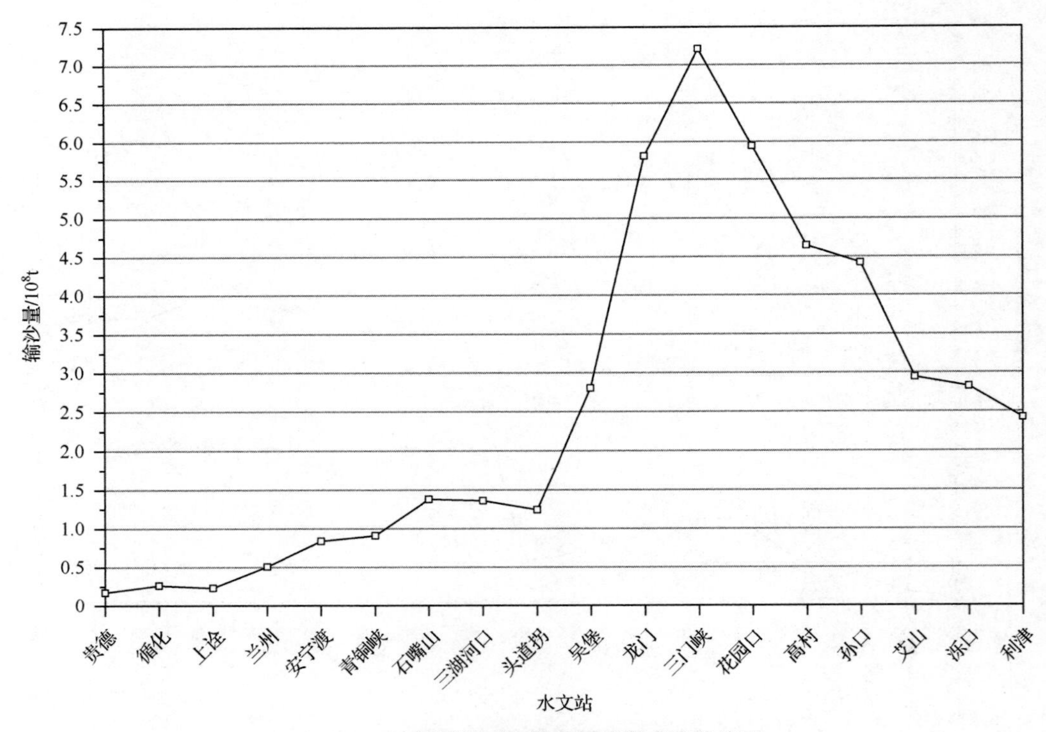

1960年黄河干流输沙量沿程变化曲线图

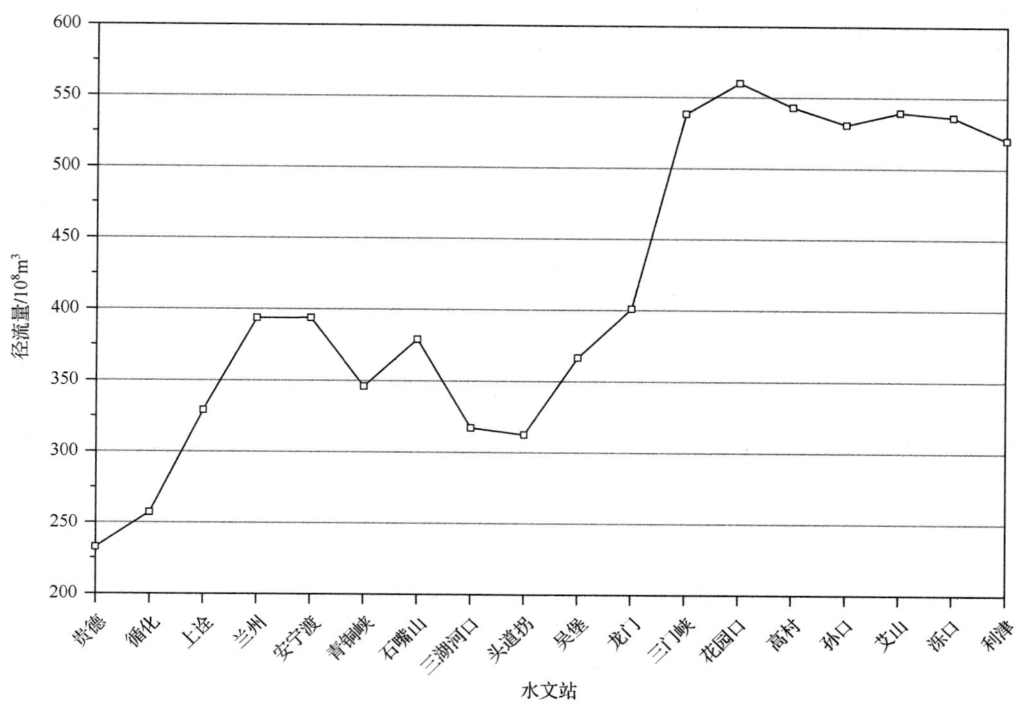

1961年黄河干流径流量沿程变化曲线图

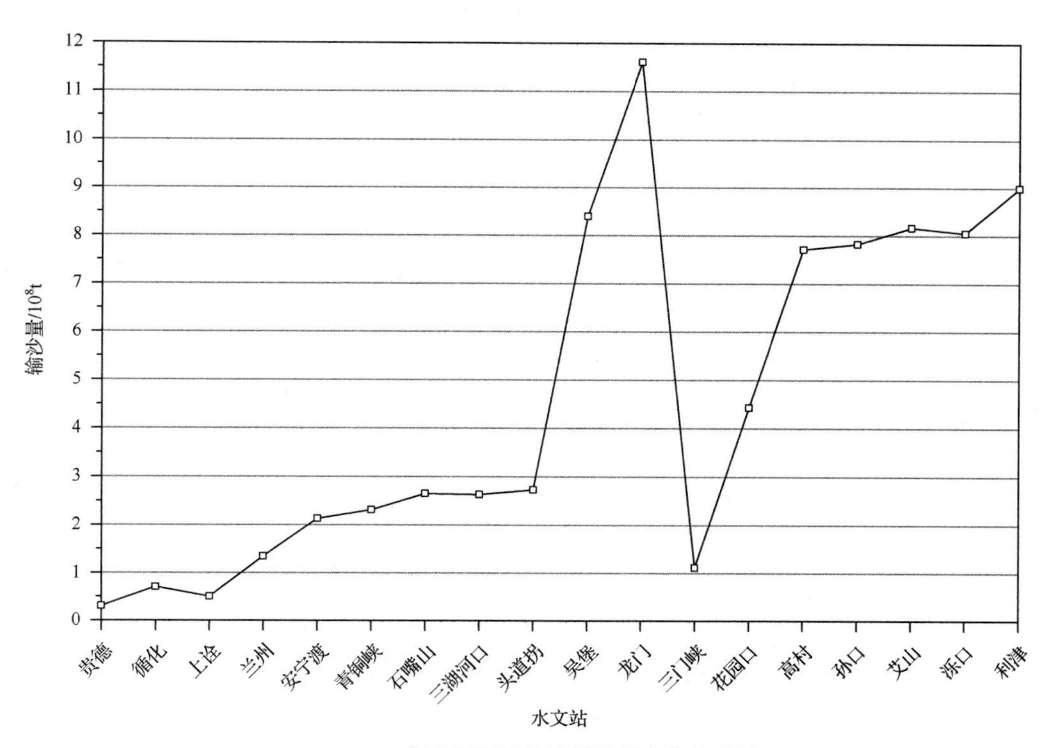

1961年黄河干流输沙量沿程变化曲线图

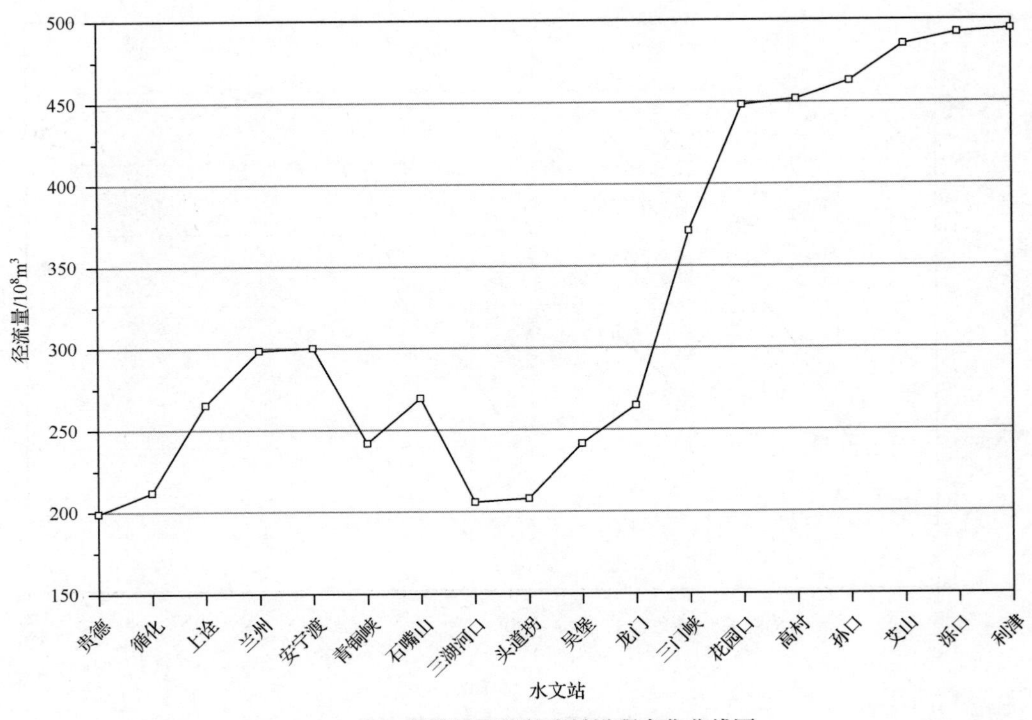

1962年黄河干流径流量沿程变化曲线图

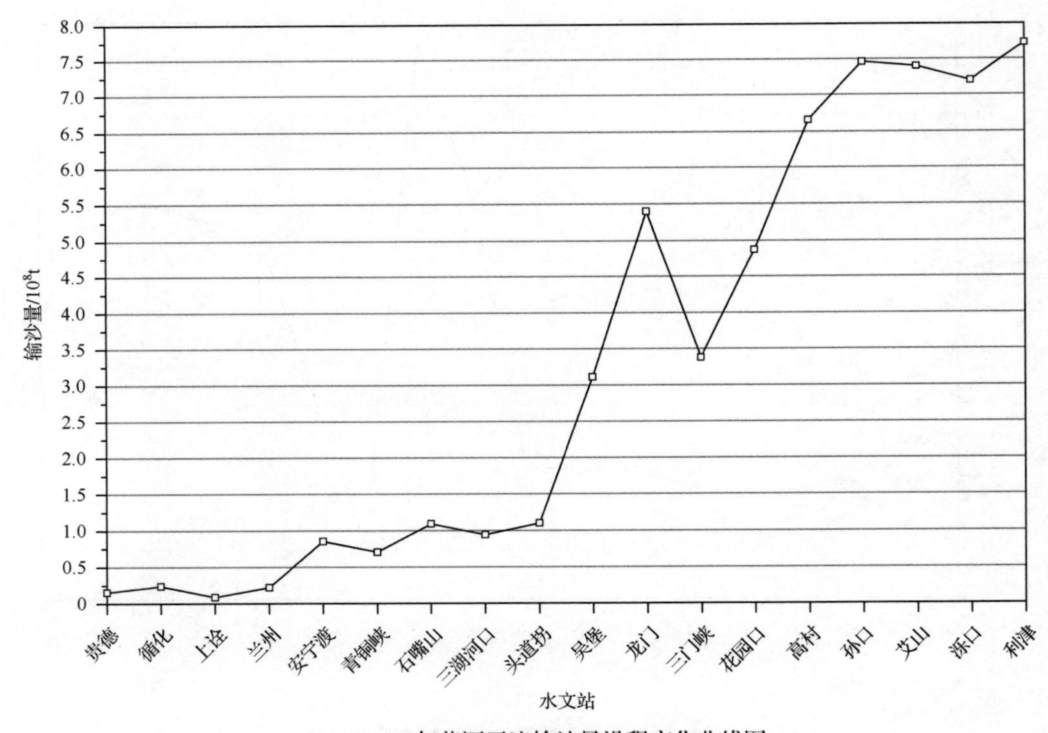

1962年黄河干流输沙量沿程变化曲线图

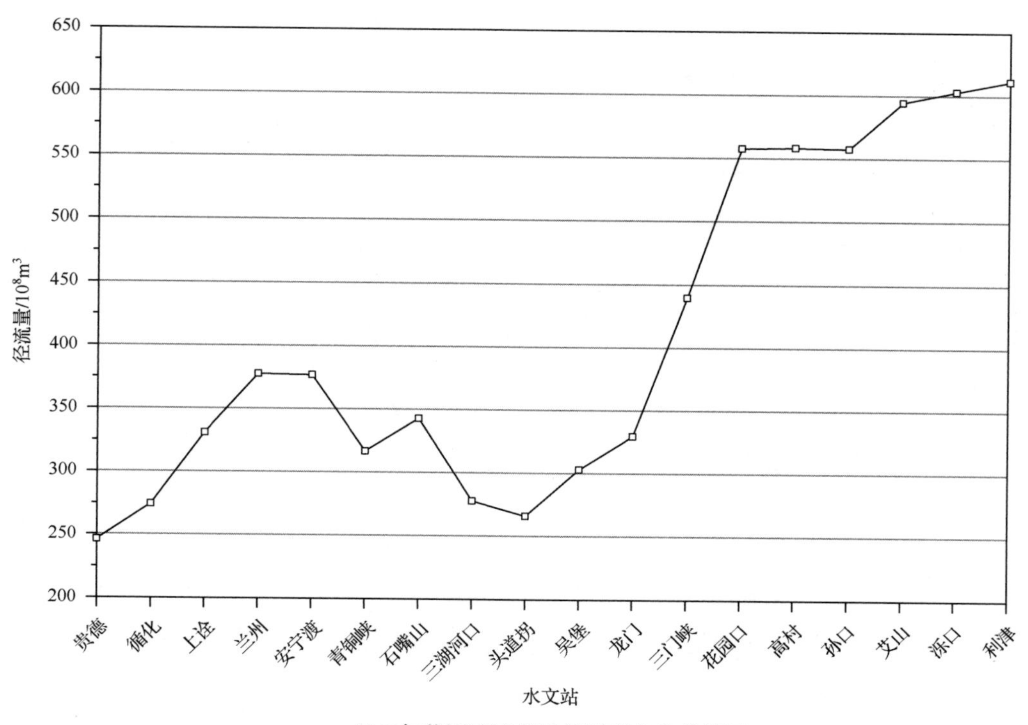

1963年黄河干流径流量沿程变化曲线图

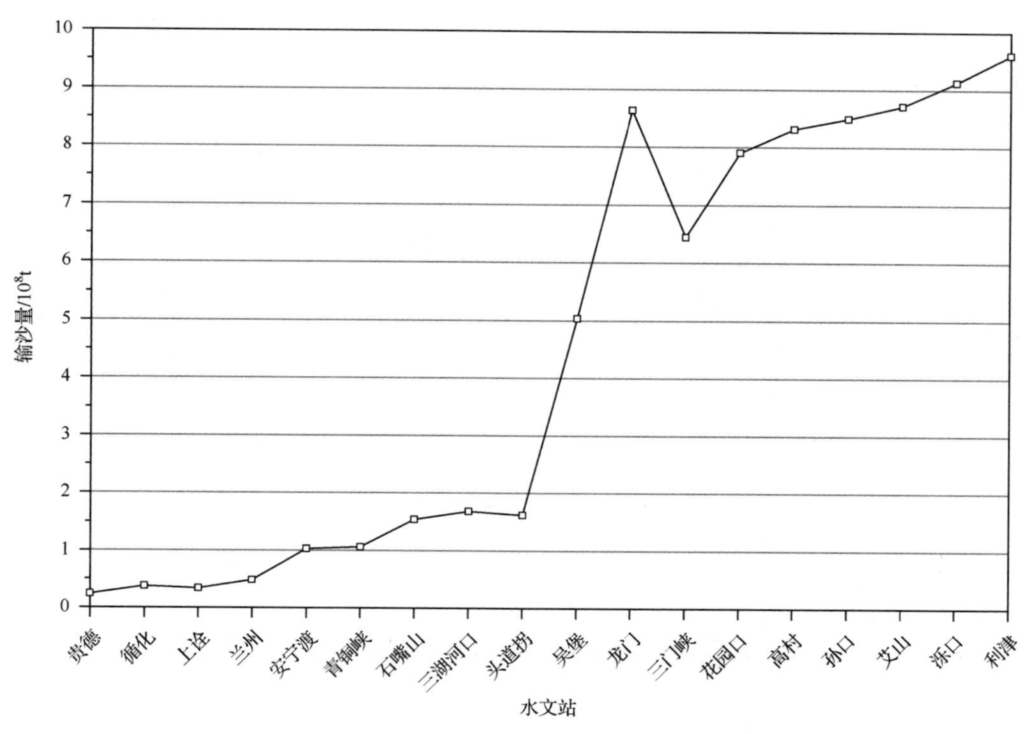

1963年黄河干流输沙量沿程变化曲线图

径流量/10⁸m³
1000
900
800
700
600
500
400
300
200
贵德
循化
上诠
兰州
安宁渡
青铜峡
石嘴山
三湖河口
头道拐
吴堡
龙门
三门峡
花园口
高村
孙口
艾山
泺口
利津
水文站

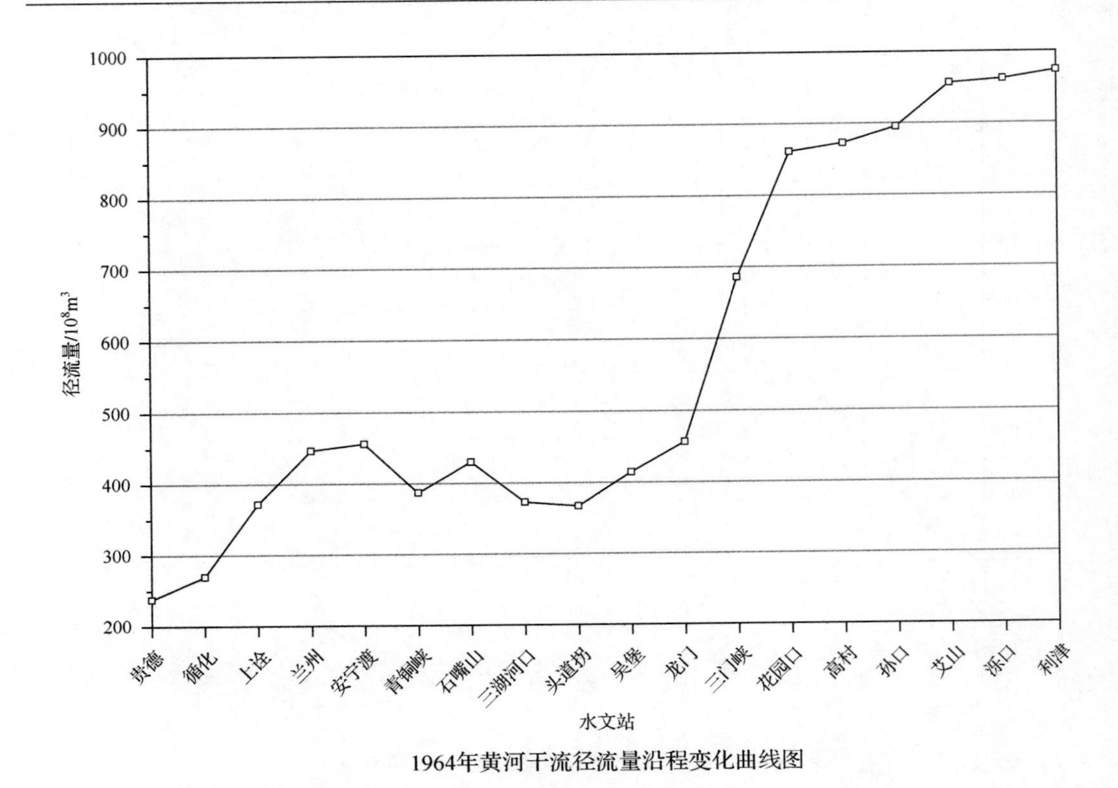

1964年黄河干流径流量沿程变化曲线图

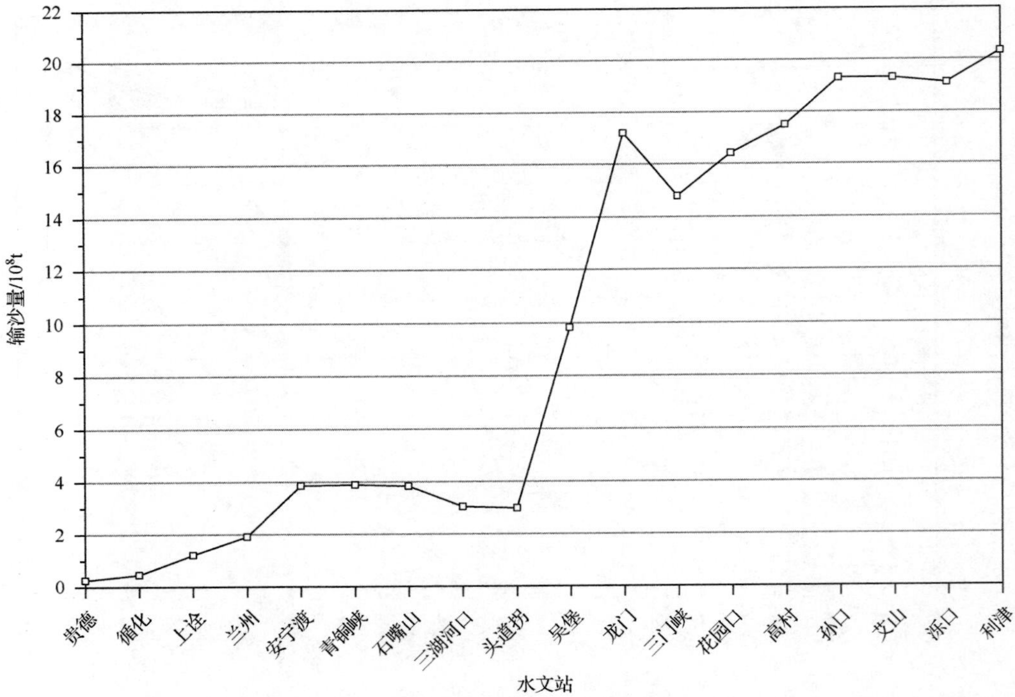

输沙量/10⁸t
22
20
18
16
14
12
10
8
6
4
2
0
贵德
循化
上诠
兰州
安宁渡
青铜峡
石嘴山
三湖河口
头道拐
吴堡
龙门
三门峡
花园口
高村
孙口
艾山
泺口
利津
水文站

1964年黄河干流输沙量沿程变化曲线图

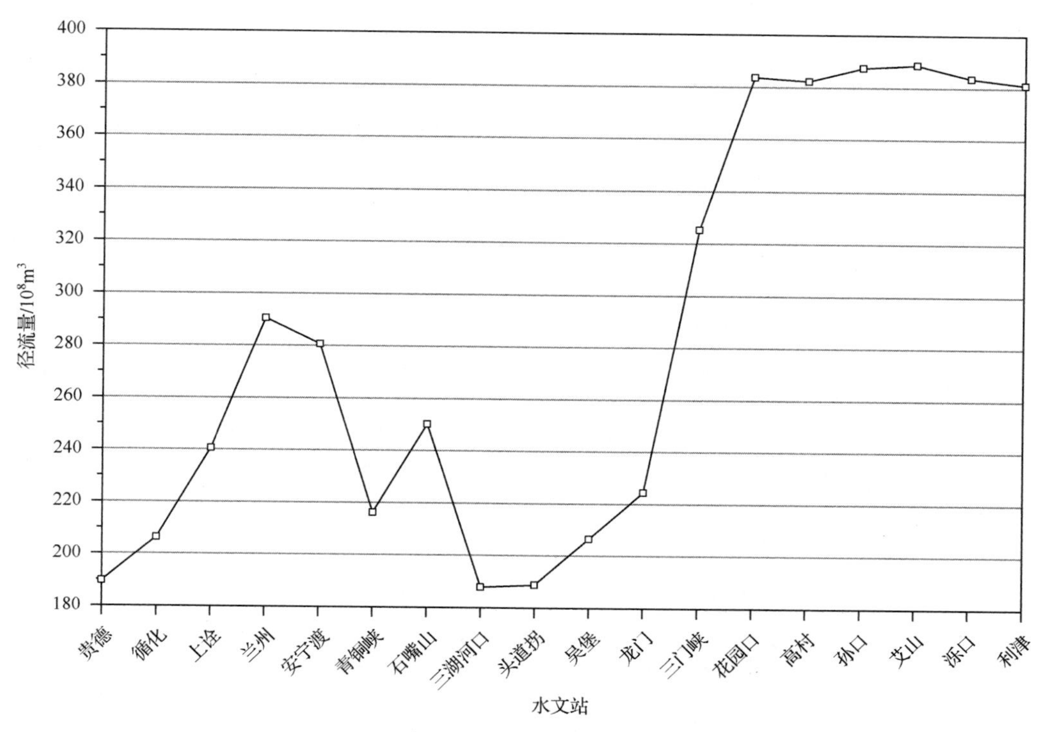

1965年黄河干流径流量沿程变化曲线图

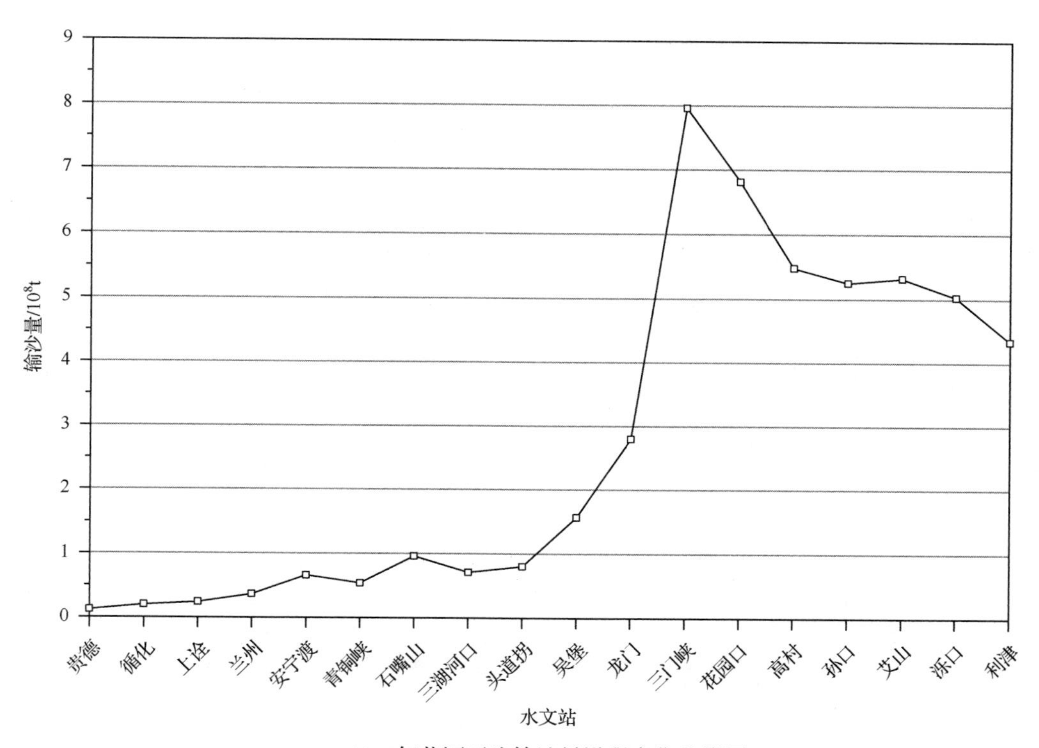

1965年黄河干流输沙量沿程变化曲线图

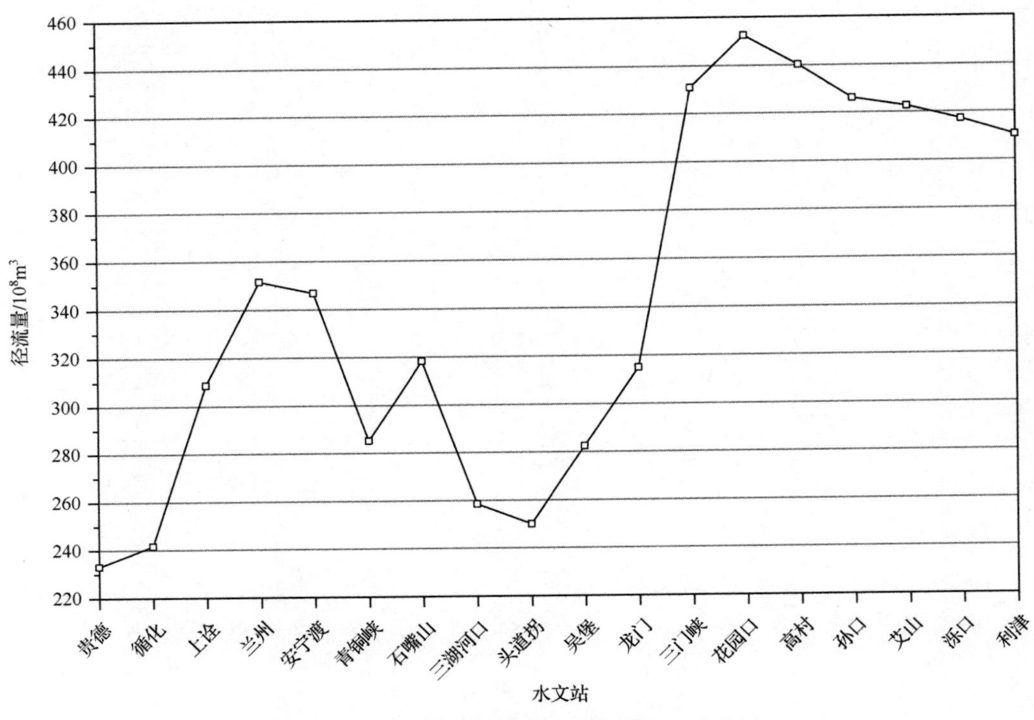

1966年黄河干流径流量沿程变化曲线图

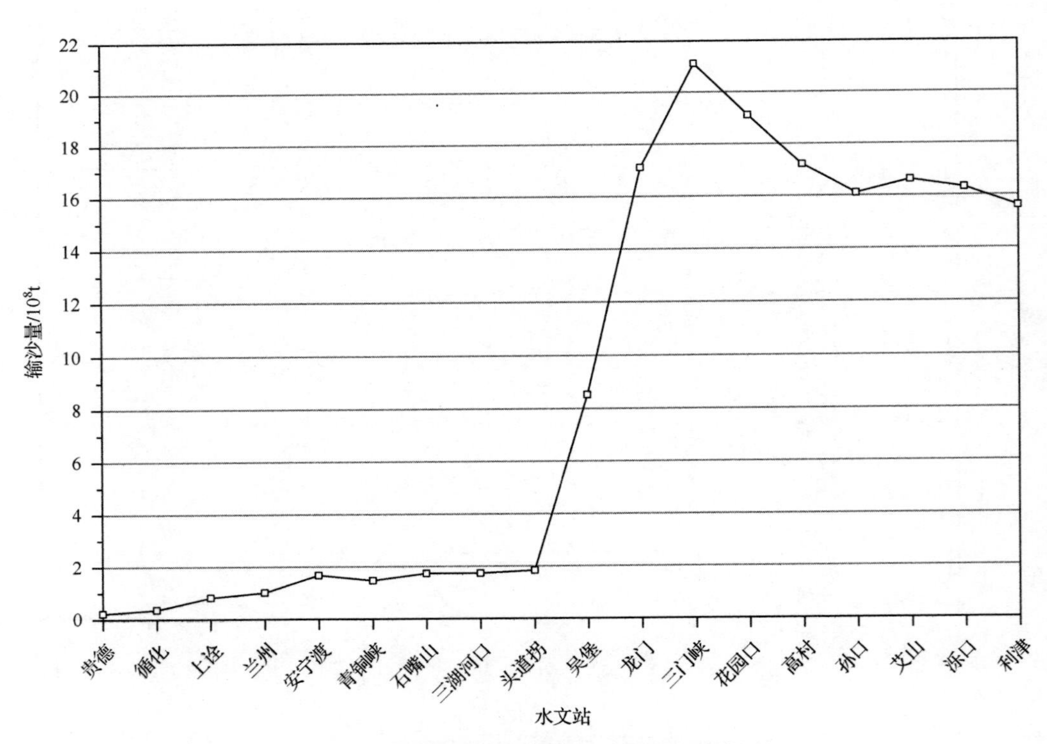

1966年黄河干流输沙量沿程变化曲线图

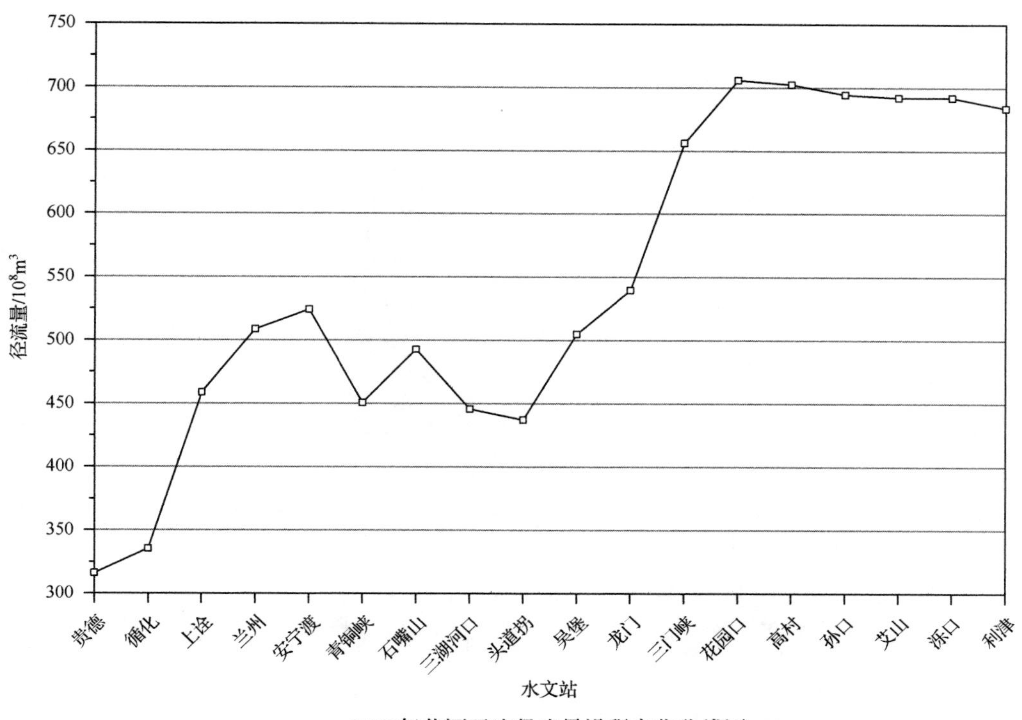

1967年黄河干流径流量沿程变化曲线图

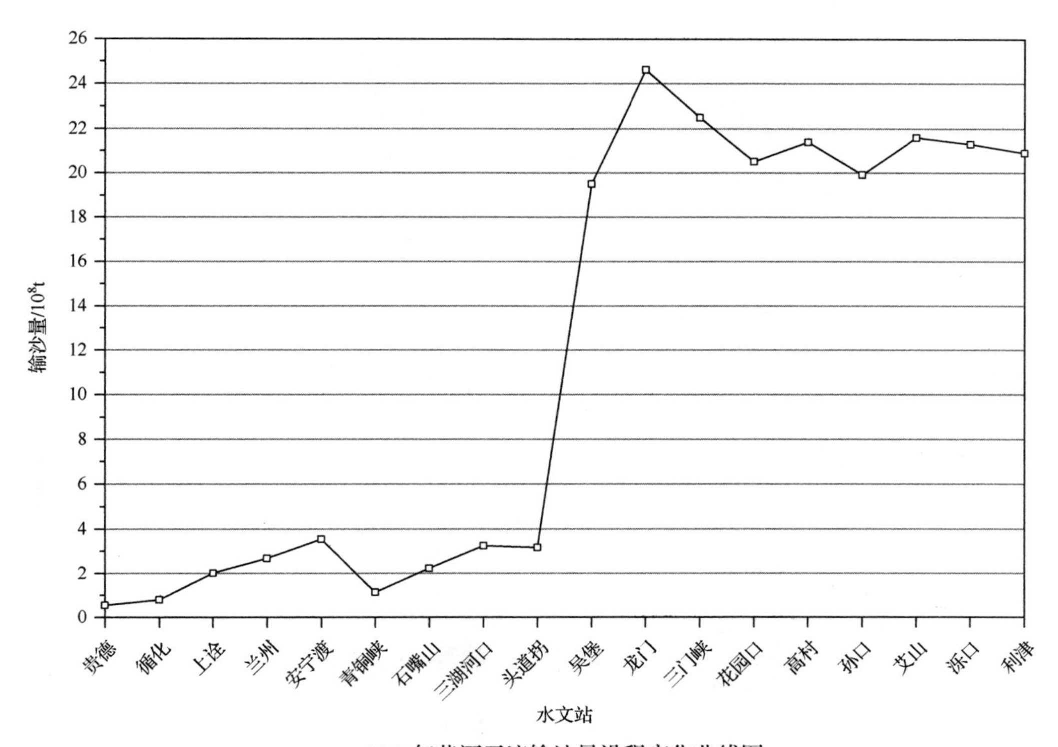

1967年黄河干流输沙量沿程变化曲线图

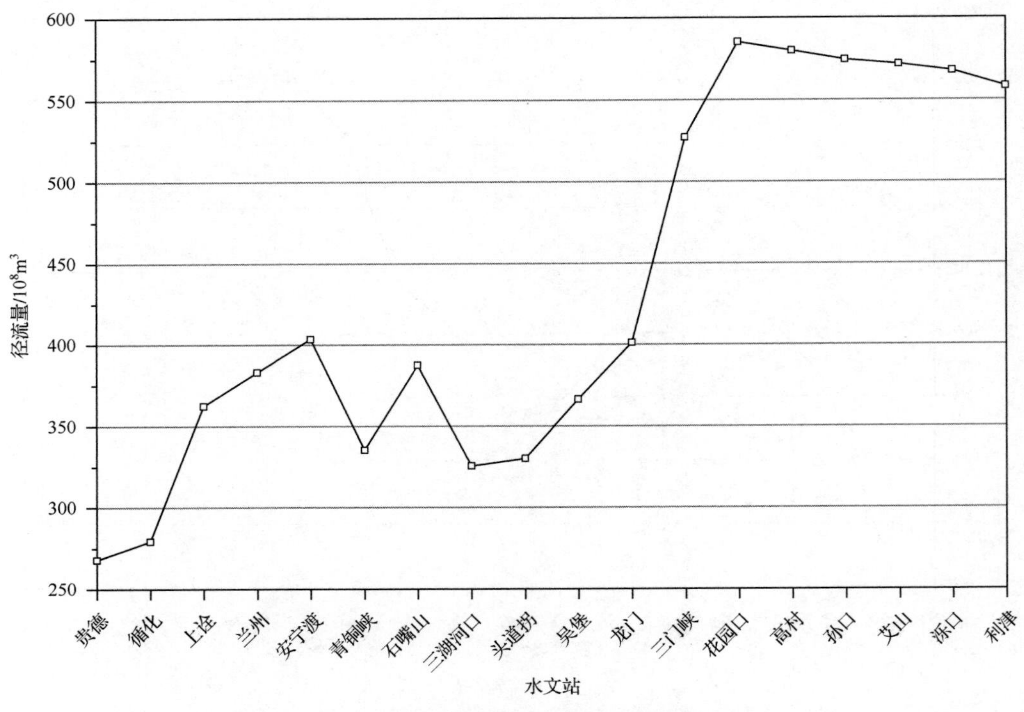

1968年黄河干流径流量沿程变化曲线图

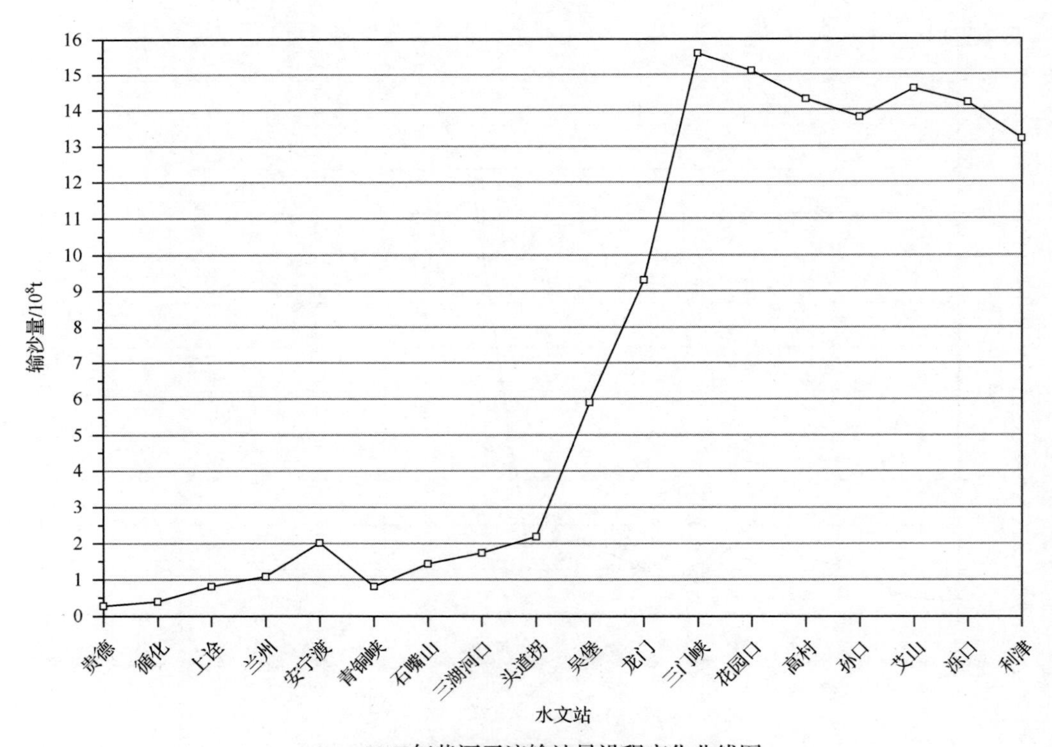

1968年黄河干流输沙量沿程变化曲线图

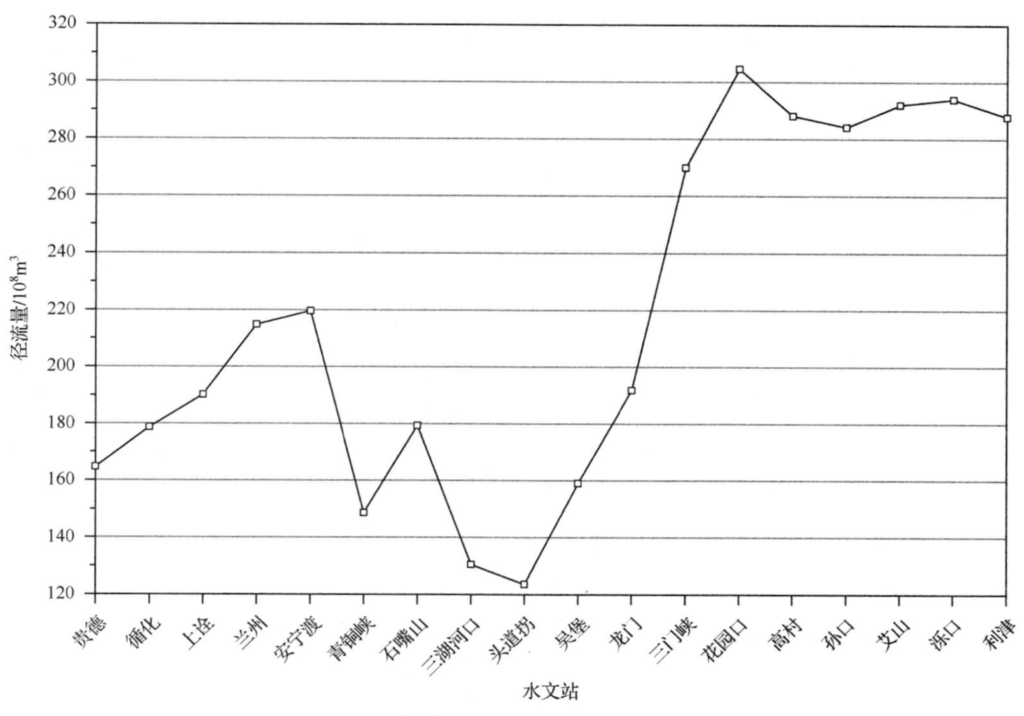

1969年黄河干流径流量沿程变化曲线图

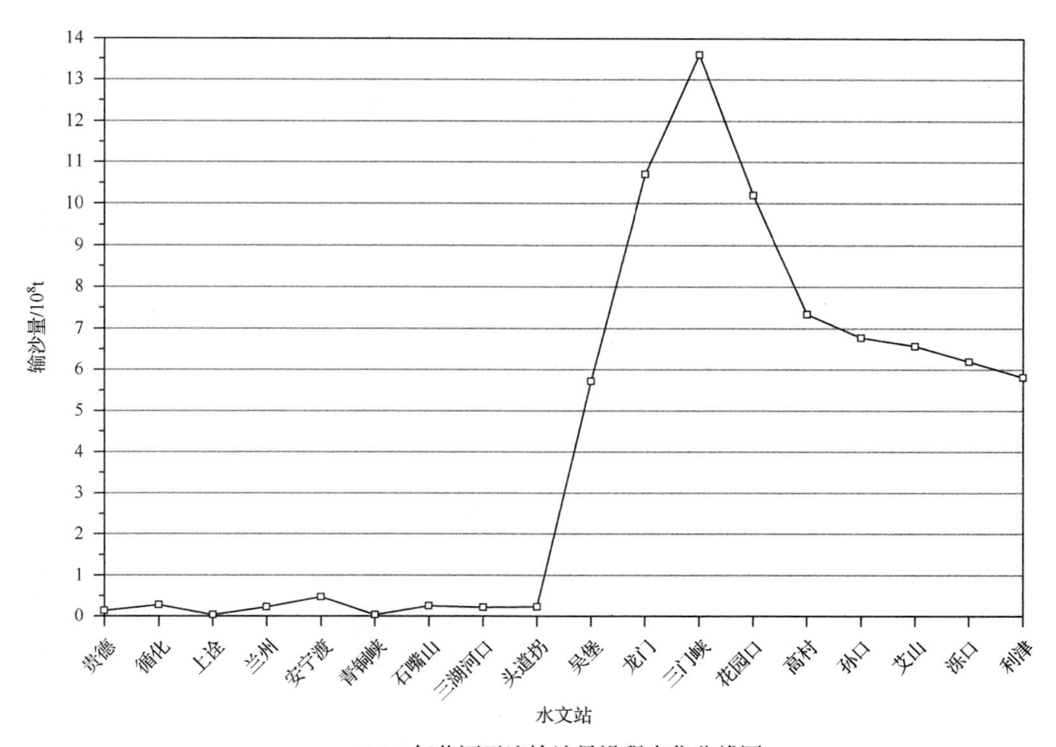

1969年黄河干流输沙量沿程变化曲线图

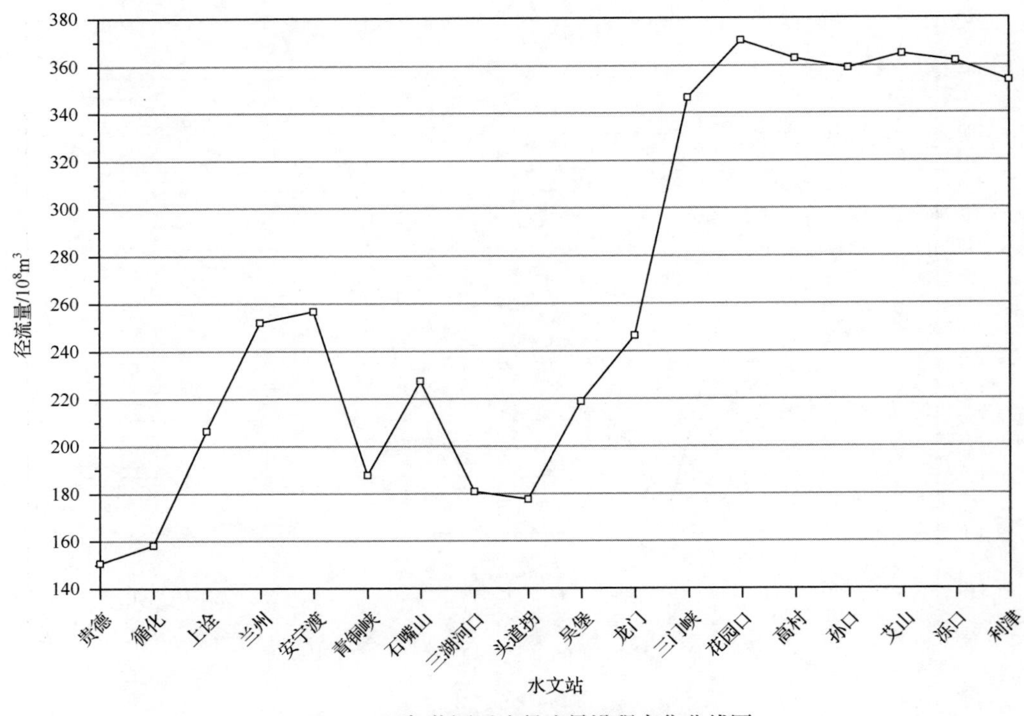

1970年黄河干流径流量沿程变化曲线图

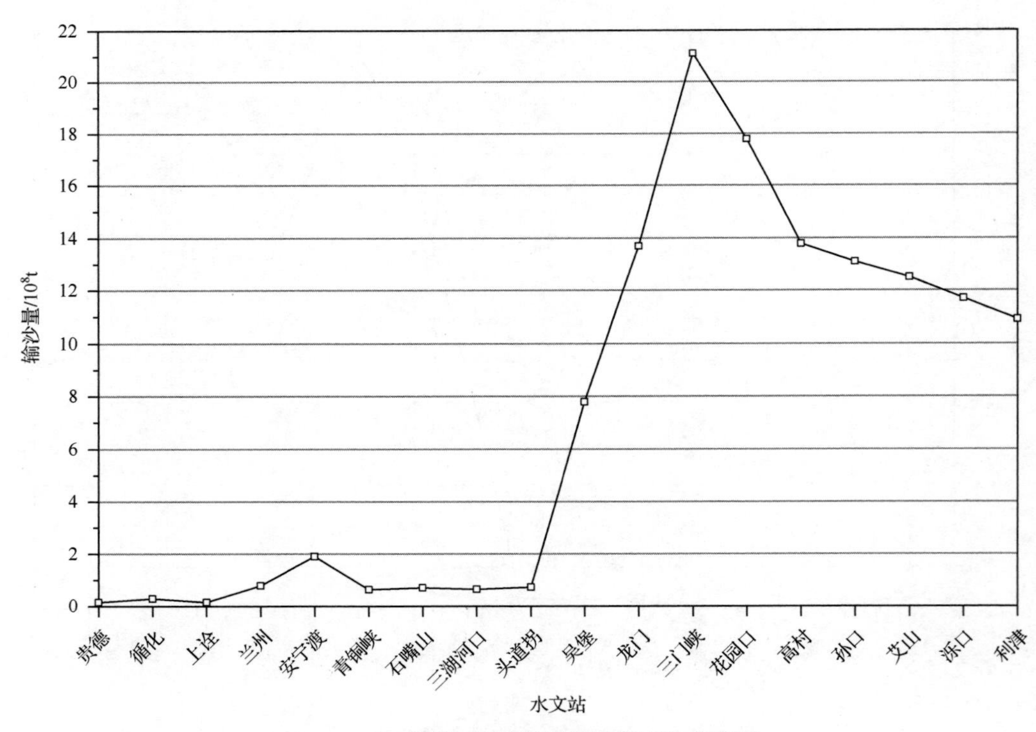

1970年黄河干流输沙量沿程变化曲线图

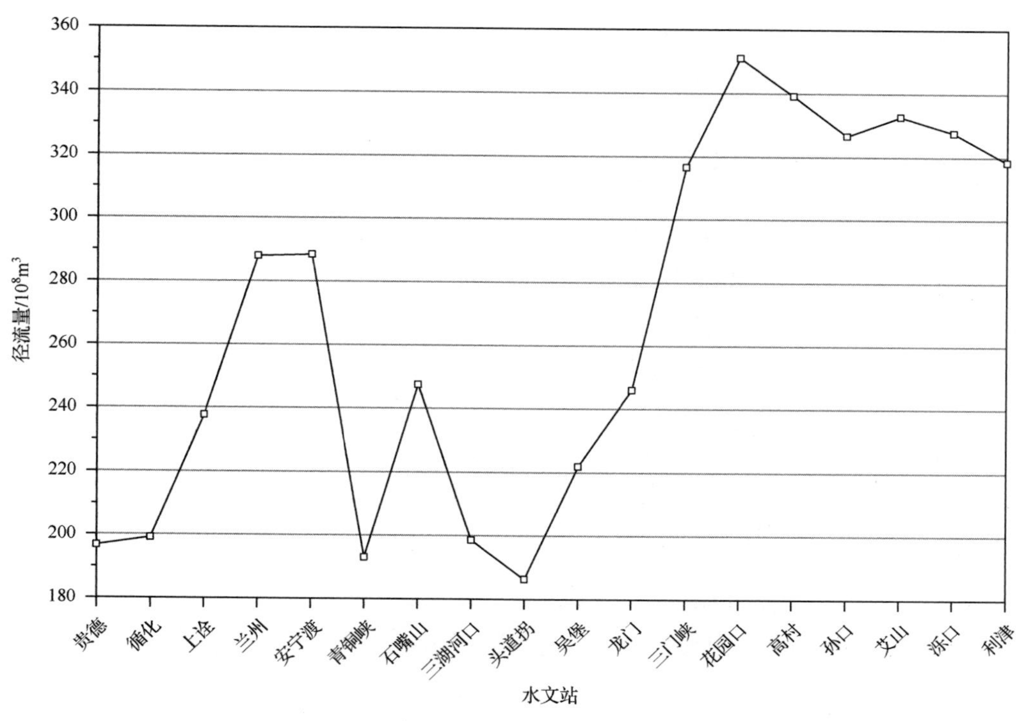

1971年黄河干流径流量沿程变化曲线图

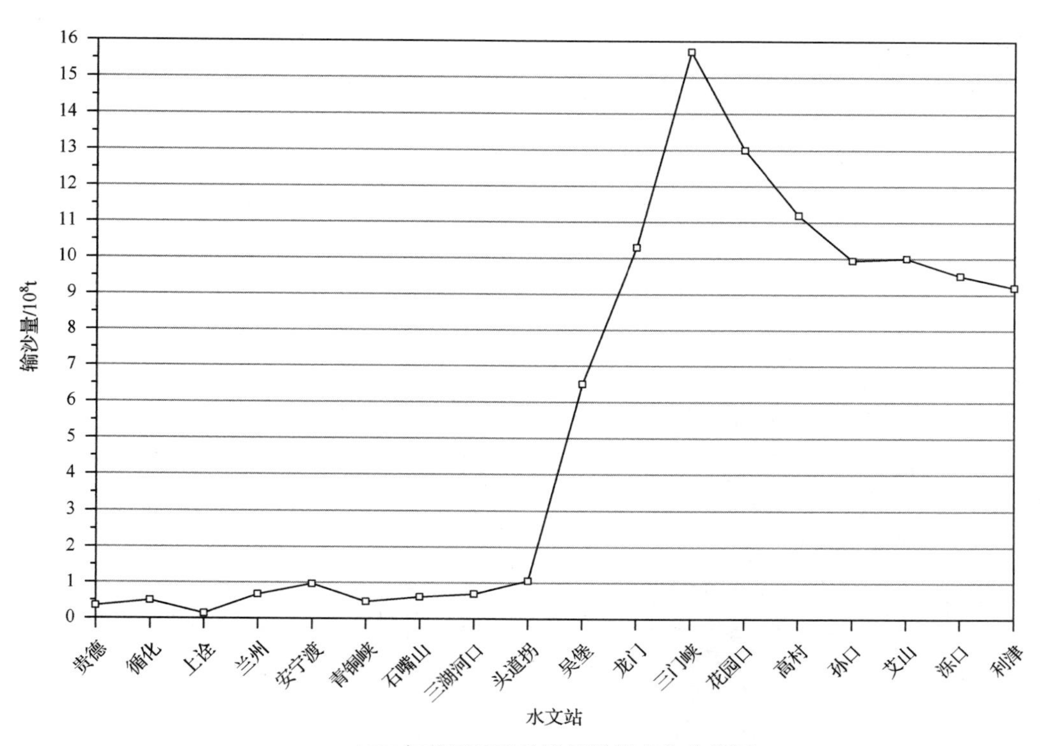

1971年黄河干流输沙量沿程变化曲线图

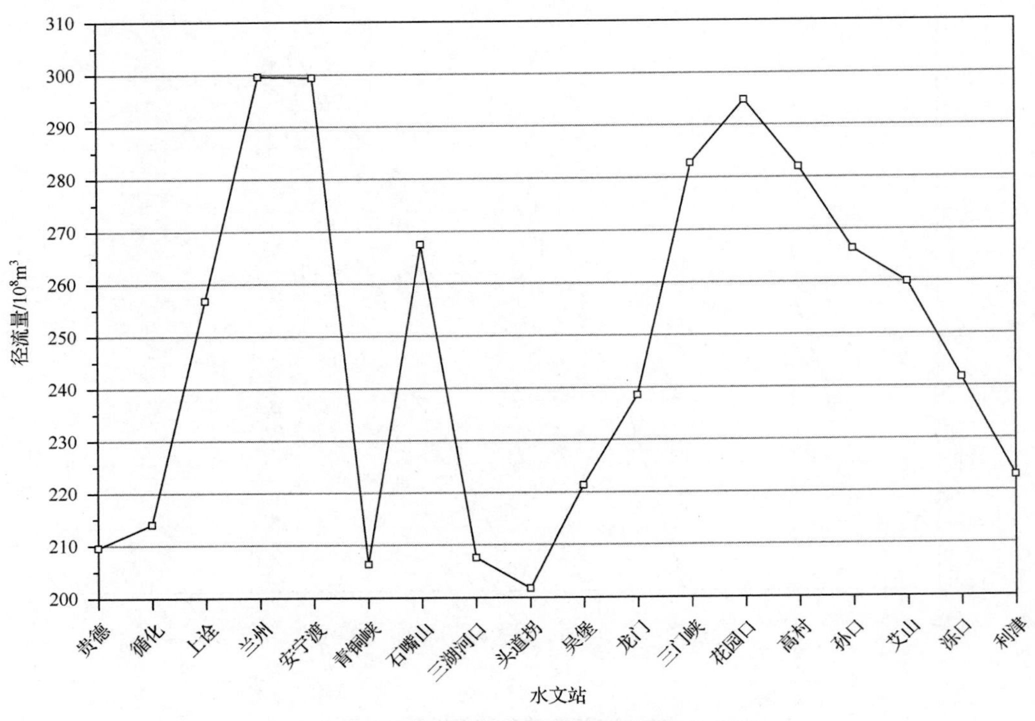

1972年黄河干流径流量沿程变化曲线图

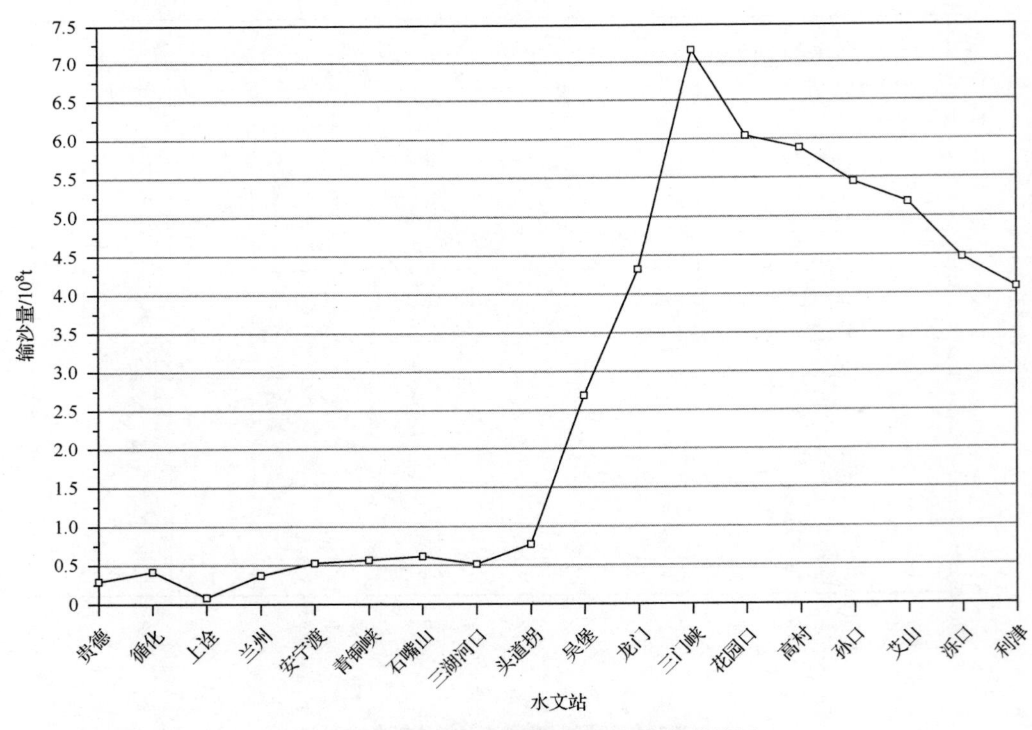

1972年黄河干流输沙量沿程变化曲线图

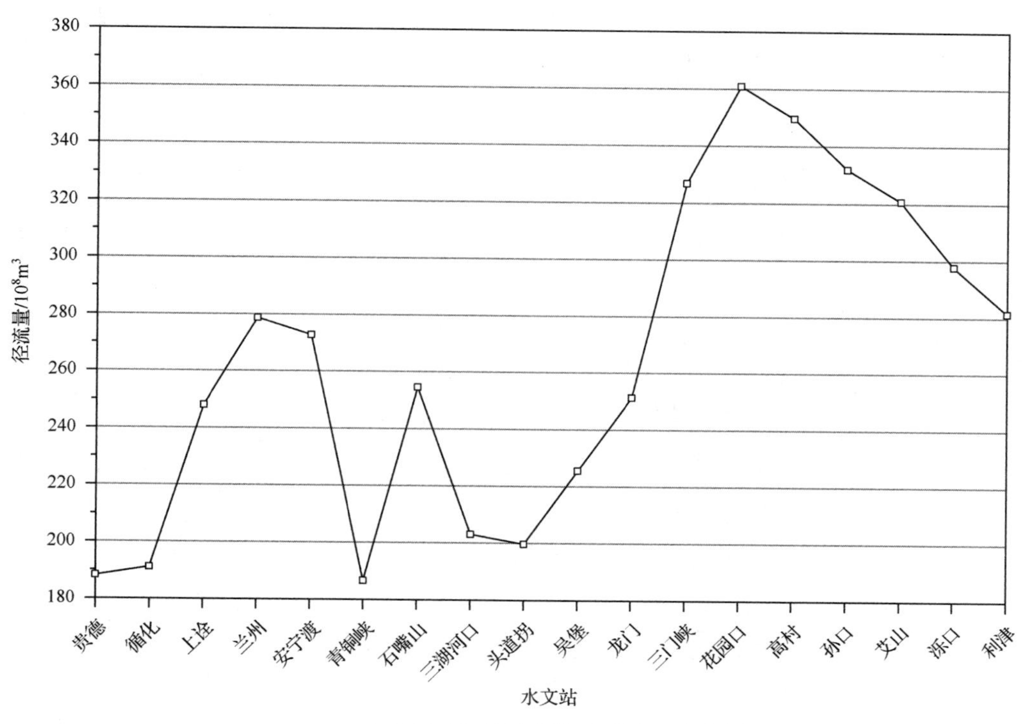

1973年黄河干流径流量沿程变化曲线图

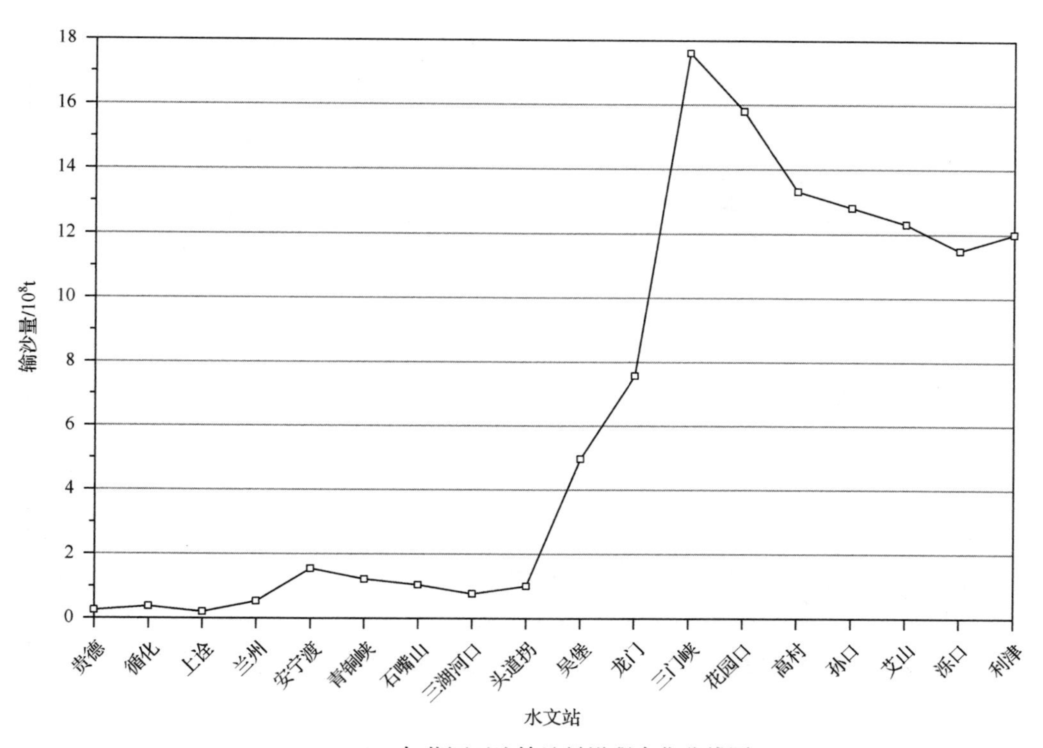

1973年黄河干流输沙量沿程变化曲线图

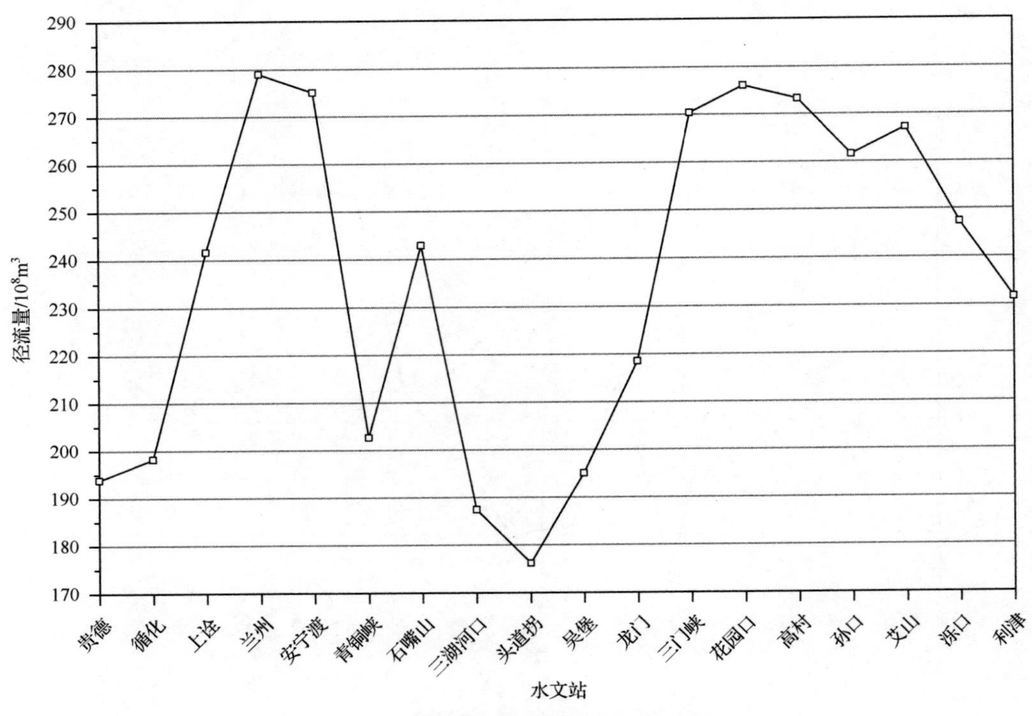

1974年黄河干流径流量沿程变化曲线图

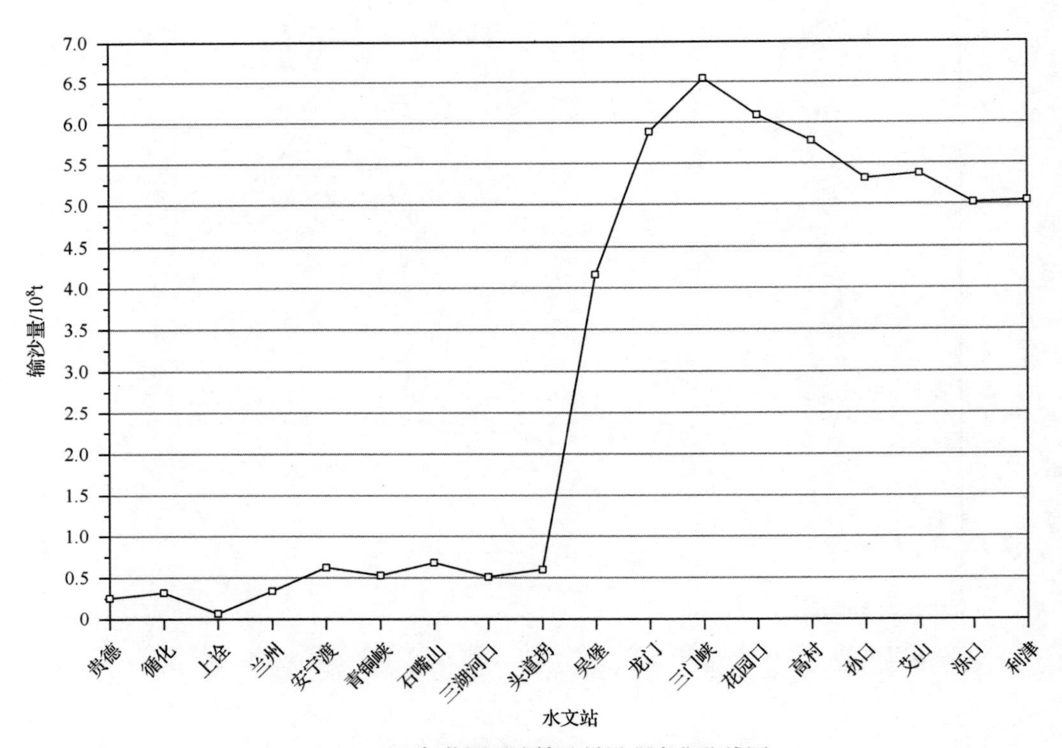

1974年黄河干流输沙量沿程变化曲线图

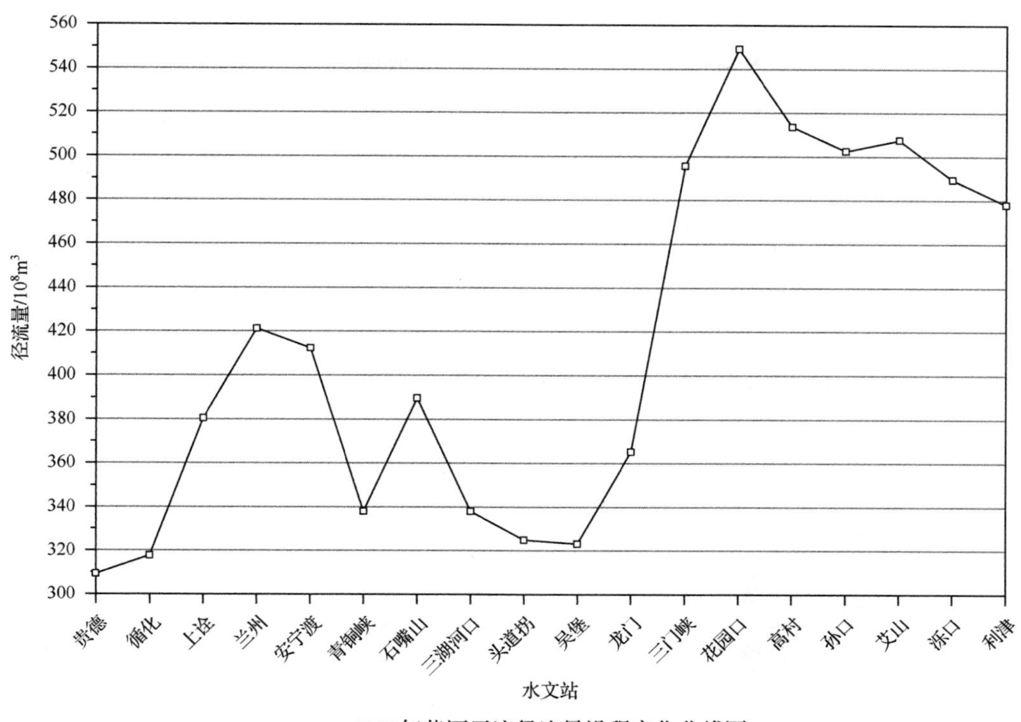

1975年黄河干流径流量沿程变化曲线图

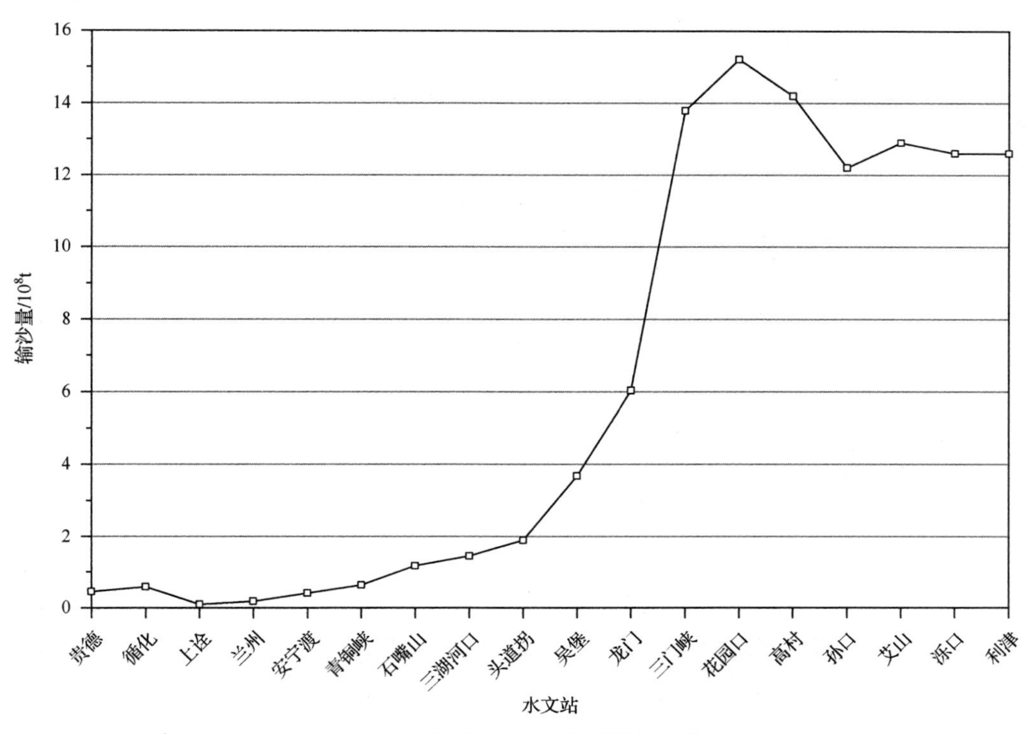

1975年黄河干流输沙量沿程变化曲线图

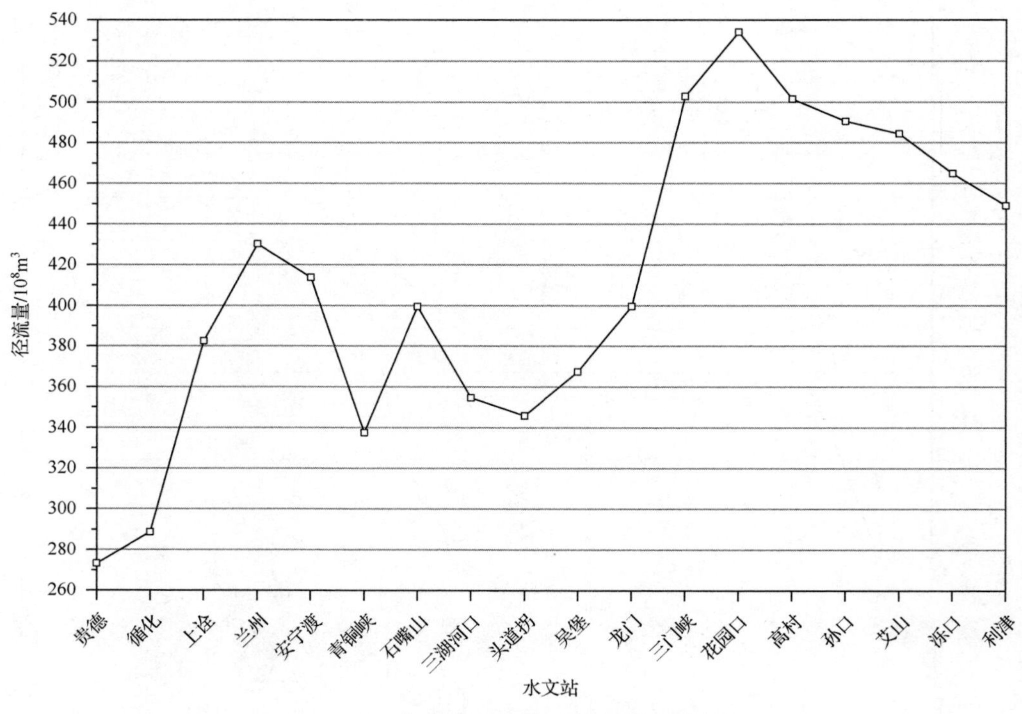

1976年黄河干流径流量沿程变化曲线图

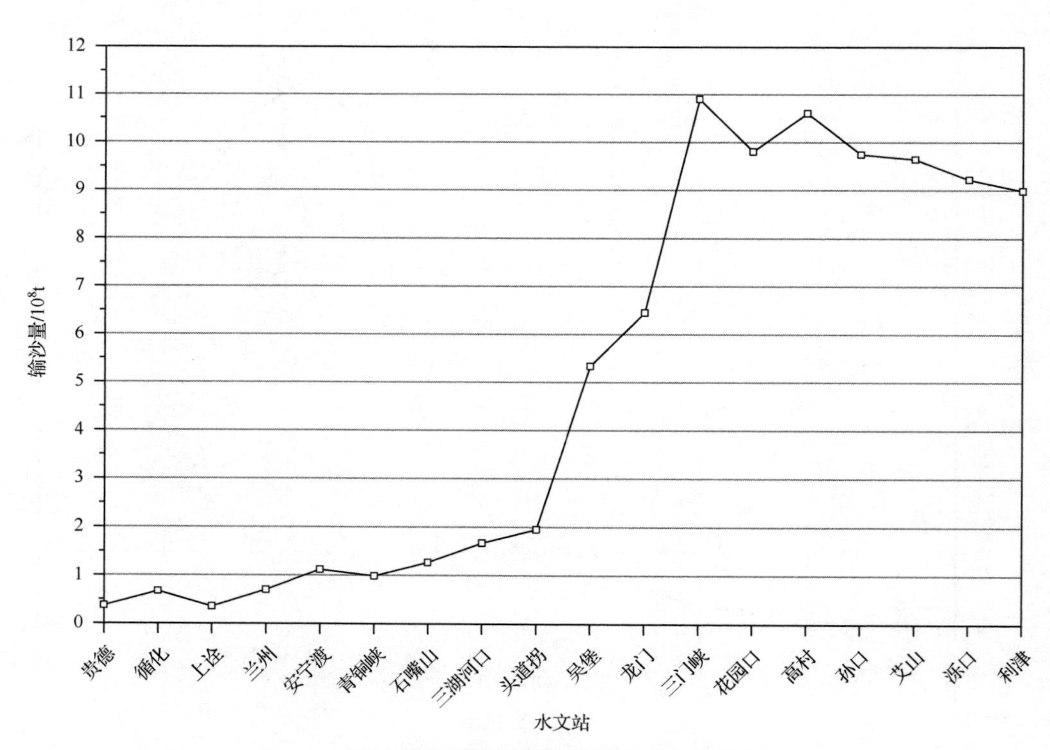

1976年黄河干流输沙量沿程变化曲线图

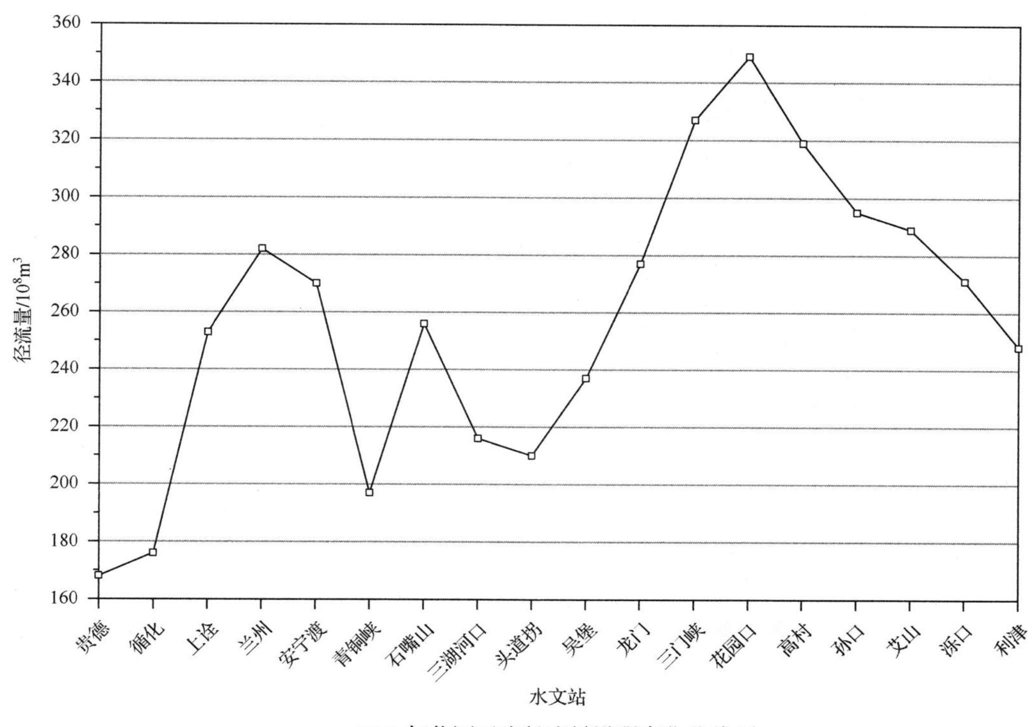

1977年黄河干流径流量沿程变化曲线图

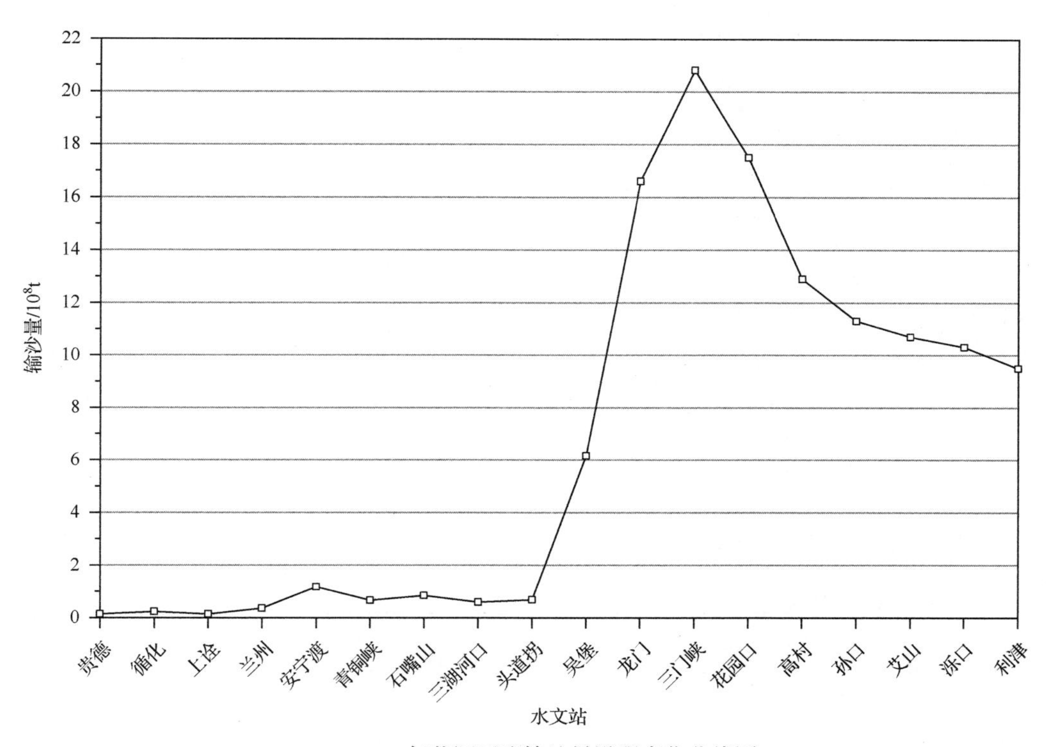

1977年黄河干流输沙量沿程变化曲线图

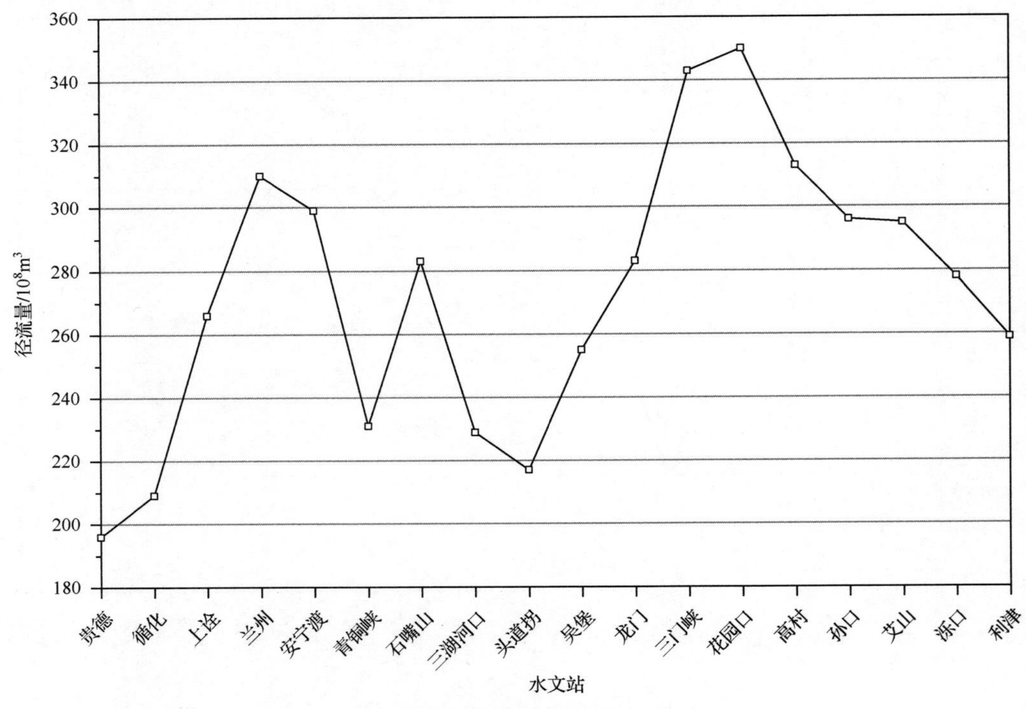

1978年黄河干流径流量沿程变化曲线图

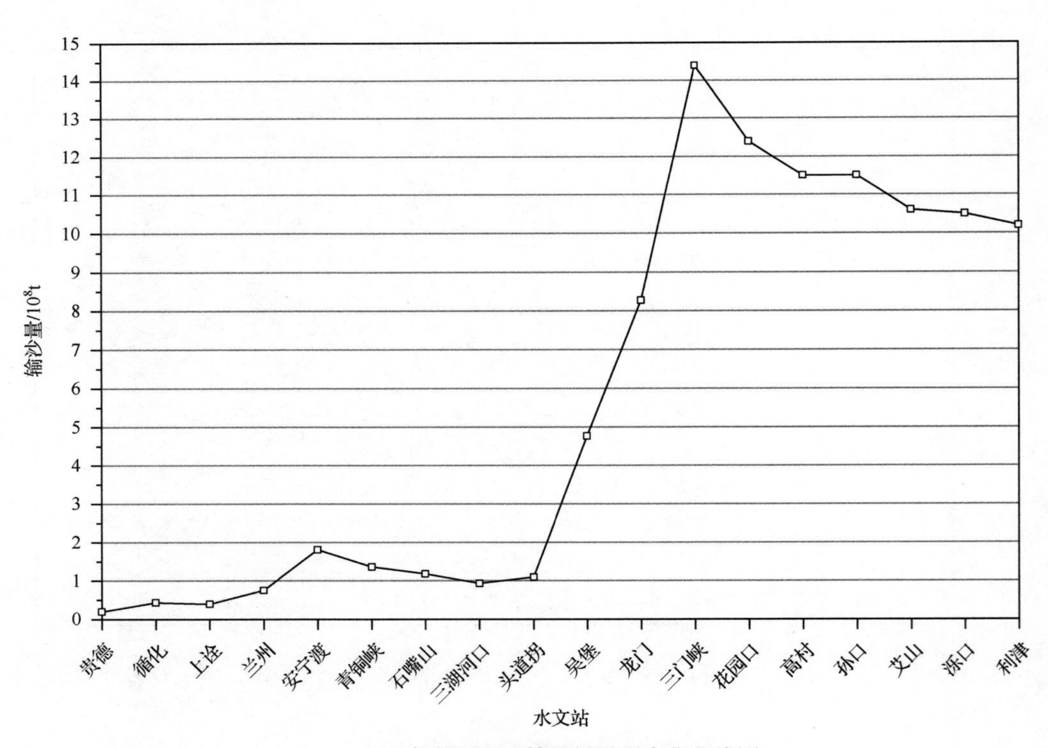

1978年黄河干流输沙量沿程变化曲线图

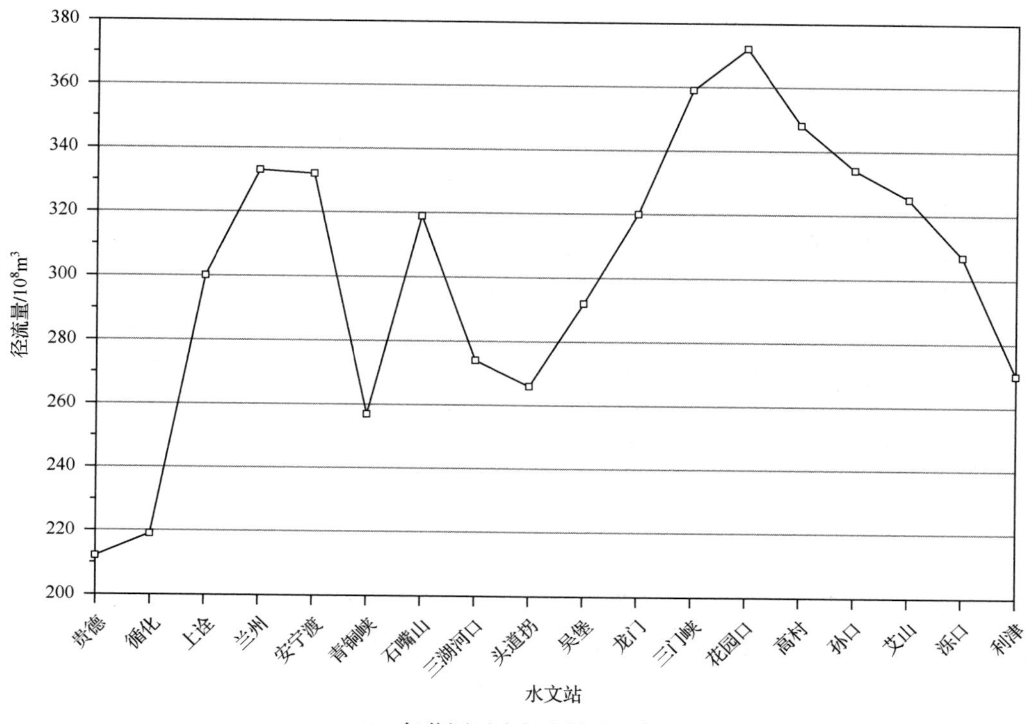

1979年黄河干流径流量沿程变化曲线图

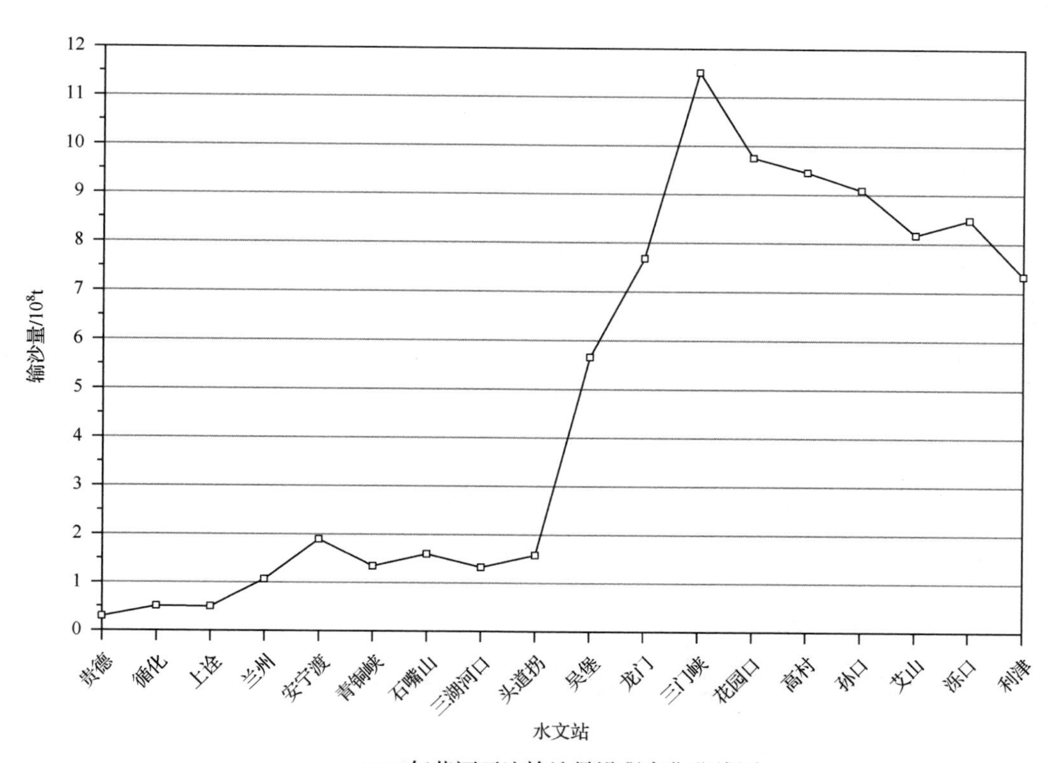

1979年黄河干流输沙量沿程变化曲线图

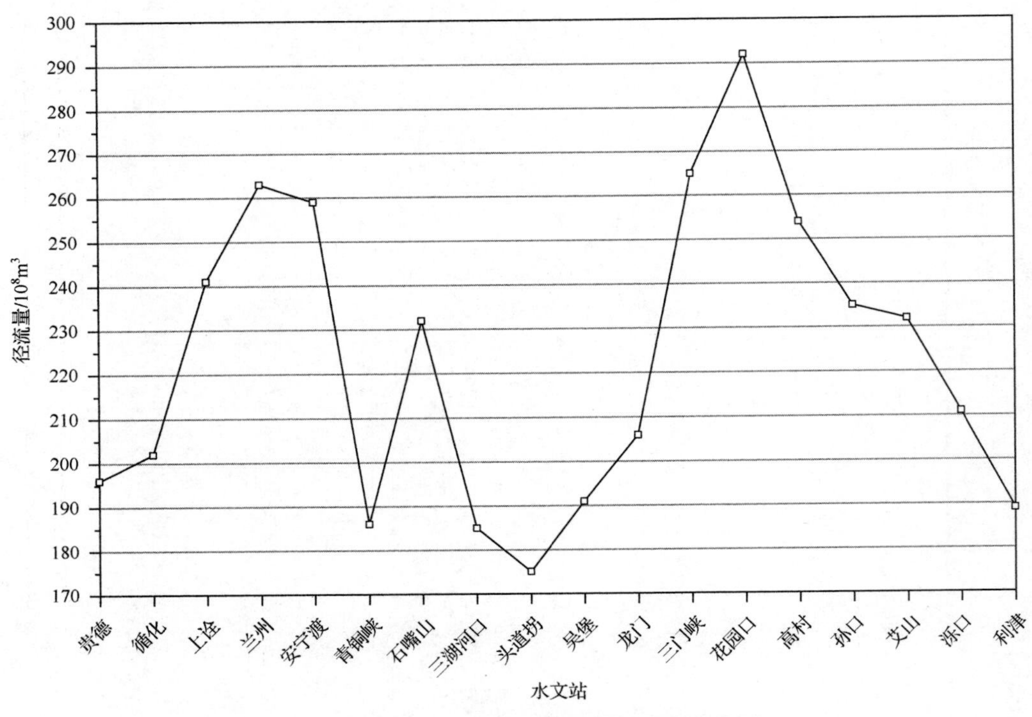

1980年黄河干流径流量沿程变化曲线图

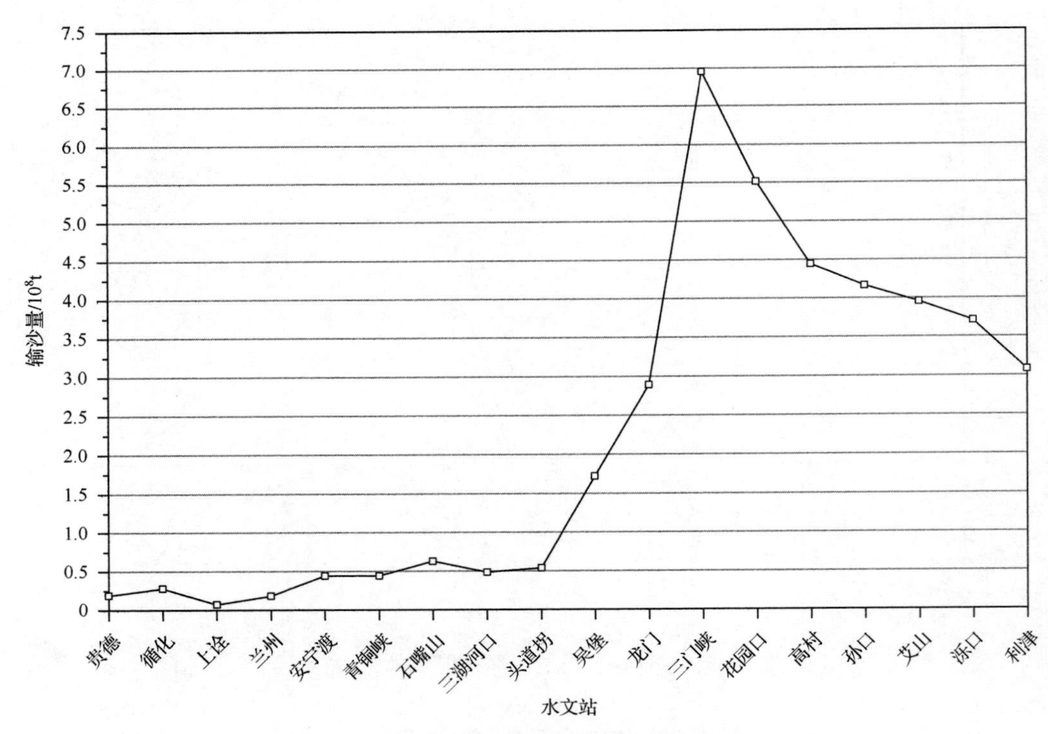

1980年黄河干流输沙量沿程变化曲线图

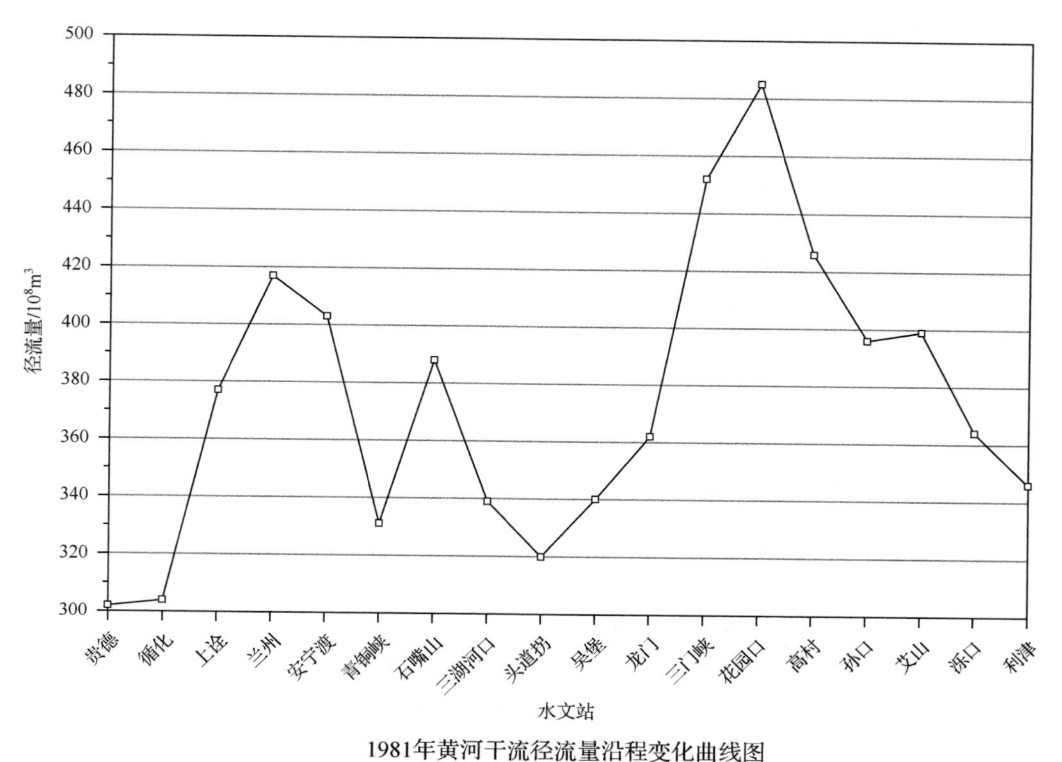

1981年黄河干流径流量沿程变化曲线图

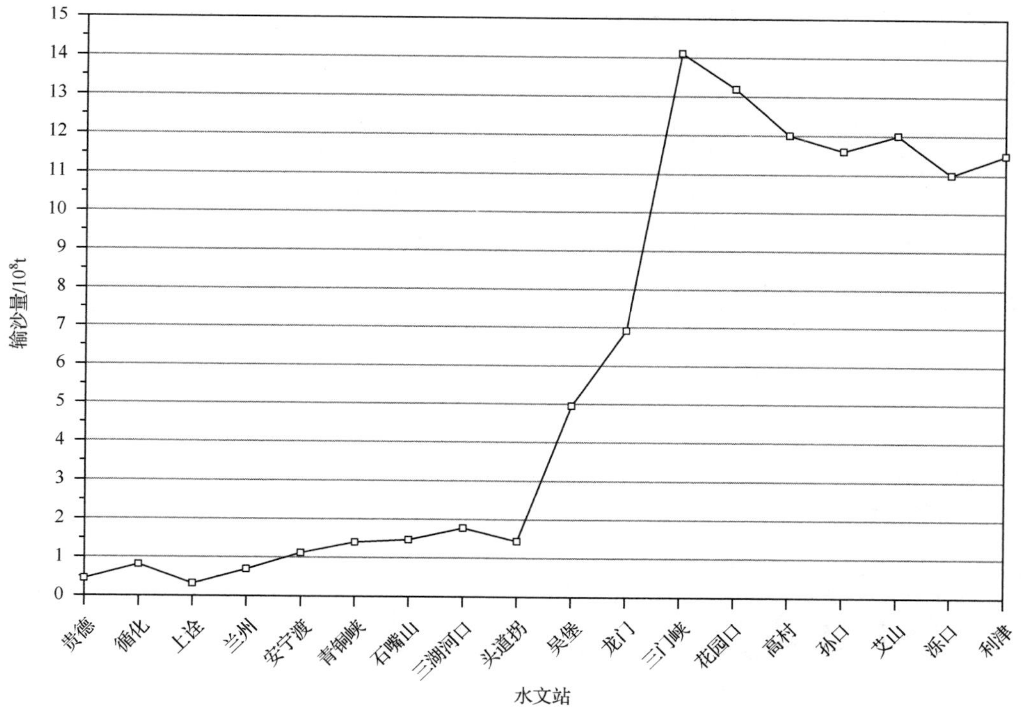

1981年黄河干流输沙量沿程变化曲线图

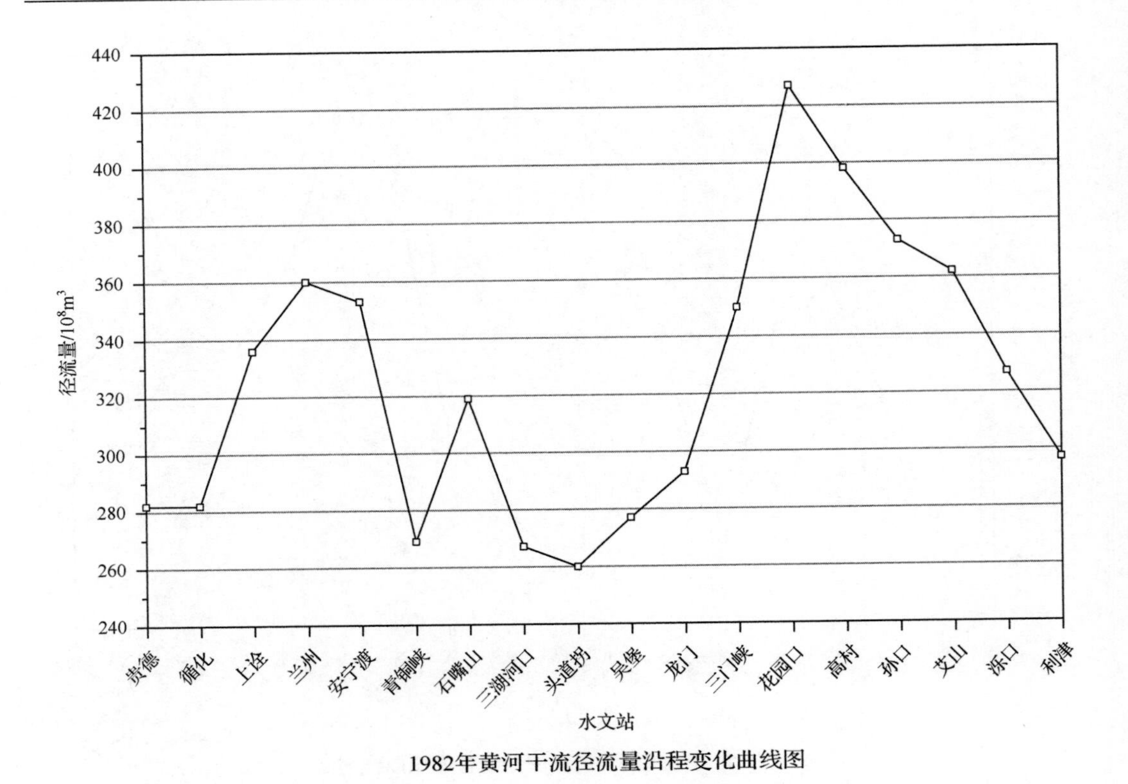

1982年黄河干流径流量沿程变化曲线图

输沙量/10^8t
6.5
6.0
5.5
5.0
4.5
4.0
3.5
3.0
2.5
2.0
1.5
1.0
0.5
0
贵德
循化
上诠
兰州
安宁渡
青铜峡
石嘴山
三湖河口
头道拐
吴堡
龙门
三门峡
花园口
高村
孙口
艾山
泺口
利津
水文站

1982年黄河干流输沙量沿程变化曲线图

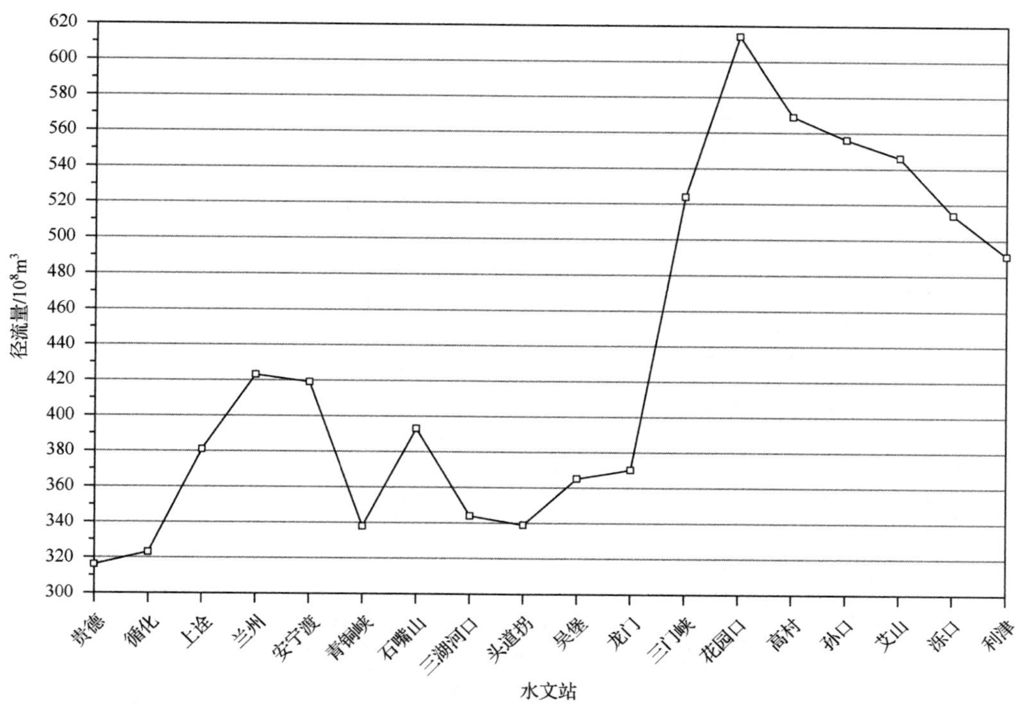

1983年黄河干流径流量沿程变化曲线图

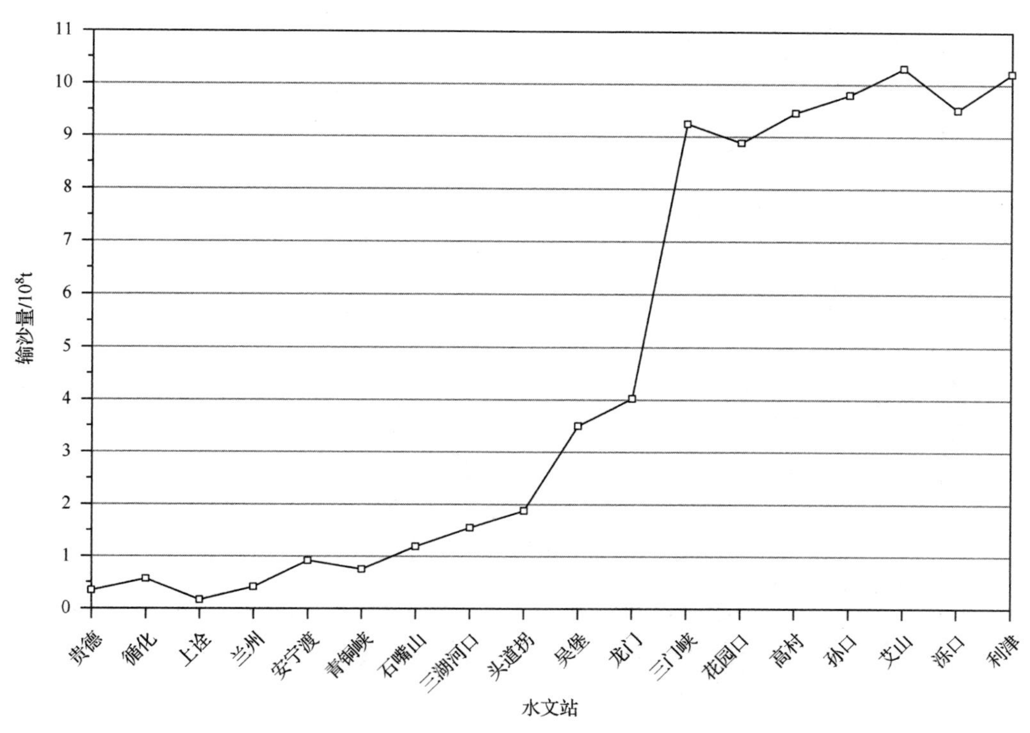

1983年黄河干流输沙量沿程变化曲线图

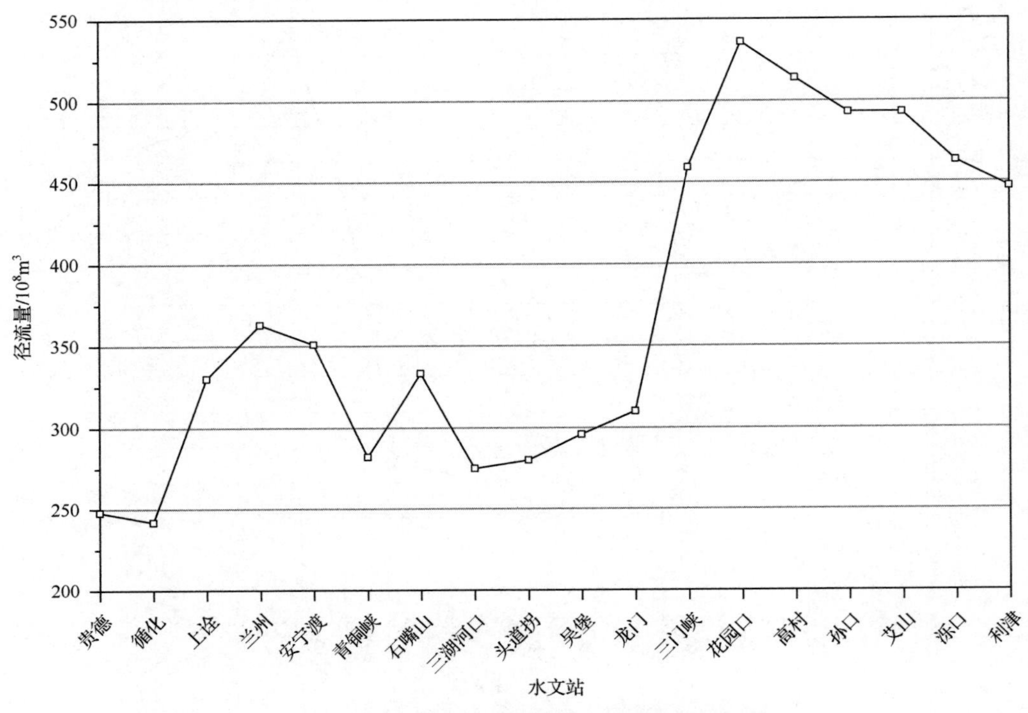

1984年黄河干流径流量沿程变化曲线图

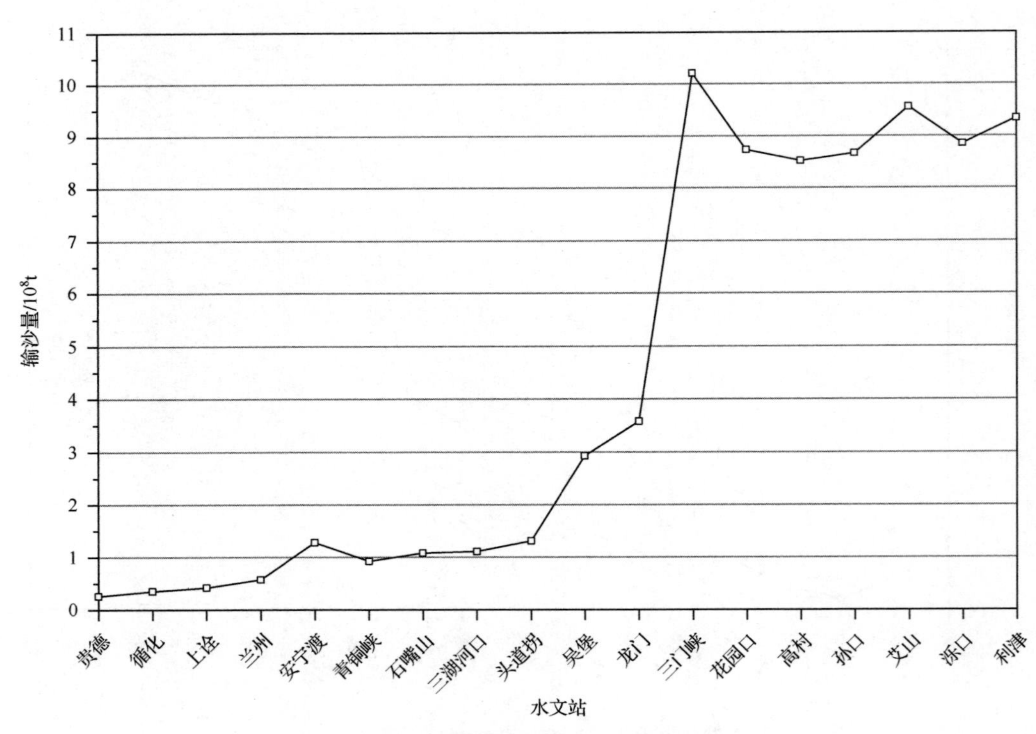

1984年黄河干流输沙量沿程变化曲线图

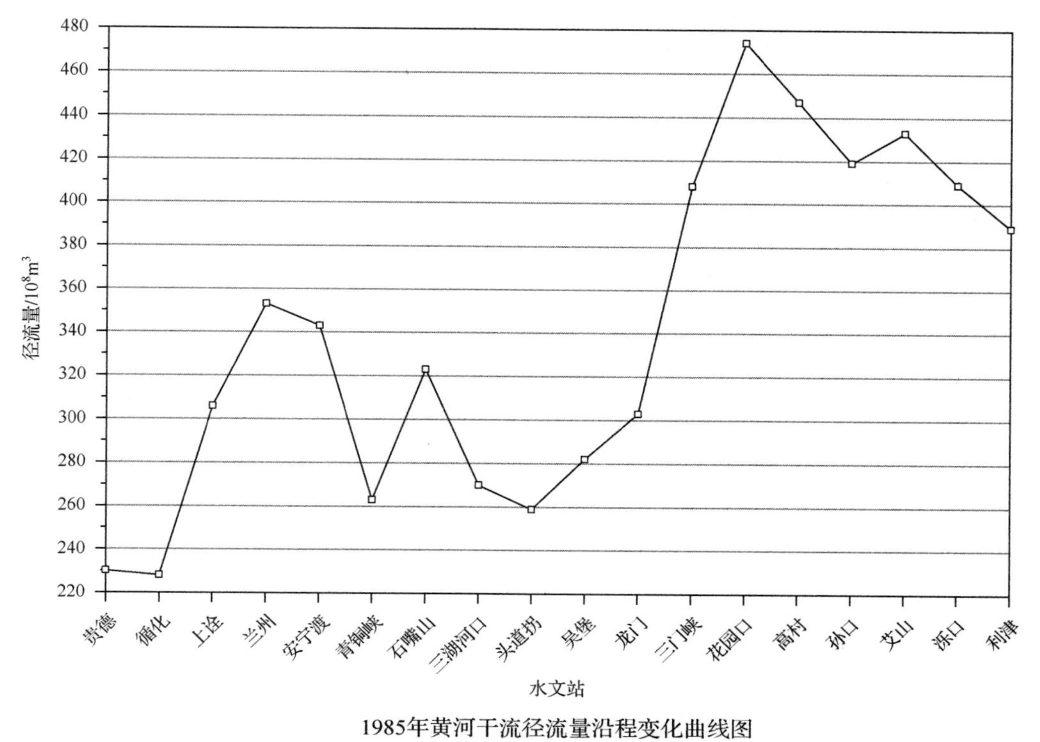

1985年黄河干流径流量沿程变化曲线图

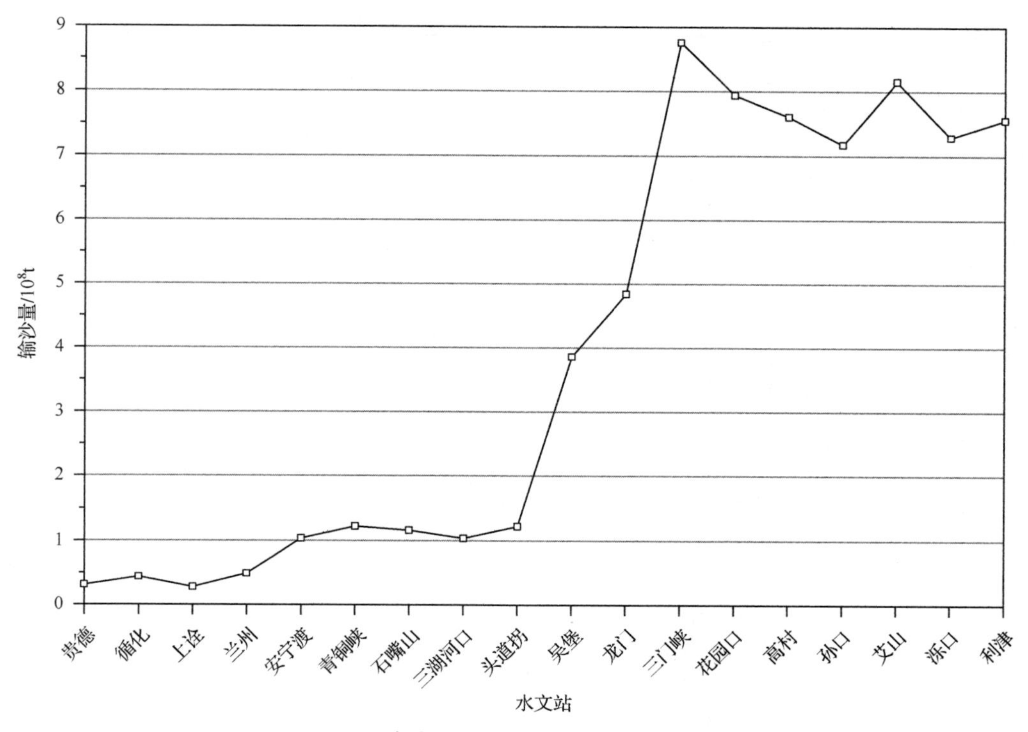

1985年黄河干流输沙量沿程变化曲线图

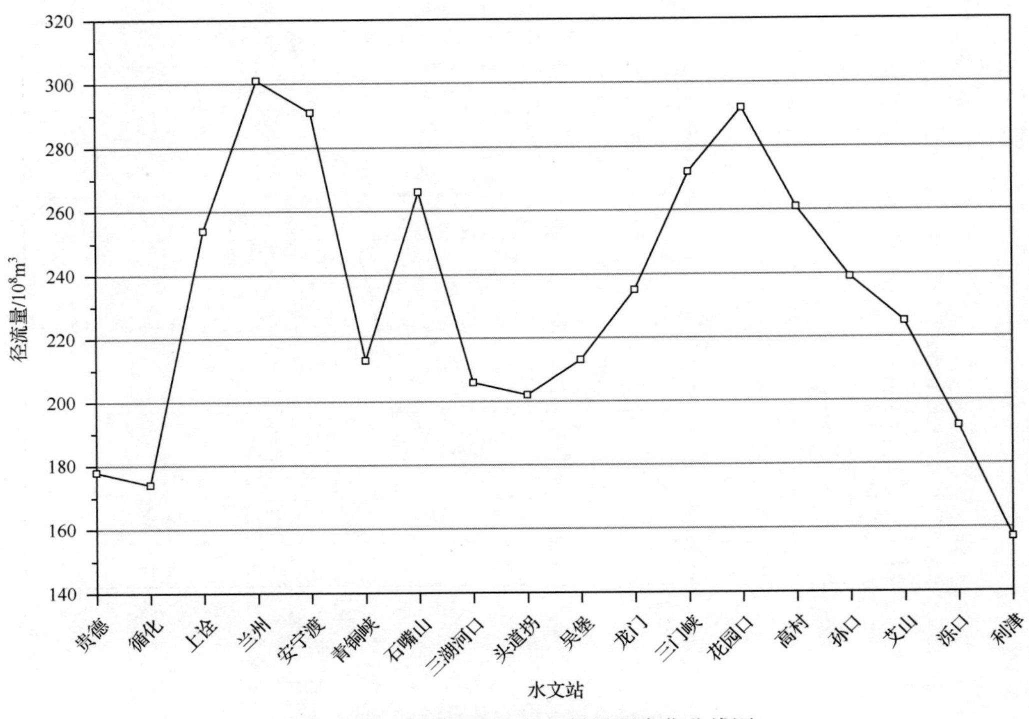

1986年黄河干流径流量沿程变化曲线图

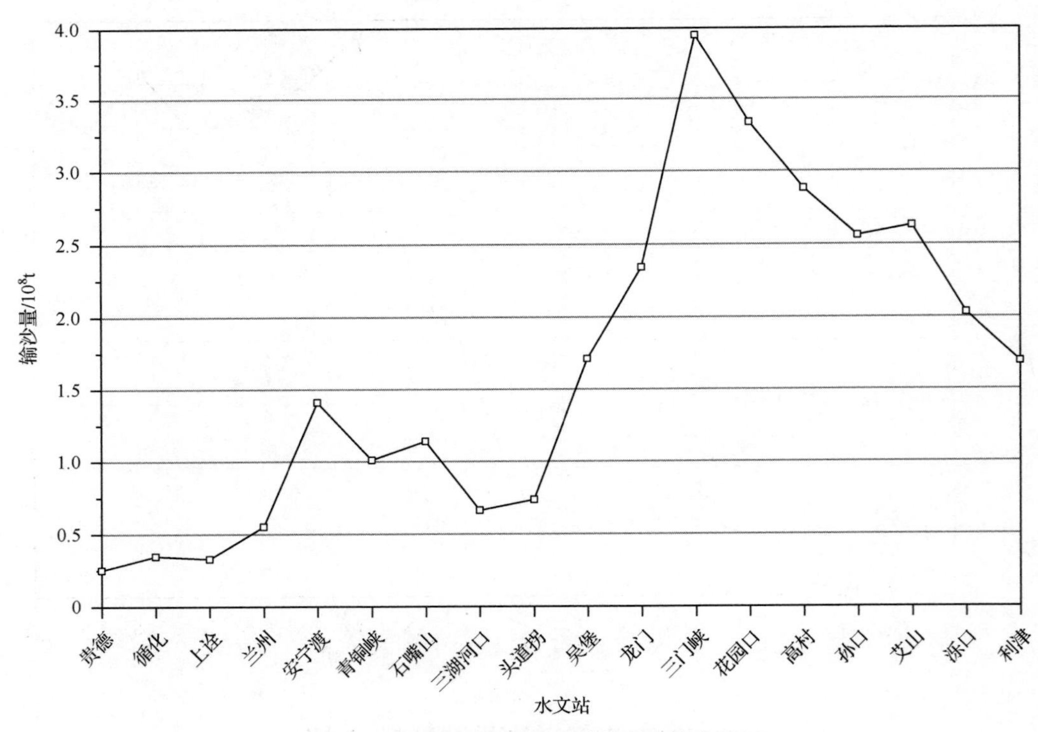

1986年黄河干流输沙量沿程变化曲线图

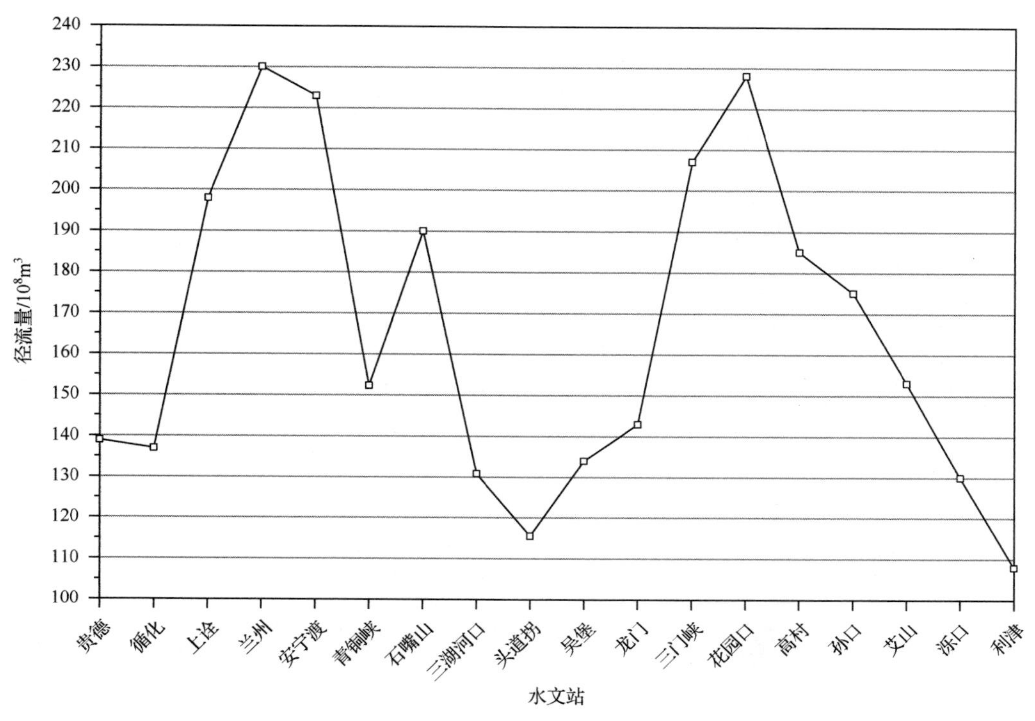

1987年黄河干流径流量沿程变化曲线图

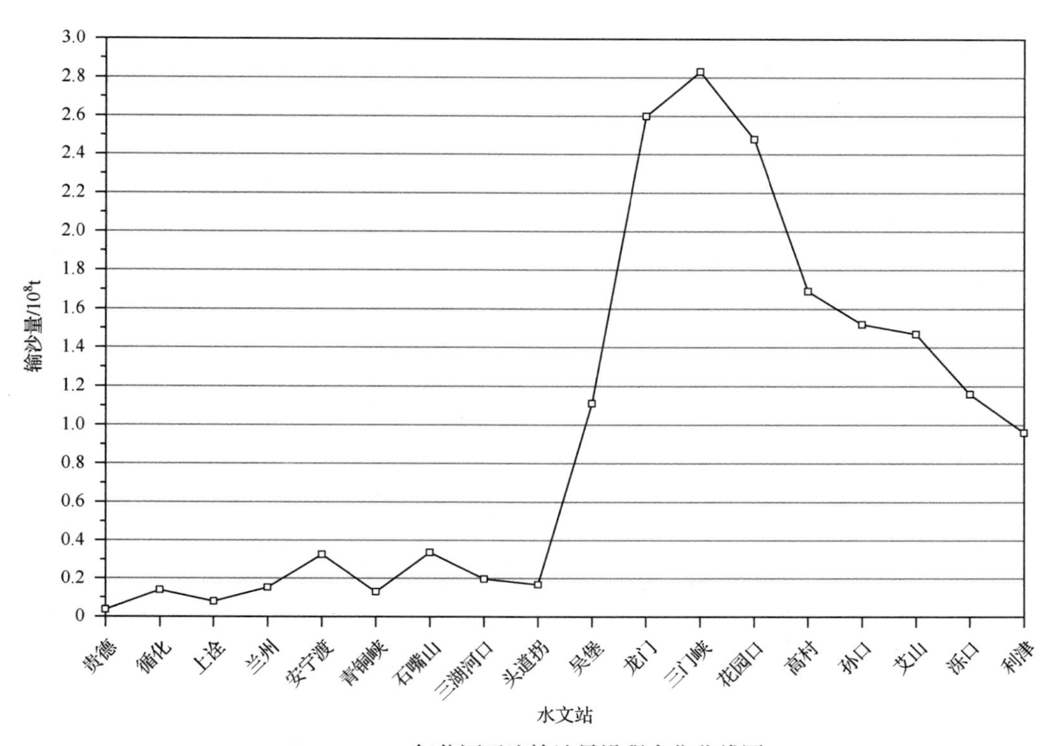

1987年黄河干流输沙量沿程变化曲线图

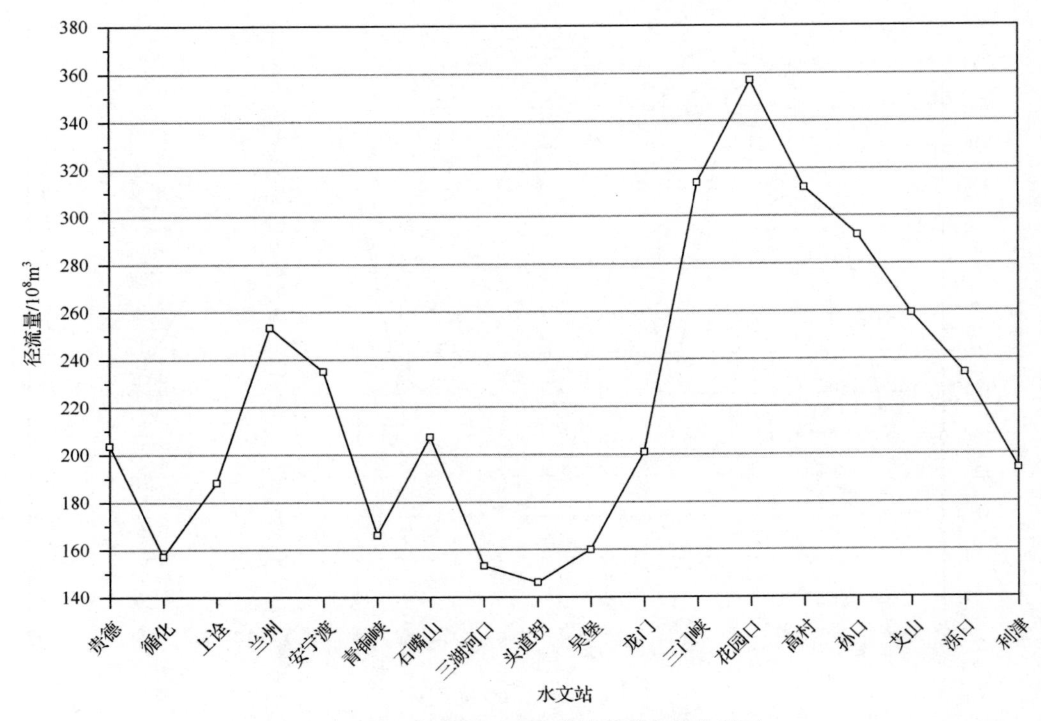

1988年黄河干流径流量沿程变化曲线图

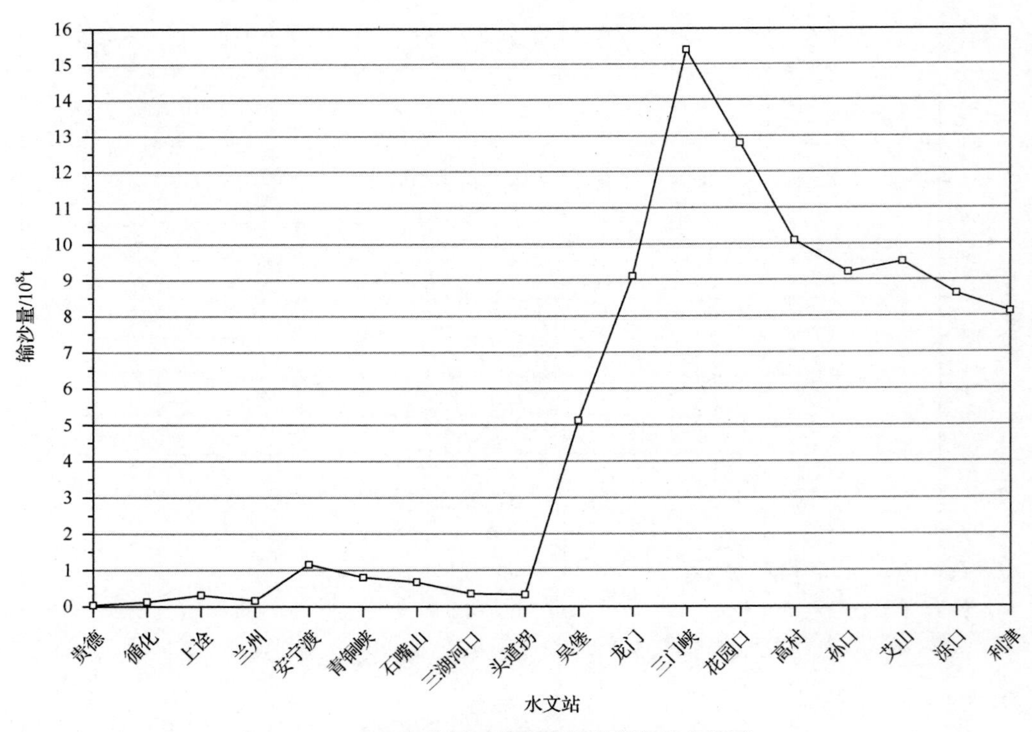

1988年黄河干流输沙量沿程变化曲线图

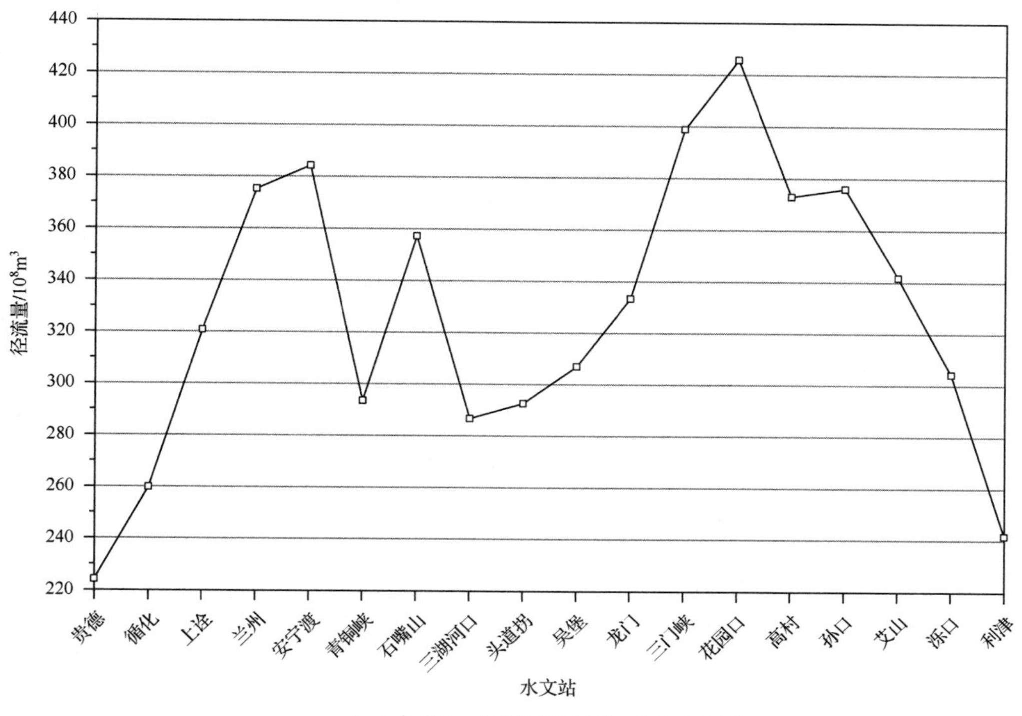

1989年黄河干流径流量沿程变化曲线图

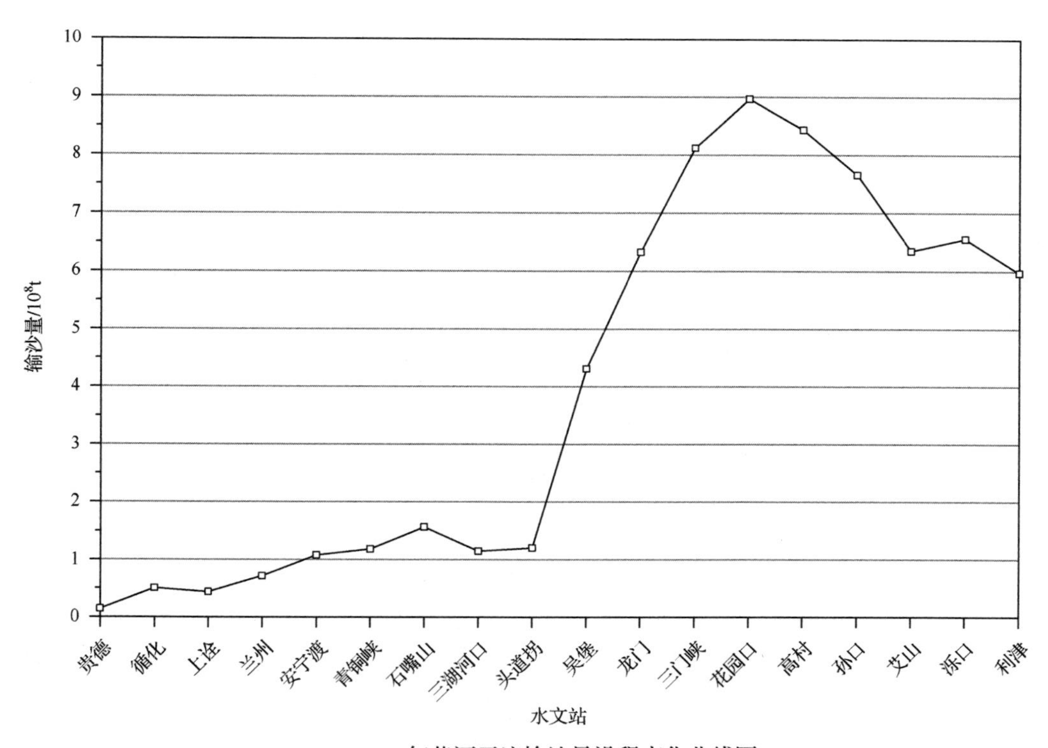

1989年黄河干流输沙量沿程变化曲线图

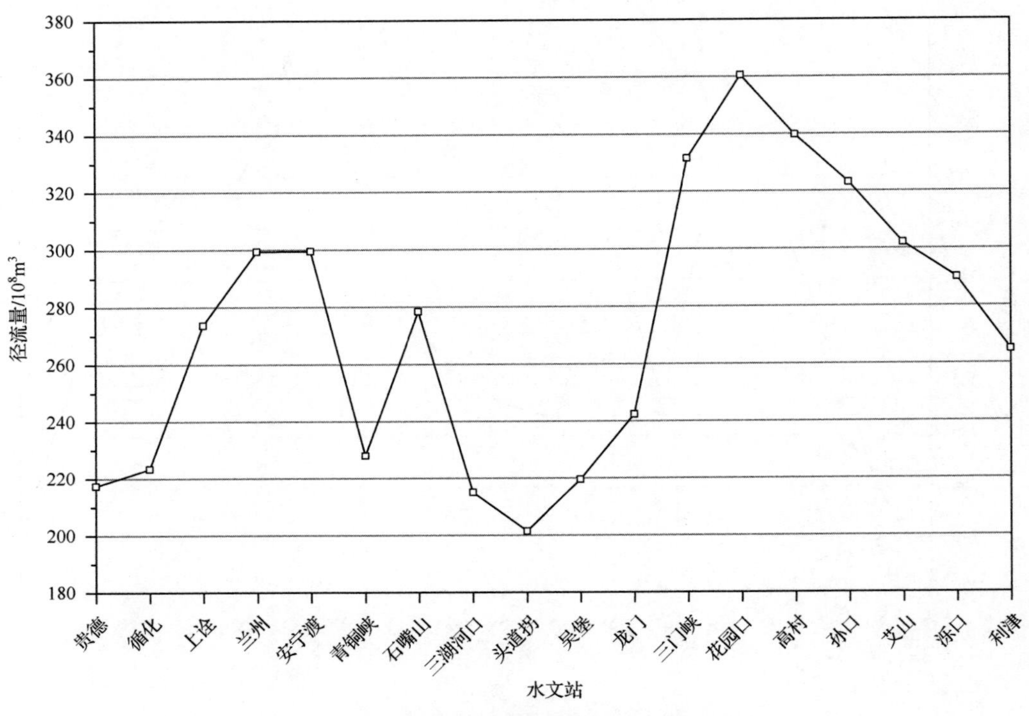

1990年黄河干流径流量沿程变化曲线图

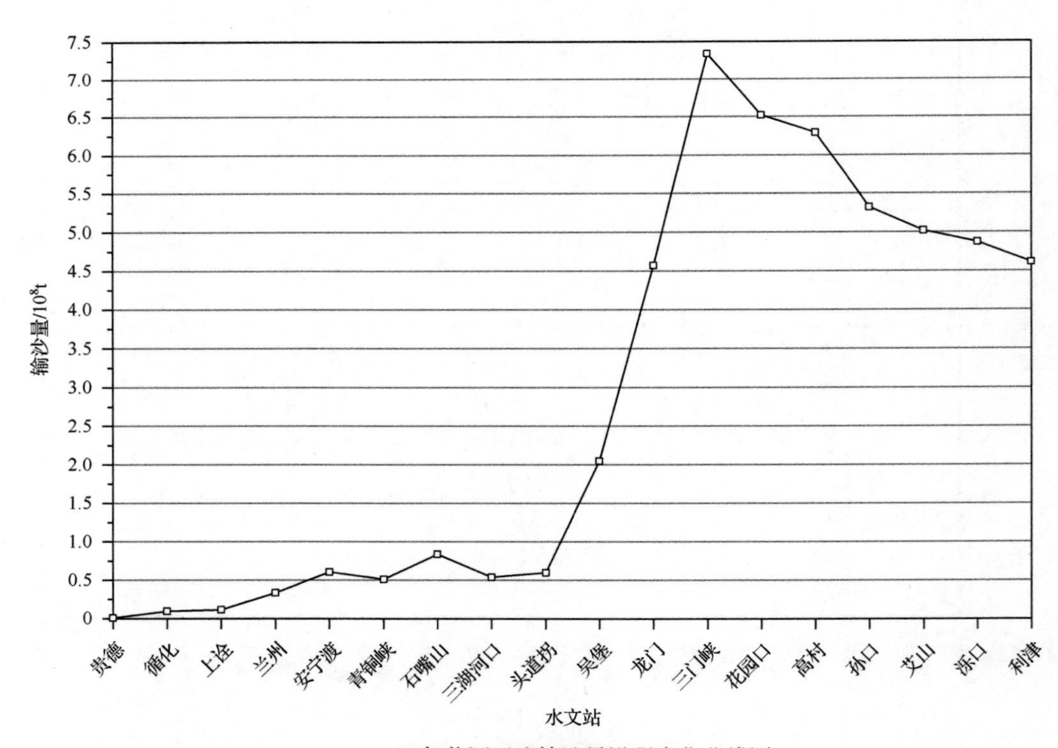

1990年黄河干流输沙量沿程变化曲线图

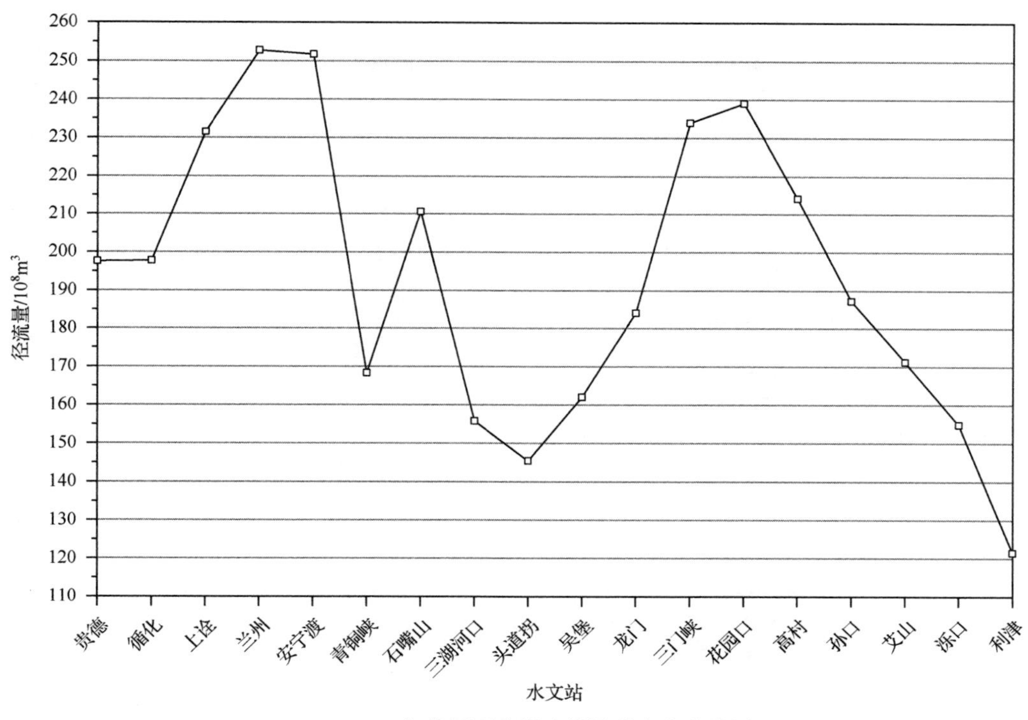

1991年黄河干流径流量沿程变化曲线图

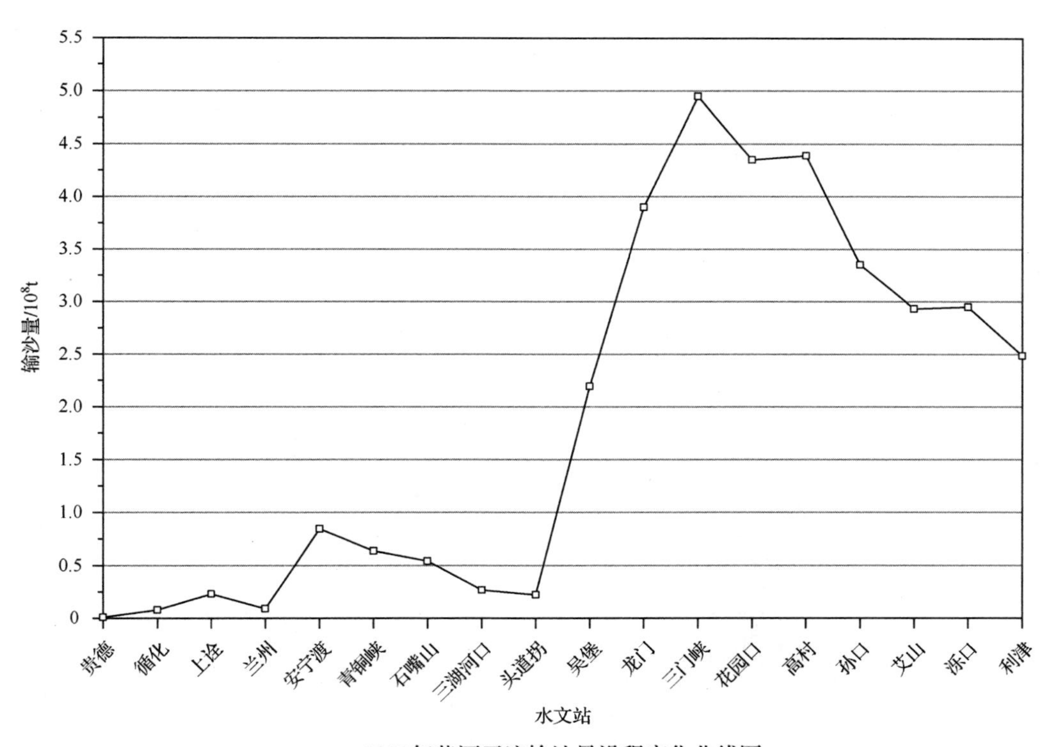

1991年黄河干流输沙量沿程变化曲线图

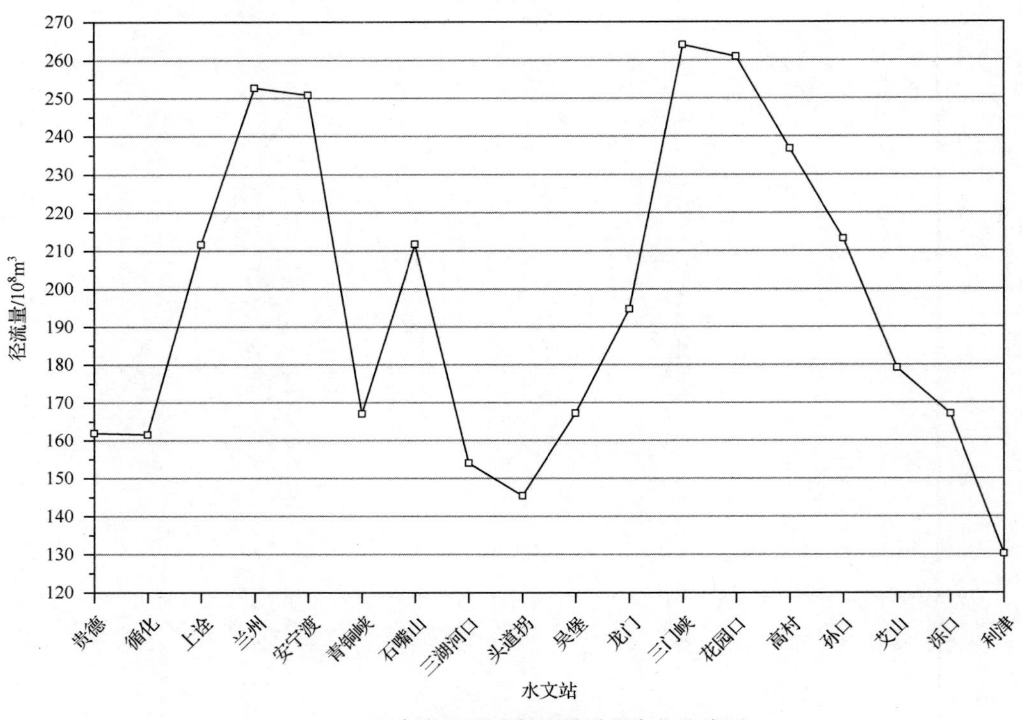

1992年黄河干流径流量沿程变化曲线图

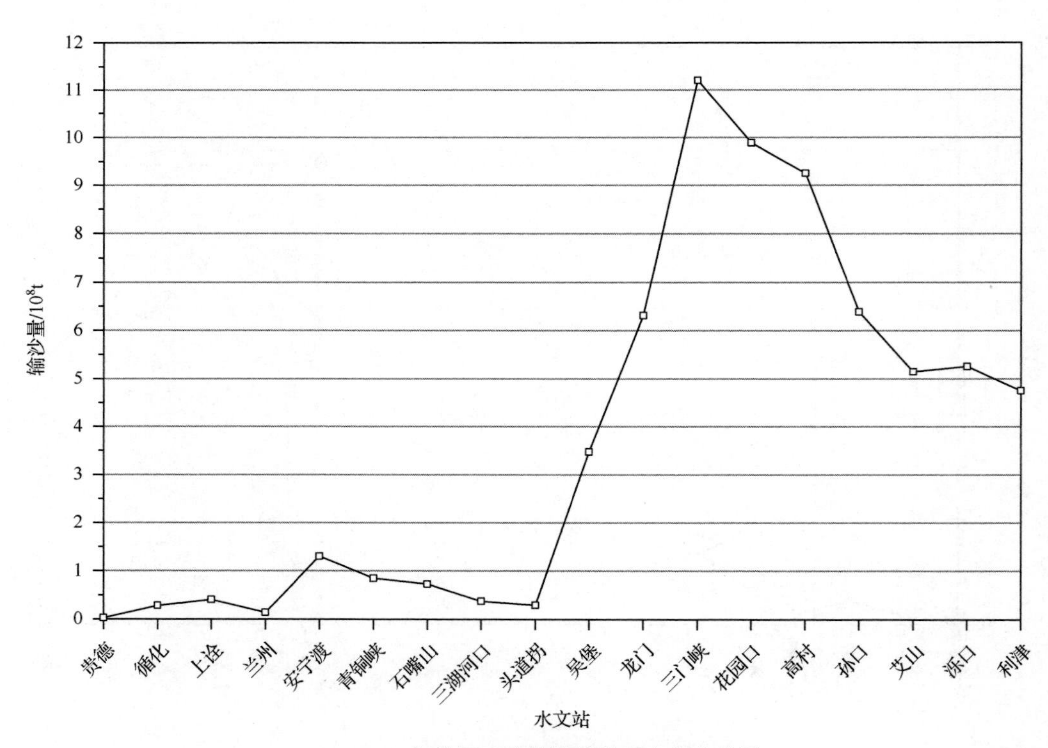

1992年黄河干流输沙量沿程变化曲线图

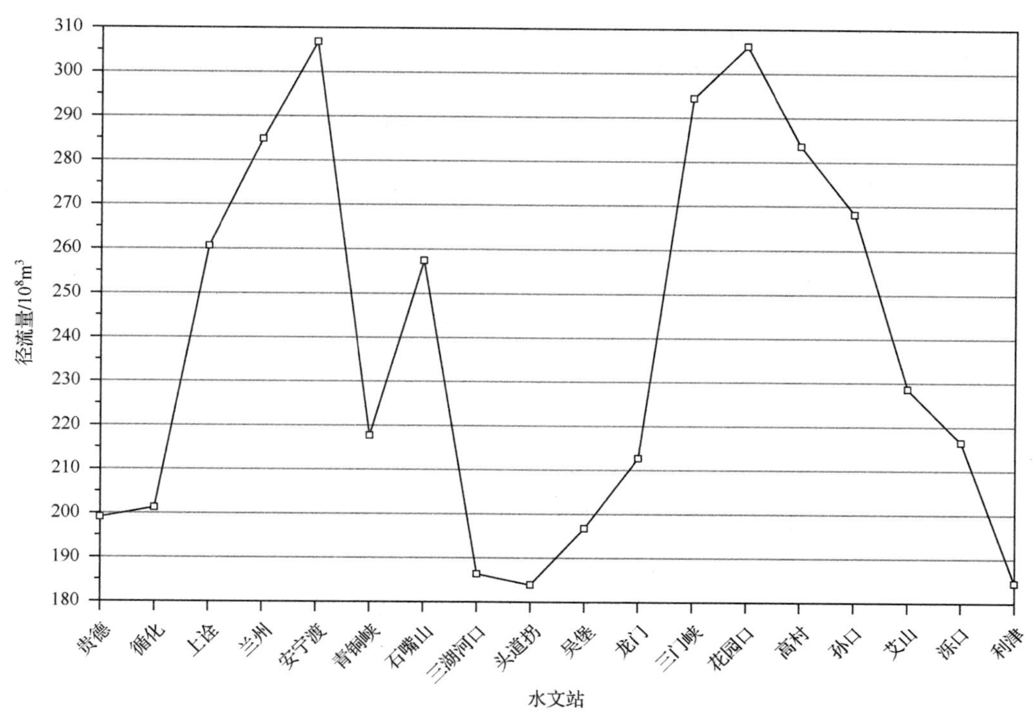

1993年黄河干流径流量沿程变化曲线图

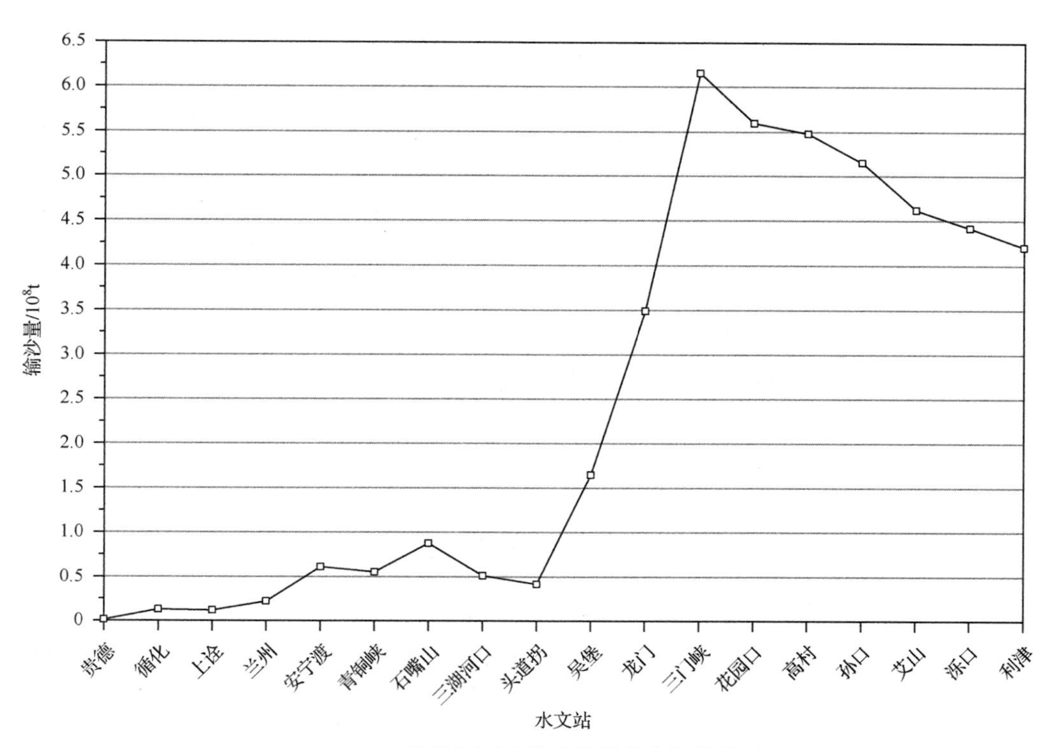

1993年黄河干流输沙量沿程变化曲线图

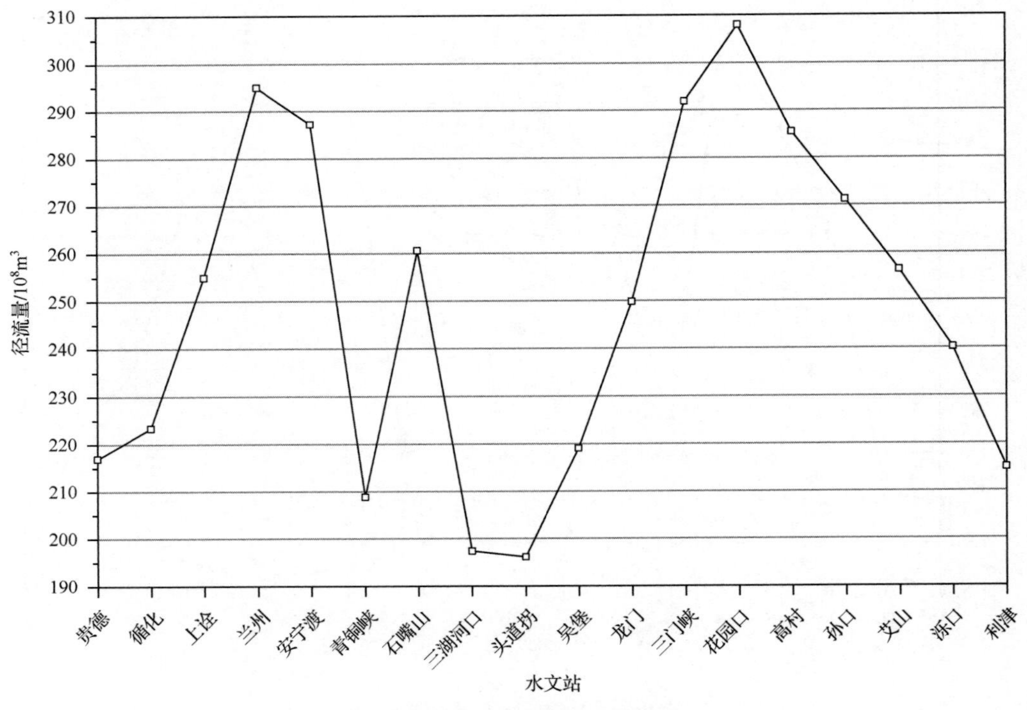

1994年黄河干流径流量沿程变化曲线图

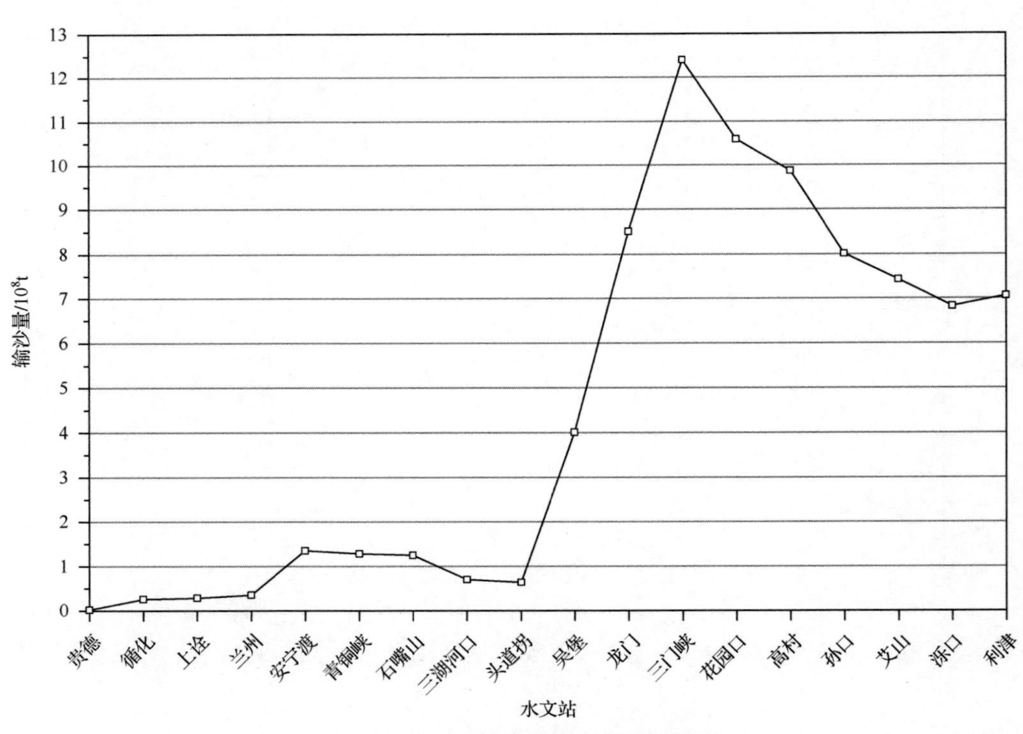

1994年黄河干流输沙量沿程变化曲线图

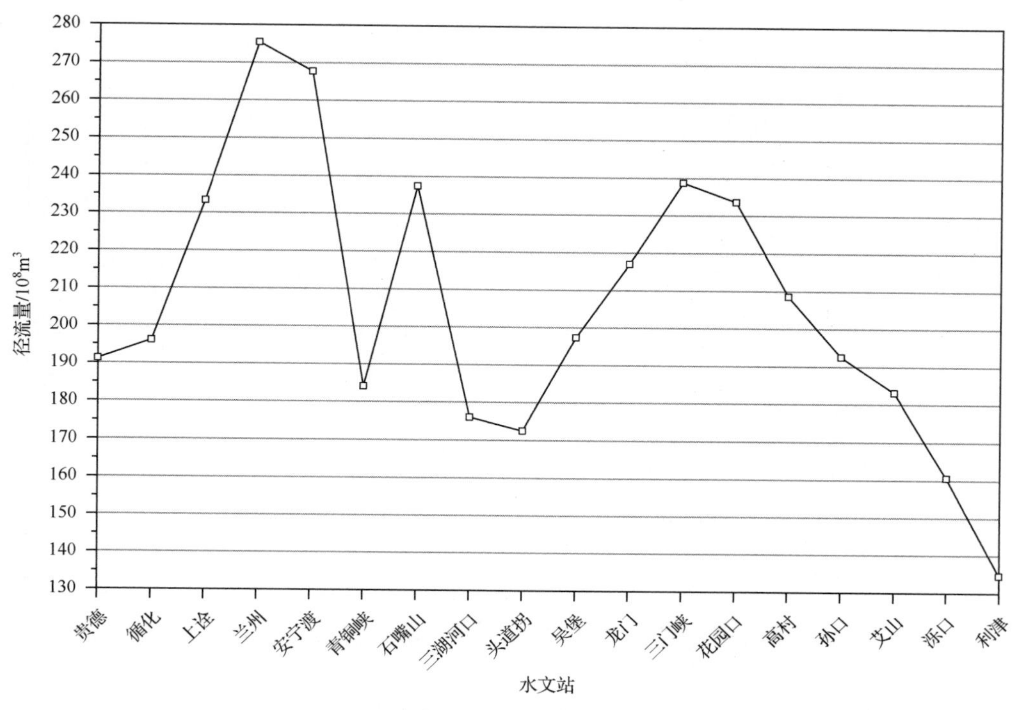

1995年黄河干流径流量沿程变化曲线图

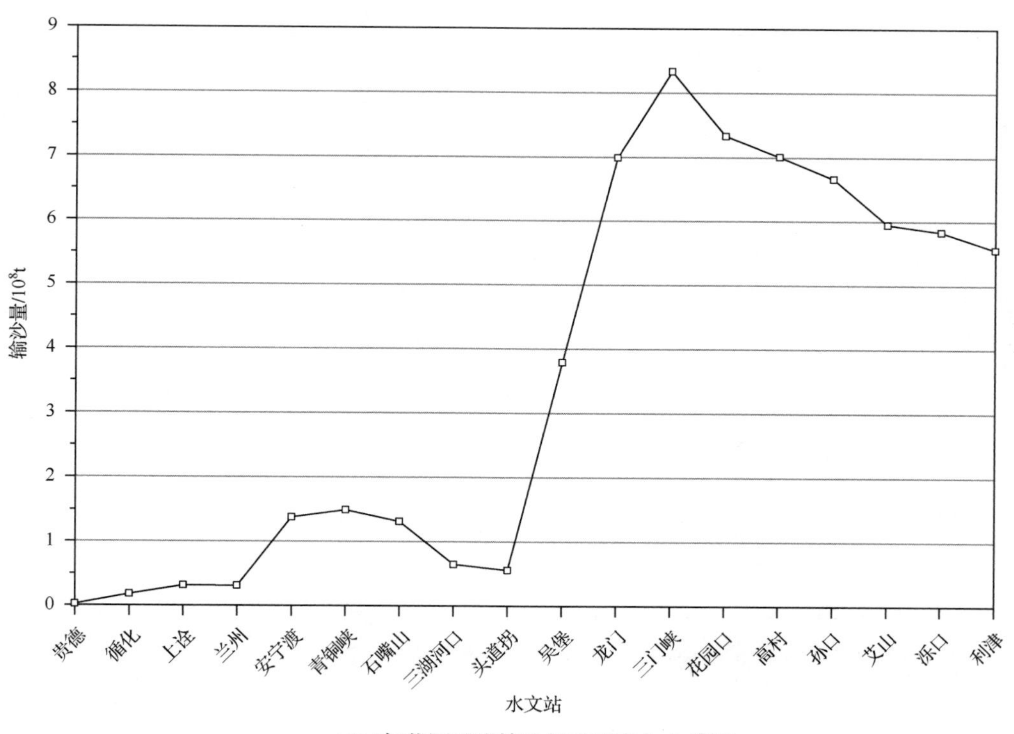

1995年黄河干流输沙量沿程变化曲线图

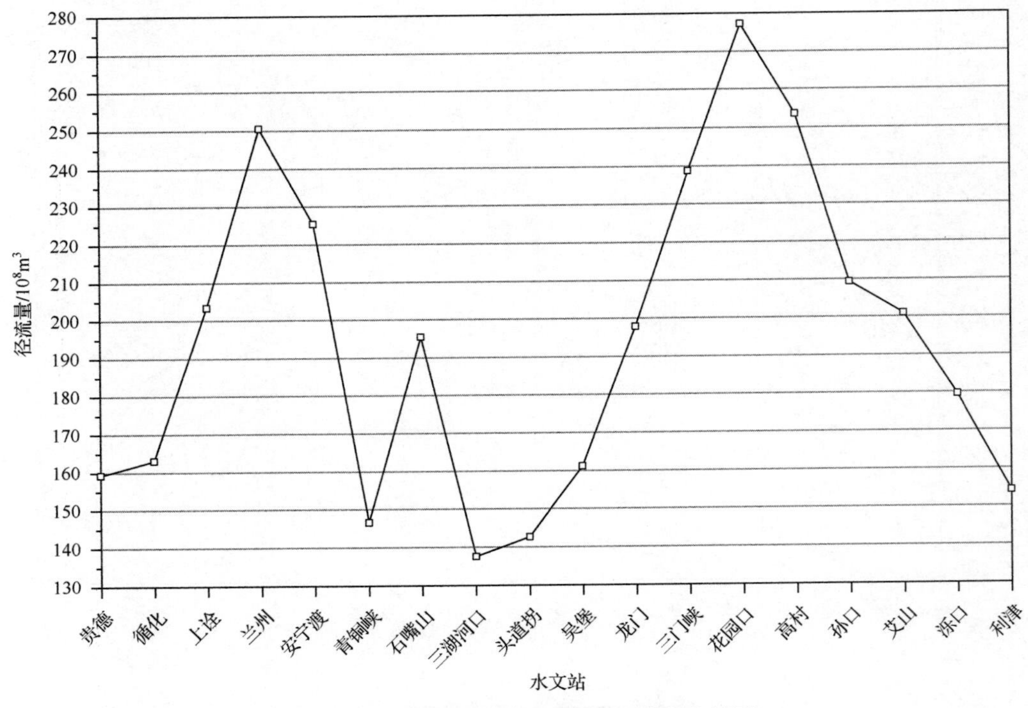

1996年黄河干流径流量沿程变化曲线图

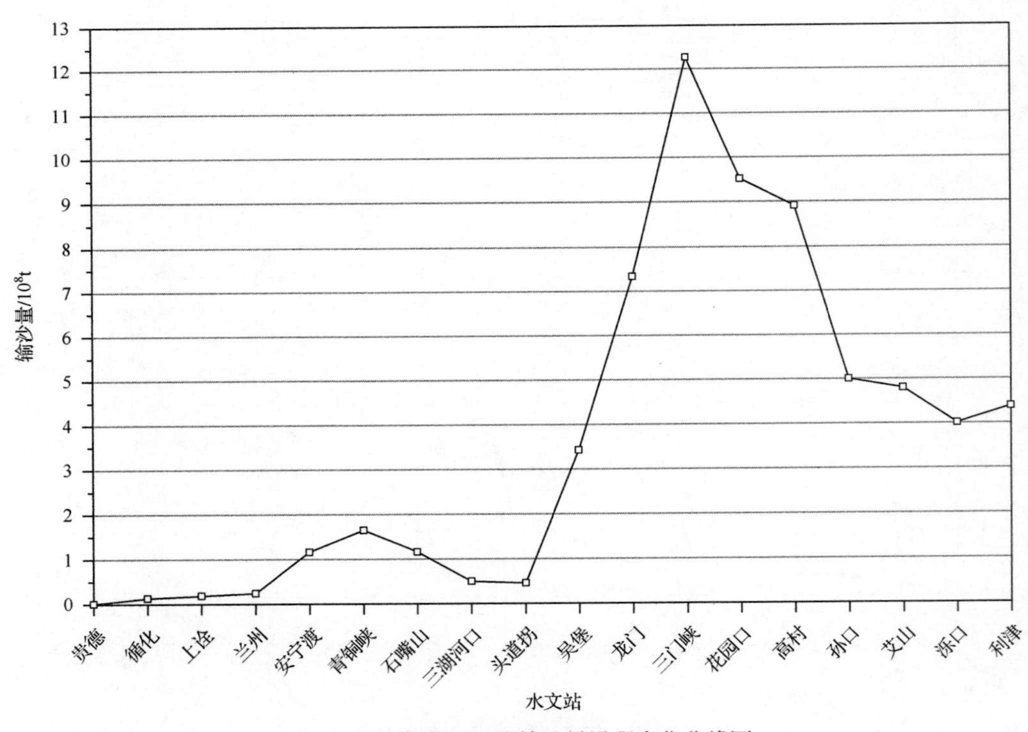

1996年黄河干流输沙量沿程变化曲线图

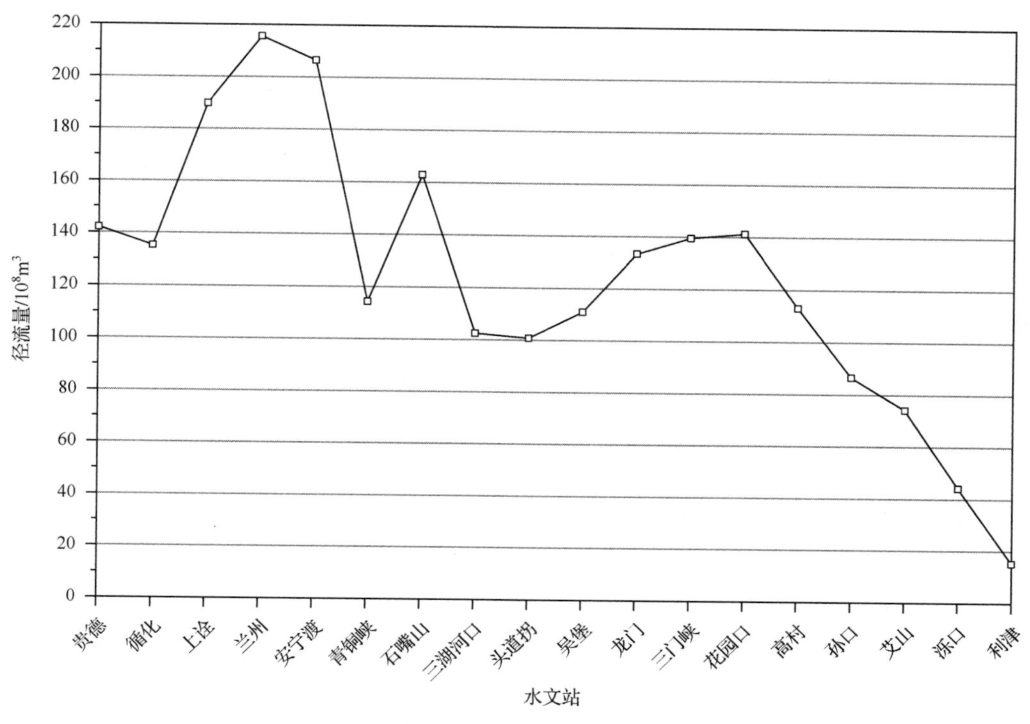

1997年黄河干流径流量沿程变化曲线图

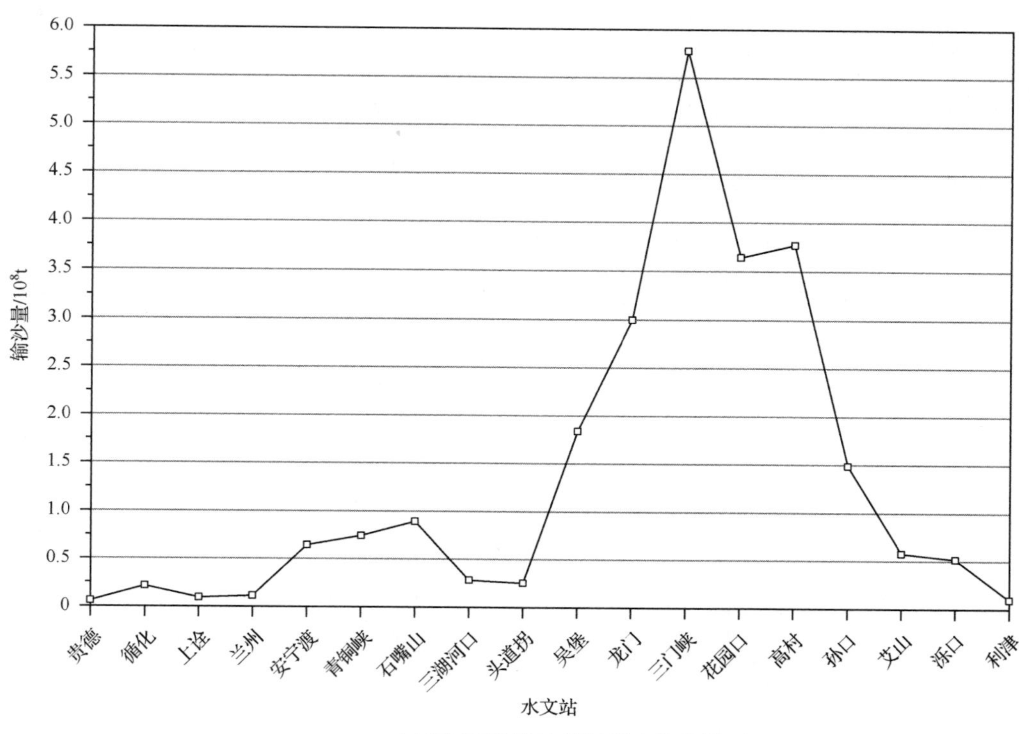

1997年黄河干流输沙量沿程变化曲线图

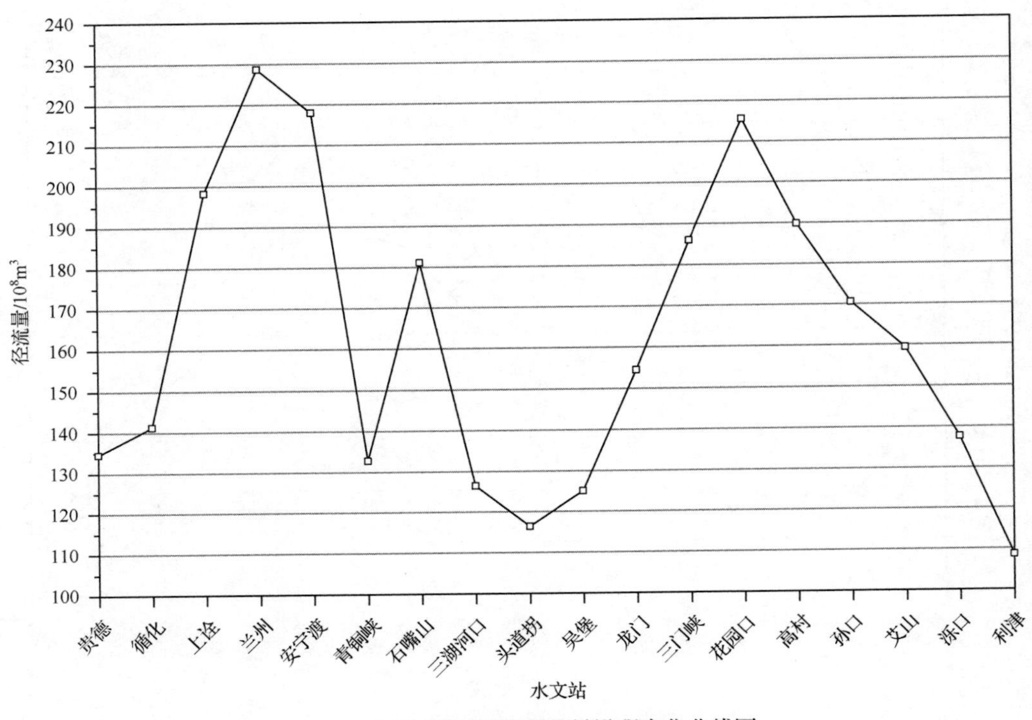

1998年黄河干流径流量沿程变化曲线图

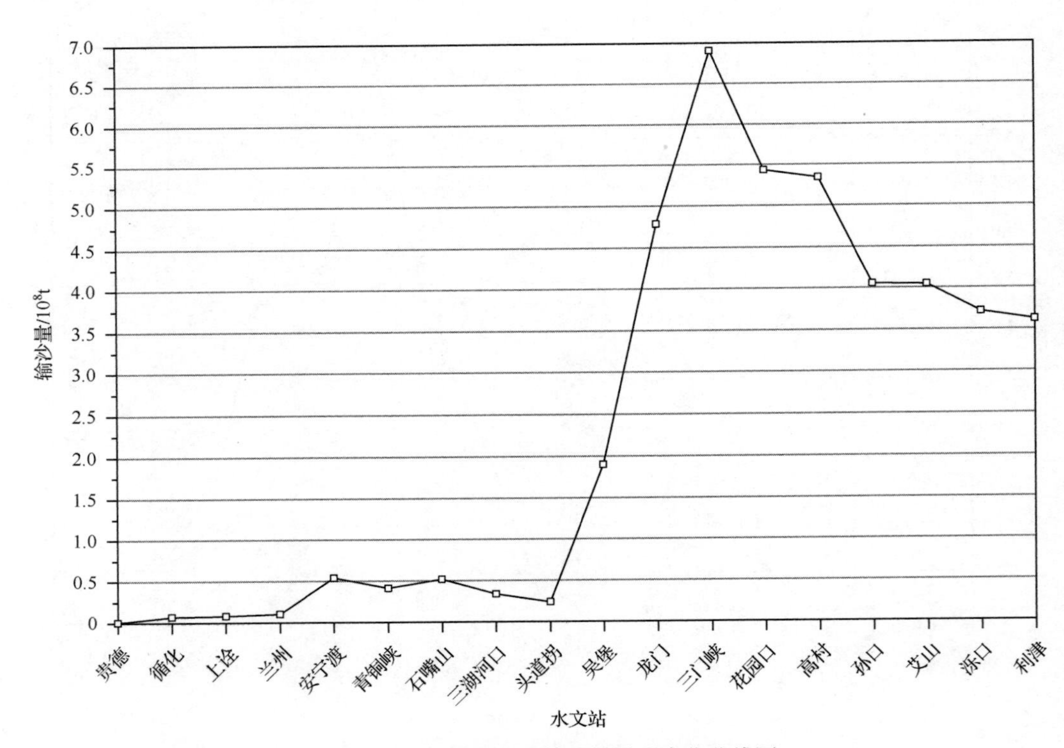

1998年黄河干流输沙量沿程变化曲线图

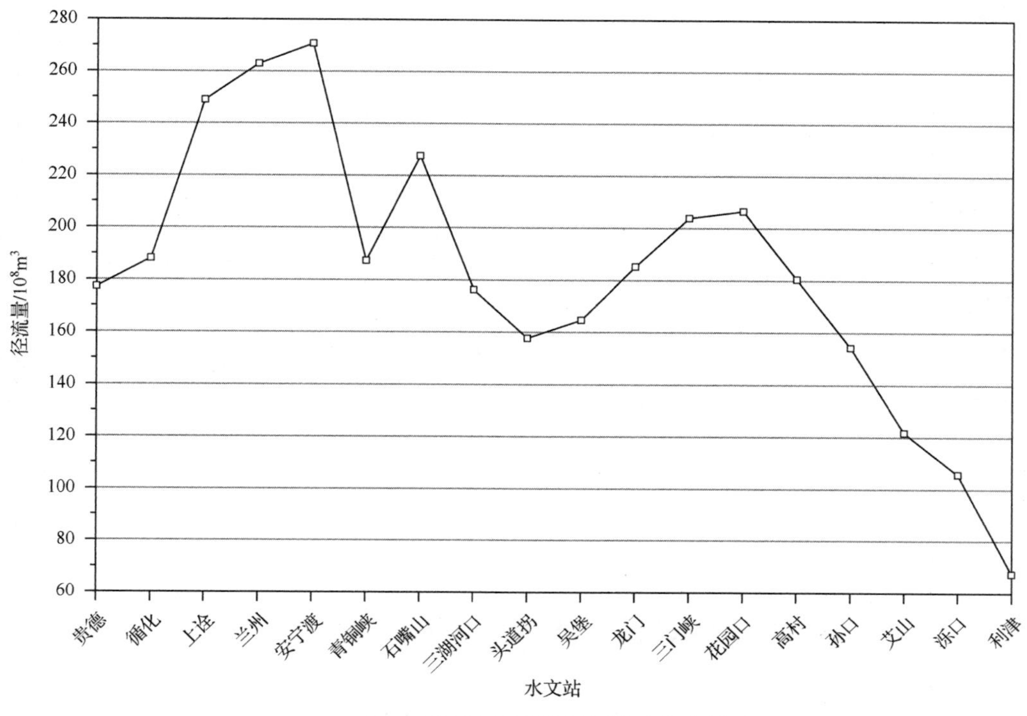

1999年黄河干流径流量沿程变化曲线图

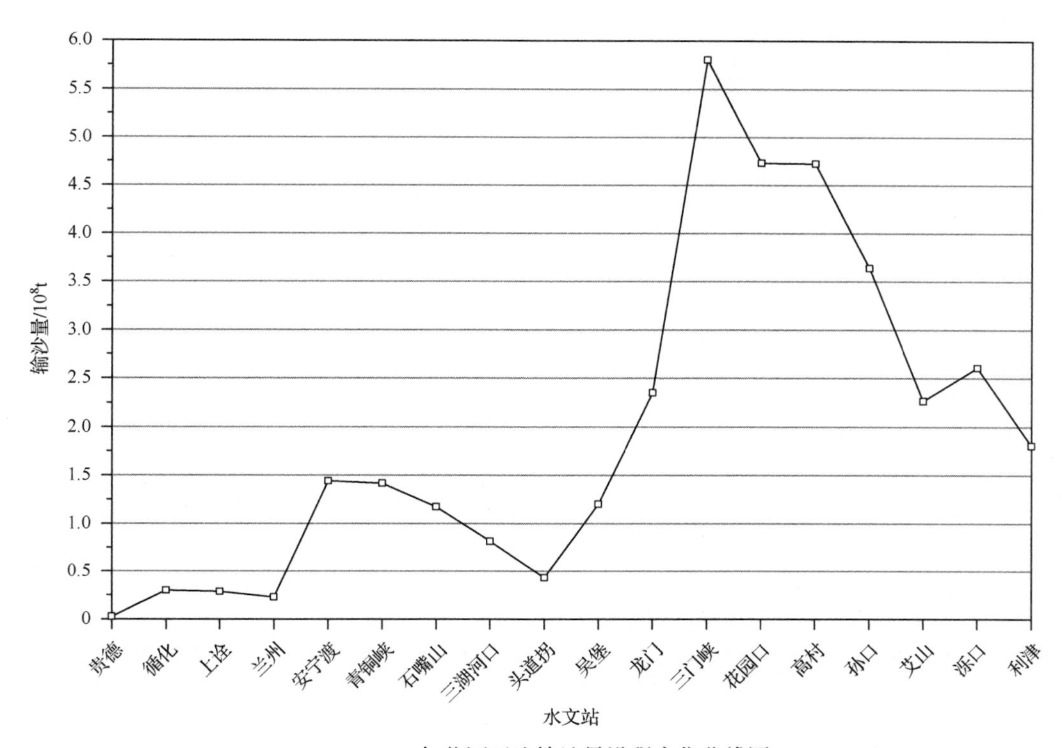

1999年黄河干流输沙量沿程变化曲线图

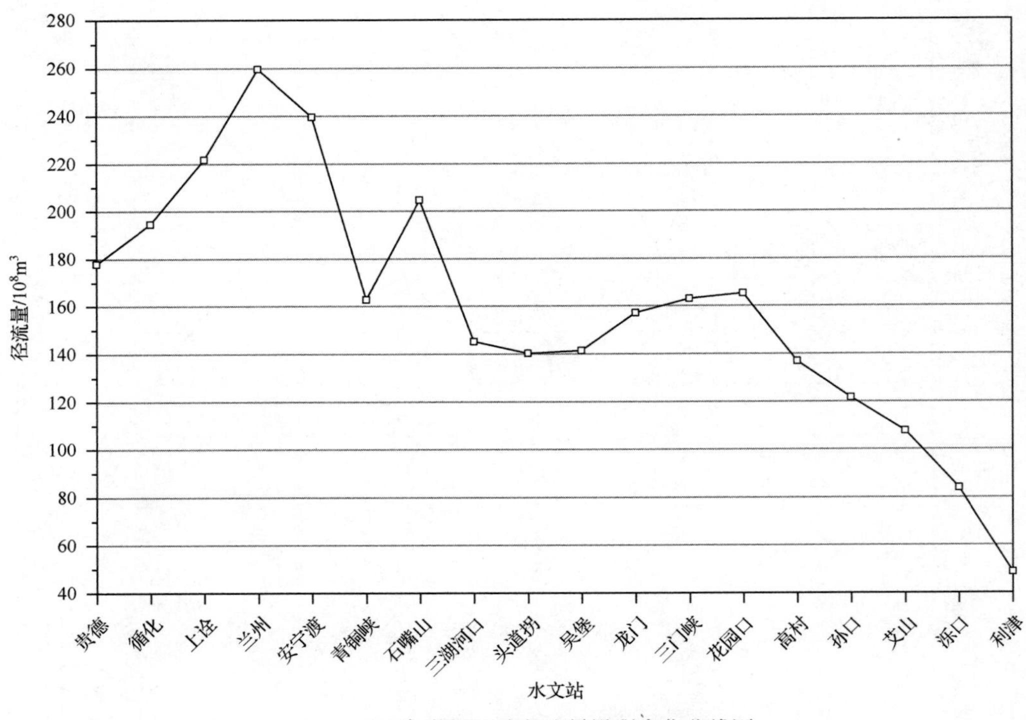

2000年黄河干流径流量沿程变化曲线图

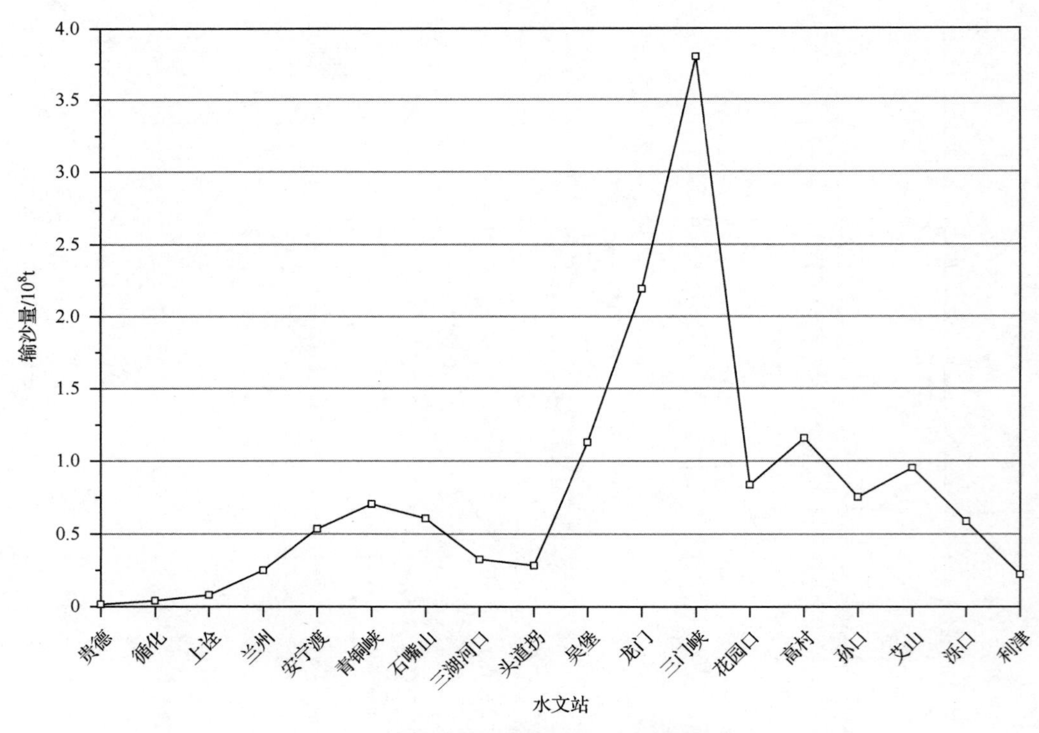

2000年黄河干流输沙量沿程变化曲线图

径流量/10^{8}m^3
240
220
200
180
160
140
120
100
80
60
40
贵德
循化
上诠
兰州
安宁渡
青铜峡
石嘴山
三湖河口
头道拐
吴堡
龙门
三门峡
花园口
高村
孙口
艾山
泺口
利津
水文站

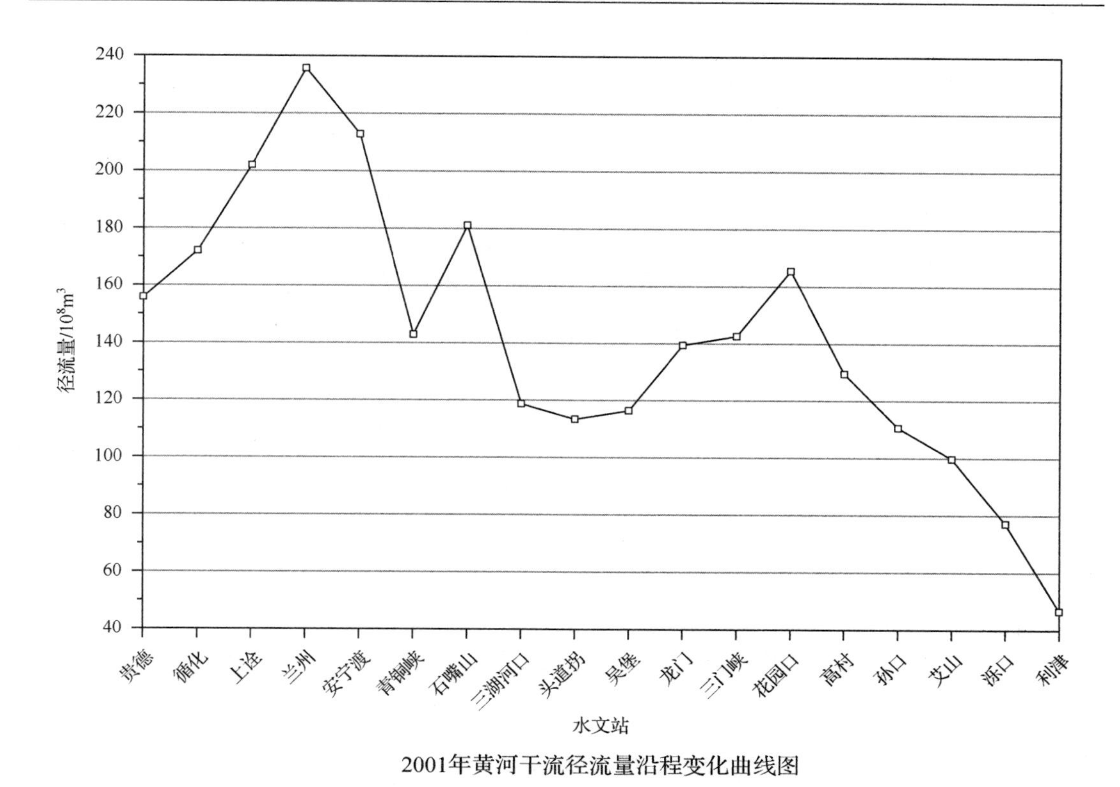

2001年黄河干流径流量沿程变化曲线图

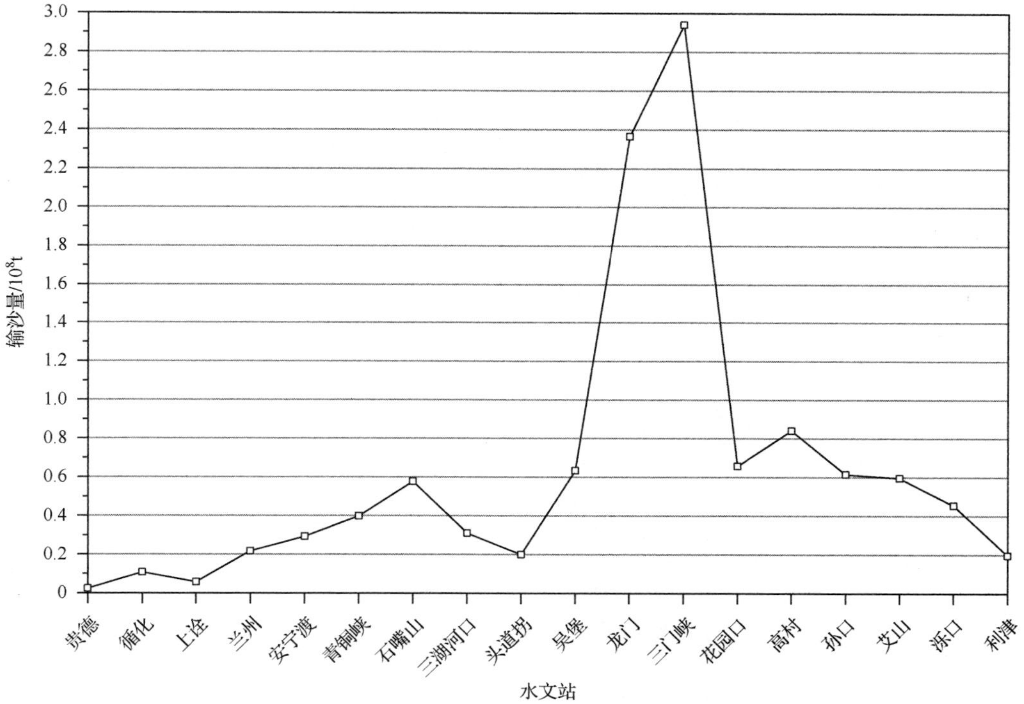

输沙量/10^{8}t
3.0
2.8
2.6
2.4
2.2
2.0
1.8
1.6
1.4
1.2
1.0
0.8
0.6
0.4
0.2
0
贵德
循化
上诠
兰州
安宁渡
青铜峡
石嘴山
三湖河口
头道拐
吴堡
龙门
三门峡
花园口
高村
孙口
艾山
泺口
利津
水文站

2001年黄河干流输沙量沿程变化曲线图

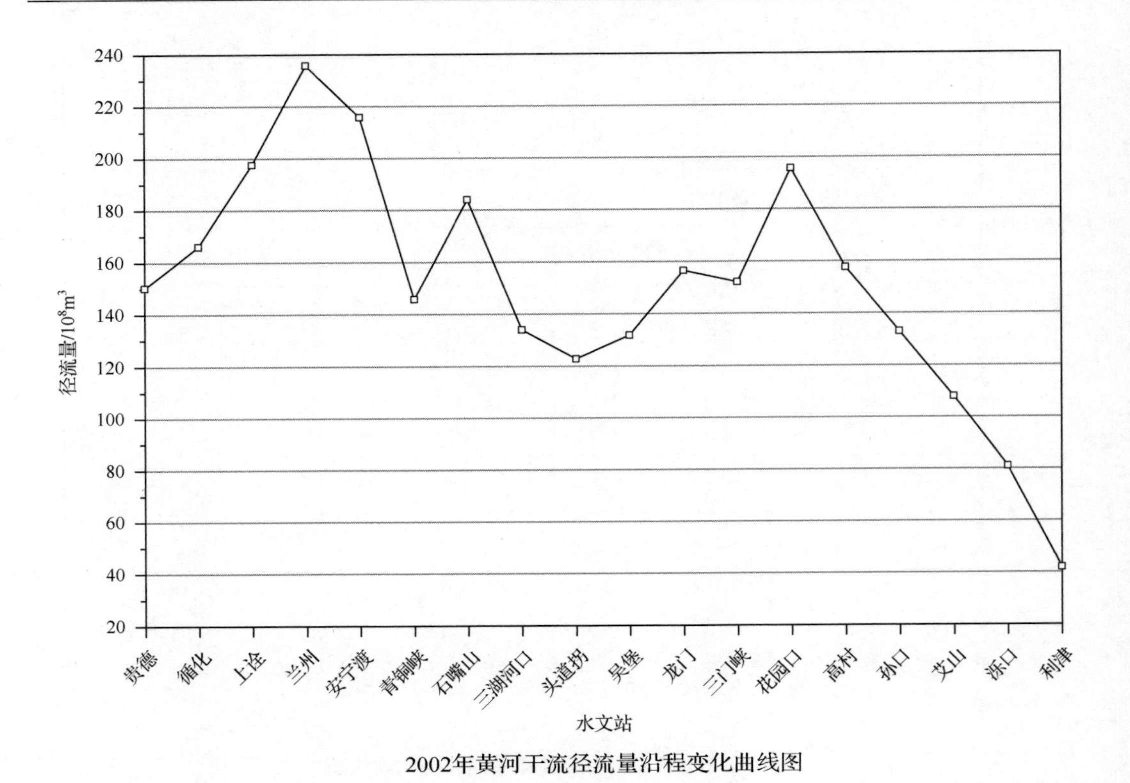

2002年黄河干流径流量沿程变化曲线图

2002年黄河干流输沙量沿程变化曲线图

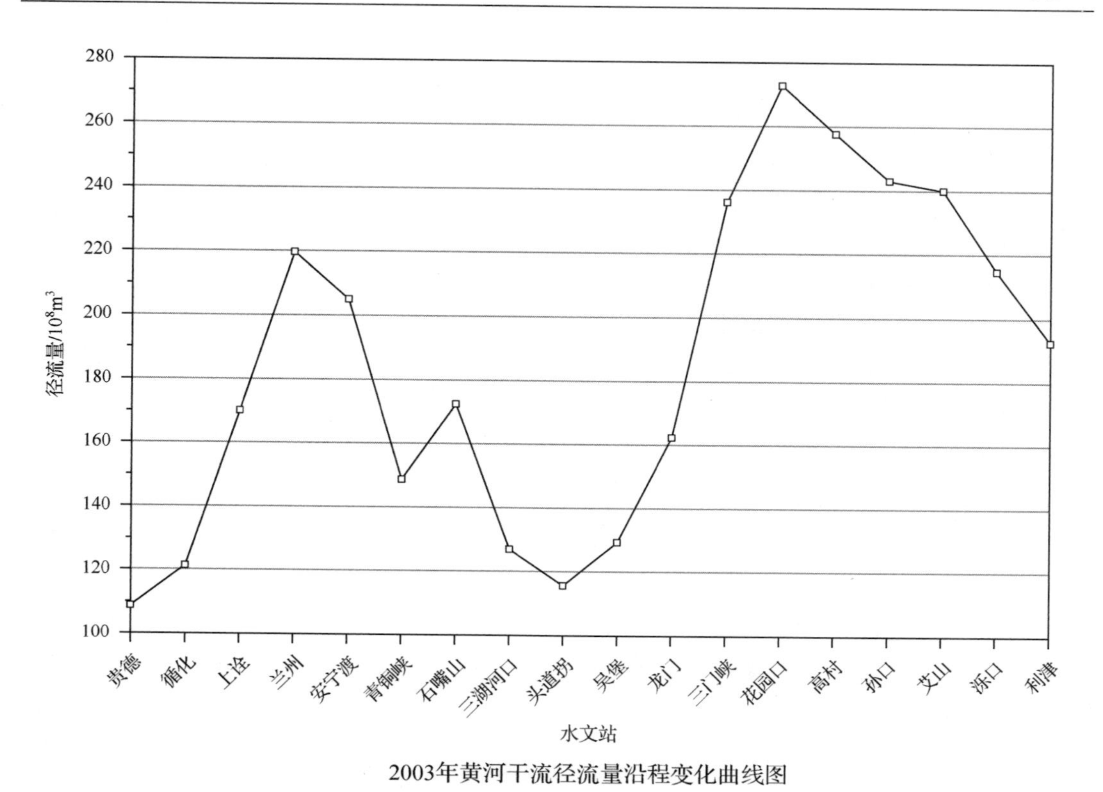

2003年黄河干流径流量沿程变化曲线图

8
7
6
5
4
3
2
1
0
输沙量/10^8t
贵德
循化
上诠
兰州
安宁渡
青铜峡
石嘴山
三湖河口
头道拐
吴堡
龙门
三门峡
花园口
高村
孙口
艾山
泺口
利津
水文站

2003年黄河干流输沙量沿程变化曲线图

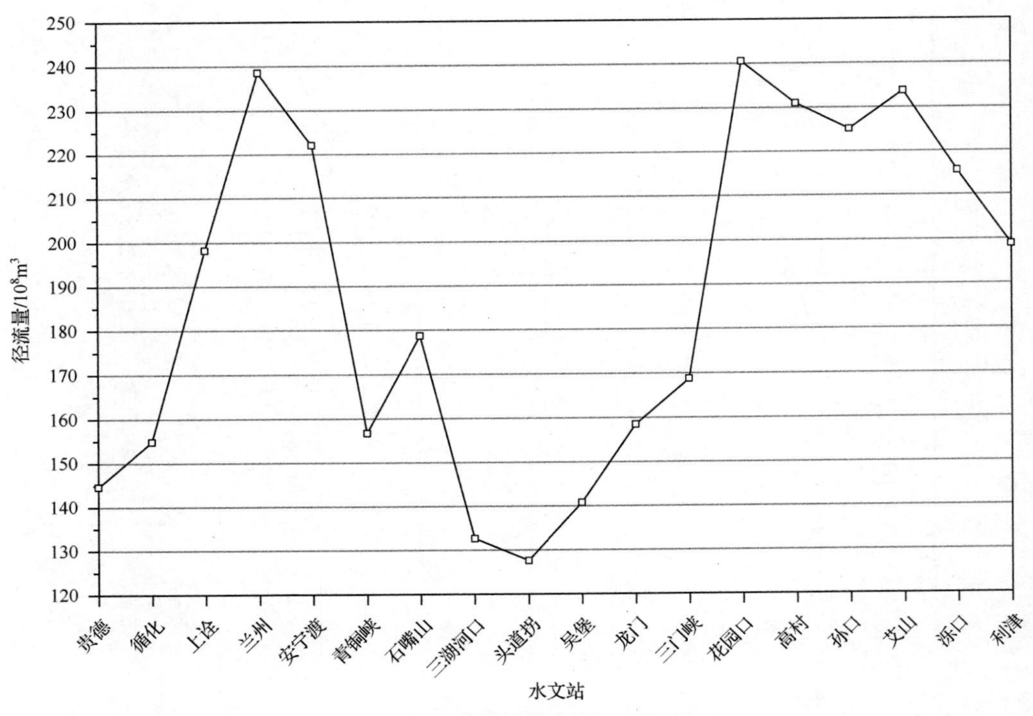

2004年黄河干流径流量沿程变化曲线图

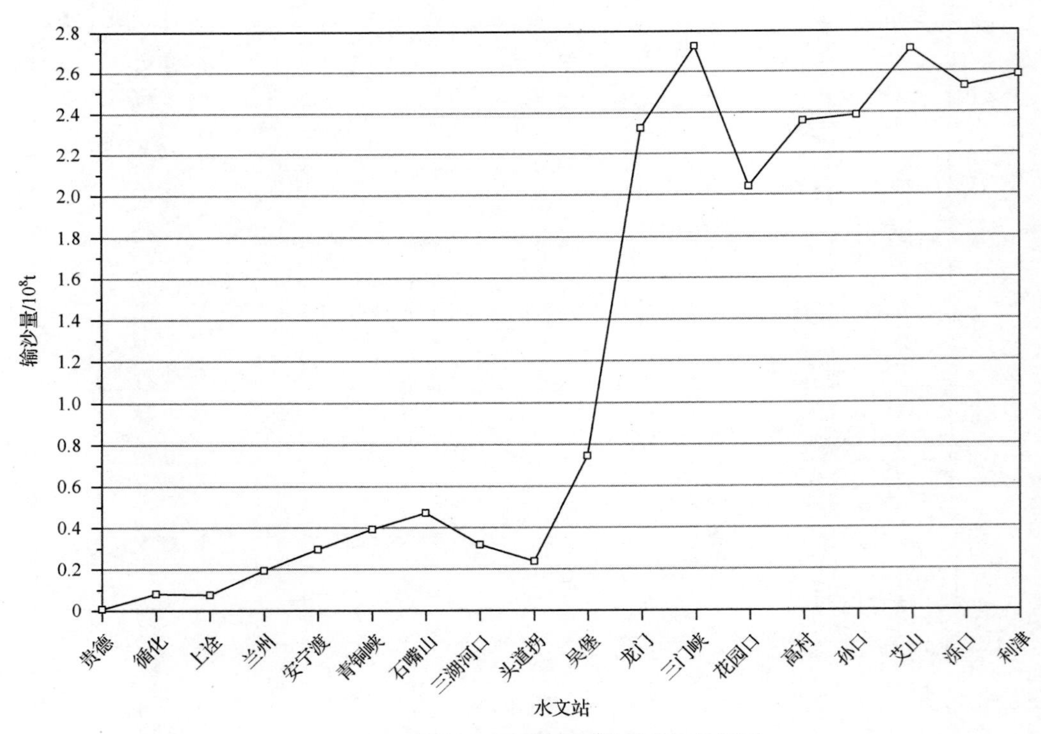

2004年黄河干流输沙量沿程变化曲线图

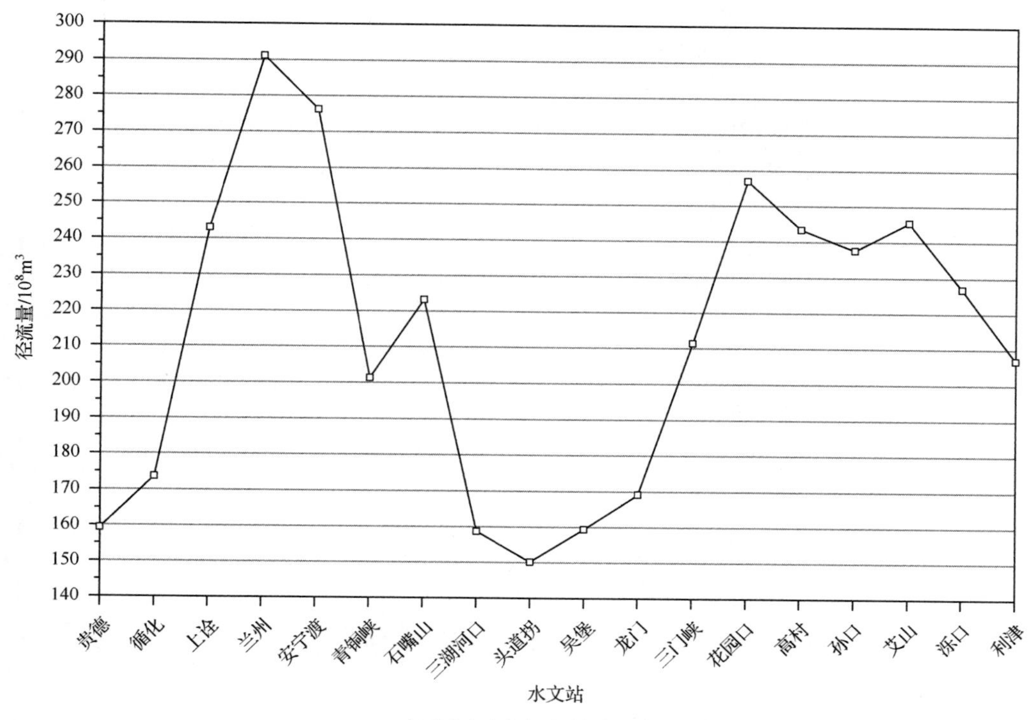

2005年黄河干流径流量沿程变化曲线图

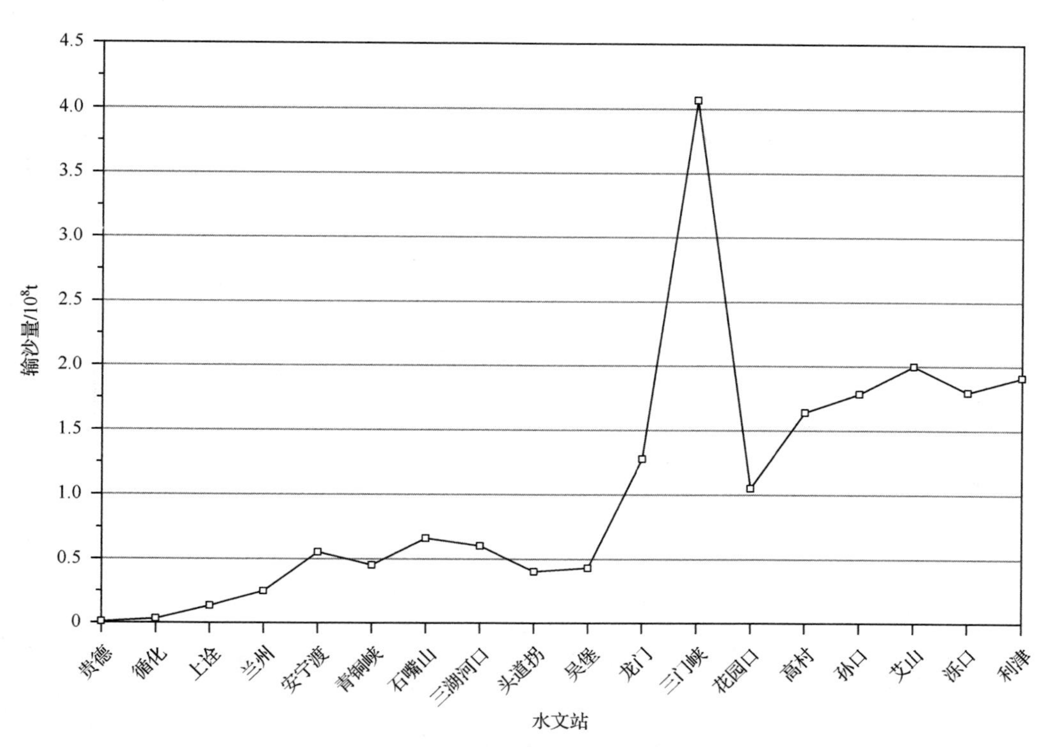

2005年黄河干流输沙量沿程变化曲线图

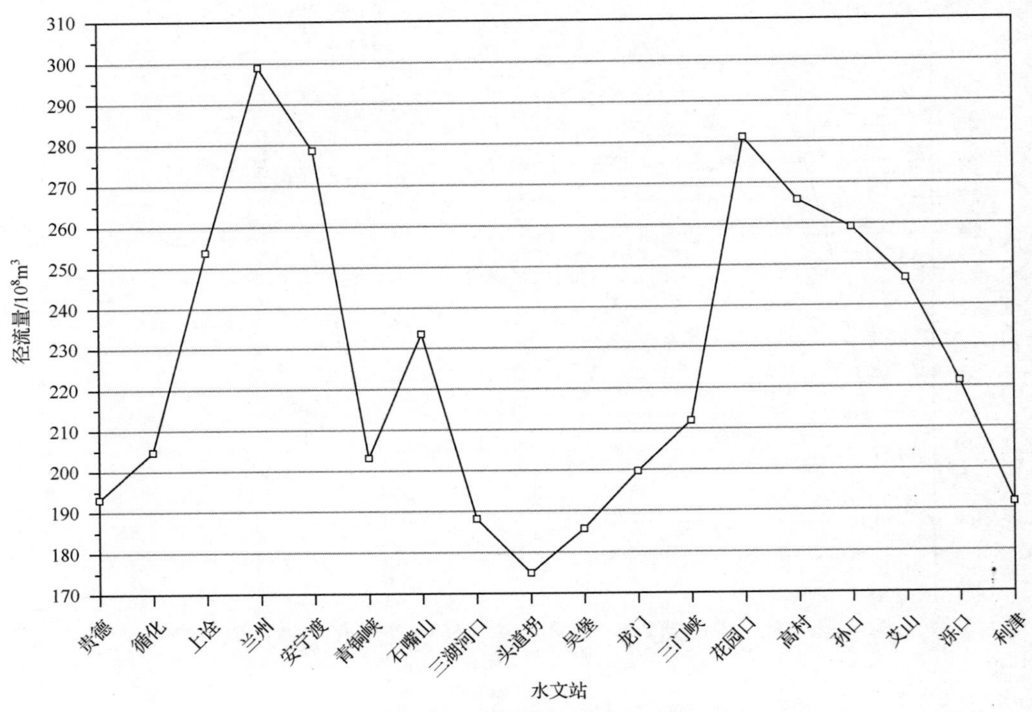

2006年黄河干流径流量沿程变化曲线图

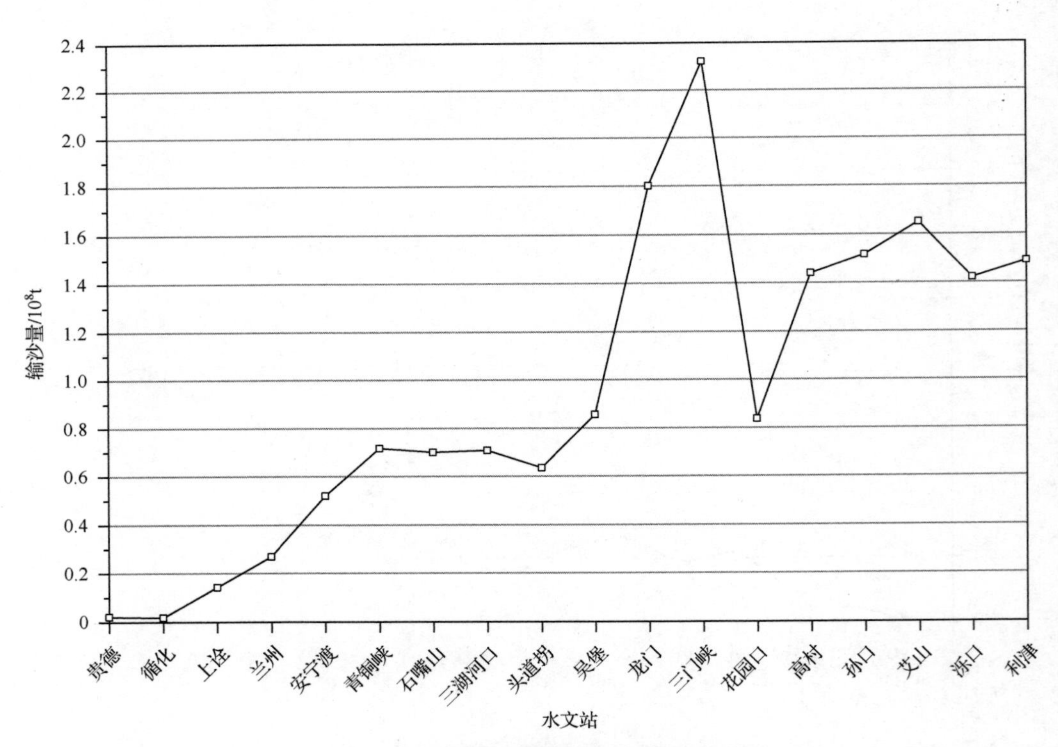

2006年黄河干流输沙量沿程变化曲线图

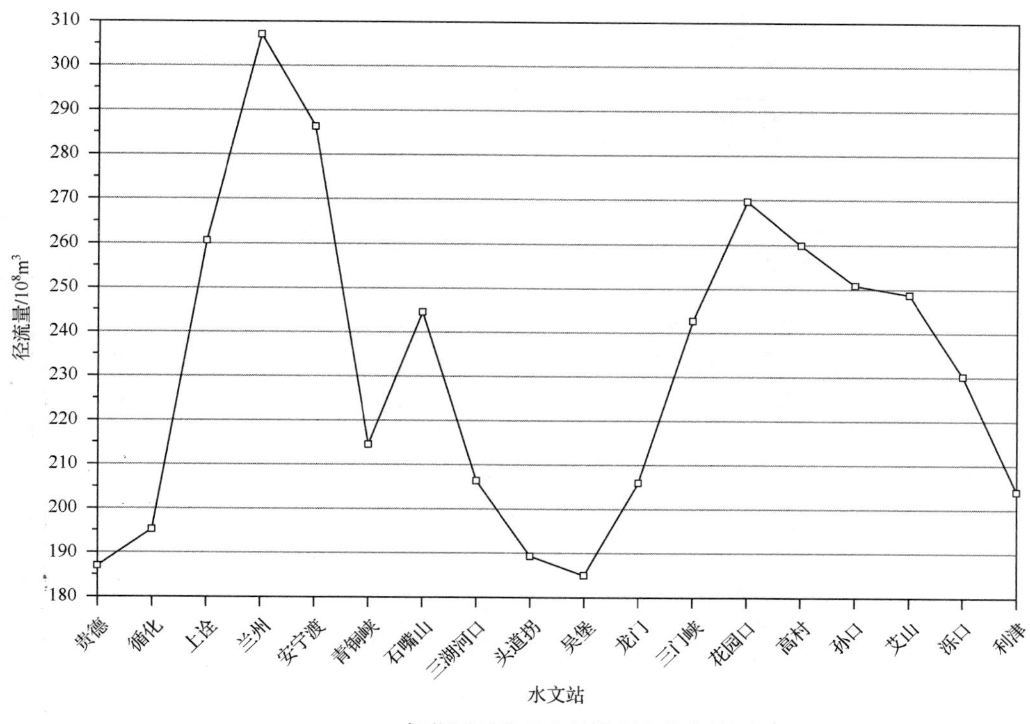

2007年黄河干流径流量沿程变化曲线图

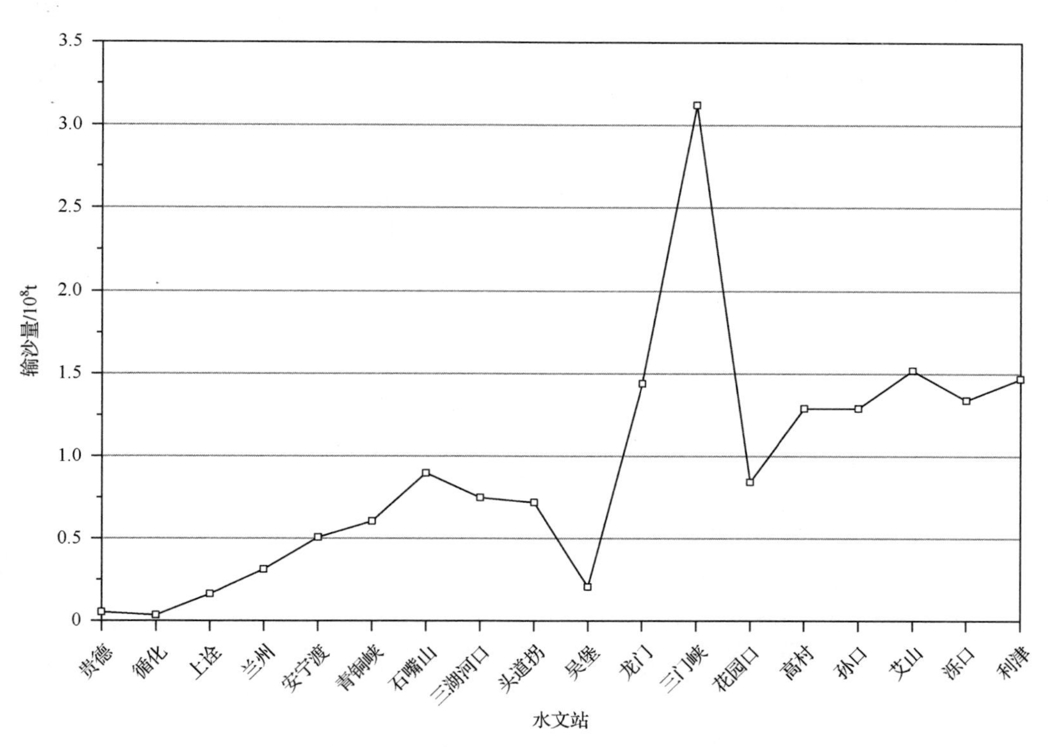

2007年黄河干流输沙量沿程变化曲线图

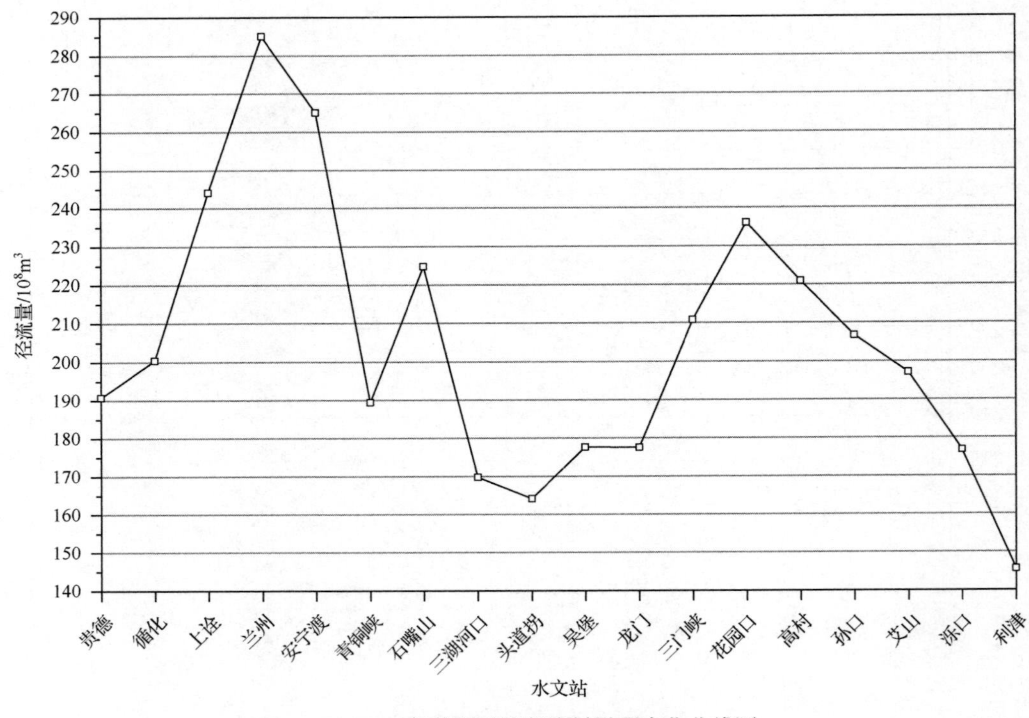

2008年黄河干流径流量沿程变化曲线图

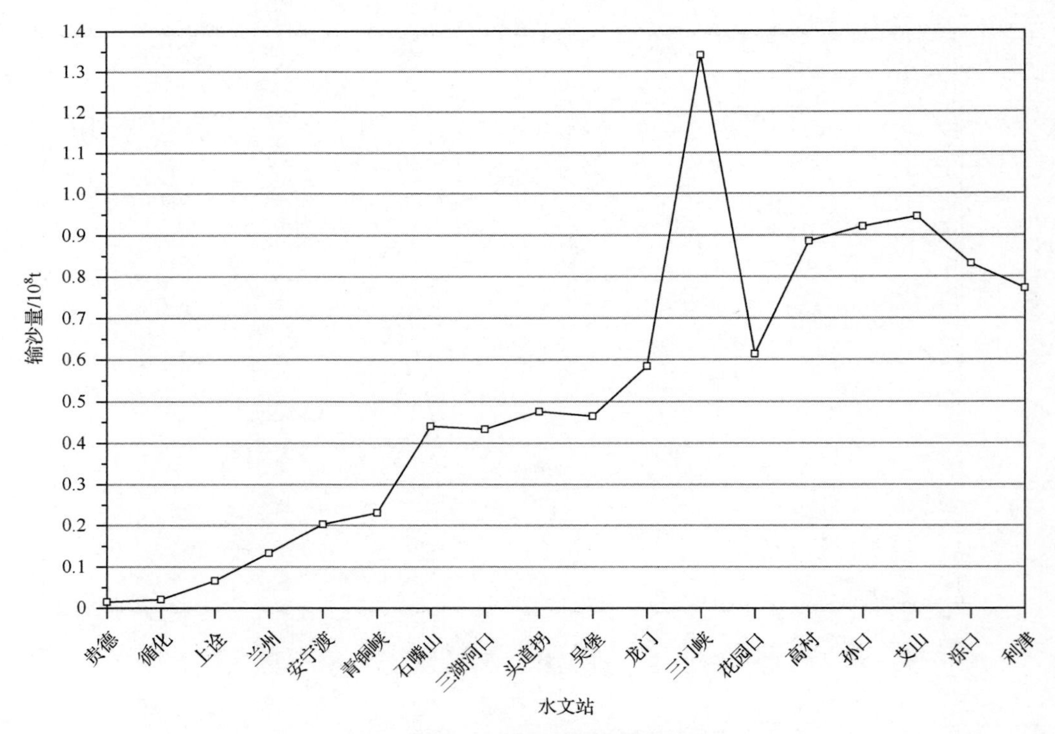

2008年黄河干流输沙量沿程变化曲线图

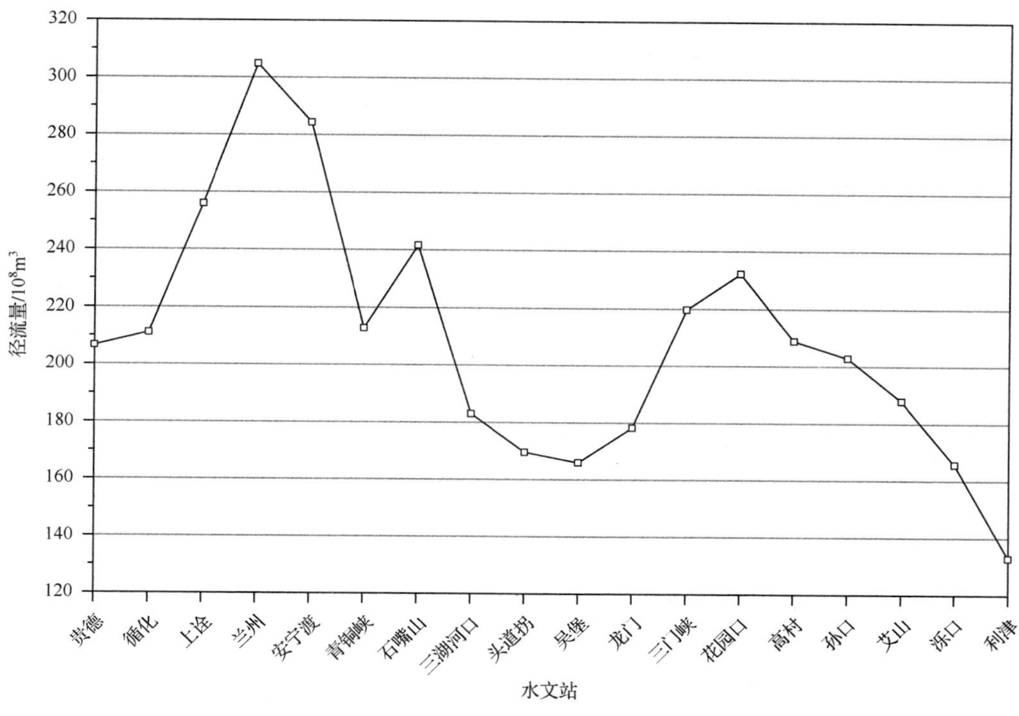

2009年黄河干流径流量沿程变化曲线图

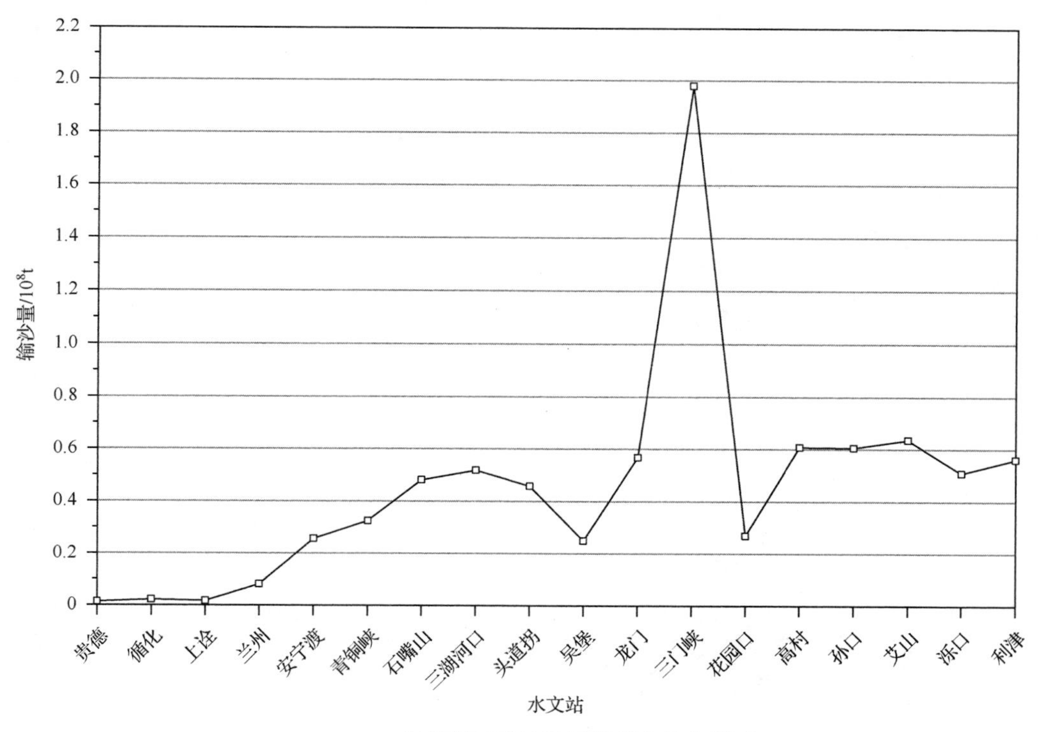

2009年黄河干流输沙量沿程变化曲线图

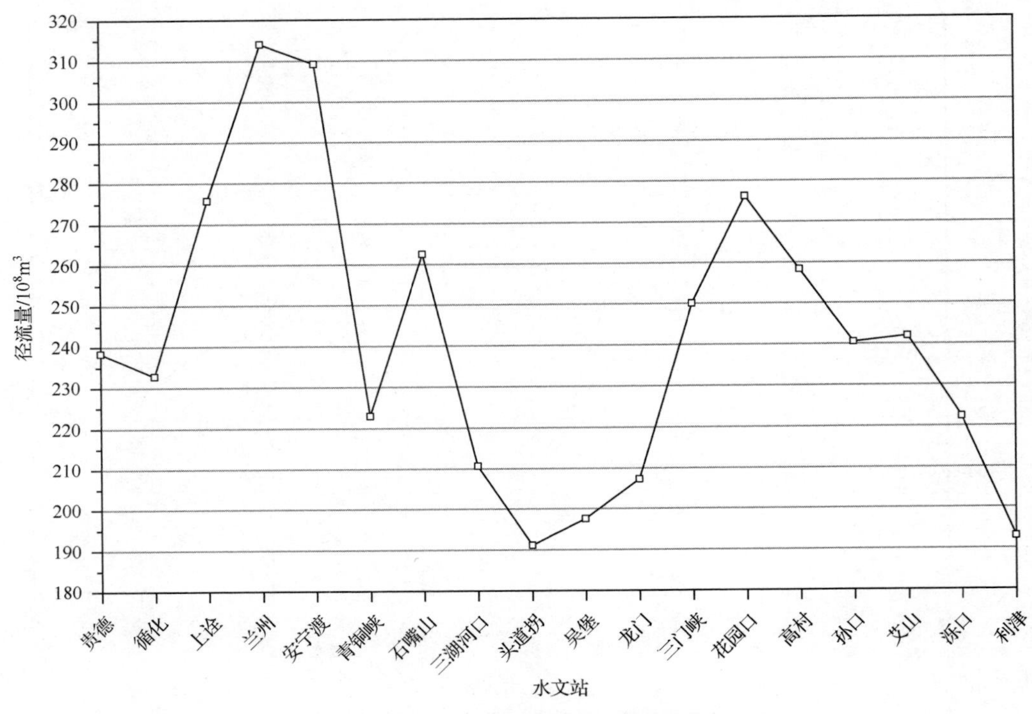

2010年黄河干流径流量沿程变化曲线图

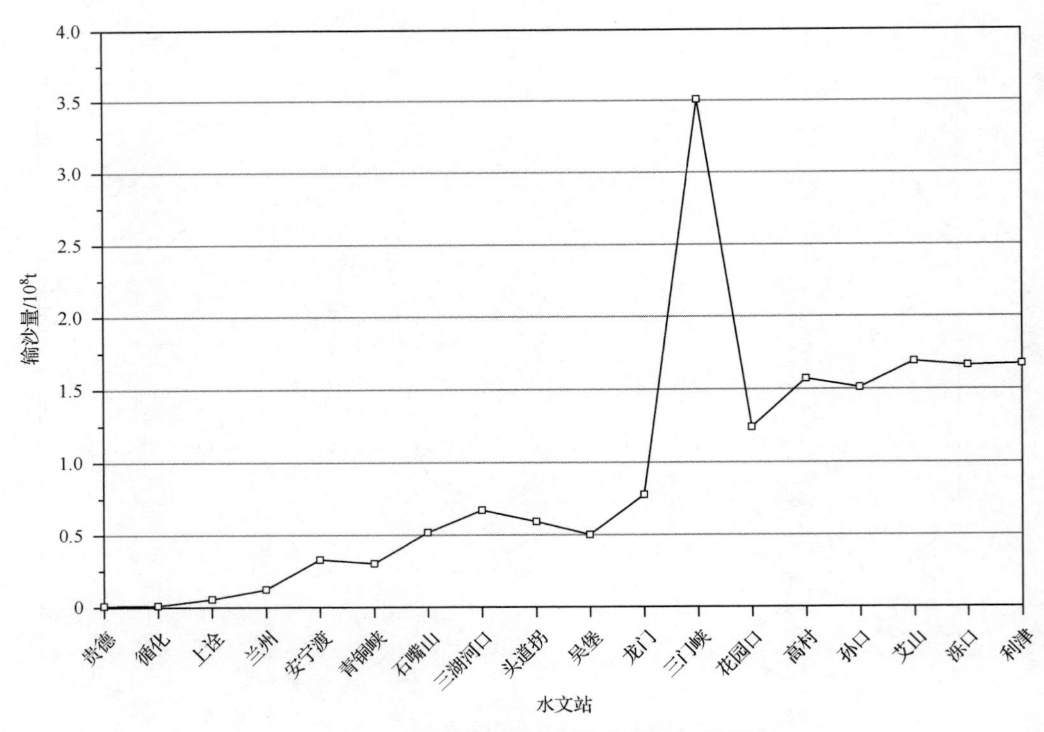

2010年黄河干流输沙量沿程变化曲线图

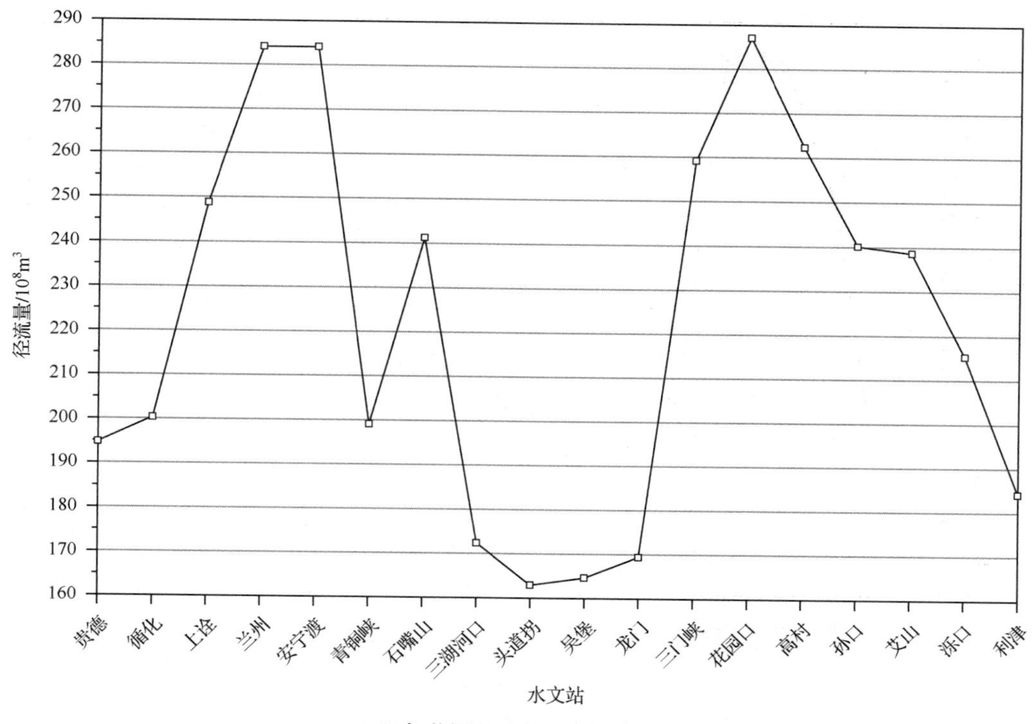

2011年黄河干流径流量沿程变化曲线图

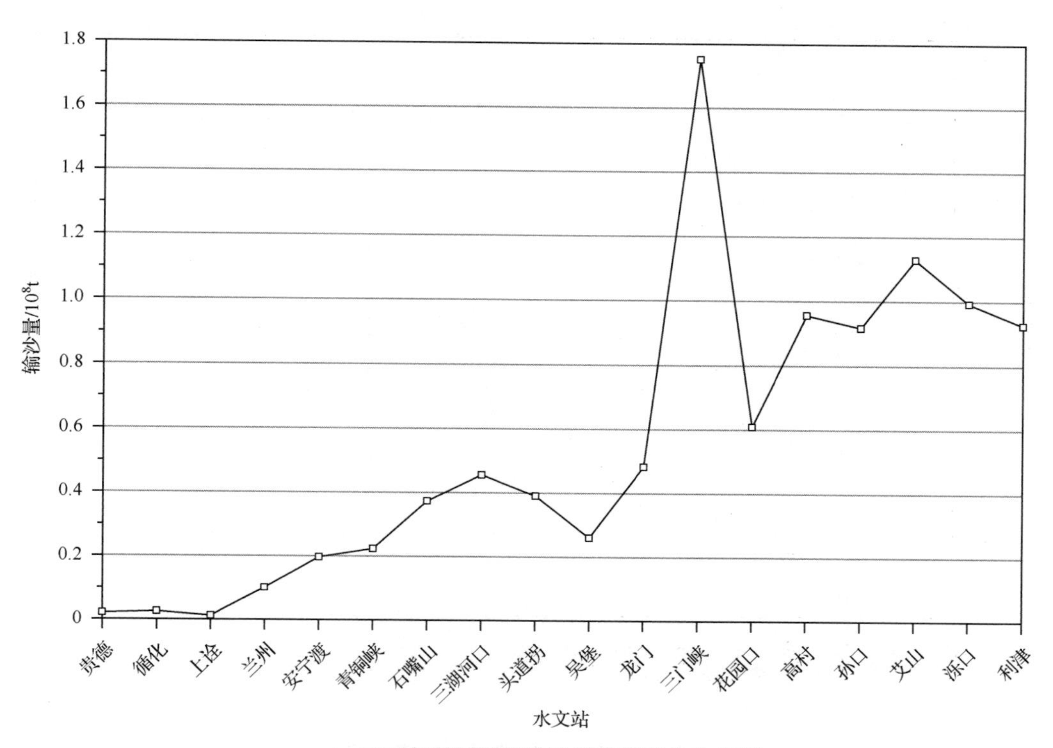

2011年黄河干流输沙量沿程变化曲线图

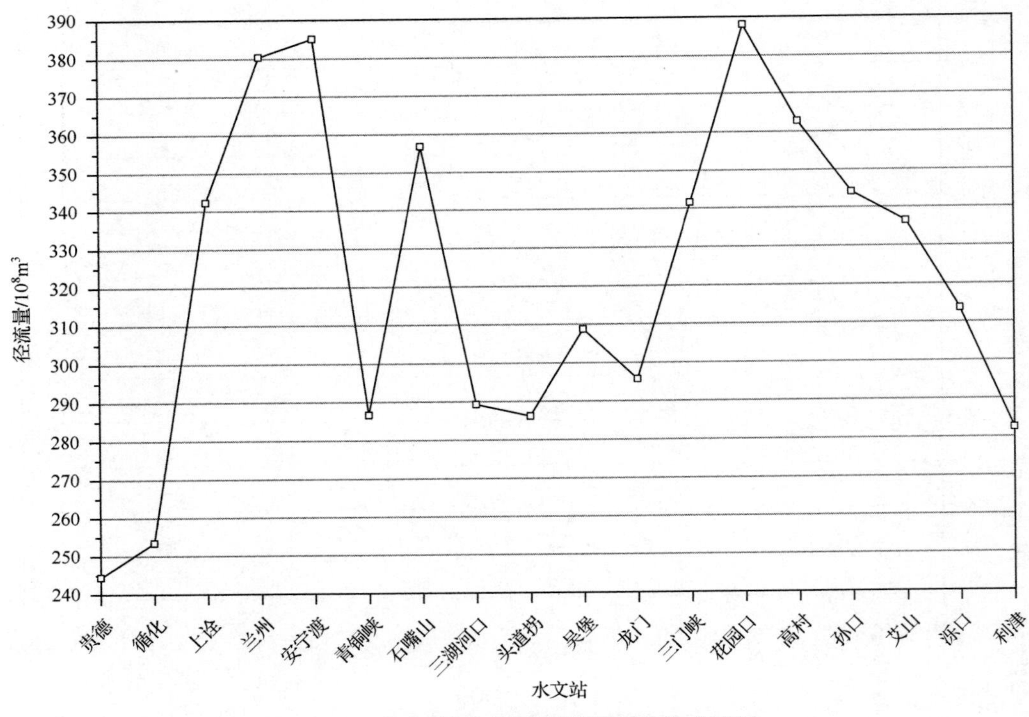

2012年黄河干流径流量沿程变化曲线图

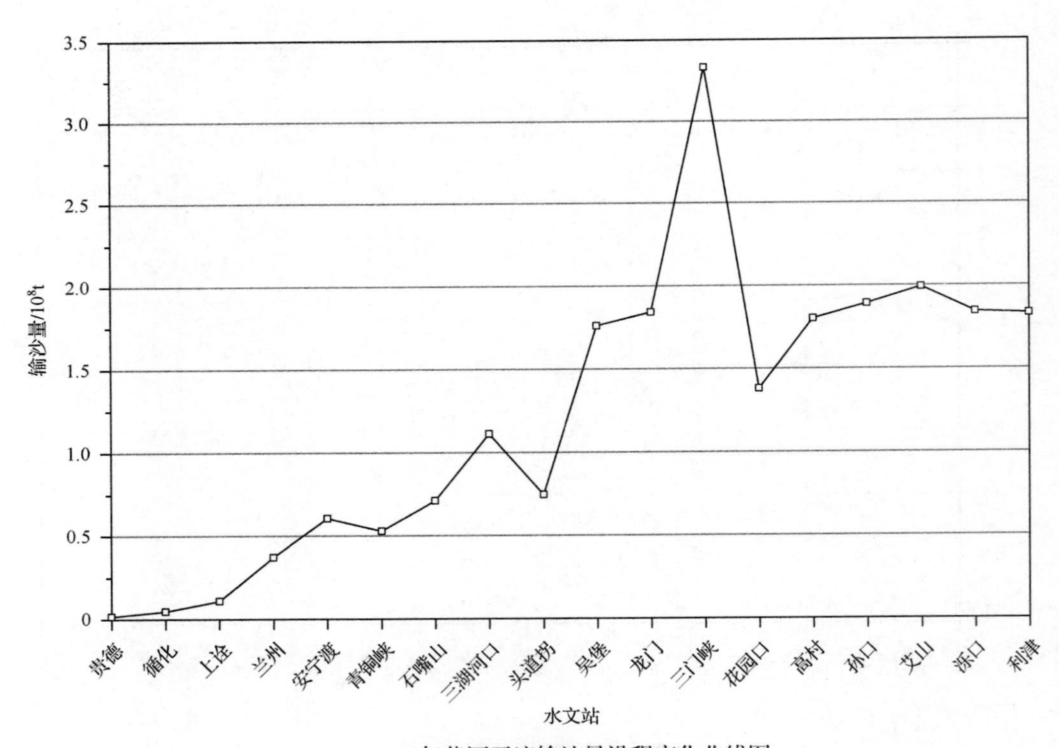

2012年黄河干流输沙量沿程变化曲线图

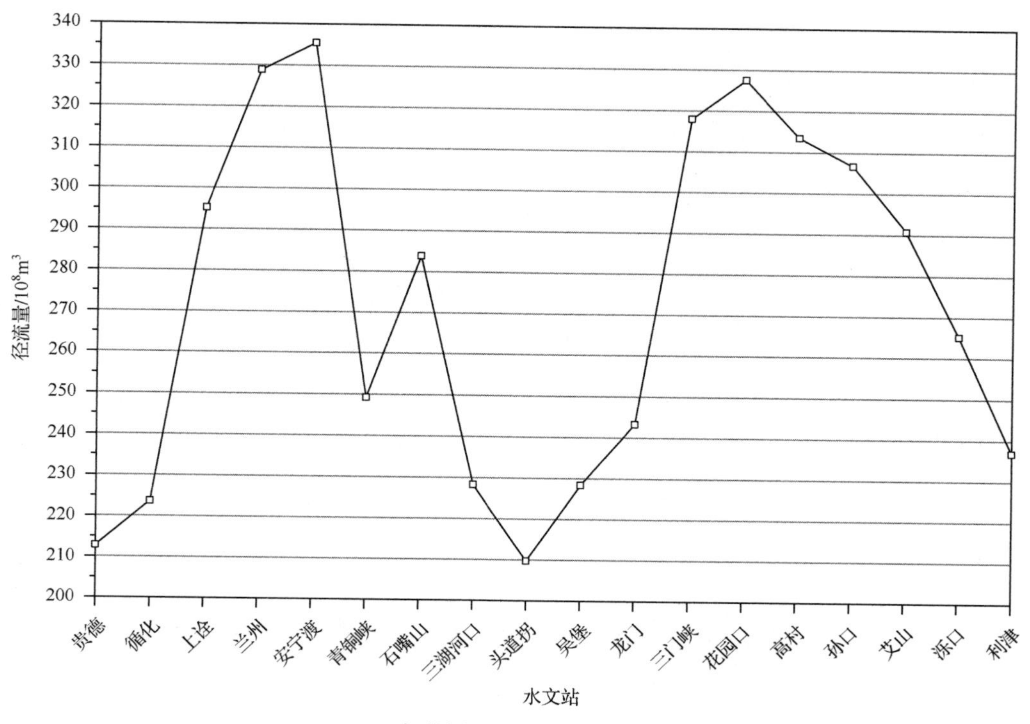

2013年黄河干流径流量沿程变化曲线图

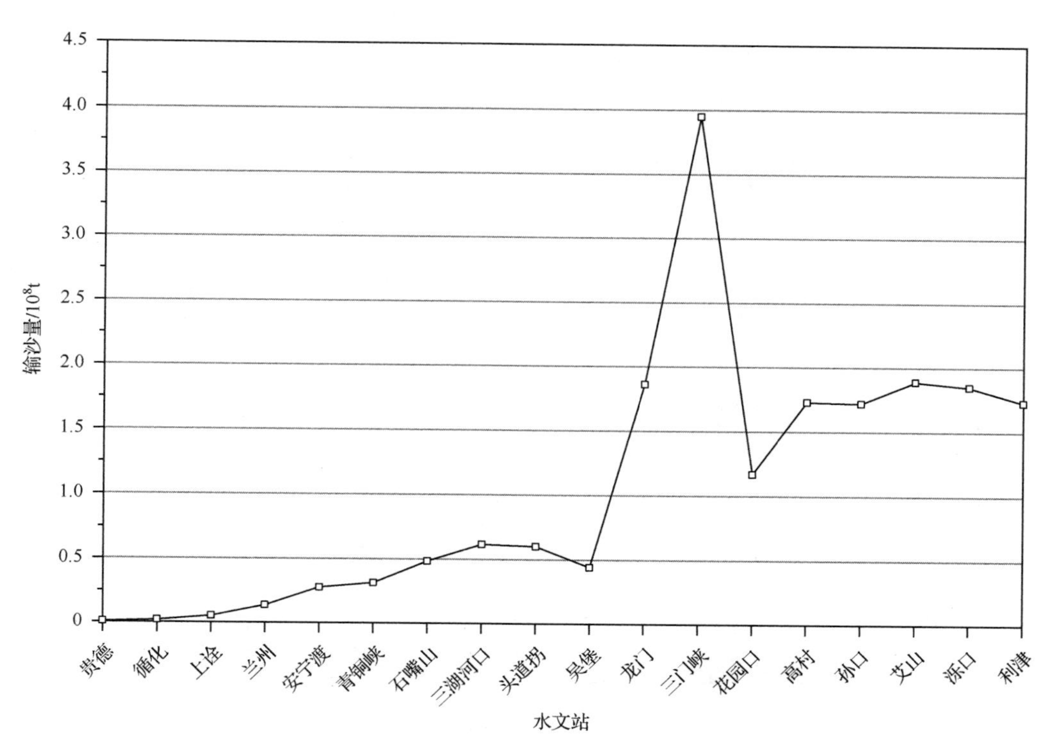

2013年黄河干流输沙量沿程变化曲线图

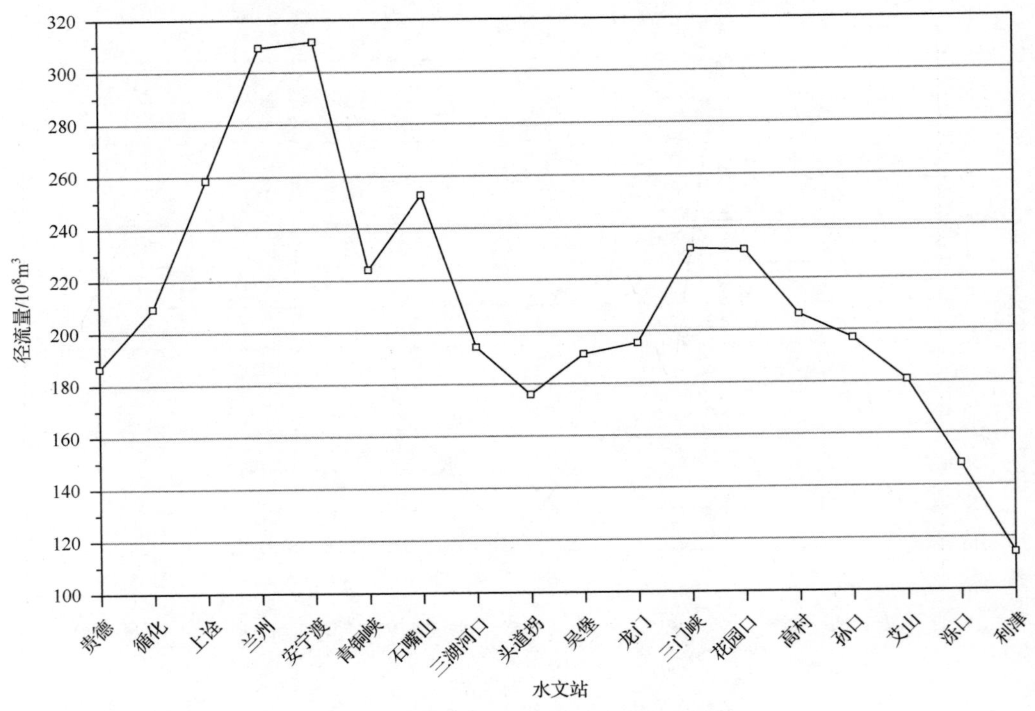

2014年黄河干流径流量沿程变化曲线图

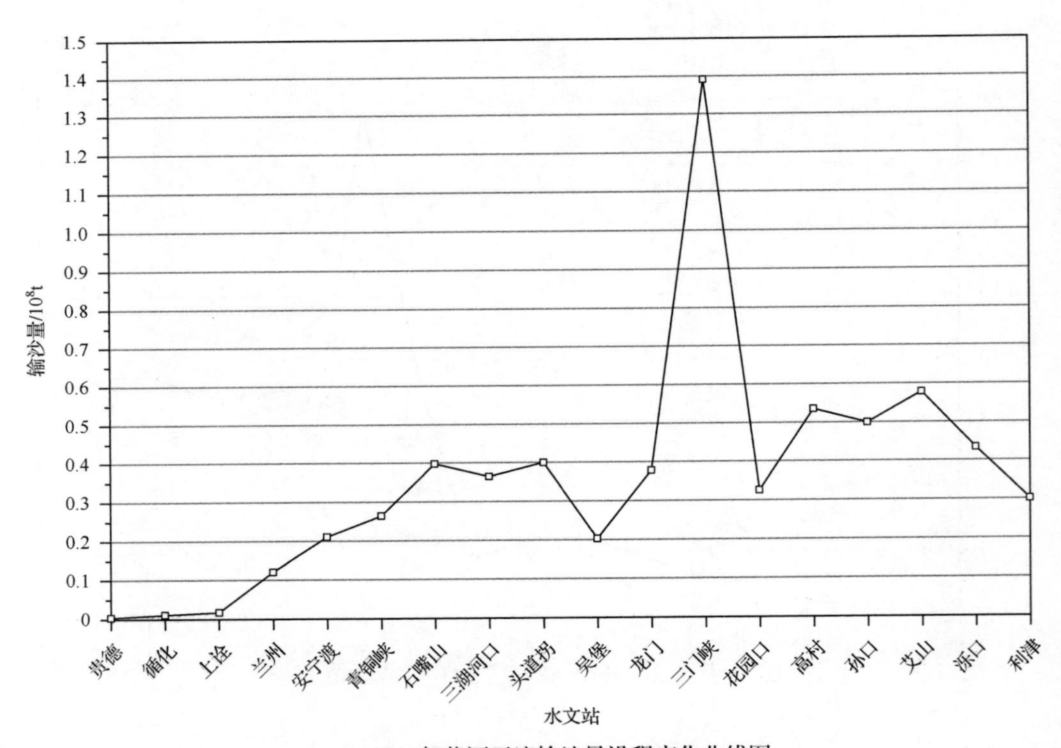

2014年黄河干流输沙量沿程变化曲线图

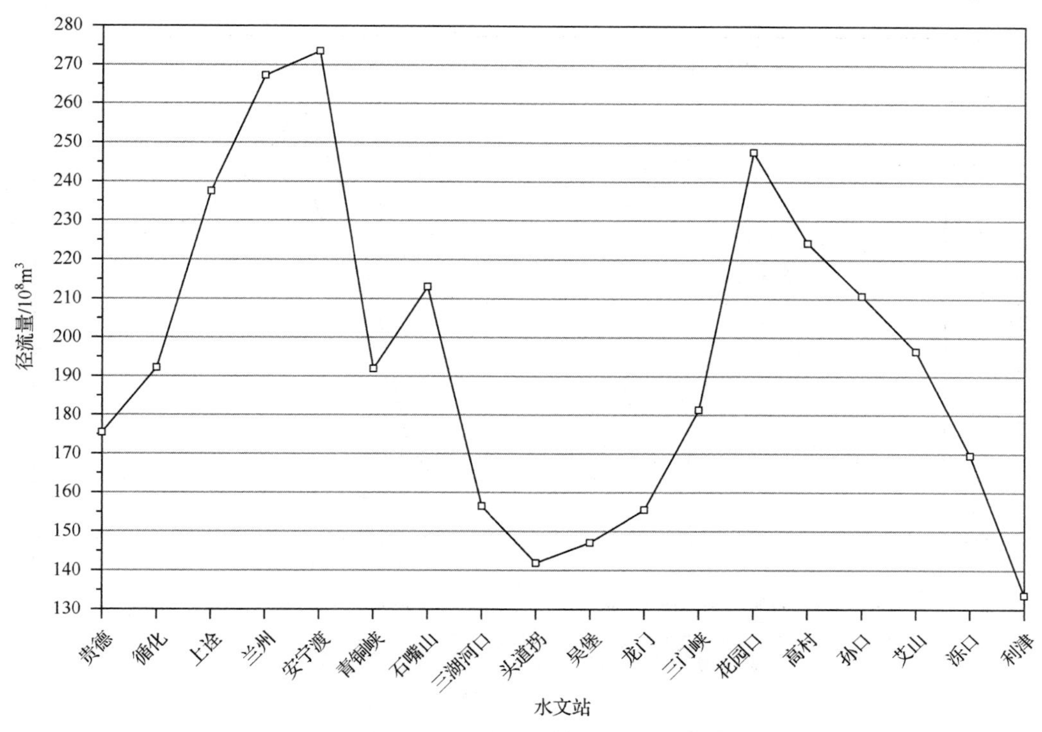

2015年黄河干流径流量沿程变化曲线图

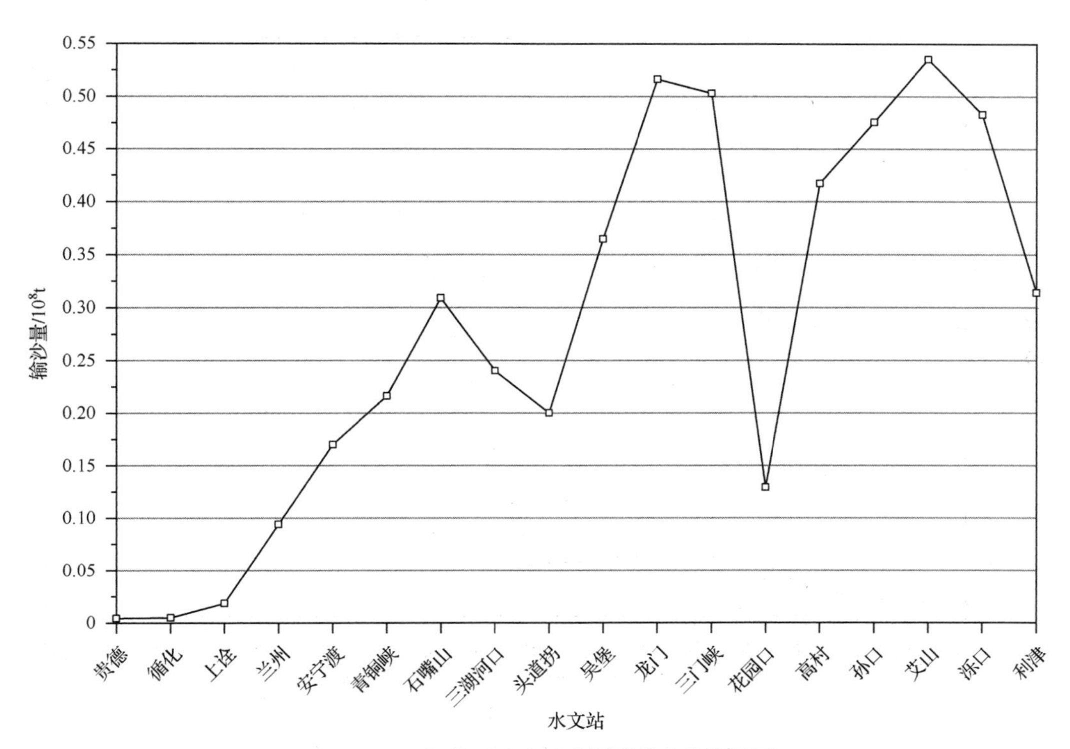

2015年黄河干流输沙量沿程变化曲线图

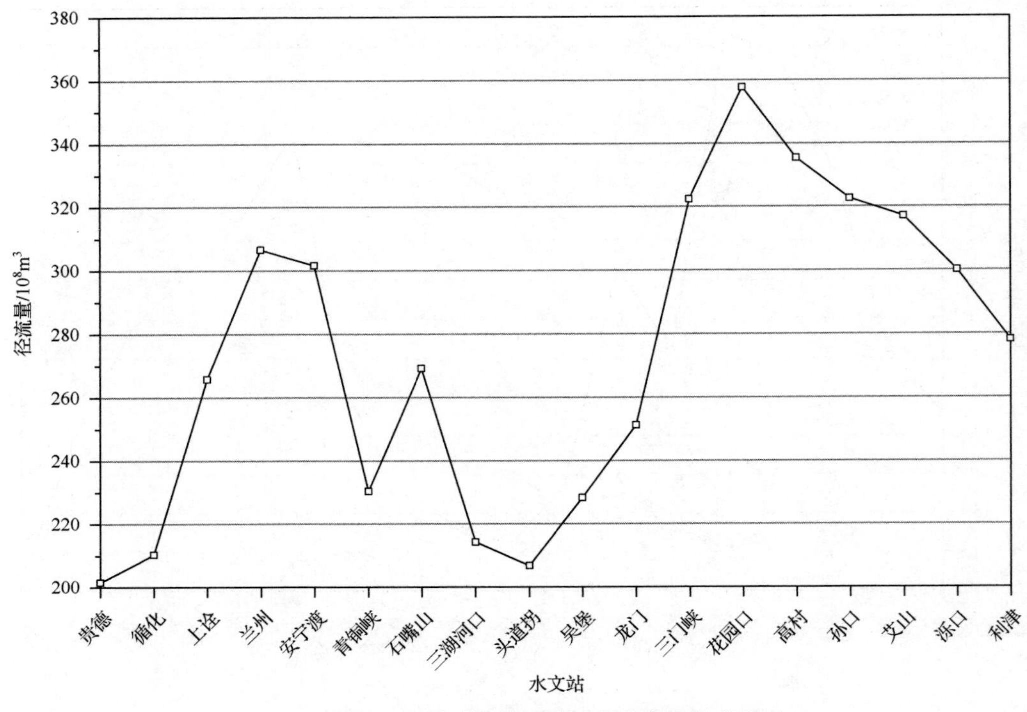

1956~2015年黄河干流径流量沿程变化曲线图

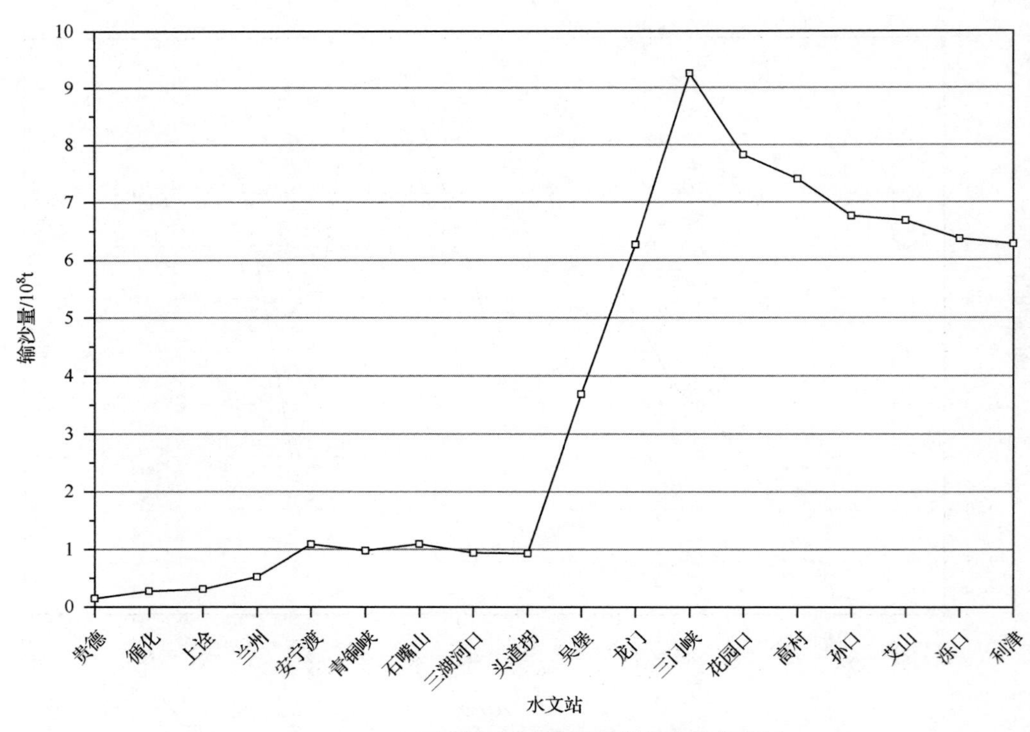

1956~2015年黄河干流输沙量沿程变化曲线图

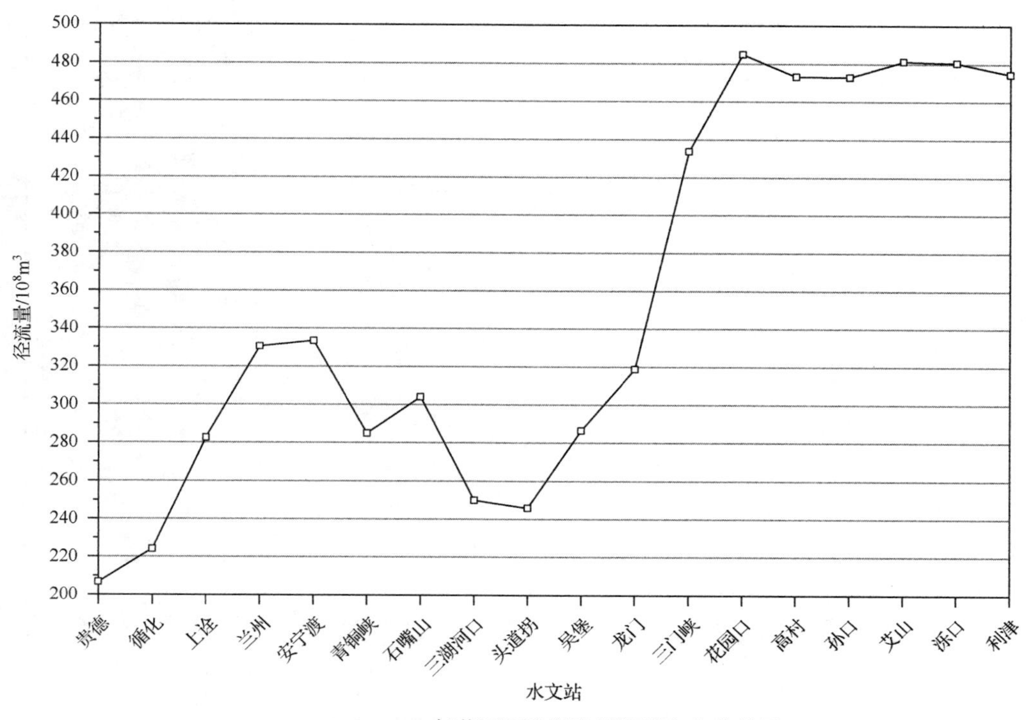

1956~1970年黄河干流径流量沿程变化曲线图

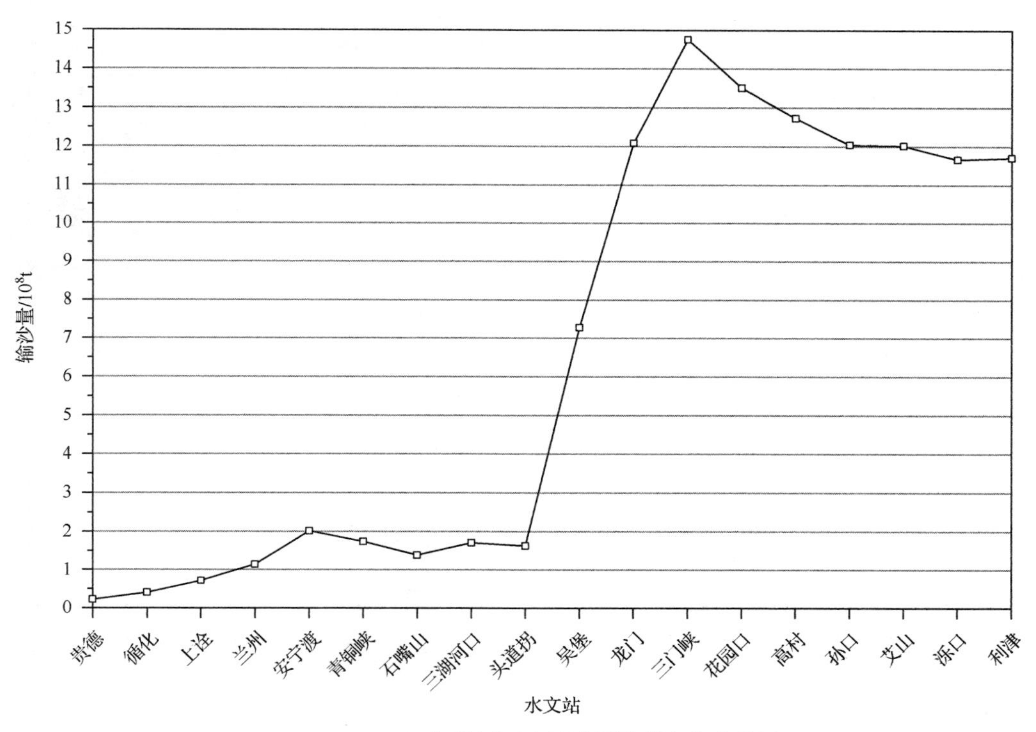

1956~1970年黄河干流输沙量沿程变化曲线图

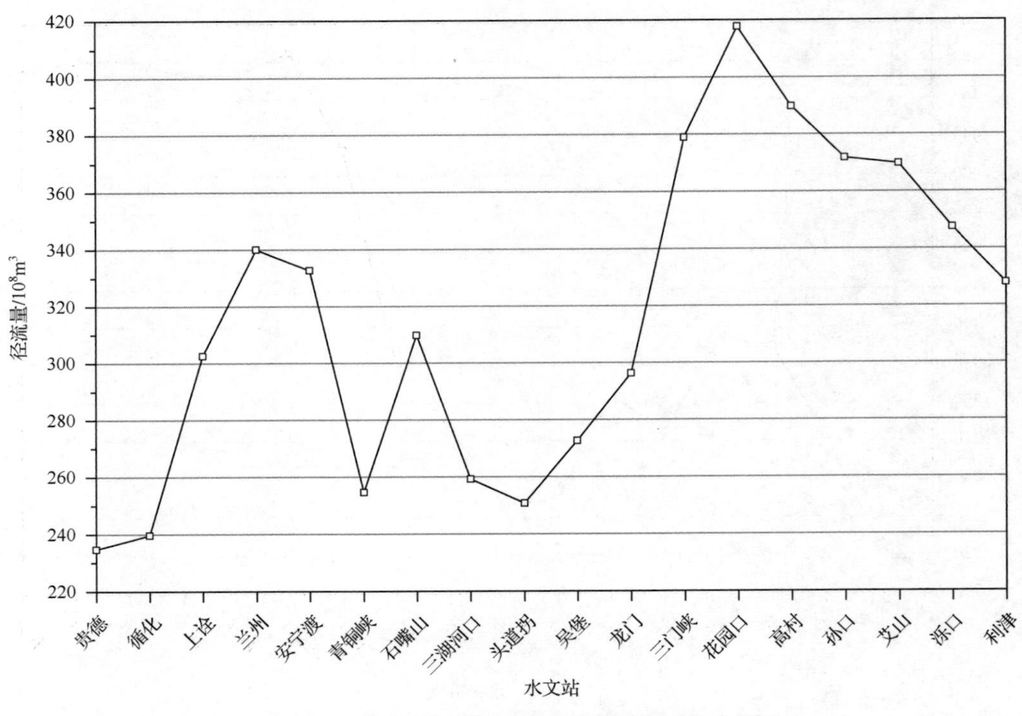

1971~1985年黄河干流径流量沿程变化曲线图

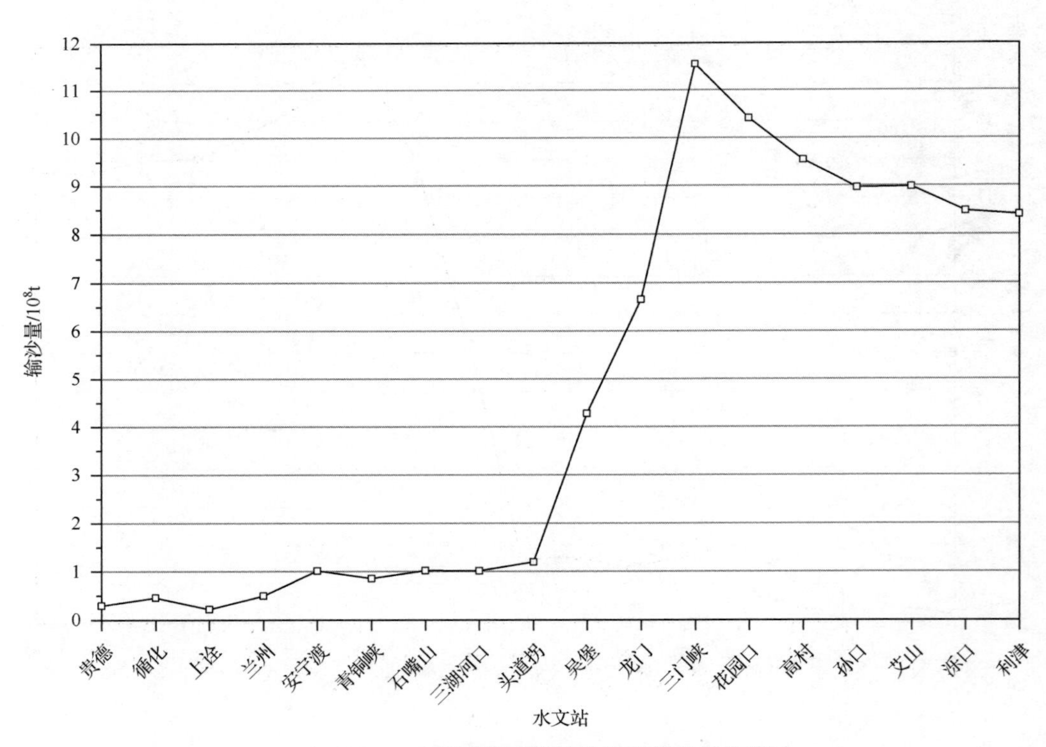

1971~1985年黄河干流输沙量沿程变化曲线图

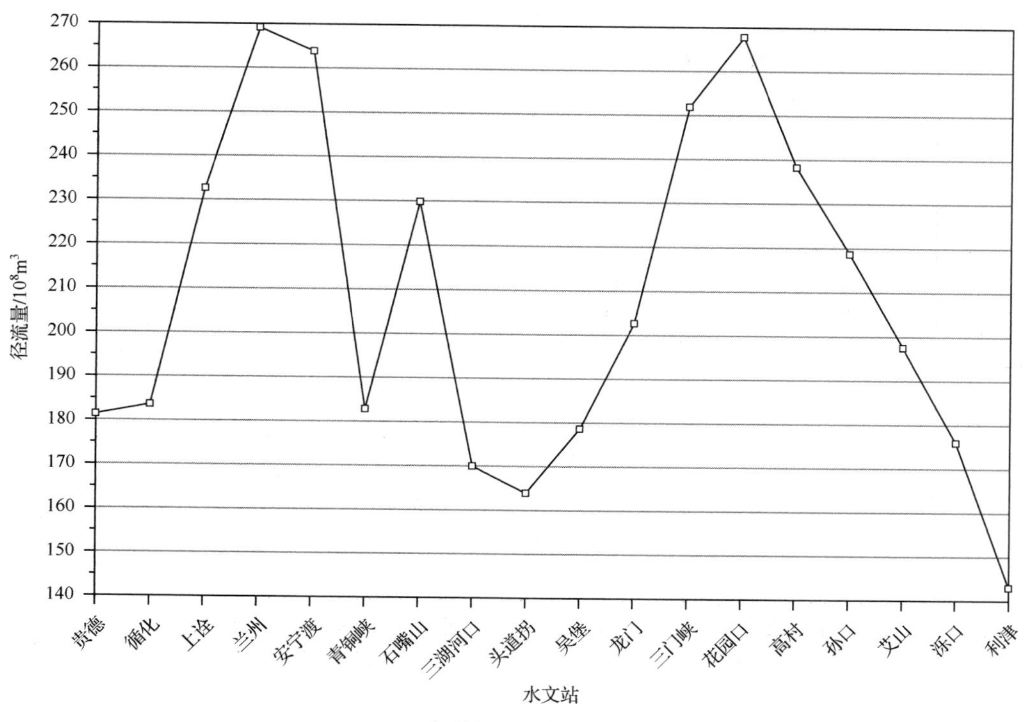

1986~2000年黄河干流径流量沿程变化曲线图

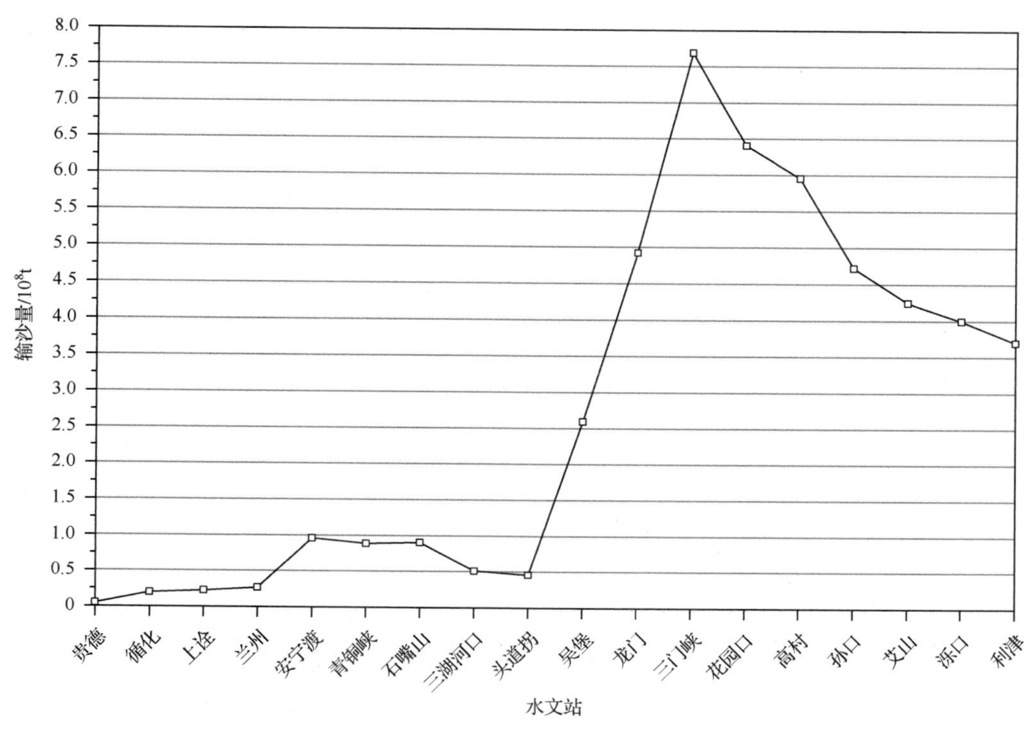

1986~2000年黄河干流输沙量沿程变化曲线图

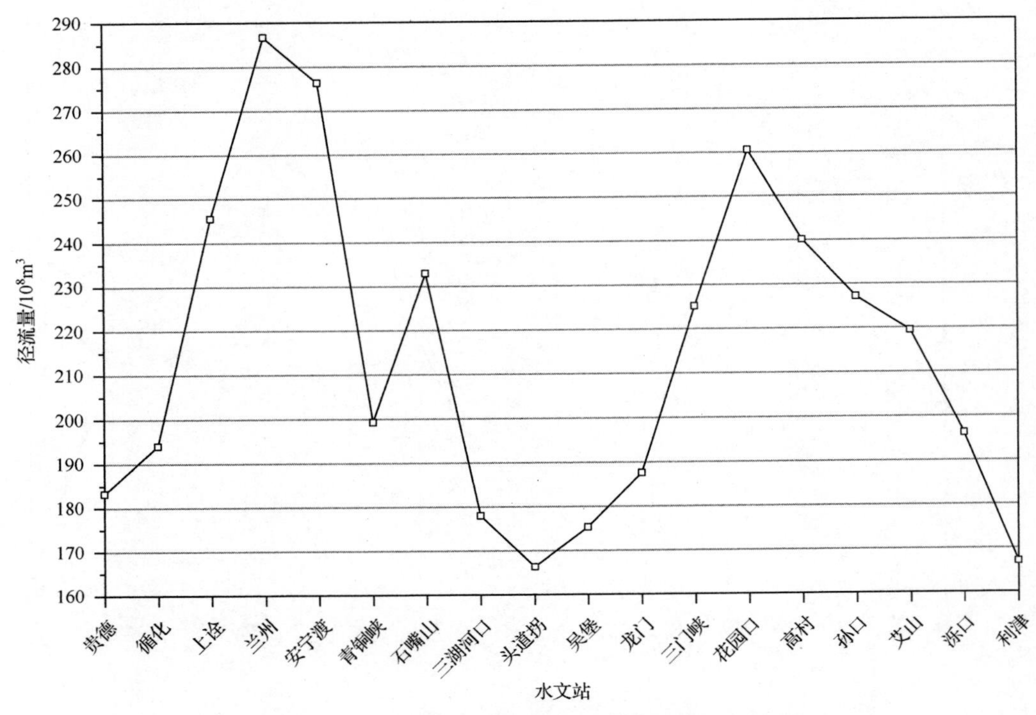

2001~2015年黄河干流径流量沿程变化曲线图

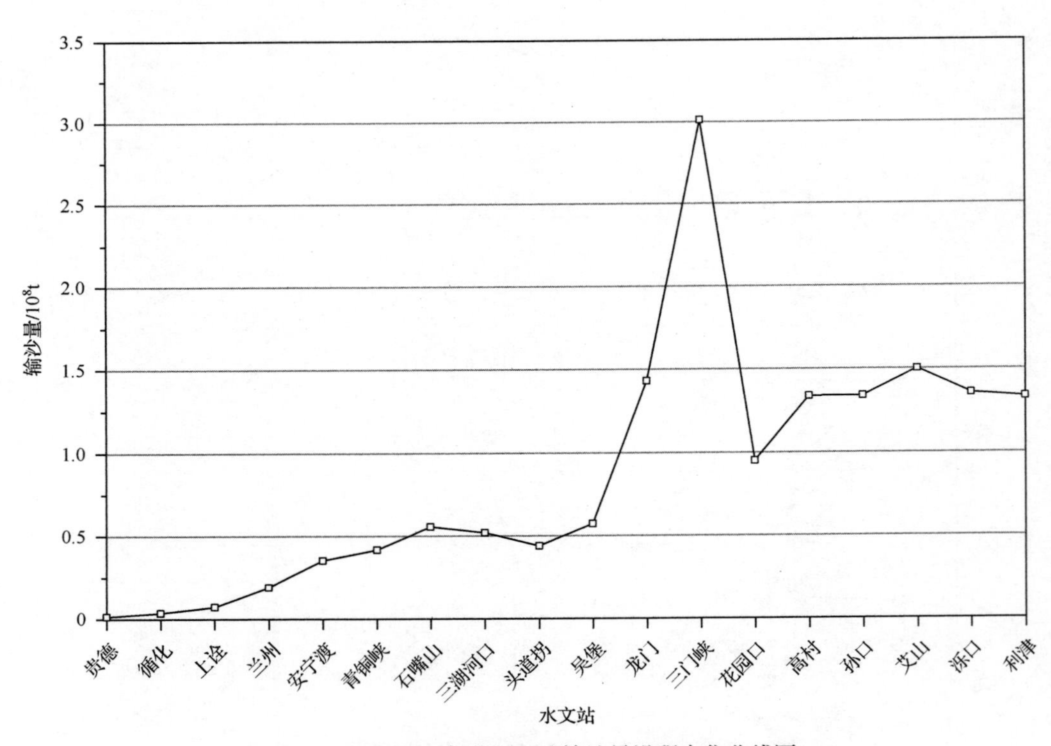

2001~2015年黄河干流输沙量沿程变化曲线图

4.2 黄河干流水文站区间产水产沙量散点连线图

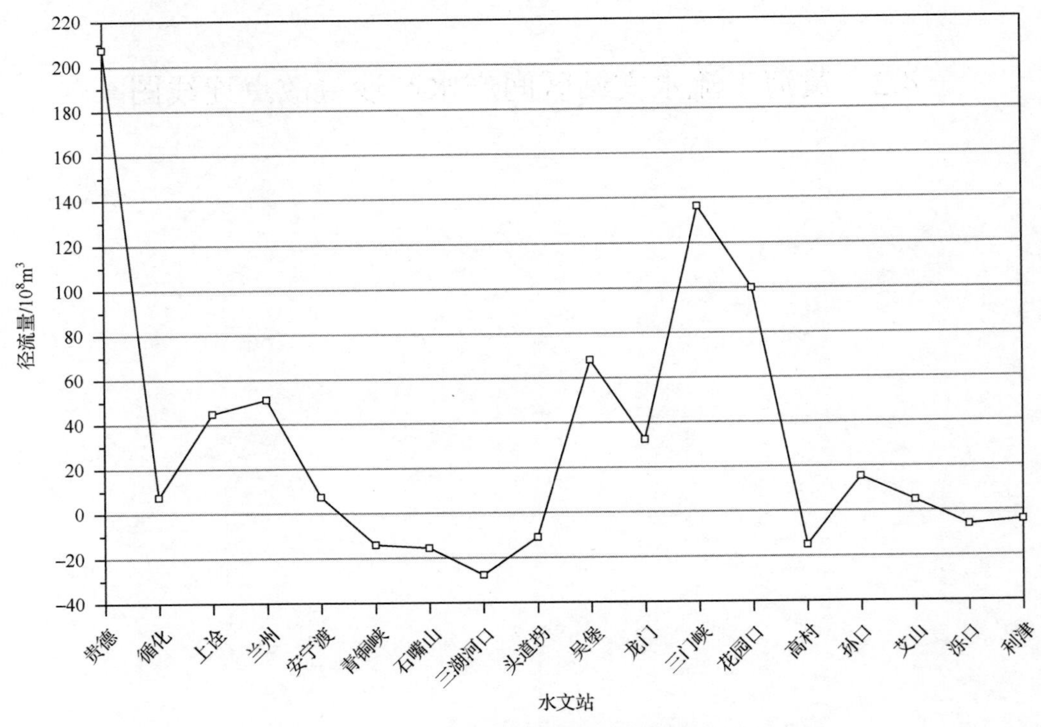

1954年黄河干流区间产水量散点连线图

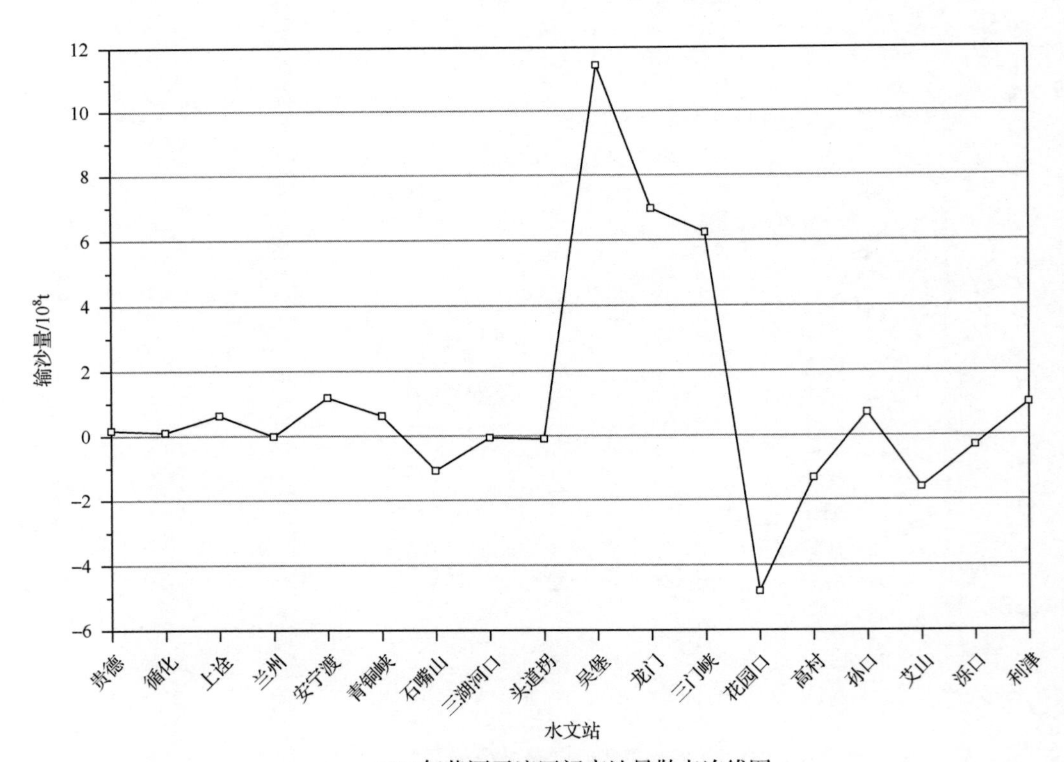

1954年黄河干流区间产沙量散点连线图

300
250
200
150
100
50
0
−50
径流量/10⁸m³
贵德
循化
上诠
兰州
安宁渡
青铜峡
石嘴山
三湖河口
头道拐
吴堡
龙门
三门峡
花园口
高村
孙口
艾山
泺口
利津
水文站

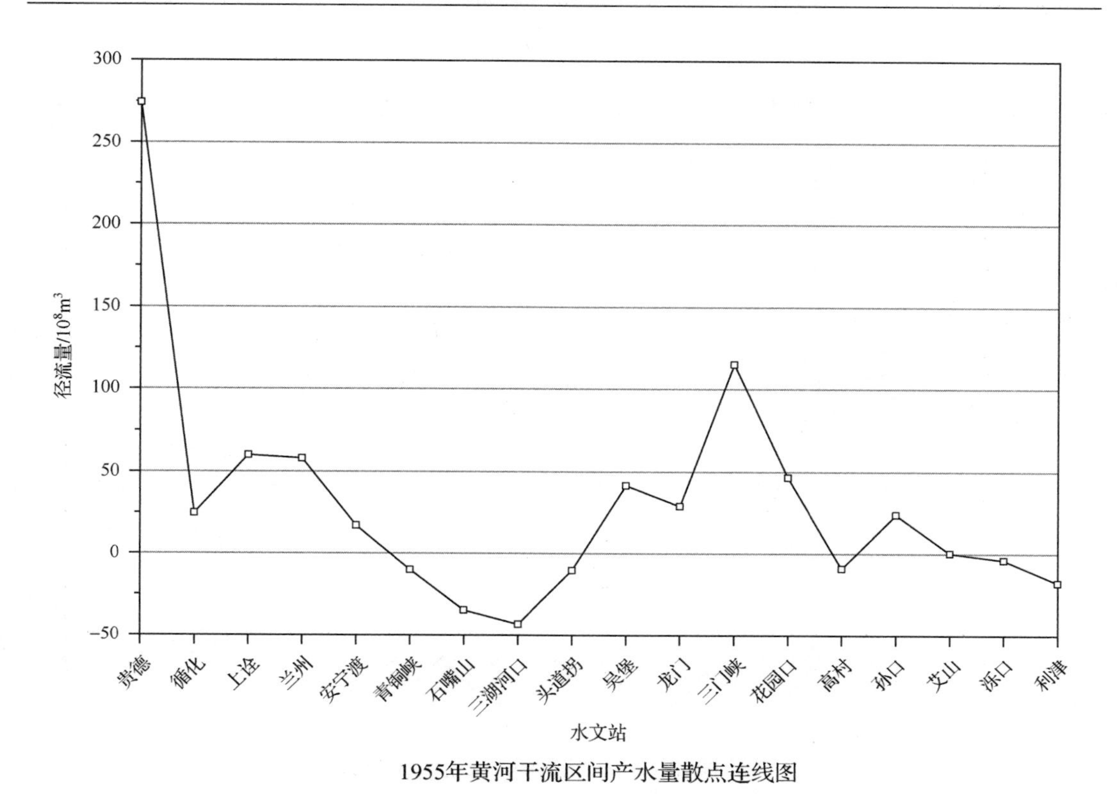

1955年黄河干流区间产水量散点连线图

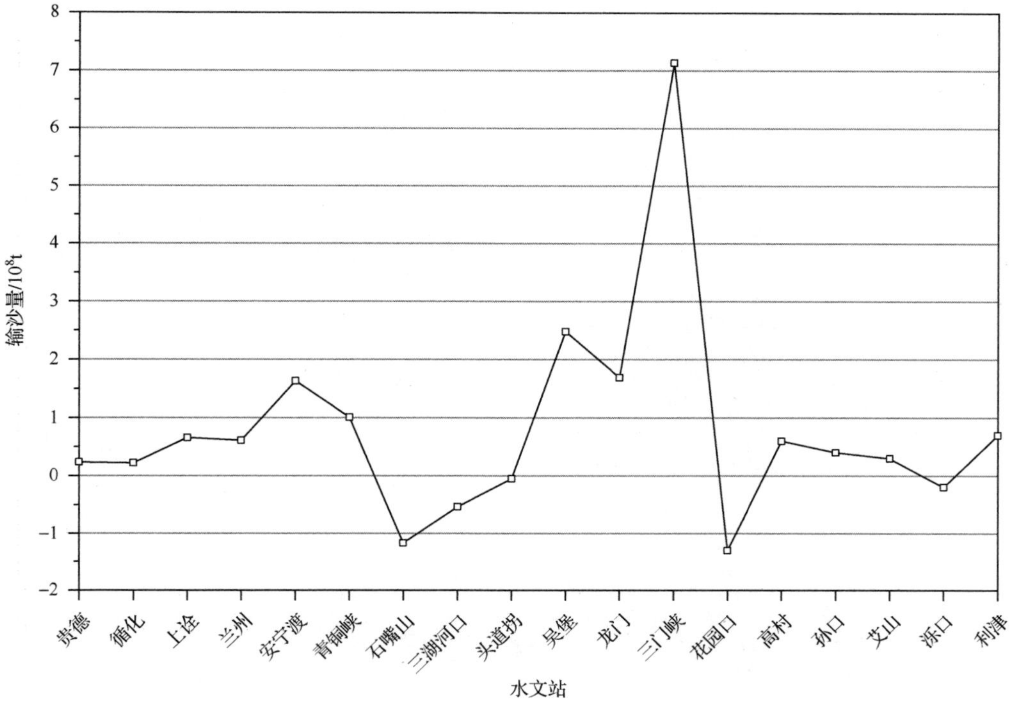

8
7
6
5
4
3
2
1
0
−1
−2
输沙量/10⁸t
贵德
循化
上诠
兰州
安宁渡
青铜峡
石嘴山
三湖河口
头道拐
吴堡
龙门
三门峡
花园口
高村
孙口
艾山
泺口
利津
水文站

1955年黄河干流区间产沙量散点连线图

160
140
120
100
80
60
40
20
0
−20
−40
−60
径流量/10^8m^3
贵德
循化
上诠
兰州
安宁渡
青铜峡
石嘴山
三湖河口
头道拐
吴堡
龙门
三门峡
花园口
高村
孙口
艾山
泺口
利津
水文站

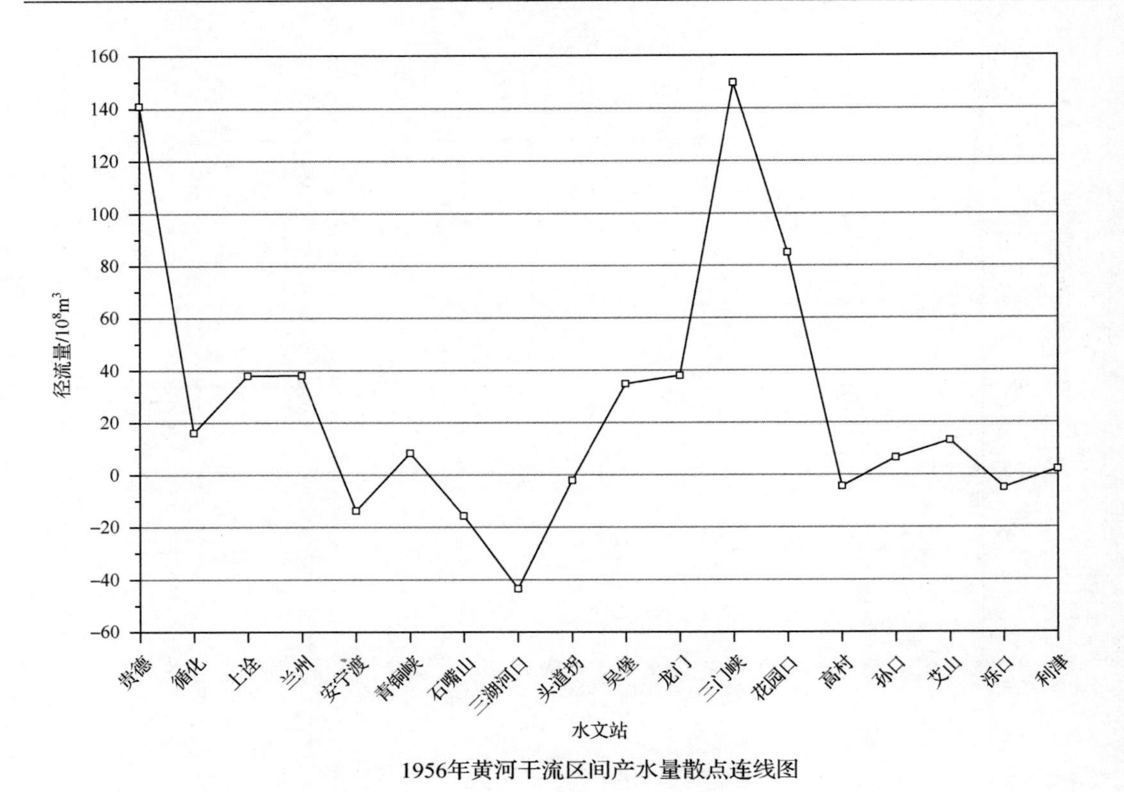

1956年黄河干流区间产水量散点连线图

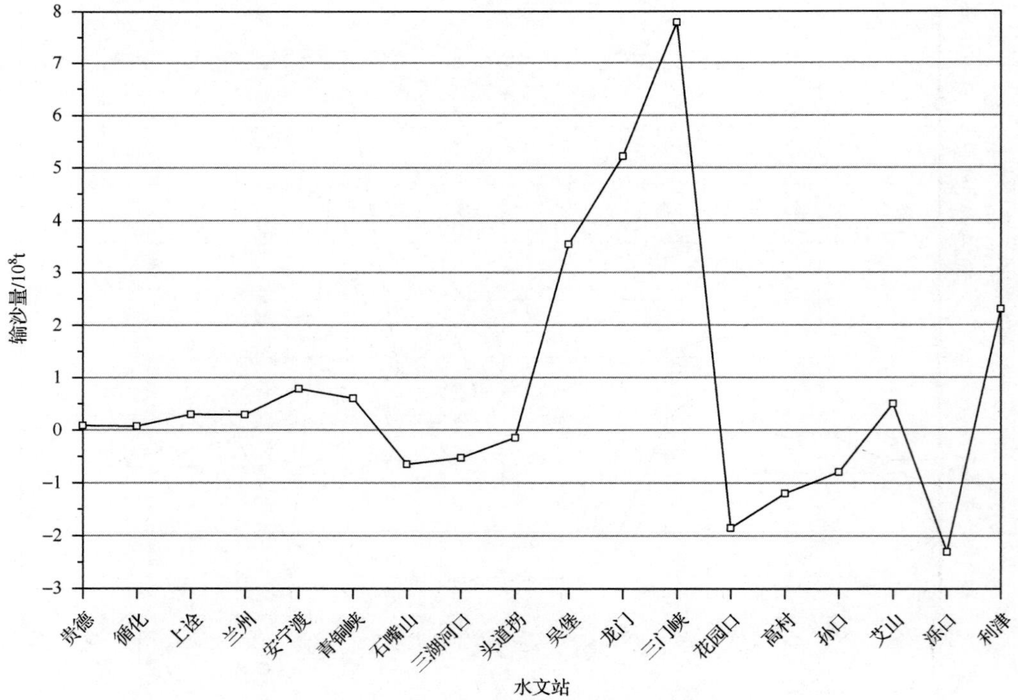

8
7
6
5
4
3
2
1
0
−1
−2
−3
输沙量/10^8t
贵德
循化
上诠
兰州
安宁渡
青铜峡
石嘴山
三湖河口
头道拐
吴堡
龙门
三门峡
花园口
高村
孙口
艾山
泺口
利津
水文站

1956年黄河干流区间产沙量散点连线图

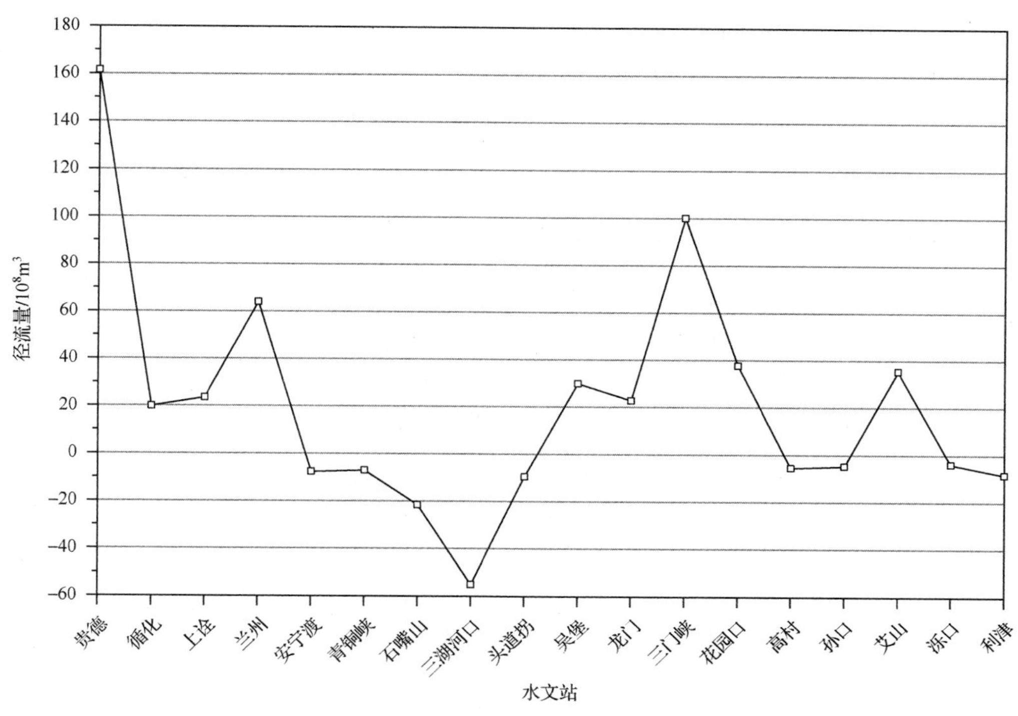

1957年黄河干流区间产水量散点连线图

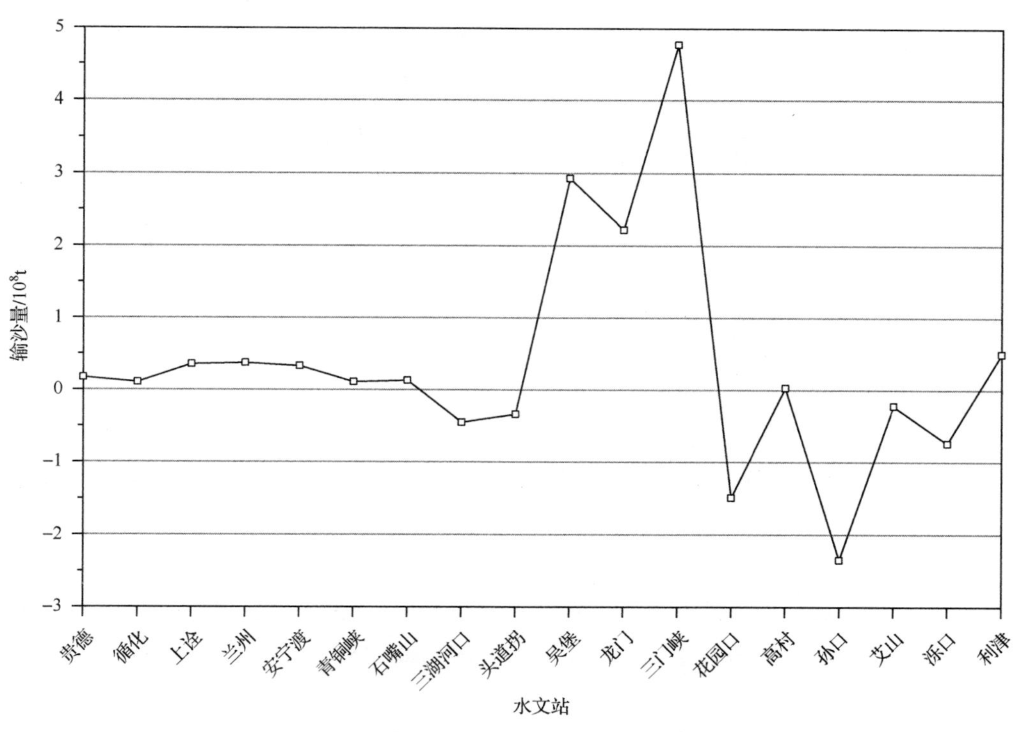

1957年黄河干流区间产沙量散点连线图

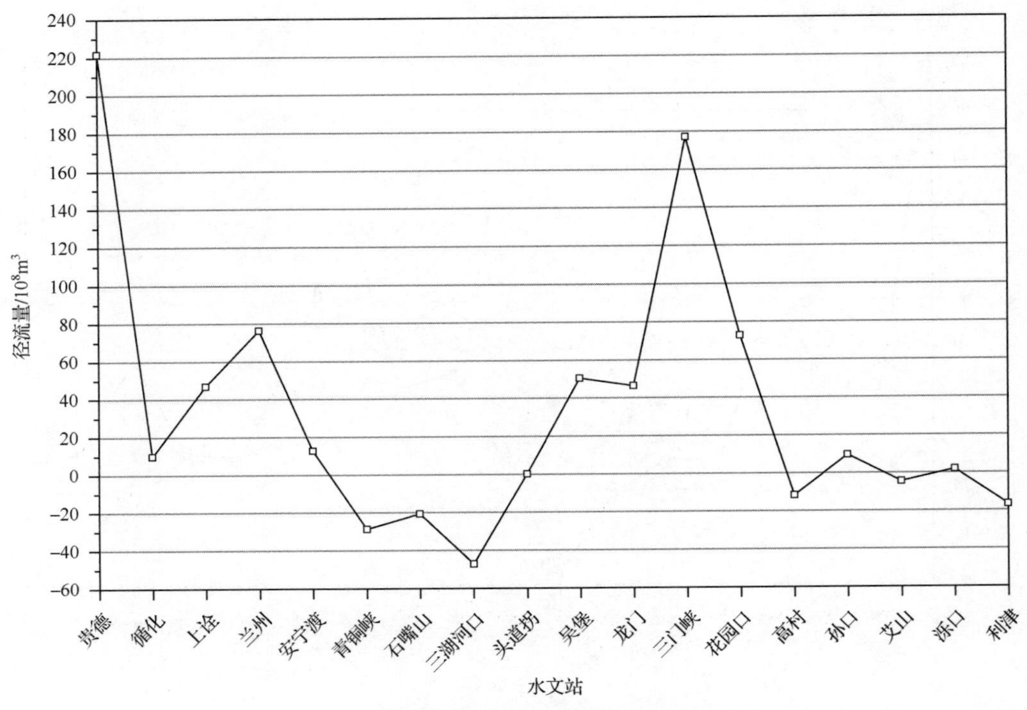

1958年黄河干流区间产水量散点连线图

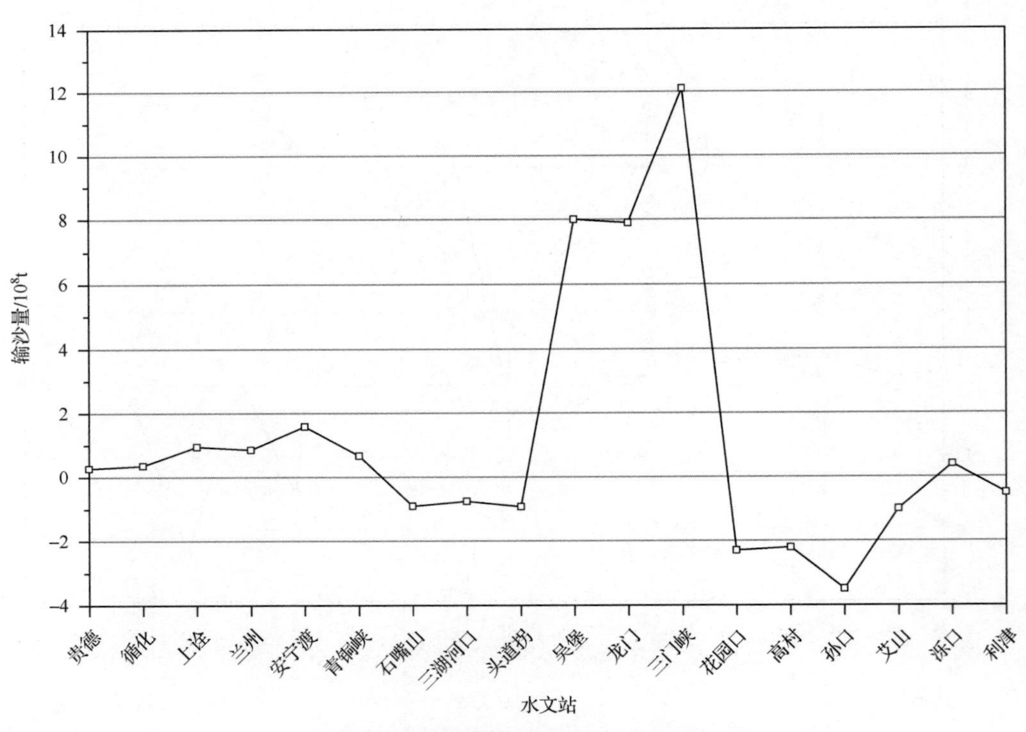

1958年黄河干流区间产沙量散点连线图

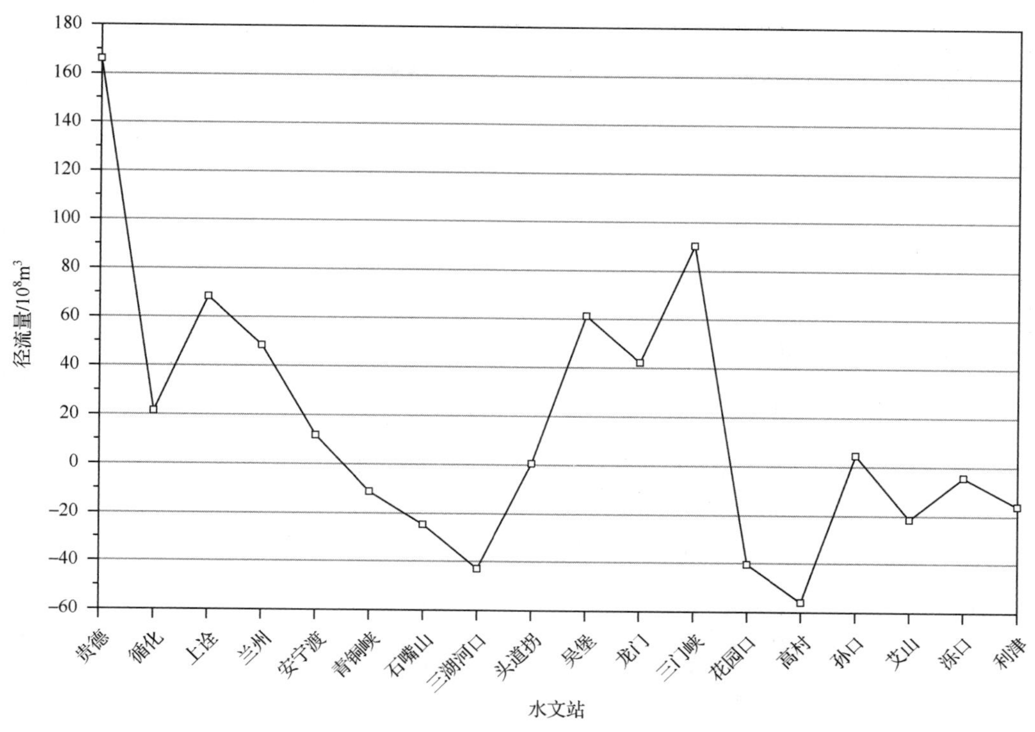

1959年黄河干流区间产水量散点连线图

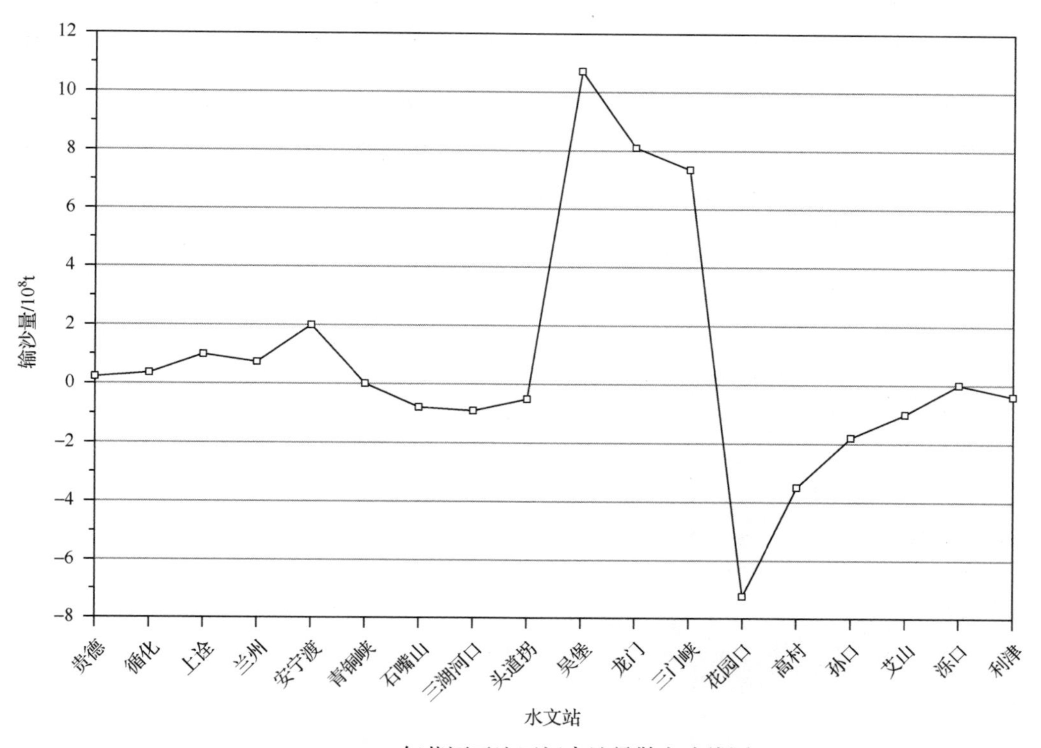

1959年黄河干流区间产沙量散点连线图

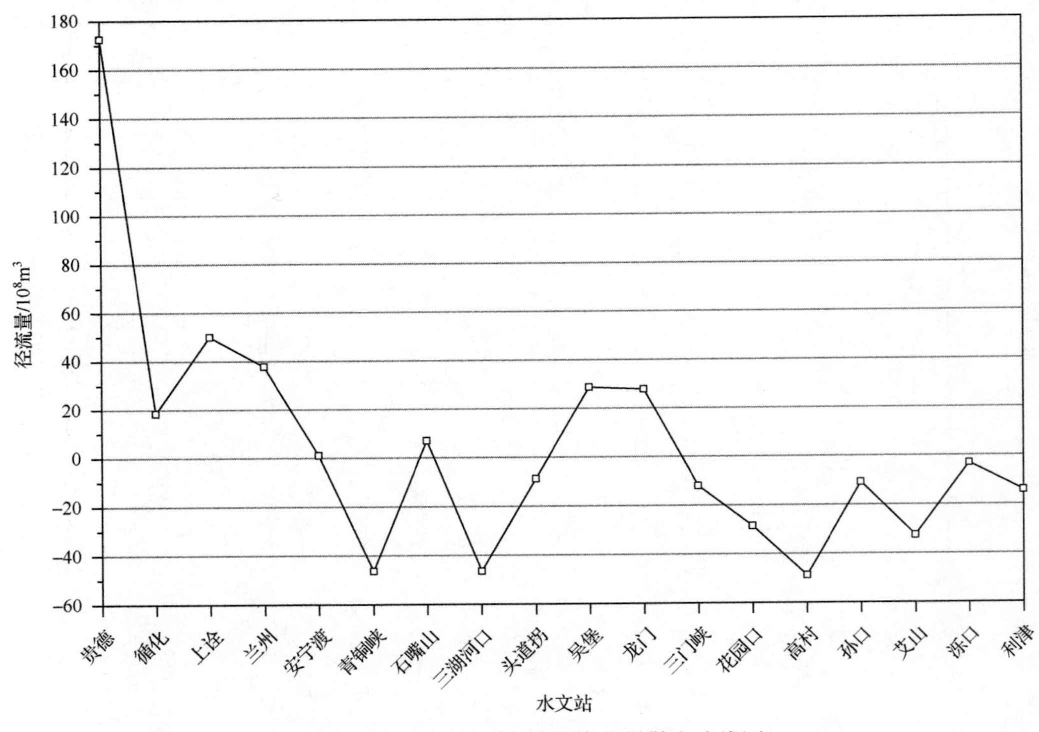

1960年黄河干流区间产水量散点连线图

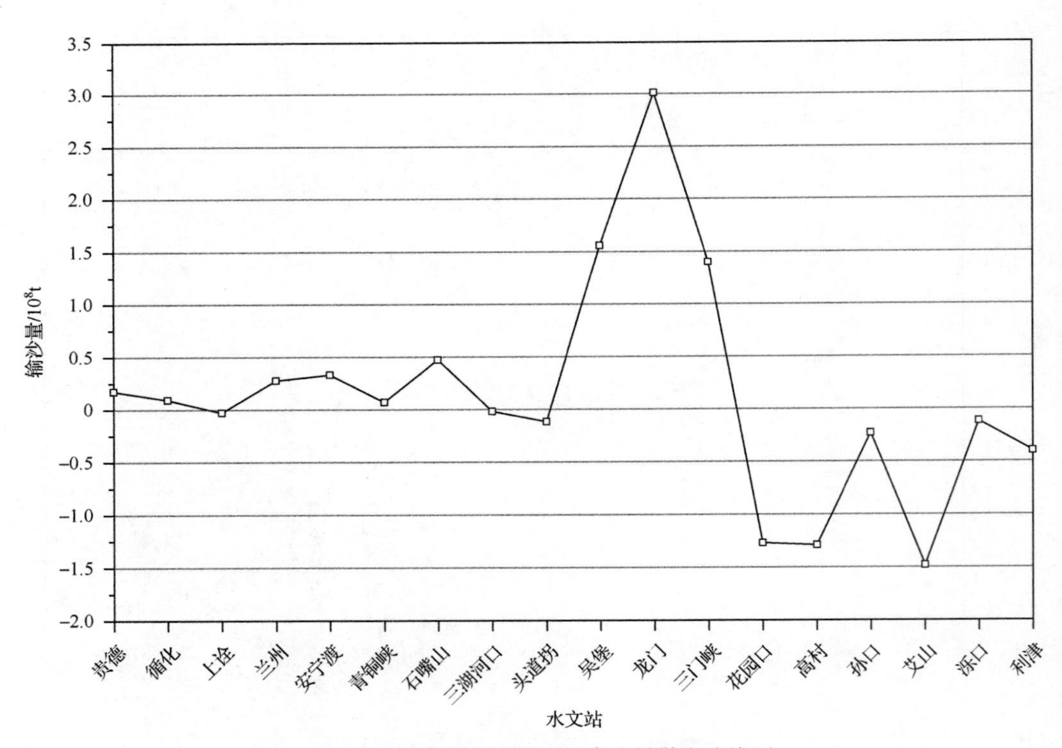

1960年黄河干流区间产沙量散点连线图

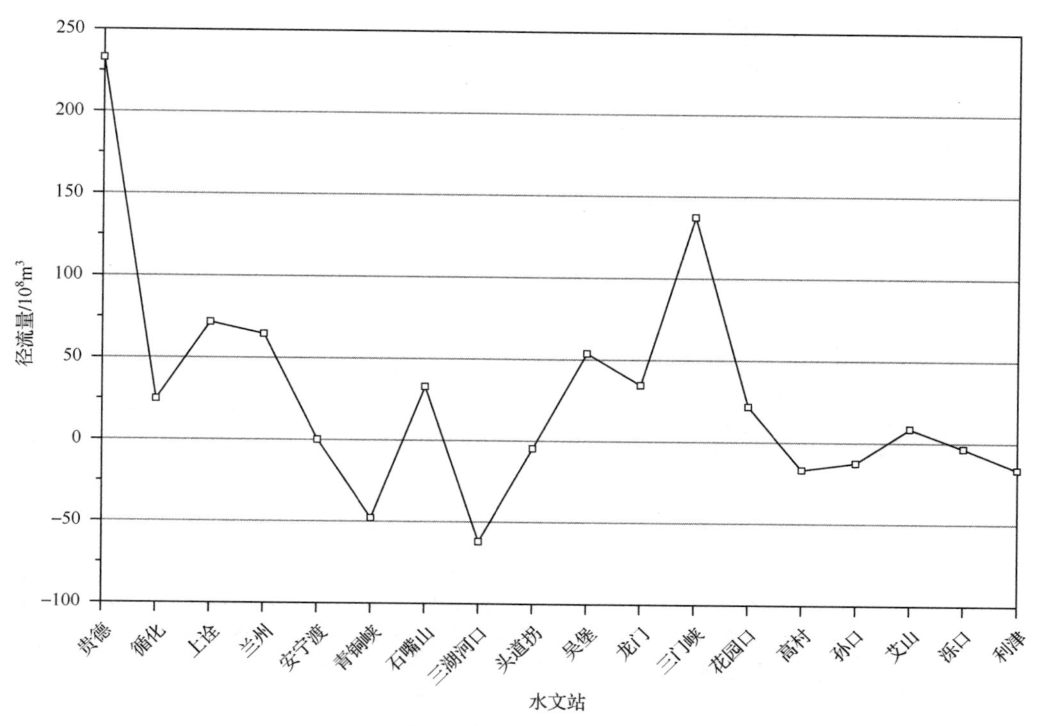

1961年黄河干流区间产水量散点连线图

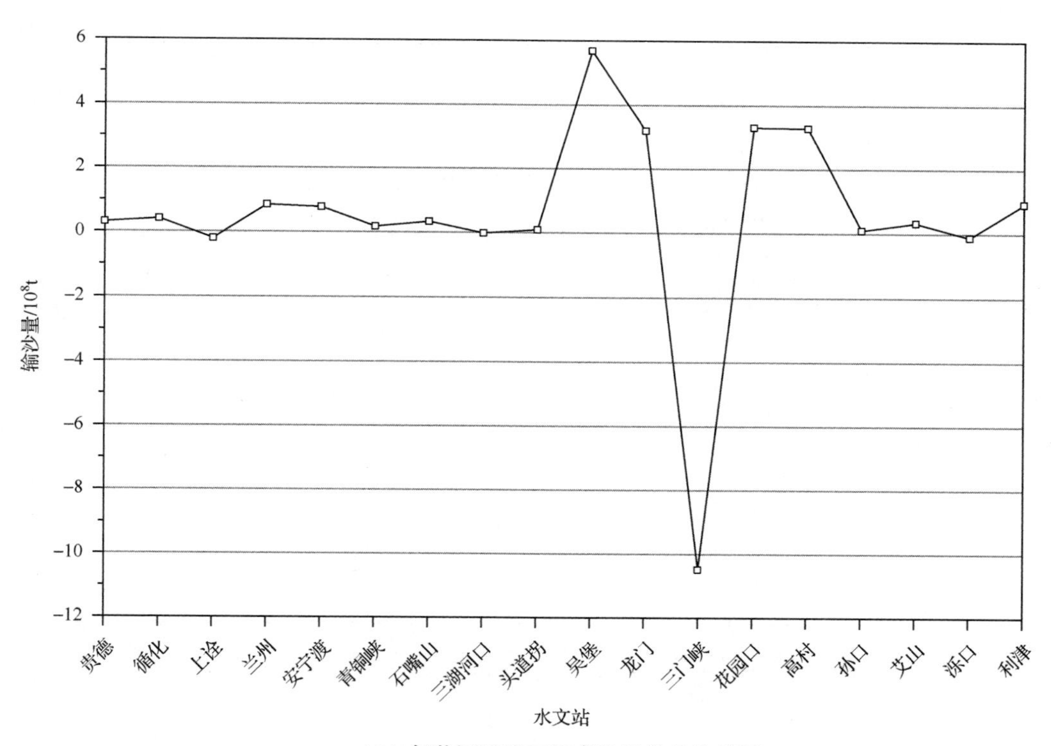

1961年黄河干流区间产沙量散点连线图

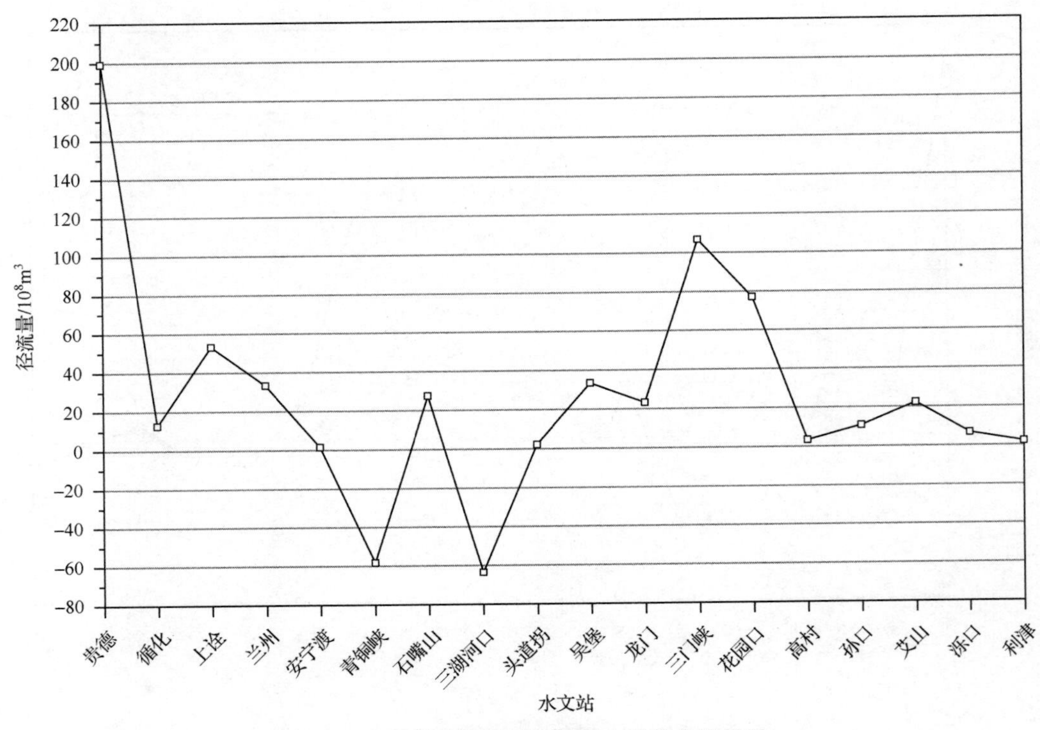

1962年黄河干流区间产水量散点连线图

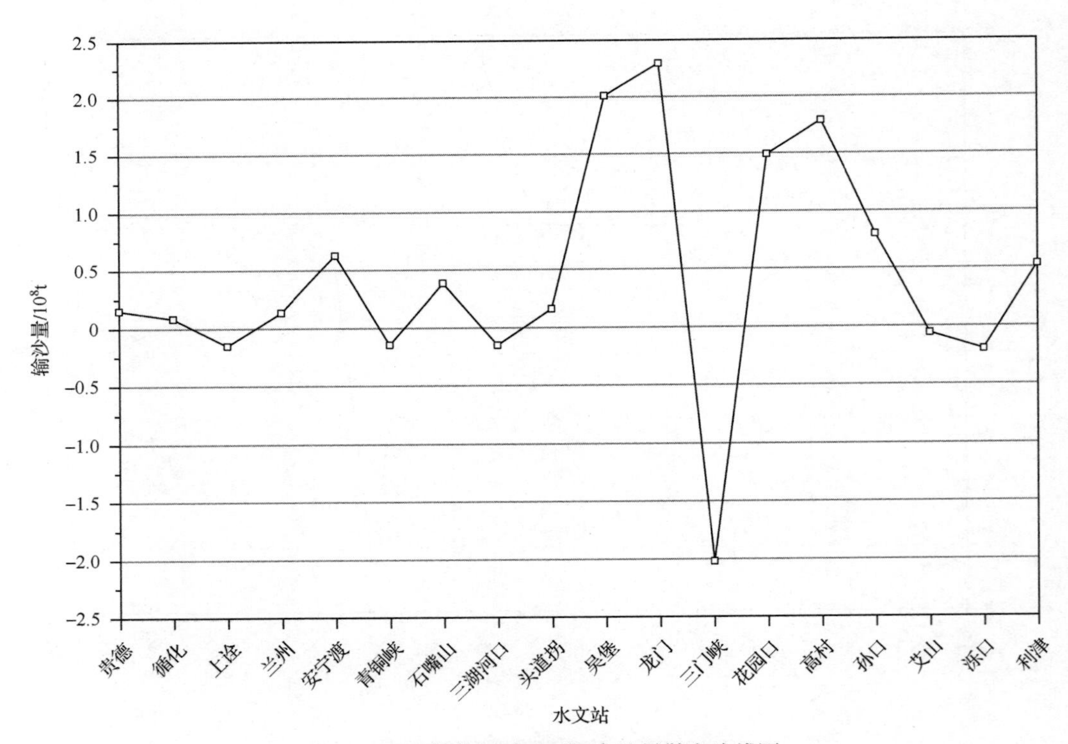

1962年黄河干流区间产沙量散点连线图

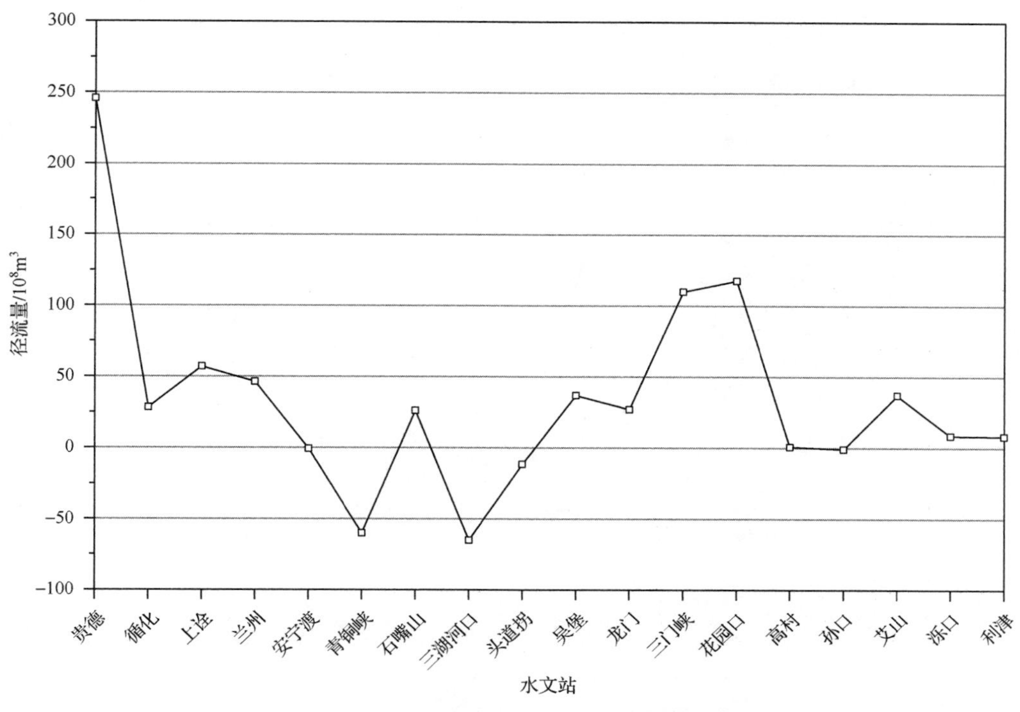

1963年黄河干流区间产水量散点连线图

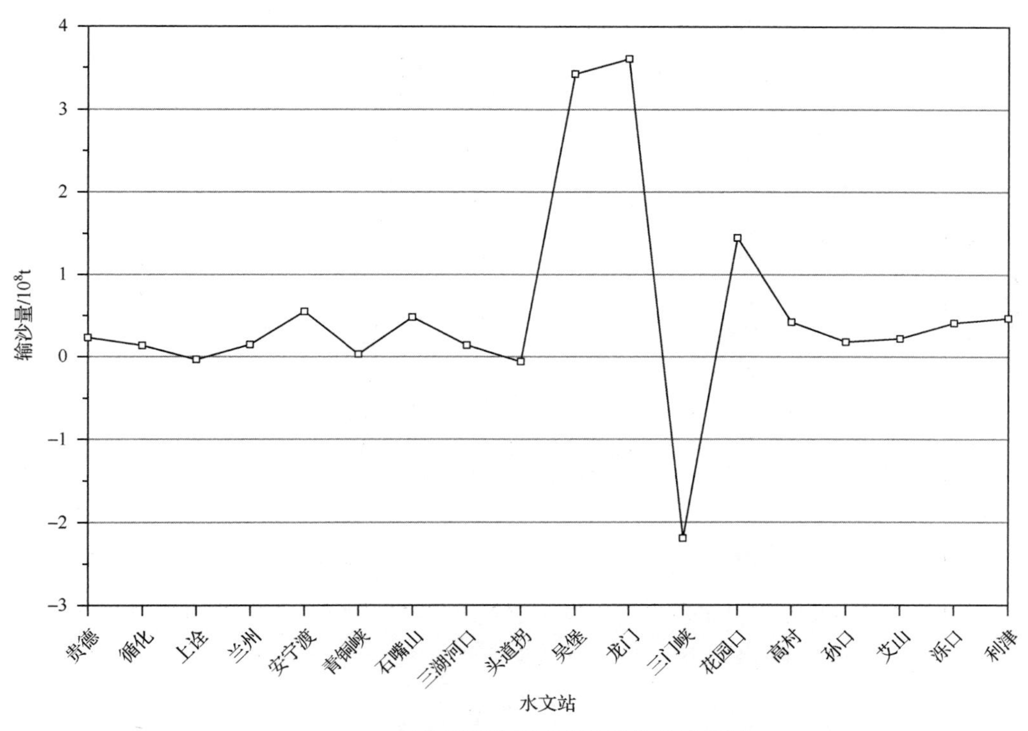

1963年黄河干流区间产沙量散点连线图

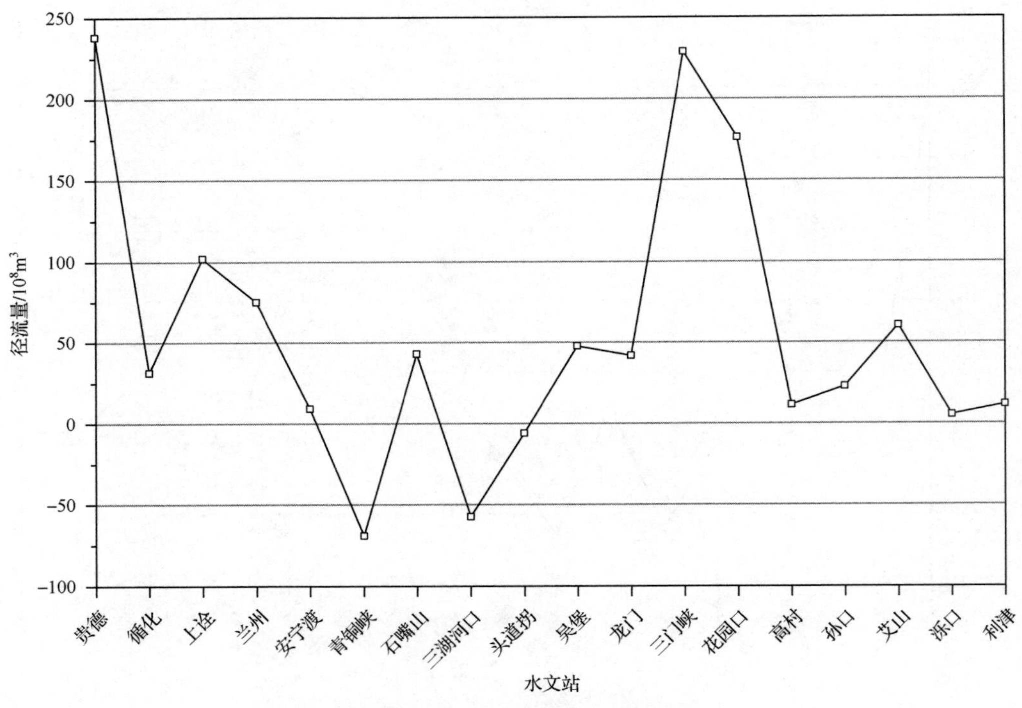

1964年黄河干流区间产水量散点连线图

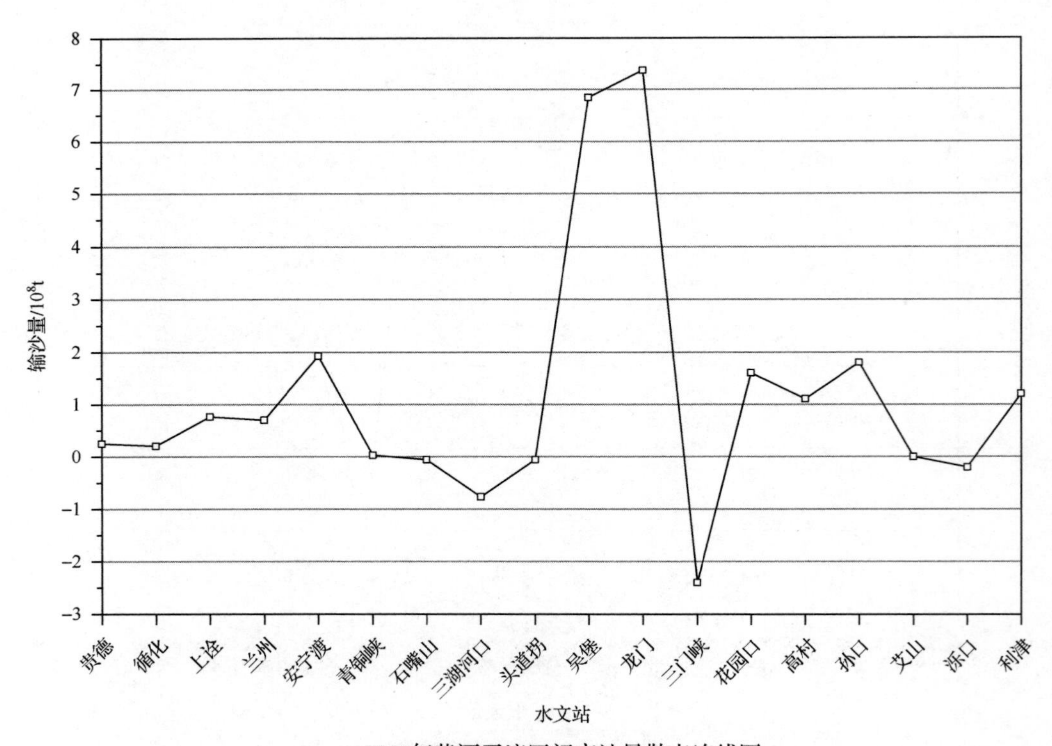

1964年黄河干流区间产沙量散点连线图

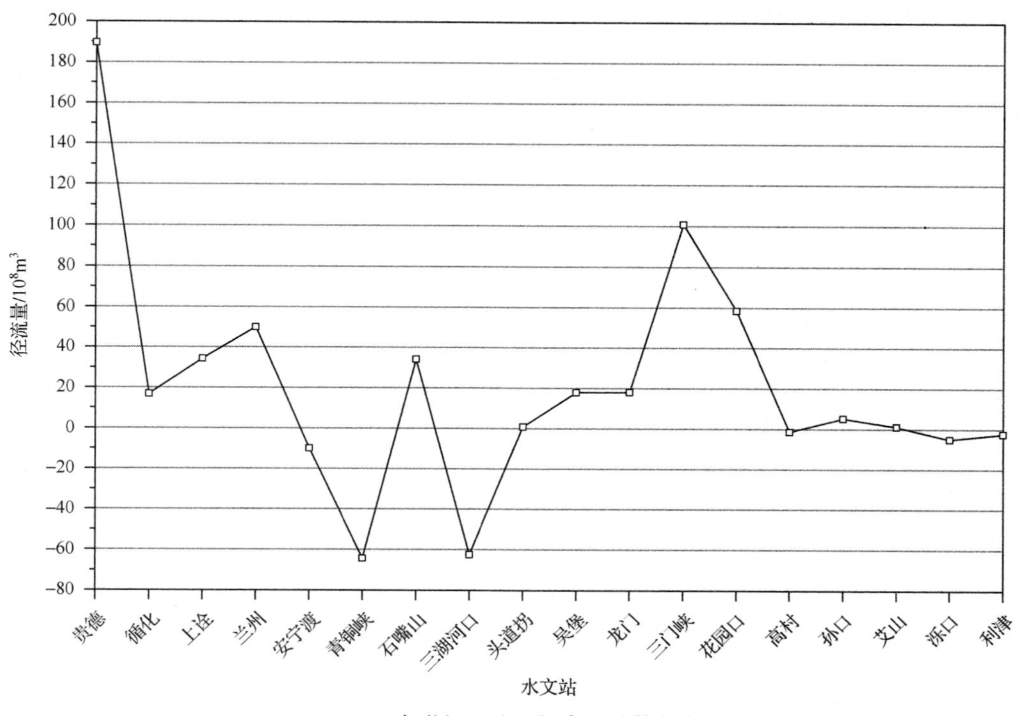

1965年黄河干流区间产水量散点连线图

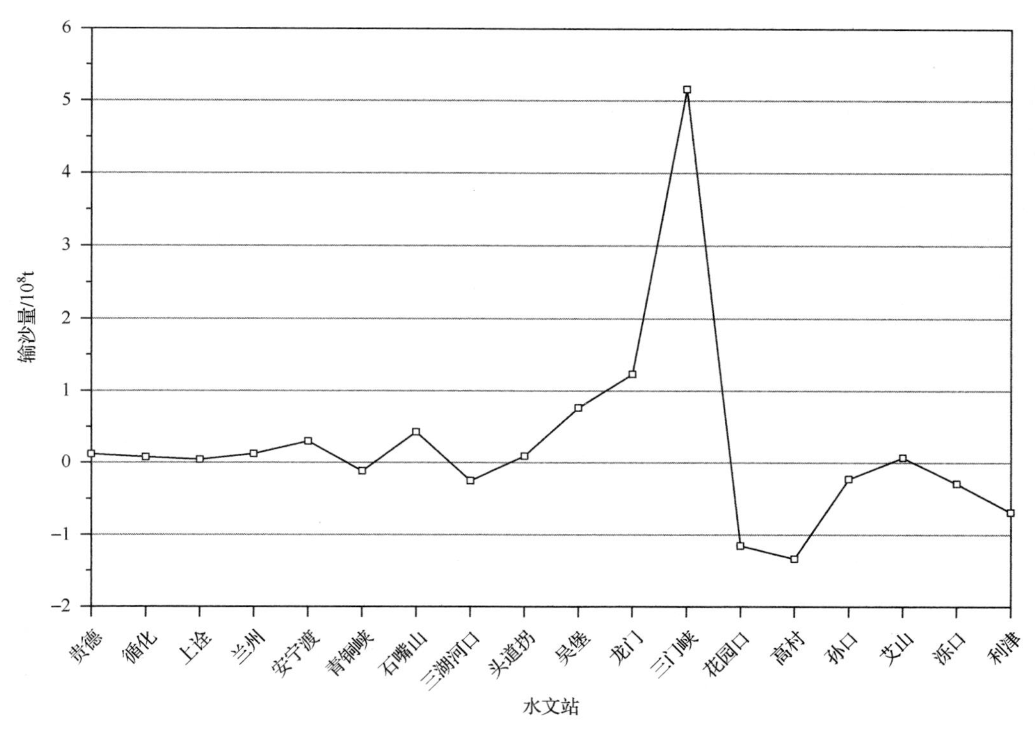

1965年黄河干流区间产沙量散点连线图

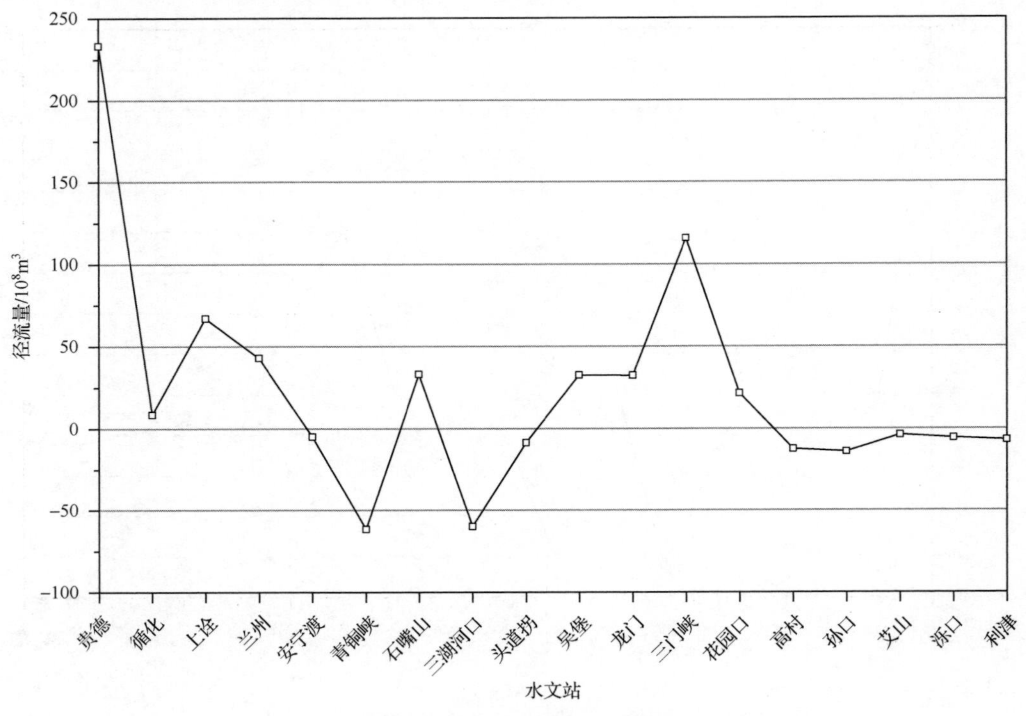

1966年黄河干流区间产水量散点连线图

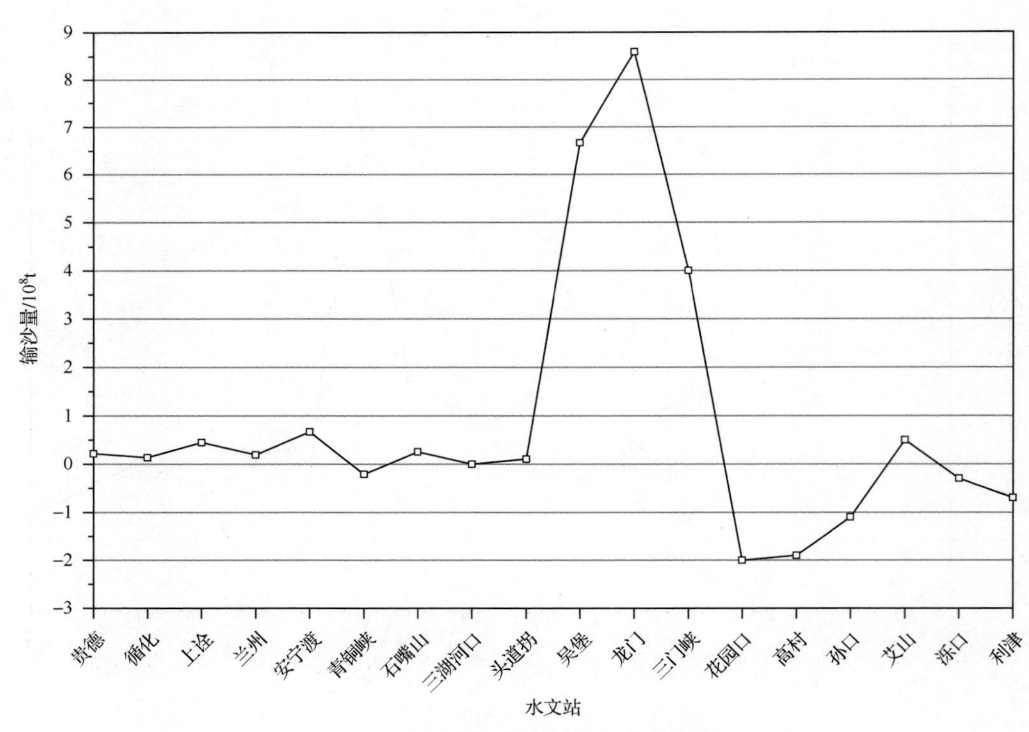

1966年黄河干流区间产沙量散点连线图

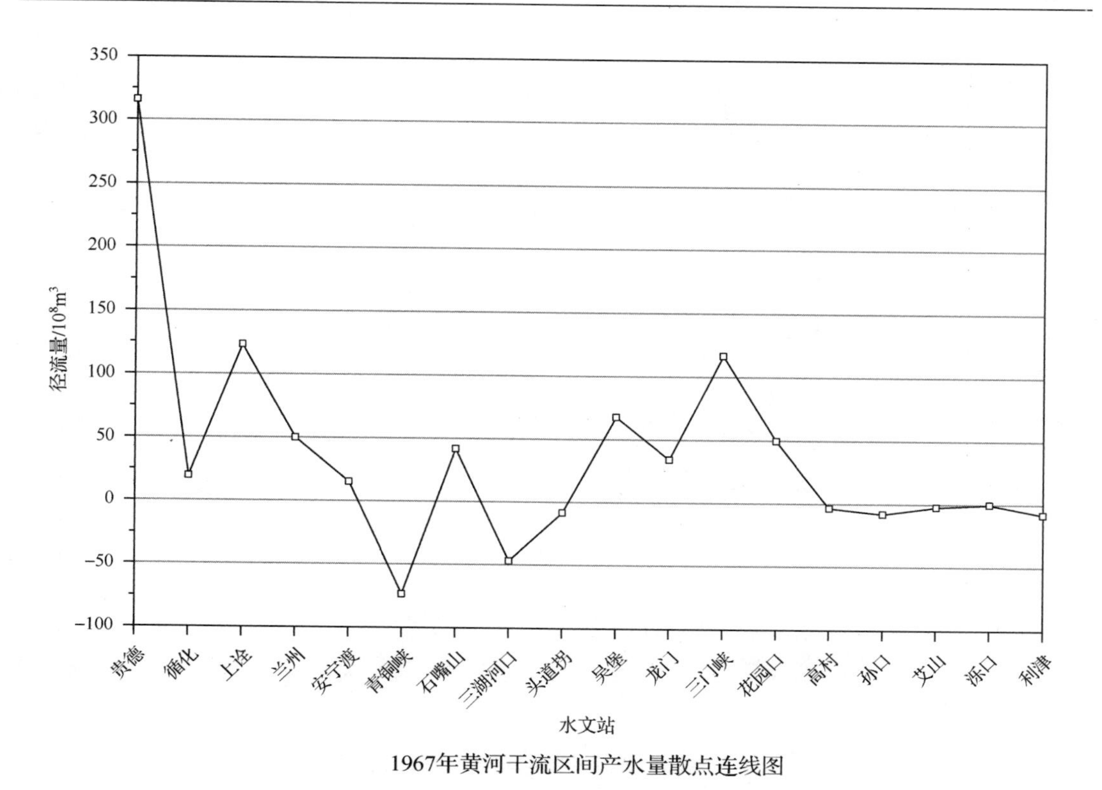

1967年黄河干流区间产水量散点连线图

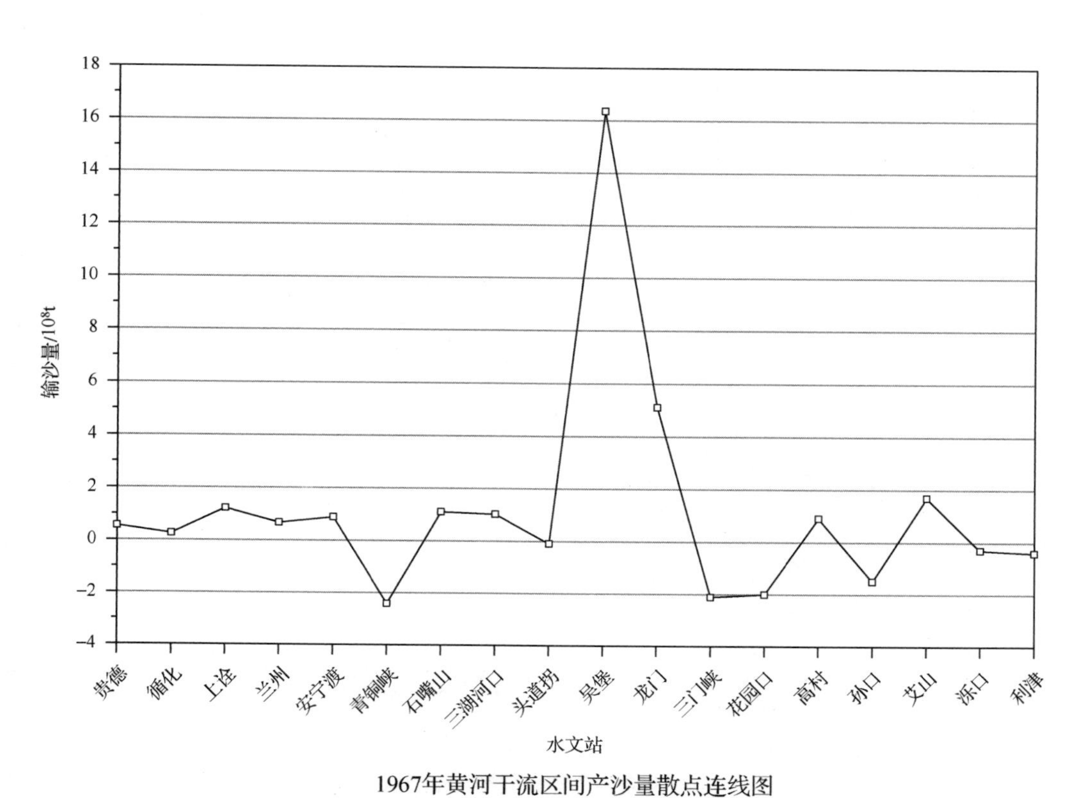

1967年黄河干流区间产沙量散点连线图

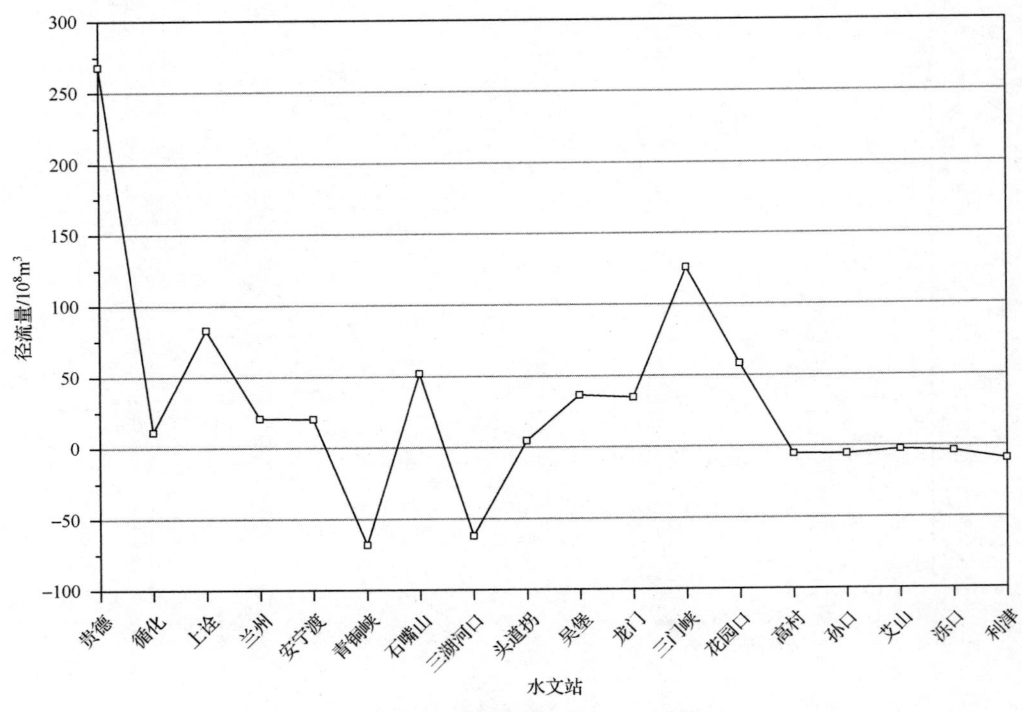

1968年黄河干流区间产水量散点连线图

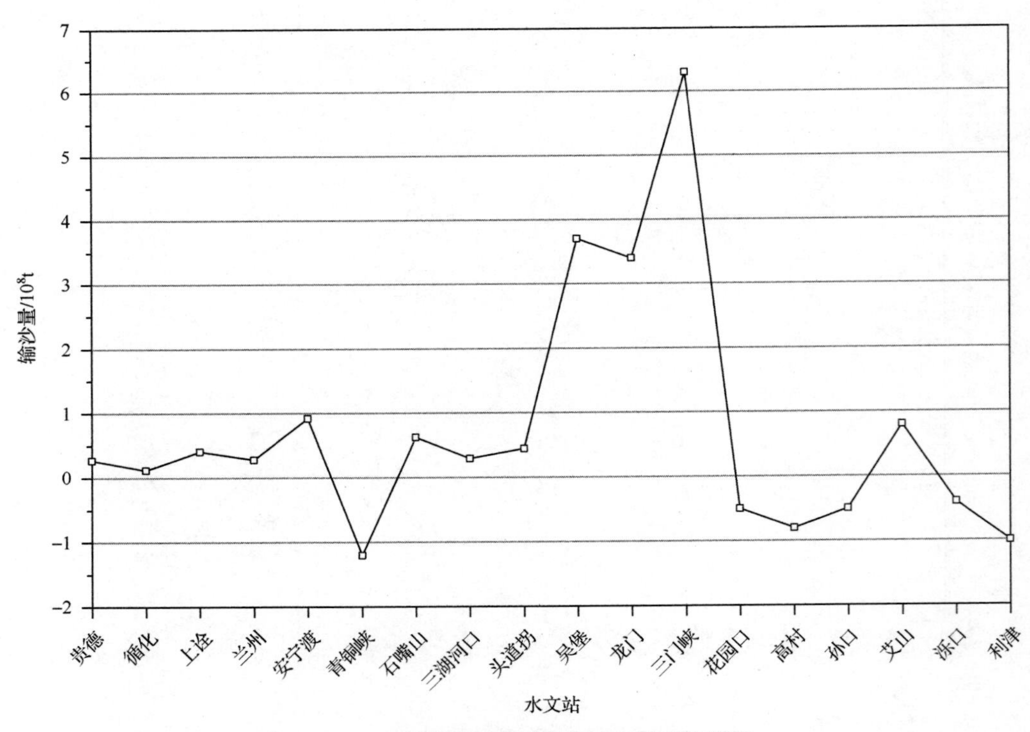

1968年黄河干流区间产沙量散点连线图

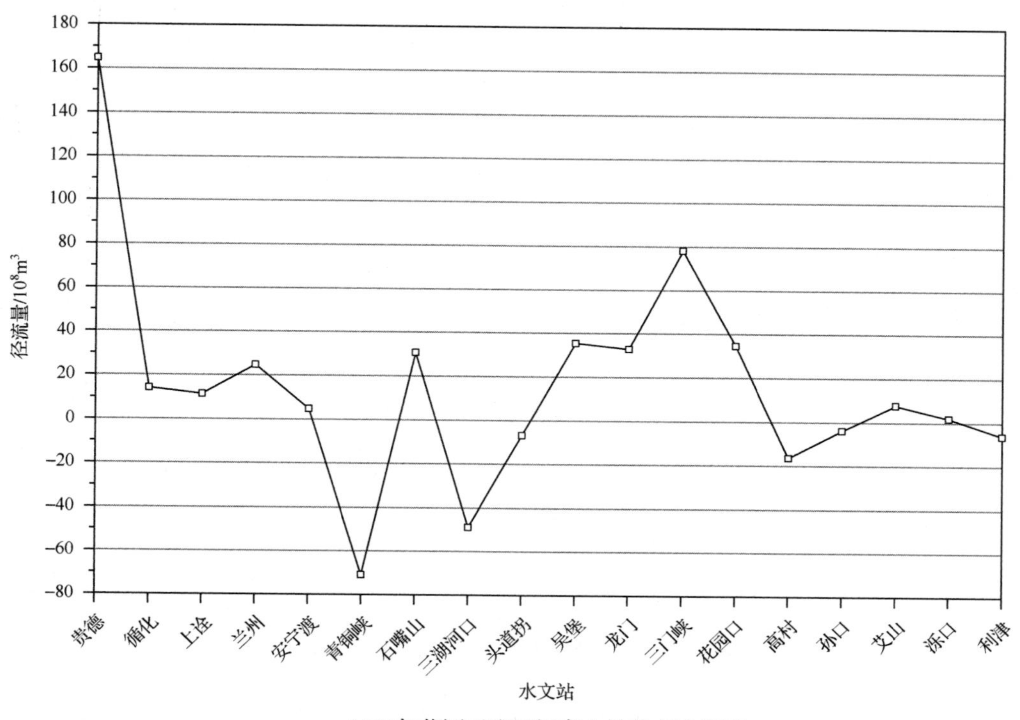

1969年黄河干流区间产水量散点连线图

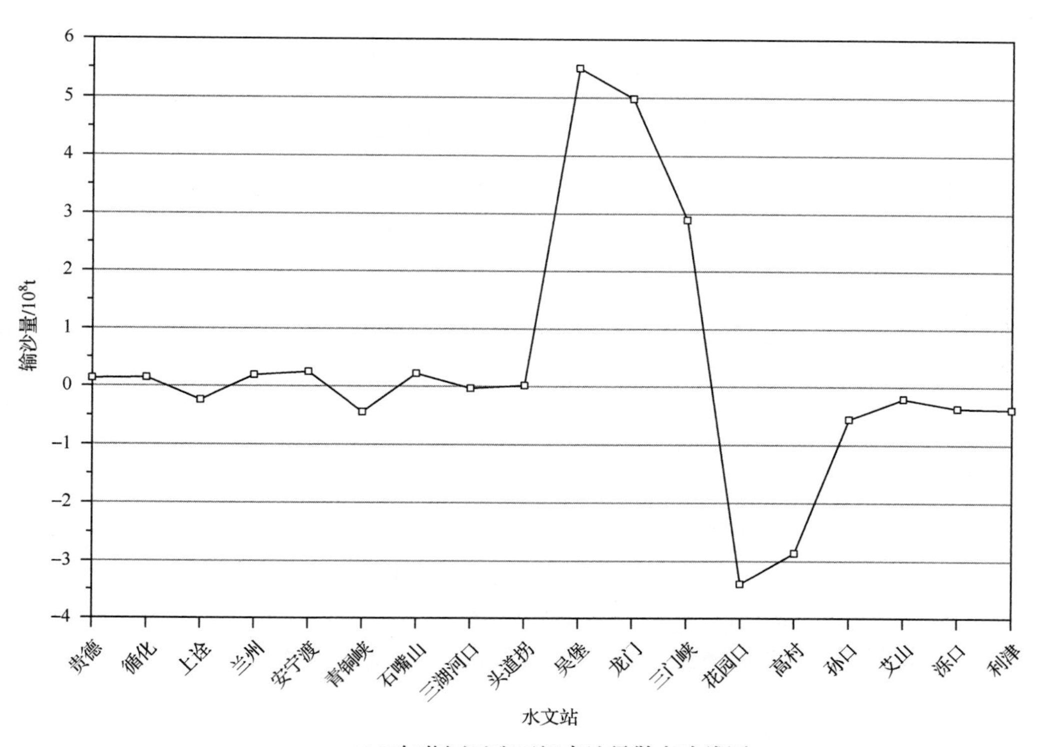

1969年黄河干流区间产沙量散点连线图

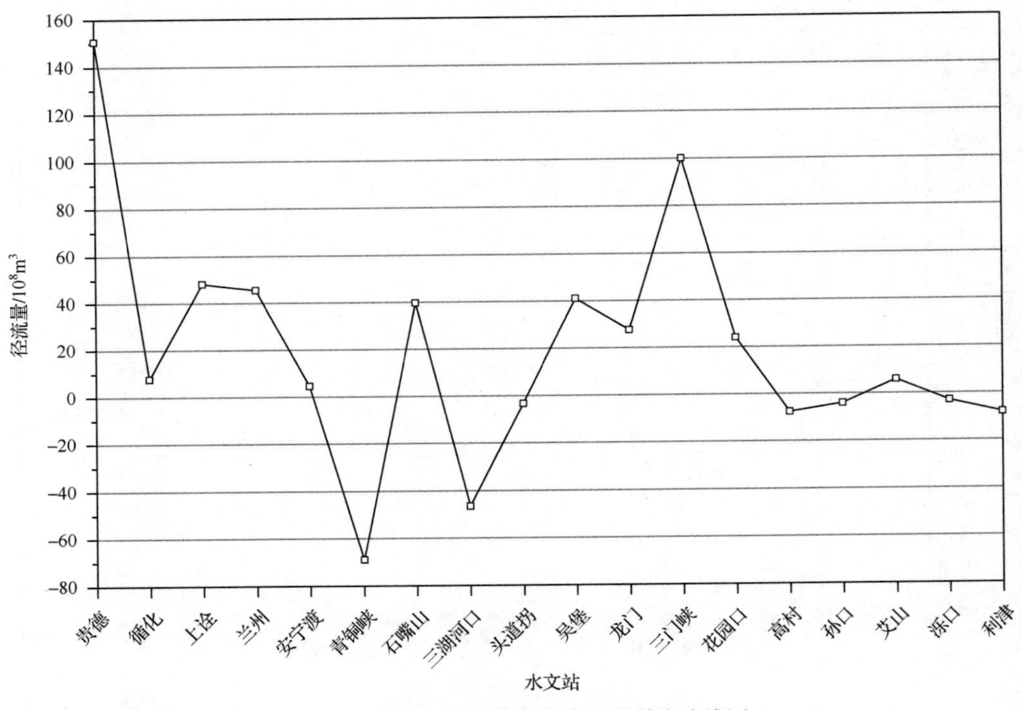

1970年黄河干流区间产水量散点连线图

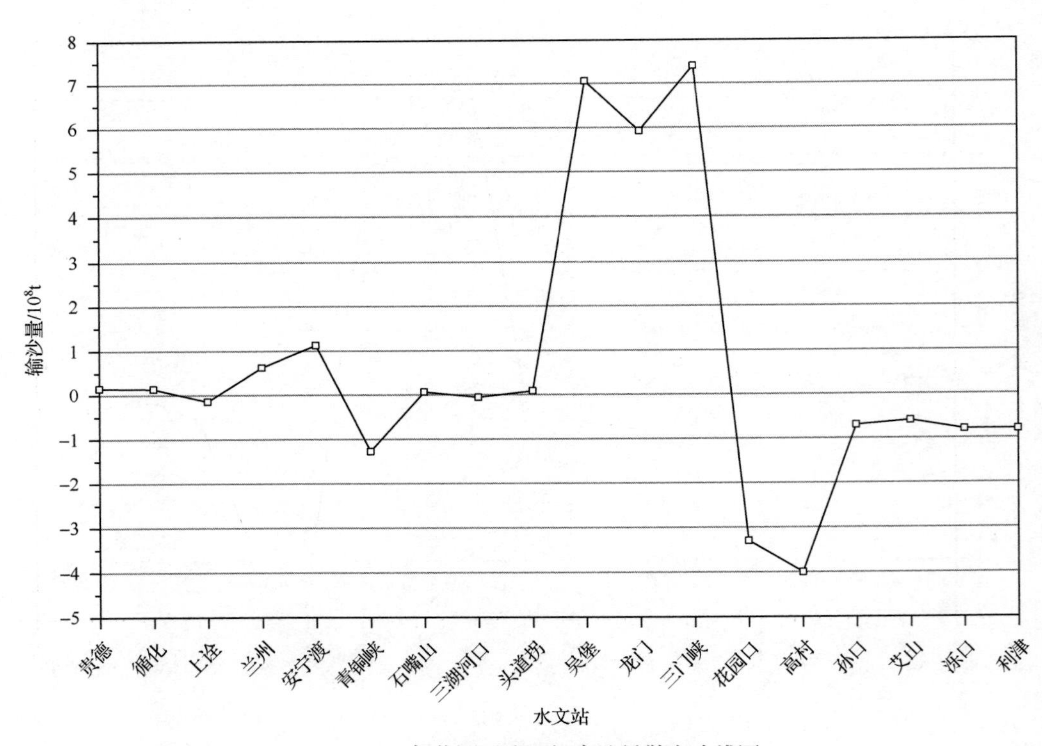

1970年黄河干流区间产沙量散点连线图

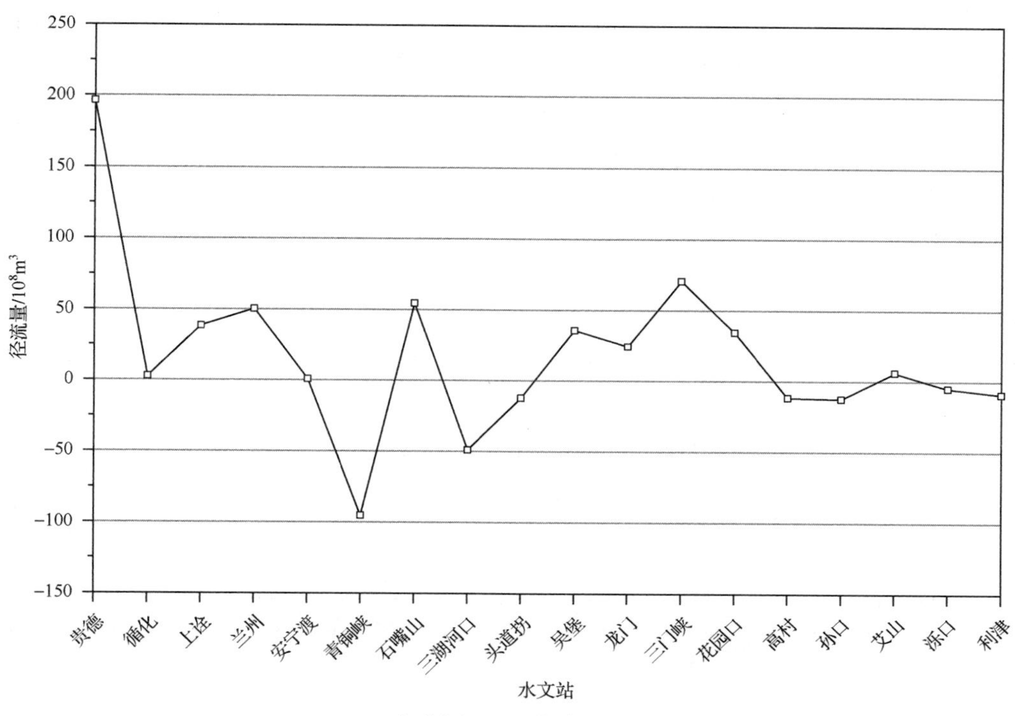

1971年黄河干流区间产水量散点连线图

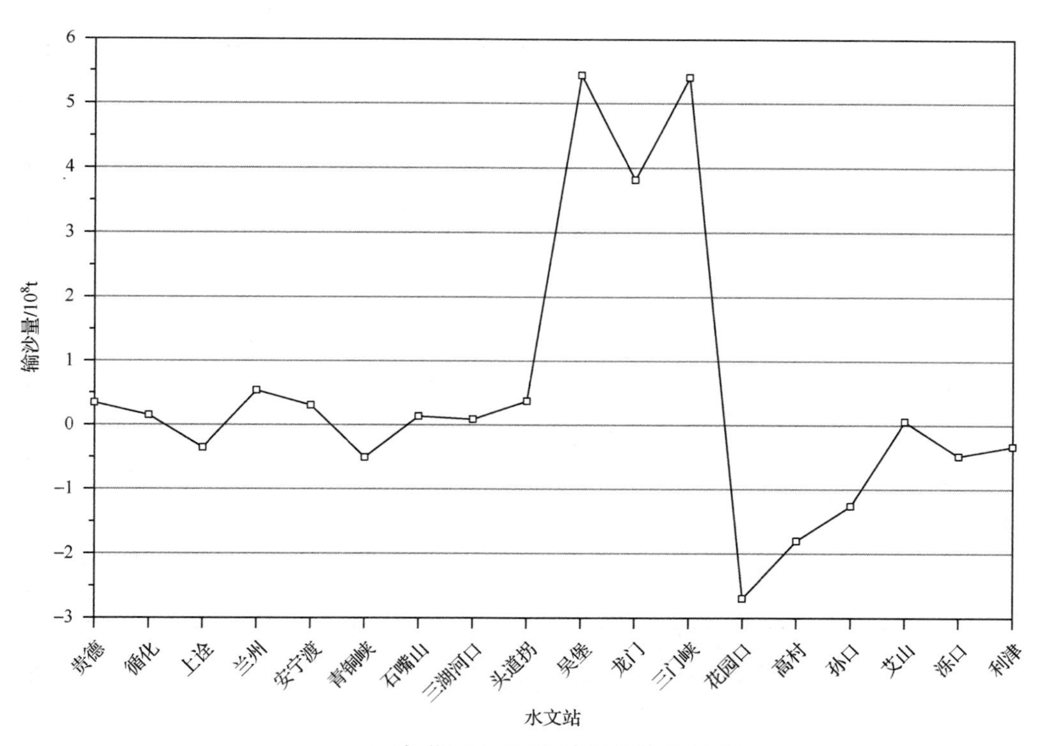

1971年黄河干流区间产沙量散点连线图

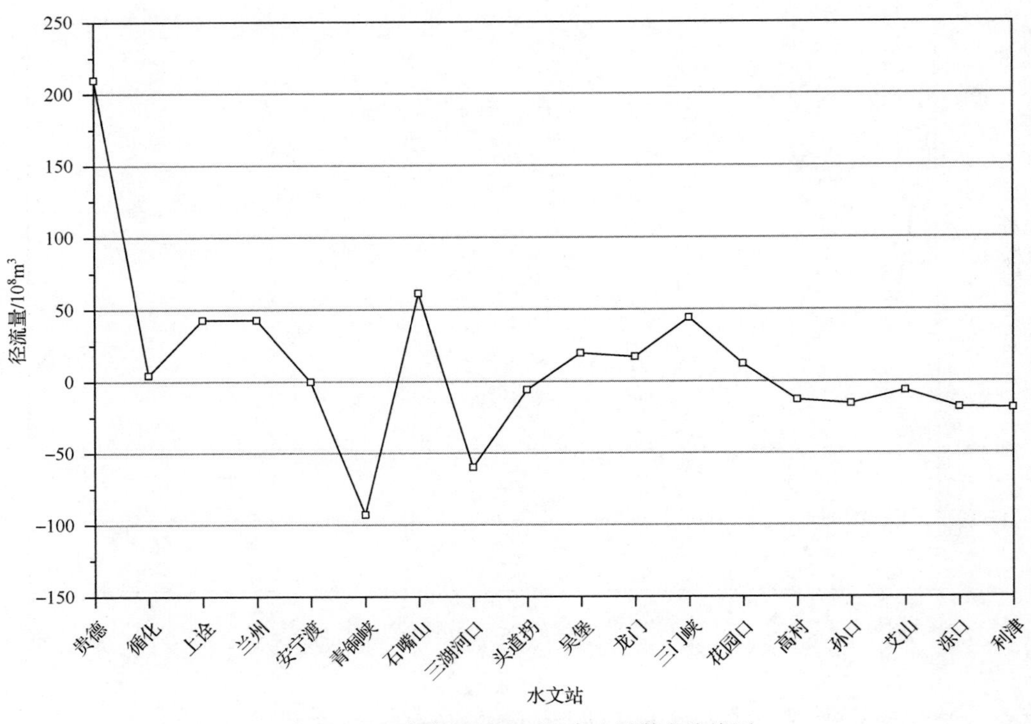

1972年黄河干流区间产水量散点连线图

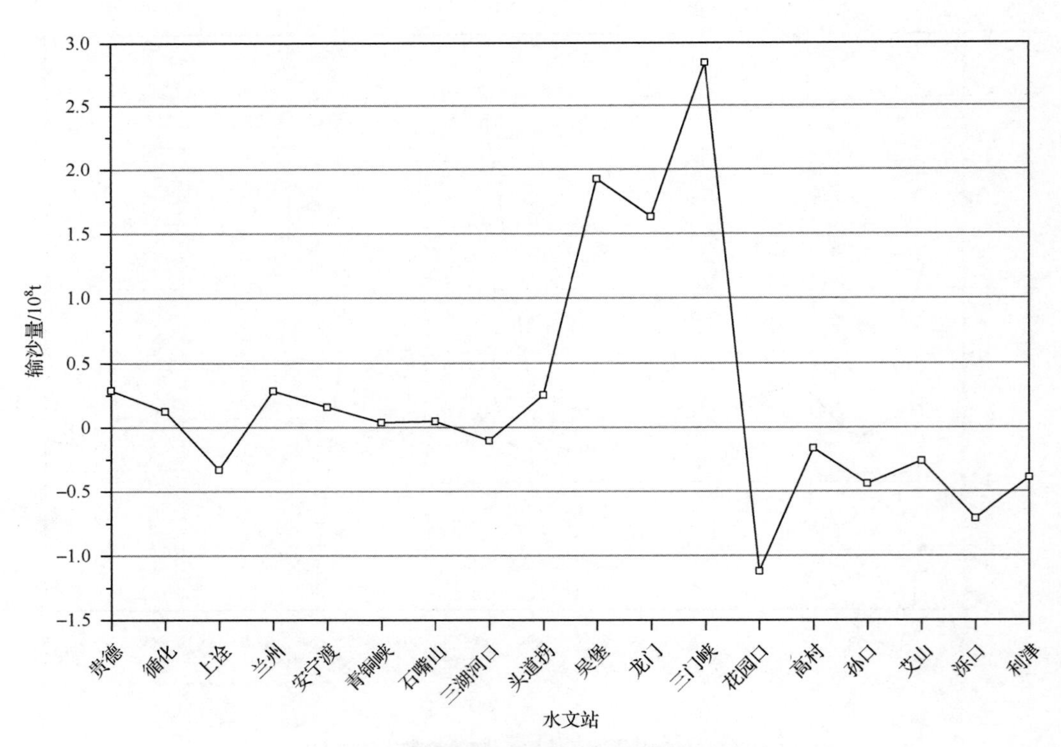

1972年黄河干流区间产沙量散点连线图

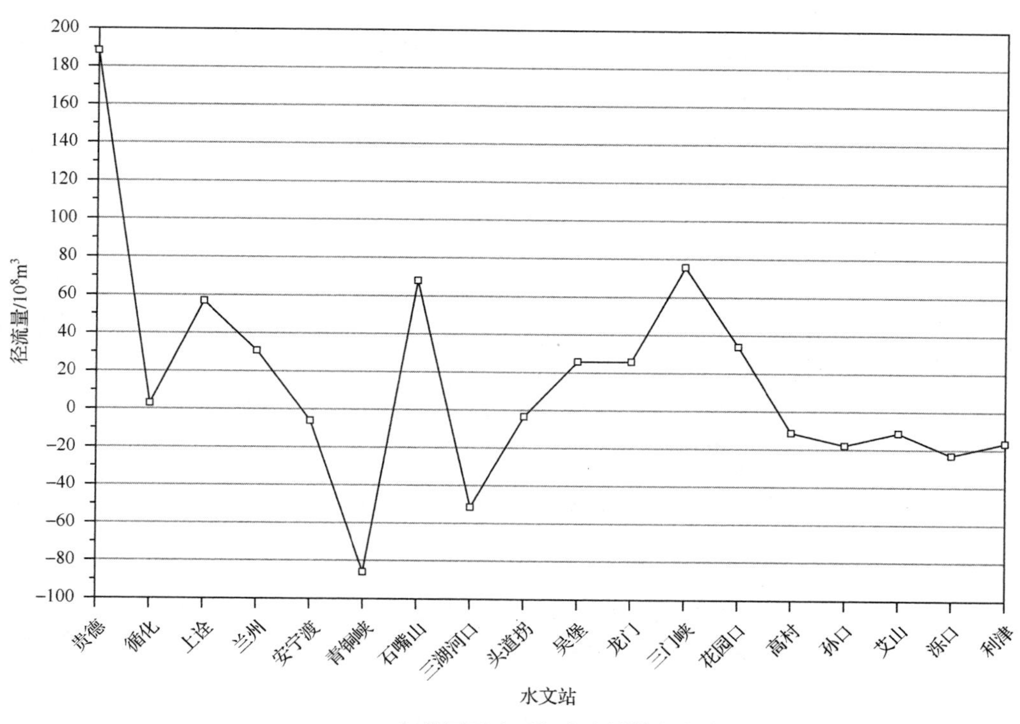

1973年黄河干流区间产水量散点连线图

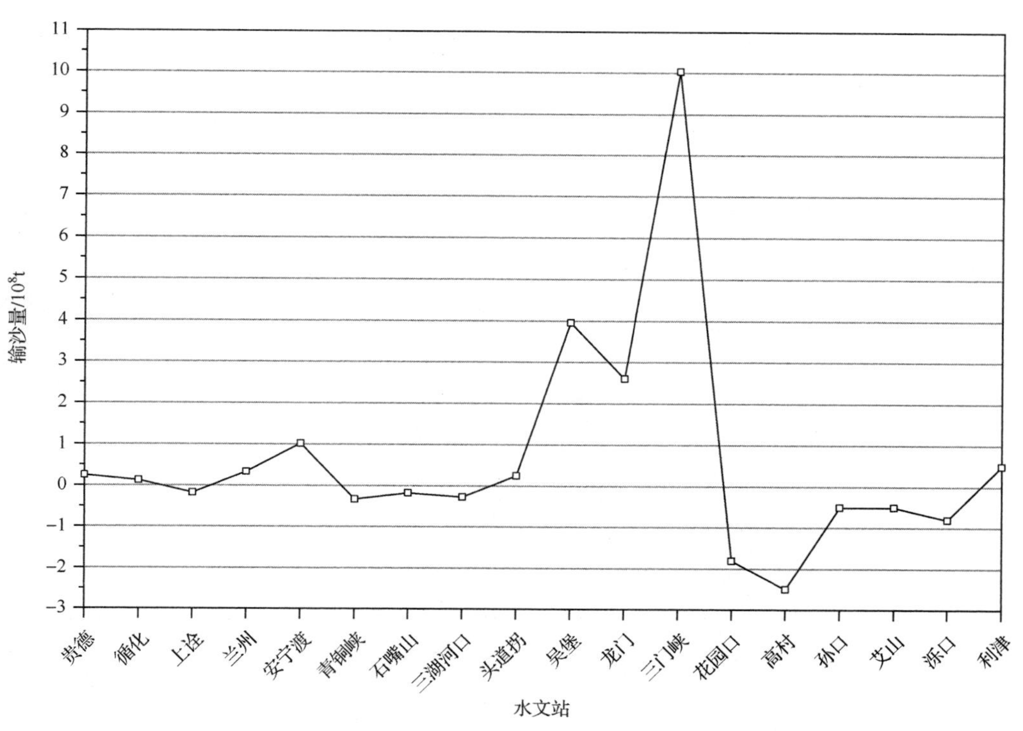

1973年黄河干流区间产沙量散点连线图

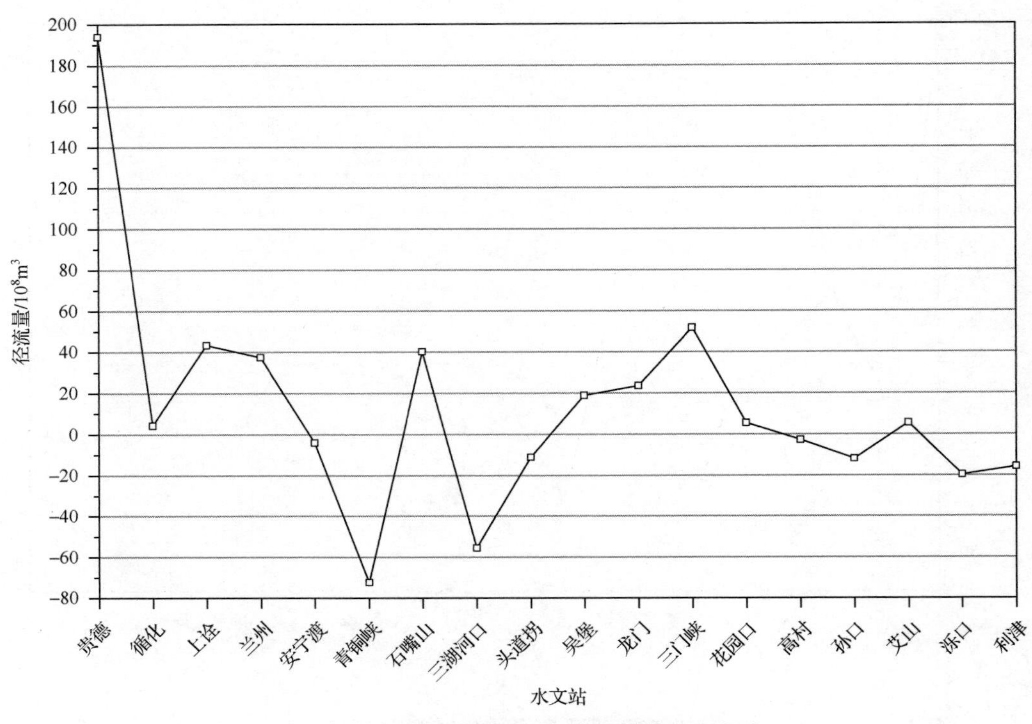

1974年黄河干流区间产水量散点连线图

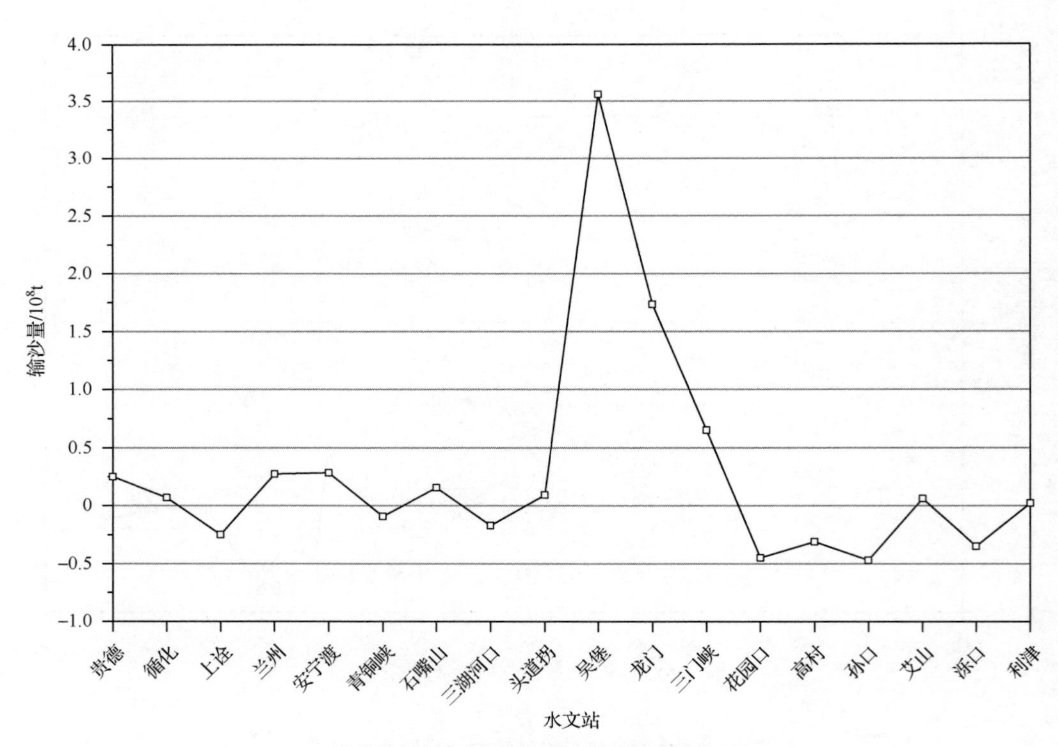

1974年黄河干流区间产沙量散点连线图

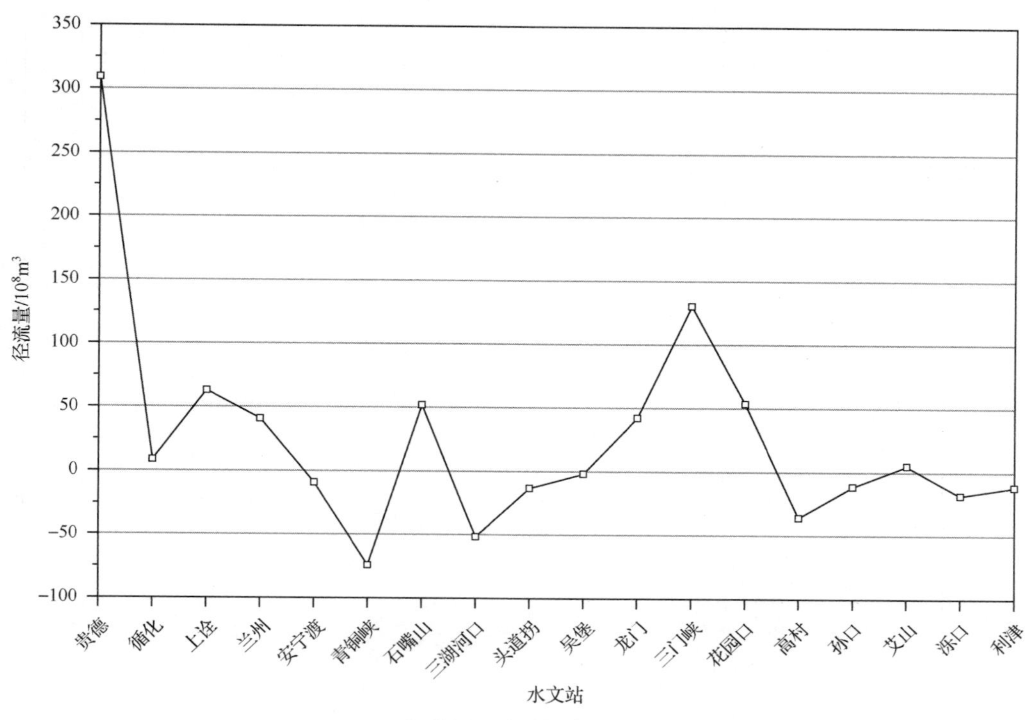

1975年黄河干流区间产水量散点连线图

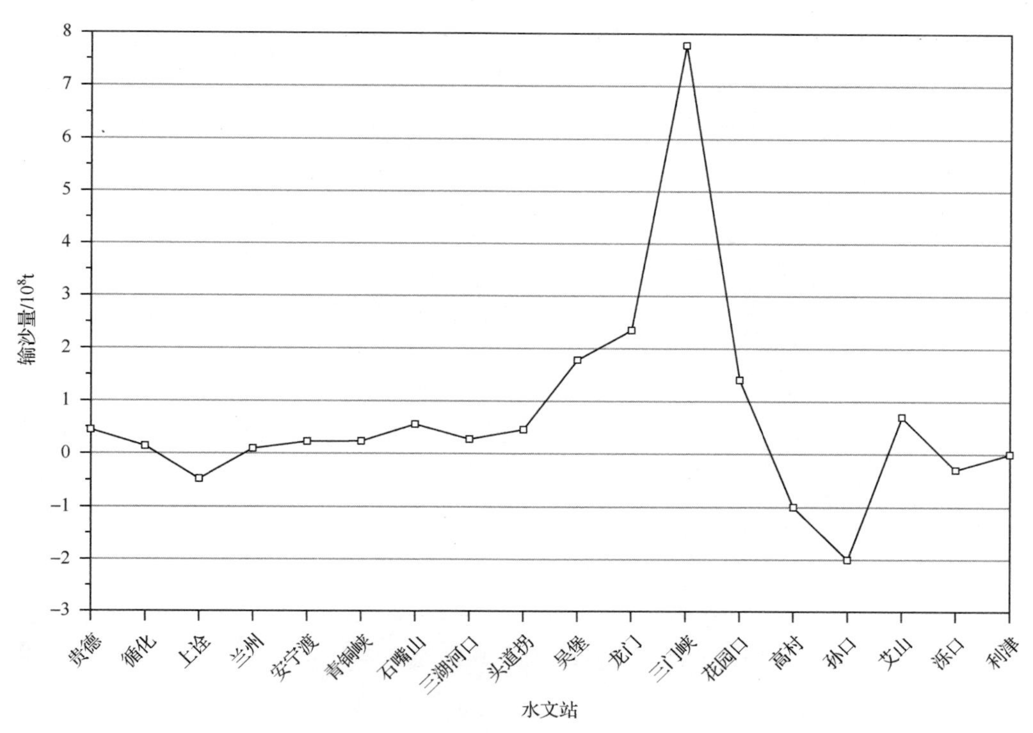

1975年黄河干流区间产沙量散点连线图

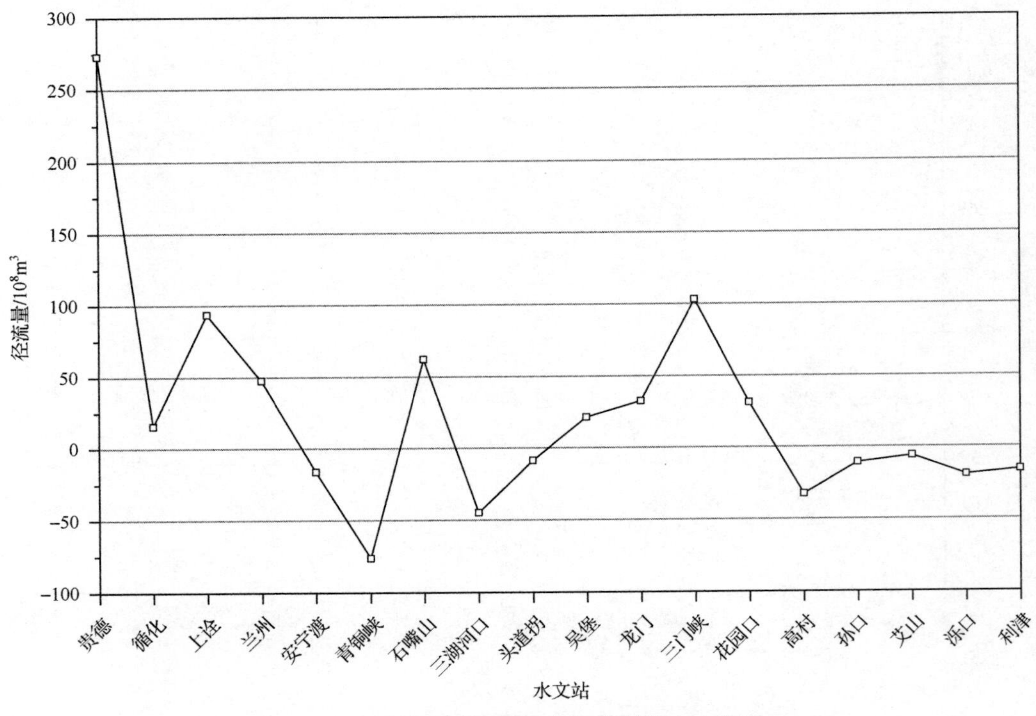

1976年黄河干流区间产水量散点连线图

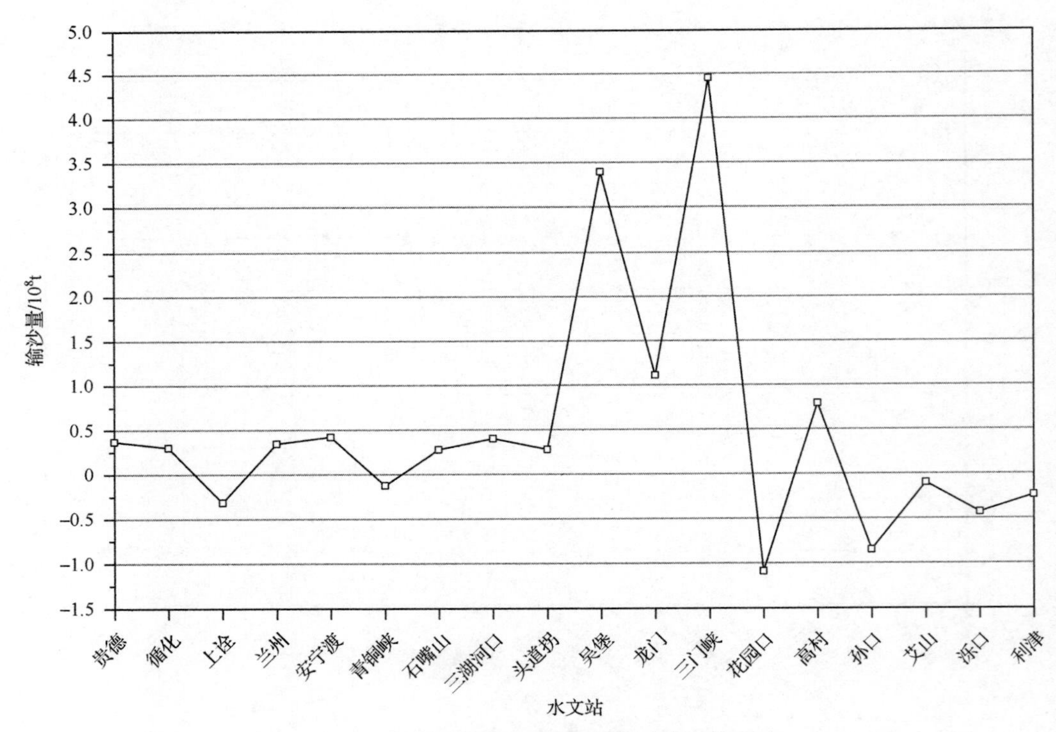

1976年黄河干流区间产沙量散点连线图

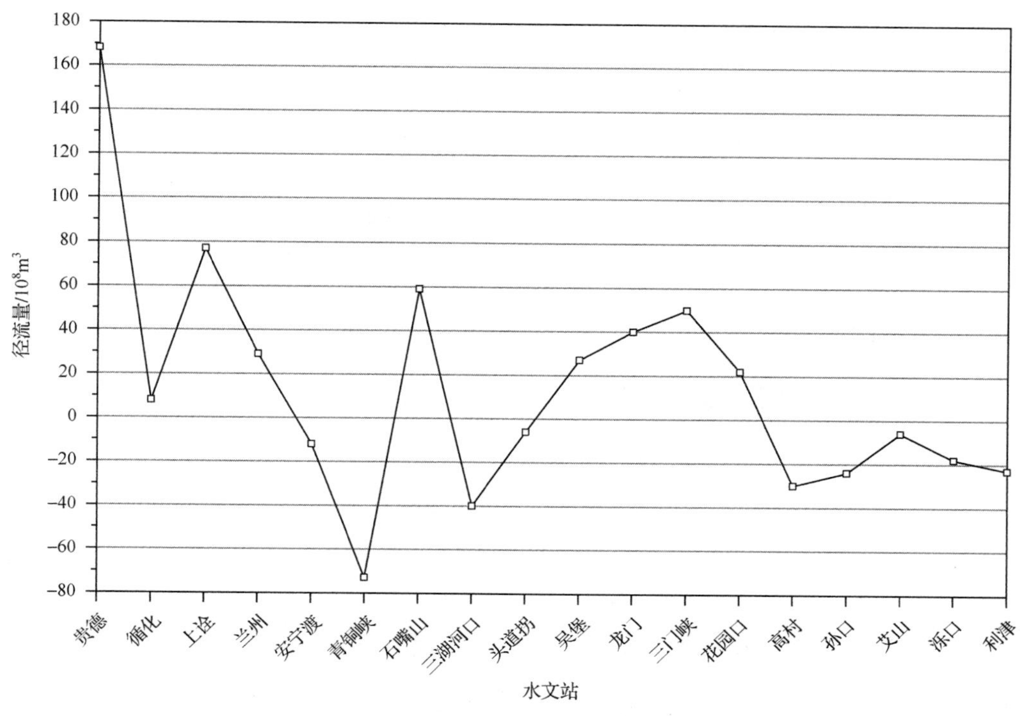

1977年黄河干流区间产水量散点连线图

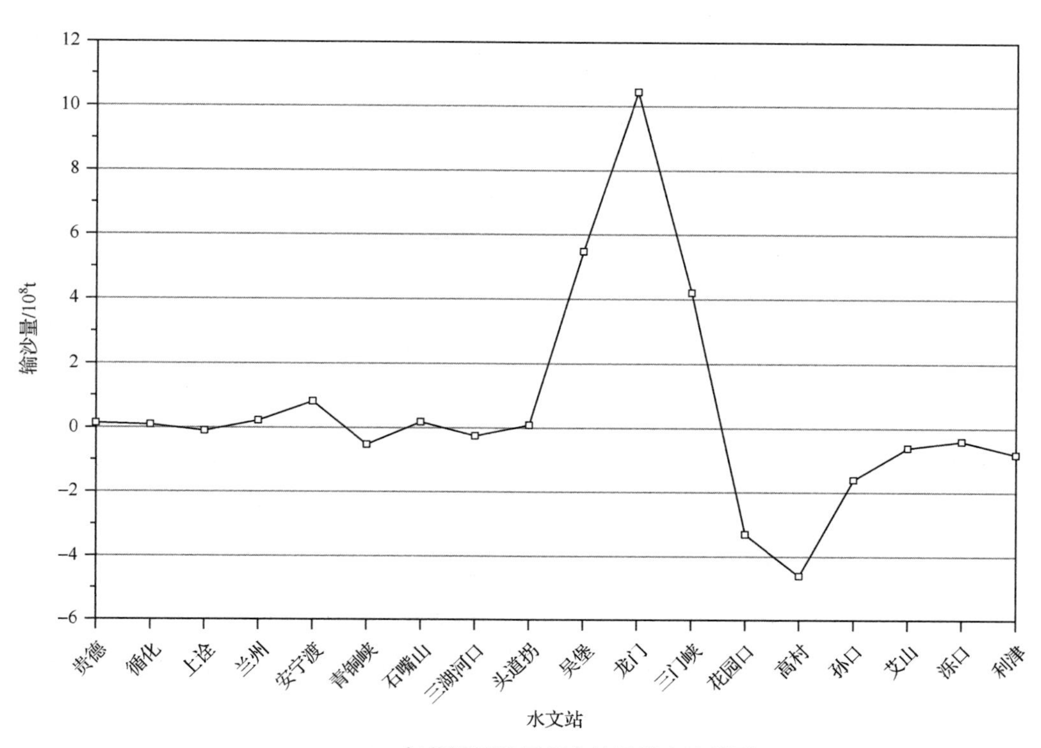

1977年黄河干流区间产沙量散点连线图

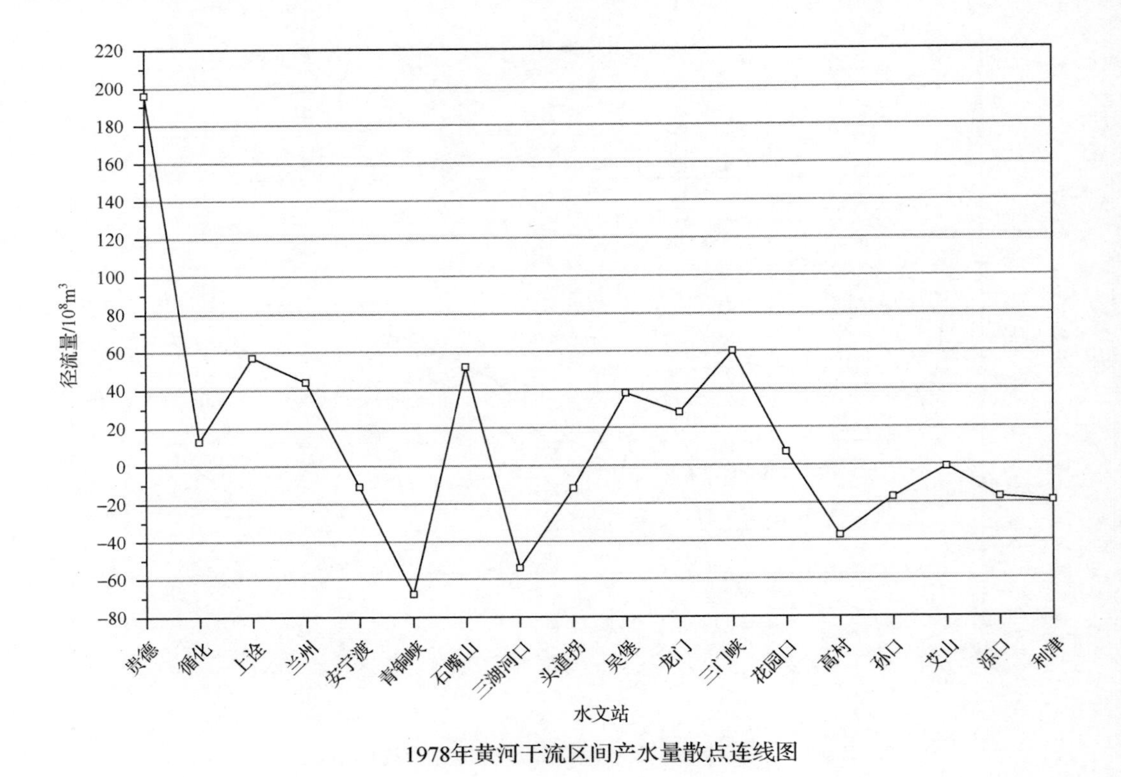

1978年黄河干流区间产水量散点连线图

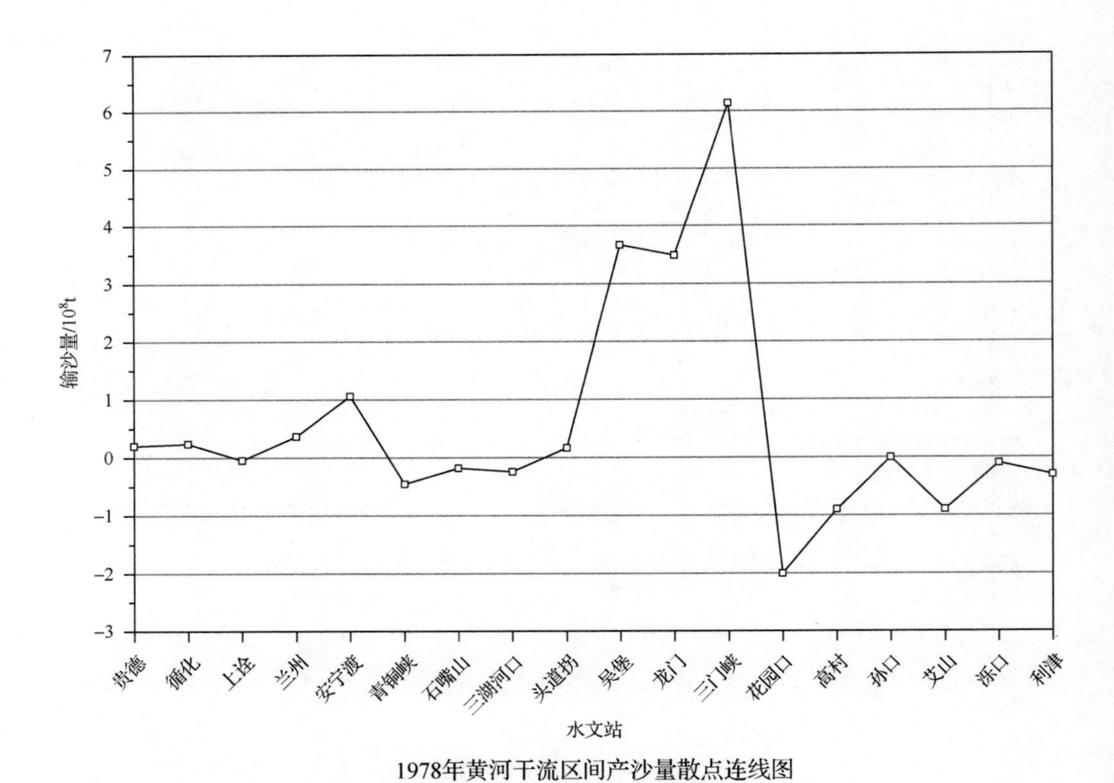

1978年黄河干流区间产沙量散点连线图

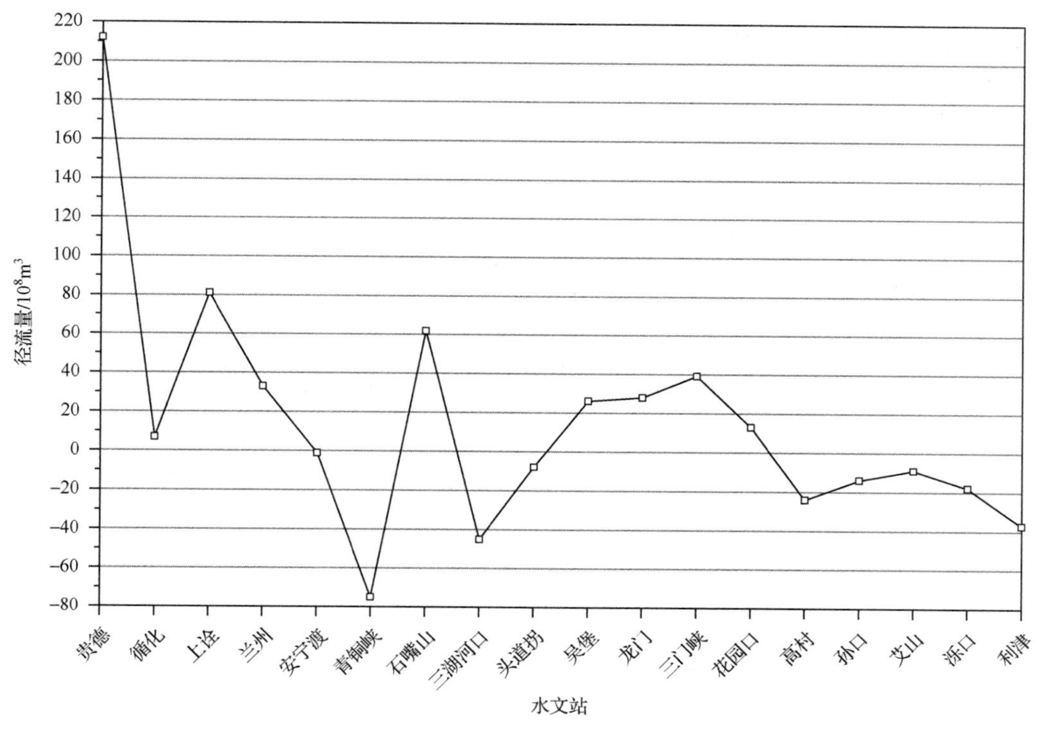

1979年黄河干流区间产水量散点连线图

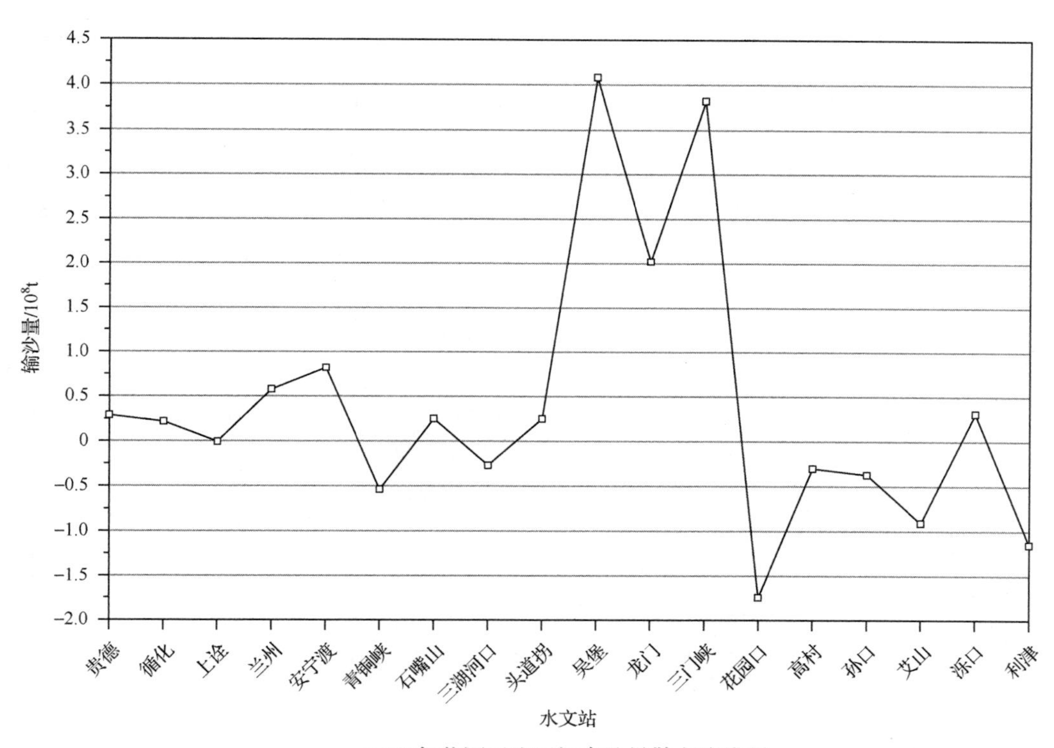

1979年黄河干流区间产沙量散点连线图

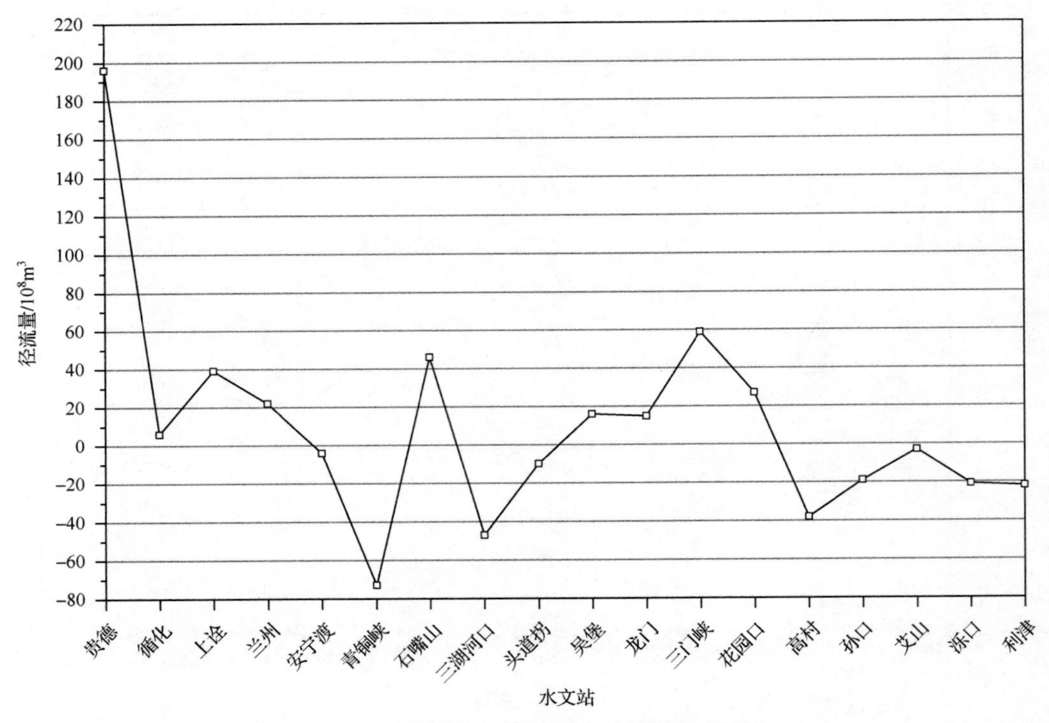

1980年黄河干流区间产水量散点连线图

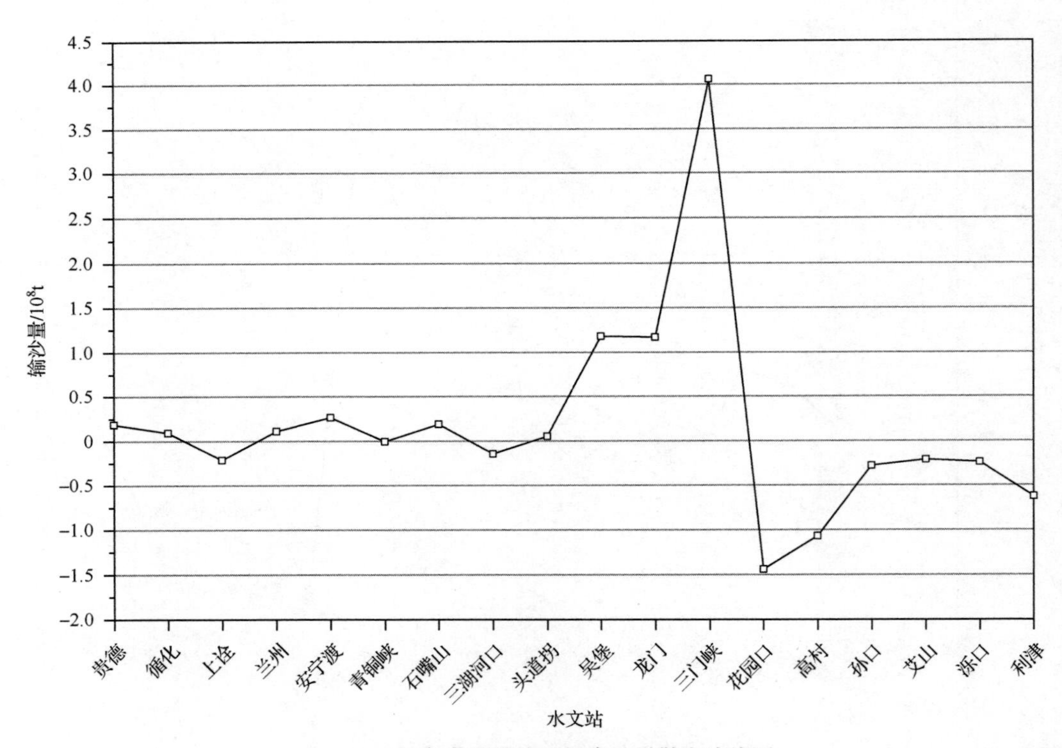

1980年黄河干流区间产沙量散点连线图

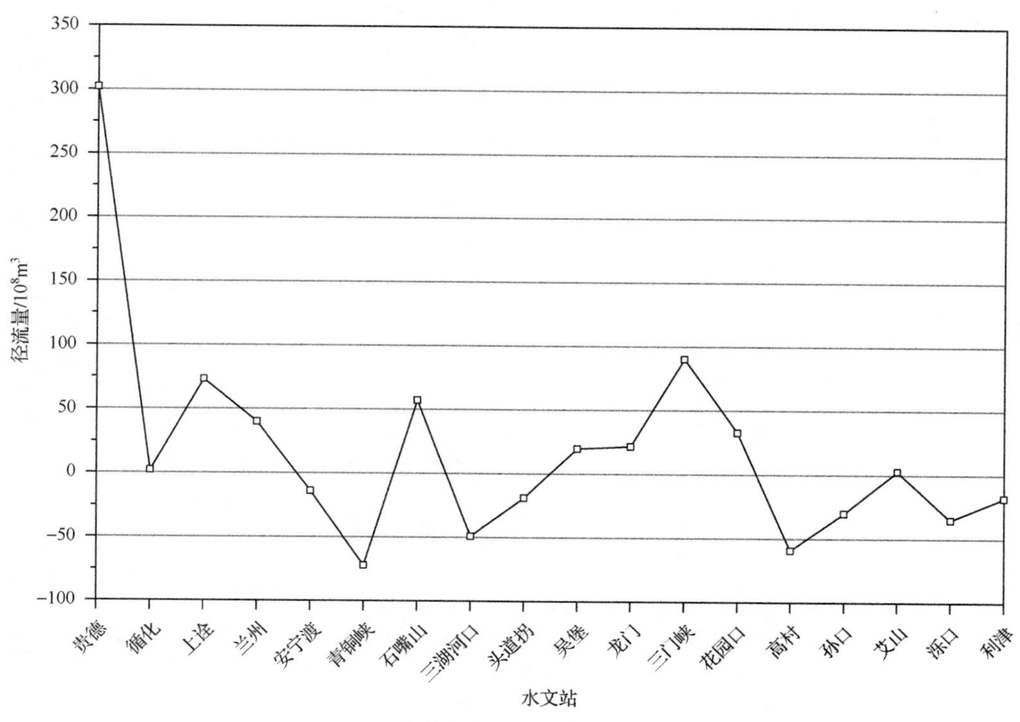

1981年黄河干流区间产水量散点连线图

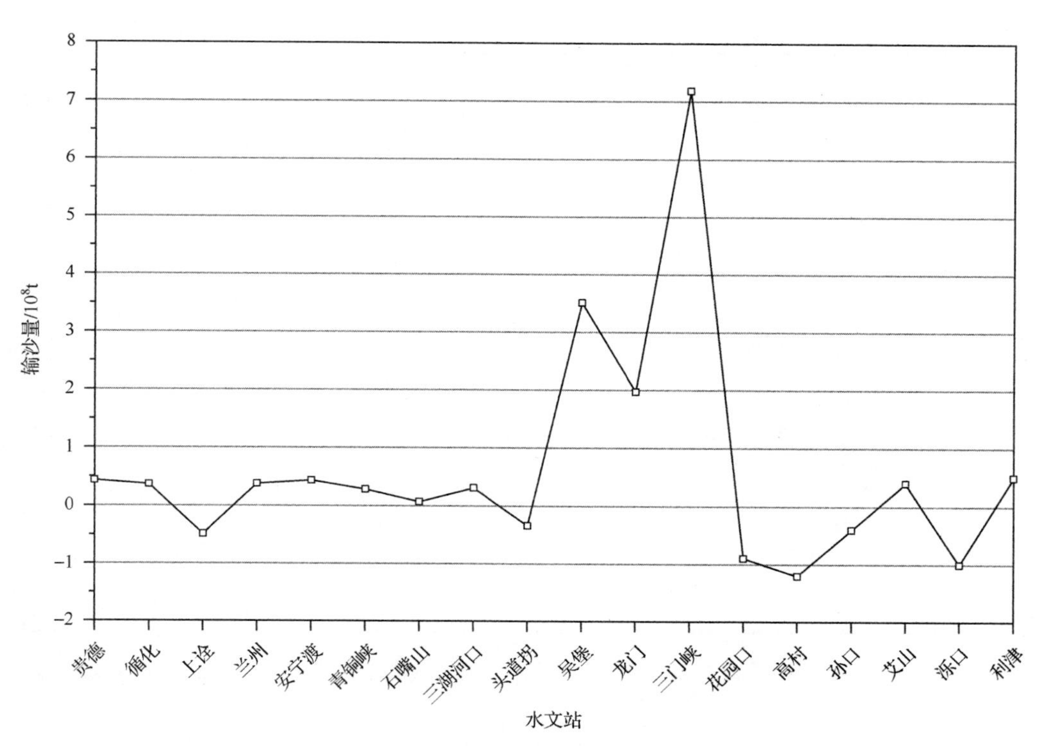

1981年黄河干流区间产沙量散点连线图

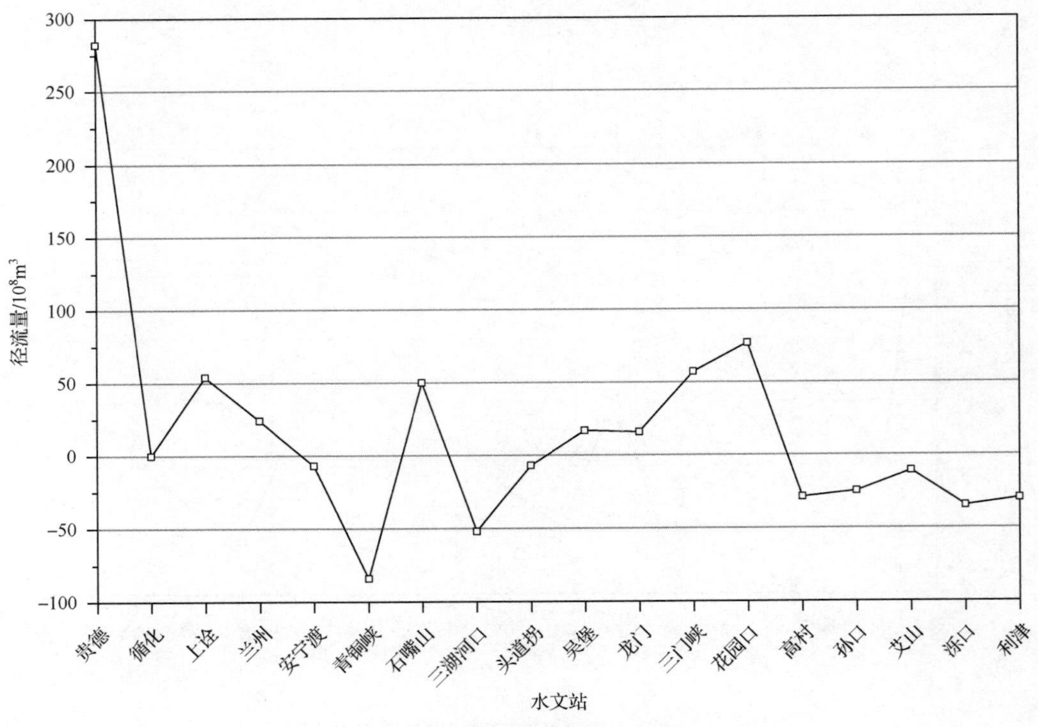

1982年黄河干流区间产水量散点连线图

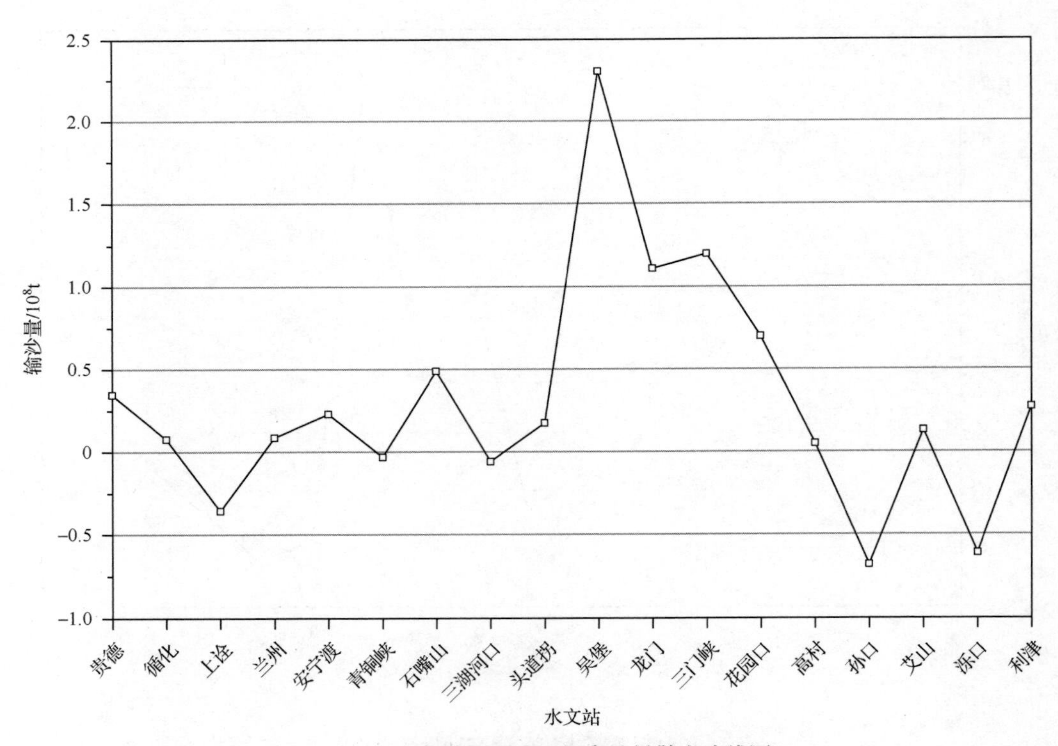

1982年黄河干流区间产沙量散点连线图

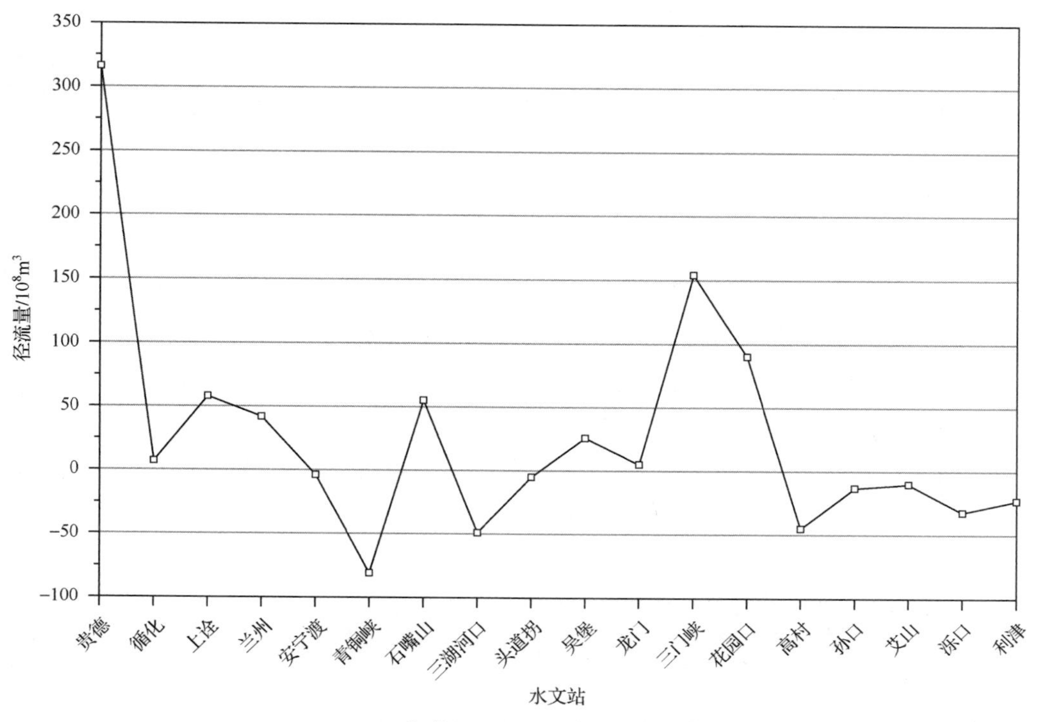

1983年黄河干流区间产水量散点连线图

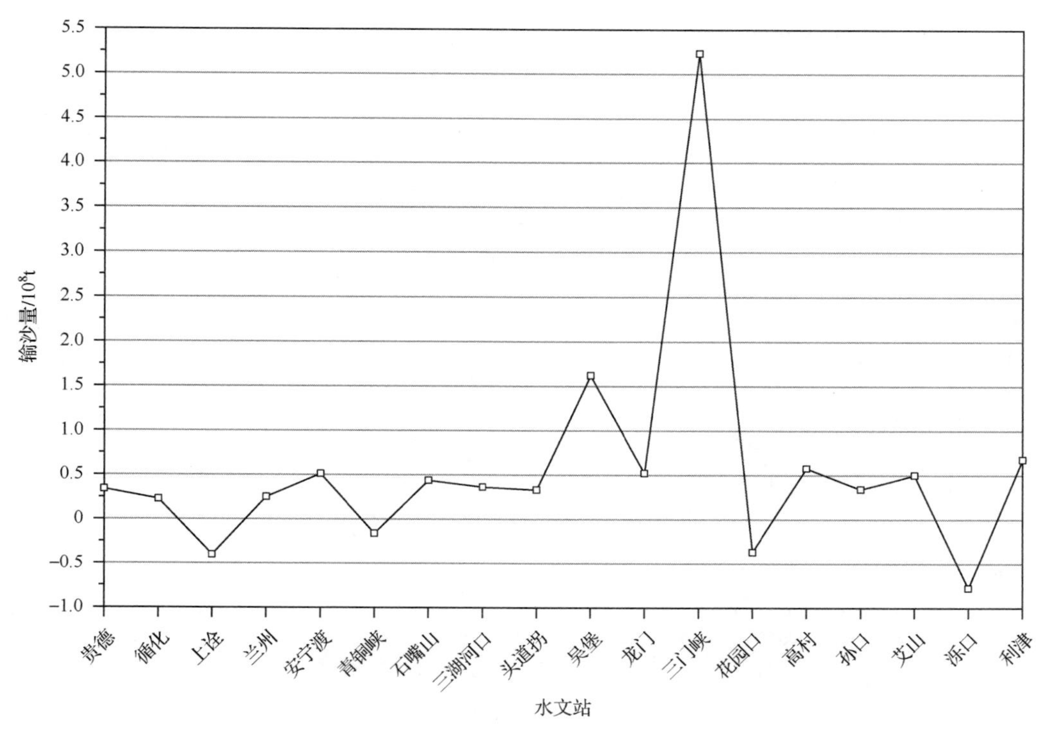

1983年黄河干流区间产沙量散点连线图

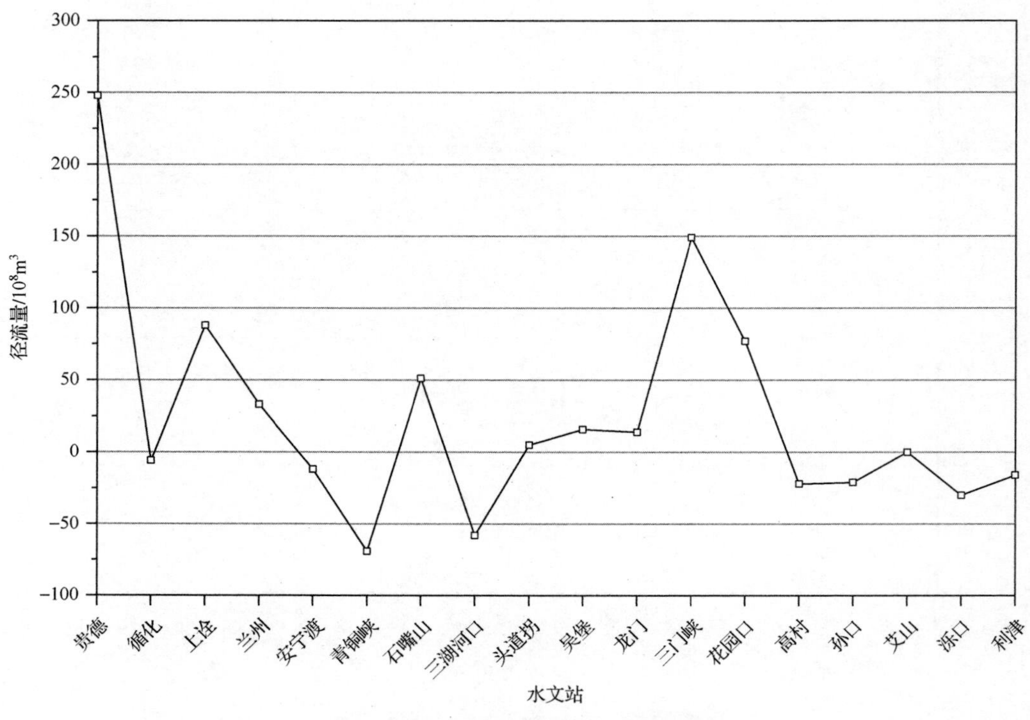

1984年黄河干流区间产水量散点连线图

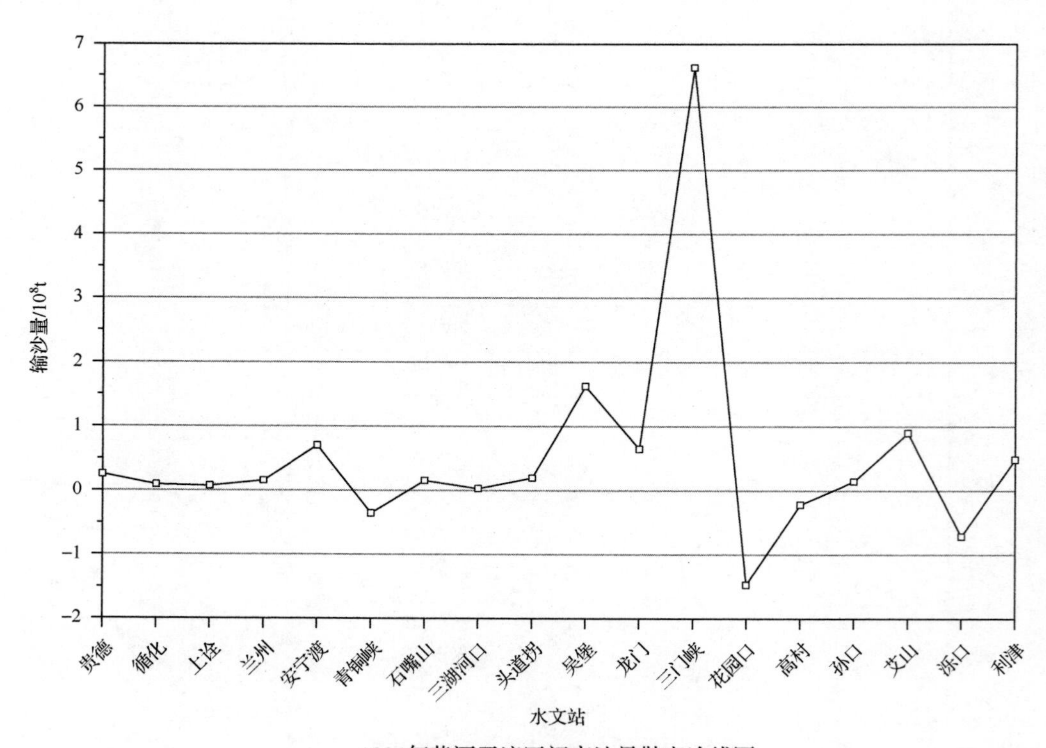

1984年黄河干流区间产沙量散点连线图

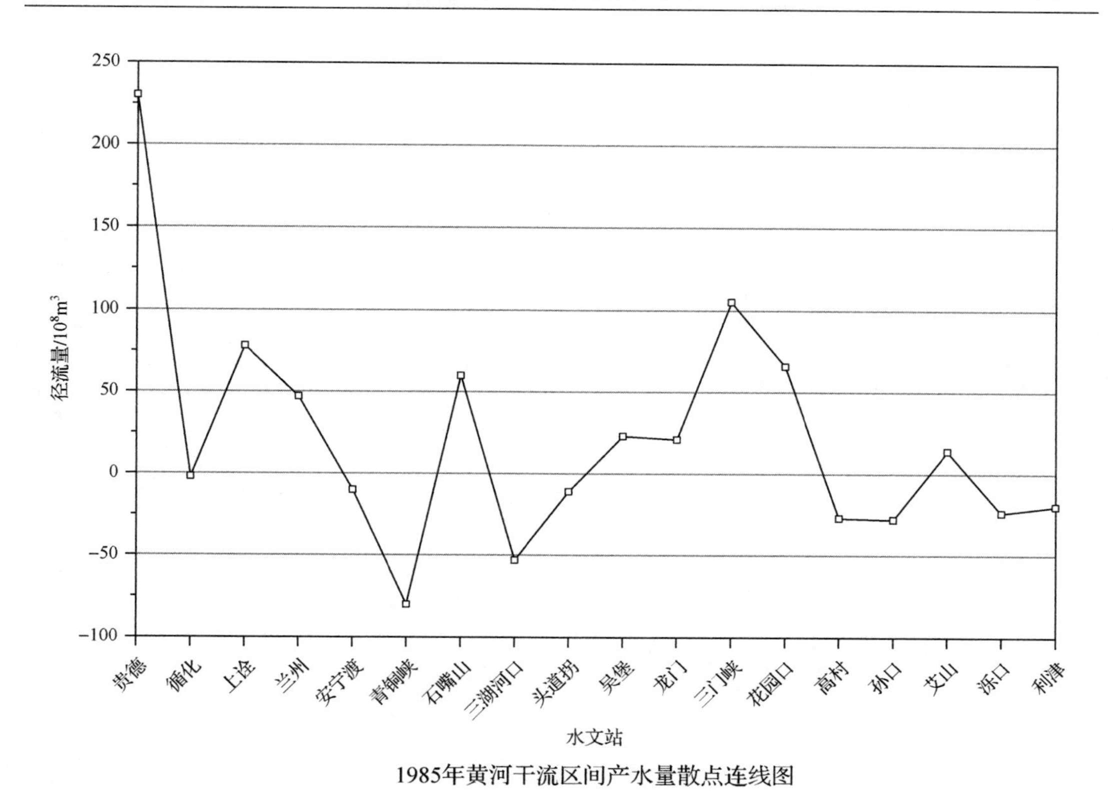

1985年黄河干流区间产水量散点连线图

1985年黄河干流区间产沙量散点连线图

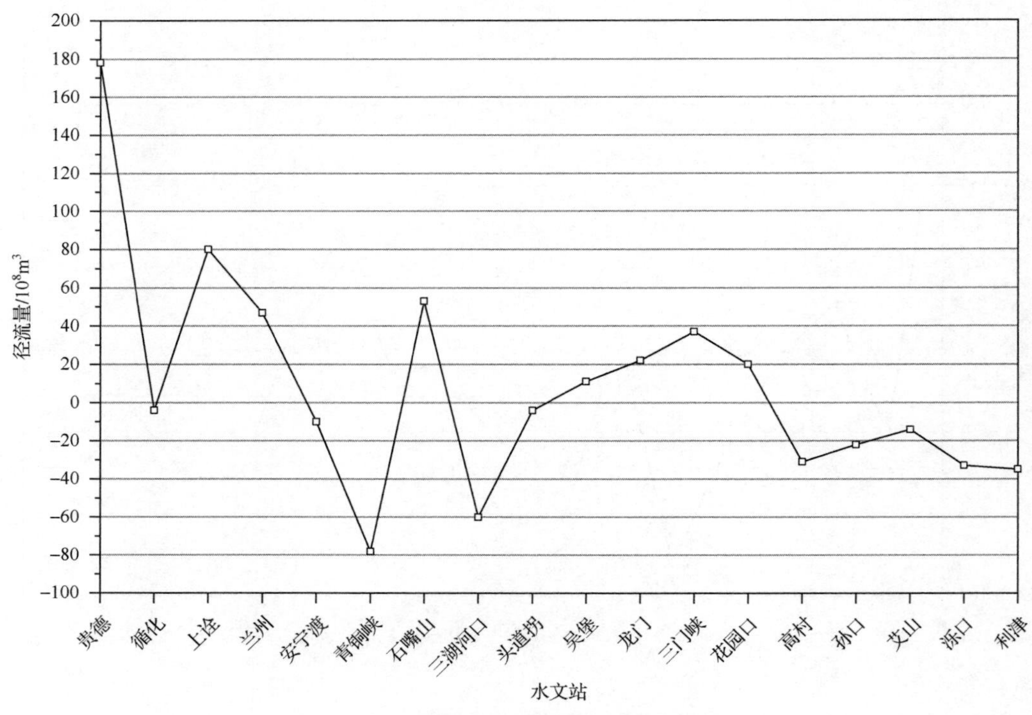

1986年黄河干流区间产水量散点连线图

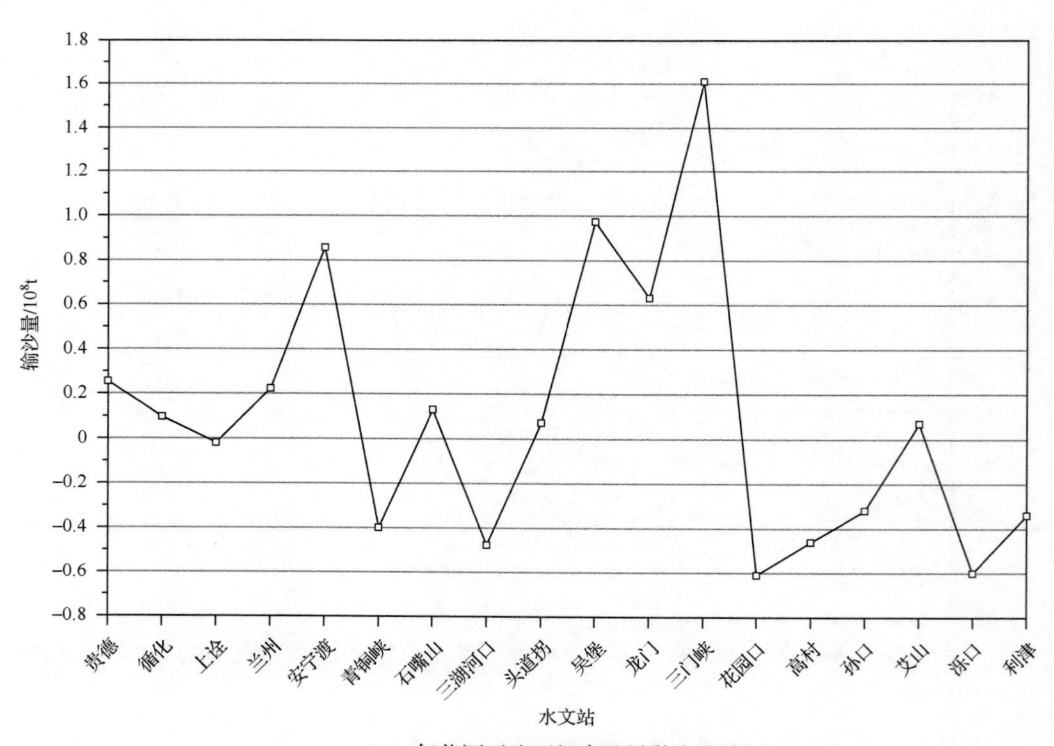

1986年黄河干流区间产沙量散点连线图

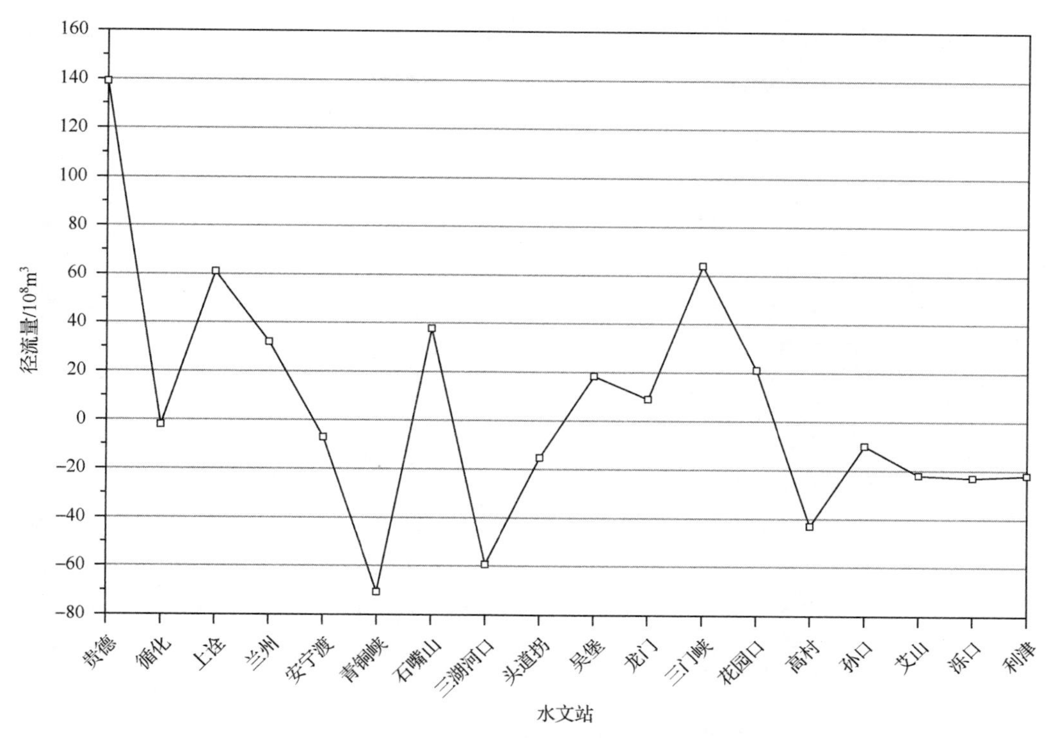

1987年黄河干流区间产水量散点连线图

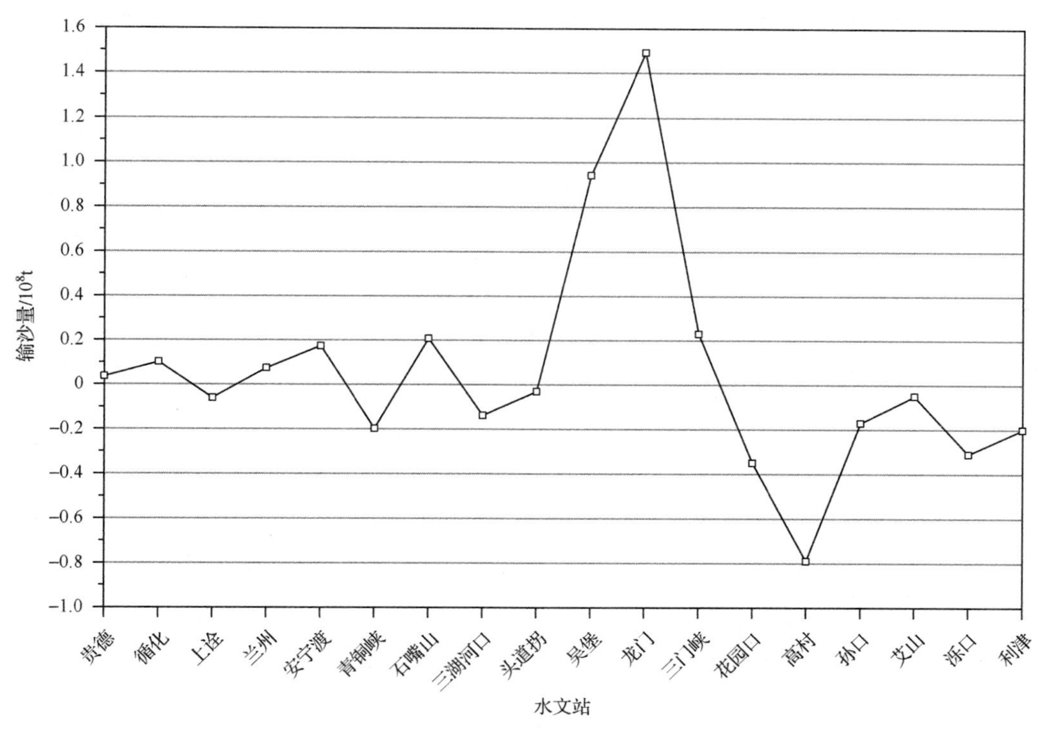

1987年黄河干流区间产沙量散点连线图

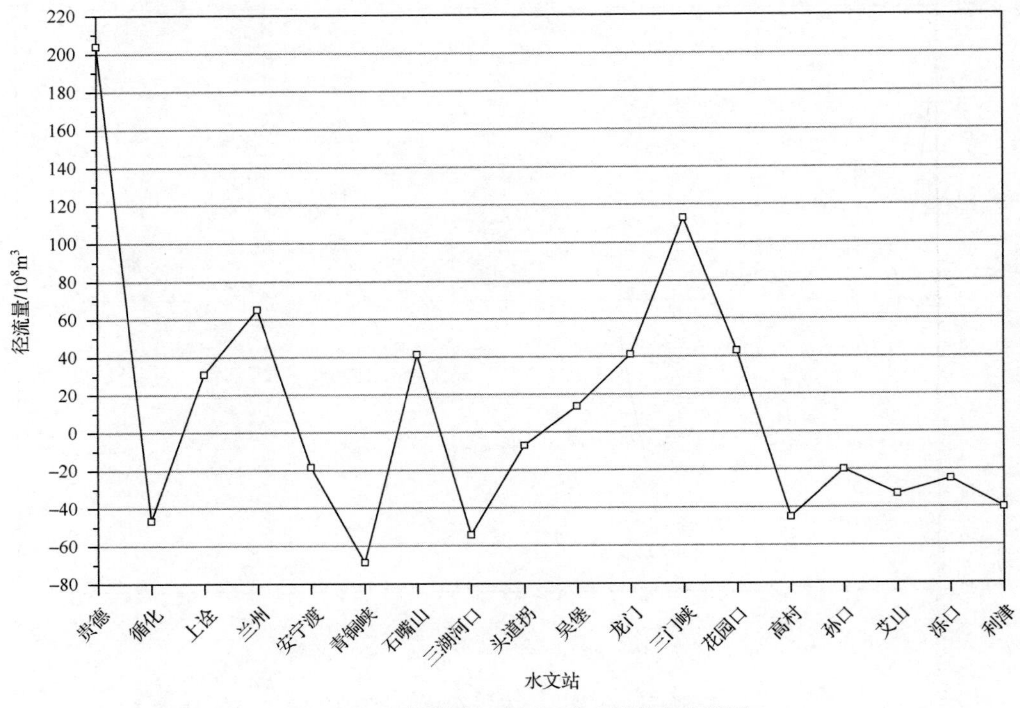

1988年黄河干流区间产水量散点连线图

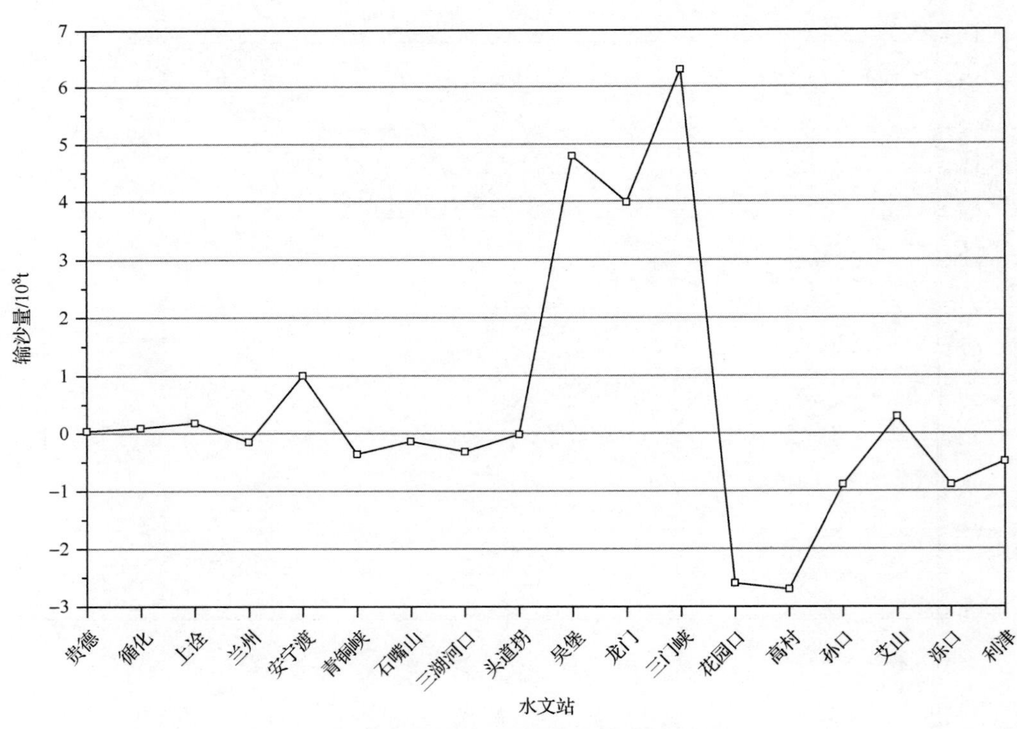

1988年黄河干流区间产沙量散点连线图

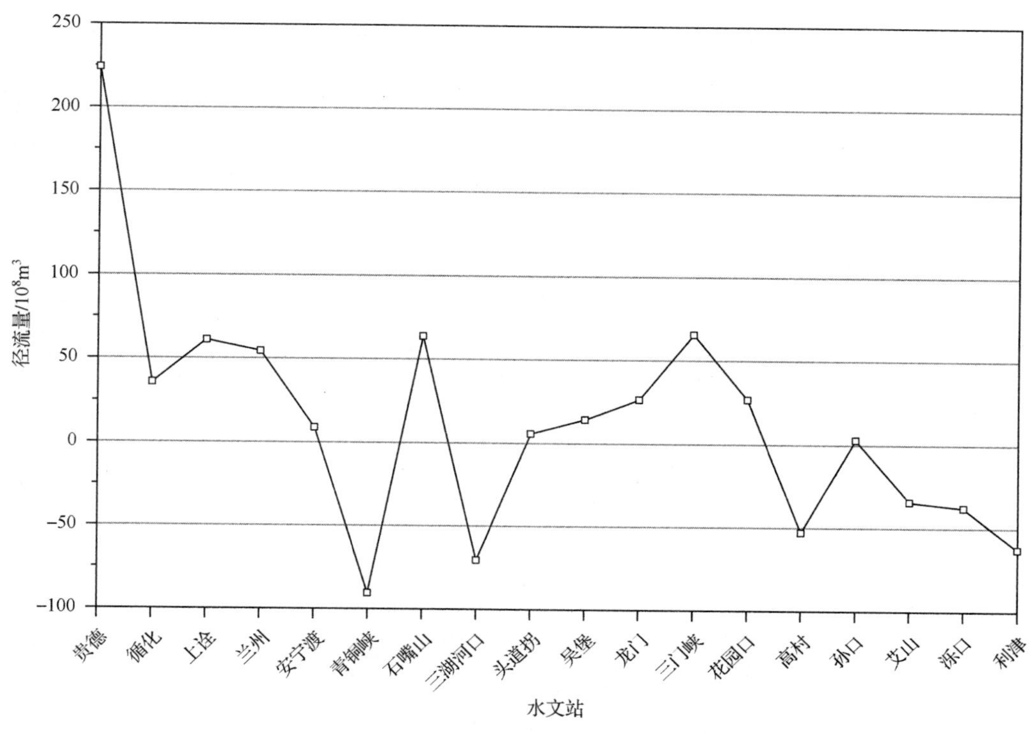

1989年黄河干流区间产水量散点连线图

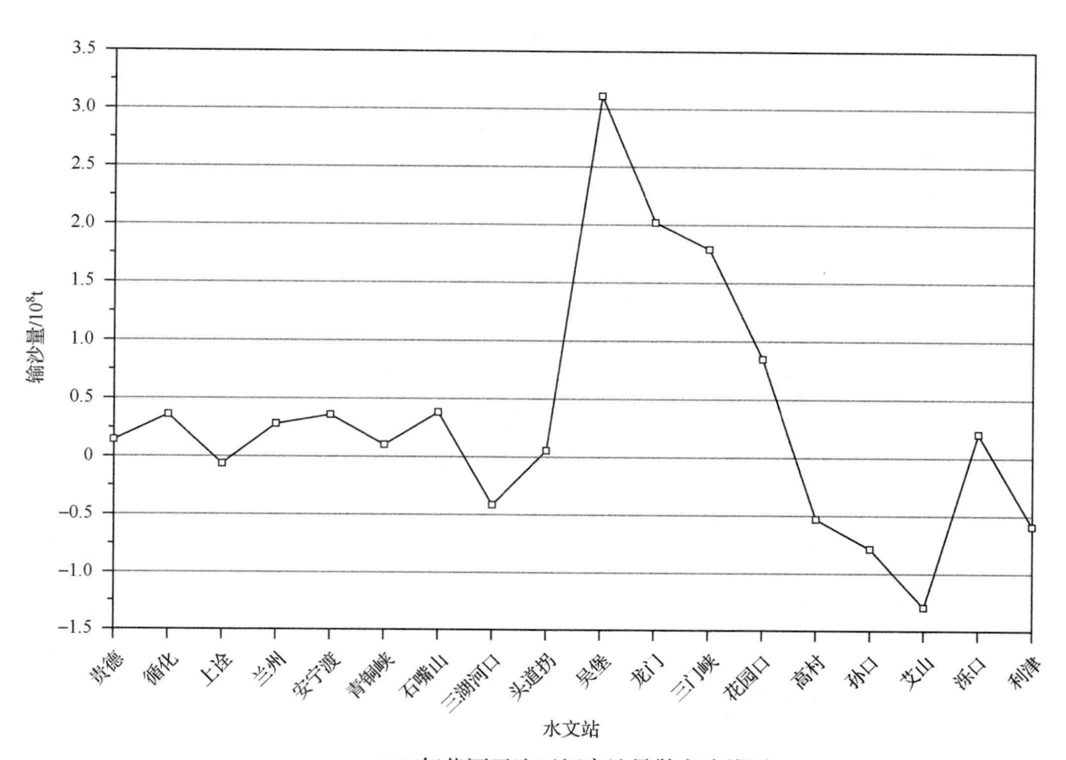

1989年黄河干流区间产沙量散点连线图

250
200
150
100
50
0
-50
-100
径流量/10^8m^3
贵德
循化
上诠
兰州
安宁渡
青铜峡
石嘴山
三湖河口
头道拐
吴堡
龙门
三门峡
花园口
高村
孙口
艾山
泺口
利津
水文站

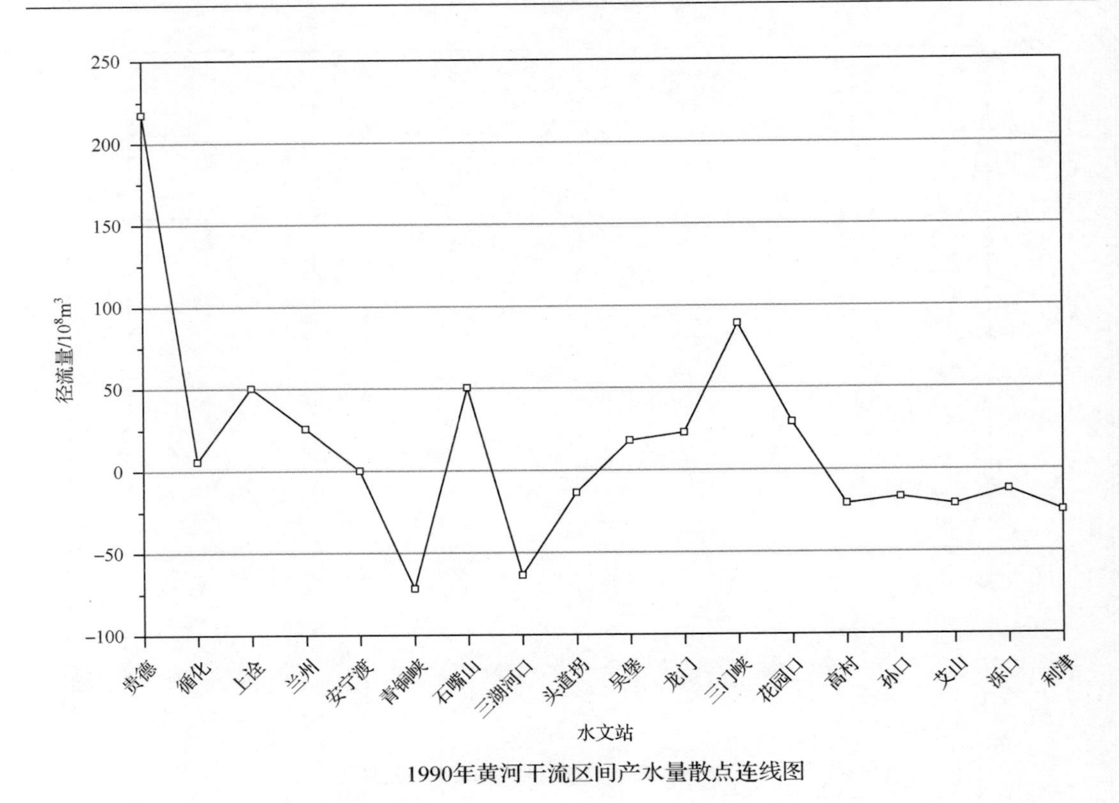

1990年黄河干流区间产水量散点连线图

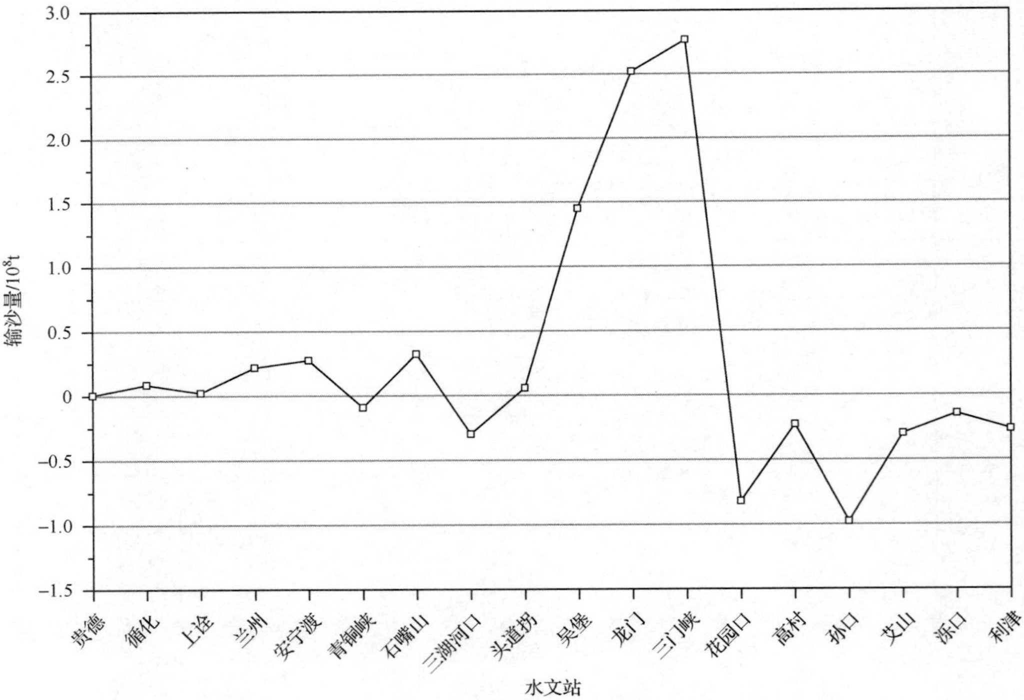

3.0
2.5
2.0
1.5
1.0
0.5
0
-0.5
-1.0
-1.5
输沙量/10^8t
贵德
循化
上诠
兰州
安宁渡
青铜峡
石嘴山
三湖河口
头道拐
吴堡
龙门
三门峡
花园口
高村
孙口
艾山
泺口
利津
水文站

1990年黄河干流区间产沙量散点连线图

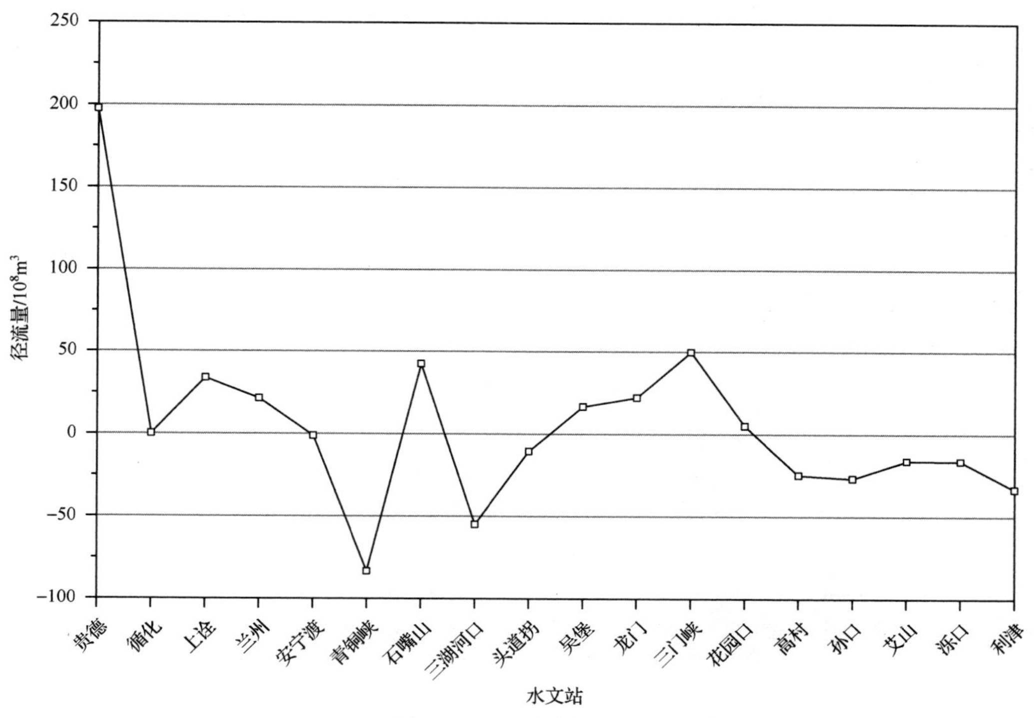

1991年黄河干流区间产水量散点连线图

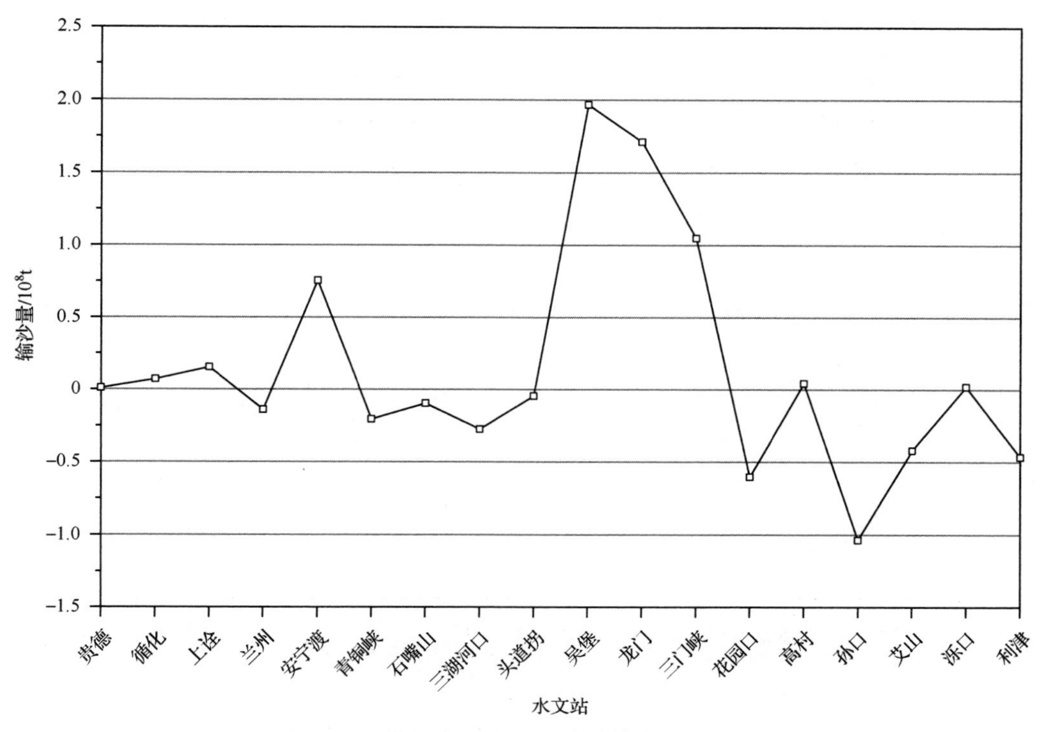

1991年黄河干流区间产沙量散点连线图

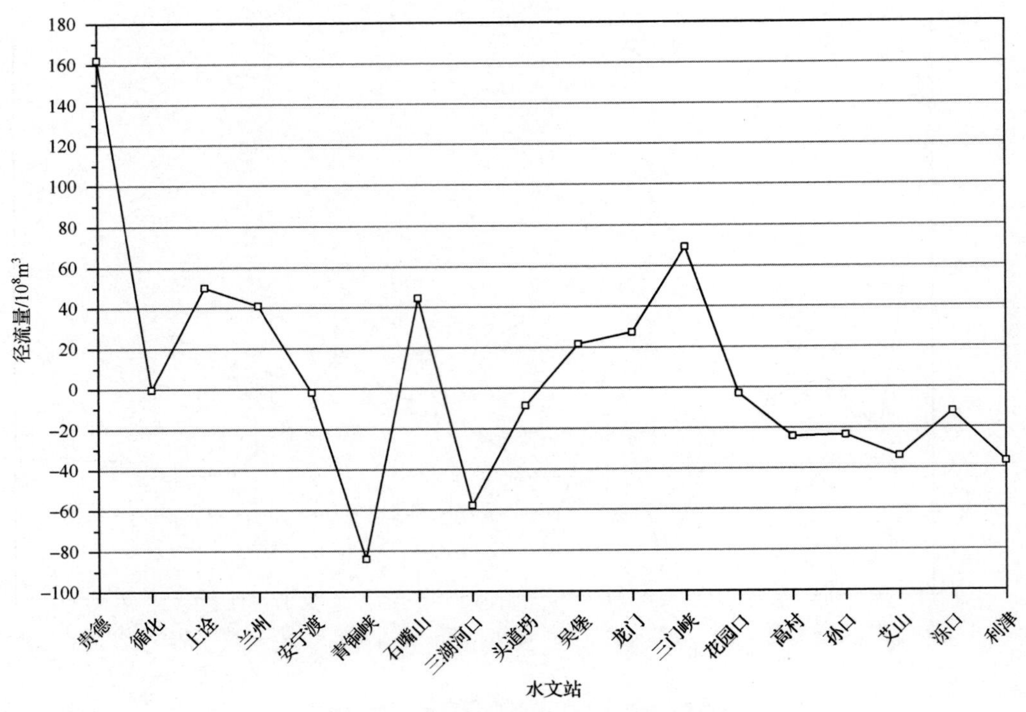

1992年黄河干流区间产水量散点连线图

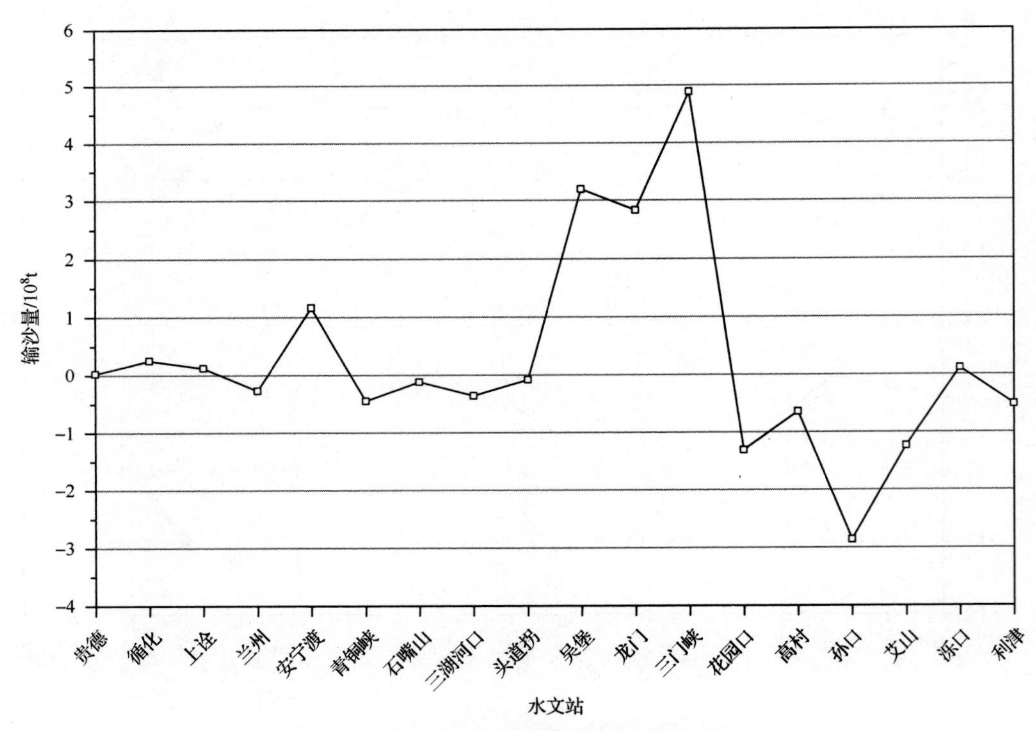

1992年黄河干流区间产沙量散点连线图

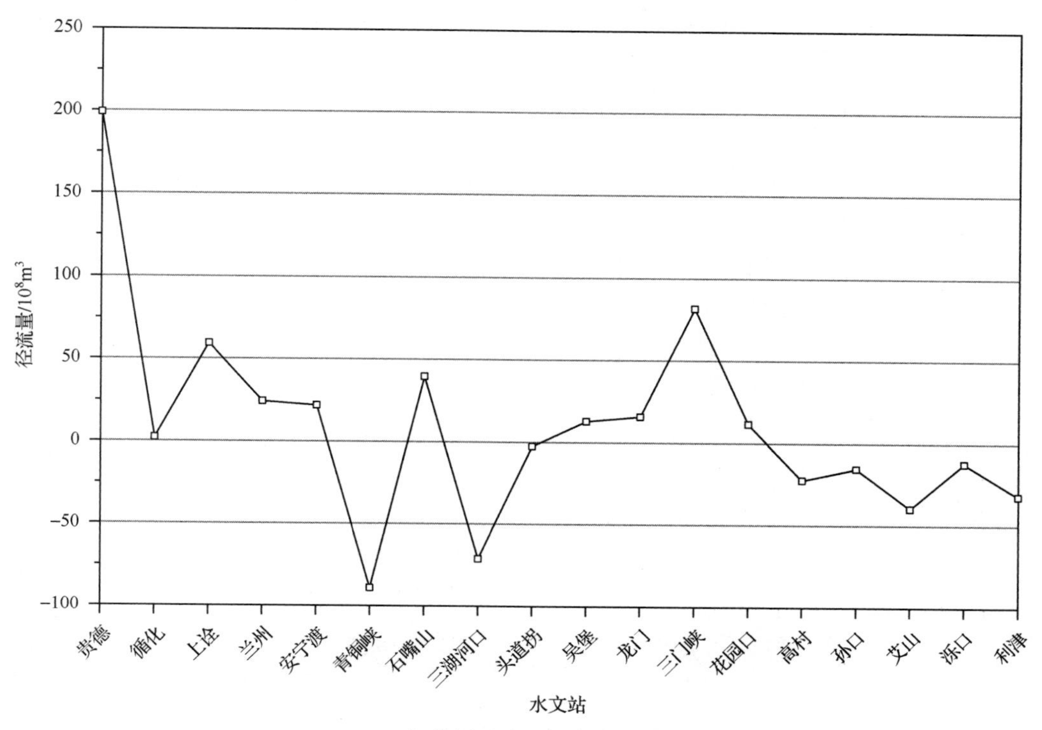

1993年黄河干流区间产水量散点连线图

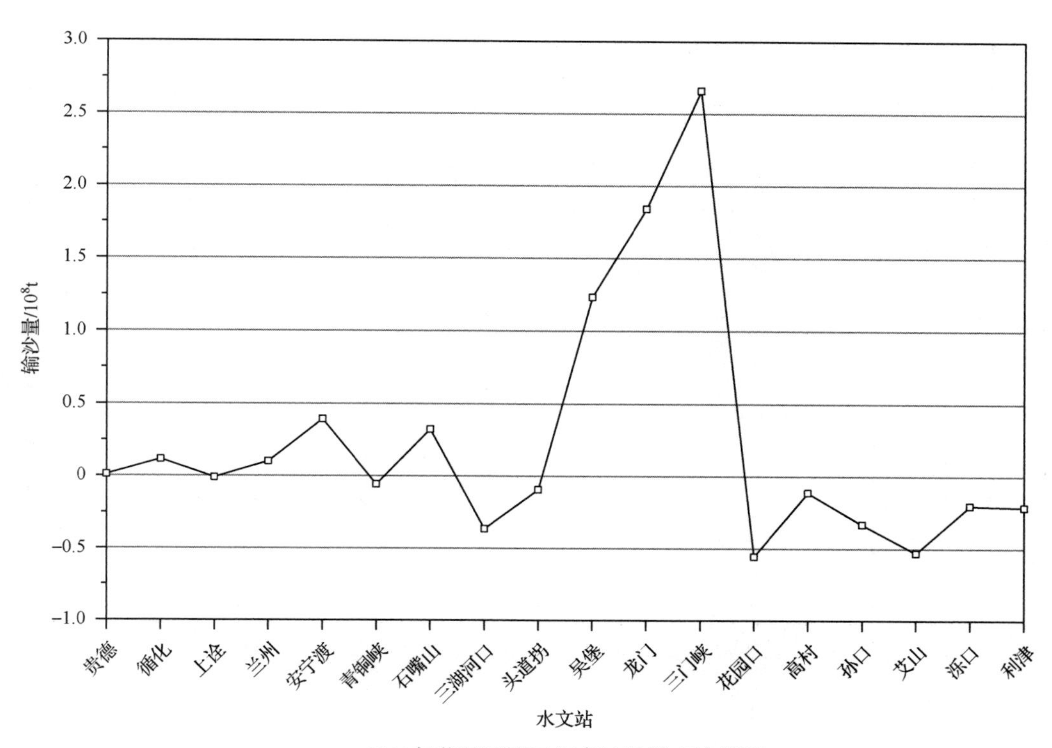

1993年黄河干流区间产沙量散点连线图

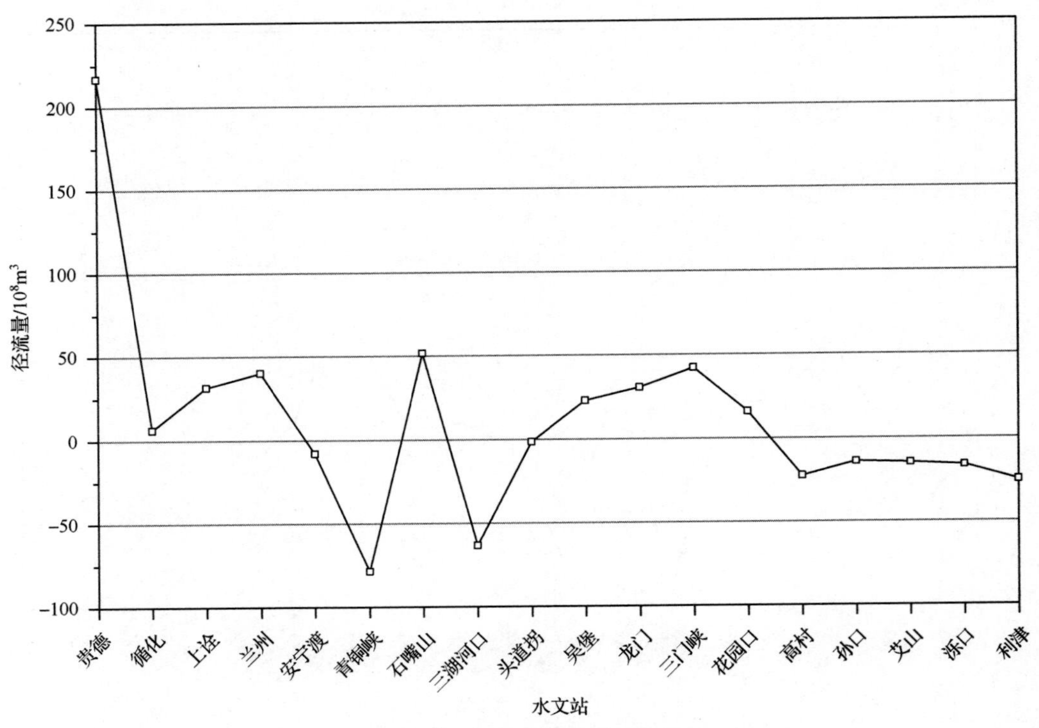

1994年黄河干流区间产水量散点连线图

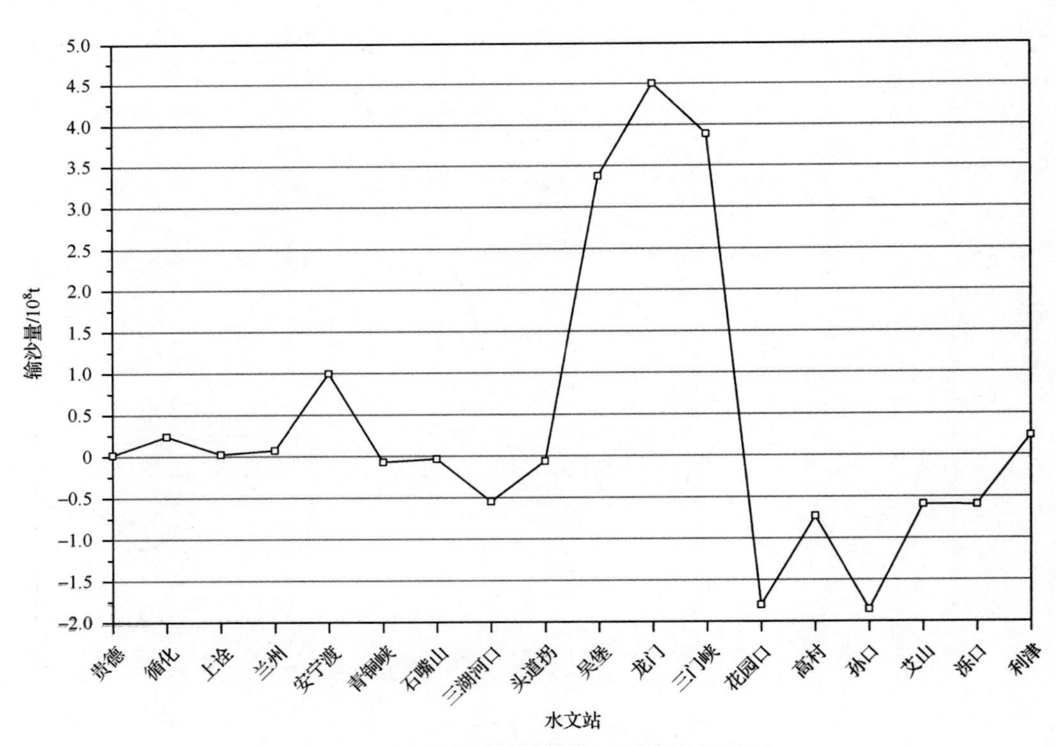

1994年黄河干流区间产沙量散点连线图

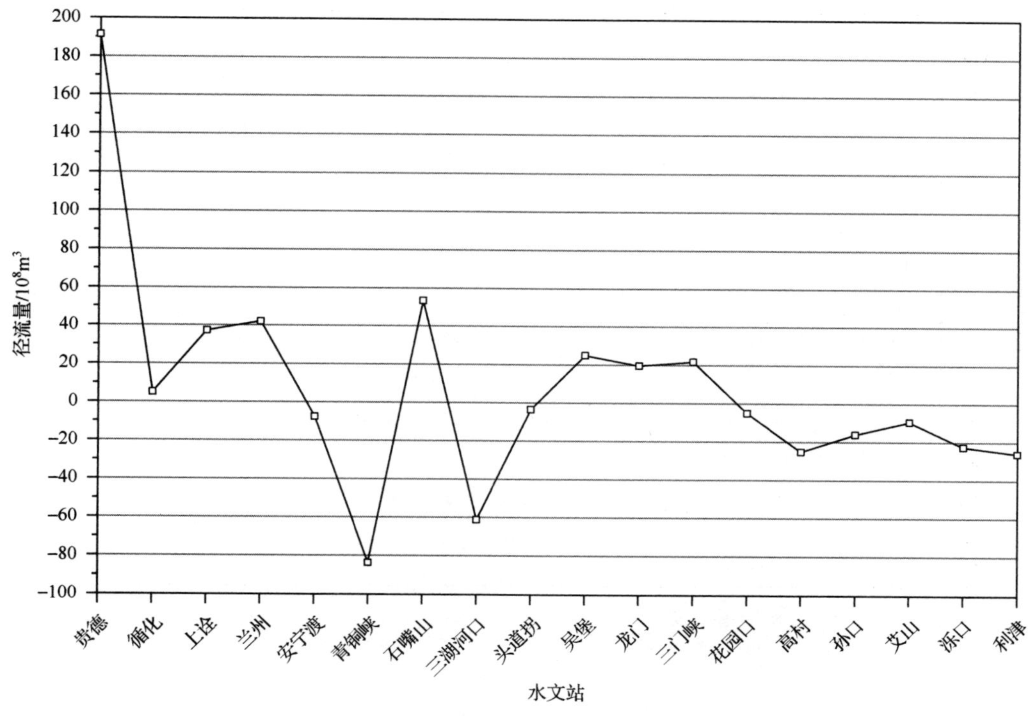

1995年黄河干流区间产水量散点连线图

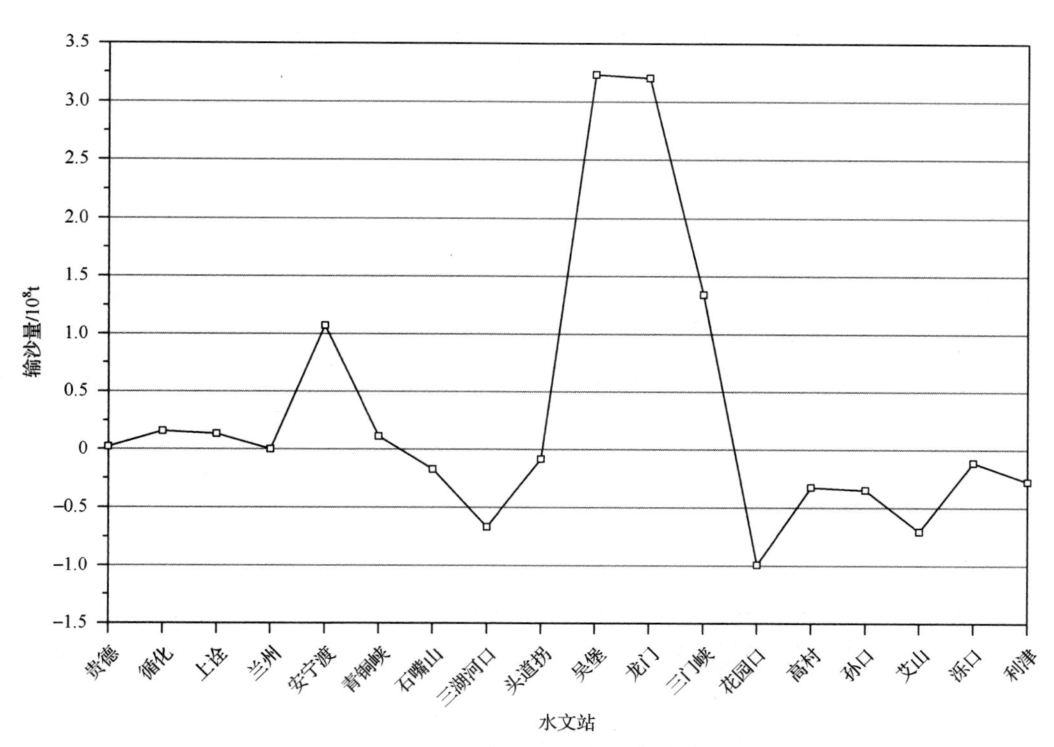

1995年黄河干流区间产沙量散点连线图

径流量/10⁸m³
180
160
140
120
100
80
60
40
20
0
−20
−40
−60
−80
−100
贵德
循化
上诠
兰州
安宁渡
青铜峡
石嘴山
三湖河口
头道拐
吴堡
龙门
三门峡
花园口
高村
孙口
艾山
泺口
利津
水文站

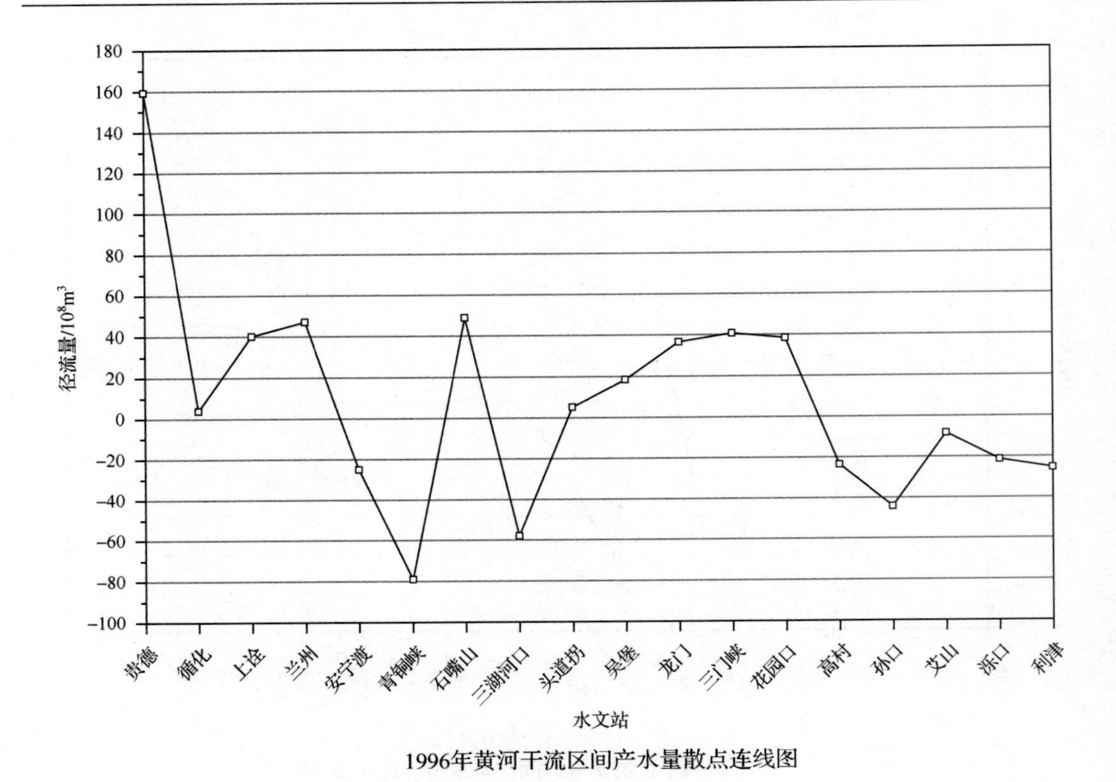

1996年黄河干流区间产水量散点连线图

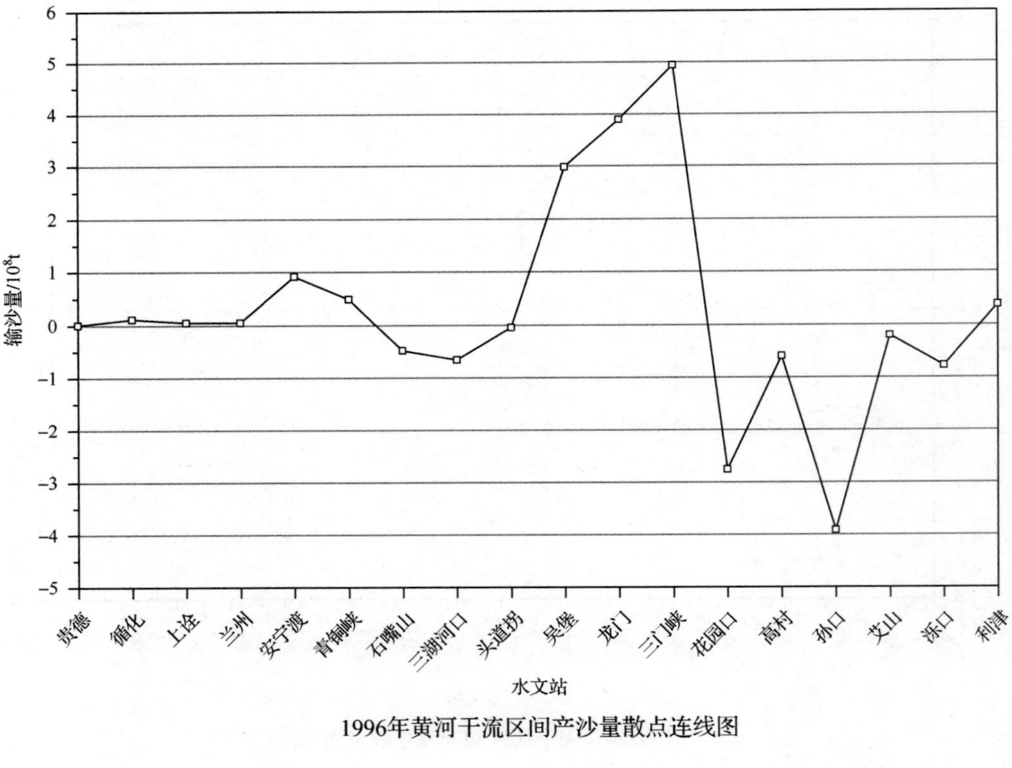

输沙量/10⁸t
6
5
4
3
2
1
0
−1
−2
−3
−4
−5
贵德
循化
上诠
兰州
安宁渡
青铜峡
石嘴山
三湖河口
头道拐
吴堡
龙门
三门峡
花园口
高村
孙口
艾山
泺口
利津
水文站

1996年黄河干流区间产沙量散点连线图

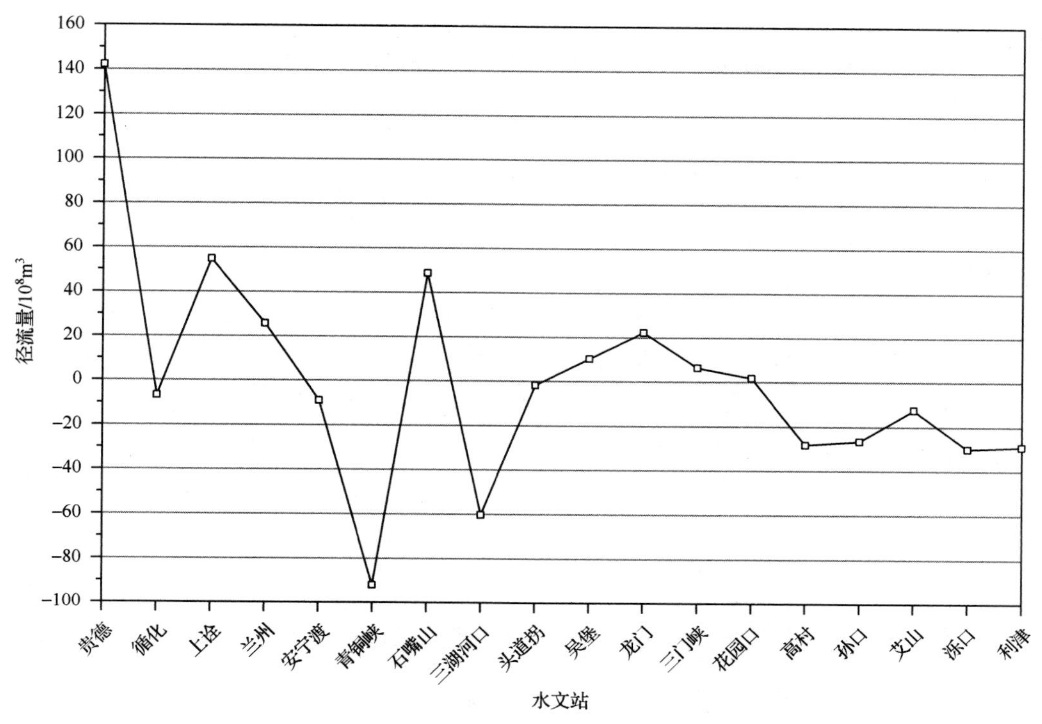

1997年黄河干流区间产水量散点连线图

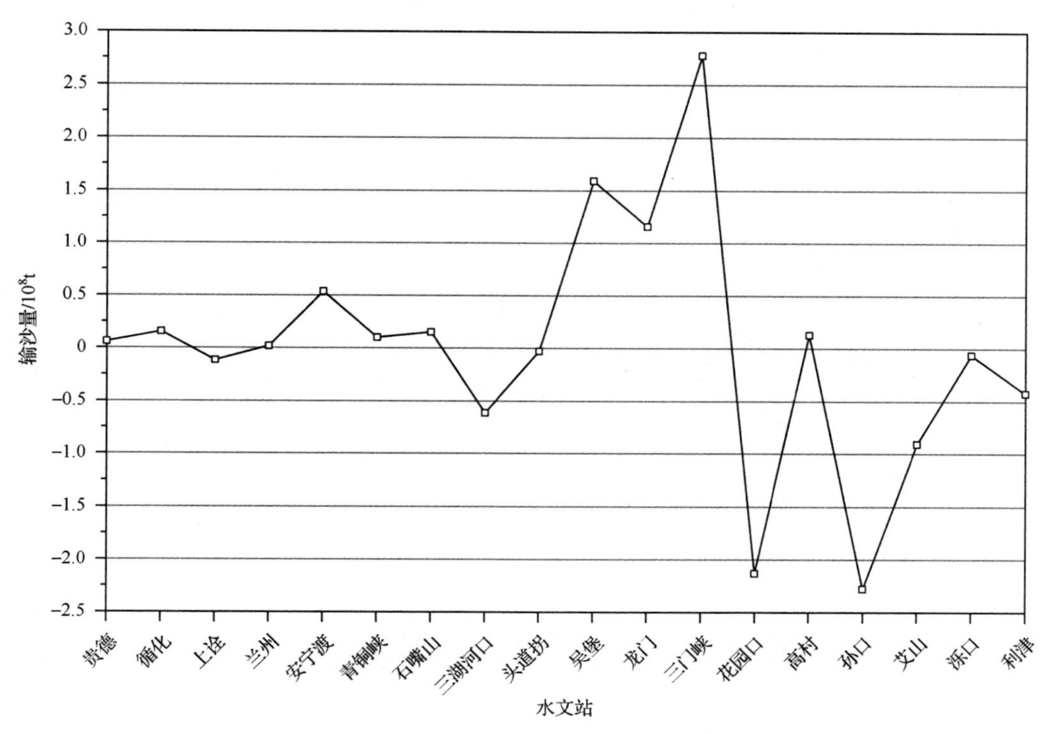

1997年黄河干流区间产沙量散点连线图

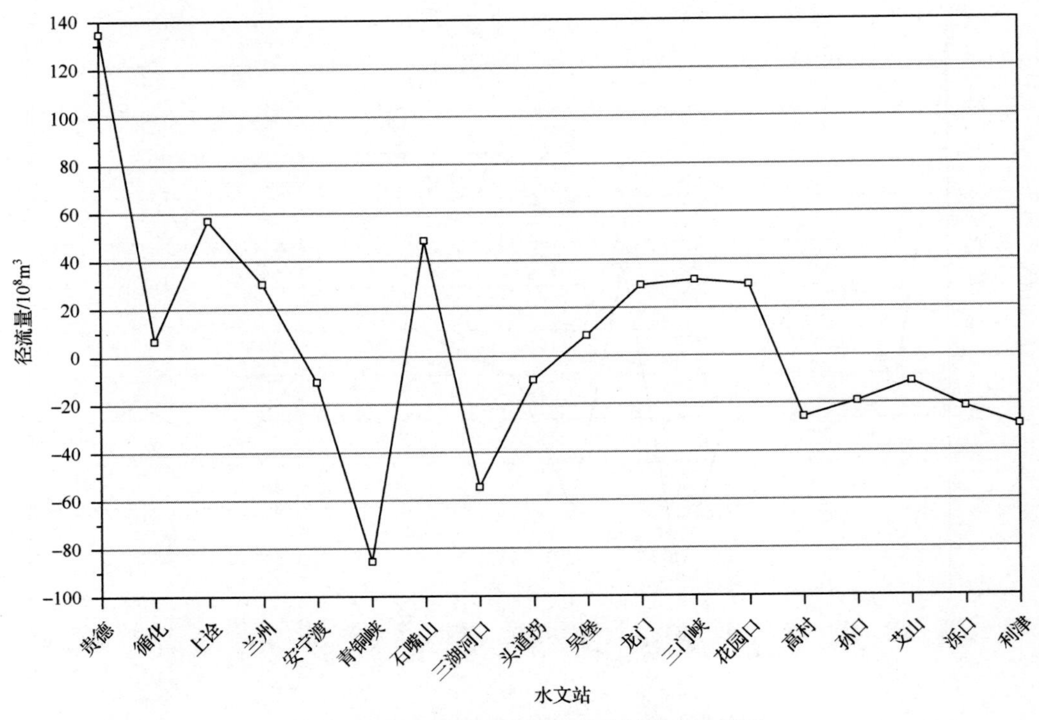

1998年黄河干流区间产水量散点连线图

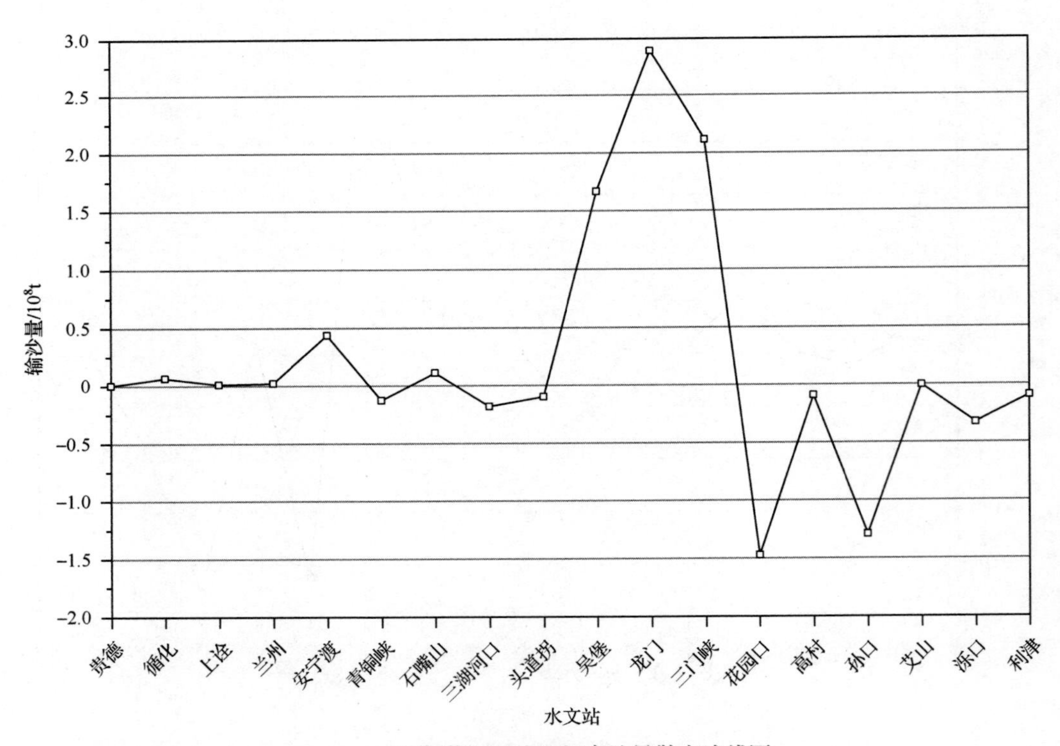

1998年黄河干流区间产沙量散点连线图

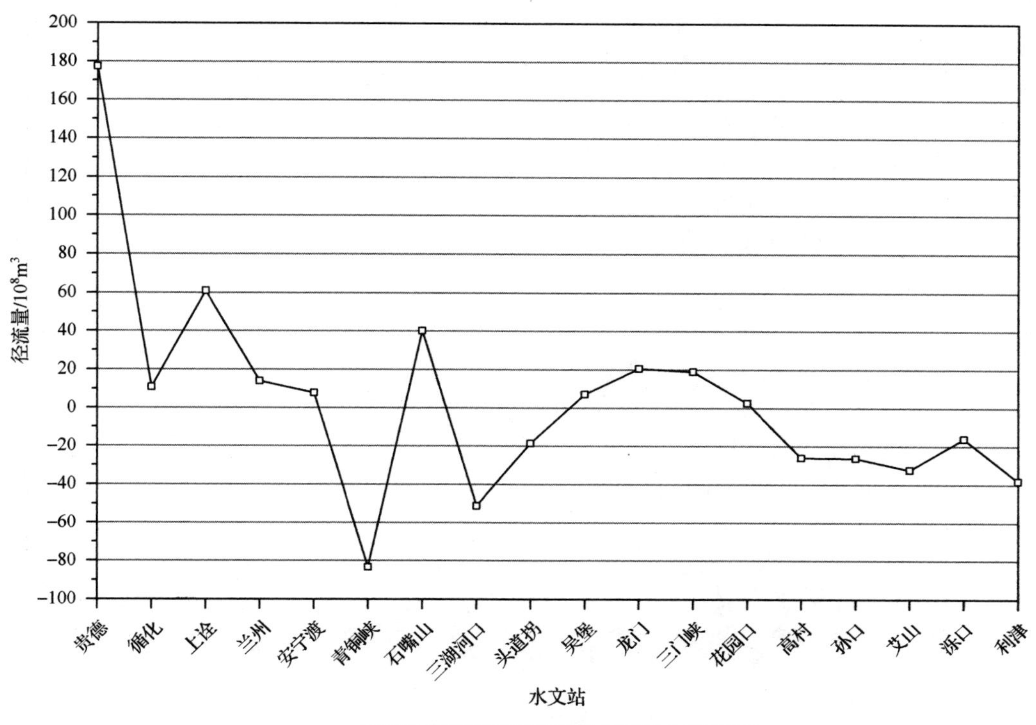

1999年黄河干流区间产水量散点连线图

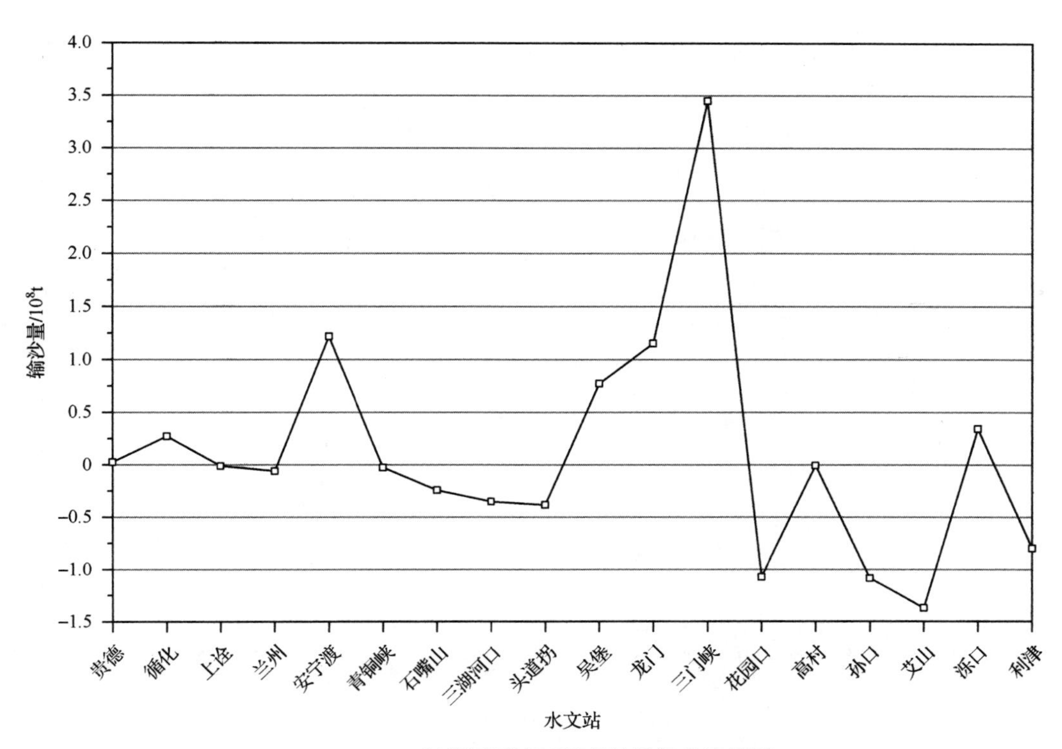

1999年黄河干流区间产沙量散点连线图

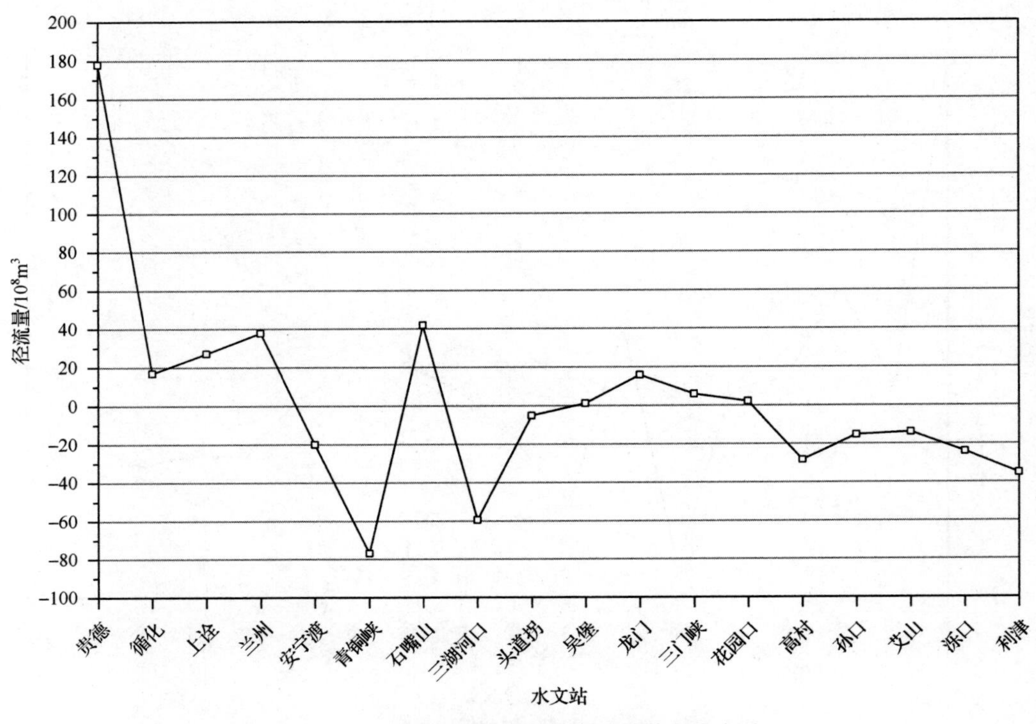

2000年黄河干流区间产水量散点连线图

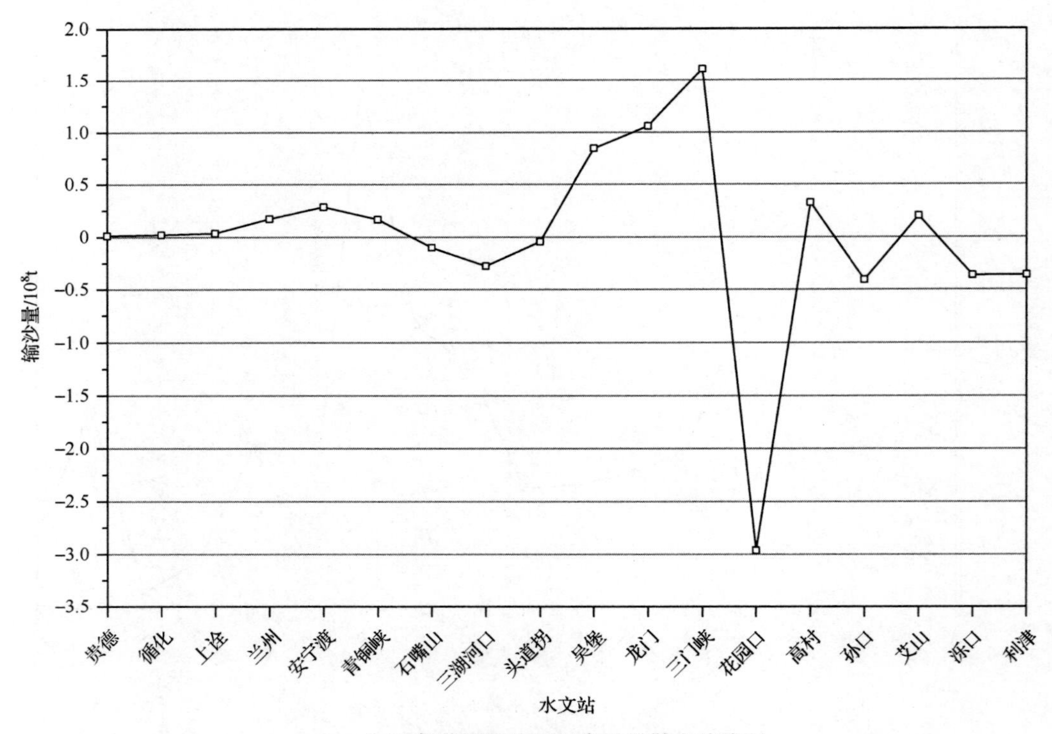

2000年黄河干流区间产沙量散点连线图

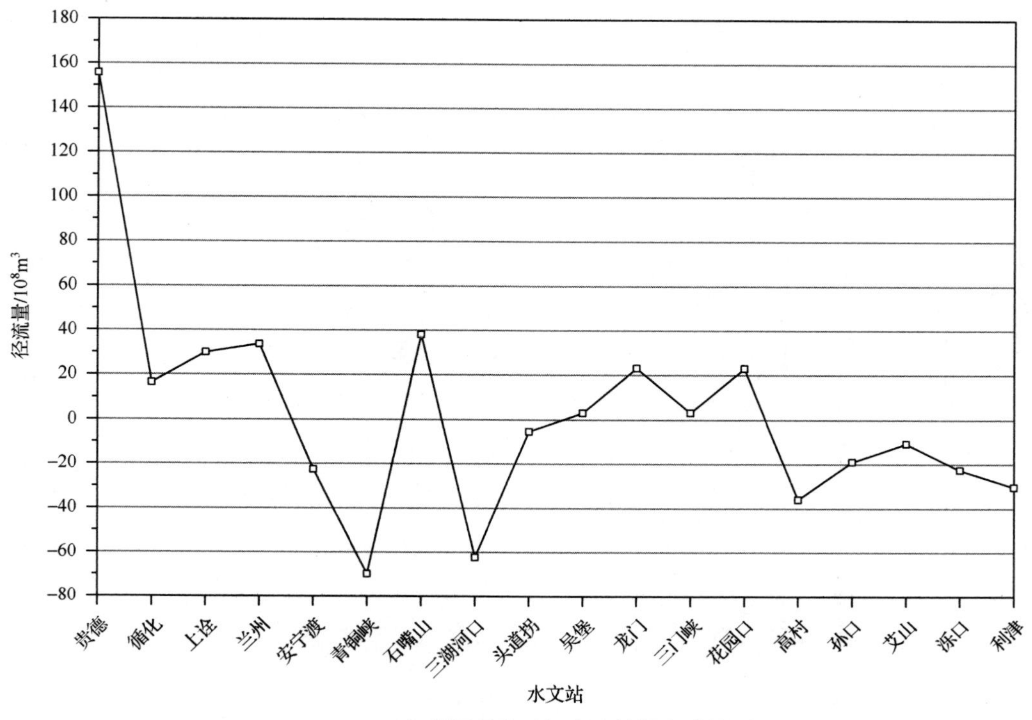

2001年黄河干流区间产水量散点连线图

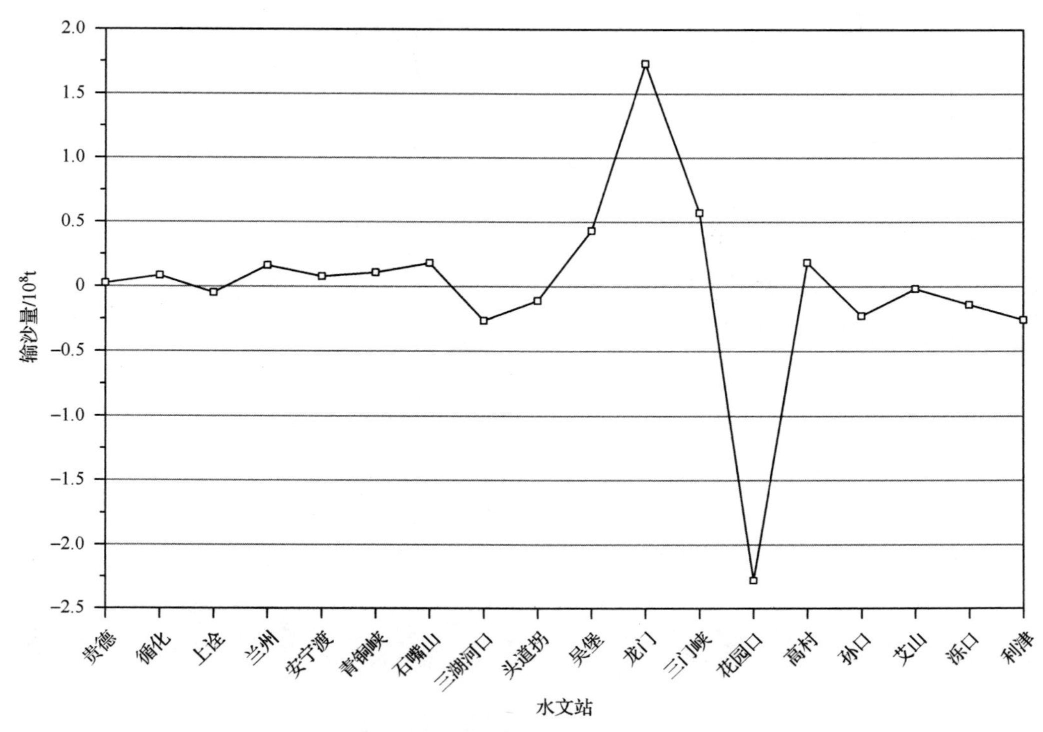

2001年黄河干流区间产沙量散点连线图

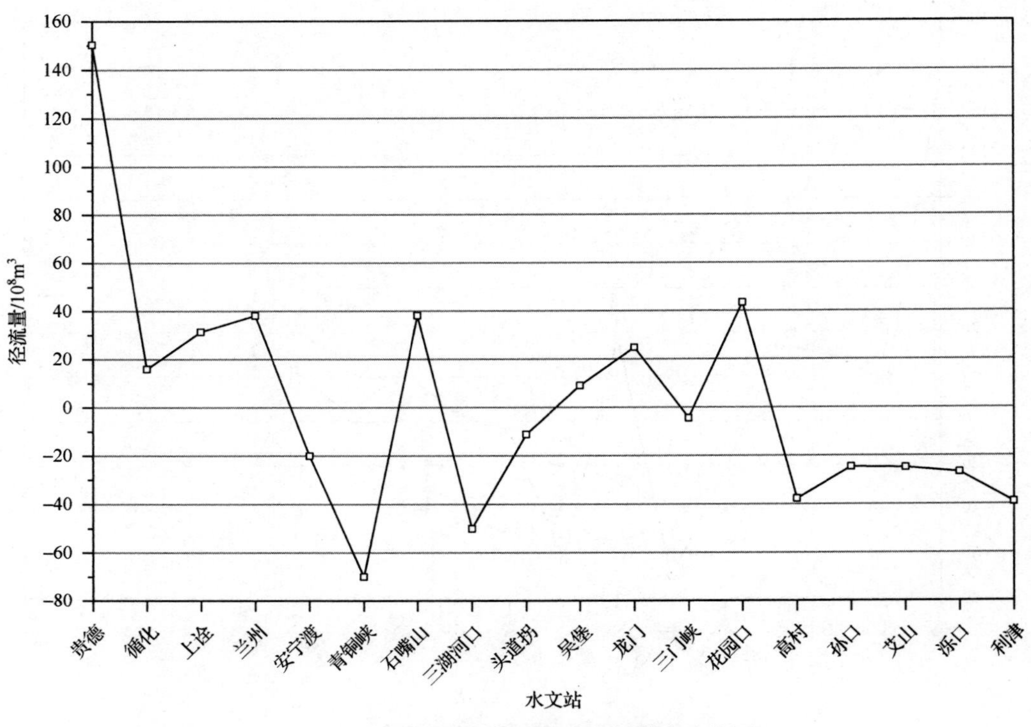

2002年黄河干流区间产水量散点连线图

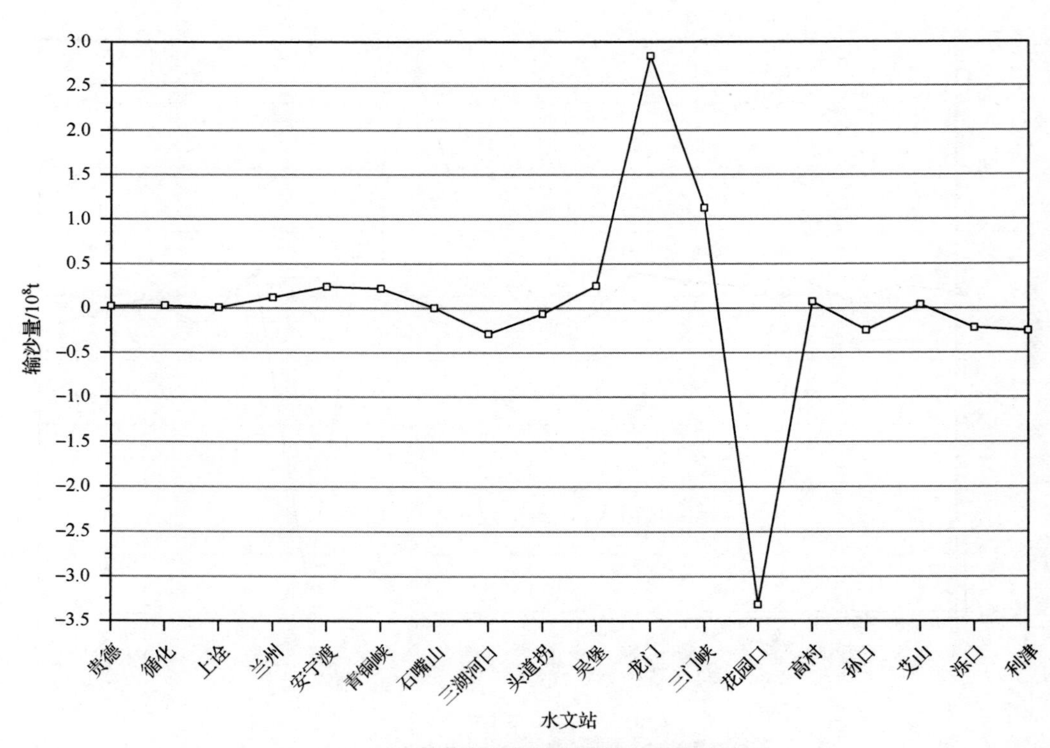

2002年黄河干流区间产沙量散点连线图

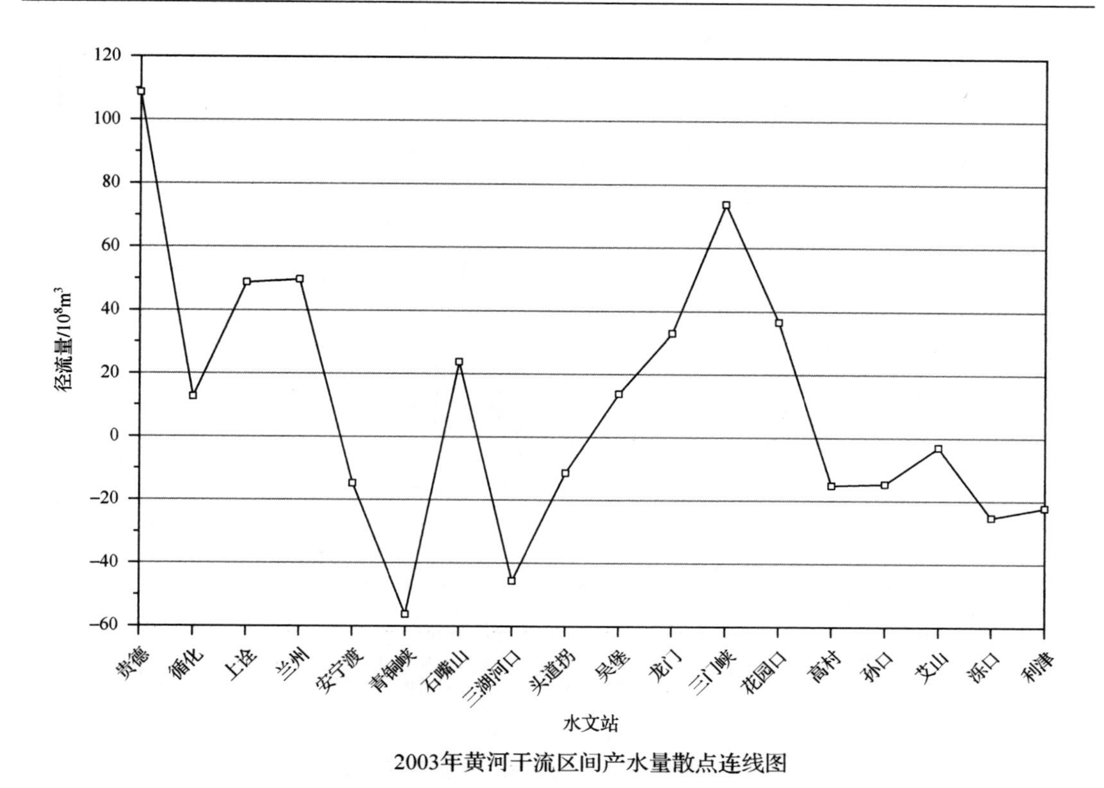

2003年黄河干流区间产水量散点连线图

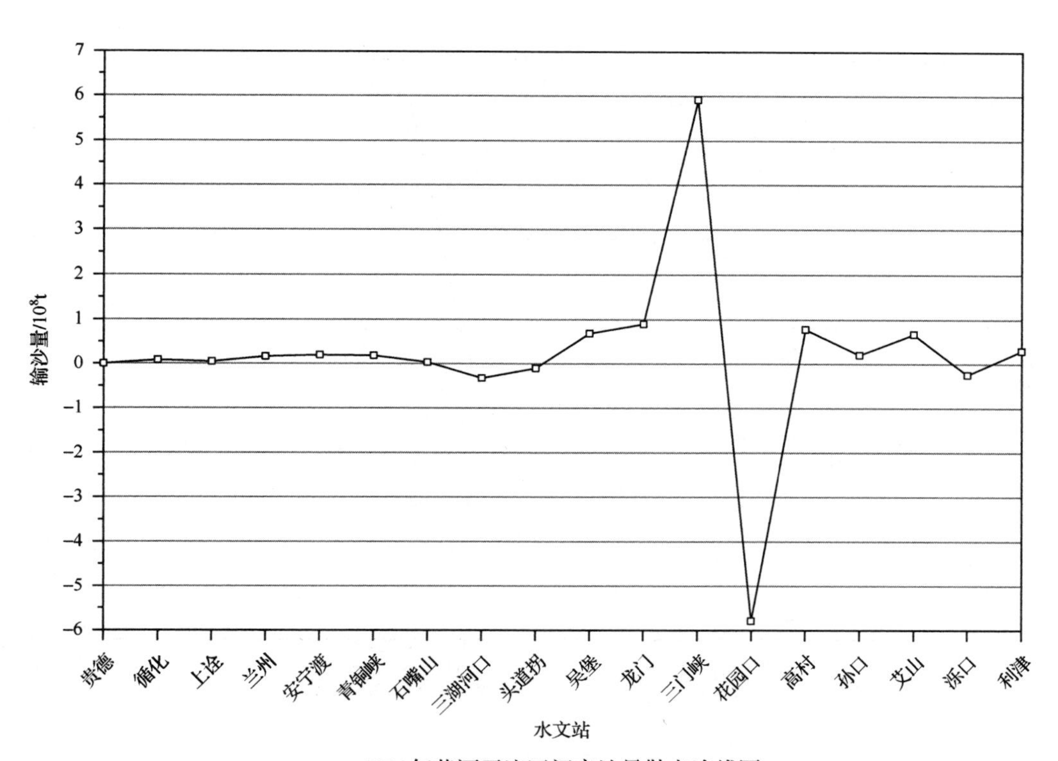

2003年黄河干流区间产沙量散点连线图

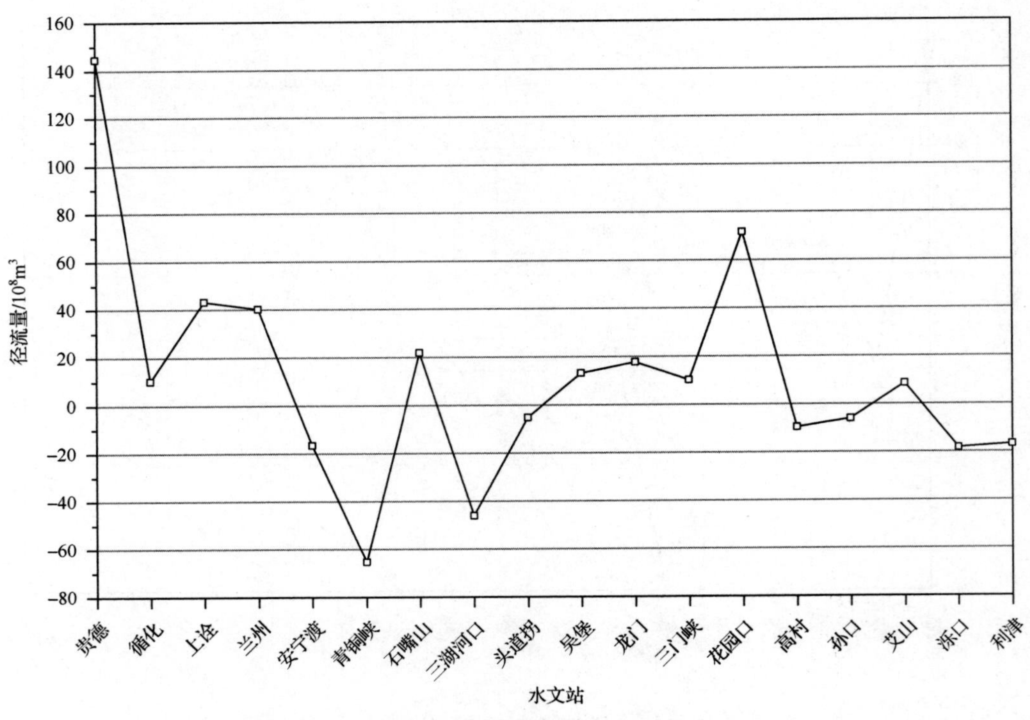

2004年黄河干流区间产水量散点连线图

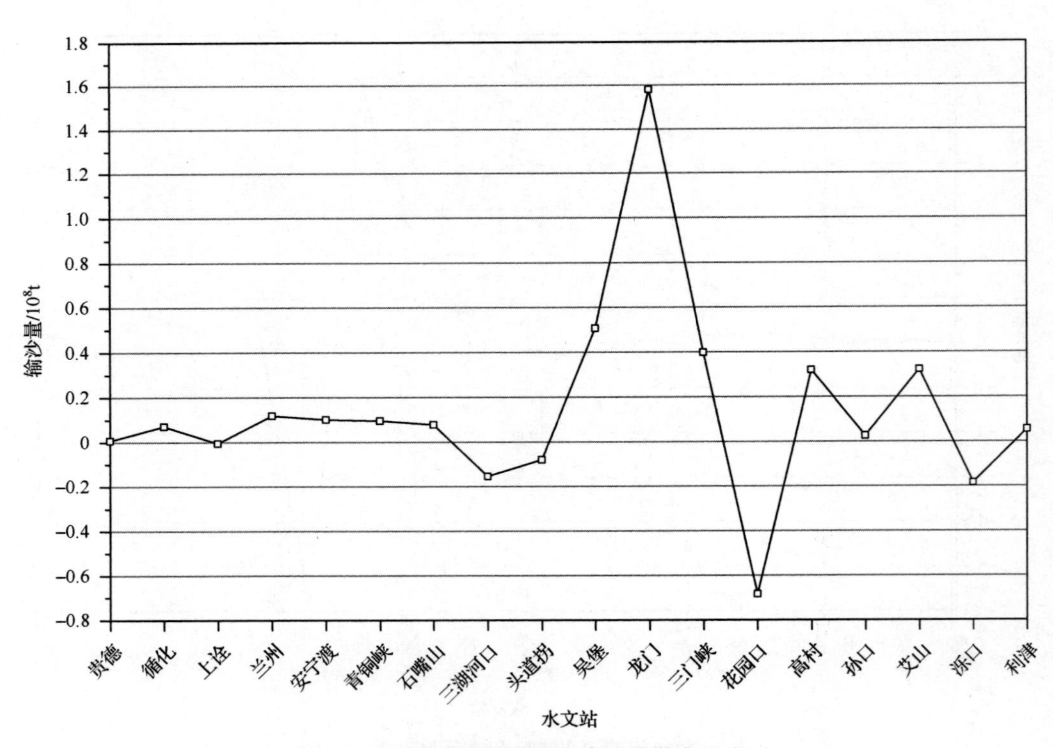

2004年黄河干流区间产沙量散点连线图

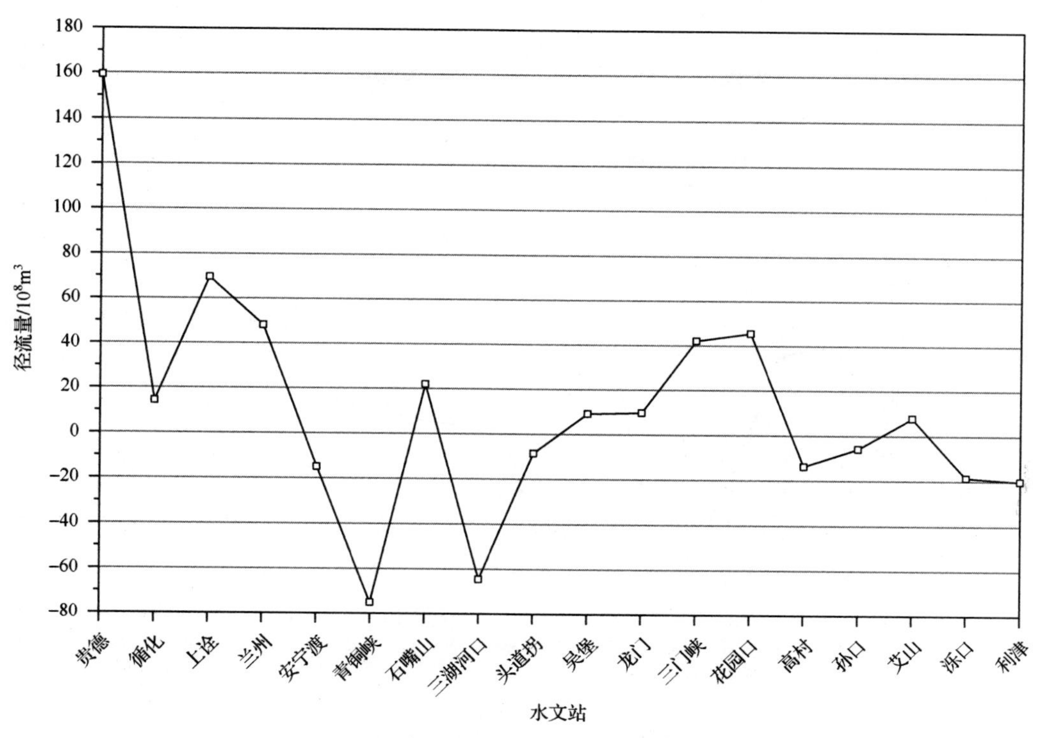

2005年黄河干流区间产水量散点连线图

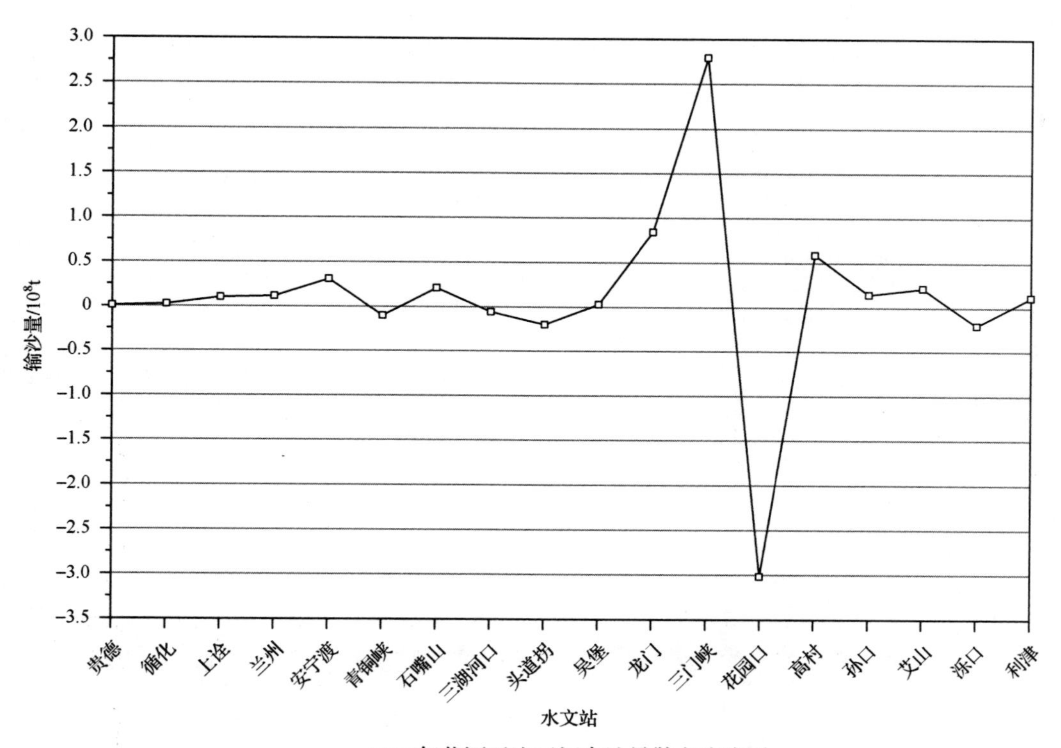

2005年黄河干流区间产沙量散点连线图

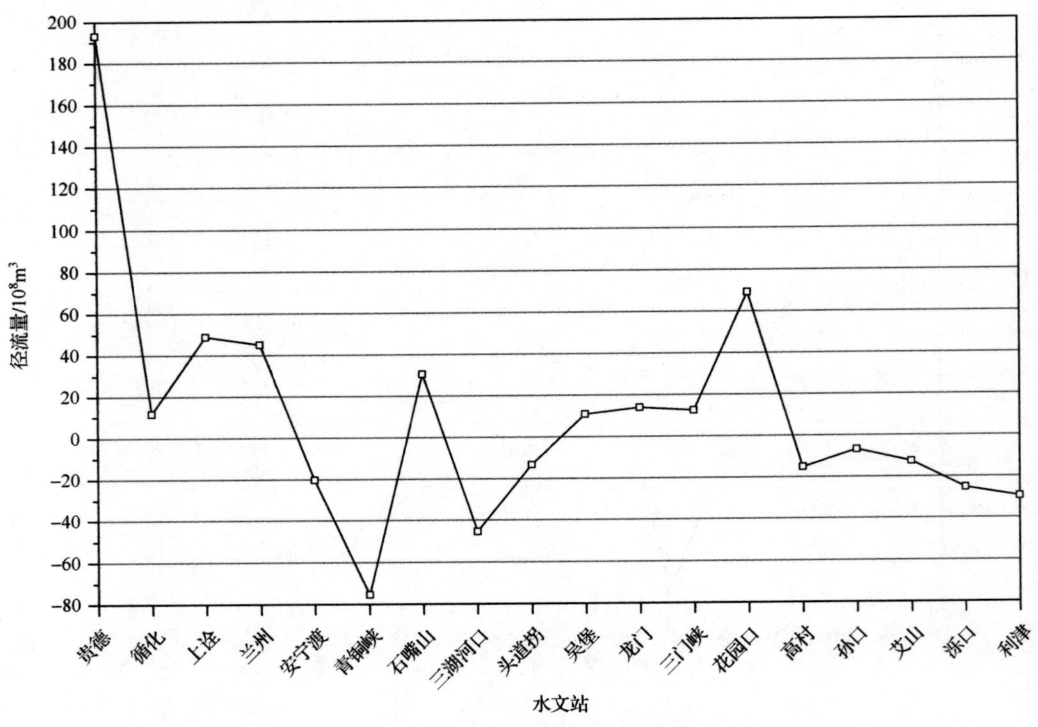

2006年黄河干流区间产水量散点连线图

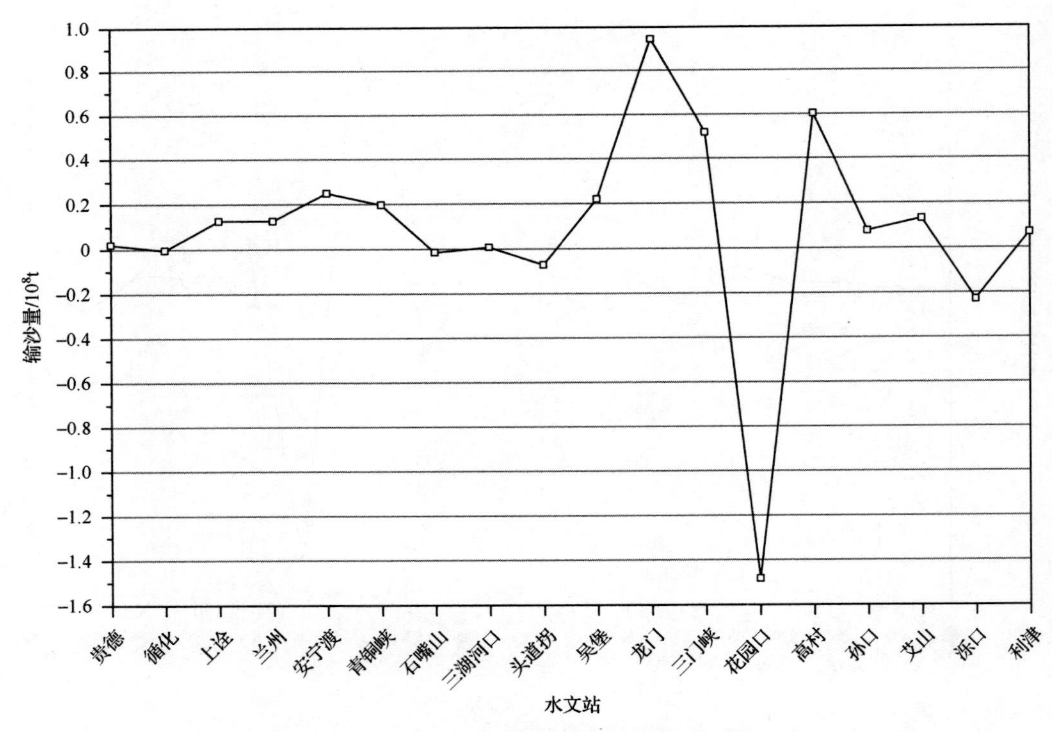

2006年黄河干流区间产沙量散点连线图

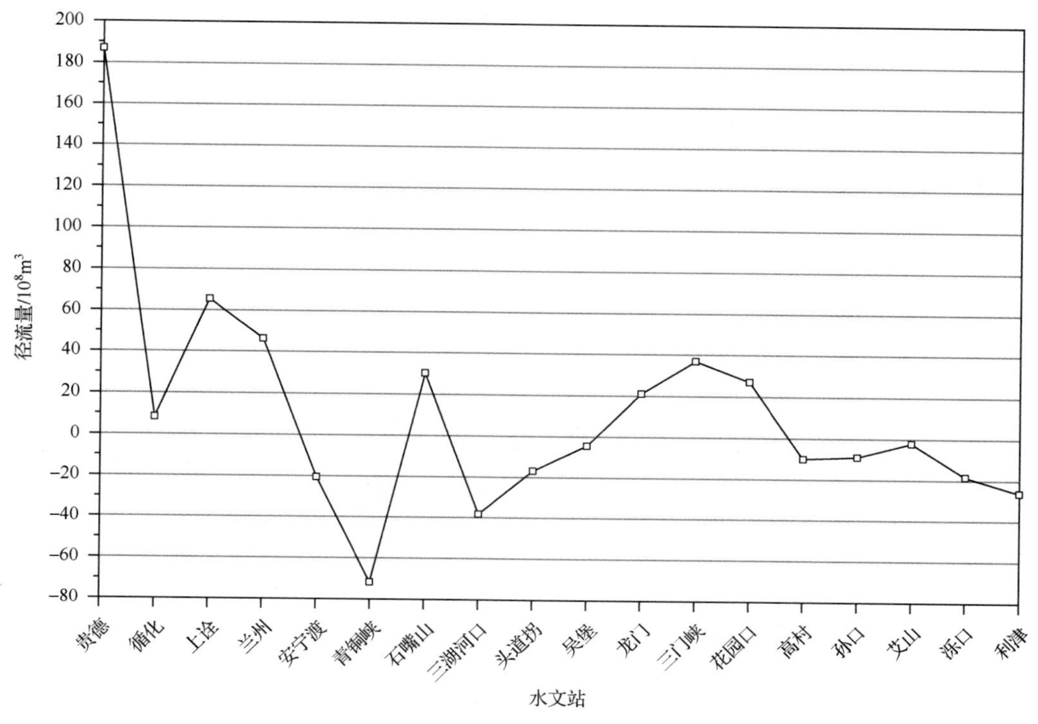

2007年黄河干流区间产水量散点连线图

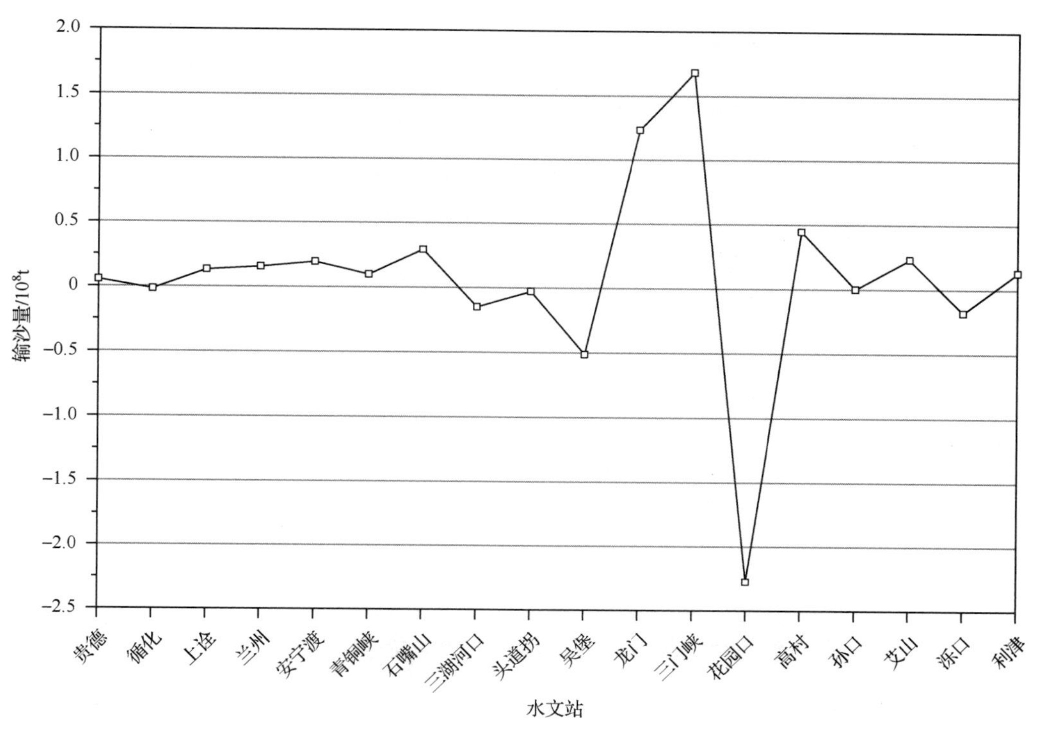

2007年黄河干流区间产沙量散点连线图

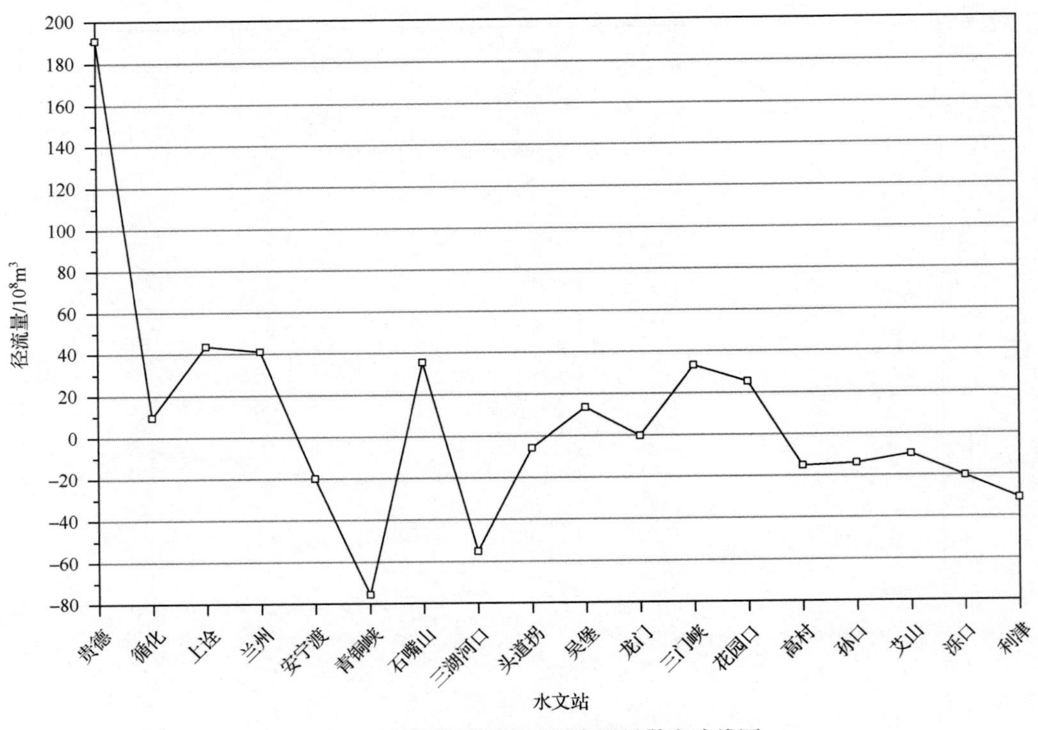

2008年黄河干流区间产水量散点连线图

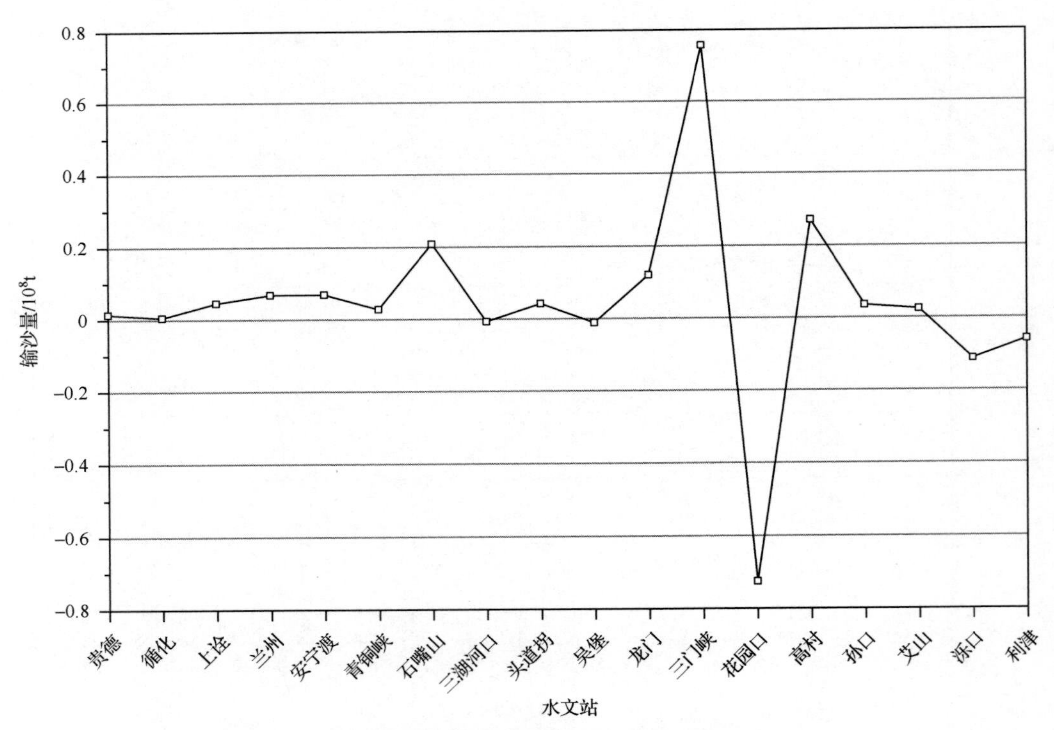

2008年黄河干流区间产沙量散点连线图

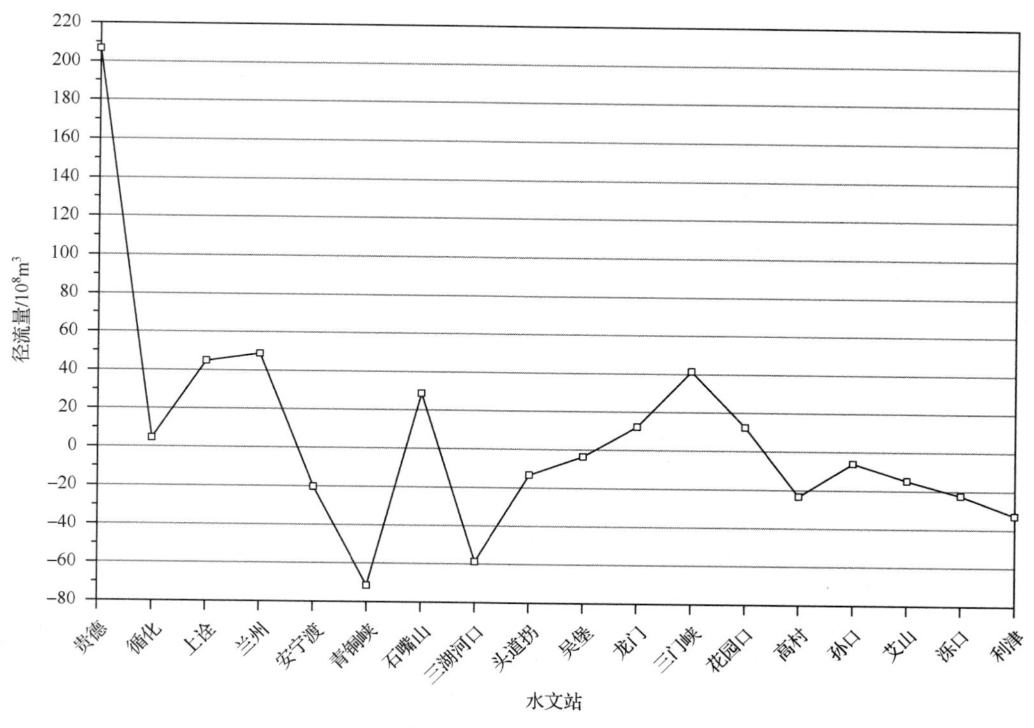

2009年黄河干流区间产水量散点连线图

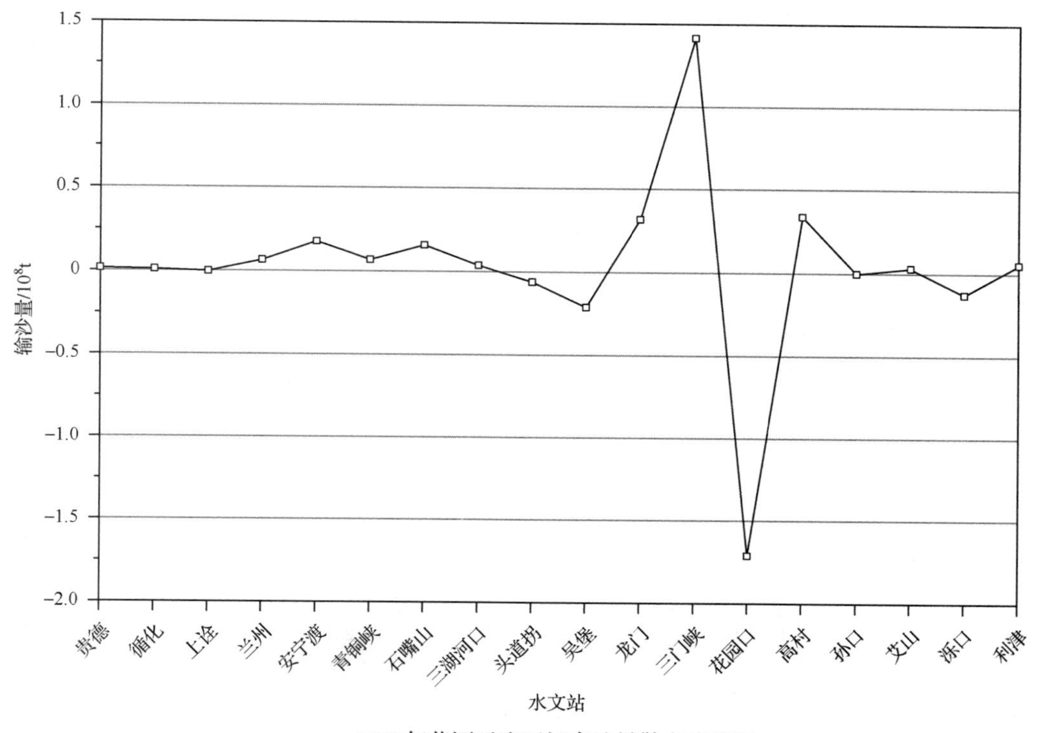

2009年黄河干流区间产沙量散点连线图

250
200
150
100
50
0
−50
−100
径流量/10⁸m³
贵德
循化
上诠
兰州
安宁渡
青铜峡
石嘴山
三湖河口
头道拐
吴堡
龙门
三门峡
花园口
高村
孙口
艾山
泺口
利津
水文站

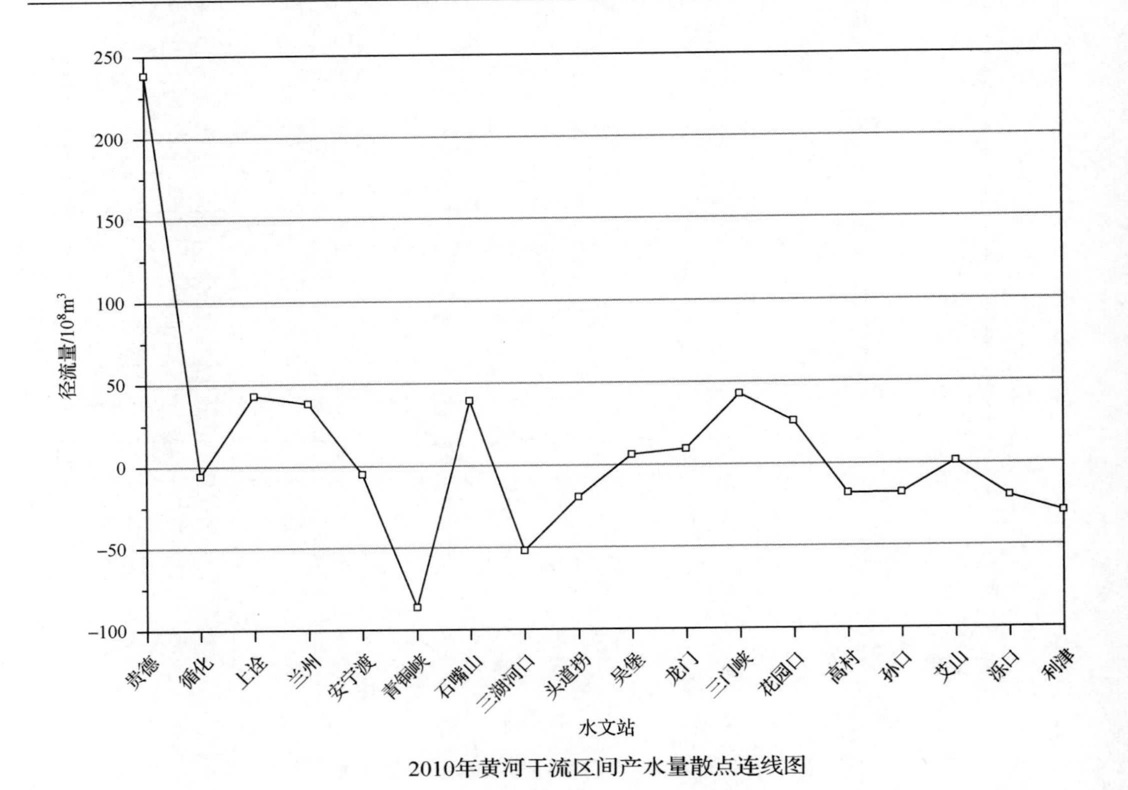

2010年黄河干流区间产水量散点连线图

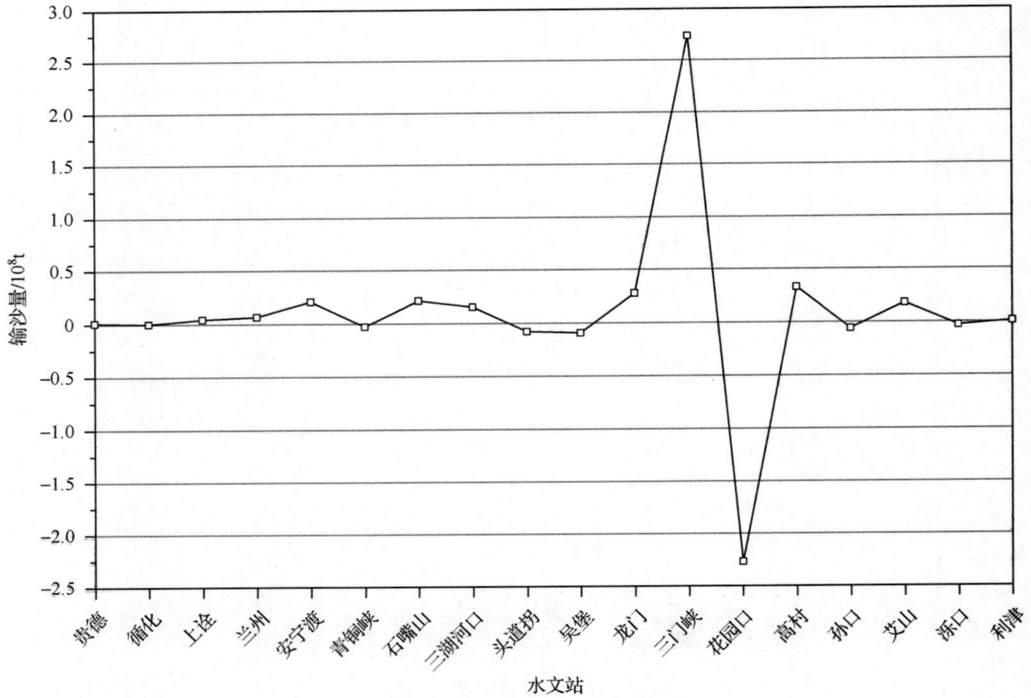

3.0
2.5
2.0
1.5
1.0
0.5
0
−0.5
−1.0
−1.5
−2.0
−2.5
输沙量/10⁸t
贵德
循化
上诠
兰州
安宁渡
青铜峡
石嘴山
三湖河口
头道拐
吴堡
龙门
三门峡
花园口
高村
孙口
艾山
泺口
利津
水文站

2010年黄河干流区间产沙量散点连线图

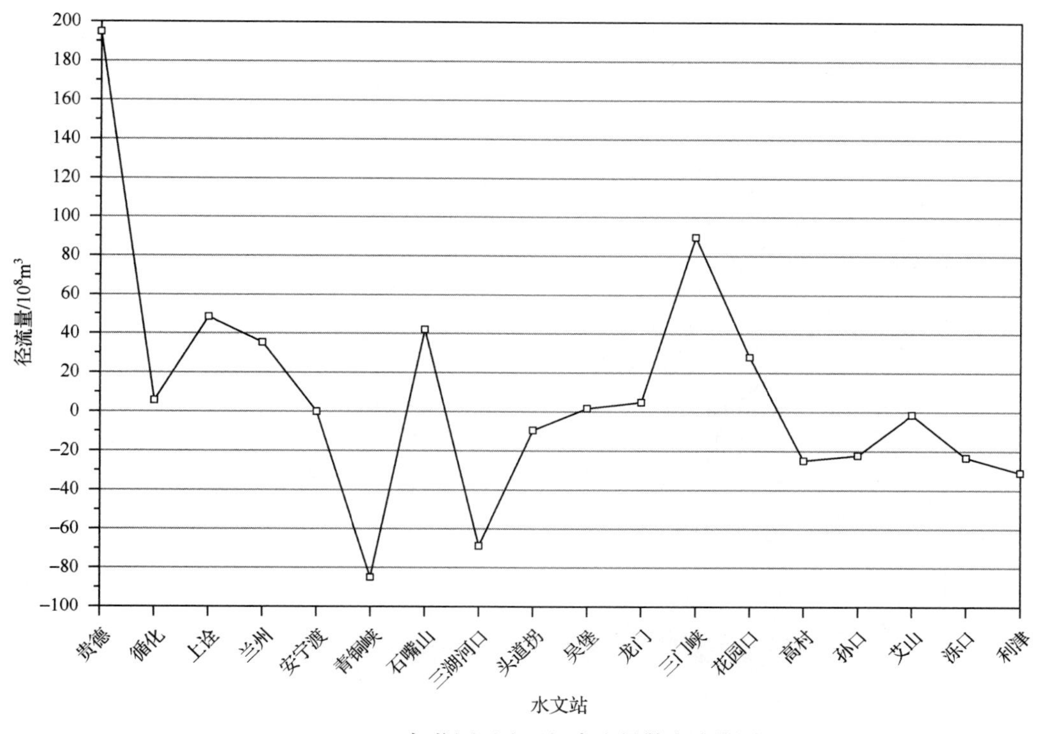

2011年黄河干流区间产水量散点连线图

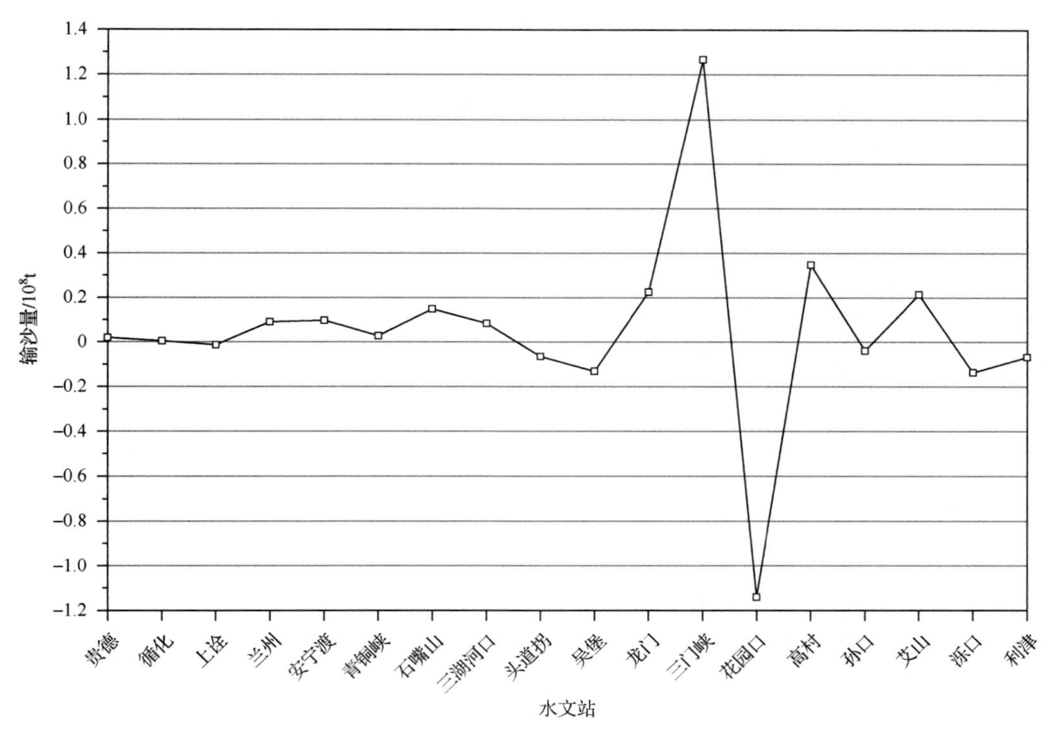

2011年黄河干流区间产沙量散点连线图

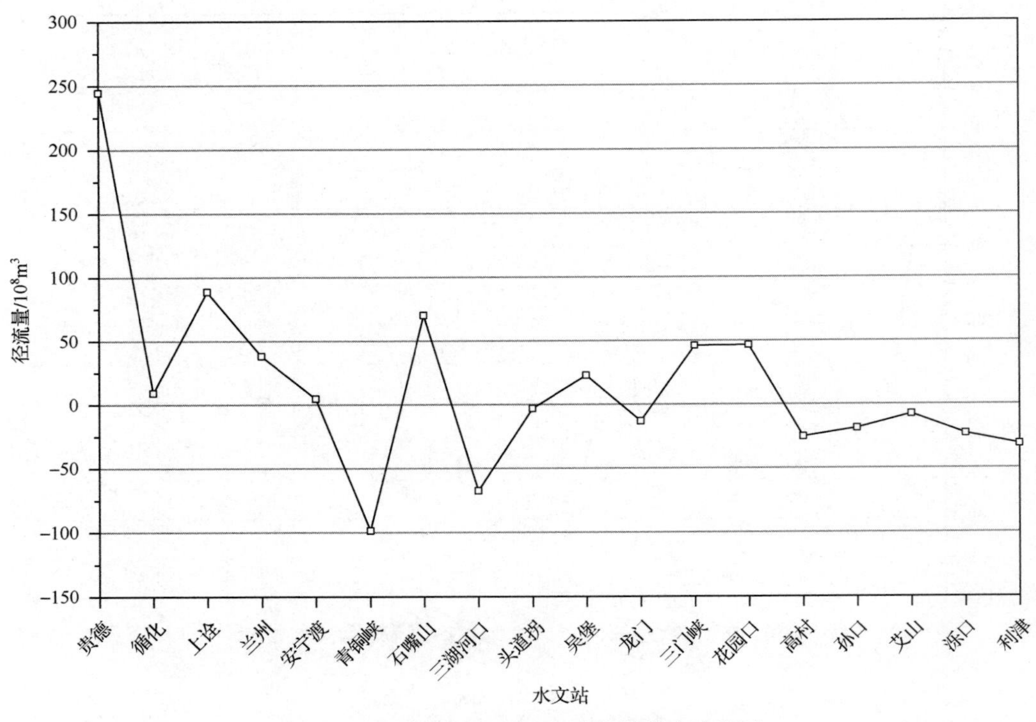

2012年黄河干流区间产水量散点连线图

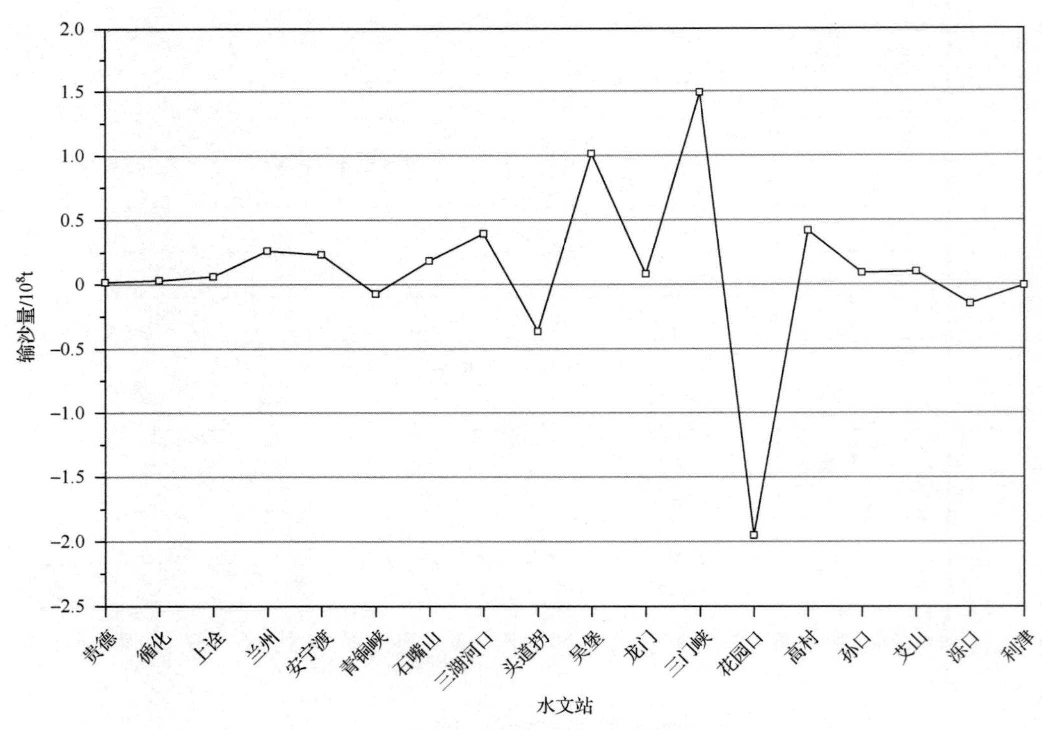

2012年黄河干流区间产沙量散点连线图

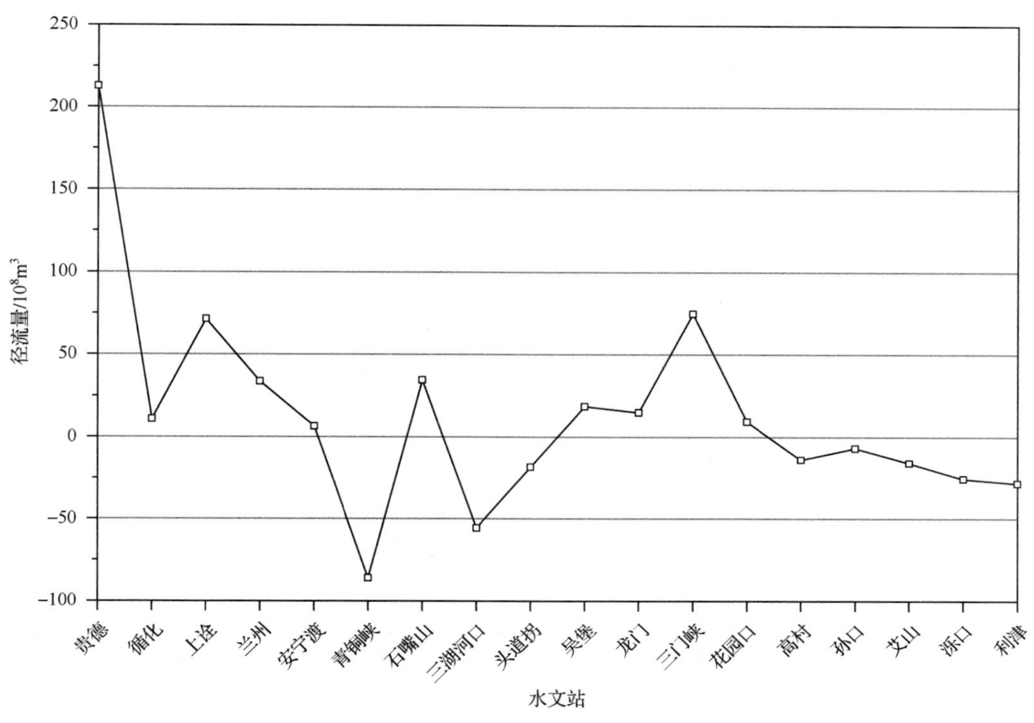

2013年黄河干流区间产水量散点连线图

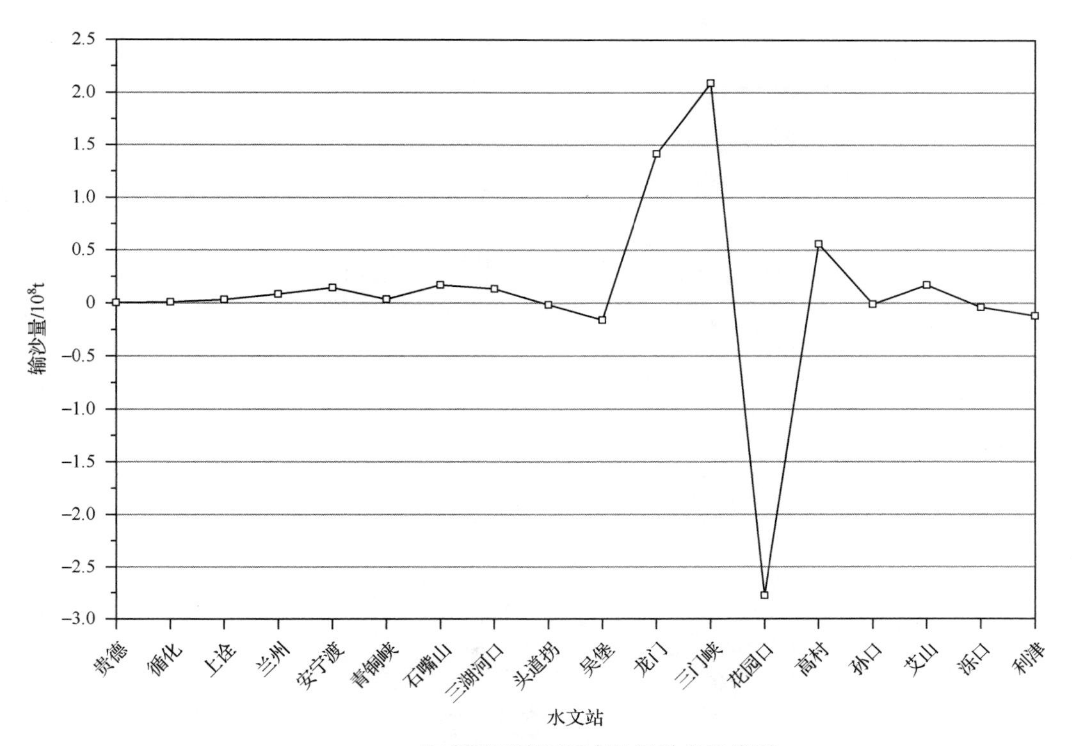

2013年黄河干流区间产沙量散点连线图

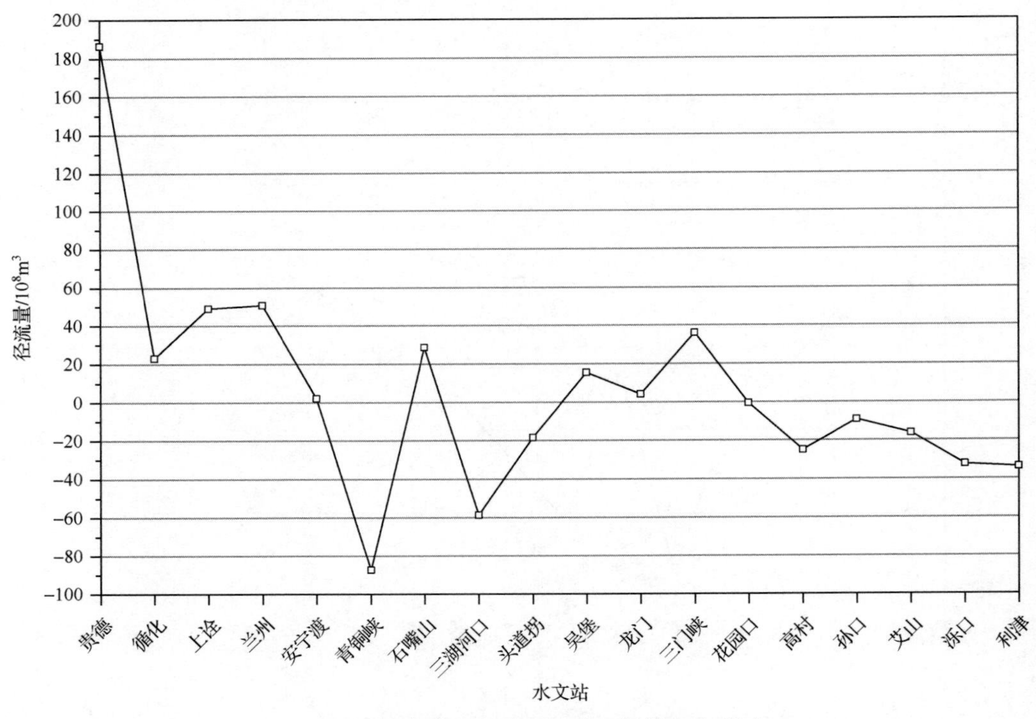

2014年黄河干流区间产水量散点连线图

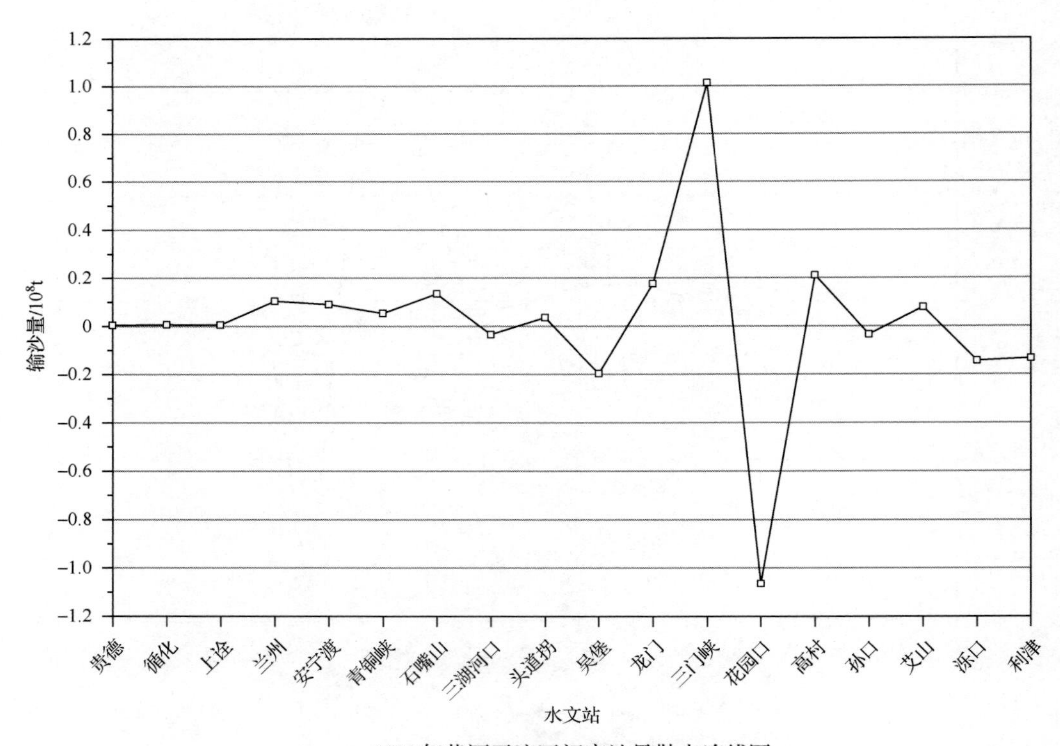

2014年黄河干流区间产沙量散点连线图

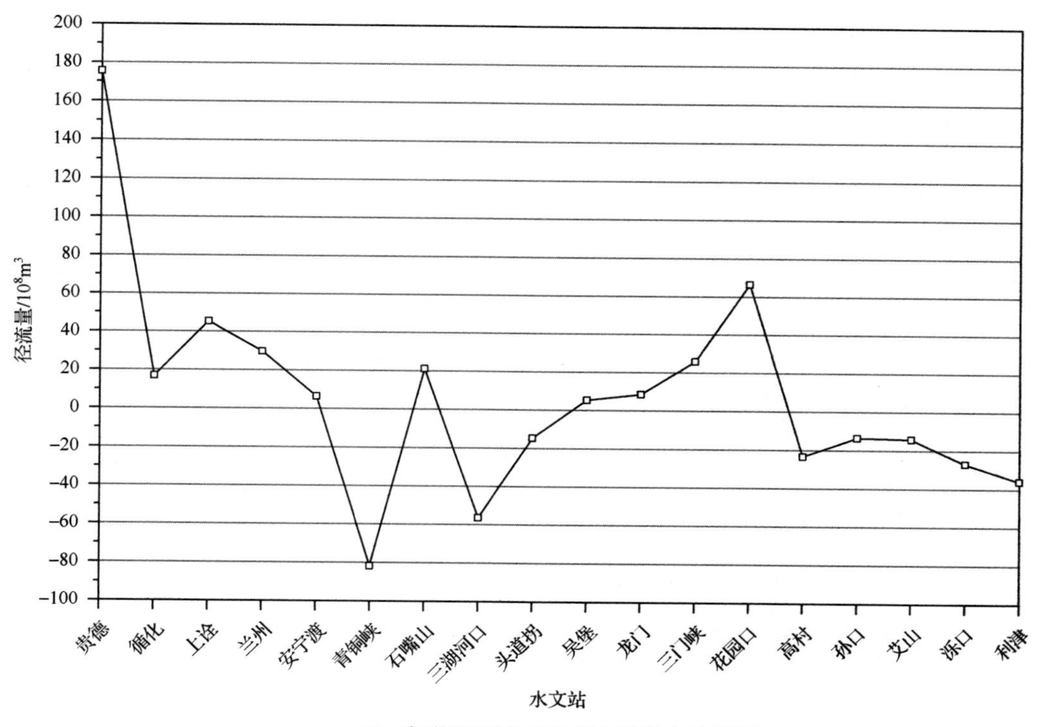

2015年黄河干流区间产水量散点连线图

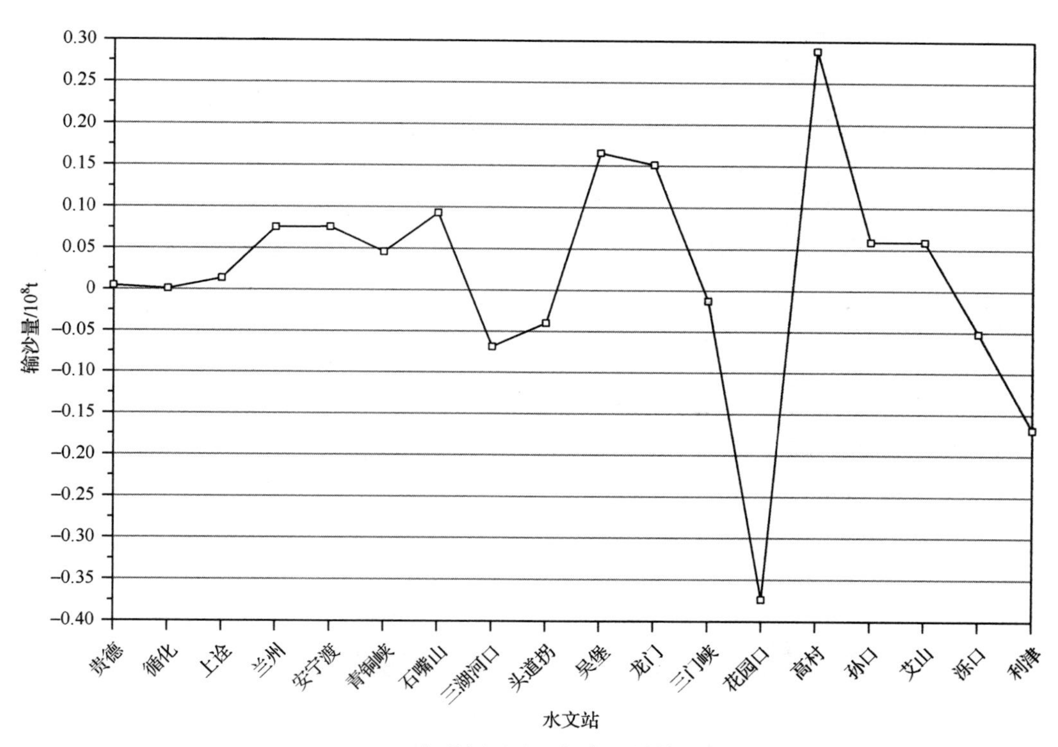

2015年黄河干流区间产沙量散点连线图

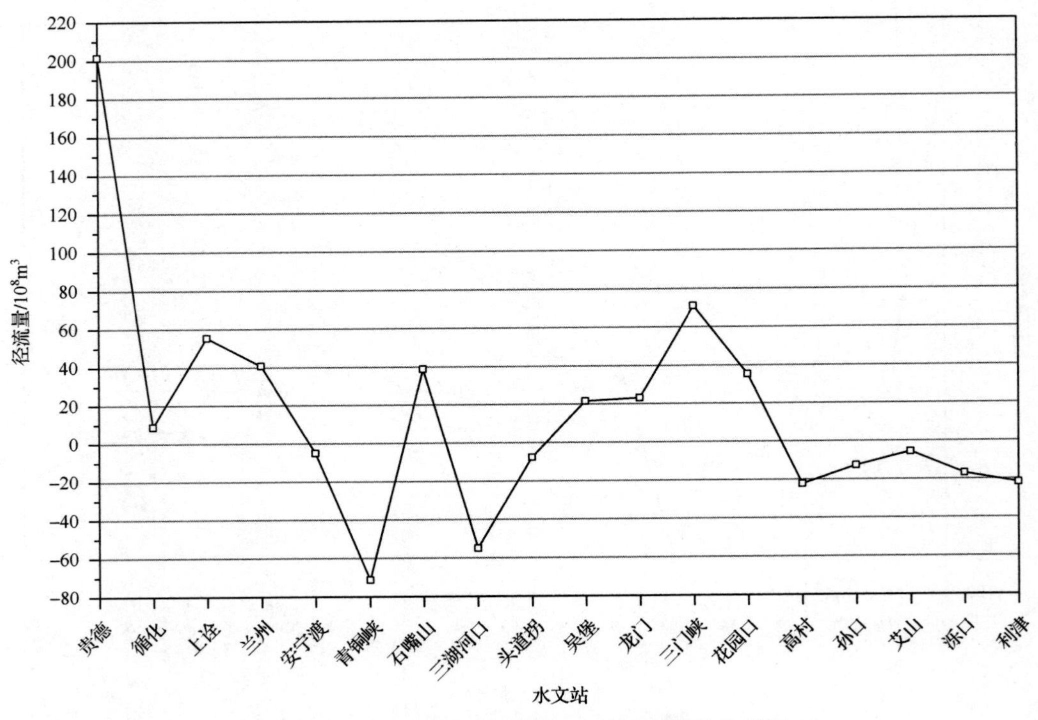

1956~2015年黄河干流区间产水量散点连线图

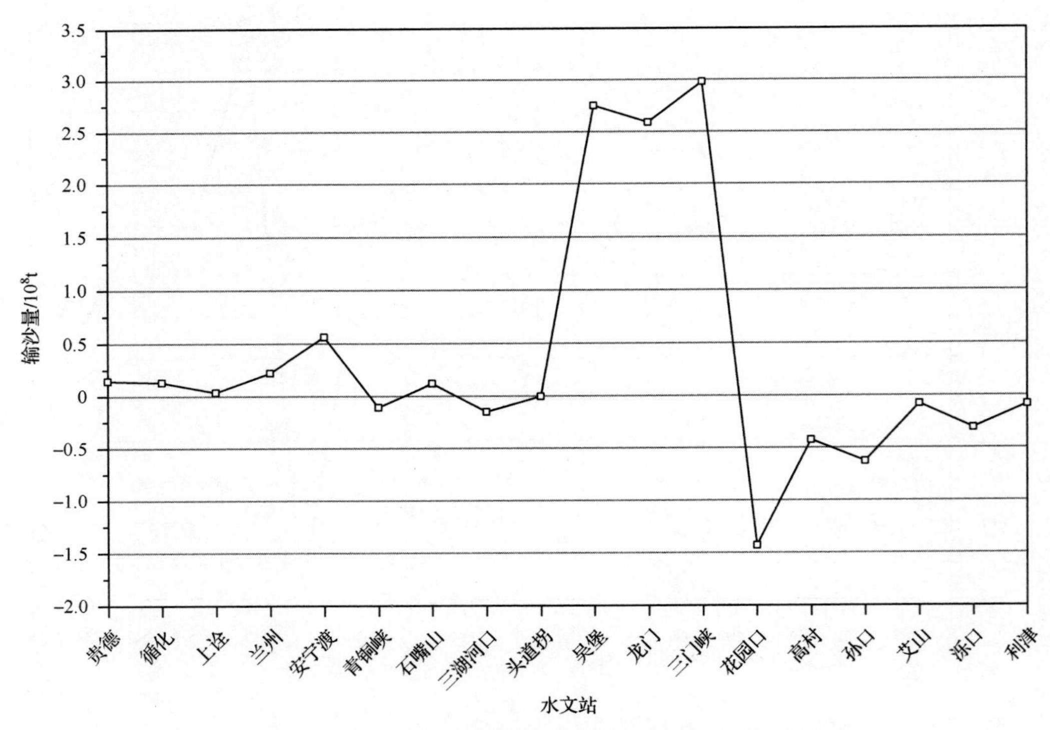

1956~2015年黄河干流区间产沙量散点连线图

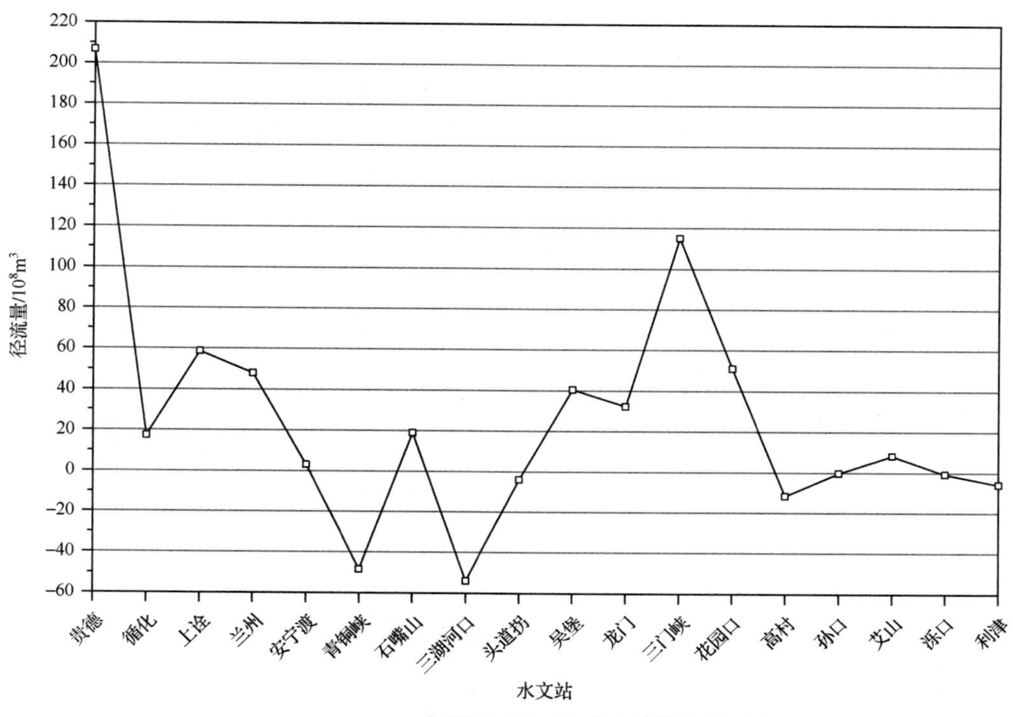

1956~1970年黄河干流区间产水量散点连线图

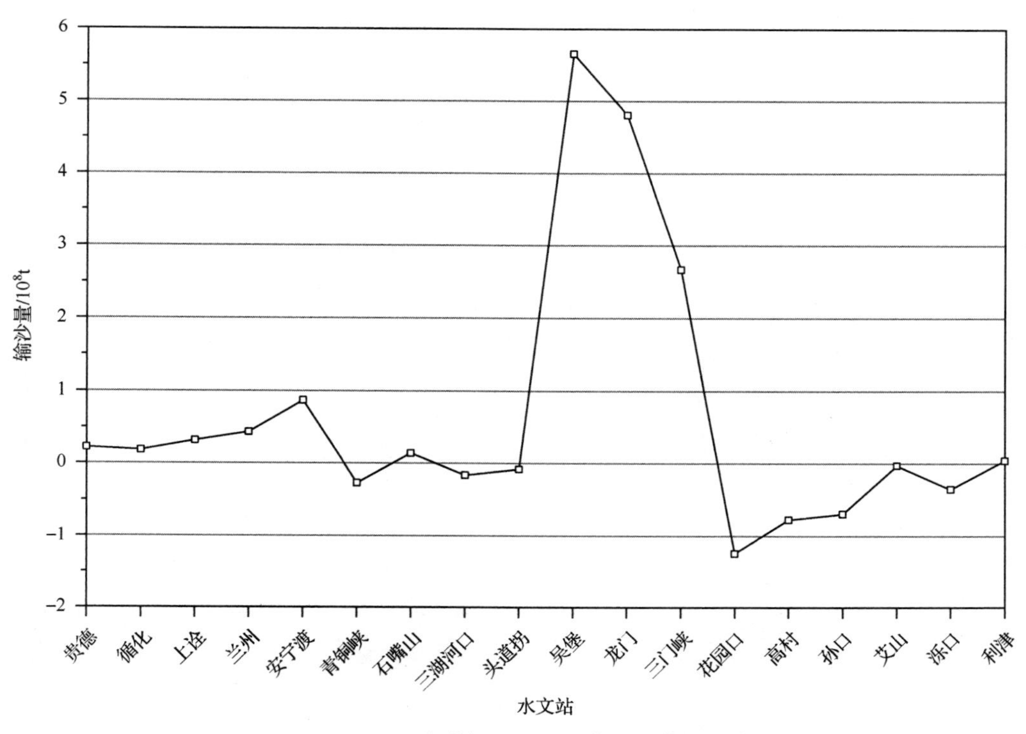

1956~1970年黄河干流区间产沙量散点连线图

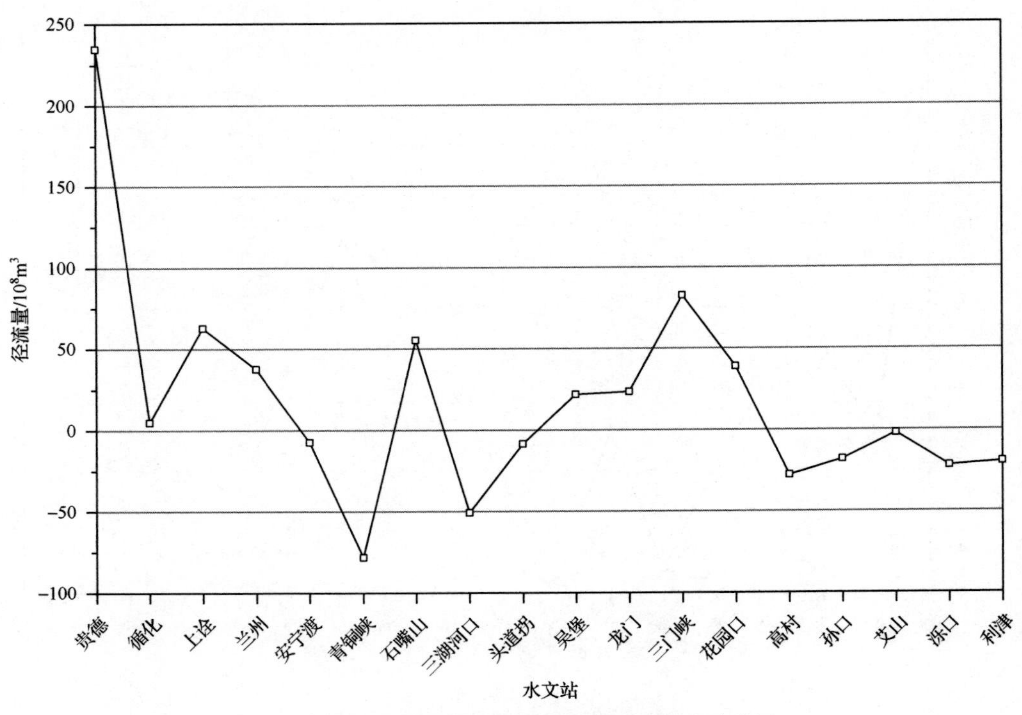

1971~1985年黄河干流区间产水量散点连线图

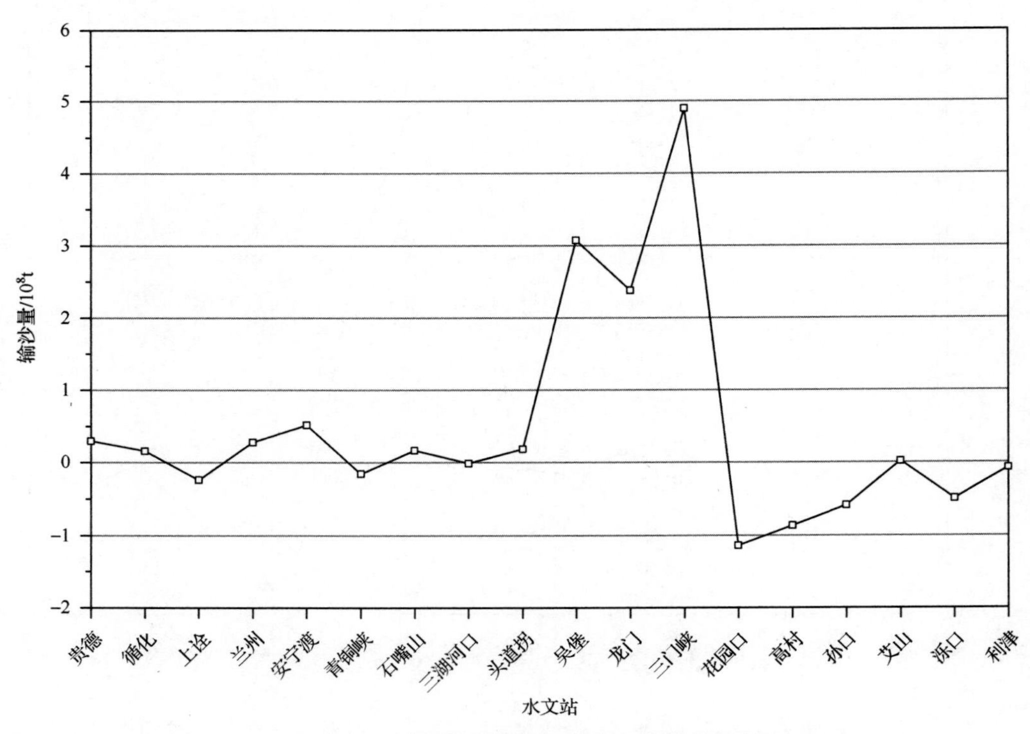

1971~1985年黄河干流区间产沙量散点连线图

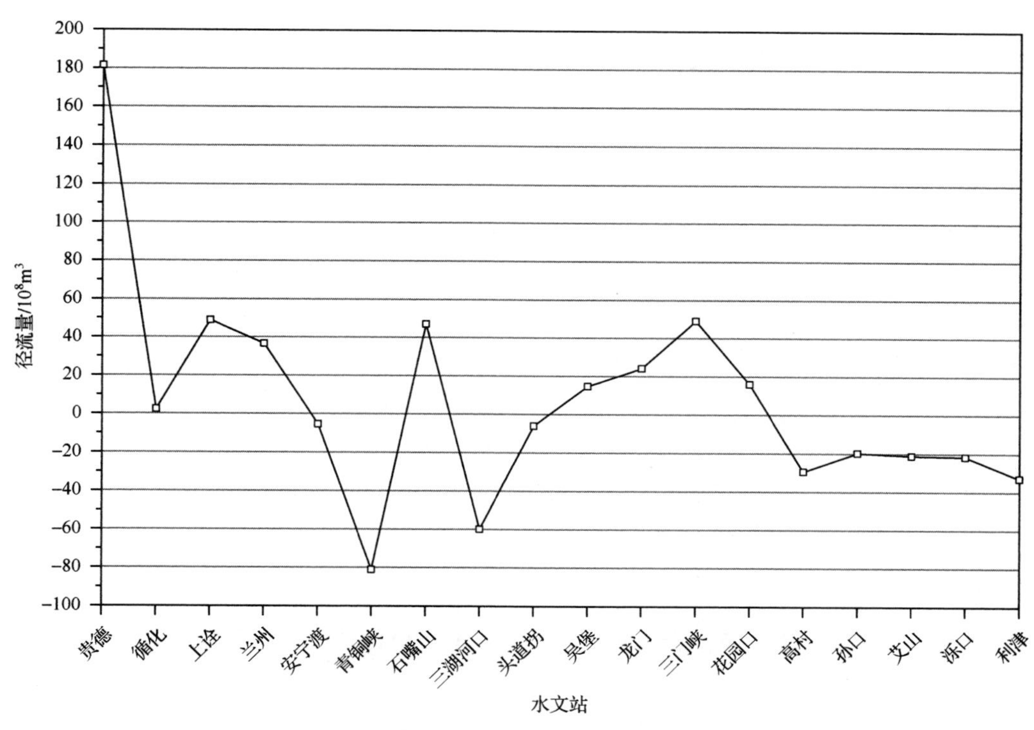

1986~2000年黄河干流区间产水量散点连线图

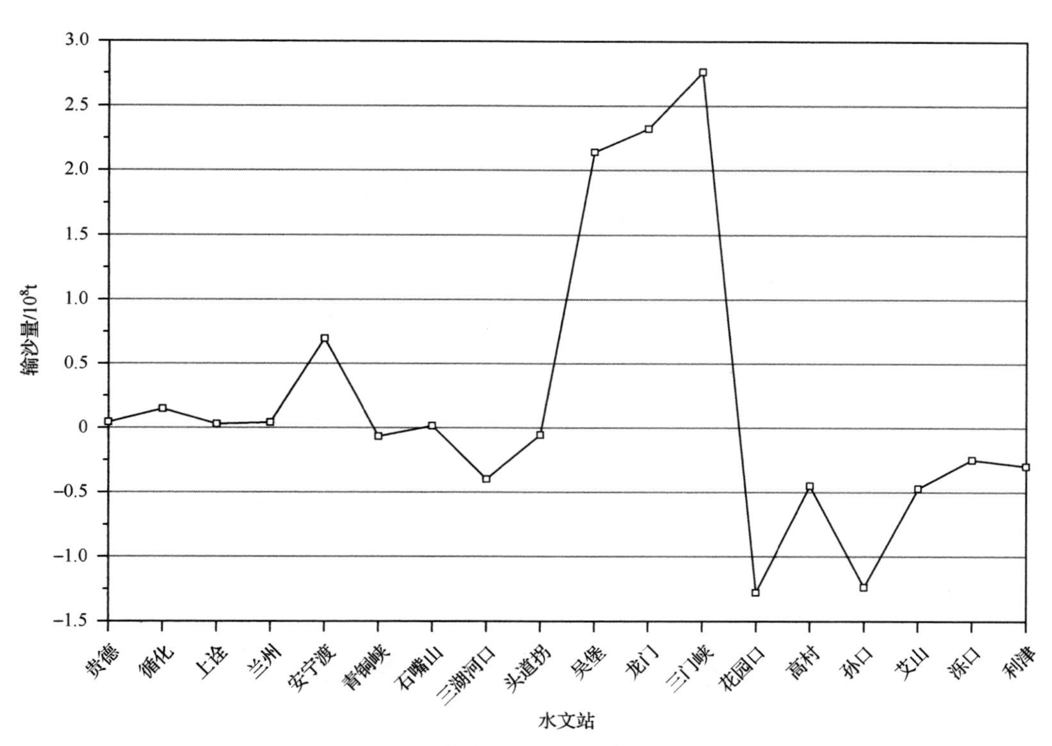

1986~2000年黄河干流区间产沙量散点连线图

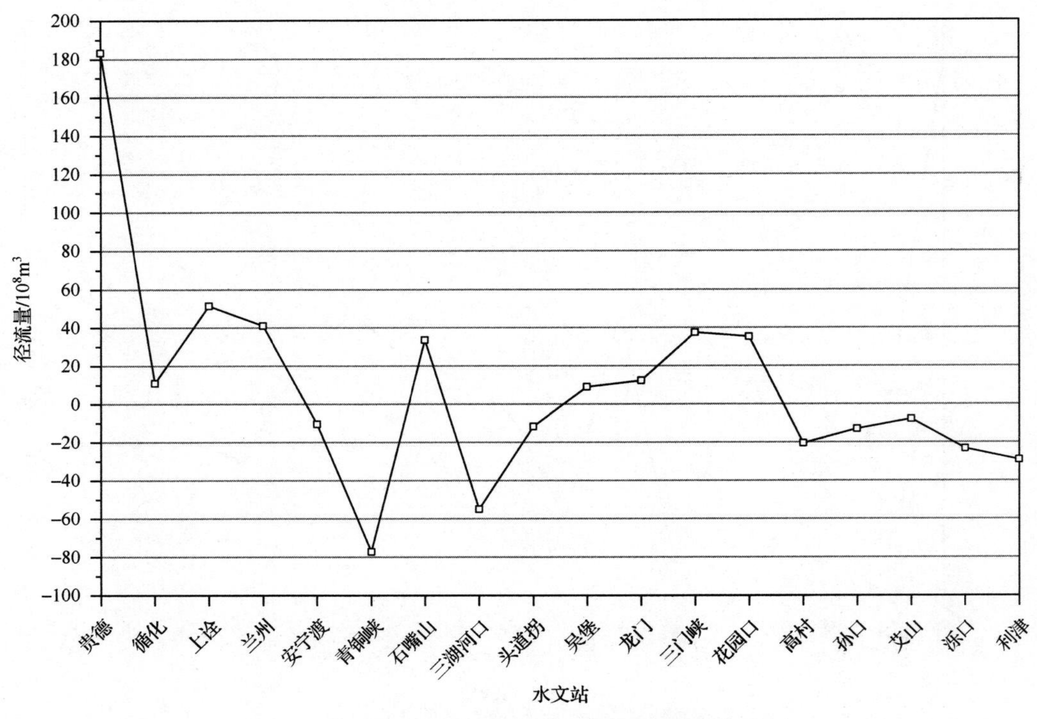

2001~2015年黄河干流区间产水量散点连线图

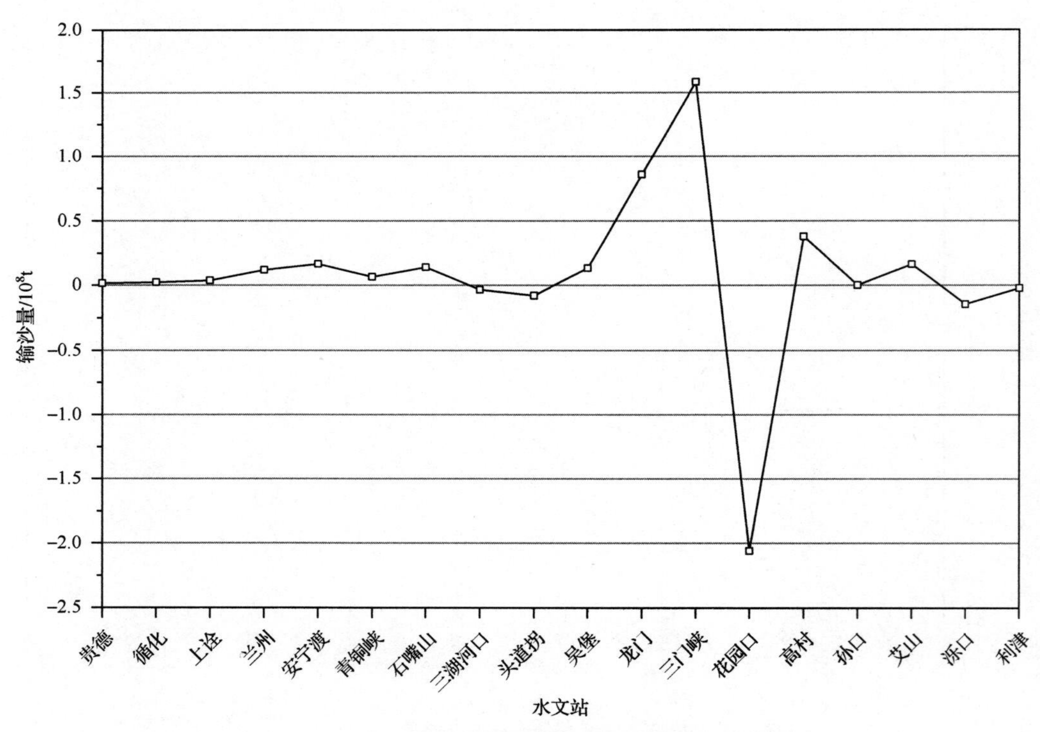

2001~2015年黄河干流区间产沙量散点连线图

4.3 黄河干流水文站区间产水产沙量占黄河上中游总水沙量比例柱状图

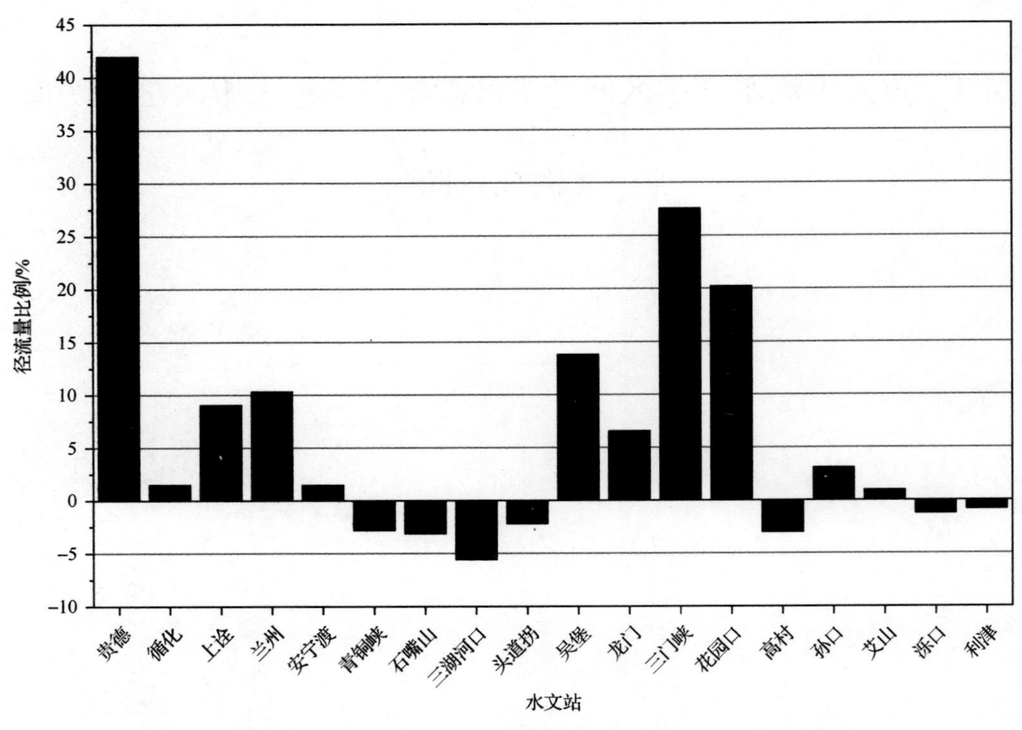

1954年黄河干流水文站区间产水量占黄河上中游总径流量比例图

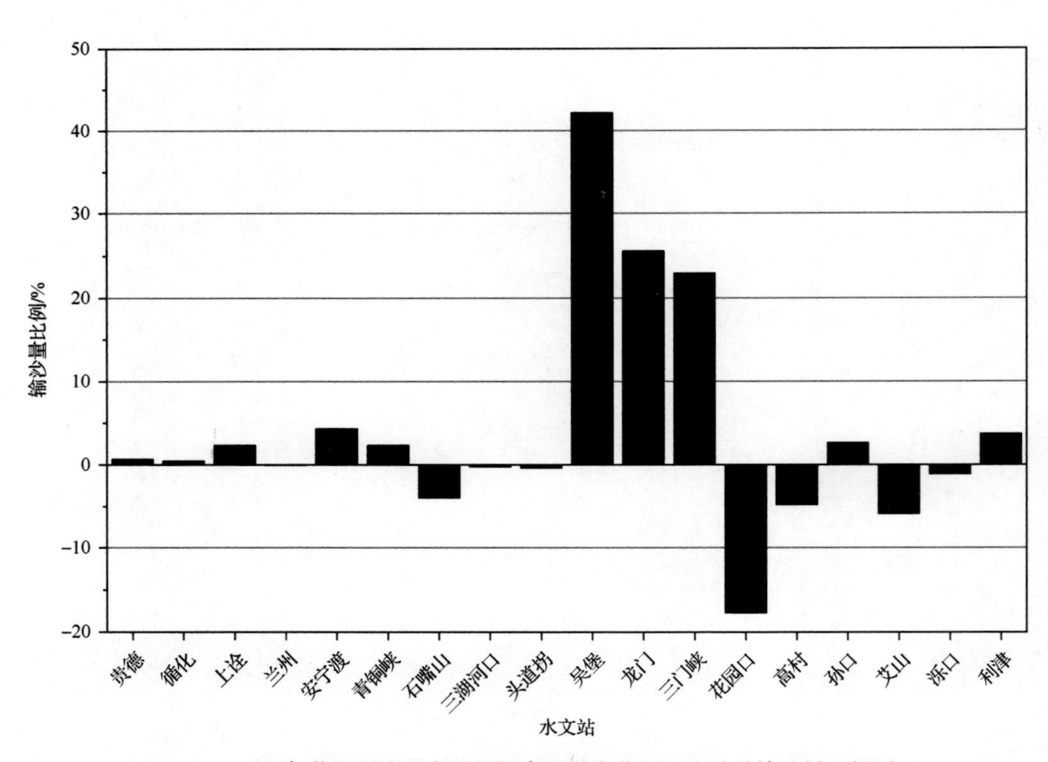

1954年黄河干流水文站区间产沙量占黄河上中游总输沙量比例图

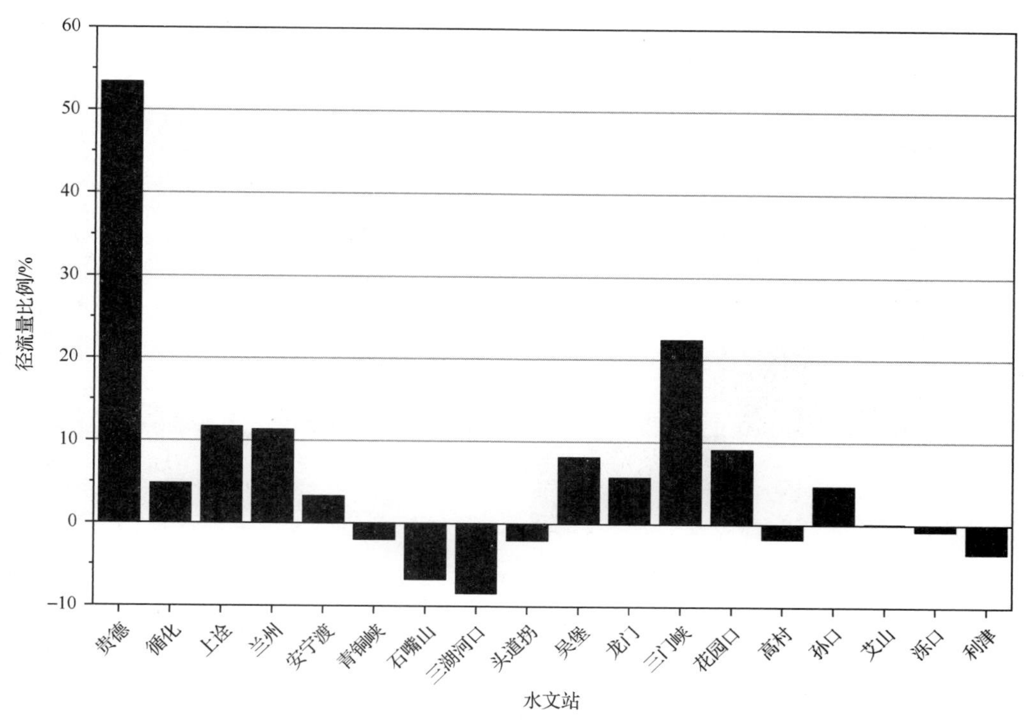

1955年黄河干流水文站区间产水量占黄河上中游总径流量比例图

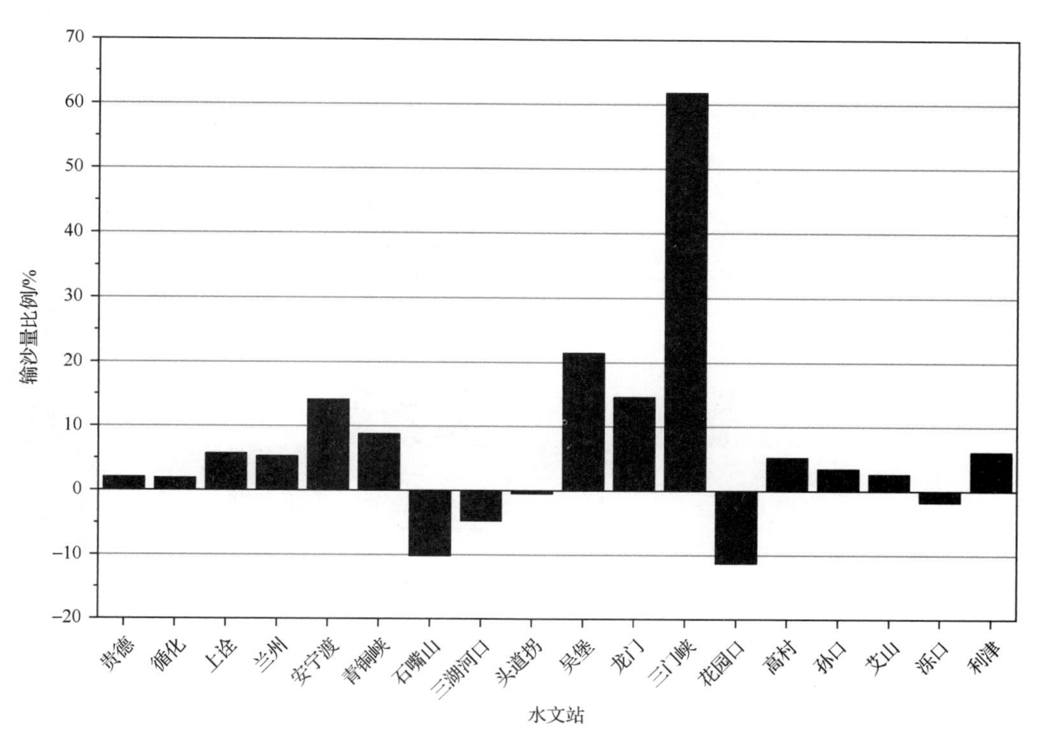

1955年黄河干流水文站区间产沙量占黄河上中游总输沙量比例图

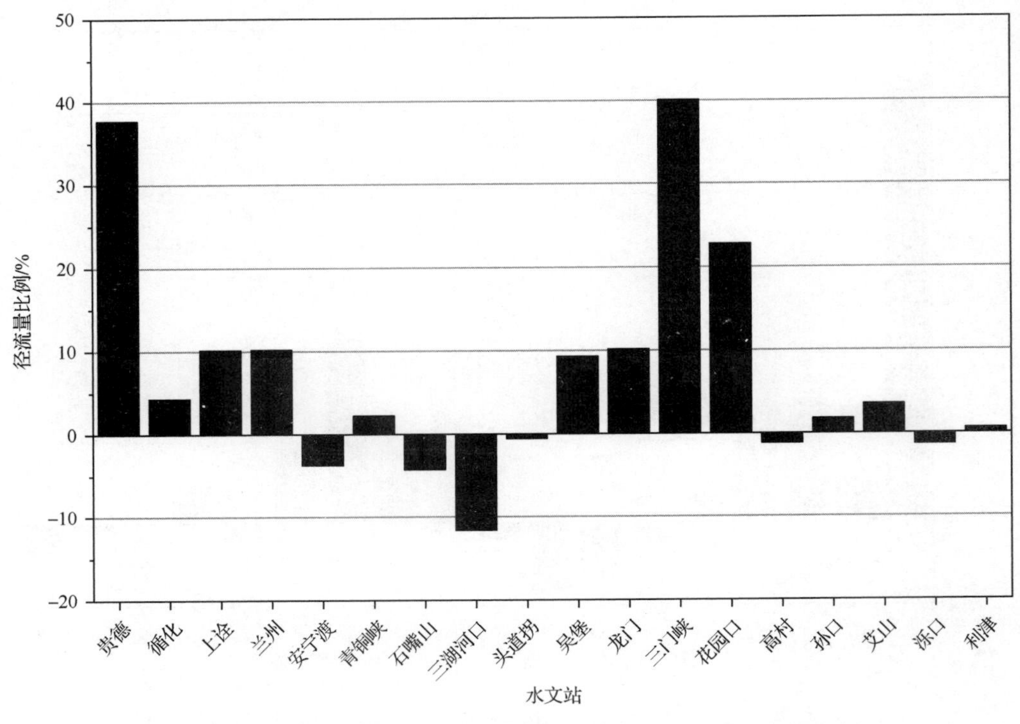

1956年黄河干流水文站区间产水量占黄河上中游总径流量比例图

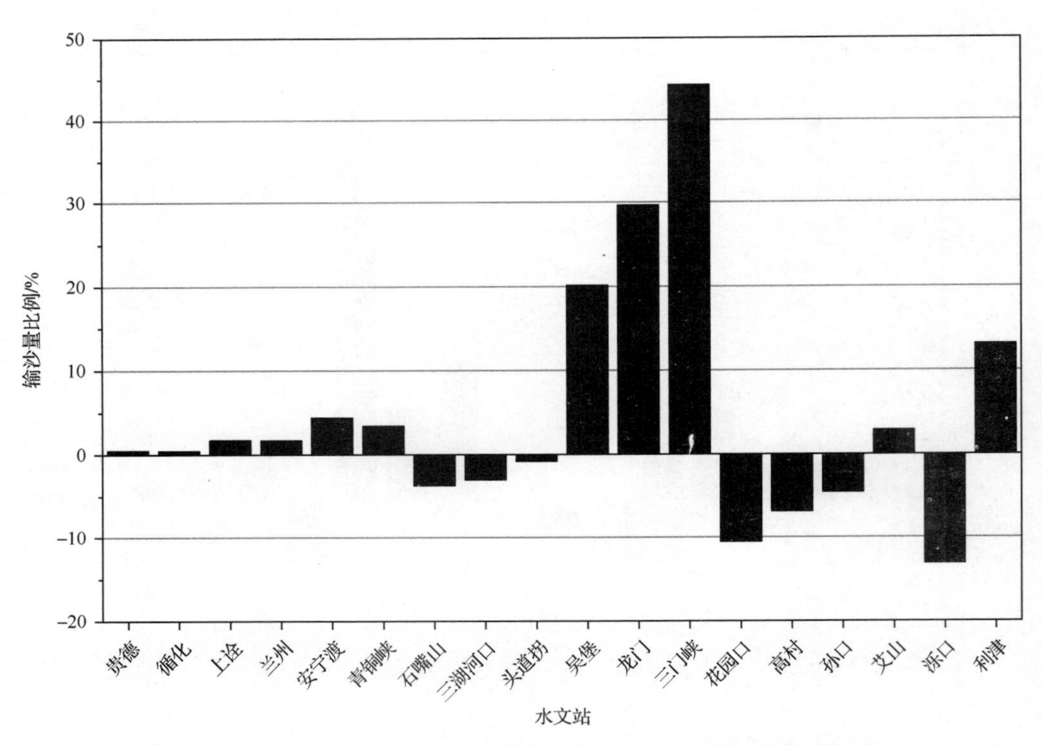

1956年黄河干流水文站区间产沙量占黄河上中游总输沙量比例图

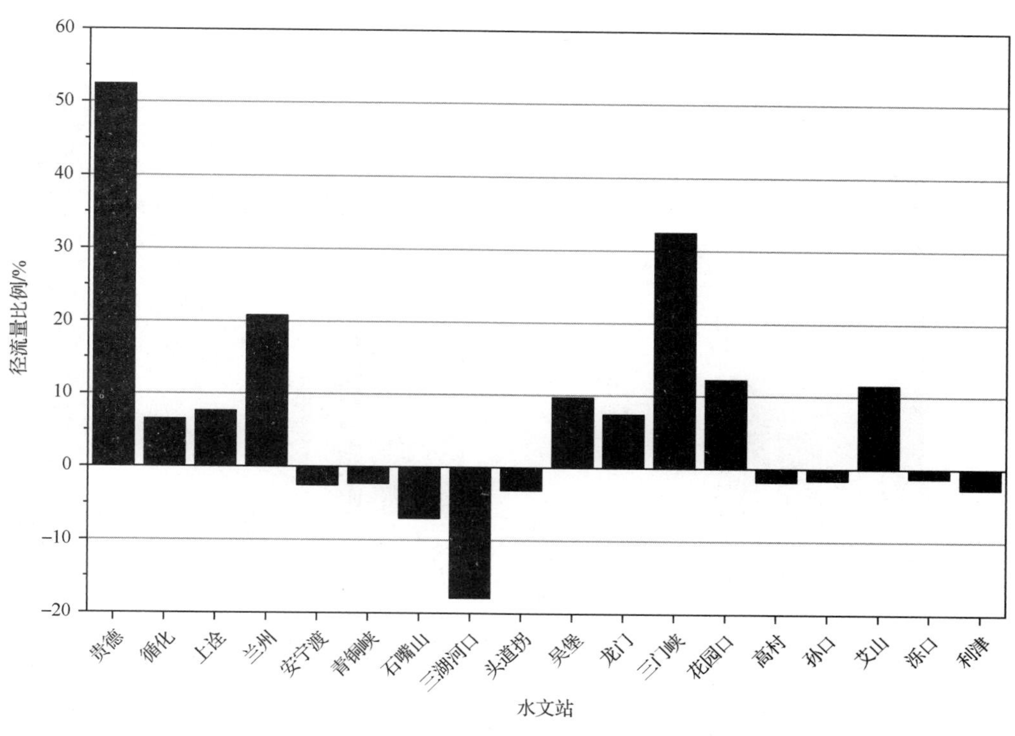

1957年黄河干流水文站区间产水量占黄河上中游总径流量比例图

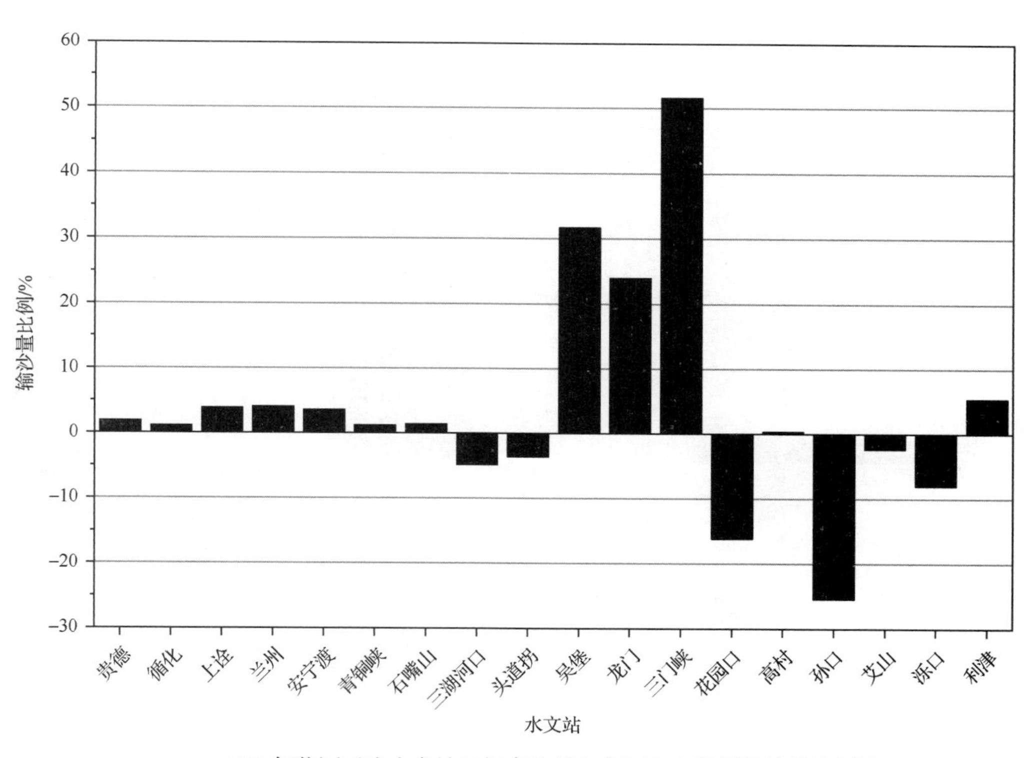

1957年黄河干流水文站区间产沙量占黄河上中游总输沙量比例图

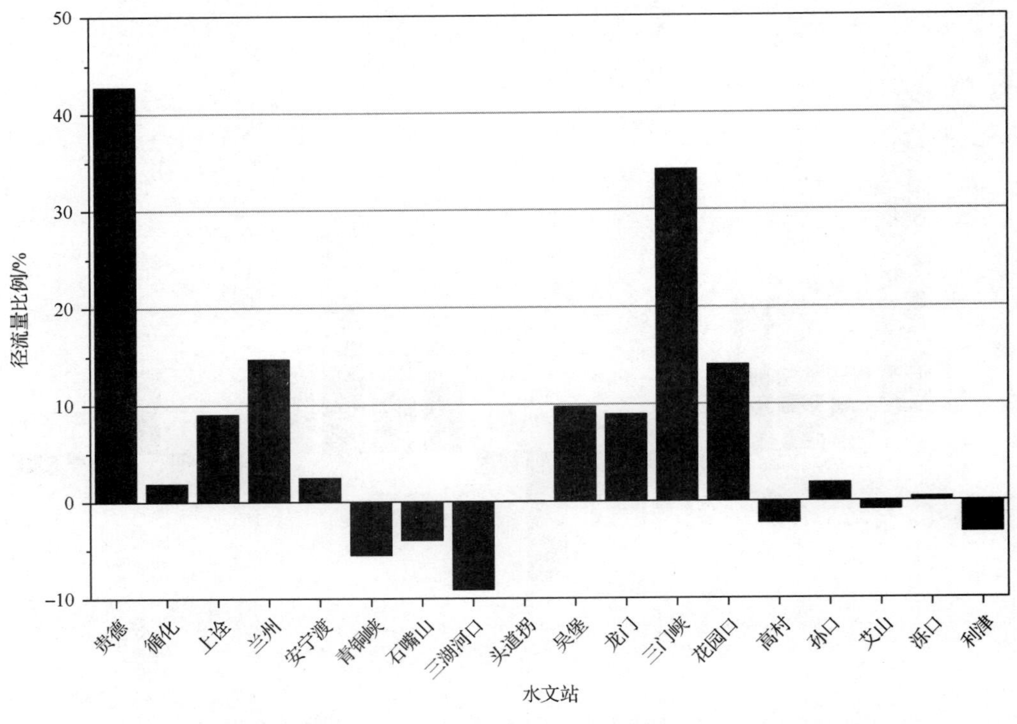

1958年黄河干流水文站区间产水量占黄河上中游总径流量比例图

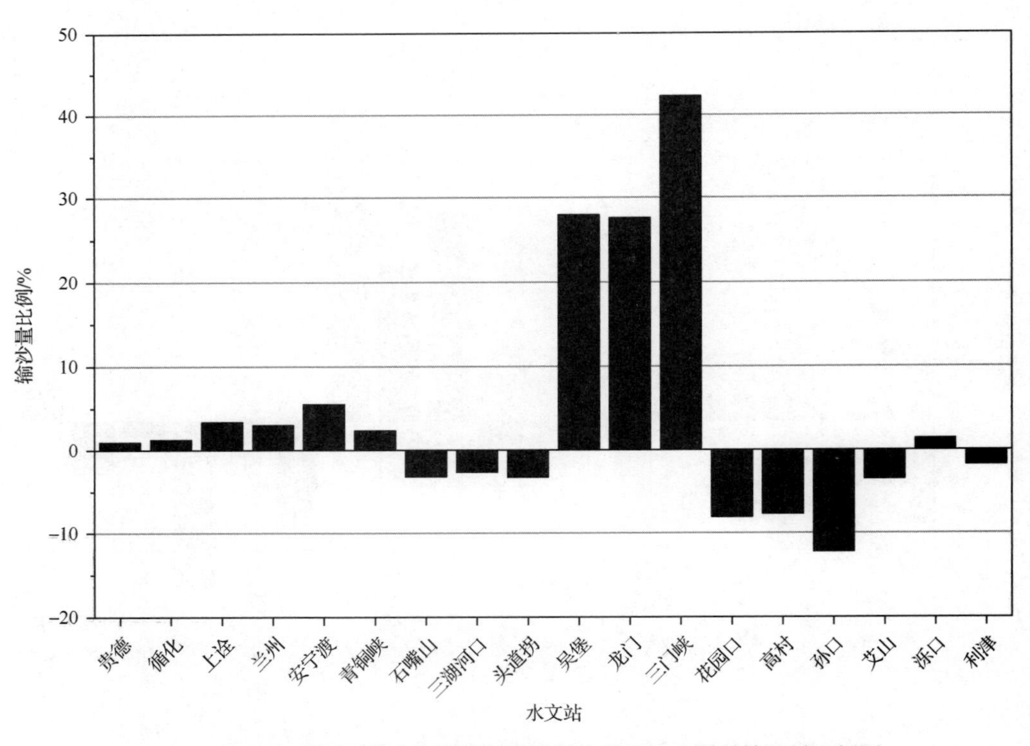

1958年黄河干流水文站区间产沙量占黄河上中游总输沙量比例图

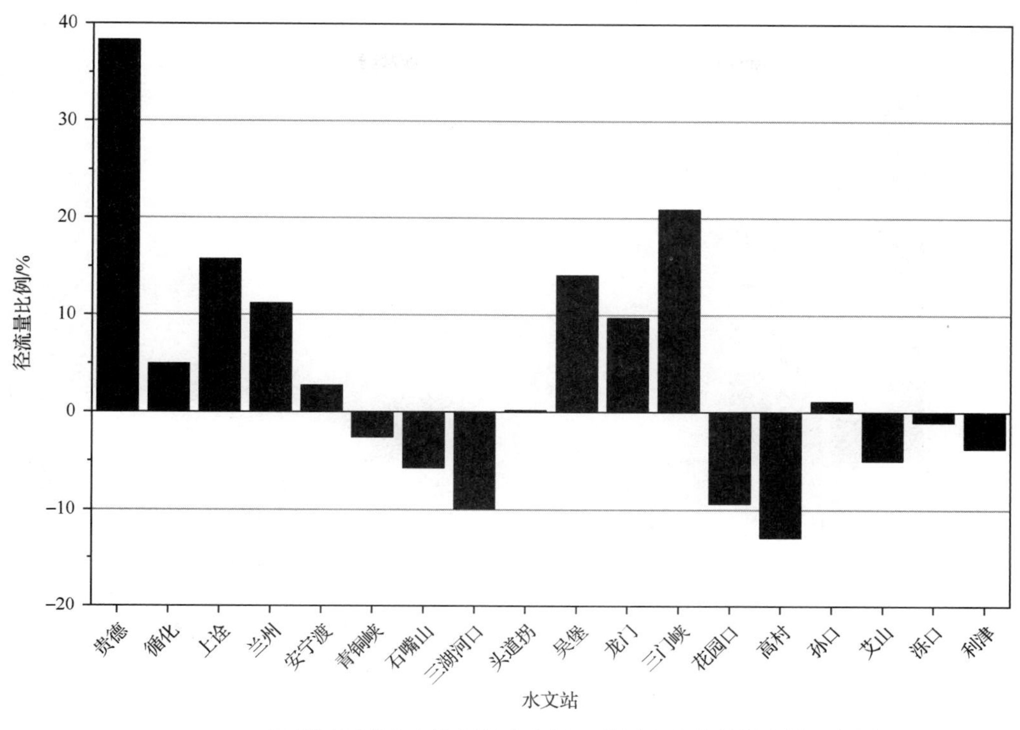

1959年黄河干流水文站区间产水量占黄河上中游总径流量比例图

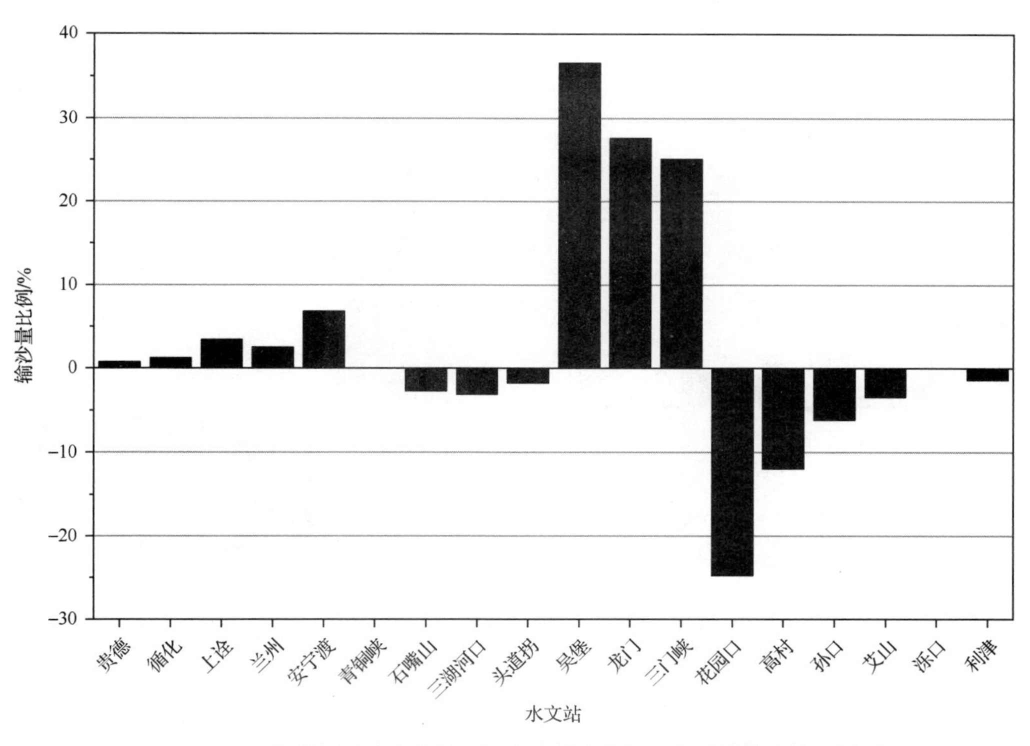

1959年黄河干流水文站区间产沙量占黄河上中游总输沙量比例图

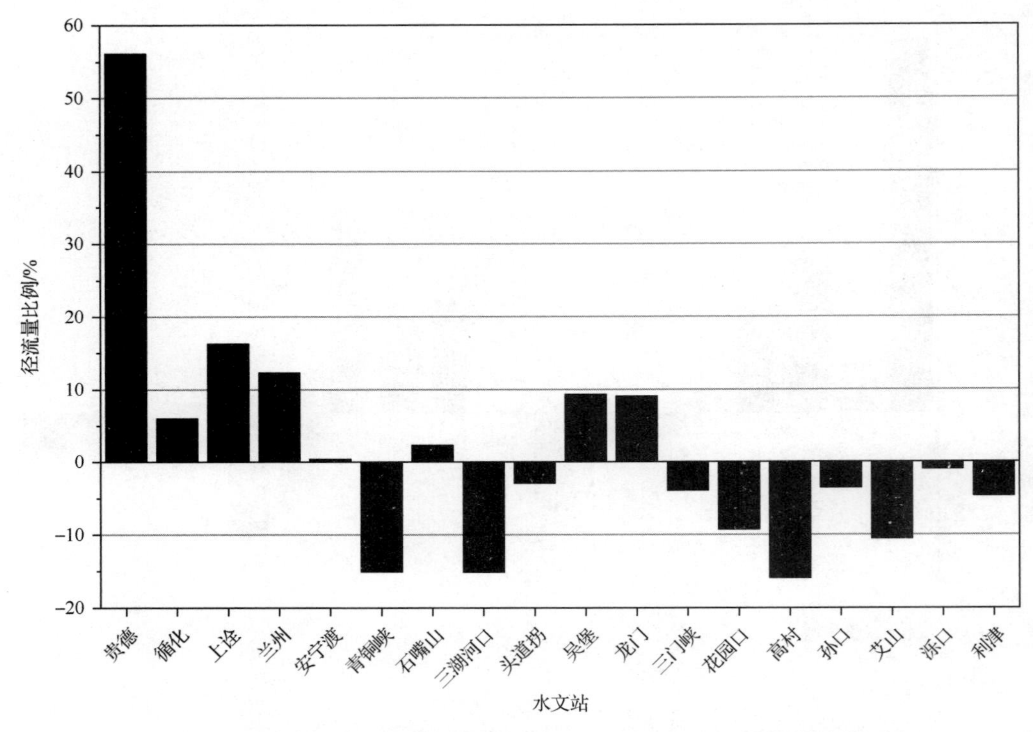

1960年黄河干流水文站区间产水量占黄河上中游总径流量比例图

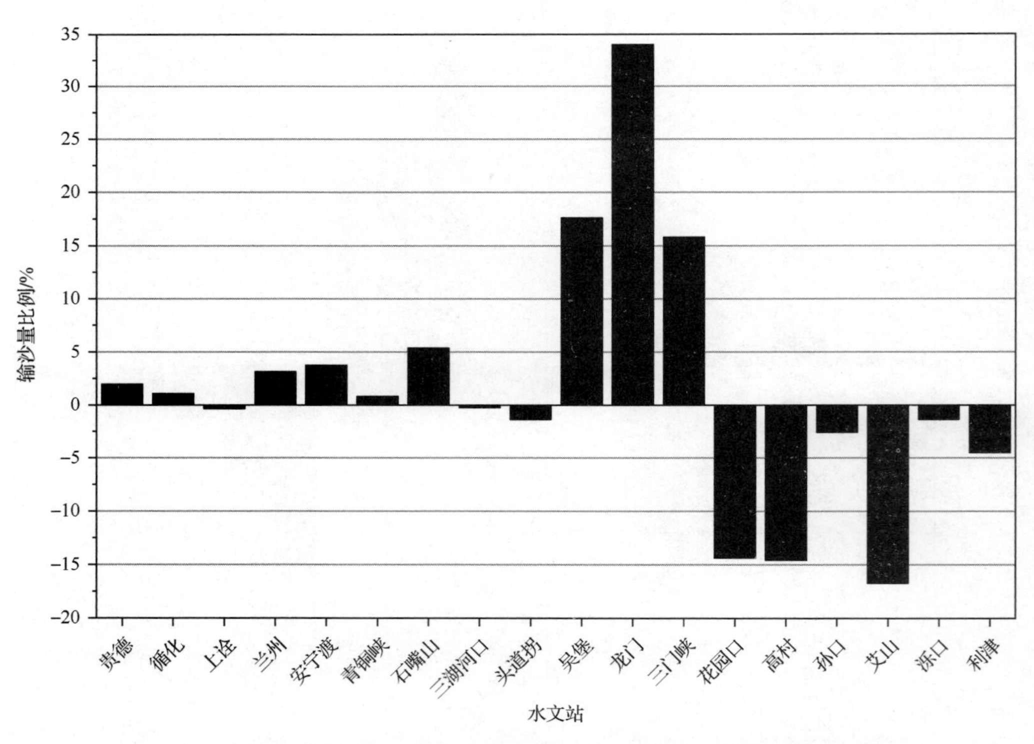

1960年黄河干流水文站区间产沙量占黄河上中游总输沙量比例图

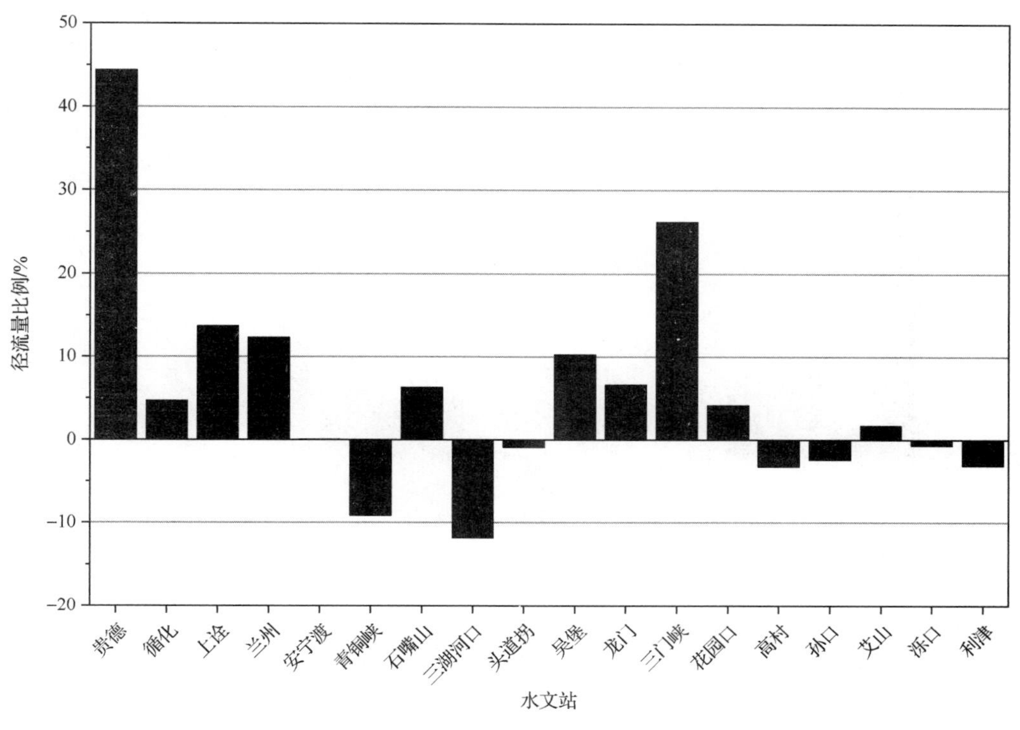

1961年黄河干流水文站区间产水量占黄河上中游总径流量比例图

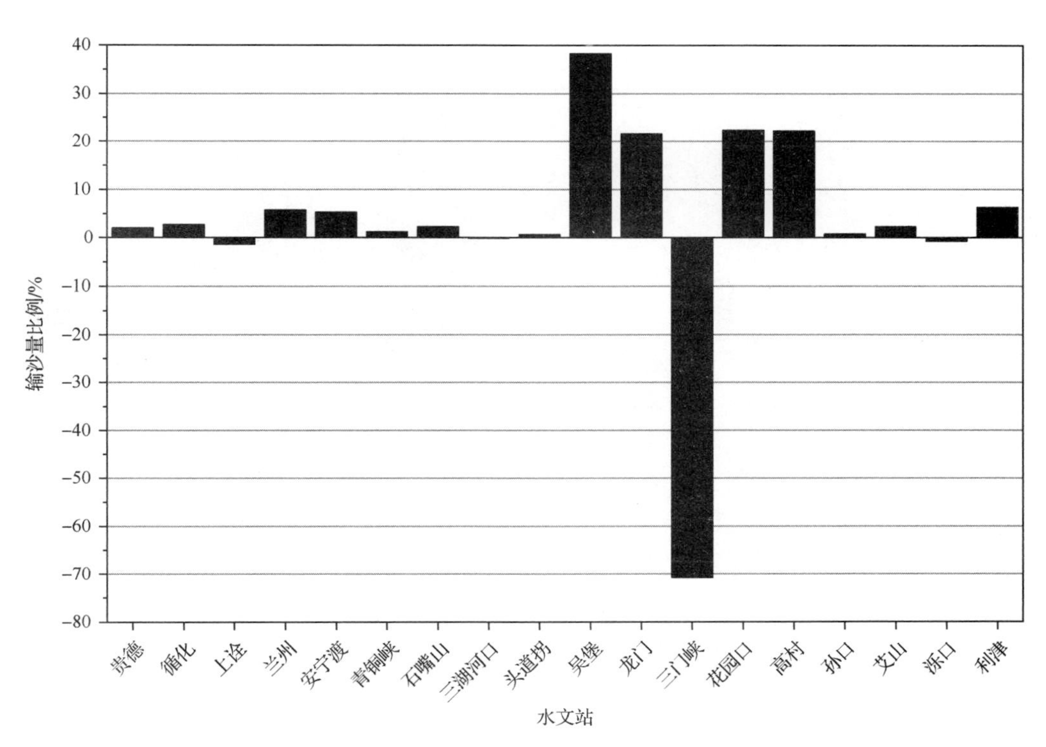

1961年黄河干流水文站区间产沙量占黄河上中游总输沙量比例图

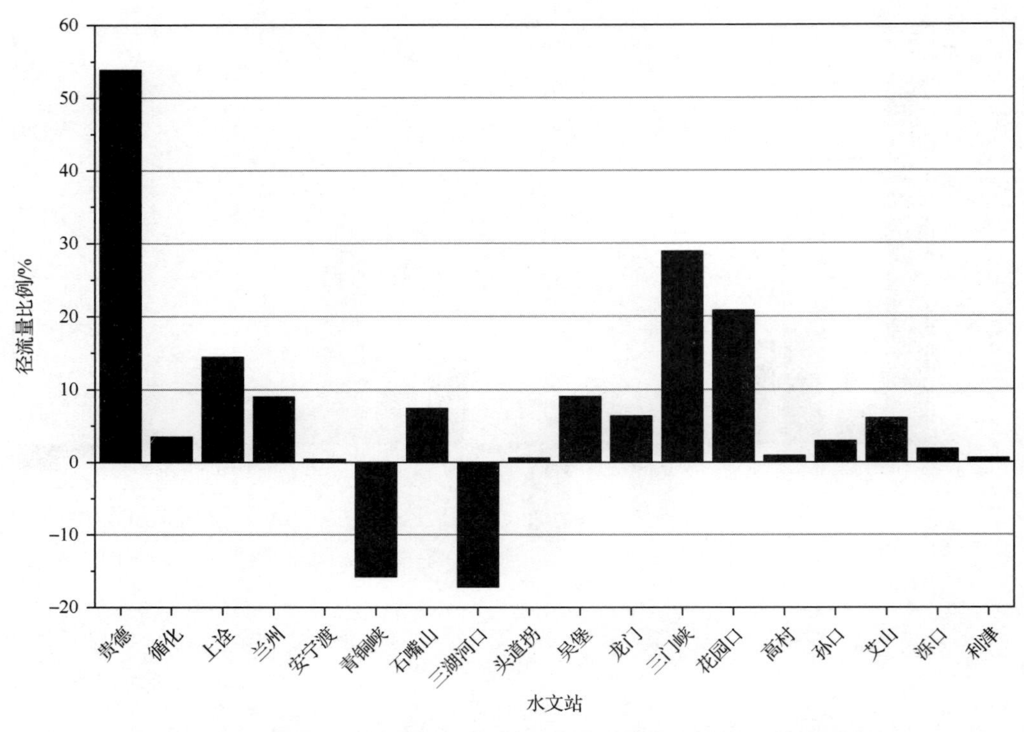

1962年黄河干流水文站区间产水量占黄河上中游总径流量比例图

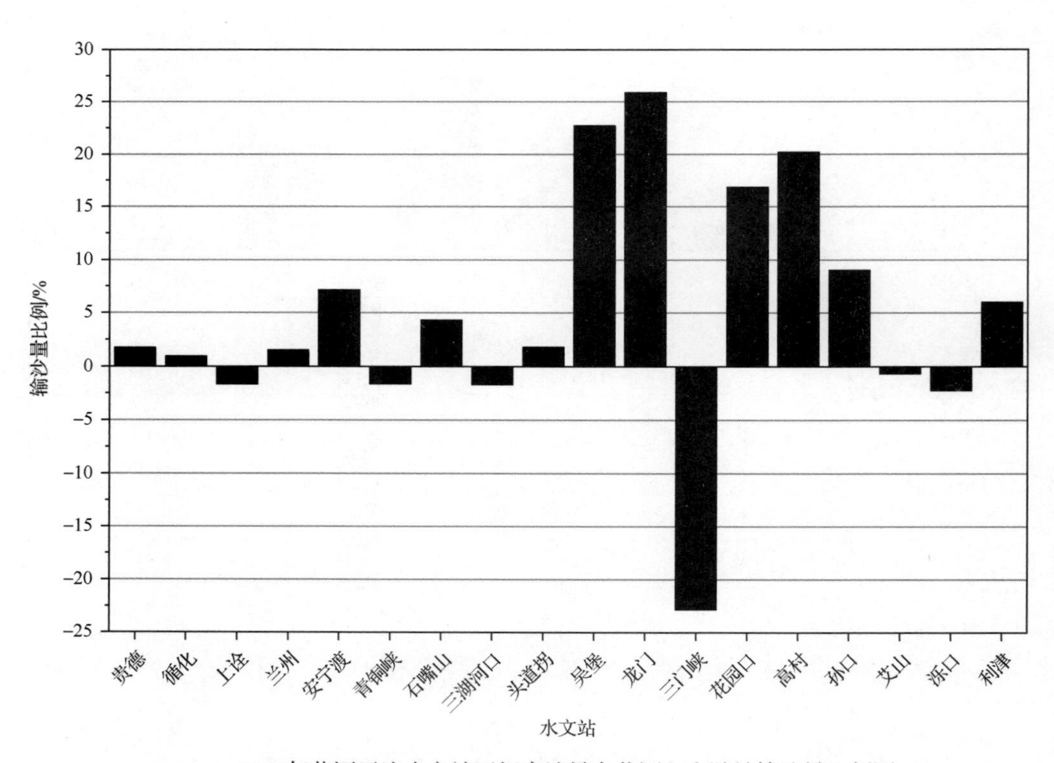

1962年黄河干流水文站区间产沙量占黄河上中游总输沙量比例图

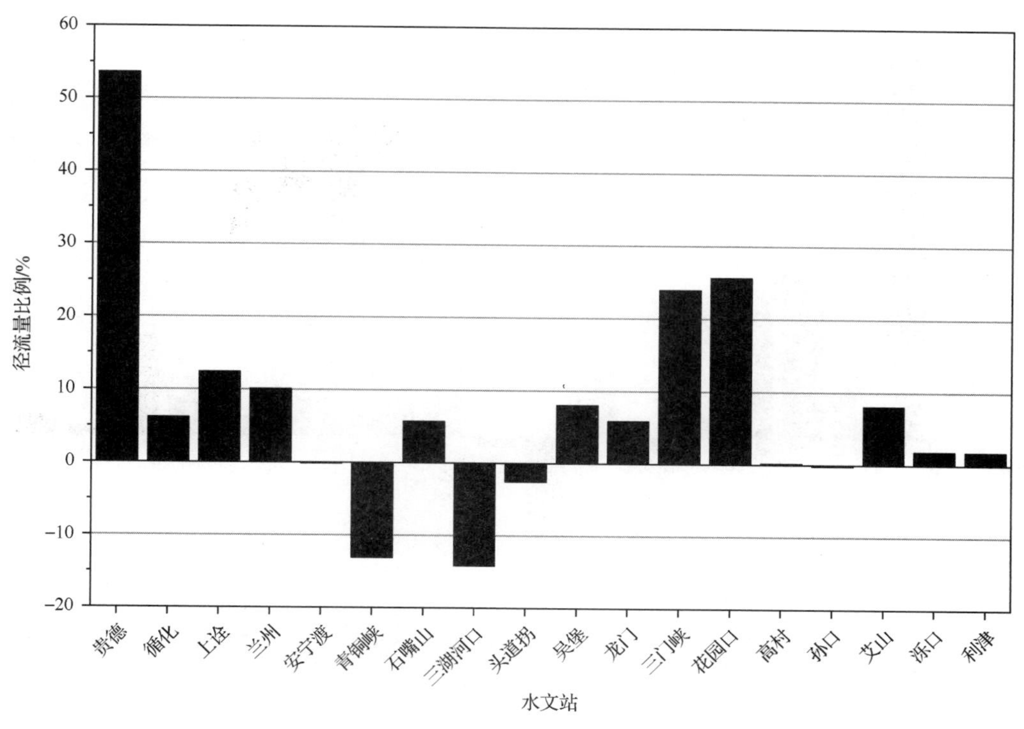

1963年黄河干流水文站区间产水量占黄河上中游总径流量比例图

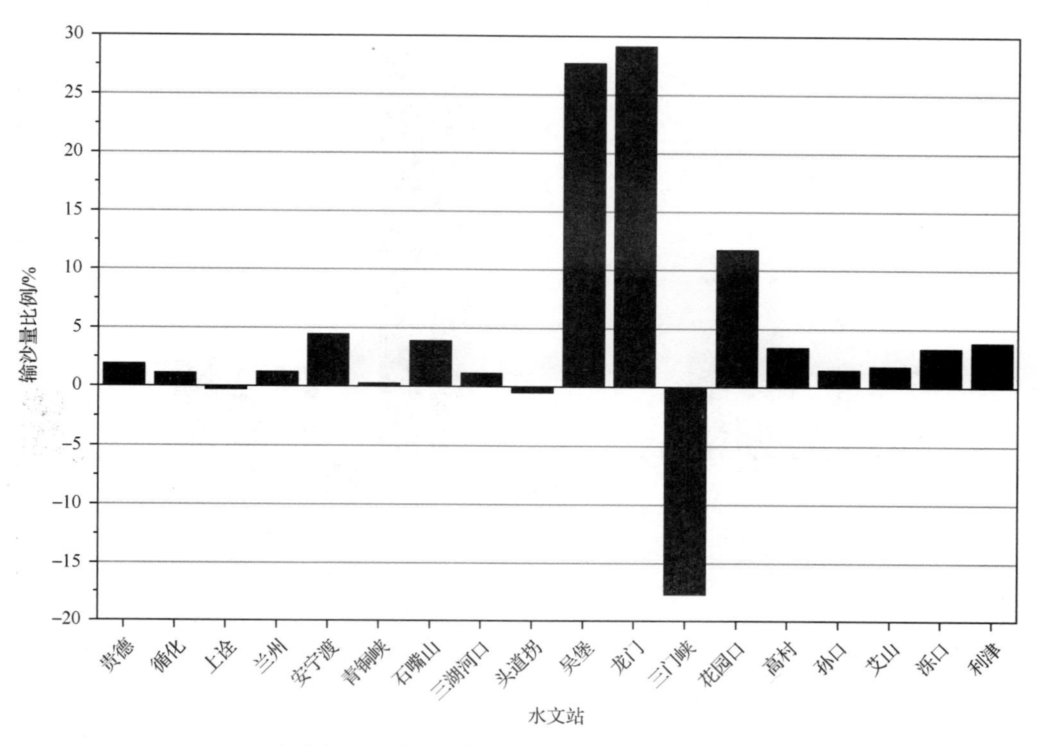

1963年黄河干流水文站区间产沙量占黄河上中游总输沙量比例图

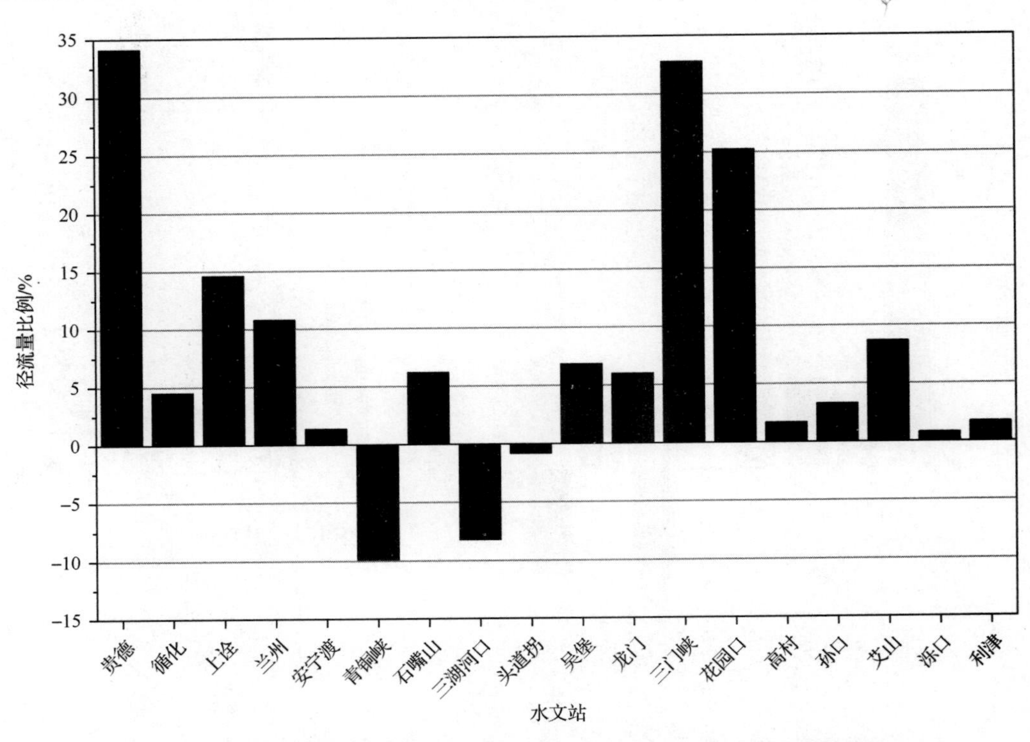

1964年黄河干流水文站区间产水量占黄河上中游总径流量比例图

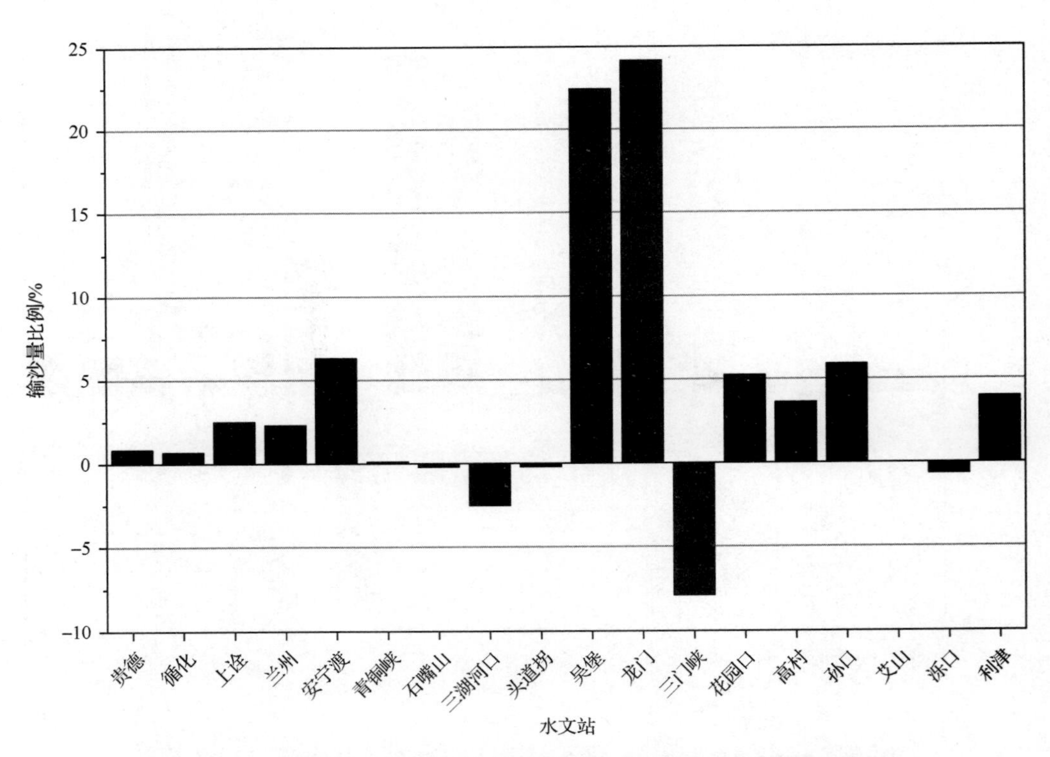

1964年黄河干流水文站区间产沙量占黄河上中游总输沙量比例图

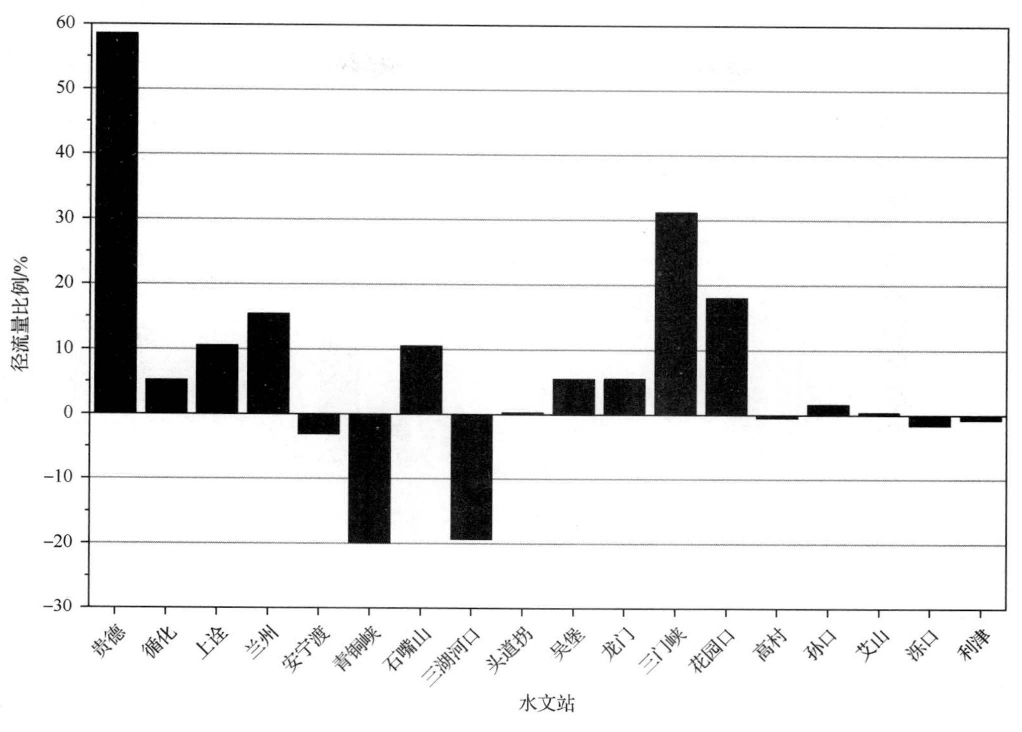

1965年黄河干流水文站区间产水量占黄河上中游总径流量比例图

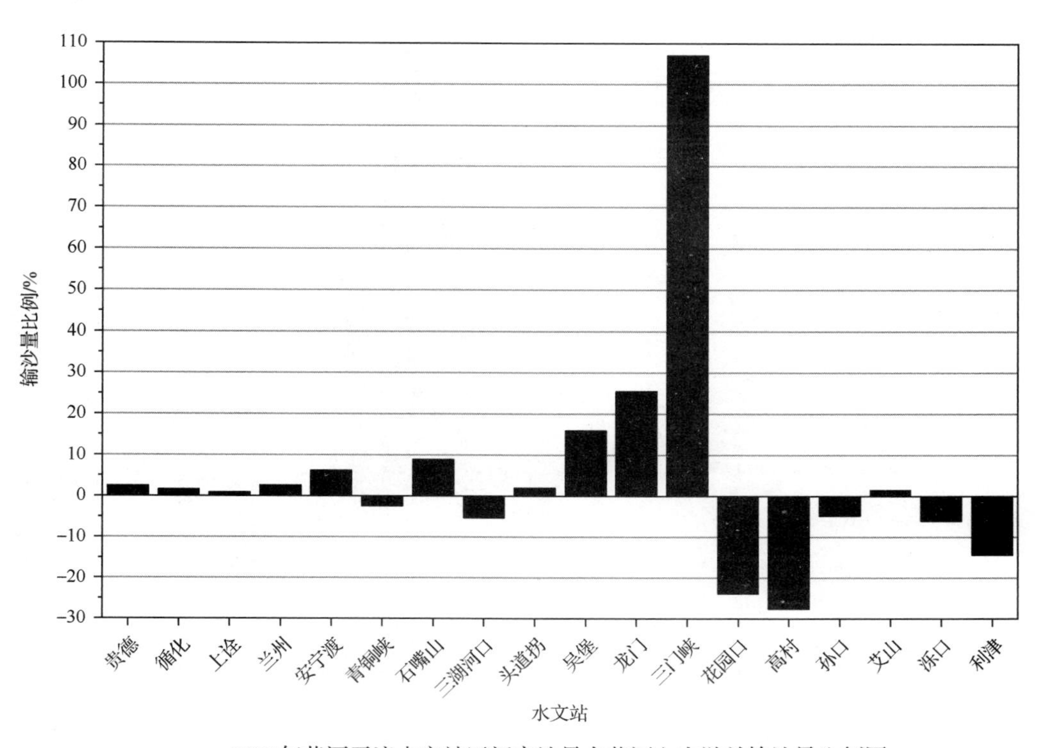

1965年黄河干流水文站区间产沙量占黄河上中游总输沙量比例图

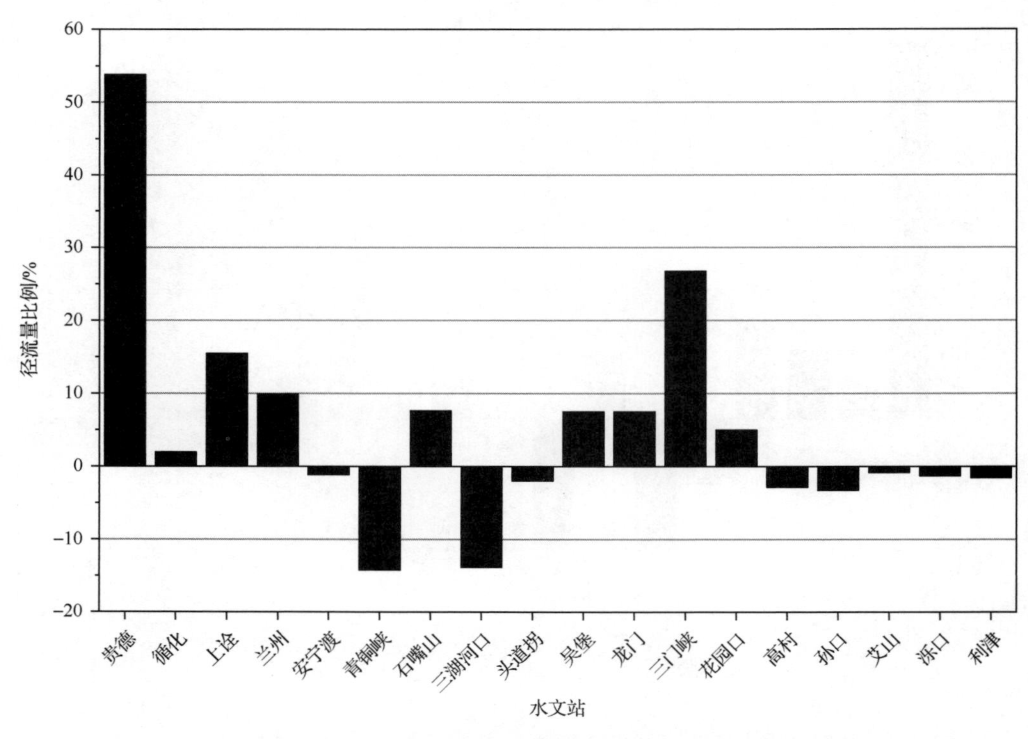

1966年黄河干流水文站区间产水量占黄河上中游总径流量比例图

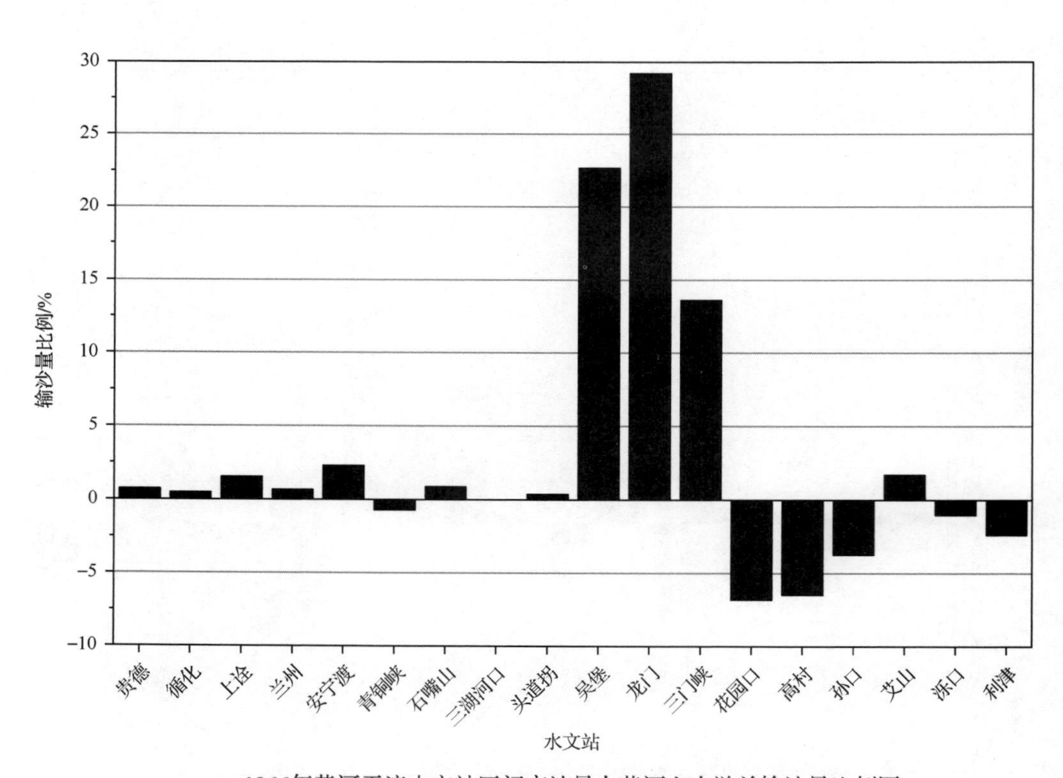

1966年黄河干流水文站区间产沙量占黄河上中游总输沙量比例图

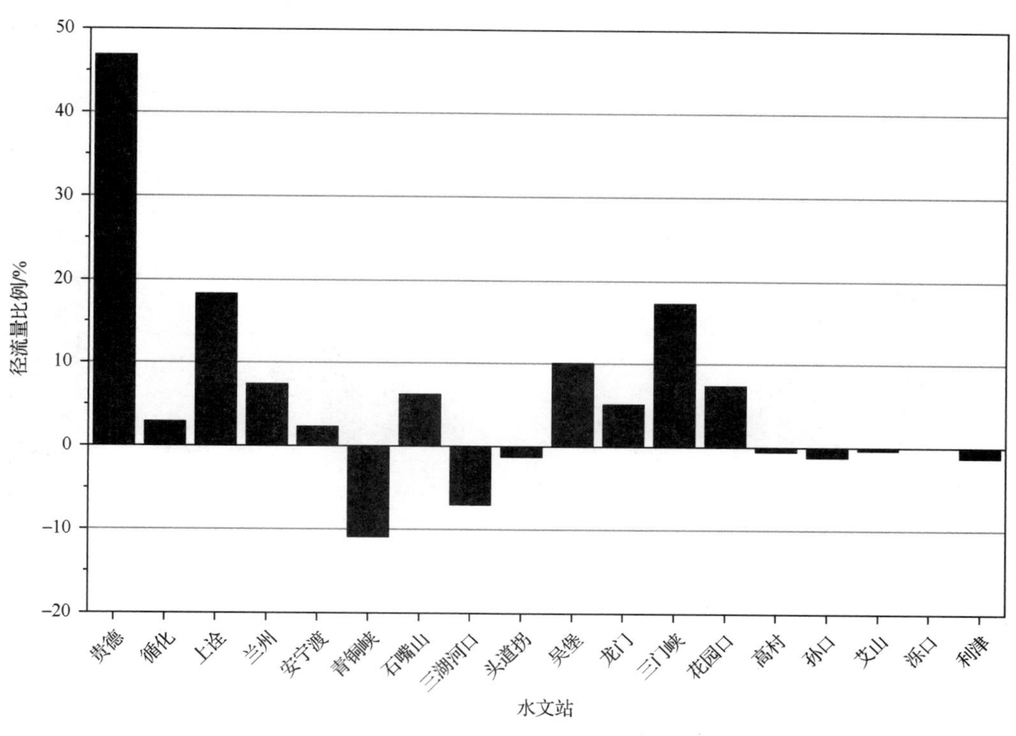

1967年黄河干流水文站区间产水量占黄河上中游总径流量比例图

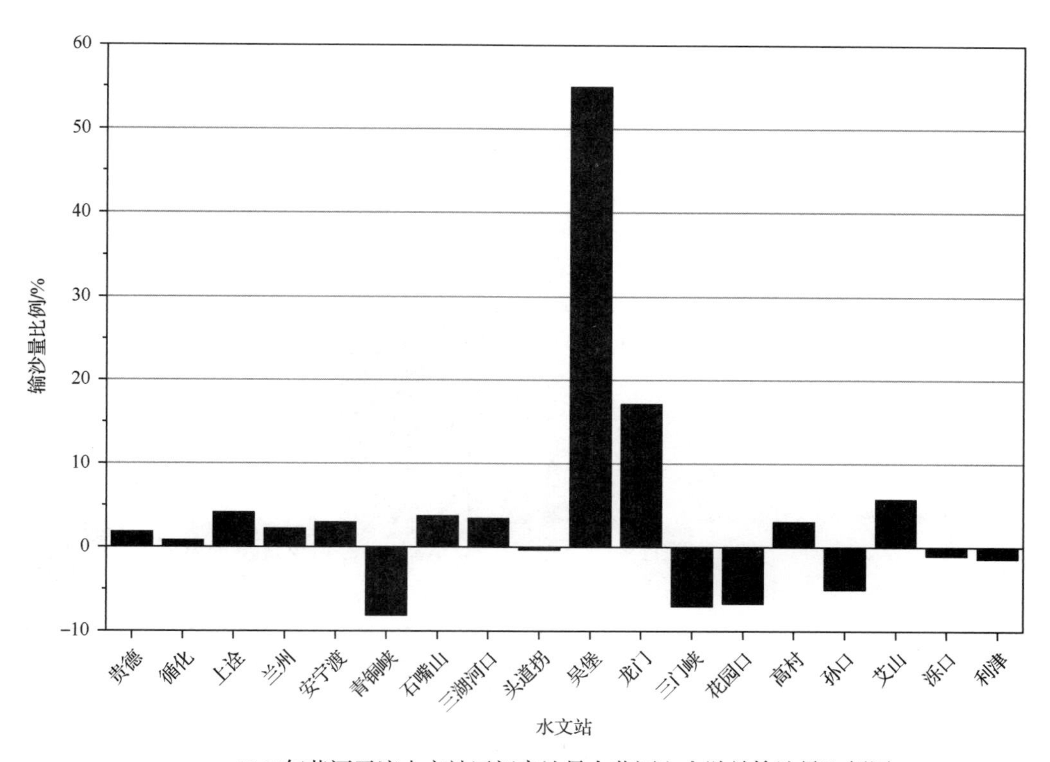

1967年黄河干流水文站区间产沙量占黄河上中游总输沙量比例图

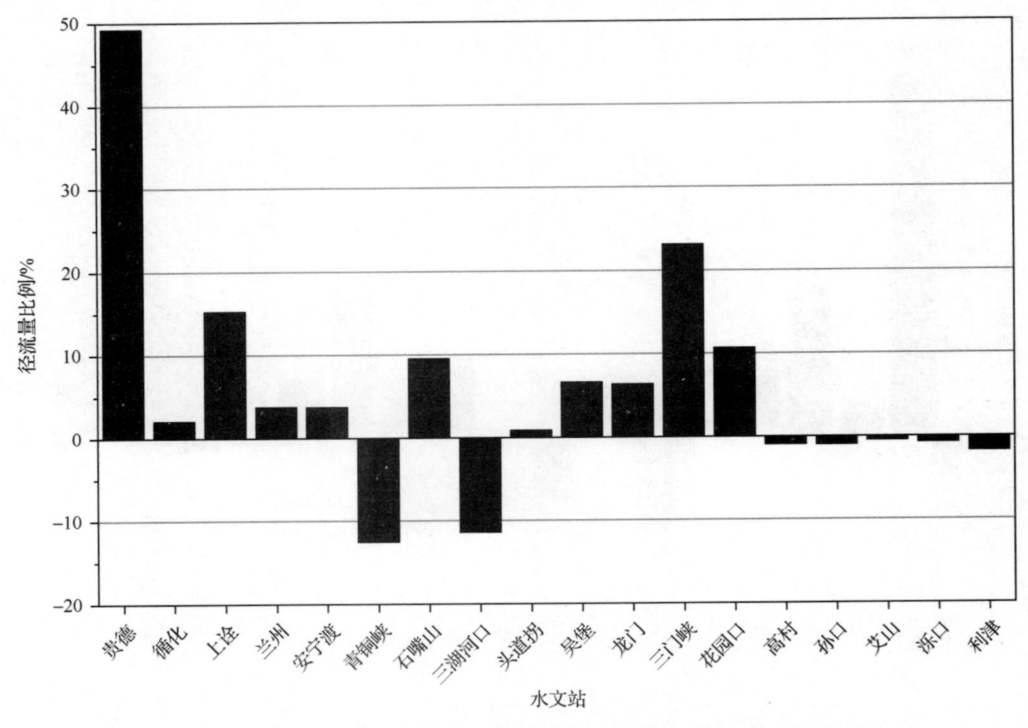

1968年黄河干流水文站区间产水量占黄河上中游总径流量比例图

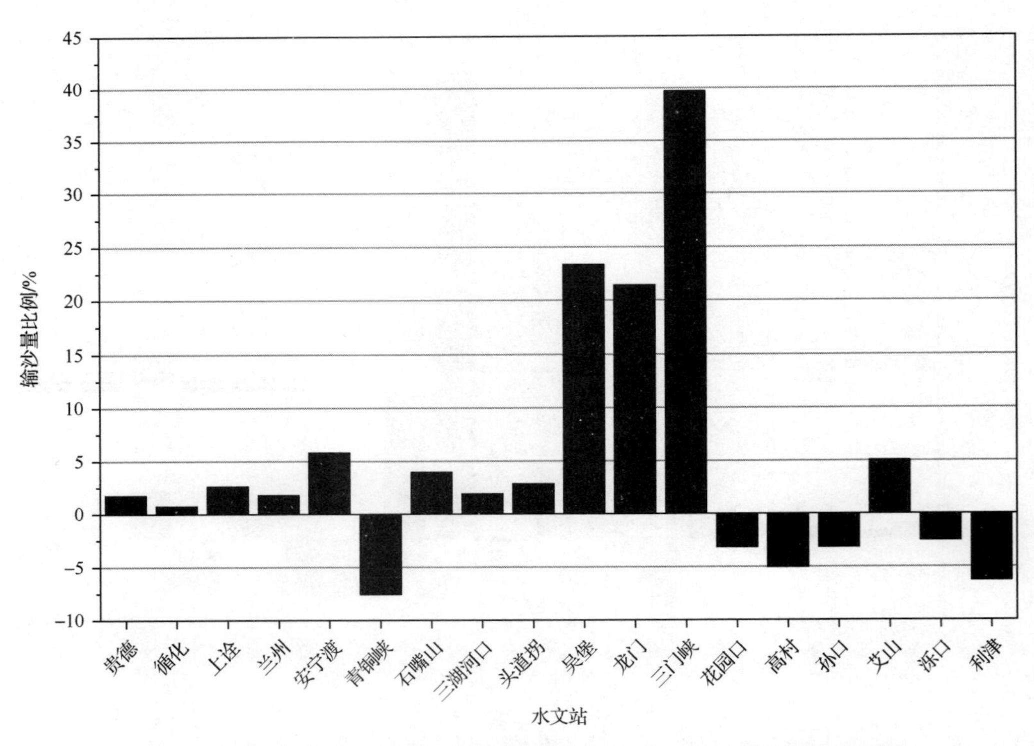

1968年黄河干流水文站区间产沙量占黄河上中游总输沙量比例图

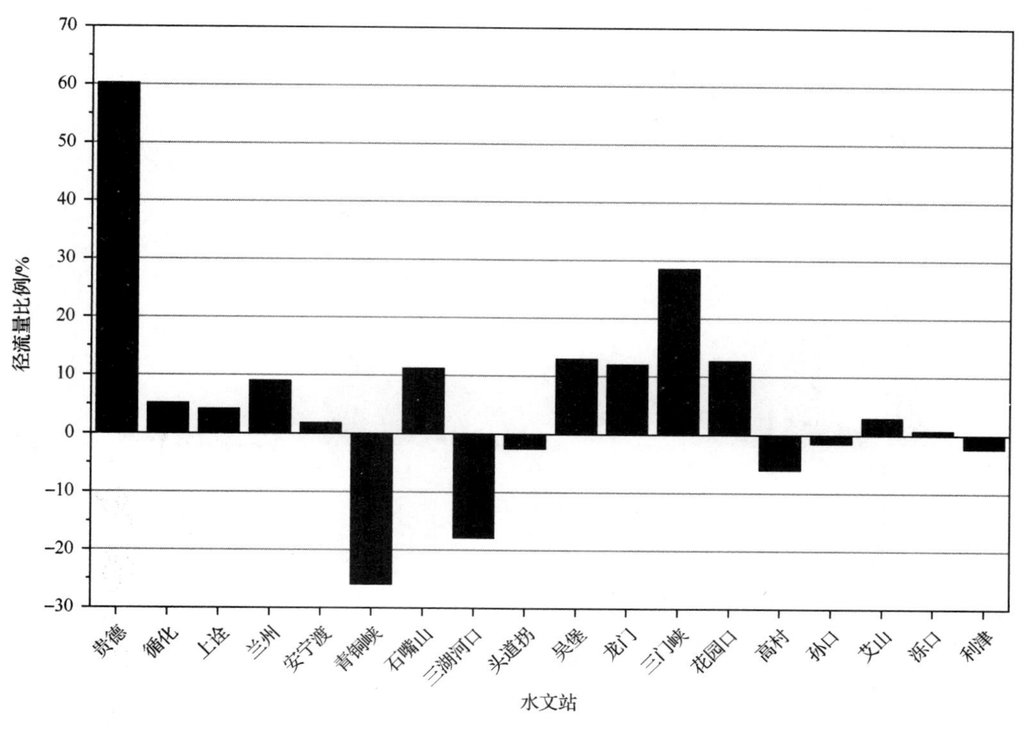

1969年黄河干流水文站区间产水量占黄河上中游总径流量比例图

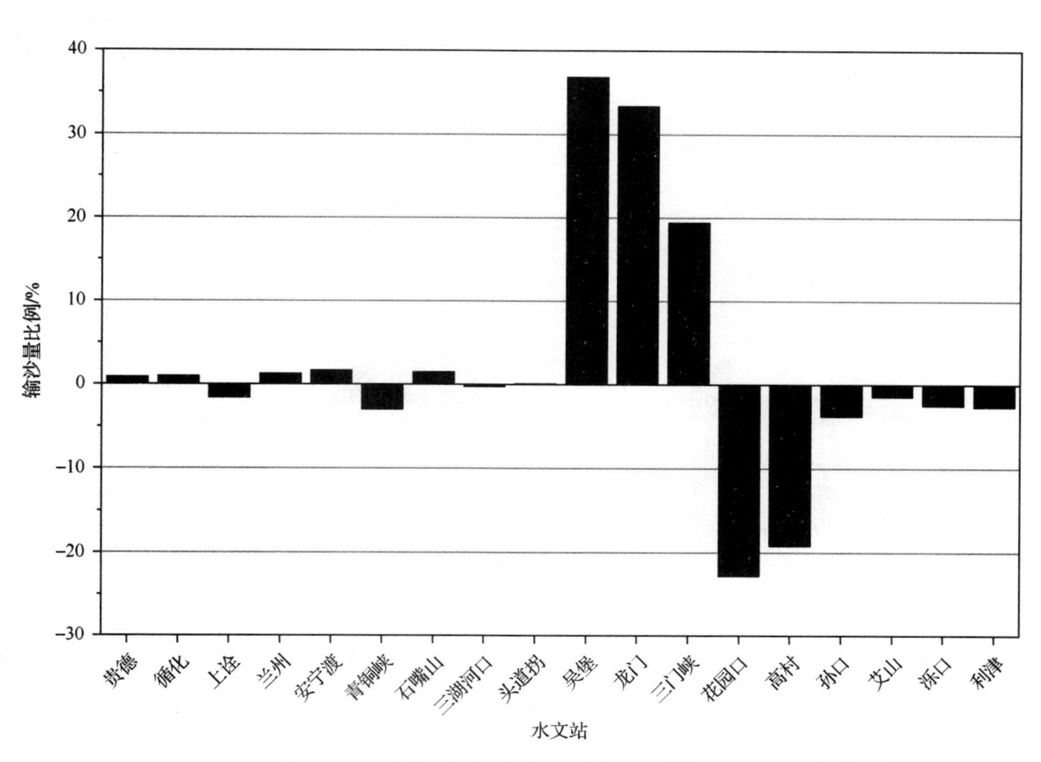

1969年黄河干流水文站区间产沙量占黄河上中游总输沙量比例图

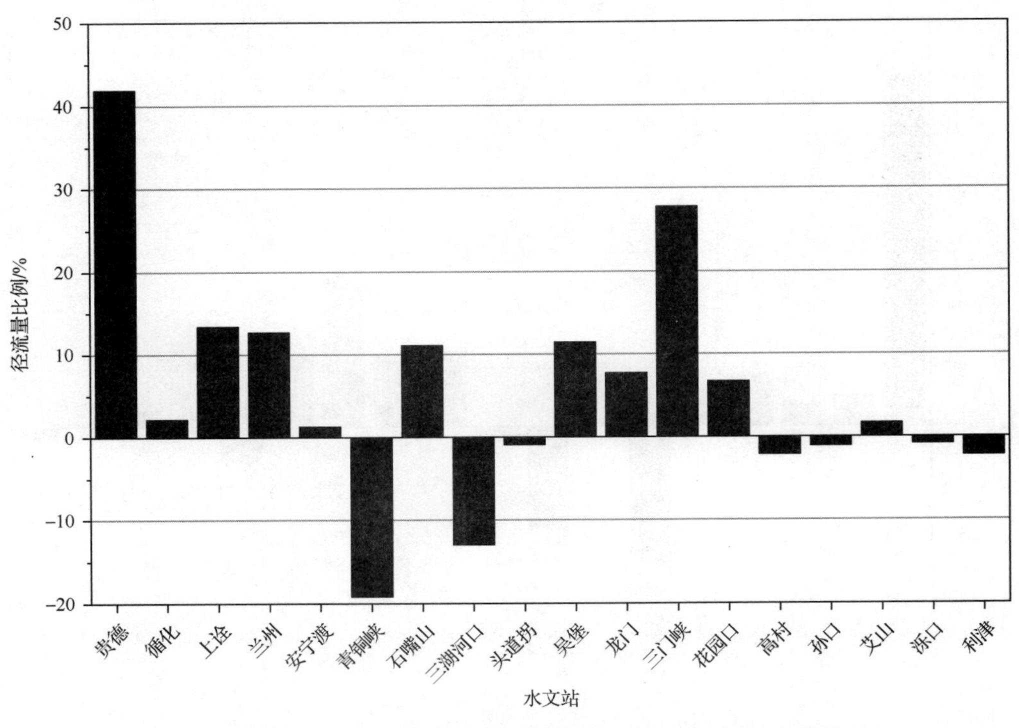

1970年黄河干流水文站区间产水量占黄河上中游总径流量比例图

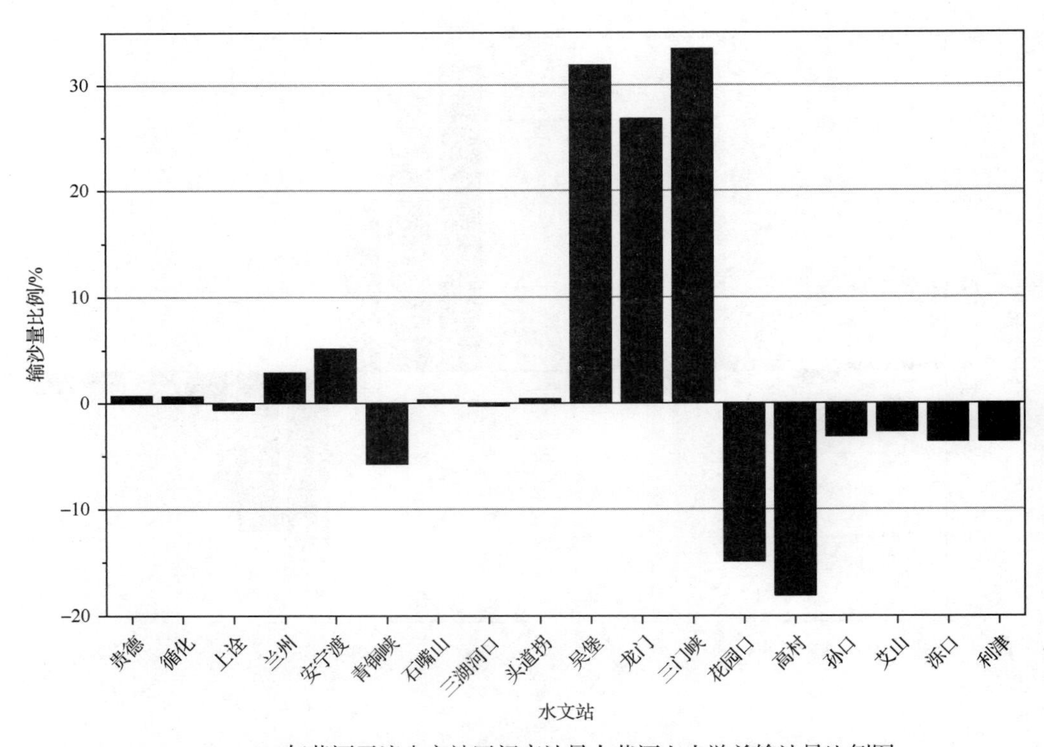

1970年黄河干流水文站区间产沙量占黄河上中游总输沙量比例图

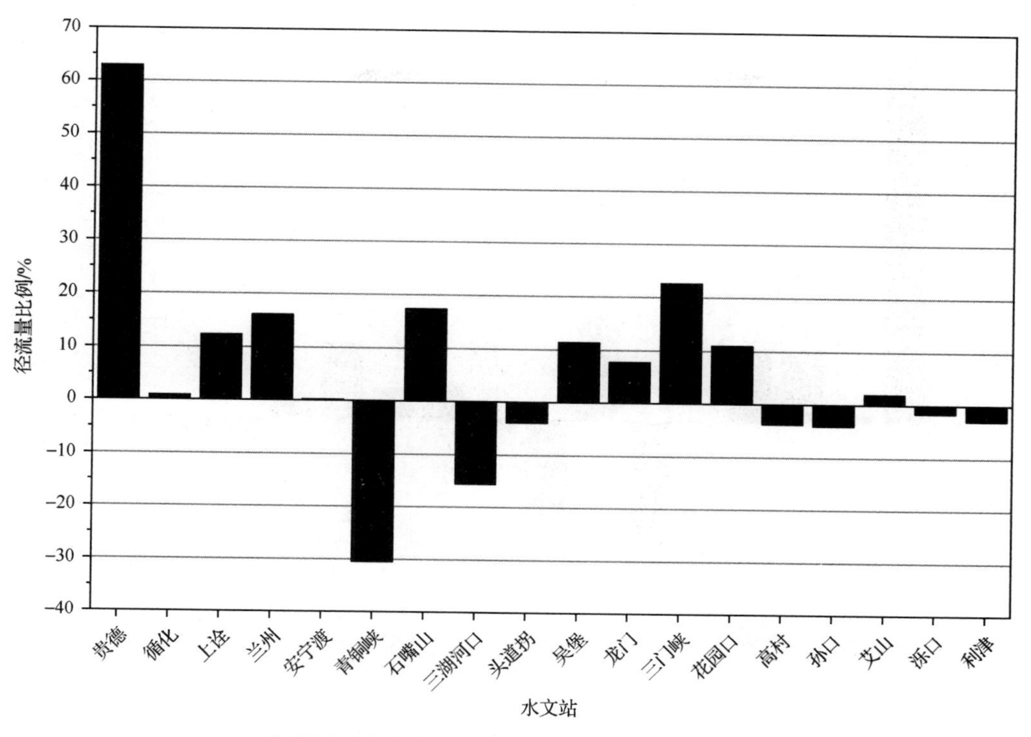

1971年黄河干流水文站区间产水量占黄河上中游总径流量比例图

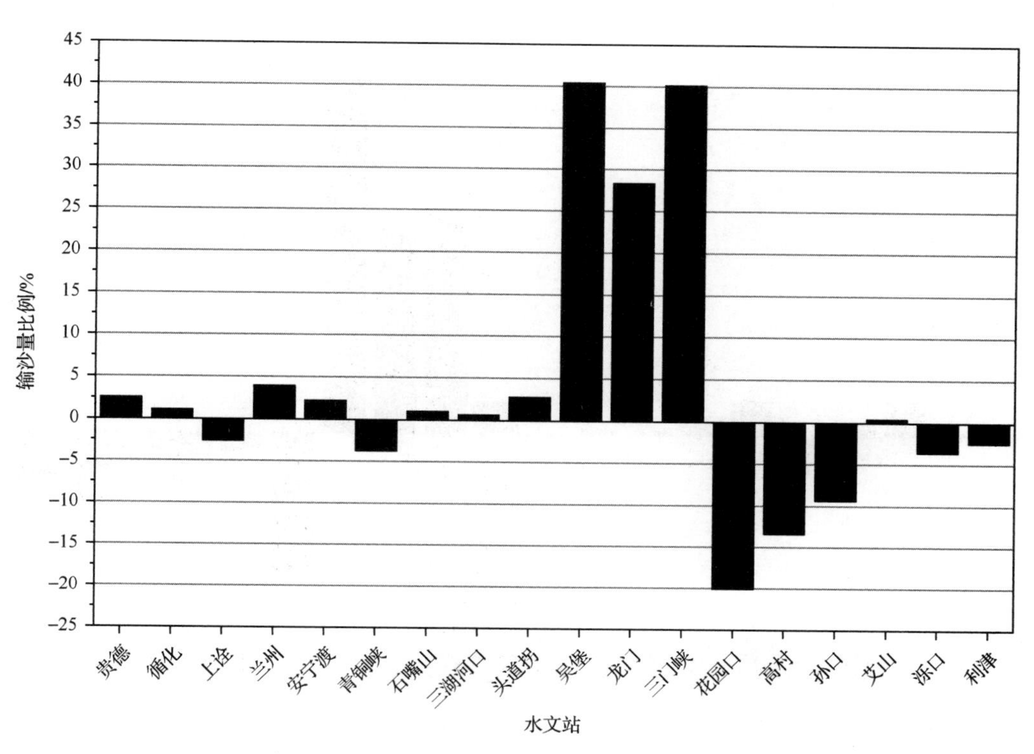

1971年黄河干流水文站区间产沙量占黄河上中游总输沙量比例图

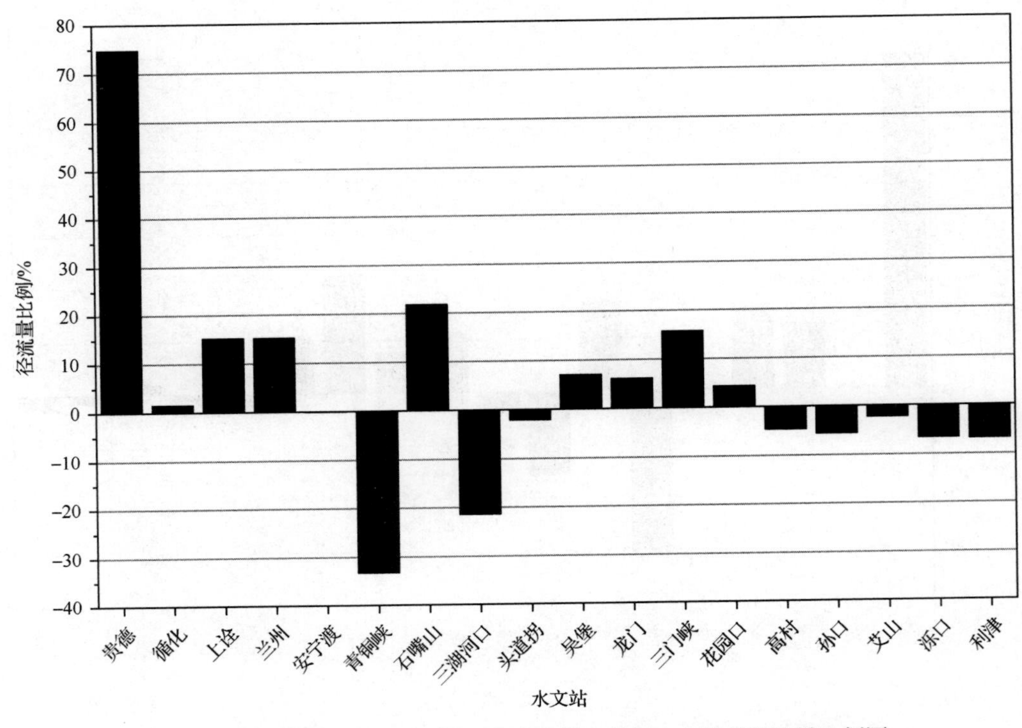

1972年黄河干流水文站区间产水量占黄河上中游总径流量比例图

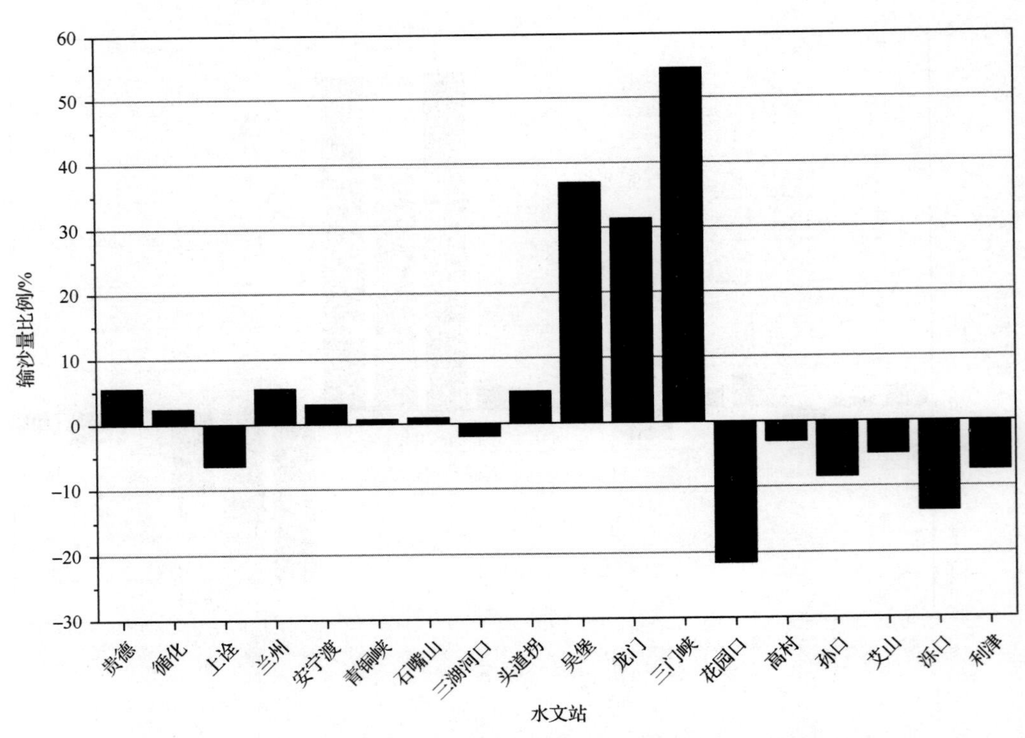

1972年黄河干流水文站区间产沙量占黄河上中游总输沙量比例图

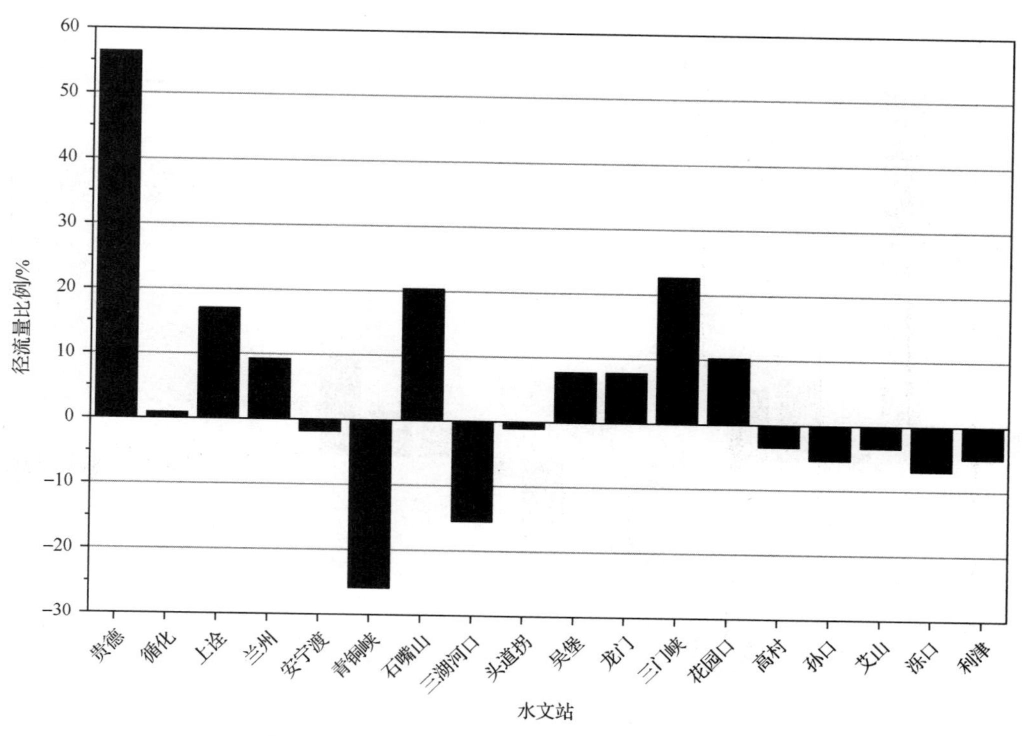

1973年黄河干流水文站区间产水量占黄河上中游总径流量比例图

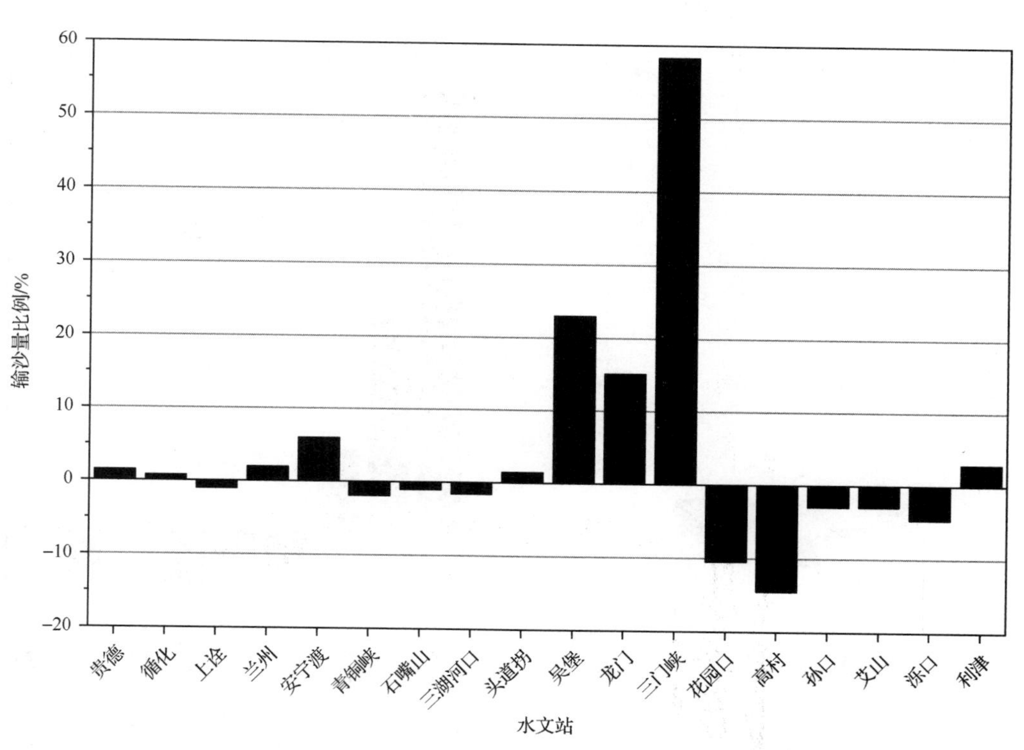

1973年黄河干流水文站区间产沙量占黄河上中游总输沙量比例图

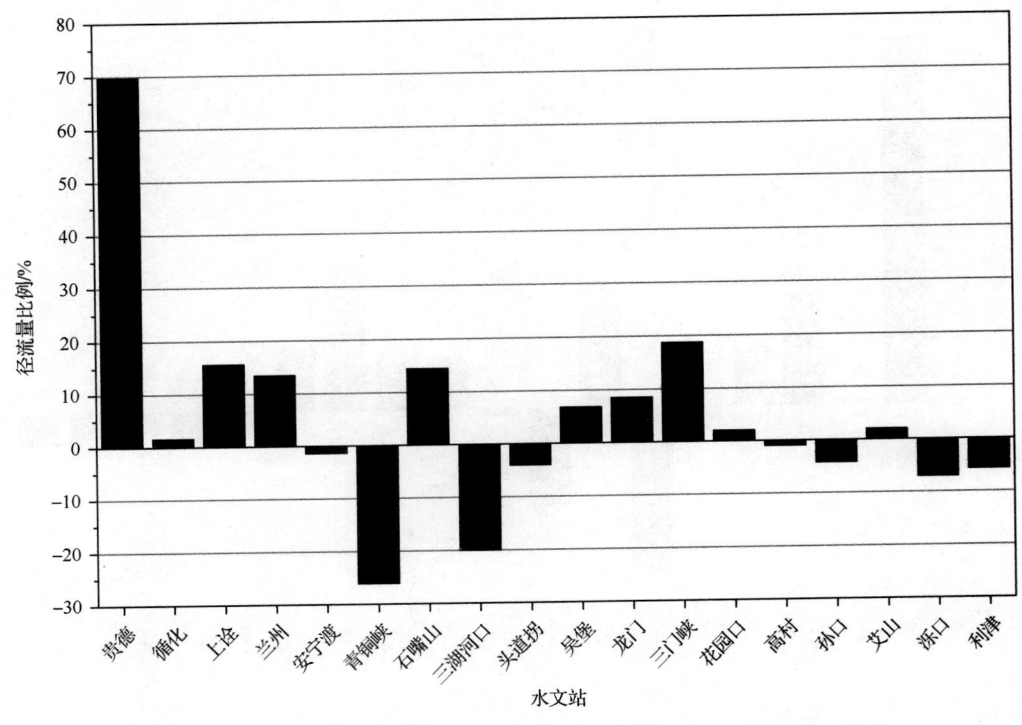

1974年黄河干流水文站区间产水量占黄河上中游总径流量比例图

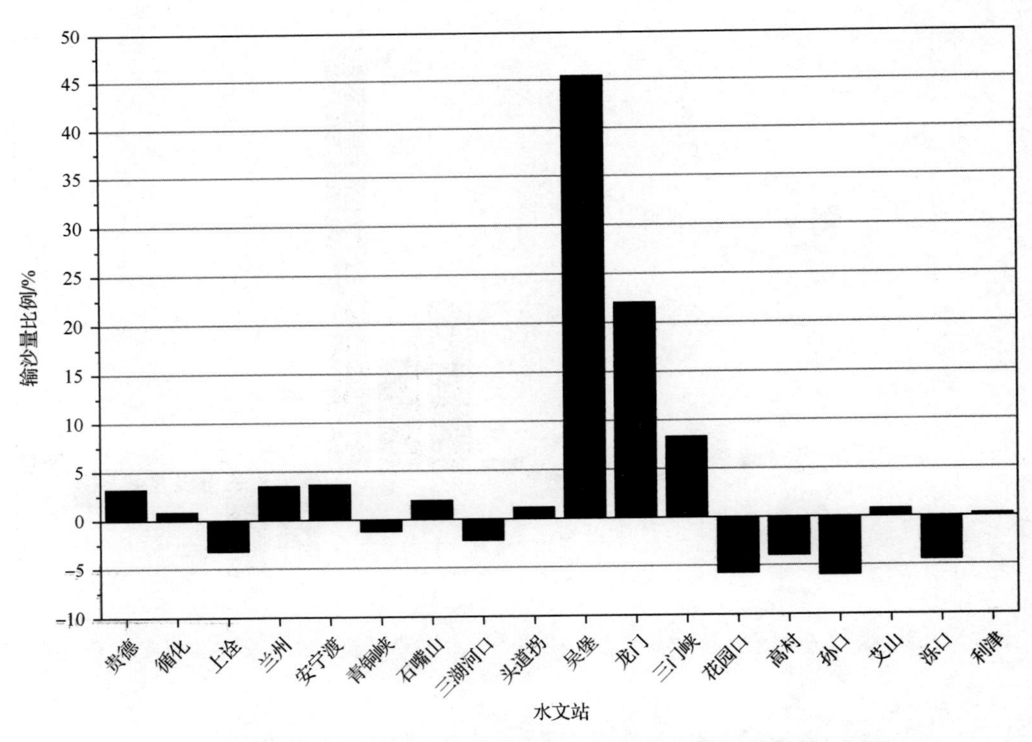

1974年黄河干流水文站区间产沙量占黄河上中游总输沙量比例图

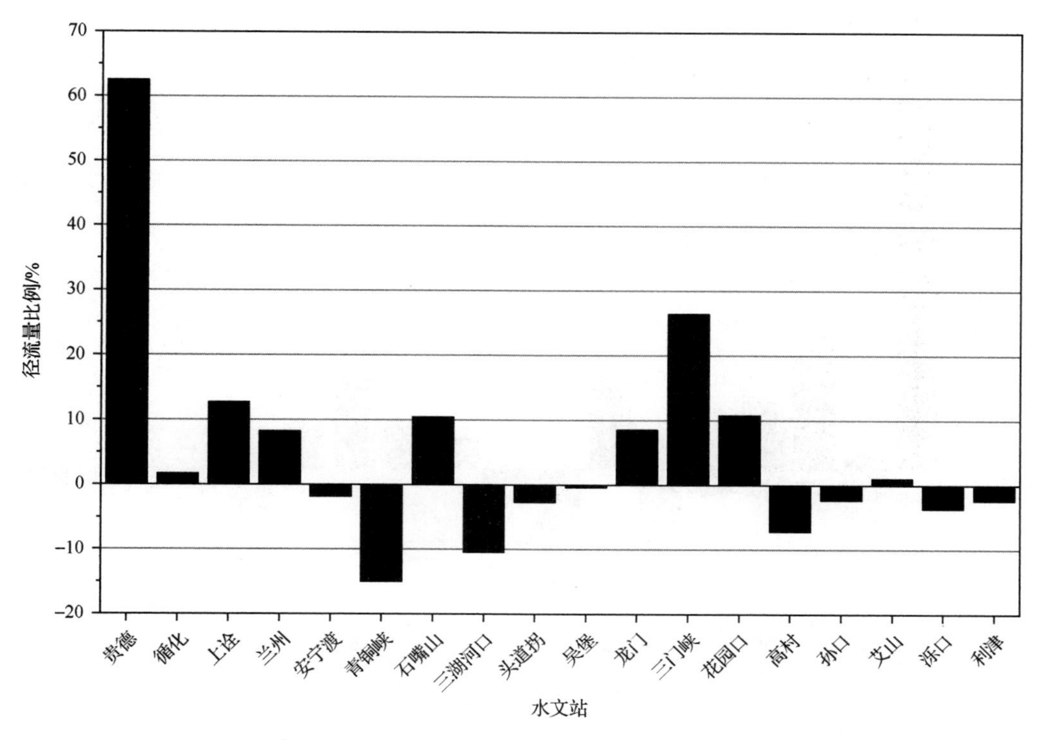

1975年黄河干流水文站区间产水量占黄河上中游总径流量比例图

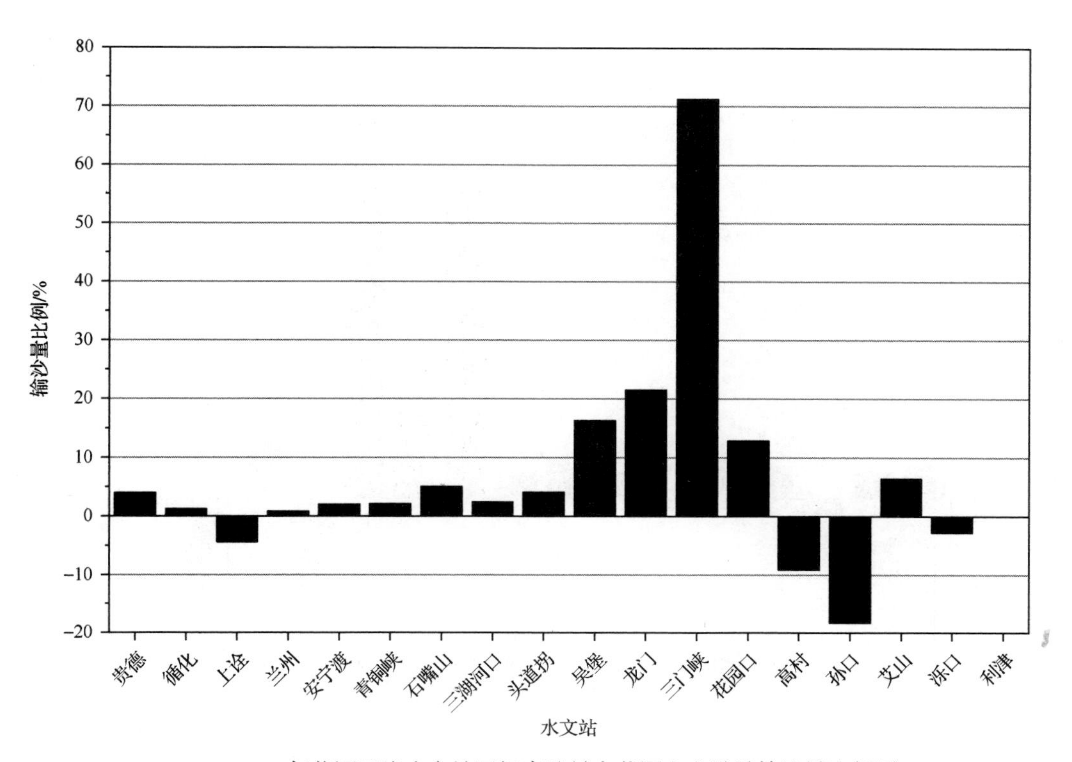

1975年黄河干流水文站区间产沙量占黄河上中游总输沙量比例图

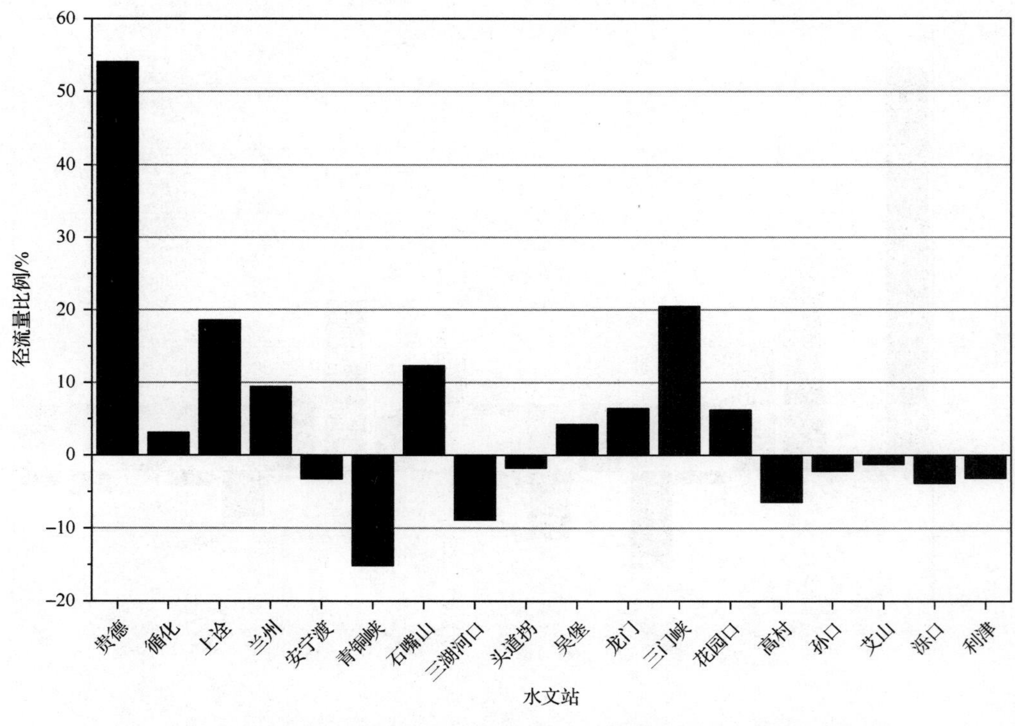

1976年黄河干流水文站区间产水量占黄河上中游总径流量比例图

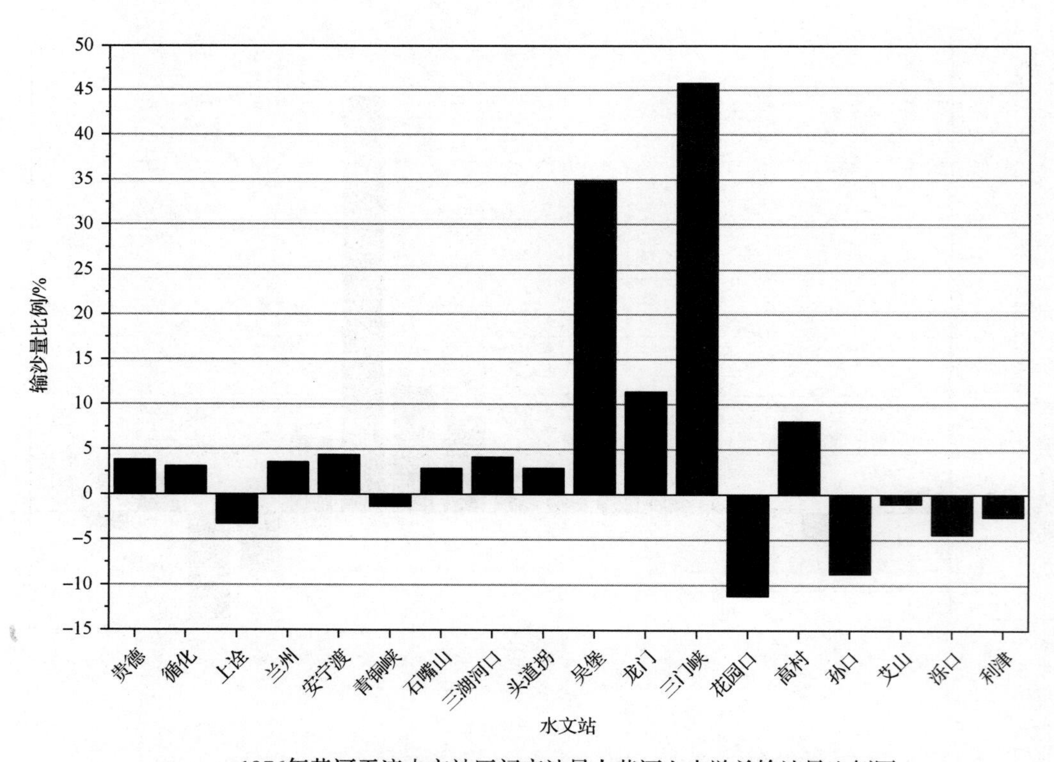

1976年黄河干流水文站区间产沙量占黄河上中游总输沙量比例图

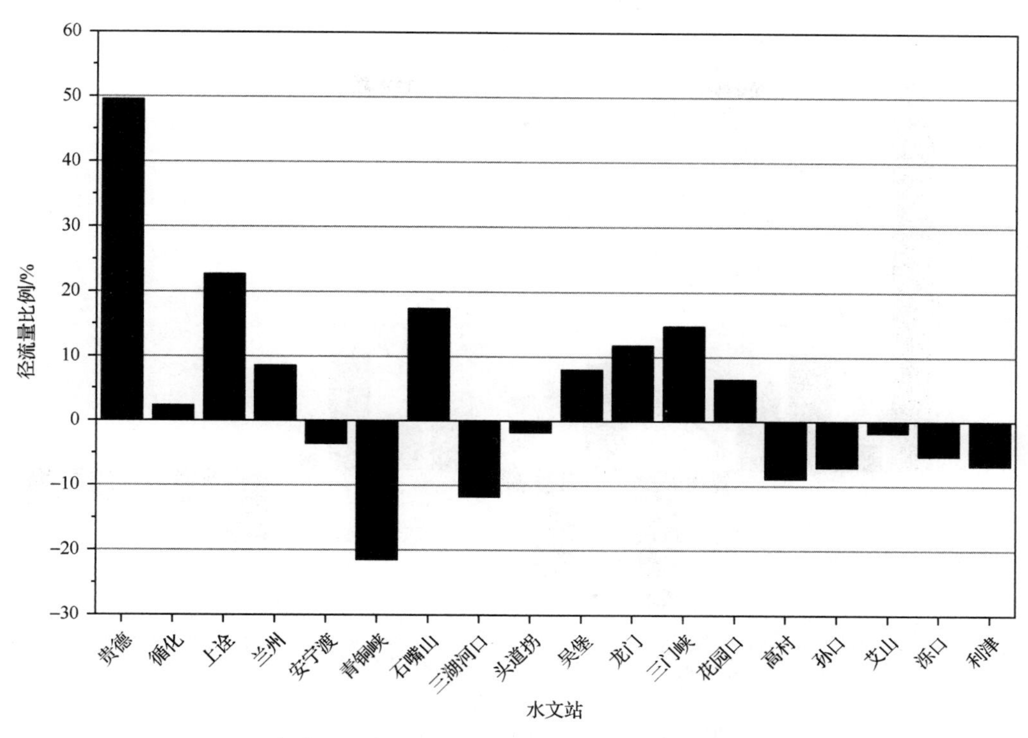

1977年黄河干流水文站区间产水量占黄河上中游总径流量比例图

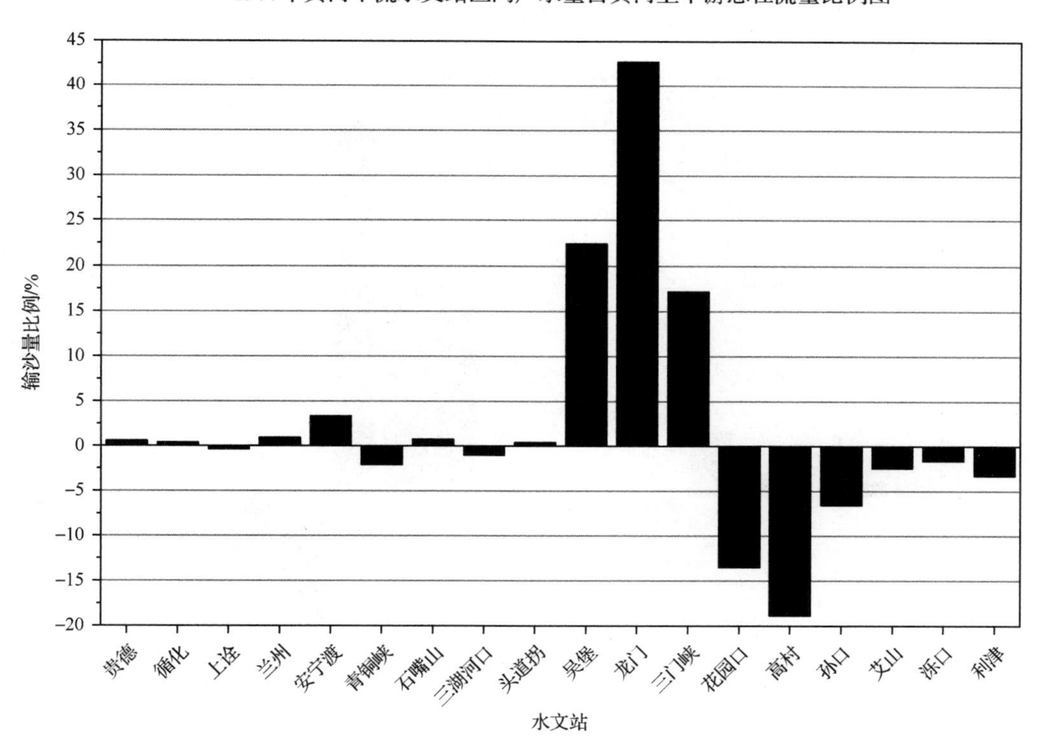

1977年黄河干流水文站区间产沙量占黄河上中游总输沙量比例图

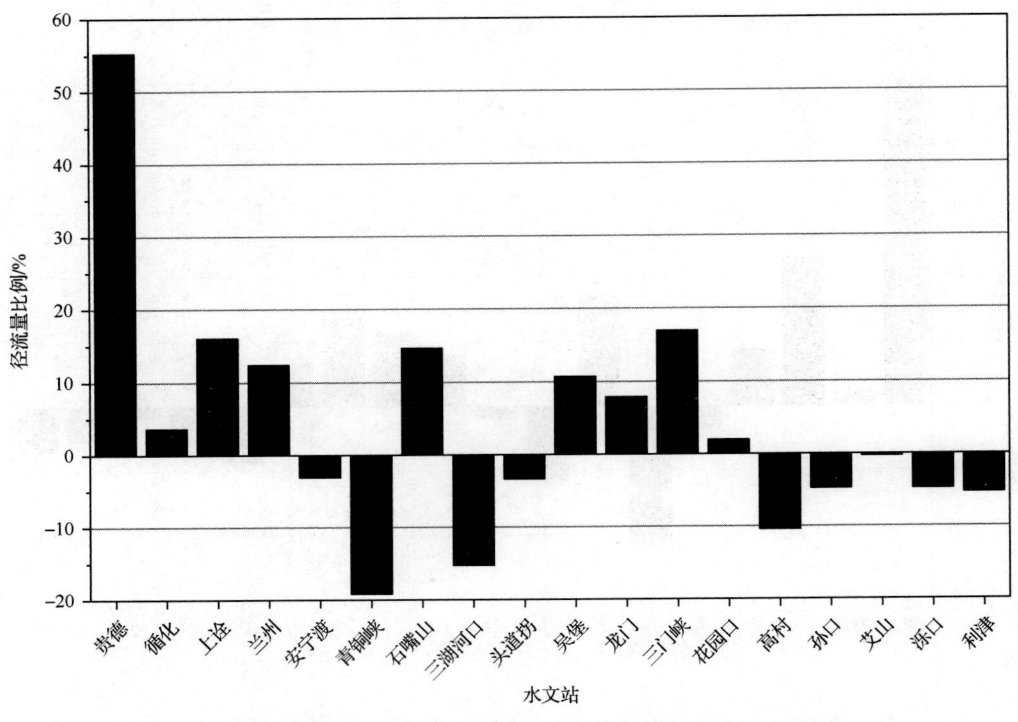

1978年黄河干流水文站区间产水量占黄河上中游总径流量比例图

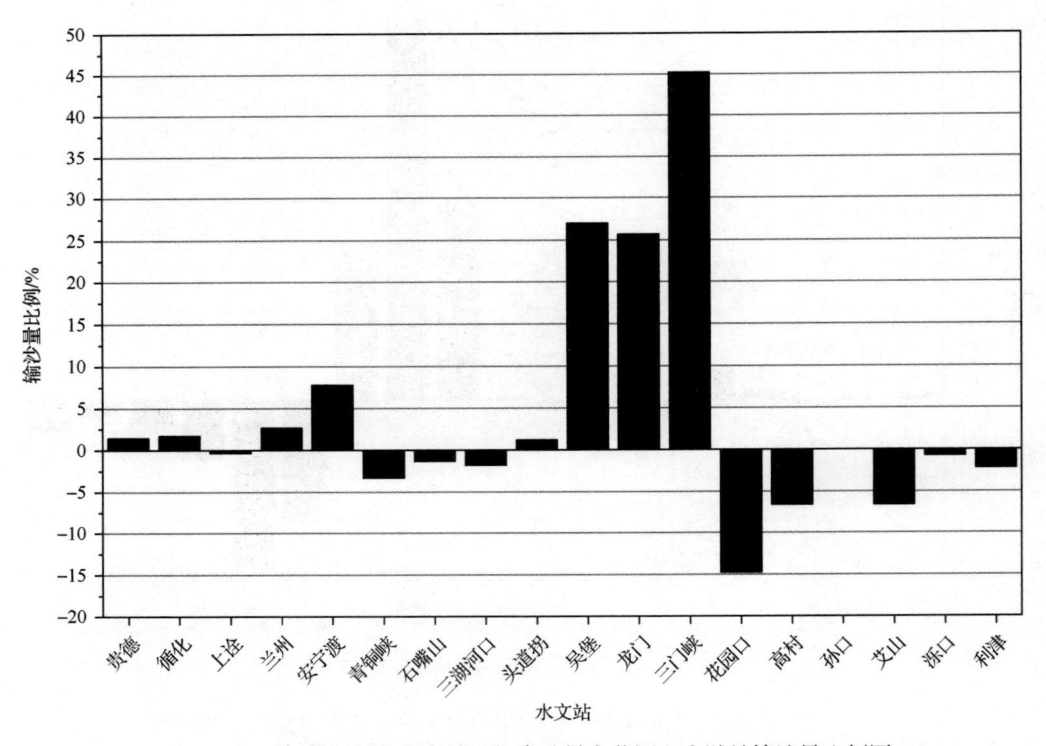

1978年黄河干流水文站区间产沙量占黄河上中游总输沙量比例图

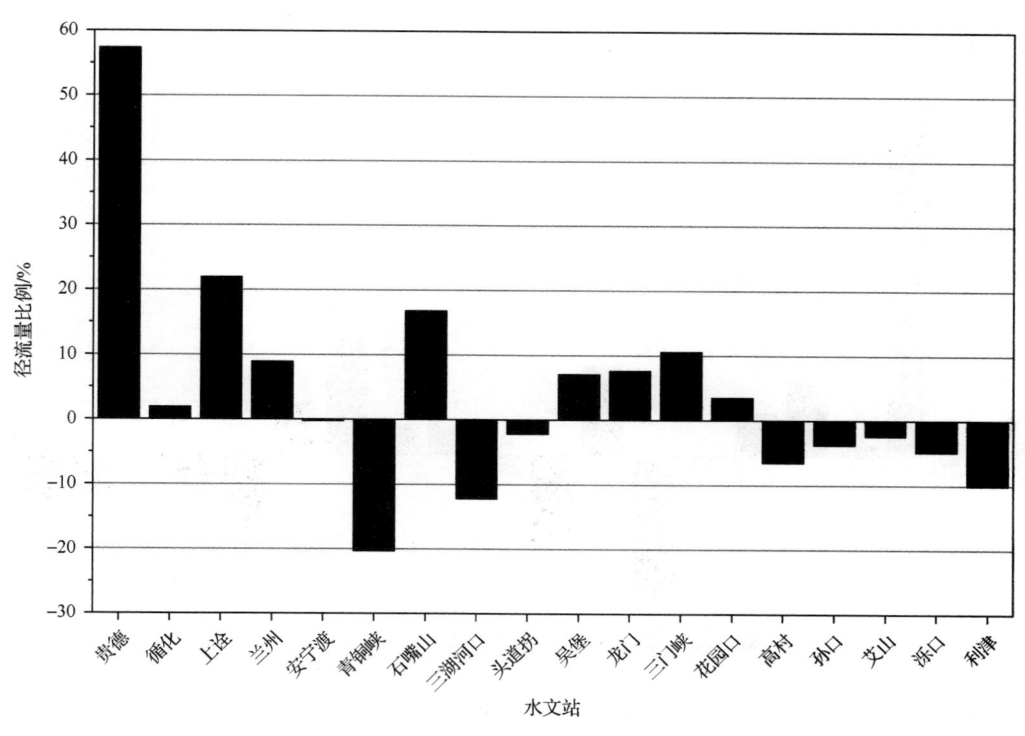

1979年黄河干流水文站区间产水量占黄河上中游总径流量比例图

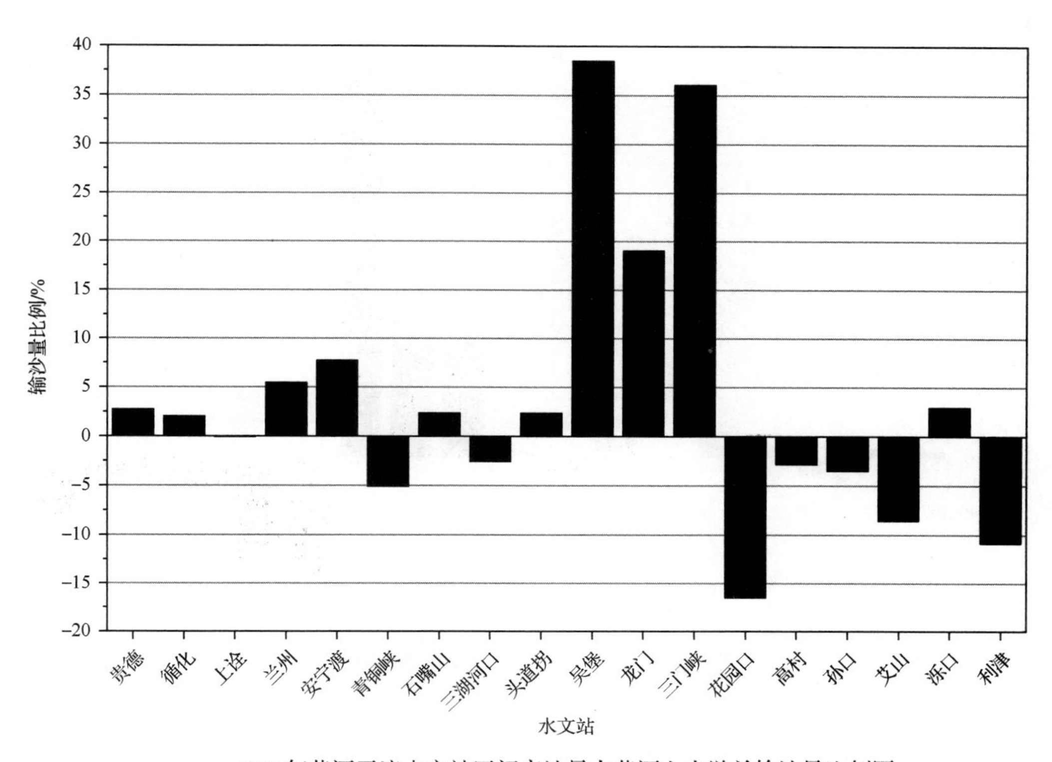

1979年黄河干流水文站区间产沙量占黄河上中游总输沙量比例图

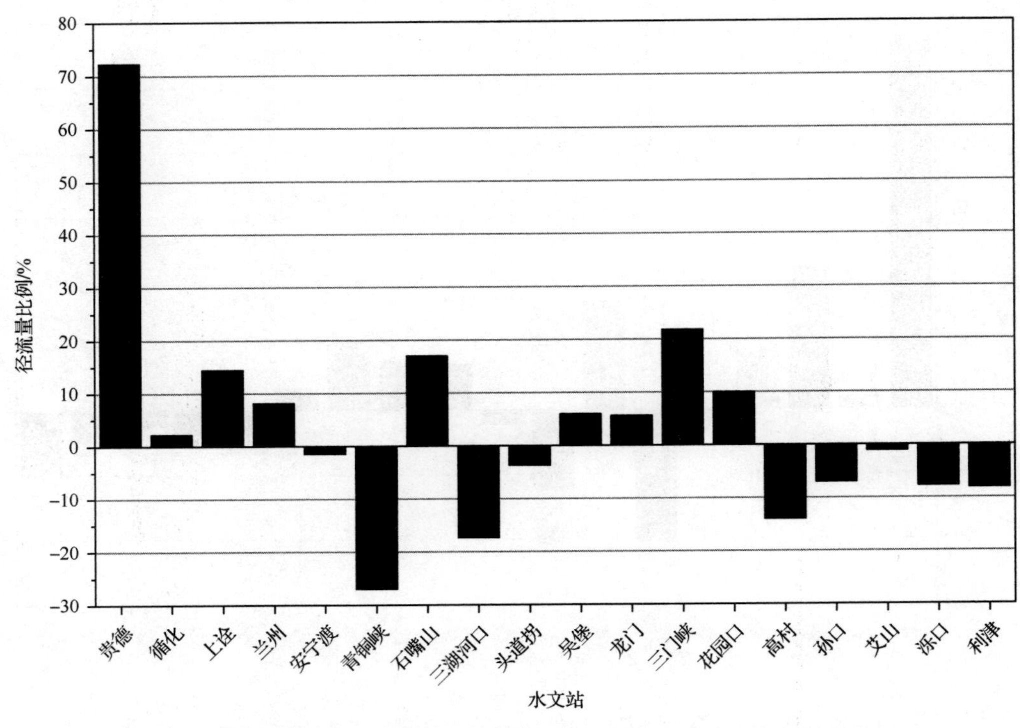

1980年黄河干流水文站区间产水量占黄河上中游总径流量比例图

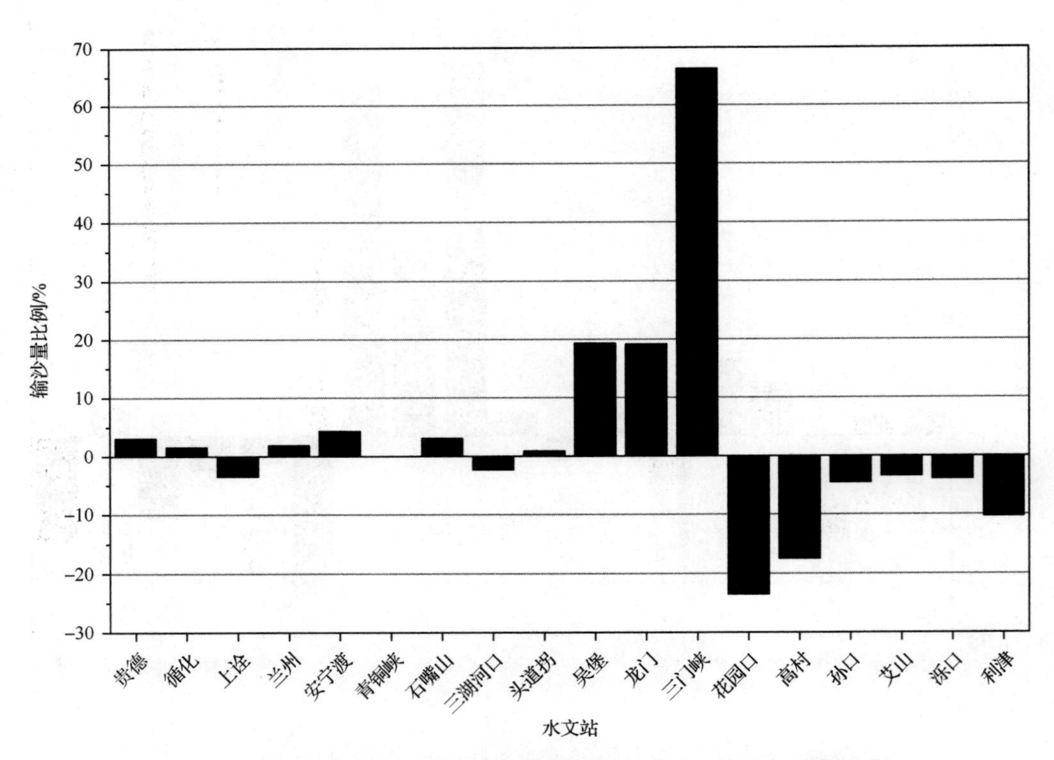

1980年黄河干流水文站区间产沙量占黄河上中游总输沙量比例图

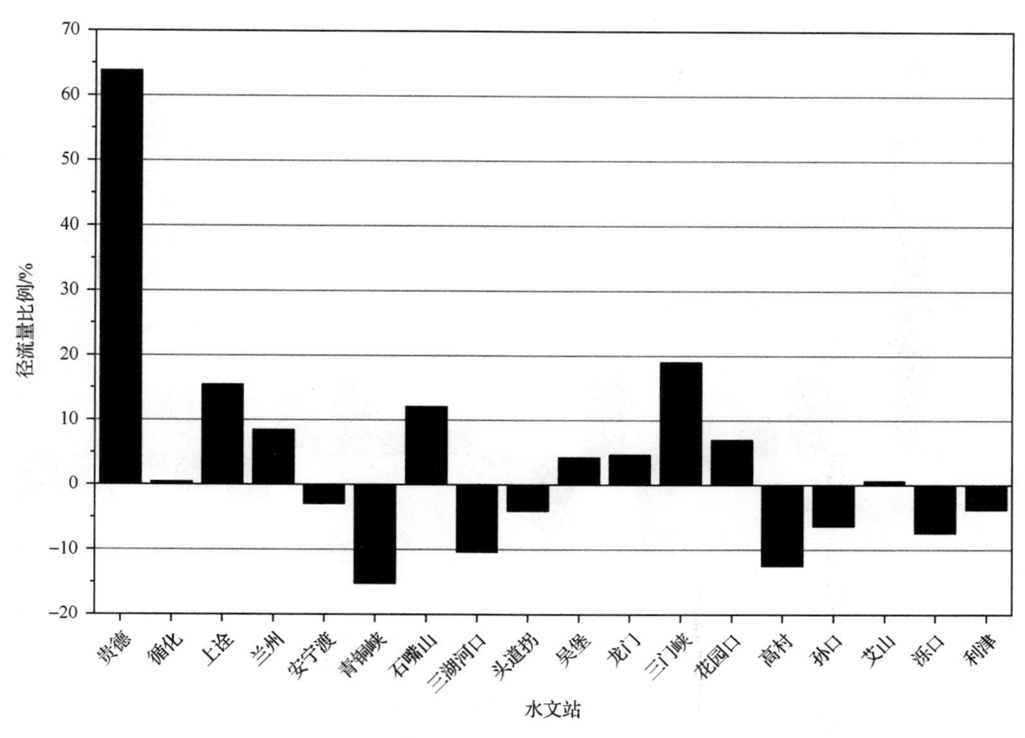

1981年黄河干流水文站区间产水量占黄河上中游总径流量比例图

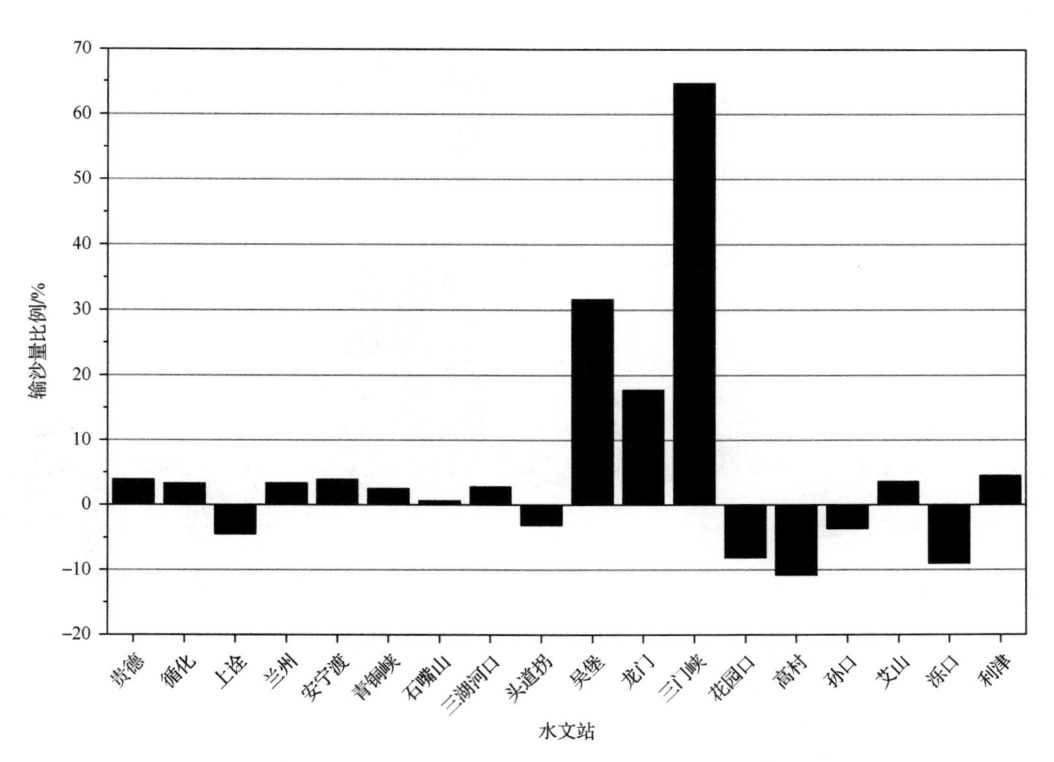

1981年黄河干流水文站区间产沙量占黄河上中游总输沙量比例图

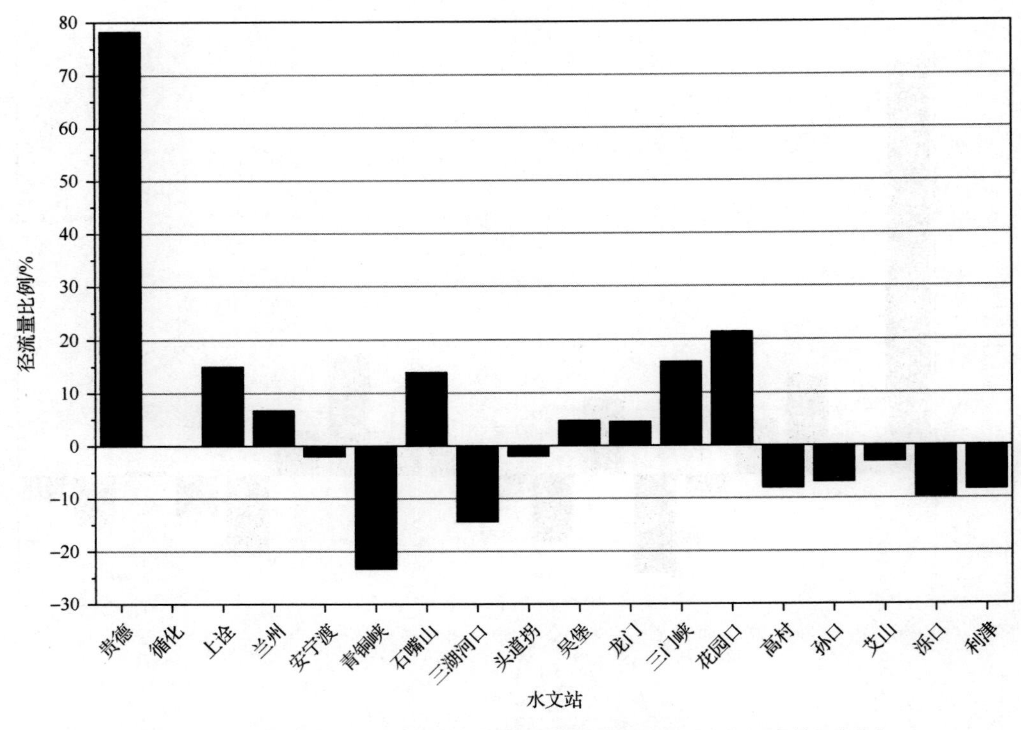

1982年黄河干流水文站区间产水量占黄河上中游总径流量比例图

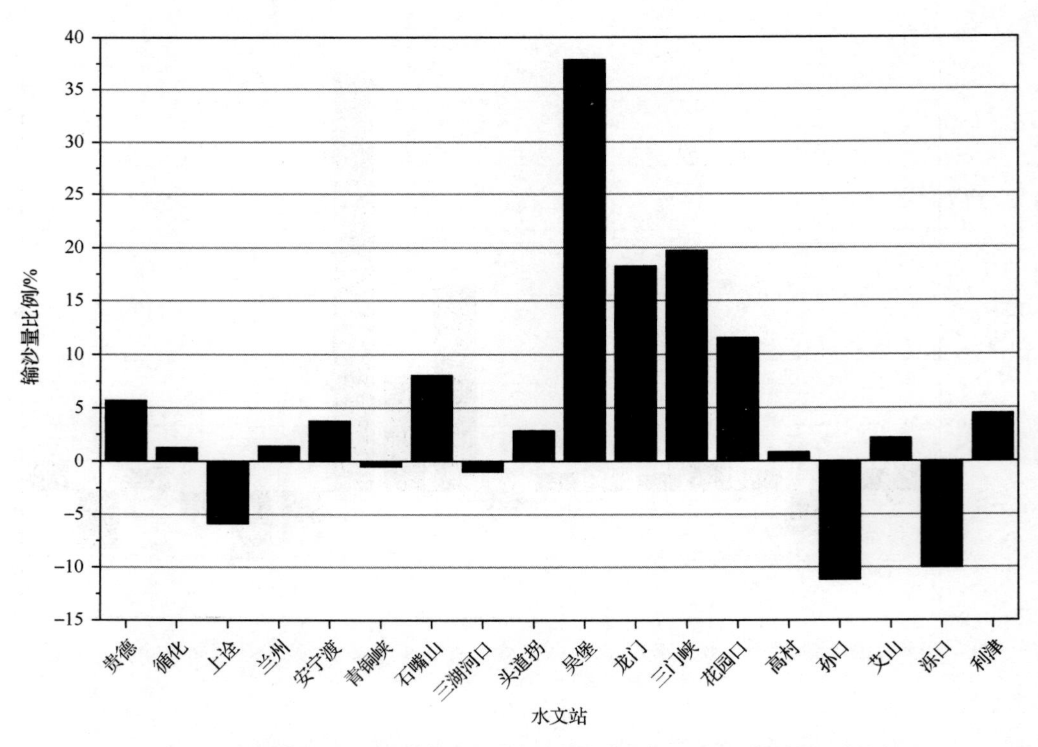

1982年黄河干流水文站区间产沙量占黄河上中游总输沙量比例图

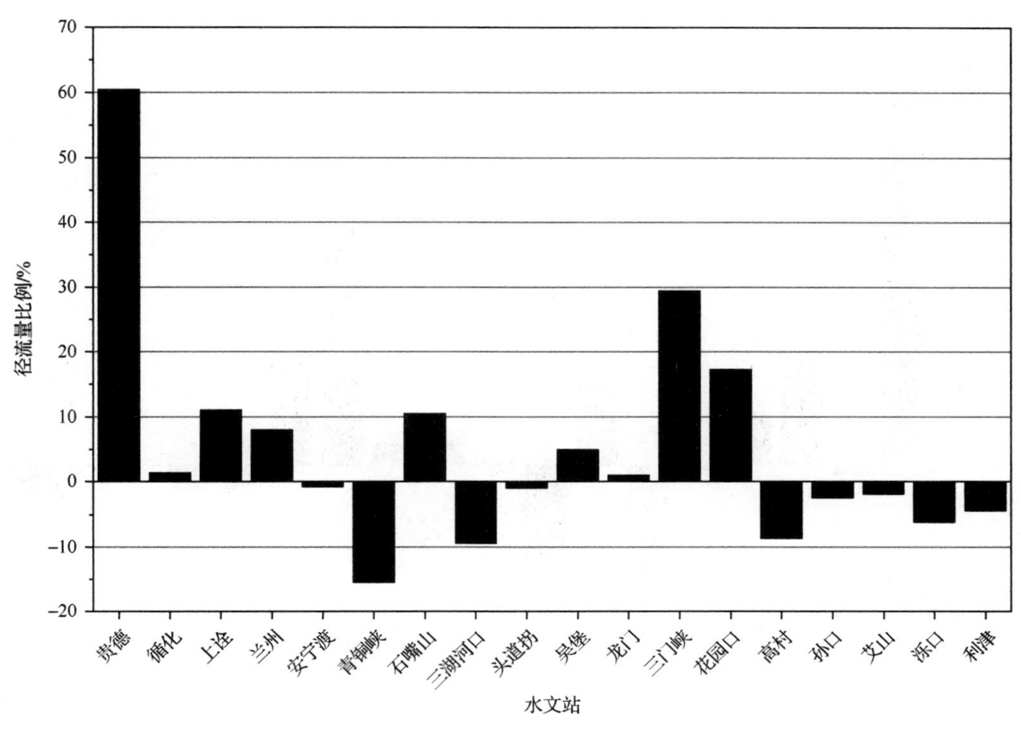

1983年黄河干流水文站区间产水量占黄河上中游总径流量比例图

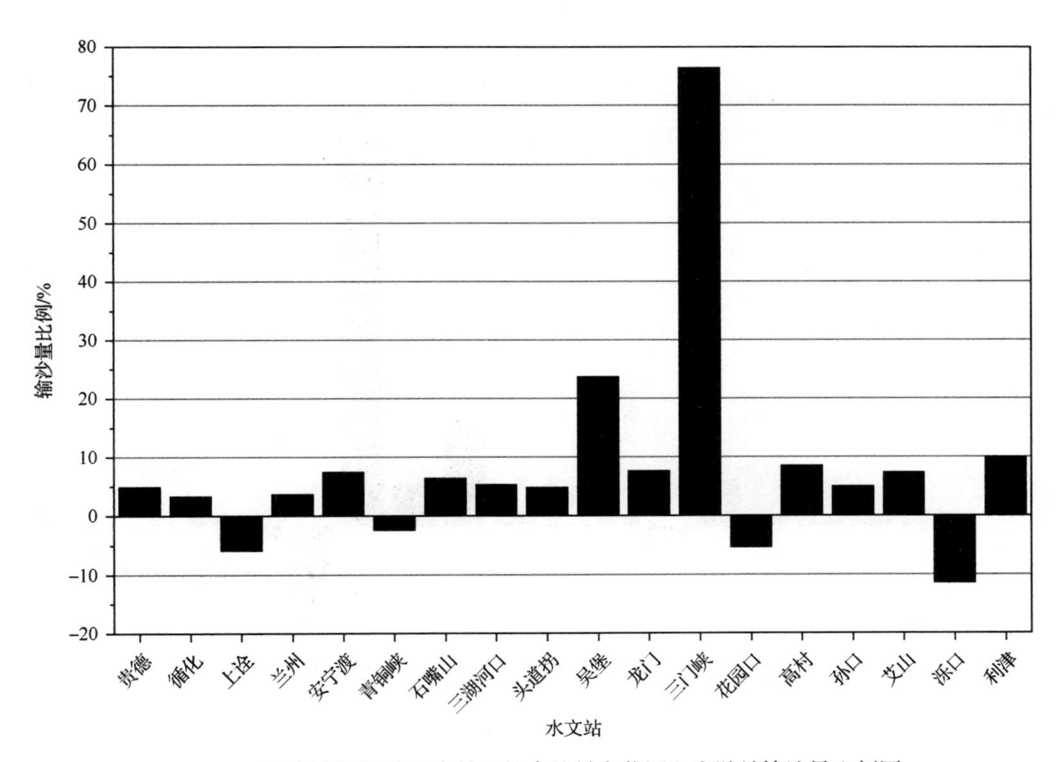

1983年黄河干流水文站区间产沙量占黄河上中游总输沙量比例图

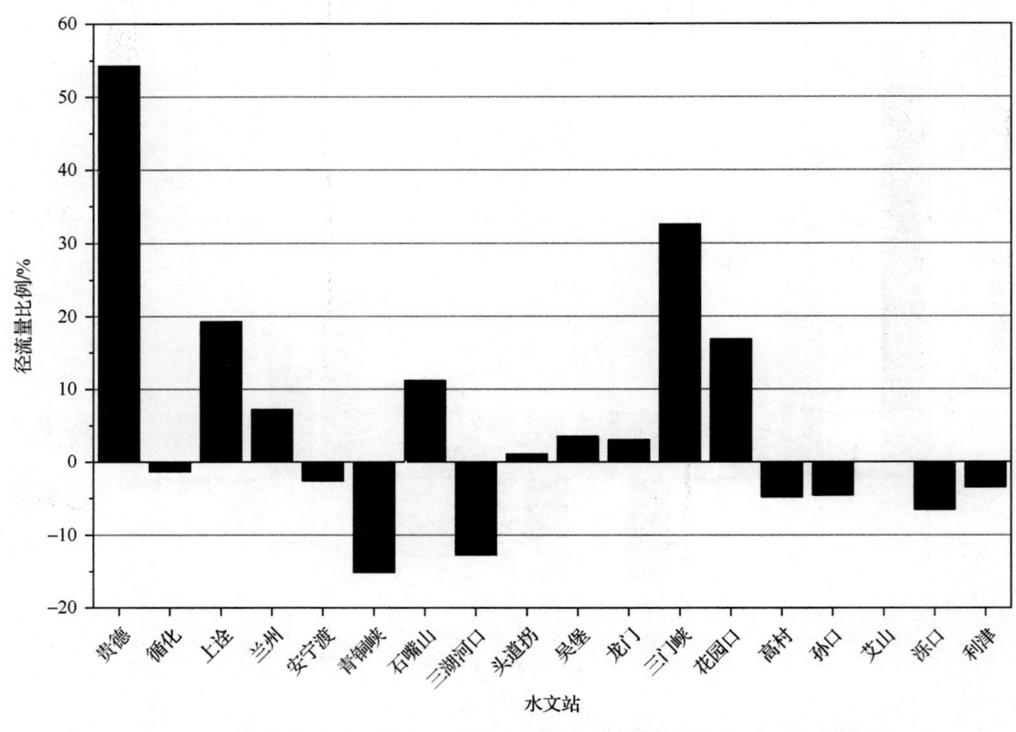

1984年黄河干流水文站区间产水量占黄河上中游总径流量比例图

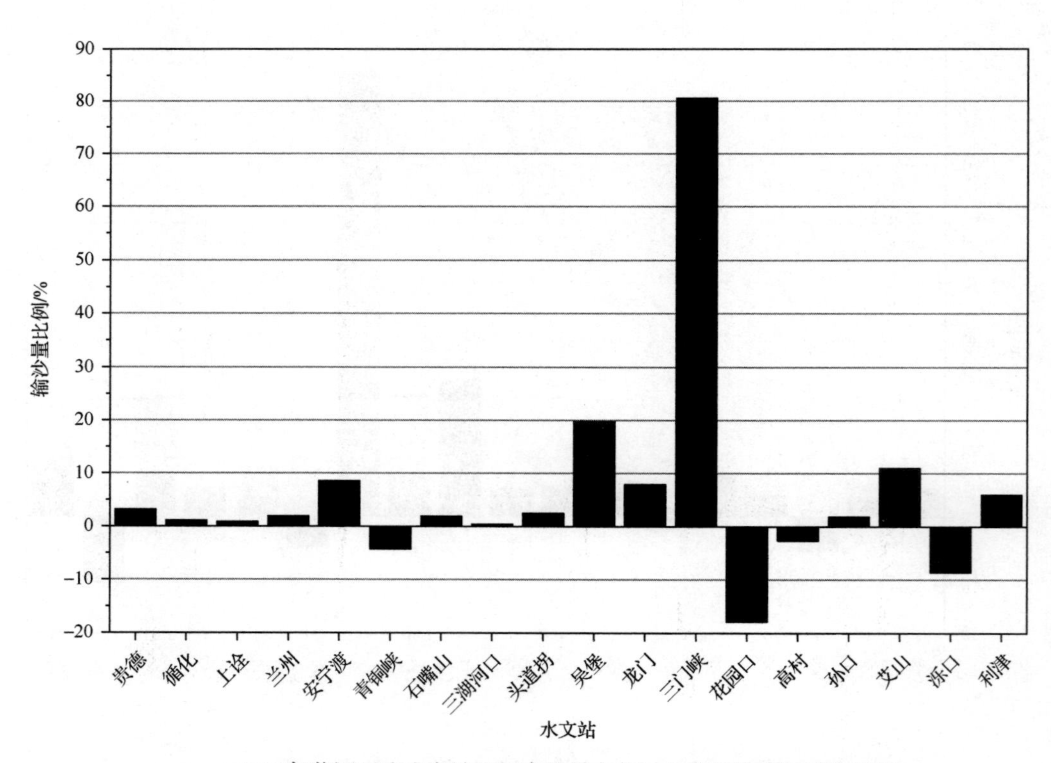

1984年黄河干流水文站区间产沙量占黄河上中游总输沙量比例图

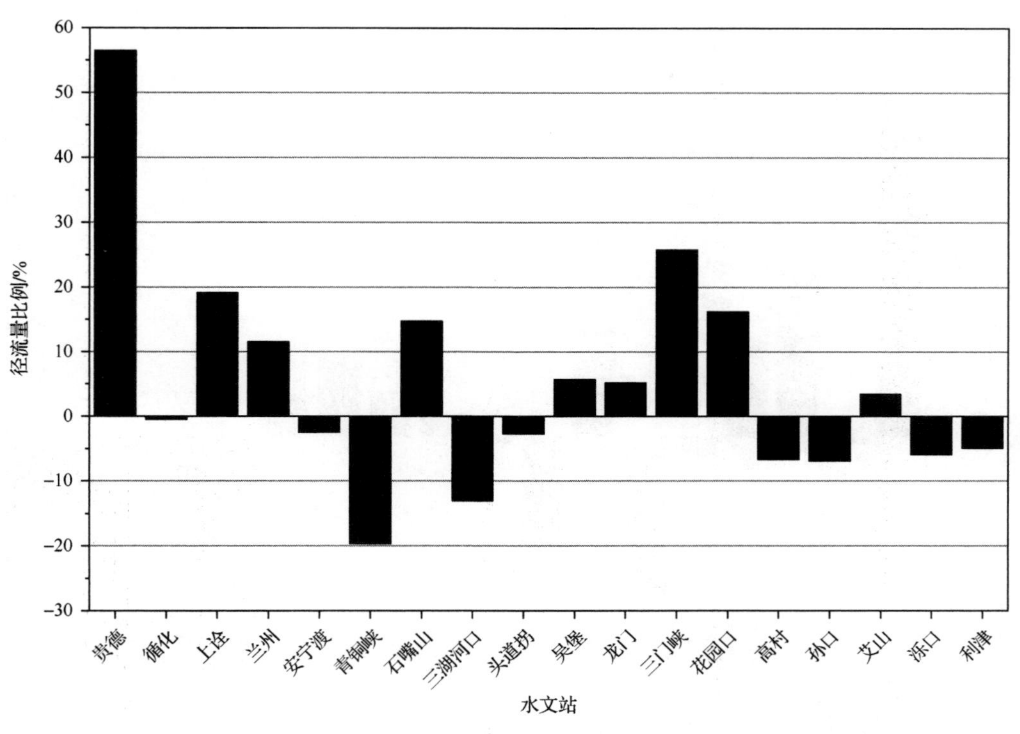

1985年黄河干流水文站区间产水量占黄河上中游总径流量比例图

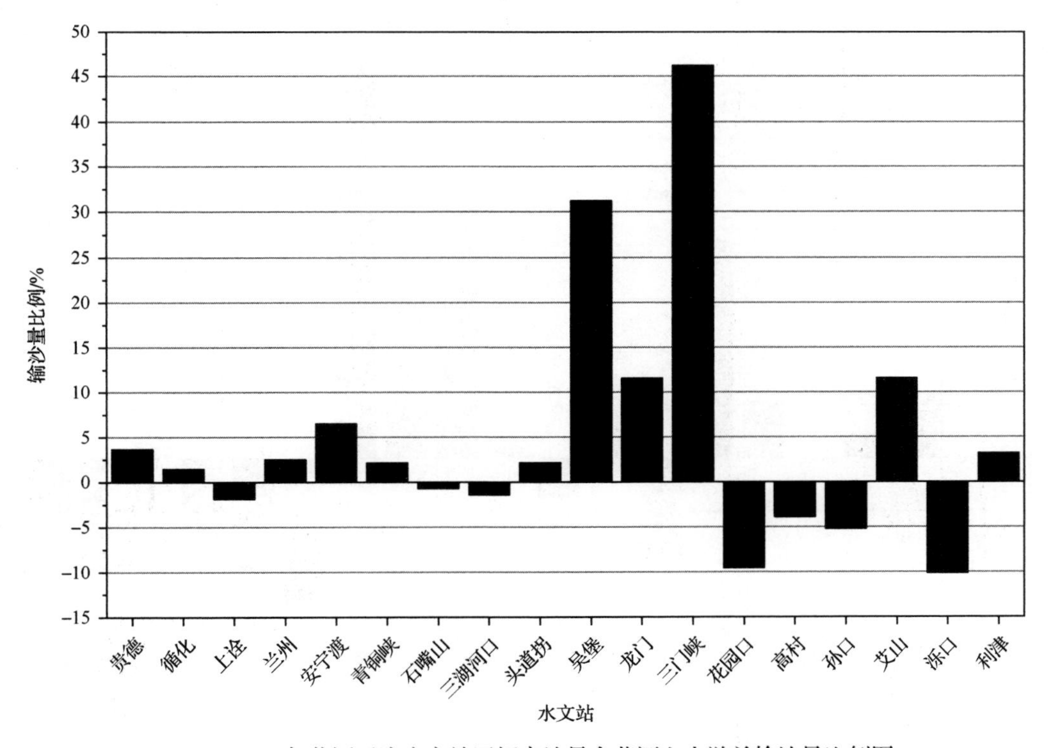

1985年黄河干流水文站区间产沙量占黄河上中游总输沙量比例图

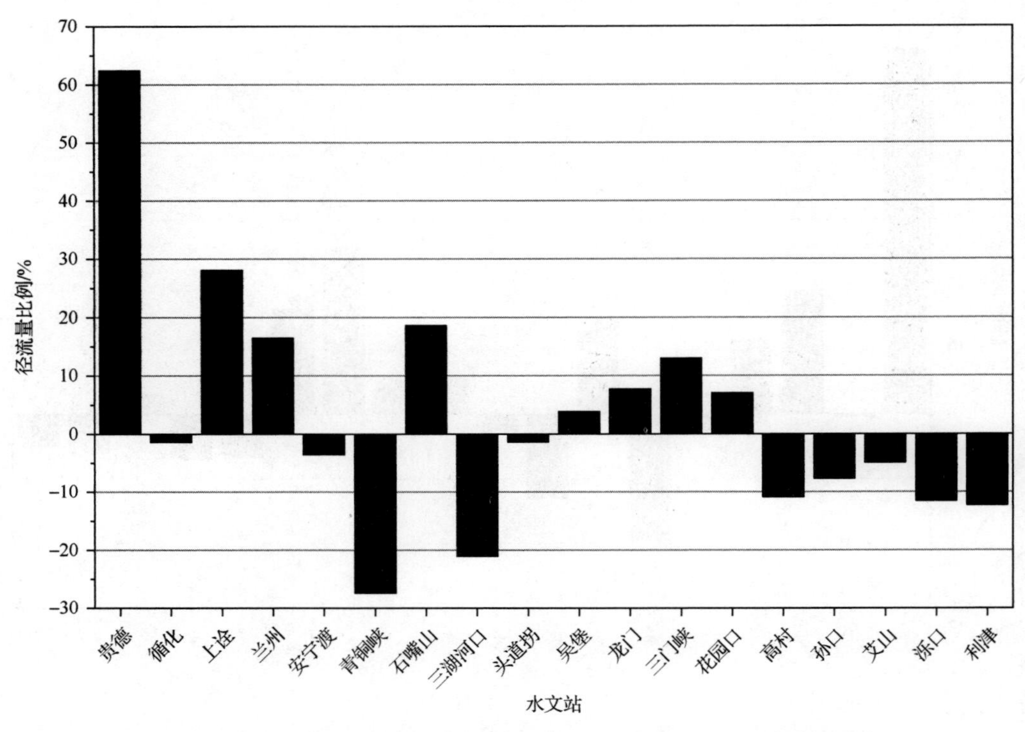

1986年黄河干流水文站区间产水量占黄河上中游总径流量比例图

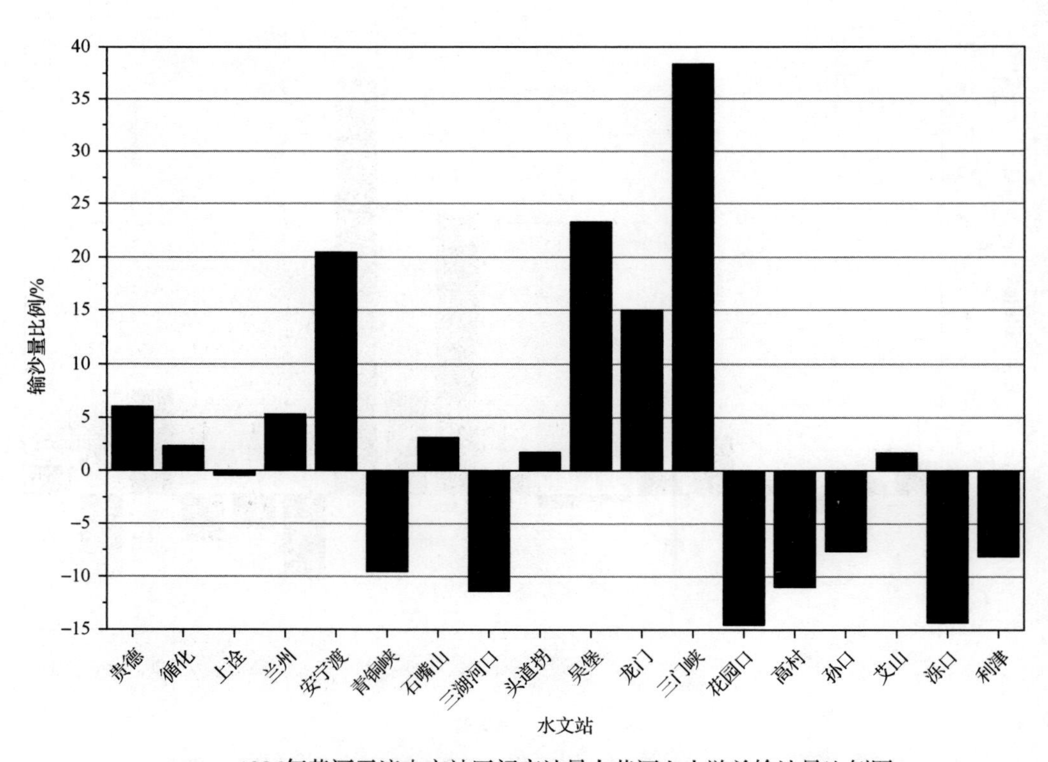

1986年黄河干流水文站区间产沙量占黄河上中游总输沙量比例图

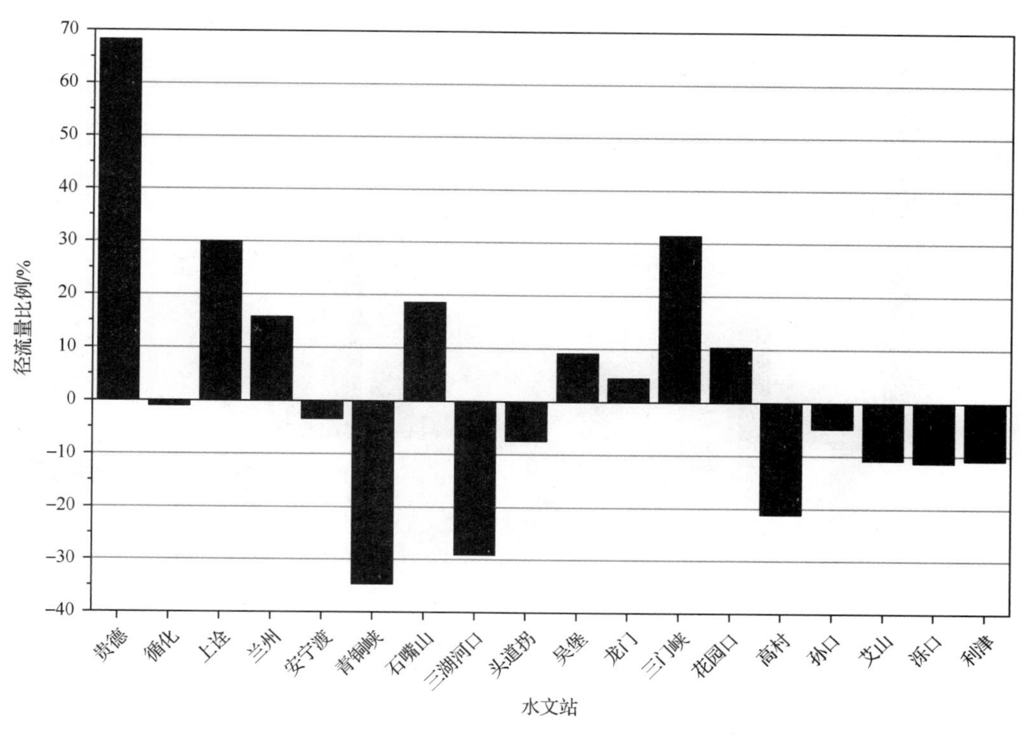

1987年黄河干流水文站区间产水量占黄河上中游总径流量比例图

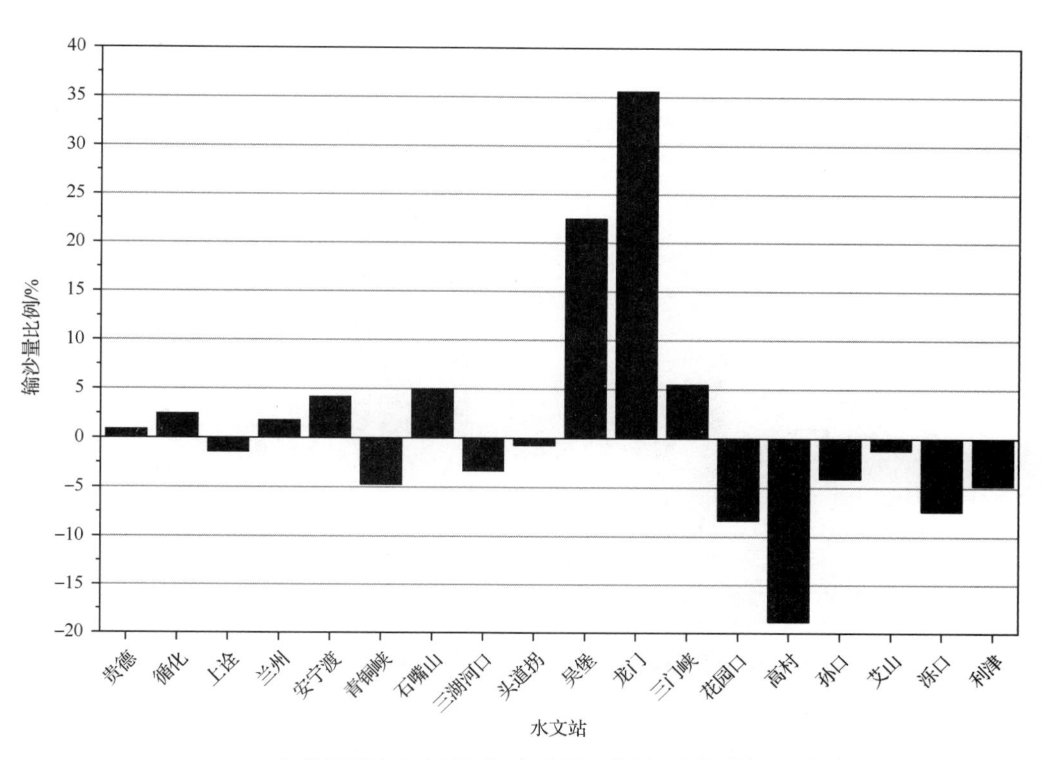

1987年黄河干流水文站区间产沙量占黄河上中游总输沙量比例图

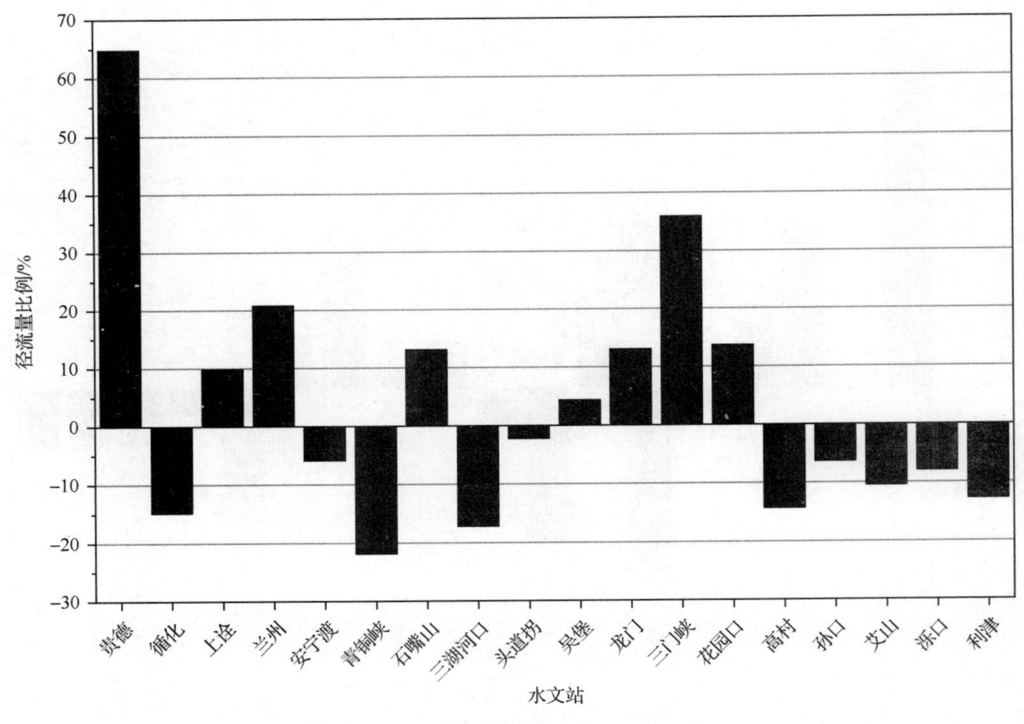

1988年黄河干流水文站区间产水量占黄河上中游总径流量比例图

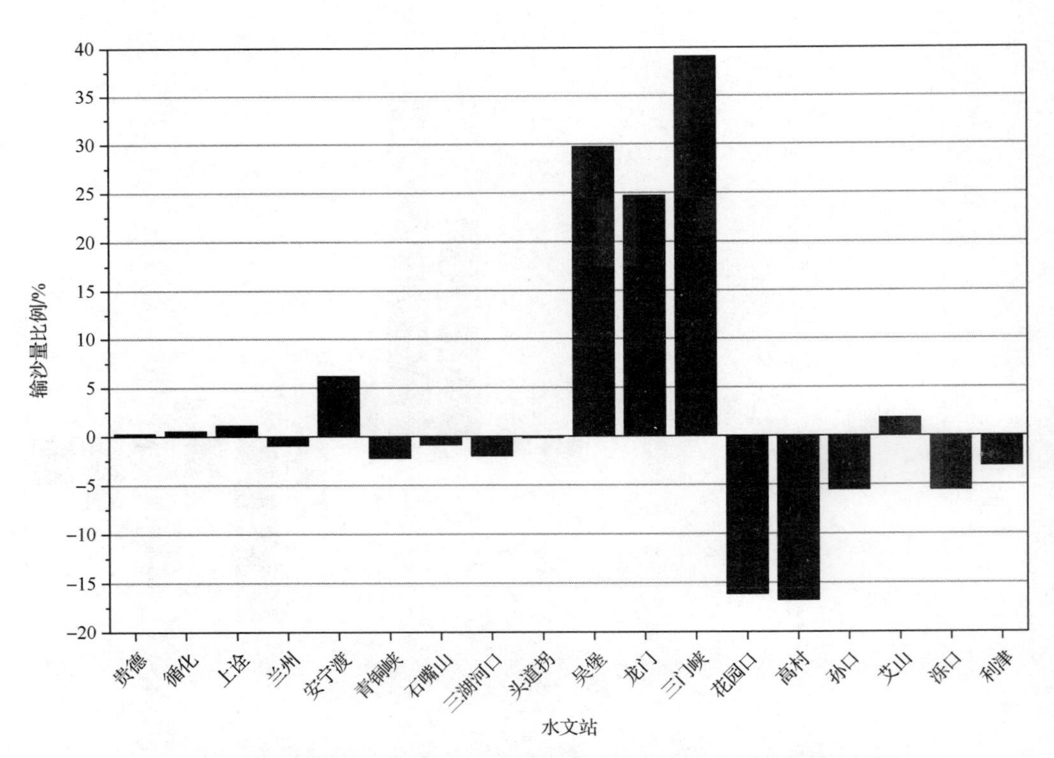

1988年黄河干流水文站区间产沙量占黄河上中游总输沙量比例图

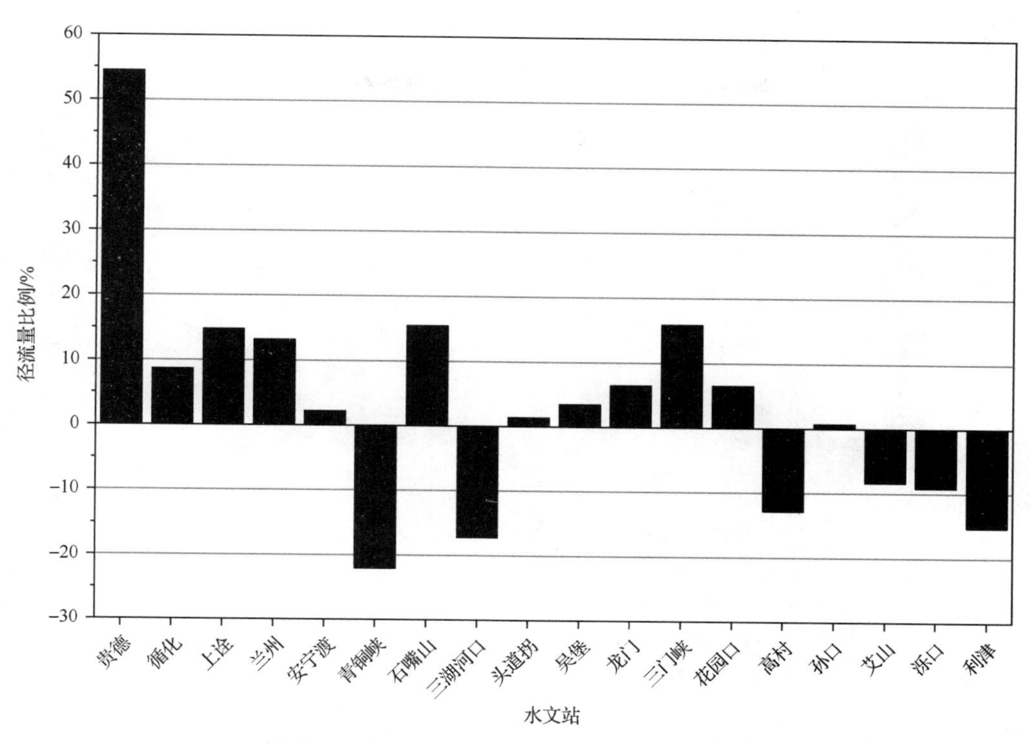

1989年黄河干流水文站区间产水量占黄河上中游总径流量比例图

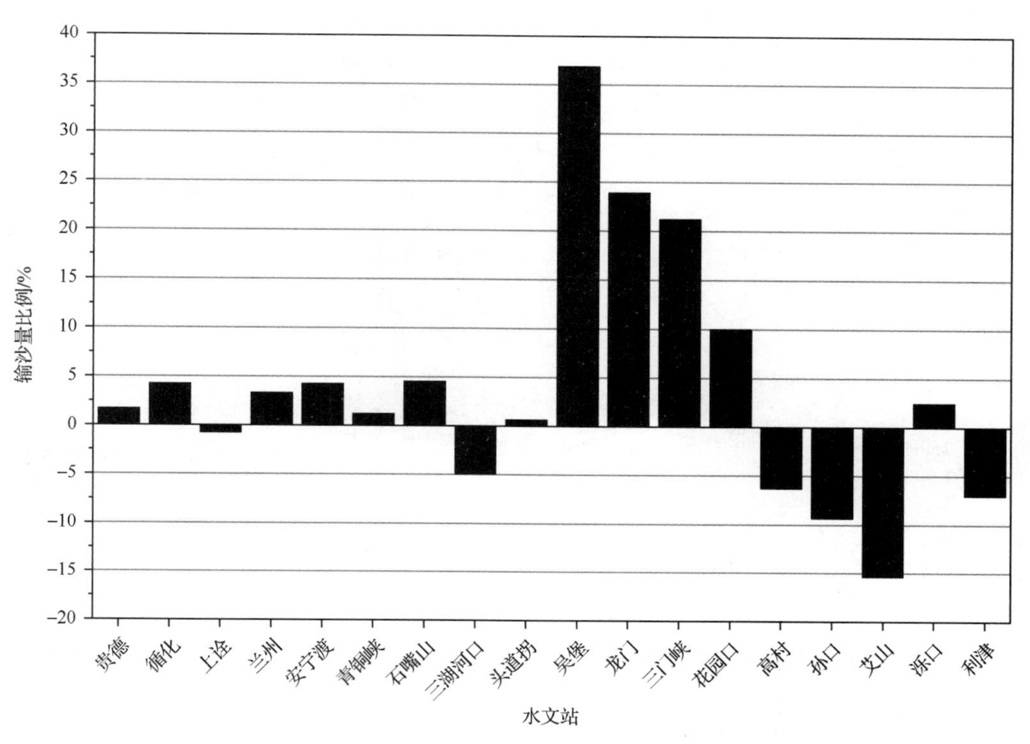

1989年黄河干流水文站区间产沙量占黄河上中游总输沙量比例图

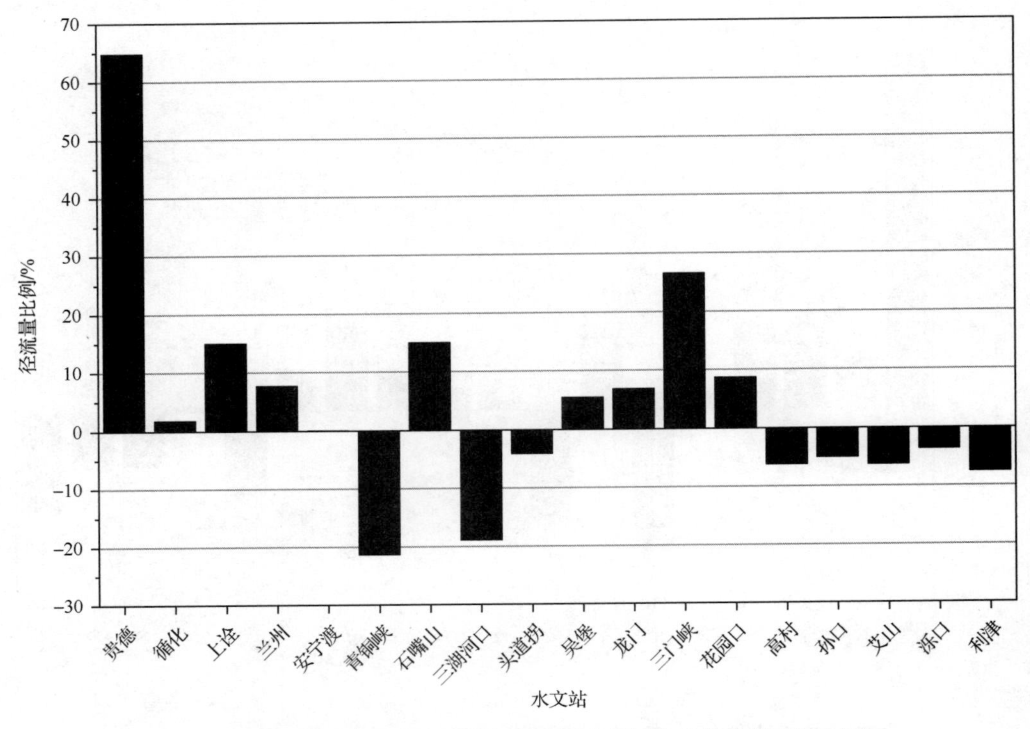

1990年黄河干流水文站区间产水量占黄河上中游总径流量比例图

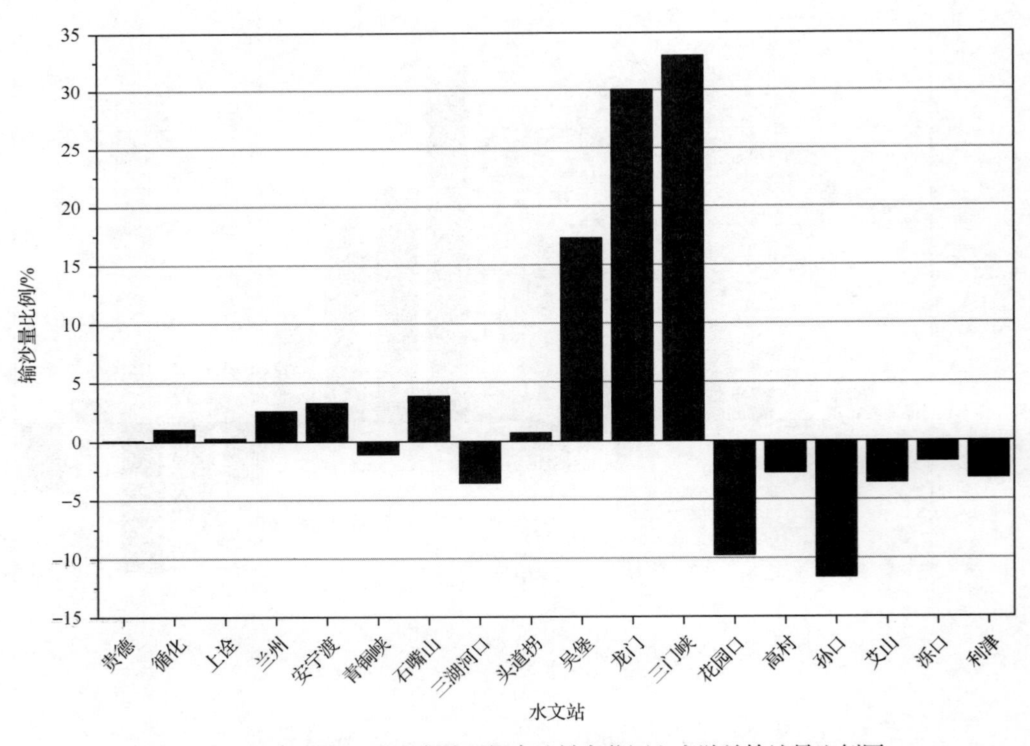

1990年黄河干流水文站区间产沙量占黄河上中游总输沙量比例图

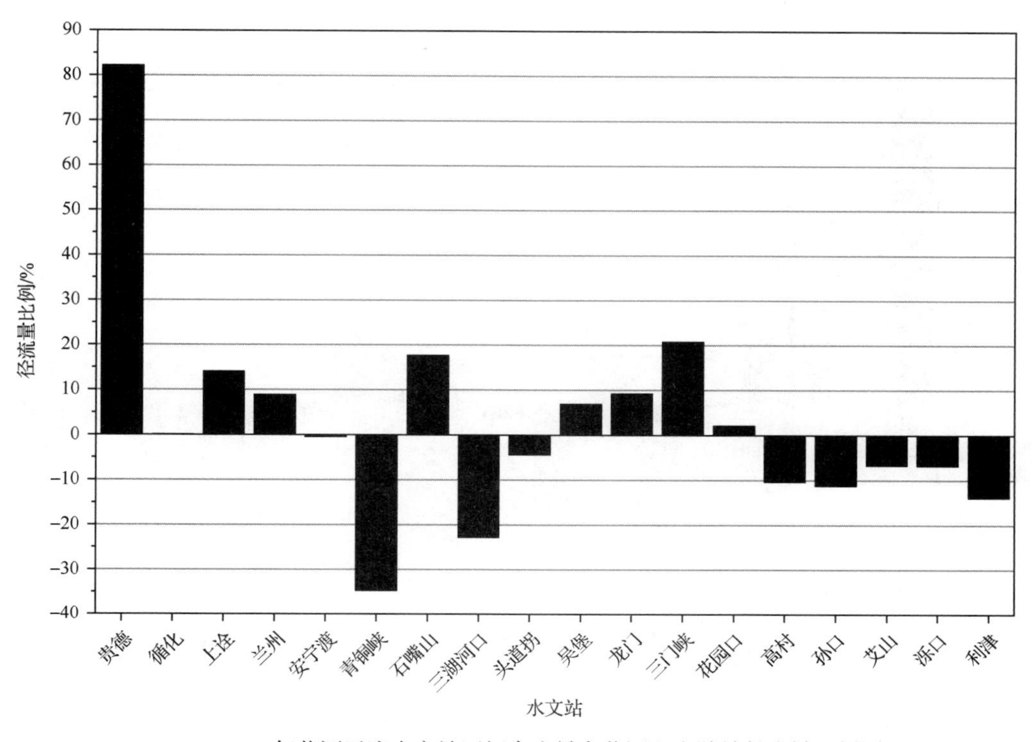

1991年黄河干流水文站区间产水量占黄河上中游总径流量比例图

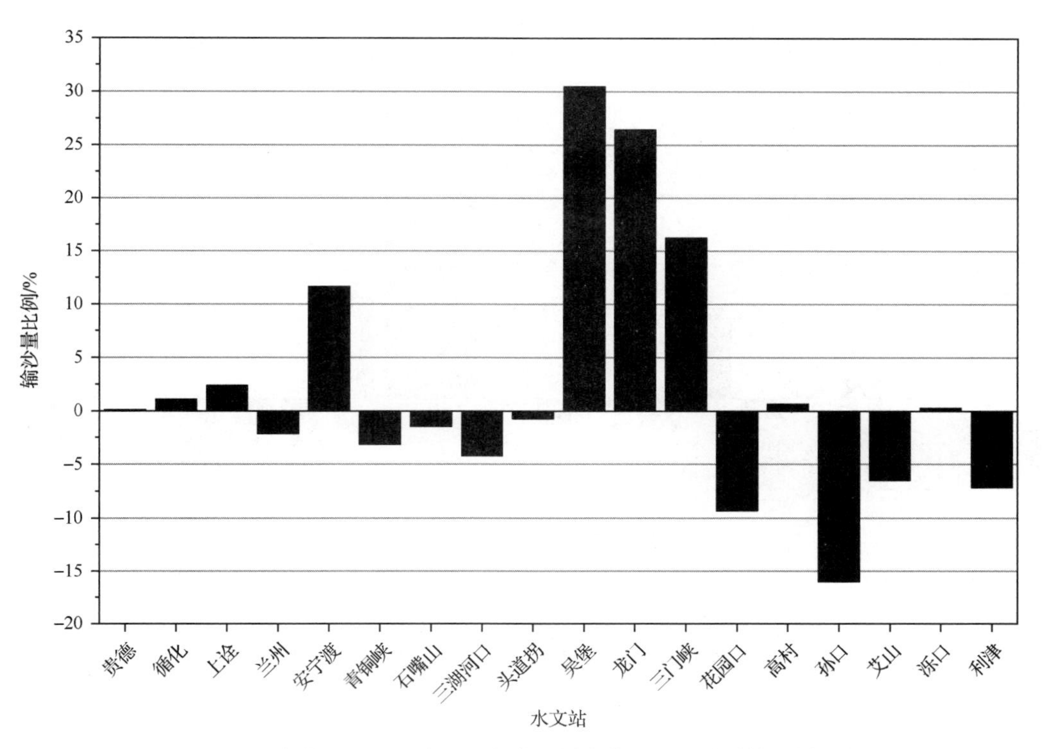

1991年黄河干流水文站区间产沙量占黄河上中游总输沙量比例图

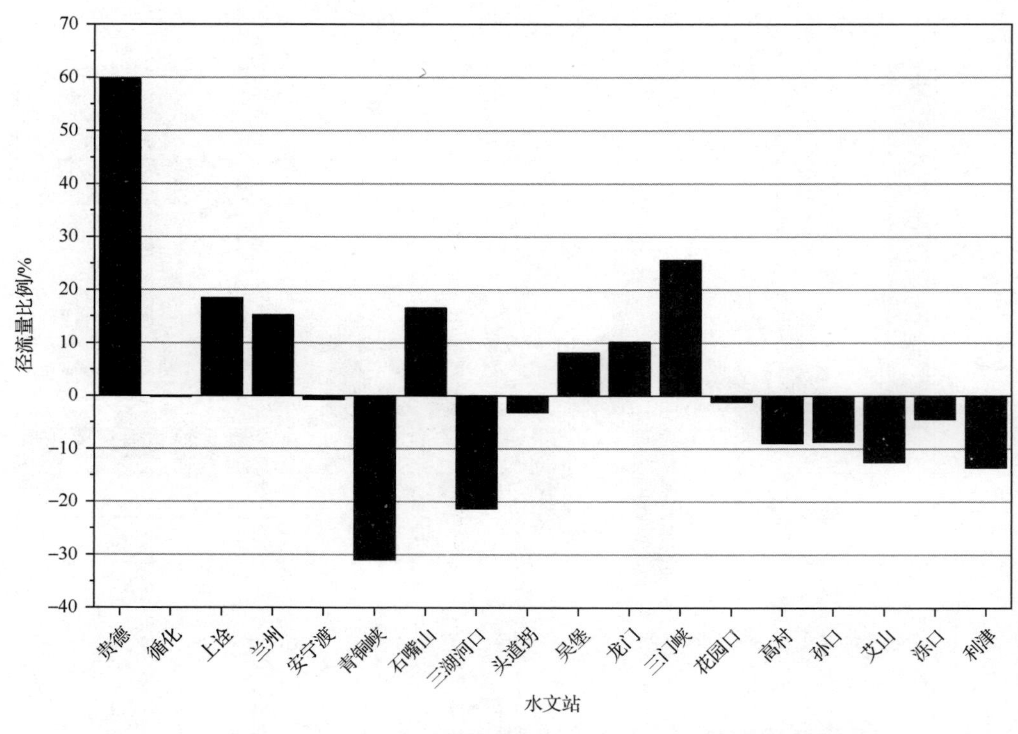

1992年黄河干流水文站区间产水量占黄河上中游总径流量比例图

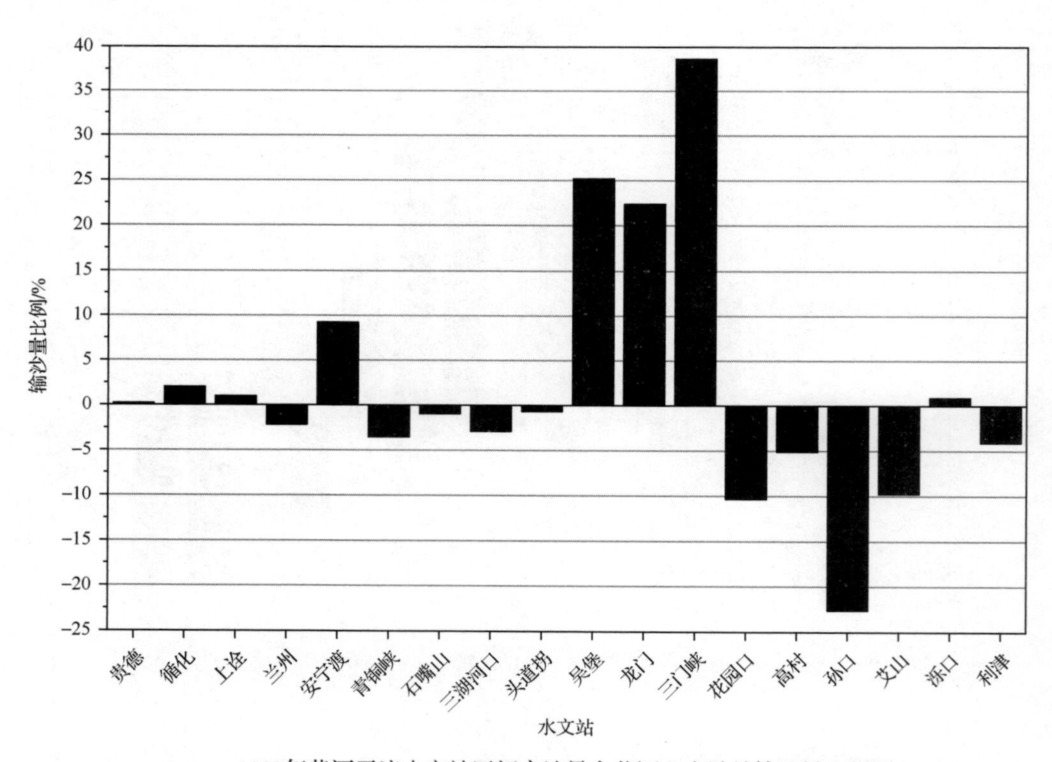

1992年黄河干流水文站区间产沙量占黄河上中游总输沙量比例图

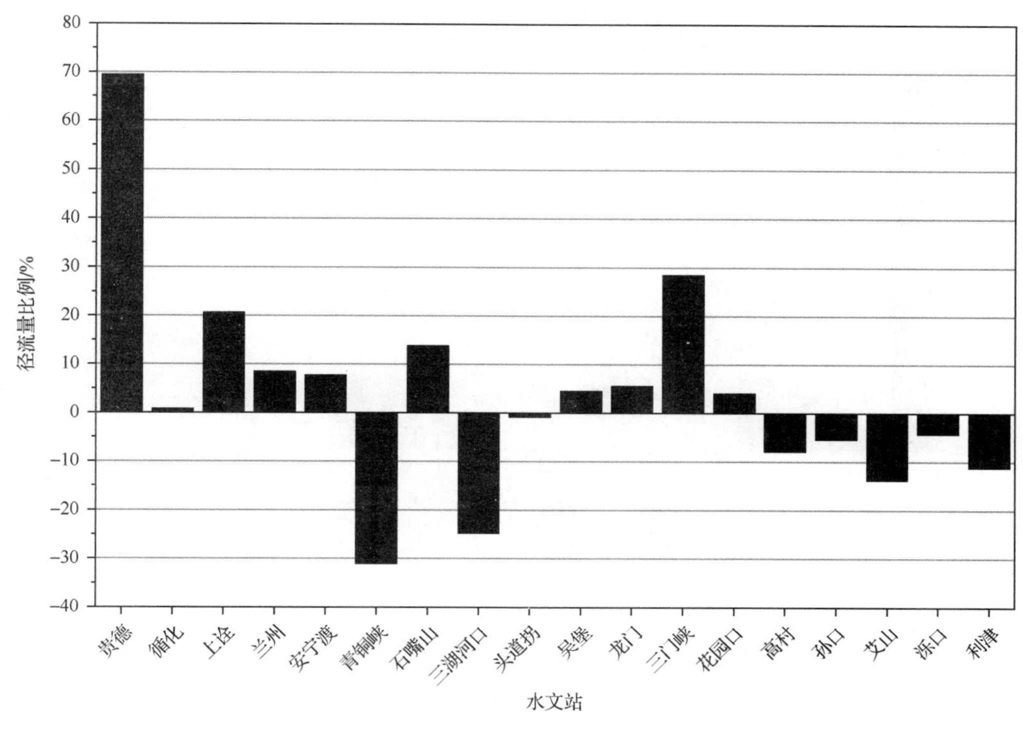

1993年黄河干流水文站区间产水量占黄河上中游总径流量比例图

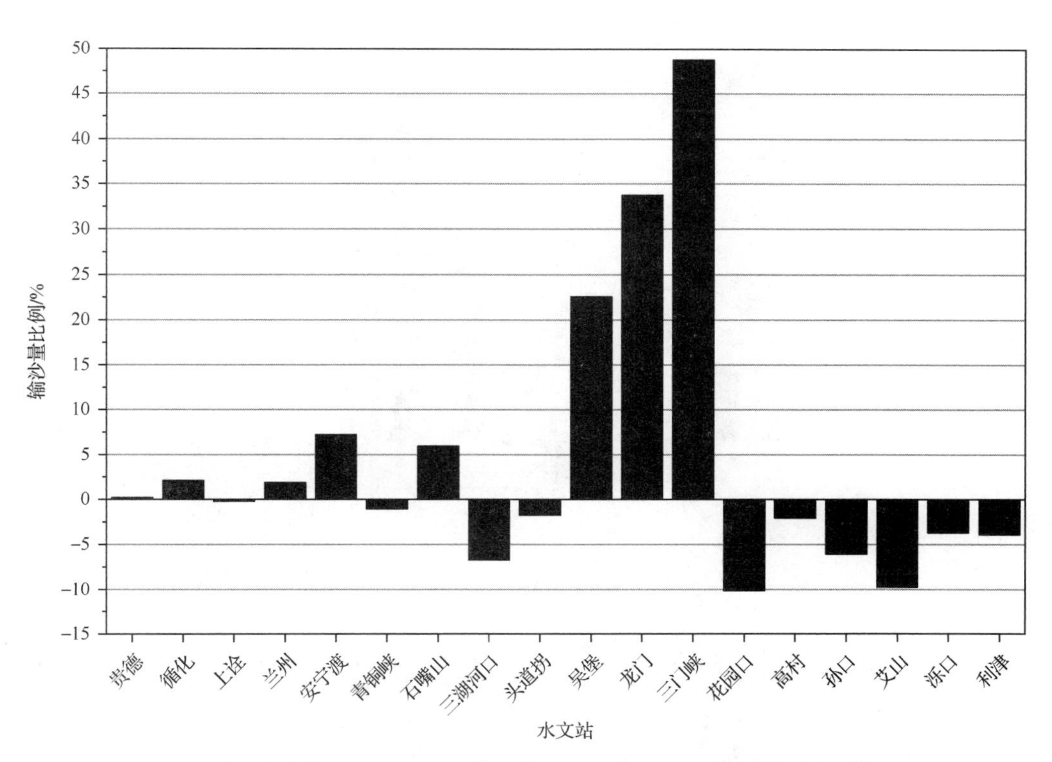

1993年黄河干流水文站区间产沙量占黄河上中游总输沙量比例图

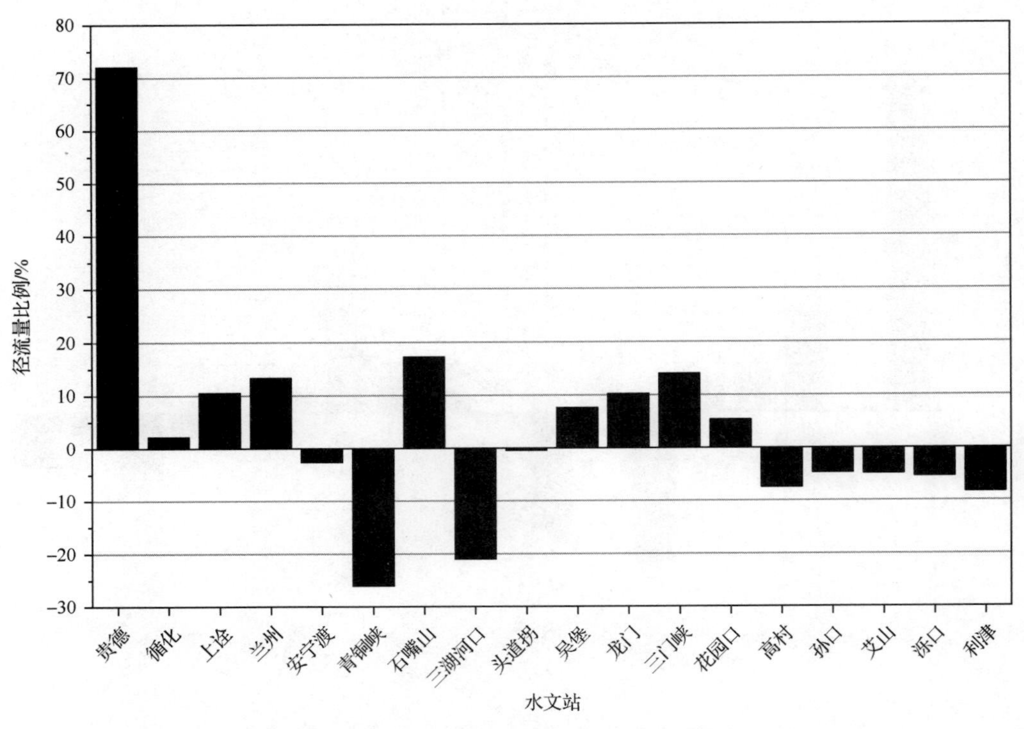

1994年黄河干流水文站区间产水量占黄河上中游总径流量比例图

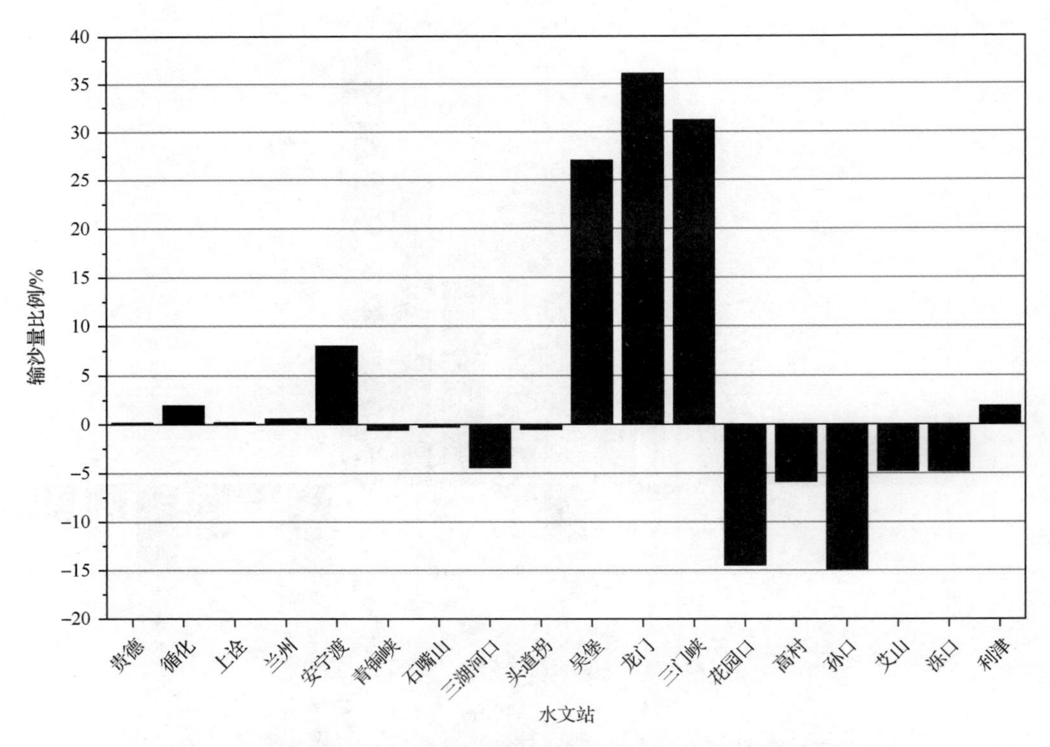

1994年黄河干流水文站区间产沙量占黄河上中游总输沙量比例图

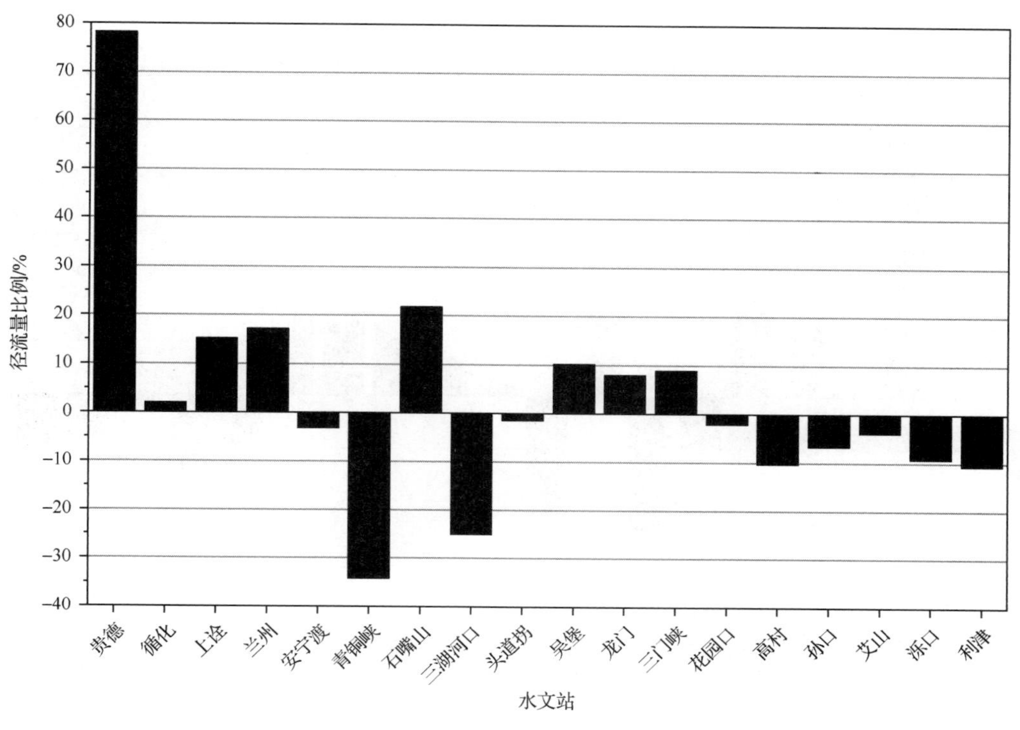

1995年黄河干流水文站区间产水量占黄河上中游总径流量比例图

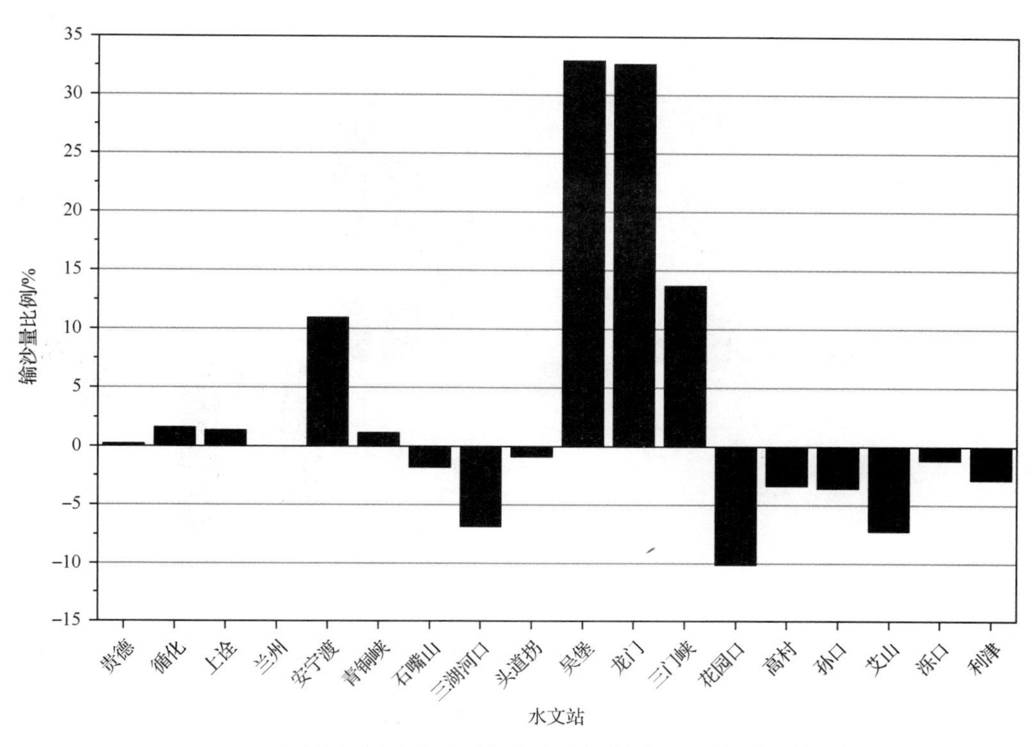

1995年黄河干流水文站区间产沙量占黄河上中游总输沙量比例图

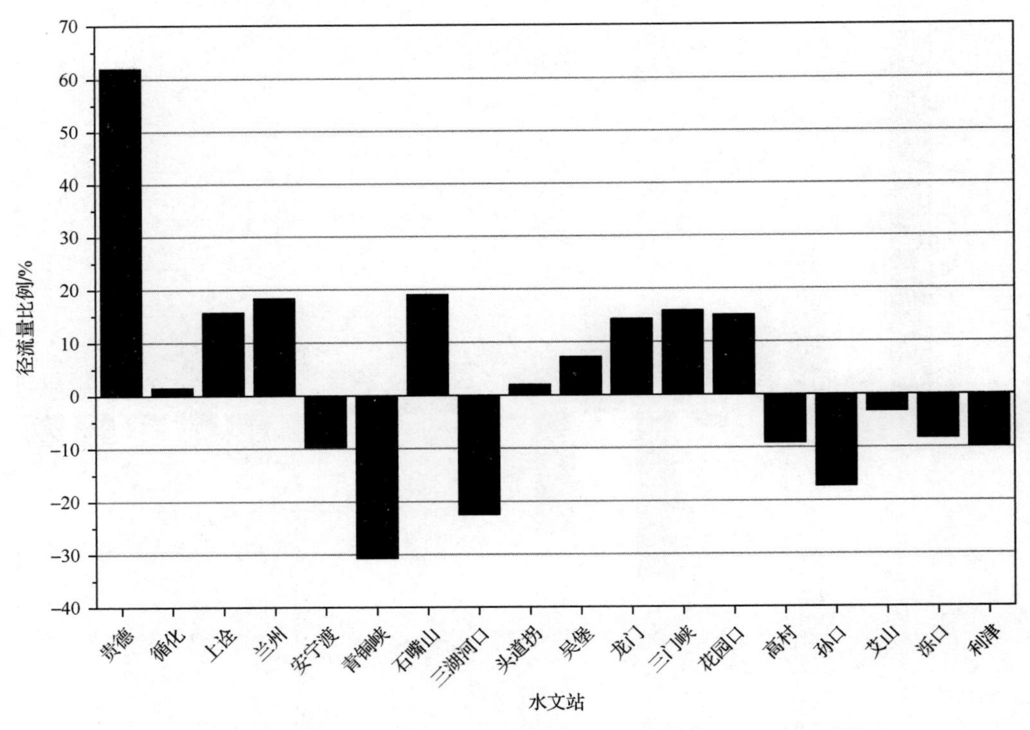

1996年黄河干流水文站区间产水量占黄河上中游总径流量比例图

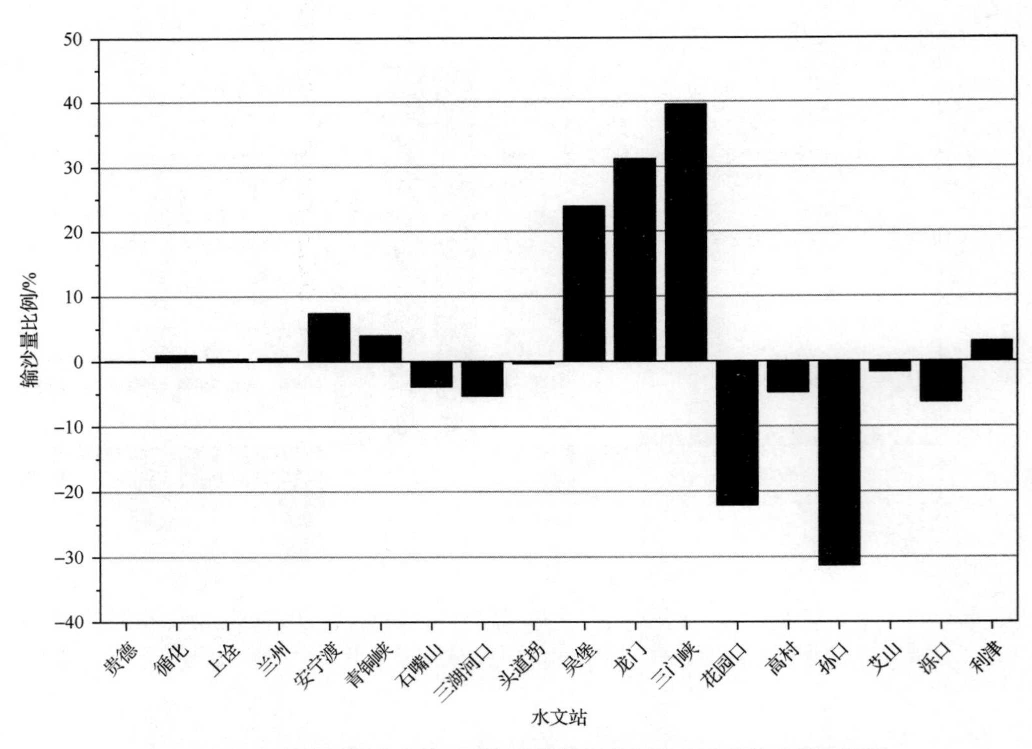

1996年黄河干流水文站区间产沙量占黄河上中游总输沙量比例图

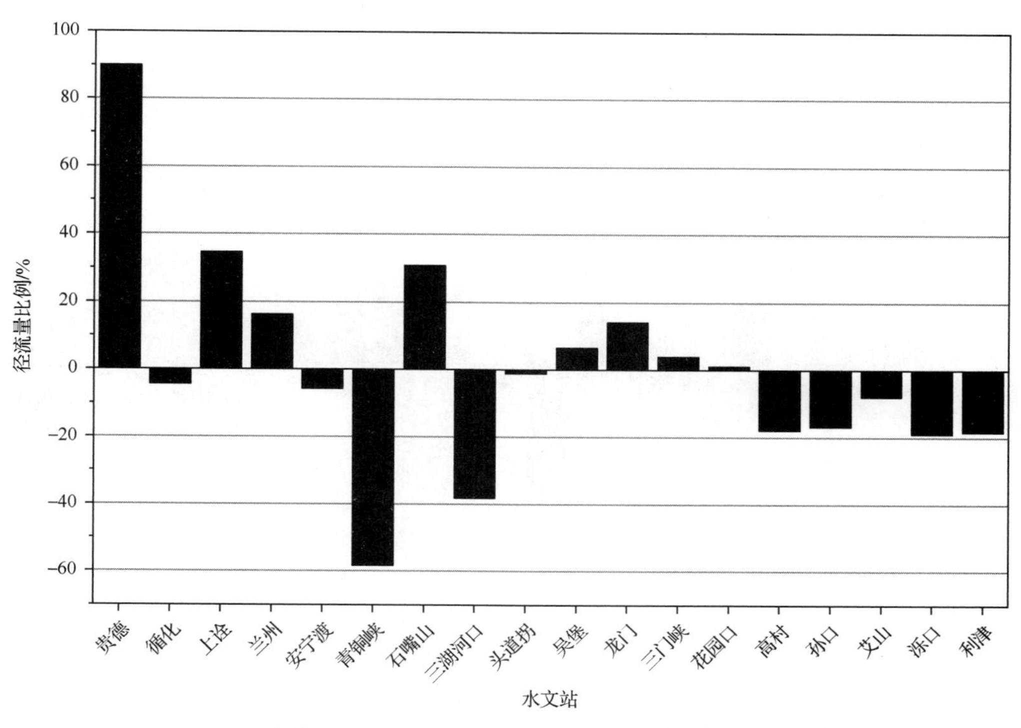

1997年黄河干流水文站区间产水量占黄河上中游总径流量比例图

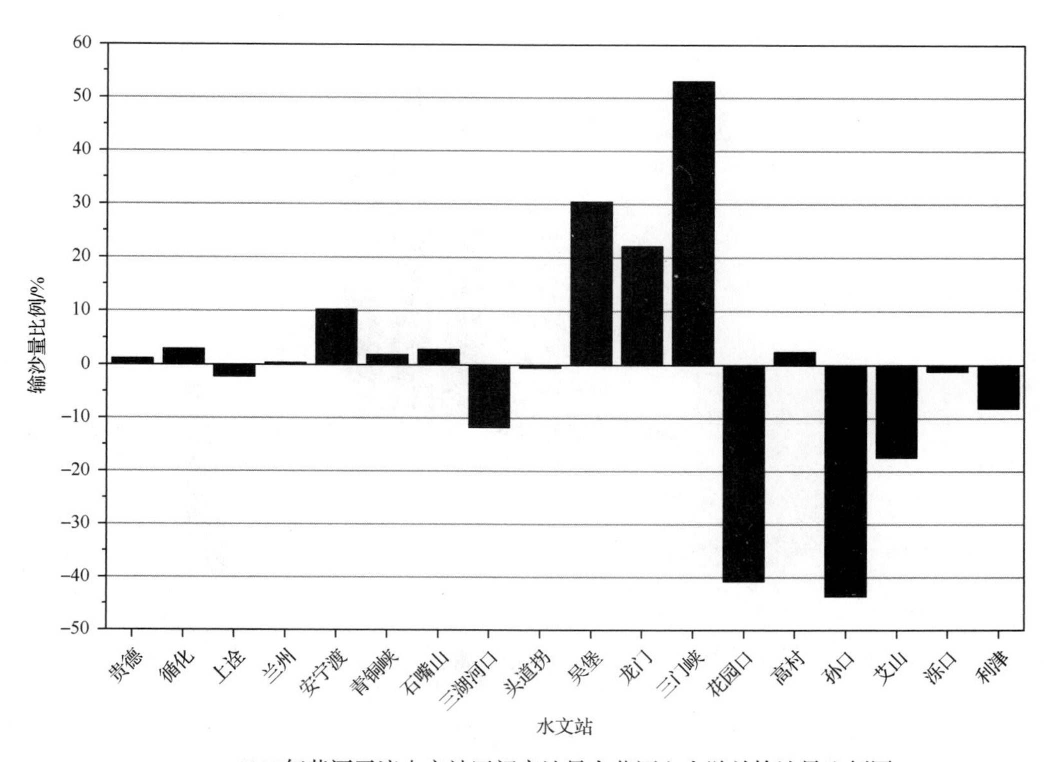

1997年黄河干流水文站区间产沙量占黄河上中游总输沙量比例图

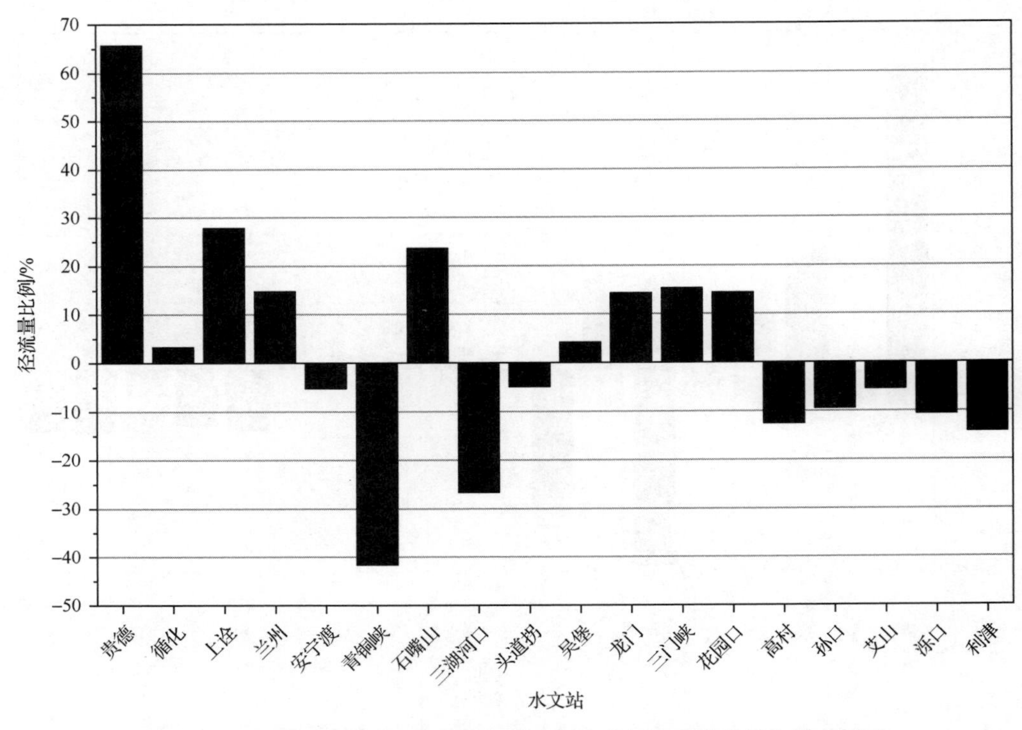

1998年黄河干流水文站区间产水量占黄河上中游总径流量比例图

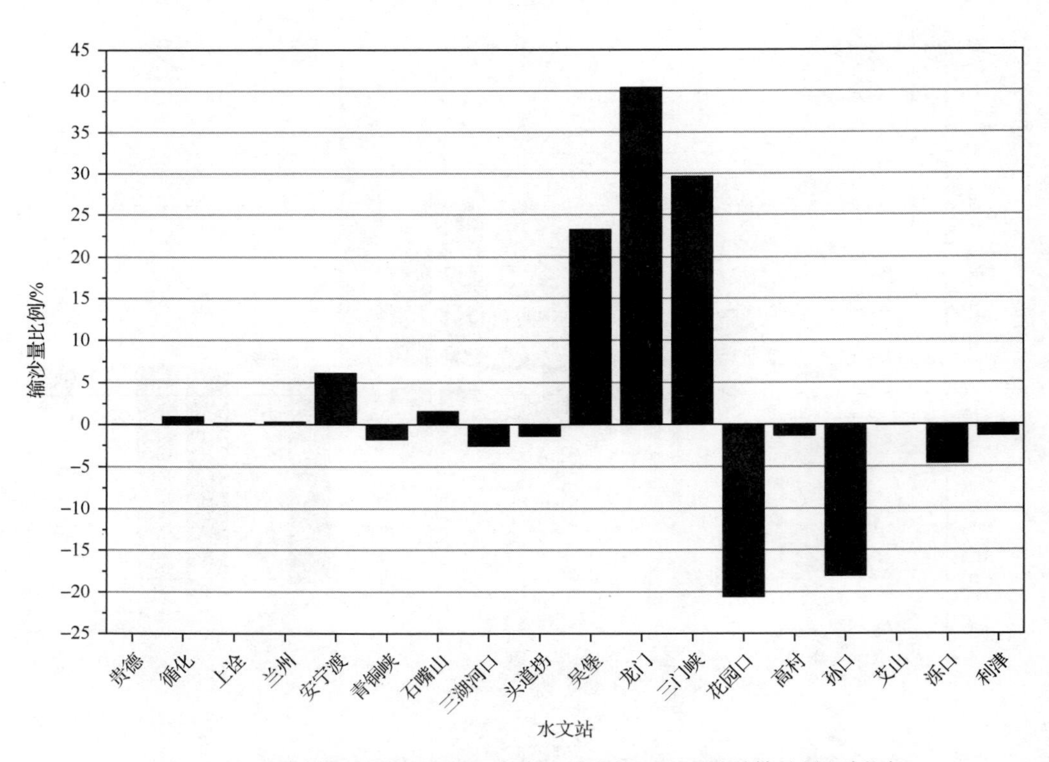

1998年黄河干流水文站区间产沙量占黄河上中游总输沙量比例图

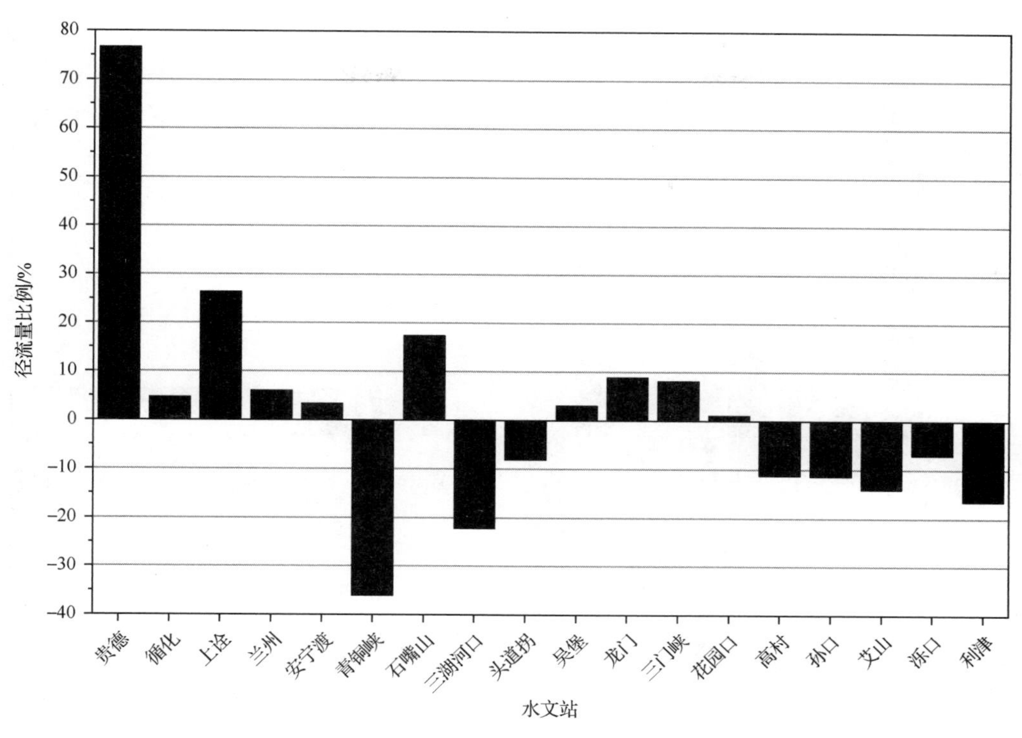

1999年黄河干流水文站区间产水量占黄河上中游总径流量比例图

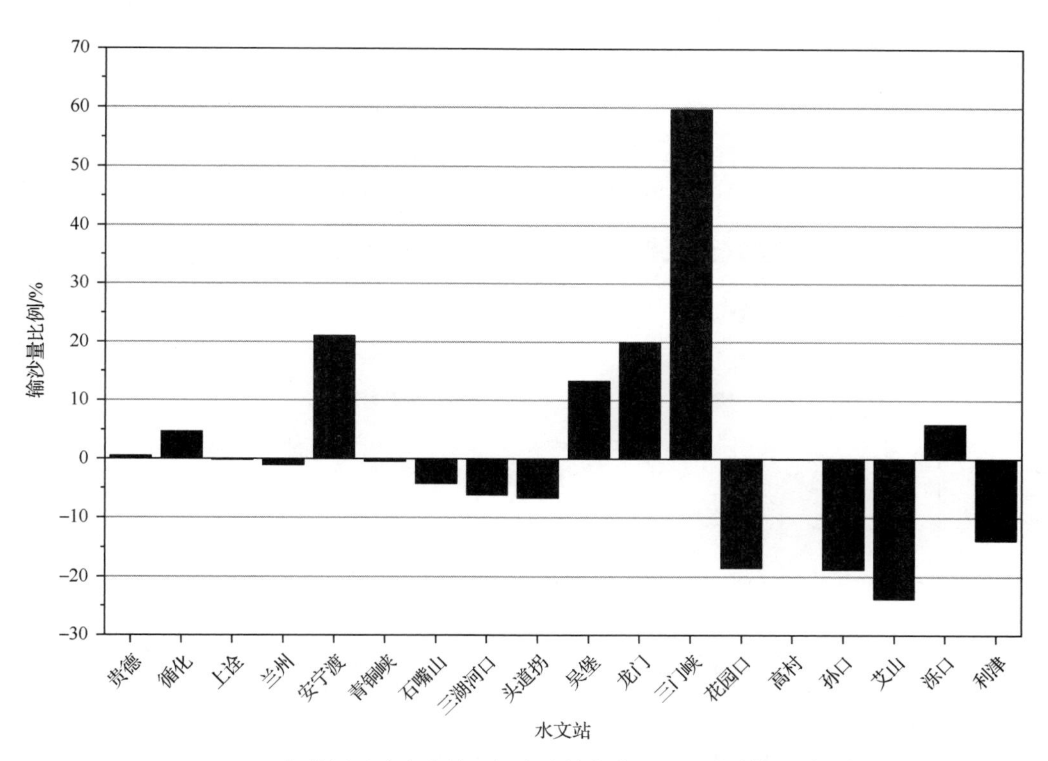

1999年黄河干流水文站区间产沙量占黄河上中游总输沙量比例图

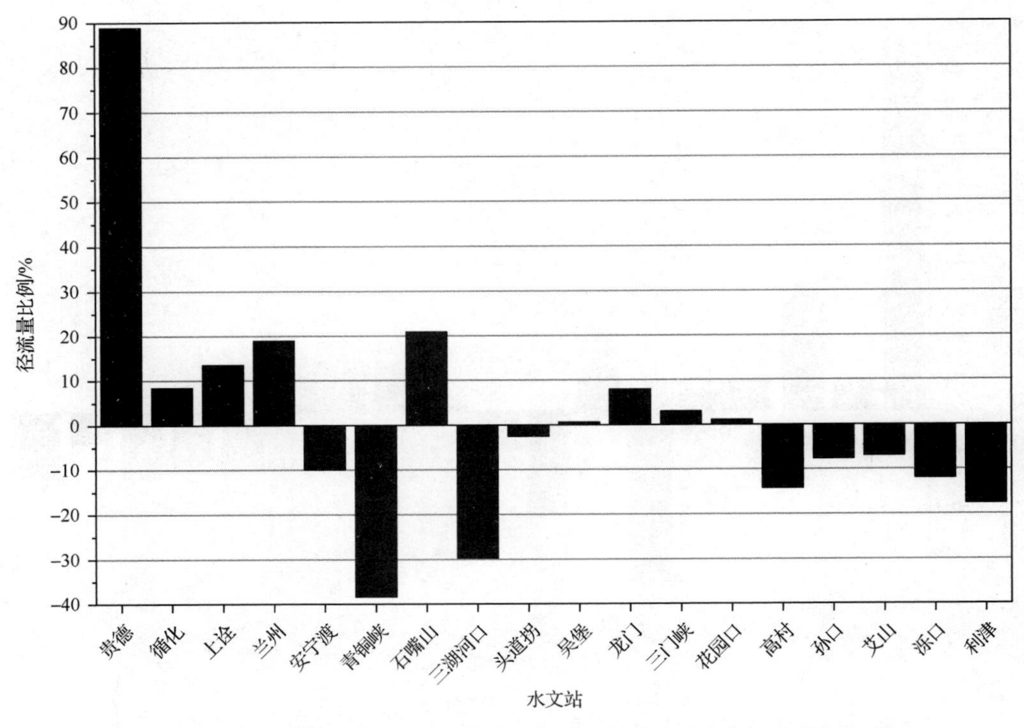

2000年黄河干流水文站区间产水量占黄河上中游总径流量比例图

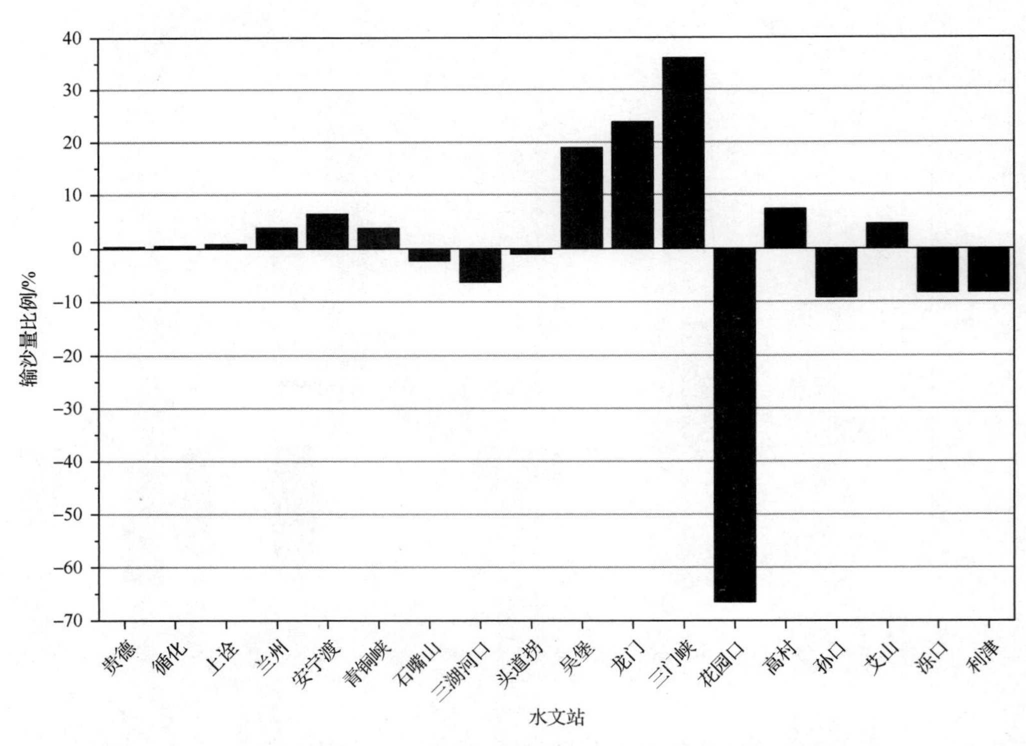

2000年黄河干流水文站区间产沙量占黄河上中游总输沙量比例图

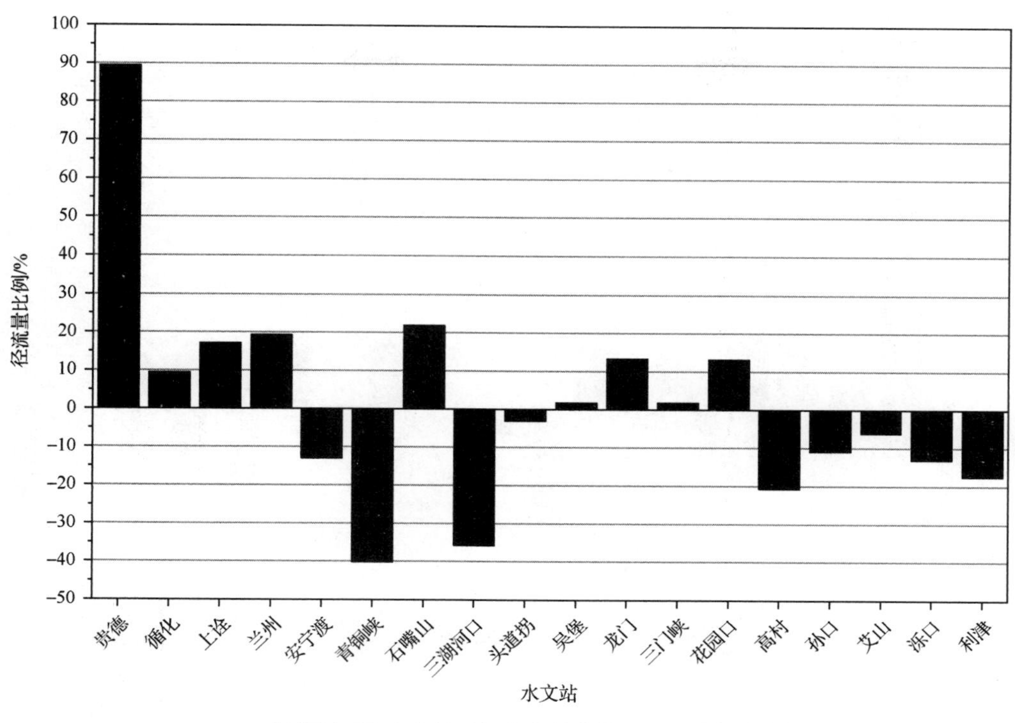

2001年黄河干流水文站区间产水量占黄河上中游总径流量比例图

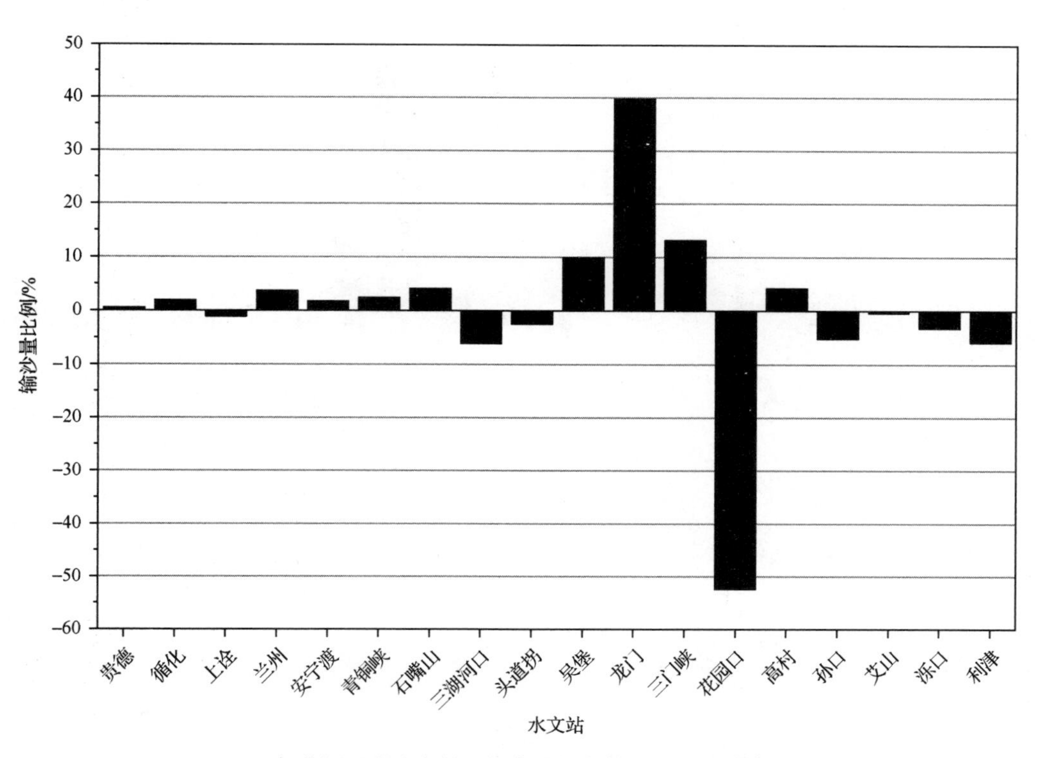

2001年黄河干流水文站区间产沙量占黄河上中游总输沙量比例图

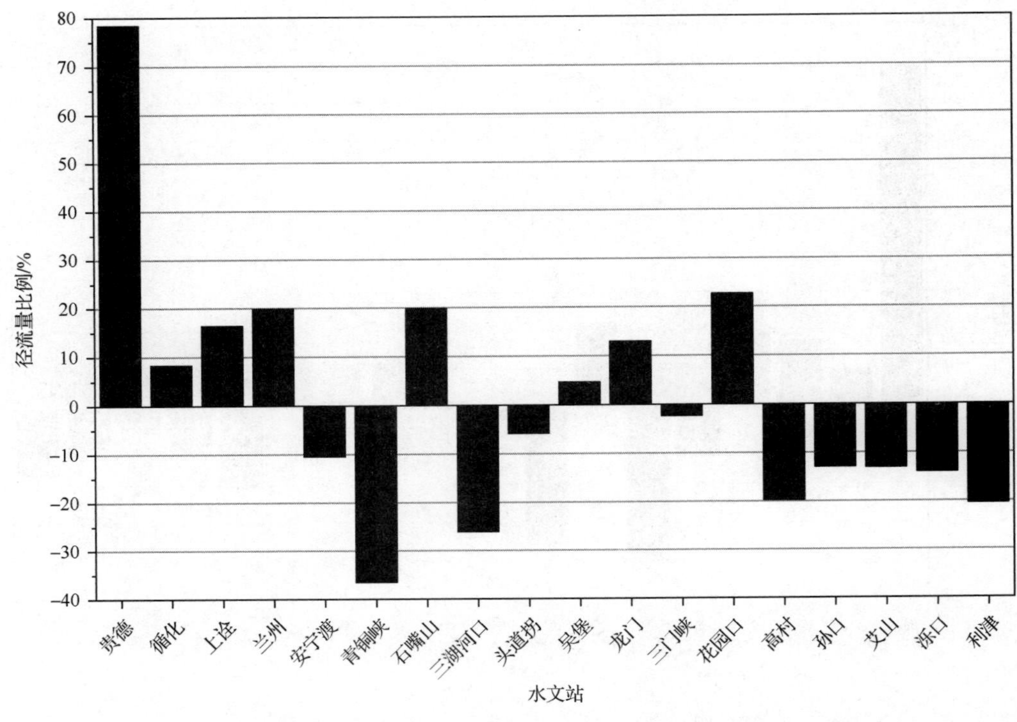

2002年黄河干流水文站区间产水量占黄河上中游总径流量比例图

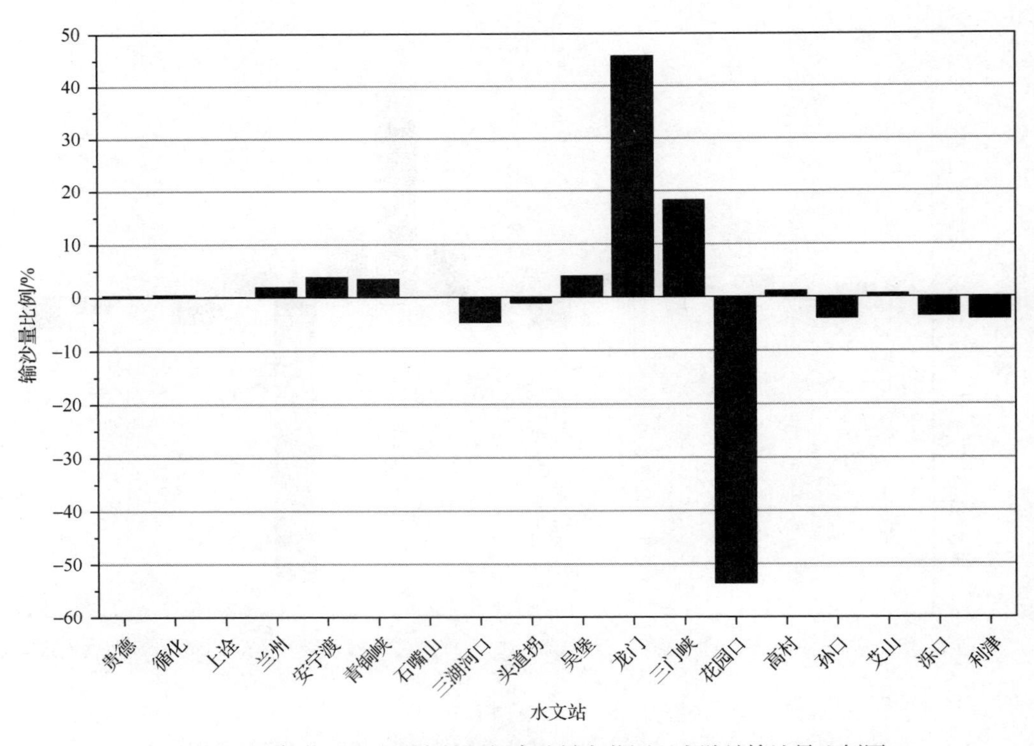

2002年黄河干流水文站区间产沙量占黄河上中游总输沙量比例图

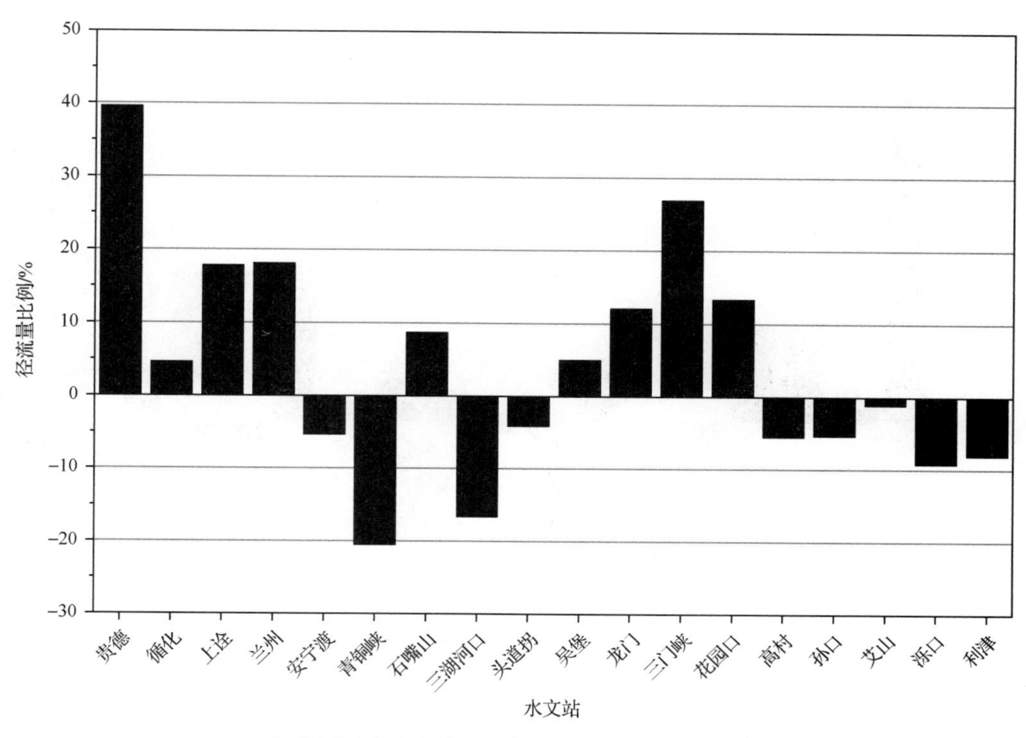

2003年黄河干流水文站区间产水量占黄河上中游总径流量比例图

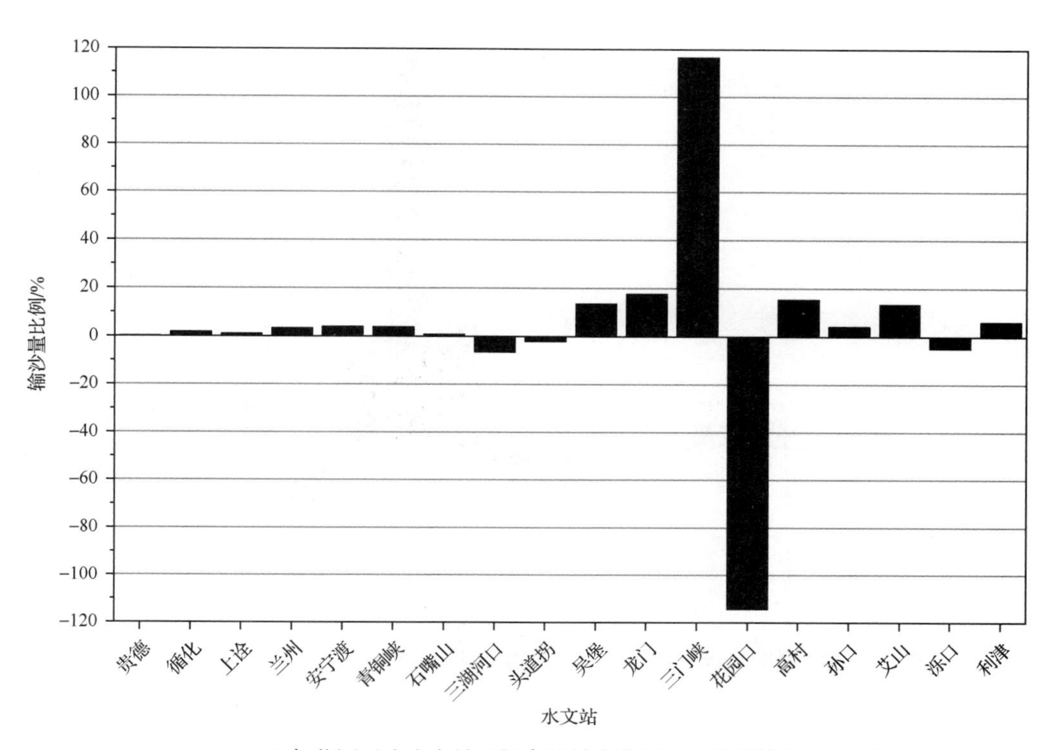

2003年黄河干流水文站区间产沙量占黄河上中游总输沙量比例图

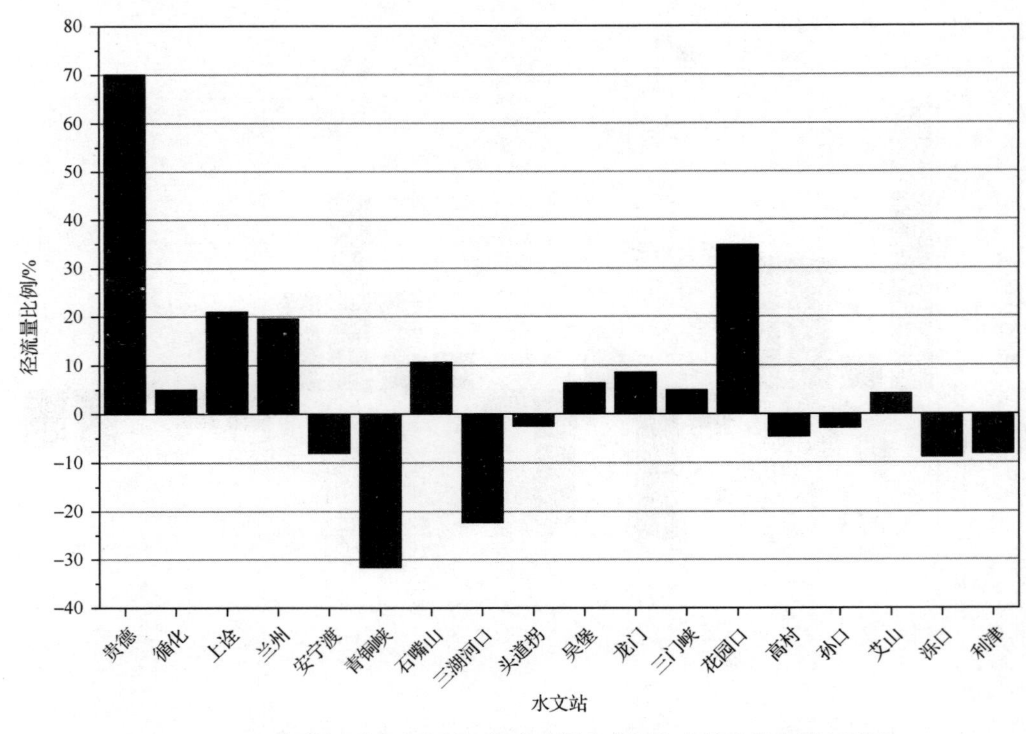

2004年黄河干流水文站区间产水量占黄河上中游总径流量比例图

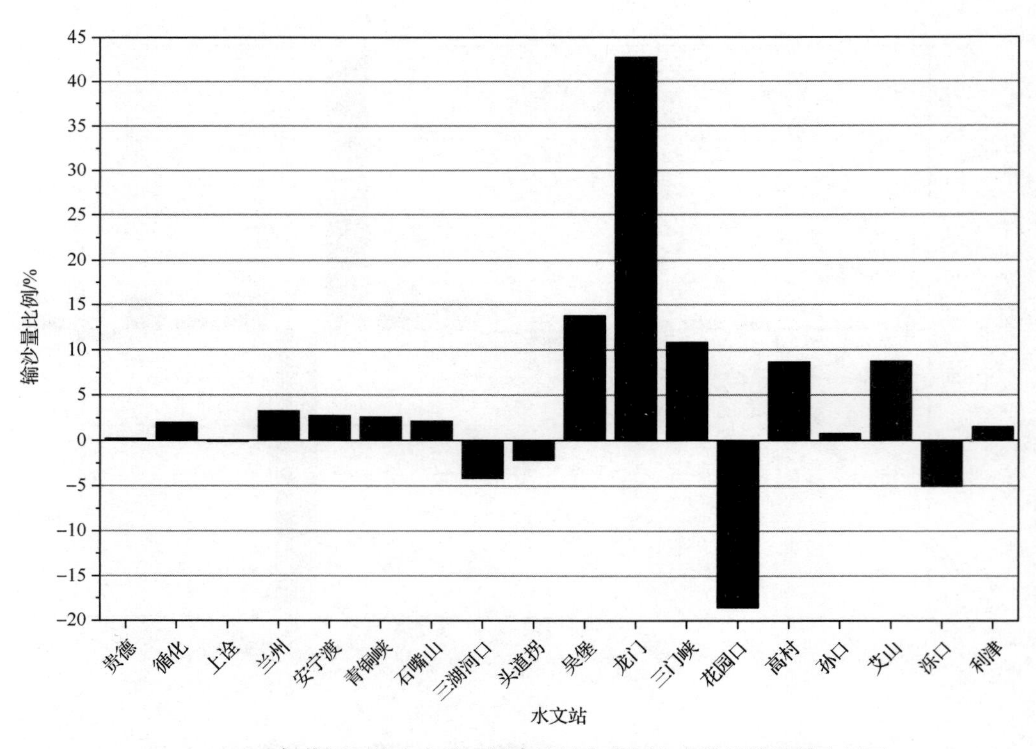

2004年黄河干流水文站区间产沙量占黄河上中游总输沙量比例图

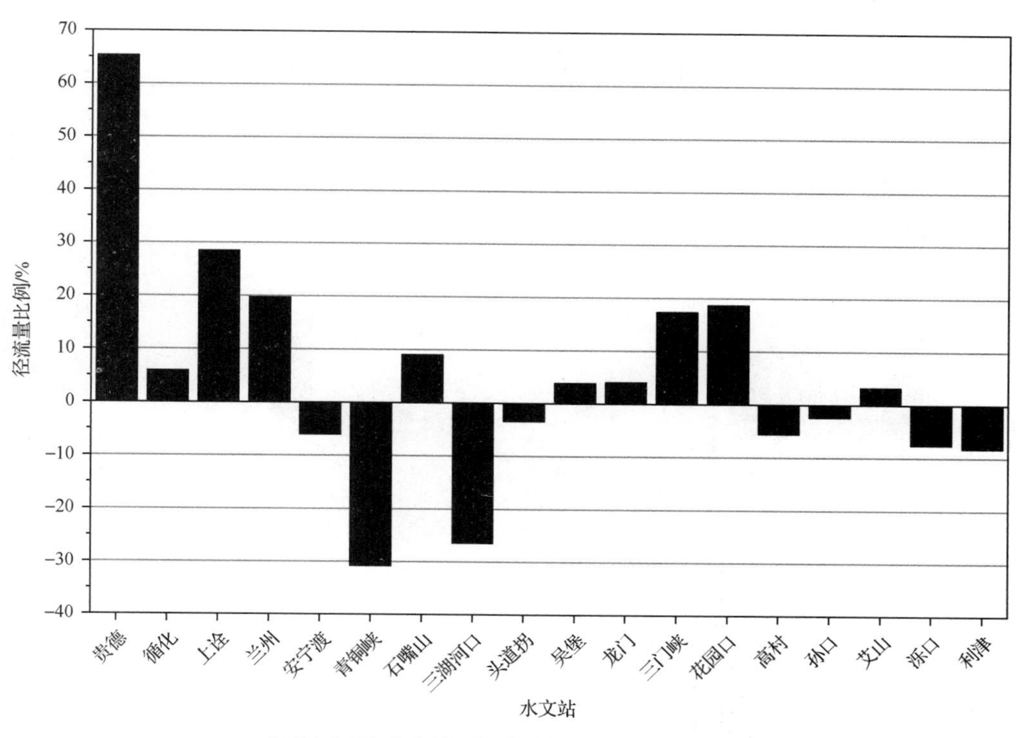

2005年黄河干流水文站区间产水量占黄河上中游总径流量比例图

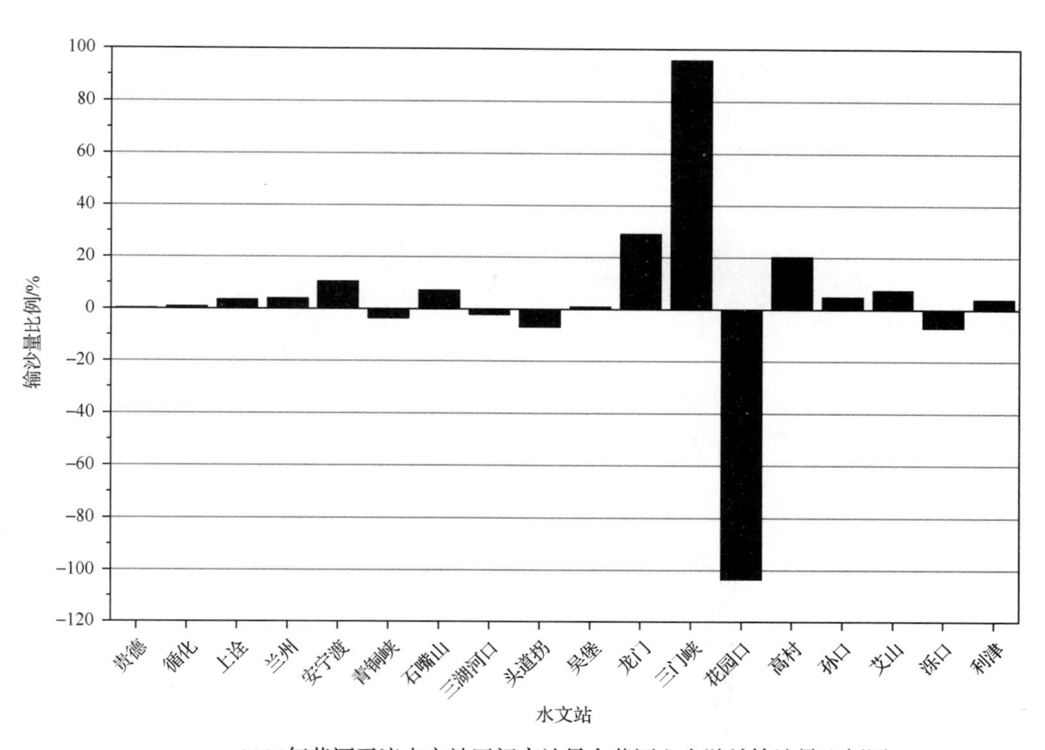

2005年黄河干流水文站区间产沙量占黄河上中游总输沙量比例图

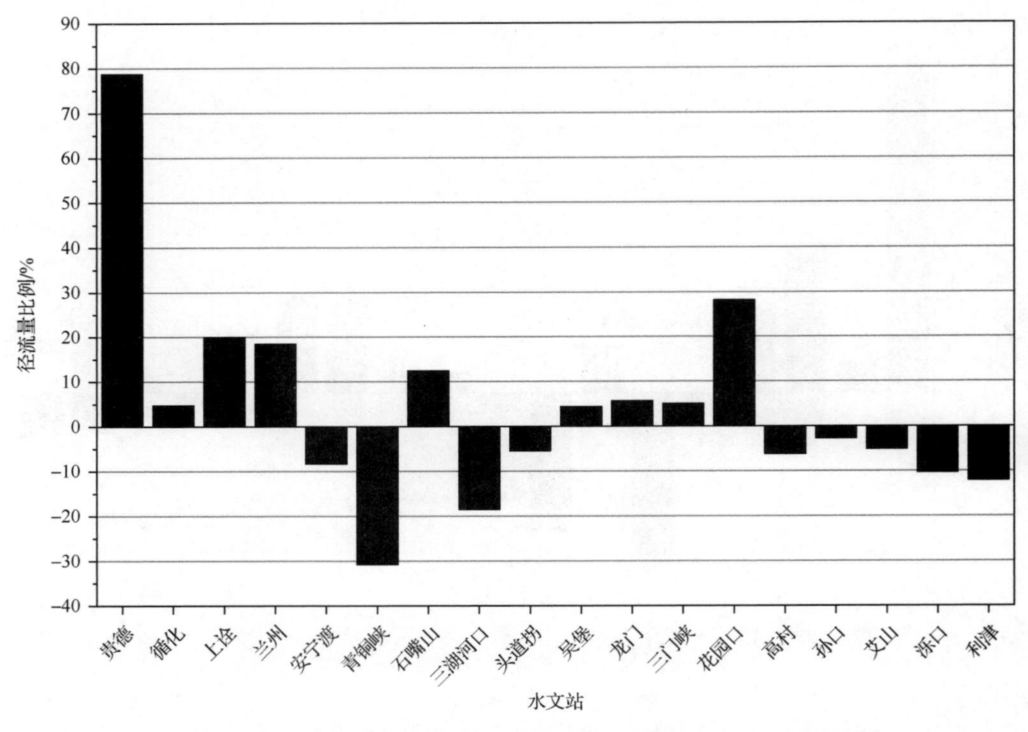

2006年黄河干流水文站区间产水量占黄河上中游总径流量比例图

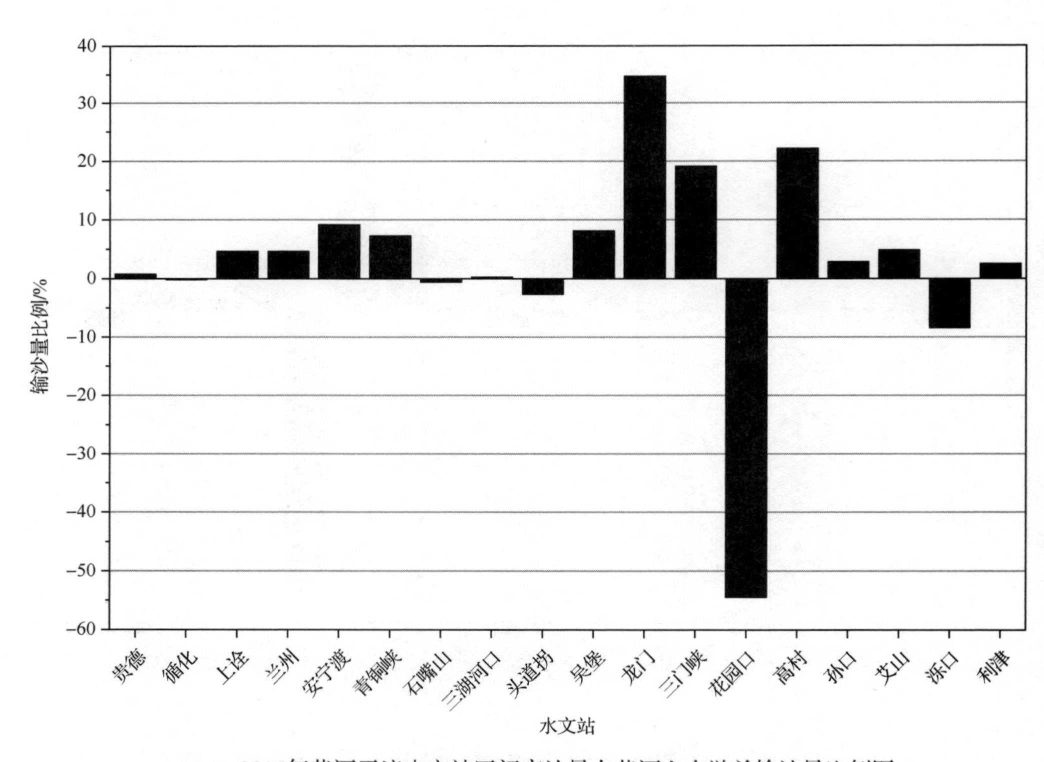

2006年黄河干流水文站区间产沙量占黄河上中游总输沙量比例图

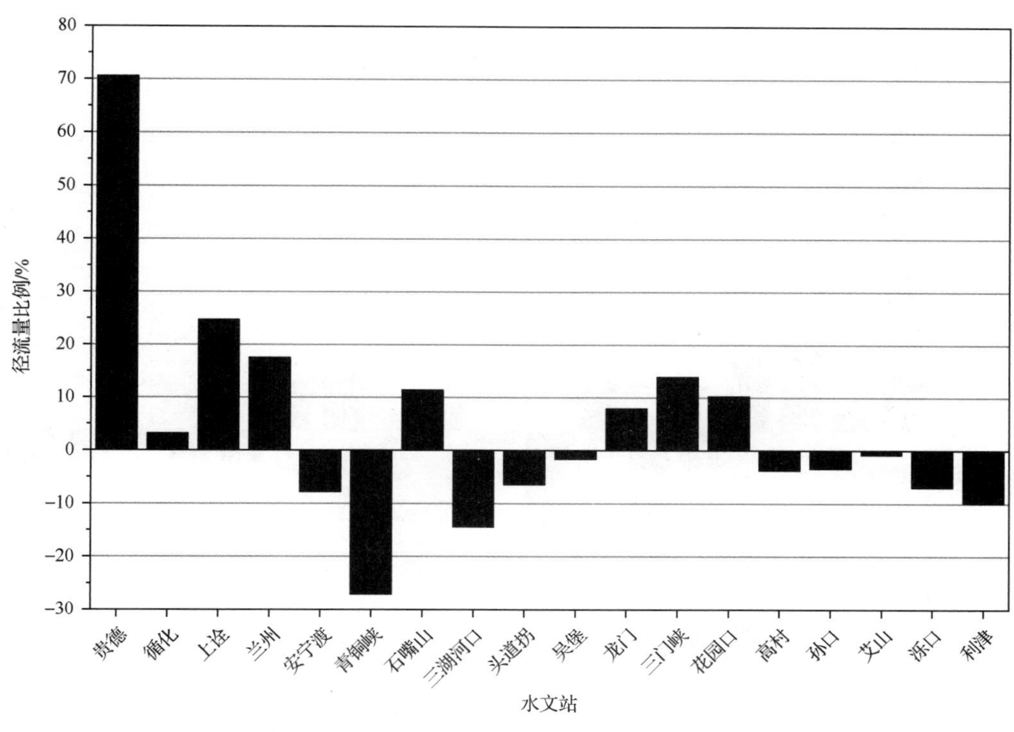

2007年黄河干流水文站区间产水量占黄河上中游总径流量比例图

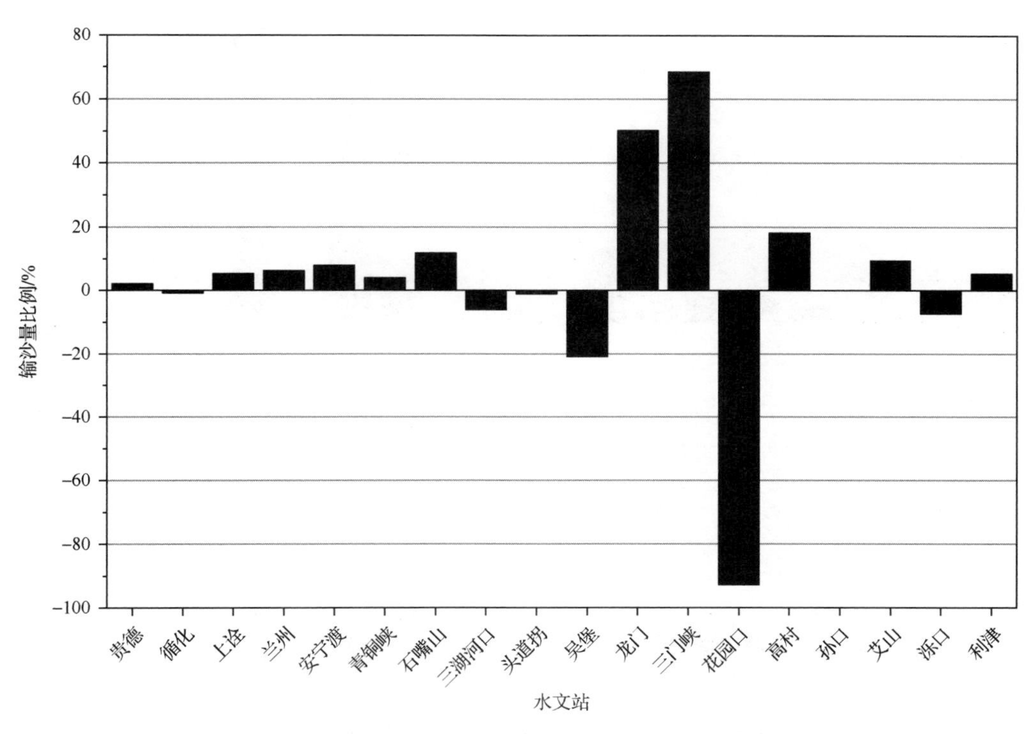

2007年黄河干流水文站区间产沙量占黄河上中游总输沙量比例图

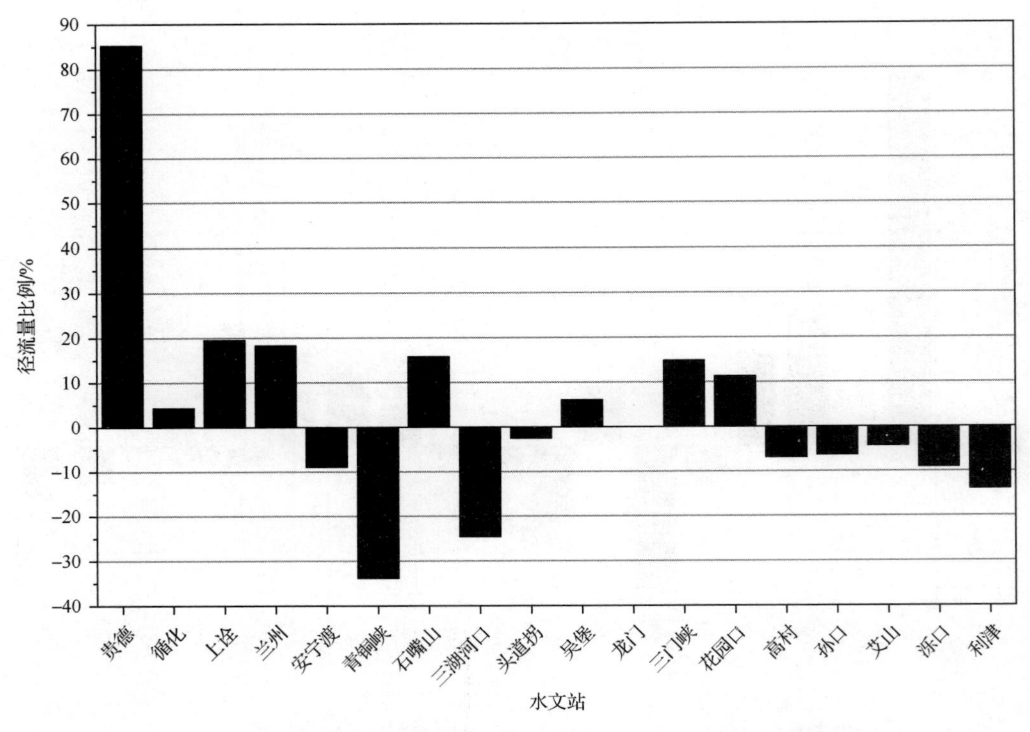

2008年黄河干流水文站区间产水量占黄河上中游总径流量比例图

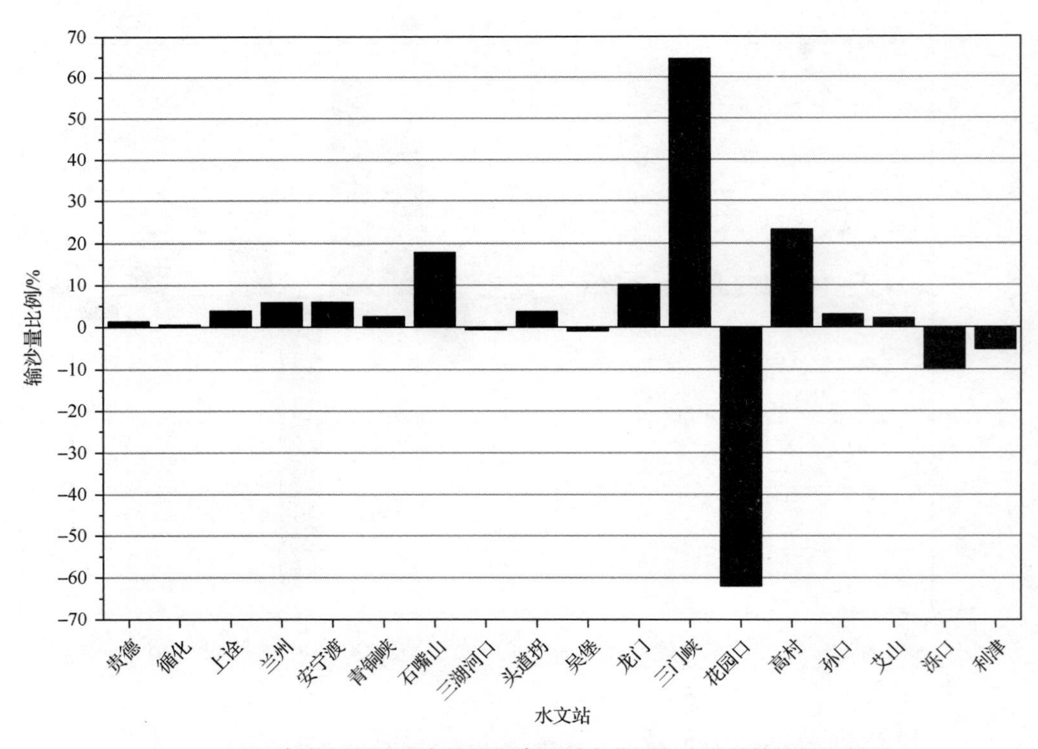

2008年黄河干流水文站区间产沙量占黄河上中游总输沙量比例图

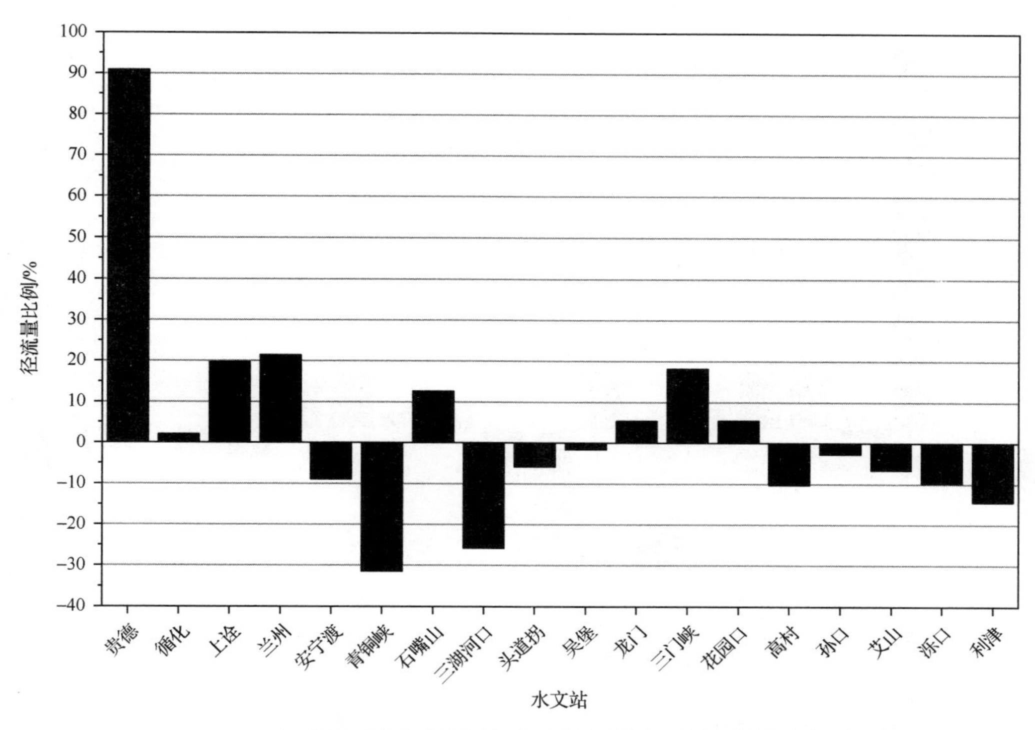

2009年黄河干流水文站区间产水量占黄河上中游总径流量比例图

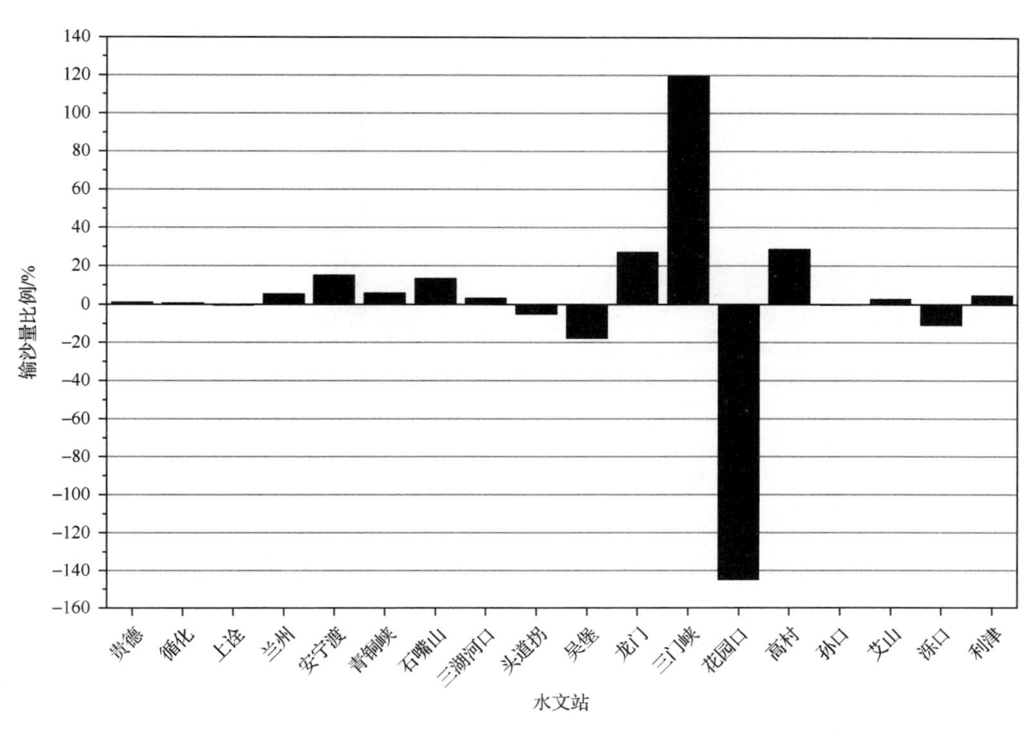

2009年黄河干流水文站区间产沙量占黄河上中游总输沙量比例图

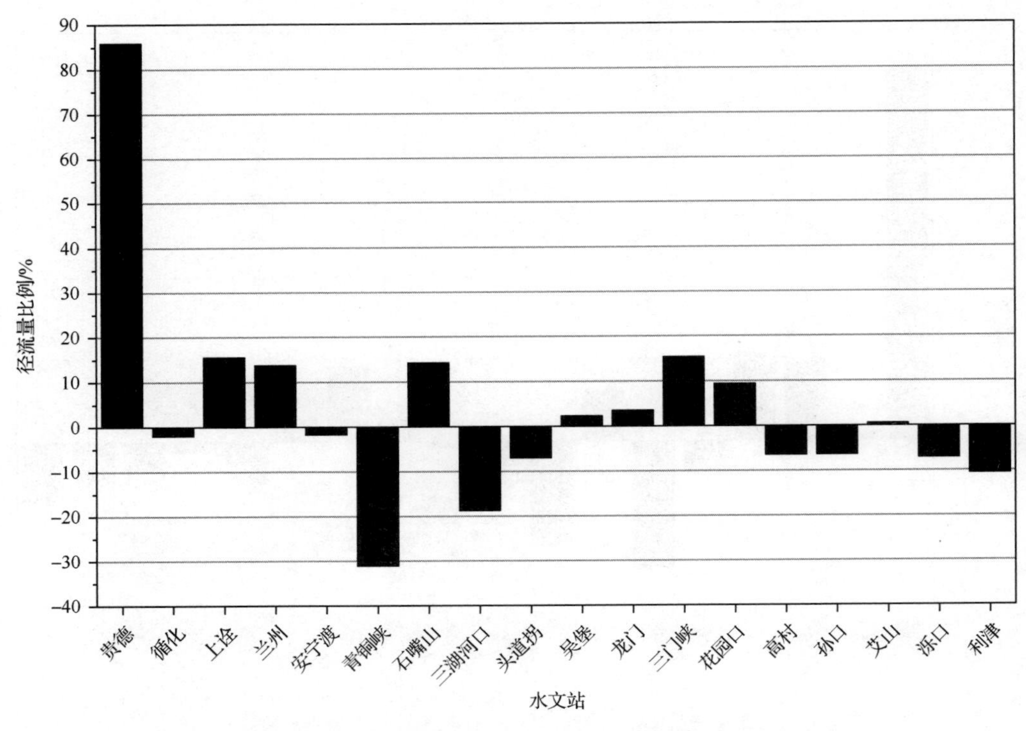

2010年黄河干流水文站区间产水量占黄河上中游总径流量比例图

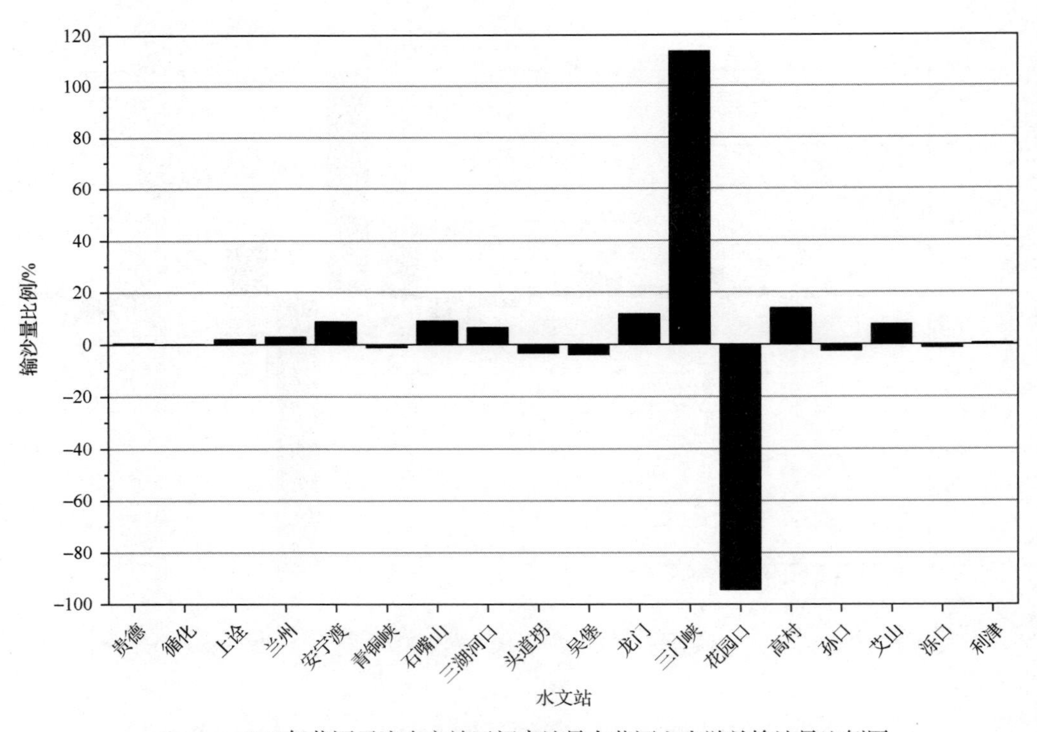

2010年黄河干流水文站区间产沙量占黄河上中游总输沙量比例图

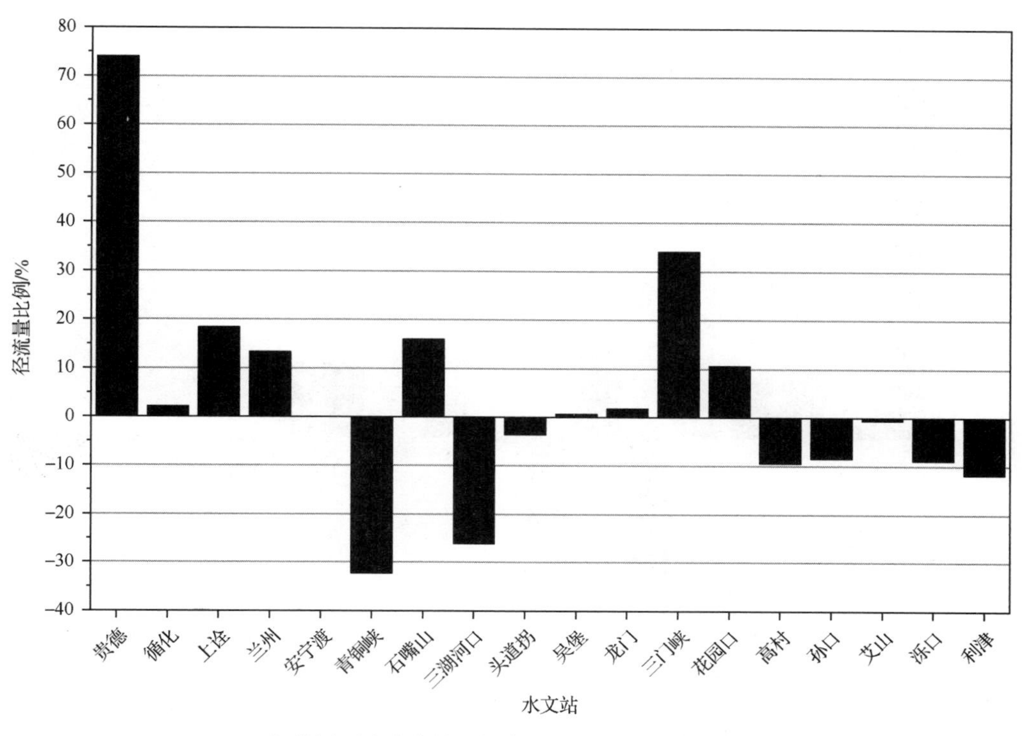

2011年黄河干流水文站区间产水量占黄河上中游总径流量比例图

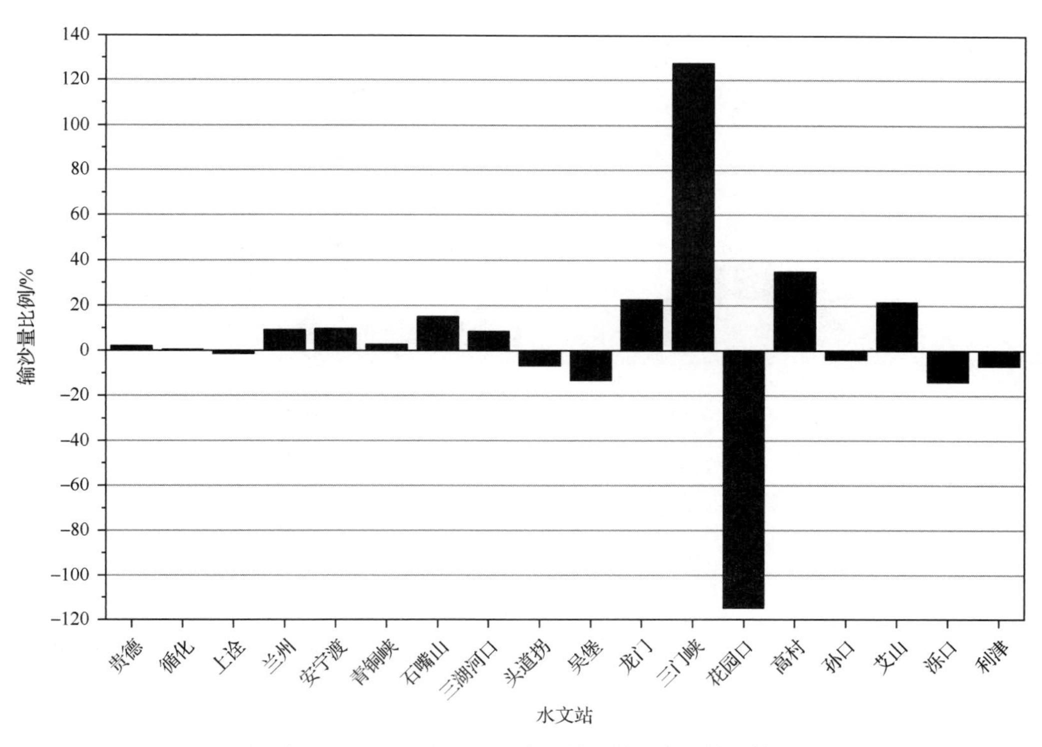

2011年黄河干流水文站区间产沙量占黄河上中游总输沙量比例图

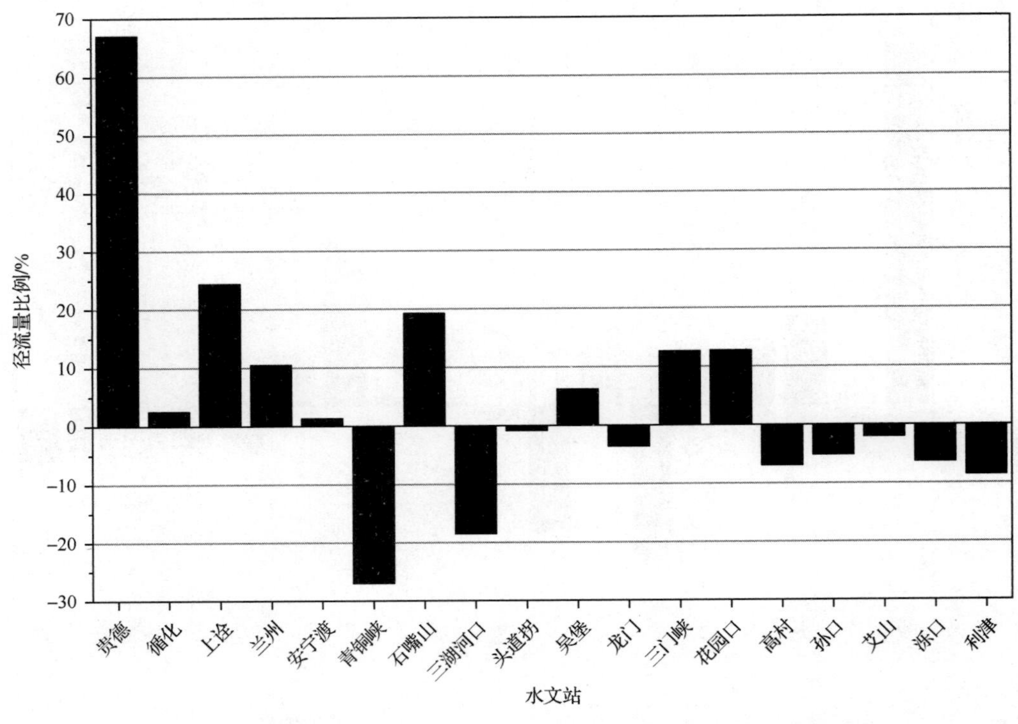

2012年黄河干流水文站区间产水量占黄河上中游总径流量比例图

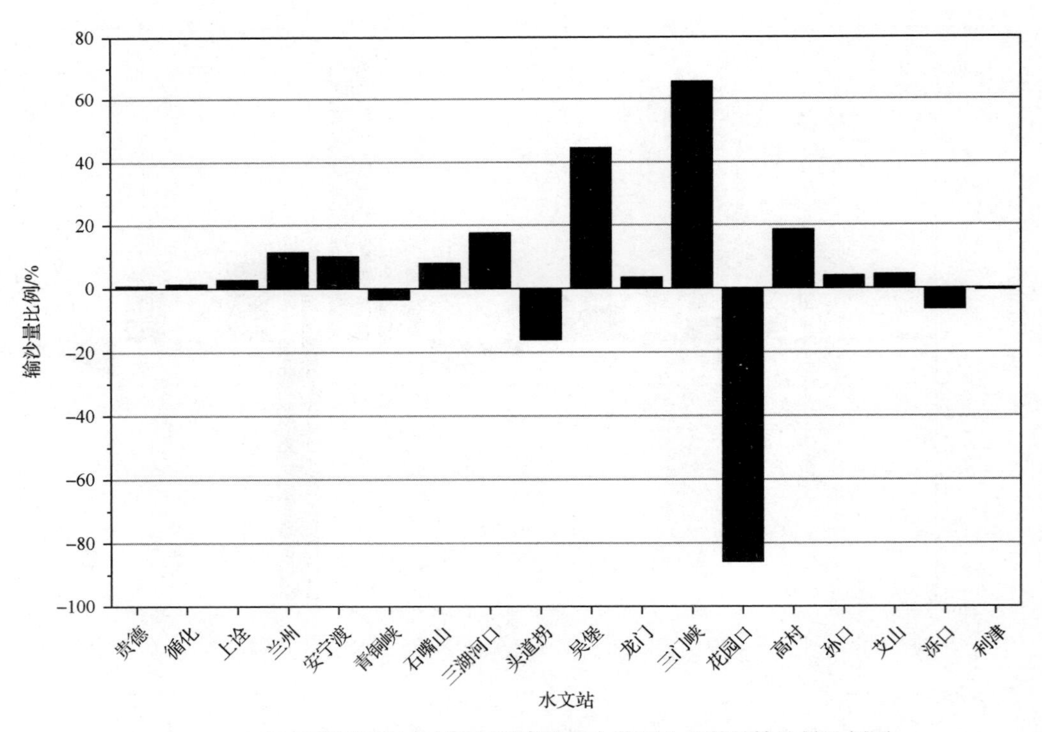

2012年黄河干流水文站区间产沙量占黄河上中游总输沙量比例图

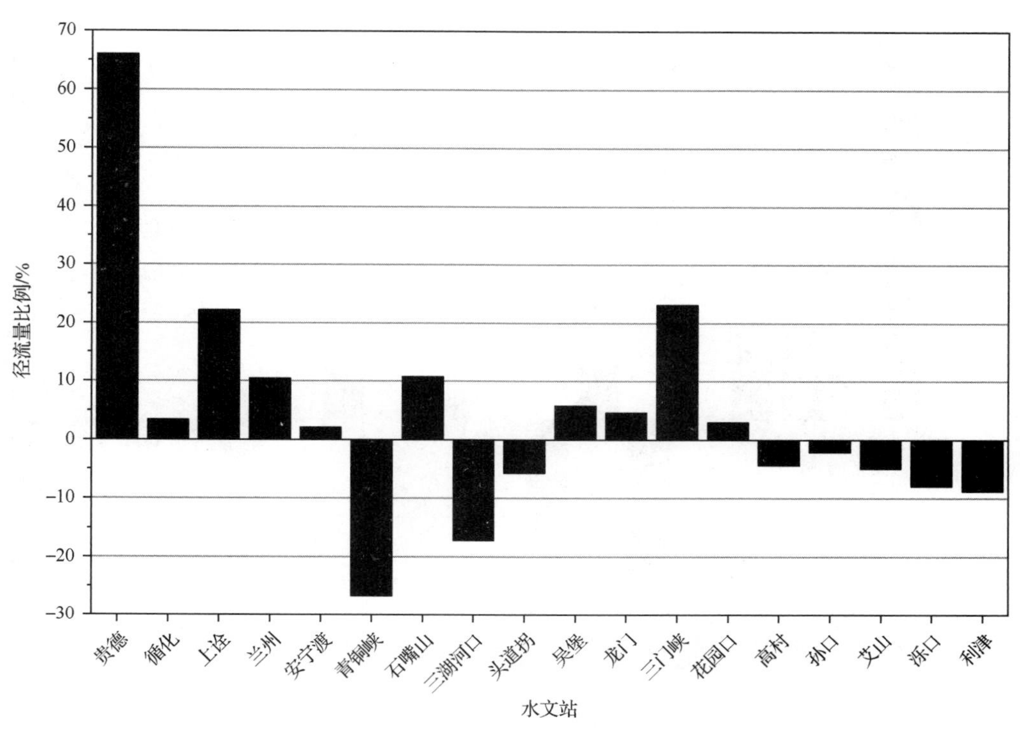

2013年黄河干流水文站区间产水量占黄河上中游总径流量比例图

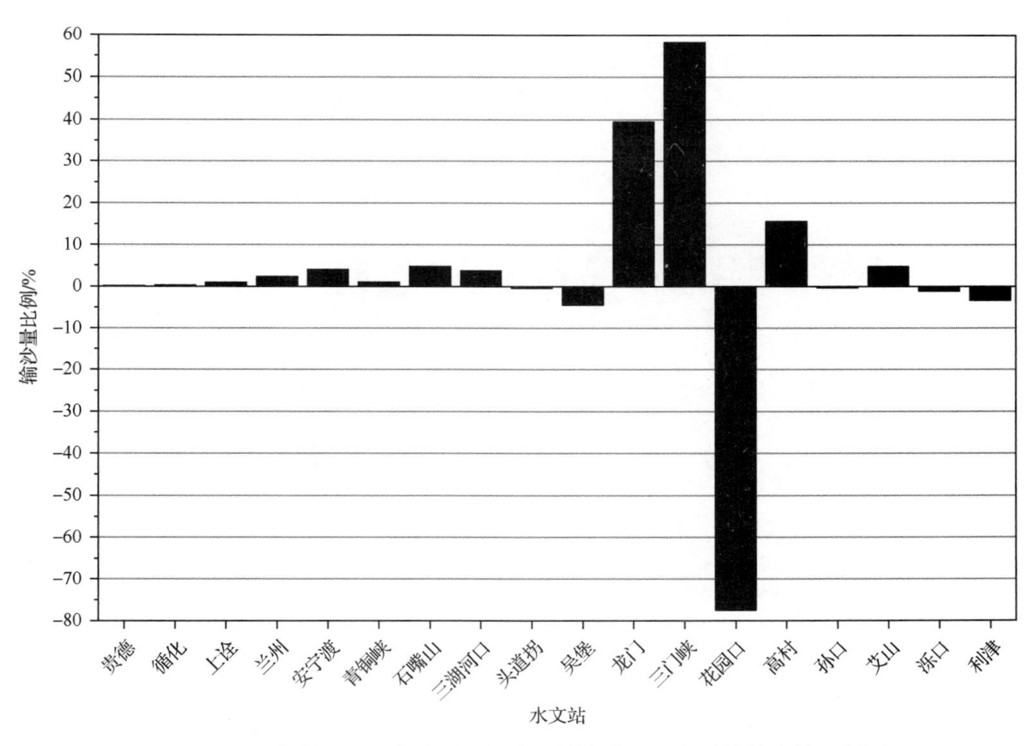

2013年黄河干流水文站区间产沙量占黄河上中游总输沙量比例图

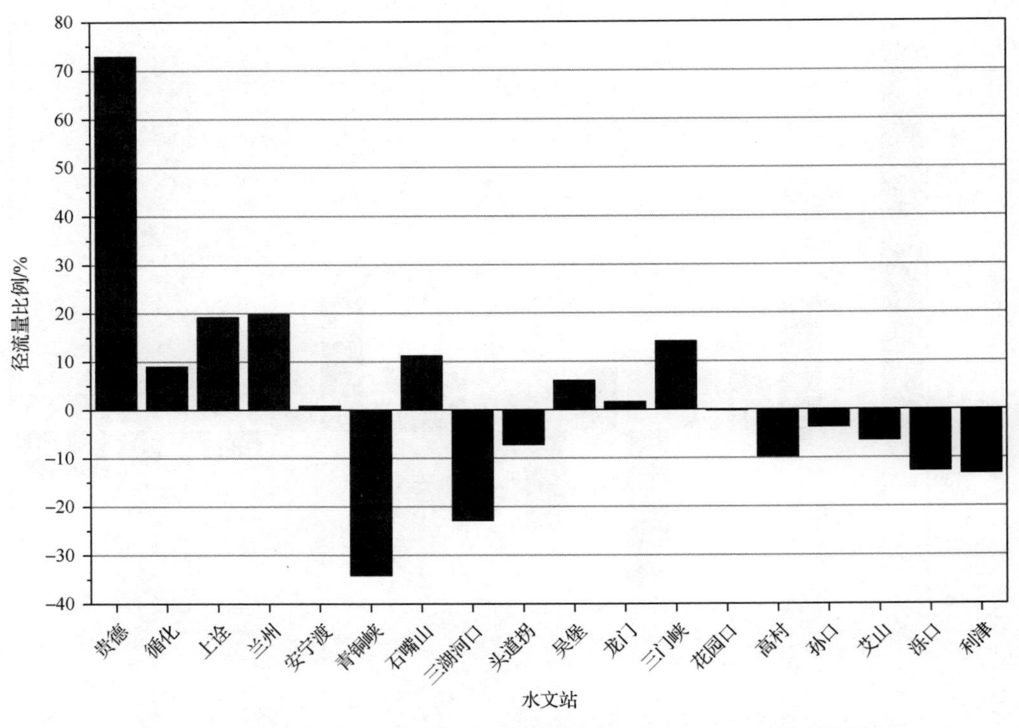

2014年黄河干流水文站区间产水量占黄河上中游总径流量比例图

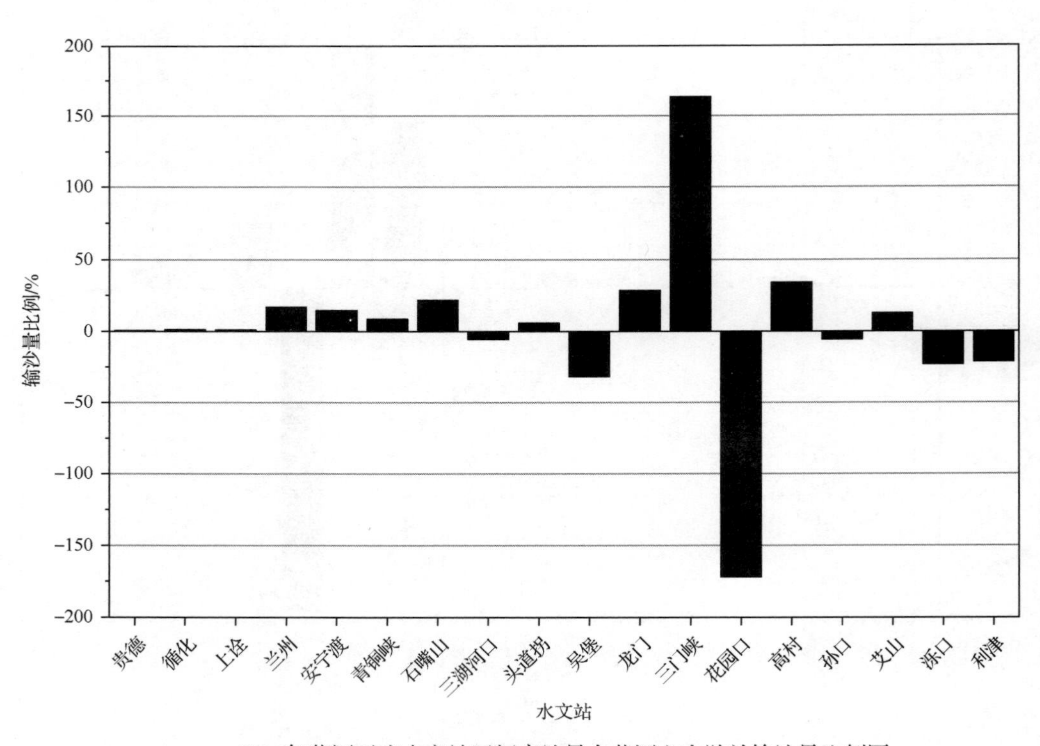

2014年黄河干流水文站区间产沙量占黄河上中游总输沙量比例图

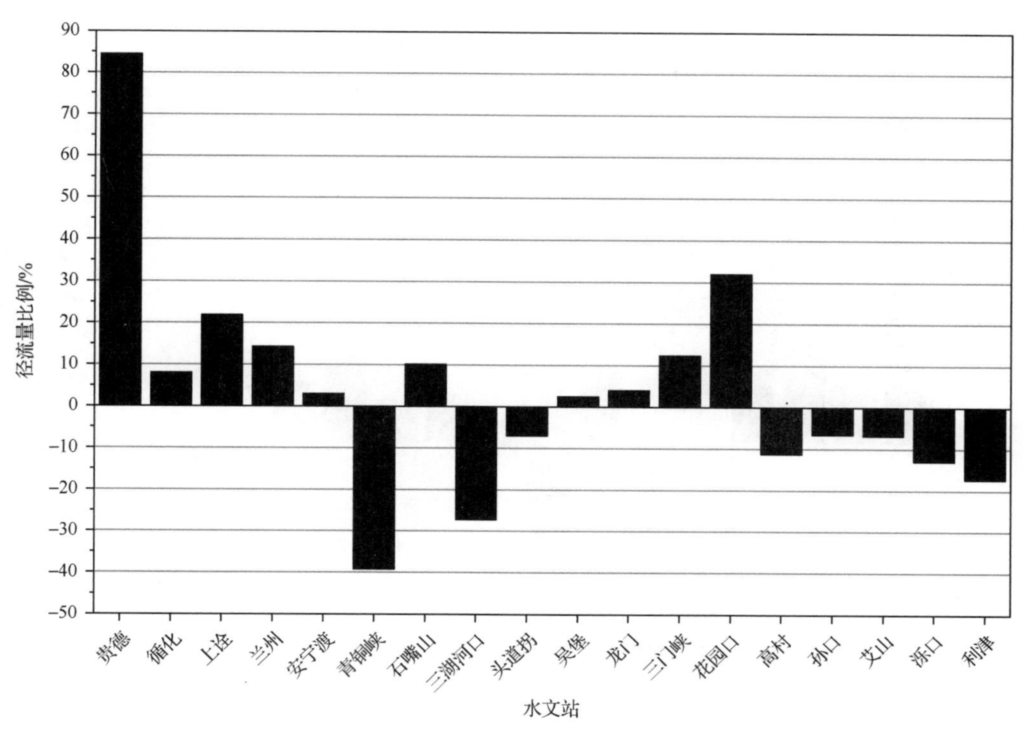

2015年黄河干流水文站区间产水量占黄河上中游总径流量比例图

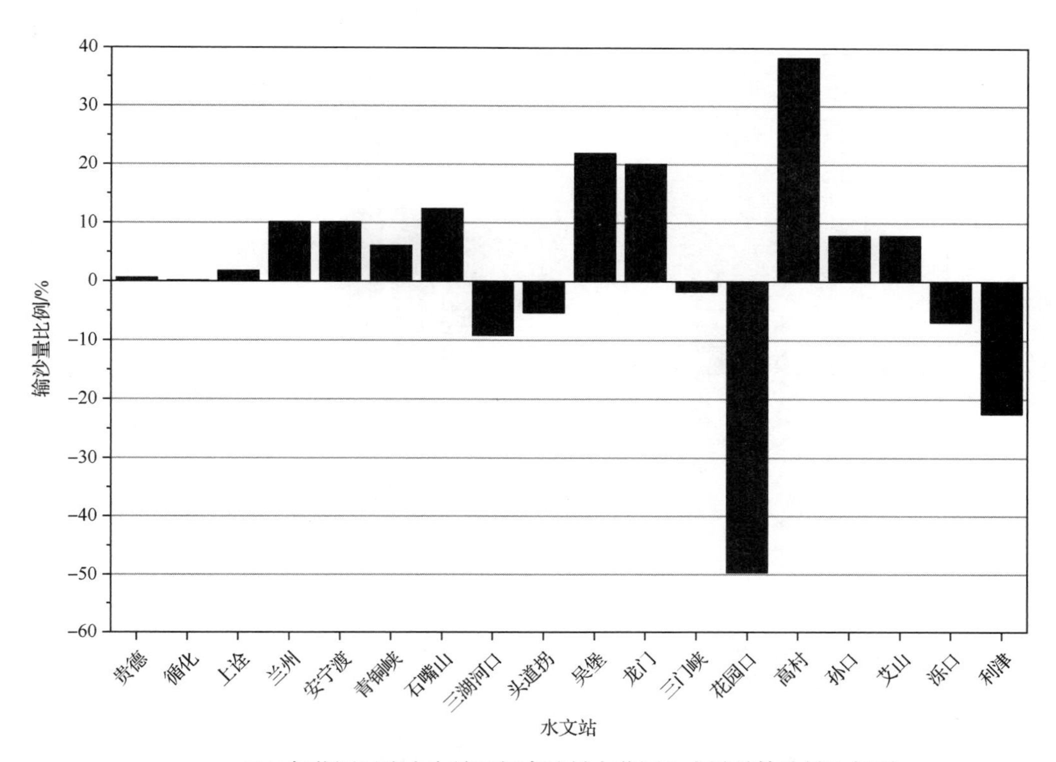

2015年黄河干流水文站区间产沙量占黄河上中游总输沙量比例图

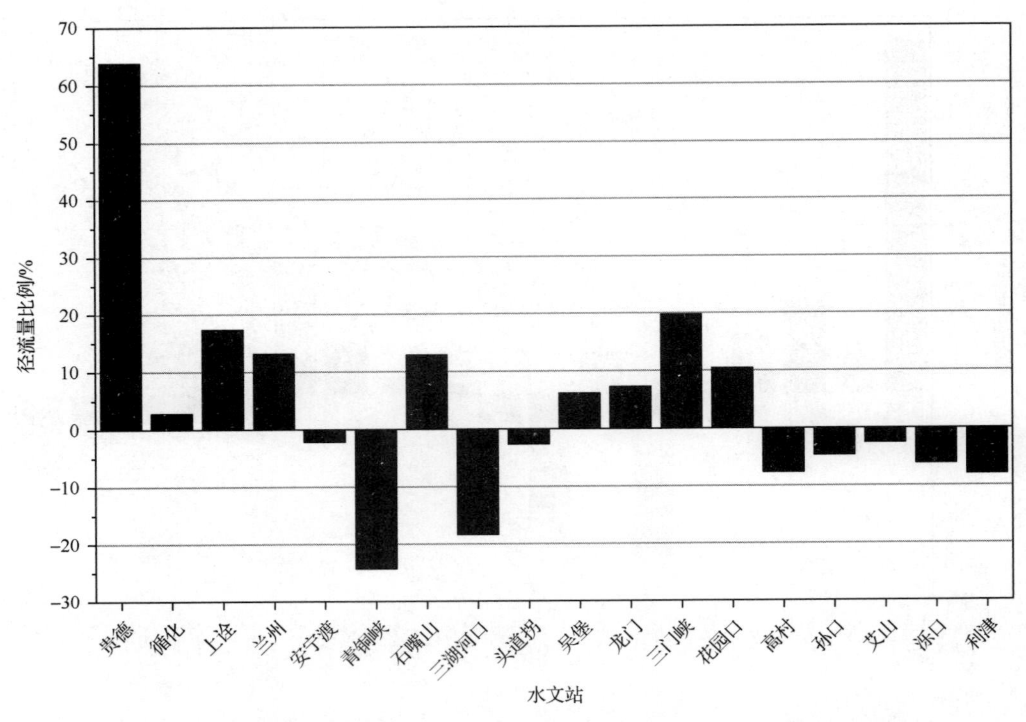

1956~2015年黄河干流水文站区间产水量占黄河上中游总径流量比例图

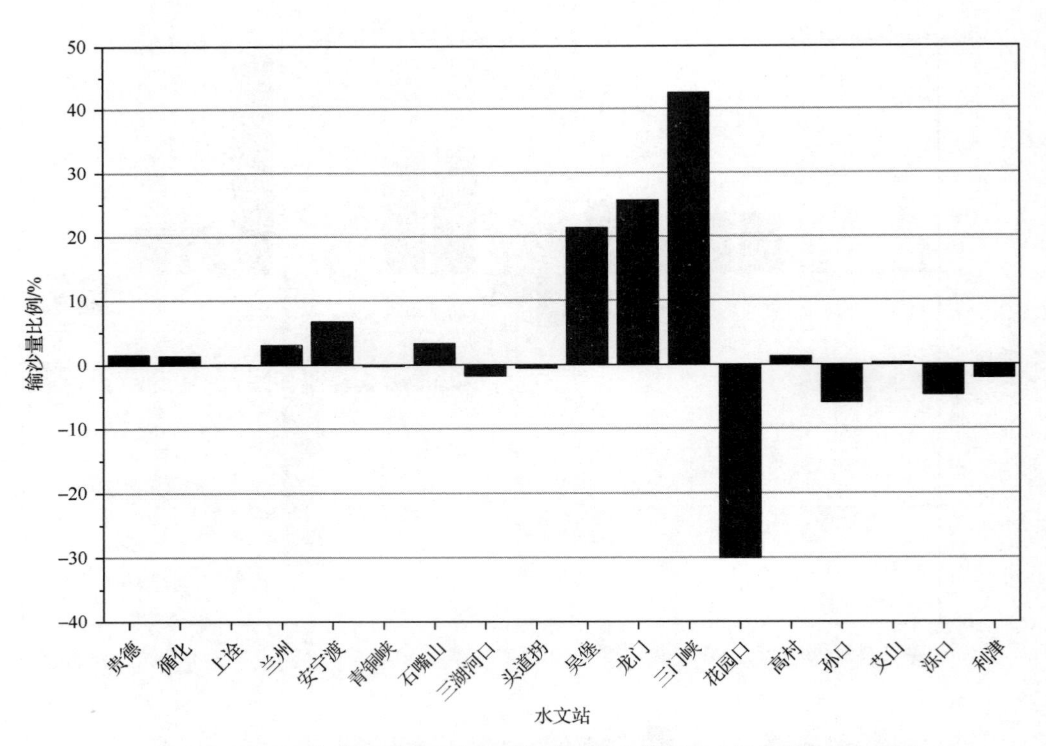

1956~2015年黄河干流水文站区间产沙量占黄河上中游总输沙量比例图

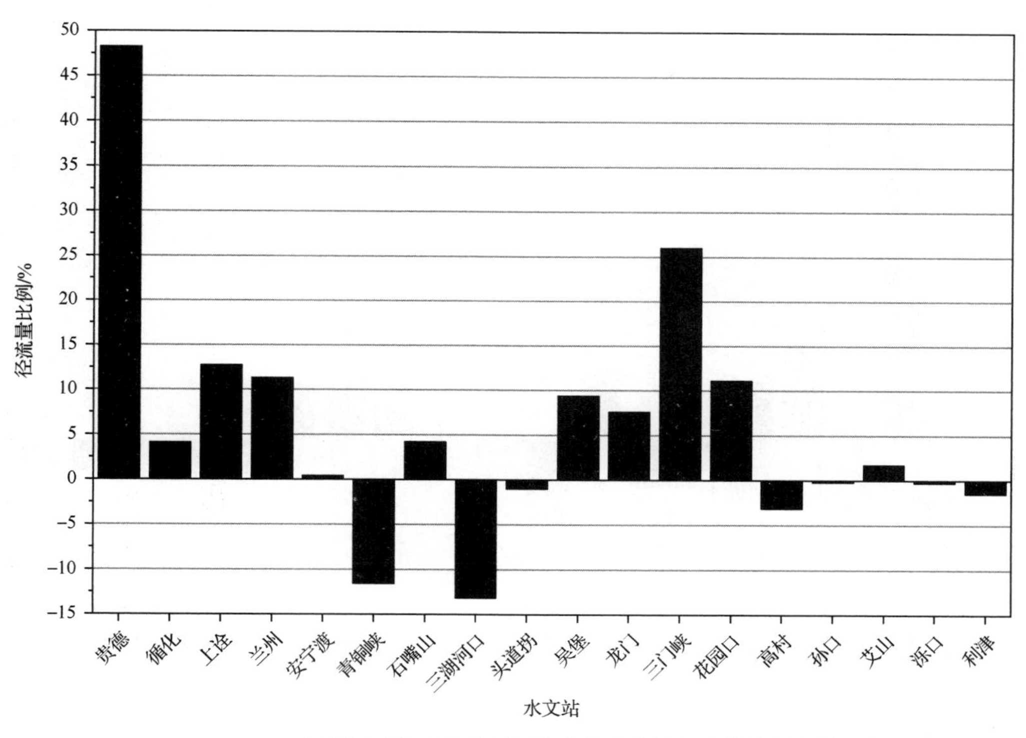

1956~1970年黄河干流水文站区间产水量占黄河上中游总径流量比例图

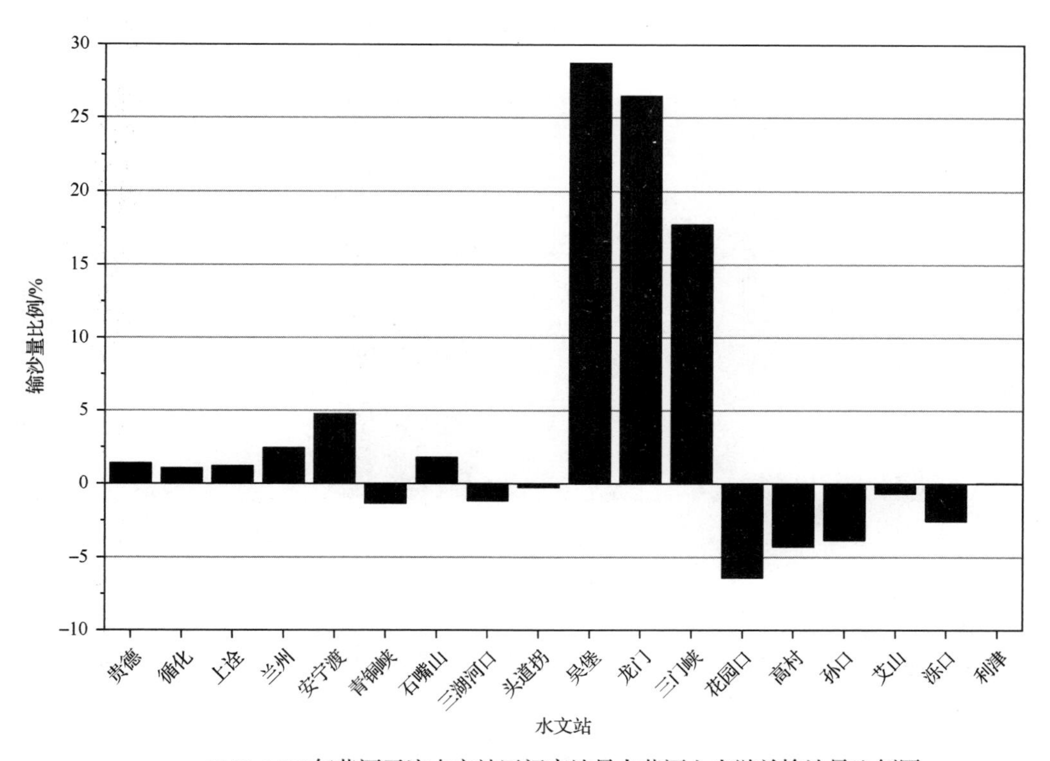

1956~1970年黄河干流水文站区间产沙量占黄河上中游总输沙量比例图

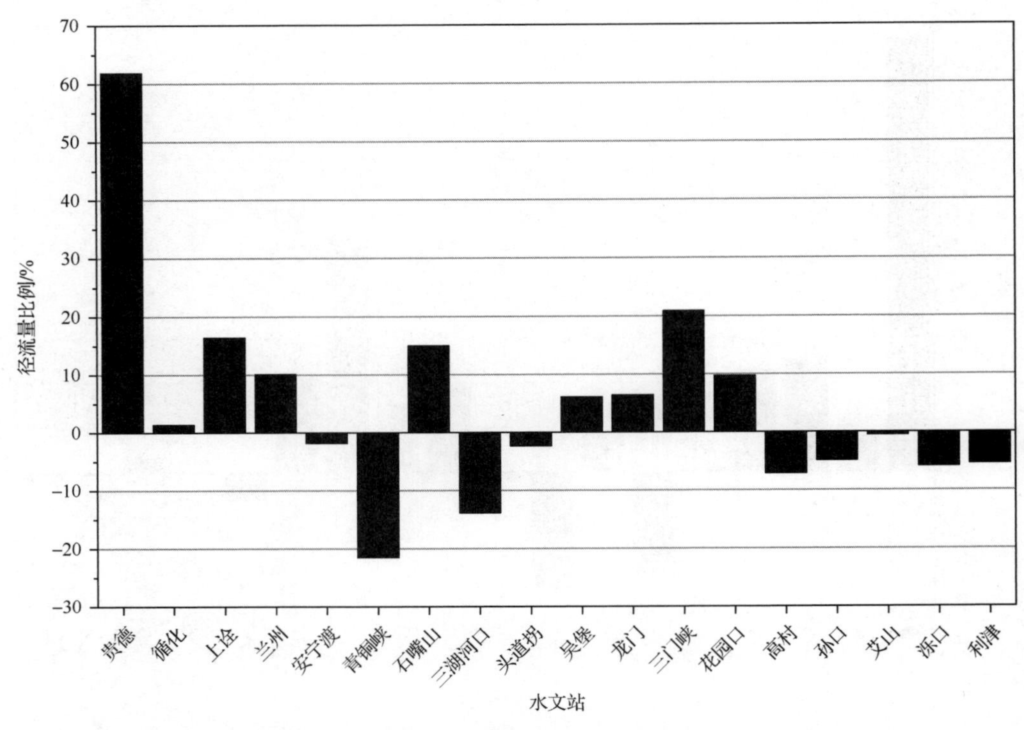

1971~1985年黄河干流水文站区间产水量占黄河上中游总径流量比例图

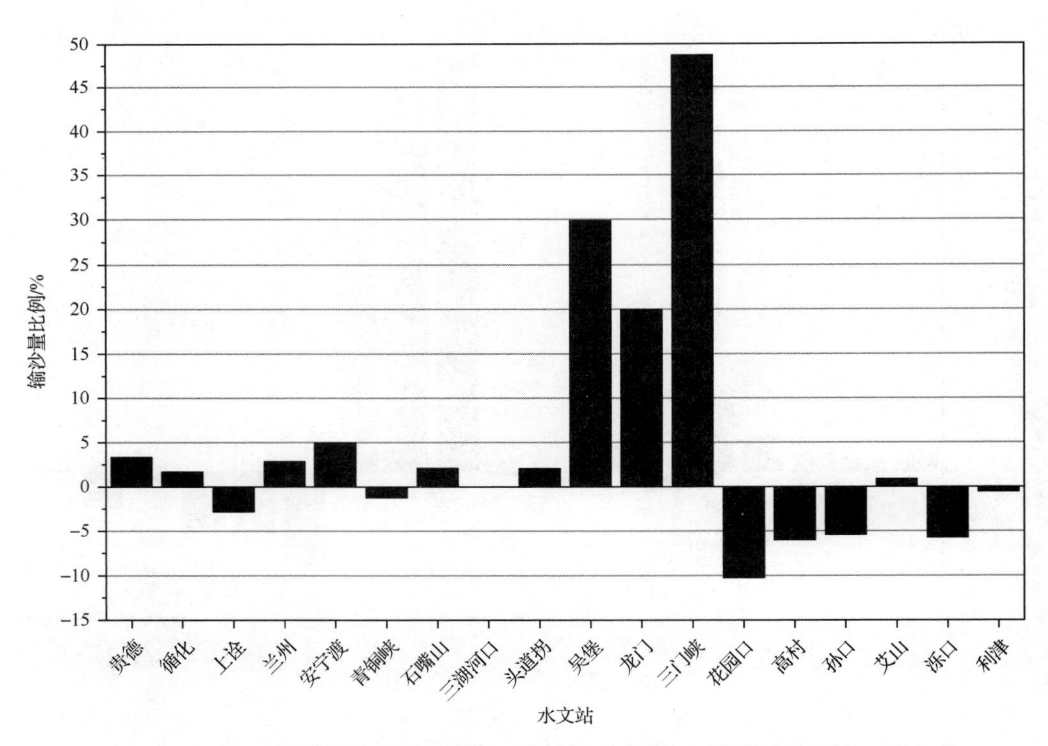

1971~1985年黄河干流水文站区间产沙量占黄河上中游总输沙量比例图

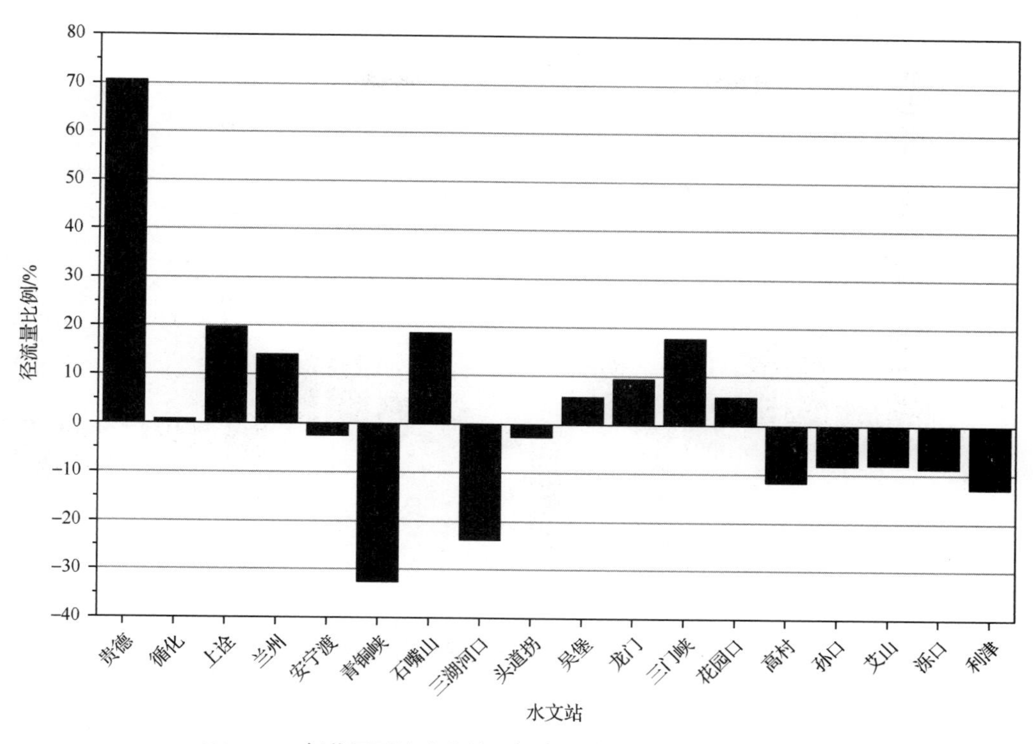

1986~2000年黄河干流水文站区间产水量占黄河上中游总径流量比例图

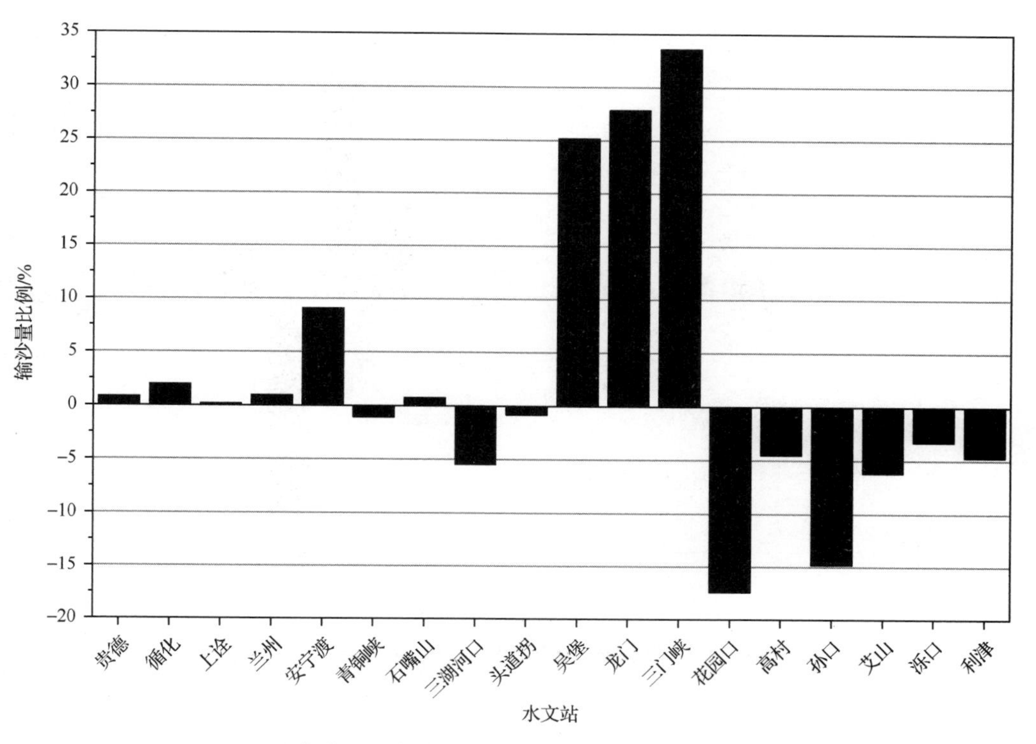

1986~2000年黄河干流水文站区间产沙量占黄河上中游总输沙量比例图

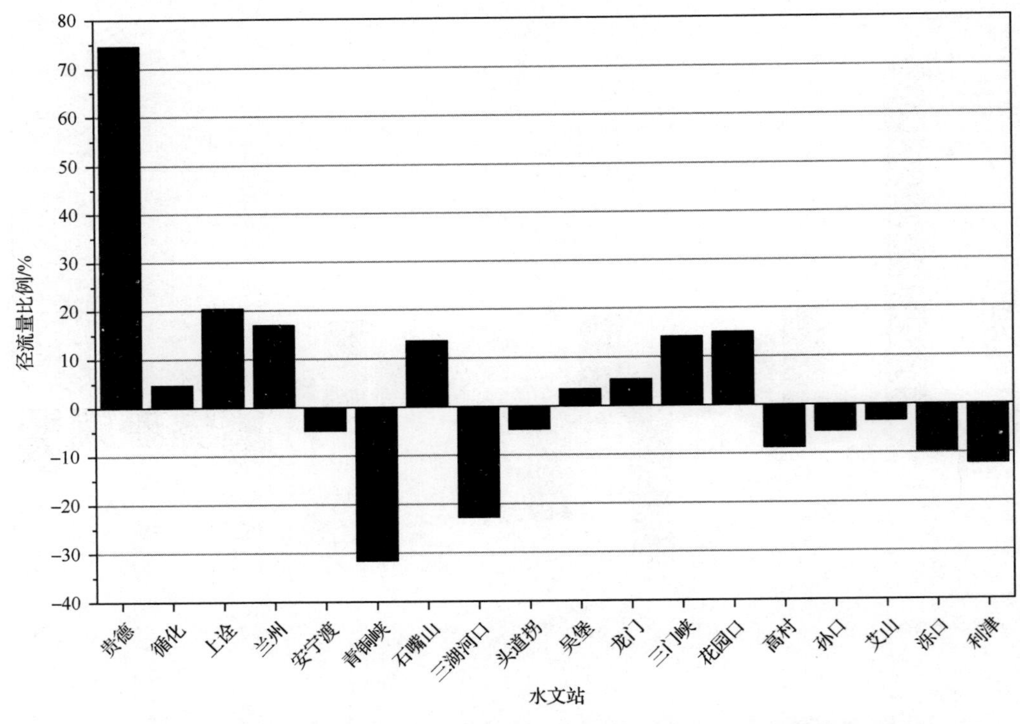

2001~2015年黄河干流水文站区间产水量占黄河上中游总径流量比例图

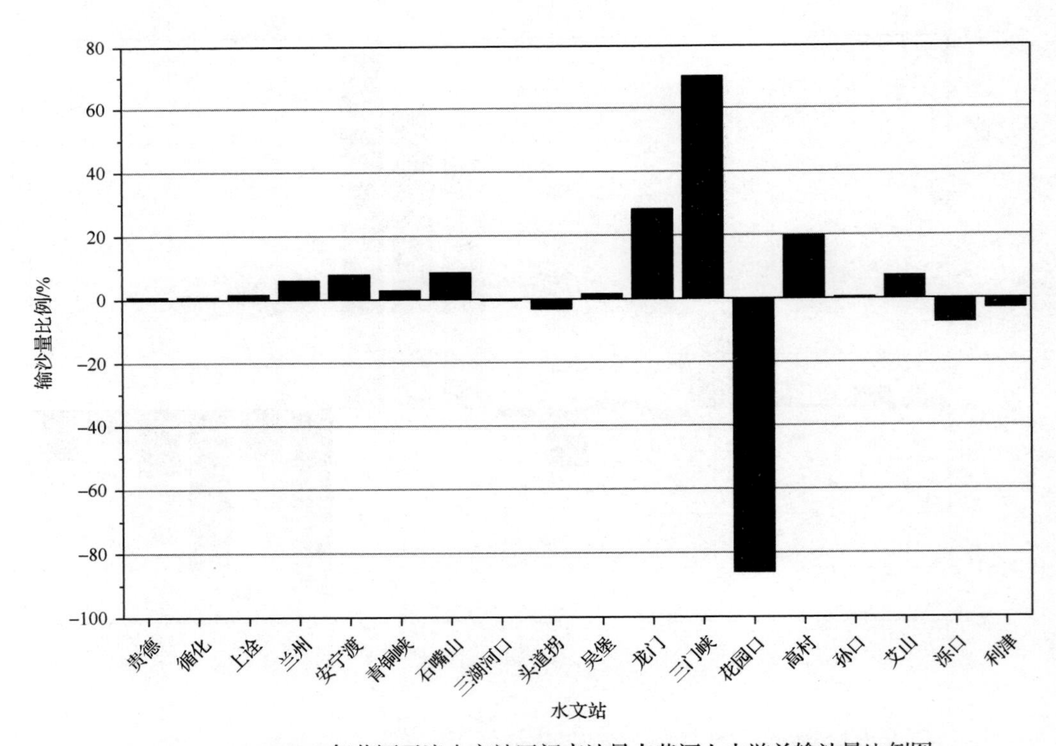

2001~2015年黄河干流水文站区间产沙量占黄河上中游总输沙量比例图

5 黄河主要支流水沙时间序列图

5.1 黄河主要支流水沙时间序列图

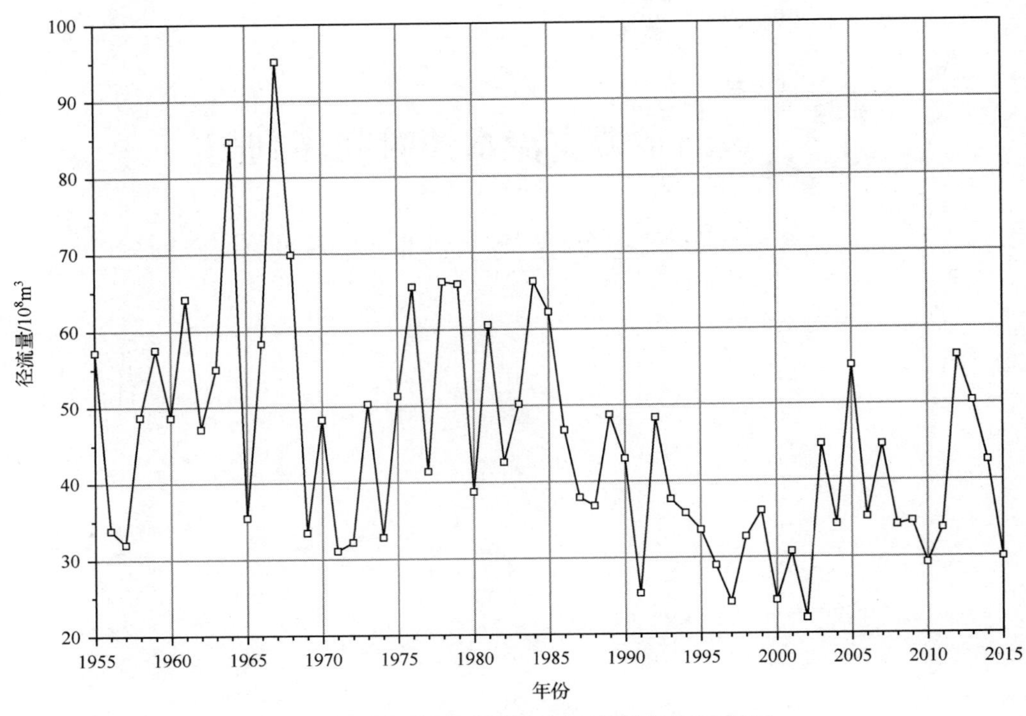

黄河支流洮河红旗水文站径流量时间序列图

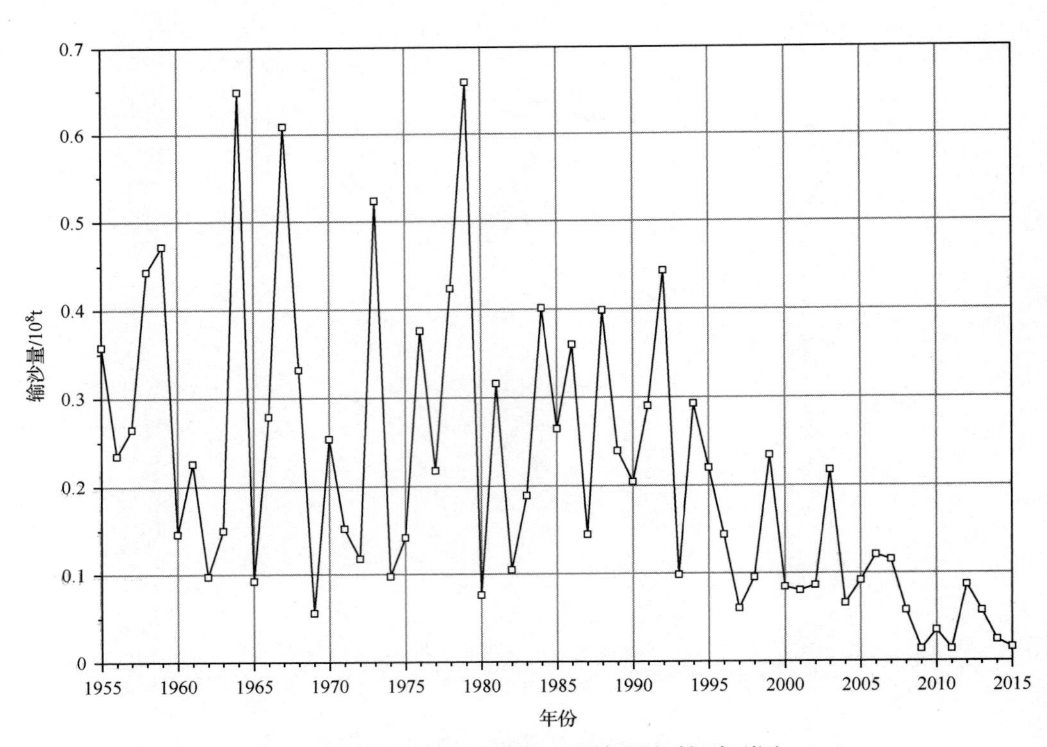

黄河支流洮河红旗水文站输沙量时间序列图

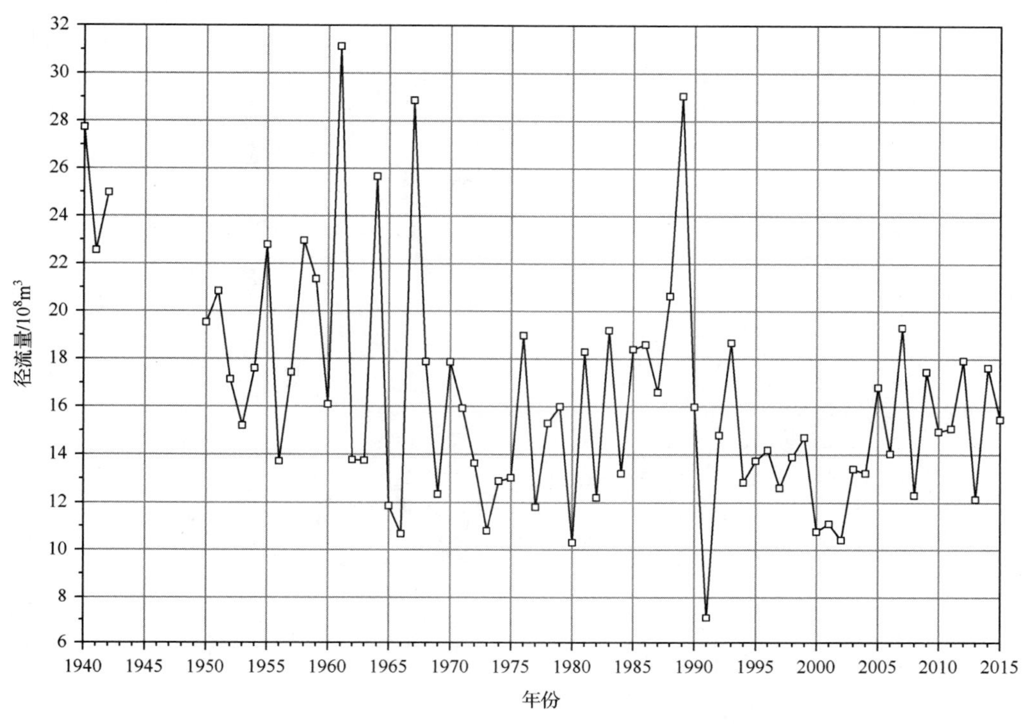

黄河支流湟水民和水文站径流量时间序列图

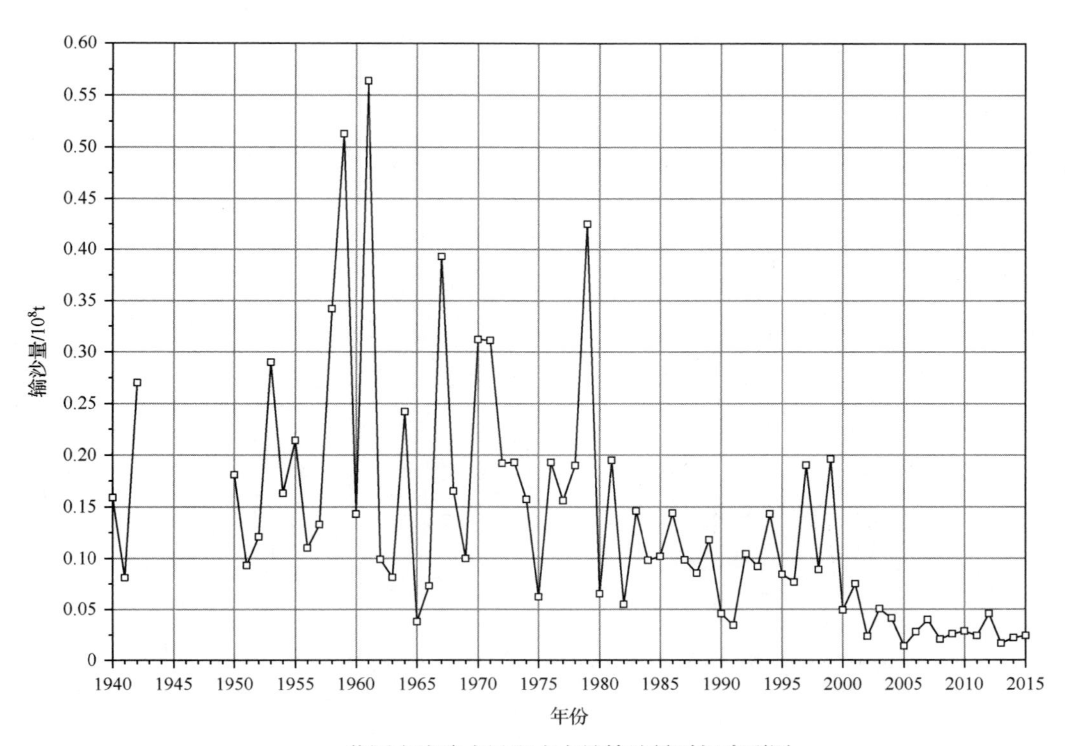

黄河支流湟水民和水文站输沙量时间序列图

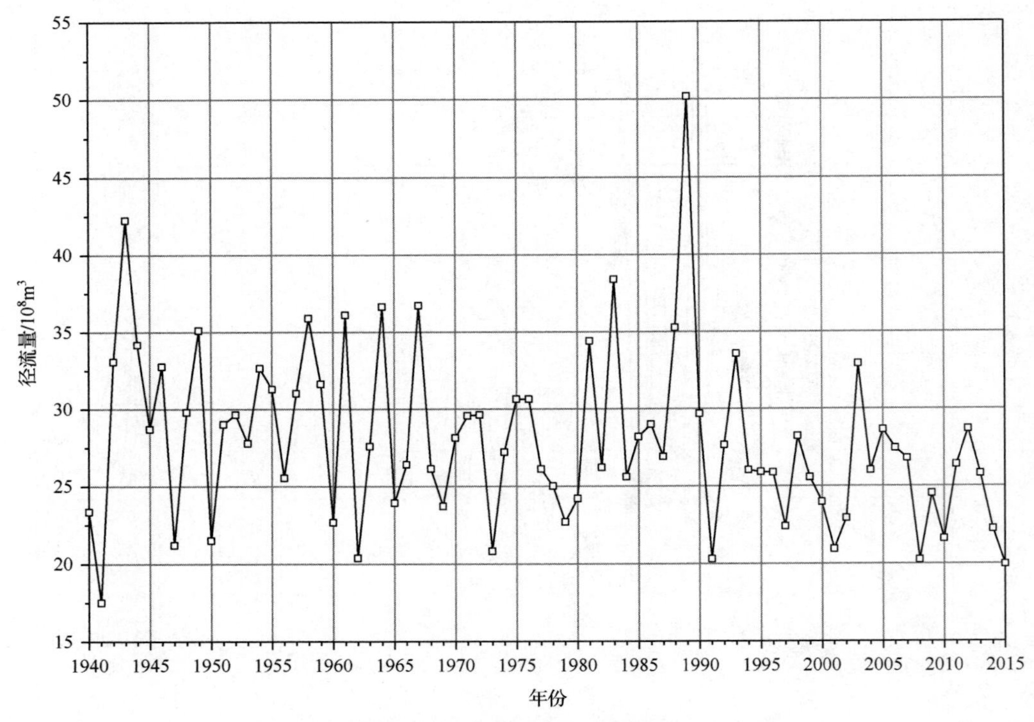

黄河支流大通河享堂水文站径流量时间序列图

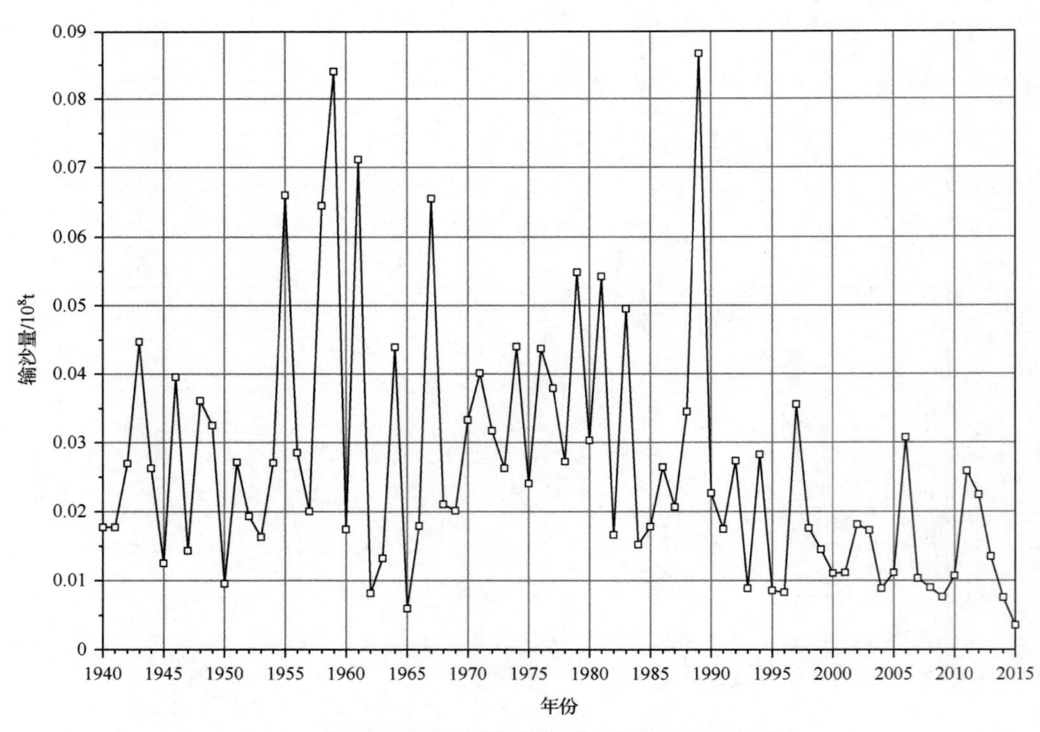

黄河支流大通河享堂水文站输沙量时间序列图

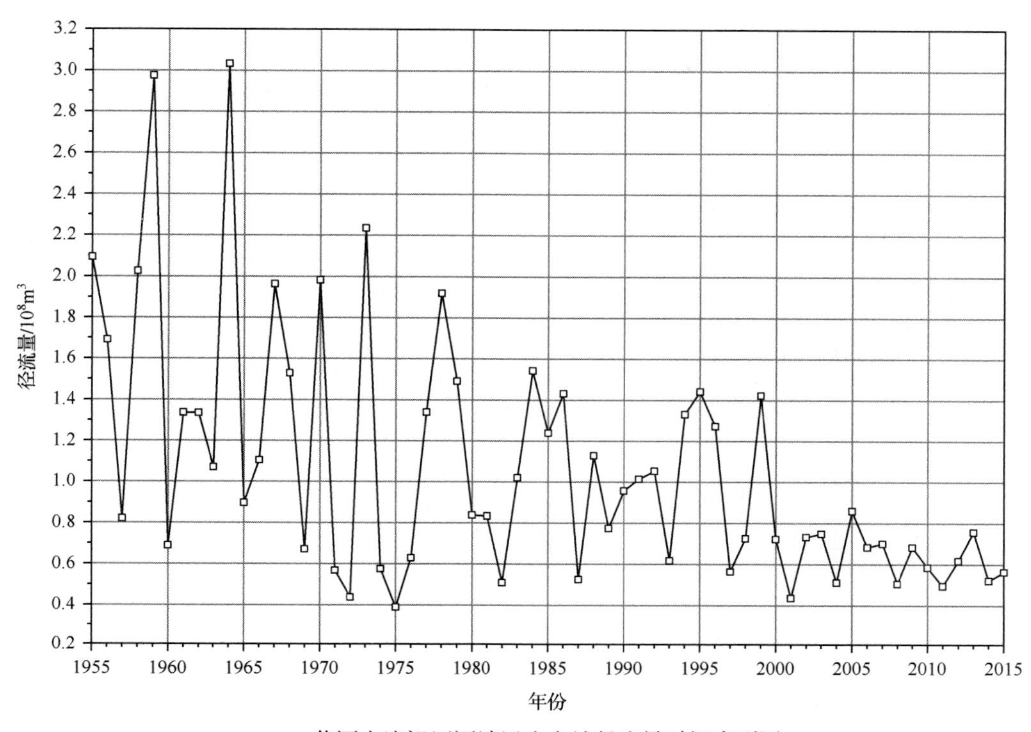

黄河支流祖厉河靖远水文站径流量时间序列图

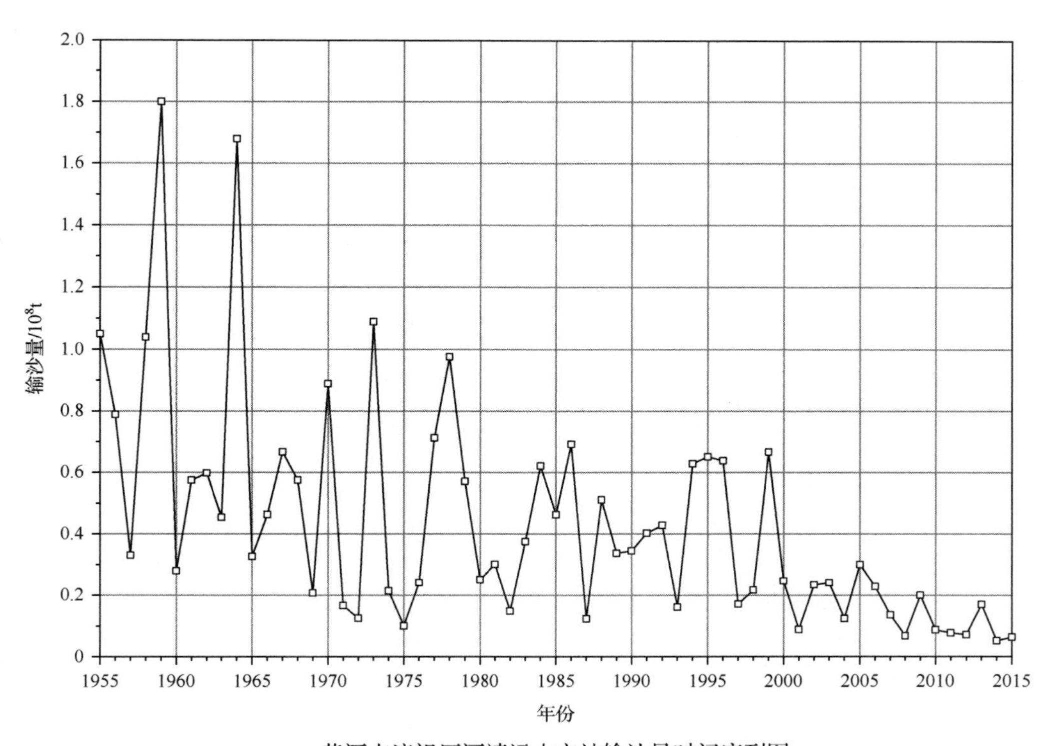

黄河支流祖厉河靖远水文站输沙量时间序列图

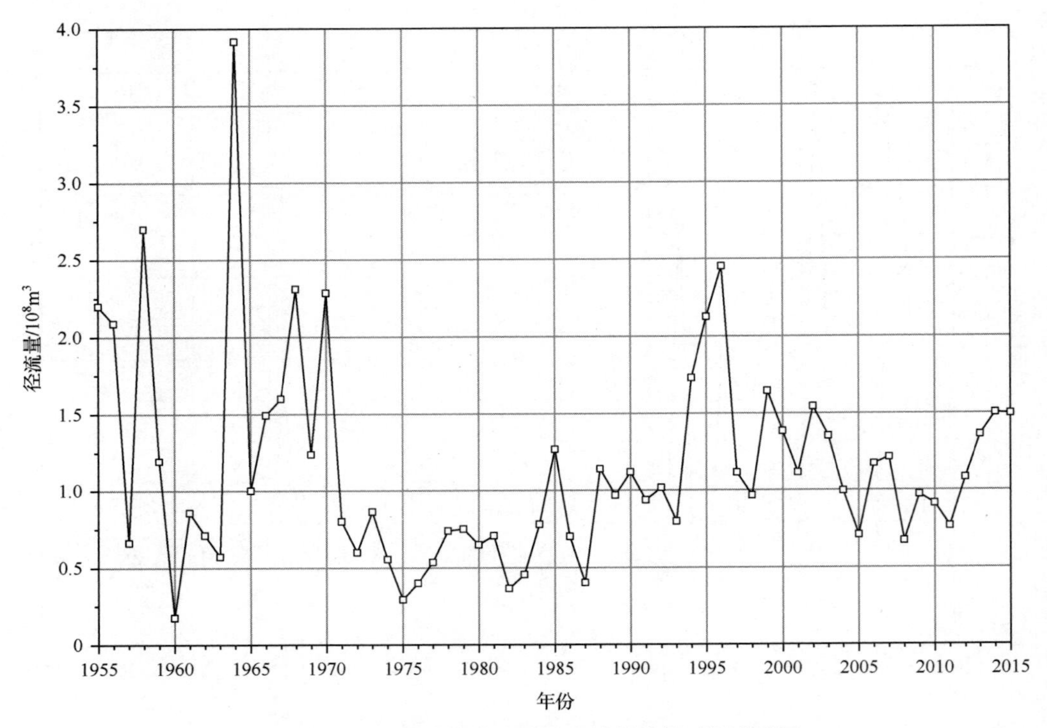

黄河支流清水河泉眼山水文站径流量时间序列图

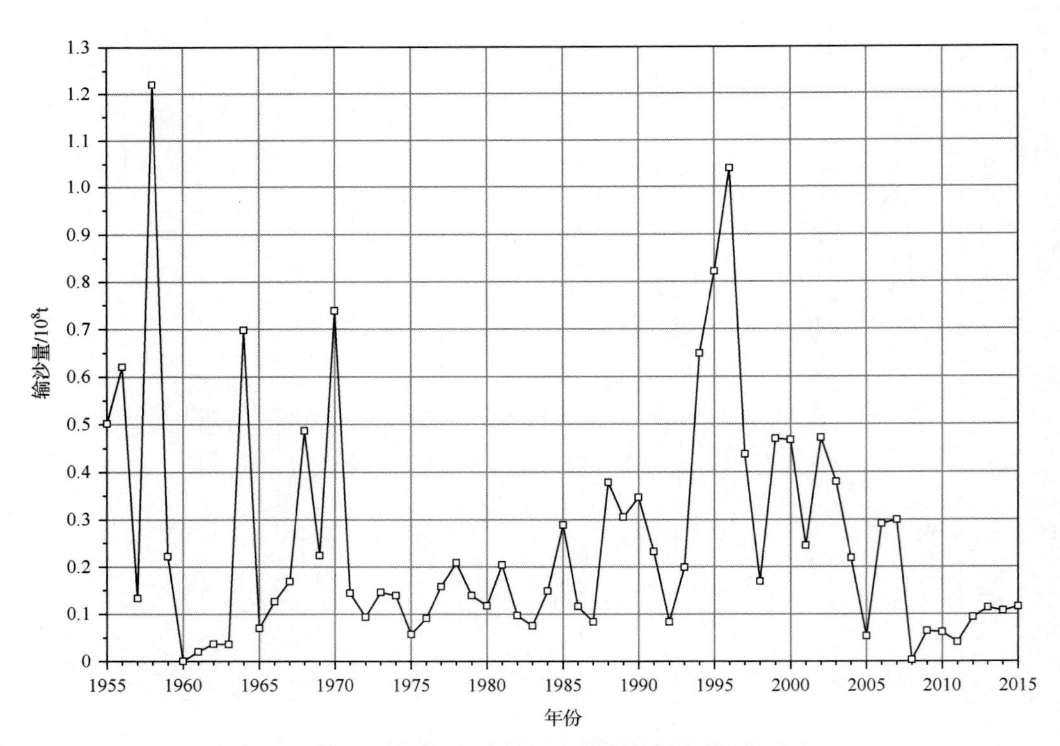

黄河支流清水河泉眼山水文站输沙量时间序列图

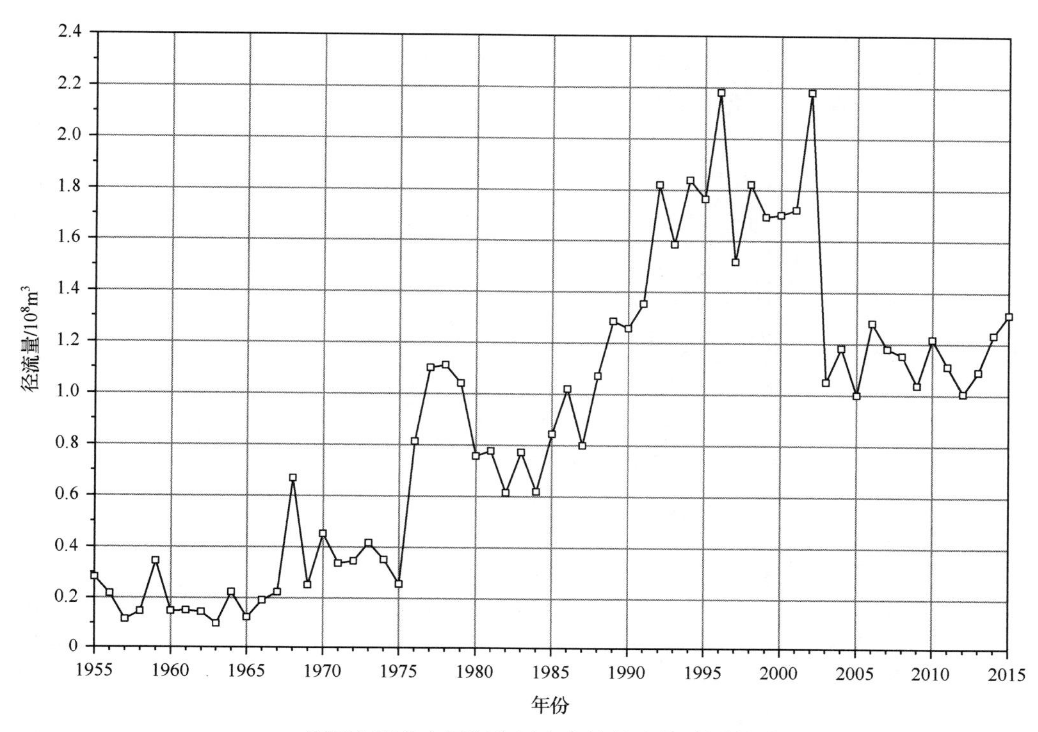

黄河支流苦水河郭家桥水文站径流量时间序列图

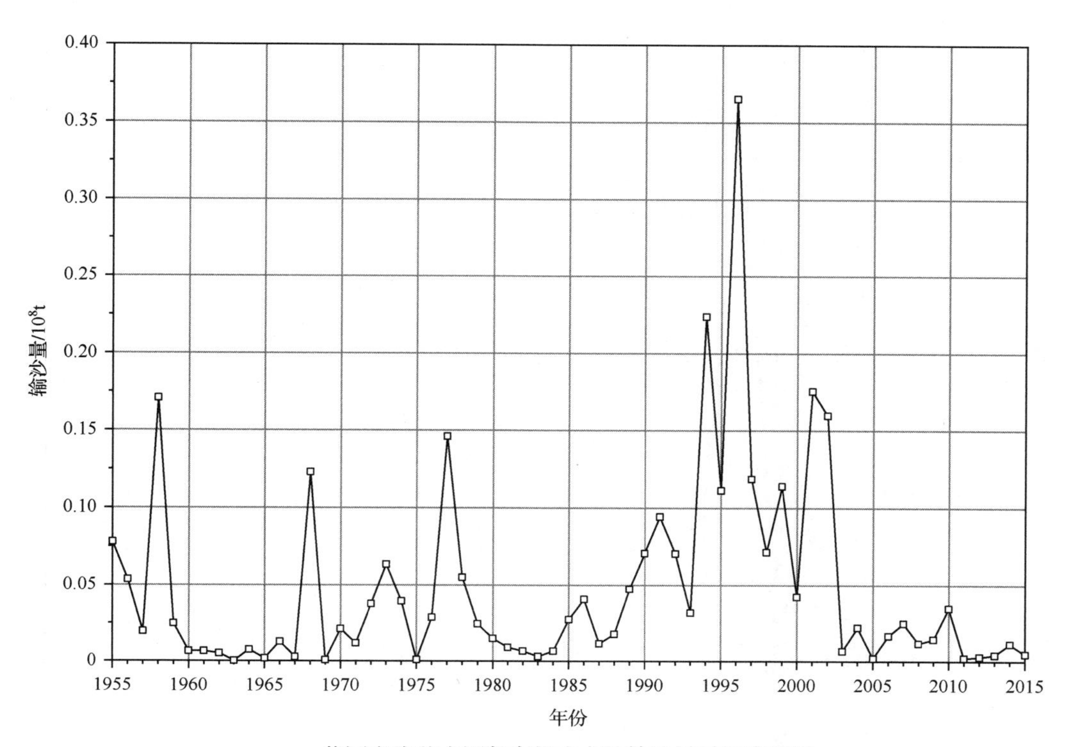

黄河支流苦水河郭家桥水文站输沙量时间序列图

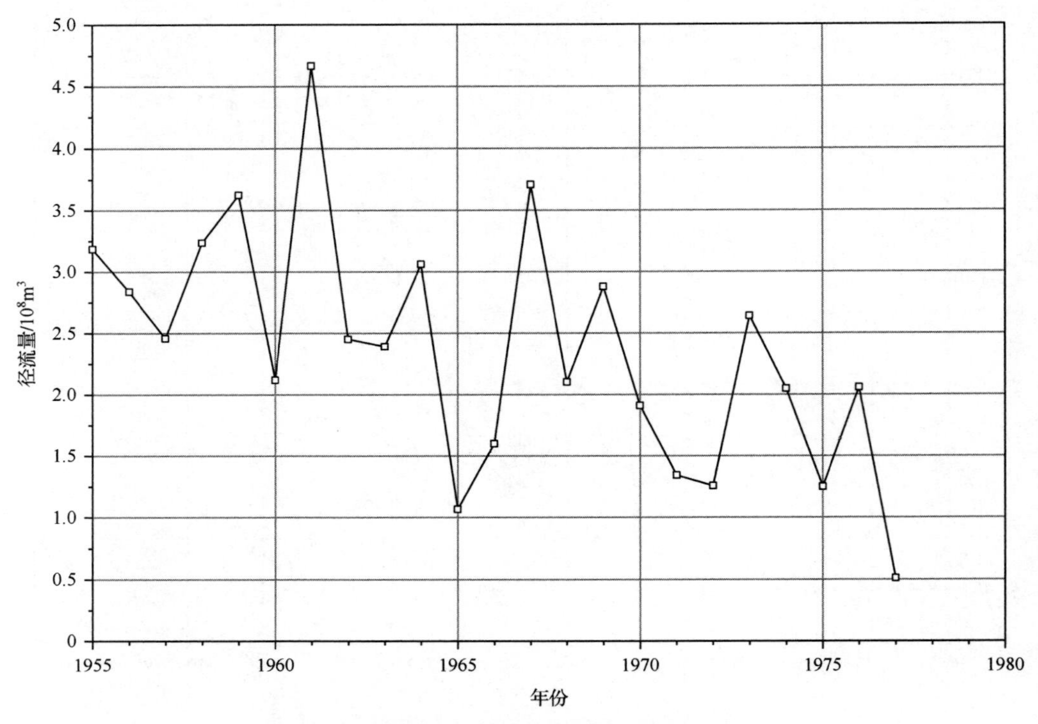

黄河支流红河放牛沟水文站径流量时间序列图

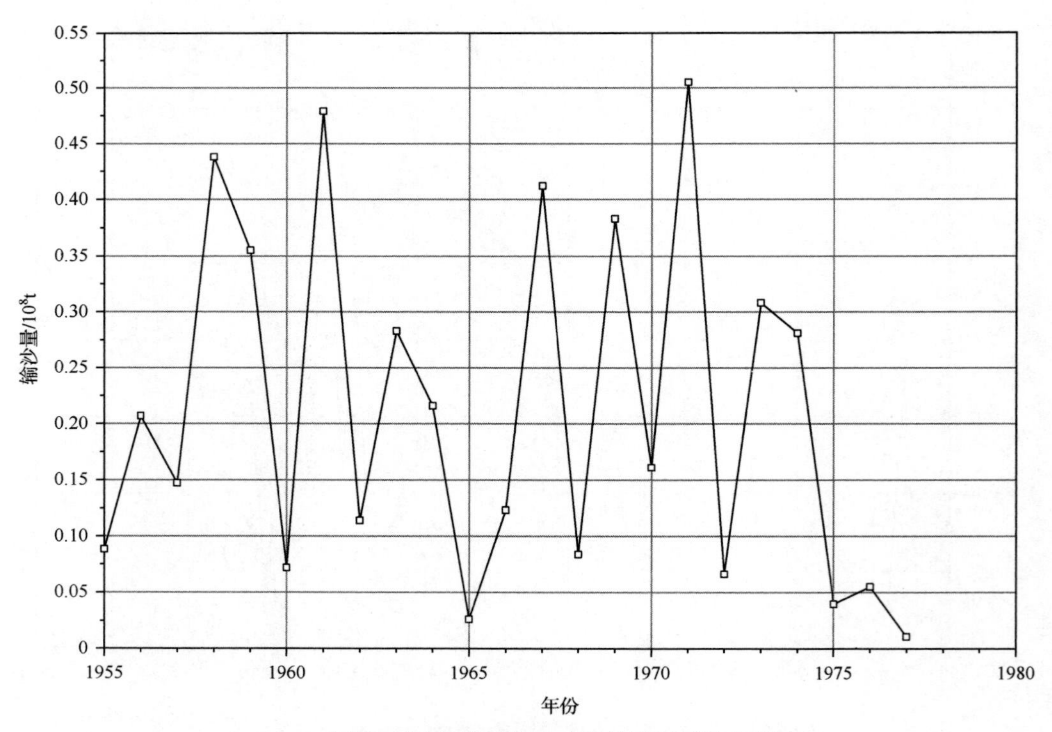

黄河支流红河放牛沟水文站输沙量时间序列图

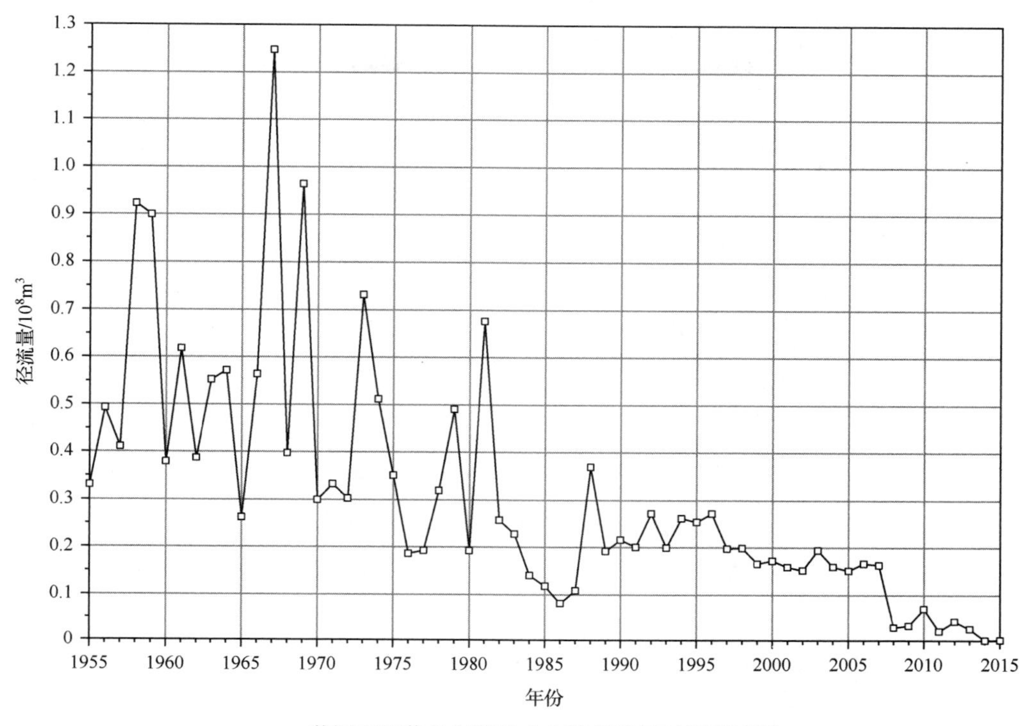

黄河支流偏关河偏关水文站径流量时间序列图

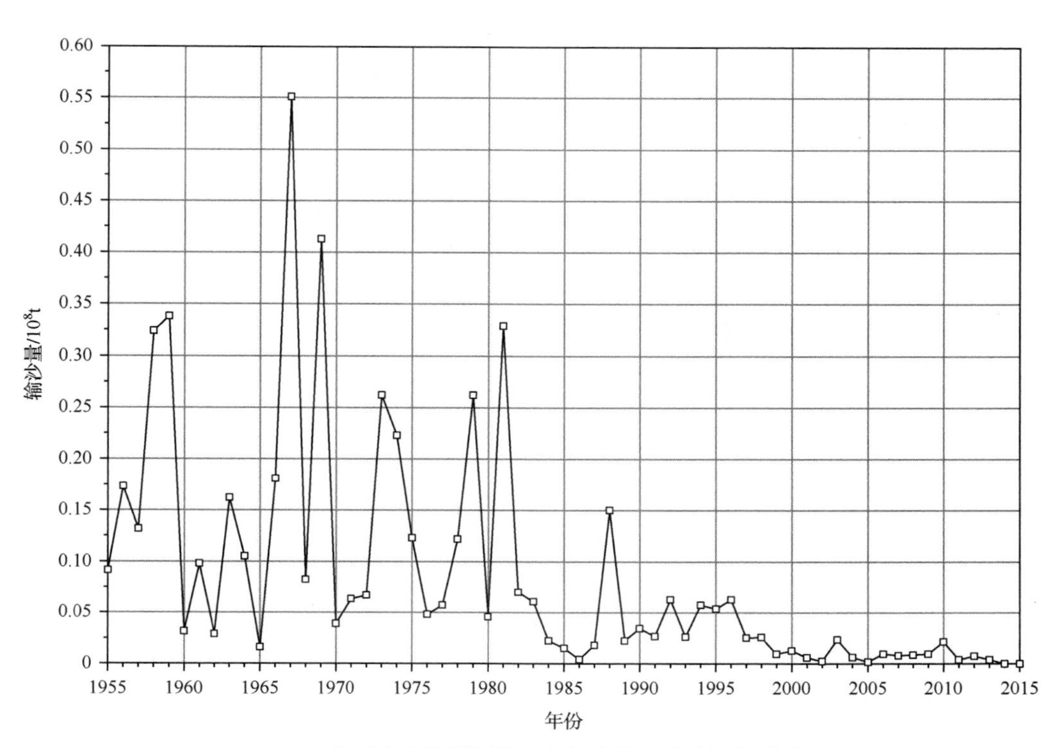

黄河支流偏关河偏关水文站输沙量时间序列图

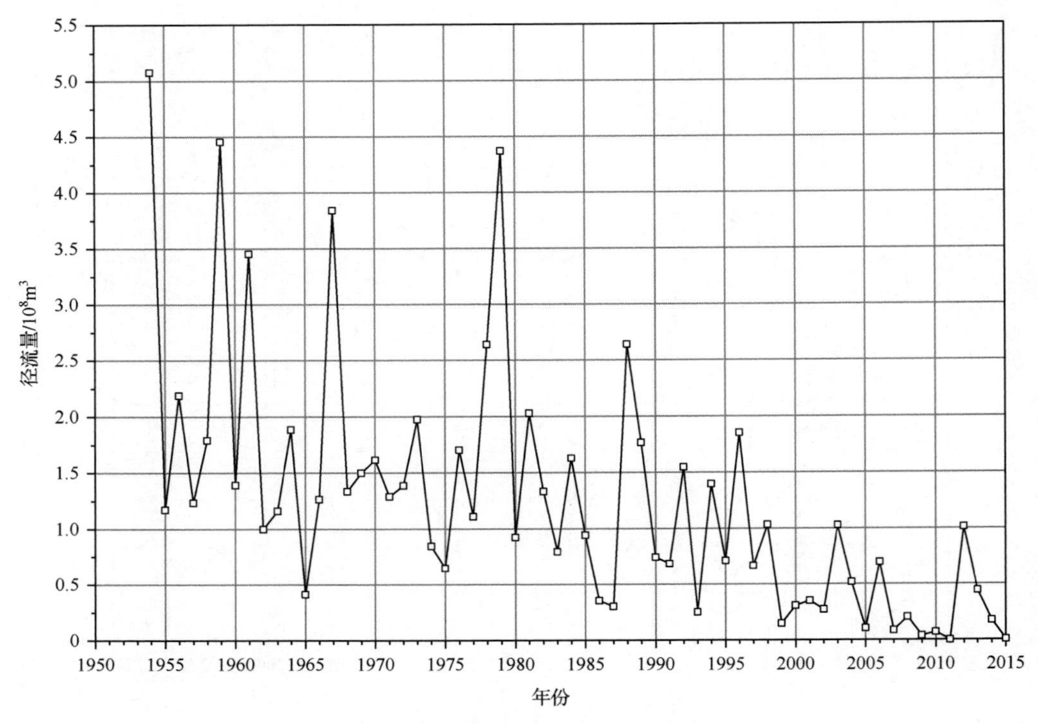

黄河支流皇甫川皇甫水文站径流量时间序列图

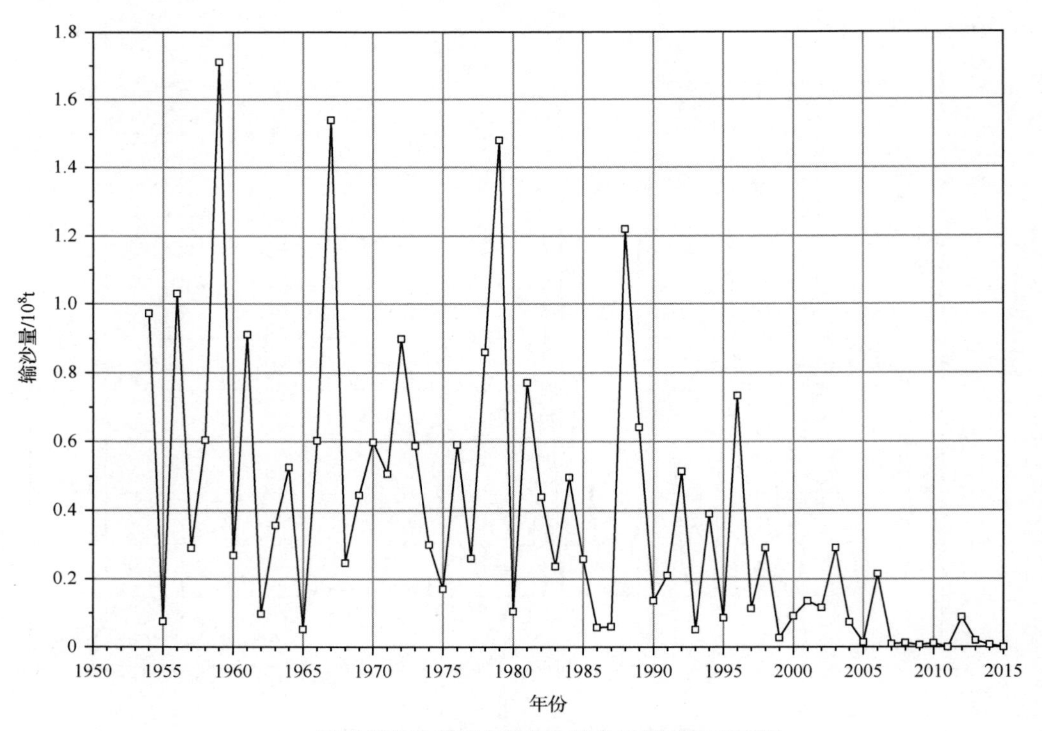

黄河支流皇甫川皇甫水文站输沙量时间序列图

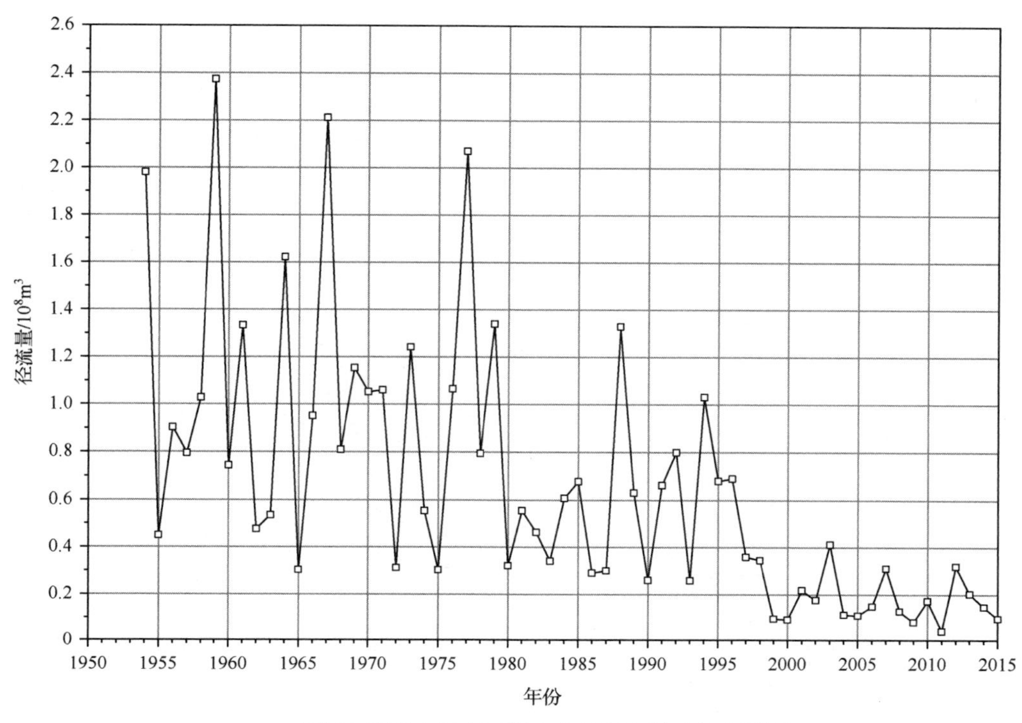

黄河支流孤山川高石崖水文站径流量时间序列图

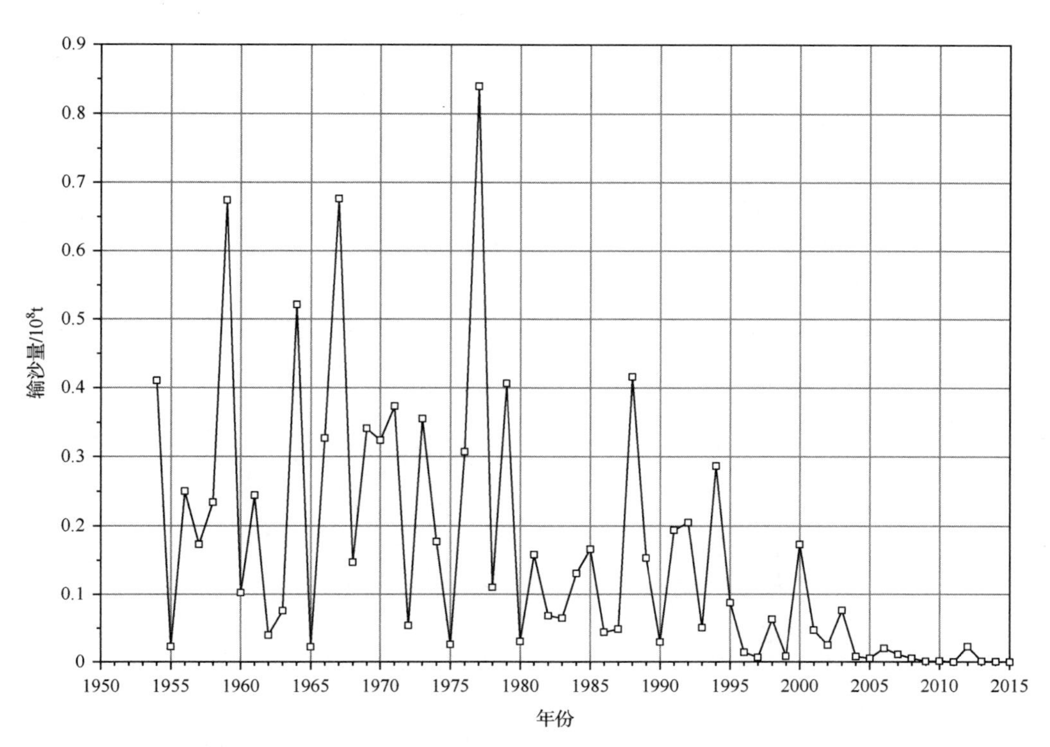

黄河支流孤山川高石崖水文站输沙量时间序列图

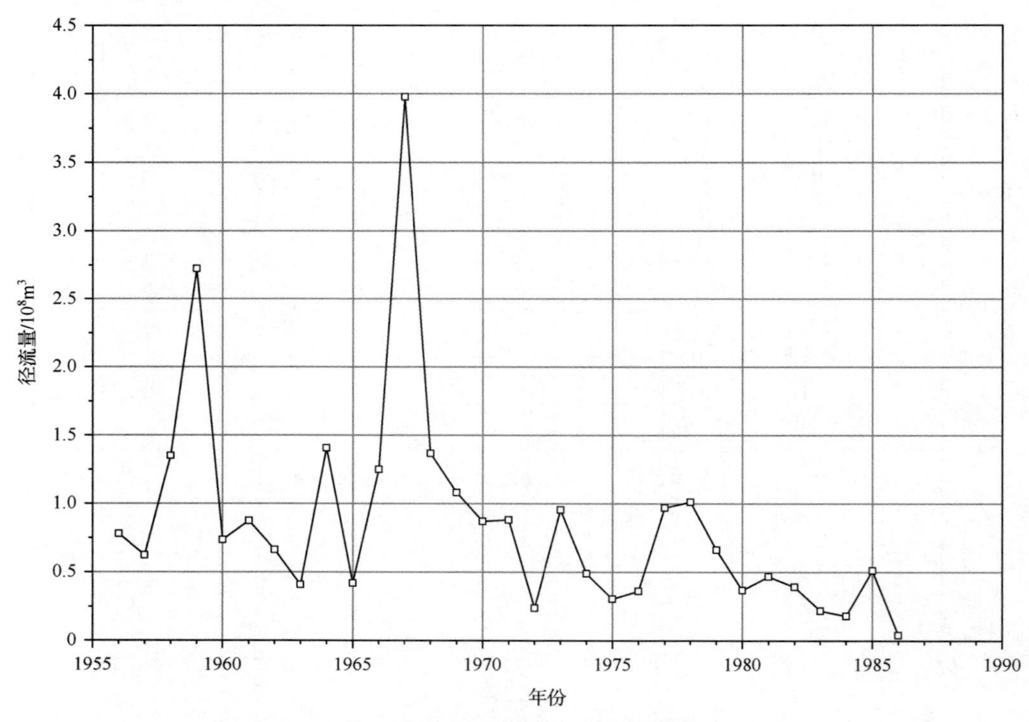

黄河支流岚漪河裴家川水文站径流量时间序列图

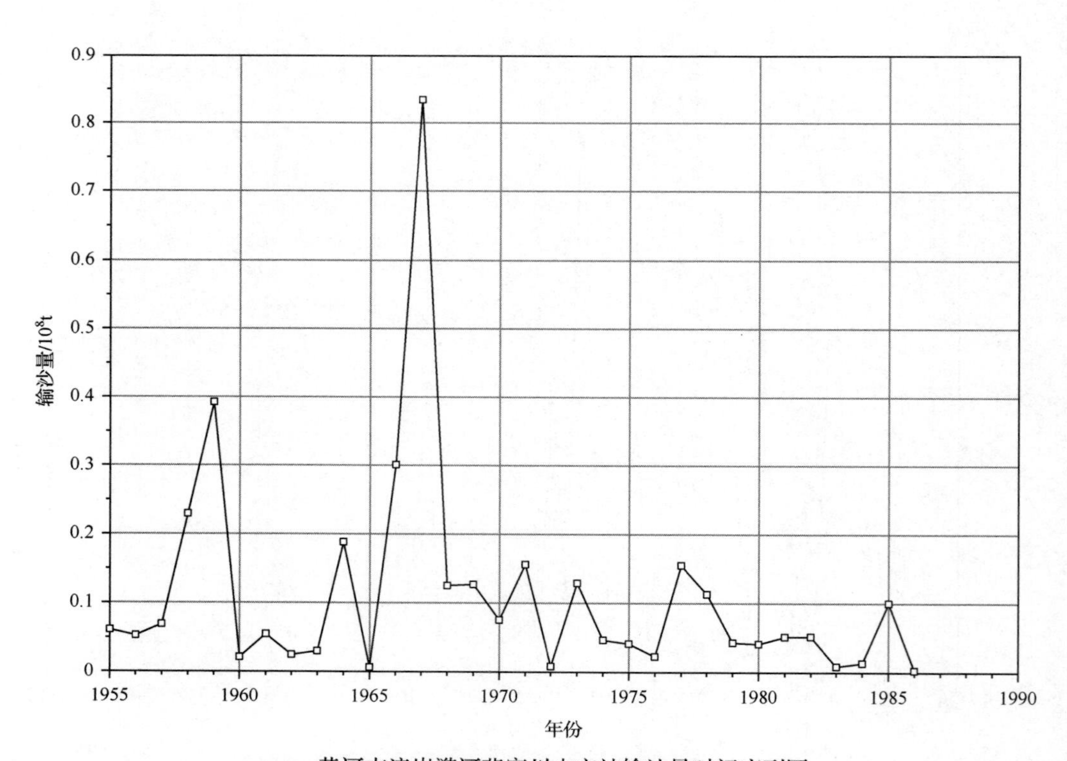

黄河支流岚漪河裴家川水文站输沙量时间序列图

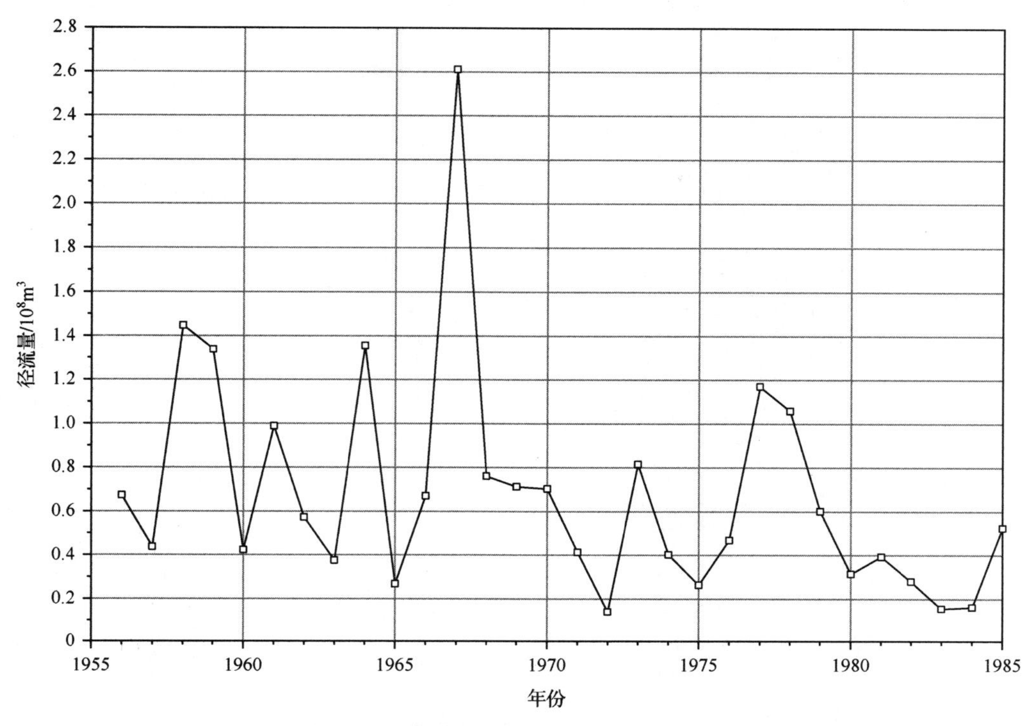

黄河支流蔚汾河碧村水文站径流量时间序列图

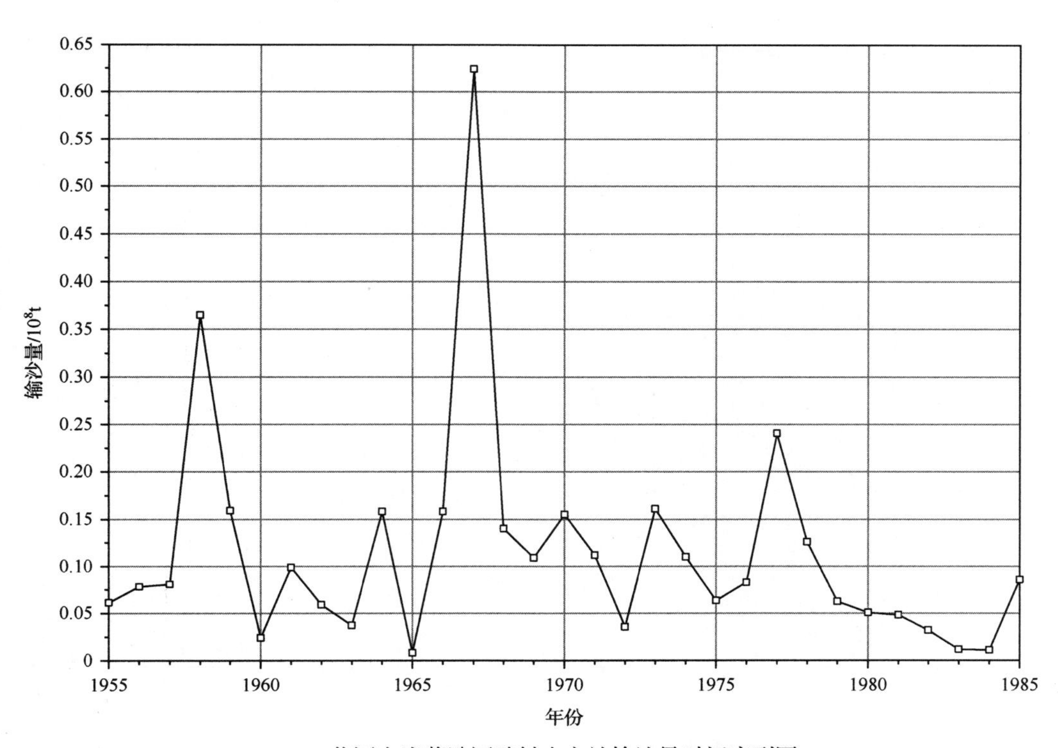

黄河支流蔚汾河碧村水文站输沙量时间序列图

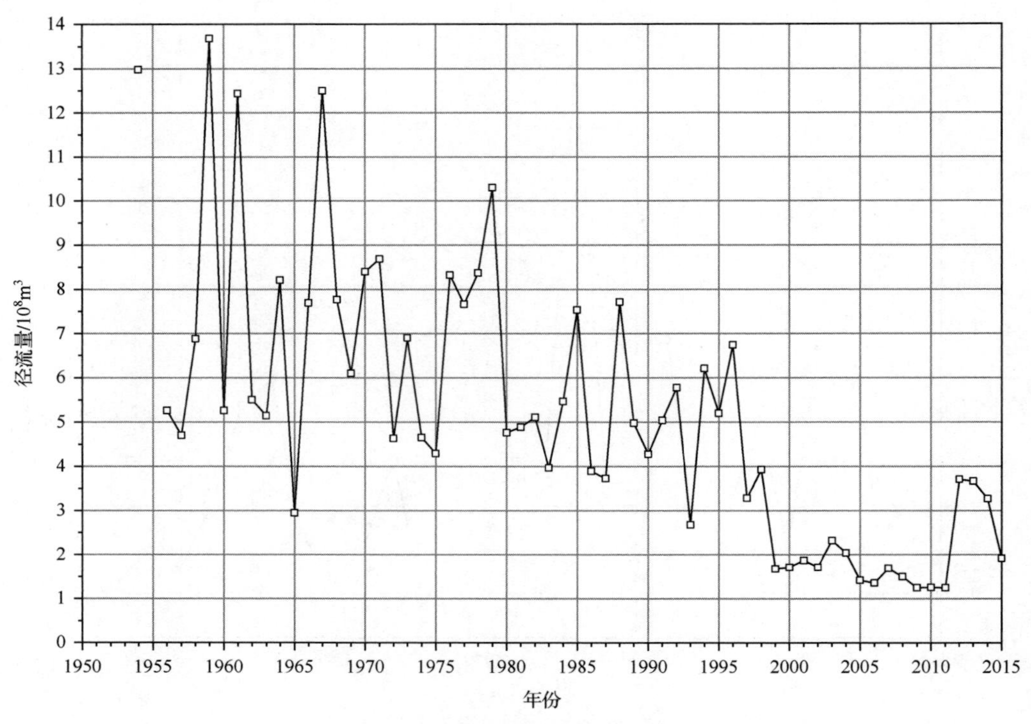

黄河支流窟野河温家川水文站径流量时间序列图

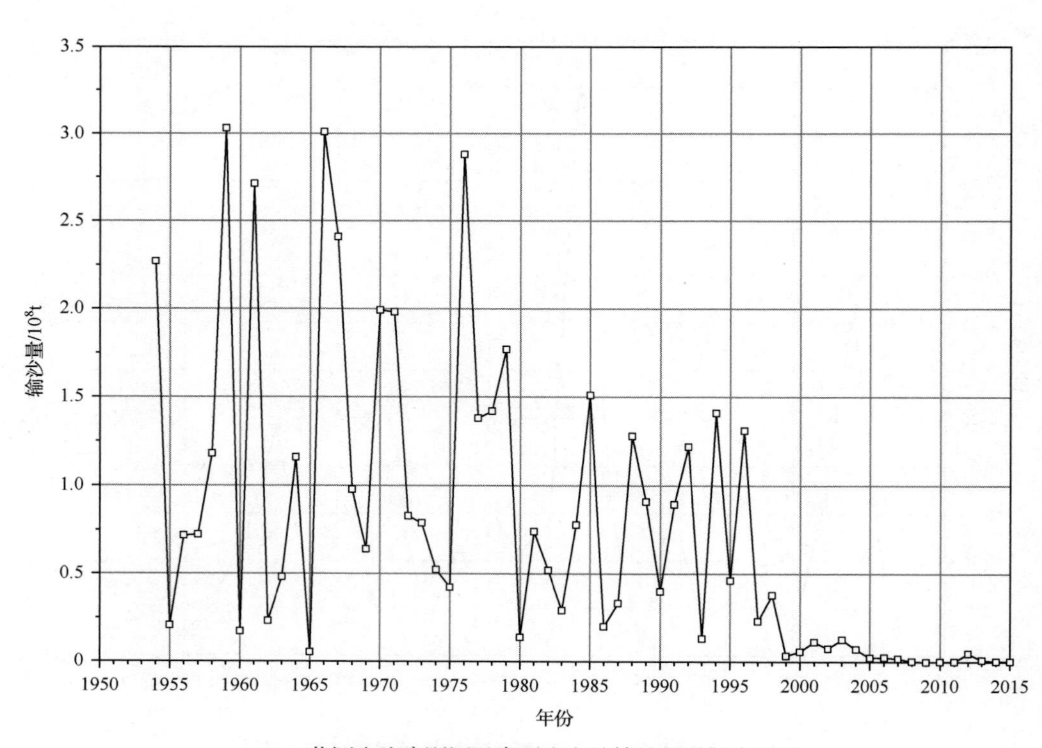

黄河支流窟野河温家川水文站输沙量时间序列图

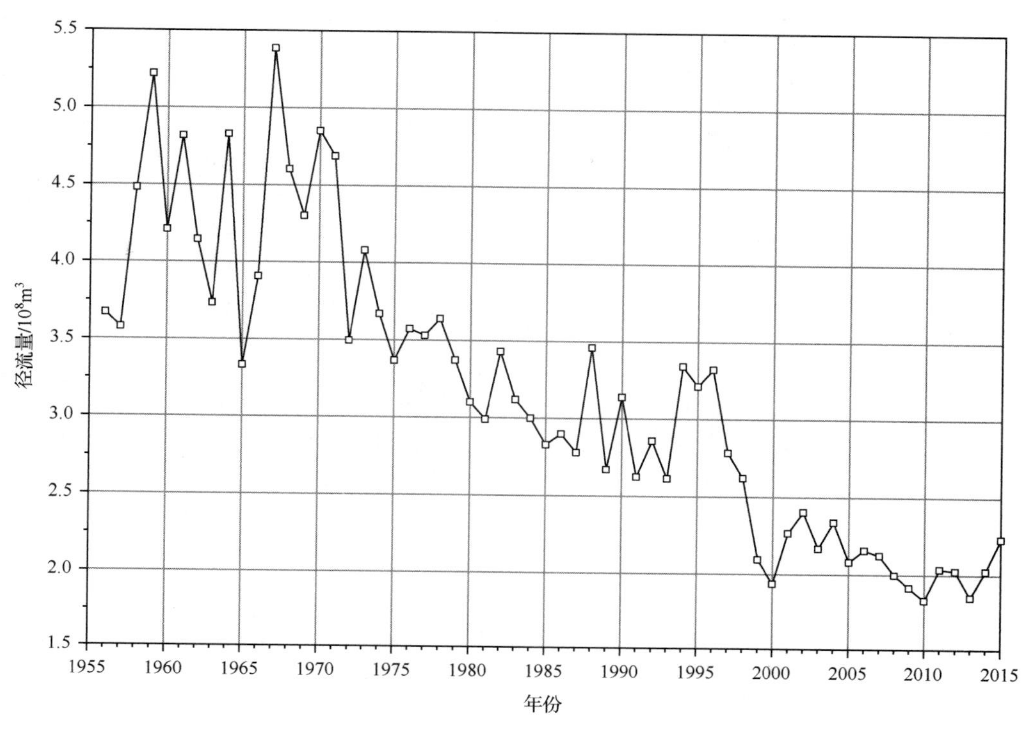

黄河支流秃尾河高家川水文站径流量时间序列图

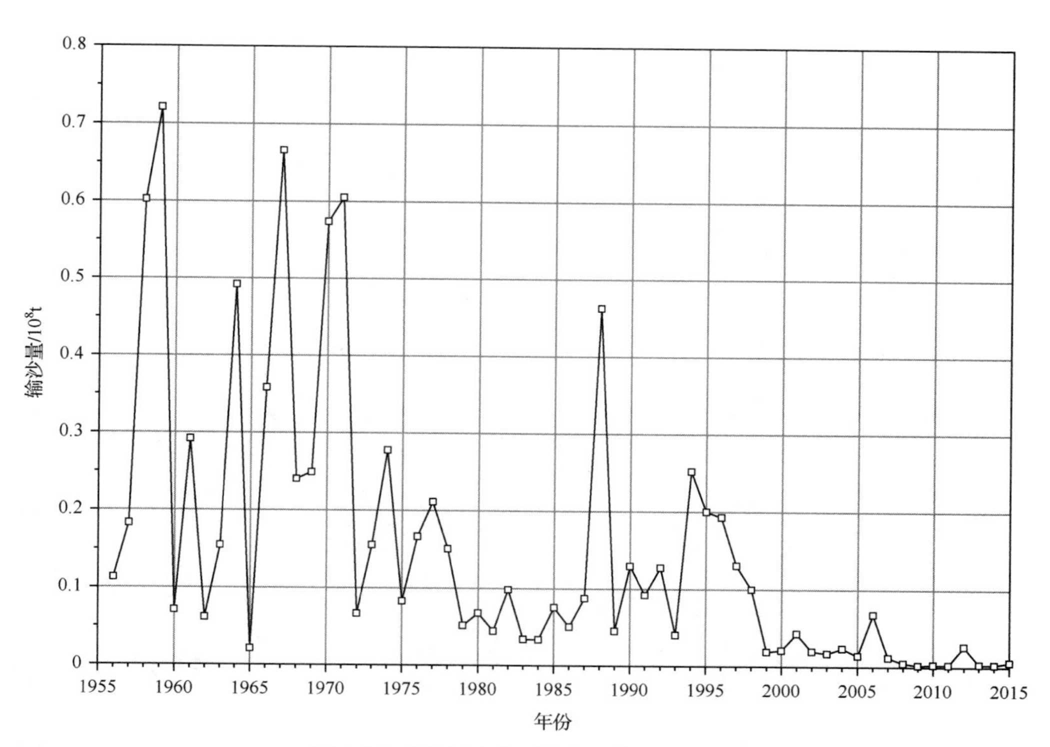

黄河支流秃尾河高家川水文站输沙量时间序列图

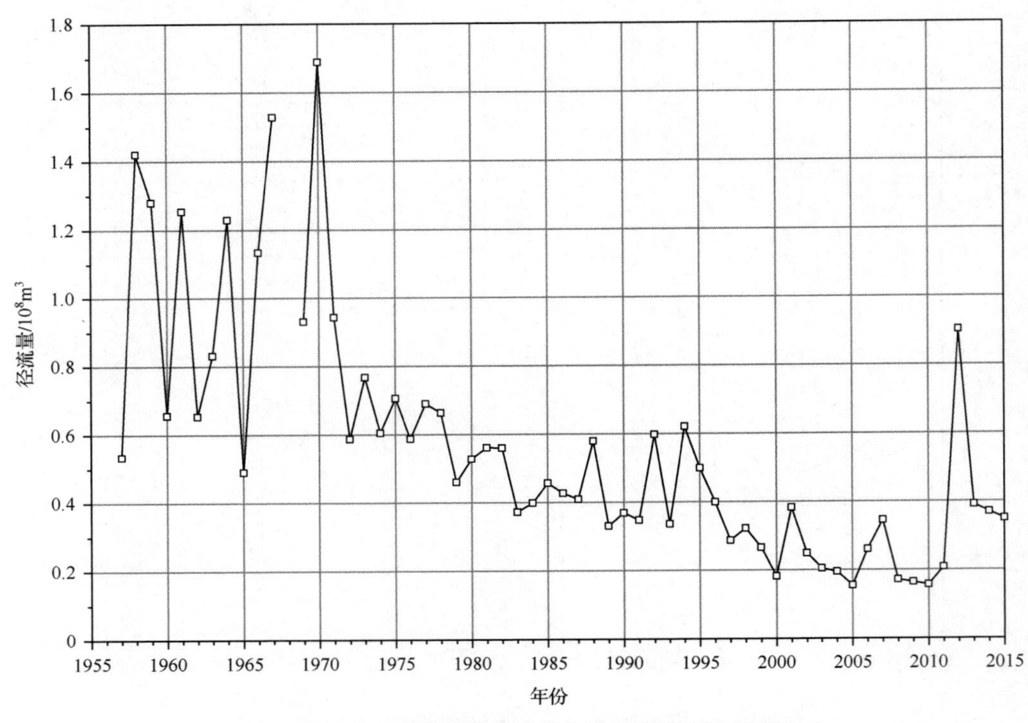

黄河支流佳芦河申家湾水文站径流量时间序列图

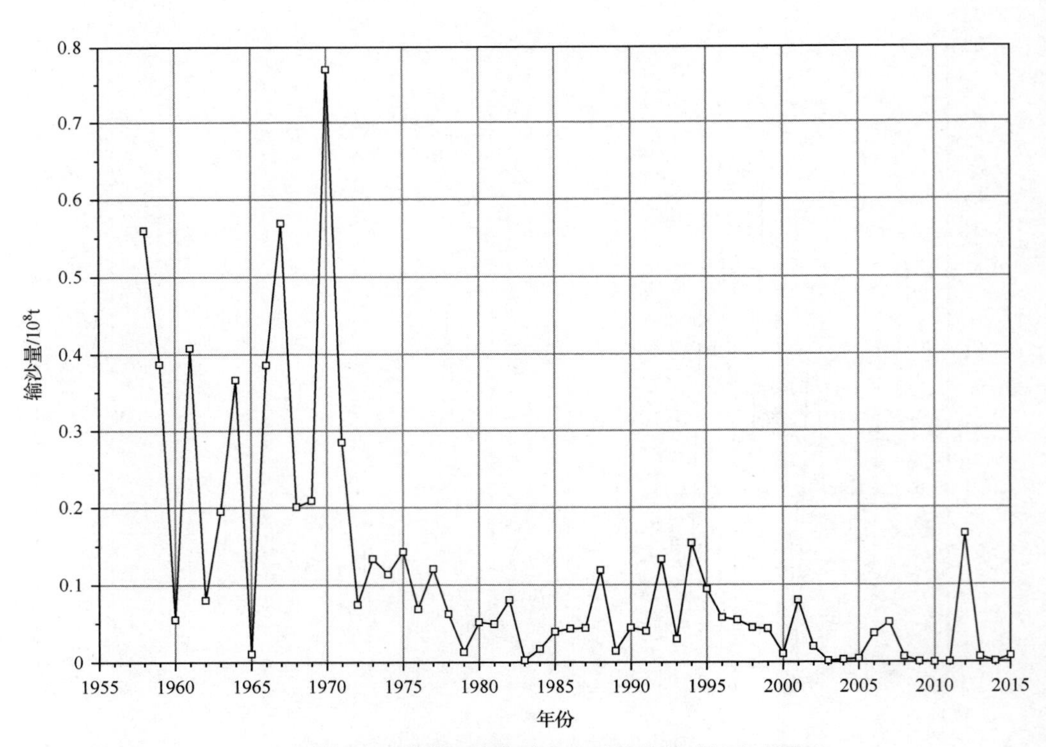

黄河支流佳芦河申家湾水文站输沙量时间序列图

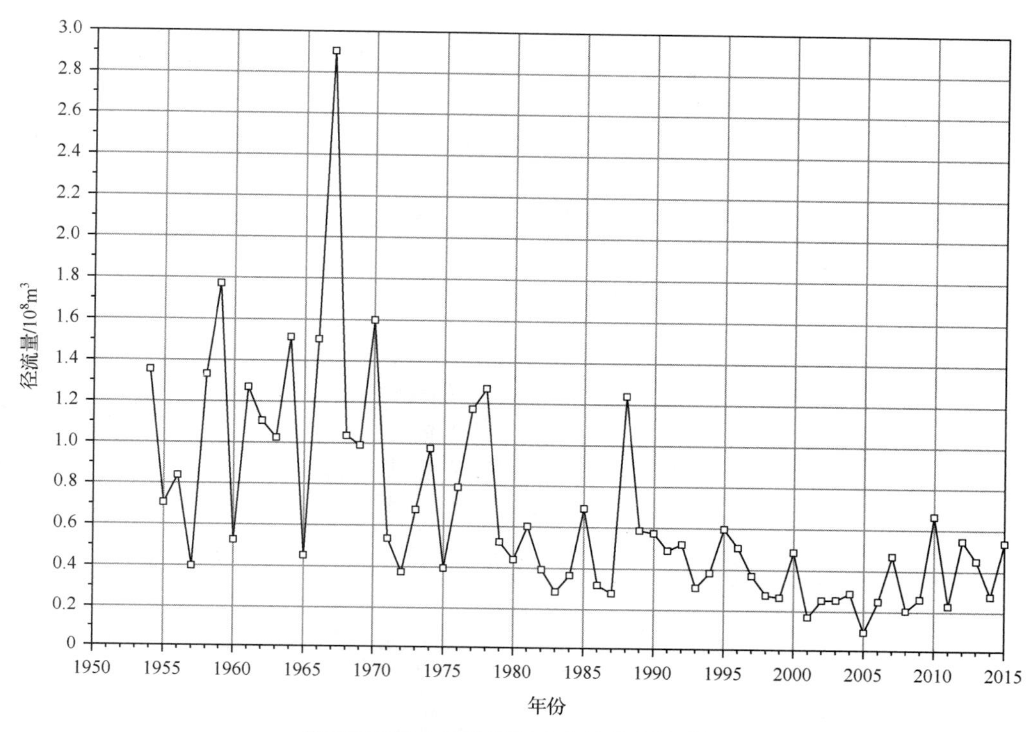

黄河支流湫水河林家坪水文站径流量时间序列图

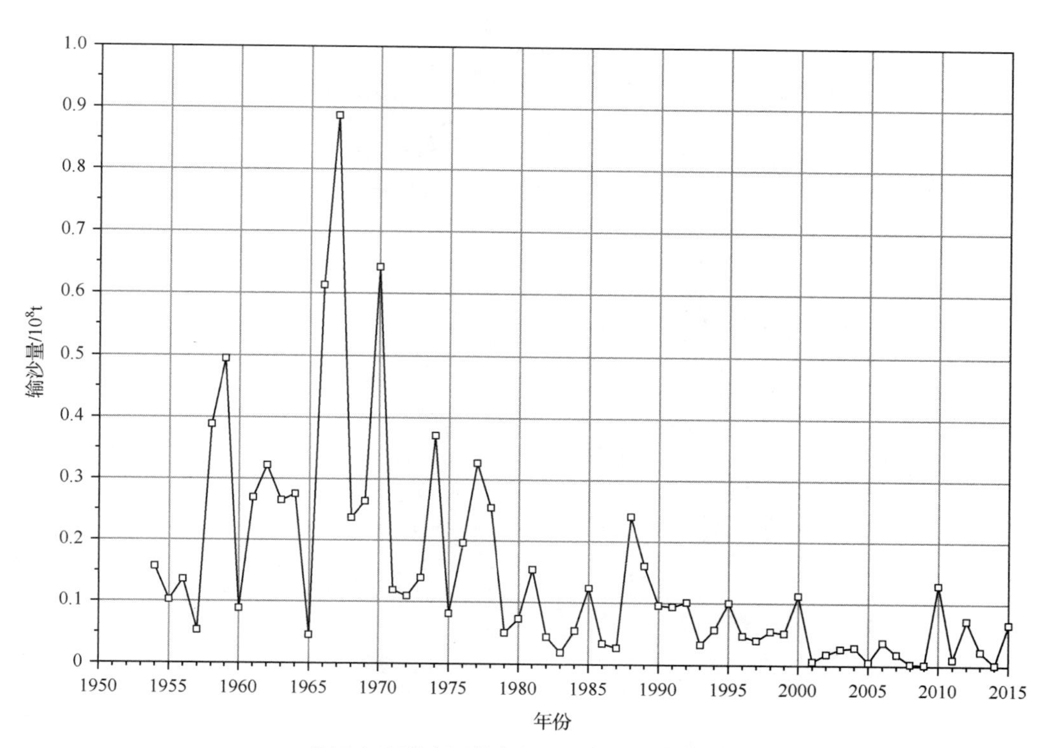

黄河支流湫水河林家坪水文站输沙量时间序列图

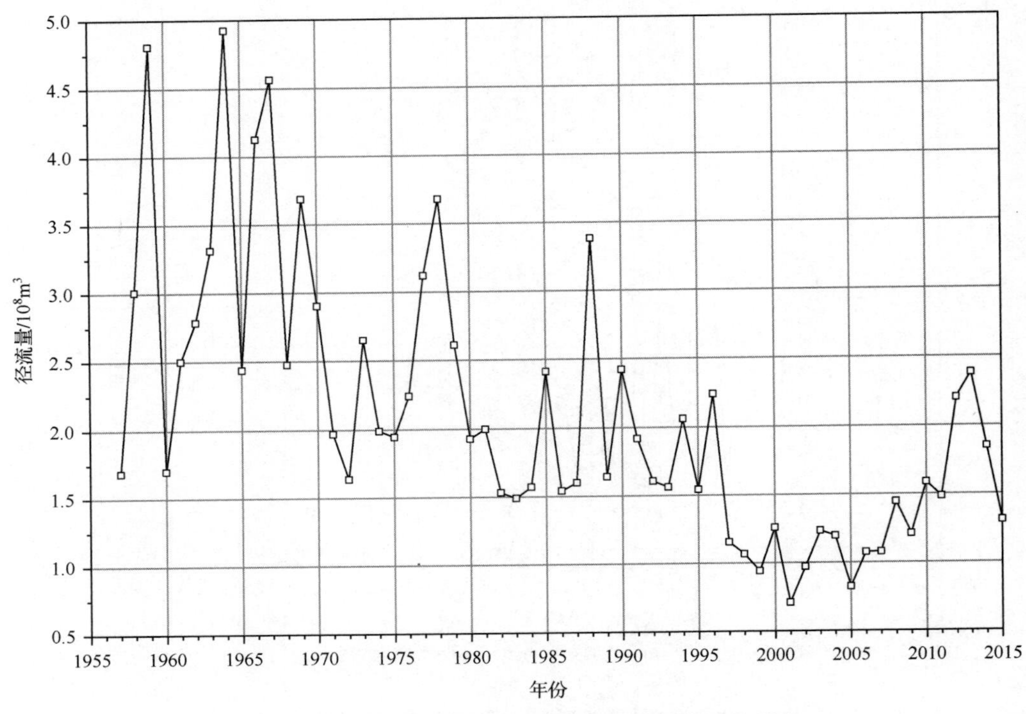

黄河支流三川河后大成水文站径流量时间序列图

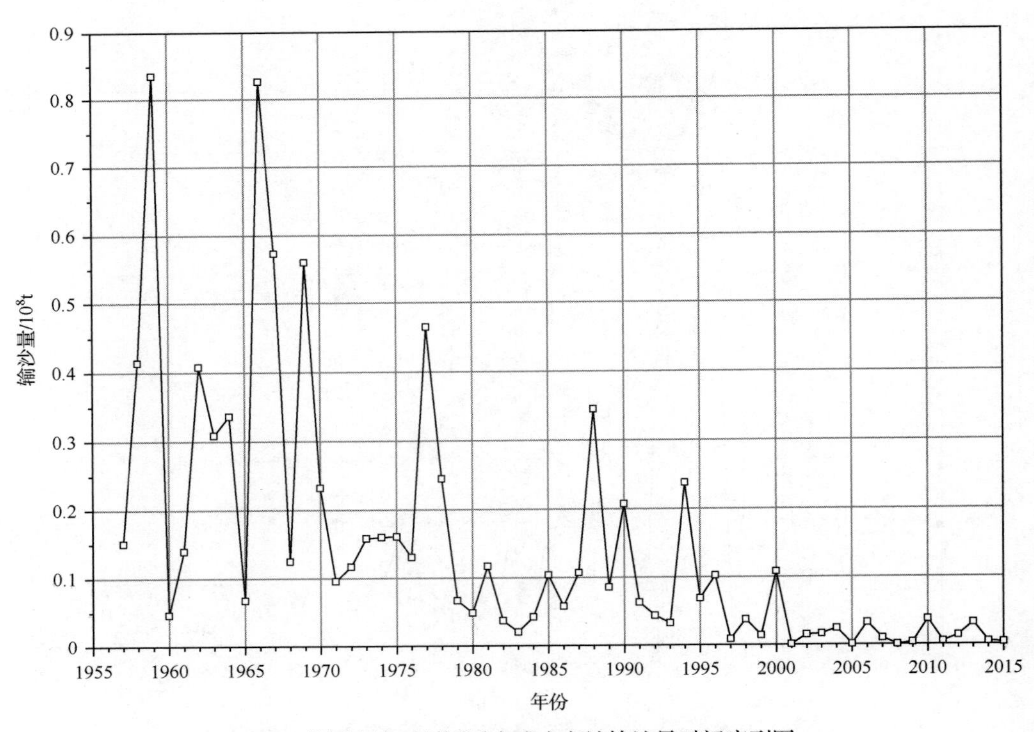

黄河支流三川河后大成水文站输沙量时间序列图

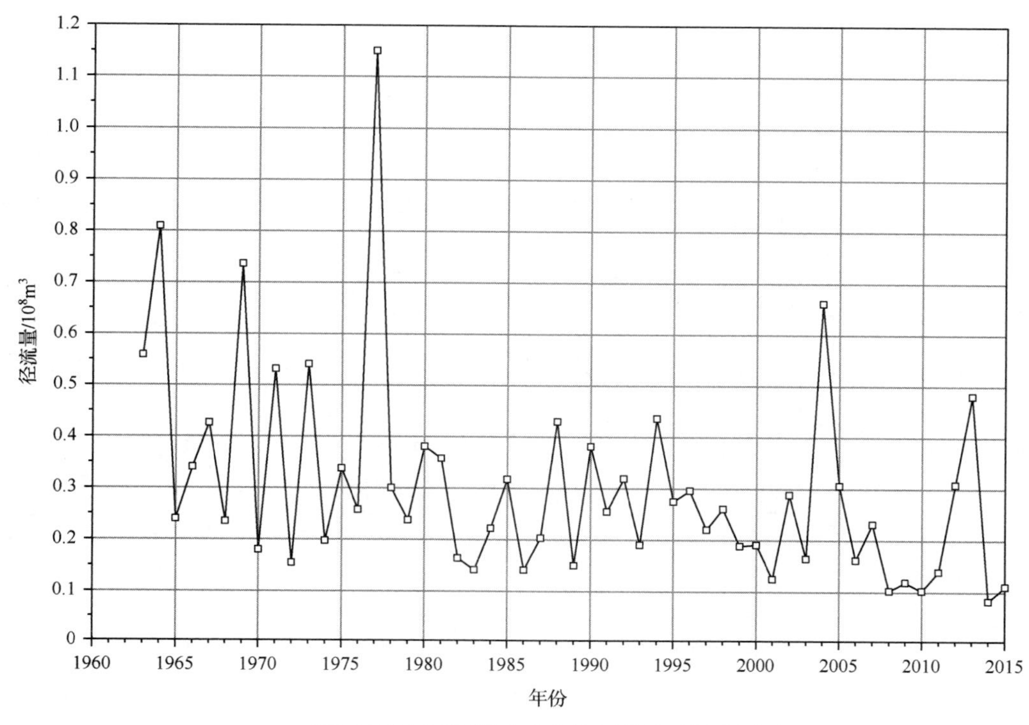

黄河支流屈产河裴沟水文站径流量时间序列图

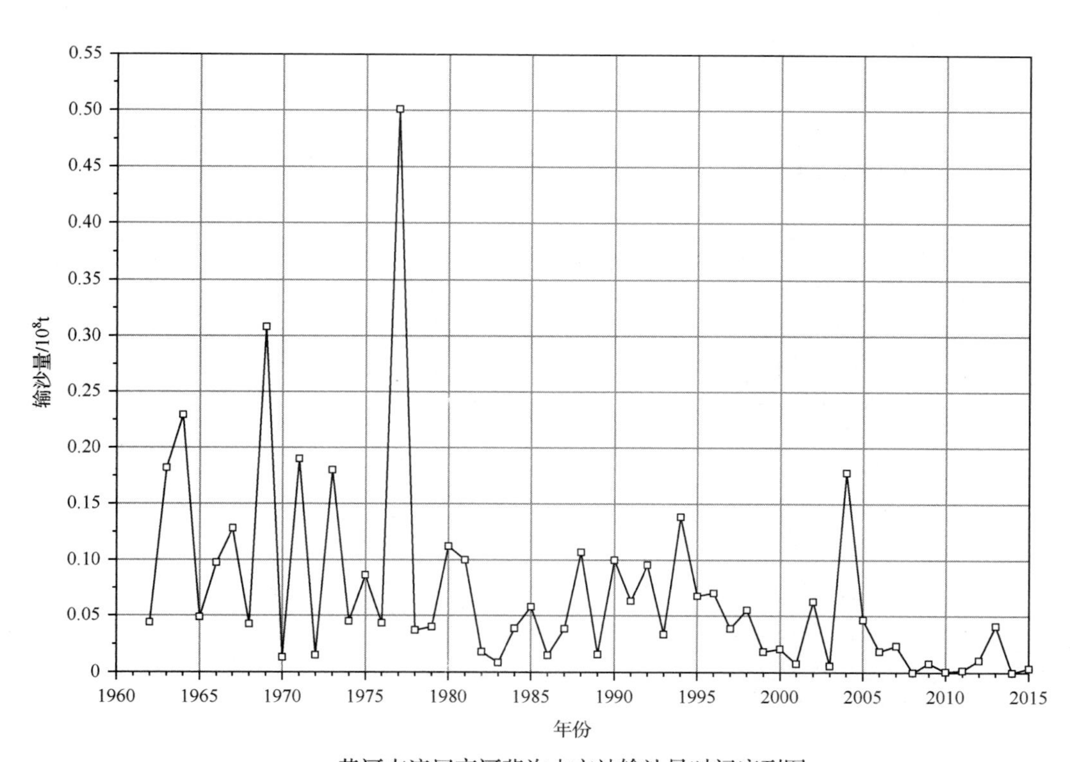

黄河支流屈产河裴沟水文站输沙量时间序列图

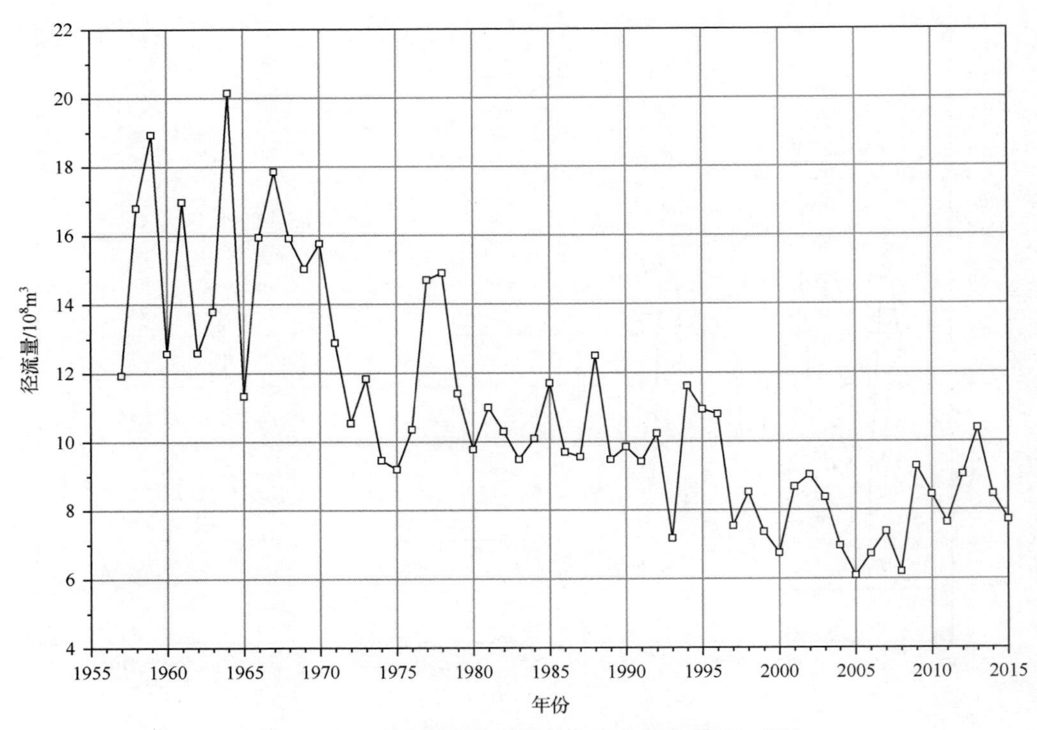

黄河支流无定河白家川水文站径流量时间序列图

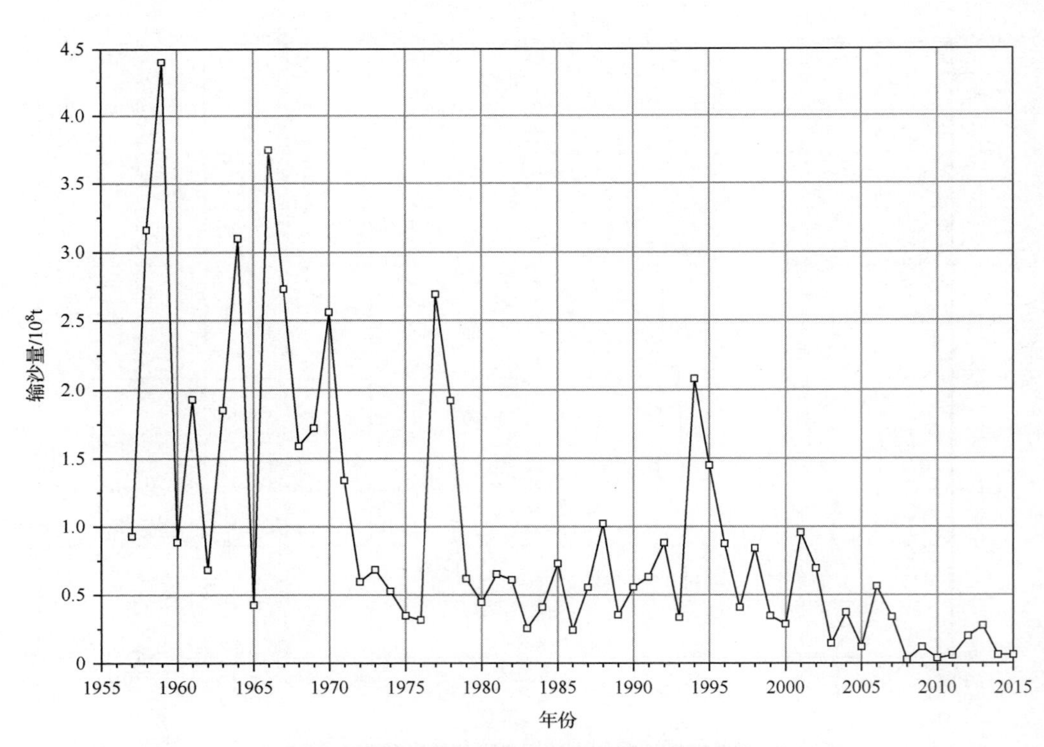

黄河支流无定河白家川水文站输沙量时间序列图

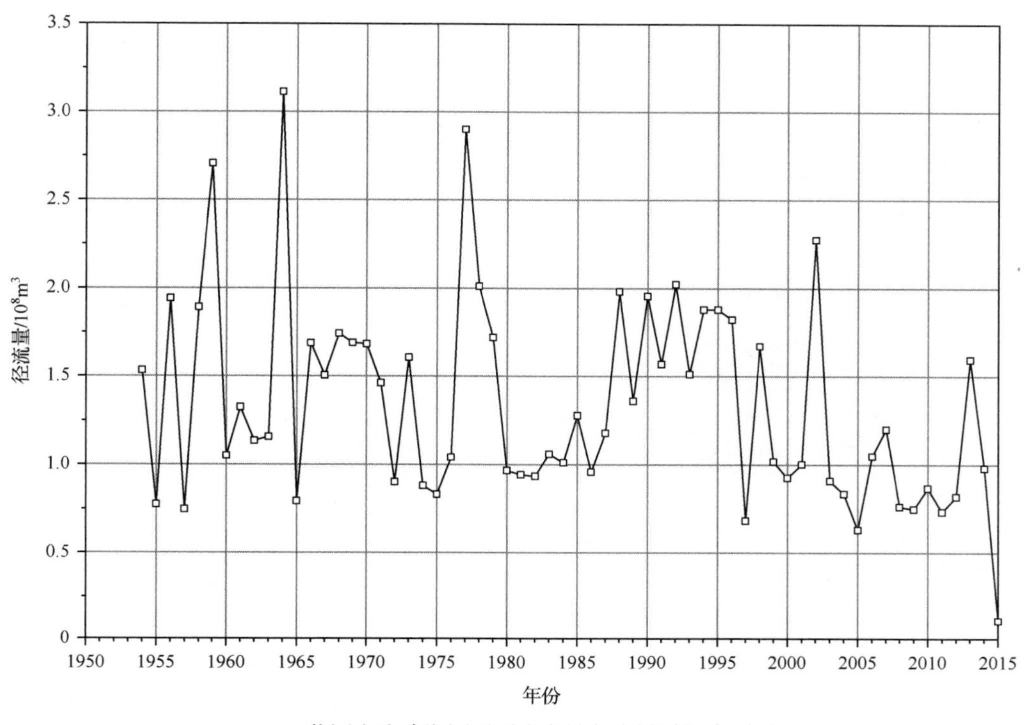

黄河支流清涧河延川水文站径流量时间序列图

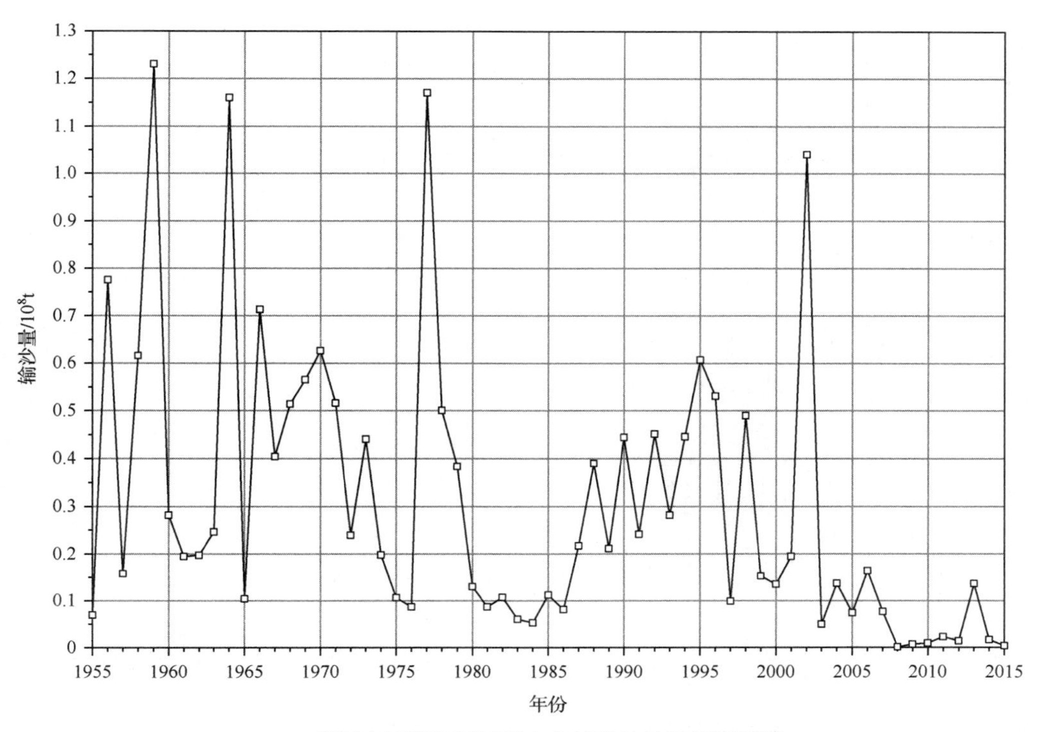

黄河支流清涧河延川水文站输沙量时间序列图

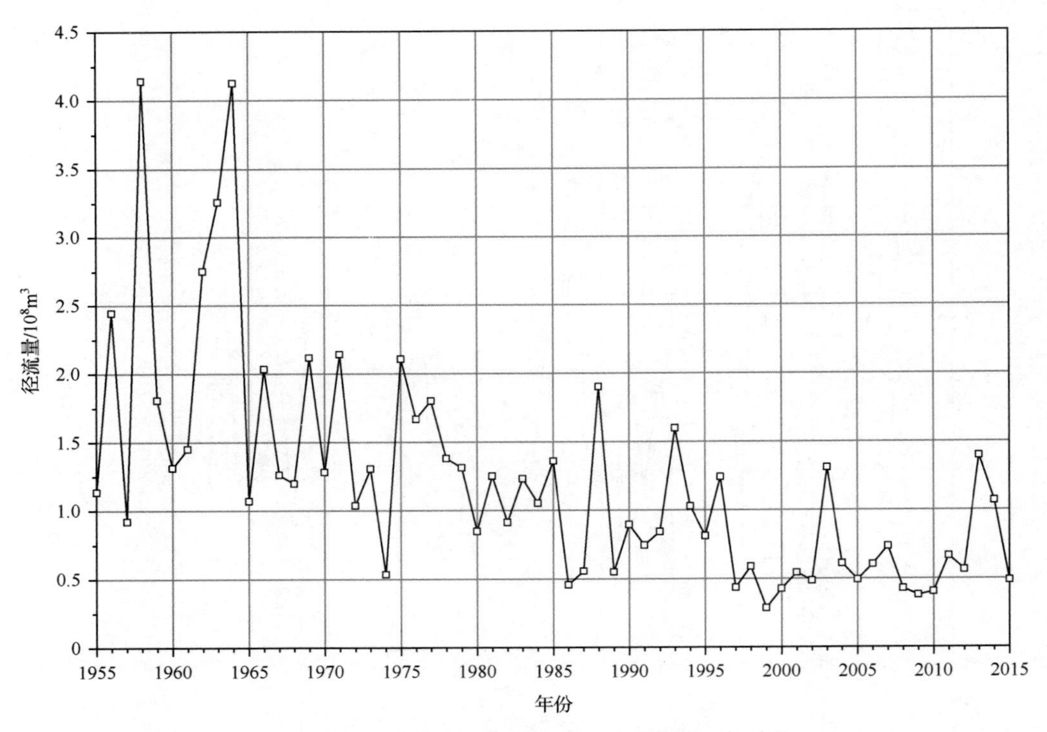

黄河支流昕水河大宁水文站径流量时间序列图

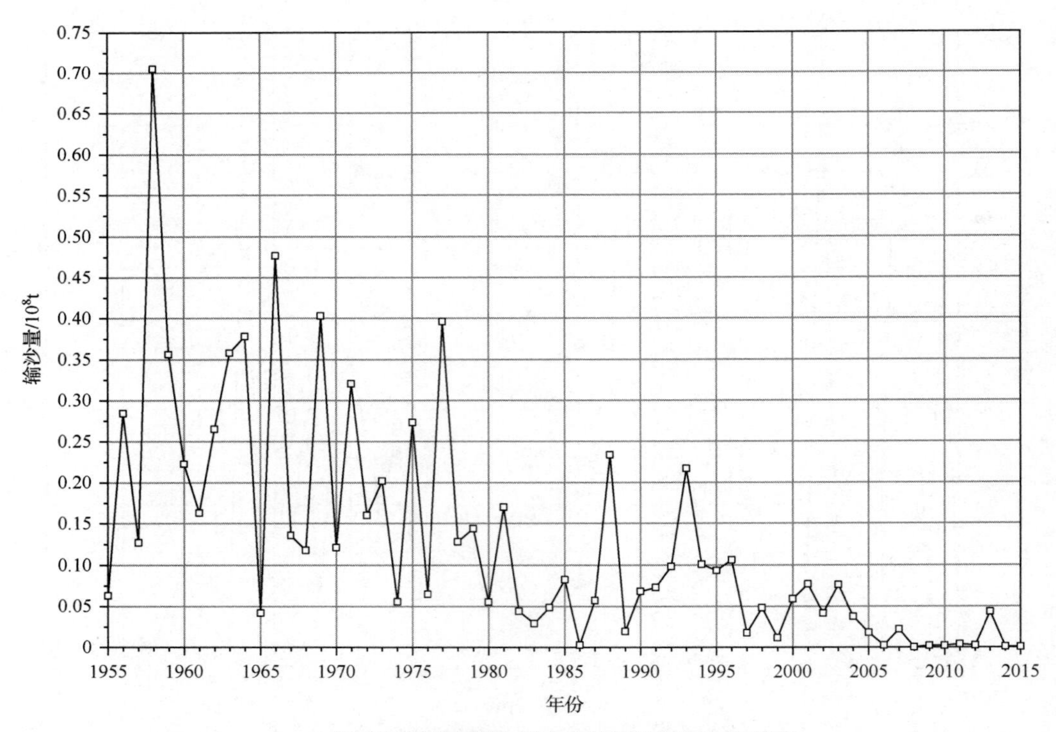

黄河支流昕水河大宁水文站输沙量时间序列图

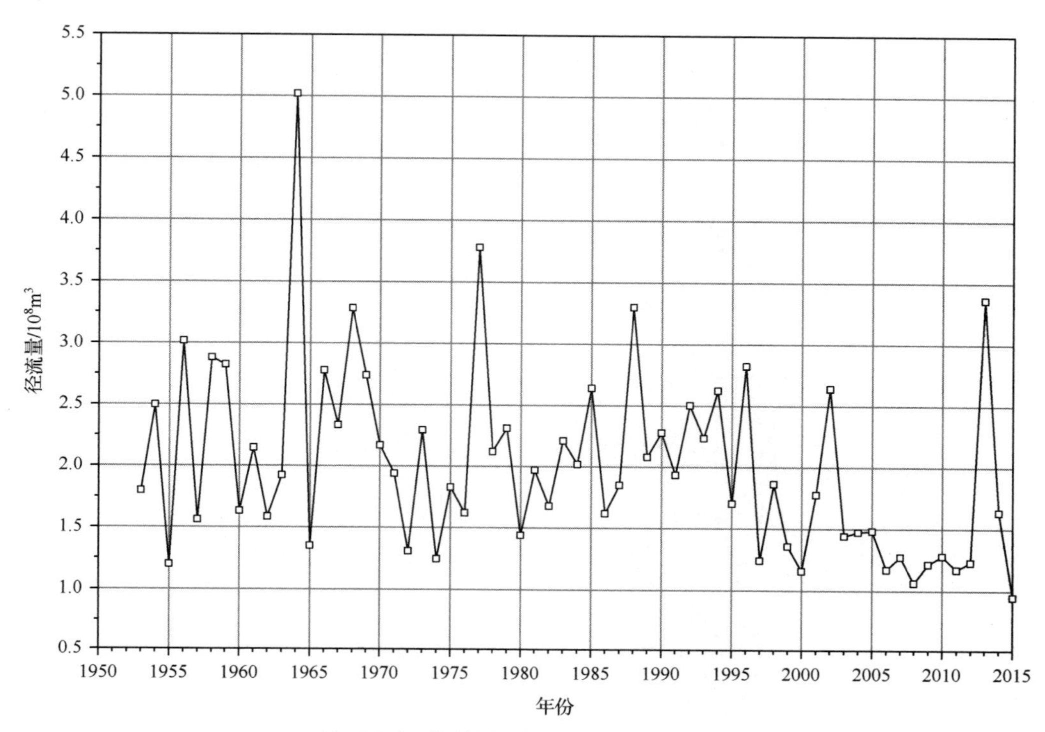

黄河支流延河甘谷驿水文站径流量时间序列图

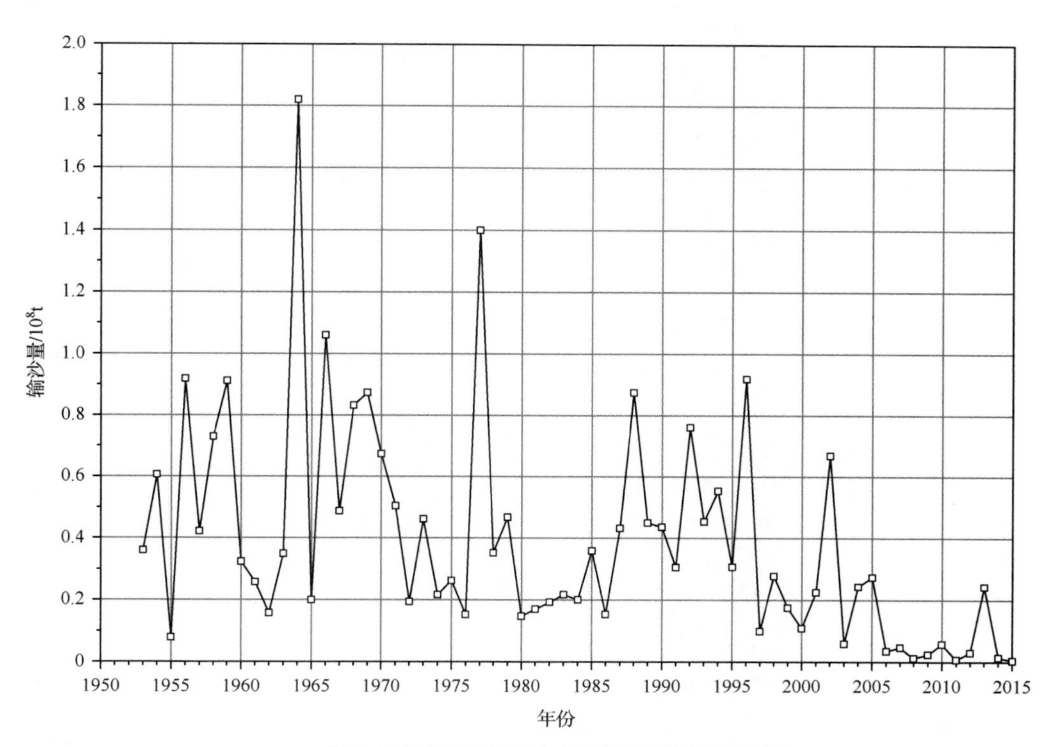

黄河支流延河甘谷驿水文站输沙量时间序列图

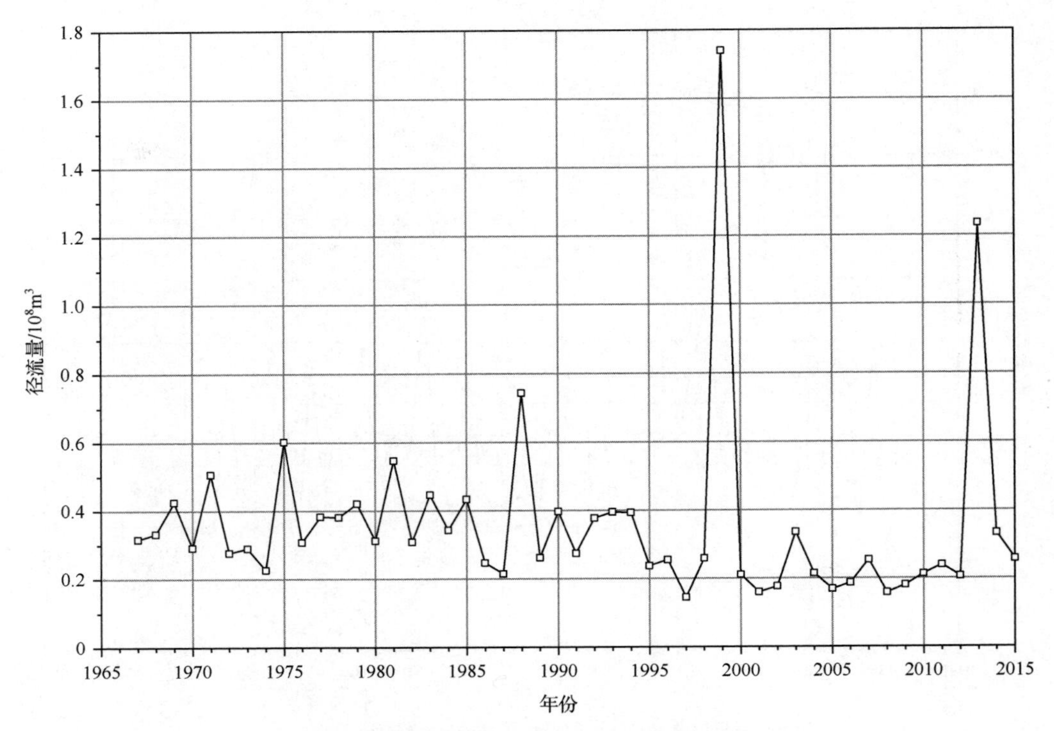

黄河支流汾川河新市河水文站径流量时间序列图

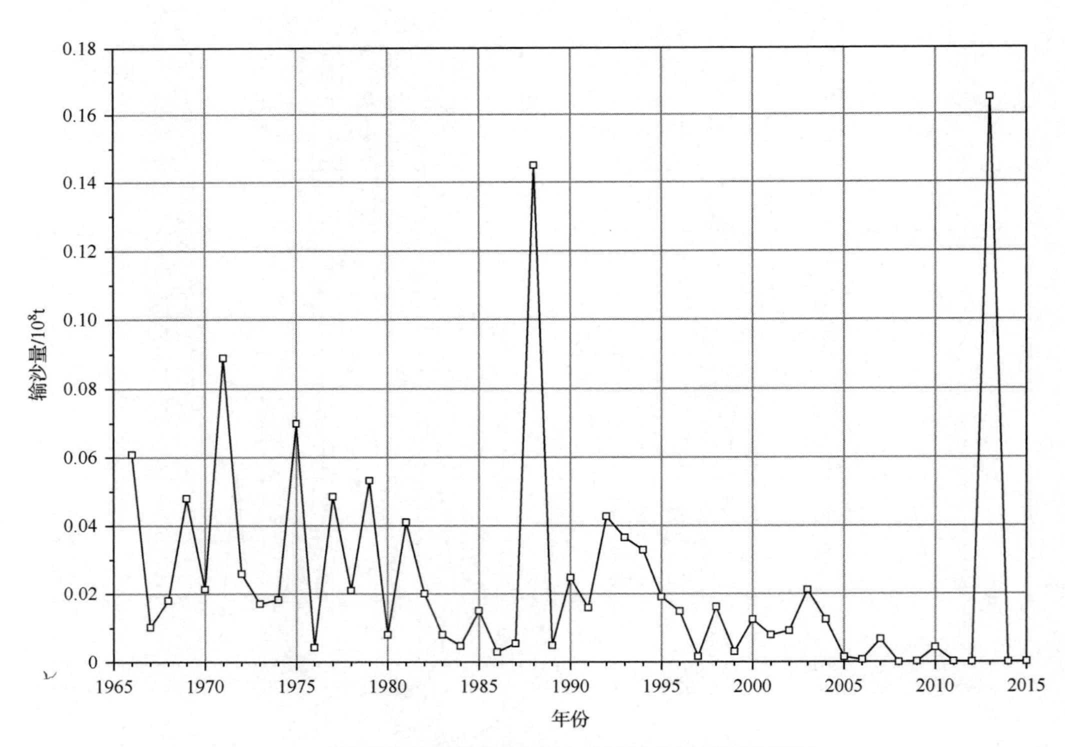

黄河支流汾川河新市河水文站输沙量时间序列图

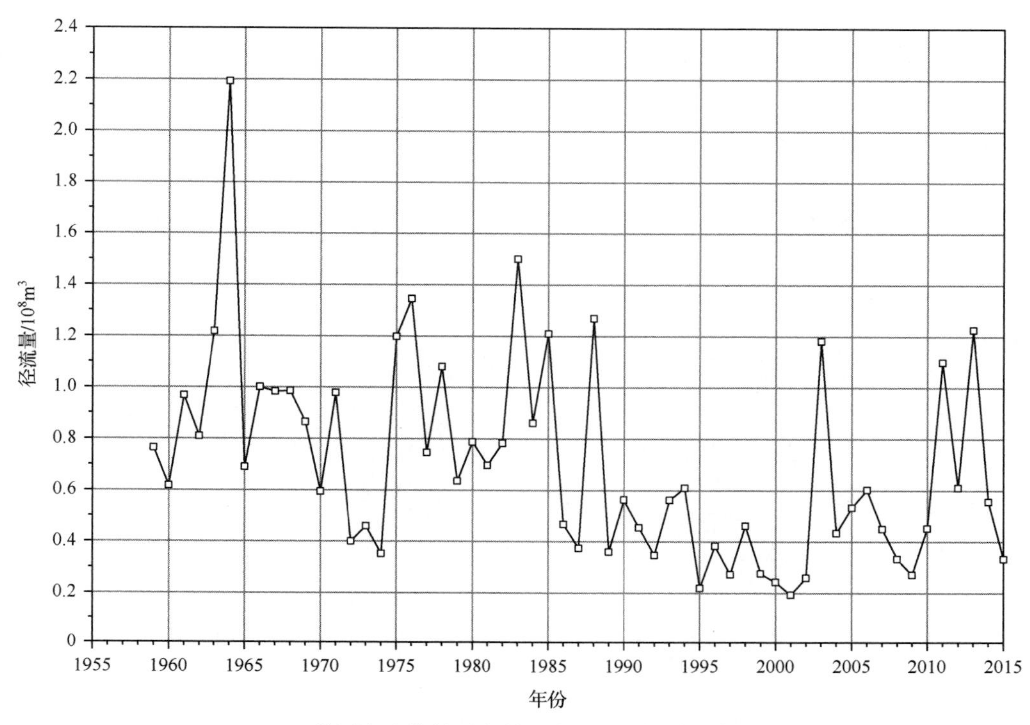

黄河支流仕望川大村水文站径流量时间序列图

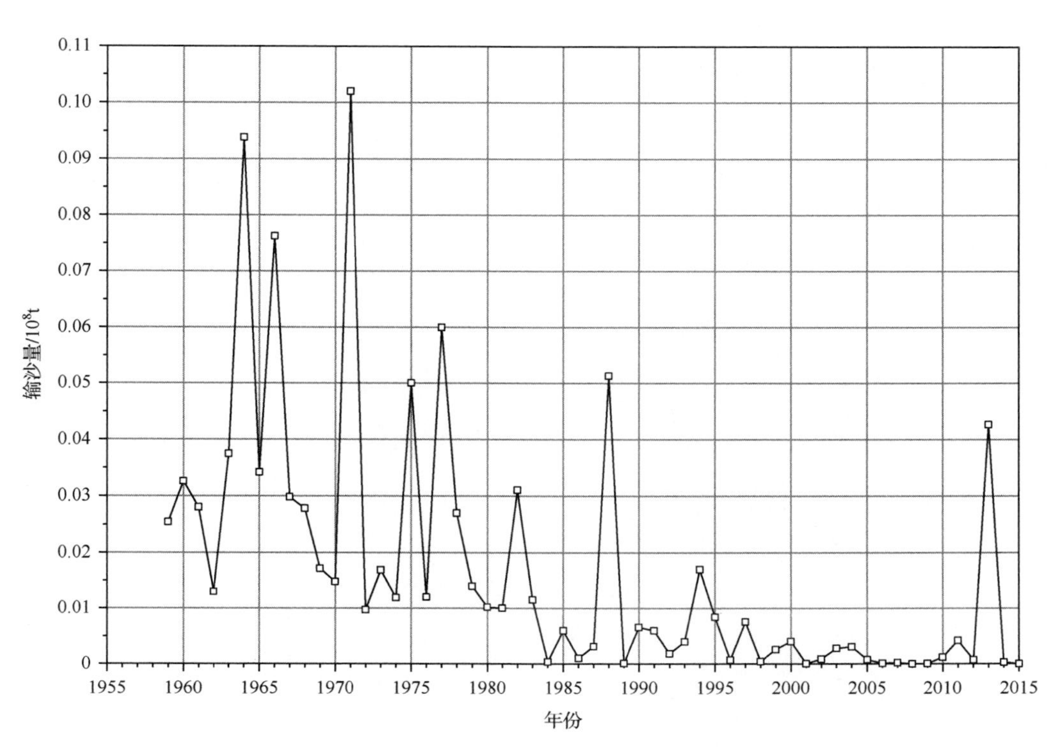

黄河支流仕望川大村水文站输沙量时间序列图

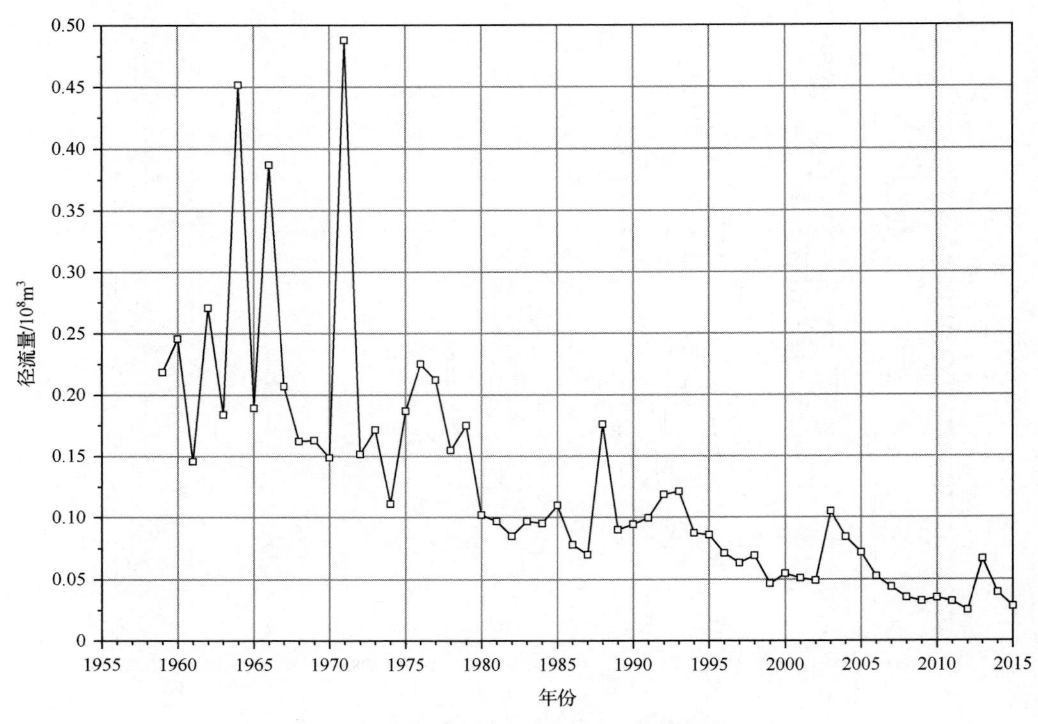

黄河支流州川河吉县水文站径流量时间序列图

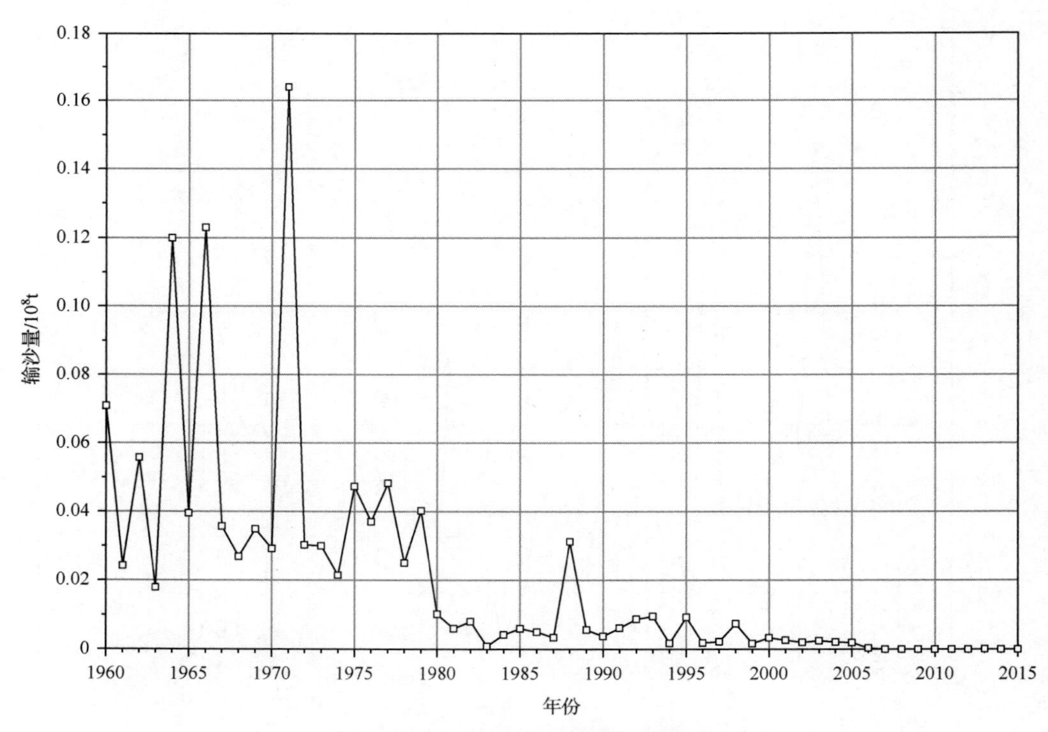

黄河支流州川河吉县水文站输沙量时间序列图

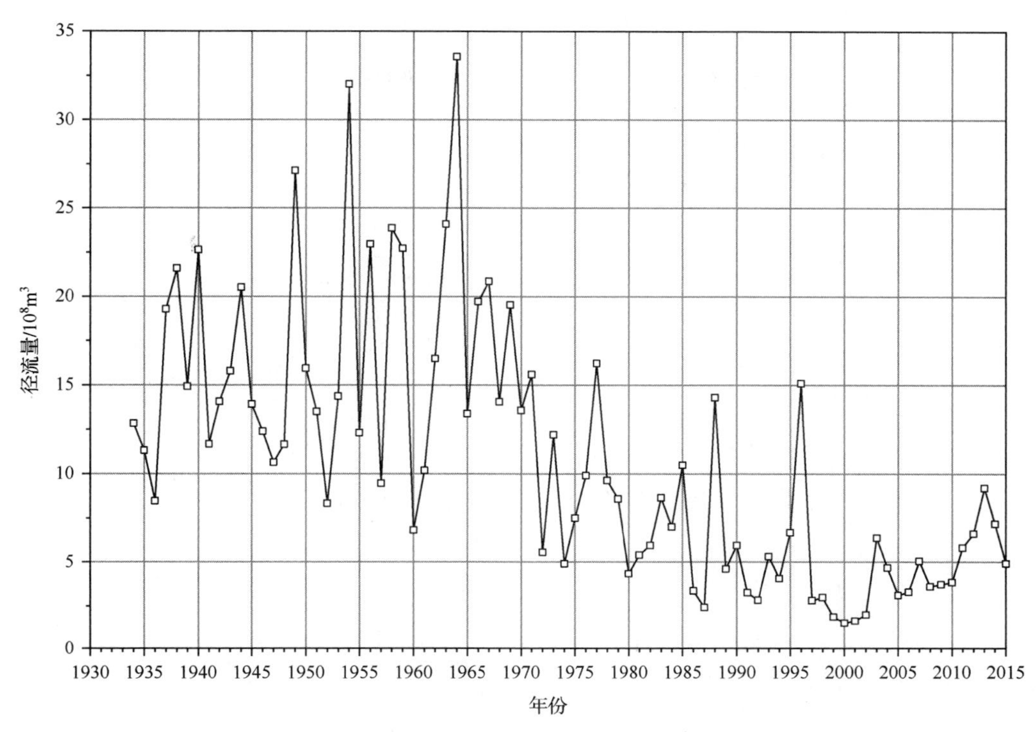

黄河支流汾河河津水文站径流量时间序列图

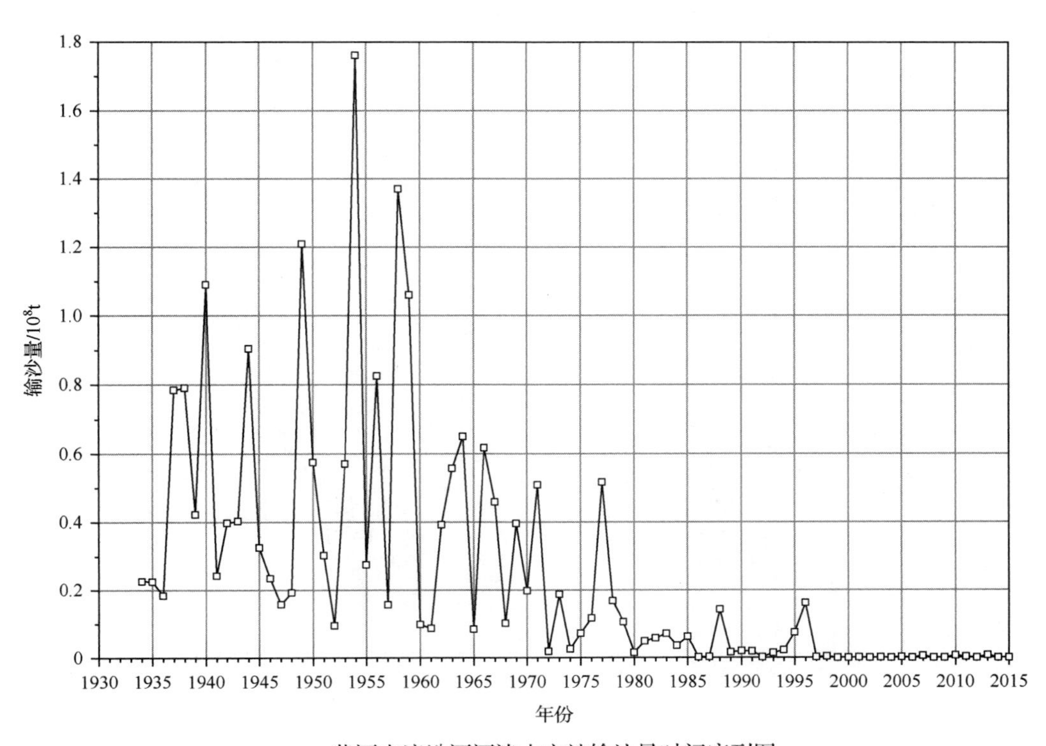

黄河支流汾河河津水文站输沙量时间序列图

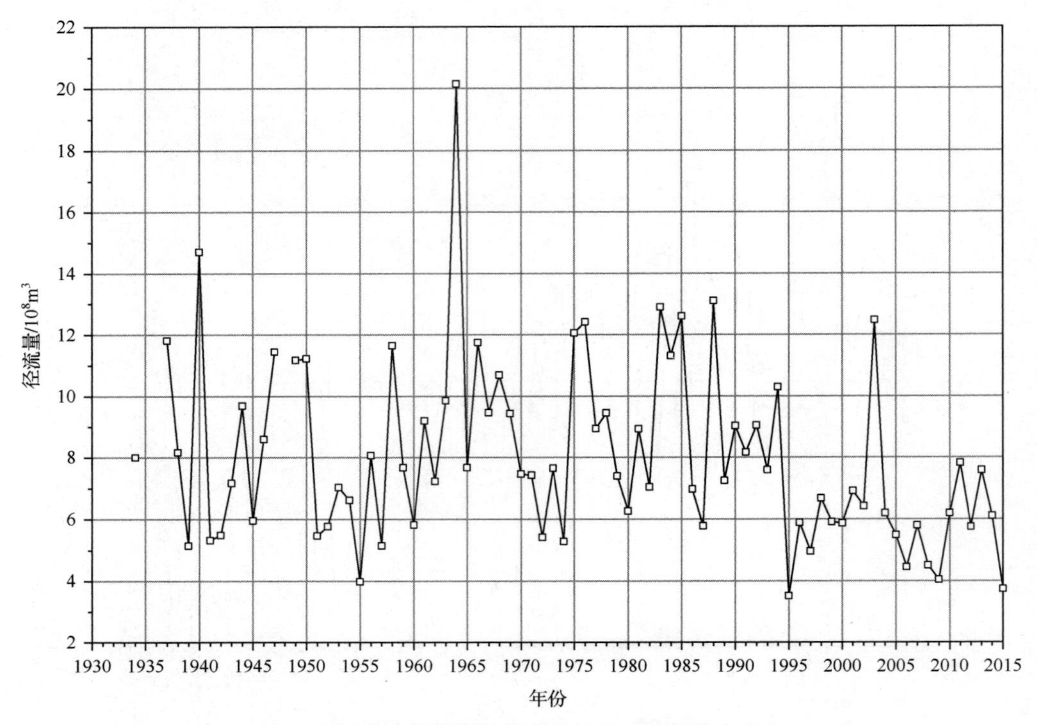

黄河支流北洛河洑头水文站径流量时间序列图

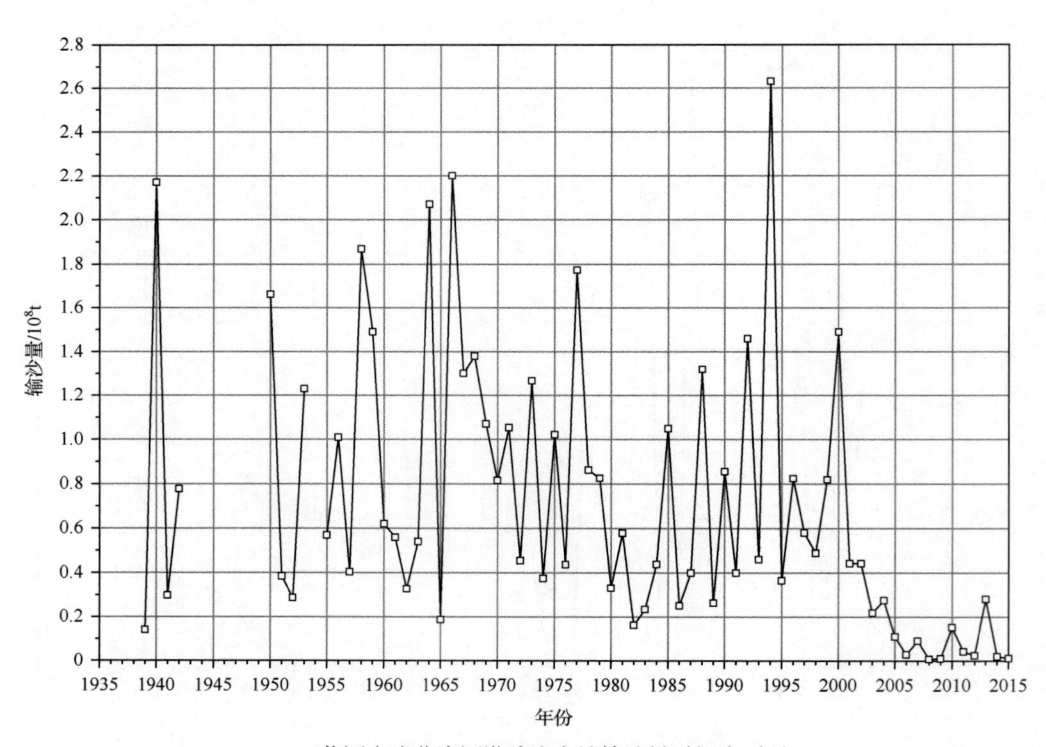

黄河支流北洛河洑头水文站输沙量时间序列图

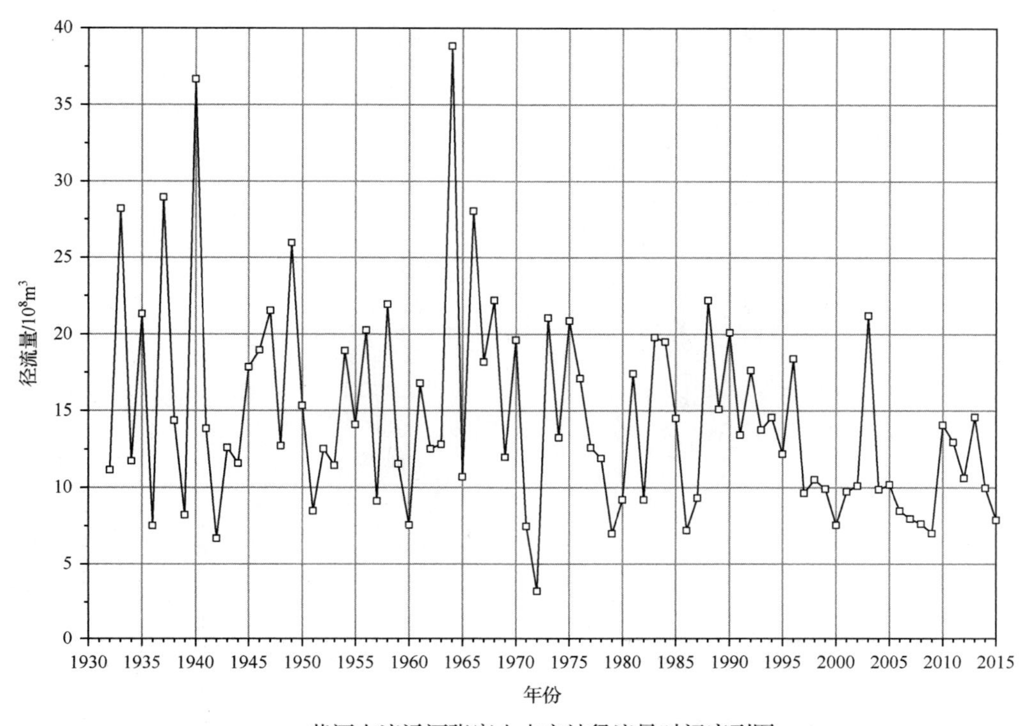

黄河支流泾河张家山水文站径流量时间序列图

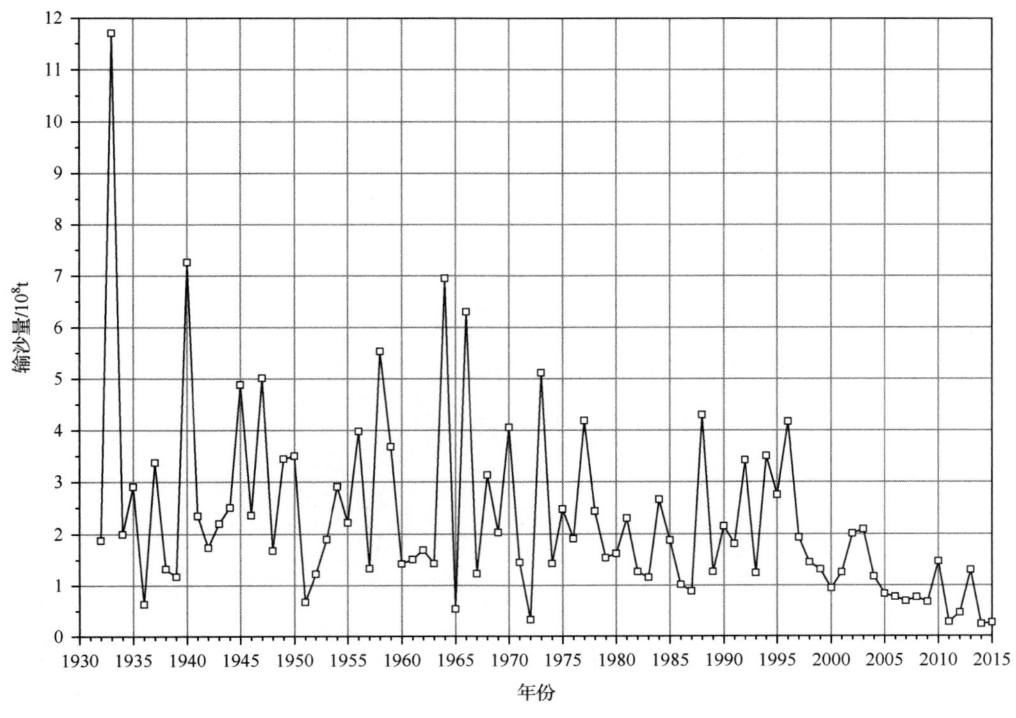

黄河支流泾河张家山水文站输沙量时间序列图

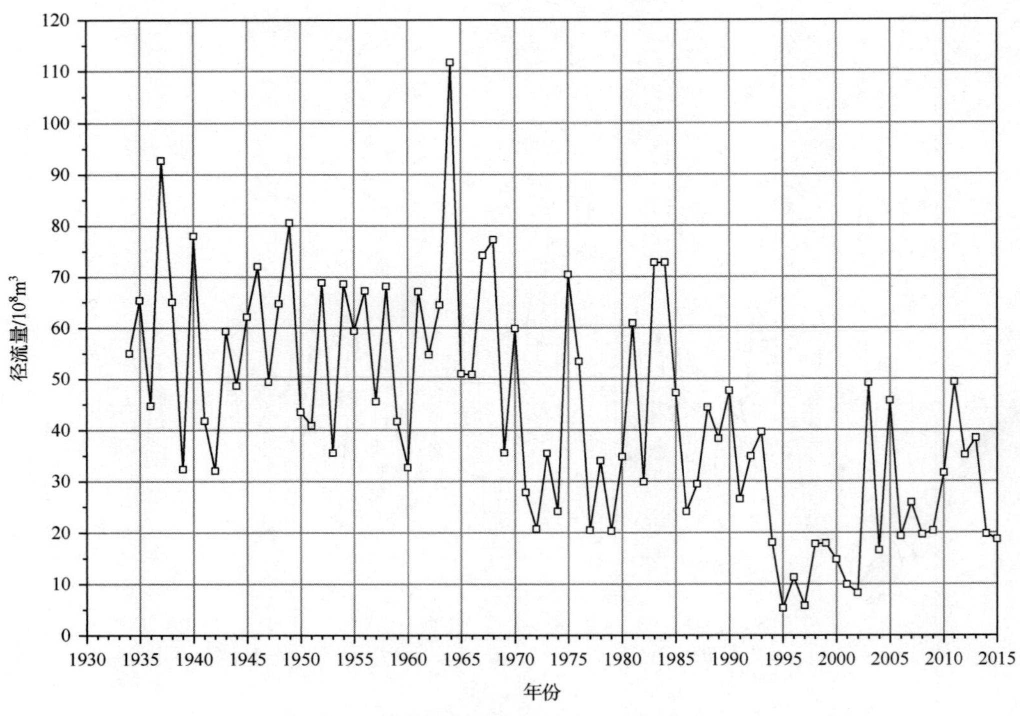

黄河支流渭河咸阳水文站径流量时间序列图

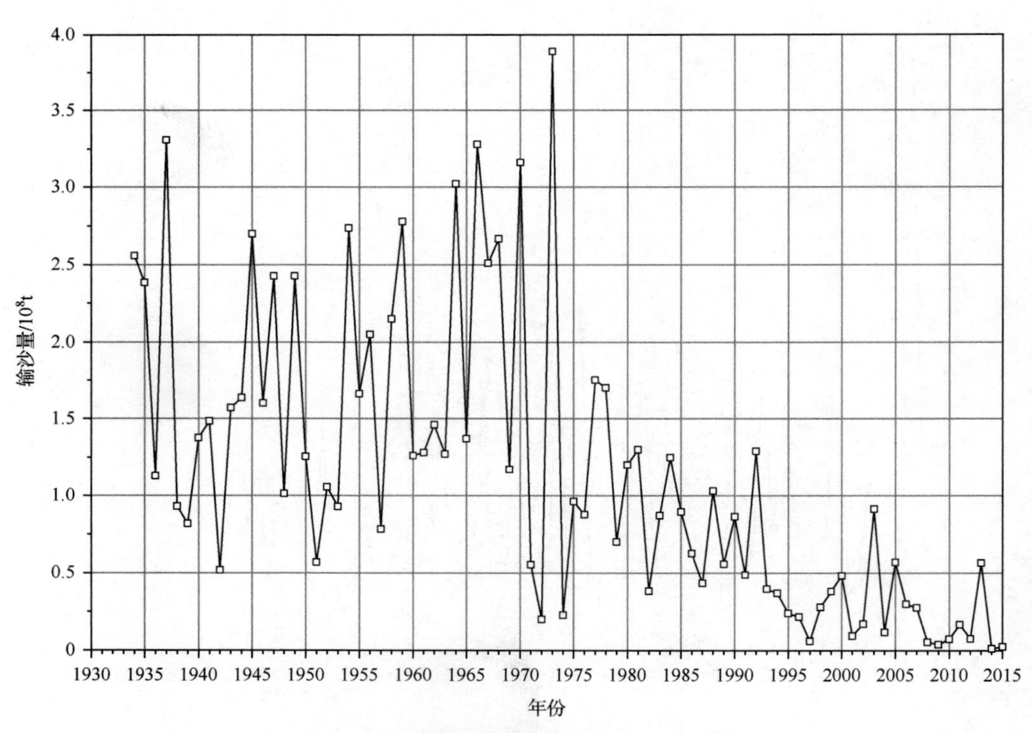

黄河支流渭河咸阳水文站输沙量时间序列图

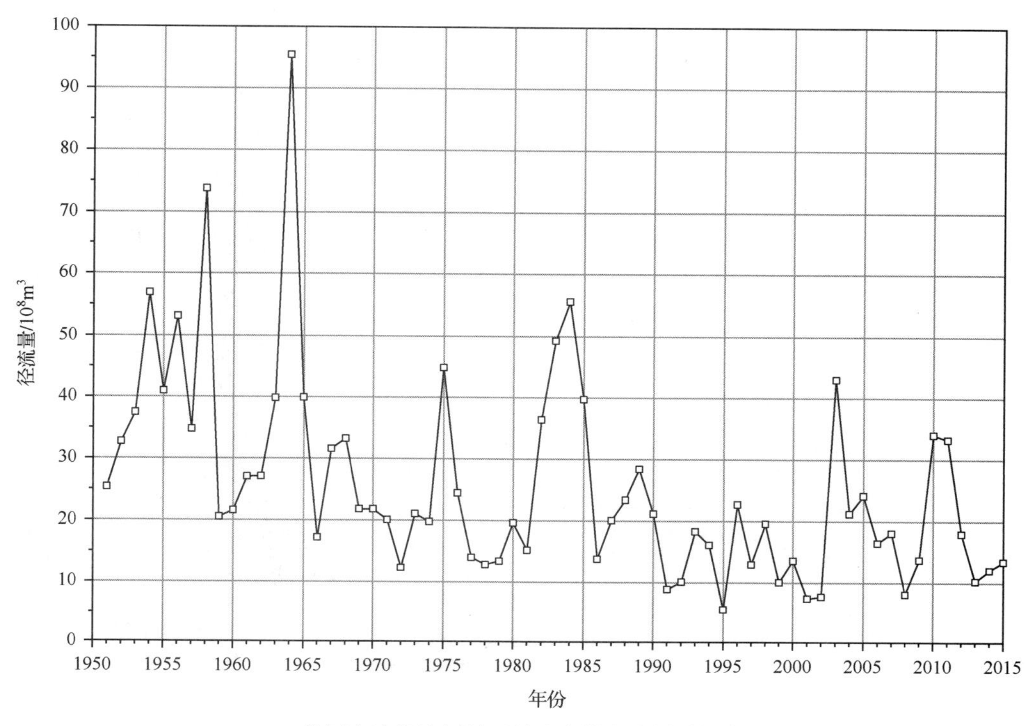

黄河支流伊洛河黑石关水文站径流量时间序列图

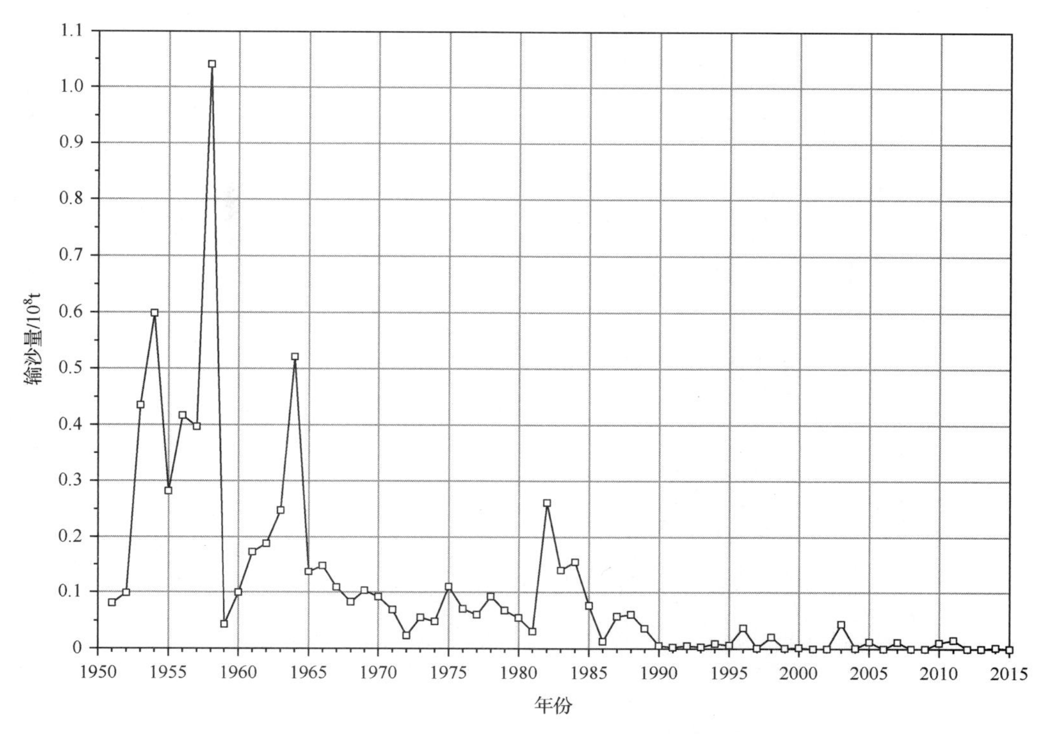

黄河支流伊洛河黑石关水文站输沙量时间序列图

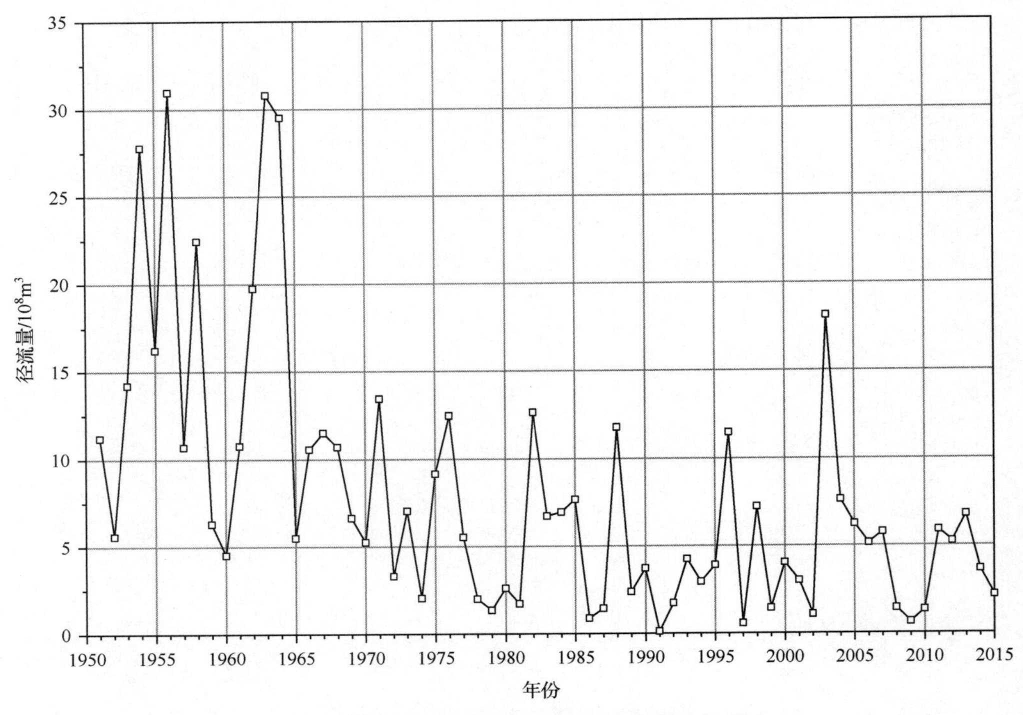

黄河支流沁河武陟水文站径流量时间序列图

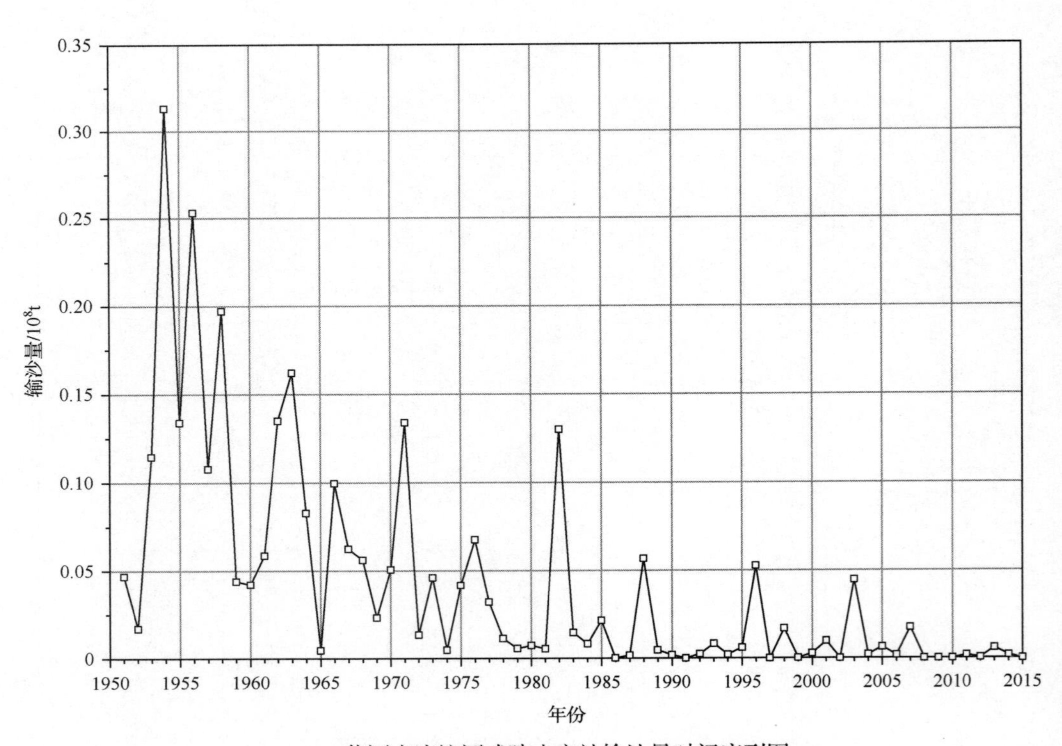

黄河支流沁河武陟水文站输沙量时间序列图

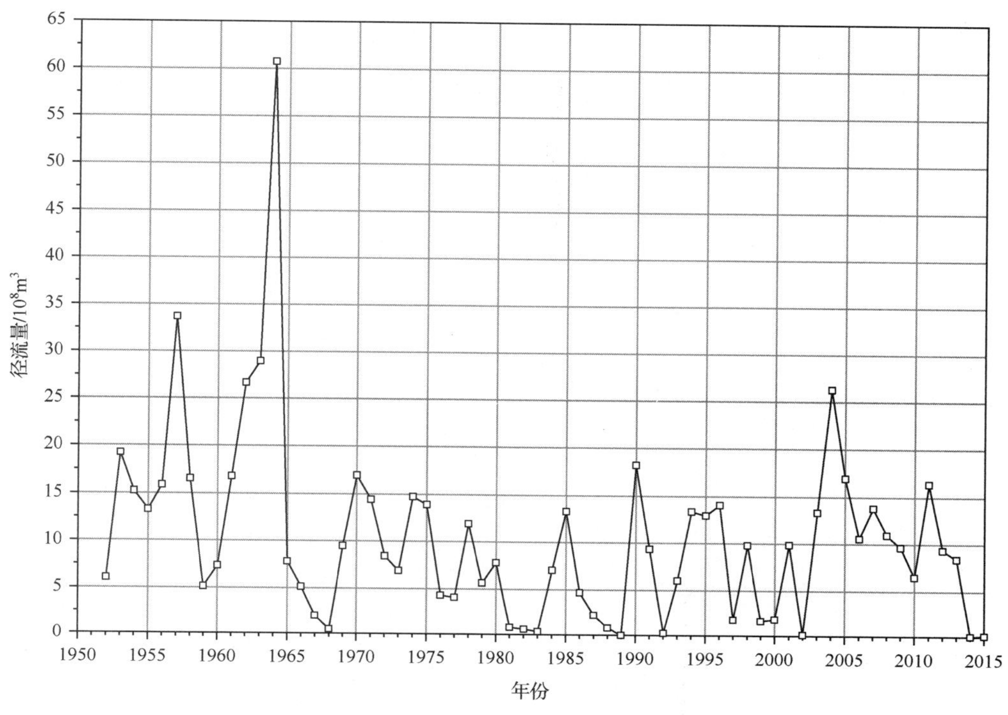

黄河支流大汶河戴村坝水文站径流量时间序列图

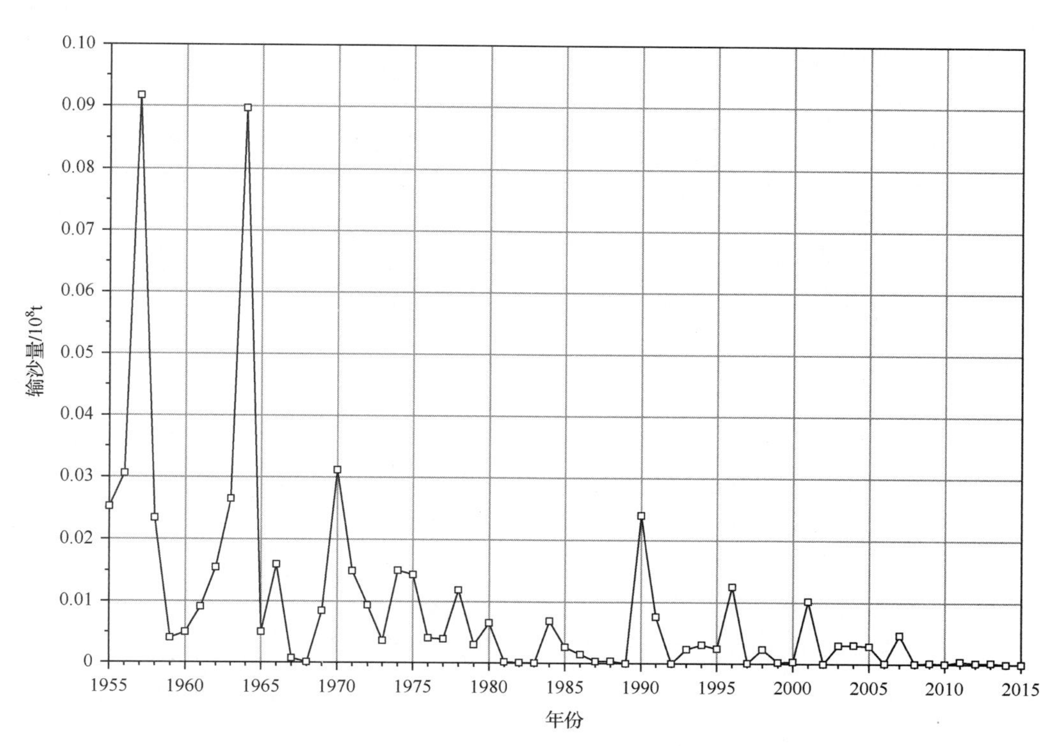

黄河支流大汶河戴村坝水文站输沙量时间序列图

5.2 黄河主要支流水沙量占黄河上中游总水沙量比例时间序列图

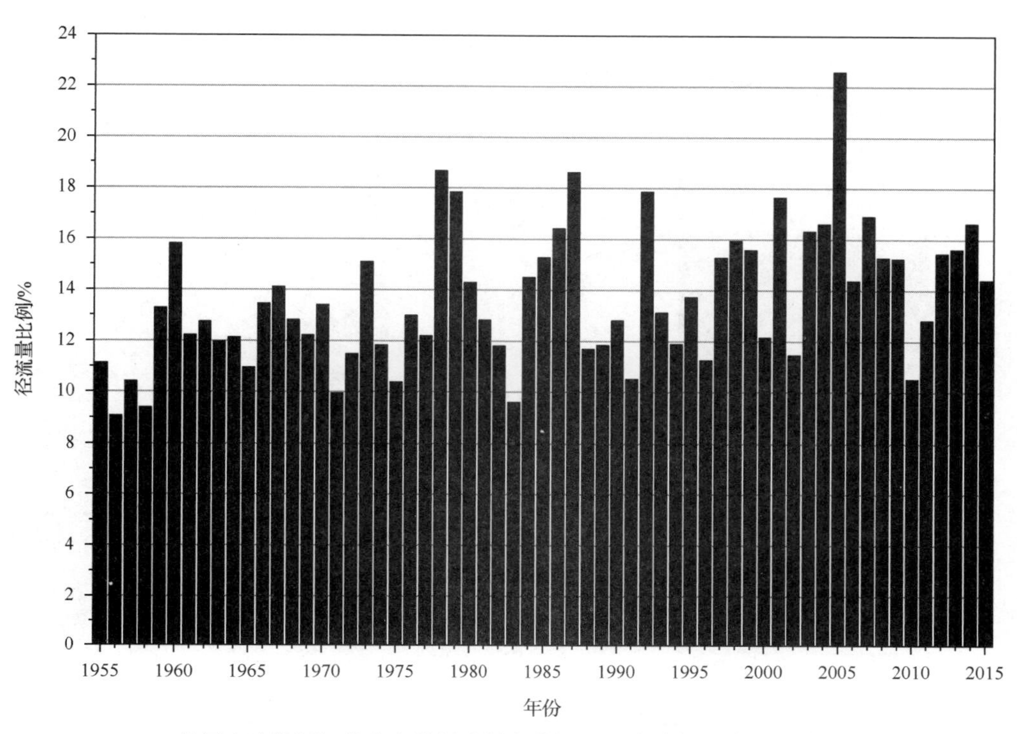

黄河支流洮河红旗水文站径流量占黄河上中游总径流量比例时间序列图

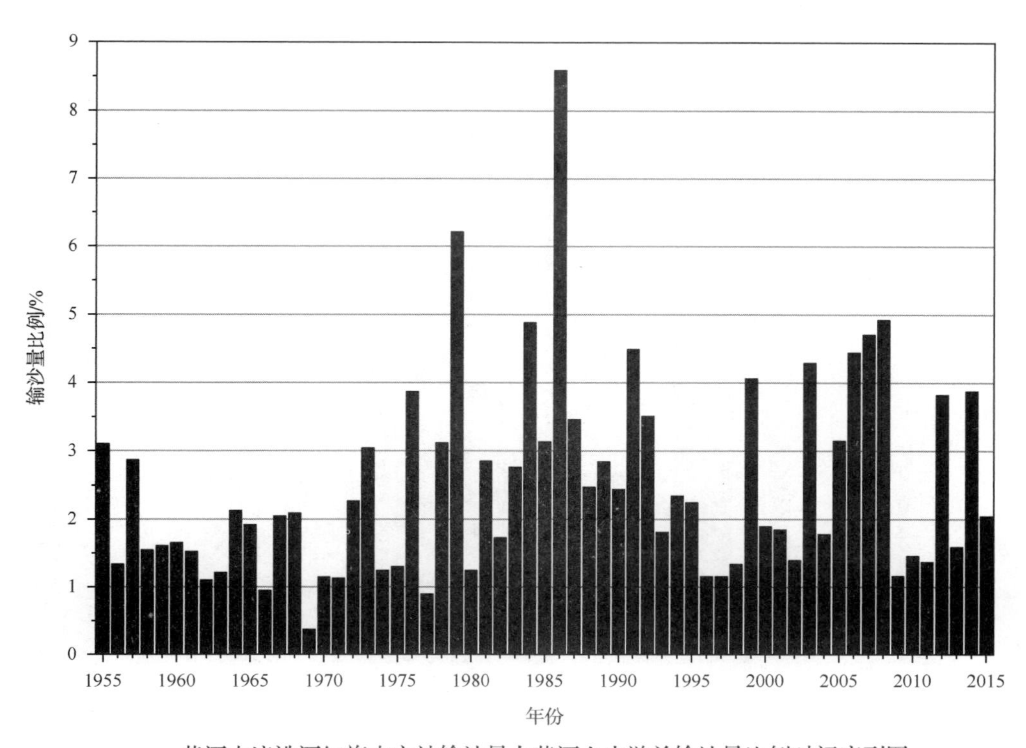

黄河支流洮河红旗水文站输沙量占黄河上中游总输沙量比例时间序列图

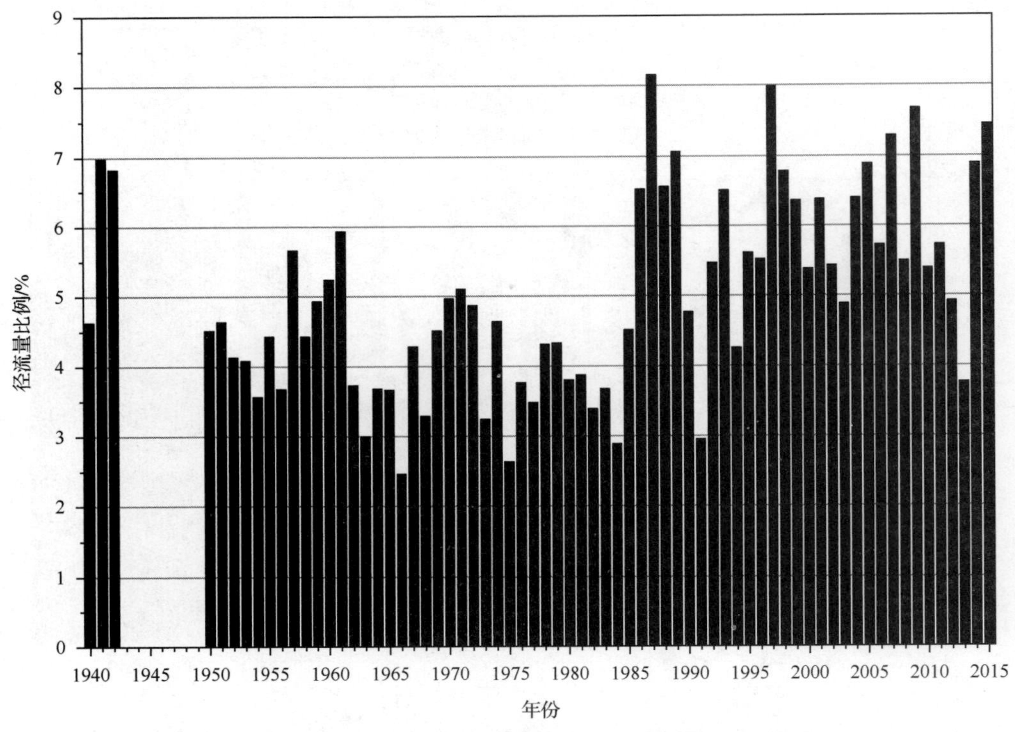

黄河支流湟水民和水文站径流量占黄河上中游总径流量比例时间序列图

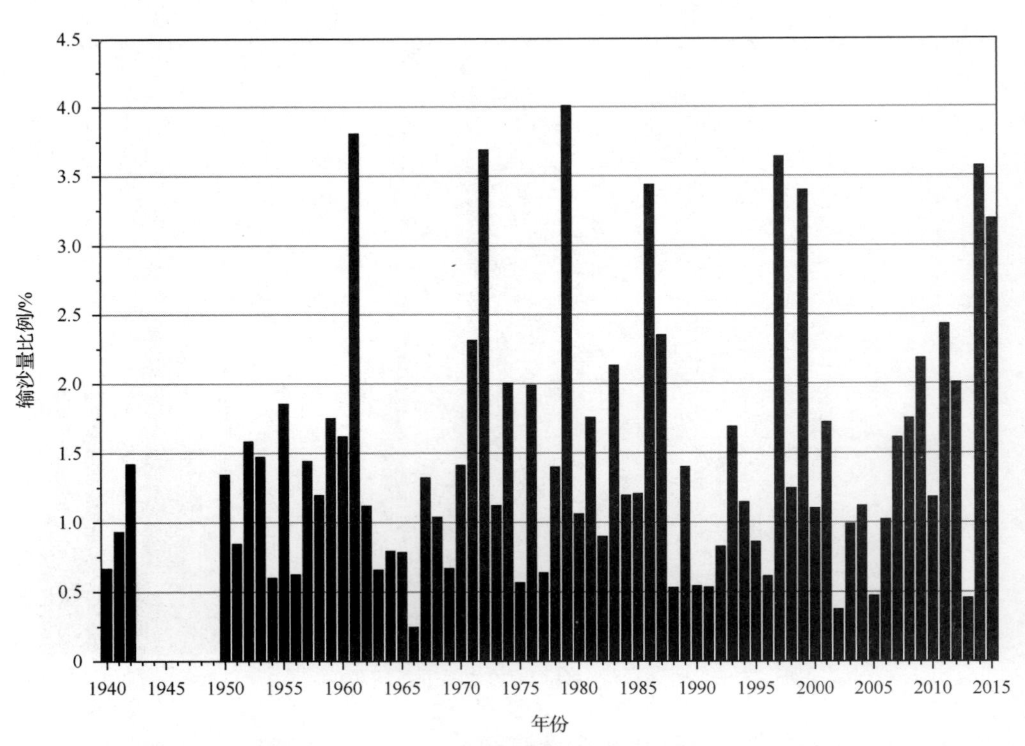

黄河支流湟水民和水文站输沙量占黄河上中游总输沙量比例时间序列图

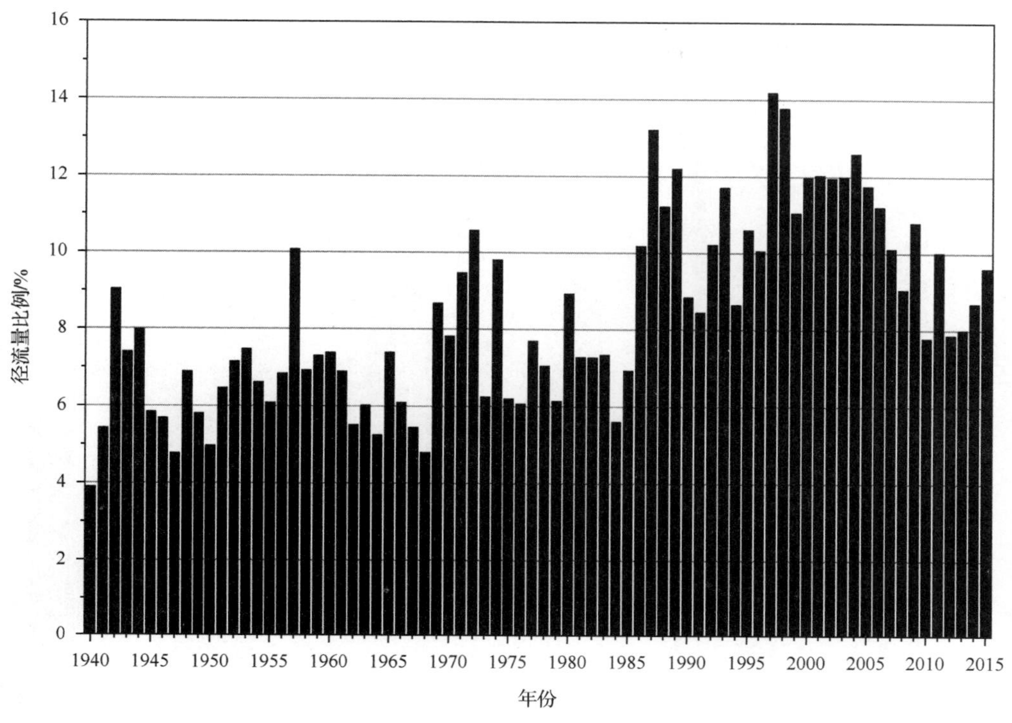

黄河支流大通河享堂水文站径流量占黄河上中游总径流量比例时间序列图

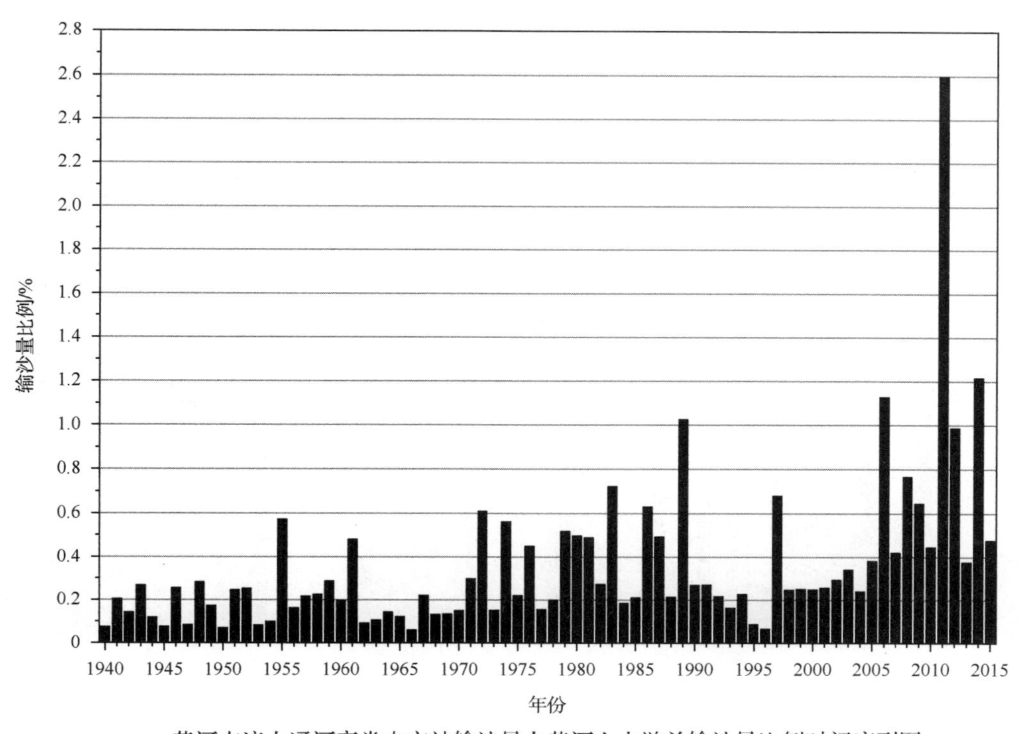

黄河支流大通河享堂水文站输沙量占黄河上中游总输沙量比例时间序列图

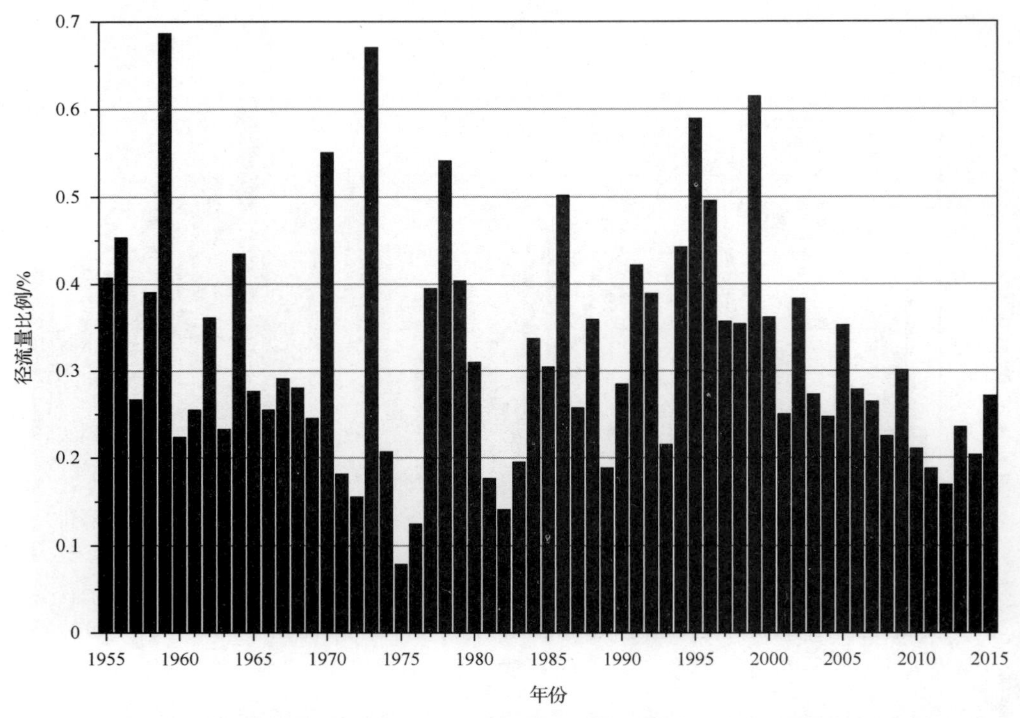

黄河支流祖厉河靖远水文站径流量占黄河上中游总径流量比例时间序列图

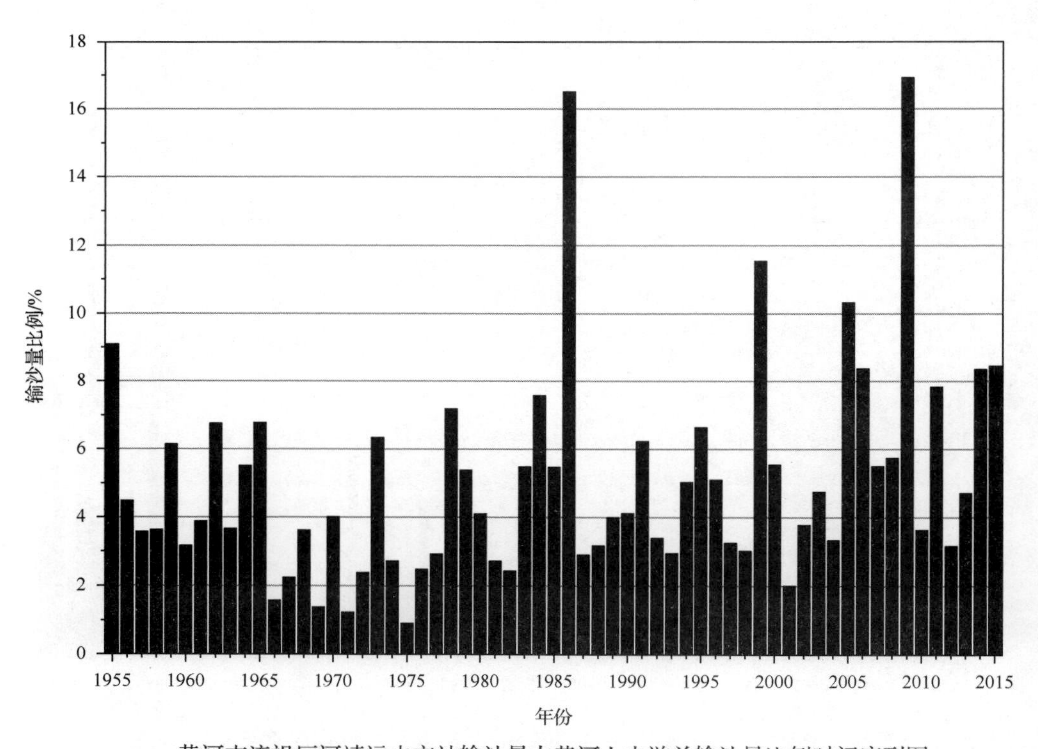

黄河支流祖厉河靖远水文站输沙量占黄河上中游总输沙量比例时间序列图

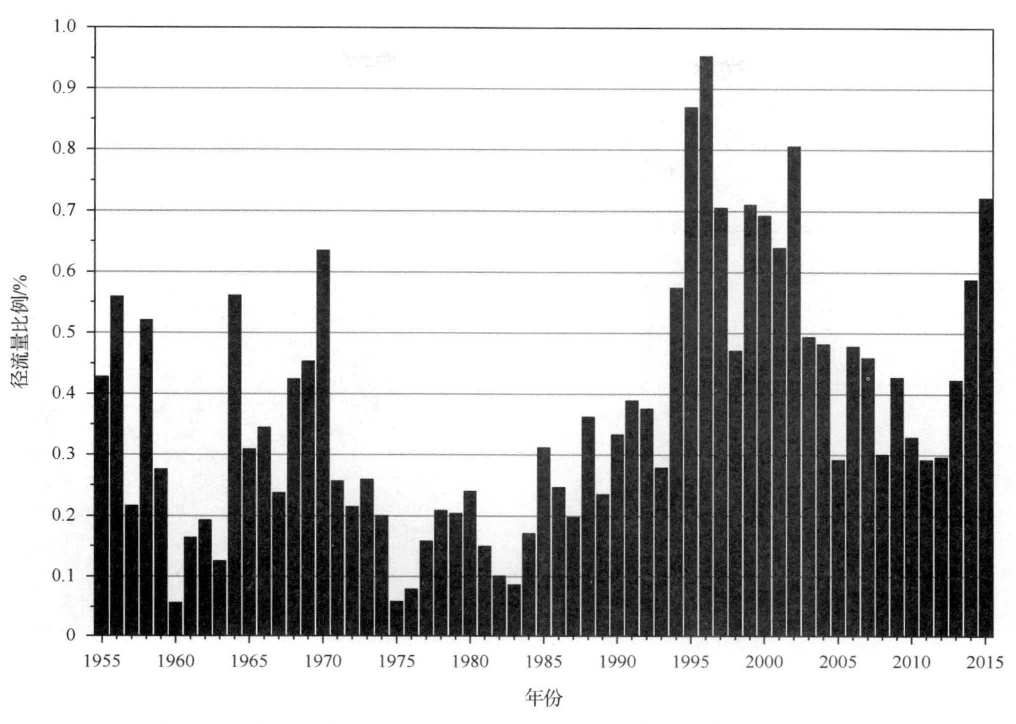

黄河支流清水河泉眼山水文站径流量占黄河上中游总径流量比例时间序列图

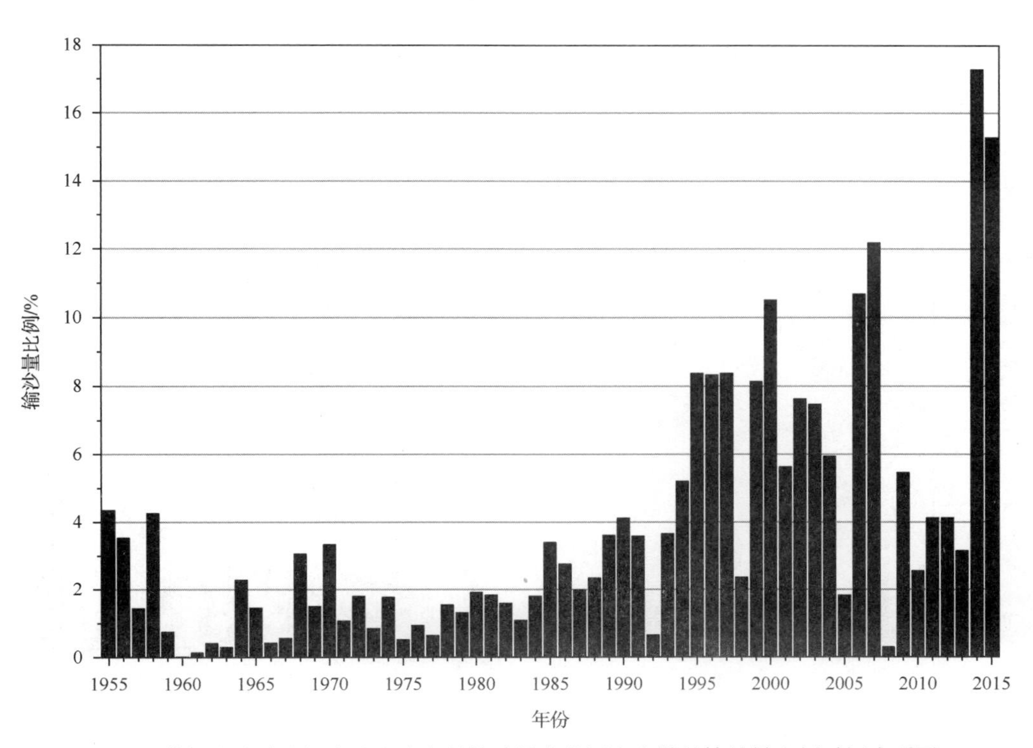

黄河支流清水河泉眼山水文站输沙量占黄河上中游总输沙量比例时间序列图

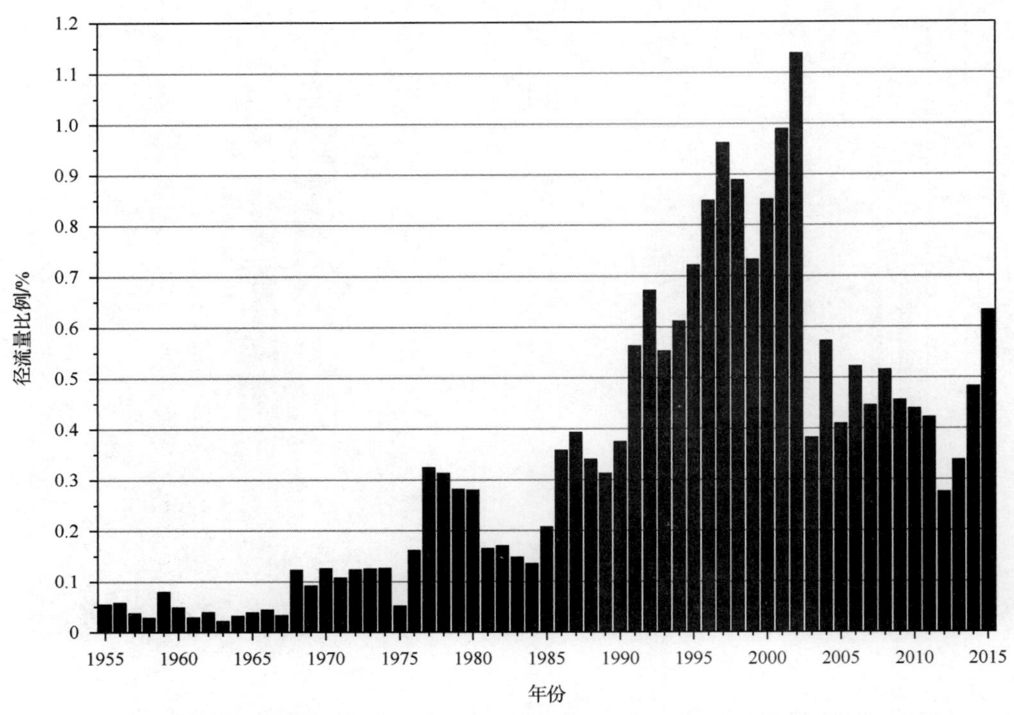

黄河支流苦水河郭家桥水文站径流量占黄河上中游总径流量比例时间序列图

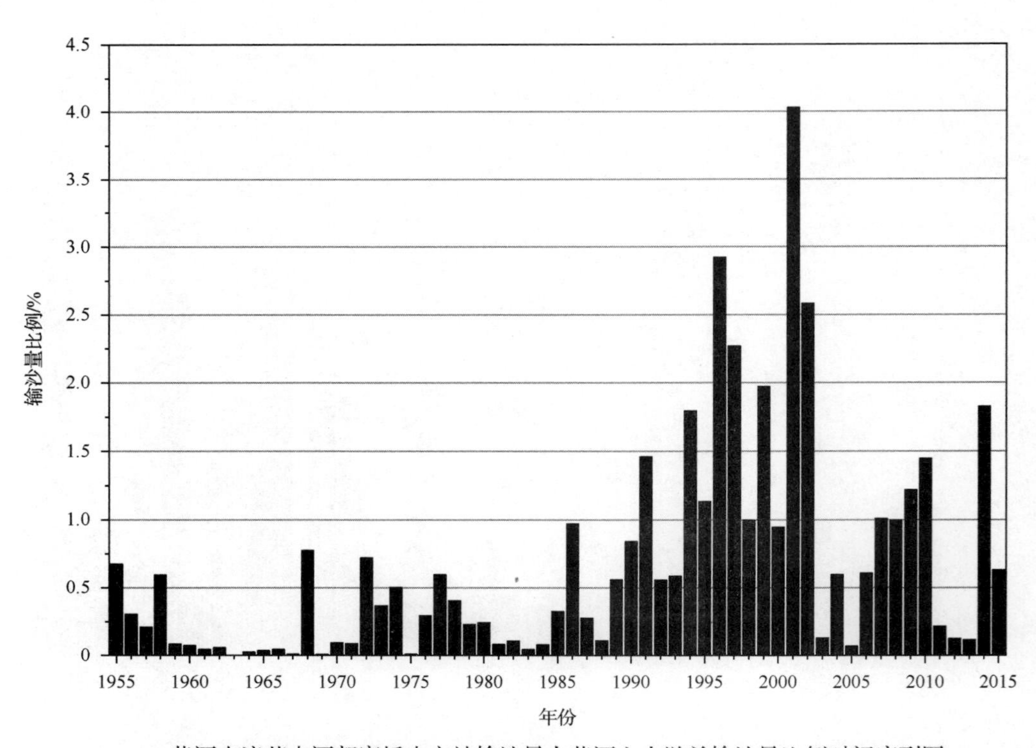

黄河支流苦水河郭家桥水文站输沙量占黄河上中游总输沙量比例时间序列图

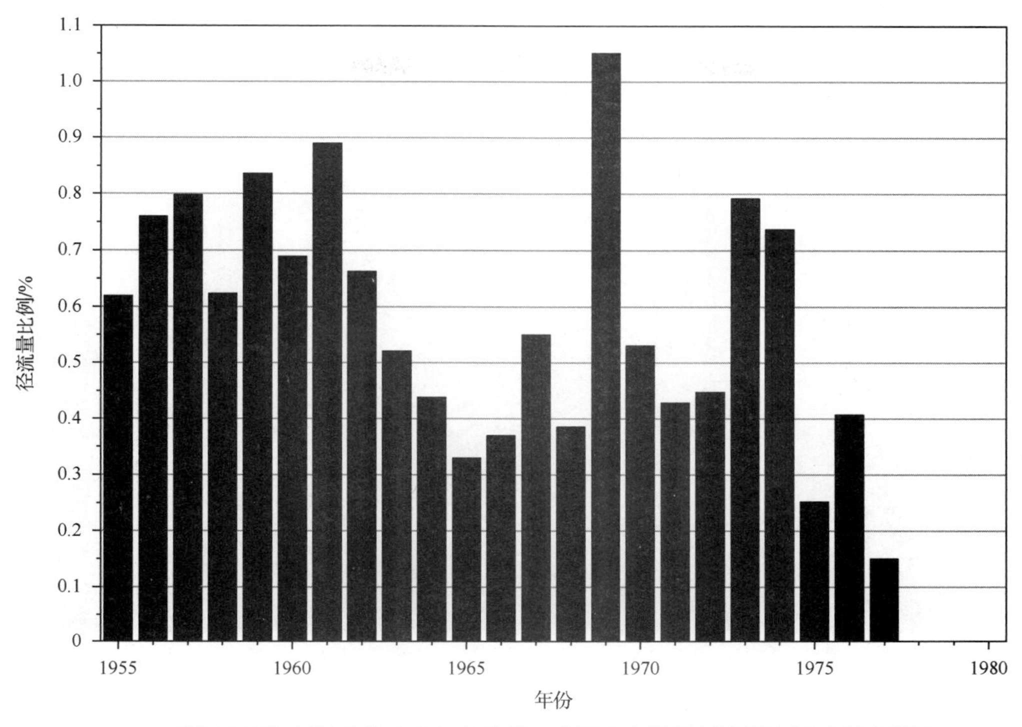

黄河支流红河放牛沟水文站径流量占黄河上中游总径流量比例时间序列图

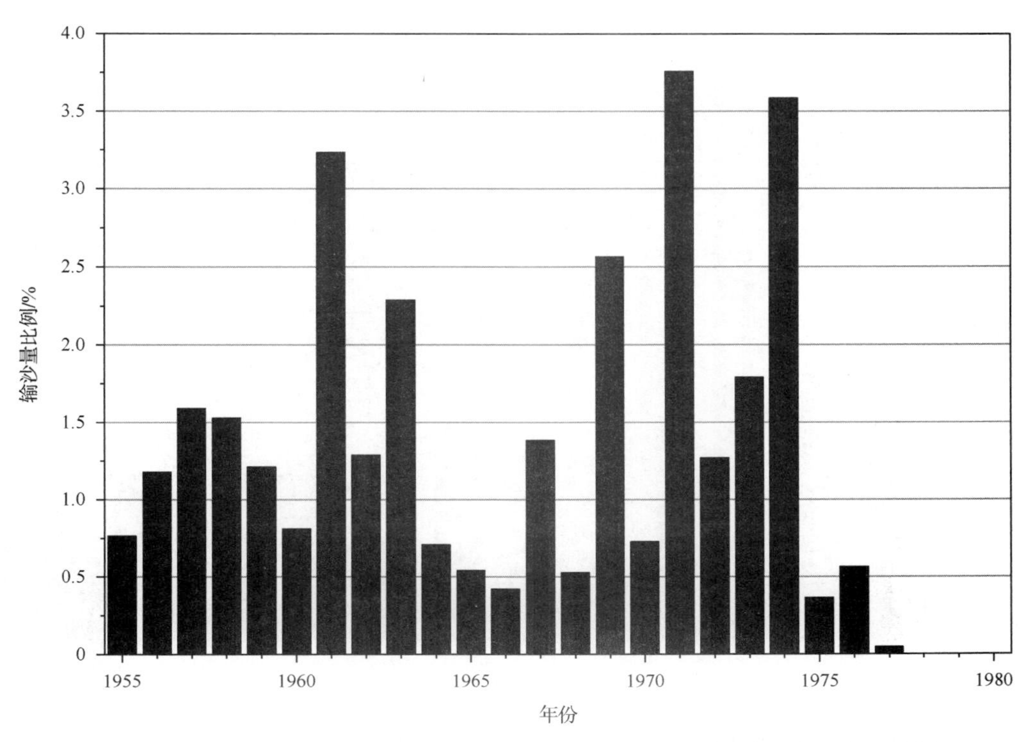

黄河支流红河放牛沟水文站输沙量占黄河上中游总输沙量比例时间序列图

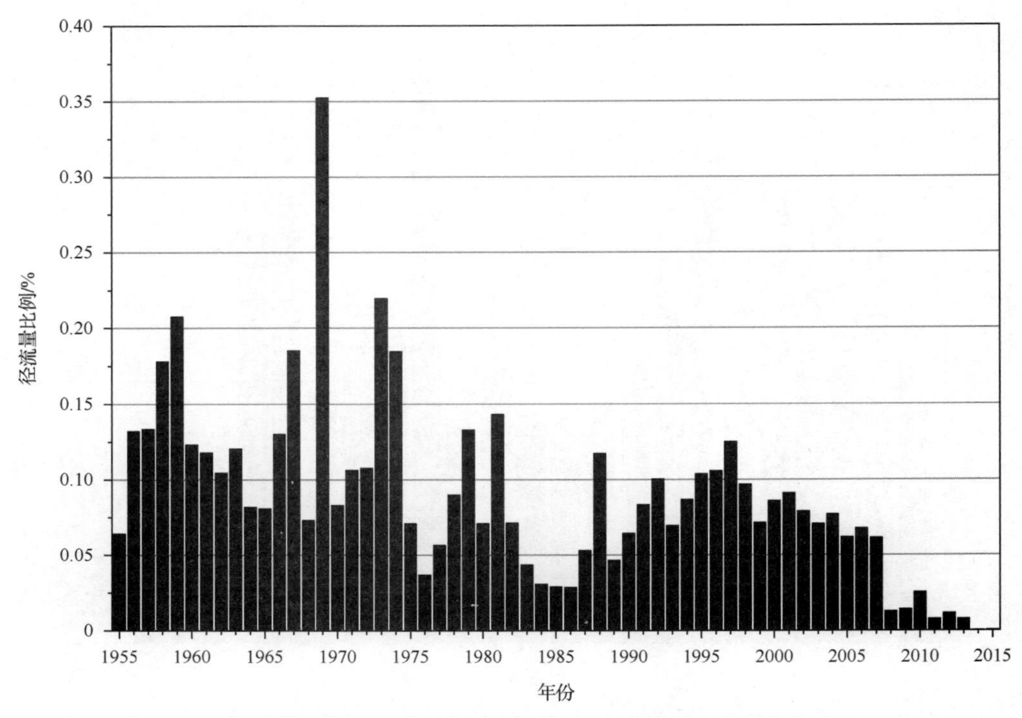

黄河支流偏关河偏关水文站径流量占黄河上中游总径流量比例时间序列图

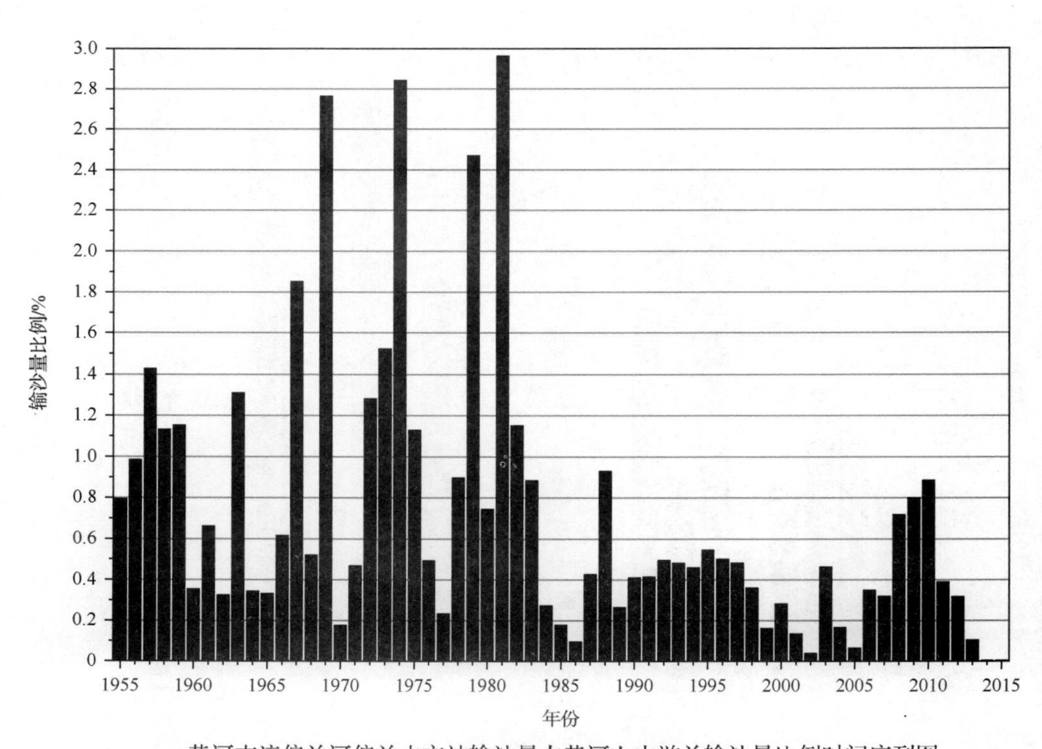

黄河支流偏关河偏关水文站输沙量占黄河上中游总输沙量比例时间序列图

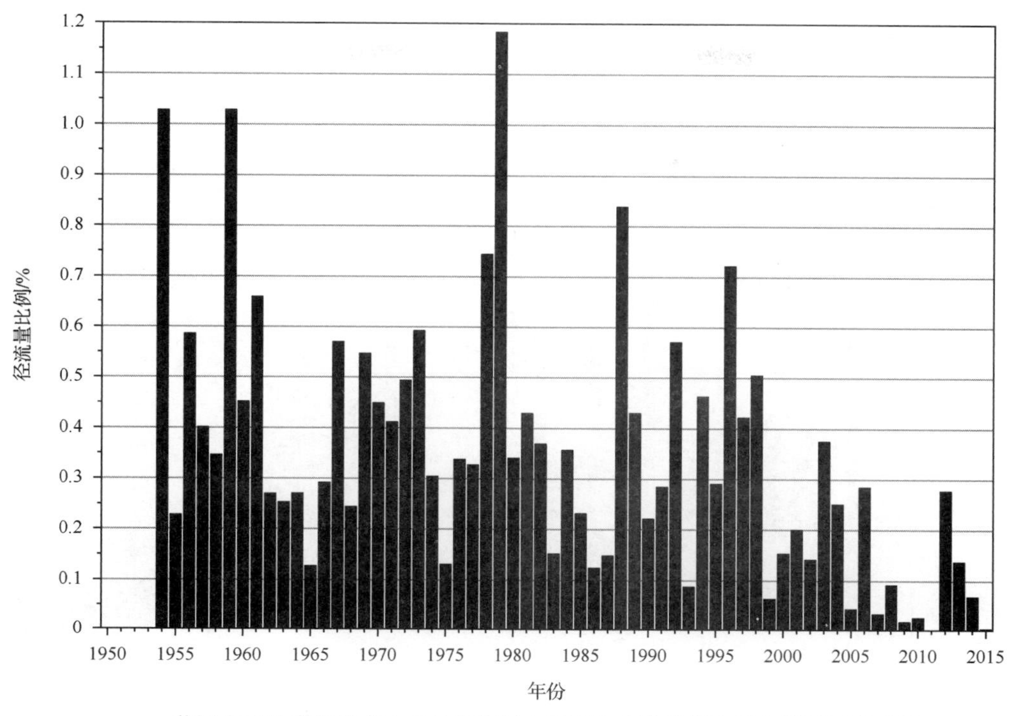

黄河支流皇甫川皇甫水文站径流量占黄河上中游总径流量比例时间序列图

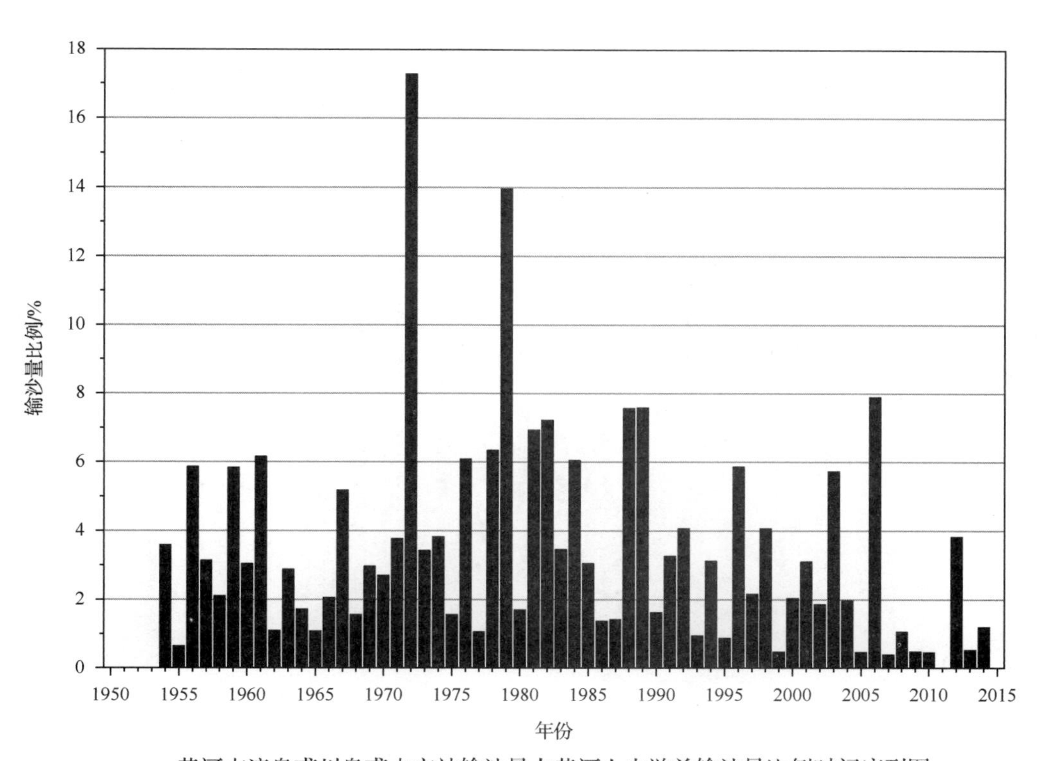

黄河支流皇甫川皇甫水文站输沙量占黄河上中游总输沙量比例时间序列图

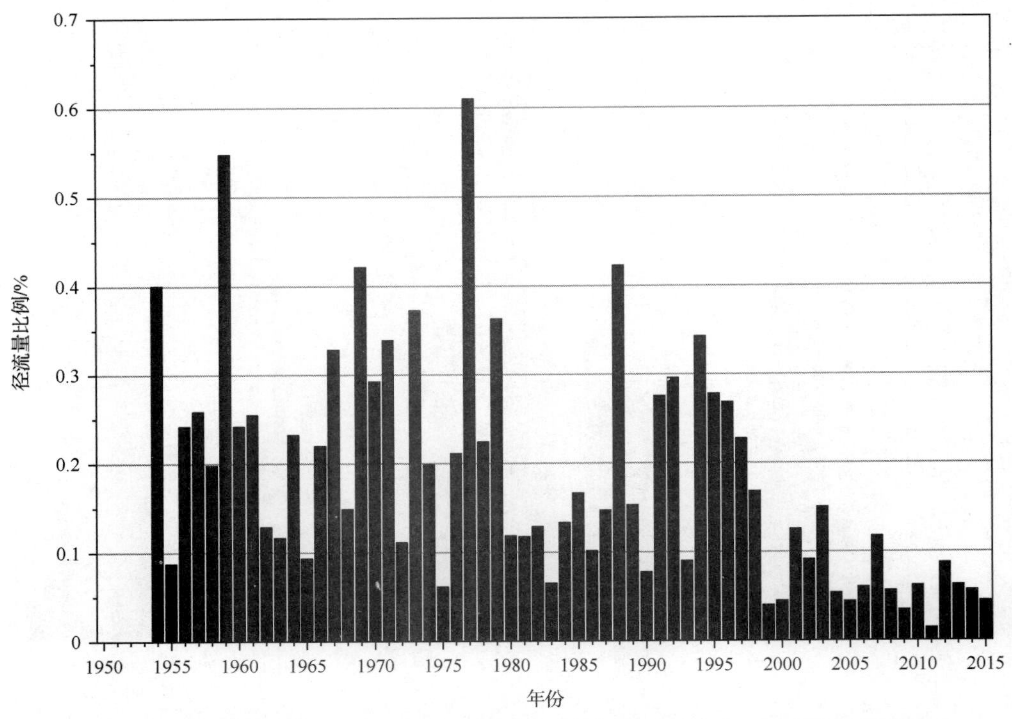

黄河支流孤山川高石崖水文站径流量占黄河上中游总径流量比例时间序列图

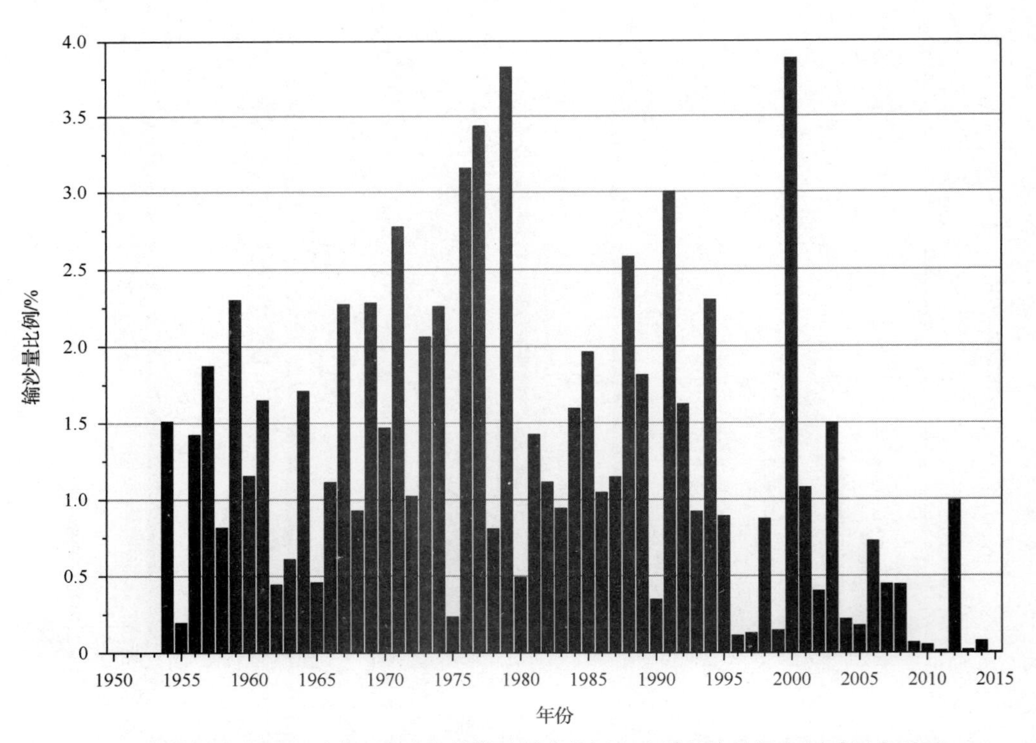

黄河支流孤山川高石崖水文站输沙量占黄河上中游总输沙量比例时间序列图

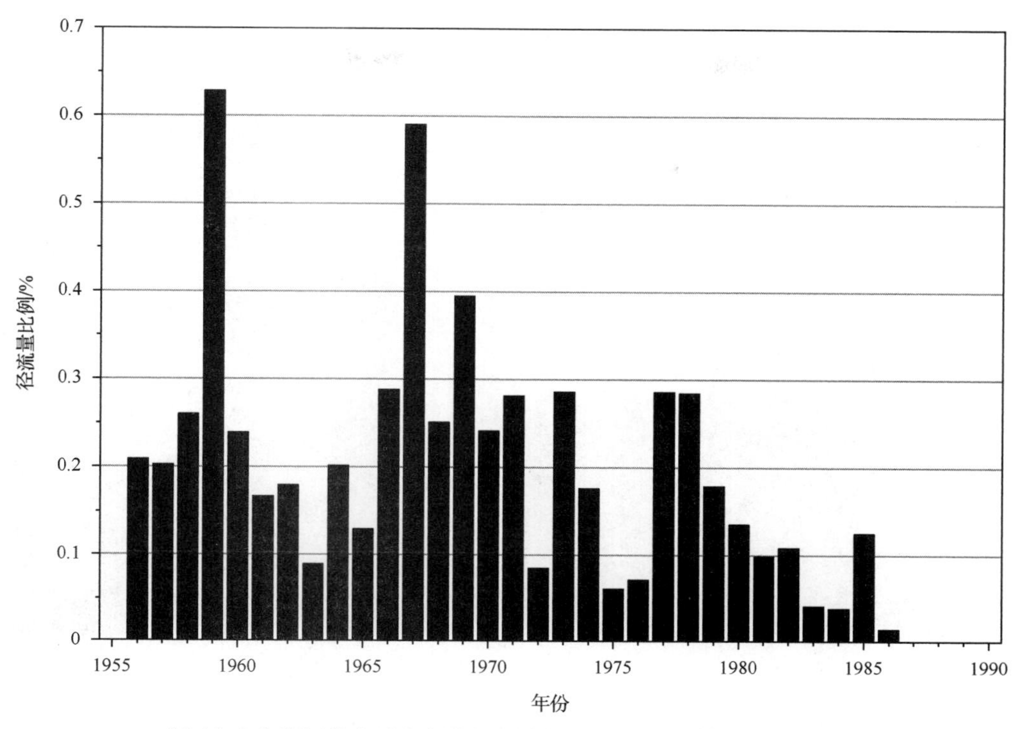

黄河支流岚漪河裴家川水文站径流量占黄河上中游总径流量比例时间序列图

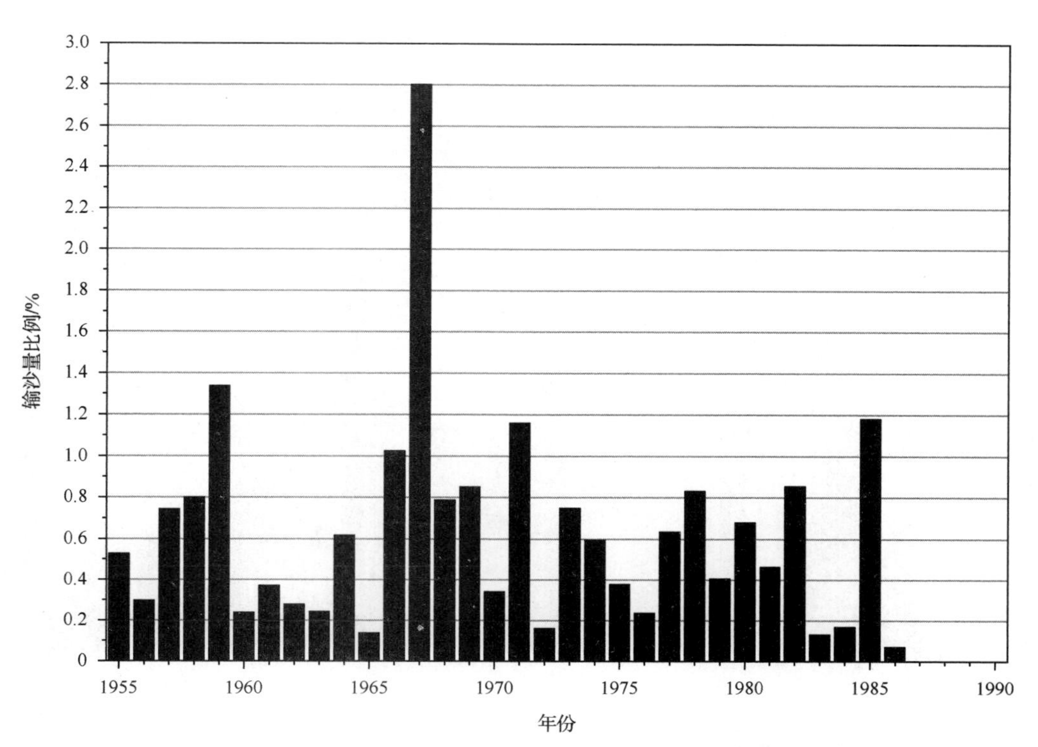

黄河支流岚漪河裴家川水文站输沙量占黄河上中游总输沙量比例时间序列图

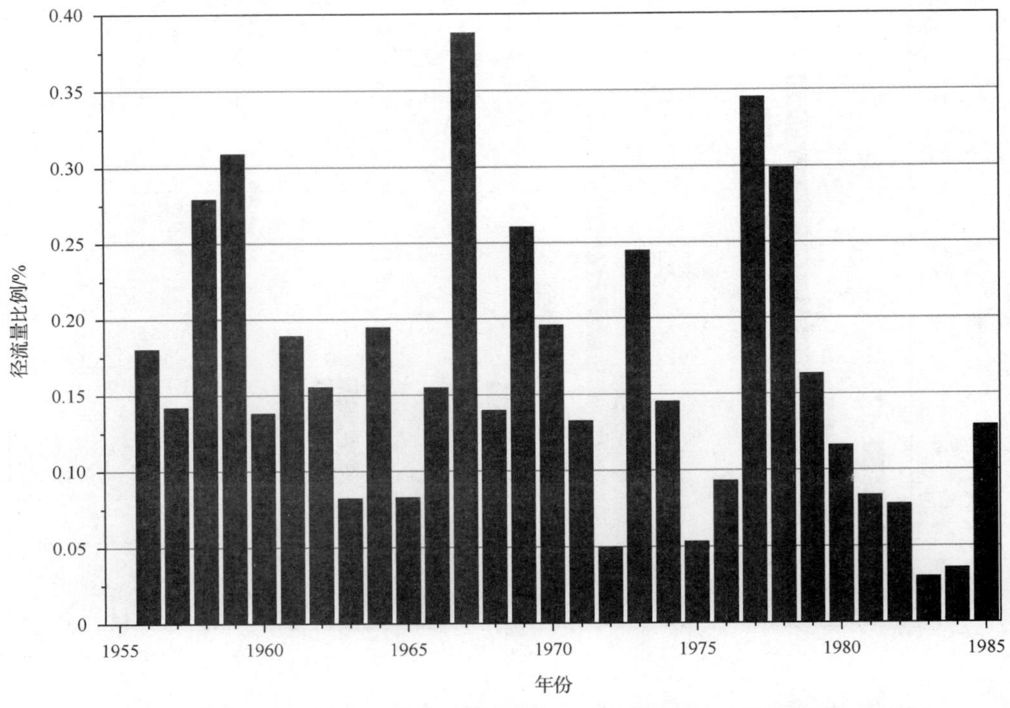

黄河支流蔚汾河碧村水文站径流量占黄河上中游总径流量比例时间序列图

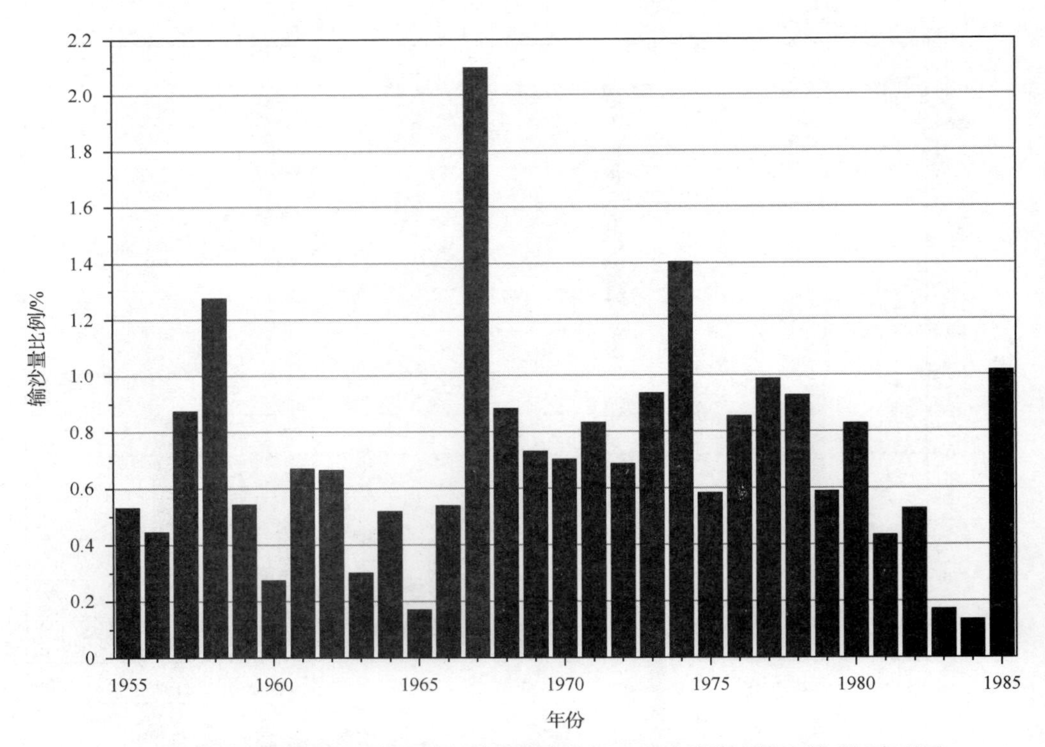

黄河支流蔚汾河碧村水文站输沙量占黄河上中游总输沙量比例时间序列图

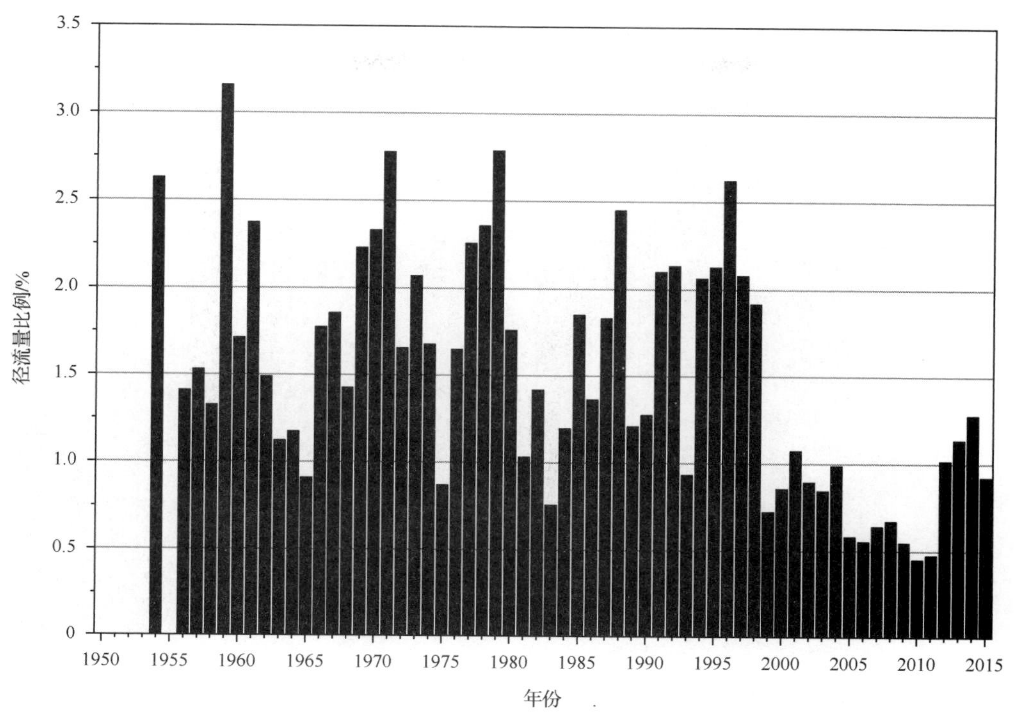

黄河支流窟野河温家川水文站径流量占黄河上中游总径流量比例时间序列图

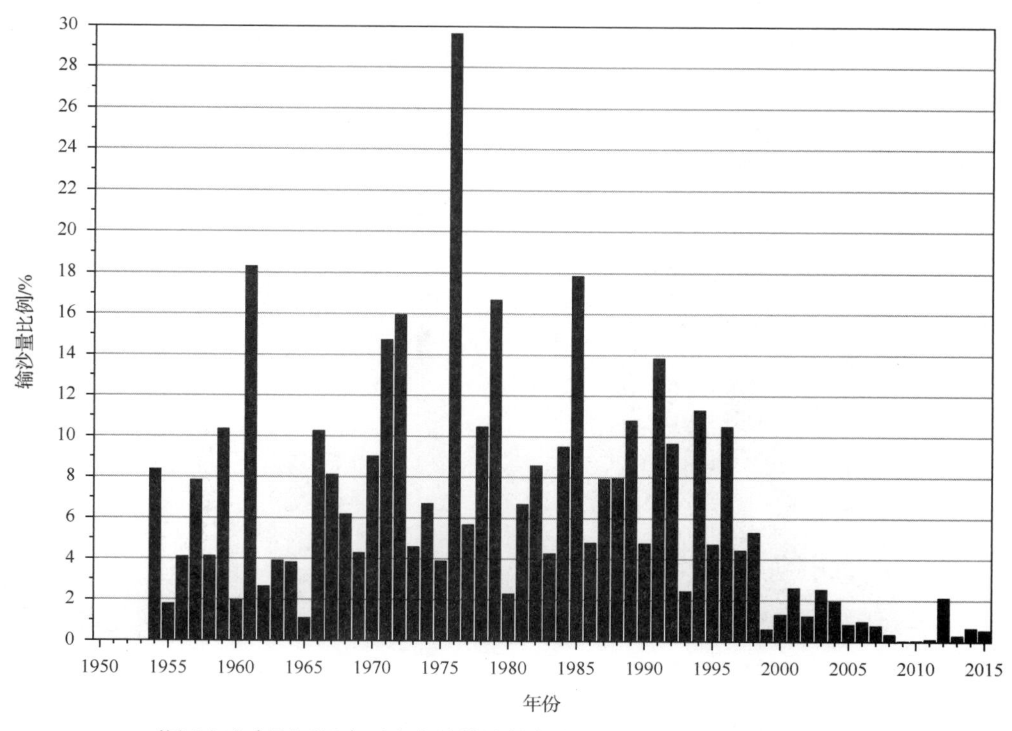

黄河支流窟野河温家川水文站输沙量占黄河上中游总输沙量比例时间序列图

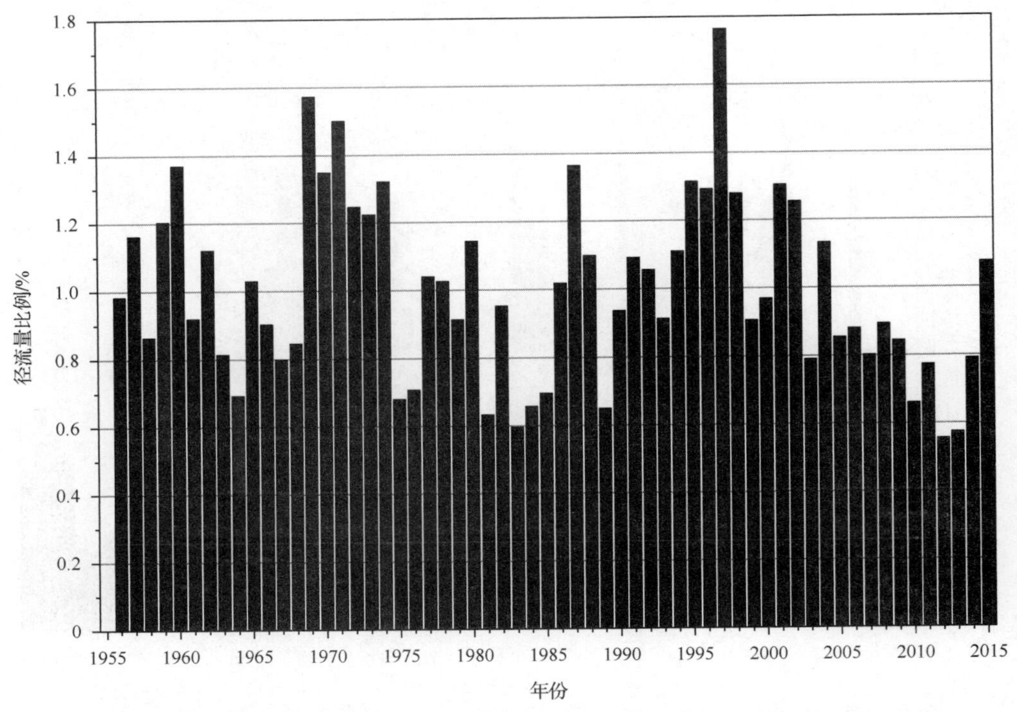

黄河支流秃尾河高家川水文站径流量占黄河上中游总径流量比例时间序列图

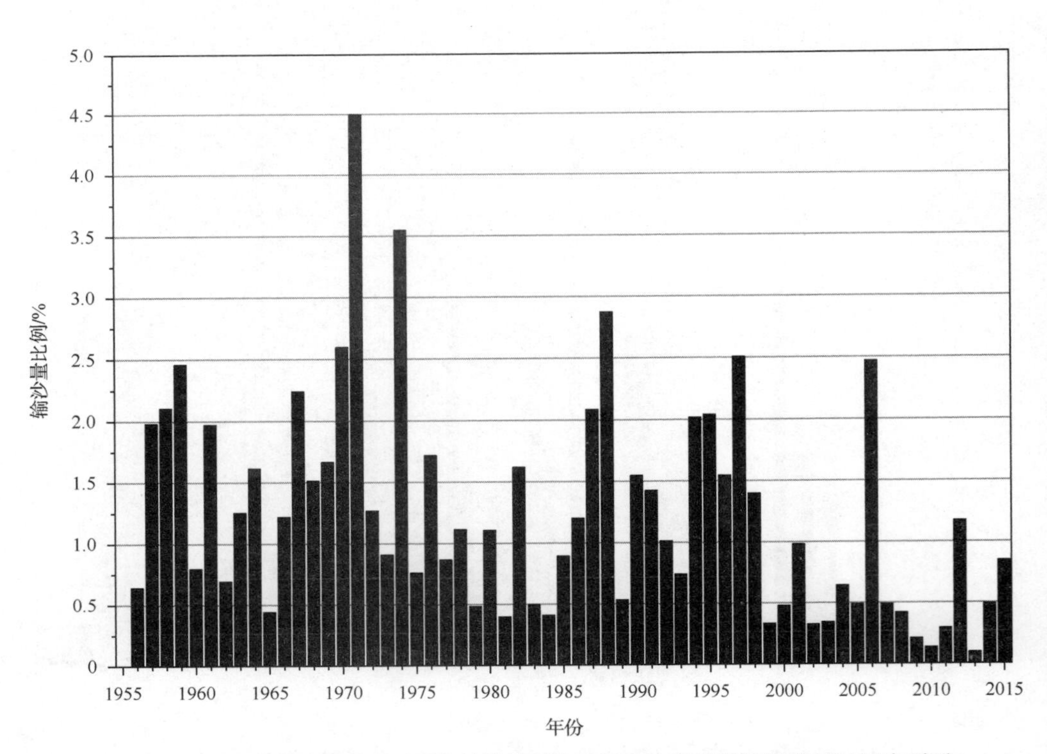

黄河支流秃尾河高家川水文站输沙量占黄河上中游总输沙量比例时间序列图

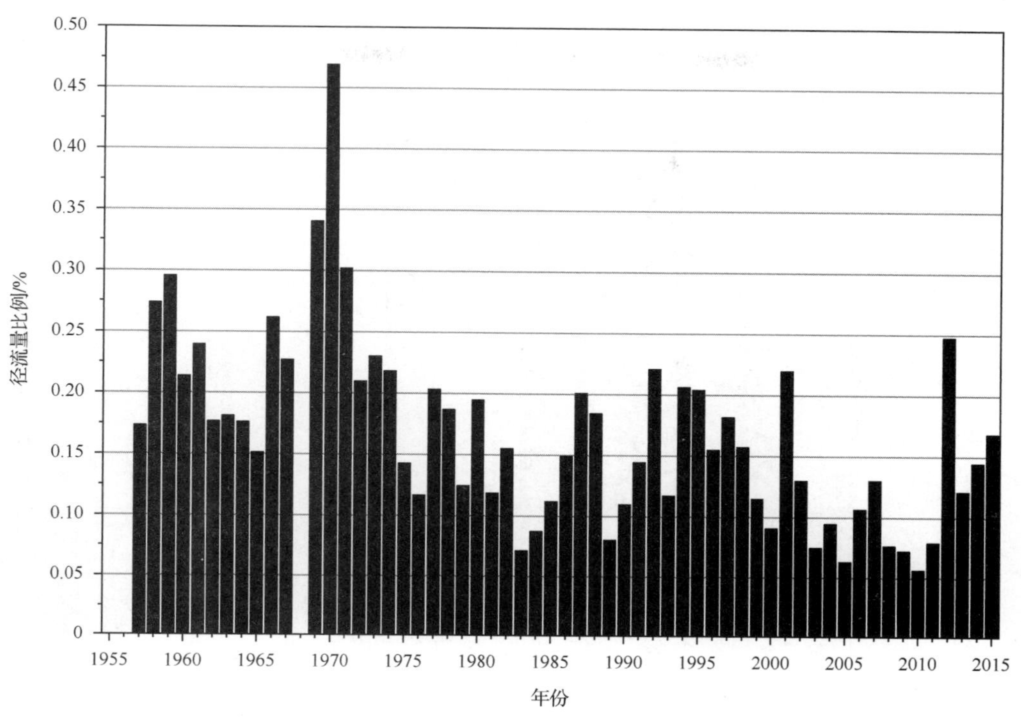

黄河支流佳芦河申家湾水文站径流量占黄河上中游总径流量比例时间序列图

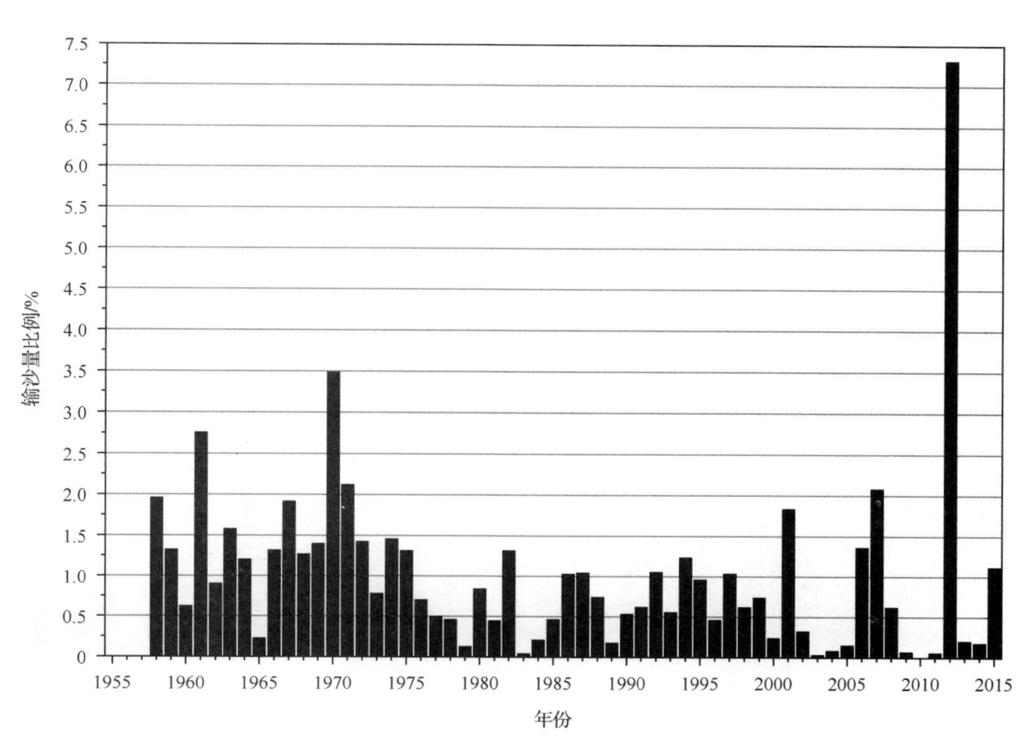

黄河支流佳芦河申家湾水文站输沙量占黄河上中游总输沙量比例时间序列图

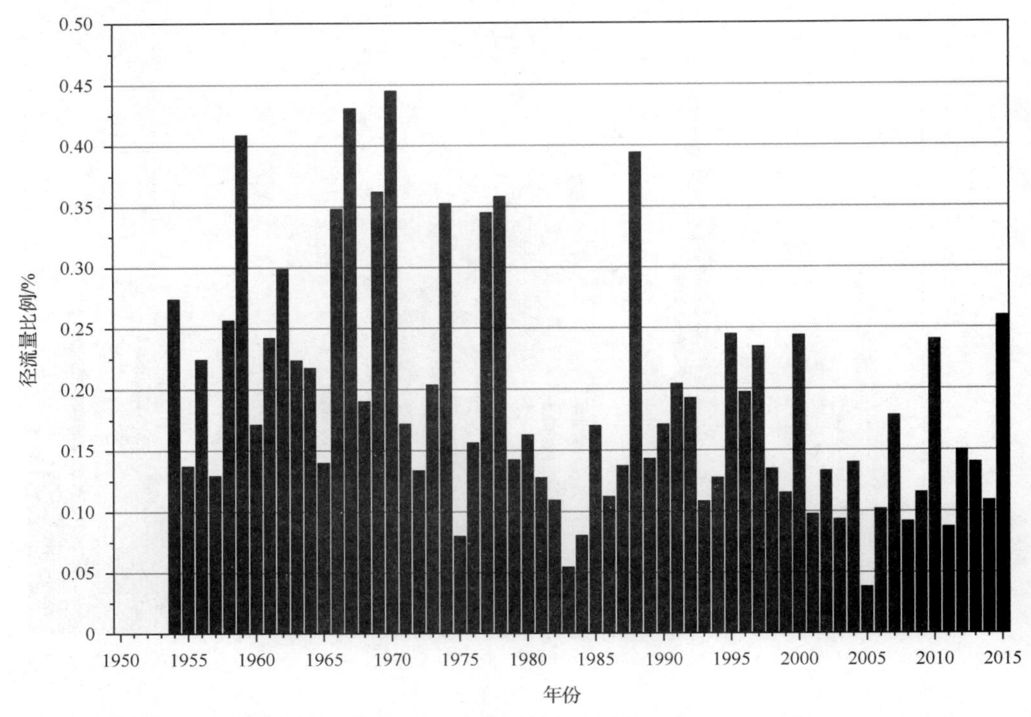

黄河支流湫水河林家坪水文站径流量占黄河上中游总径流量比例时间序列图

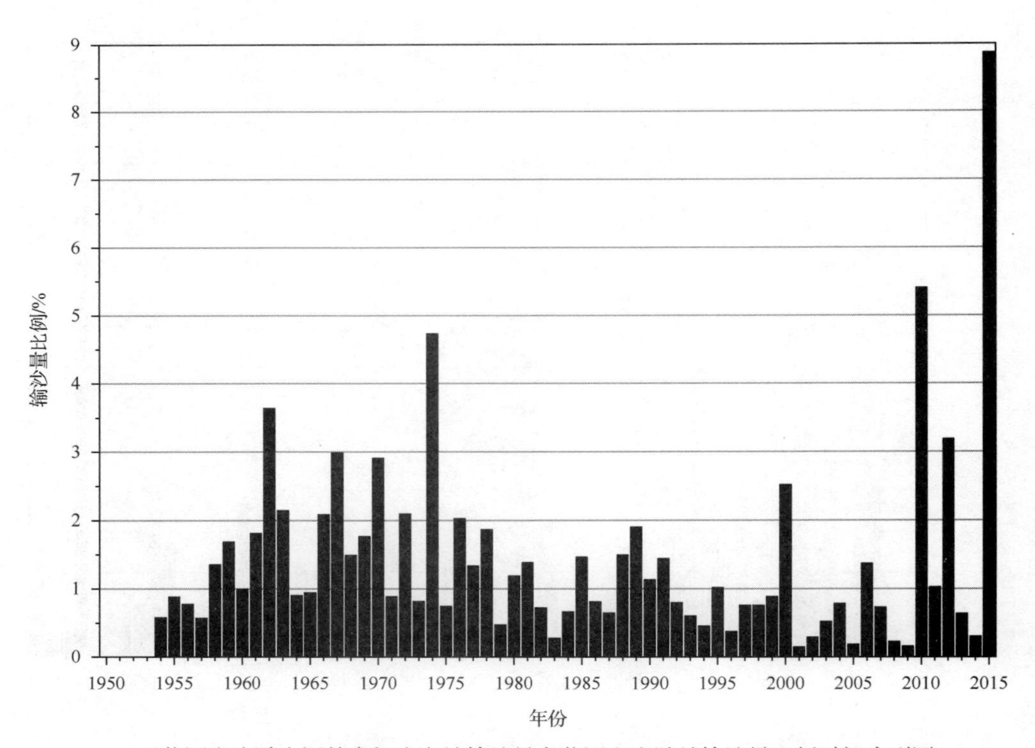

黄河支流湫水河林家坪水文站输沙量占黄河上中游总输沙量比例时间序列图

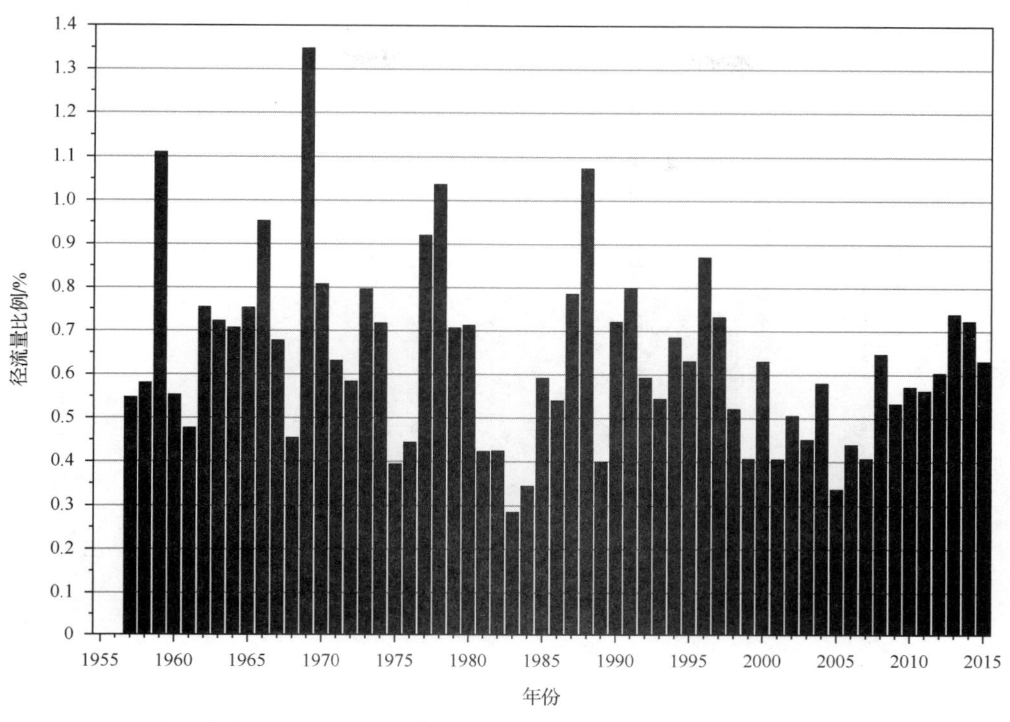

黄河支流三川河后大成水文站径流量占黄河上中游总径流量比例时间序列图

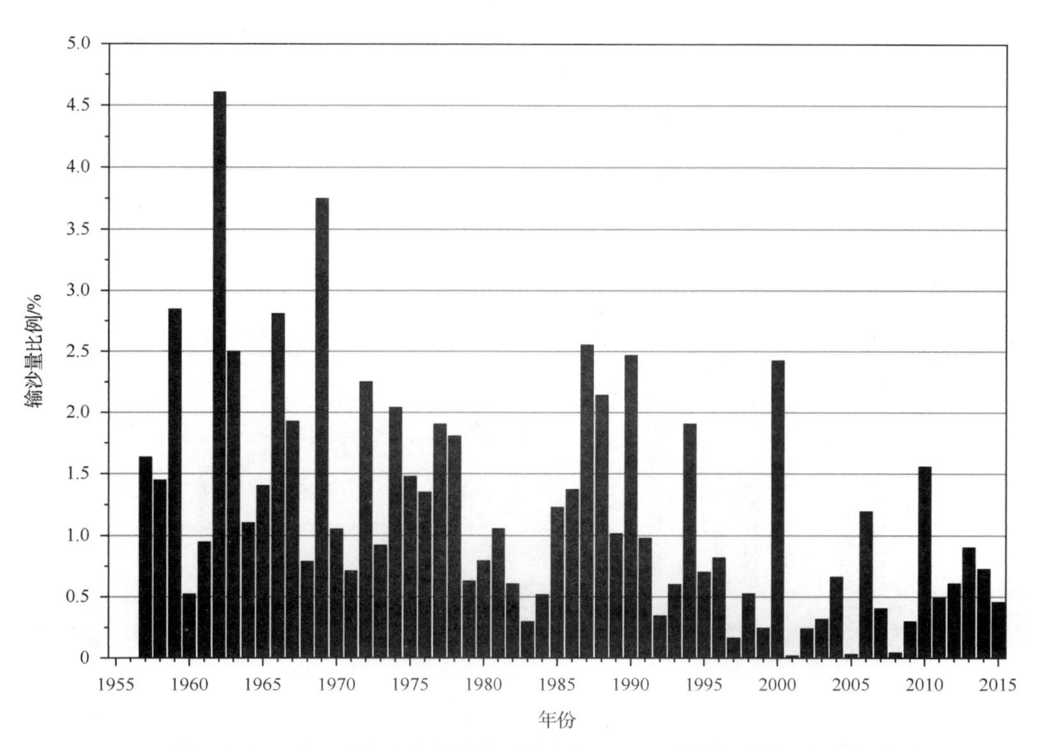

黄河支流三川河后大成水文站输沙量占黄河上中游总输沙量比例时间序列图

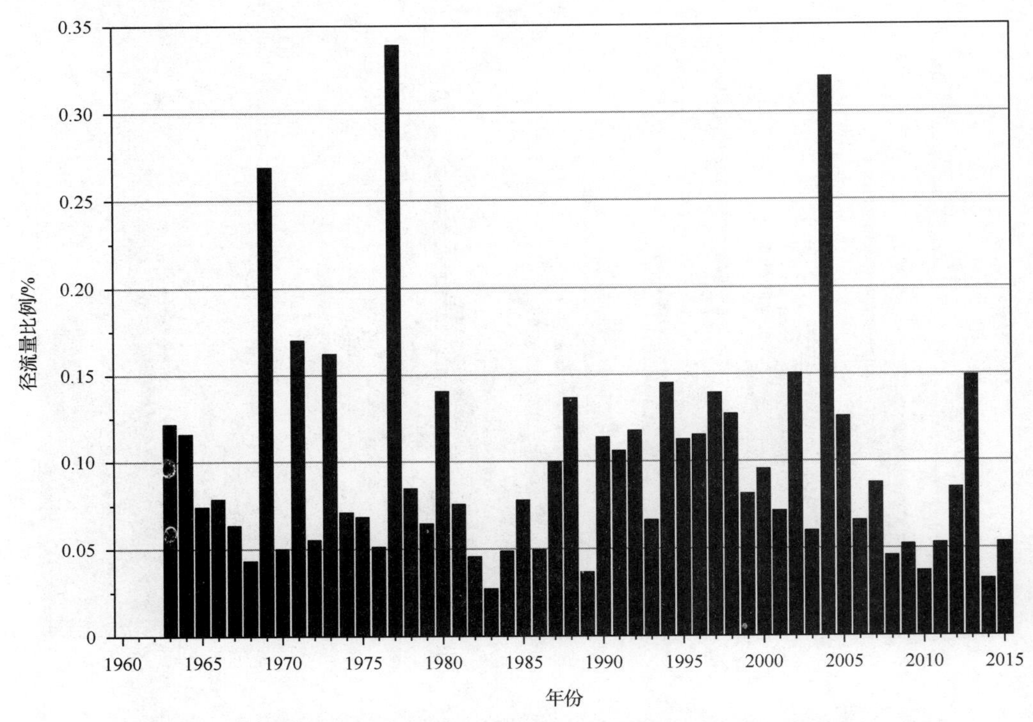

黄河支流屈产河裴沟水文站径流量占黄河上中游总径流量比例时间序列图

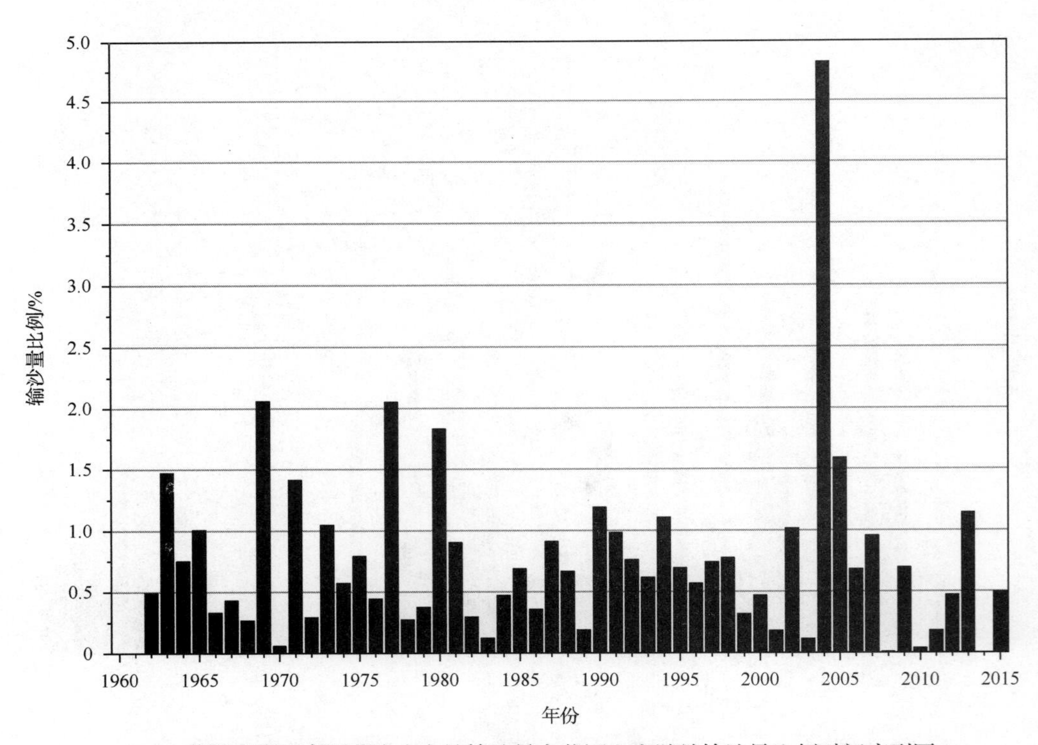

黄河支流屈产河裴沟水文站输沙量占黄河上中游总输沙量比例时间序列图

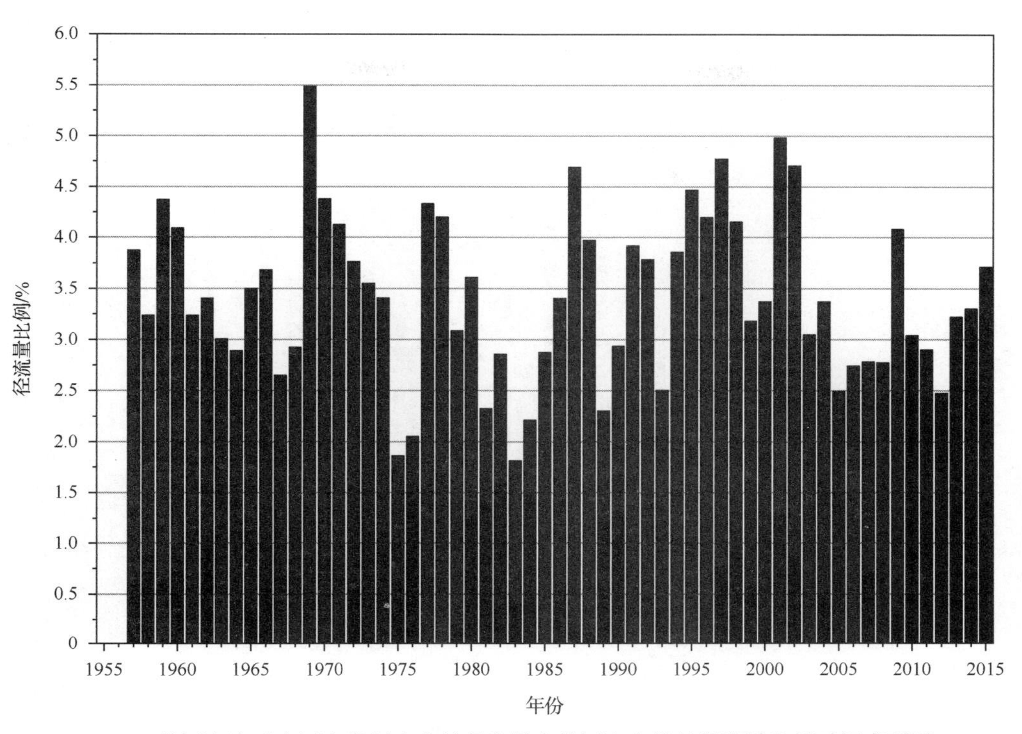

黄河支流无定河白家川水文站径流量占黄河上中游总径流量比例时间序列图

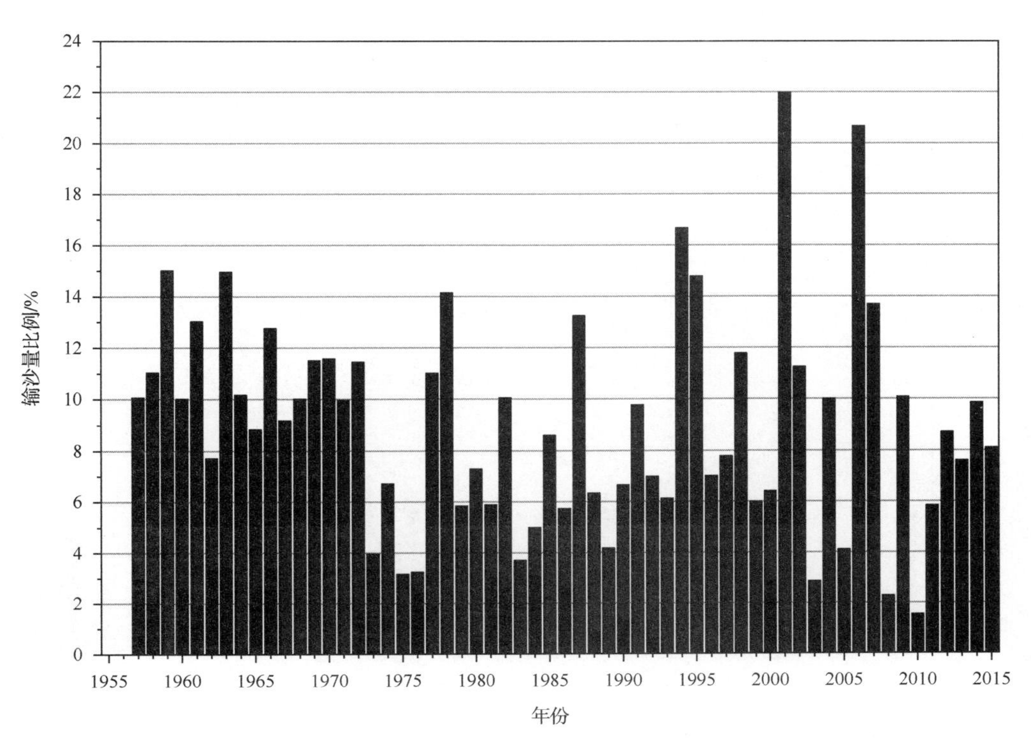

黄河支流无定河白家川水文站输沙量占黄河上中游总输沙量比例时间序列图

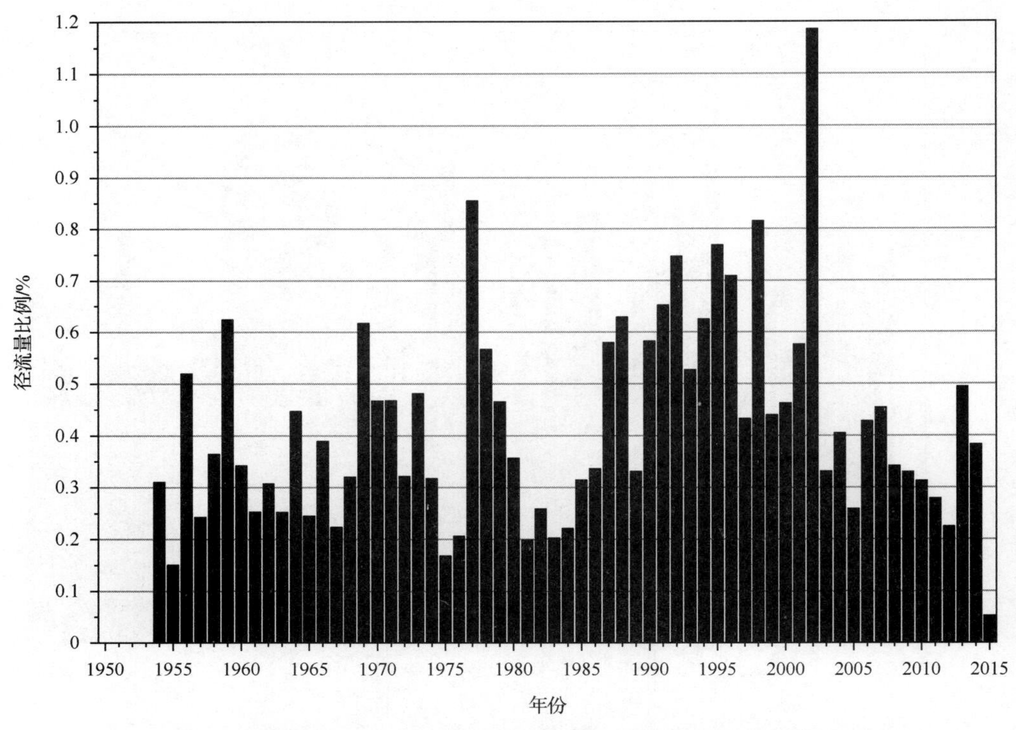

黄河支流清涧河延川水文站径流量占黄河上中游总径流量比例时间序列图

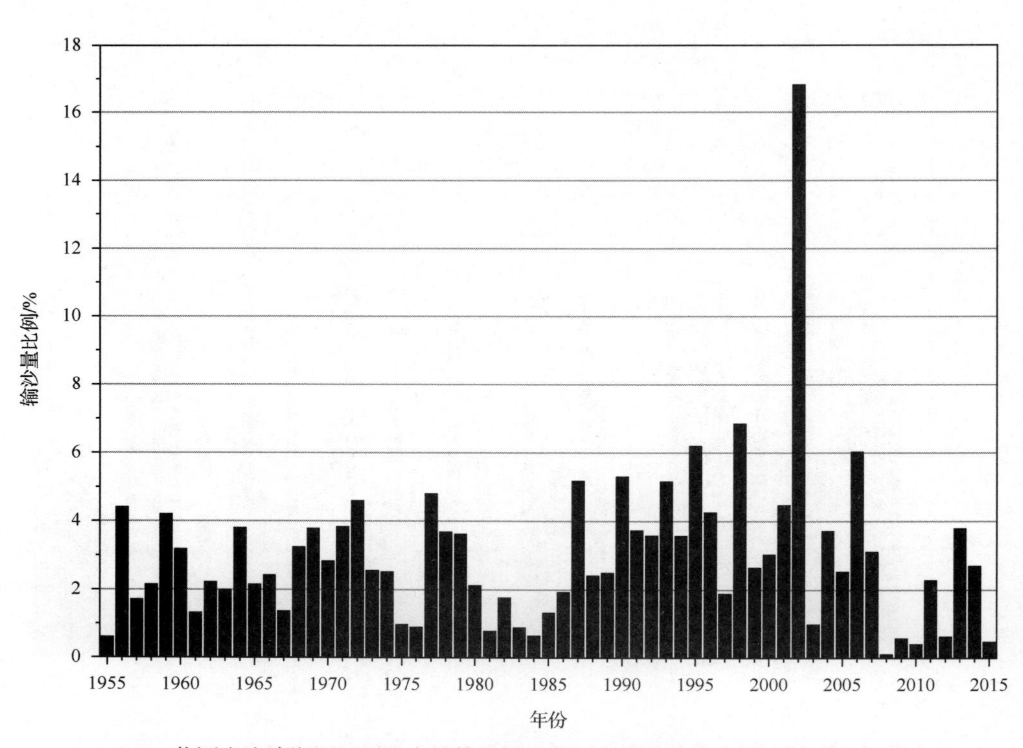

黄河支流清涧河延川水文站输沙量占黄河上中游总输沙量比例时间序列图

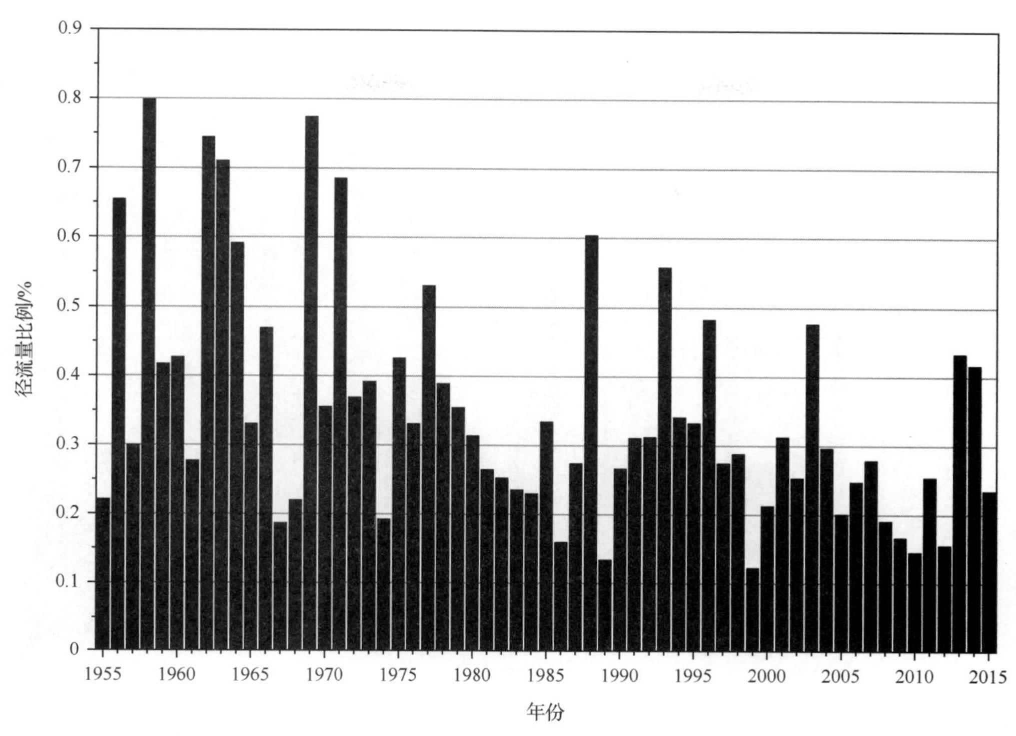

黄河支流昕水河大宁水文站径流量占黄河上中游总径流量比例时间序列图

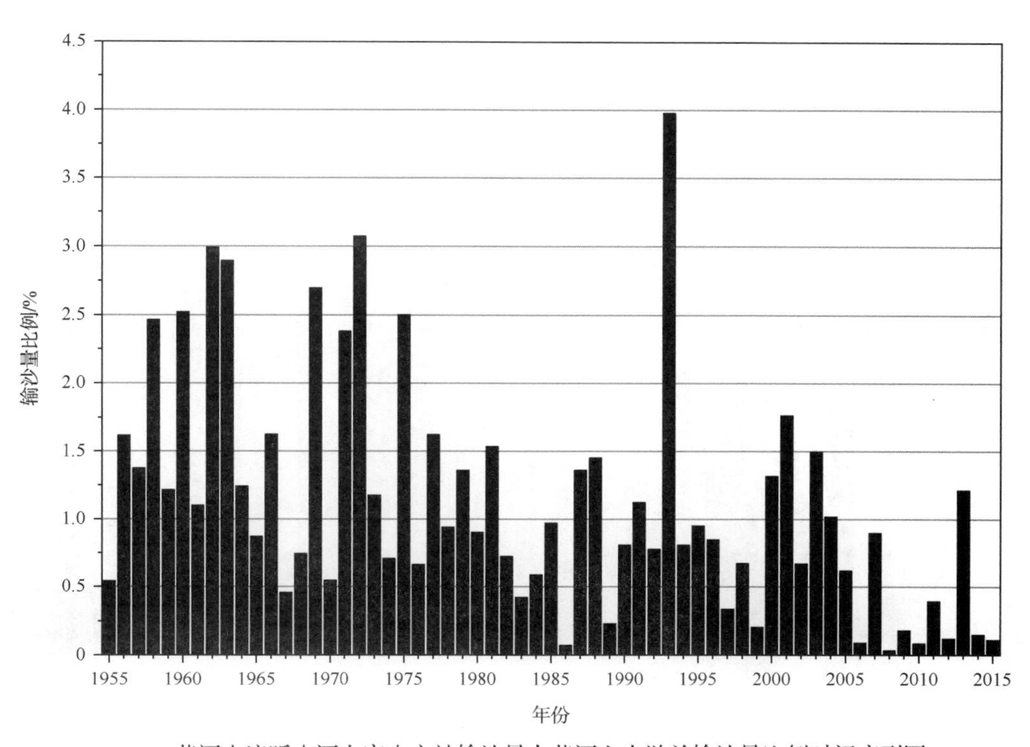

黄河支流昕水河大宁水文站输沙量占黄河上中游总输沙量比例时间序列图

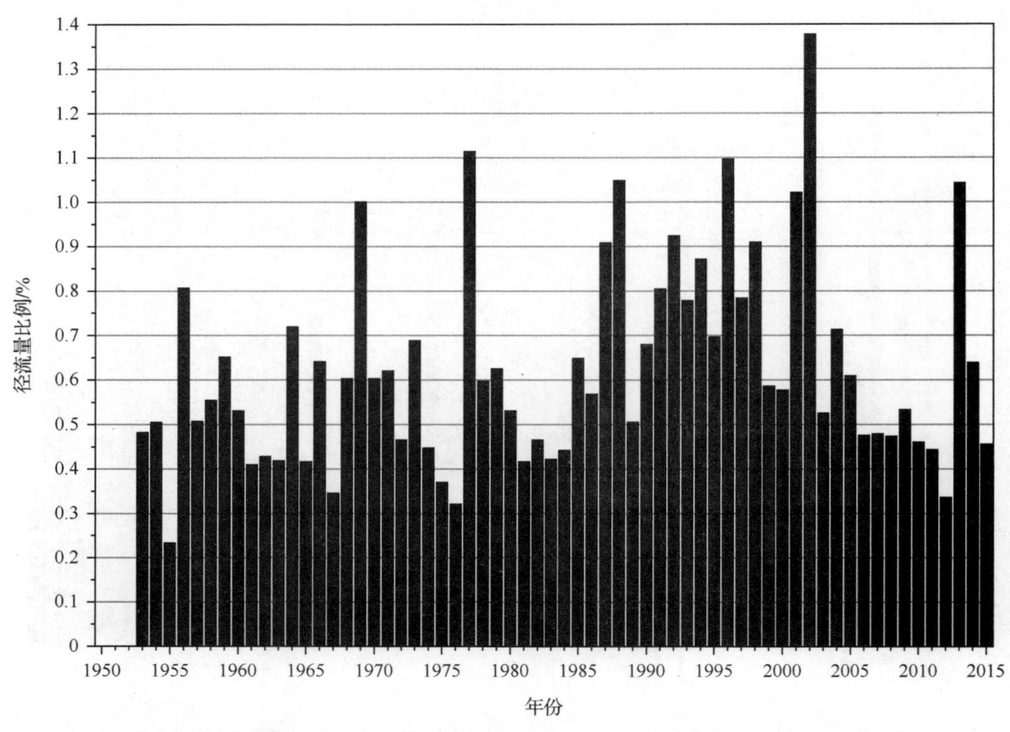

黄河支流延河甘谷驿水文站径流量占黄河上中游总径流量比例时间序列图

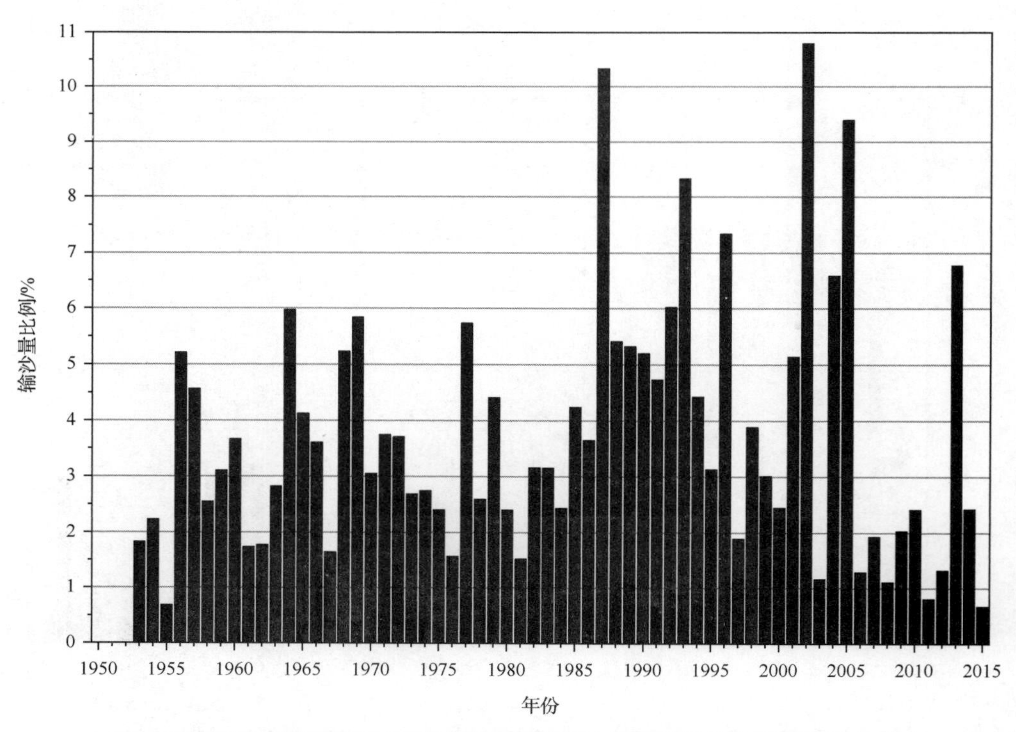

黄河支流延河甘谷驿水文站输沙量占黄河上中游总输沙量比例时间序列图

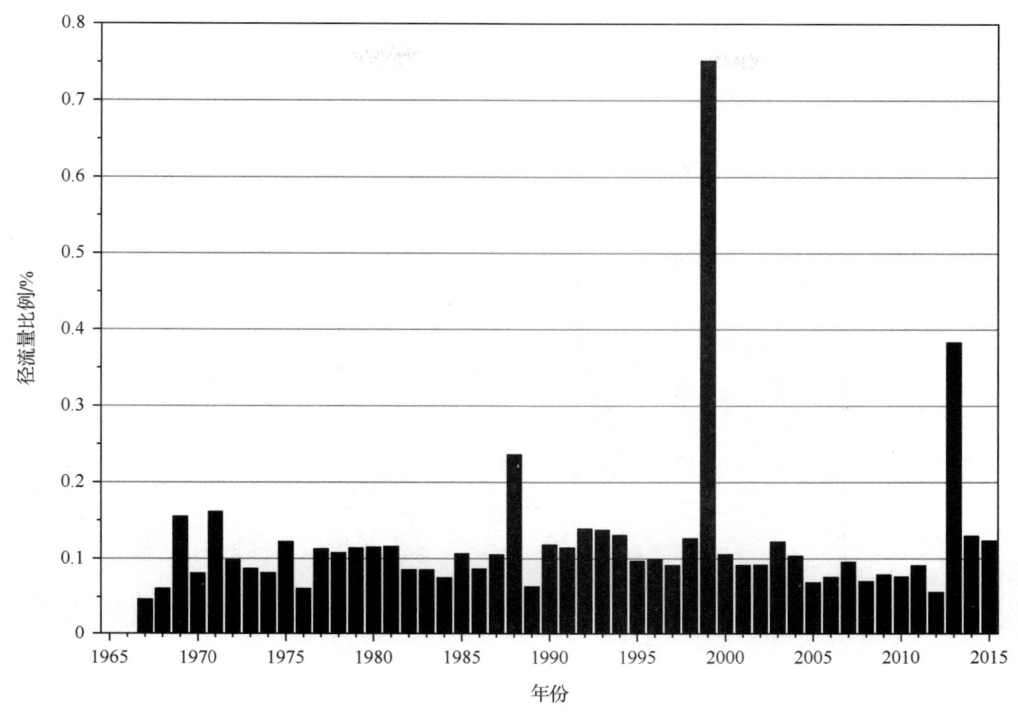

黄河支流汾川河新市河水文站径流量占黄河上中游总径流量比例时间序列图

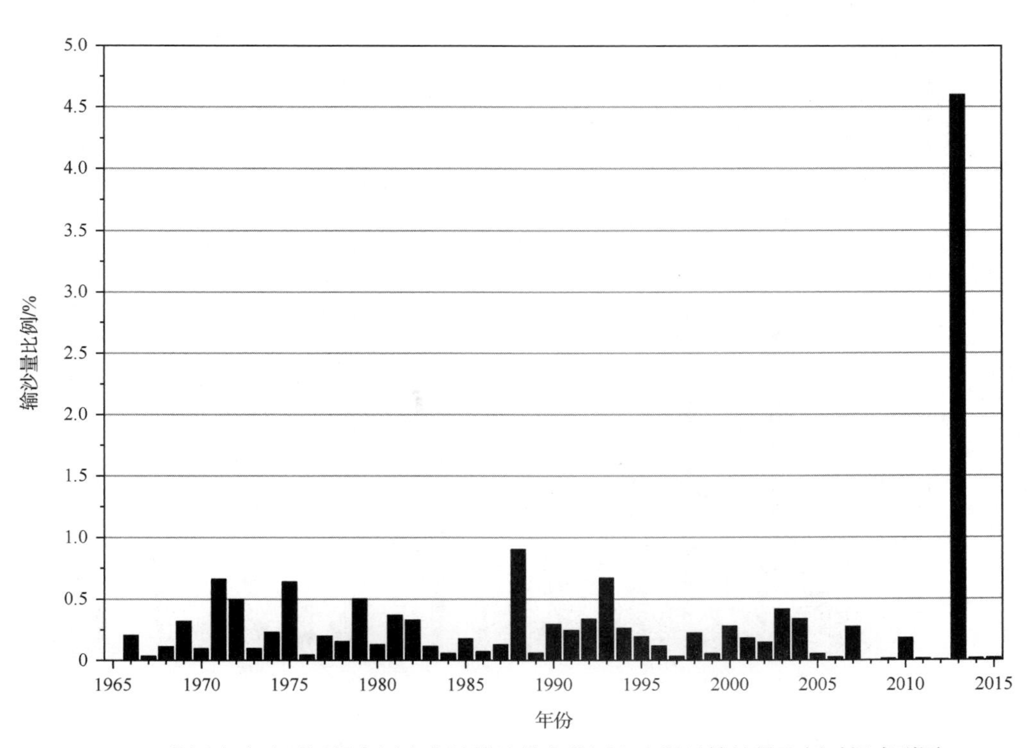

黄河支流汾川河新市河水文站输沙量占黄河上中游总输沙量比例时间序列图

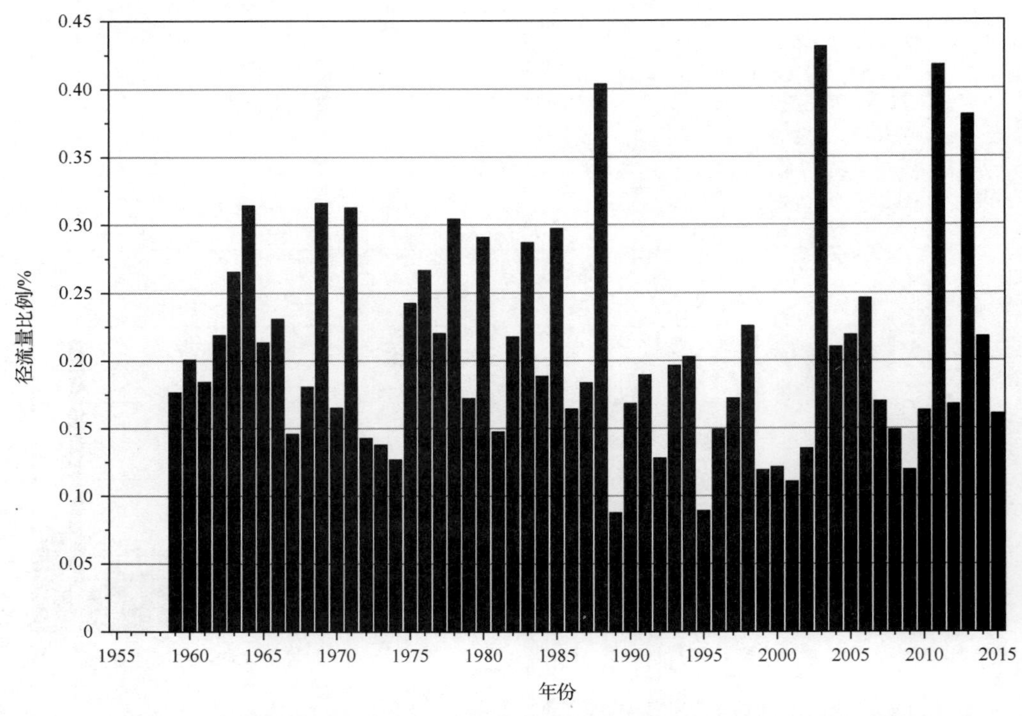

黄河支流仕望川大村水文站径流量占黄河上中游总径流量比例时间序列图

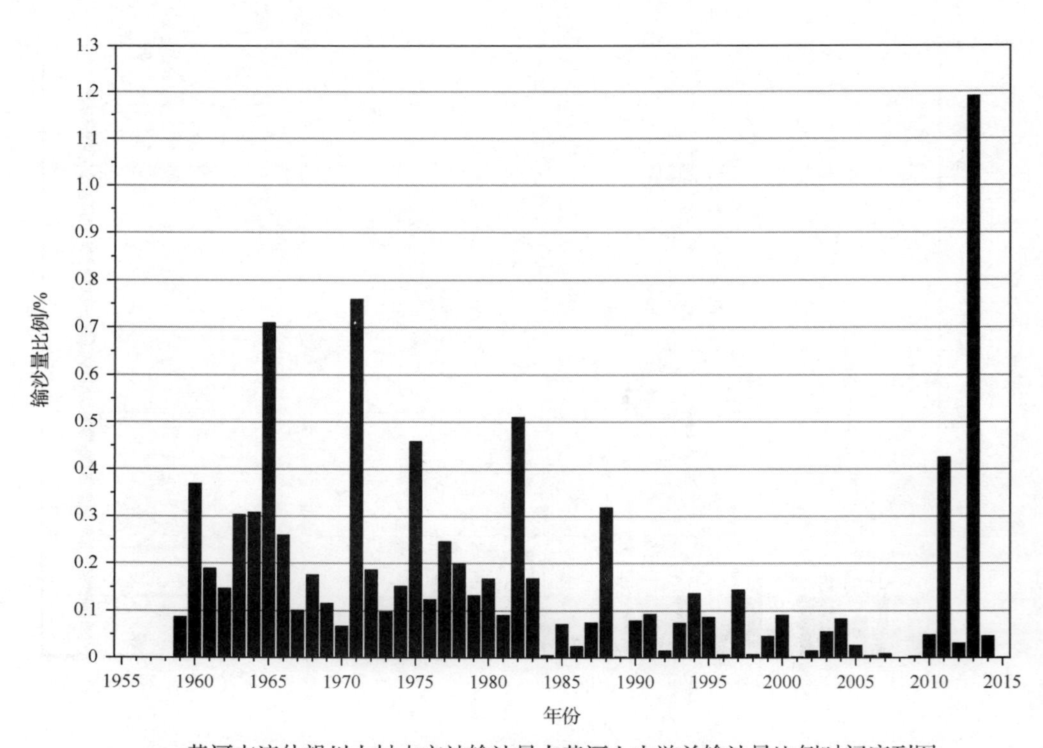

黄河支流仕望川大村水文站输沙量占黄河上中游总输沙量比例时间序列图

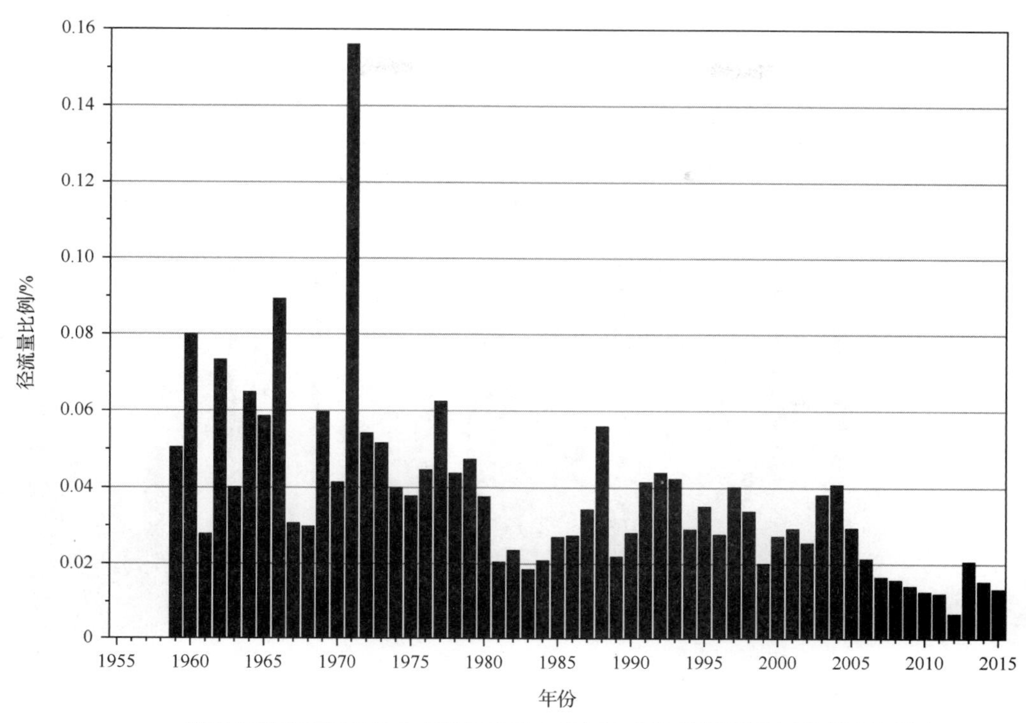

黄河支流州川河吉县水文站径流量占黄河上中游总径流量比例时间序列图

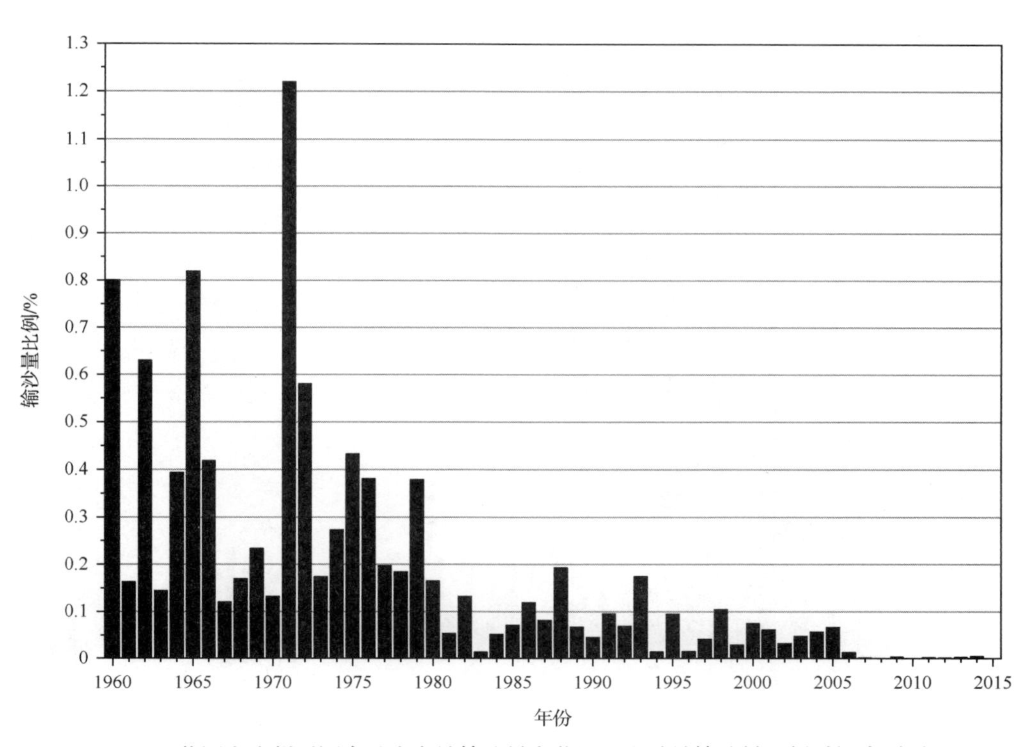

黄河支流州川河吉县水文站输沙量占黄河上中游总输沙量比例时间序列图

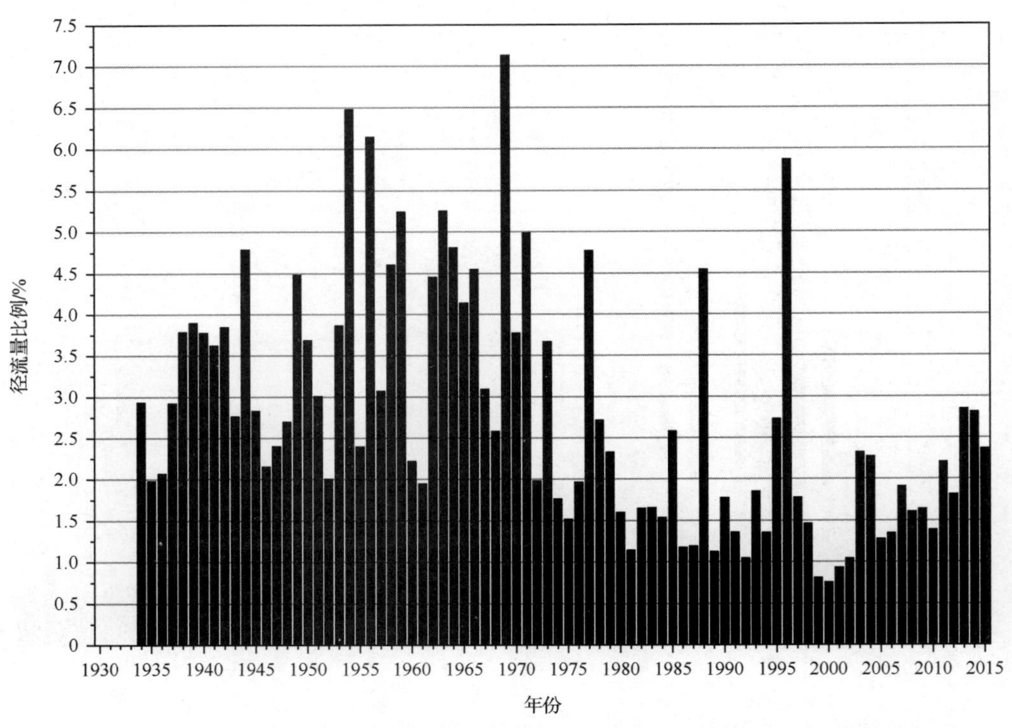

黄河支流汾河河津水文站径流量占黄河上中游总径流量比例时间序列图

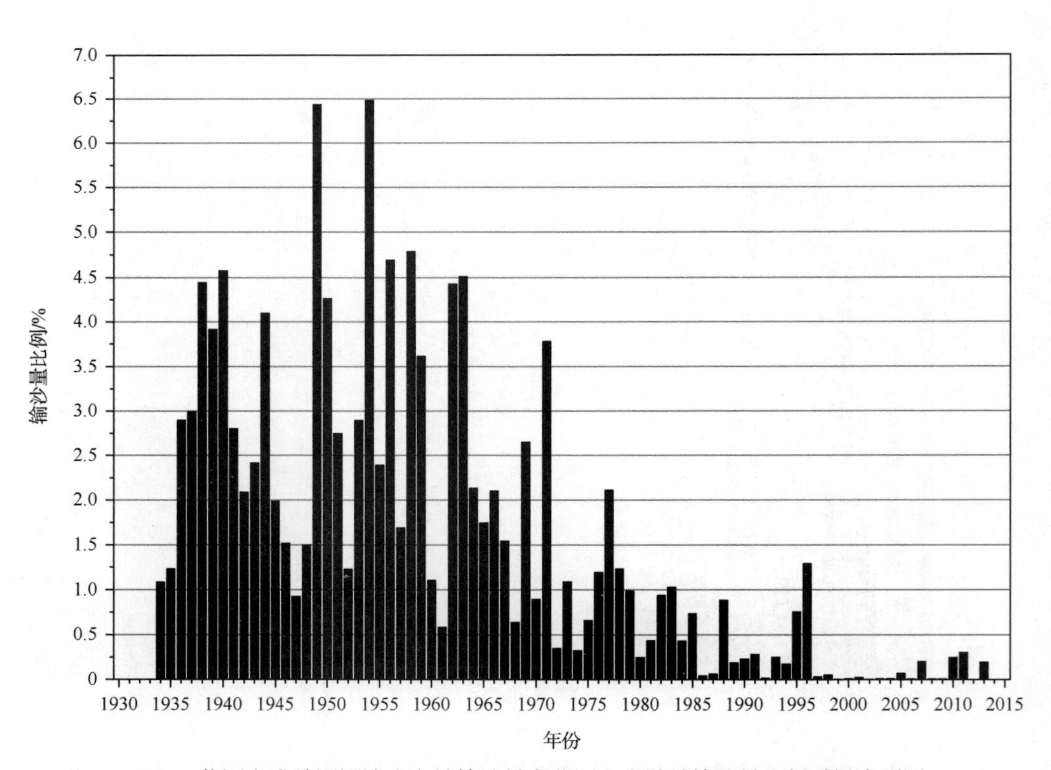

黄河支流汾河河津水文站输沙量占黄河上中游总输沙量比例时间序列图

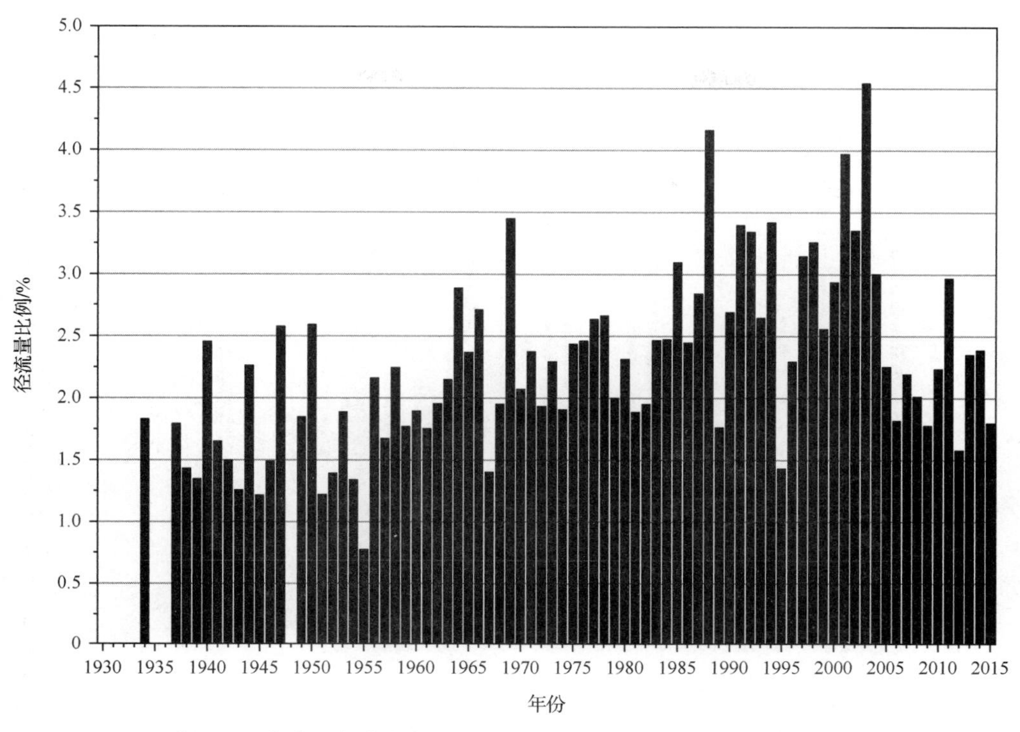

黄河支流北洛河洑头水文站径流量占黄河上中游总径流量比例时间序列图

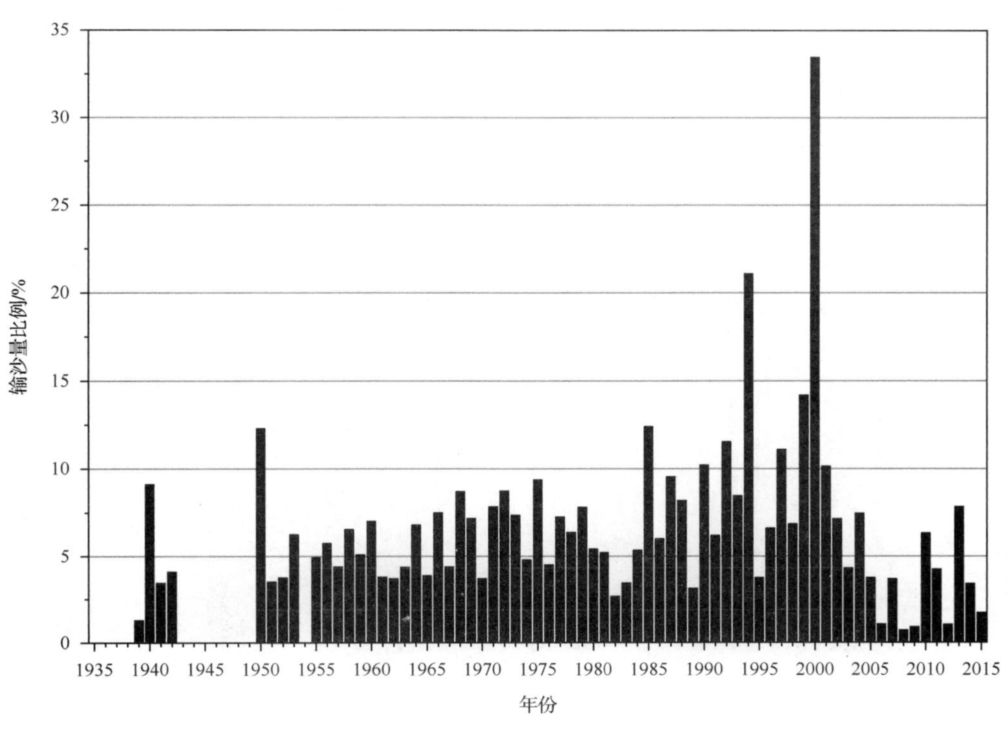

黄河支流北洛河洑头水文站输沙量占黄河上中游总输沙量比例时间序列图

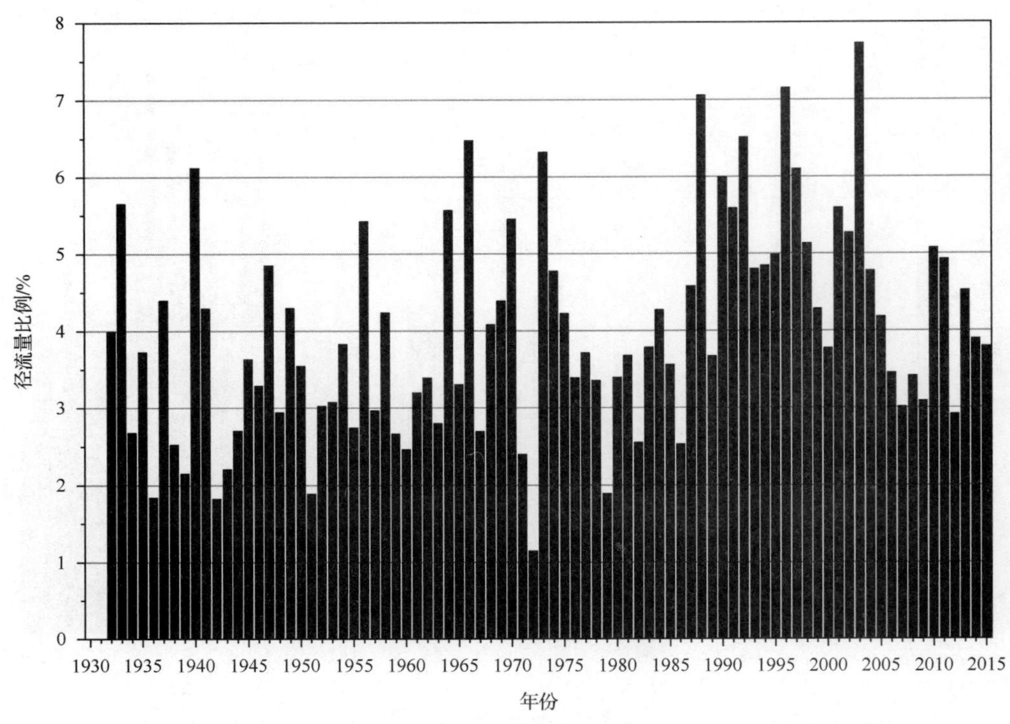

黄河支流泾河张家山水文站径流量占黄河上中游总径流量比例时间序列图

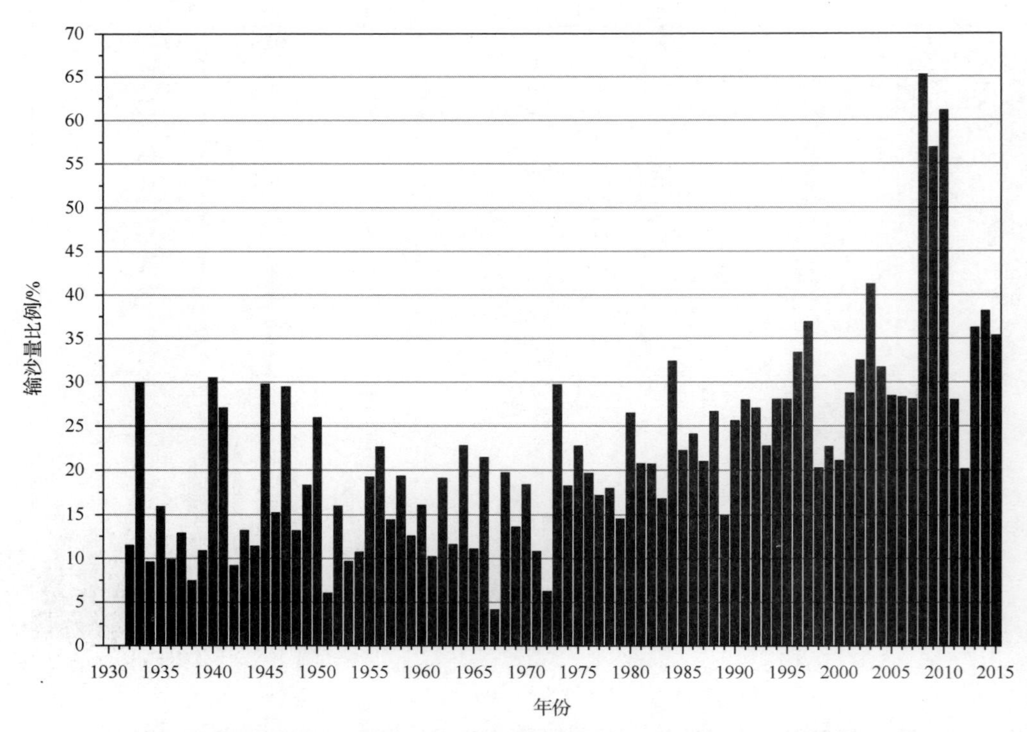

黄河支流泾河张家山水文站输沙量占黄河上中游总输沙量比例时间序列图

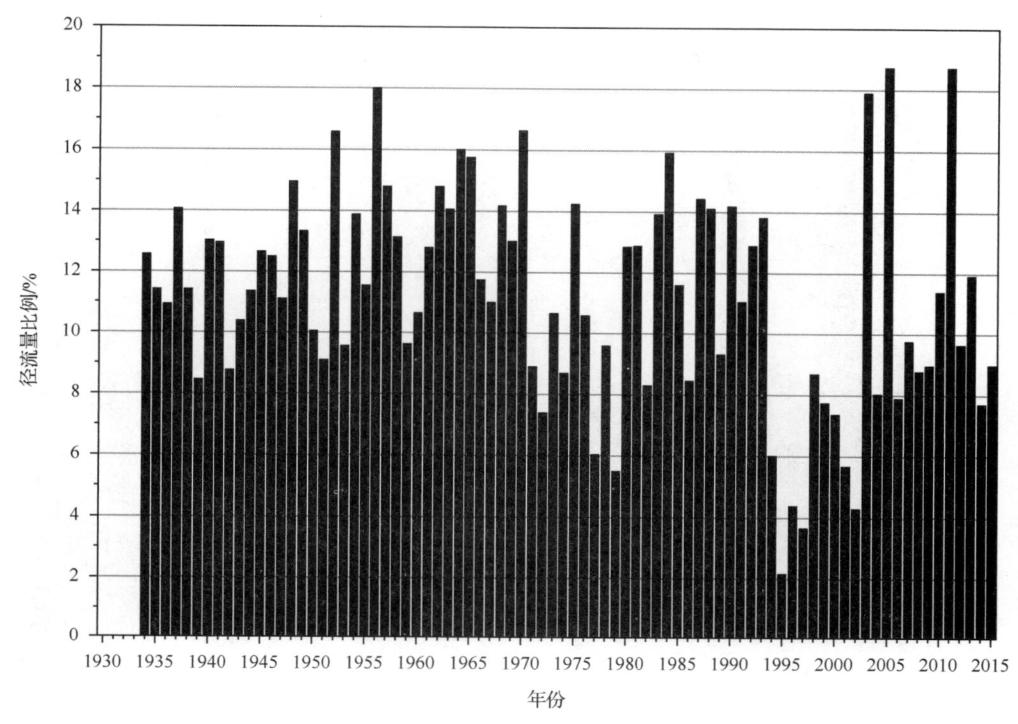

黄河支流渭河咸阳水文站径流量占黄河上中游总径流量比例时间序列图

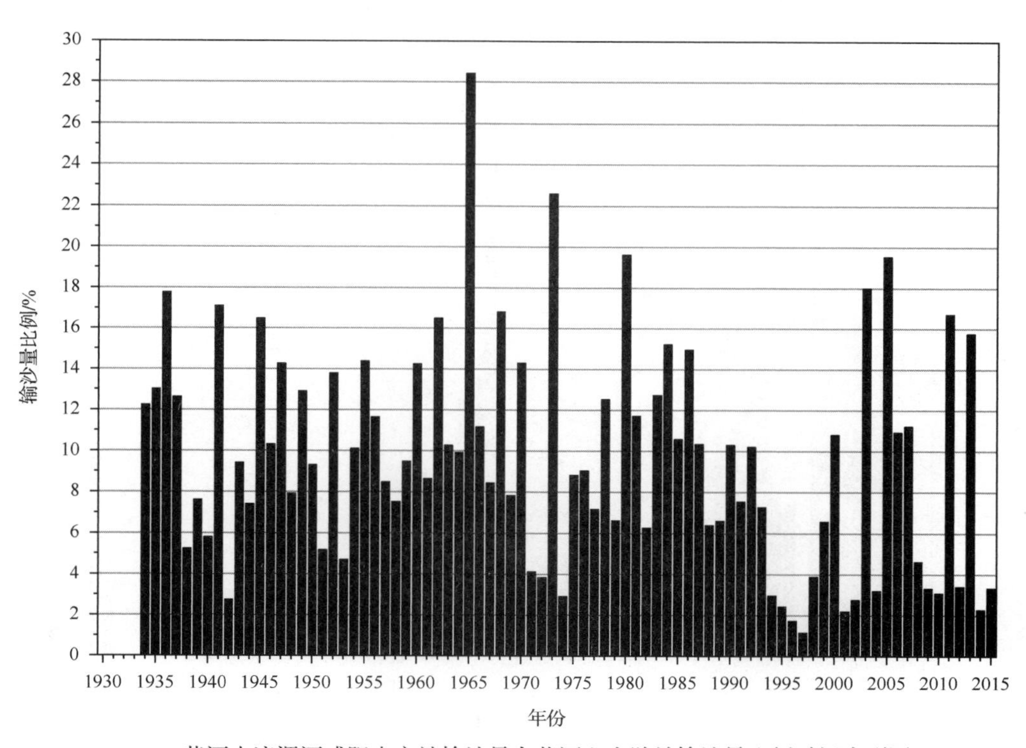

黄河支流渭河咸阳水文站输沙量占黄河上中游总输沙量比例时间序列图

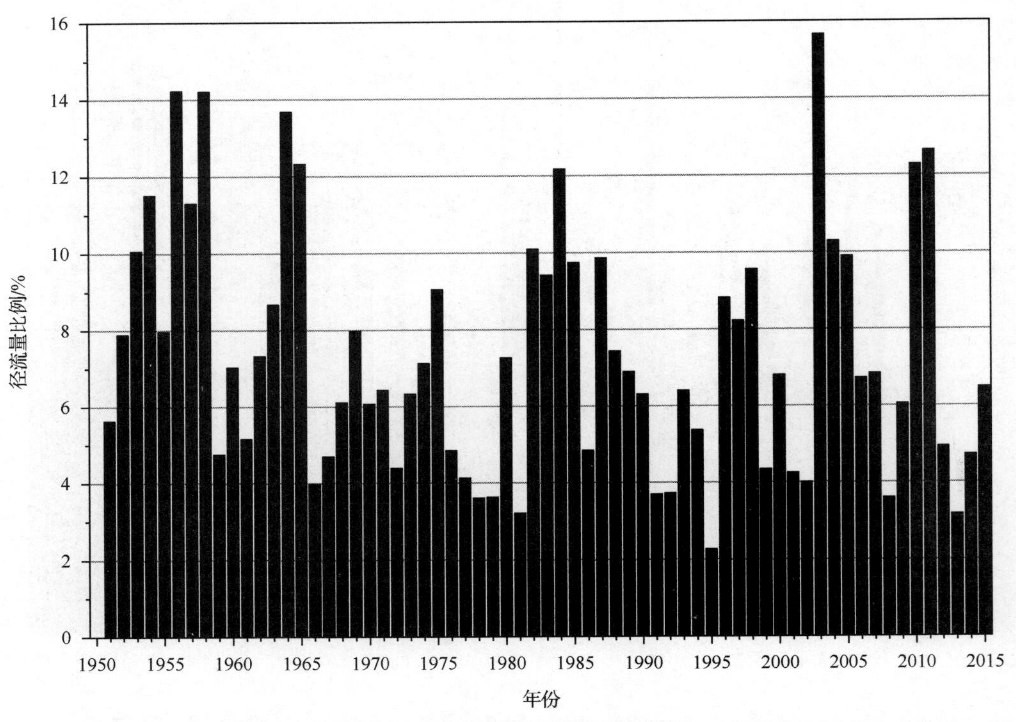

黄河支流伊洛河黑石关水文站径流量占黄河上中游总径流量比例时间序列图

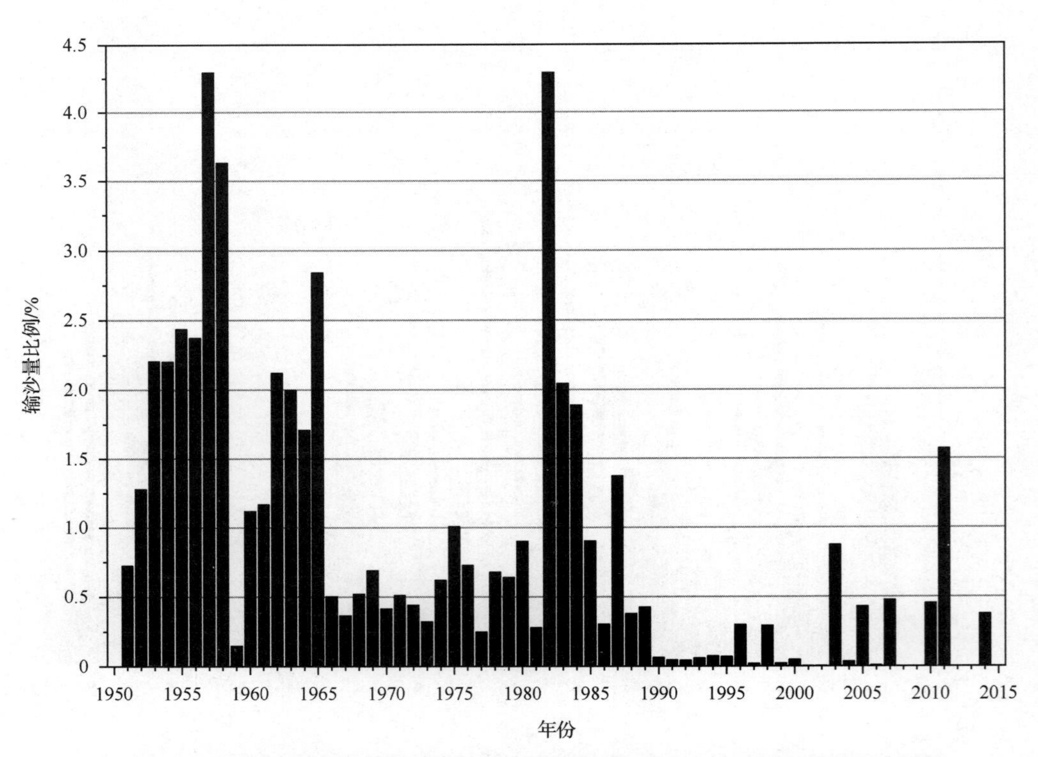

黄河支流伊洛河黑石关水文站输沙量占黄河上中游总输沙量比例时间序列图

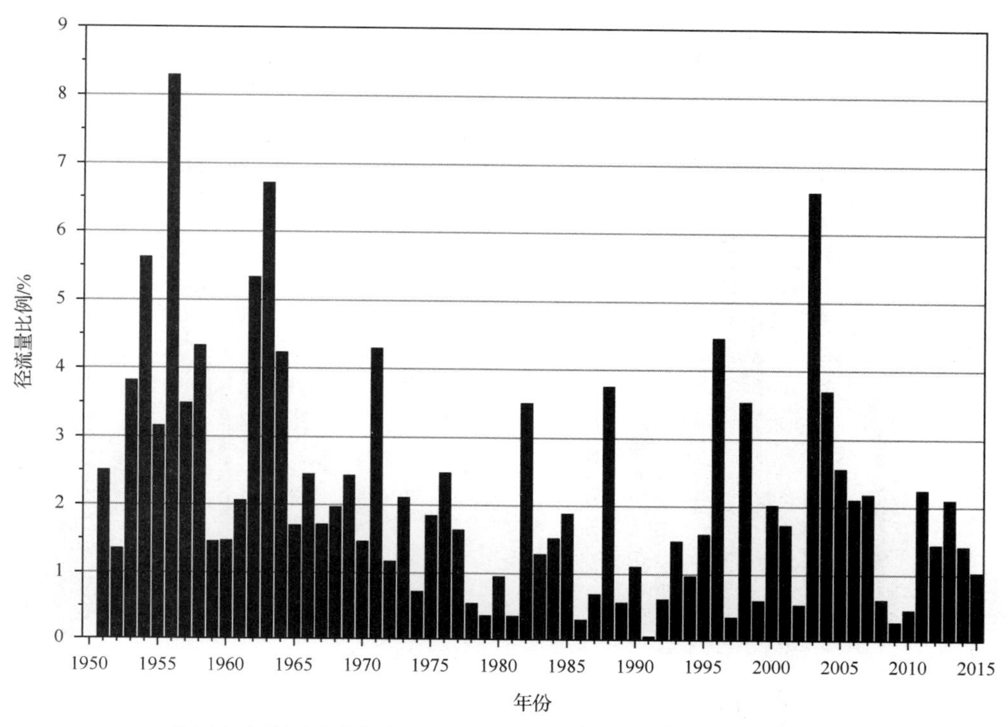

黄河支流沁河武陟水文站径流量占黄河上中游总径流量比例时间序列图

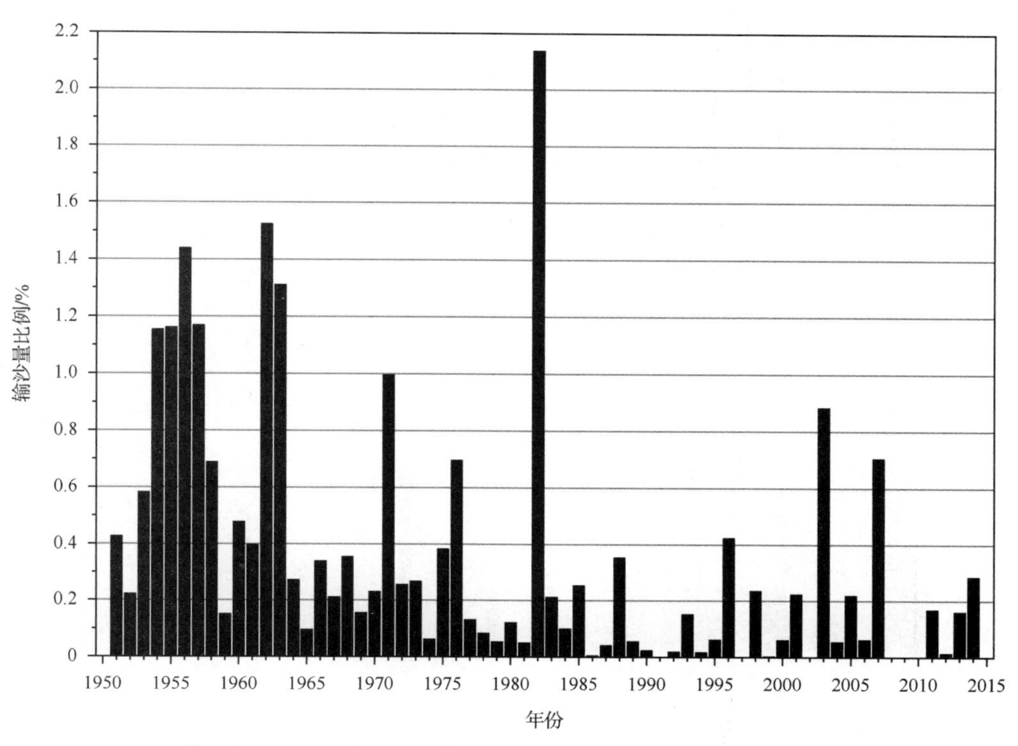

黄河支流沁河武陟水文站输沙量占黄河上中游总输沙量比例时间序列图

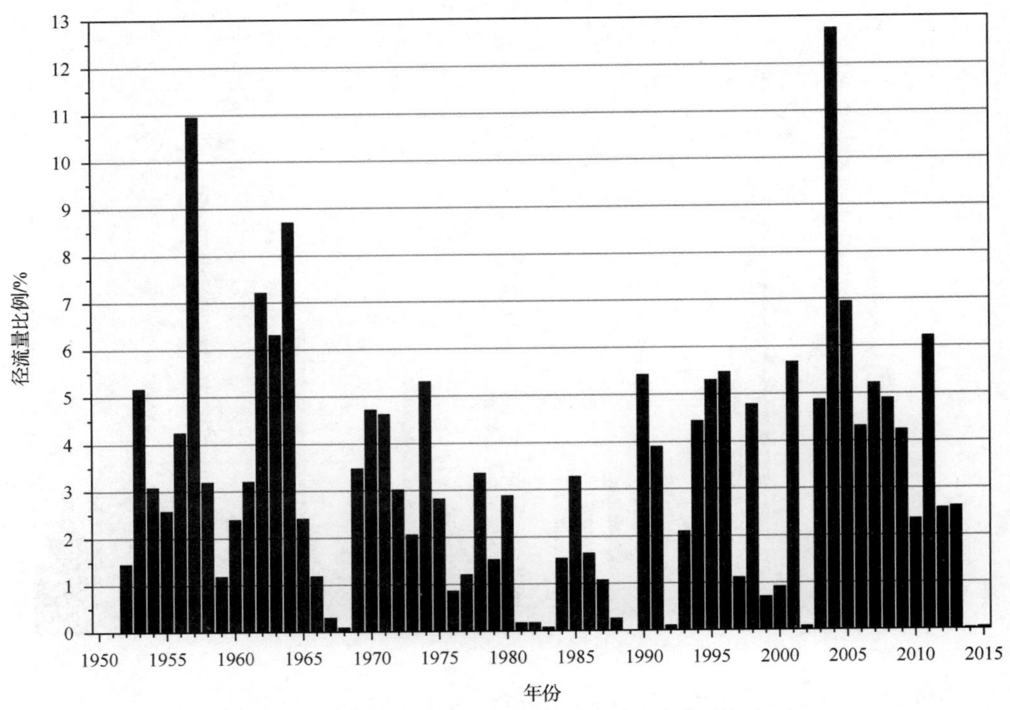

黄河支流大汶河戴村坝水文站径流量占黄河上中游总径流量比例时间序列图

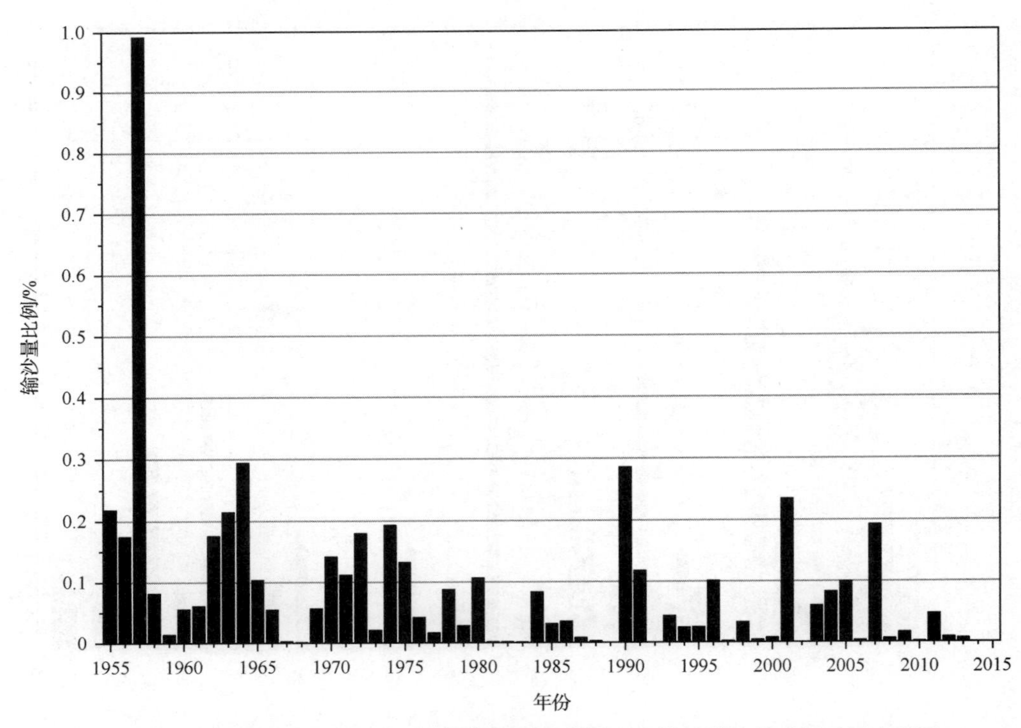

黄河支流大汶河戴村坝水文站输沙量占黄河上中游总输沙量比例时间序列图

6　黄河主要支流产水产沙图

6.1　黄河主要支流产水产沙量散点连线图

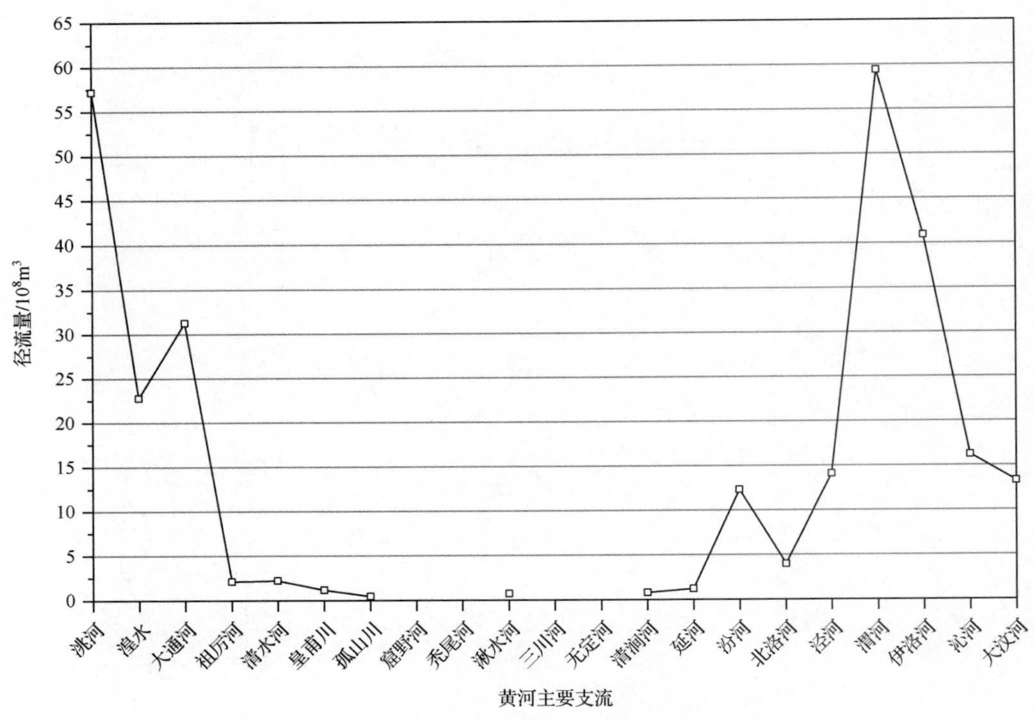

1955年黄河主要支流产水量散点连线图

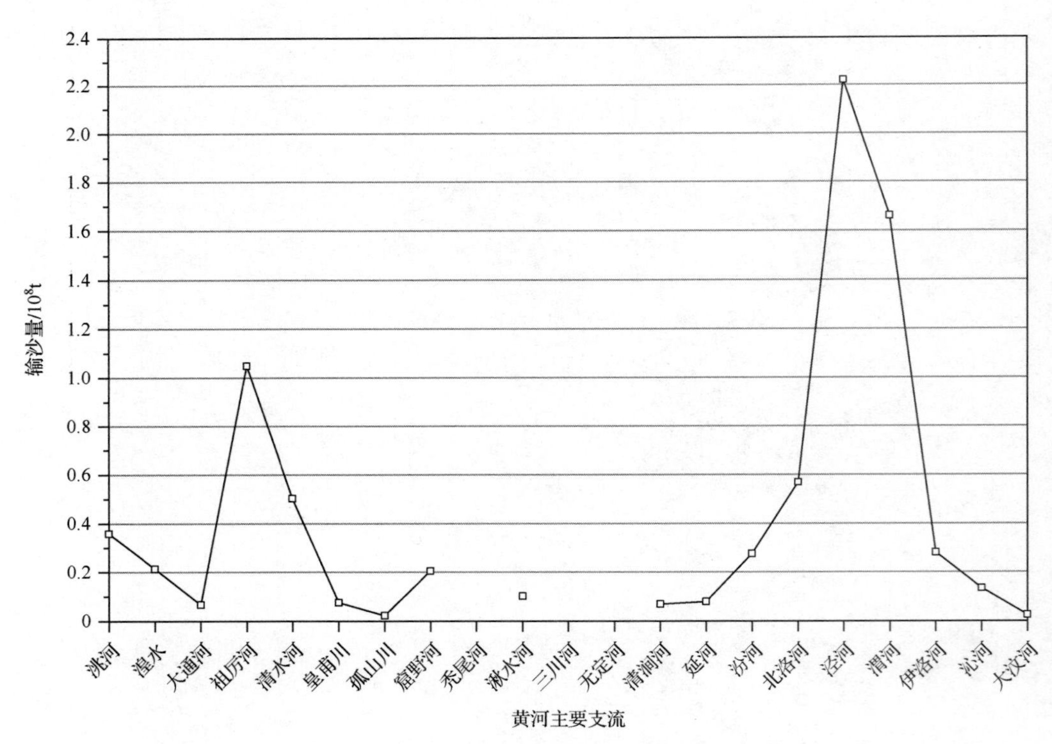

1955年黄河主要支流产沙量散点连线图

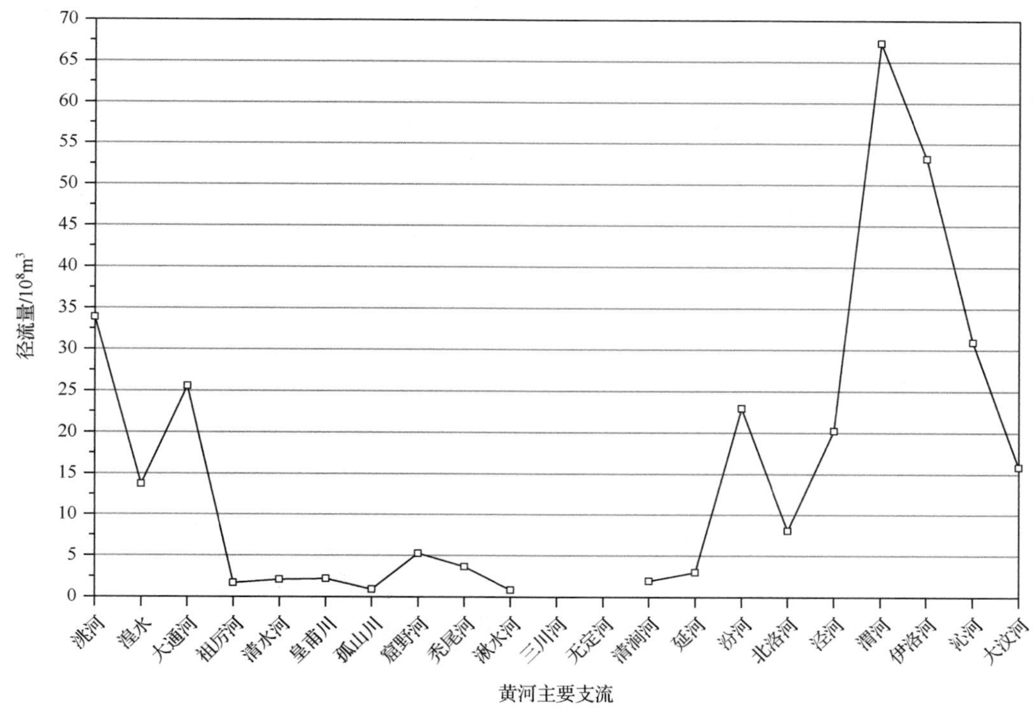

1956年黄河主要支流产水量散点连线图

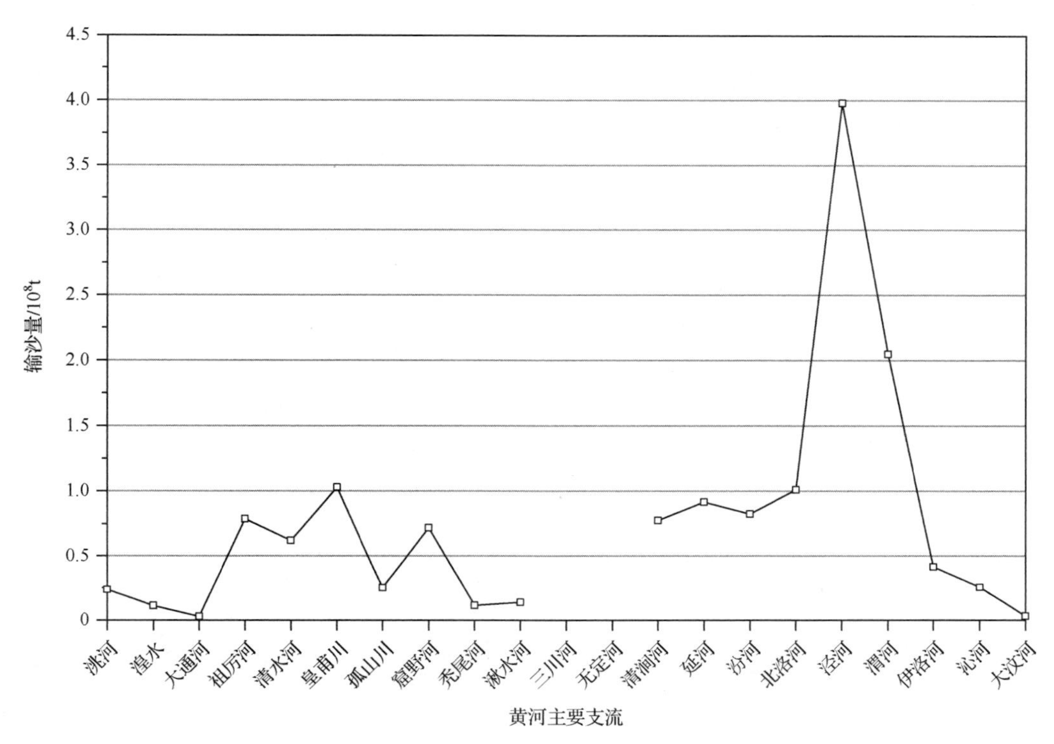

1956年黄河主要支流产沙量散点连线图

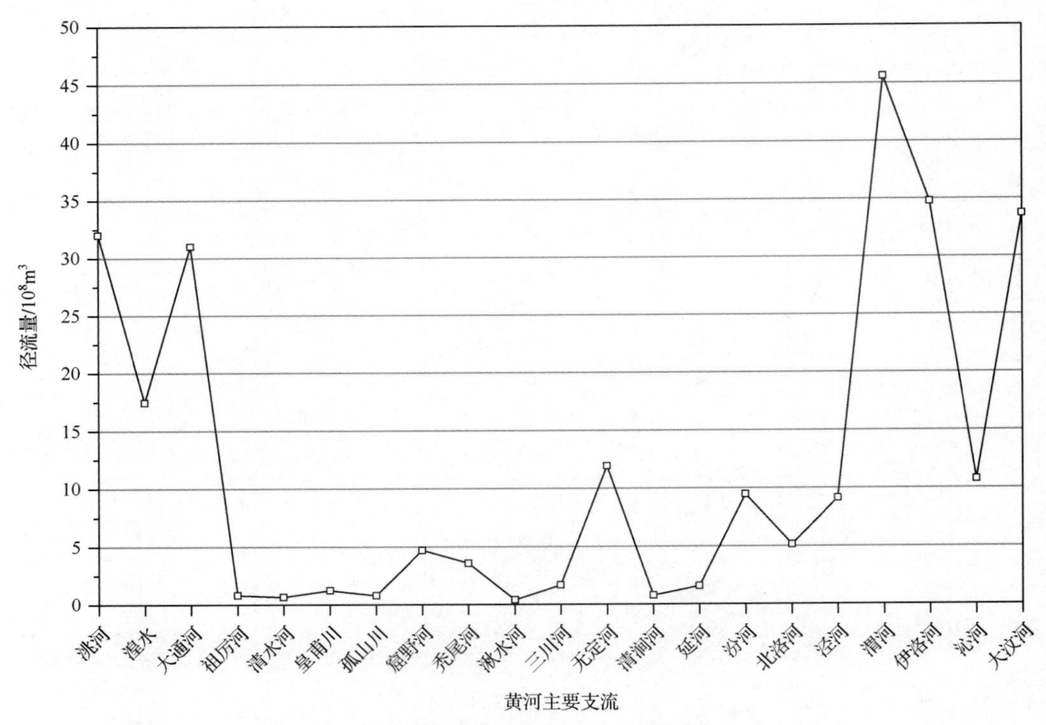

1957年黄河主要支流产水量散点连线图

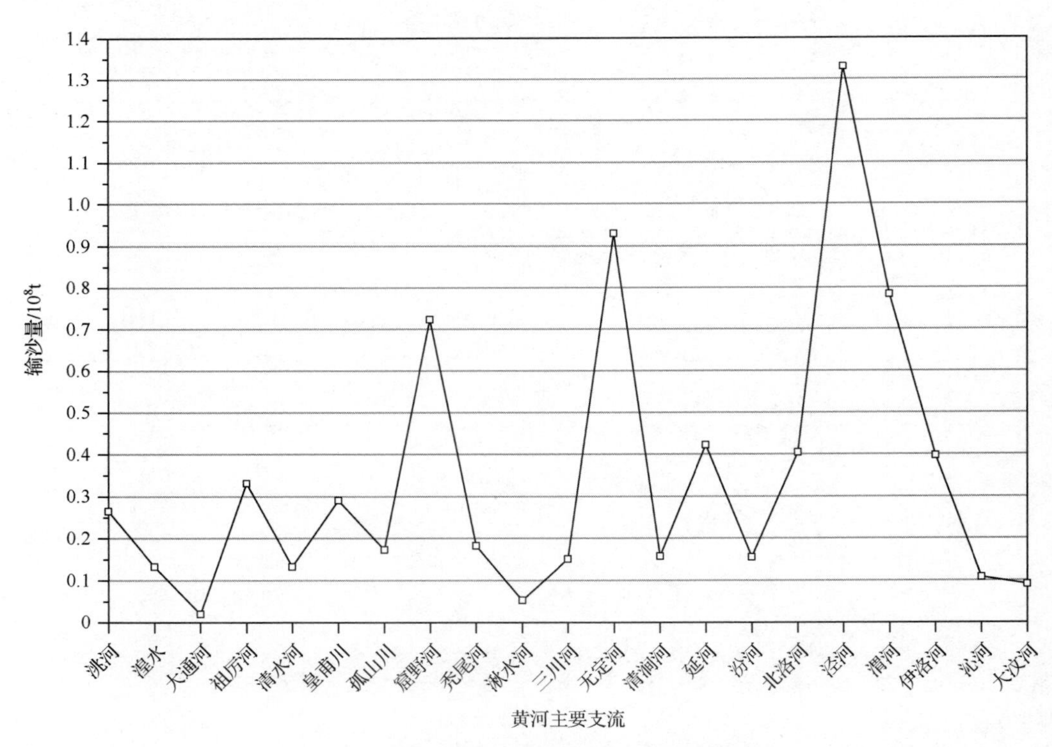

1957年黄河主要支流产沙量散点连线图

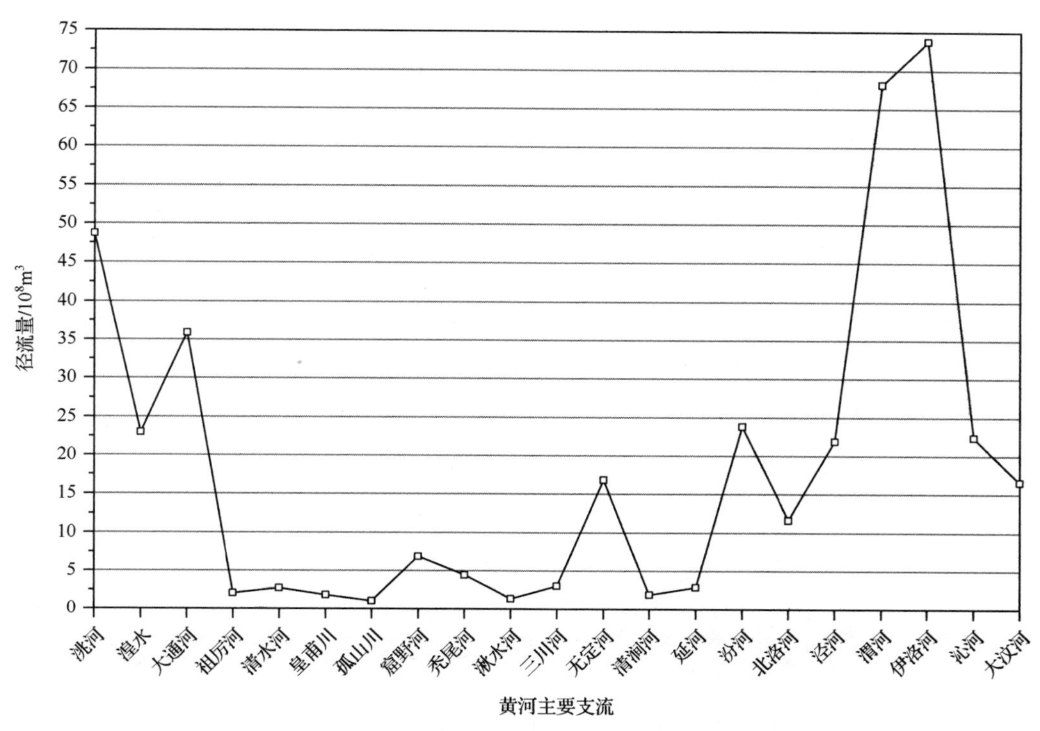

1958年黄河主要支流产水量散点连线图

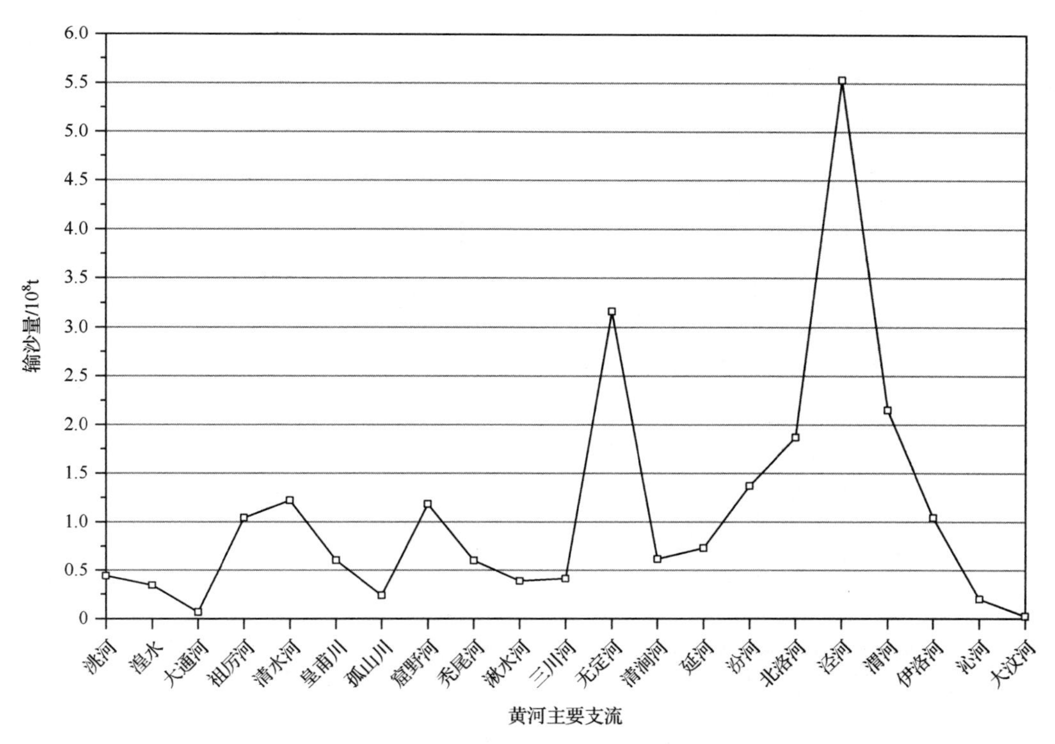

1958年黄河主要支流产沙量散点连线图

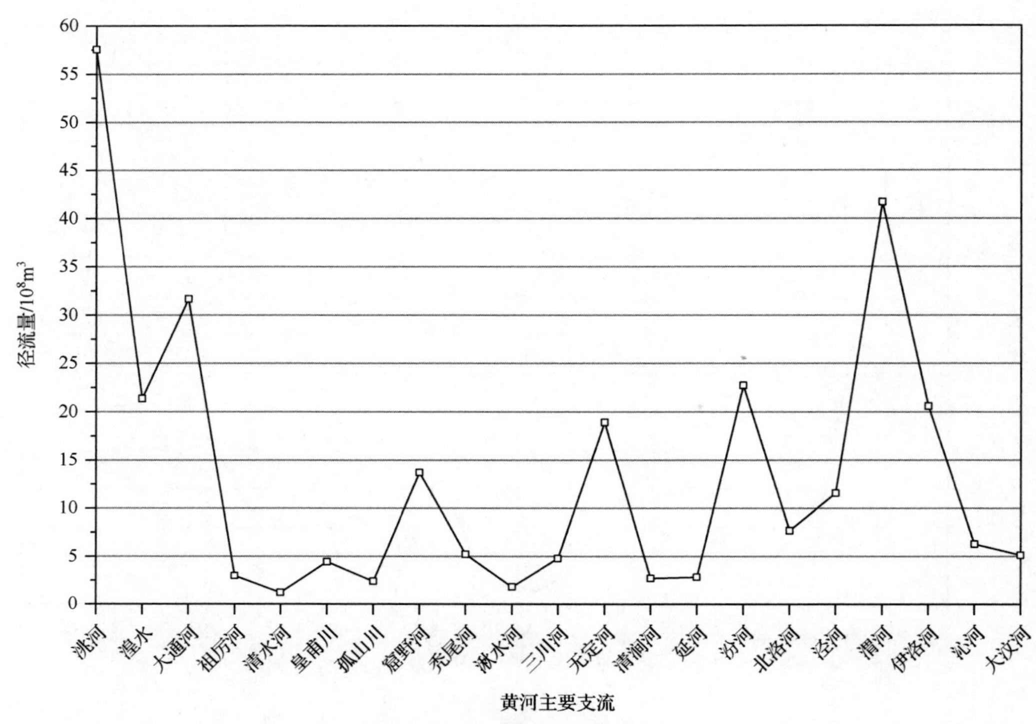

1959年黄河主要支流产水量散点连线图

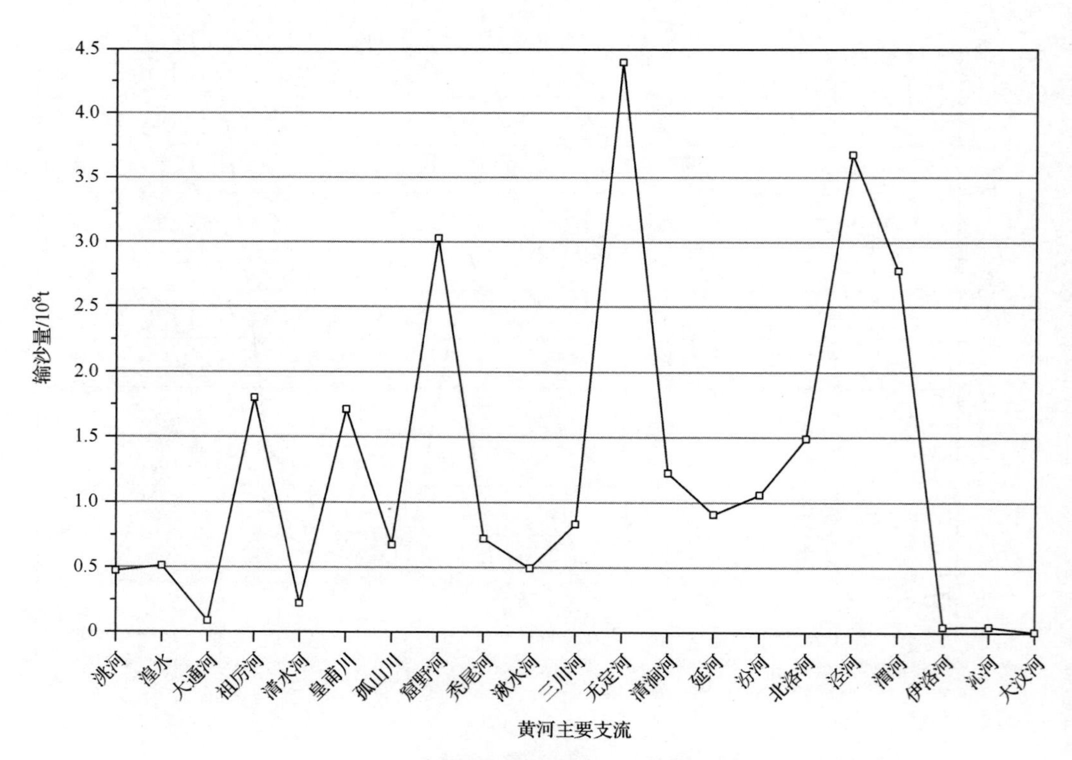

1959年黄河主要支流产沙量散点连线图

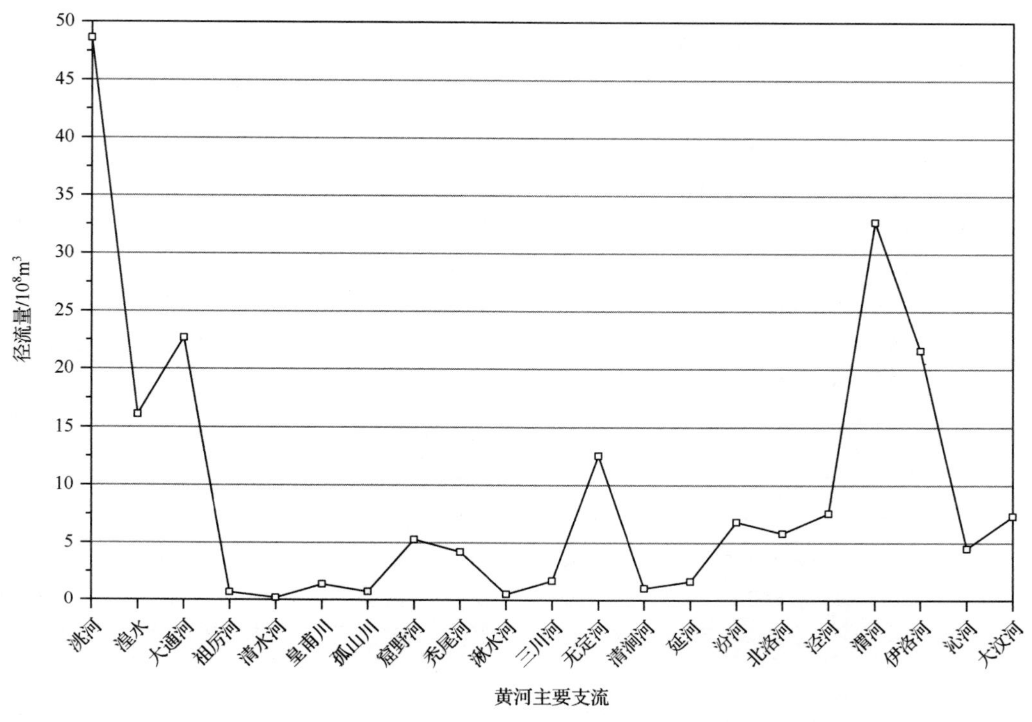

1960年黄河主要支流产水量散点连线图

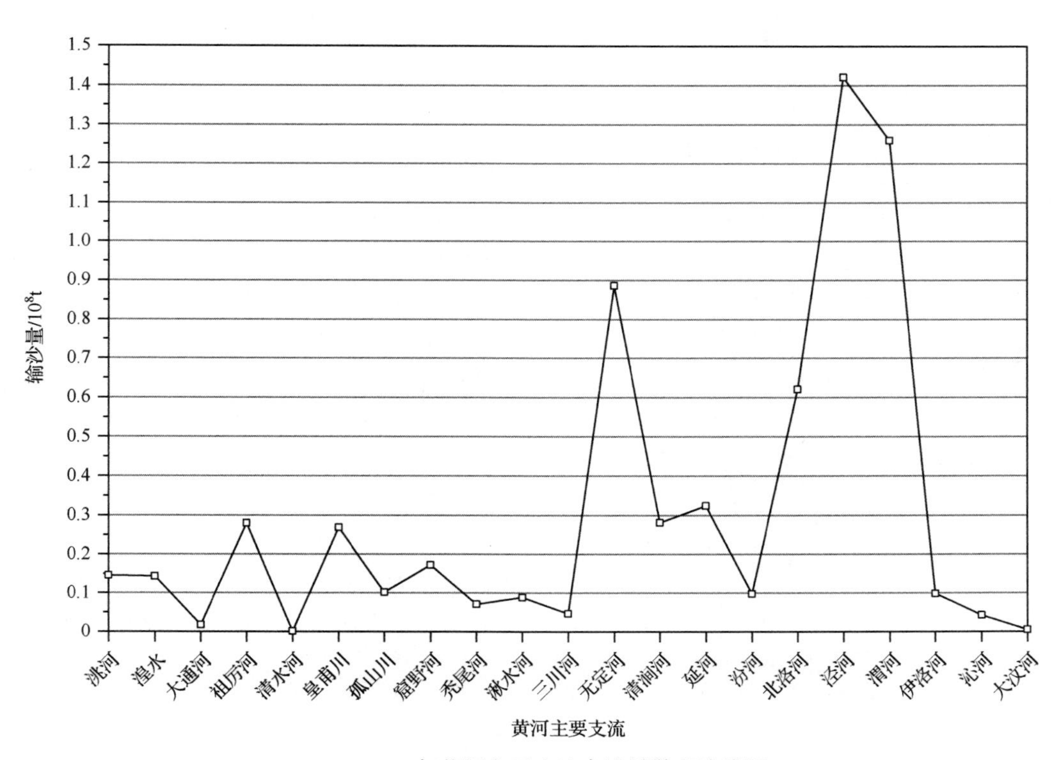

1960年黄河主要支流产沙量散点连线图

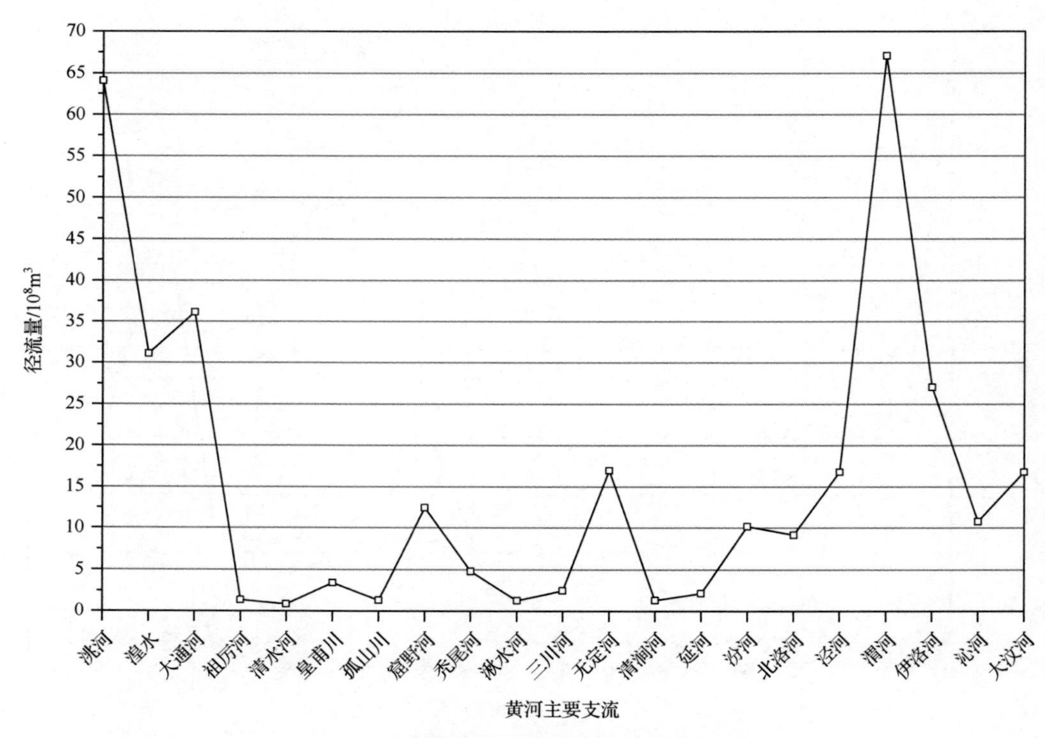

1961年黄河主要支流产水量散点连线图

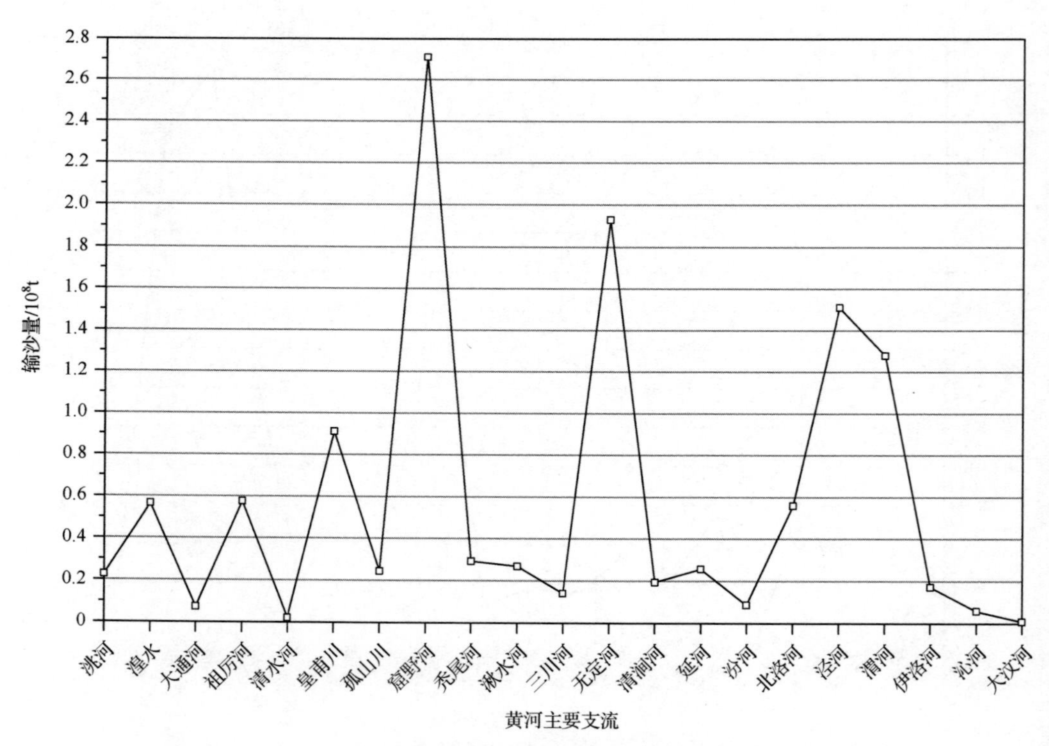

1961年黄河主要支流产沙量散点连线图

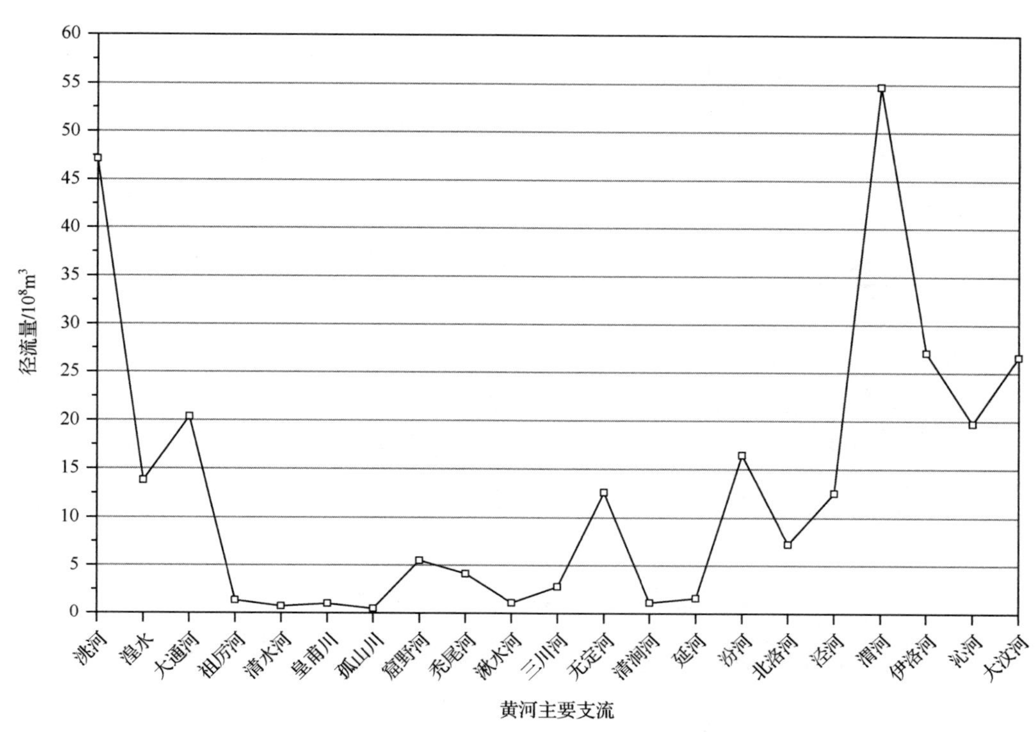

1962年黄河主要支流产水量散点连线图

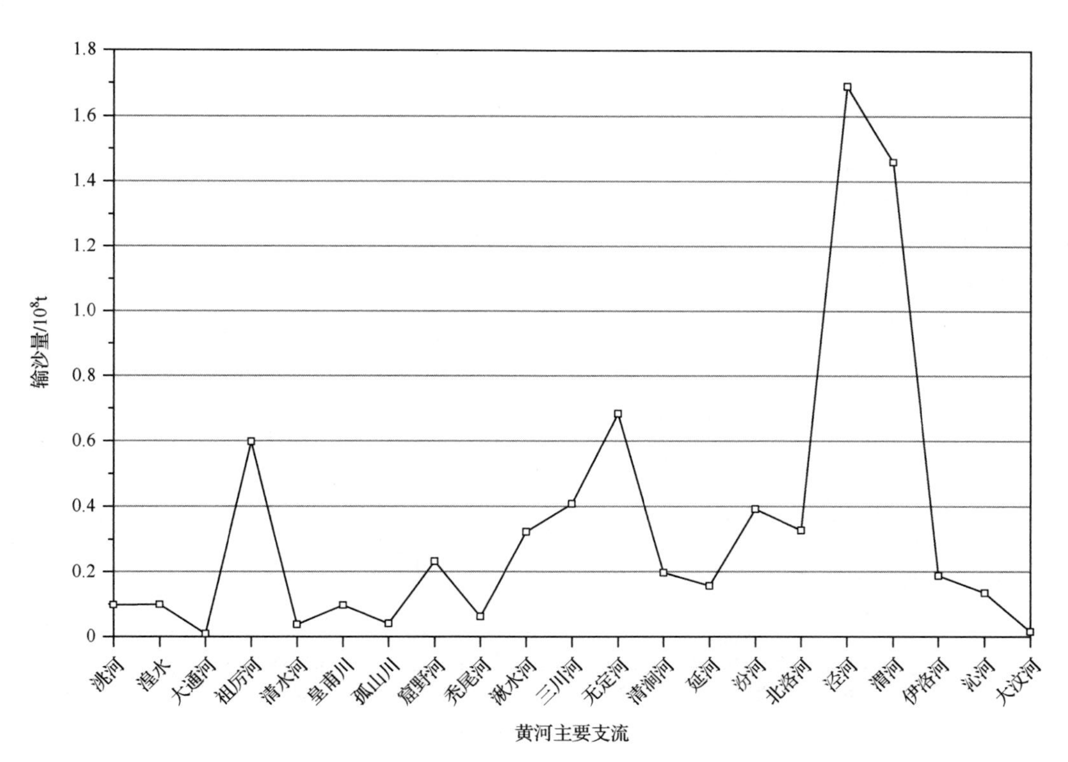

1962年黄河主要支流产沙量散点连线图

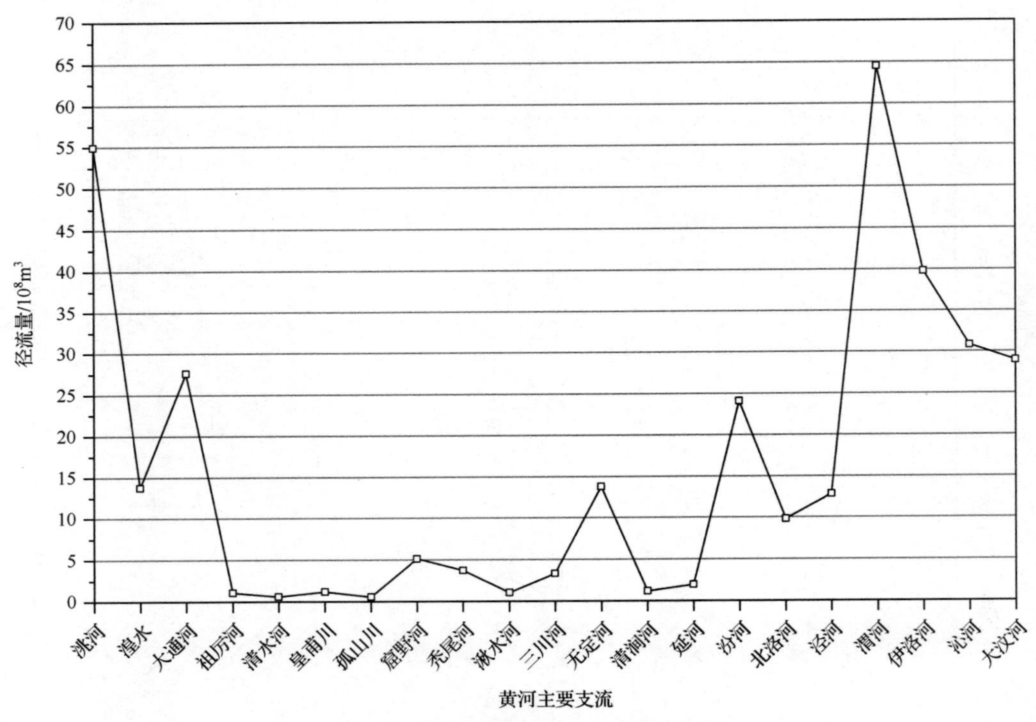

1963年黄河主要支流产水量散点连线图

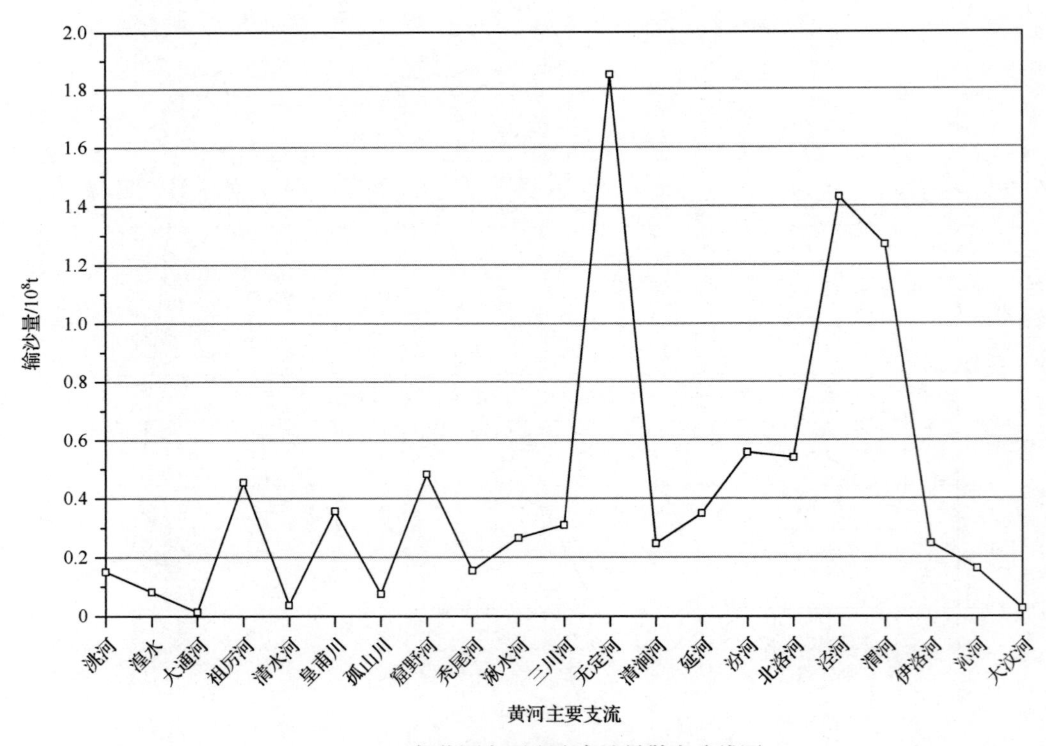

1963年黄河主要支流产沙量散点连线图

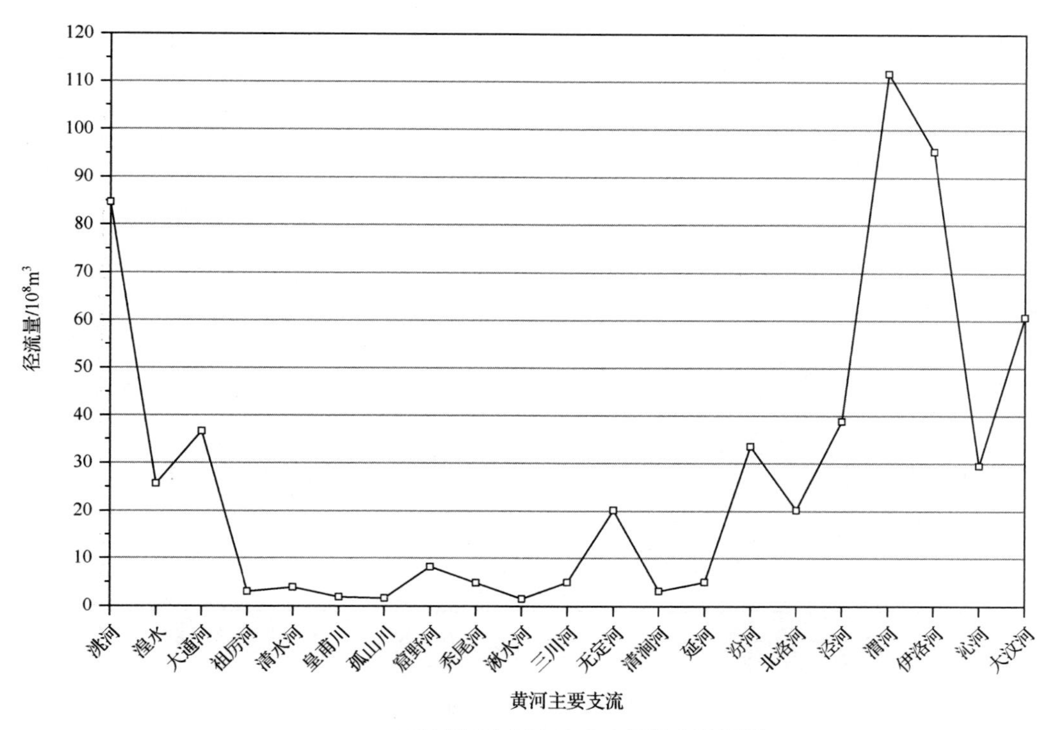

1964年黄河主要支流产水量散点连线图

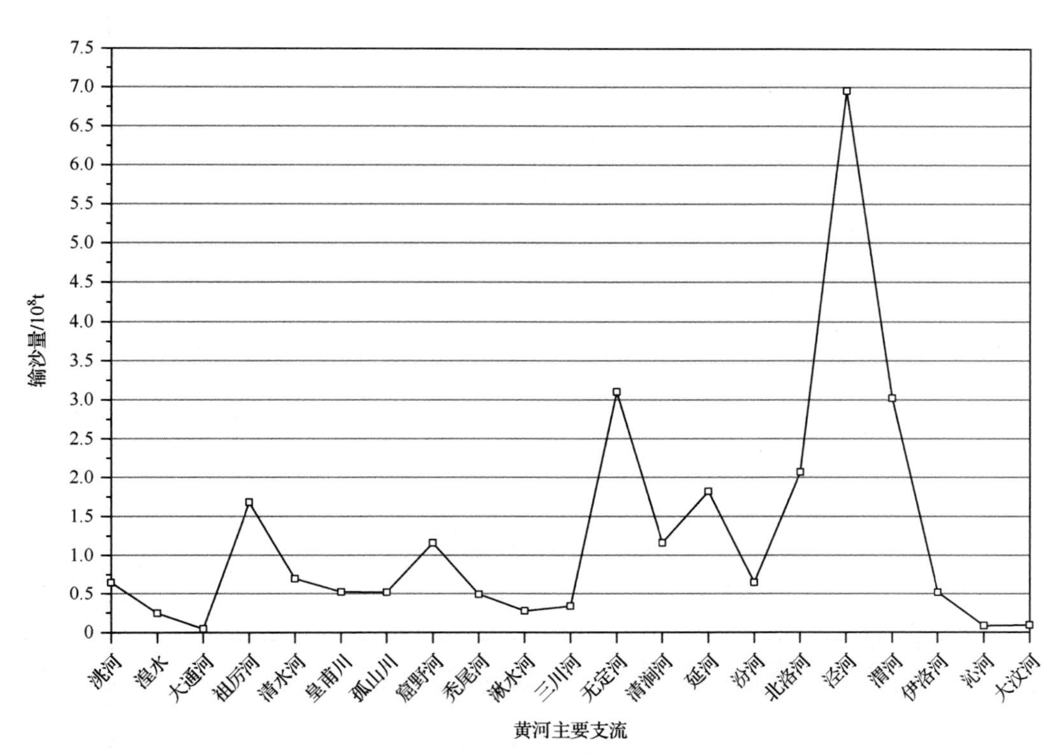

1964年黄河主要支流产沙量散点连线图

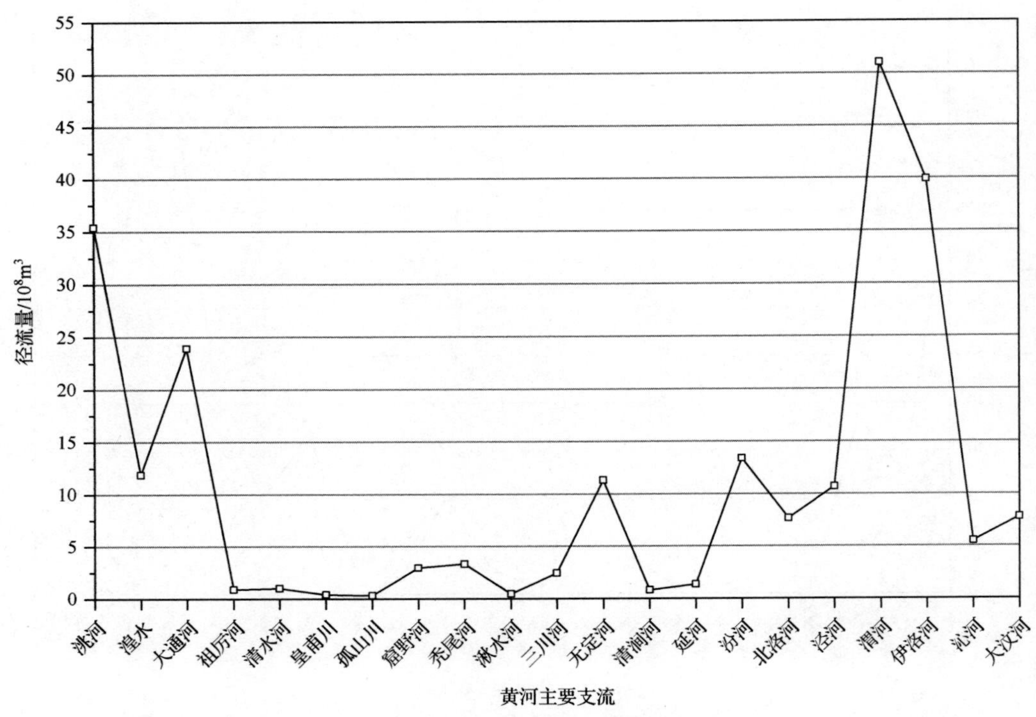

1965年黄河主要支流产水量散点连线图

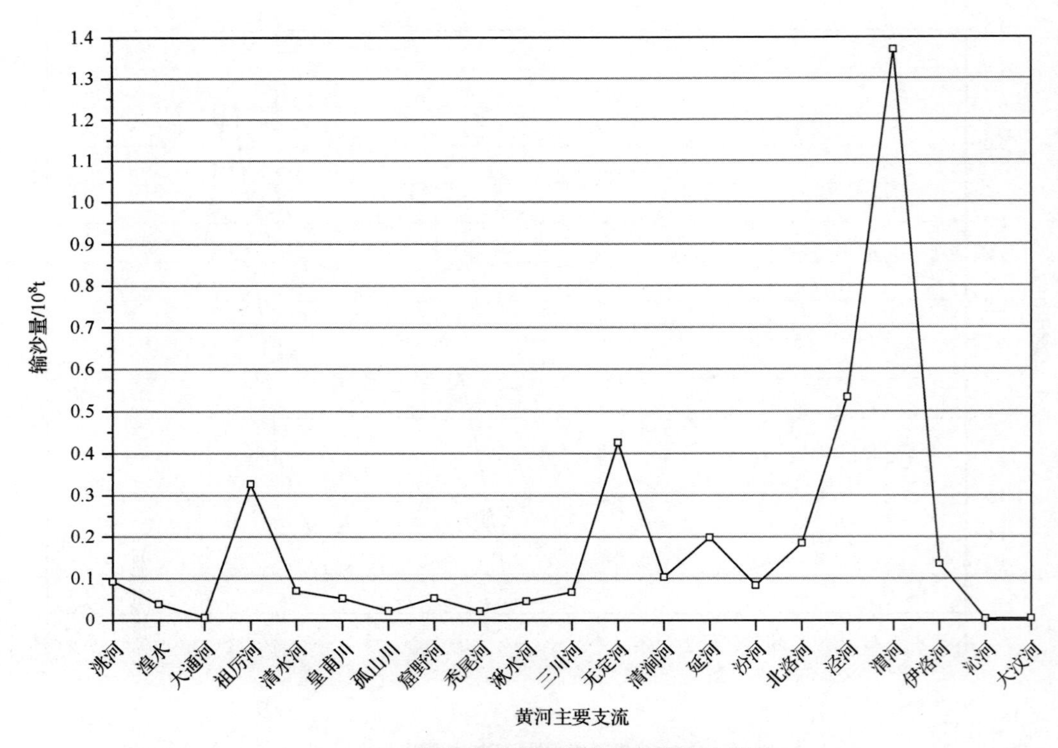

1965年黄河主要支流产沙量散点连线图

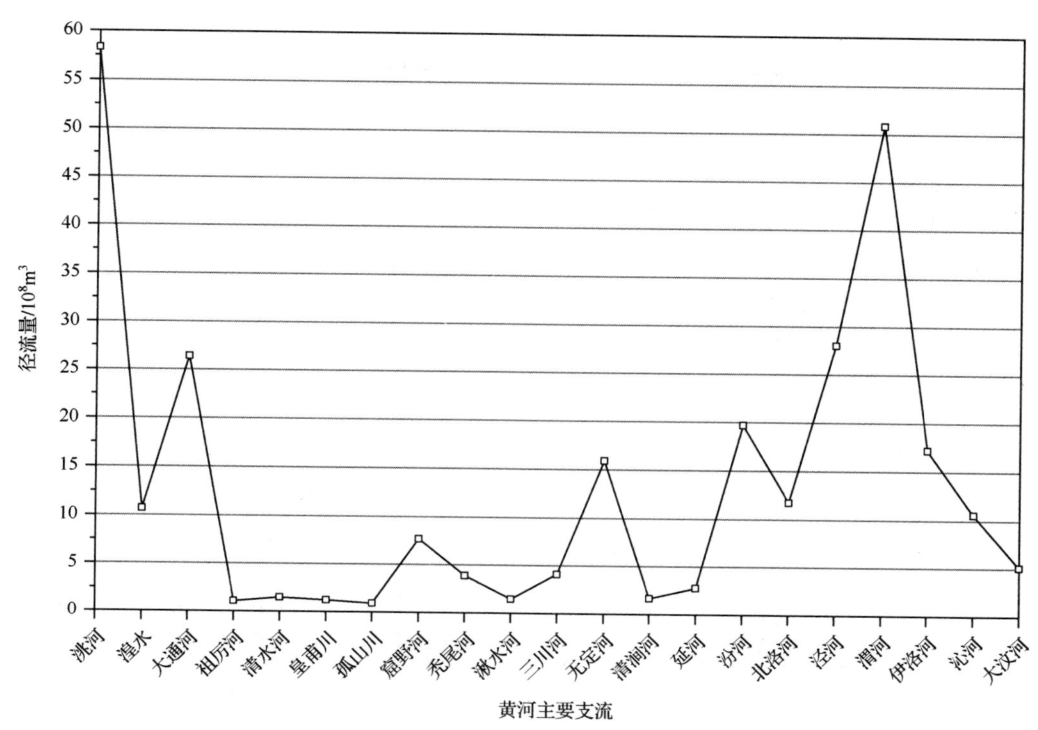

1966年黄河主要支流产水量散点连线图

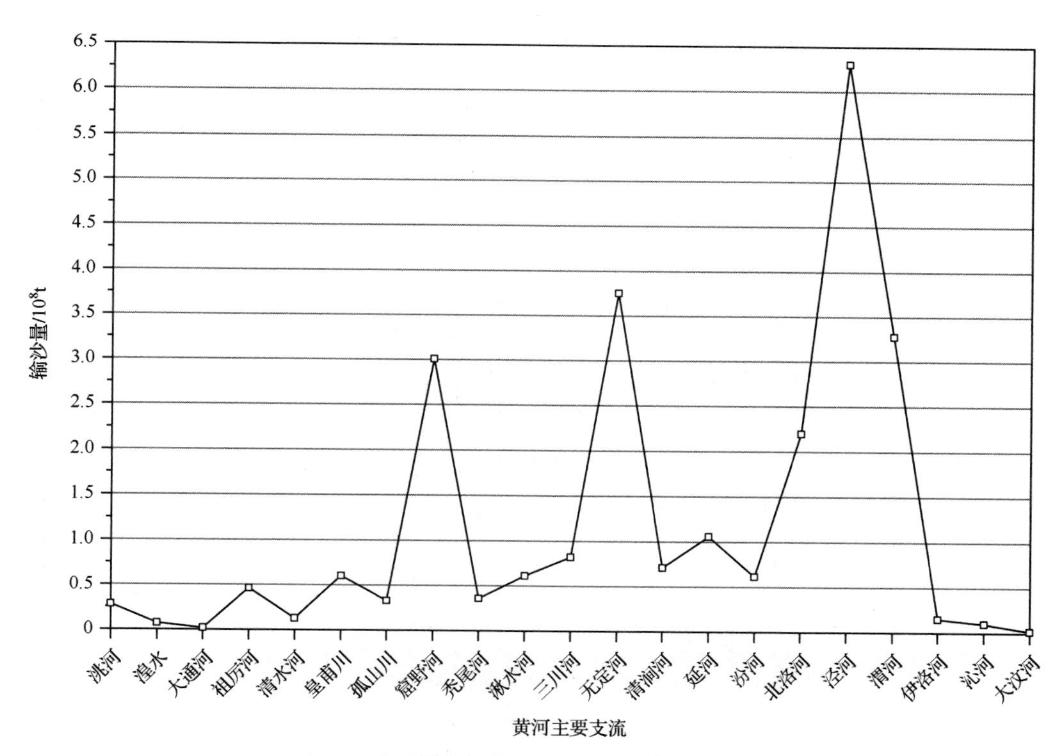

1966年黄河主要支流产沙量散点连线图

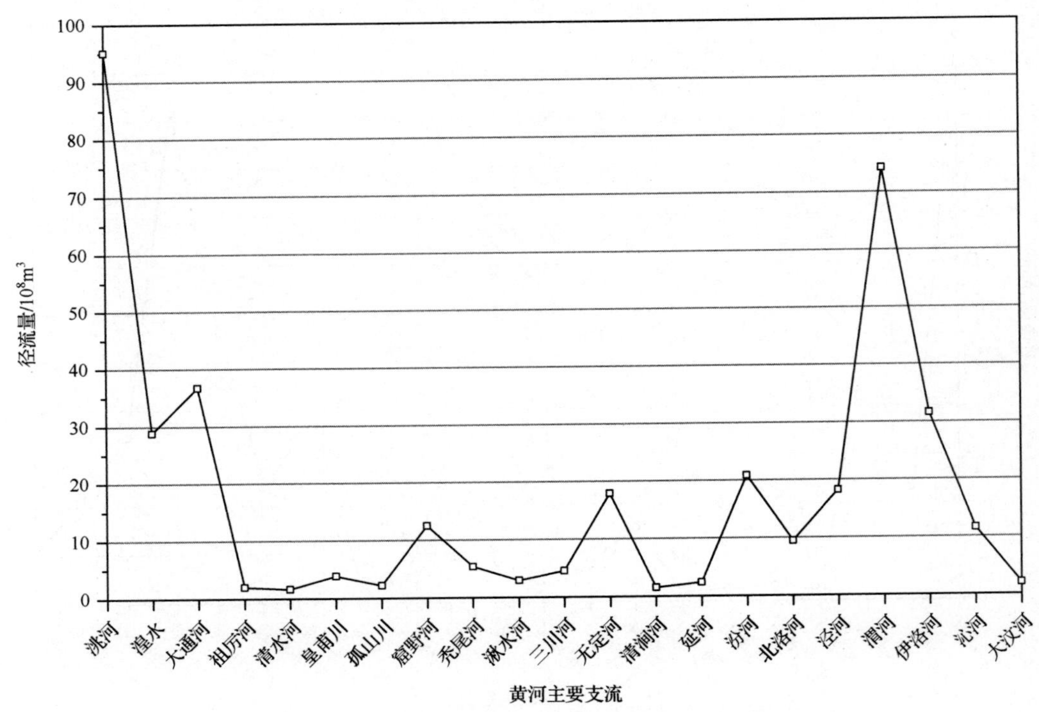

1967年黄河主要支流产水量散点连线图

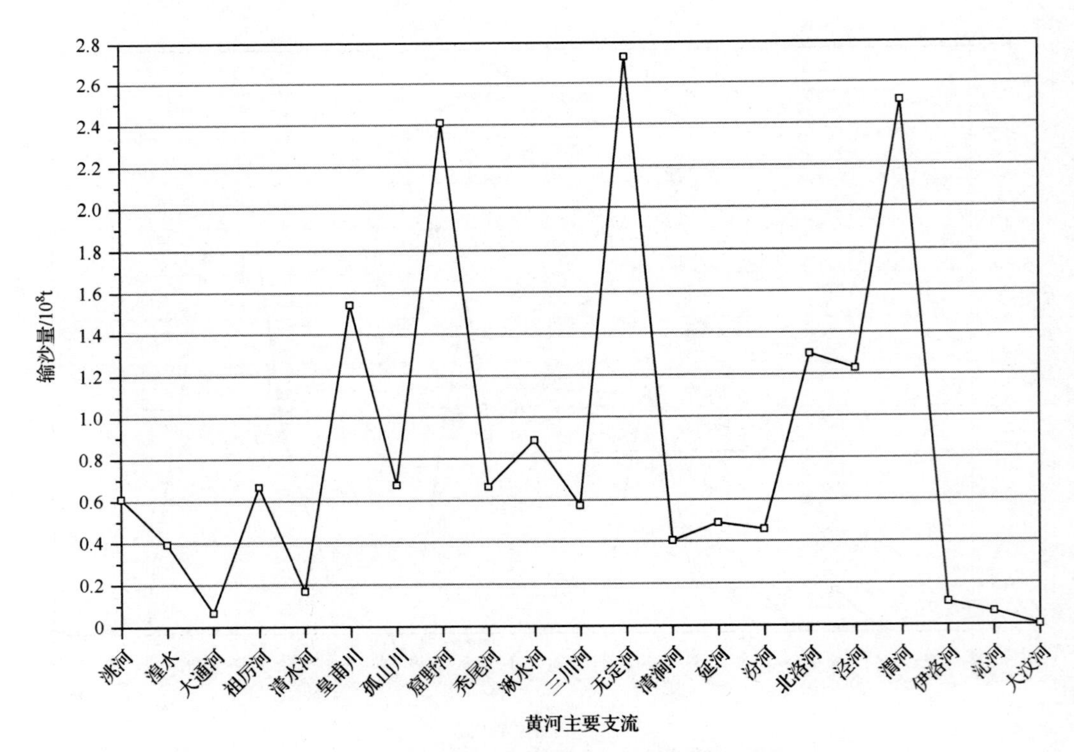

1967年黄河主要支流产沙量散点连线图

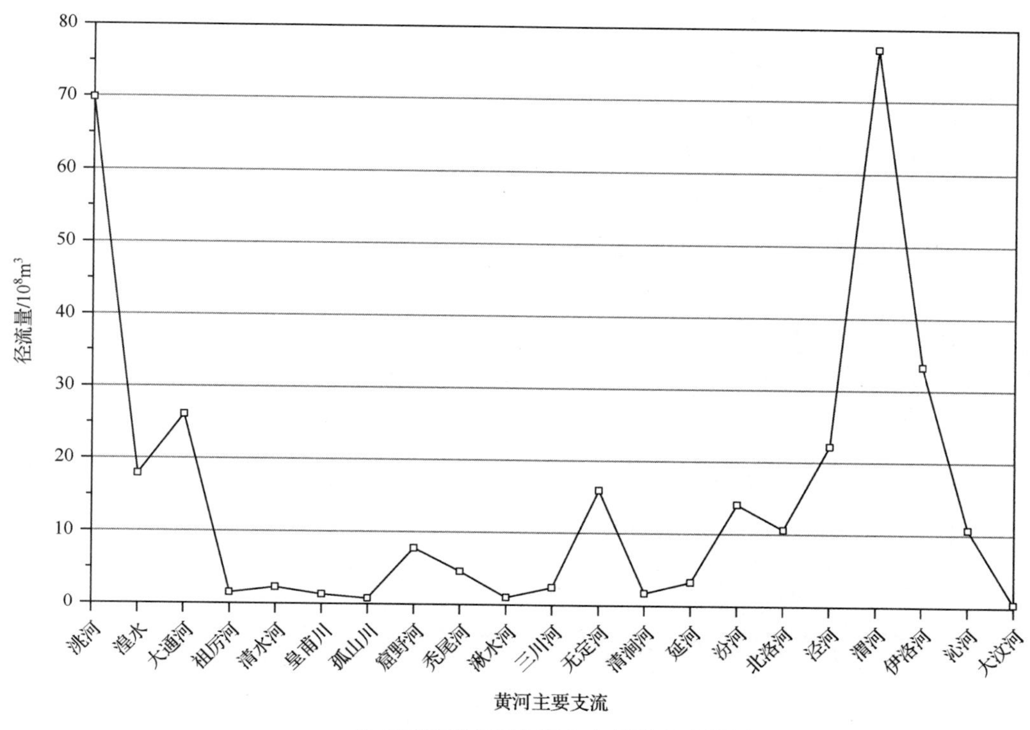

1968年黄河主要支流产水量散点连线图

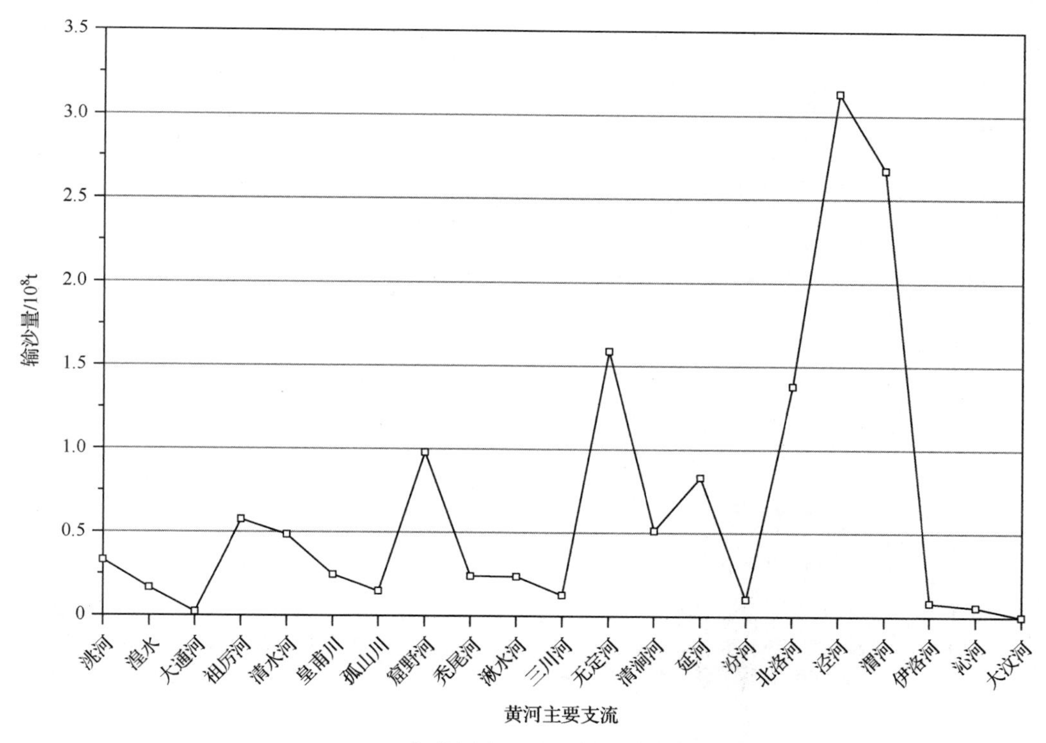

1968年黄河主要支流产沙量散点连线图

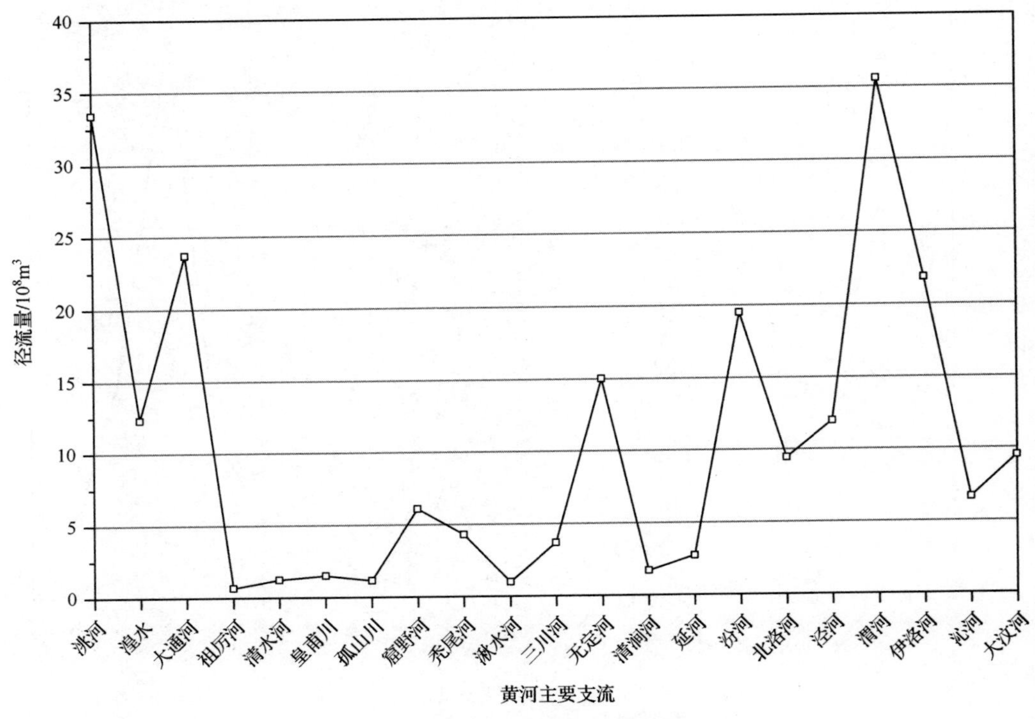

1969年黄河主要支流产水量散点连线图

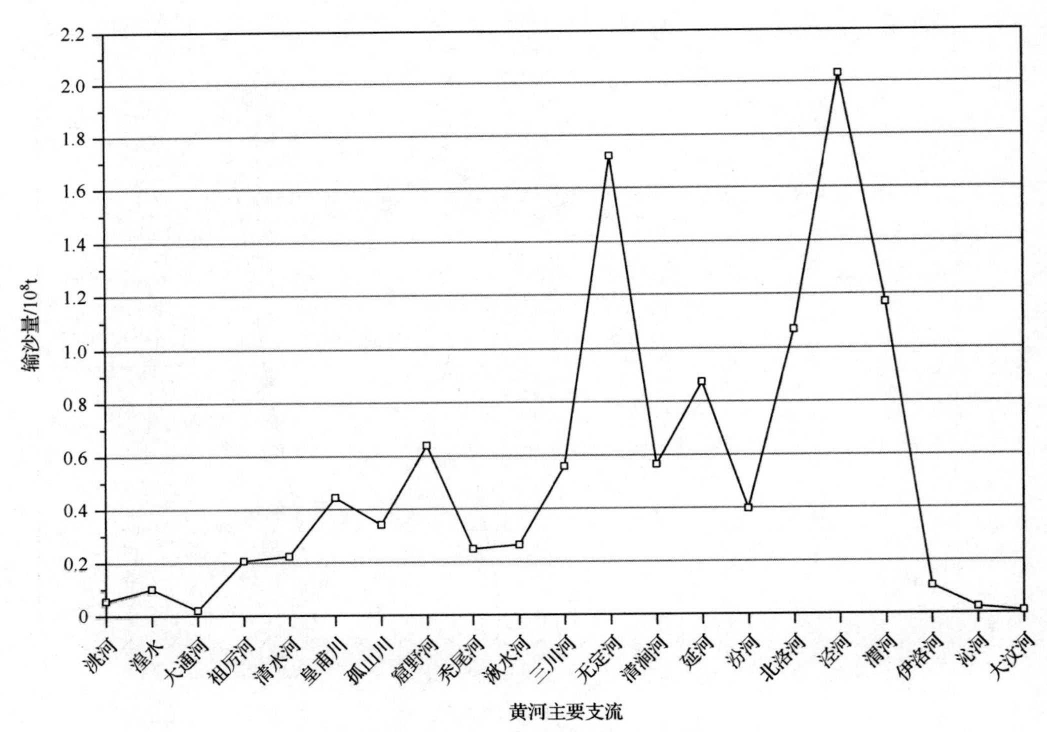

1969年黄河主要支流产沙量散点连线图

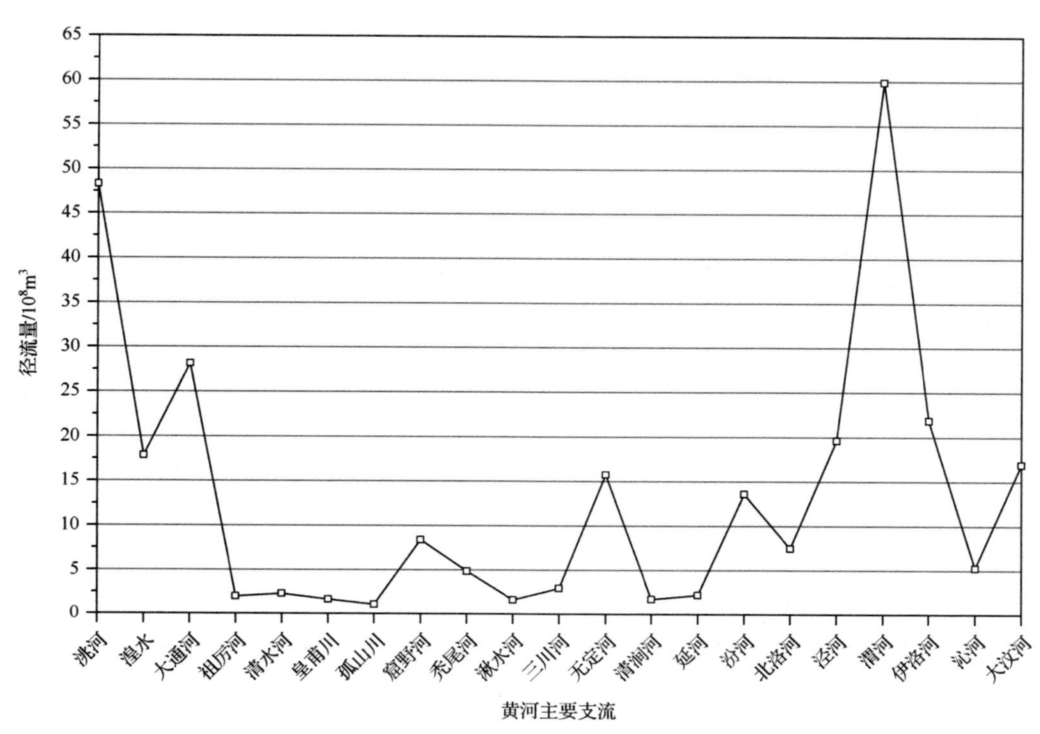

1970年黄河主要支流产水量散点连线图

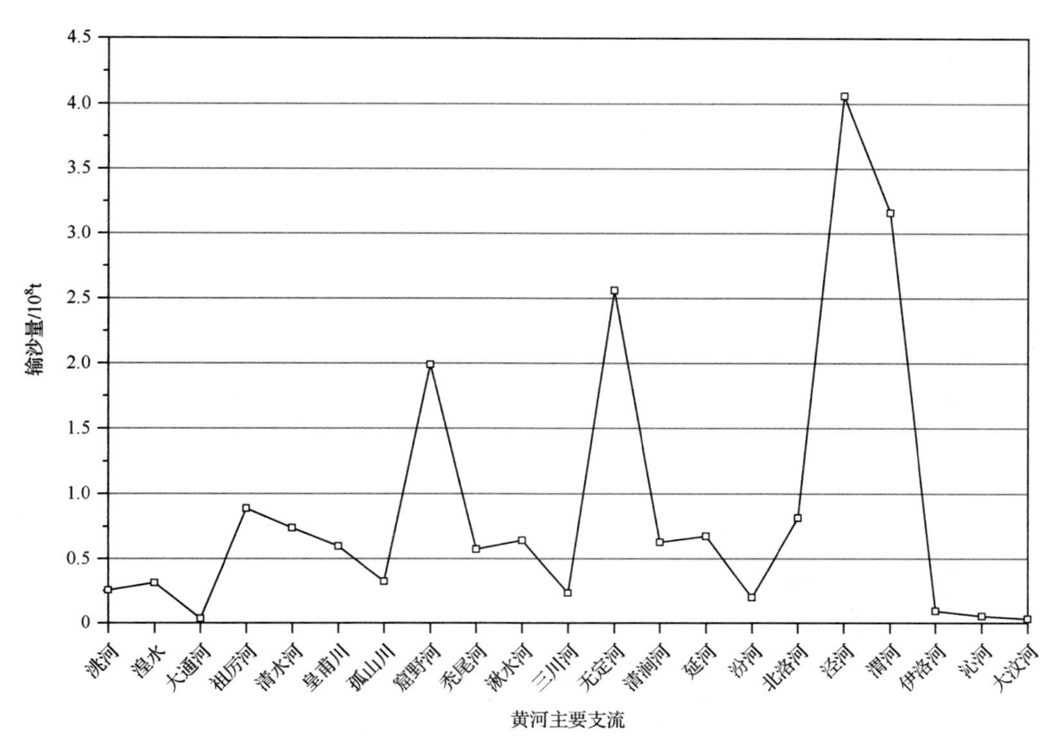

1970年黄河主要支流产沙量散点连线图

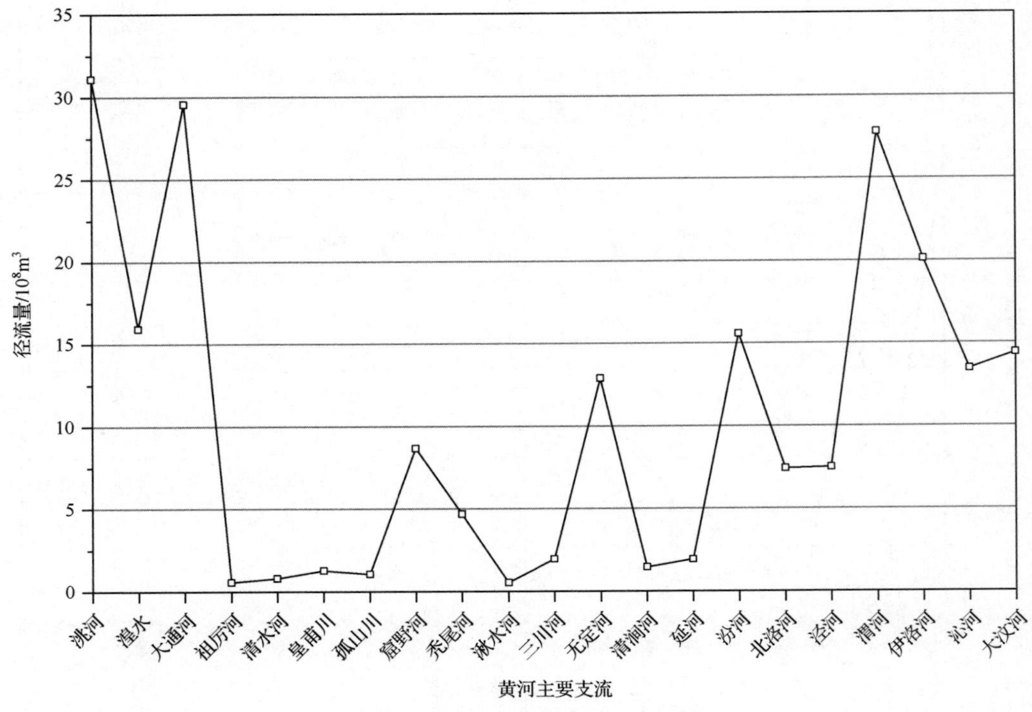

1971年黄河主要支流产水量散点连线图

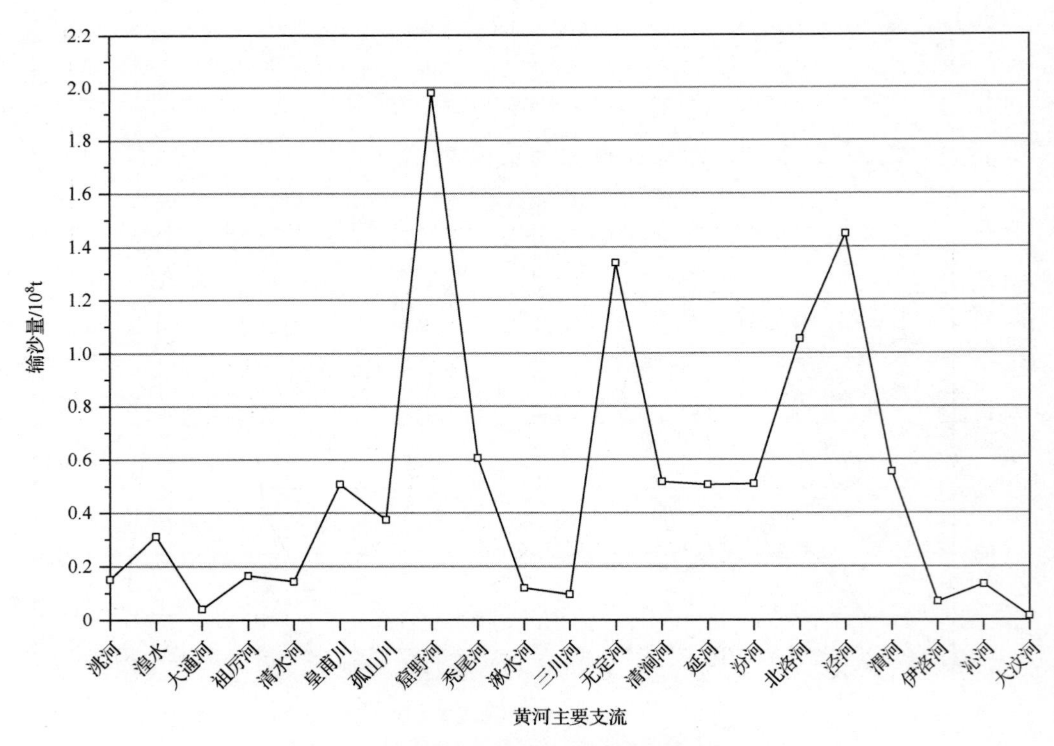

1971年黄河主要支流产沙量散点连线图

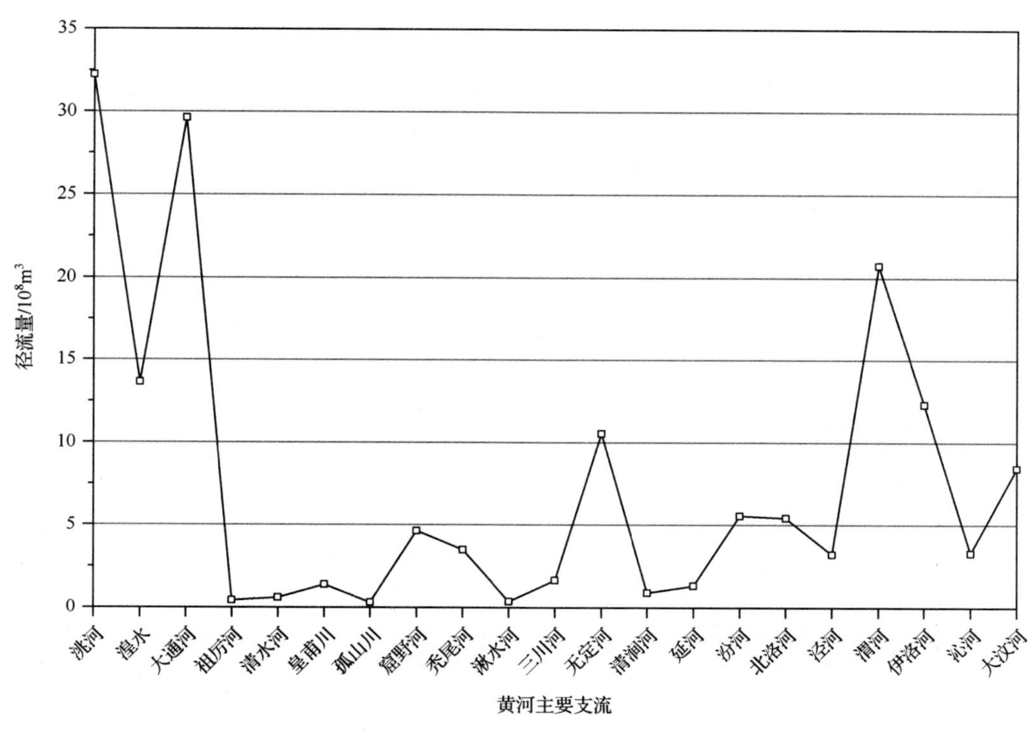

1972年黄河主要支流产水量散点连线图

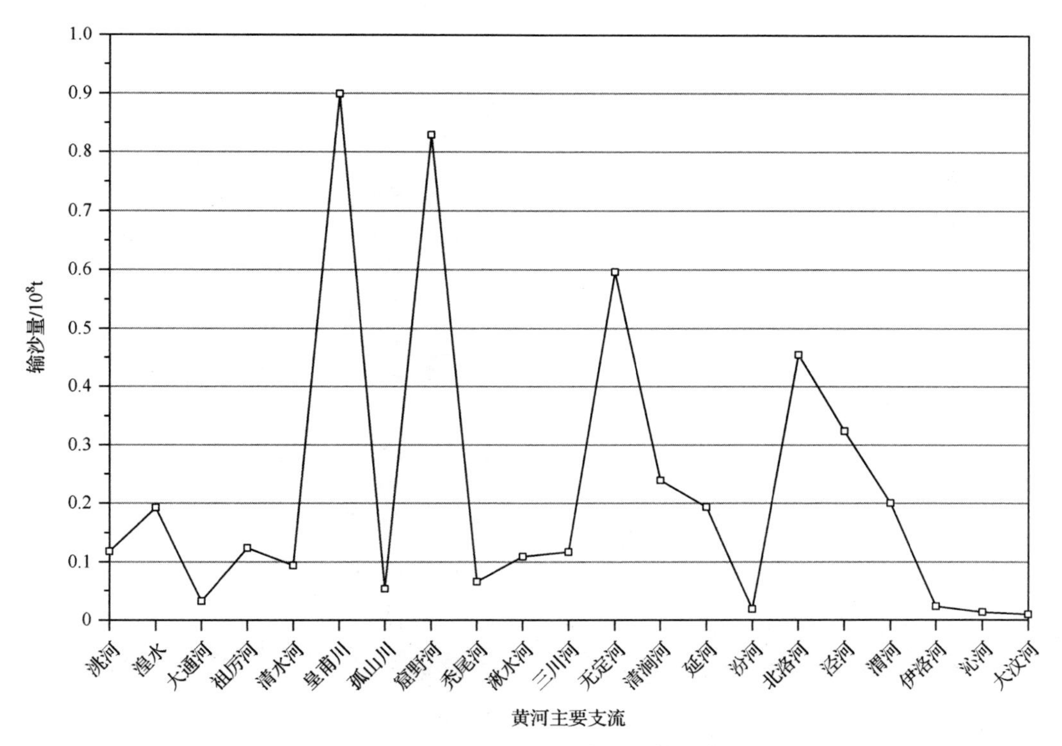

1972年黄河主要支流产沙量散点连线图

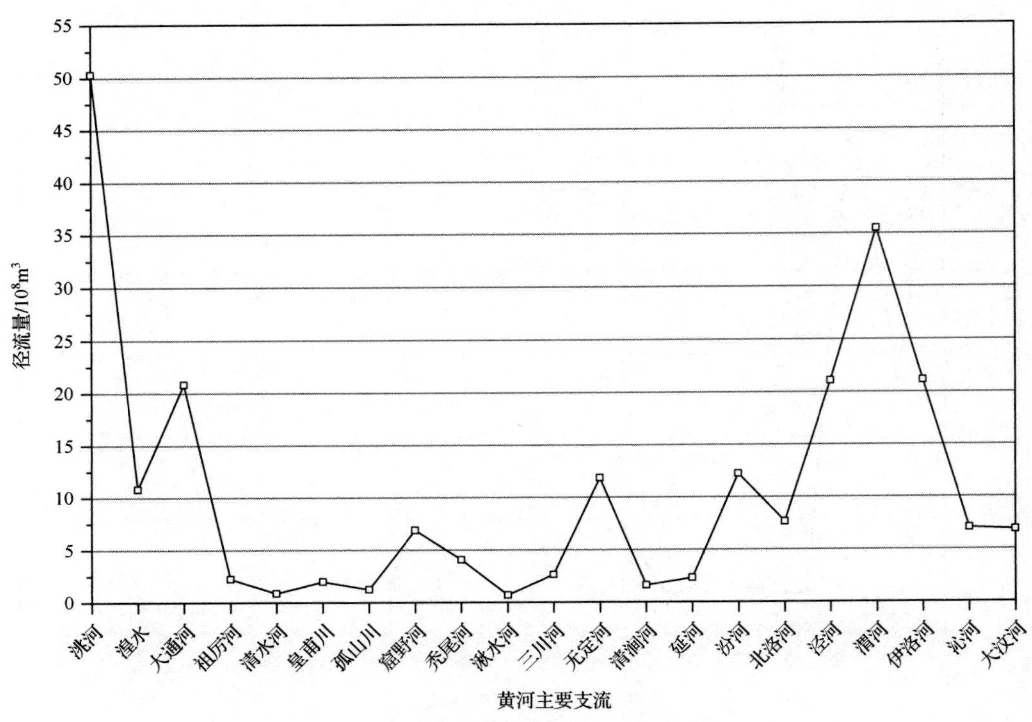

1973年黄河主要支流产水量散点连线图

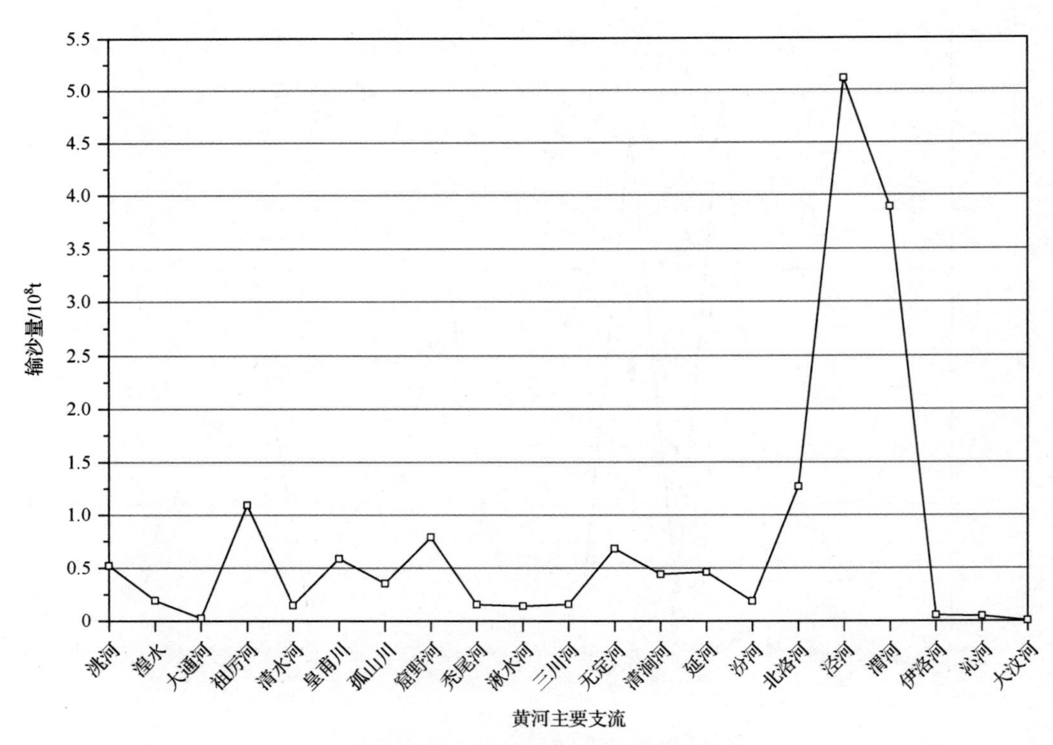

1973年黄河主要支流产沙量散点连线图

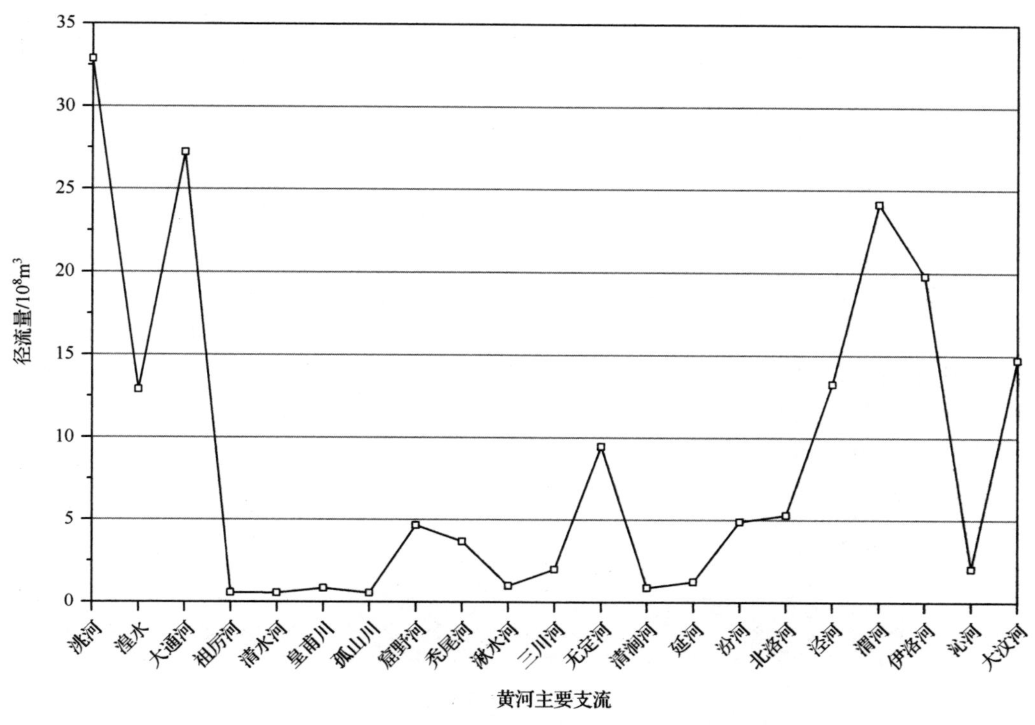

1974年黄河主要支流产水量散点连线图

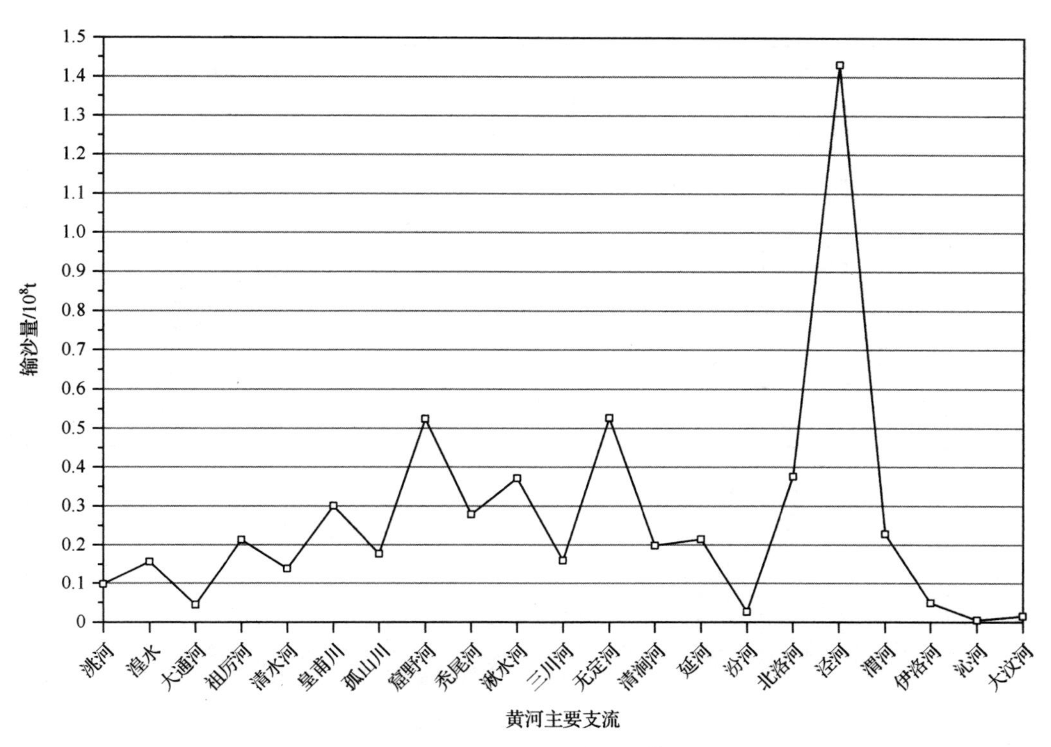

1974年黄河主要支流产沙量散点连线图

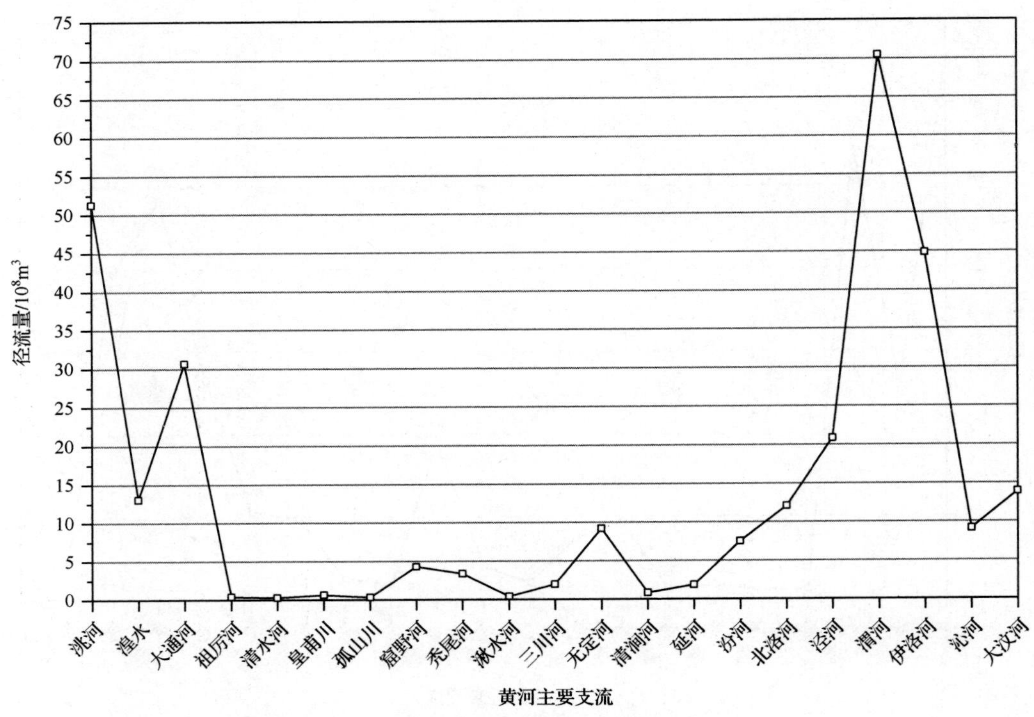

1975年黄河主要支流产水量散点连线图

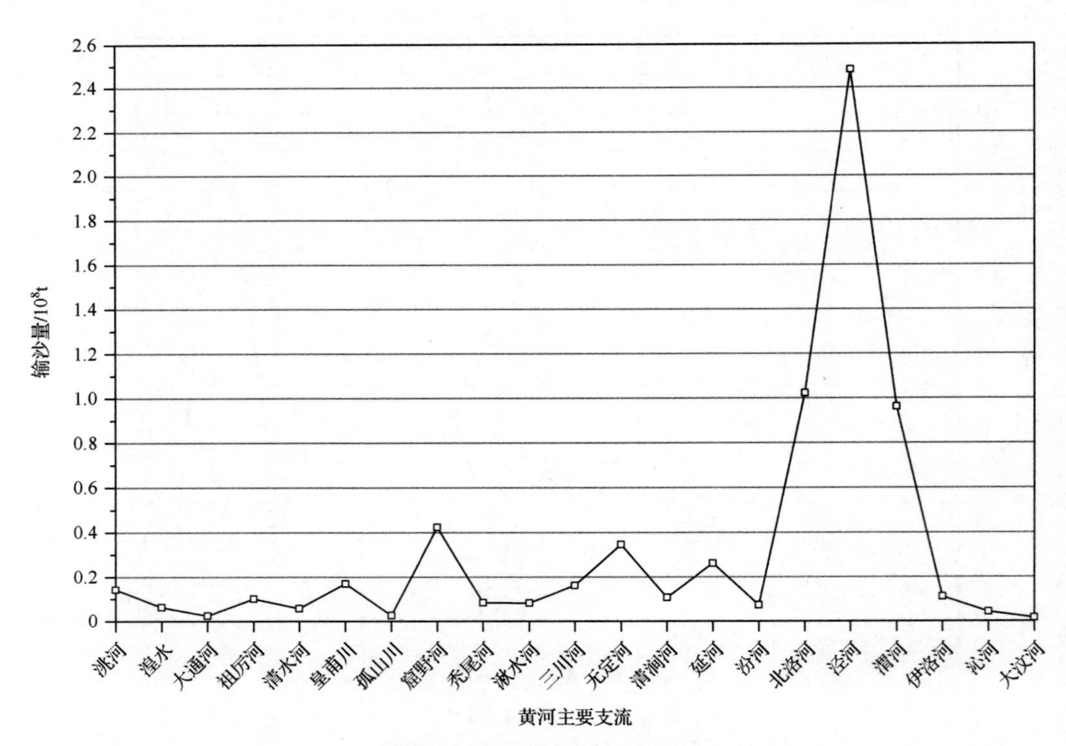

1975年黄河主要支流产沙量散点连线图

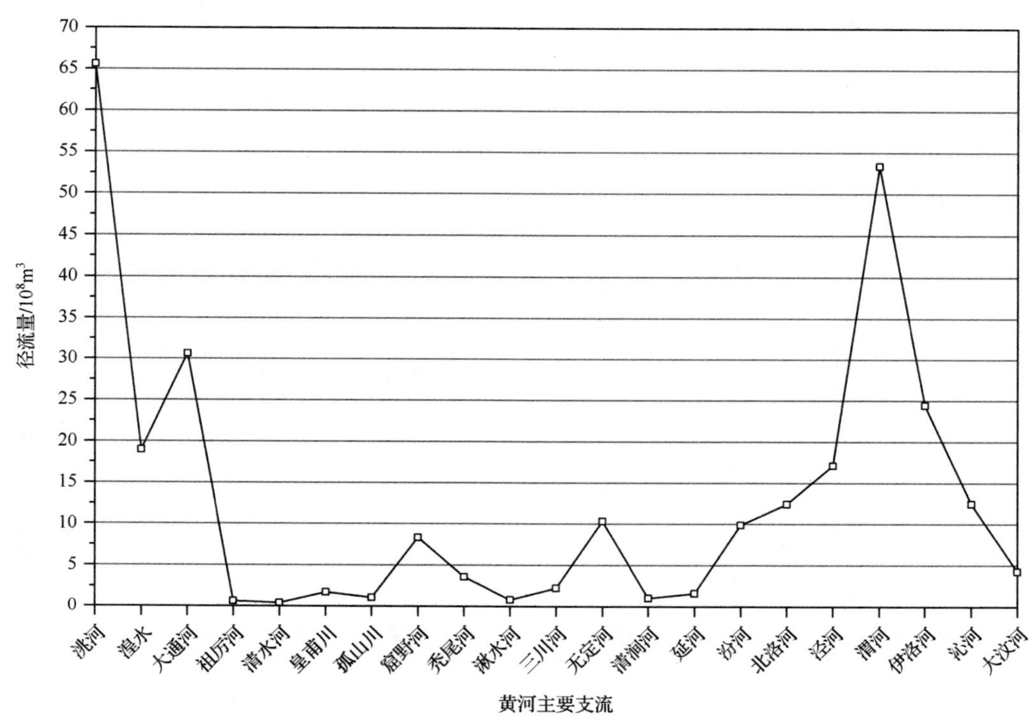

1976年黄河主要支流产水量散点连线图

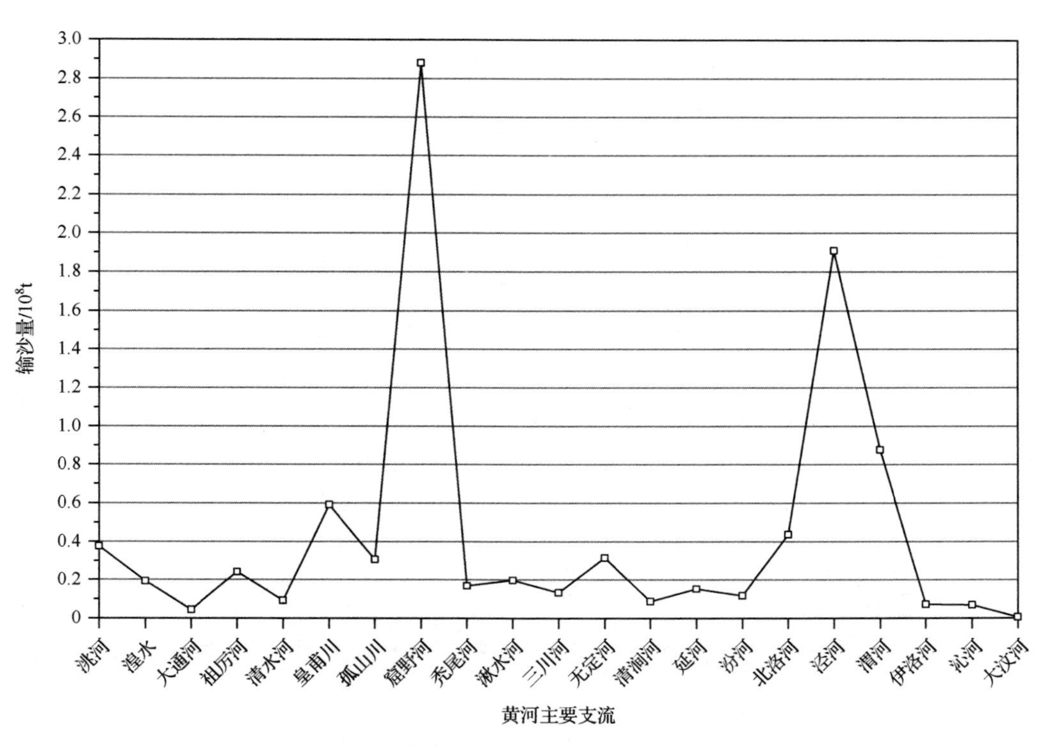

1976年黄河主要支流产沙量散点连线图

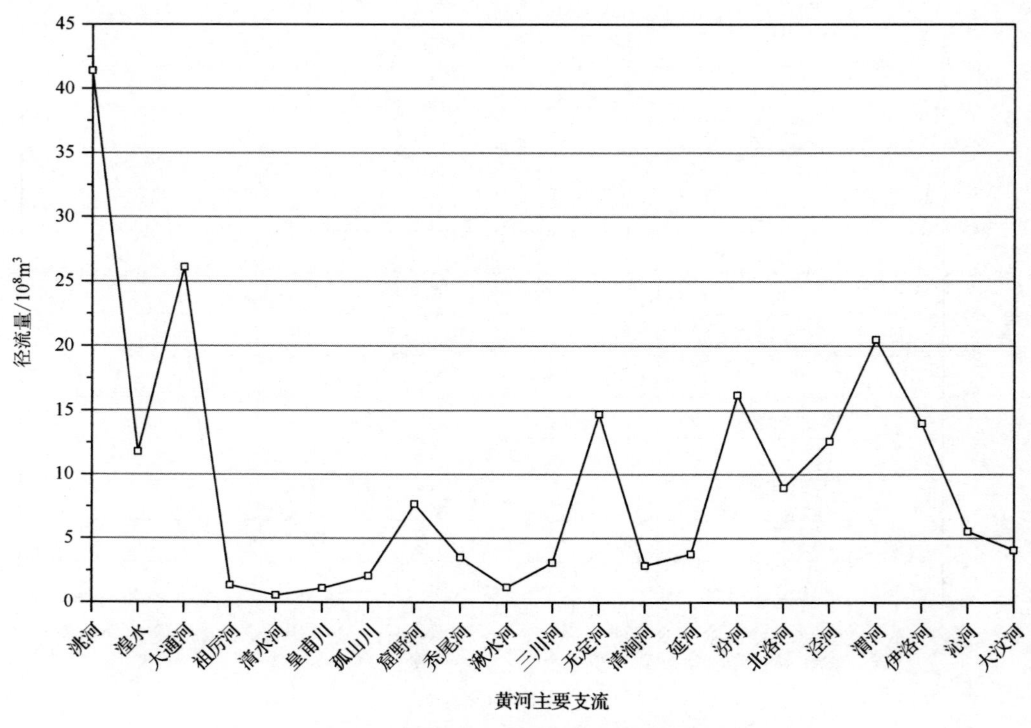

1977年黄河主要支流产水量散点连线图

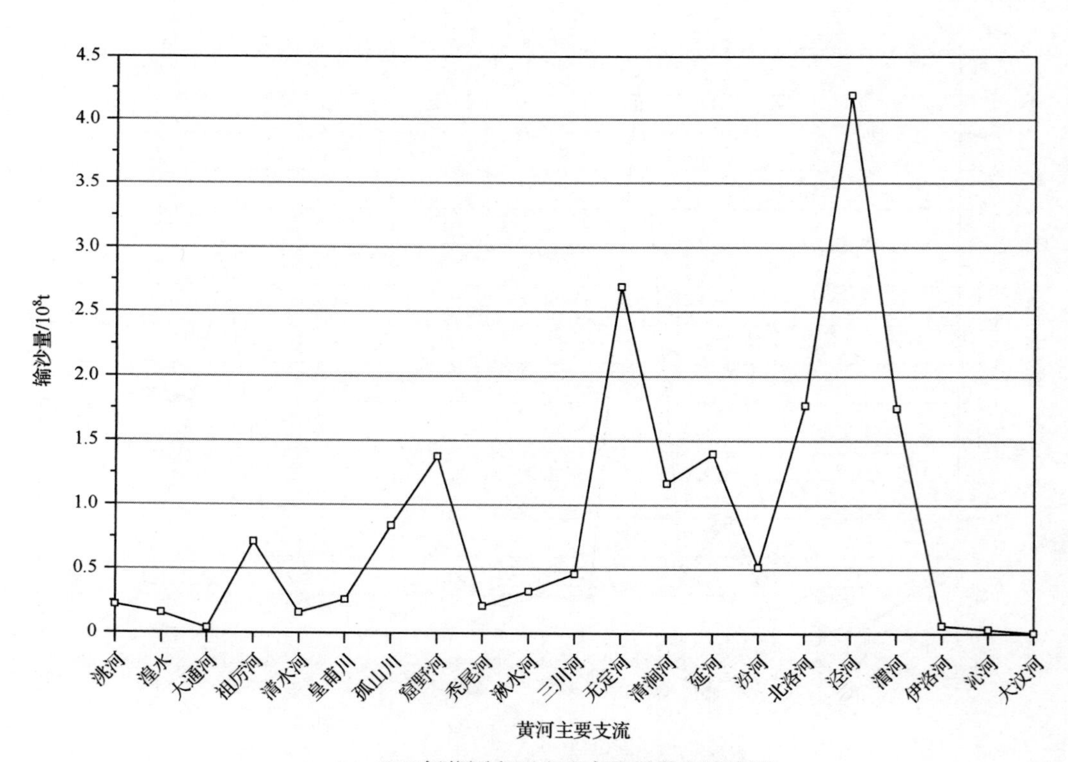

1977年黄河主要支流产沙量散点连线图

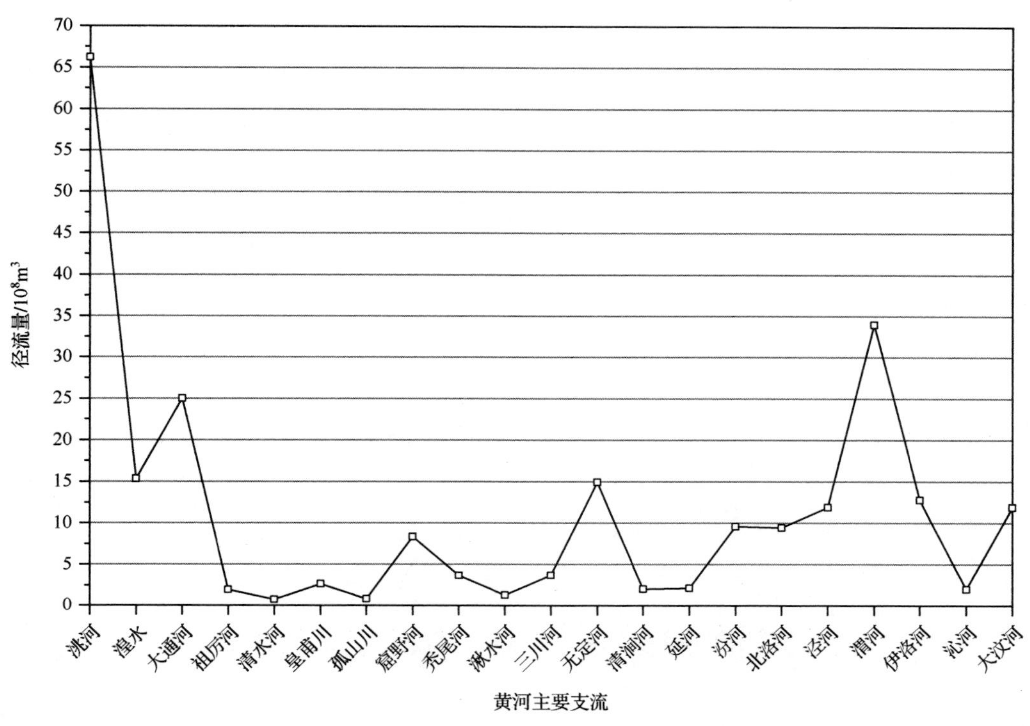

1978年黄河主要支流产水量散点连线图

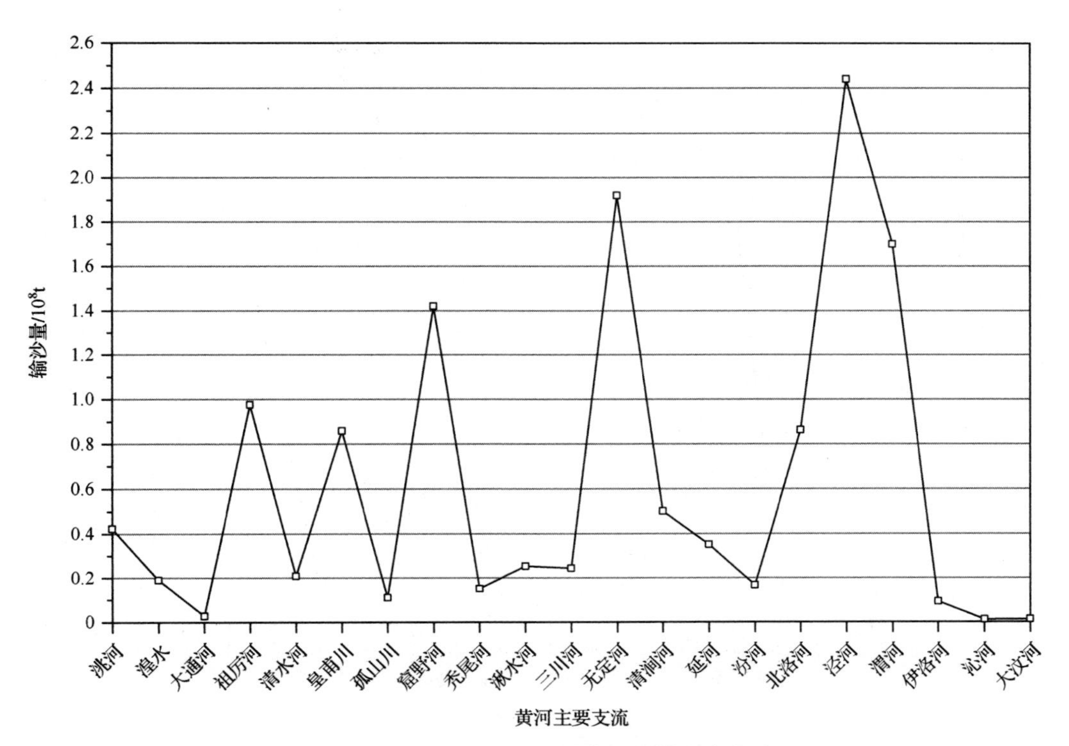

1978年黄河主要支流产沙量散点连线图

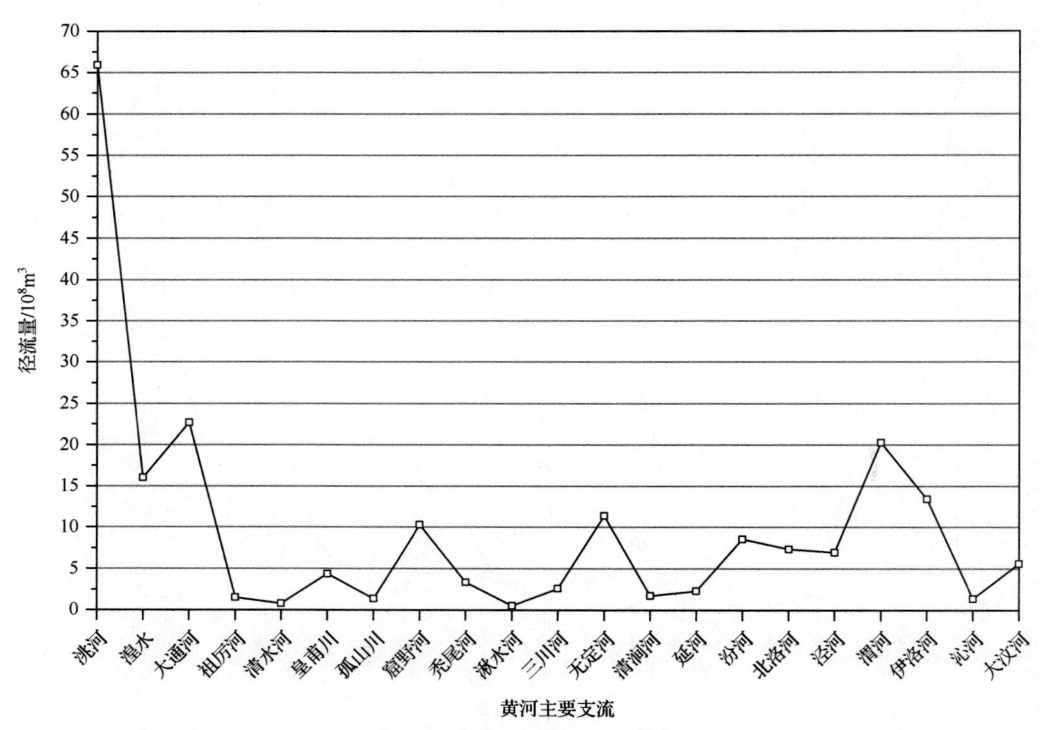

1979年黄河主要支流产水量散点连线图

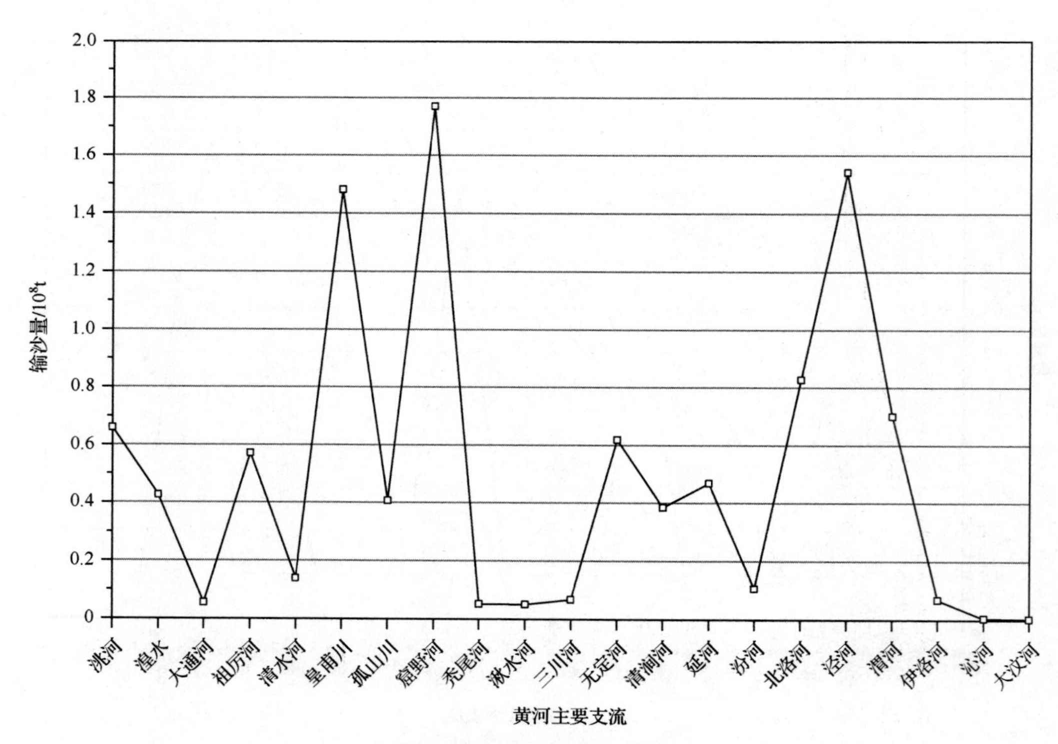

1979年黄河主要支流产沙量散点连线图

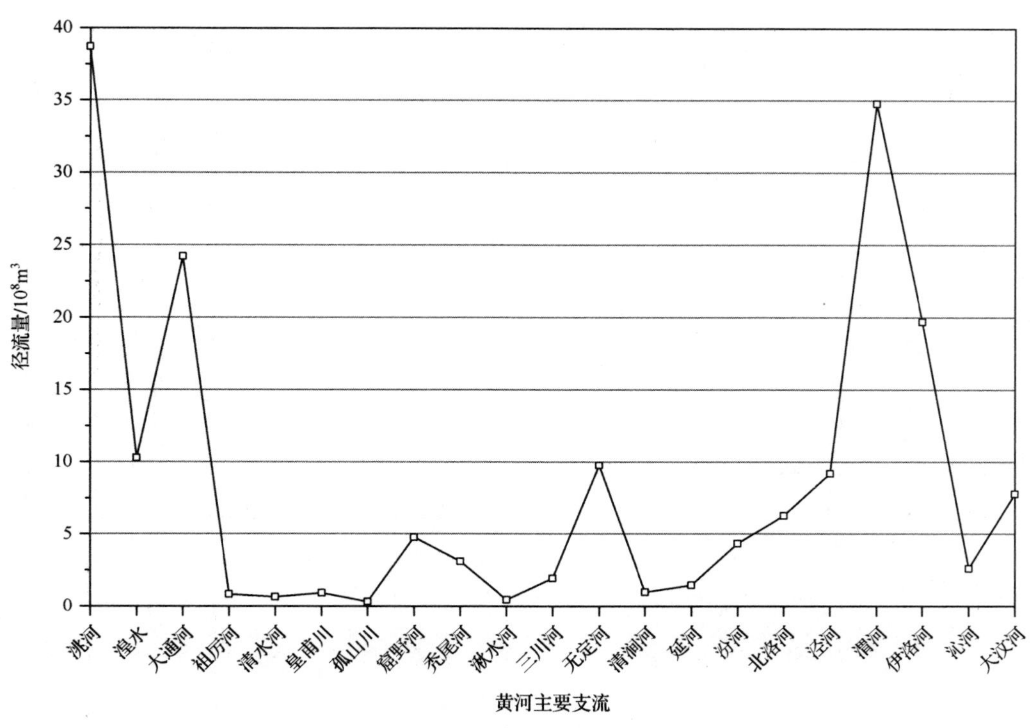

1980年黄河主要支流产水量散点连线图

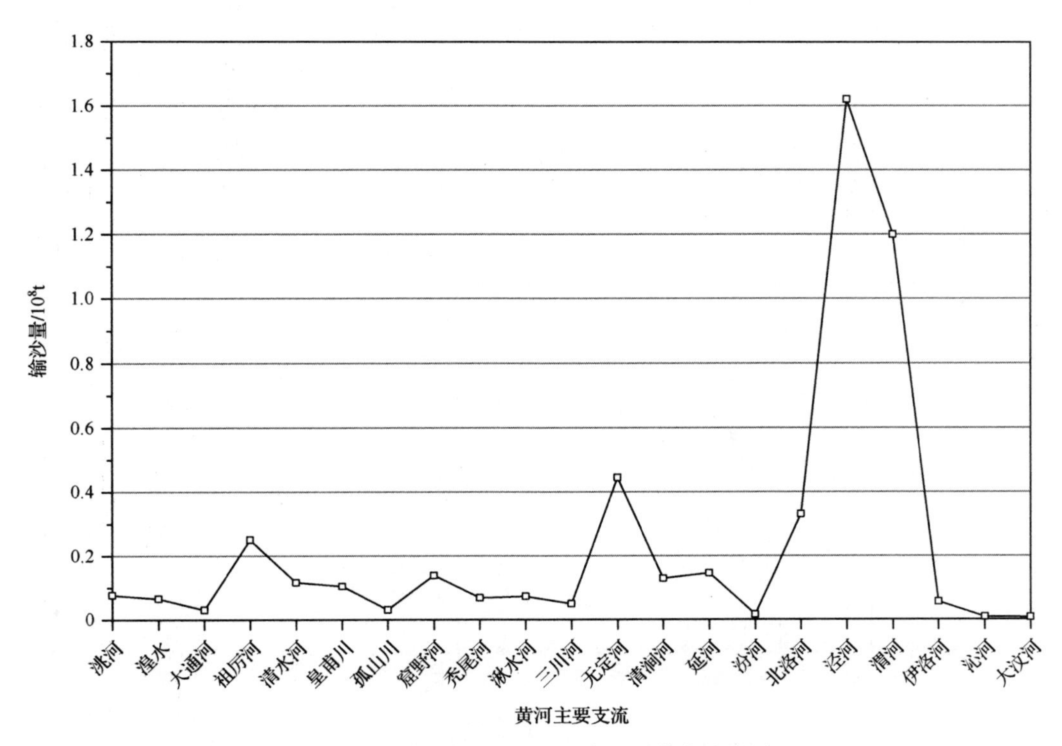

1980年黄河主要支流产沙量散点连线图

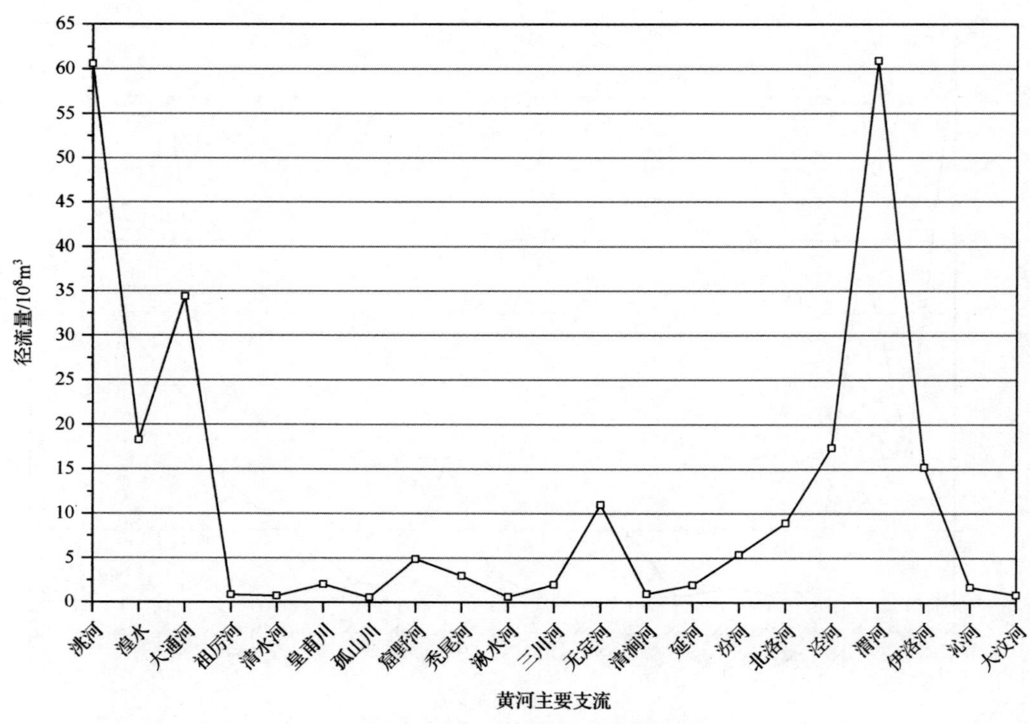

1981年黄河主要支流产水量散点连线图

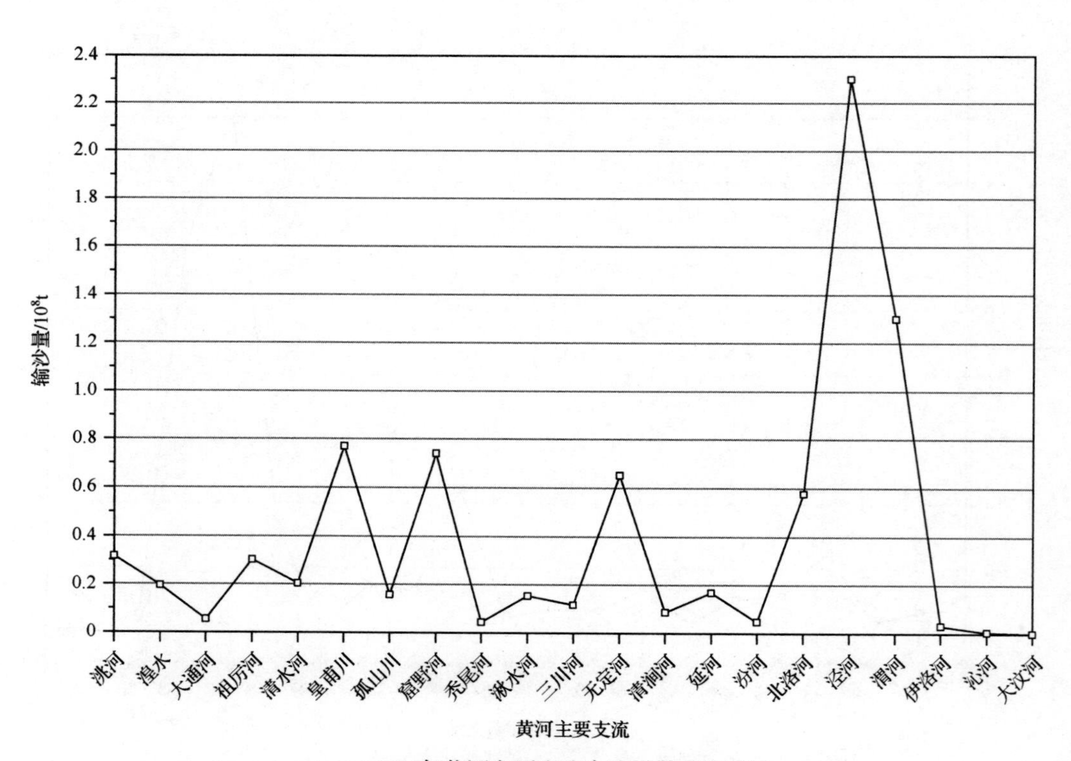

1981年黄河主要支流产沙量散点连线图

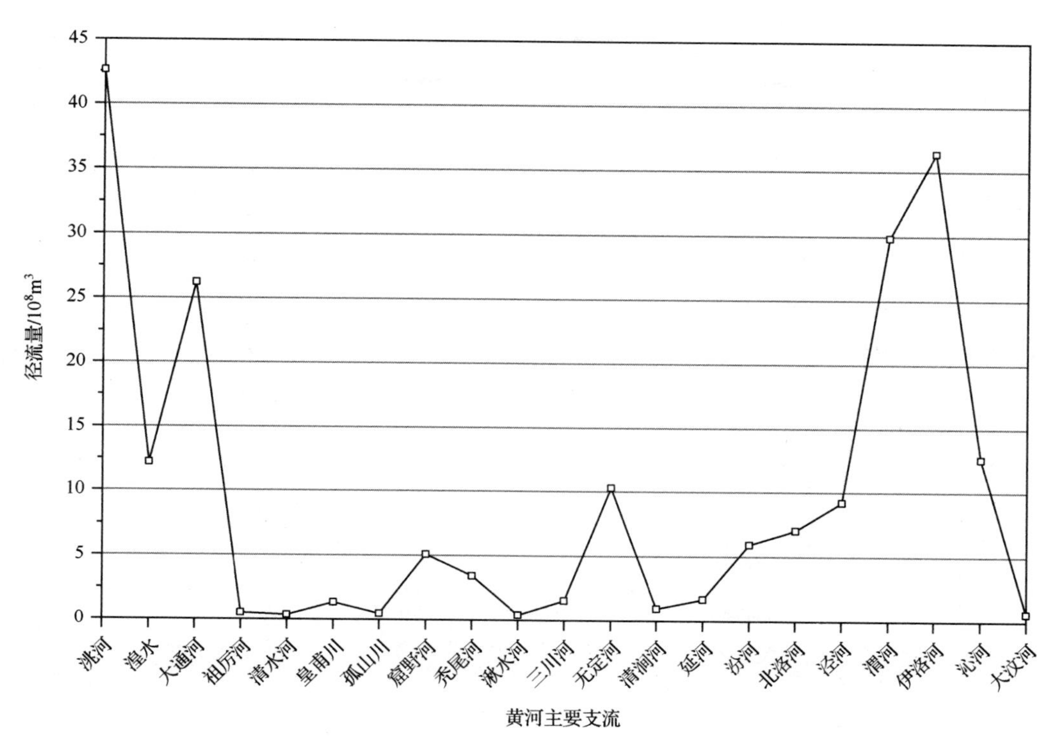

1982年黄河主要支流产水量散点连线图

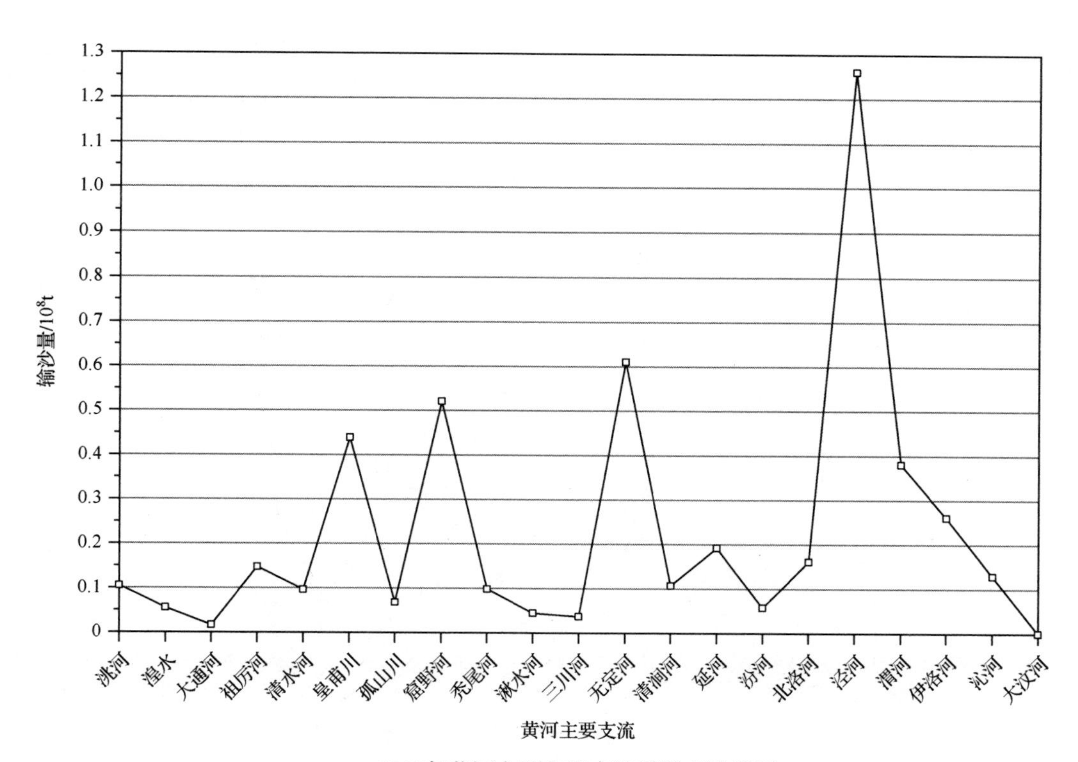

1982年黄河主要支流产沙量散点连线图

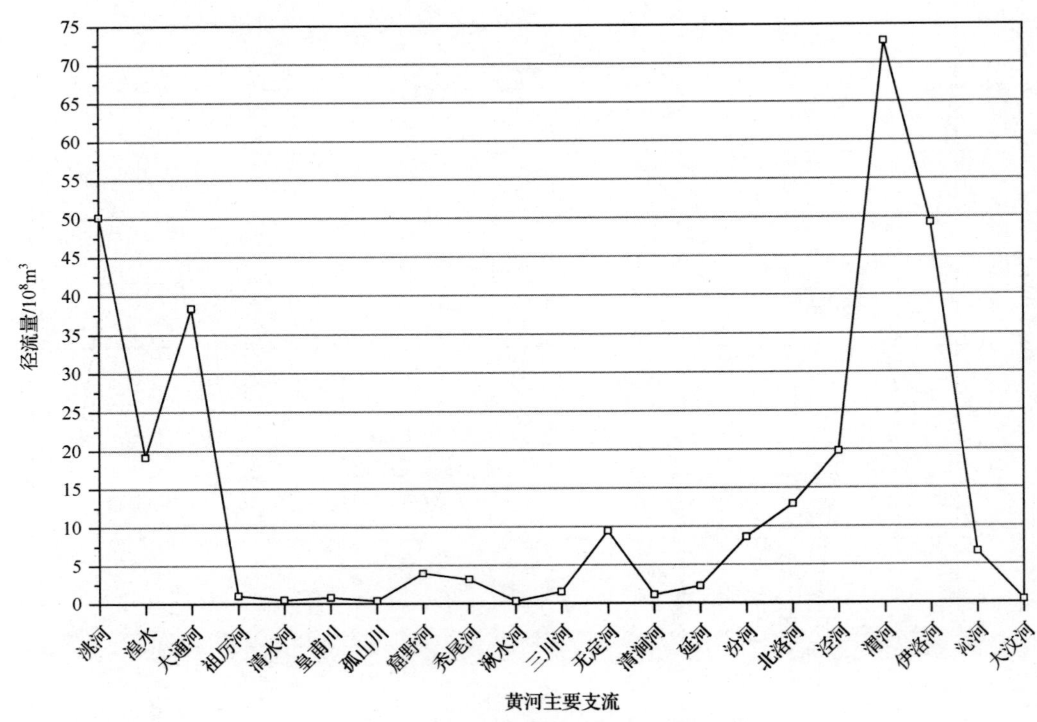

1983年黄河主要支流产水量散点连线图

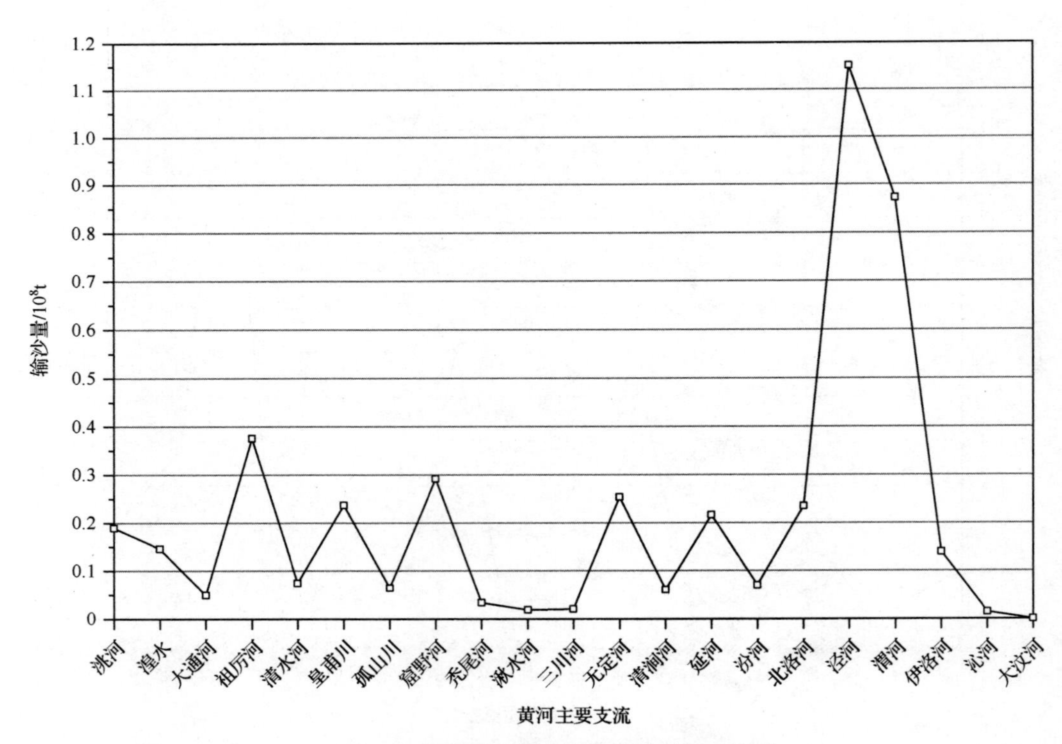

1983年黄河主要支流产沙量散点连线图

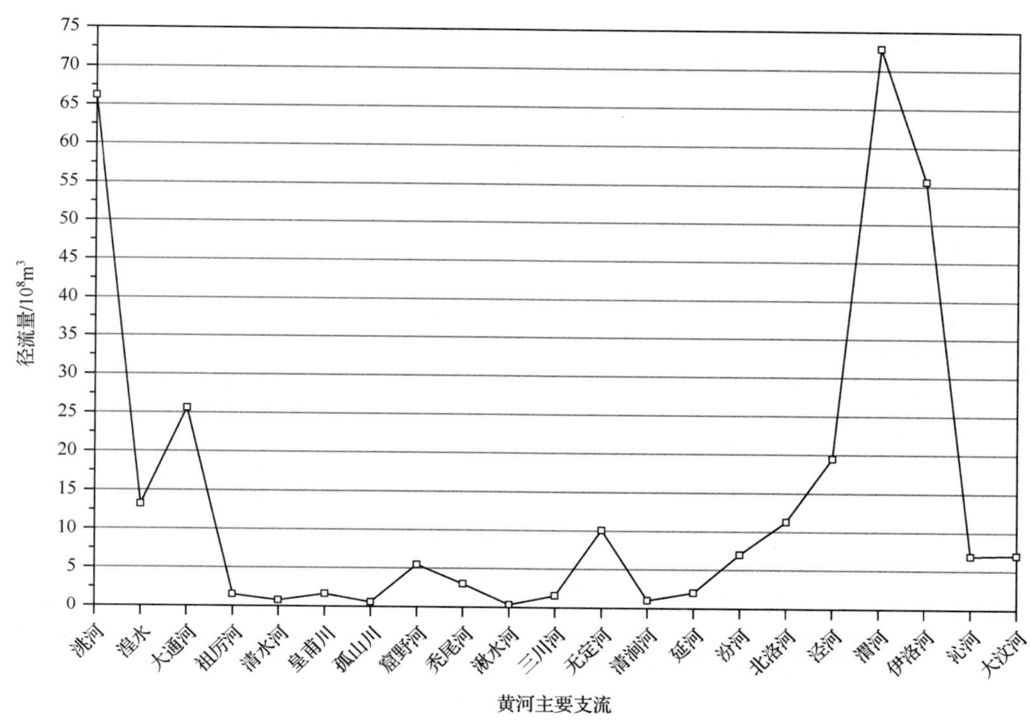

1984年黄河主要支流产水量散点连线图

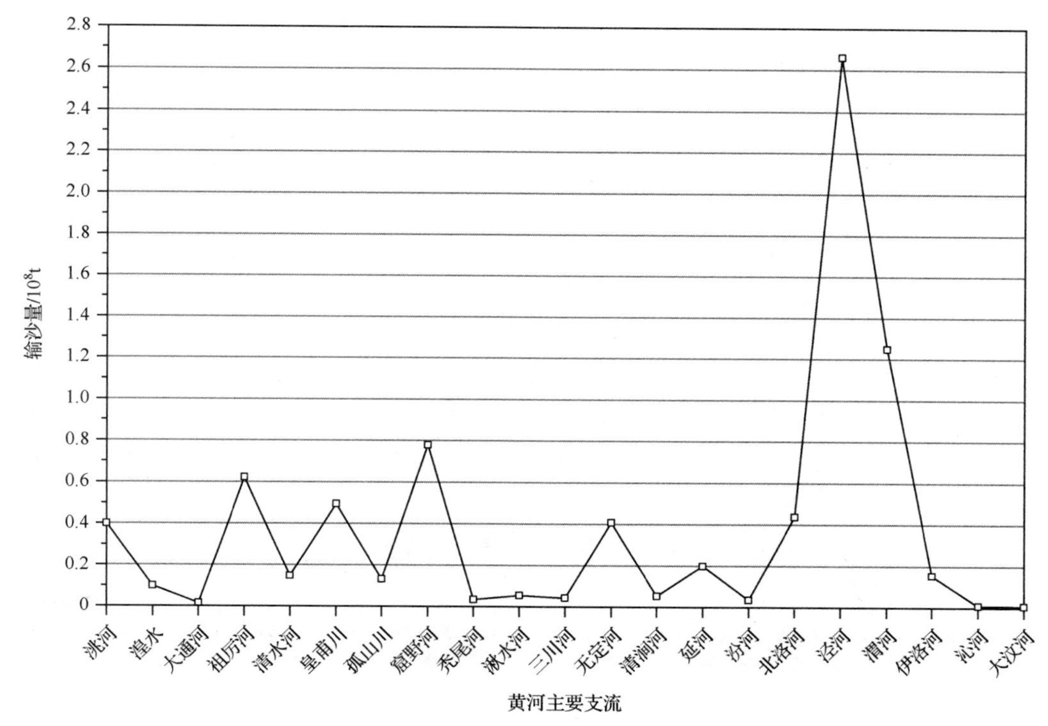

1984年黄河主要支流产沙量散点连线图

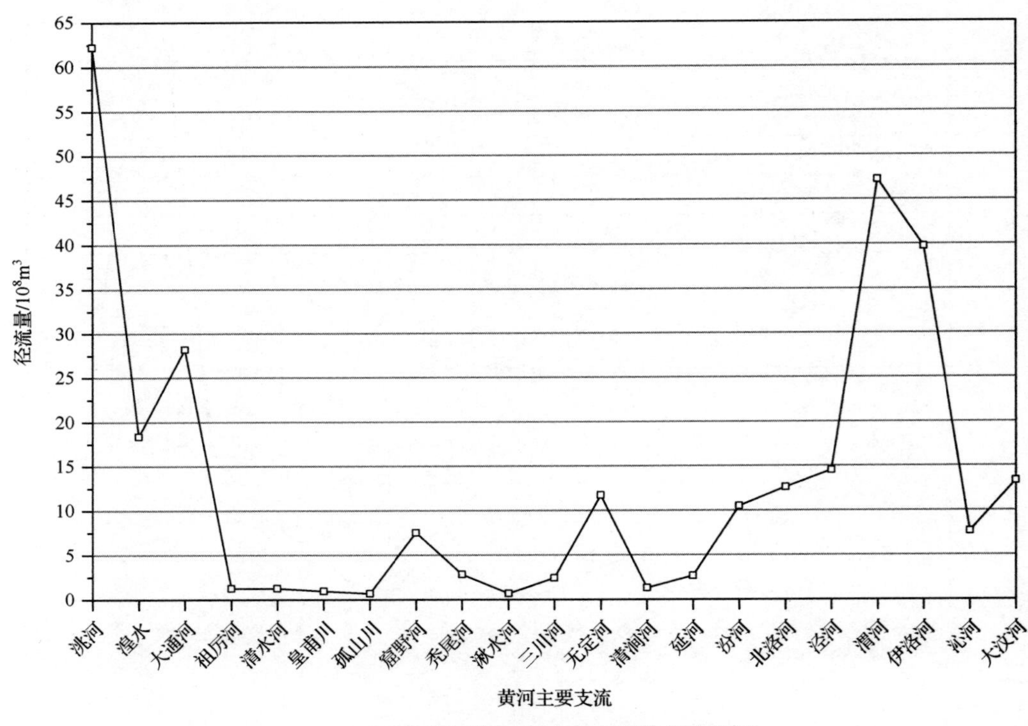

1985年黄河主要支流产水量散点连线图

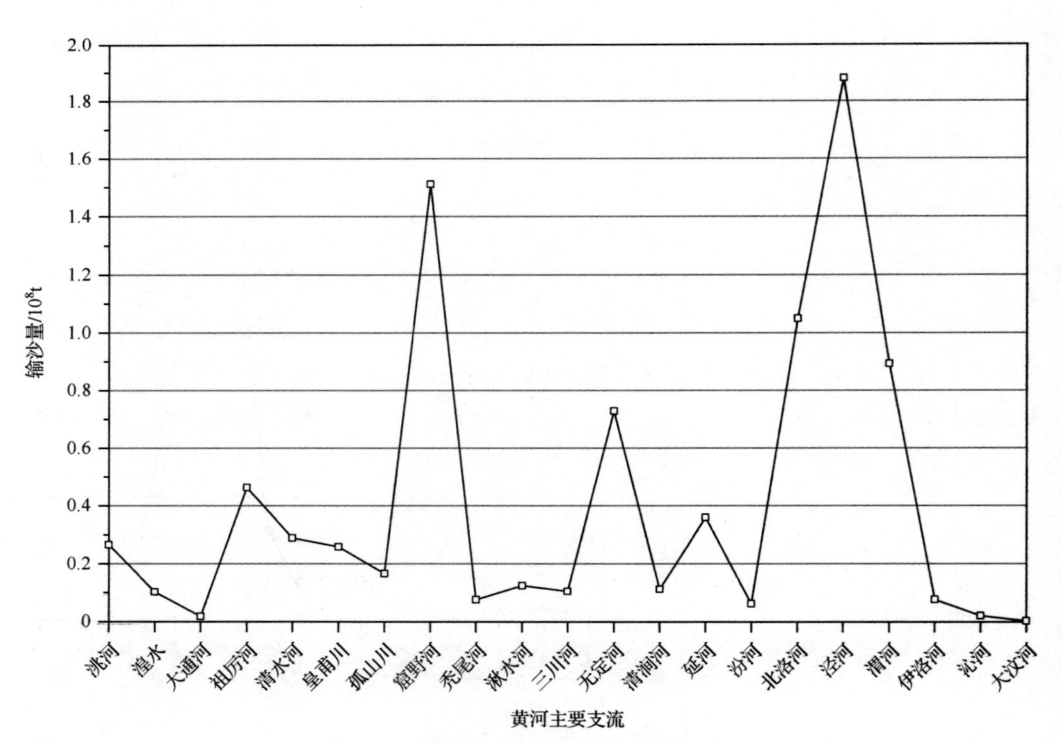

1985年黄河主要支流产沙量散点连线图

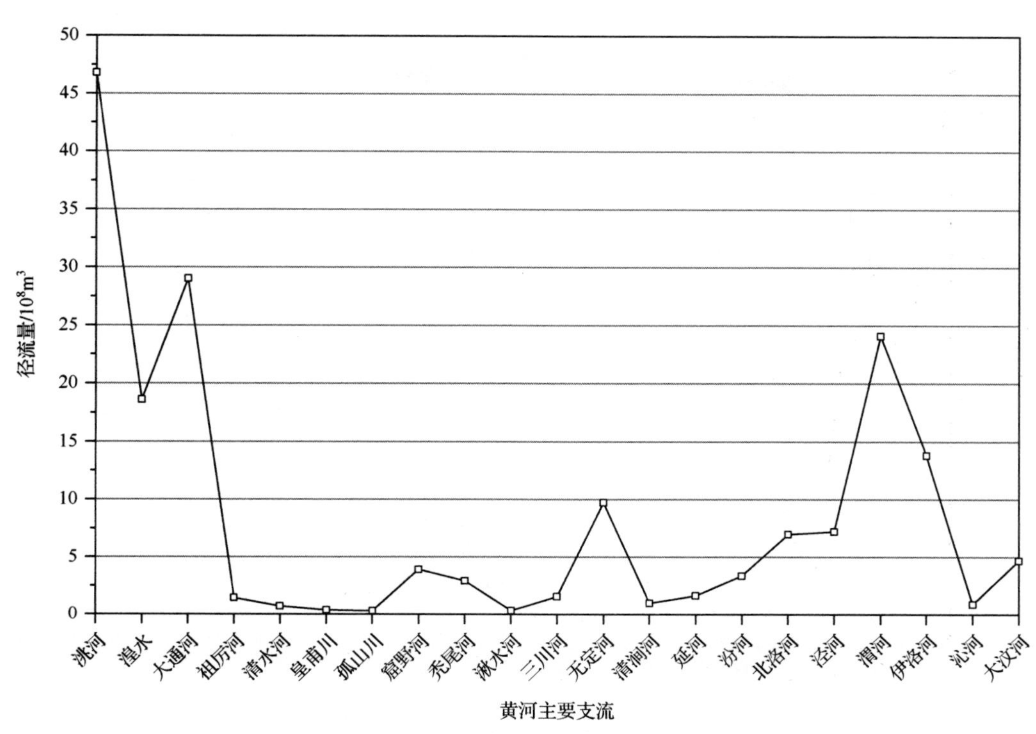

1986年黄河主要支流产水量散点连线图

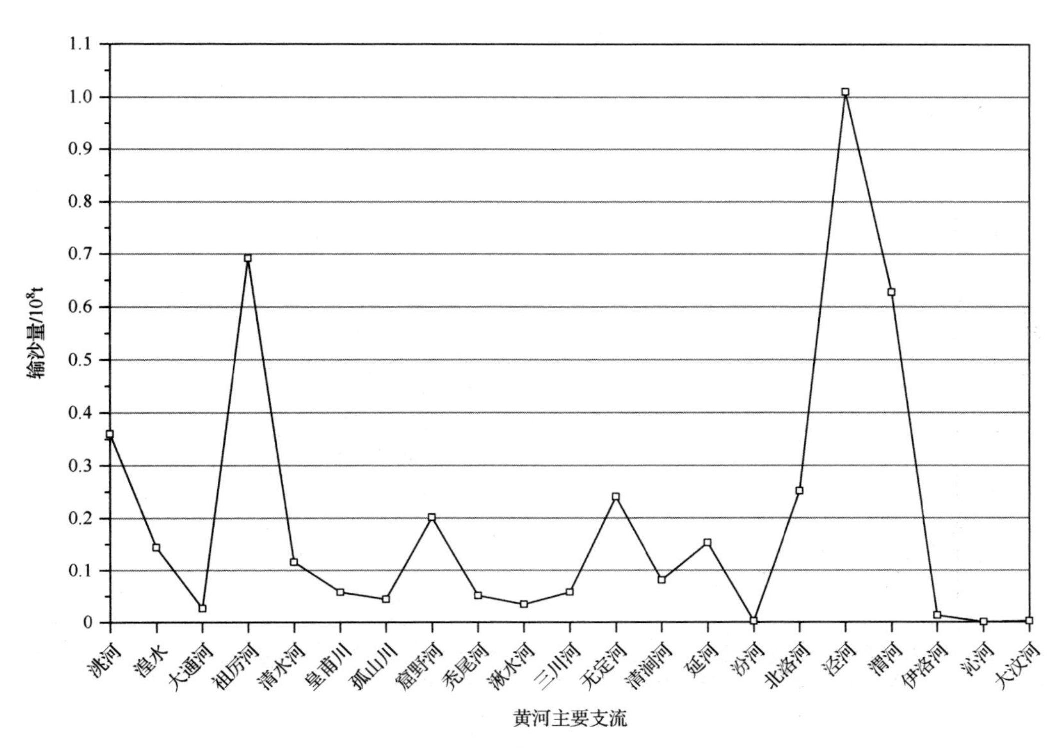

1986年黄河主要支流产沙量散点连线图

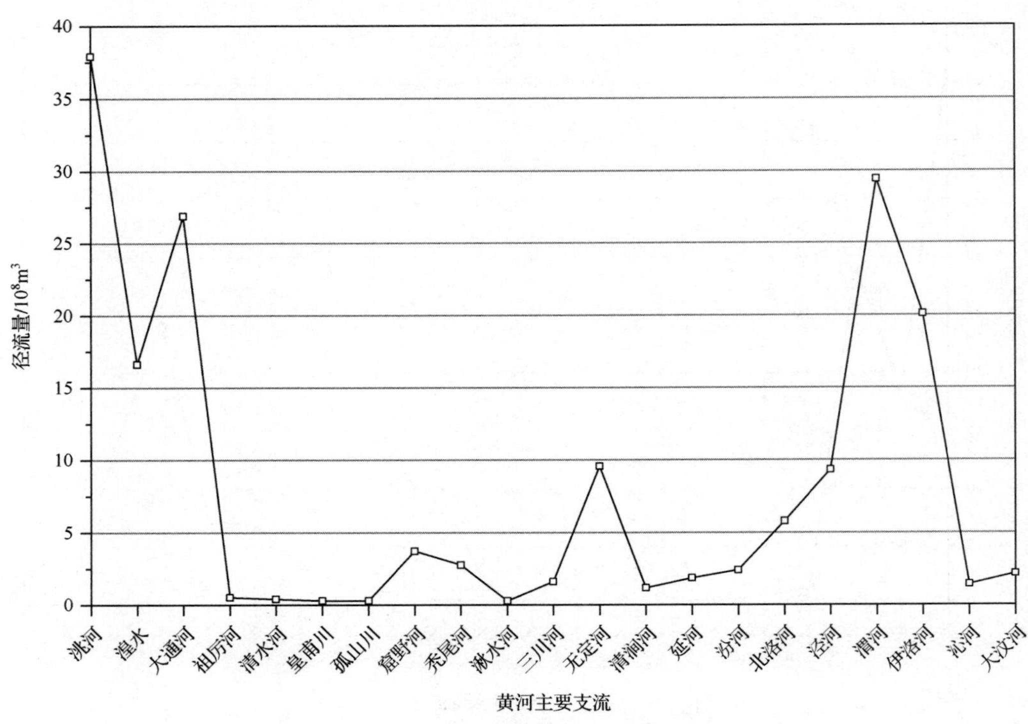

1987年黄河主要支流产水量散点连线图

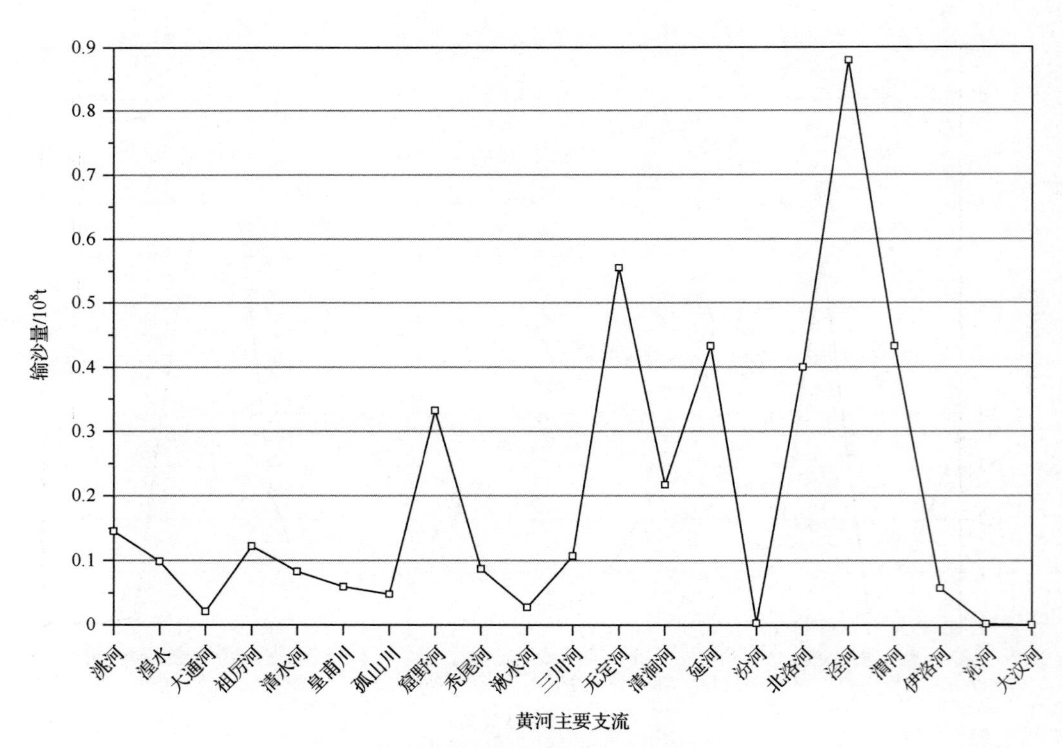

1987年黄河主要支流产沙量散点连线图

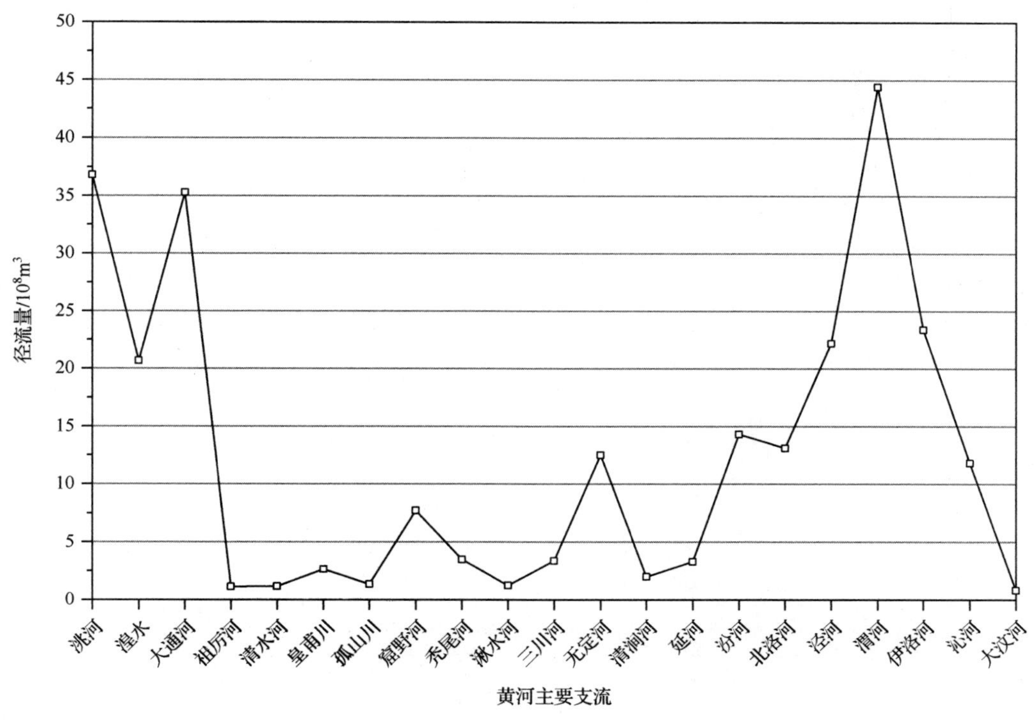

1988年黄河主要支流产水量散点连线图

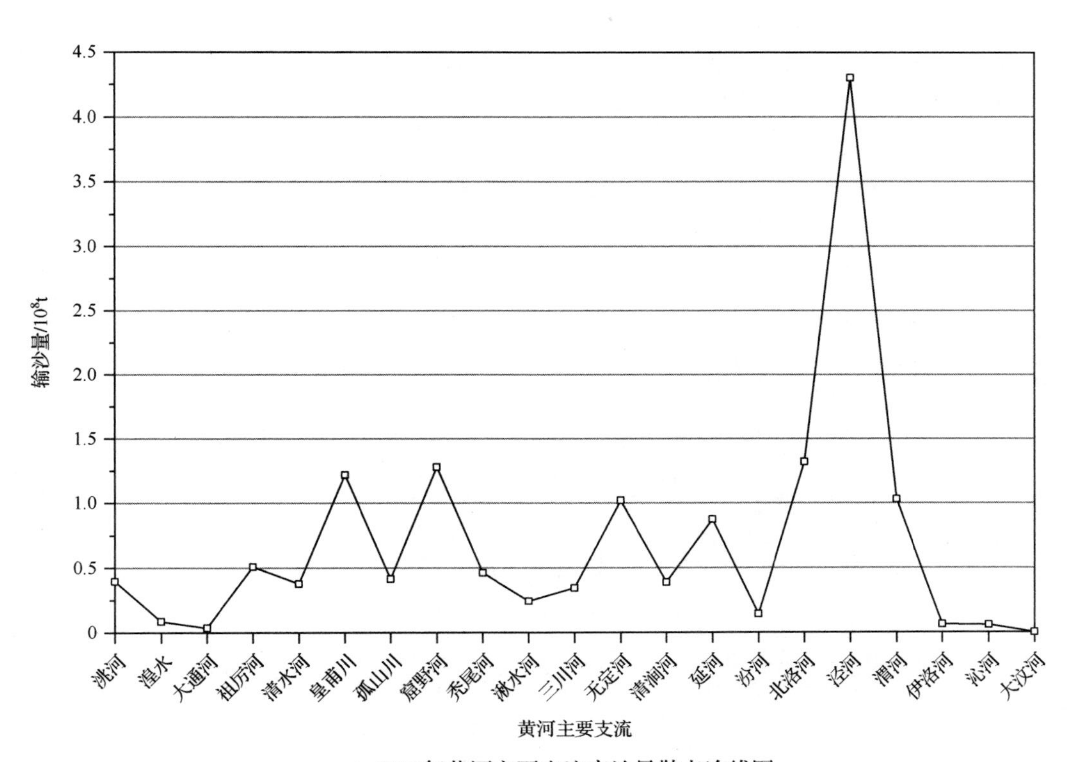

1988年黄河主要支流产沙量散点连线图

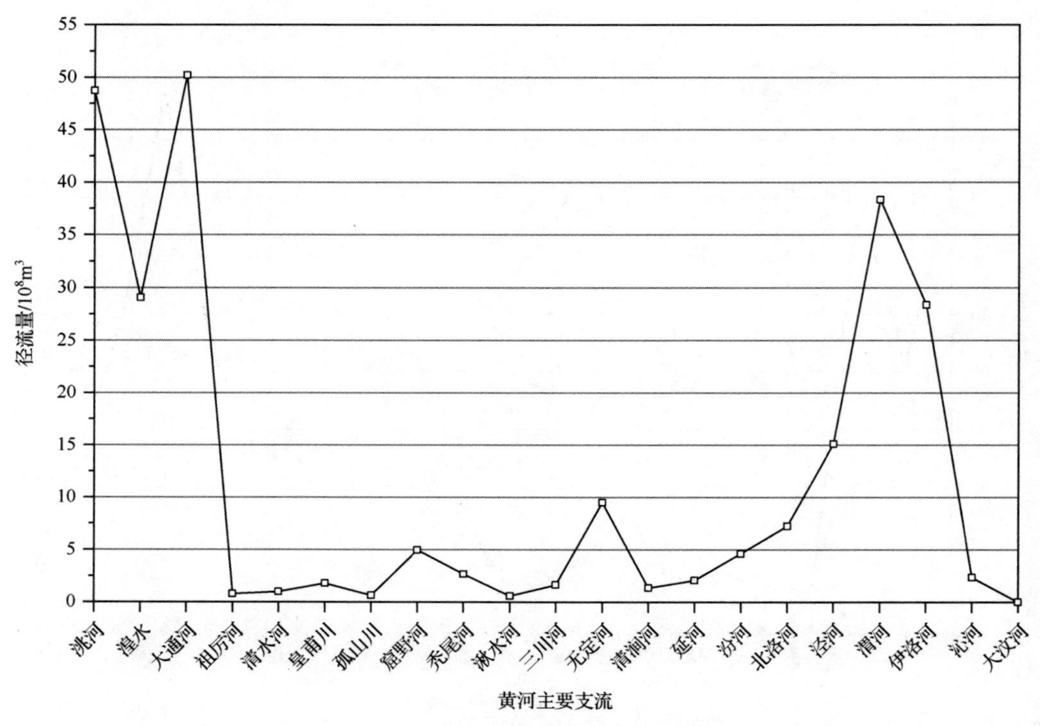

1989年黄河主要支流产水量散点连线图

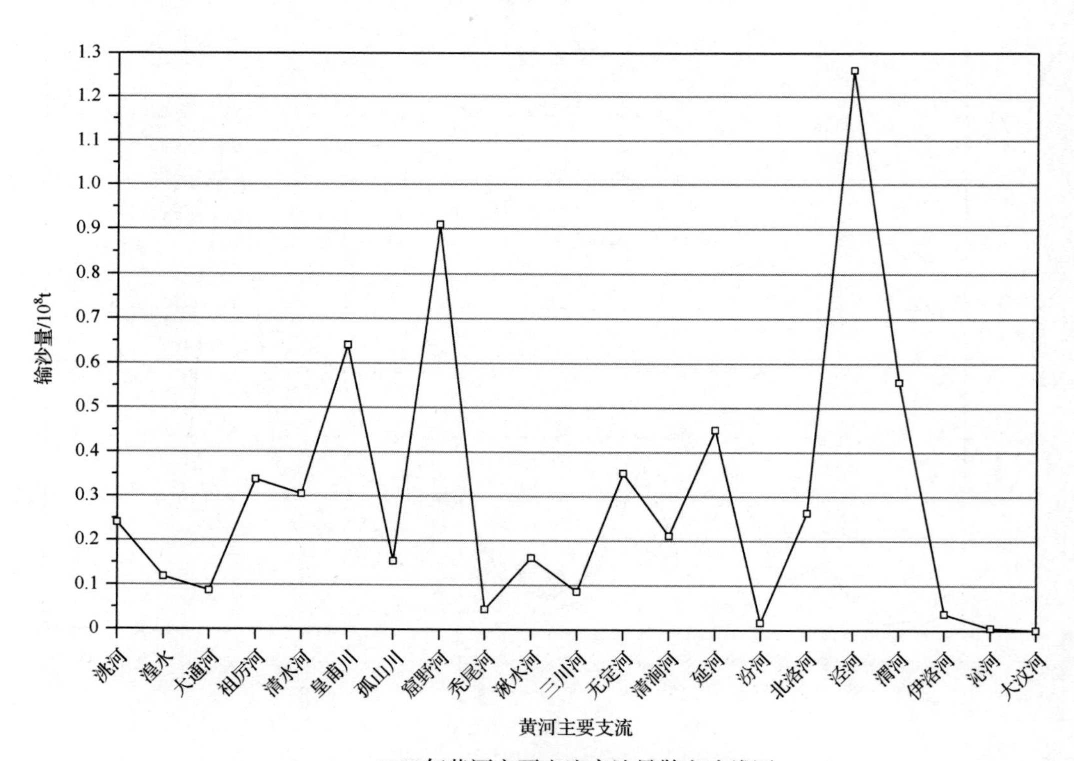

1989年黄河主要支流产沙量散点连线图

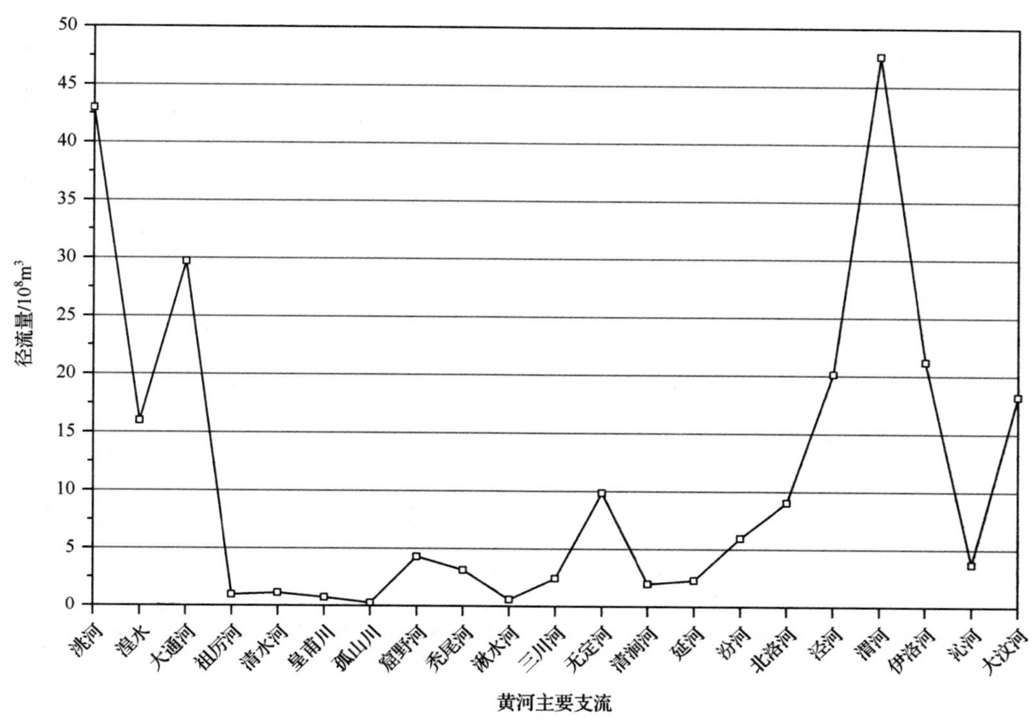

1990年黄河主要支流产水量散点连线图

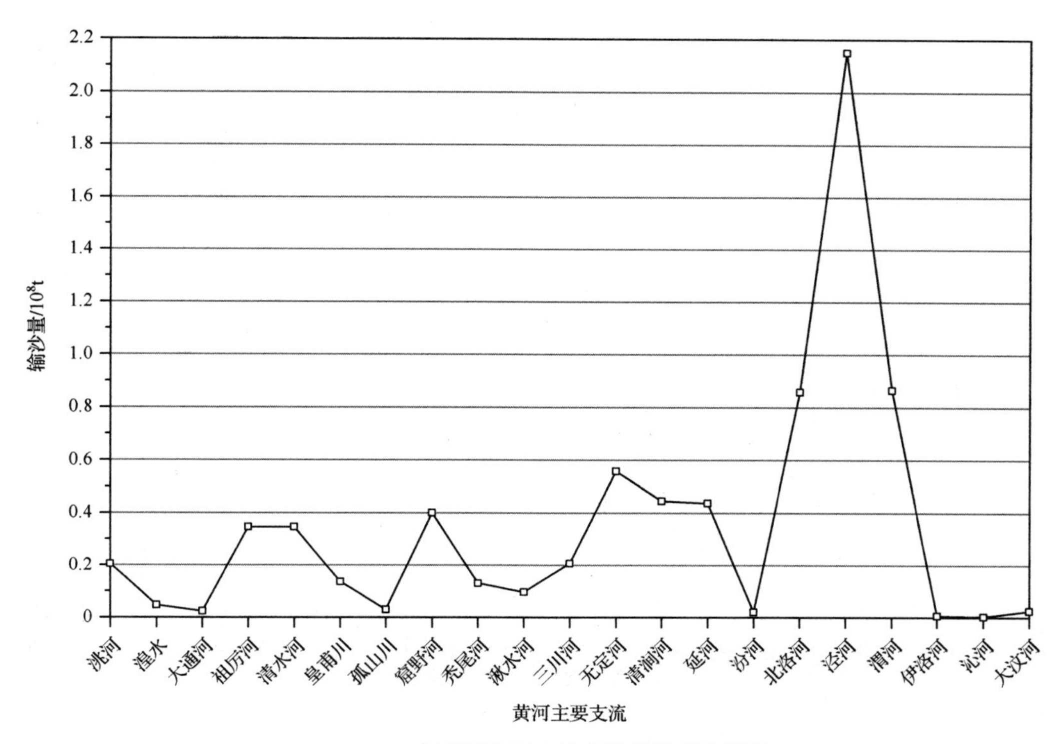

1990年黄河主要支流产沙量散点连线图

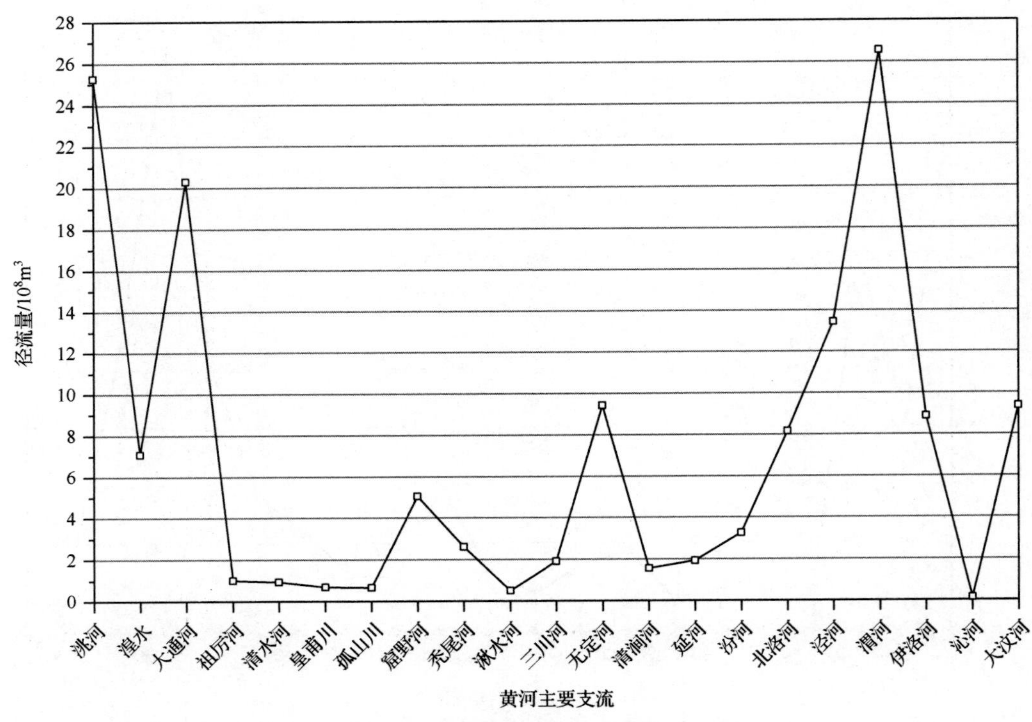

1991年黄河主要支流产水量散点连线图

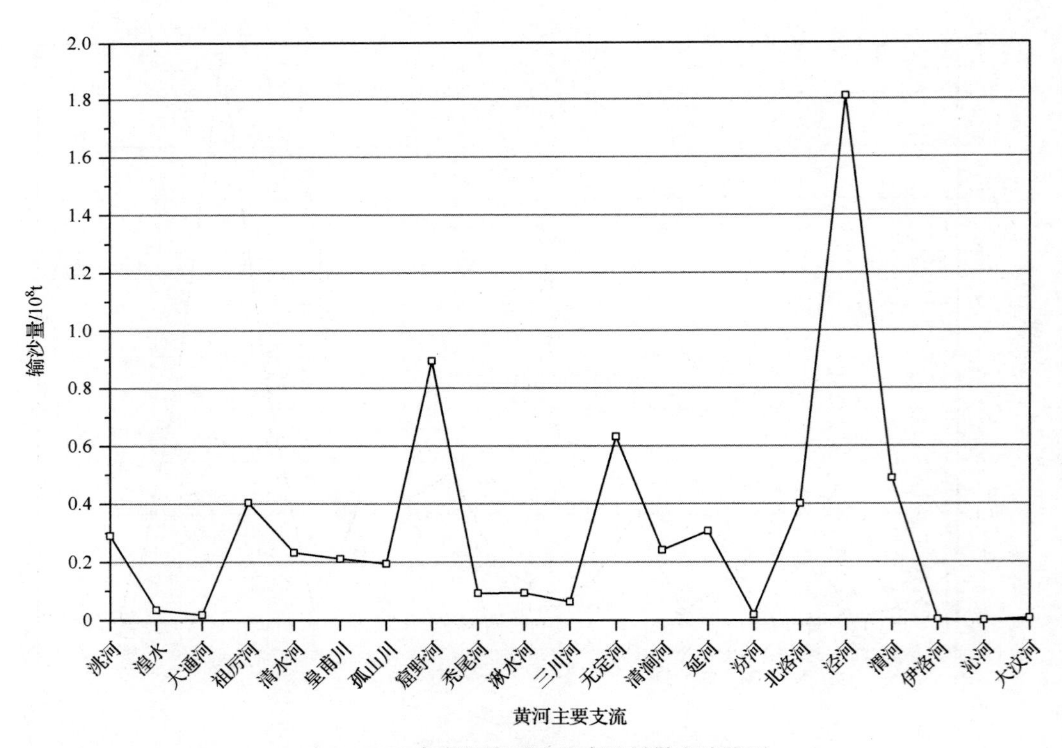

1991年黄河主要支流产沙量散点连线图

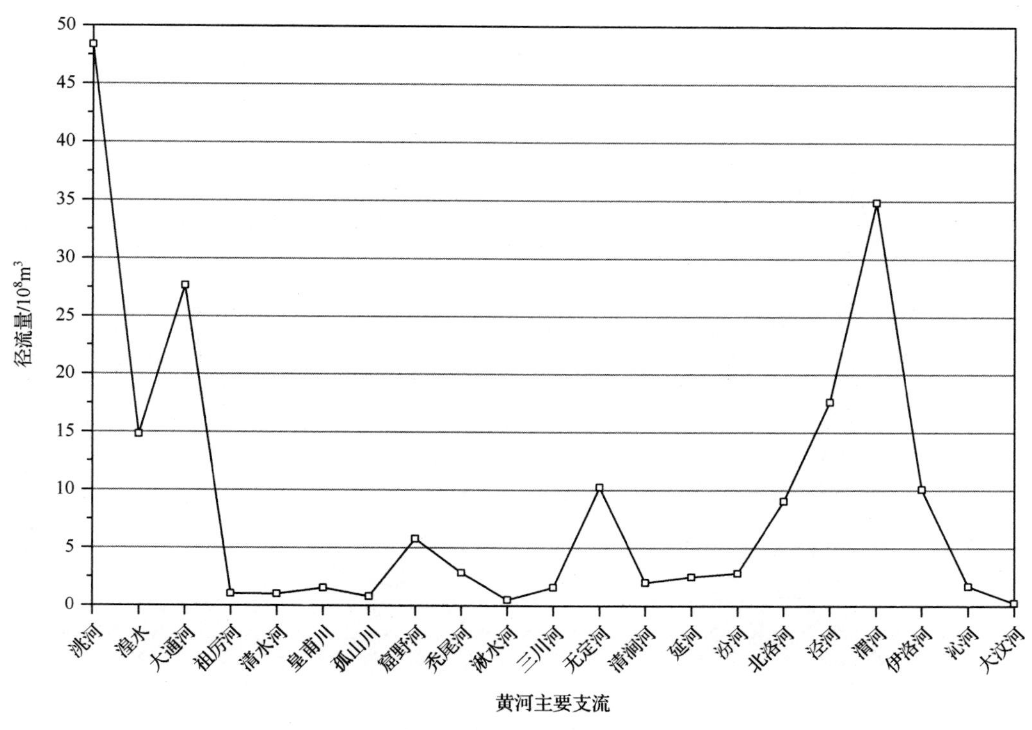

1992年黄河主要支流产水量散点连线图

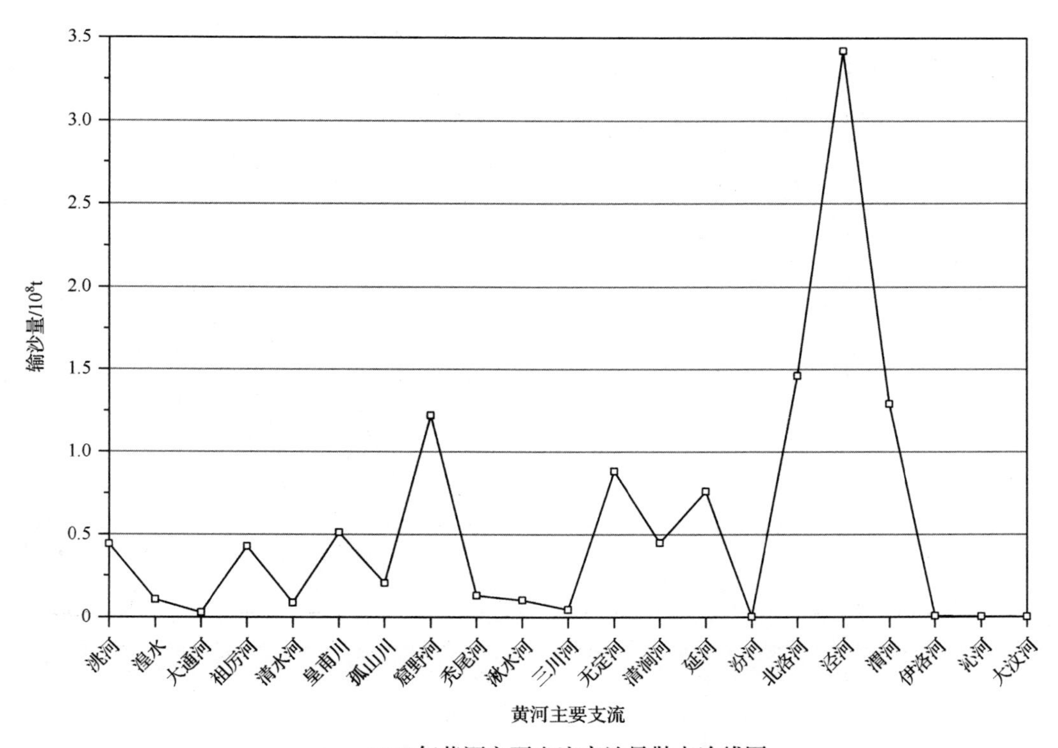

1992年黄河主要支流产沙量散点连线图

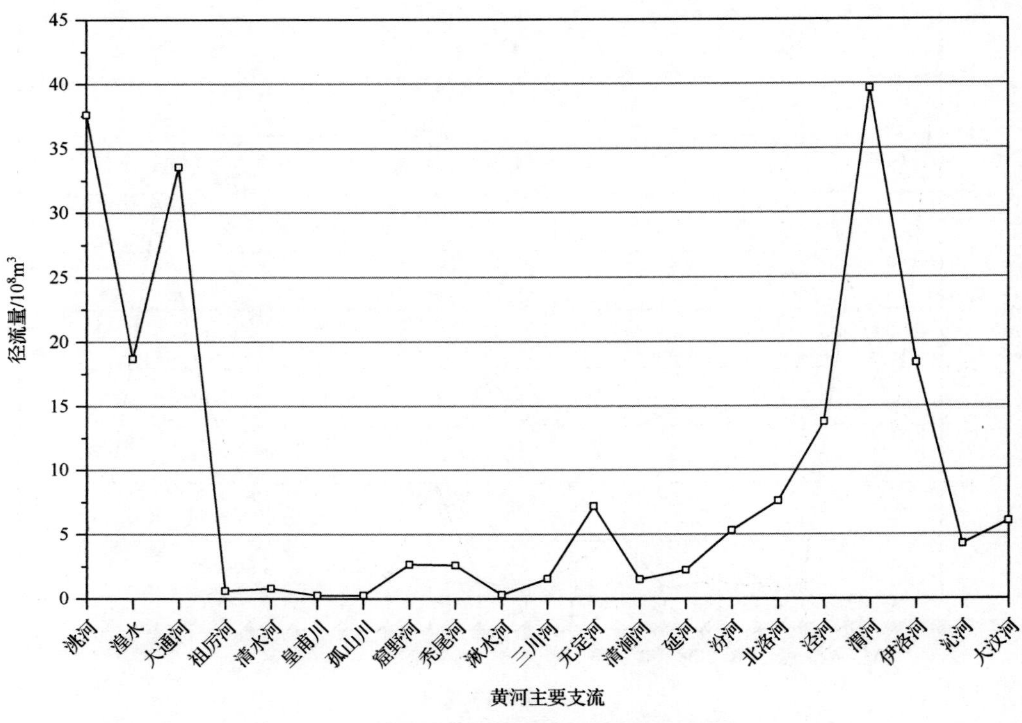

1993年黄河主要支流产水量散点连线图

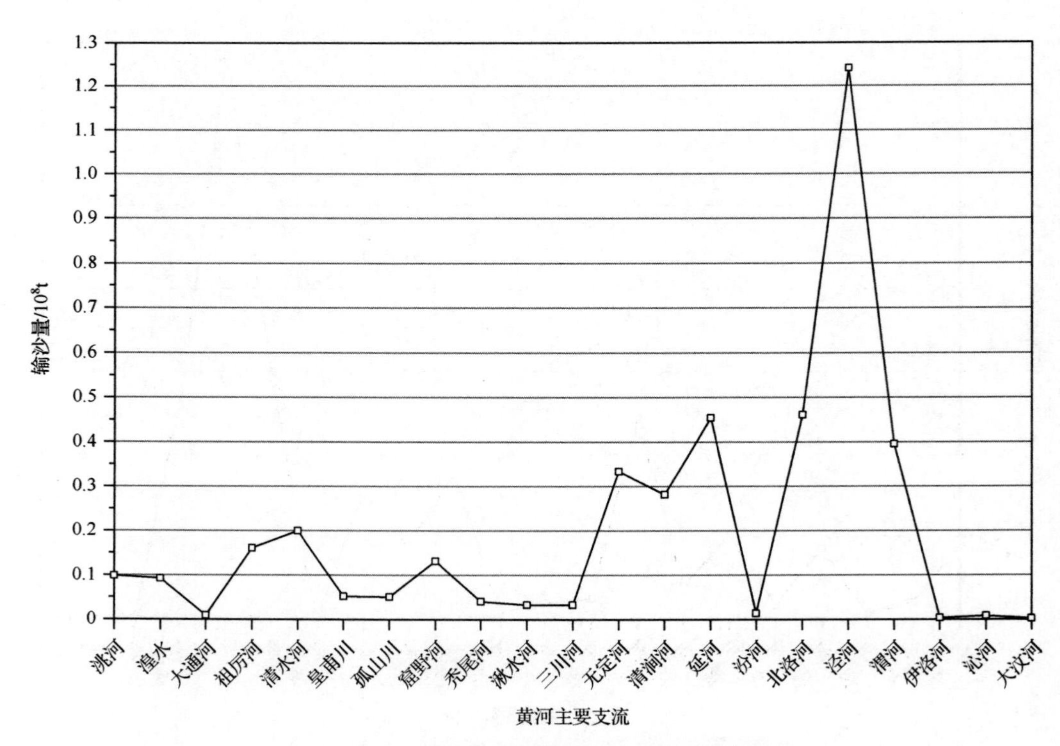

1993年黄河主要支流产沙量散点连线图

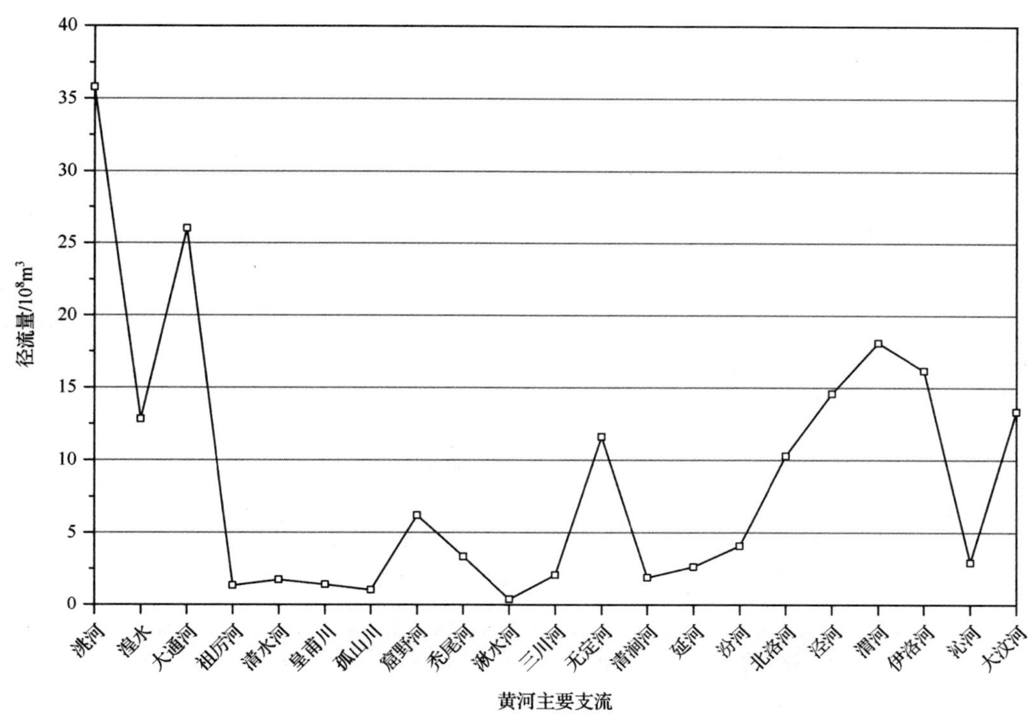

1994年黄河主要支流产水量散点连线图

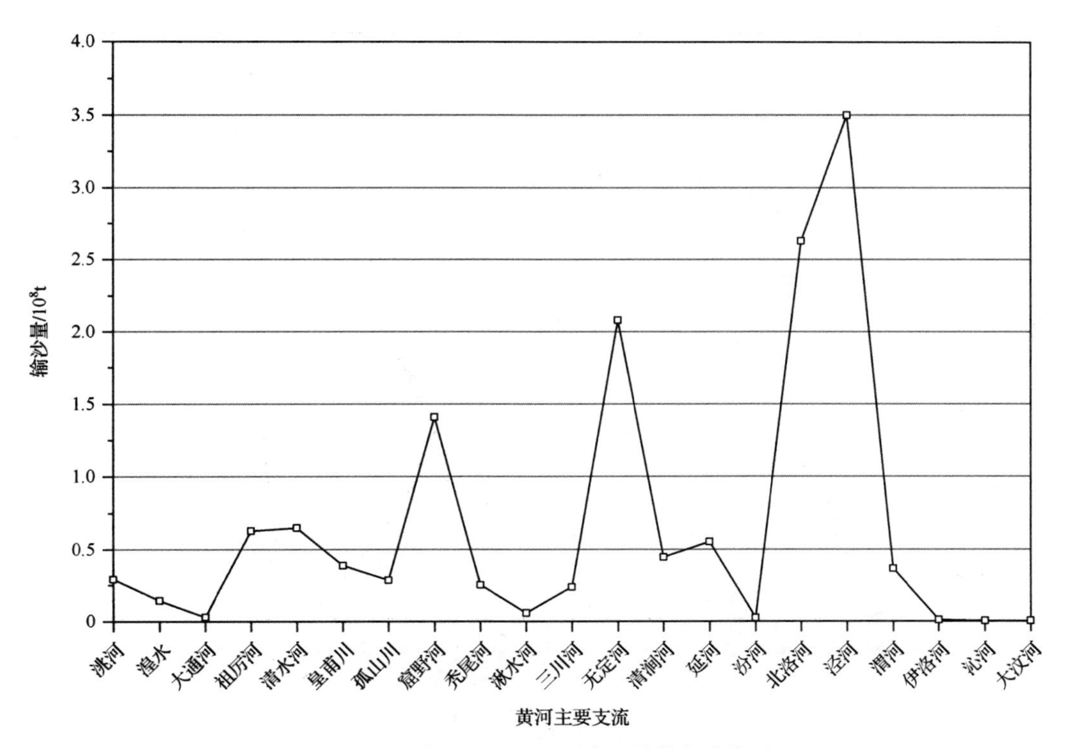

1994年黄河主要支流产沙量散点连线图

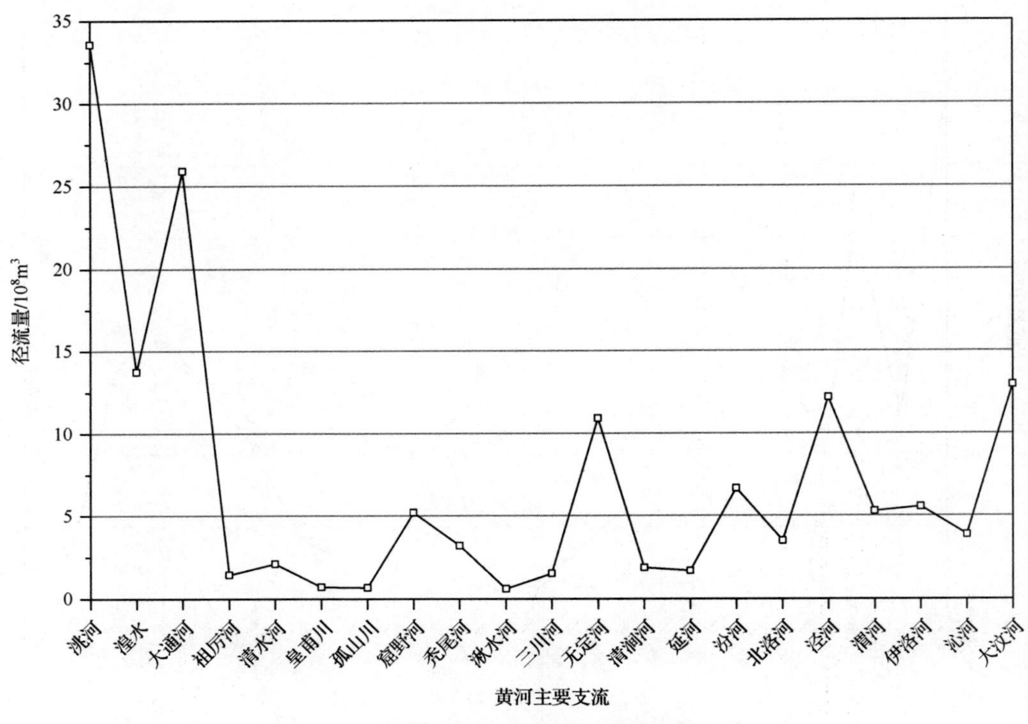

1995年黄河主要支流产水量散点连线图

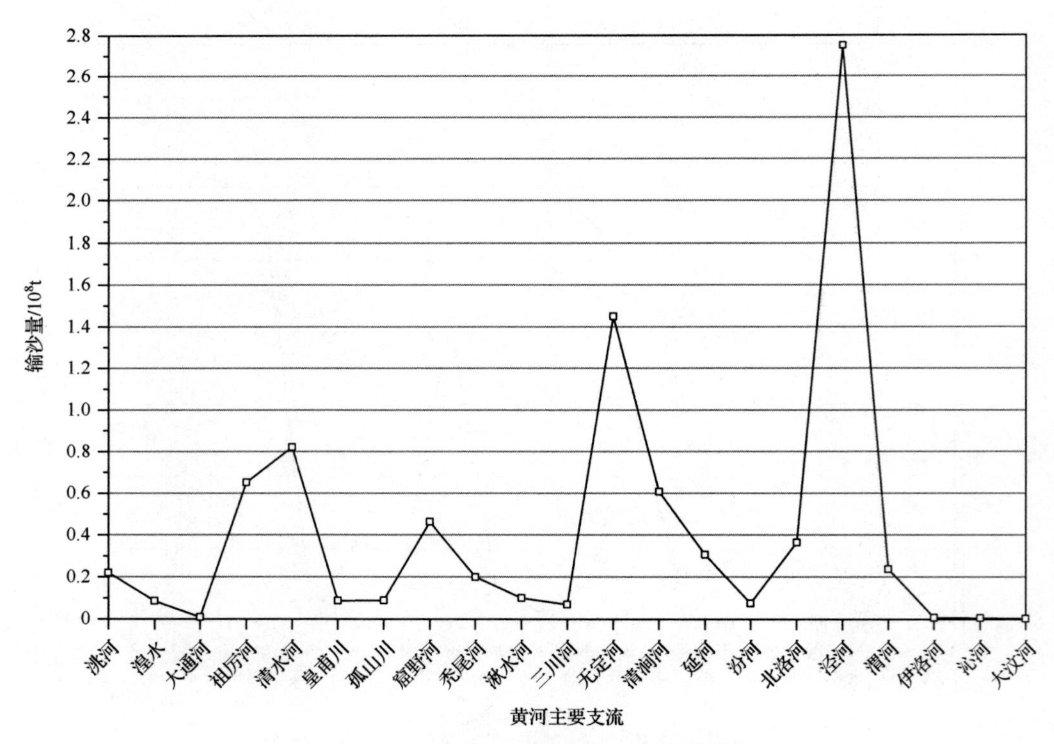

1995年黄河主要支流产沙量散点连线图

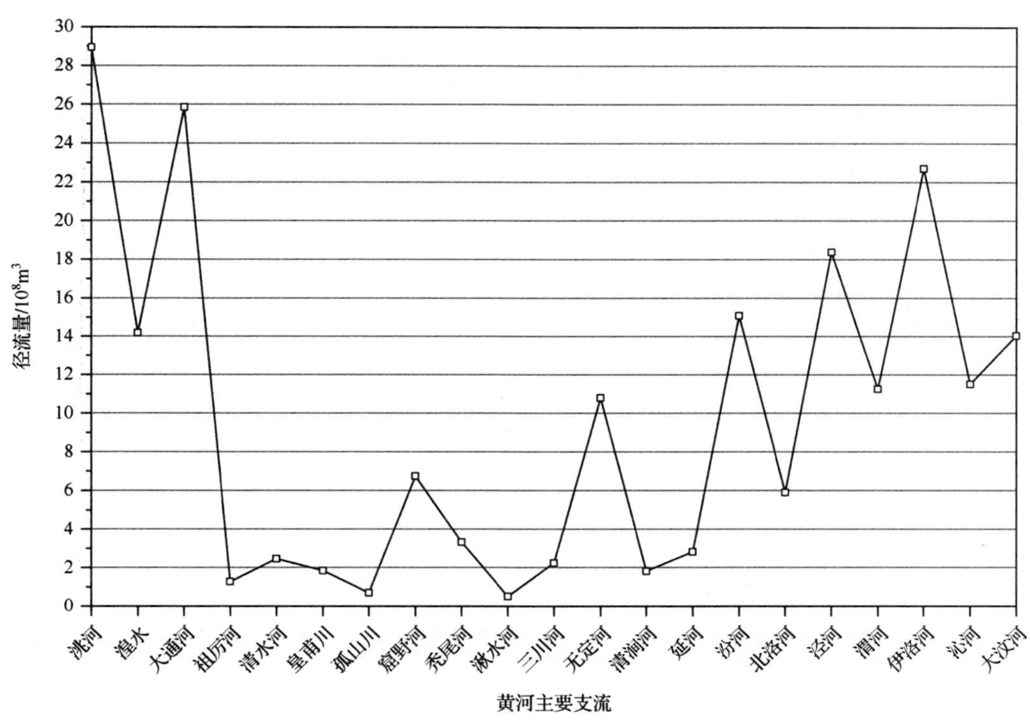

1996年黄河主要支流产水量散点连线图

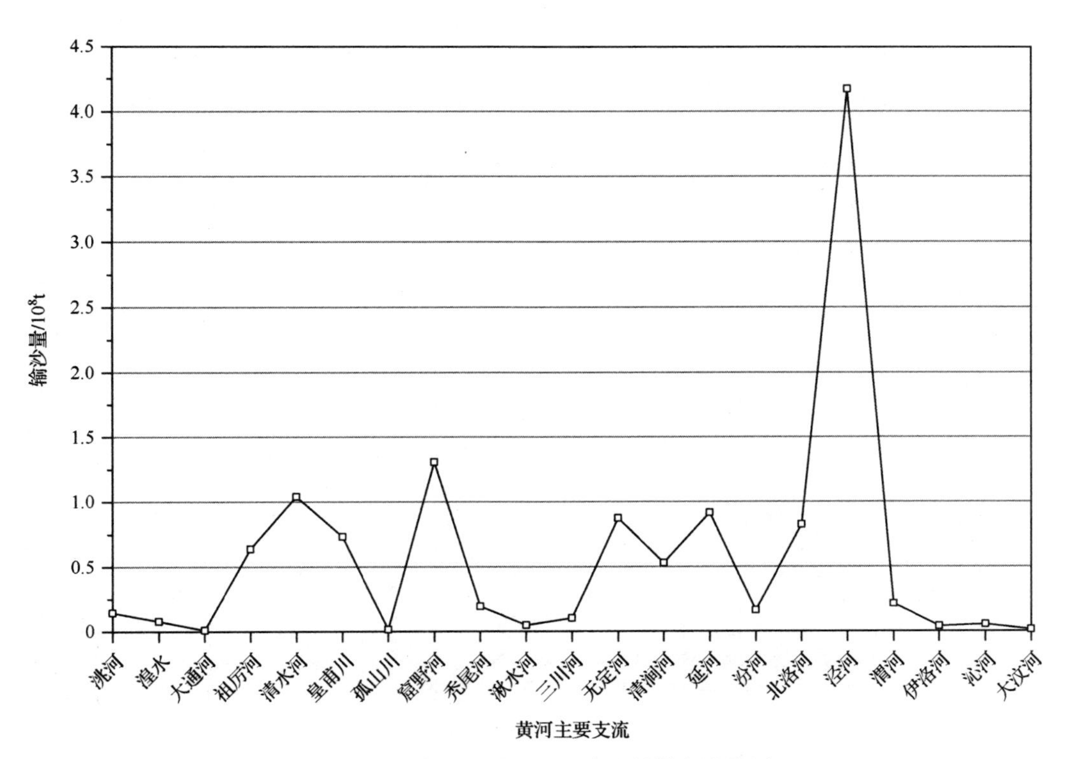

1996年黄河主要支流产沙量散点连线图

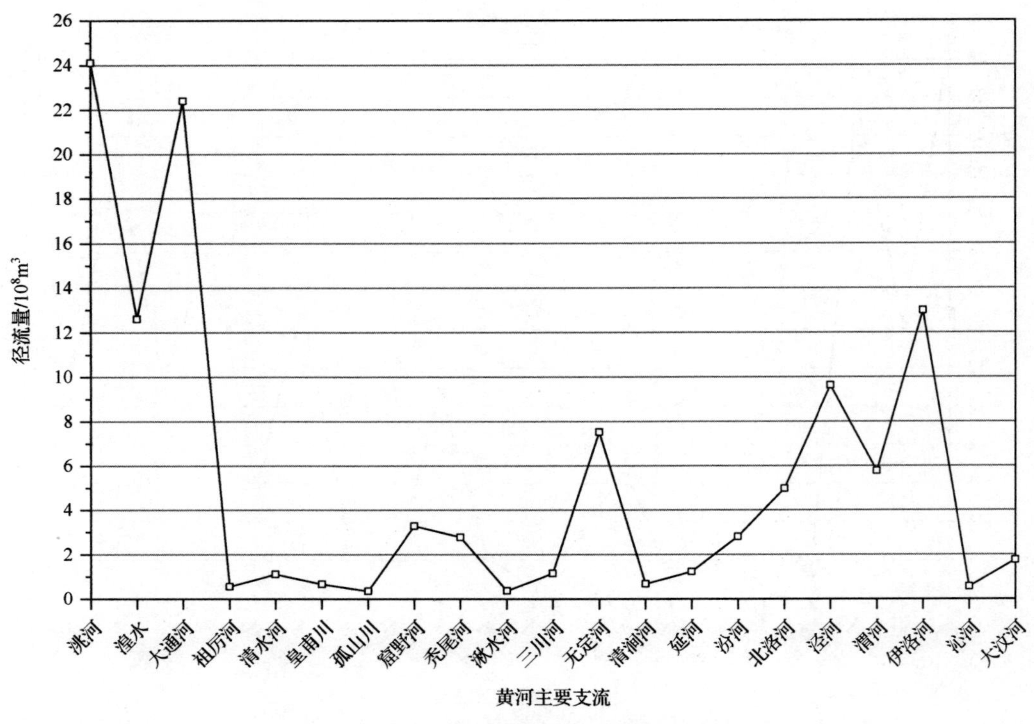

1997年黄河主要支流产水量散点连线图

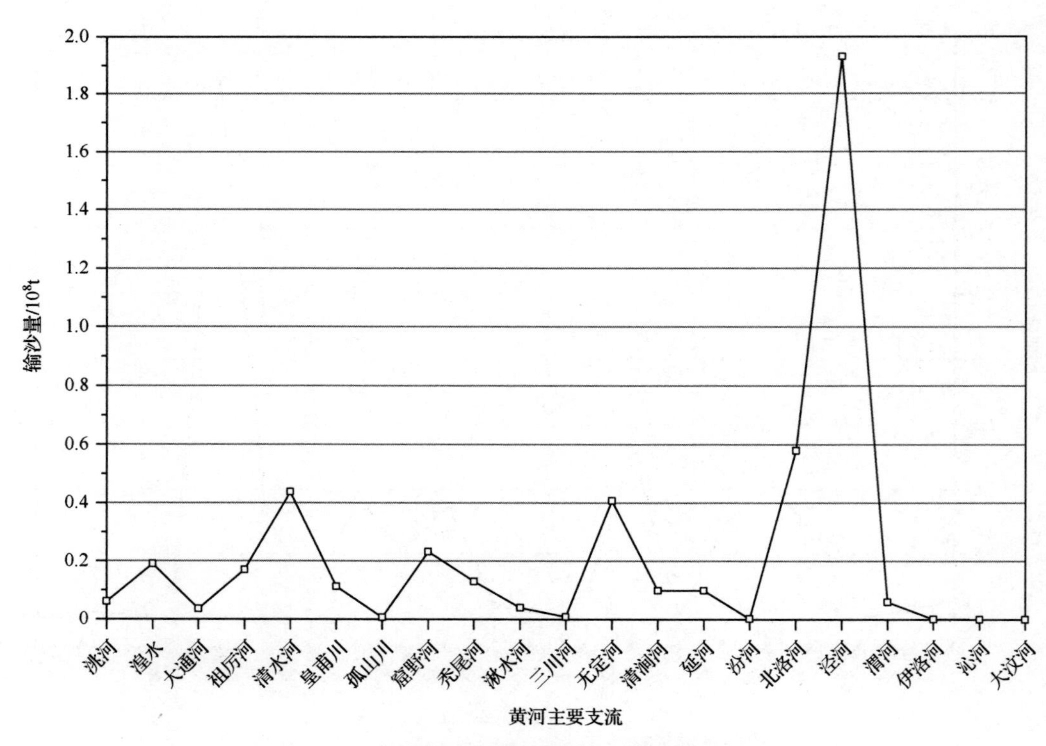

1997年黄河主要支流产沙量散点连线图

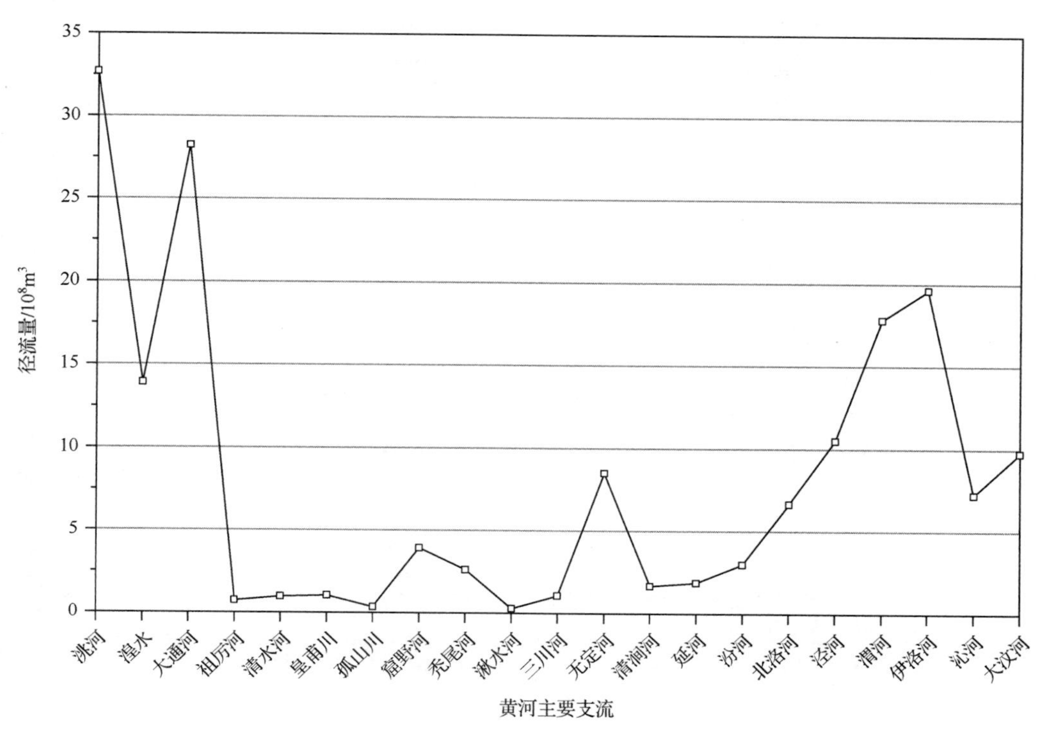

1998年黄河主要支流产水量散点连线图

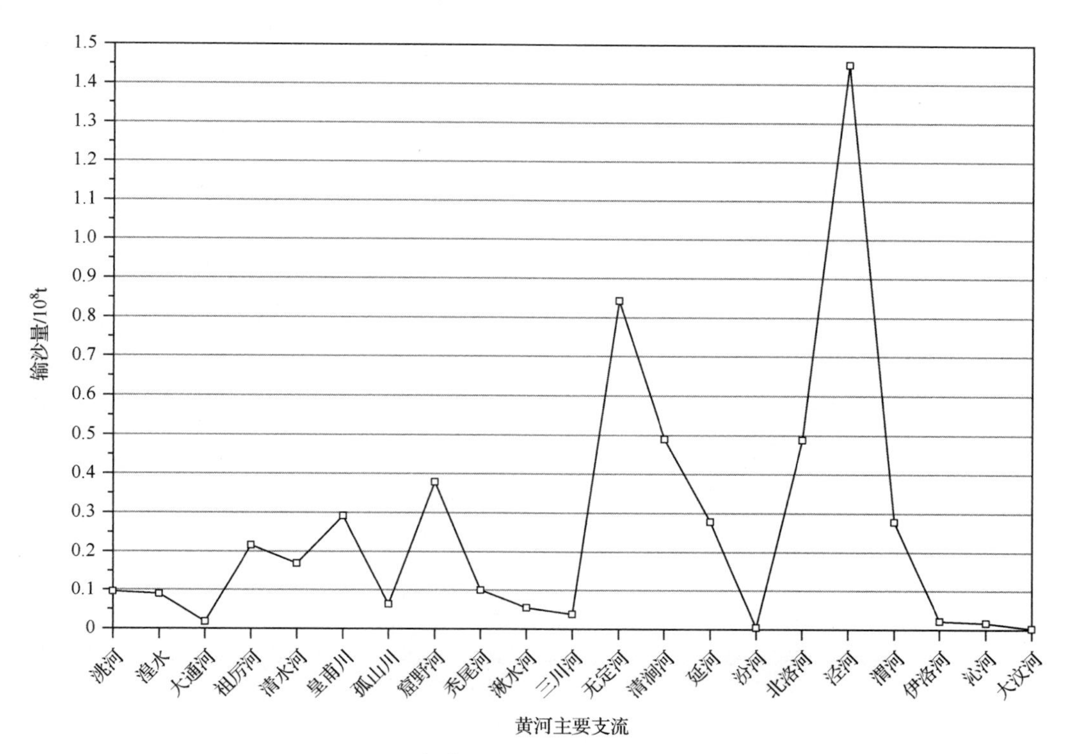

1998年黄河主要支流产沙量散点连线图

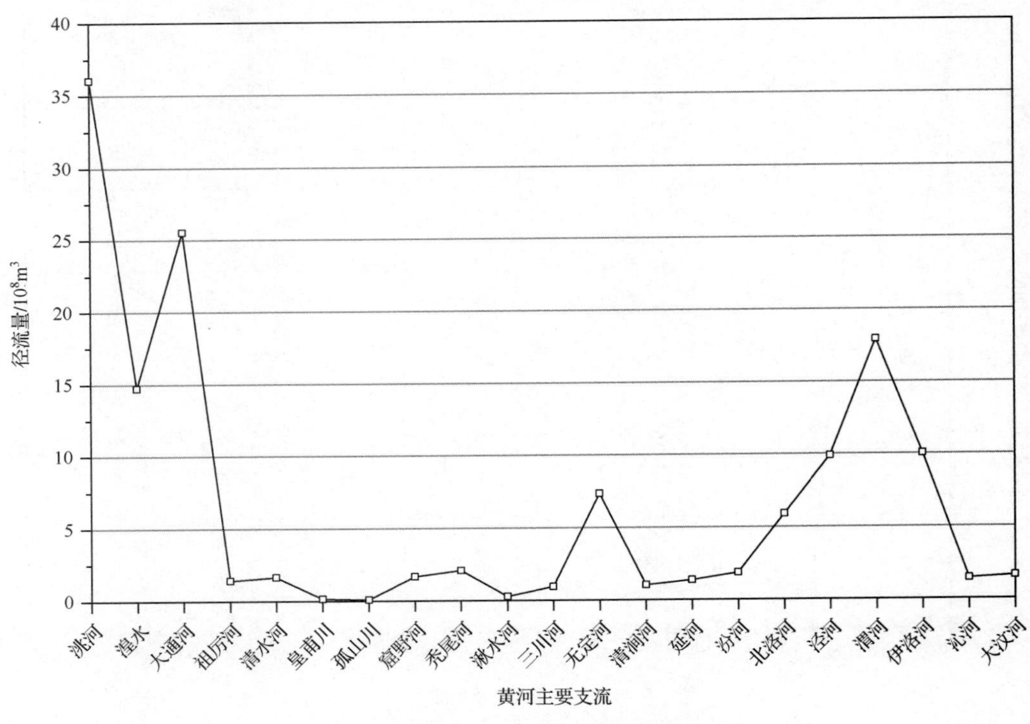

1999年黄河主要支流产水量散点连线图

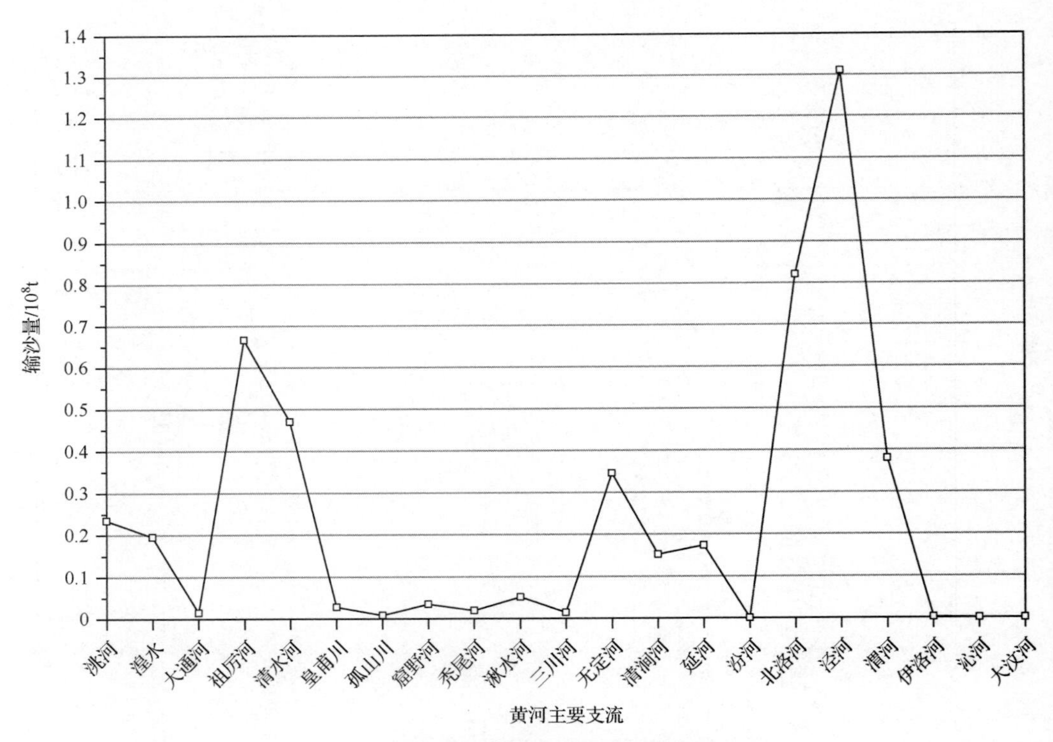

1999年黄河主要支流产沙量散点连线图

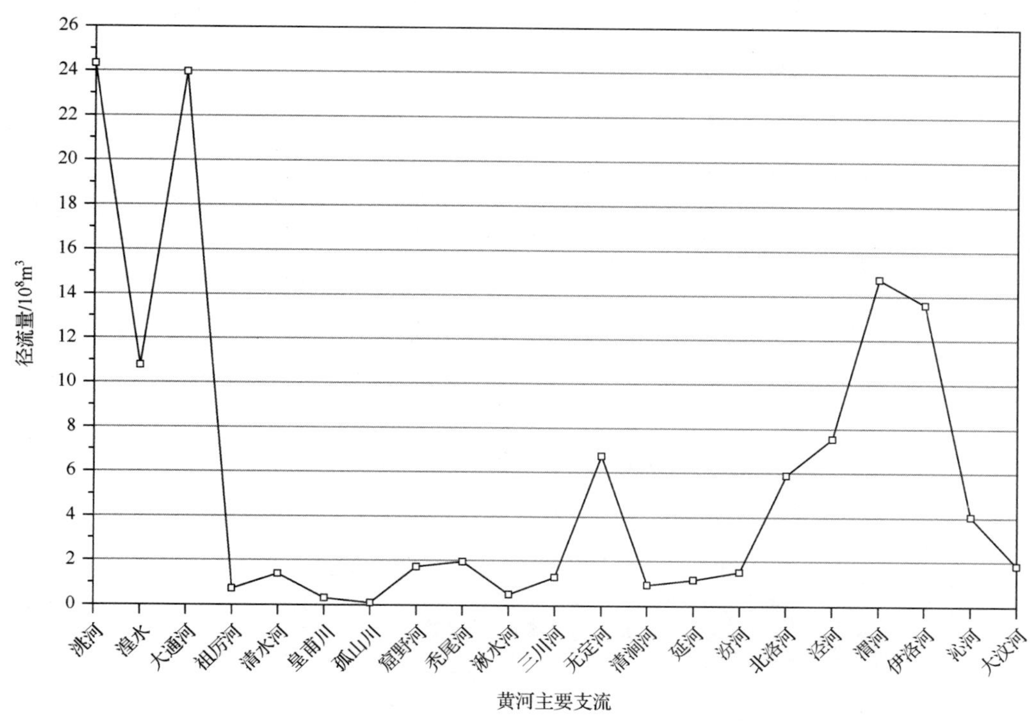

2000年黄河主要支流产水量散点连线图

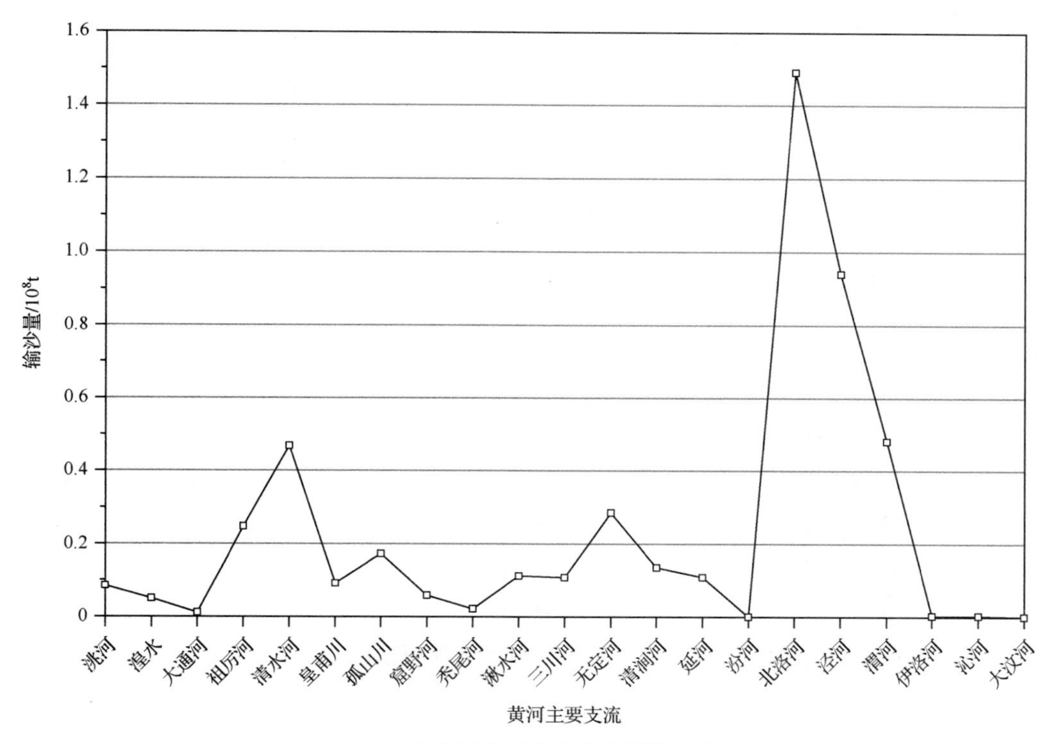

2000年黄河主要支流产沙量散点连线图

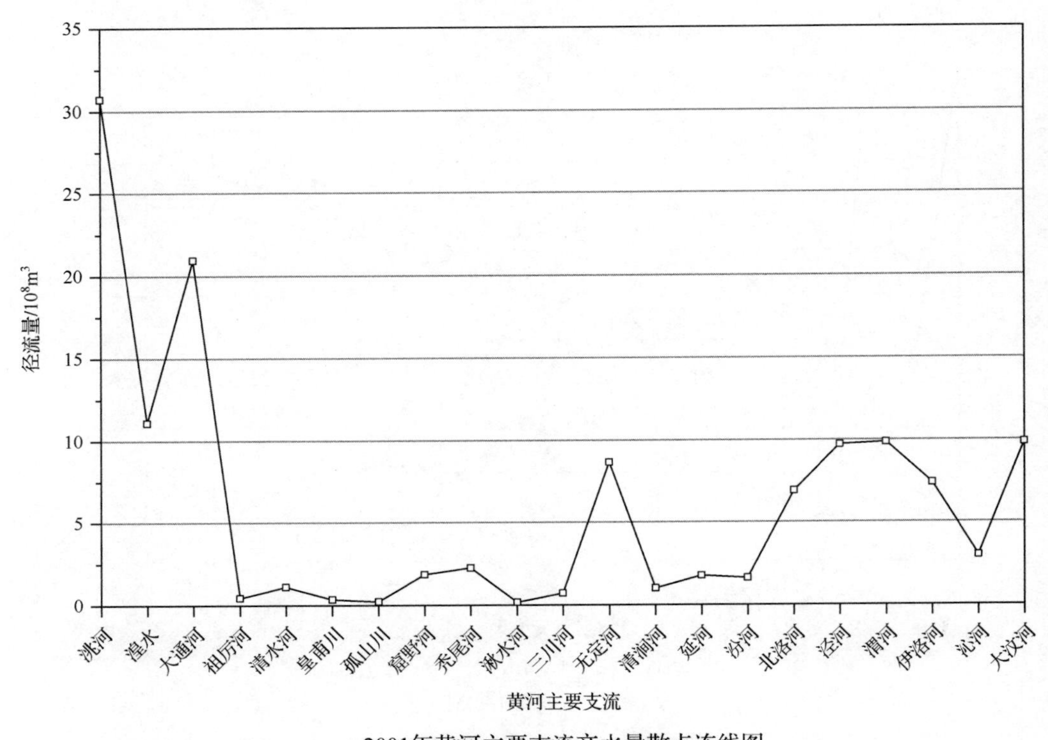

2001年黄河主要支流产水量散点连线图

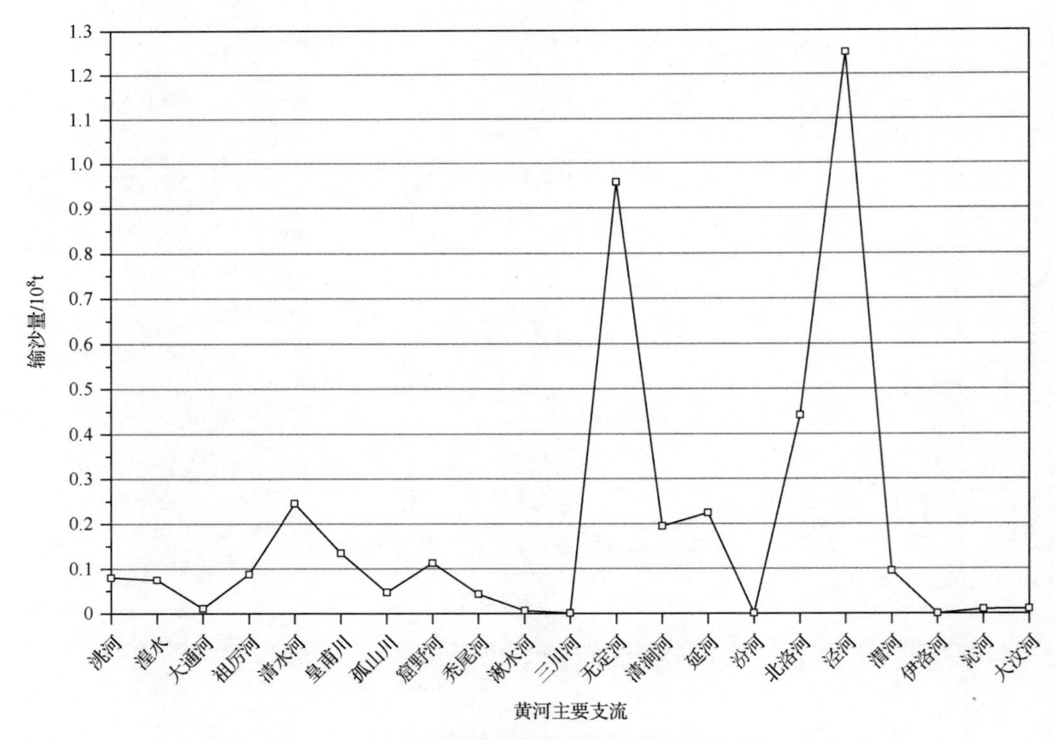

2001年黄河主要支流产沙量散点连线图

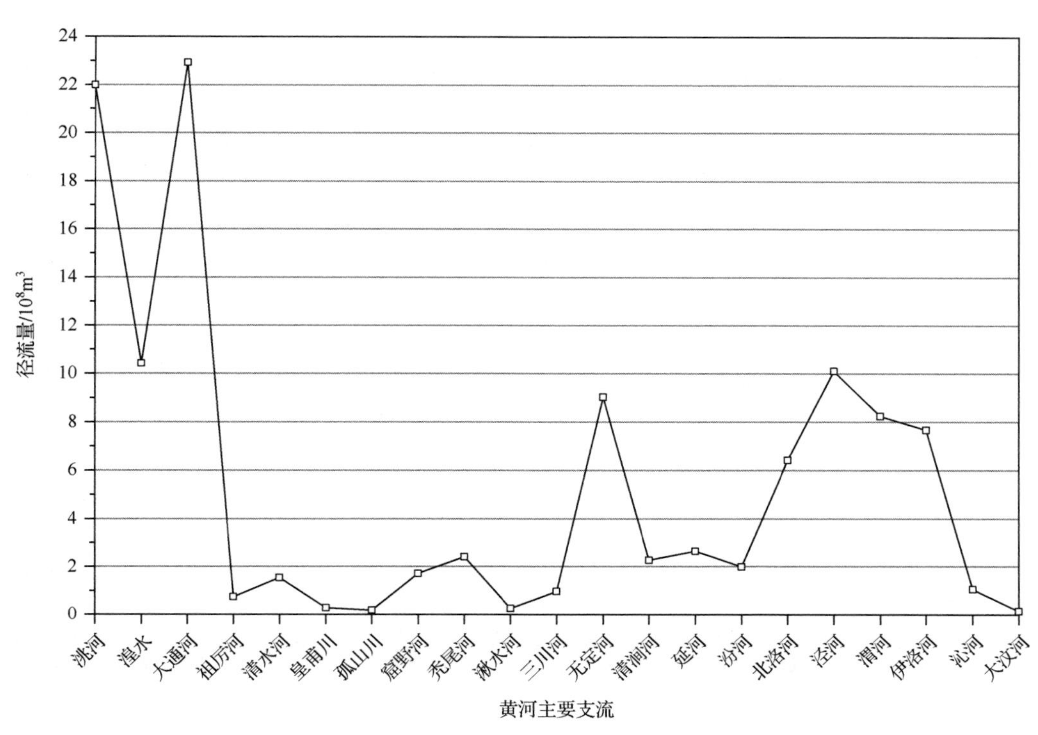

2002年黄河主要支流产水量散点连线图

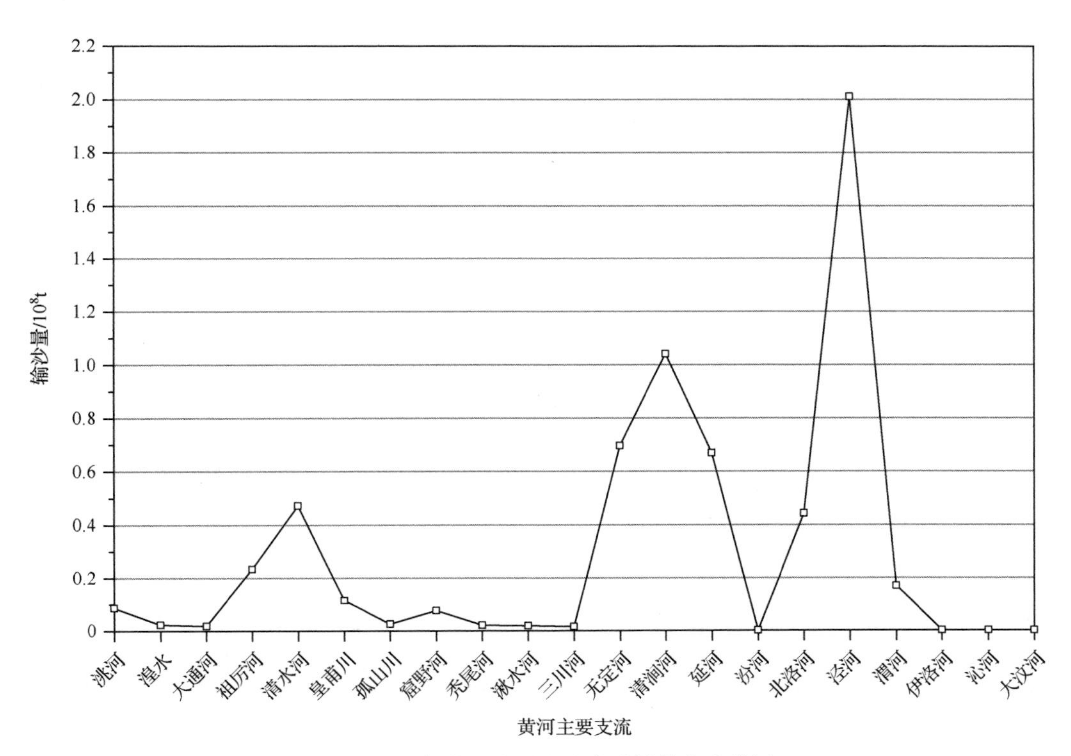

2002年黄河主要支流产沙量散点连线图

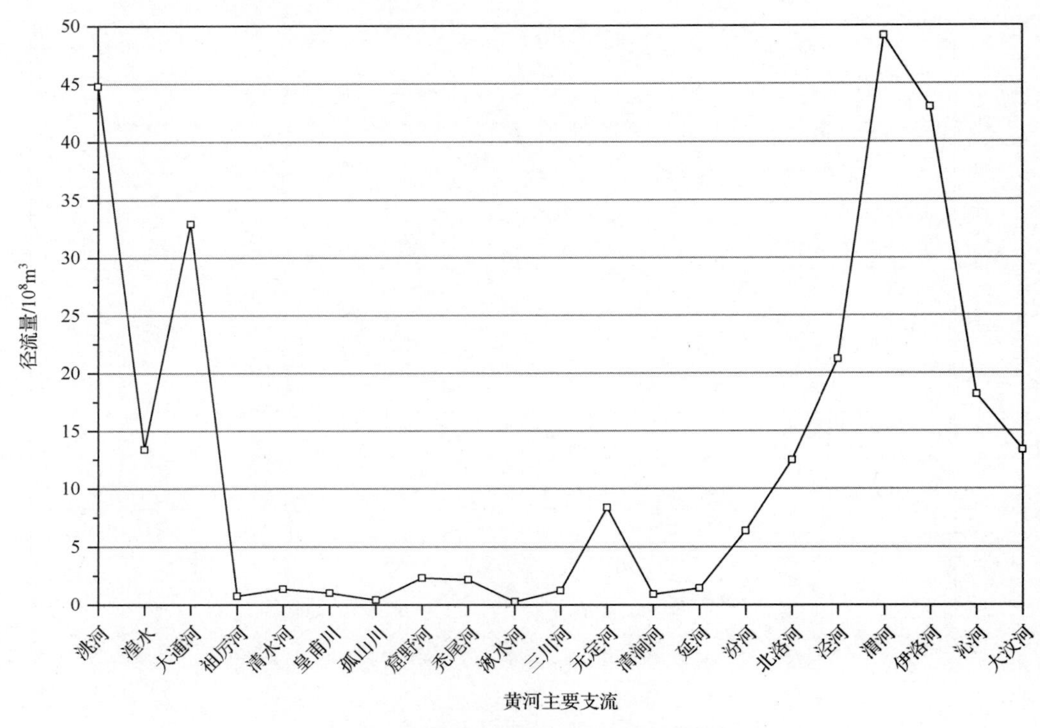

2003年黄河主要支流产水量散点连线图

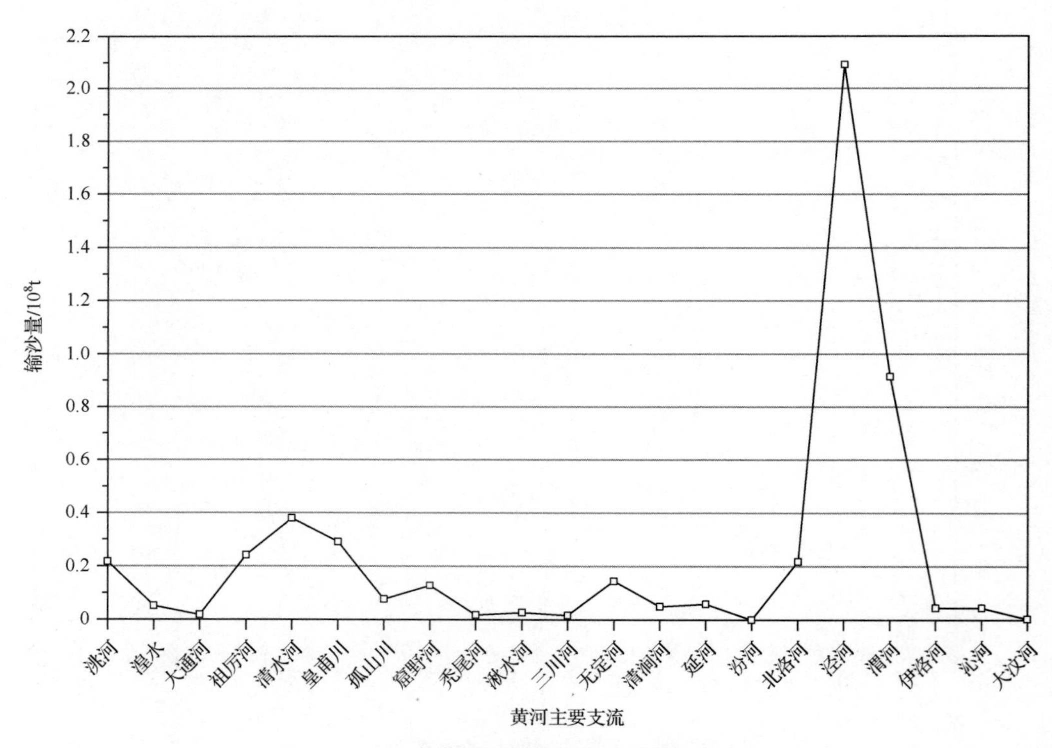

2003年黄河主要支流产沙量散点连线图

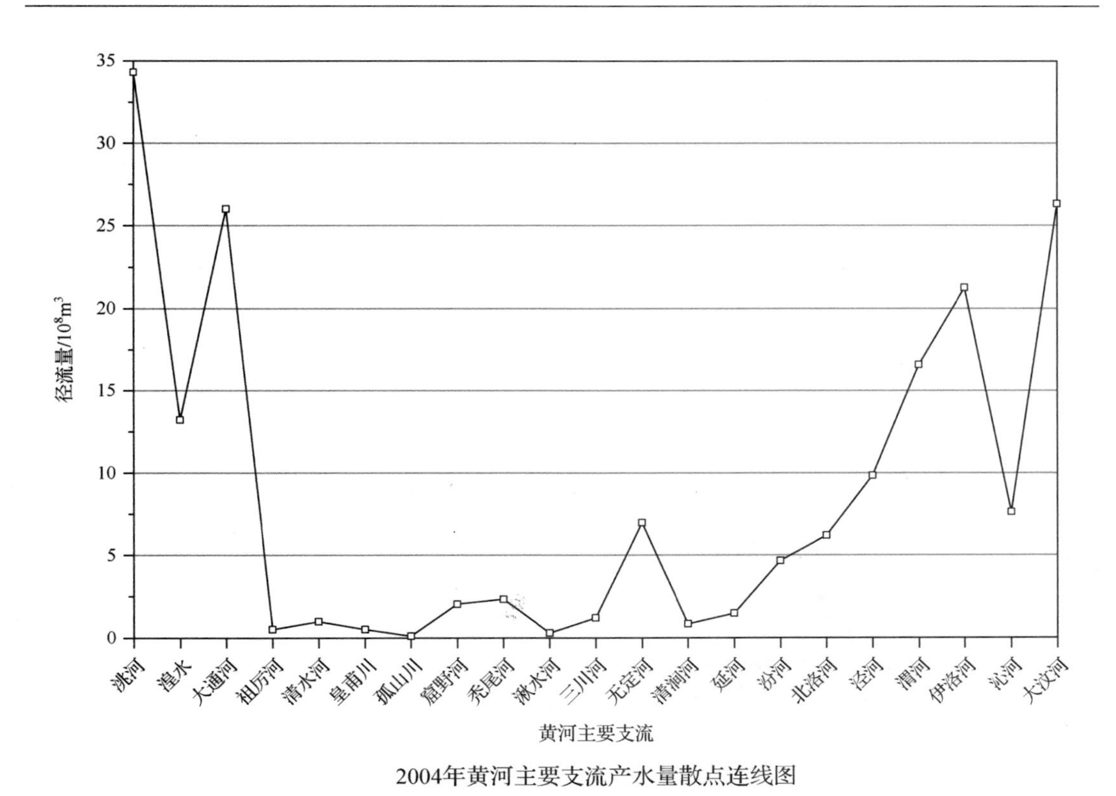

2004年黄河主要支流产水量散点连线图

1.2
1.1
1.0
0.9
0.8
0.7
0.6
0.5
0.4
0.3
0.2
0.1
0

输沙量/10^8t

洮河 湟水 大通河 祖厉河 清水河 皇甫川 孤山川 窟野河 秃尾河 湫水河 三川河 无定河 清涧河 延河 汾河 北洛河 泾河 渭河 伊洛河 沁河 大汶河

黄河主要支流

2004年黄河主要支流产沙量散点连线图

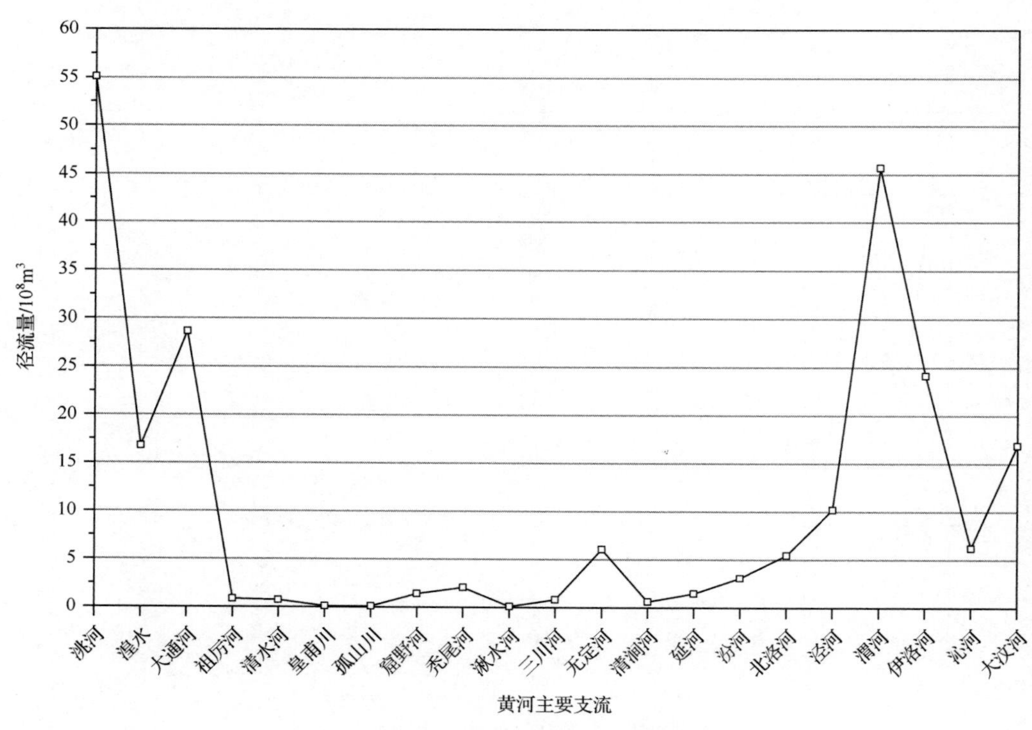

2005年黄河主要支流产水量散点连线图

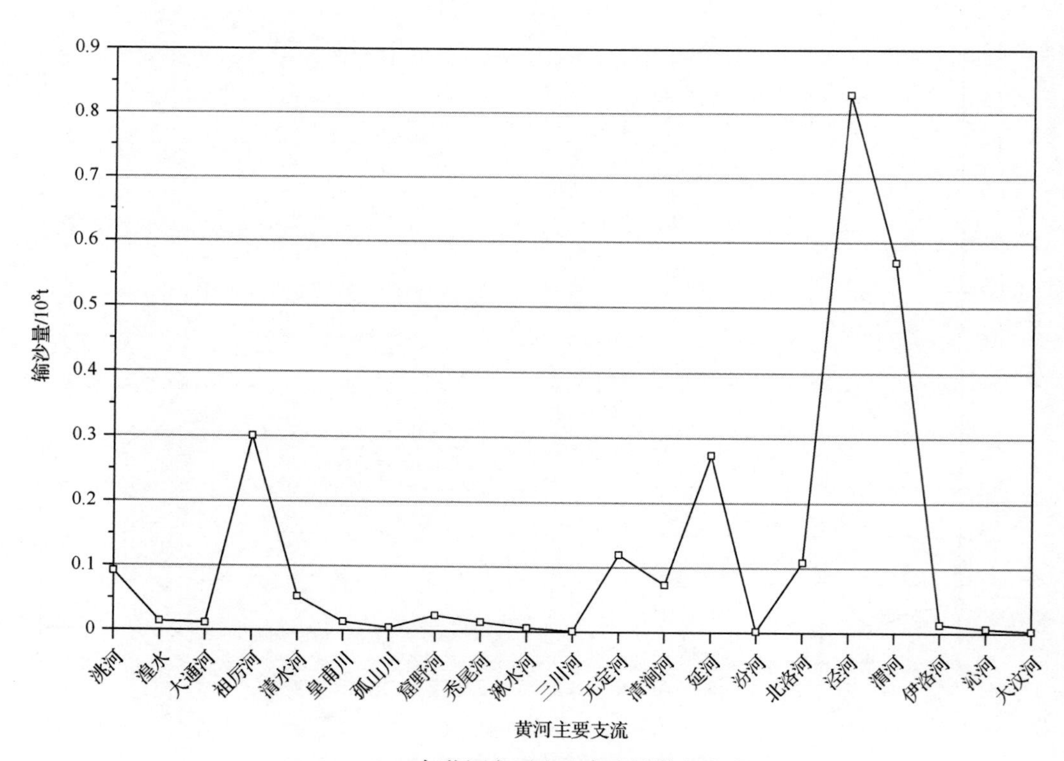

2005年黄河主要支流产沙量散点连线图

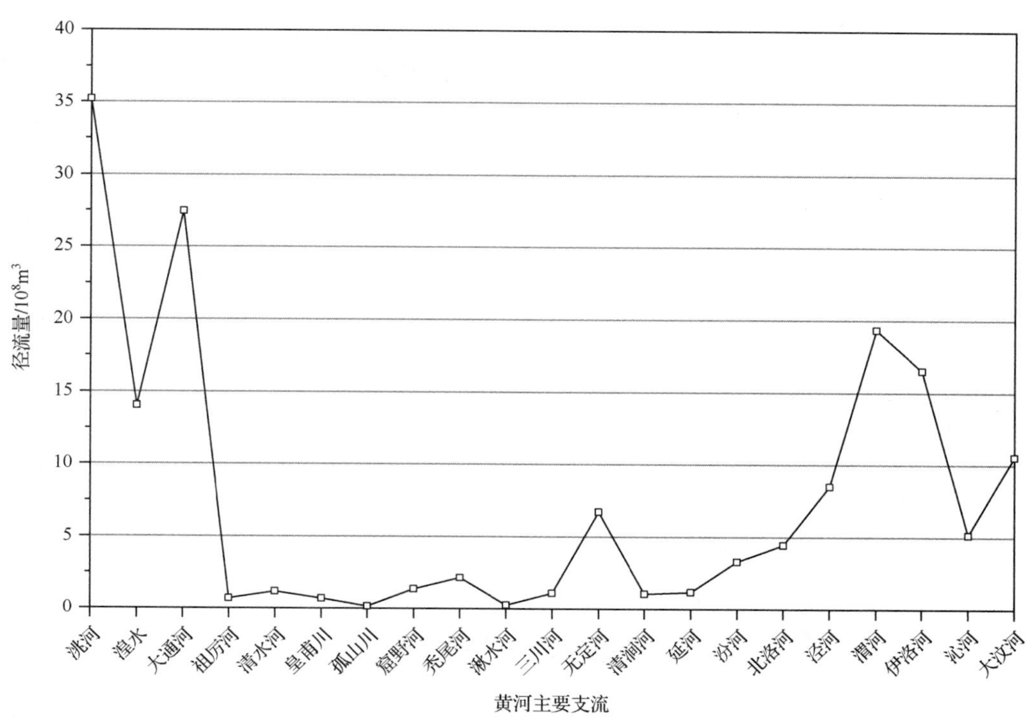

2006年黄河主要支流产水量散点连线图

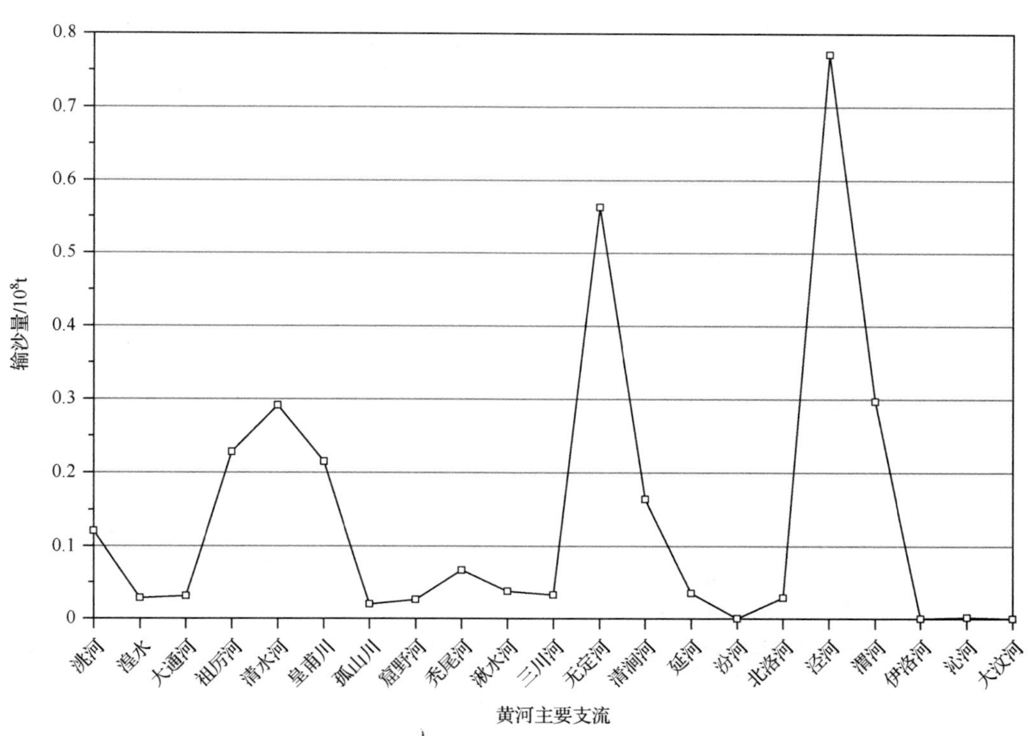

2006年黄河主要支流产沙量散点连线图

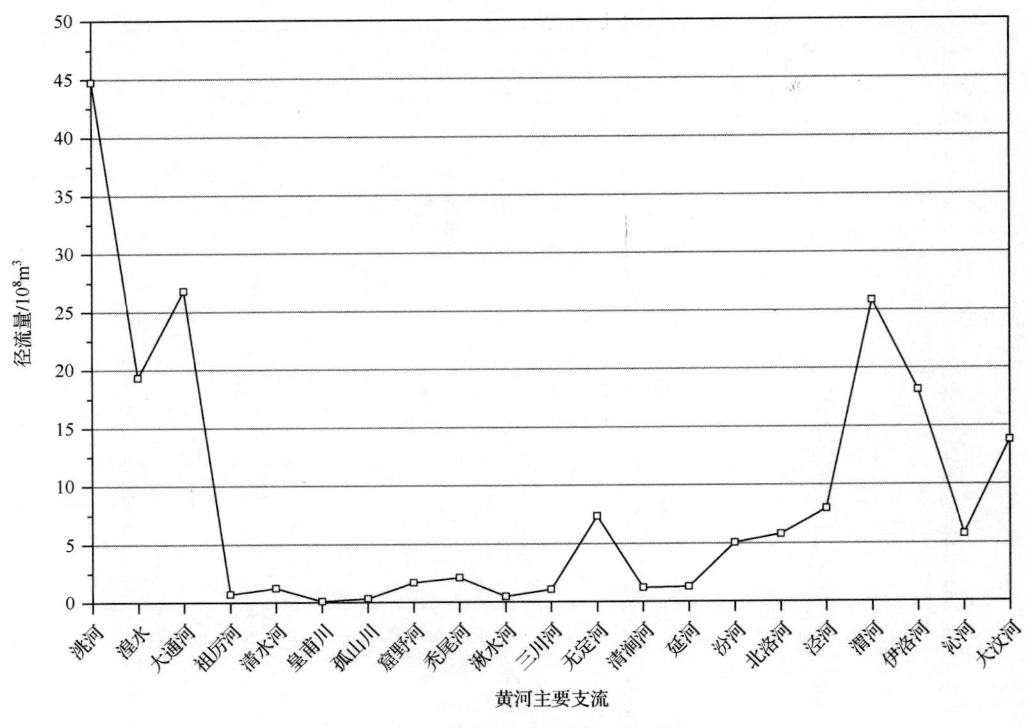

2007年黄河主要支流产水量散点连线图

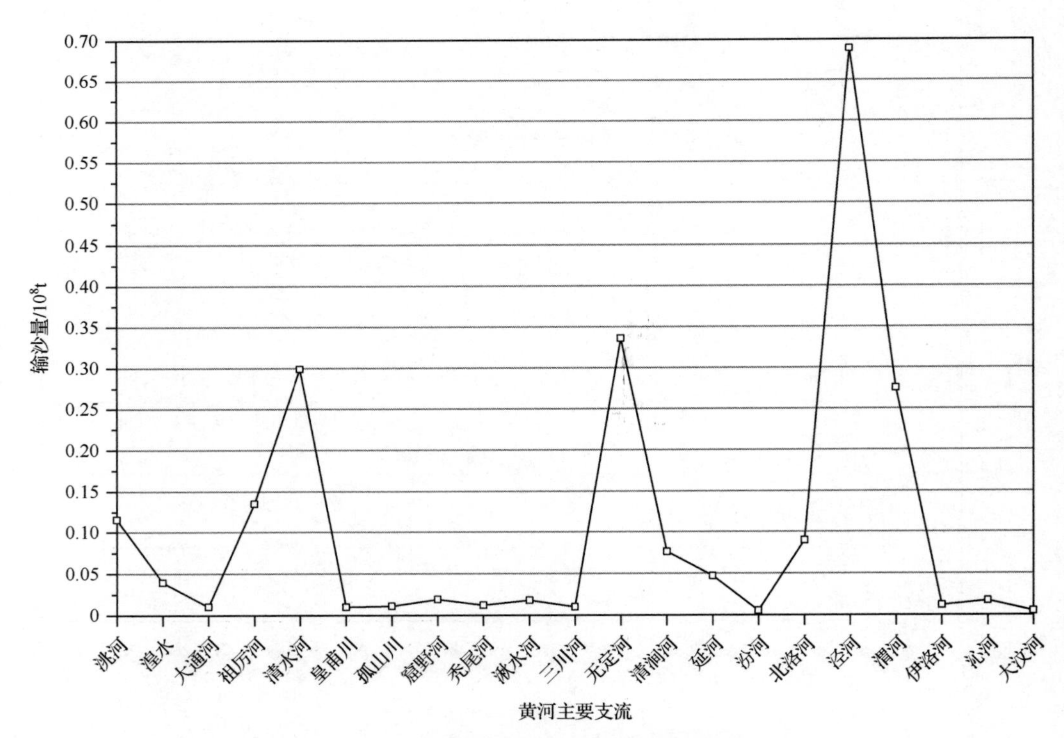

2007年黄河主要支流产沙量散点连线图

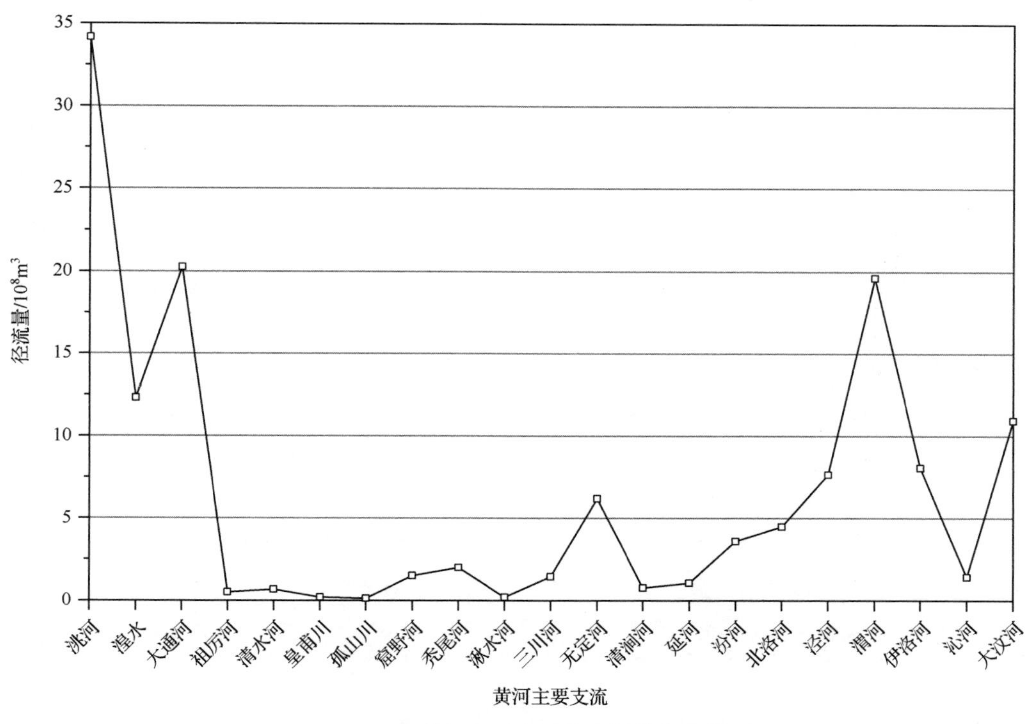

2008年黄河主要支流产水量散点连线图

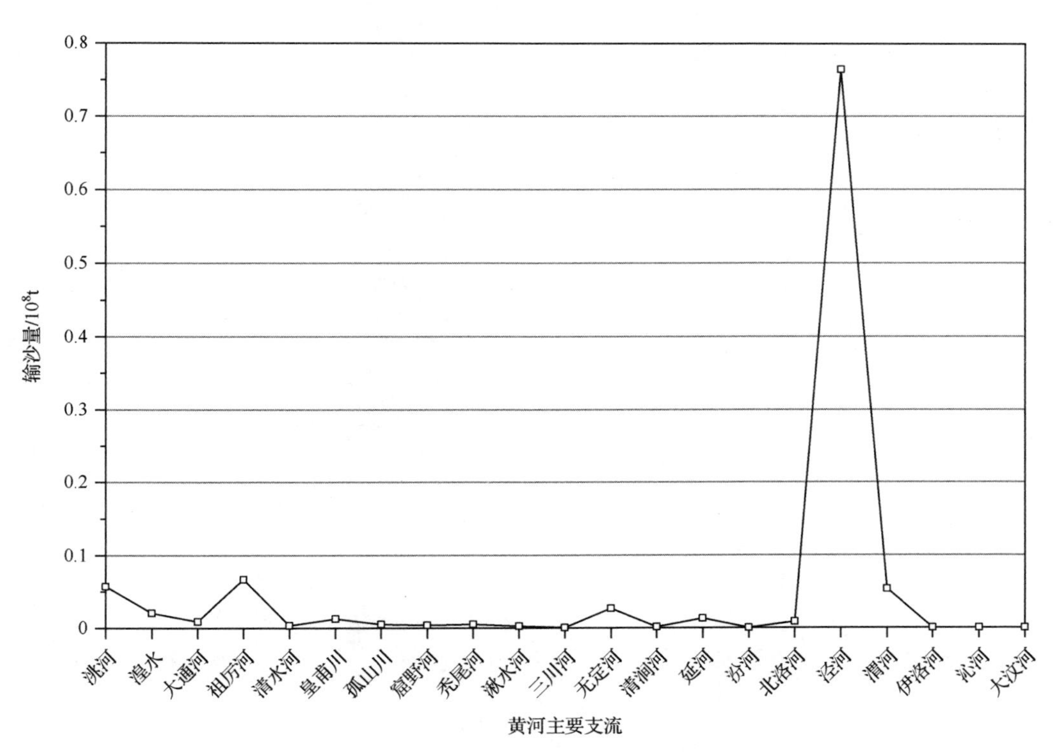

2008年黄河主要支流产沙量散点连线图

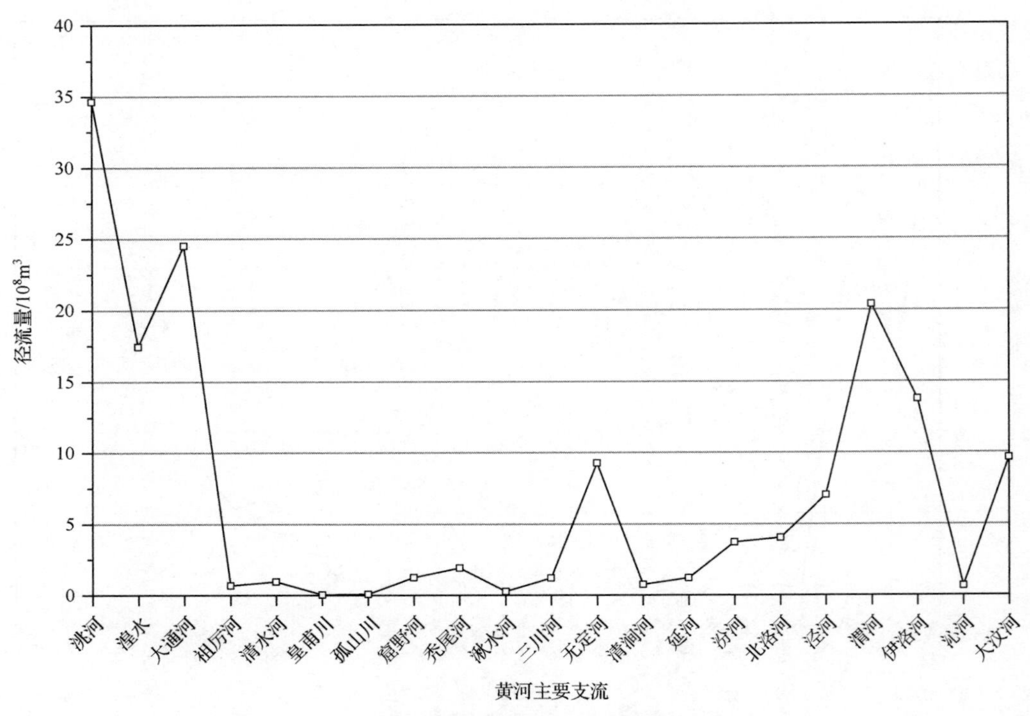

2009年黄河主要支流产水量散点连线图

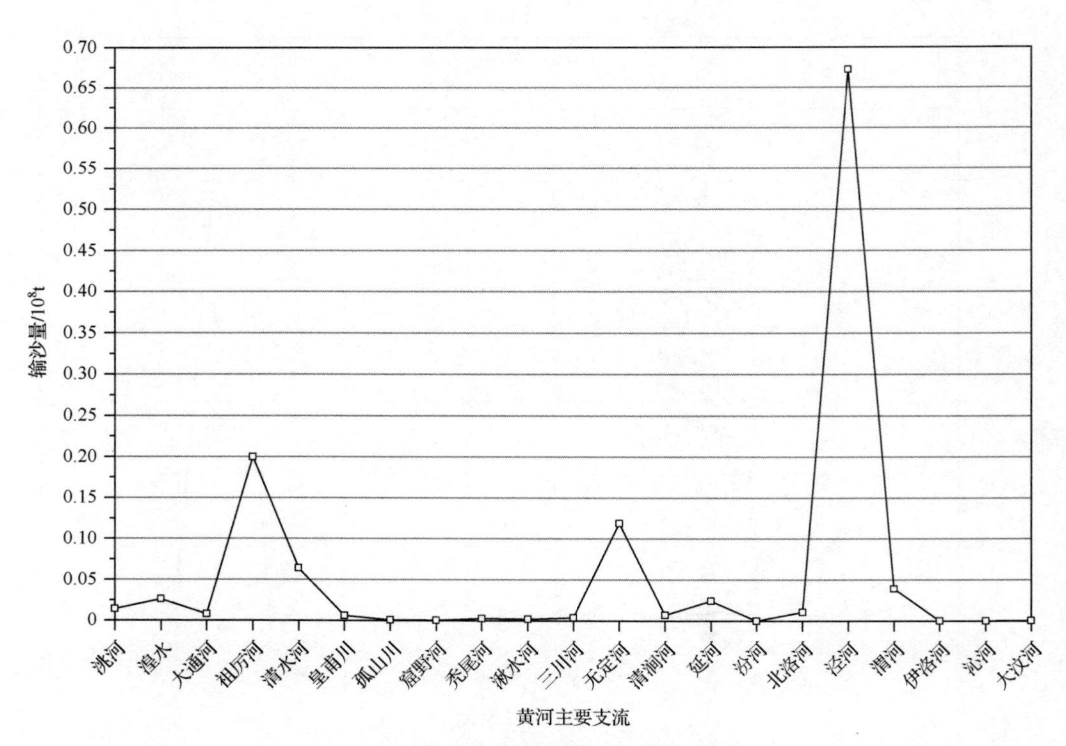

2009年黄河主要支流产沙量散点连线图

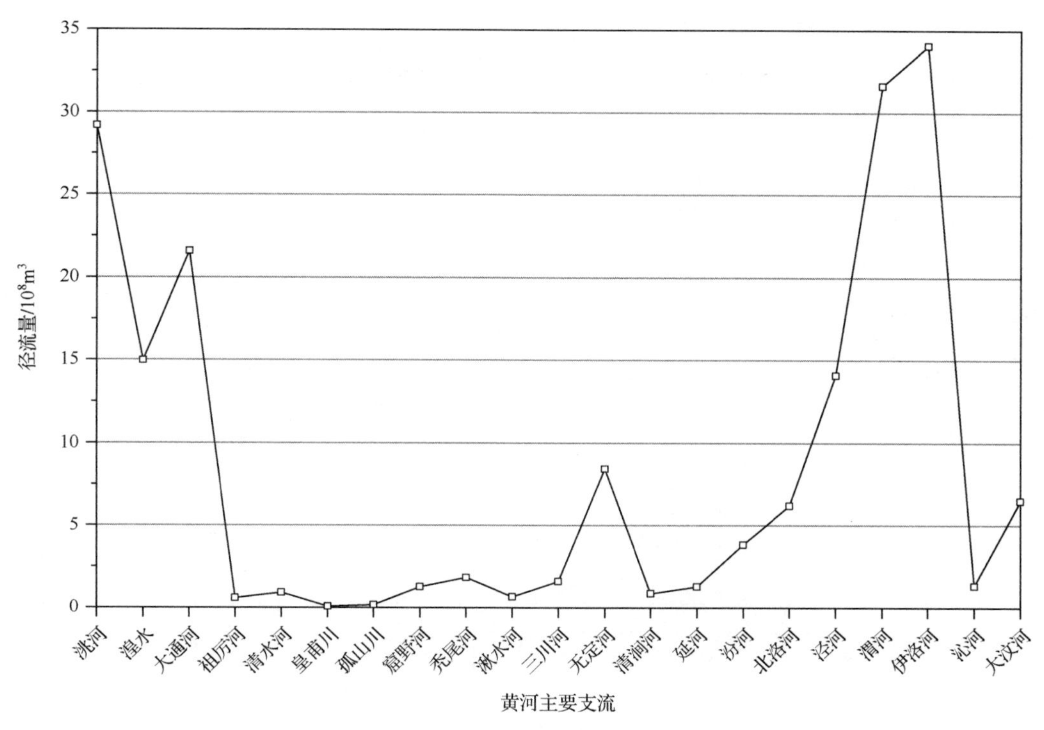

2010年黄河主要支流产水量散点连线图

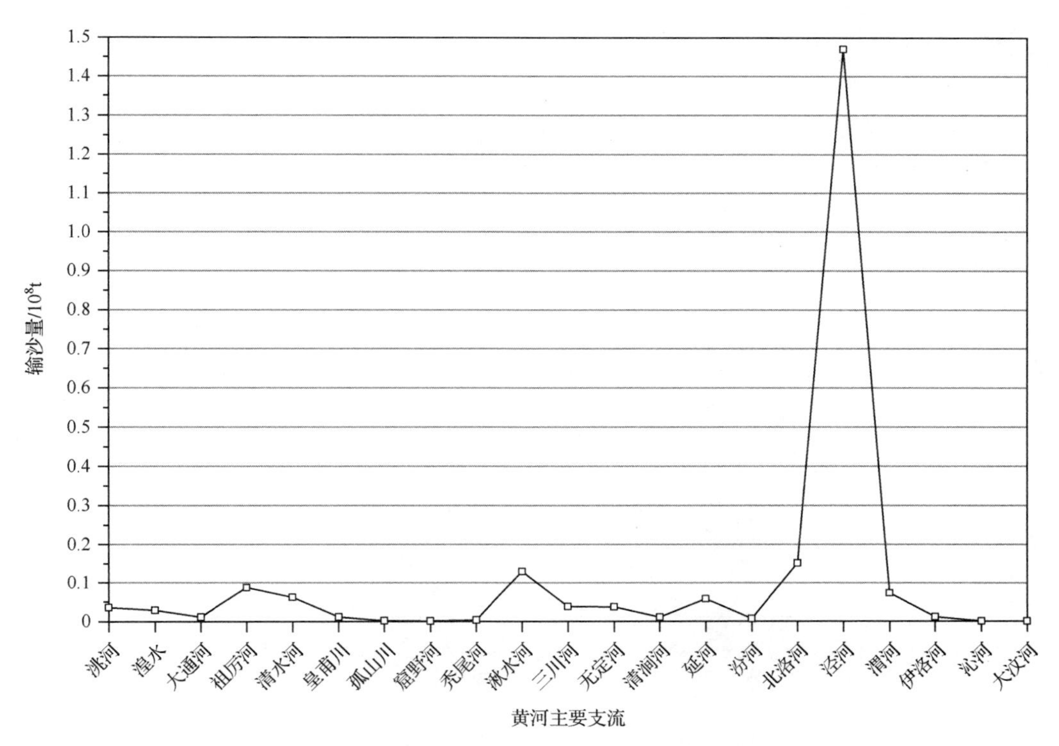

2010年黄河主要支流产沙量散点连线图

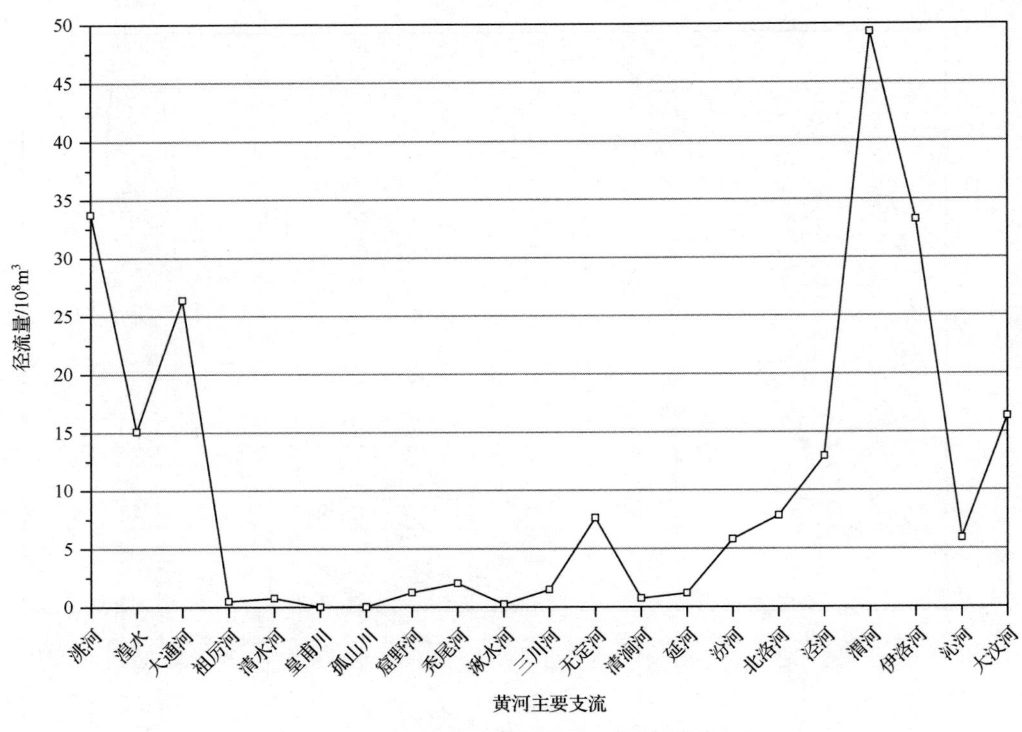

2011年黄河主要支流产水量散点连线图

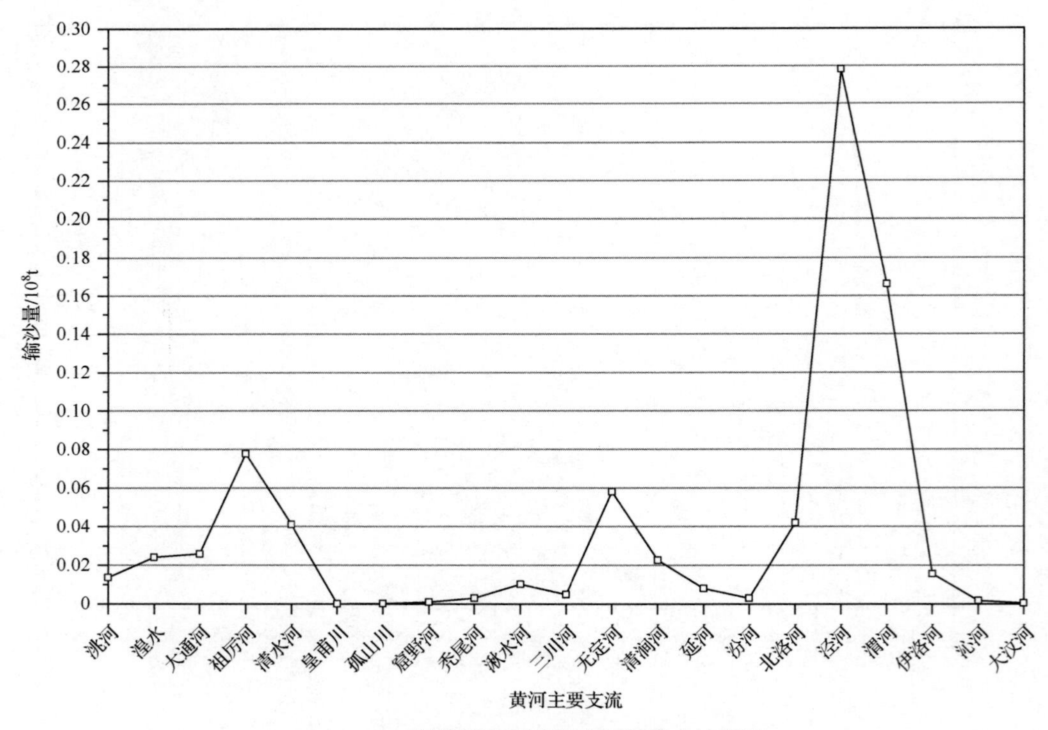

2011年黄河主要支流产沙量散点连线图

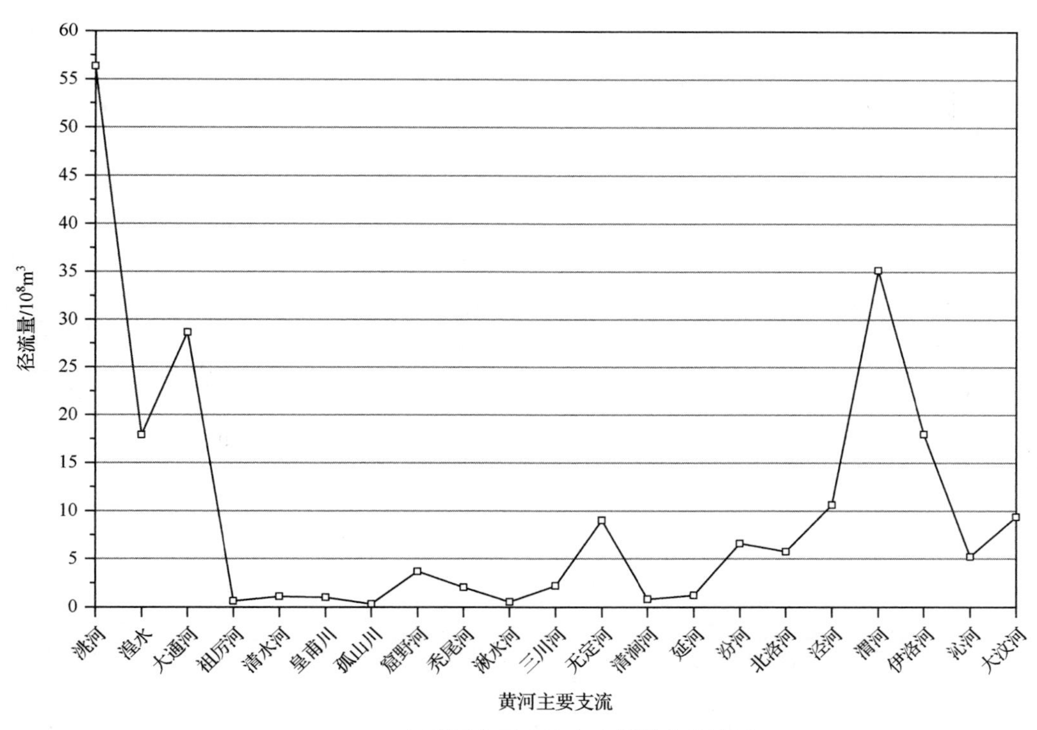

2012年黄河主要支流产水量散点连线图

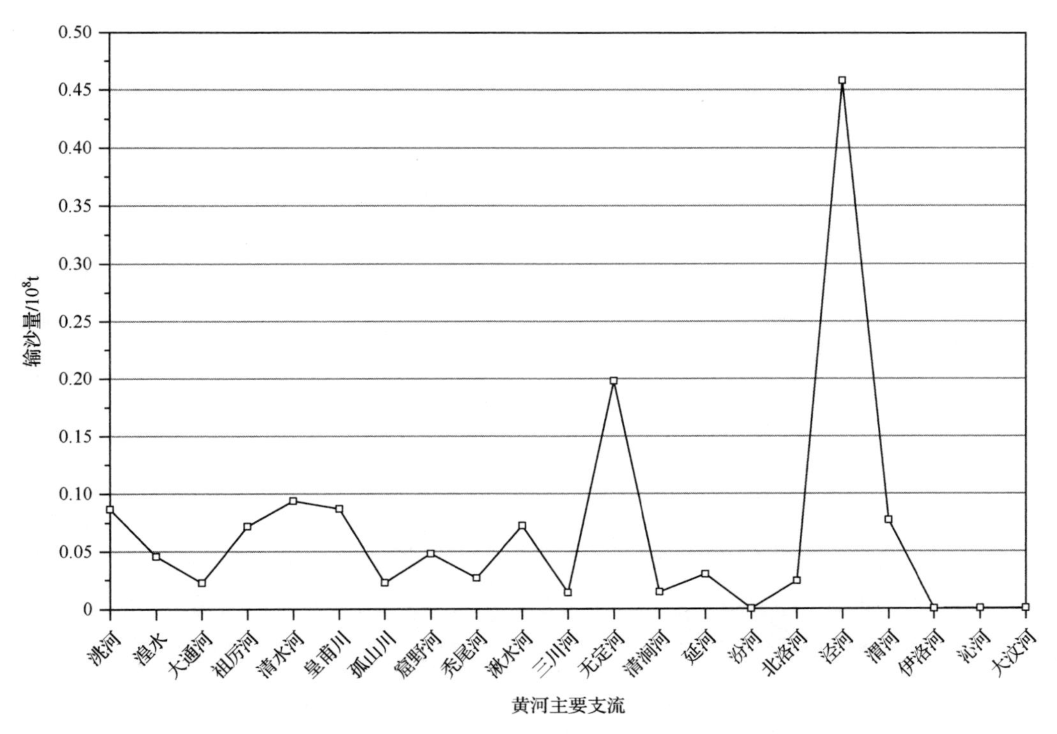

2012年黄河主要支流产沙量散点连线图

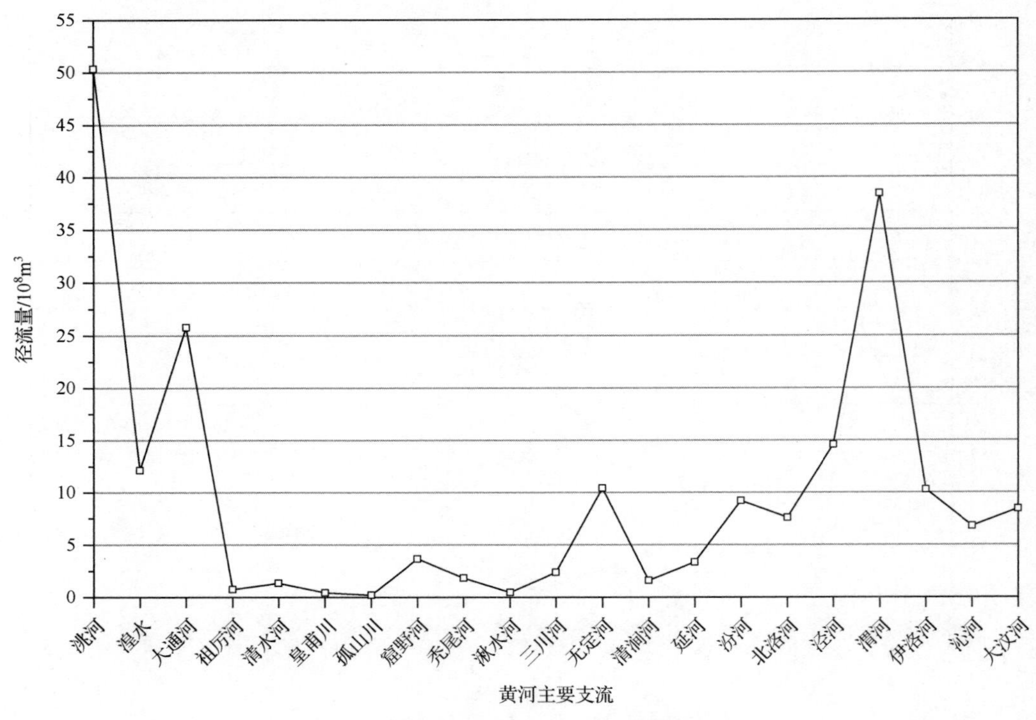

2013年黄河主要支流产水量散点连线图

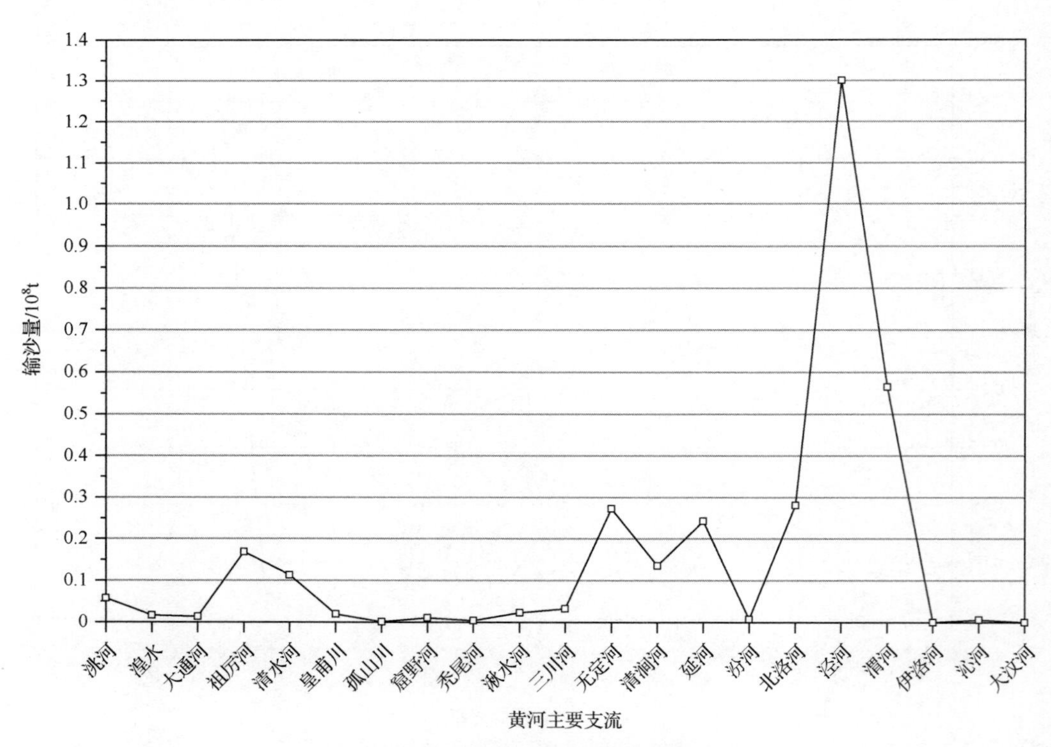

2013年黄河主要支流产沙量散点连线图

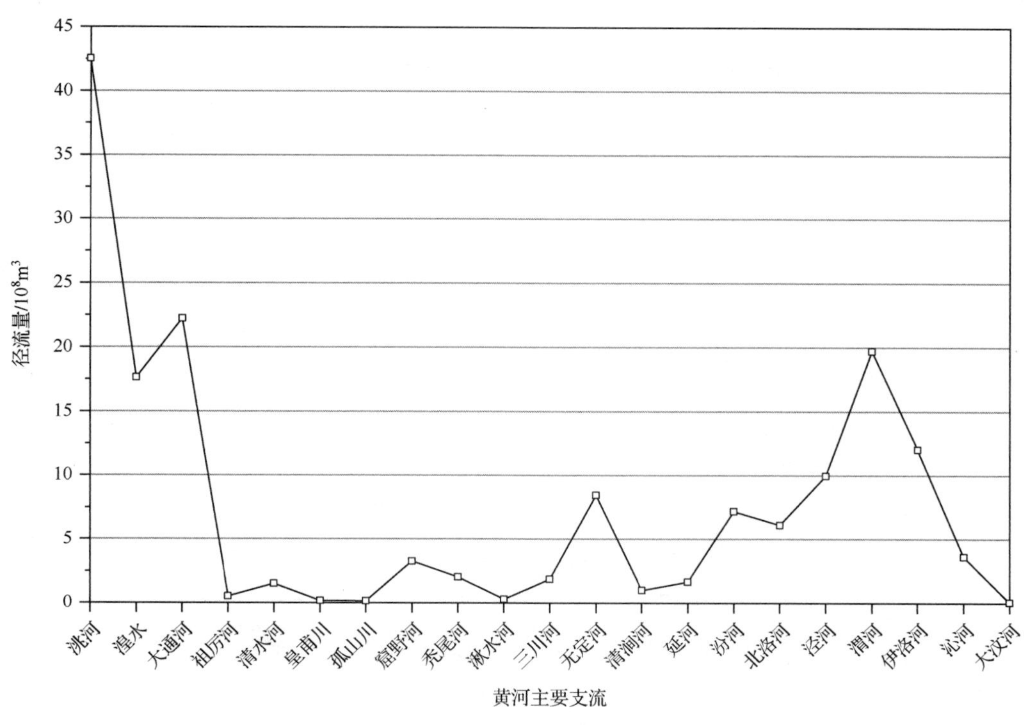

2014年黄河主要支流产水量散点连线图

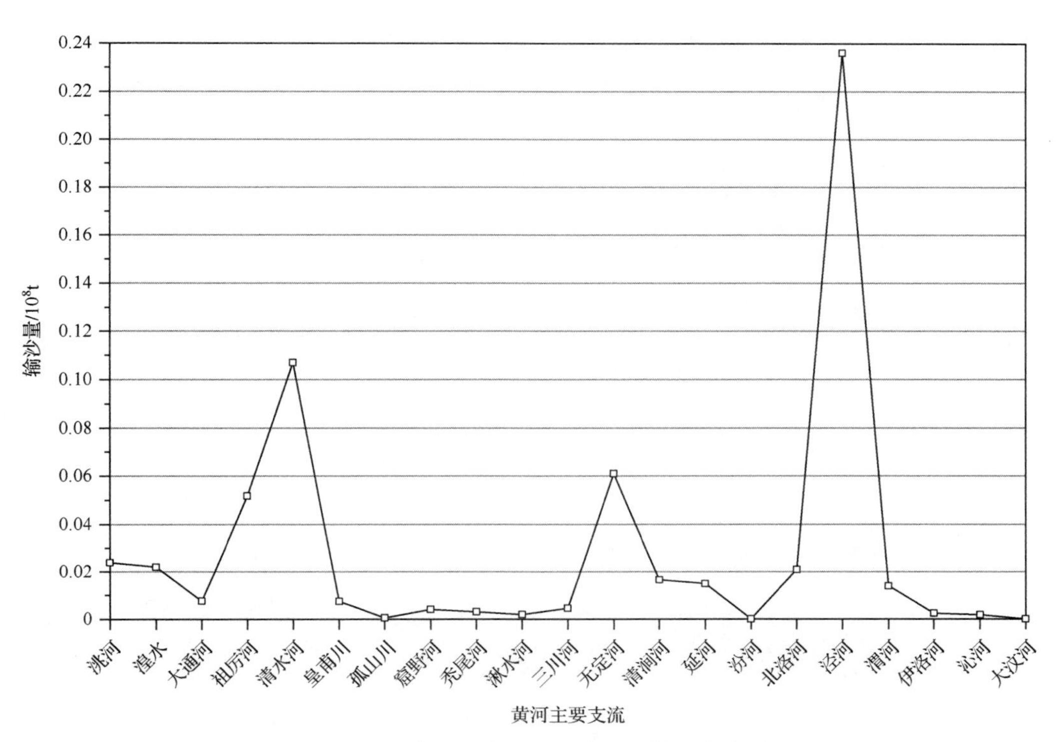

2014年黄河主要支流产沙量散点连线图

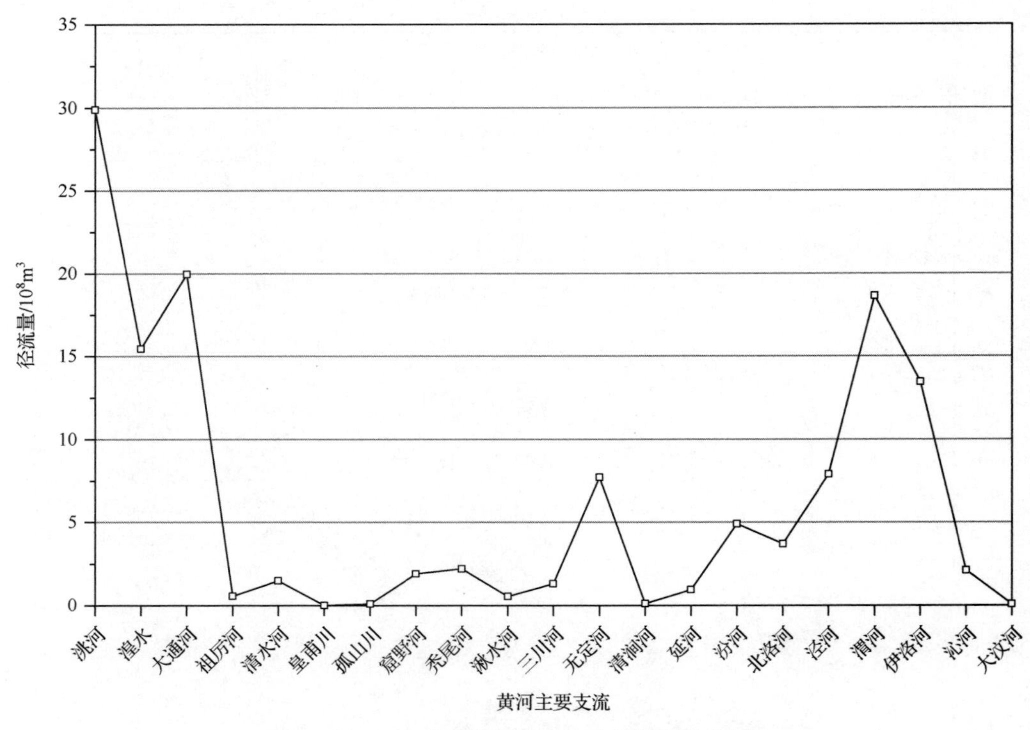

2015年黄河主要支流产水量散点连线图

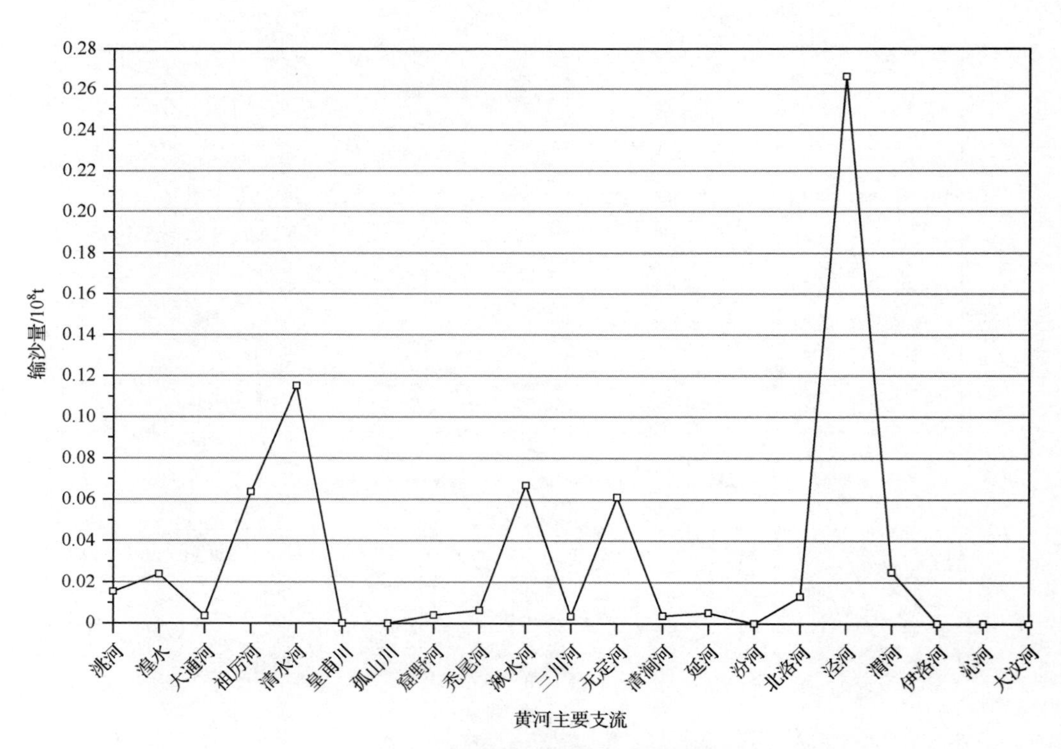

2015年黄河主要支流产沙量散点连线图

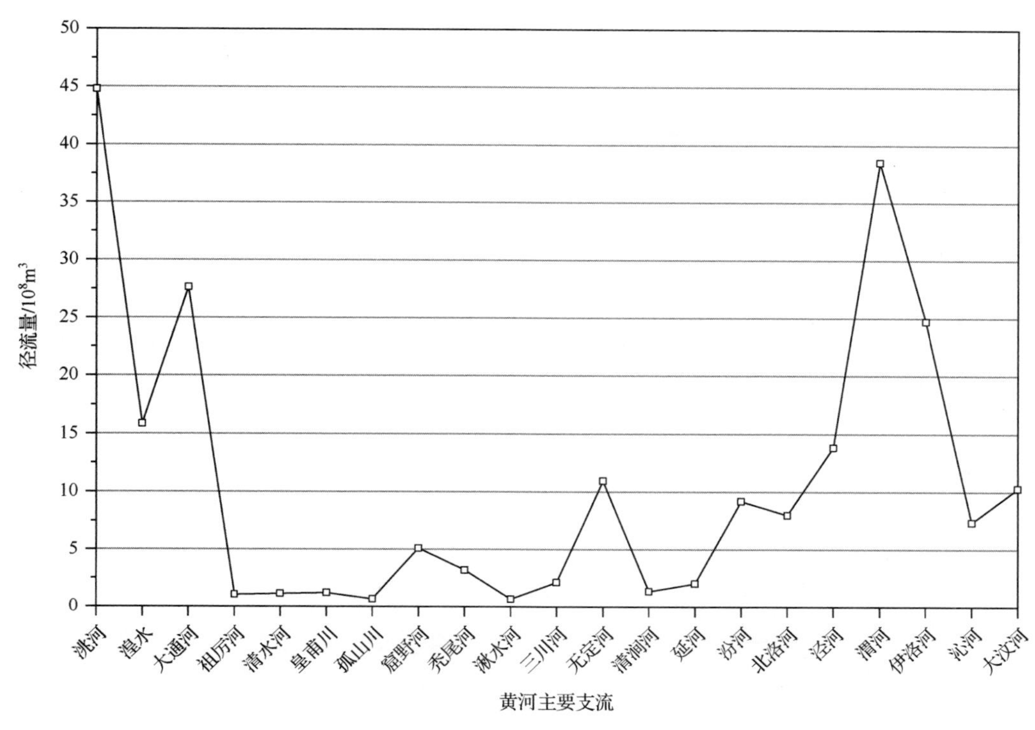

1956~2015年黄河主要支流产水量散点连线图

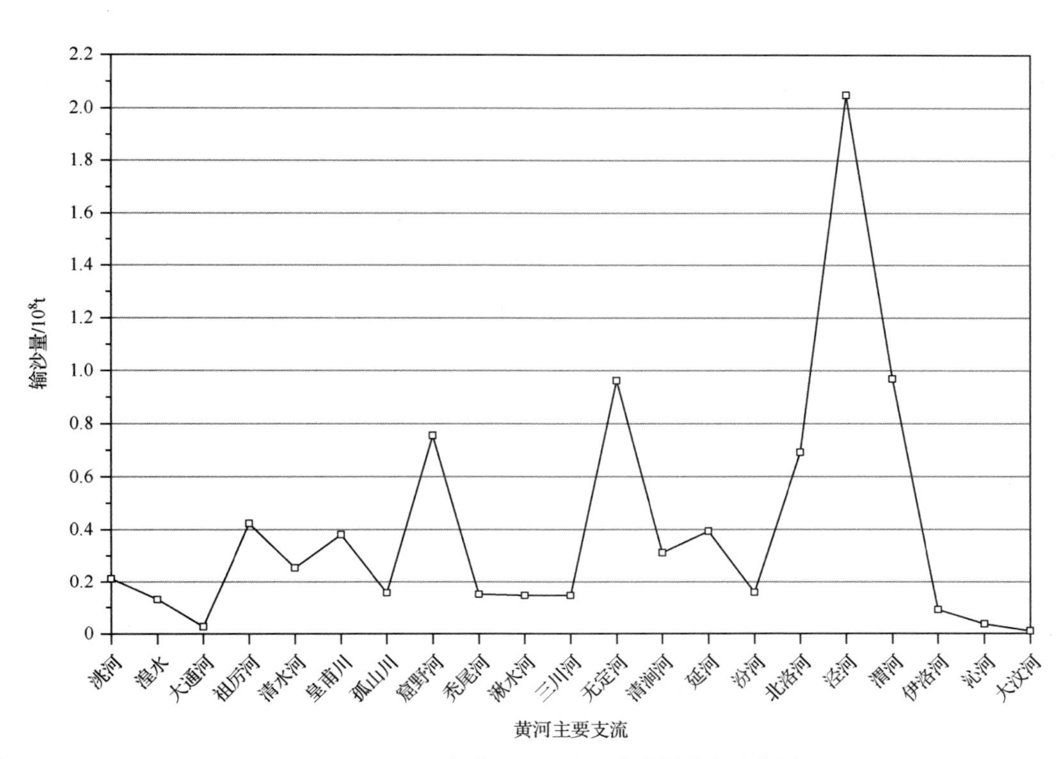

1956~2015年黄河主要支流产沙量散点连线图

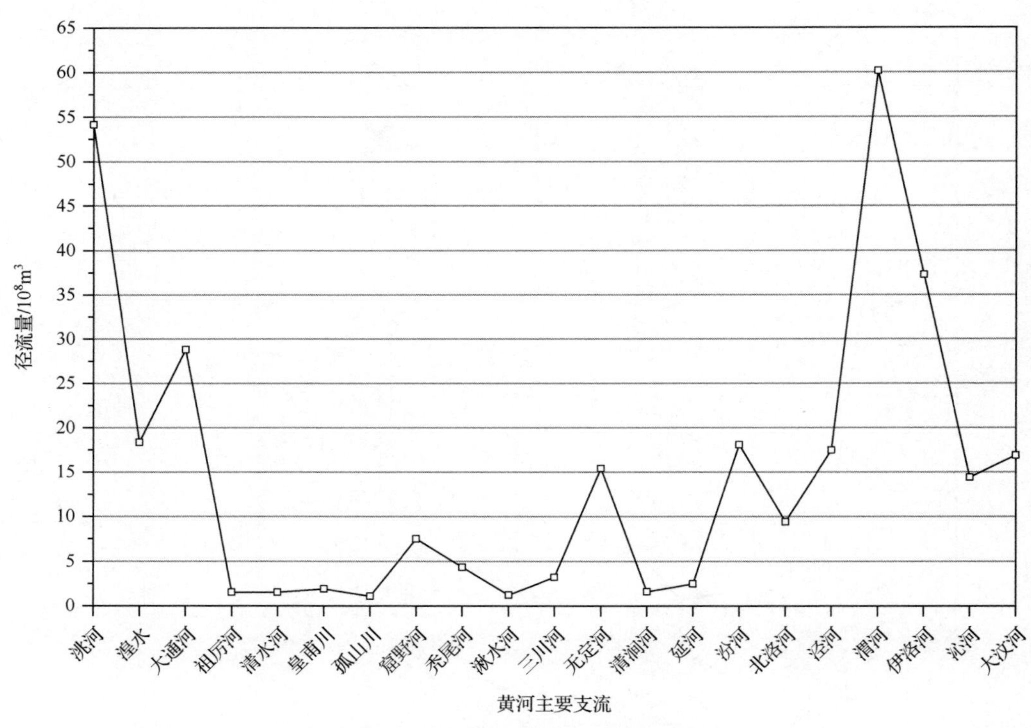

1956~1970年黄河主要支流产水量散点连线图

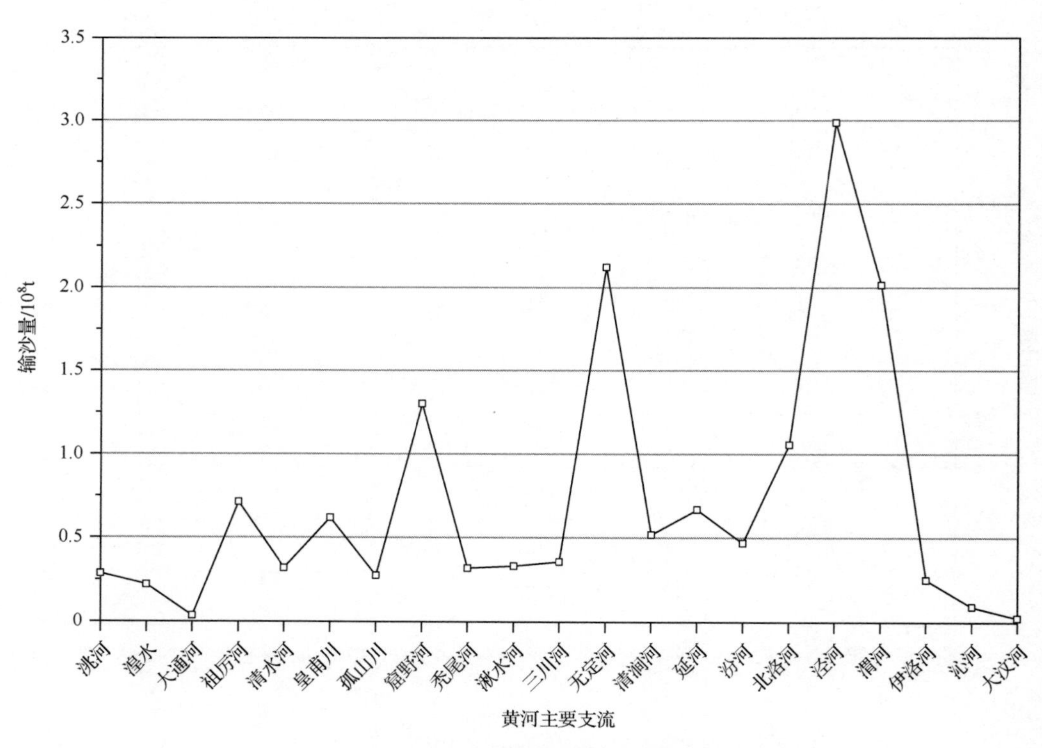

1956~1970年黄河主要支流产沙量散点连线图

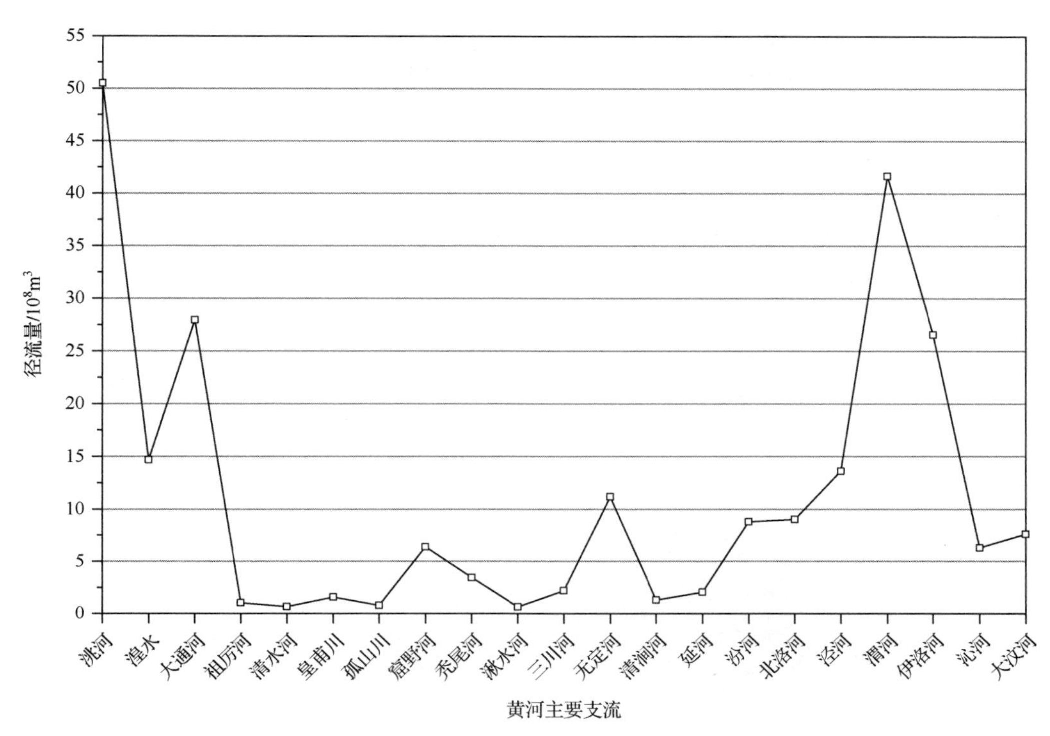

1971~1985年黄河主要支流产水量散点连线图

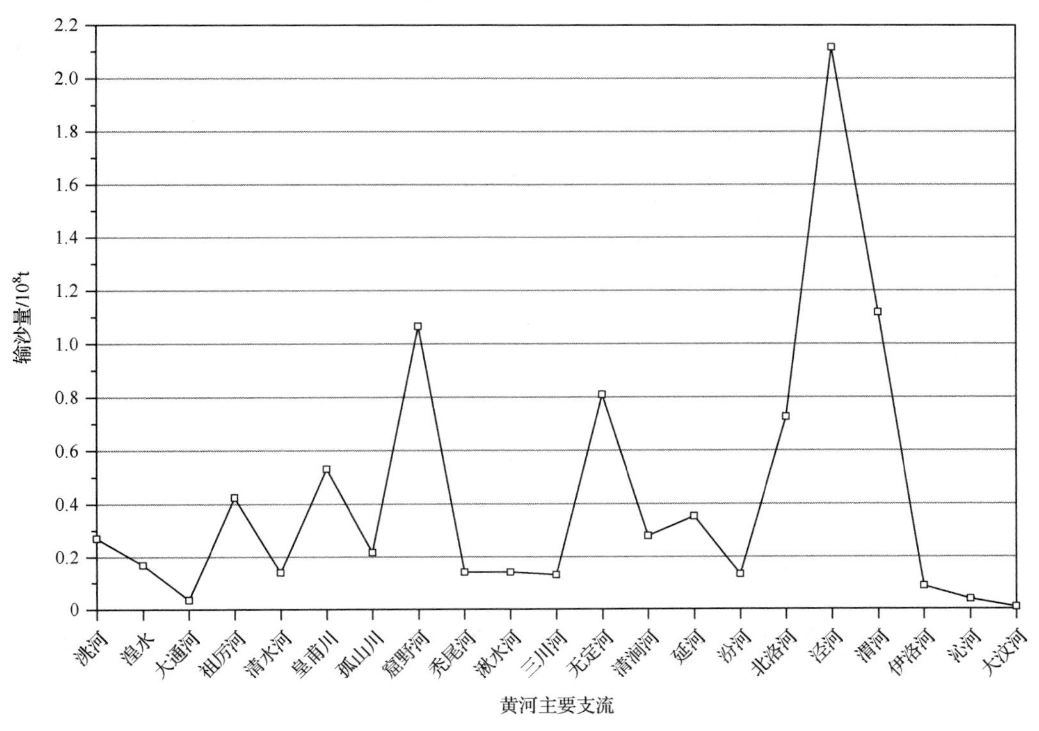

1971~1985年黄河主要支流产沙量散点连线图

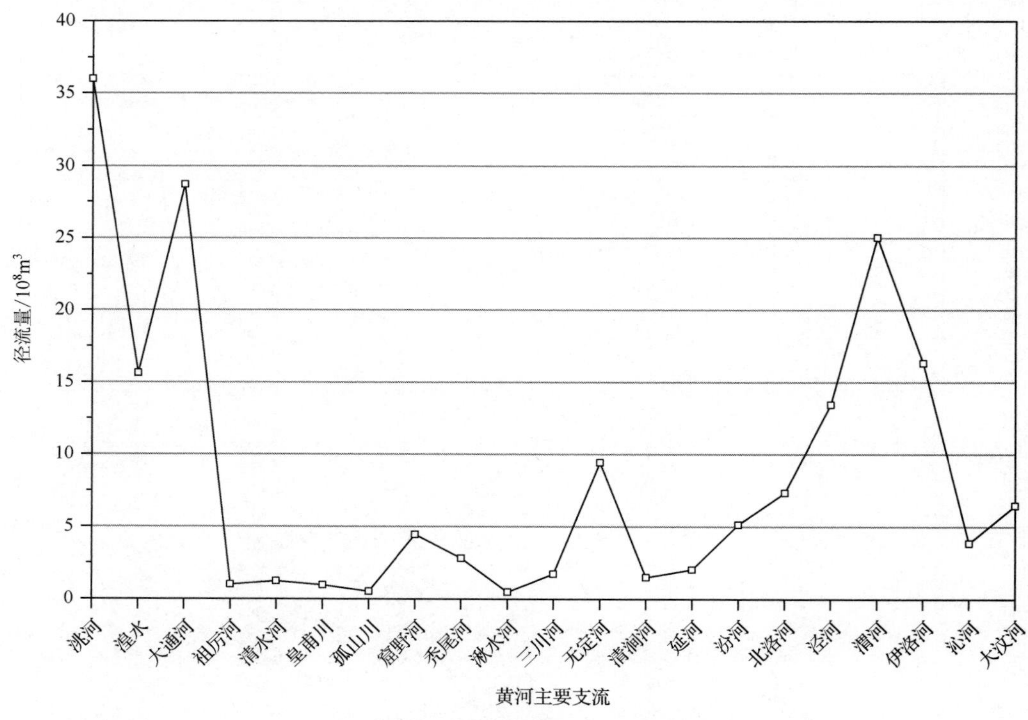

1986~2000年黄河主要支流产水量散点连线图

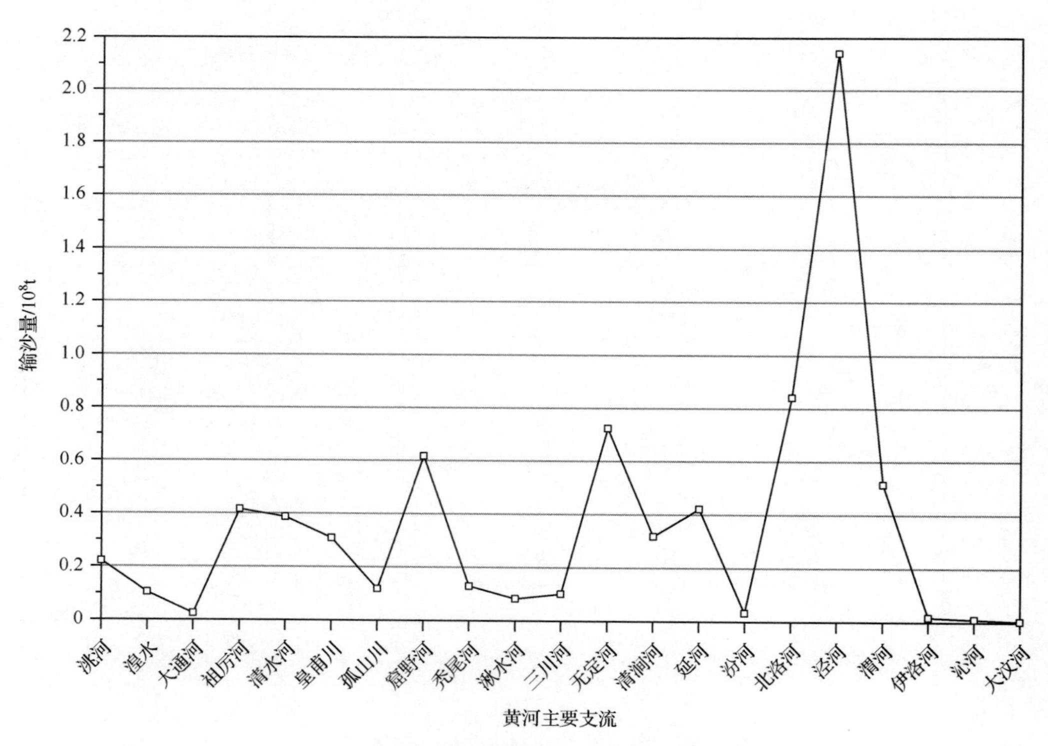

1986~2000年黄河主要支流产沙量散点连线图

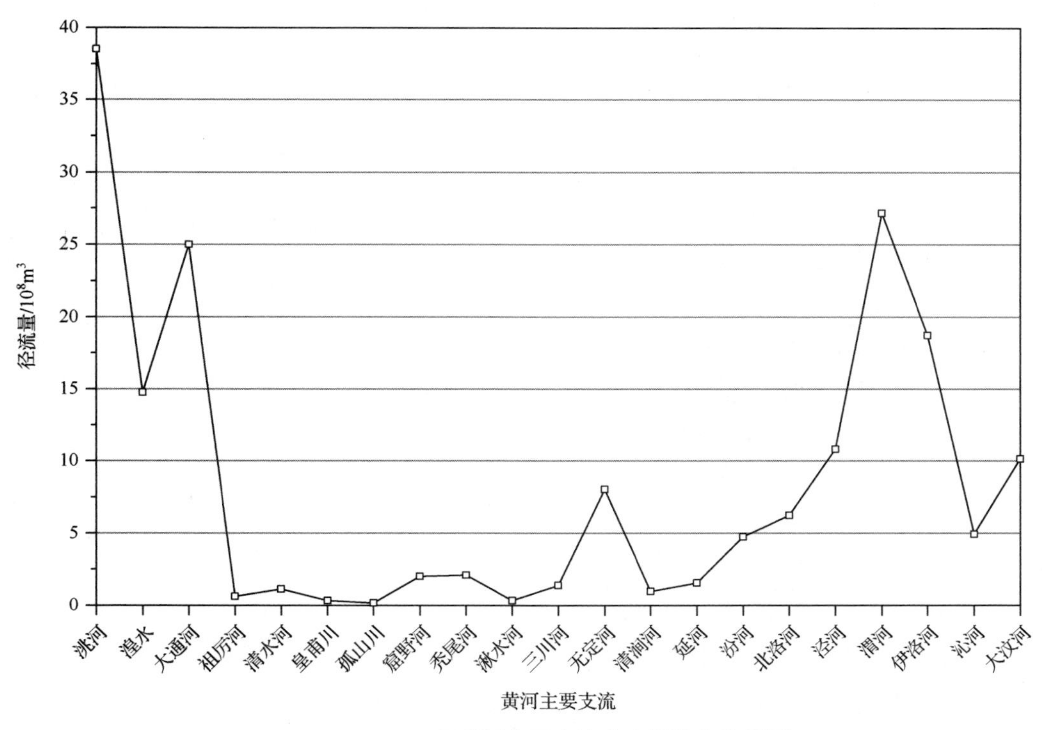

2001~2015年黄河主要支流产水量散点连线图

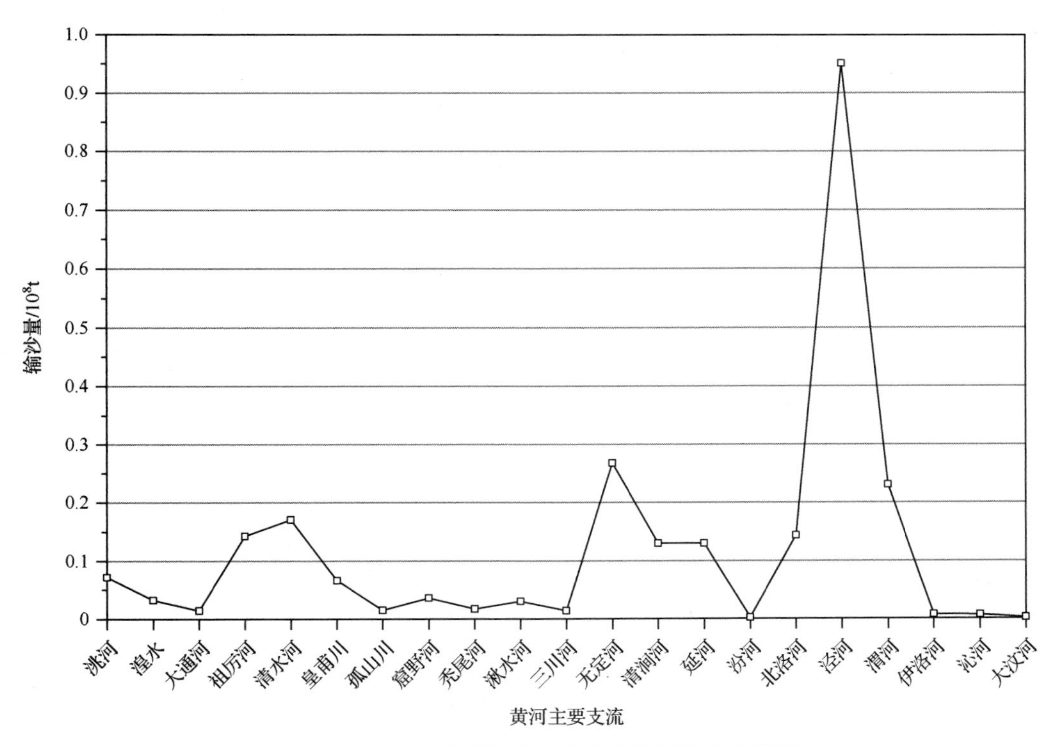

2001~2015年黄河主要支流产沙量散点连线图

6.2　黄河主要支流产水产沙量占黄河上中游总水沙量比例柱状图

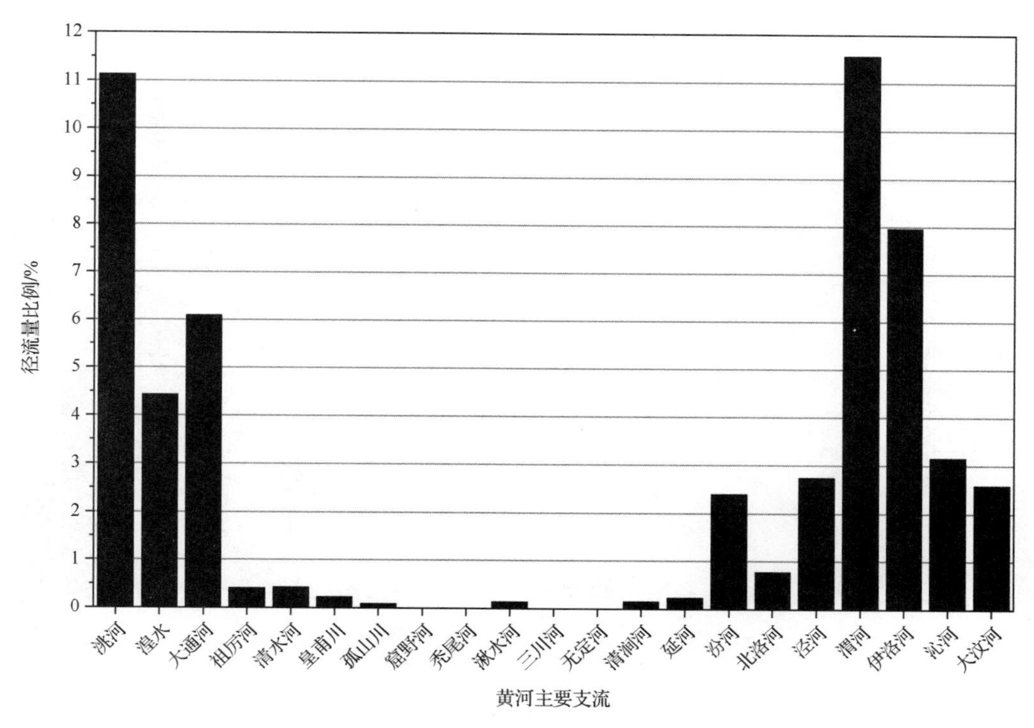

1955年黄河主要支流径流量占黄河上中游总径流量比例图

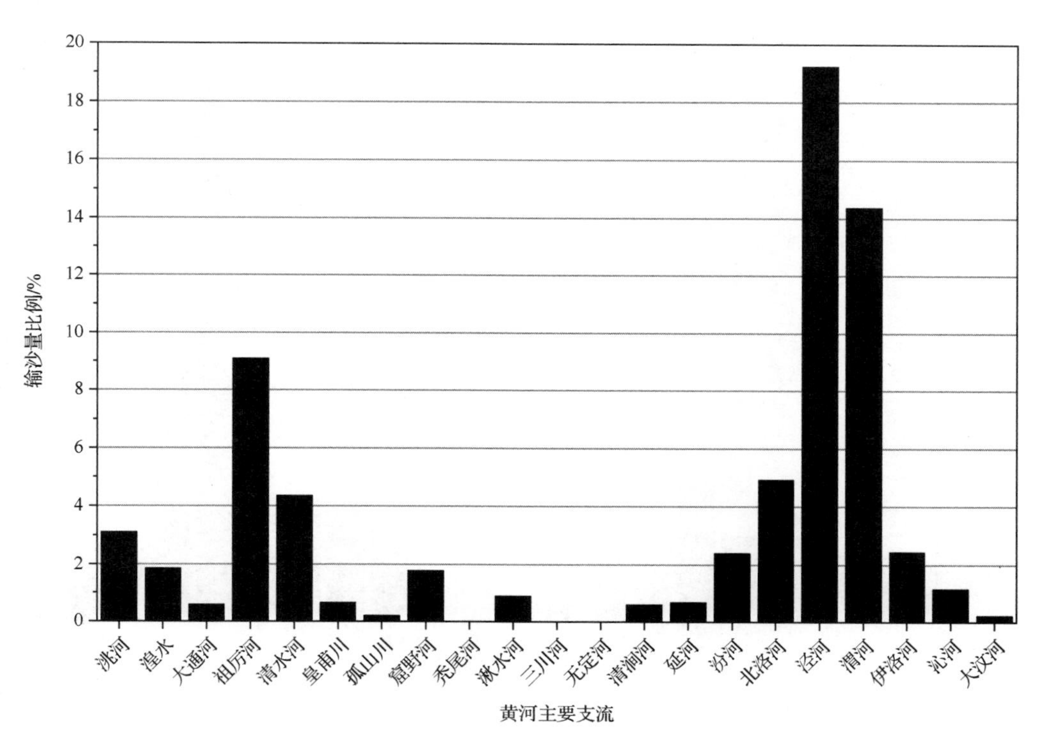

1955年黄河主要支流输沙量占黄河上中游总输沙量比例图

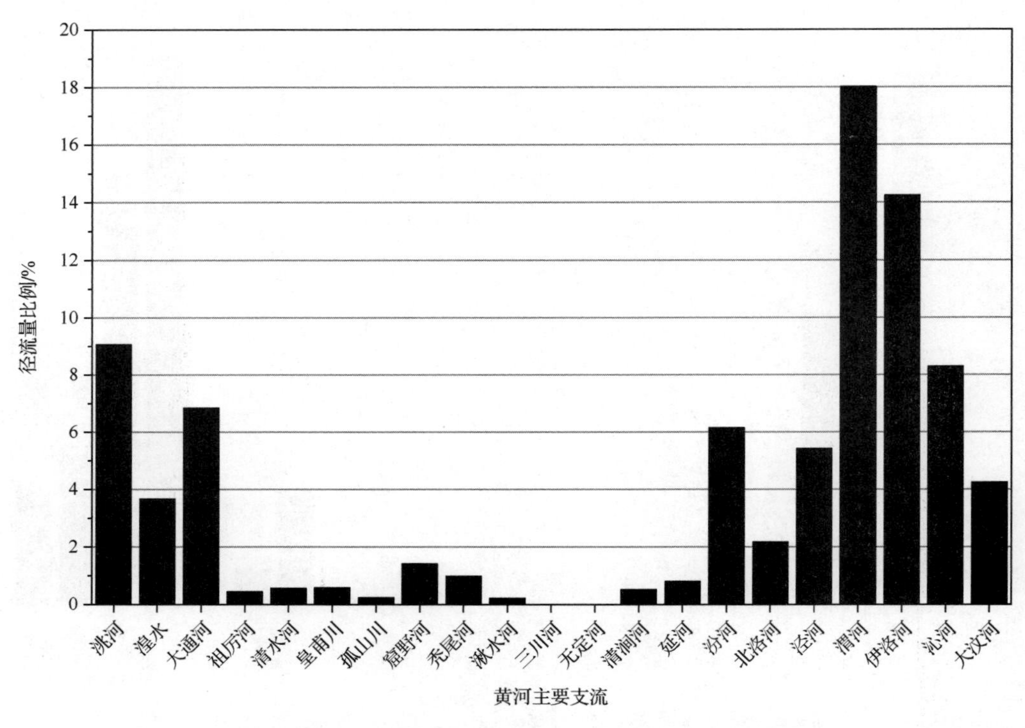

1956年黄河主要支流径流量占黄河上中游总径流量比例图

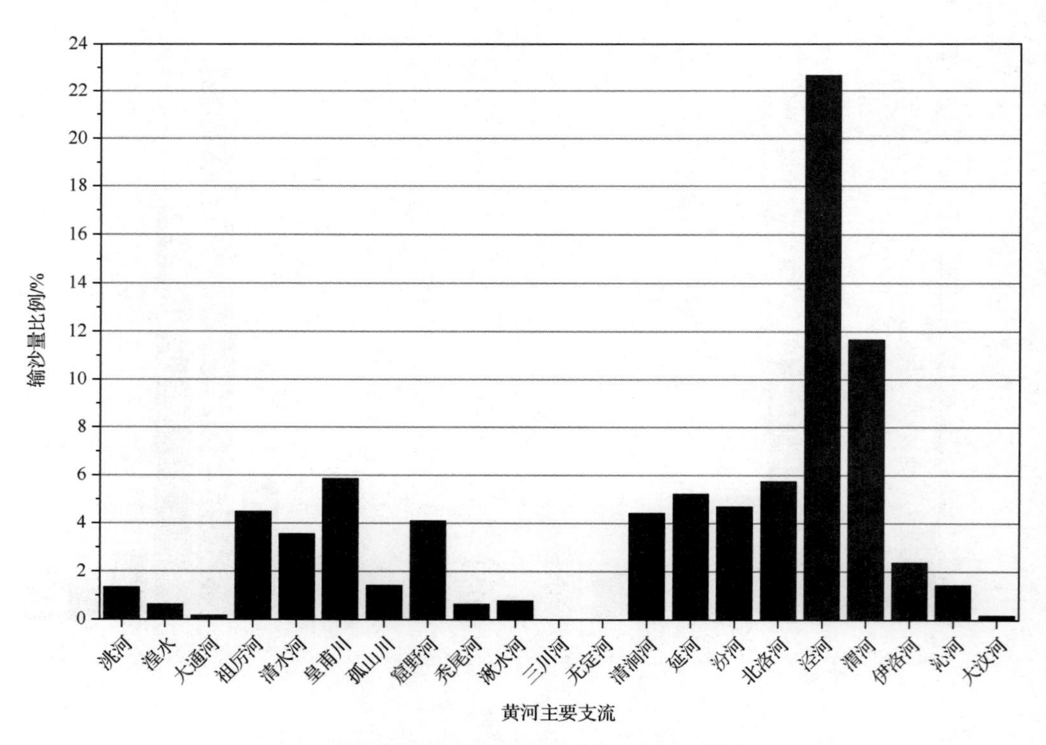

1956年黄河主要支流输沙量占黄河上中游总输沙量比例图

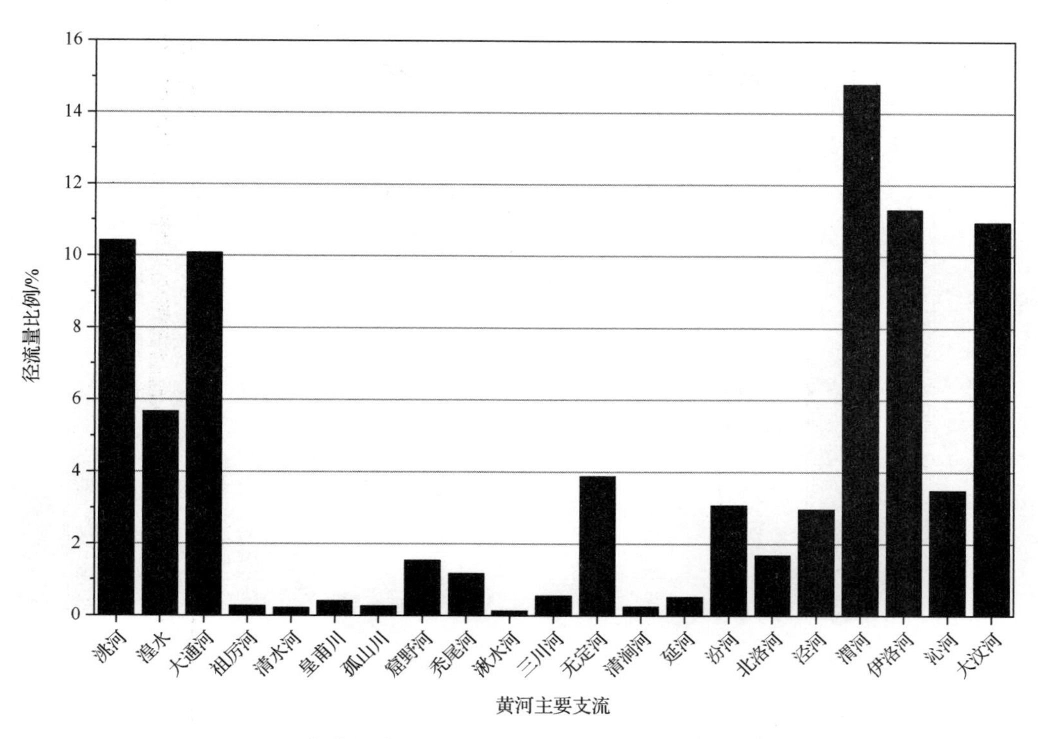

1957年黄河主要支流径流量占黄河上中游总径流量比例图

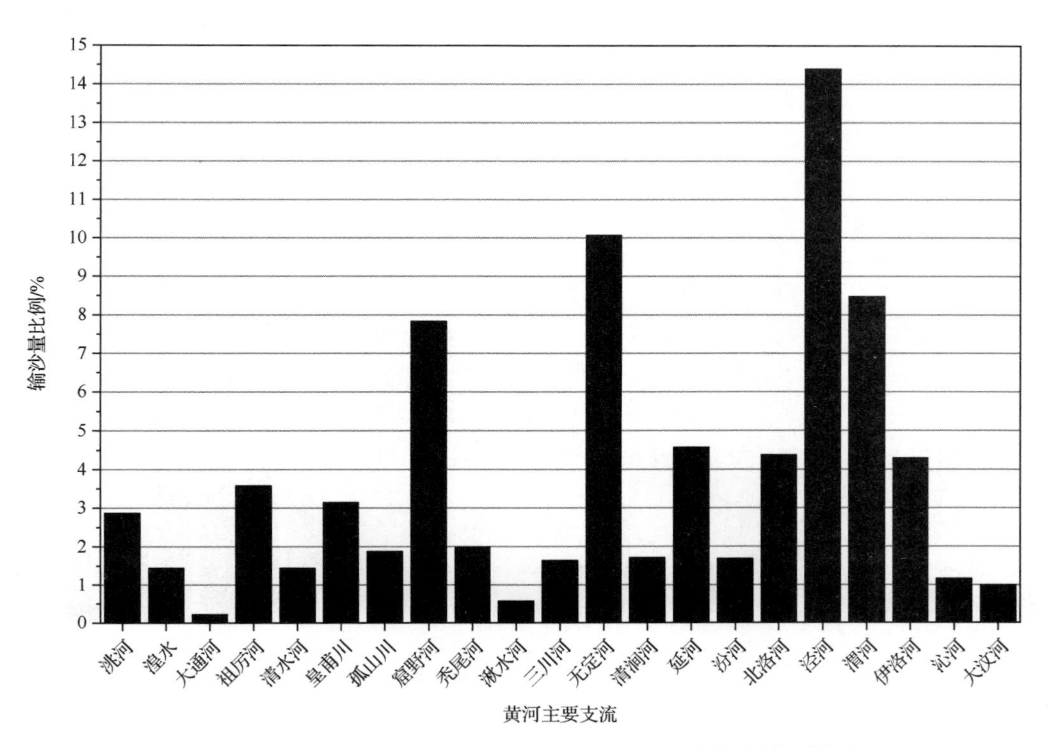

1957年黄河主要支流输沙量占黄河上中游总输沙量比例图

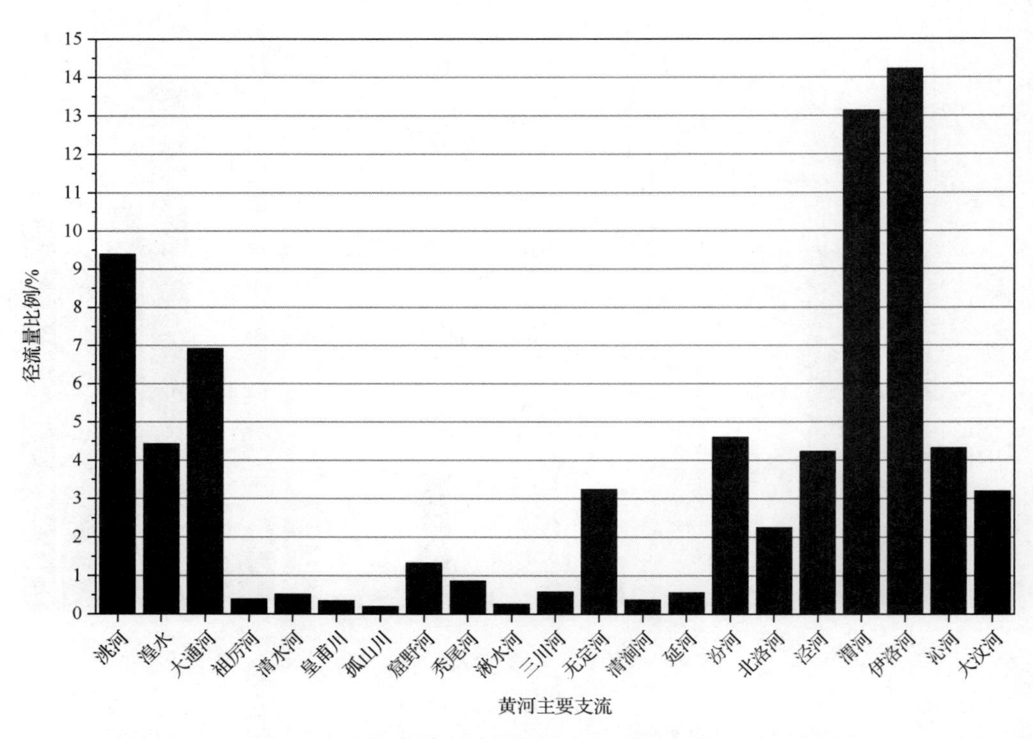

1958年黄河主要支流径流量占黄河上中游总径流量比例图

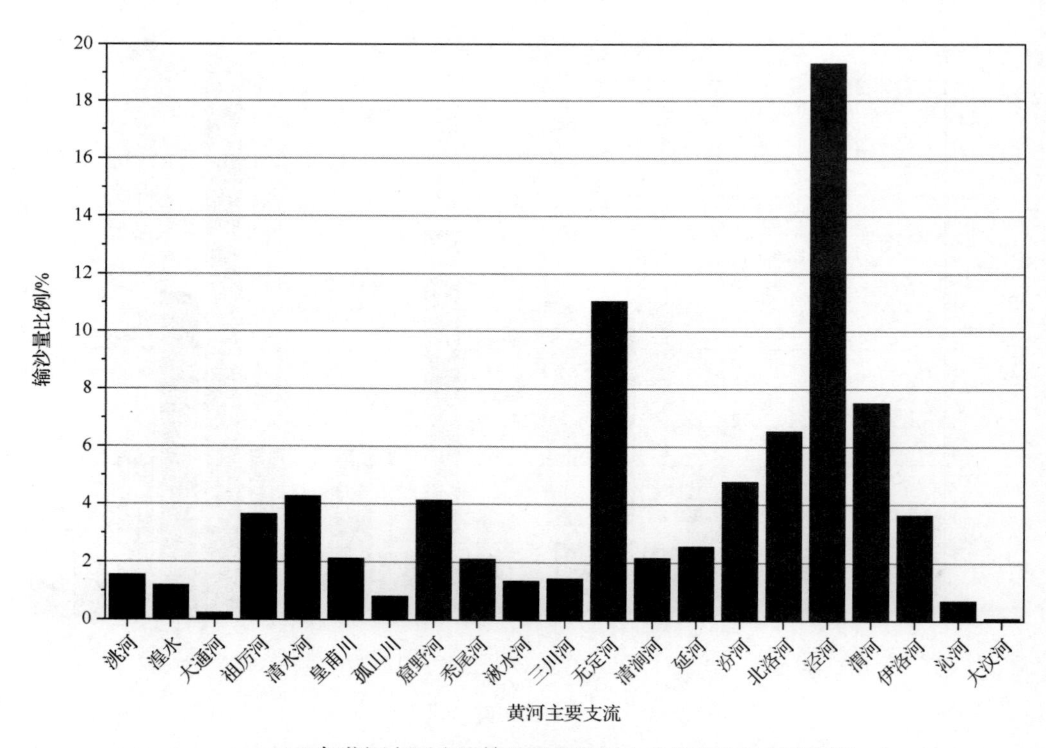

1958年黄河主要支流输沙量占黄河上中游总输沙量比例图

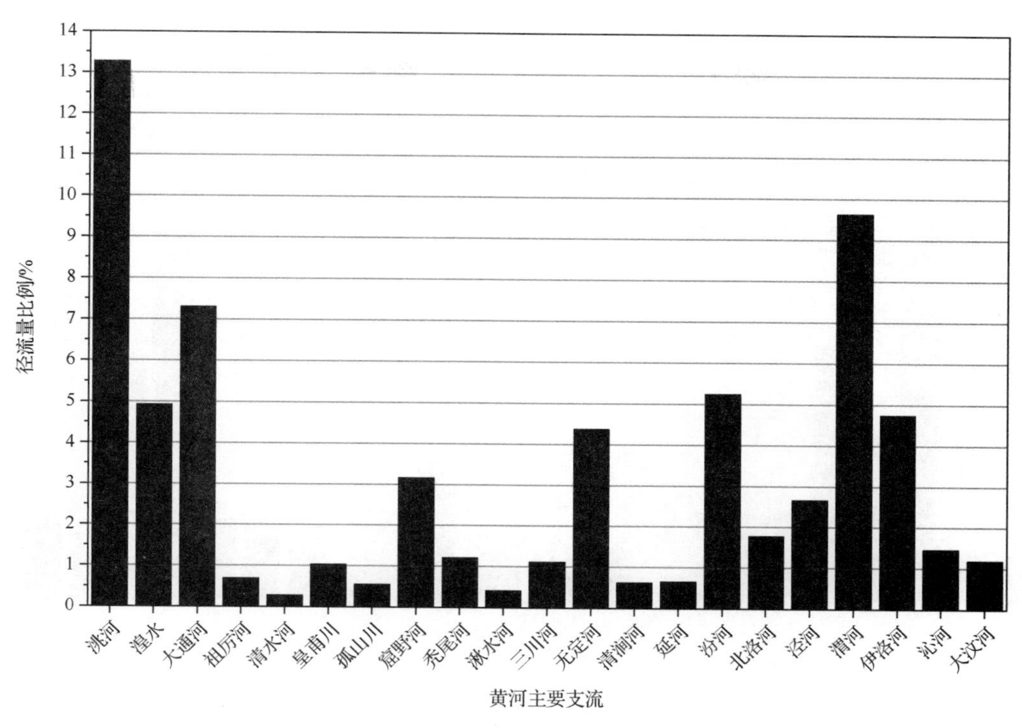

1959年黄河主要支流径流量占黄河上中游总径流量比例图

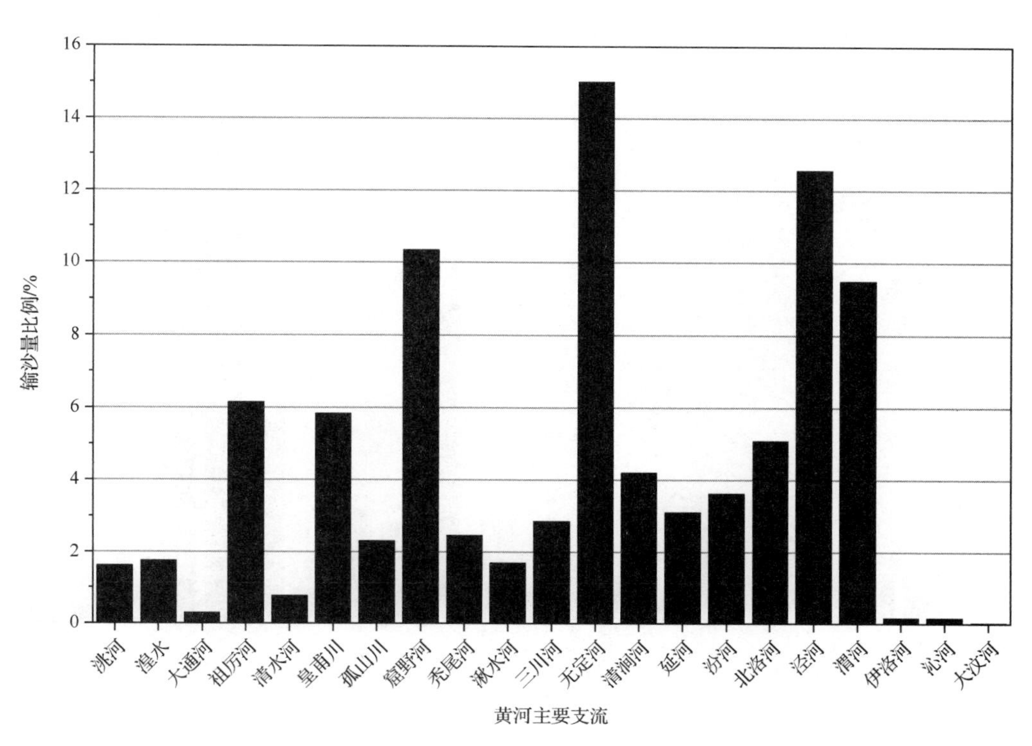

1959年黄河主要支流输沙量占黄河上中游总输沙量比例图

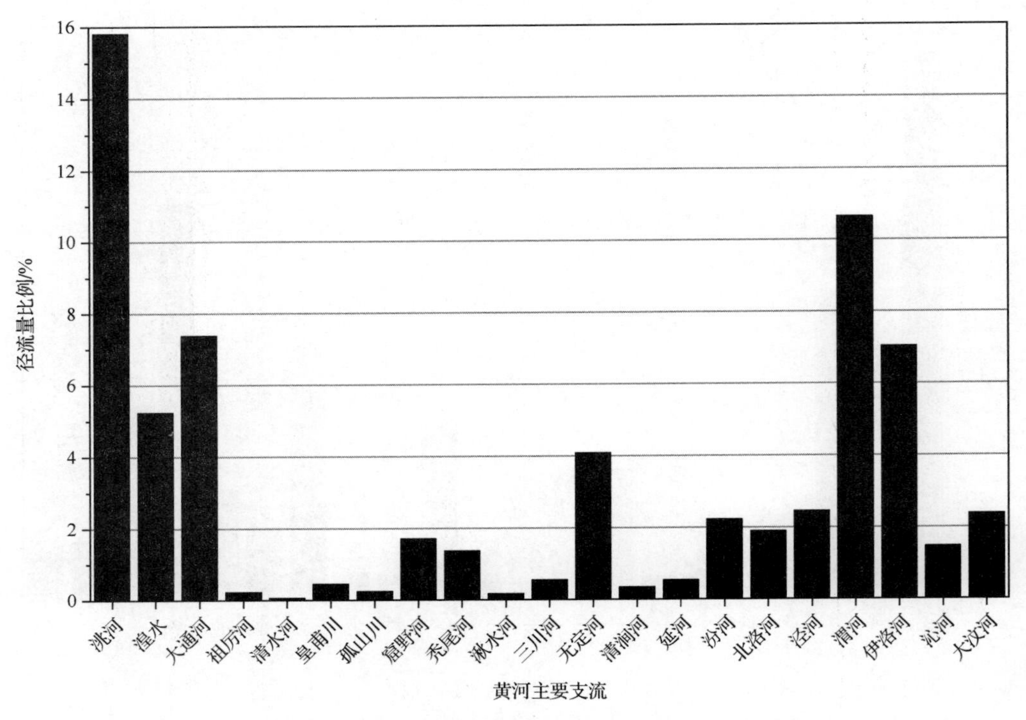

1960年黄河主要支流径流量占黄河上中游总径流量比例图

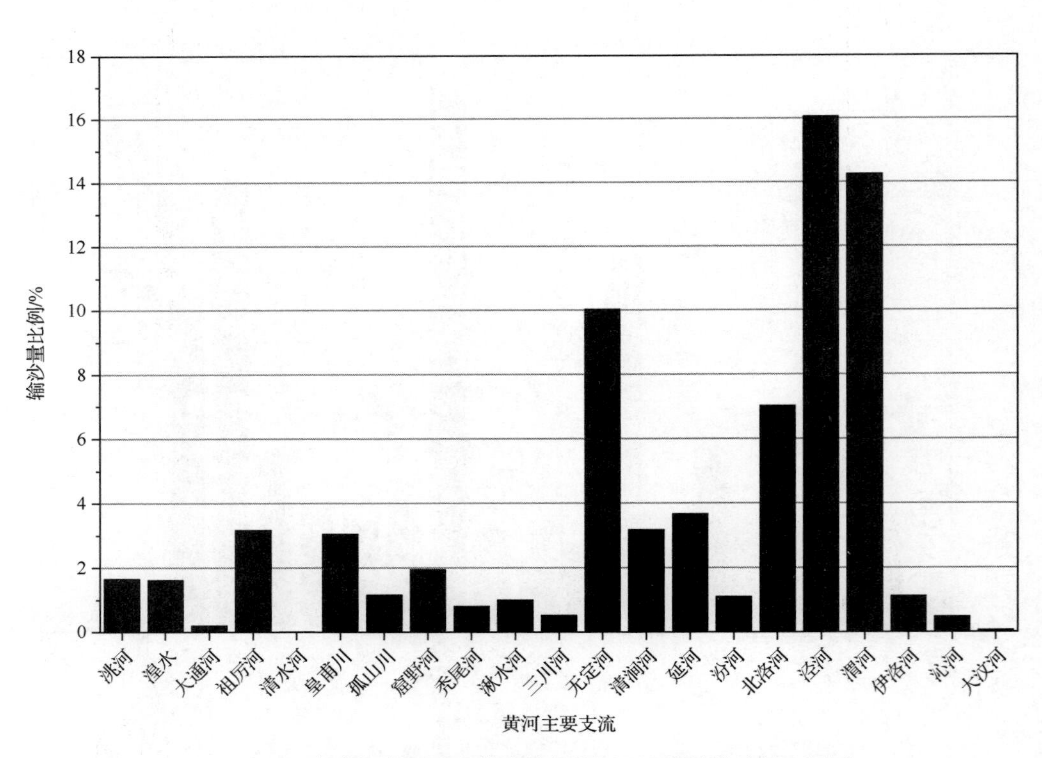

1960年黄河主要支流输沙量占黄河上中游总输沙量比例图

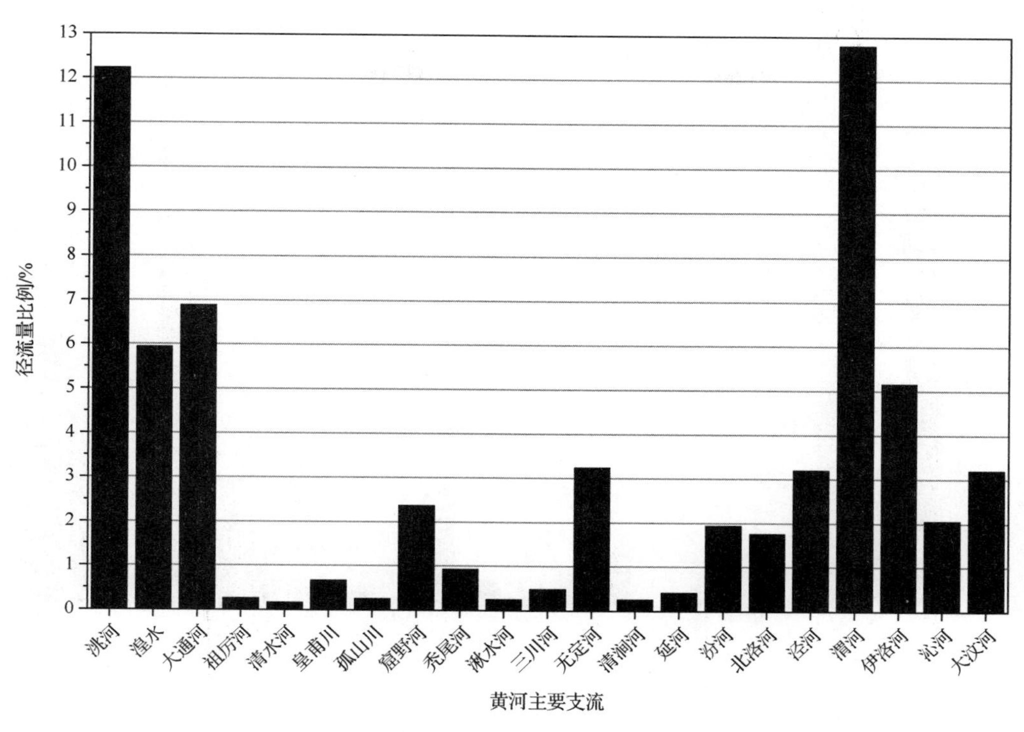

1961年黄河主要支流径流量占黄河上中游总径流量比例图

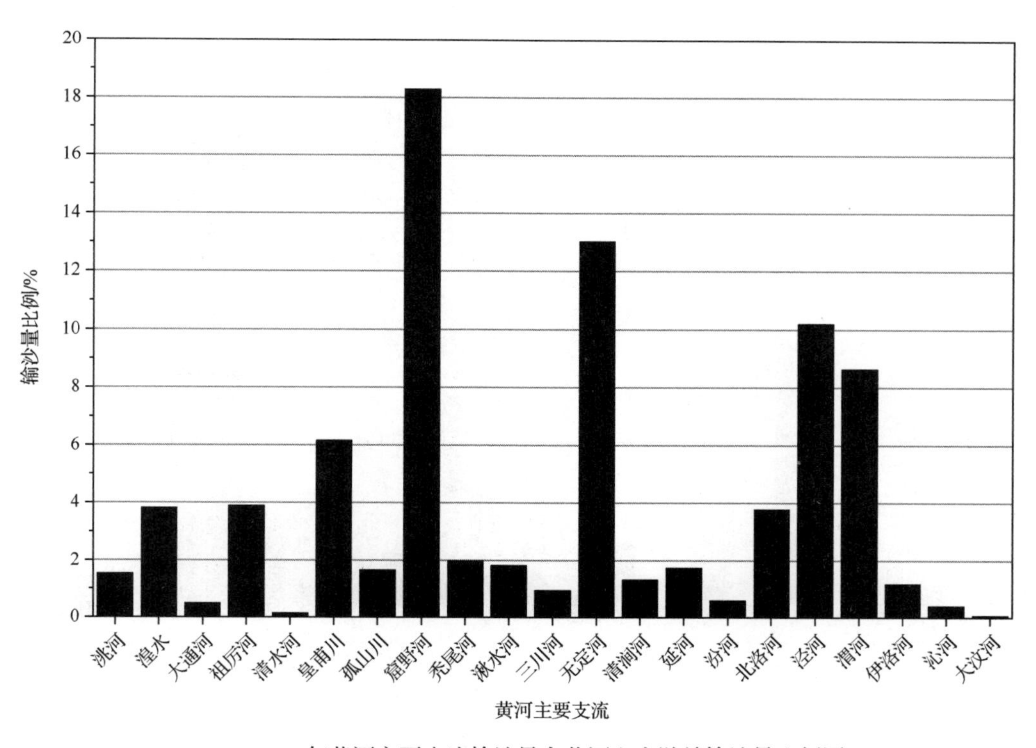

1961年黄河主要支流输沙量占黄河上中游总输沙量比例图

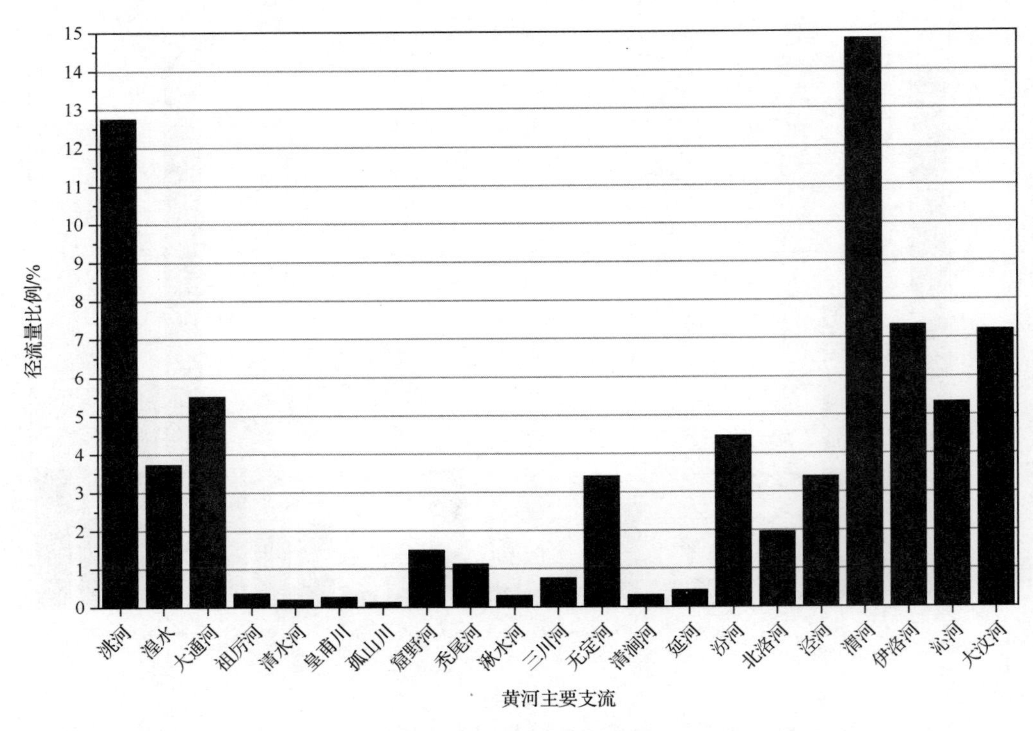

1962年黄河主要支流径流量占黄河上中游总径流量比例图

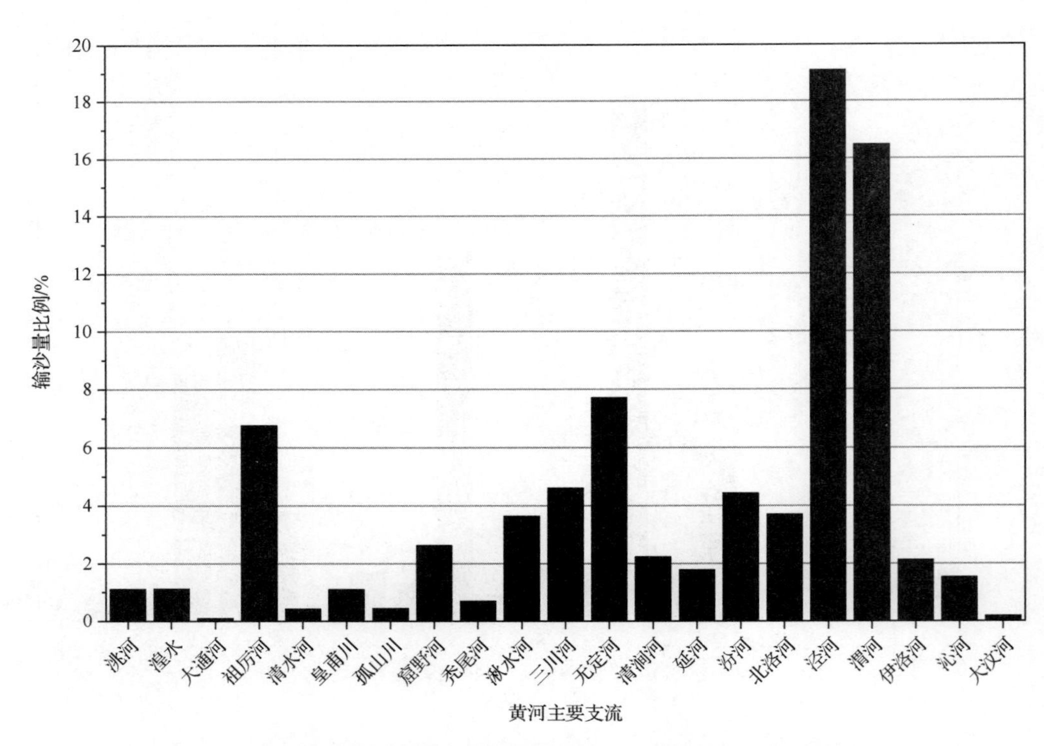

1962年黄河主要支流输沙量占黄河上中游总输沙量比例图

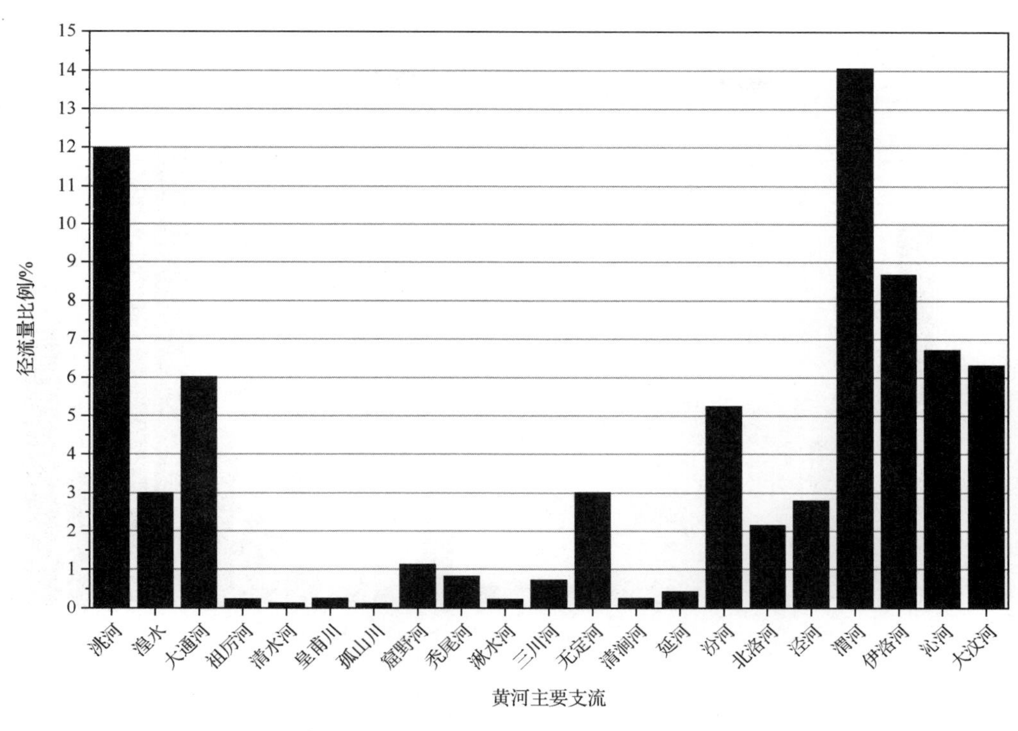

1963年黄河主要支流径流量占黄河上中游总径流量比例图

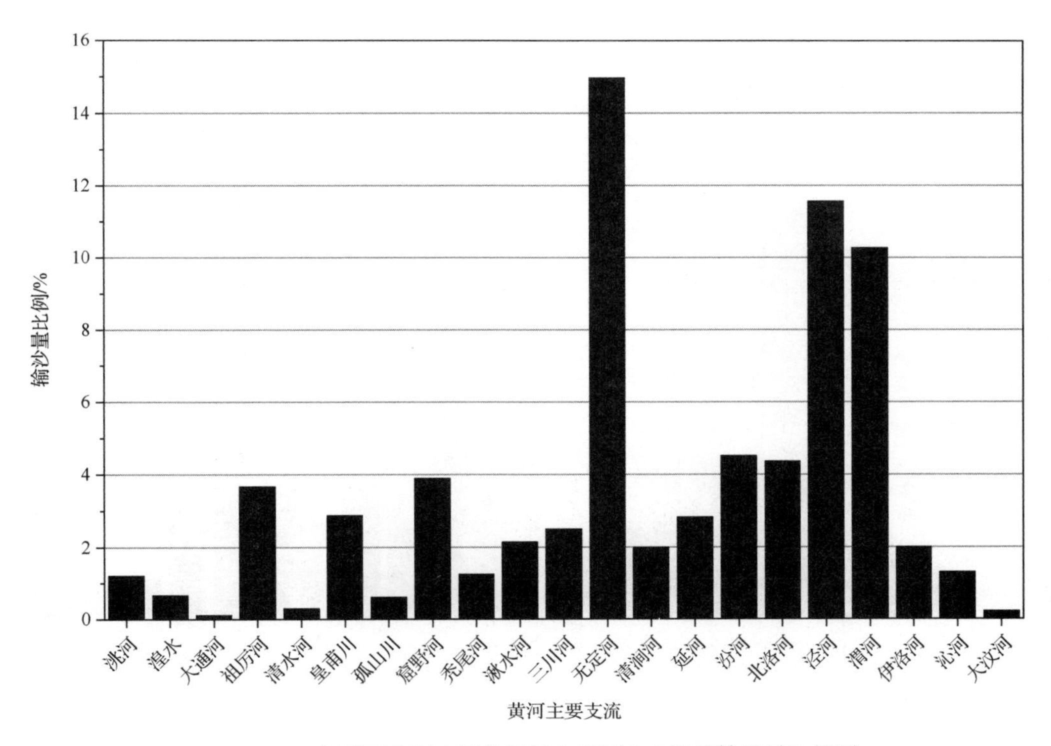

1963年黄河主要支流输沙量占黄河上中游总输沙量比例图

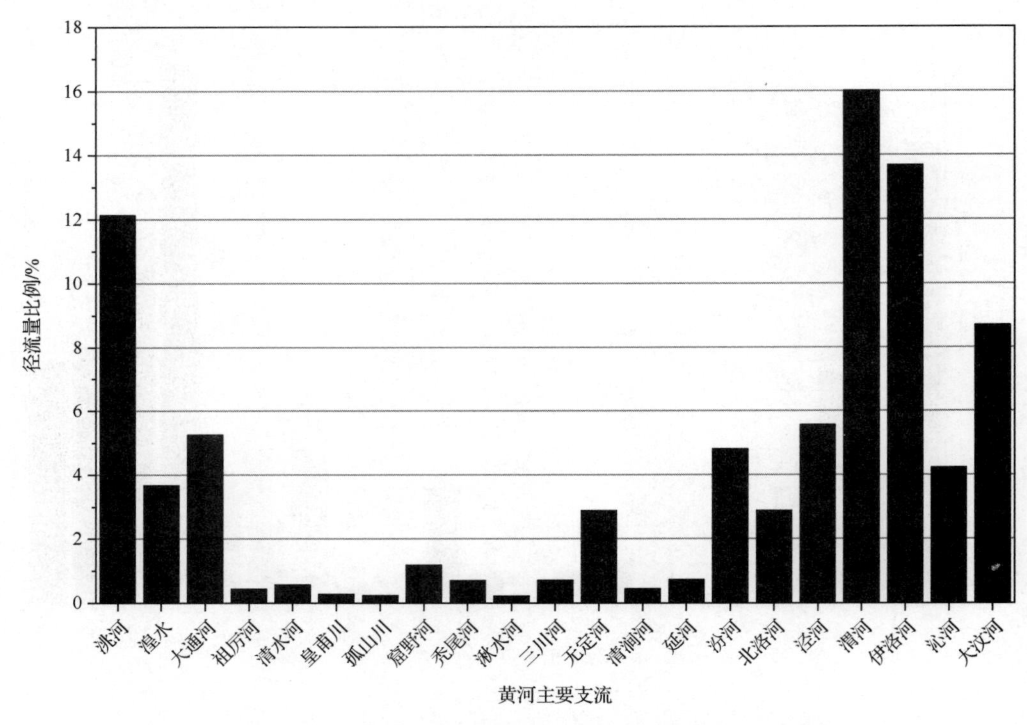

1964年黄河主要支流径流量占黄河上中游总径流量比例图

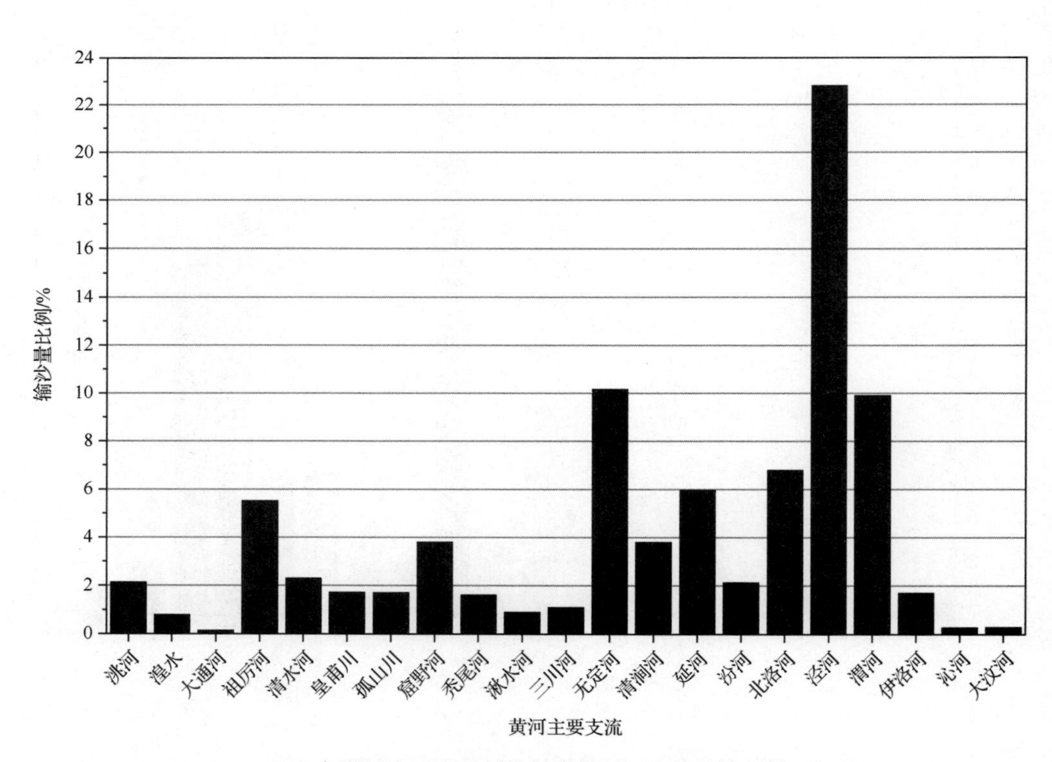

1964年黄河主要支流输沙量占黄河上中游总输沙量比例图

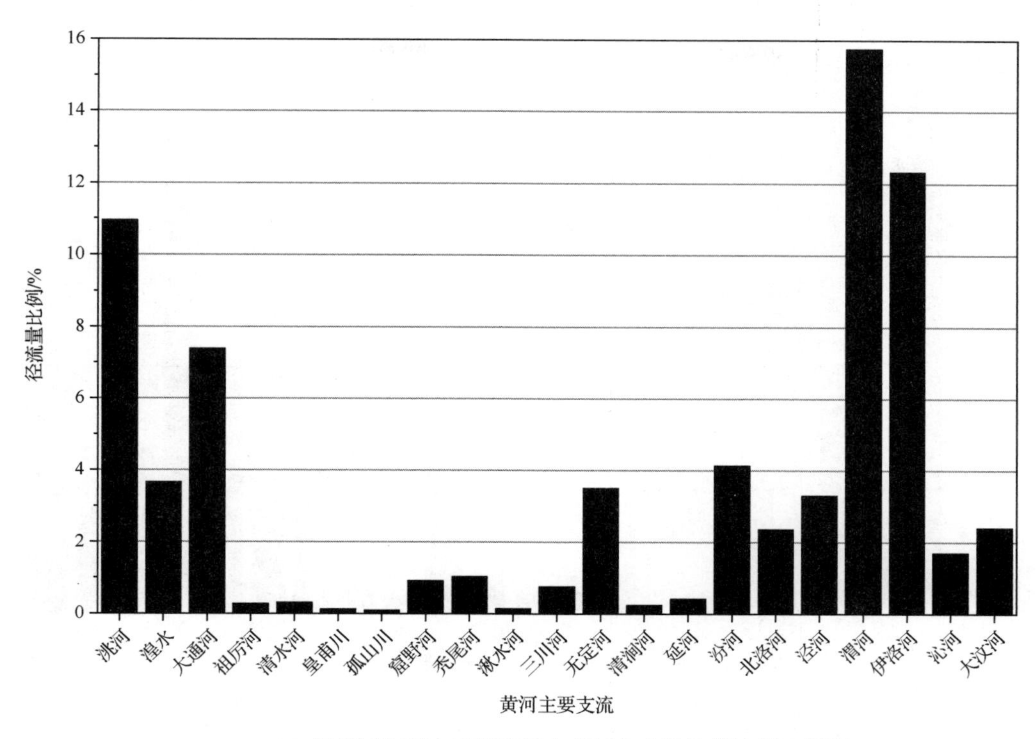

1965年黄河主要支流径流量占黄河上中游总径流量比例图

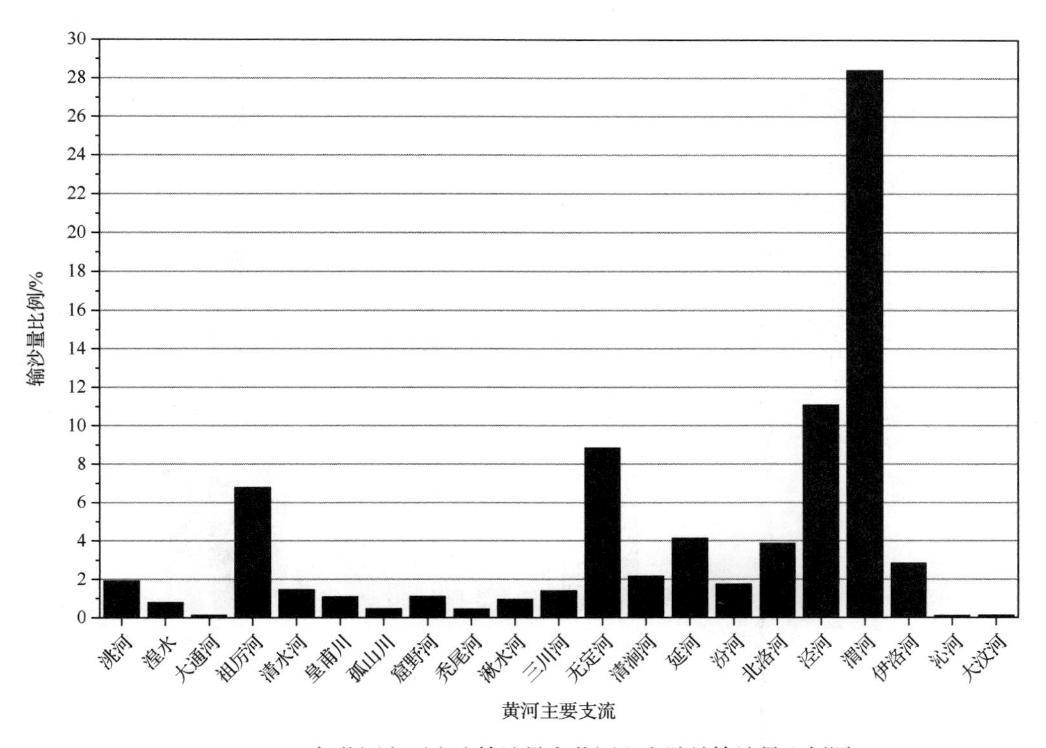

1965年黄河主要支流输沙量占黄河上中游总输沙量比例图

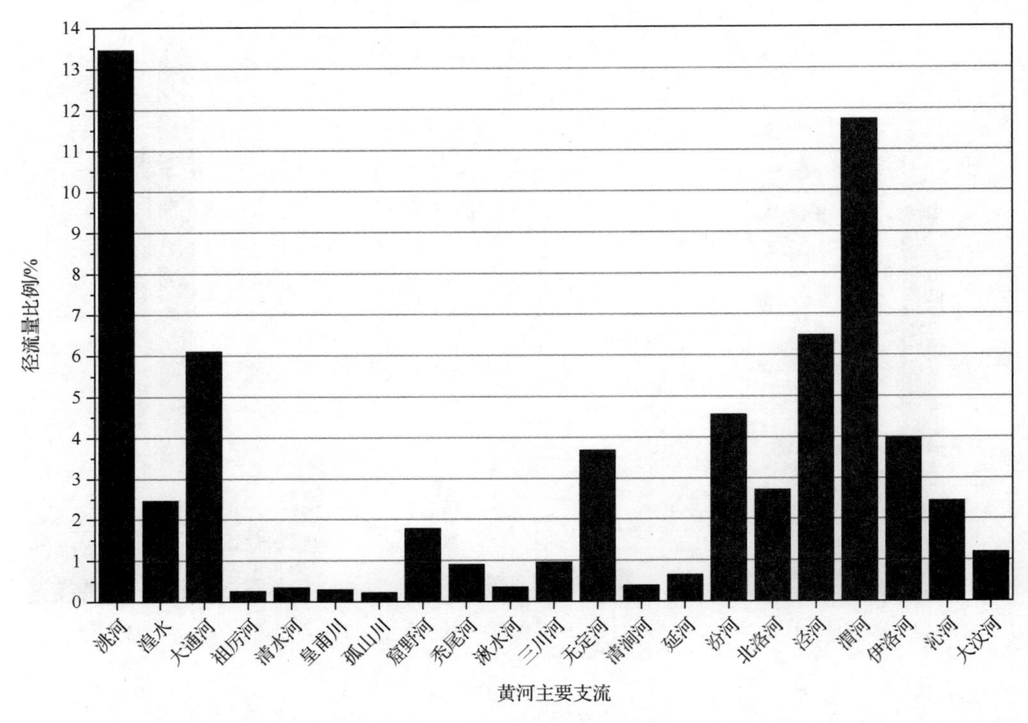

1966年黄河主要支流径流量占黄河上中游总径流量比例图

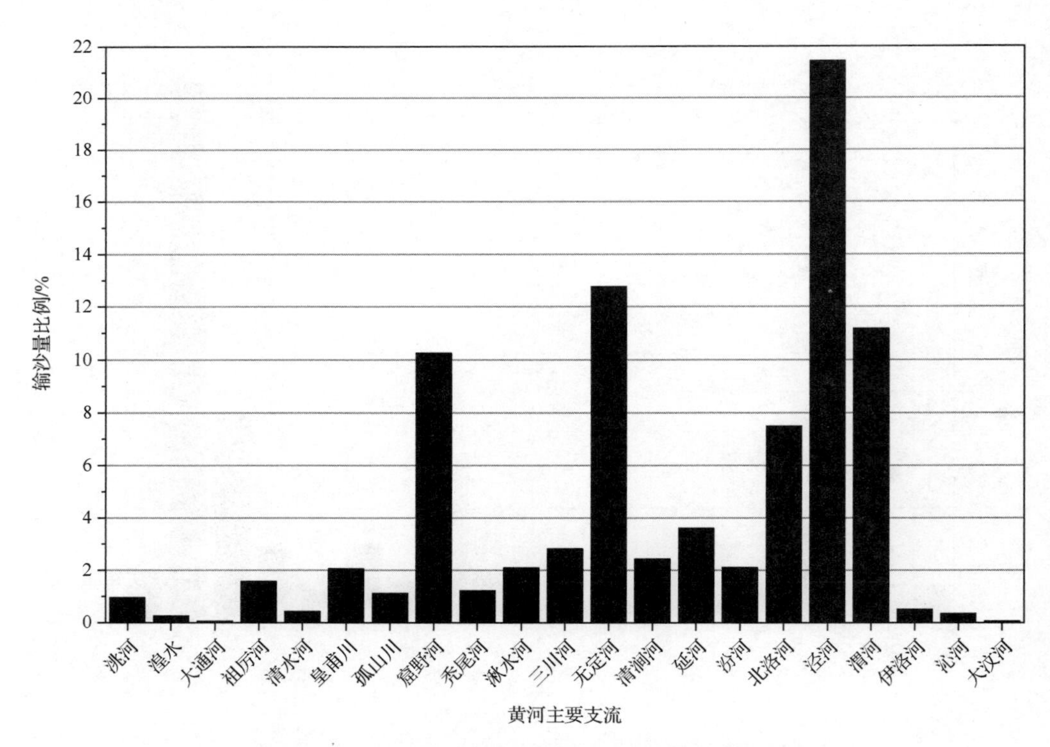

1966年黄河主要支流输沙量占黄河上中游总输沙量比例图

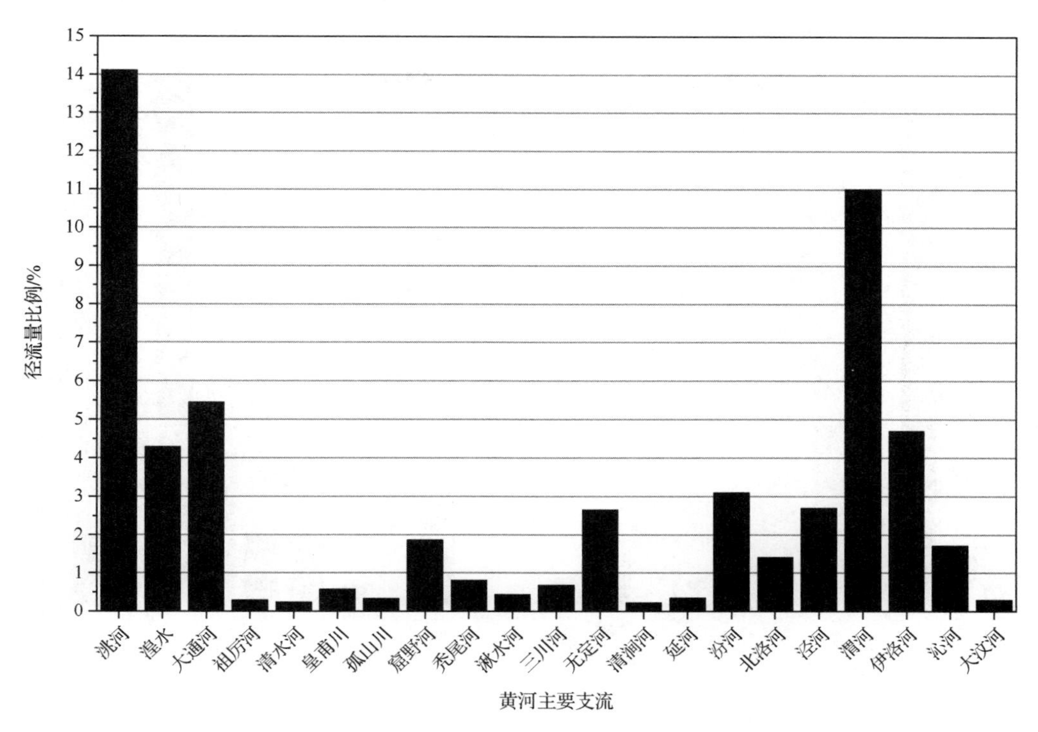

1967年黄河主要支流径流量占黄河上中游总径流量比例图

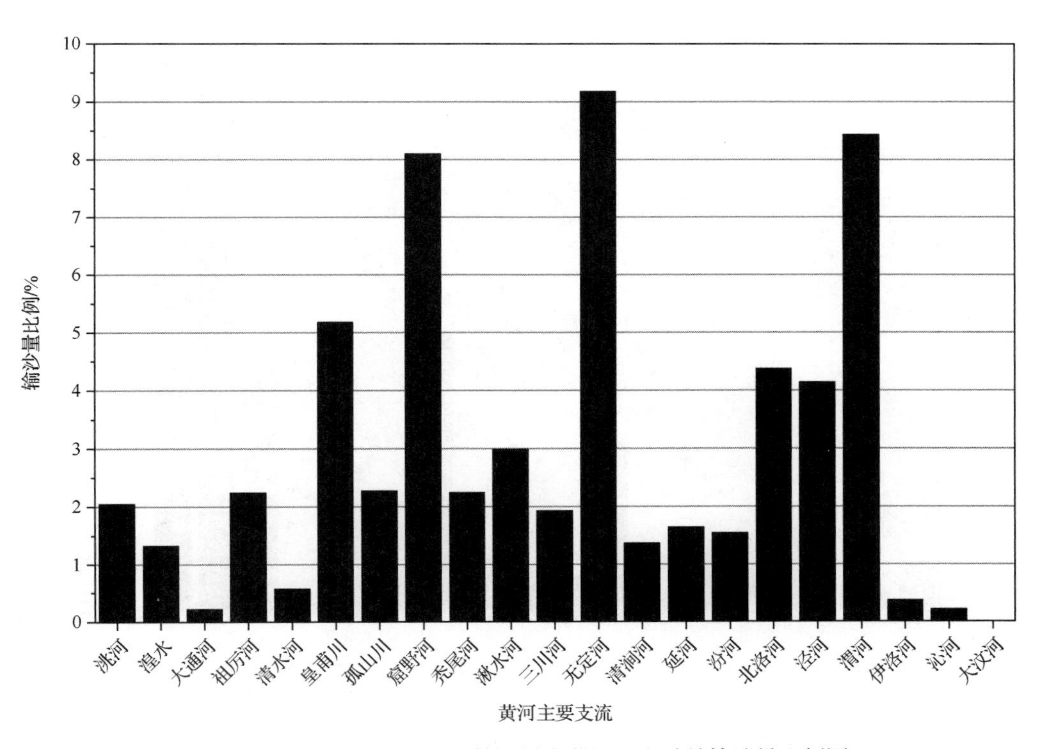

1967年黄河主要支流输沙量占黄河上中游总输沙量比例图

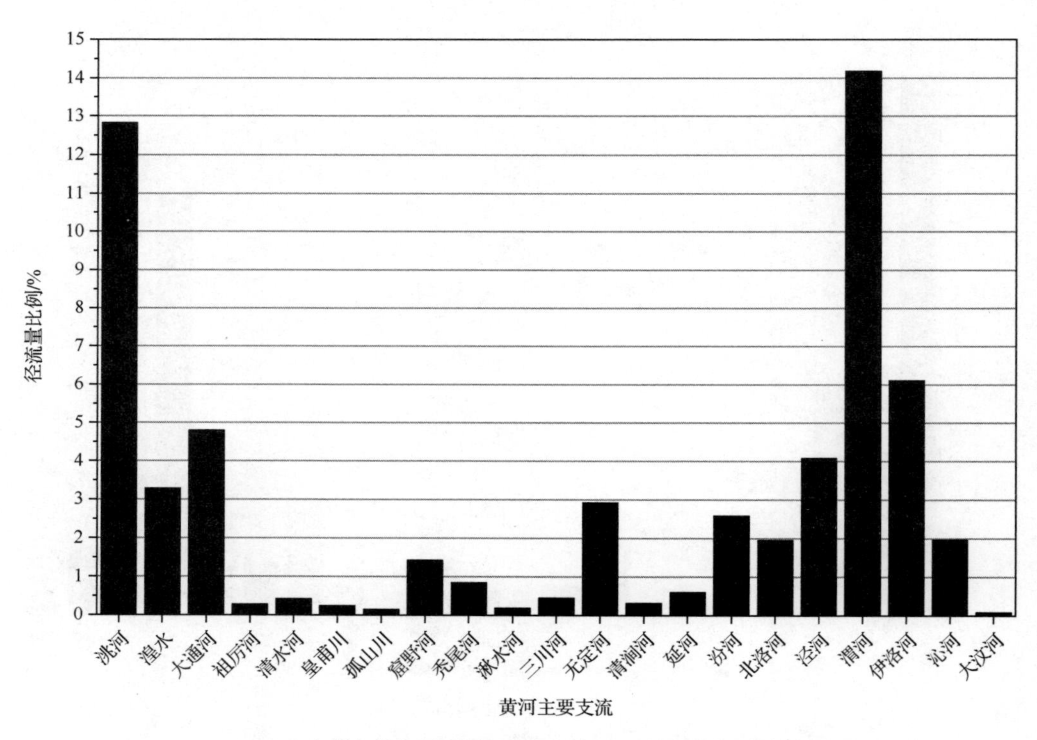

1968年黄河主要支流径流量占黄河上中游总径流量比例图

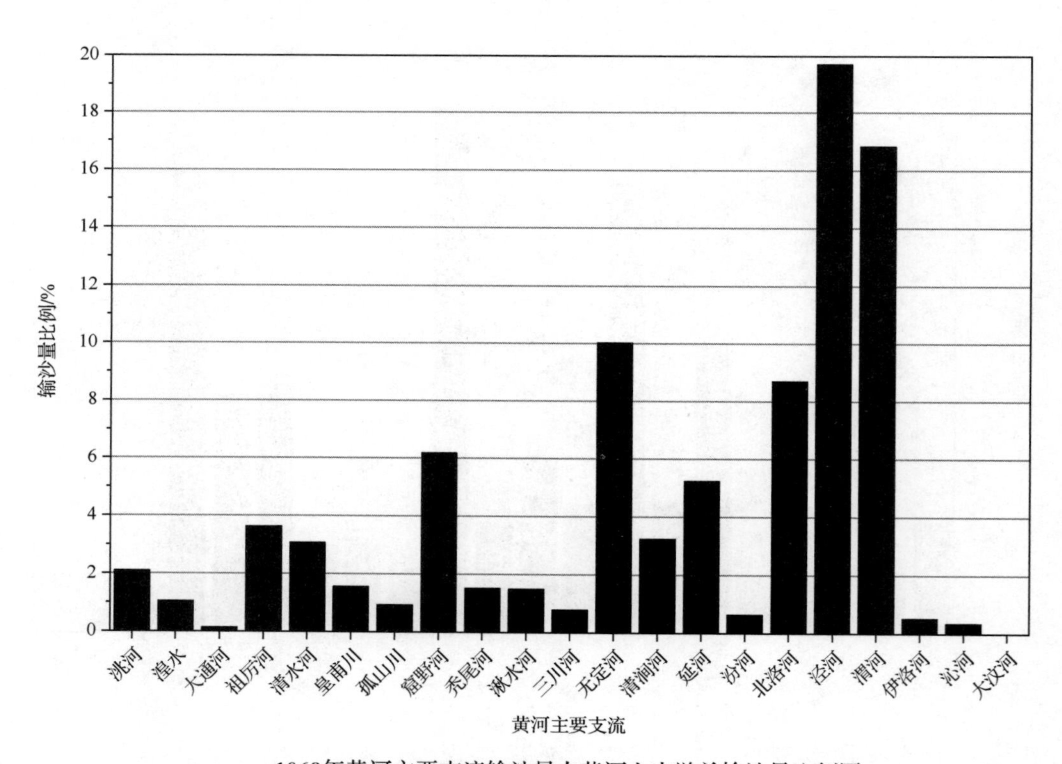

1968年黄河主要支流输沙量占黄河上中游总输沙量比例图

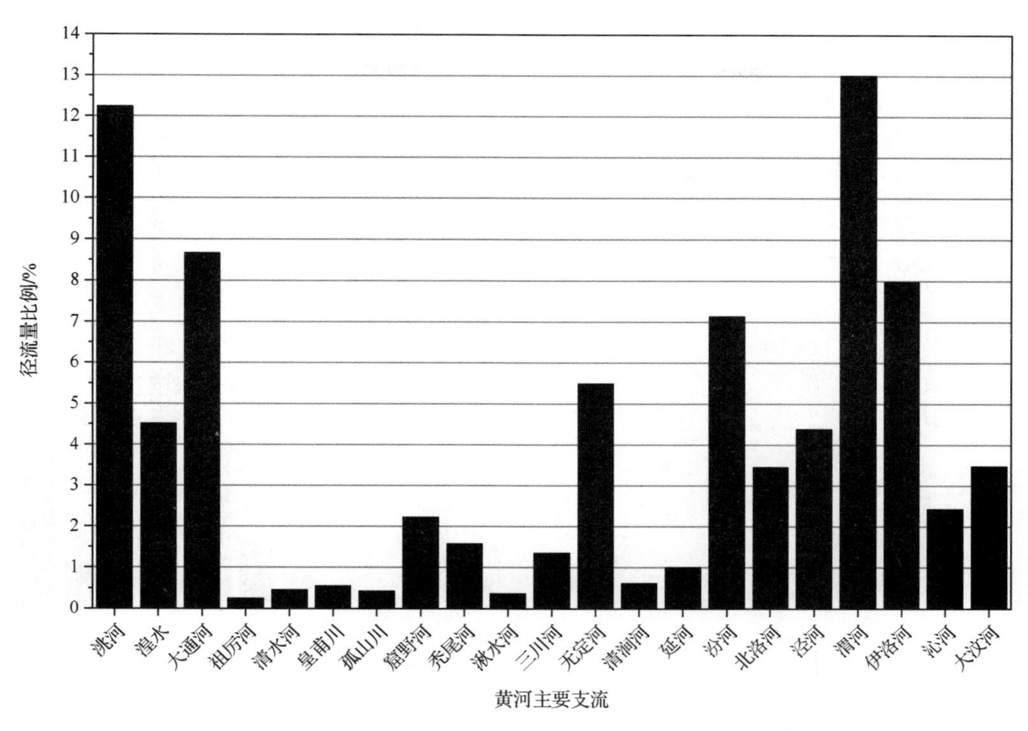

1969年黄河主要支流径流量占黄河上中游总径流量比例图

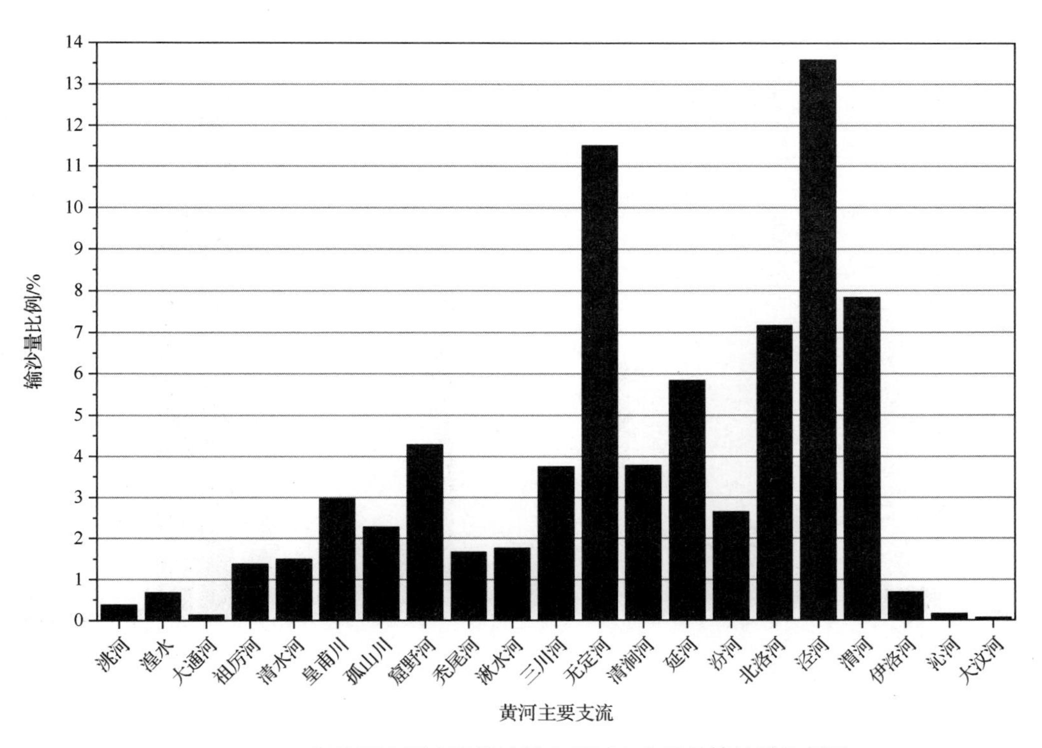

1969年黄河主要支流输沙量占黄河上中游总输沙量比例图

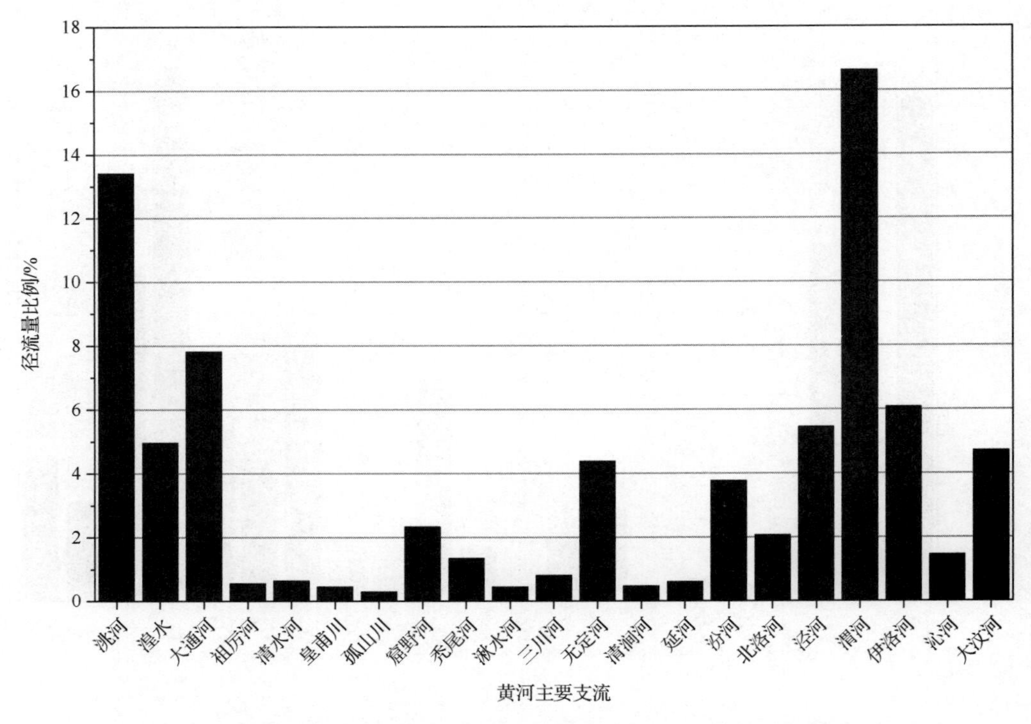

1970年黄河主要支流径流量占黄河上中游总径流量比例图

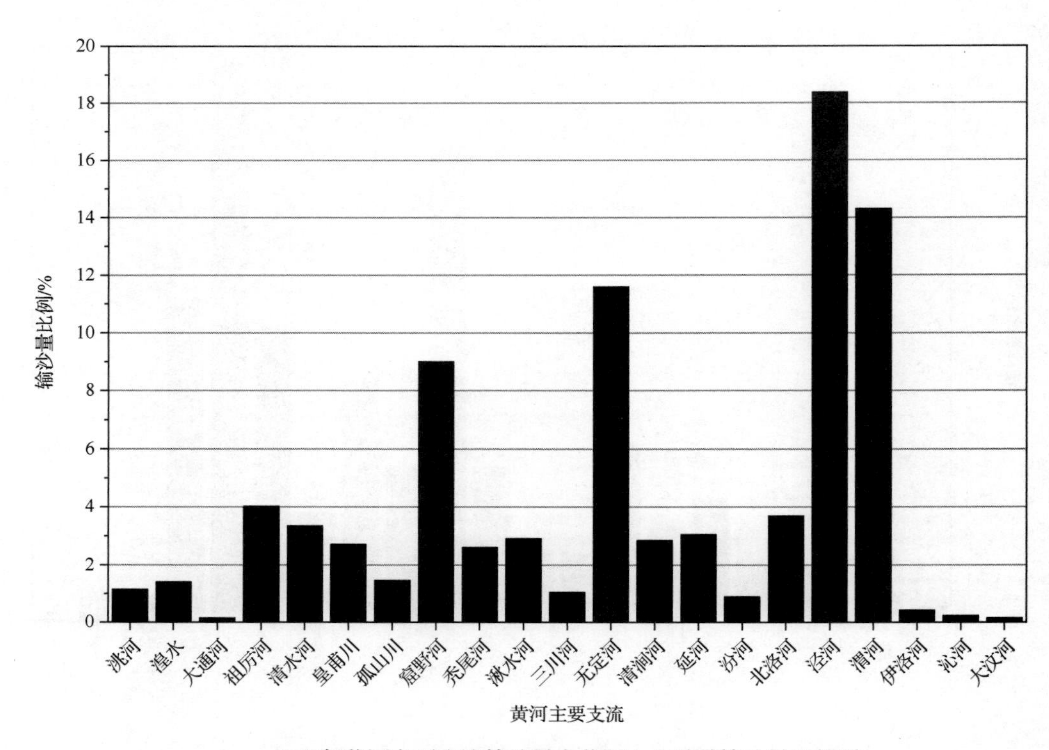

1970年黄河主要支流输沙量占黄河上中游总输沙量比例图

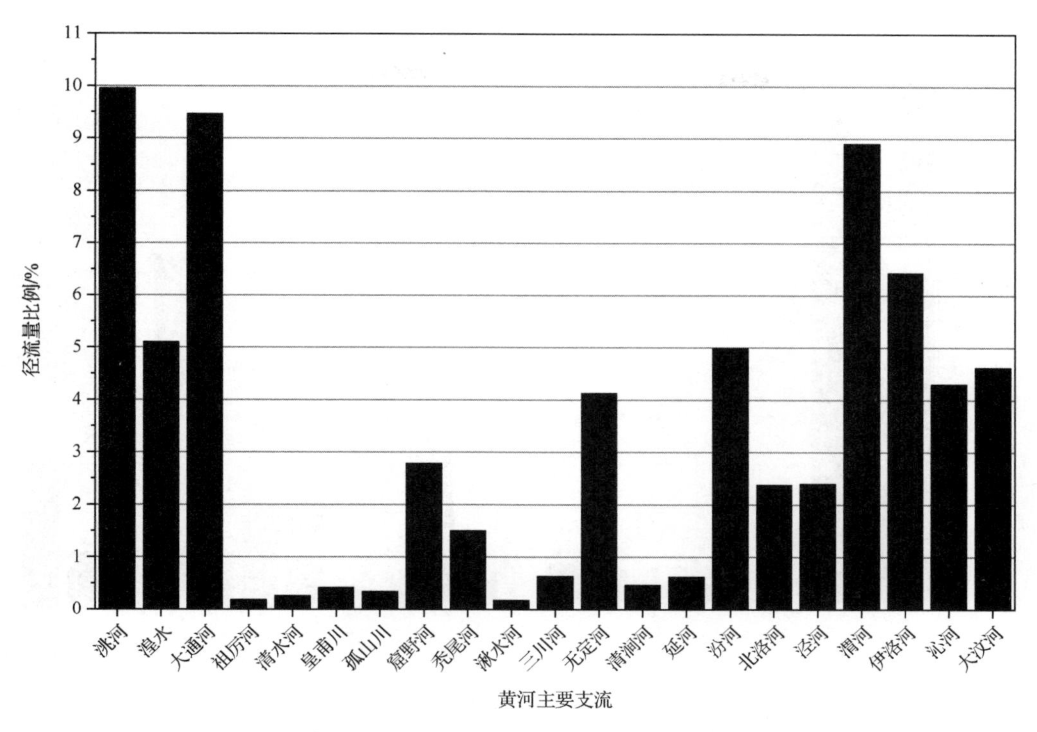

1971年黄河主要支流径流量占黄河上中游总径流量比例图

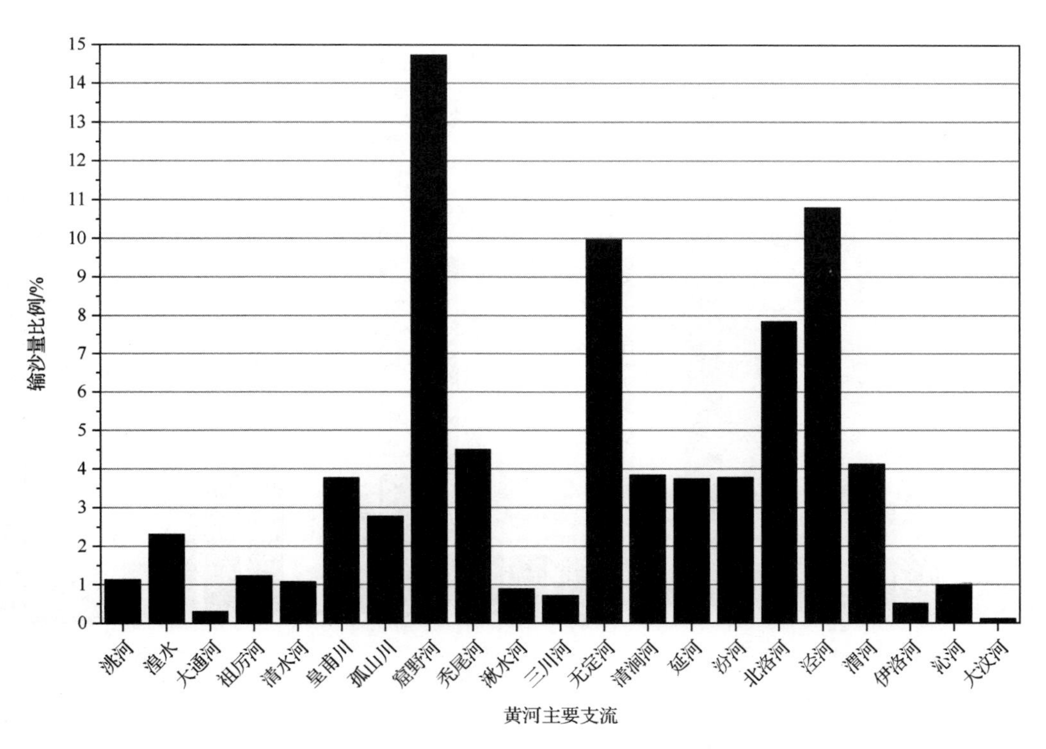

1971年黄河主要支流输沙量占黄河上中游总输沙量比例图

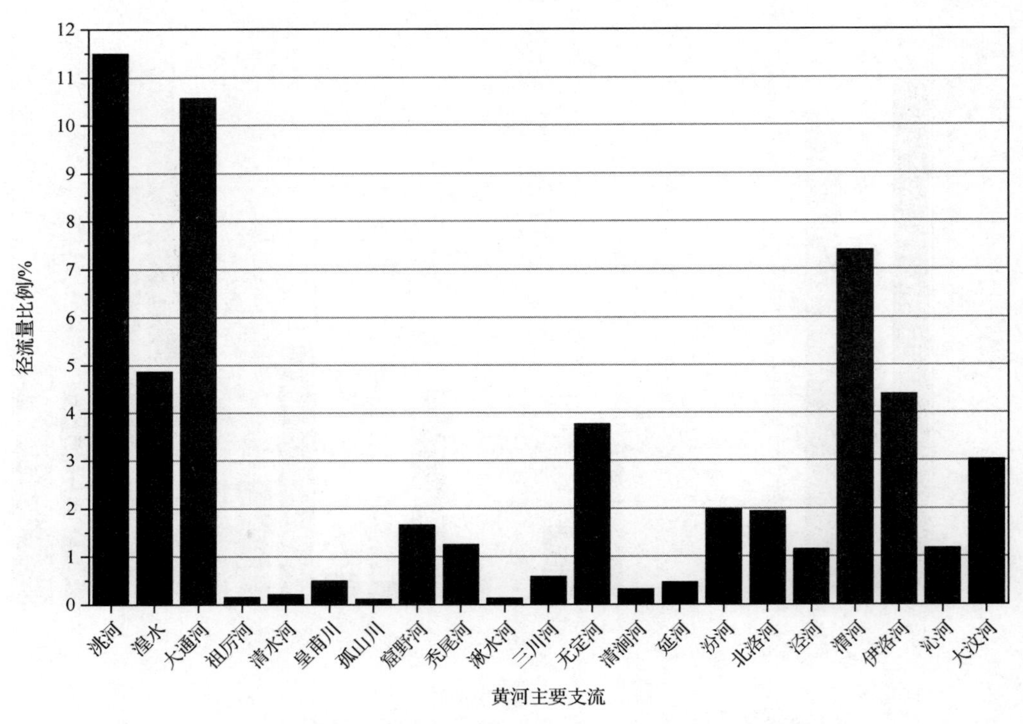

1972年黄河主要支流径流量占黄河上中游总径流量比例图

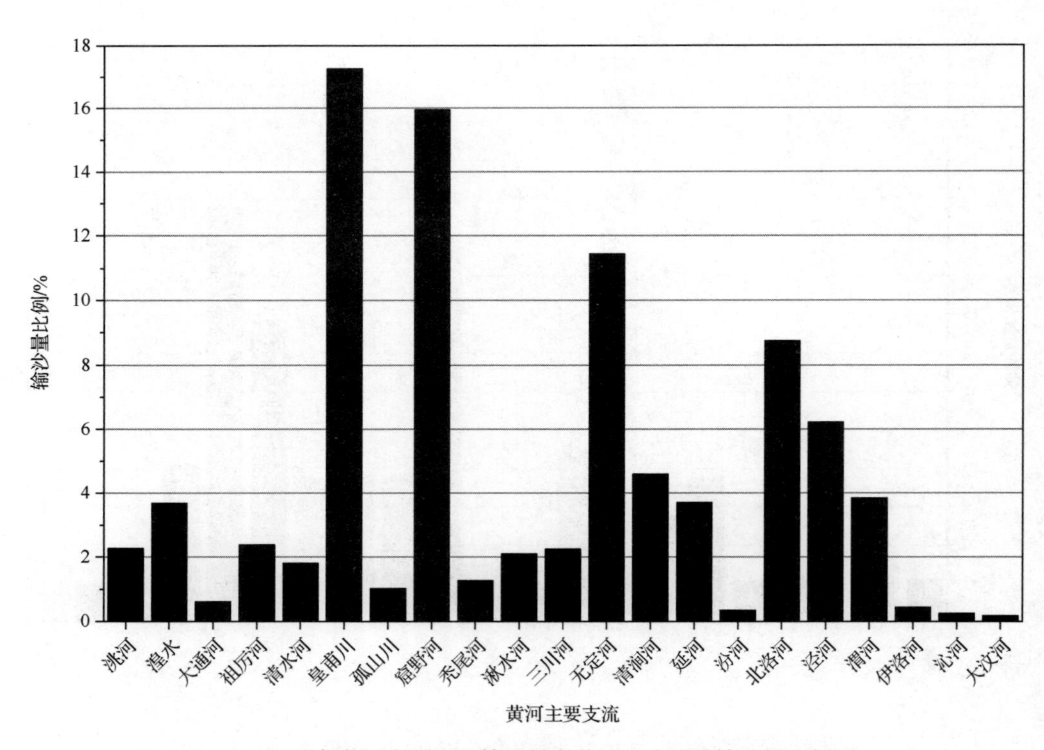

1972年黄河主要支流输沙量占黄河上中游总输沙量比例图

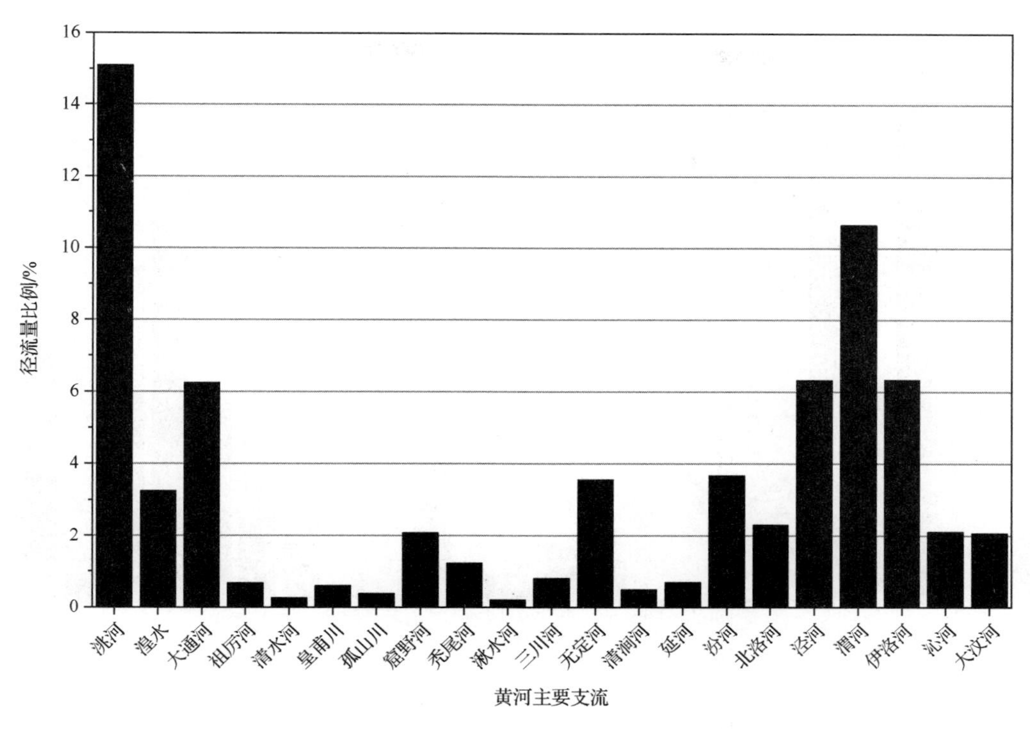

1973年黄河主要支流径流量占黄河上中游总径流量比例图

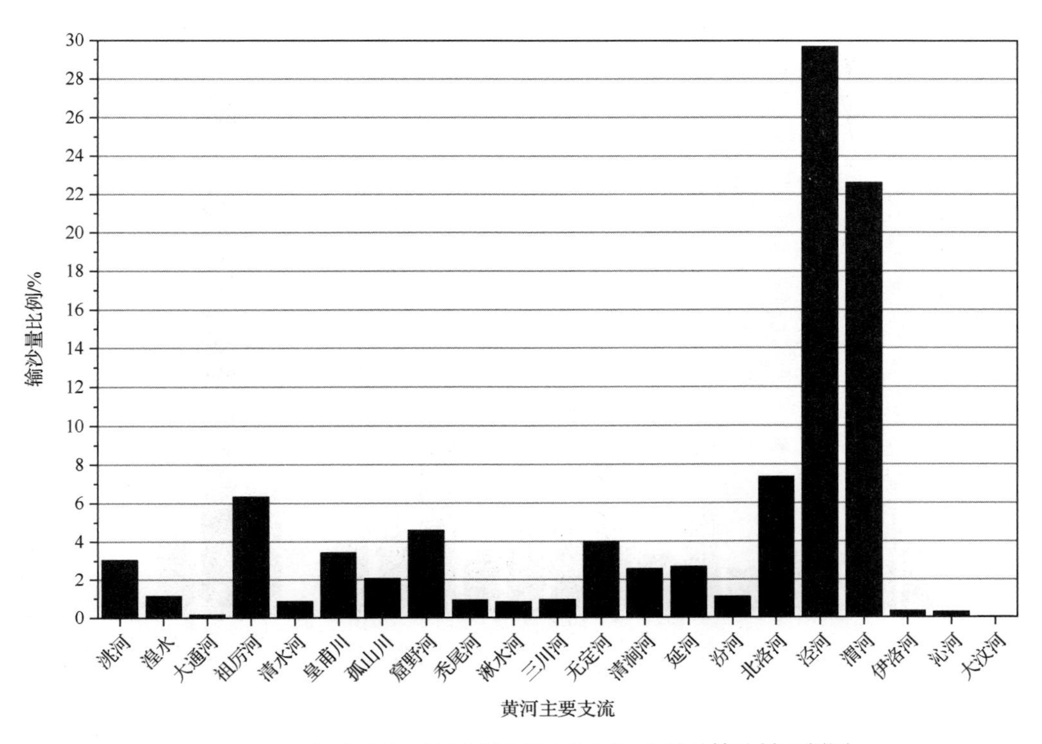

1973年黄河主要支流输沙量占黄河上中游总输沙量比例图

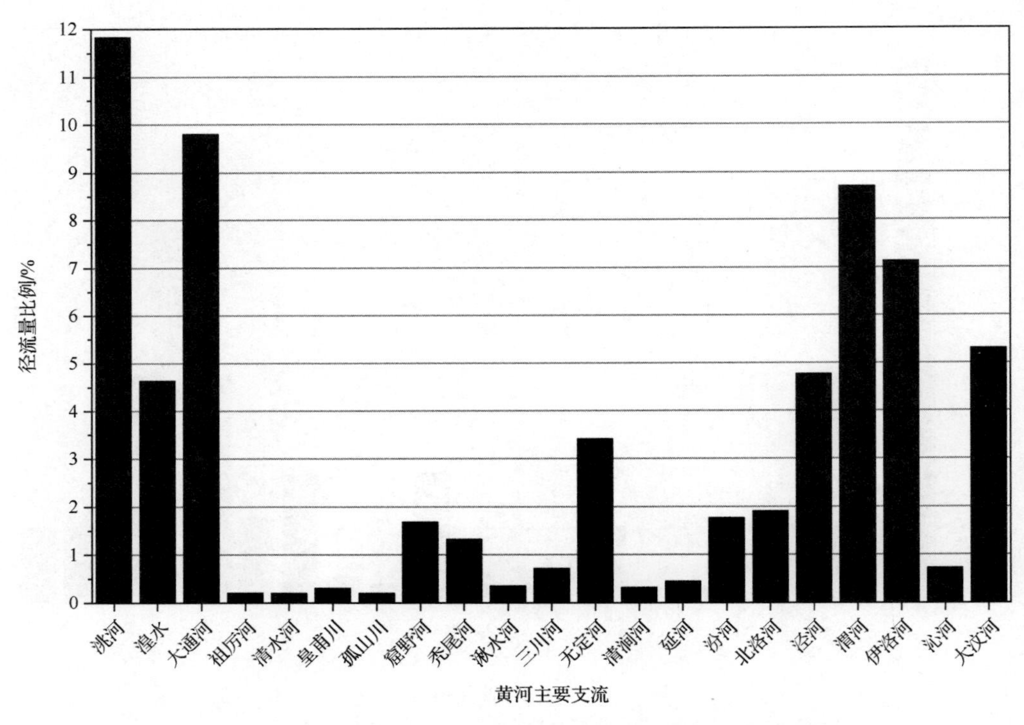

1974年黄河主要支流径流量占黄河上中游总径流量比例图

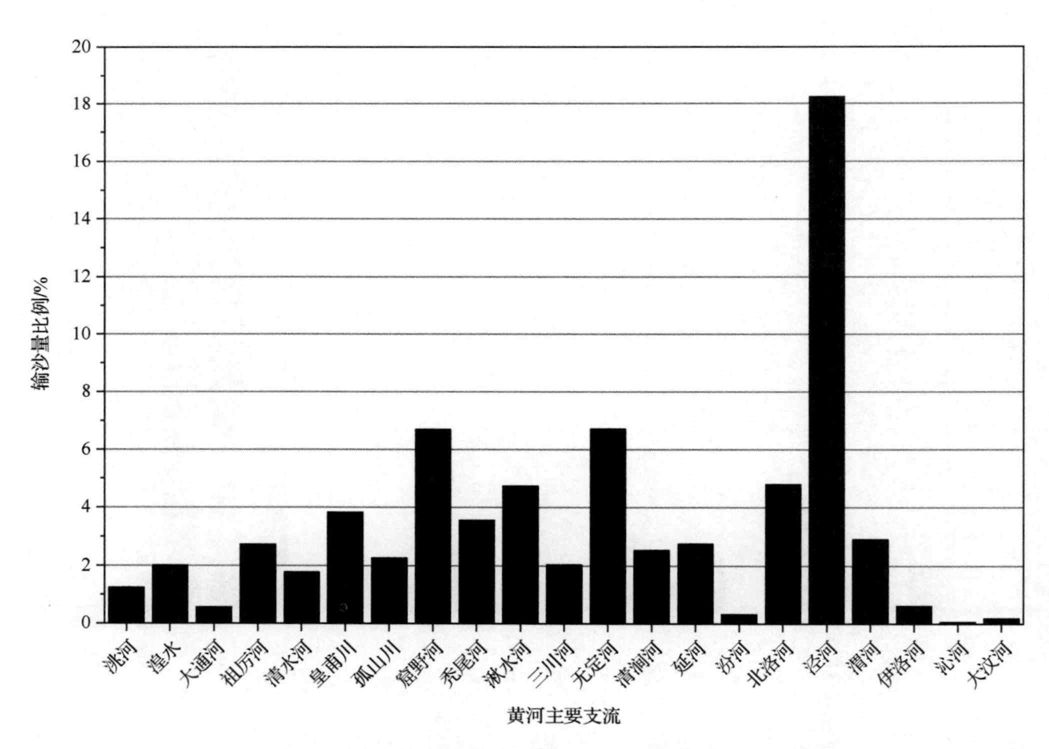

1974年黄河主要支流输沙量占黄河上中游总输沙量比例图

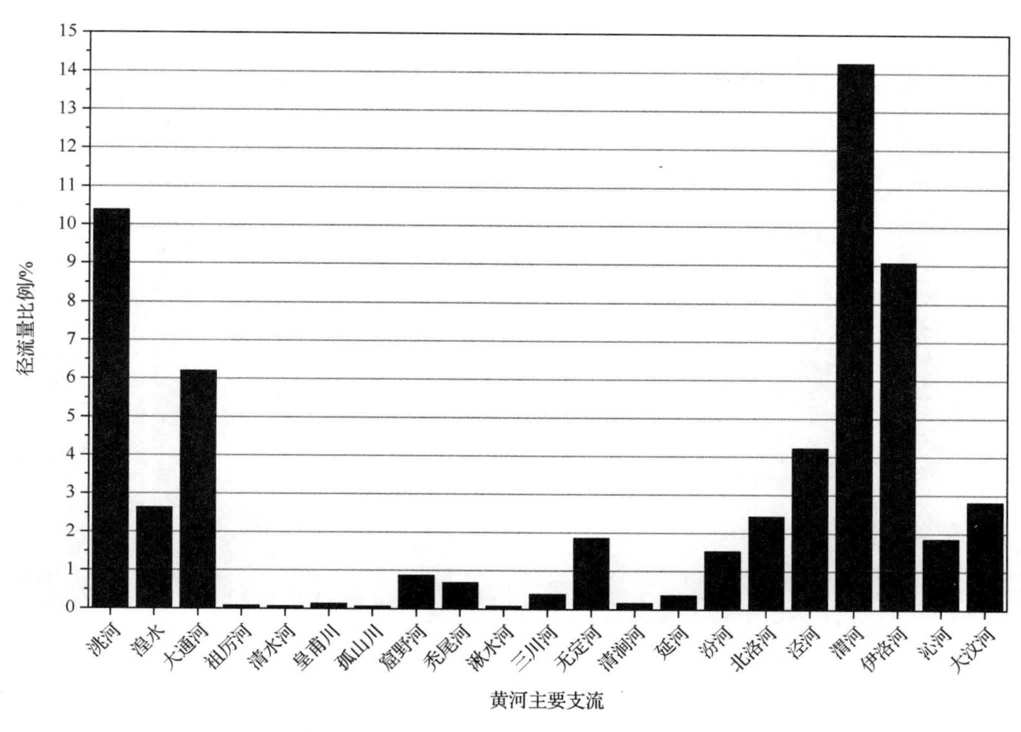

1975年黄河主要支流径流量占黄河上中游总径流量比例图

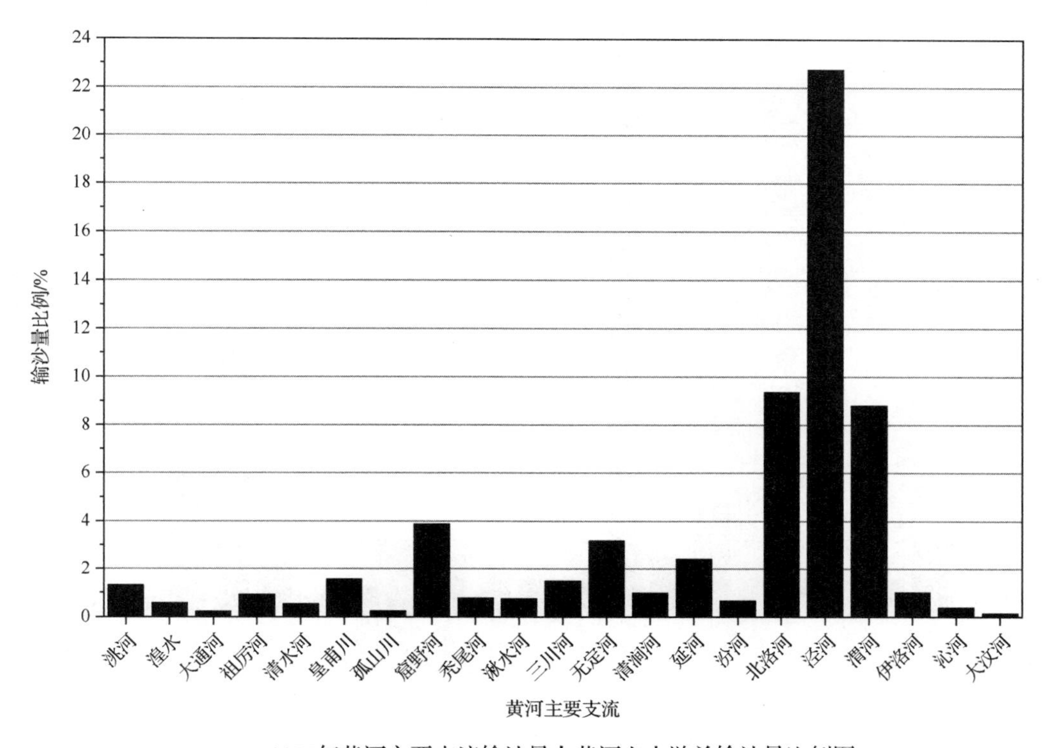

1975年黄河主要支流输沙量占黄河上中游总输沙量比例图

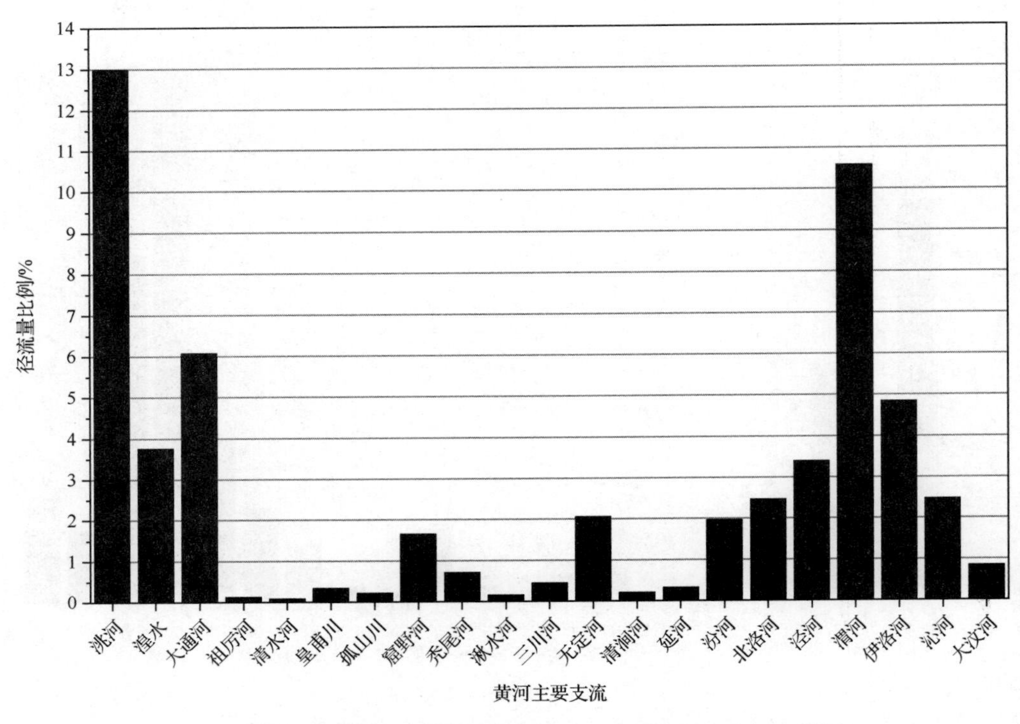

1976年黄河主要支流径流量占黄河上中游总径流量比例图

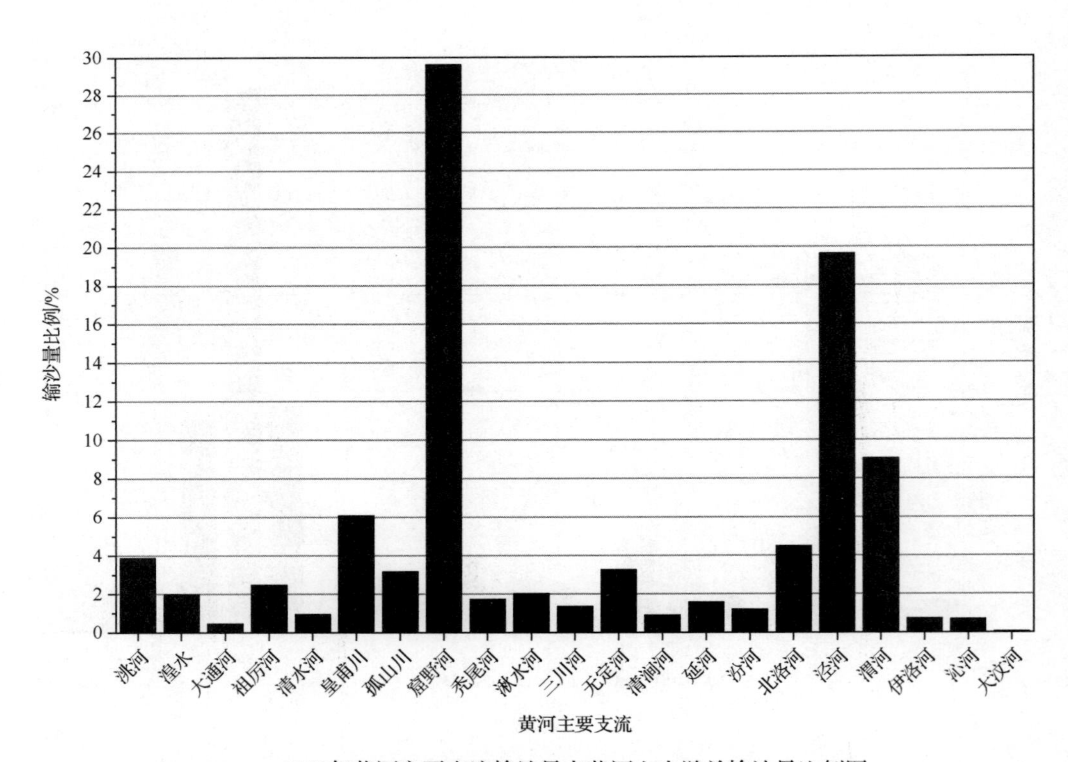

1976年黄河主要支流输沙量占黄河上中游总输沙量比例图

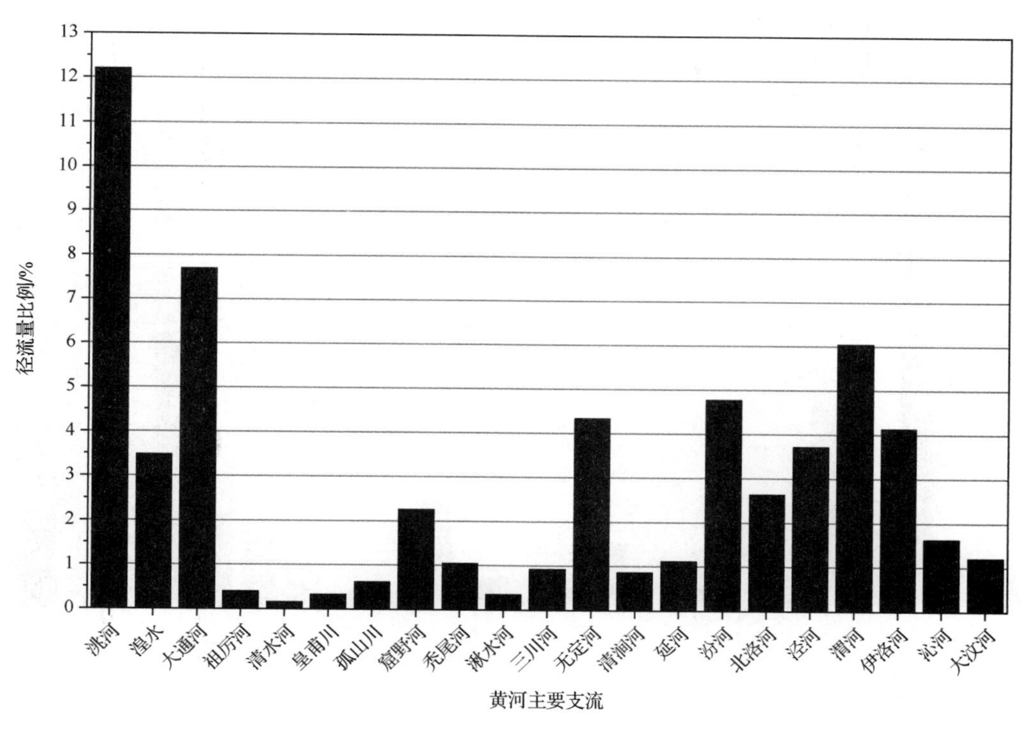

1977年黄河主要支流径流量占黄河上中游总径流量比例图

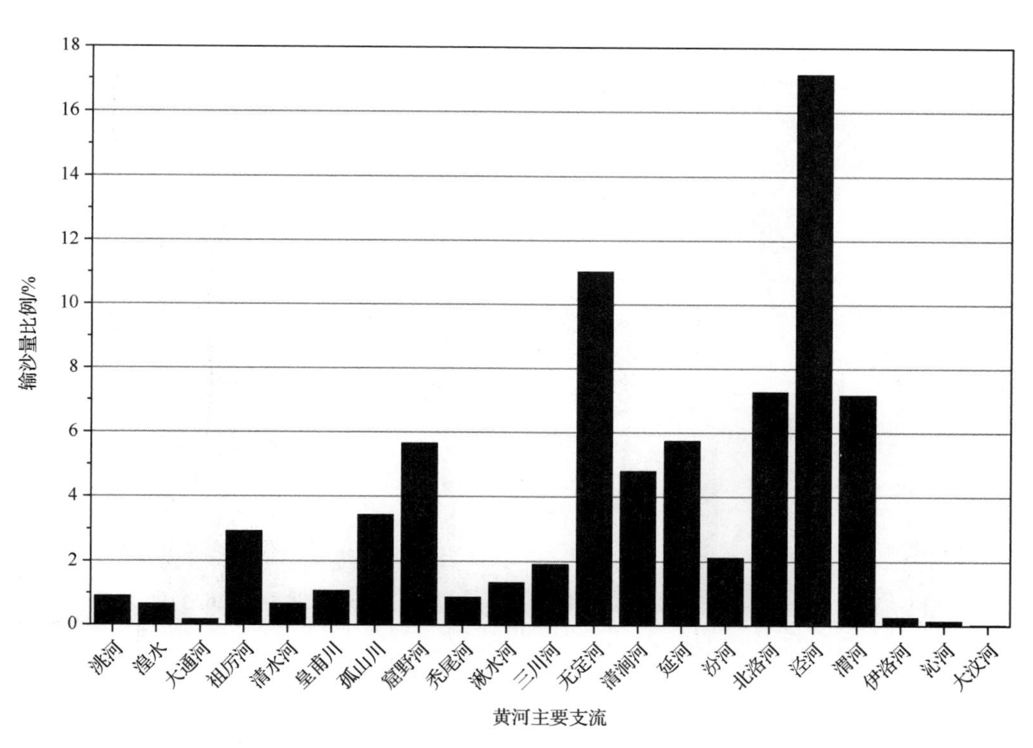

1977年黄河主要支流输沙量占黄河上中游总输沙量比例图

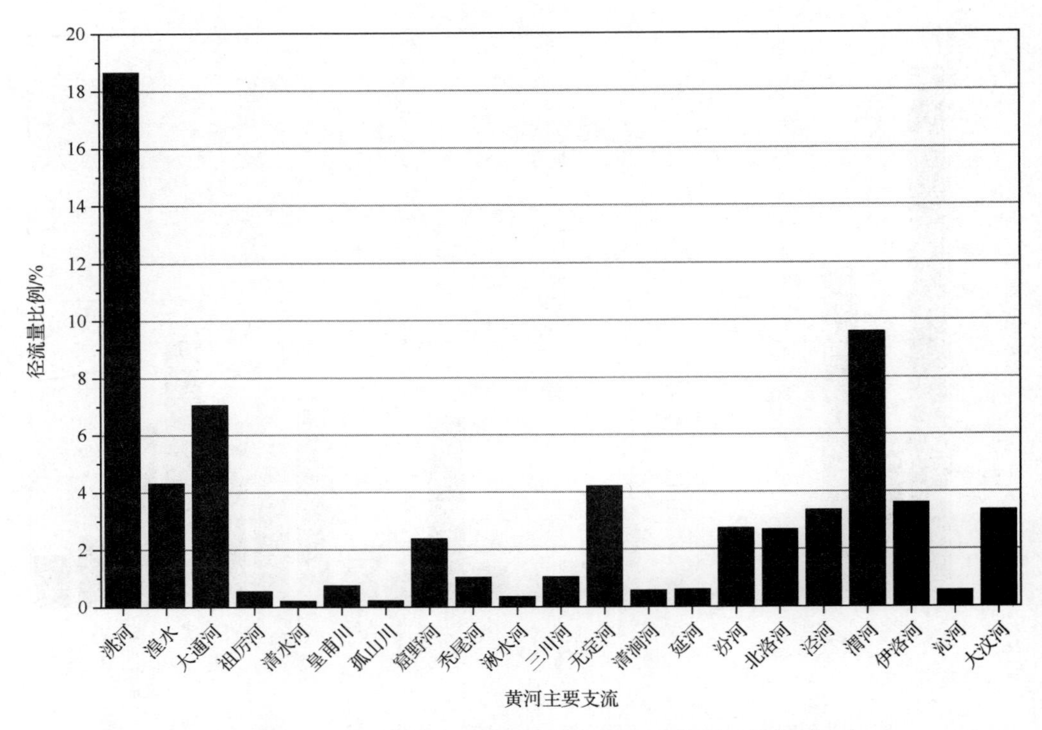

1978年黄河主要支流径流量占黄河上中游总径流量比例图

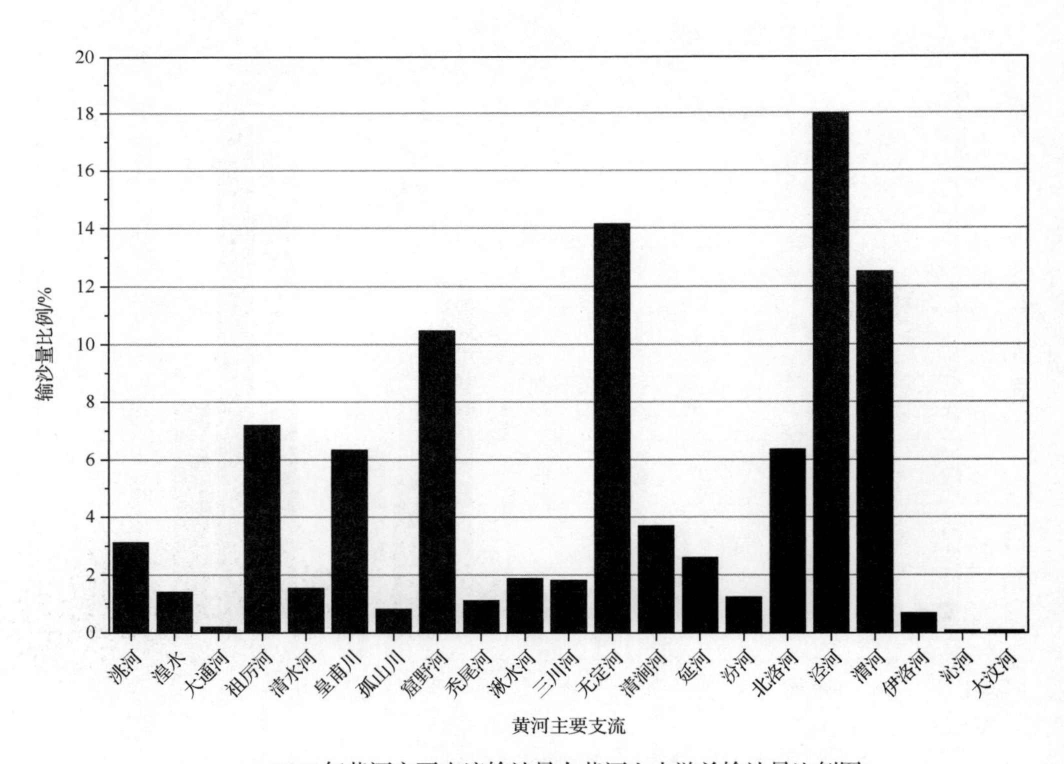

1978年黄河主要支流输沙量占黄河上中游总输沙量比例图

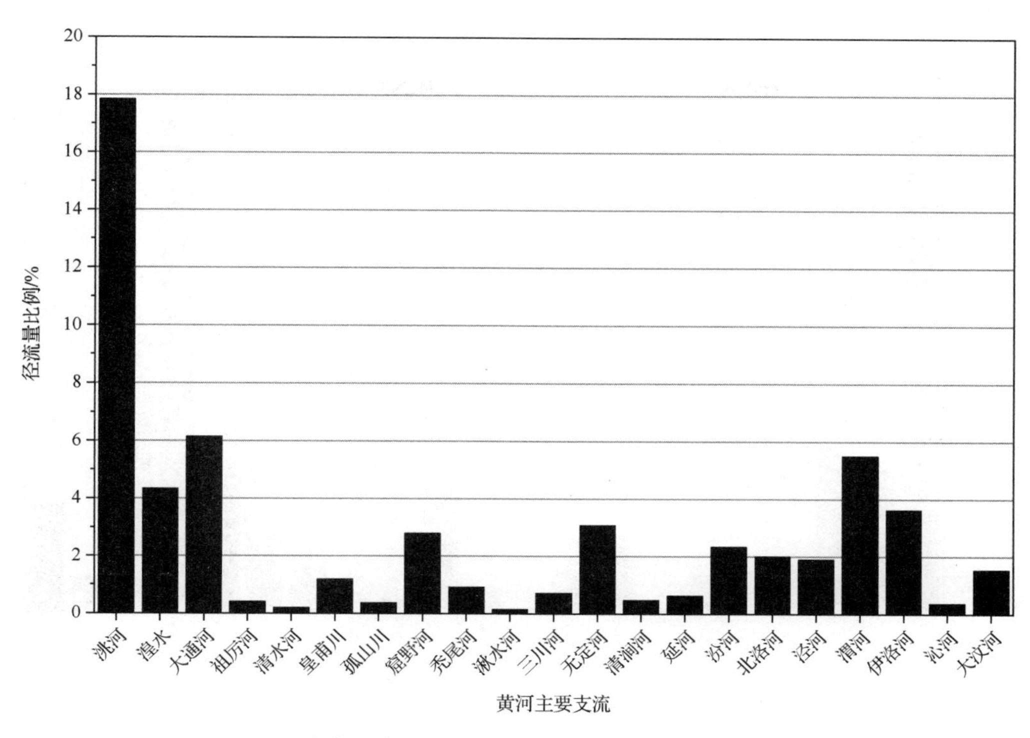

1979年黄河主要支流径流量占黄河上中游总径流量比例图

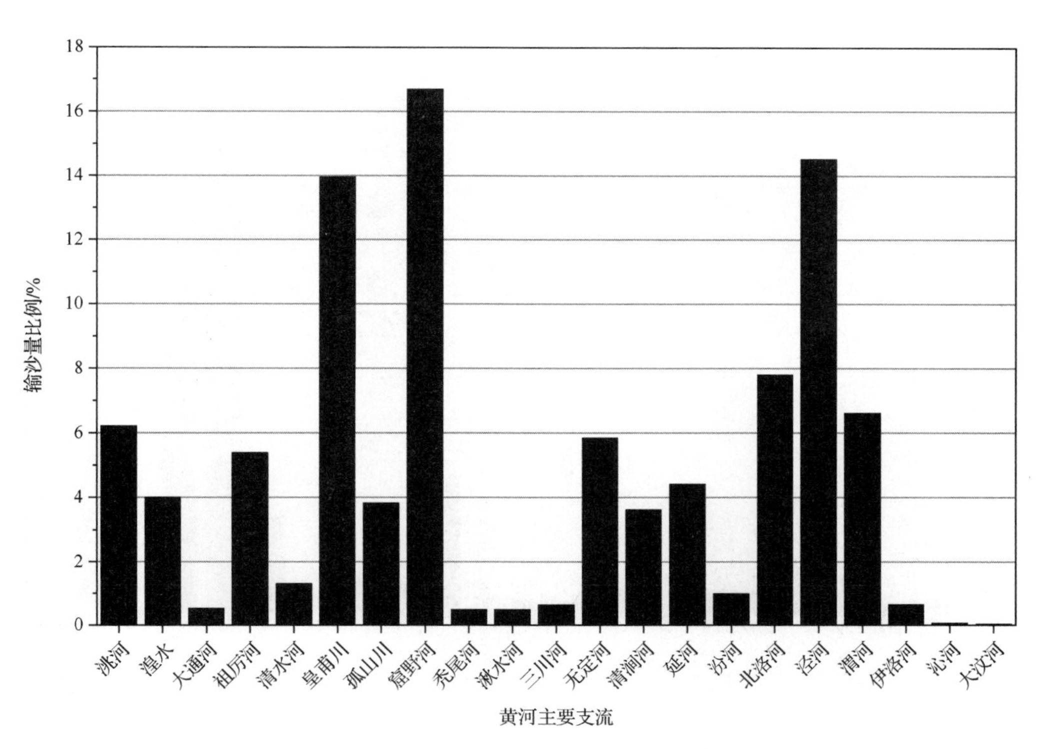

1979年黄河主要支流输沙量占黄河上中游总输沙量比例图

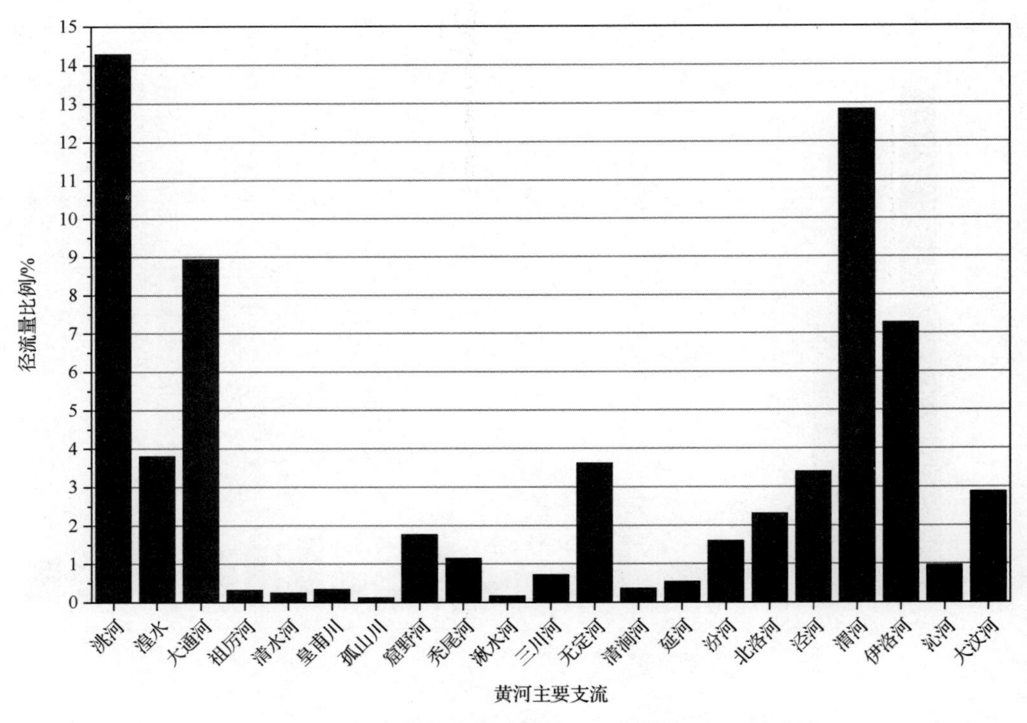

1980年黄河主要支流径流量占黄河上中游总径流量比例图

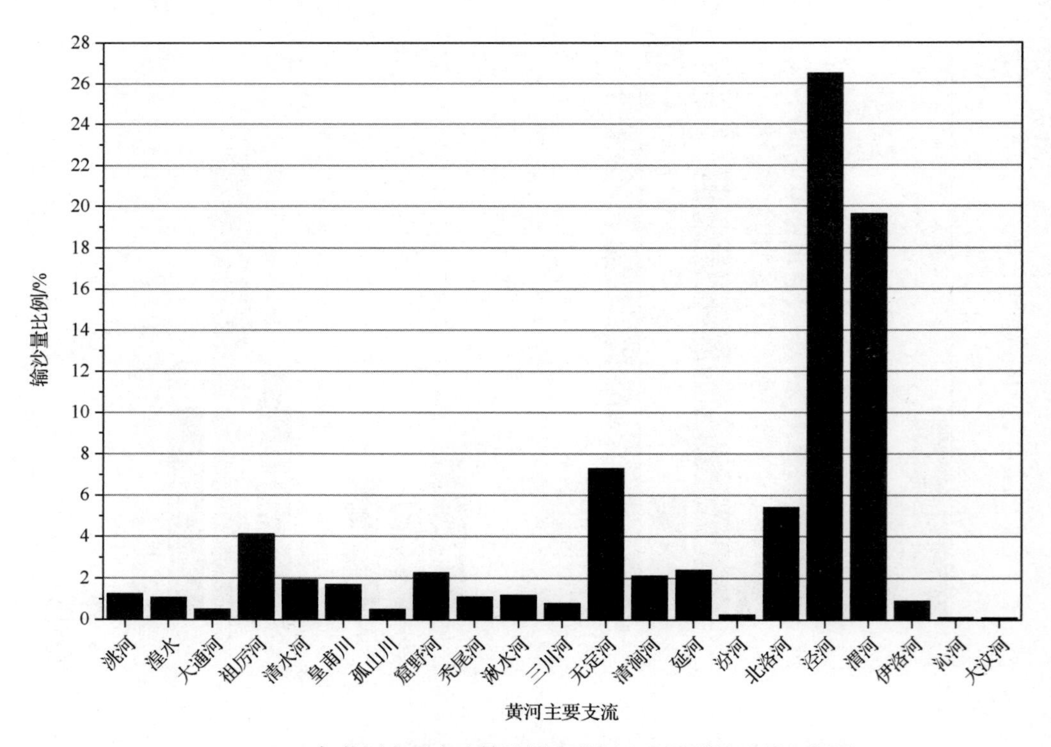

1980年黄河主要支流输沙量占黄河上中游总输沙量比例图

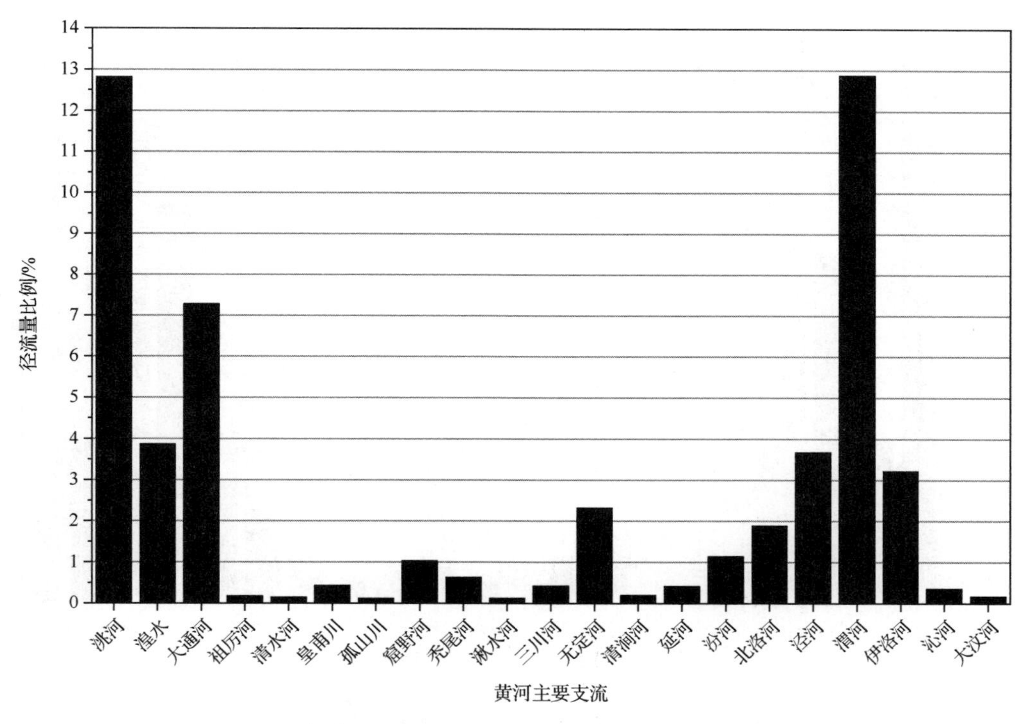

1981年黄河主要支流径流量占黄河上中游总径流量比例图

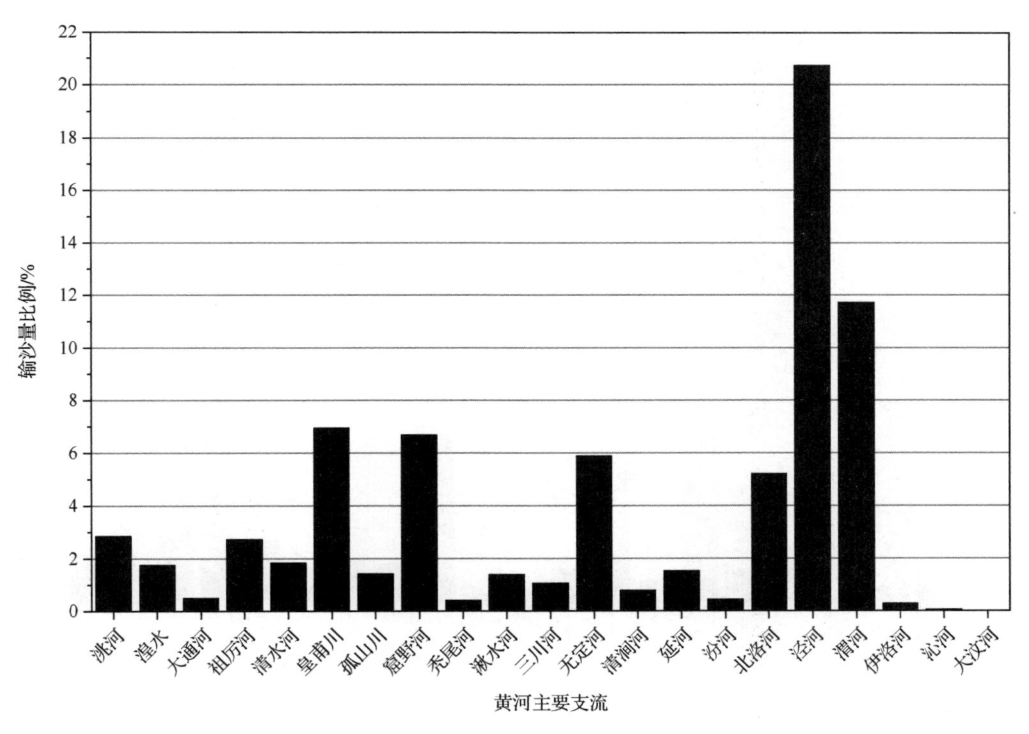

1981年黄河主要支流输沙量占黄河上中游总输沙量比例图

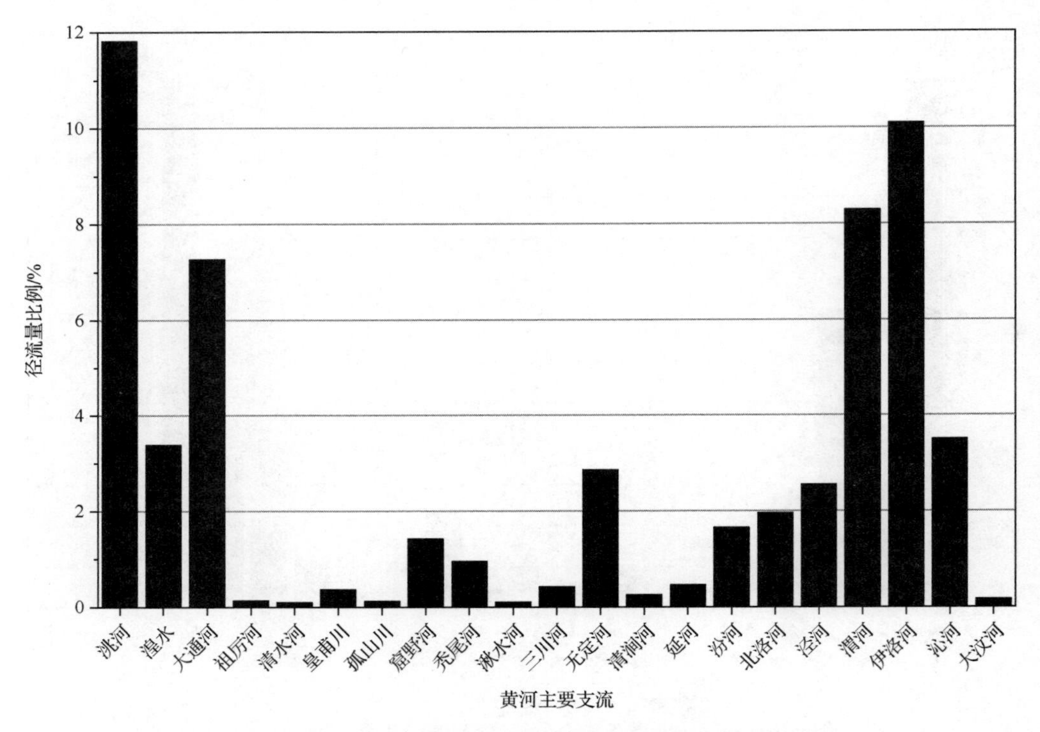

1982年黄河主要支流径流量占黄河上中游总径流量比例图

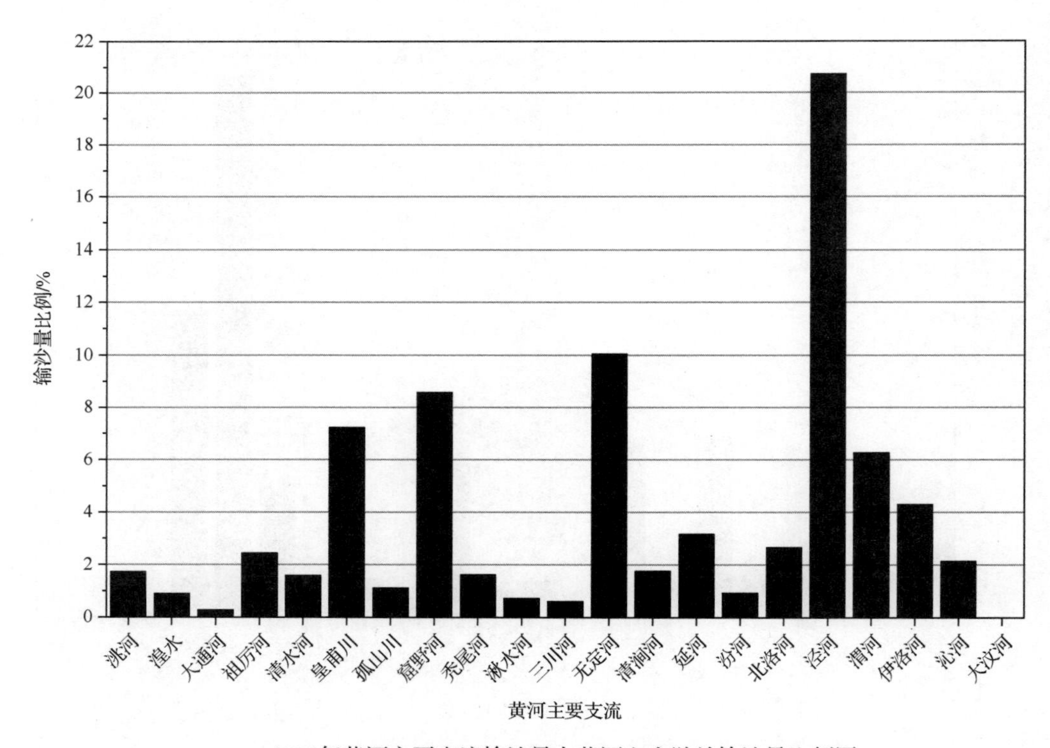

1982年黄河主要支流输沙量占黄河上中游总输沙量比例图

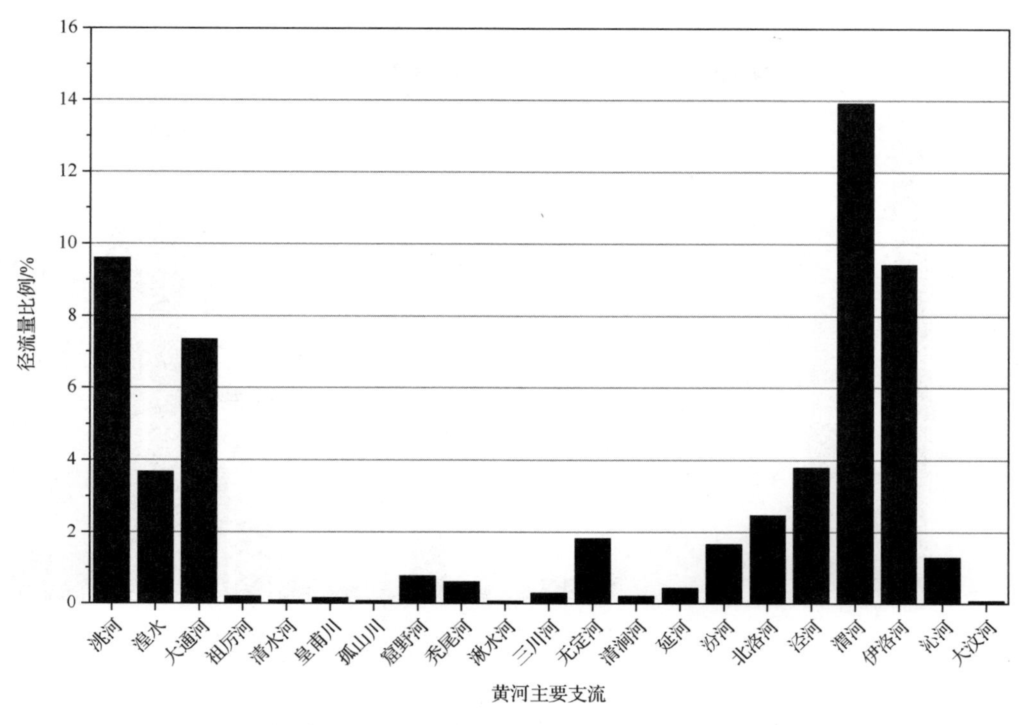

1983年黄河主要支流径流量占黄河上中游总径流量比例图

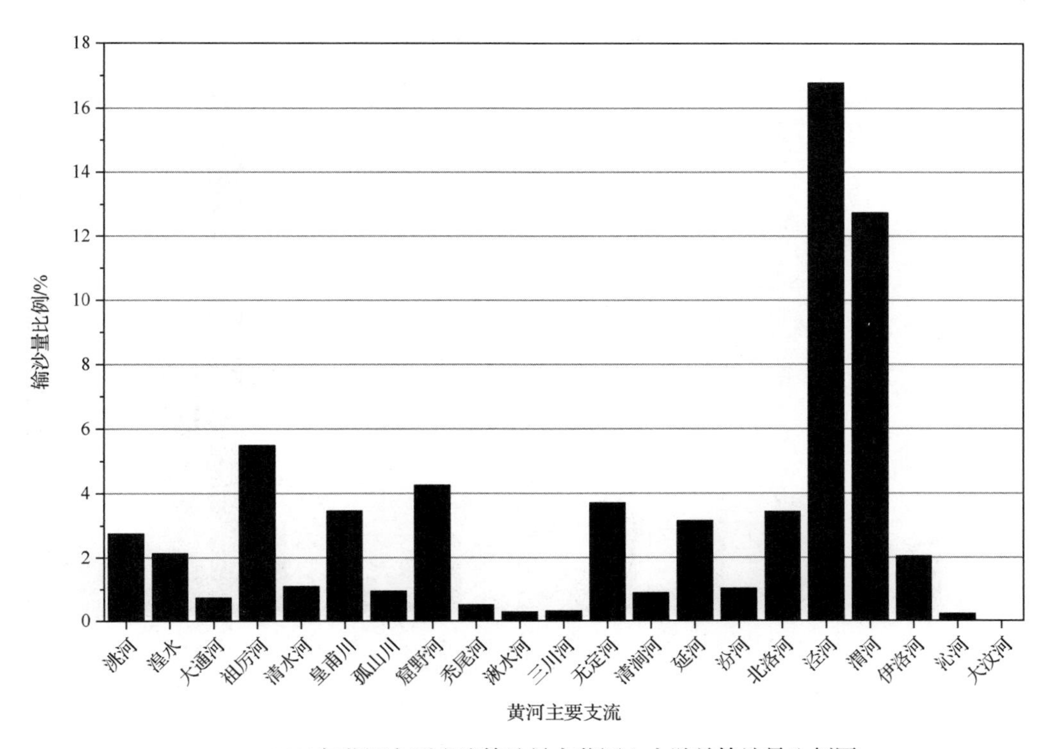

1983年黄河主要支流输沙量占黄河上中游总输沙量比例图

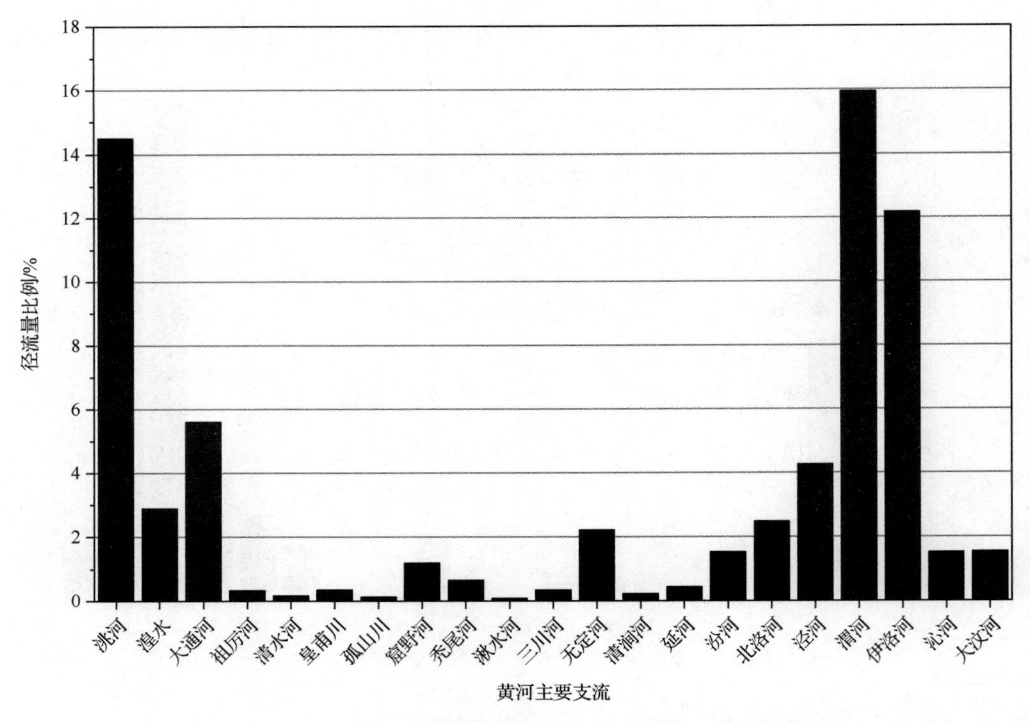

1984年黄河主要支流径流量占黄河上中游总径流量比例图

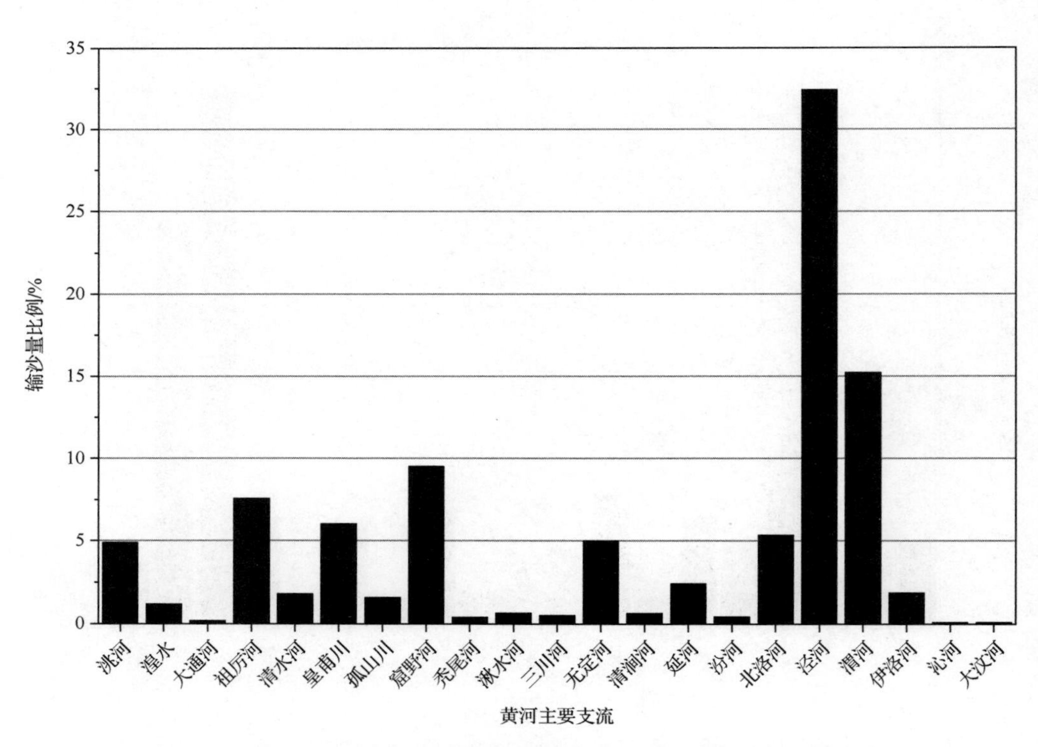

1984年黄河主要支流输沙量占黄河上中游总输沙量比例图

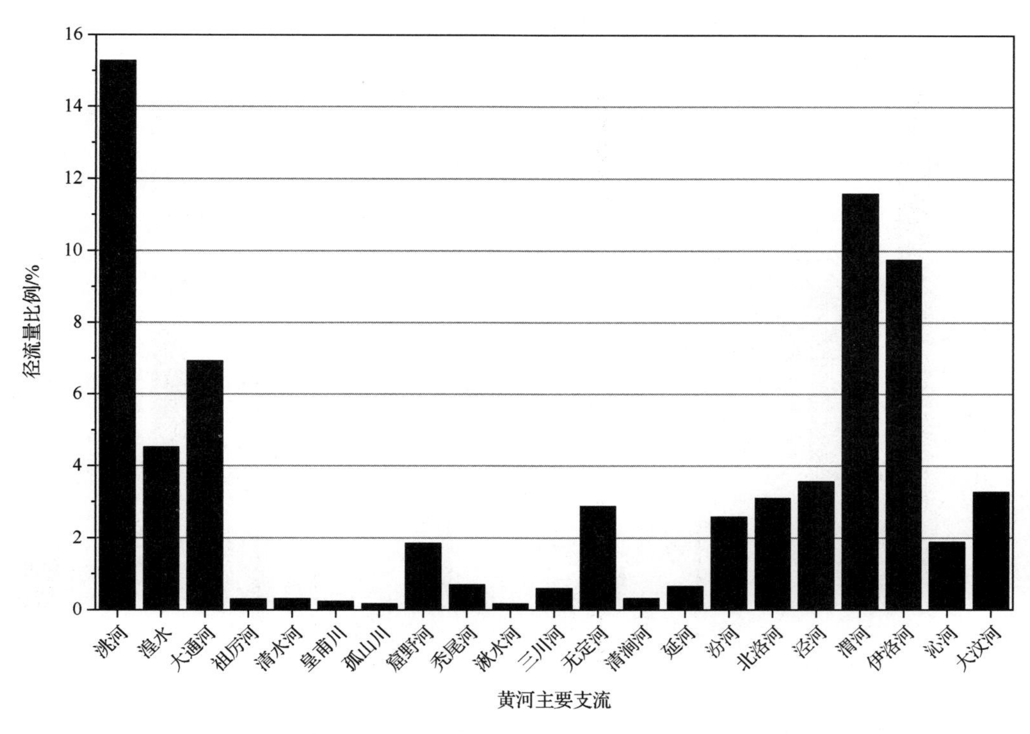

1985年黄河主要支流径流量占黄河上中游总径流量比例图

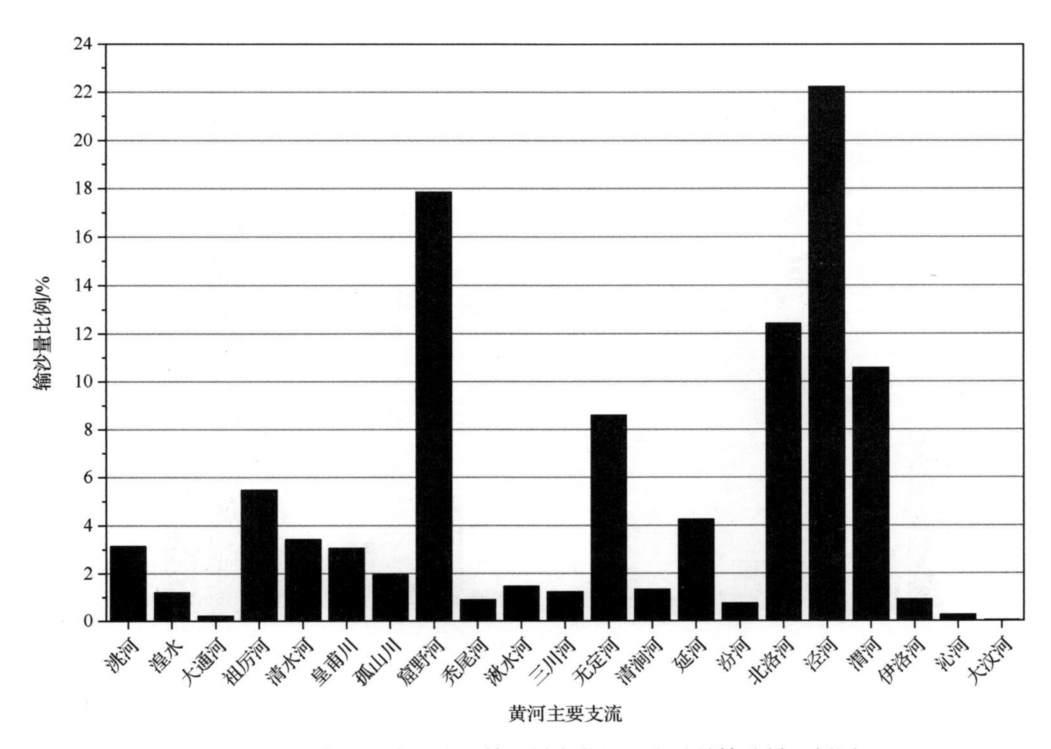

1985年黄河主要支流输沙量占黄河上中游总输沙量比例图

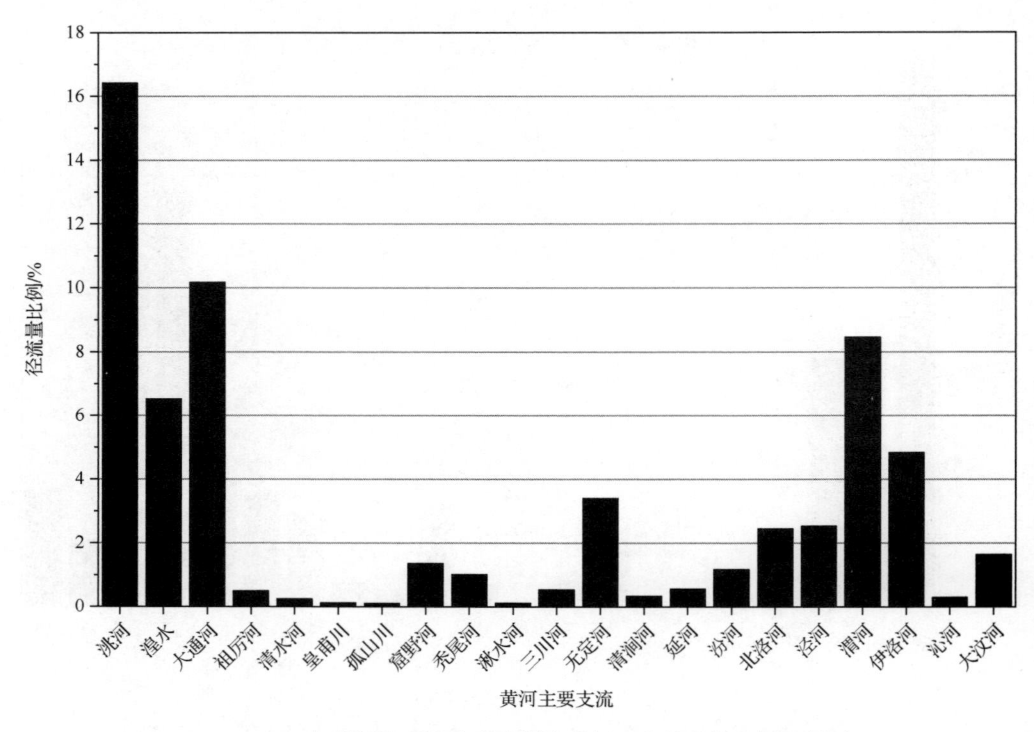

1986年黄河主要支流径流量占黄河上中游总径流量比例图

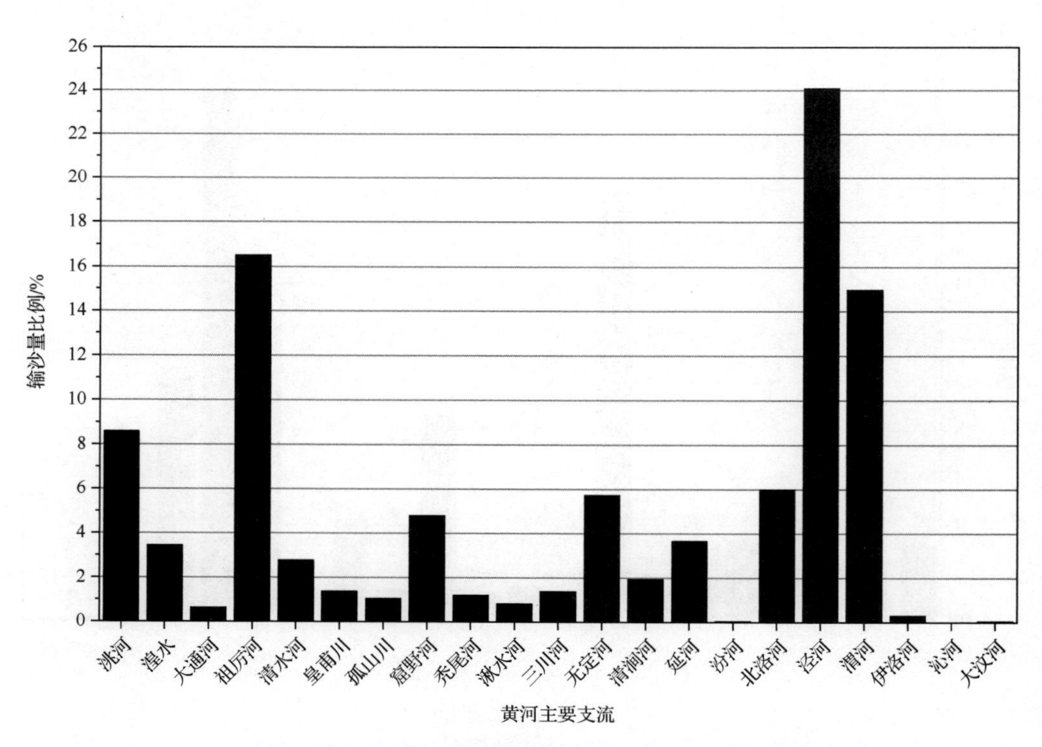

1986年黄河主要支流输沙量占黄河上中游总输沙量比例图

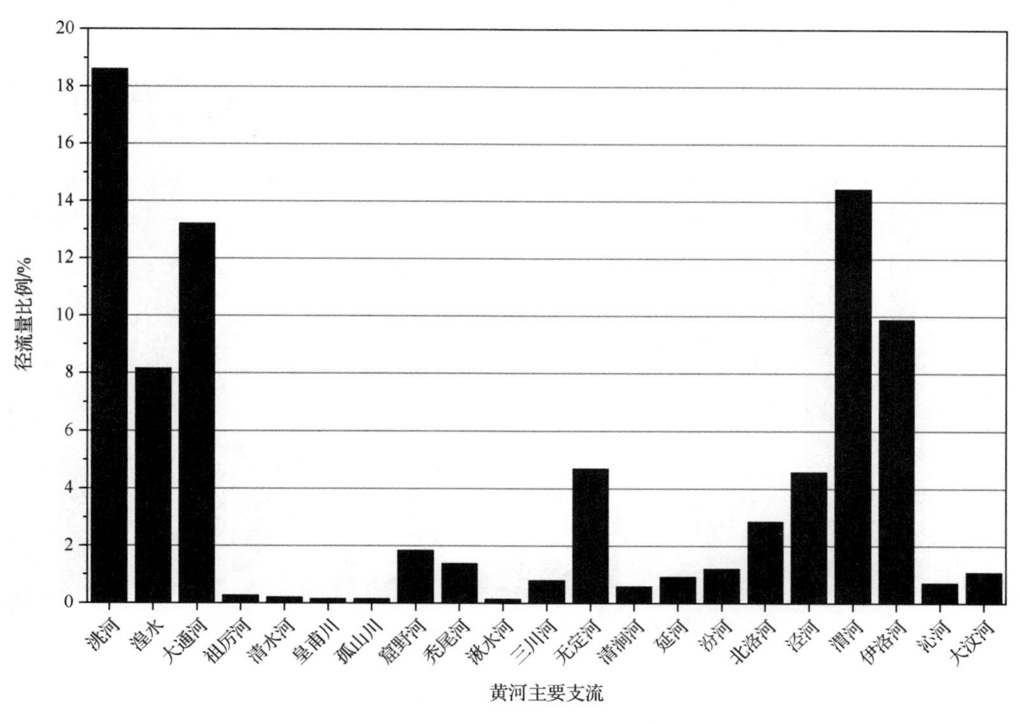

1987年黄河主要支流径流量占黄河上中游总径流量比例图

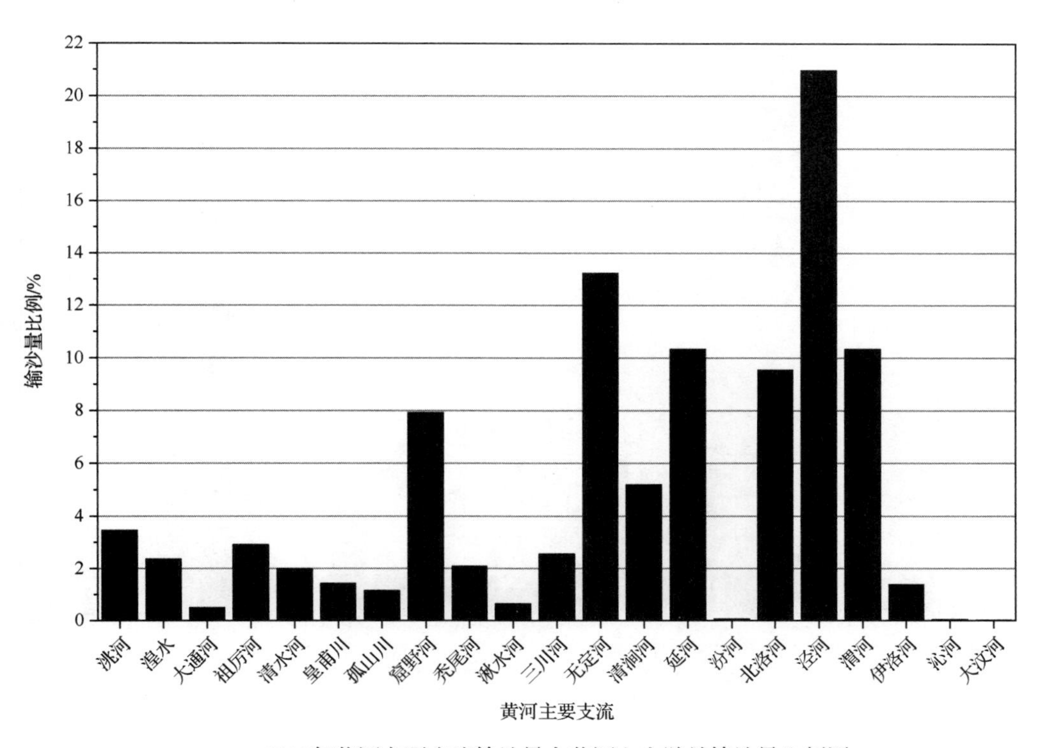

1987年黄河主要支流输沙量占黄河上中游总输沙量比例图

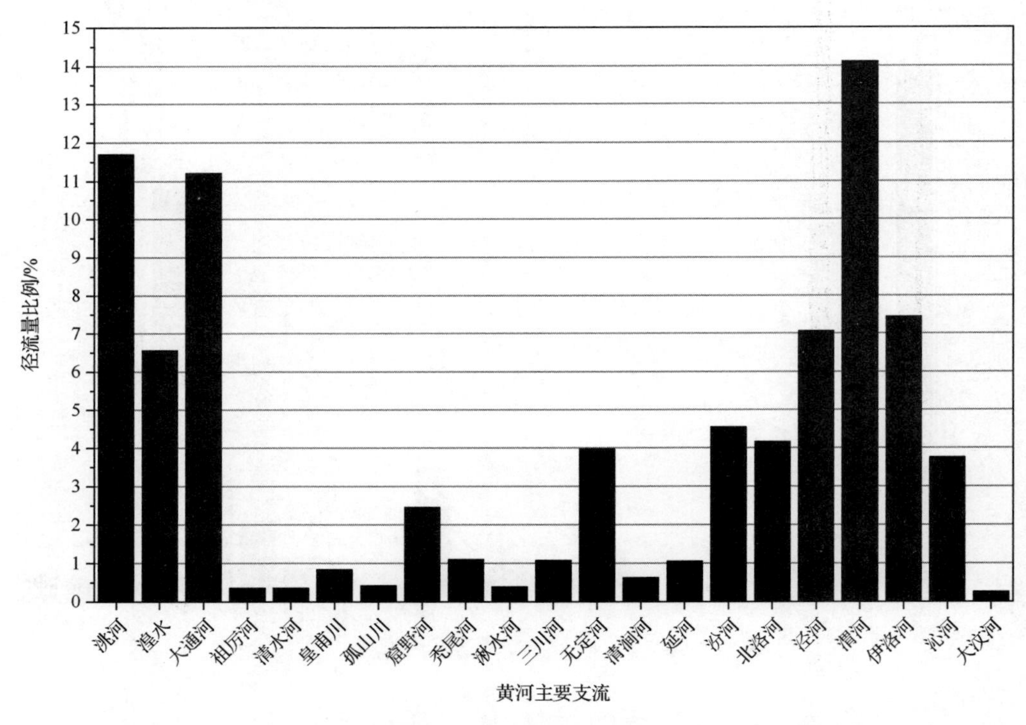

1988年黄河主要支流径流量占黄河上中游总径流量比例图

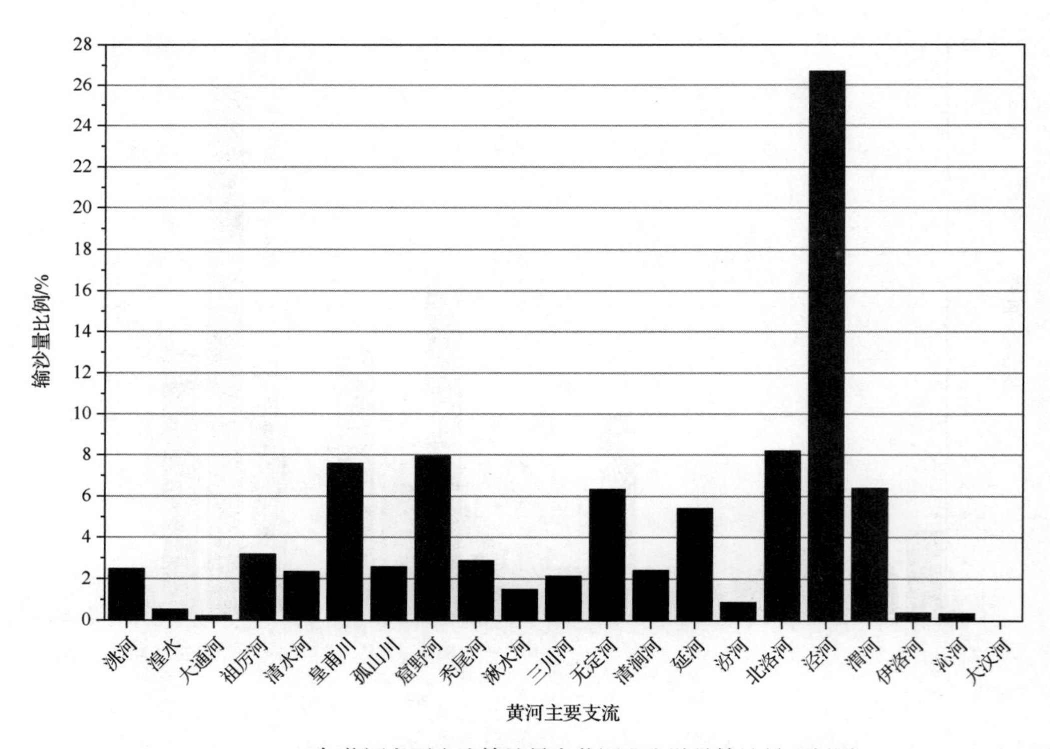

1988年黄河主要支流输沙量占黄河上中游总输沙量比例图

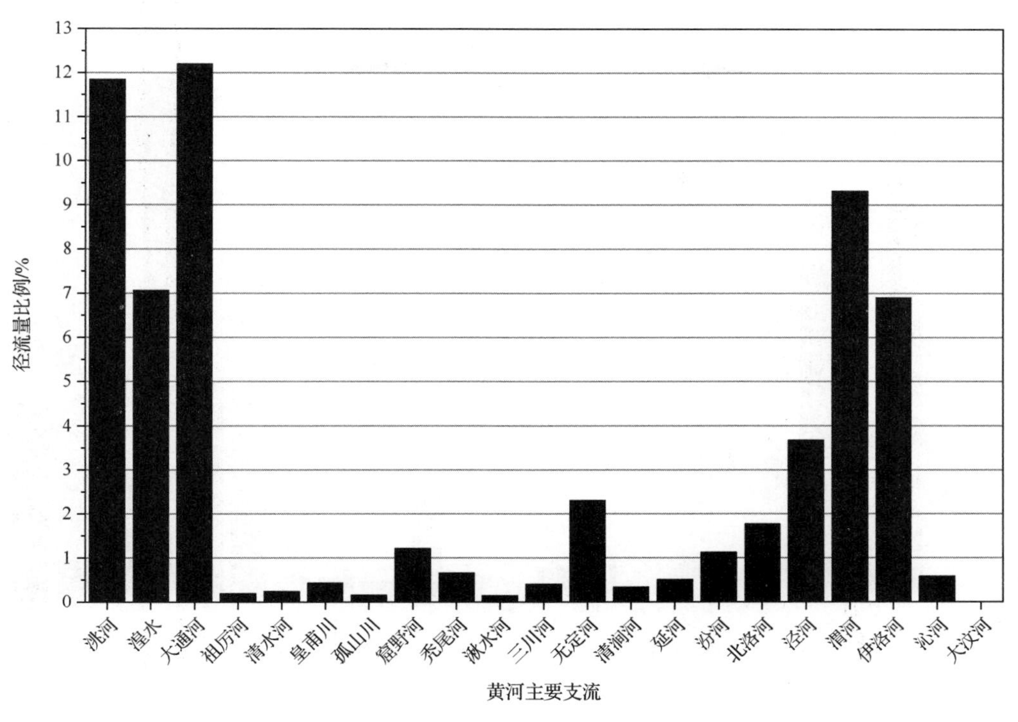

1989年黄河主要支流径流量占黄河上中游总径流量比例图

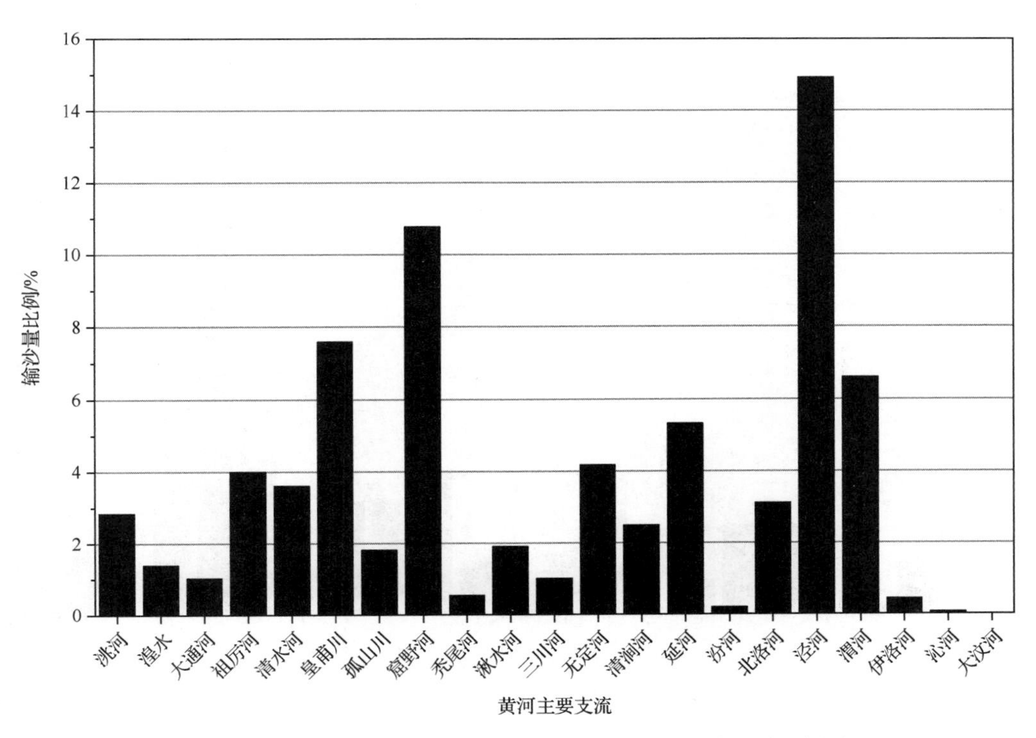

1989年黄河主要支流输沙量占黄河上中游总输沙量比例图

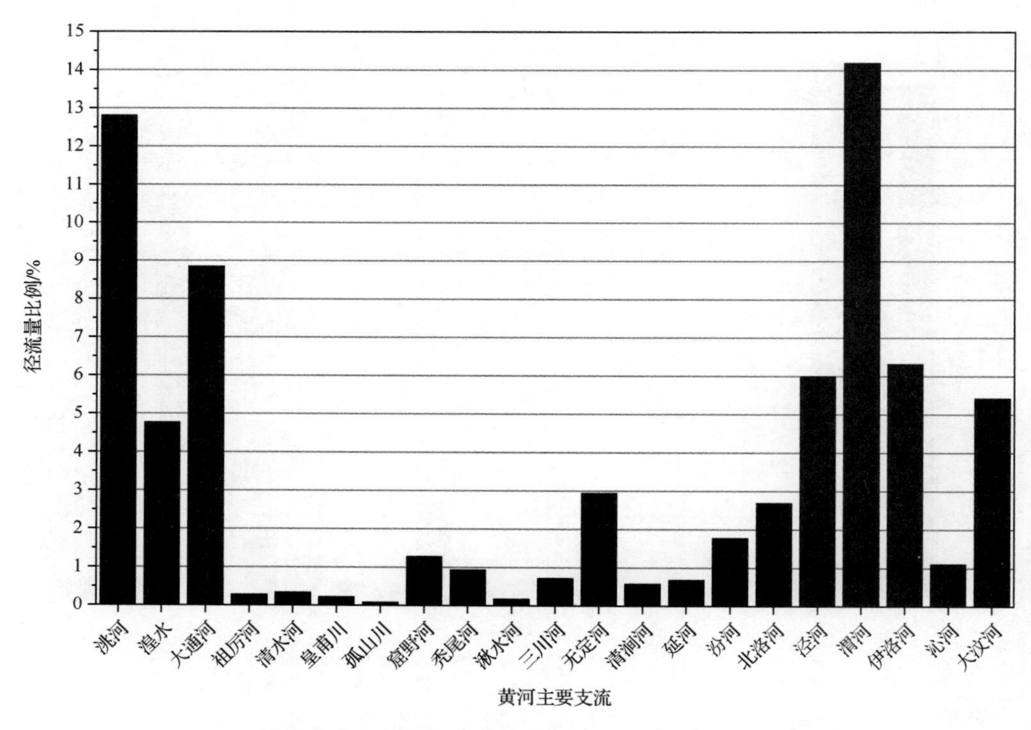

1990年黄河主要支流径流量占黄河上中游总径流量比例图

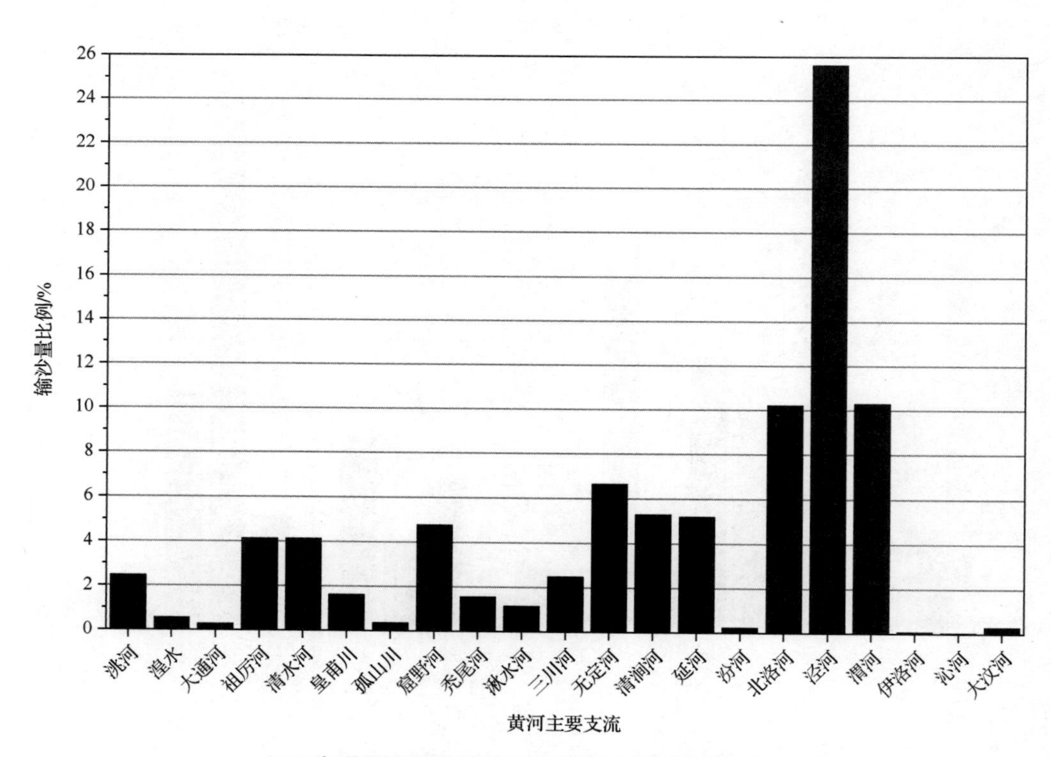

1990年黄河主要支流输沙量占黄河上中游总输沙量比例图

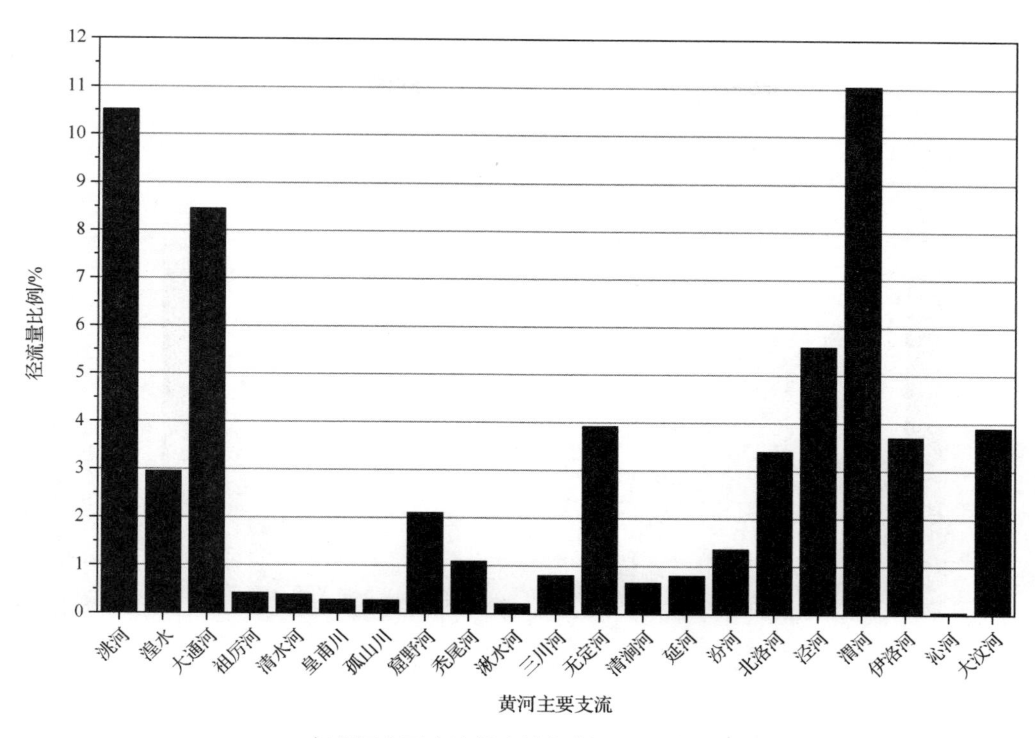

1991年黄河主要支流径流量占黄河上中游总径流量比例图

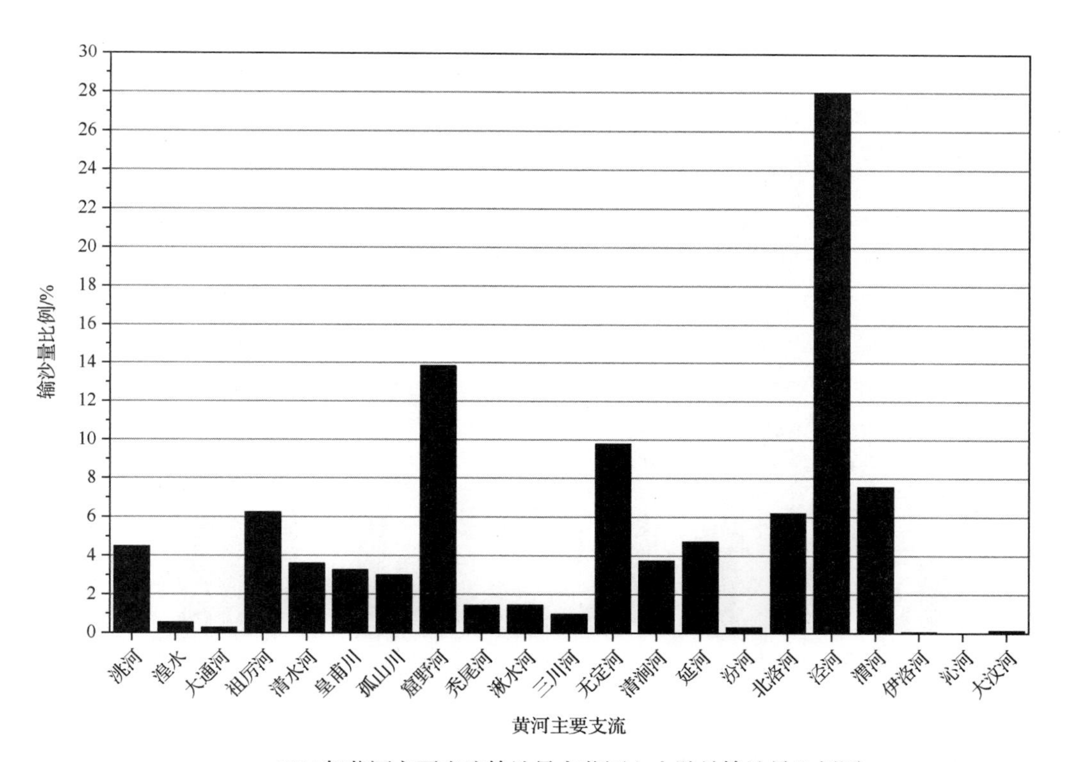

1991年黄河主要支流输沙量占黄河上中游总输沙量比例图

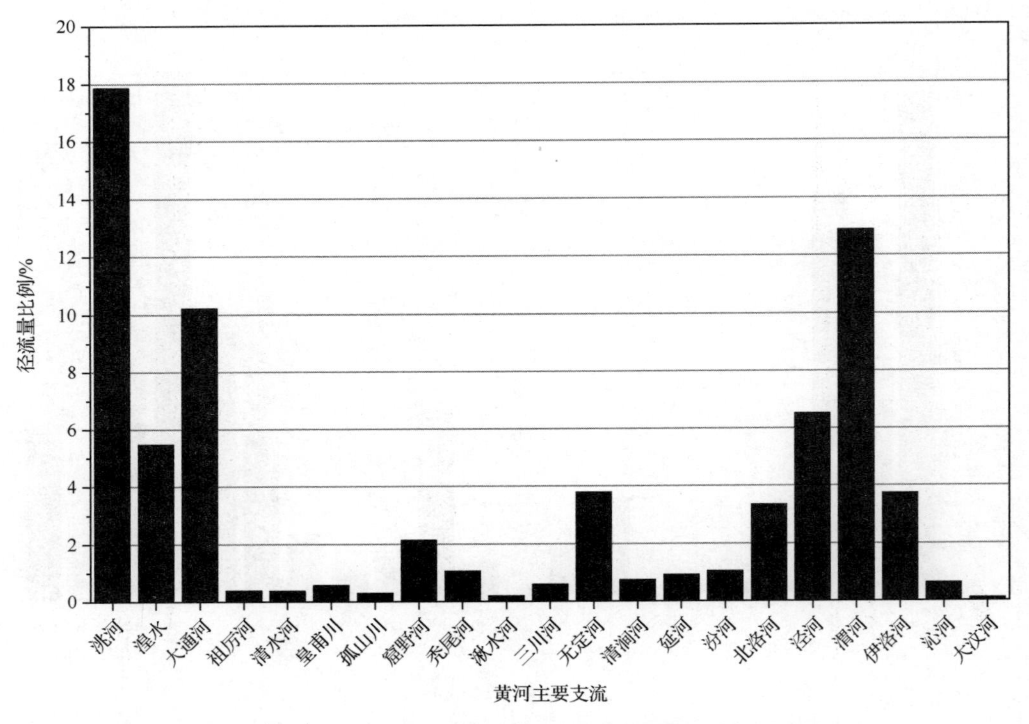

1992年黄河主要支流径流量占黄河上中游总径流量比例图

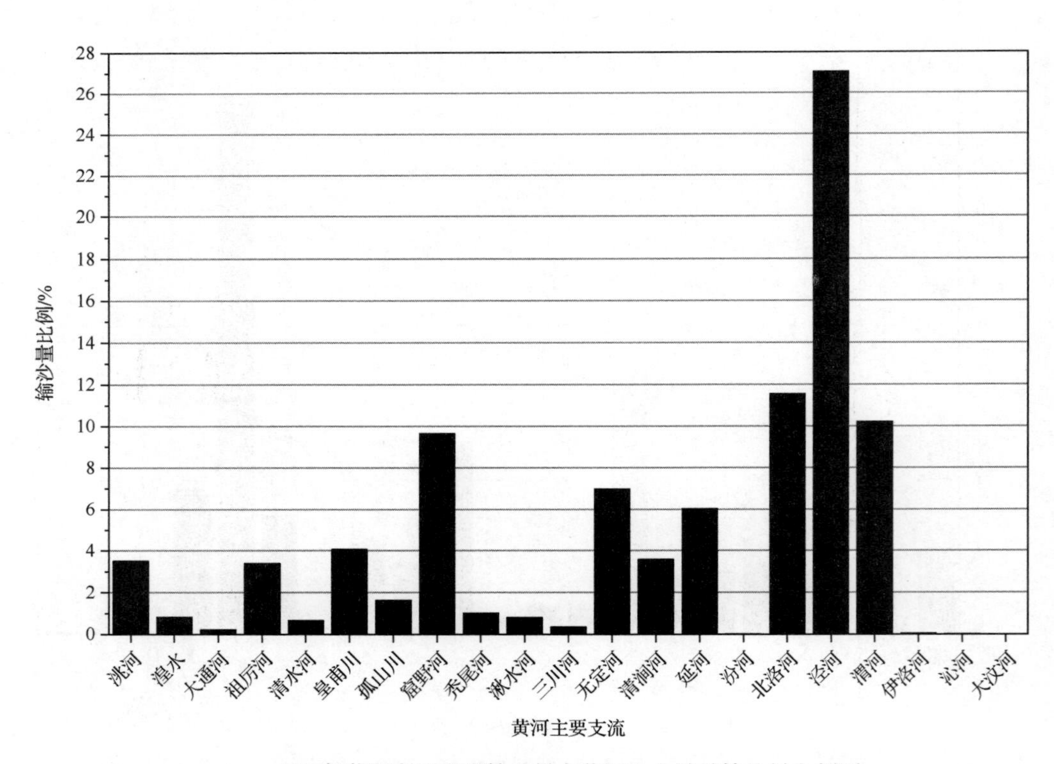

1992年黄河主要支流输沙量占黄河上中游总输沙量比例图

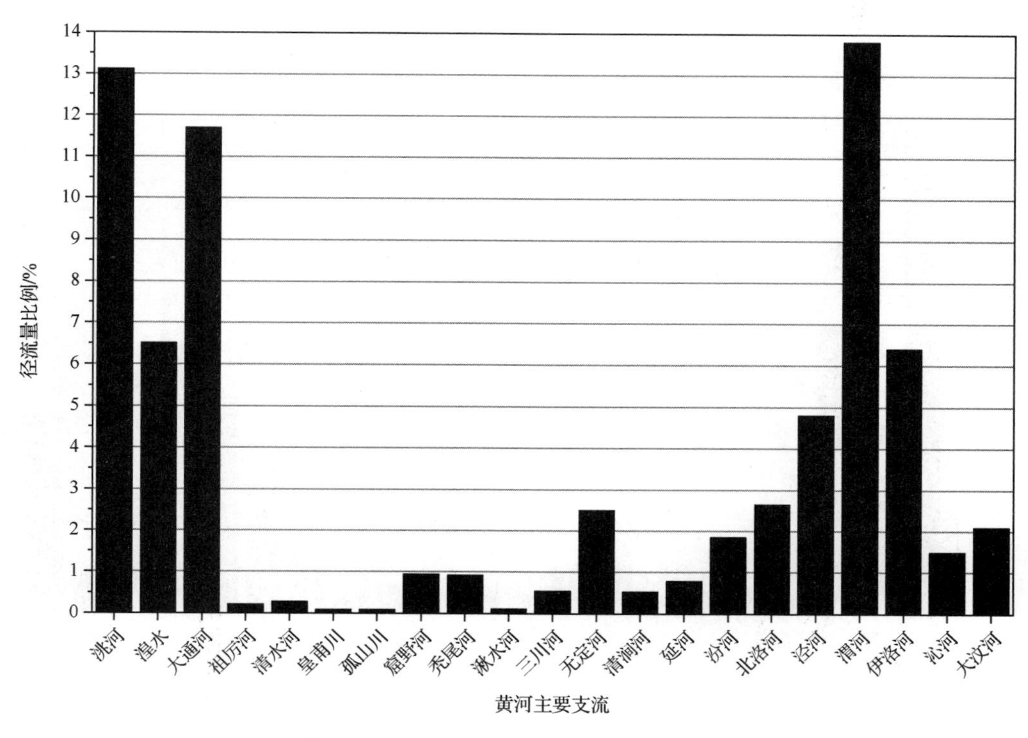

1993年黄河主要支流径流量占黄河上中游总径流量比例图

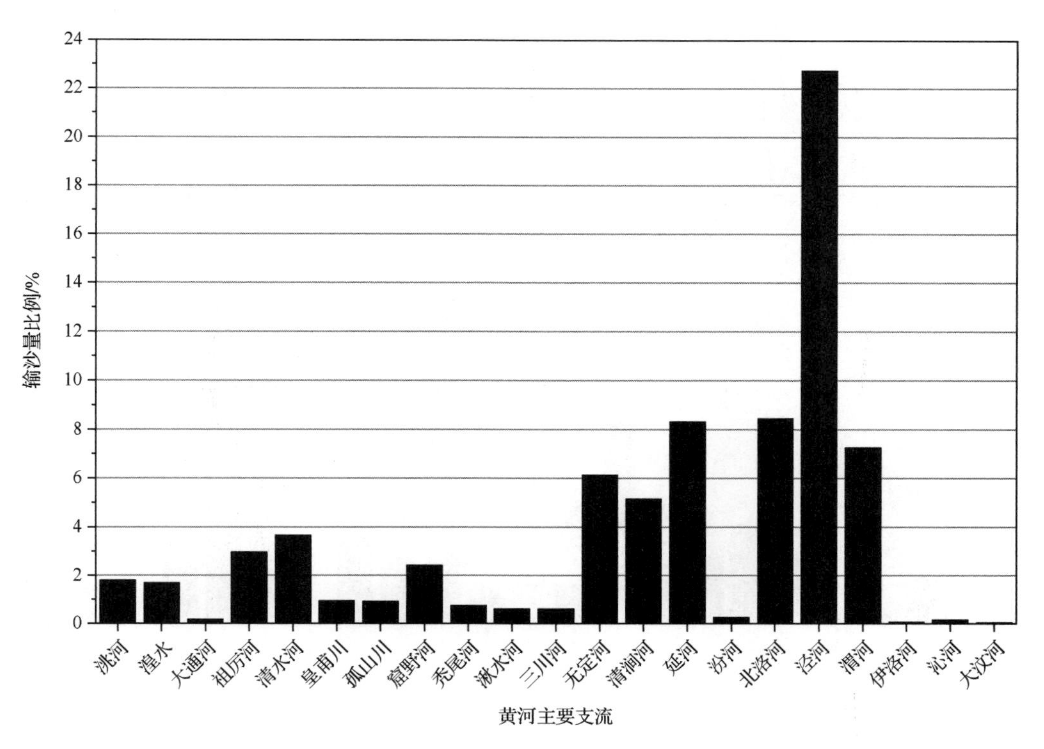

1993年黄河主要支流输沙量占黄河上中游总输沙量比例图

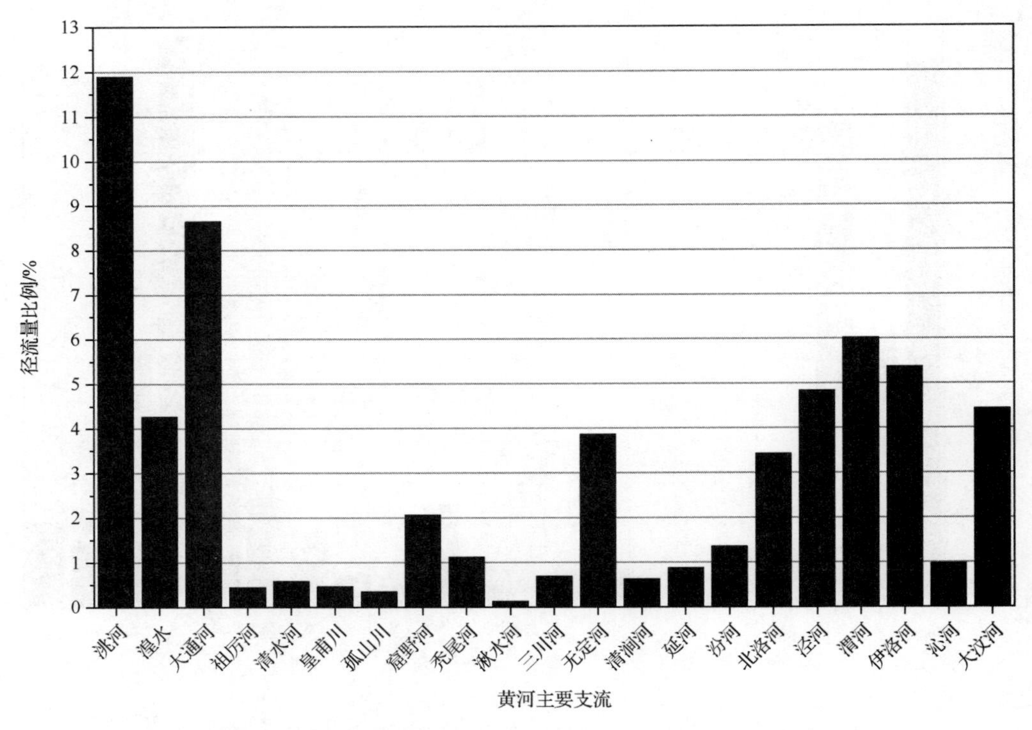

1994年黄河主要支流径流量占黄河上中游总径流量比例图

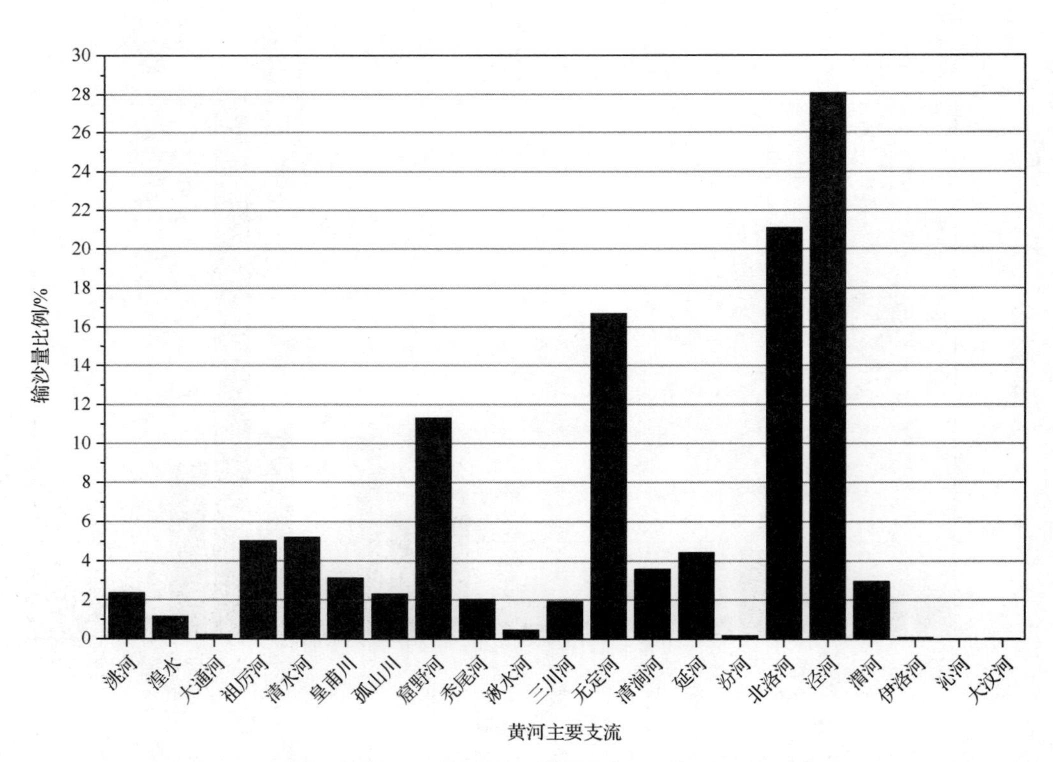

1994年黄河主要支流输沙量占黄河上中游总输沙量比例图

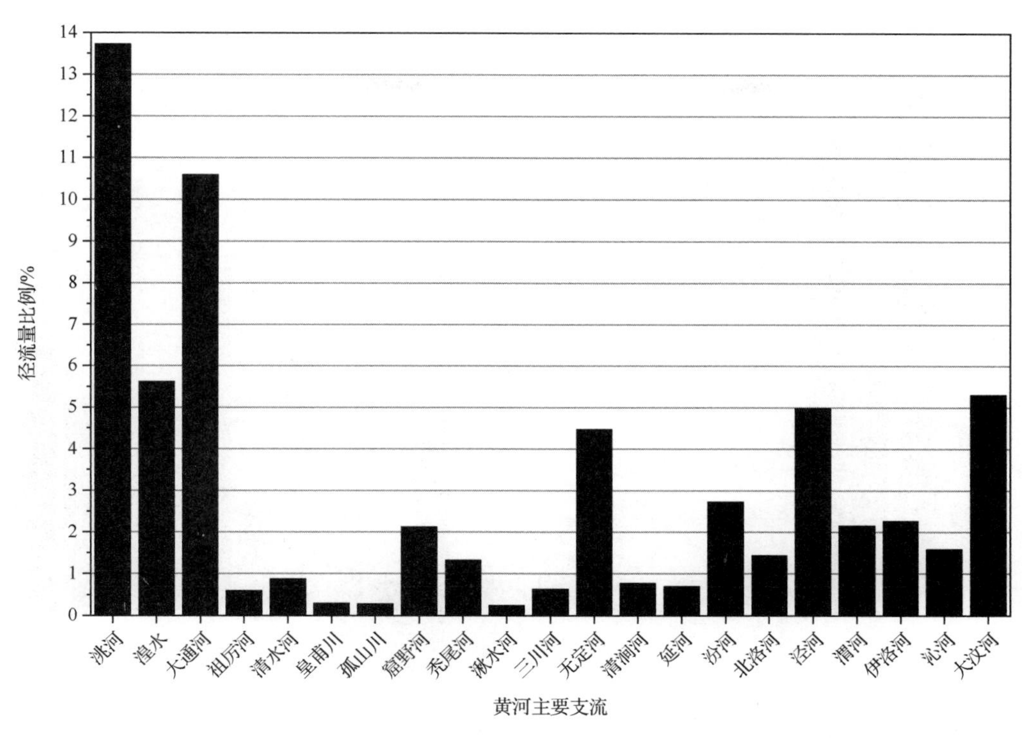

1995年黄河主要支流径流量占黄河上中游总径流量比例图

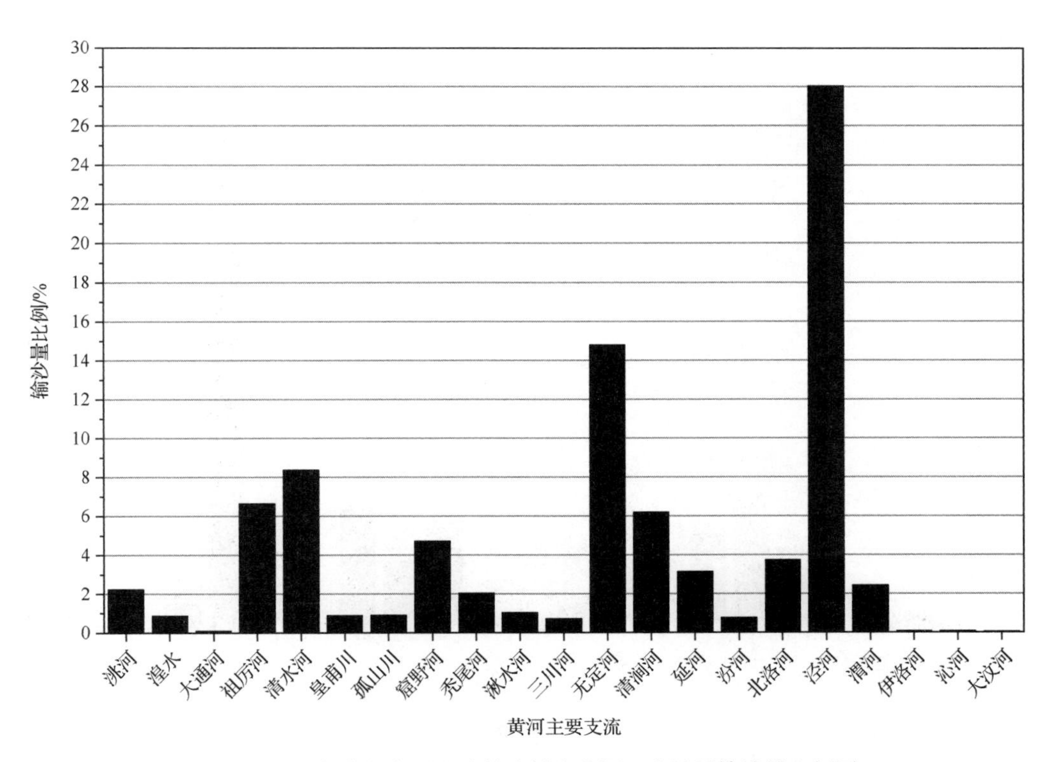

1995年黄河主要支流输沙量占黄河上中游总输沙量比例图

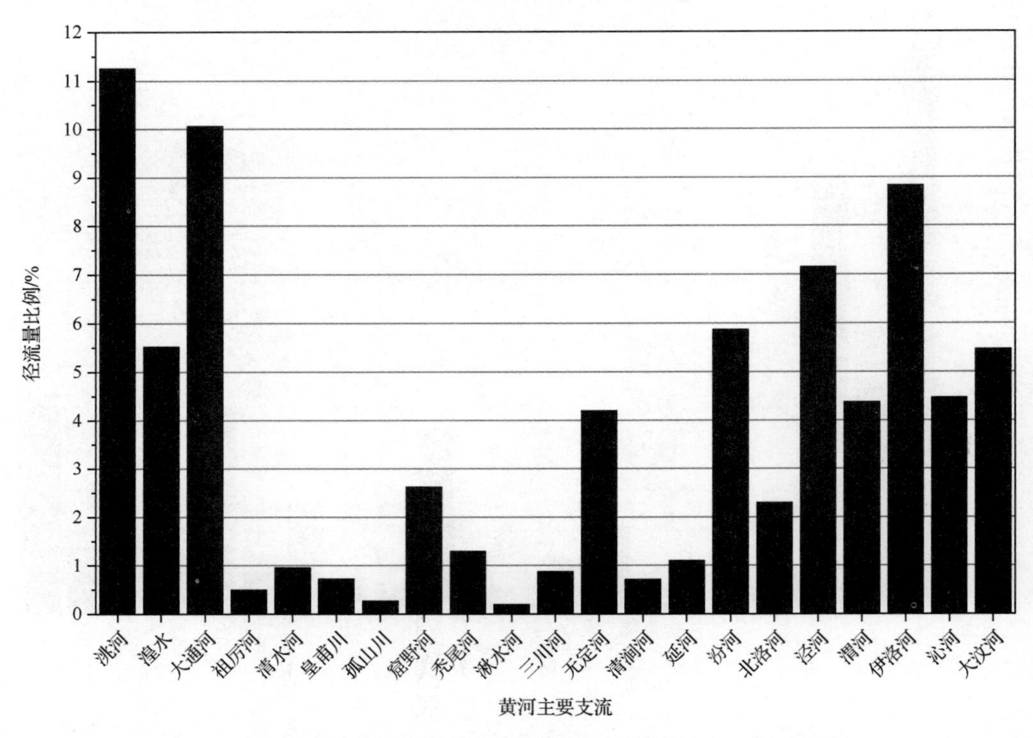

1996年黄河主要支流径流量占黄河上中游总径流量比例图

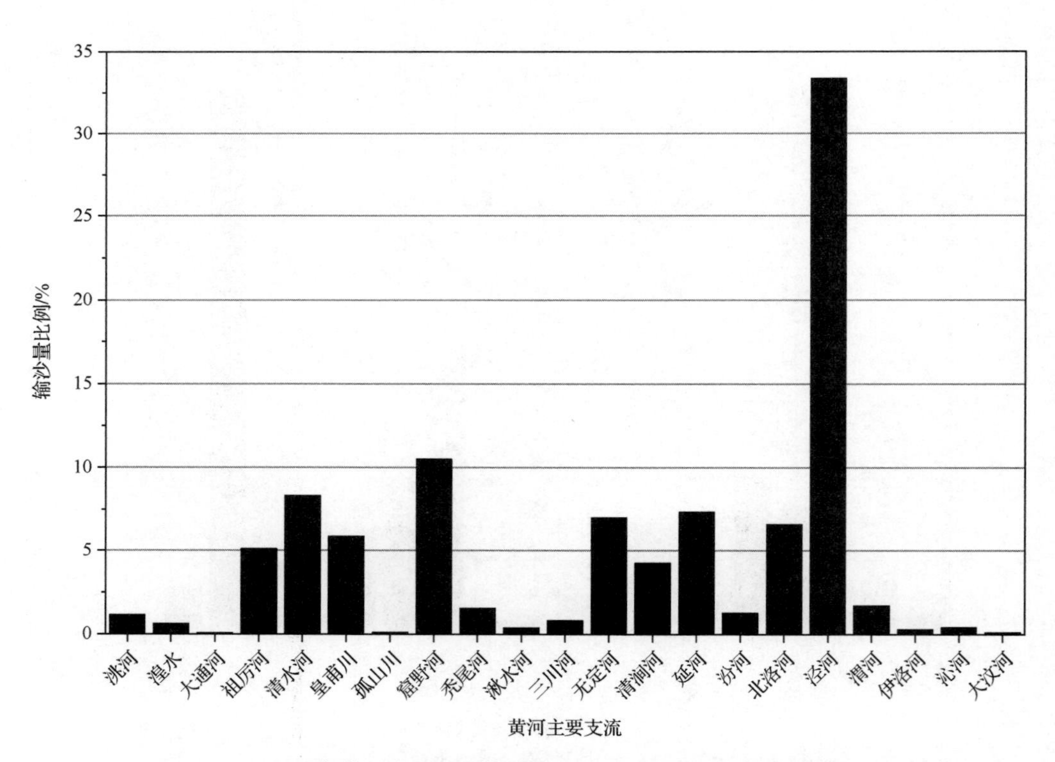

1996年黄河主要支流输沙量占黄河上中游总输沙量比例图

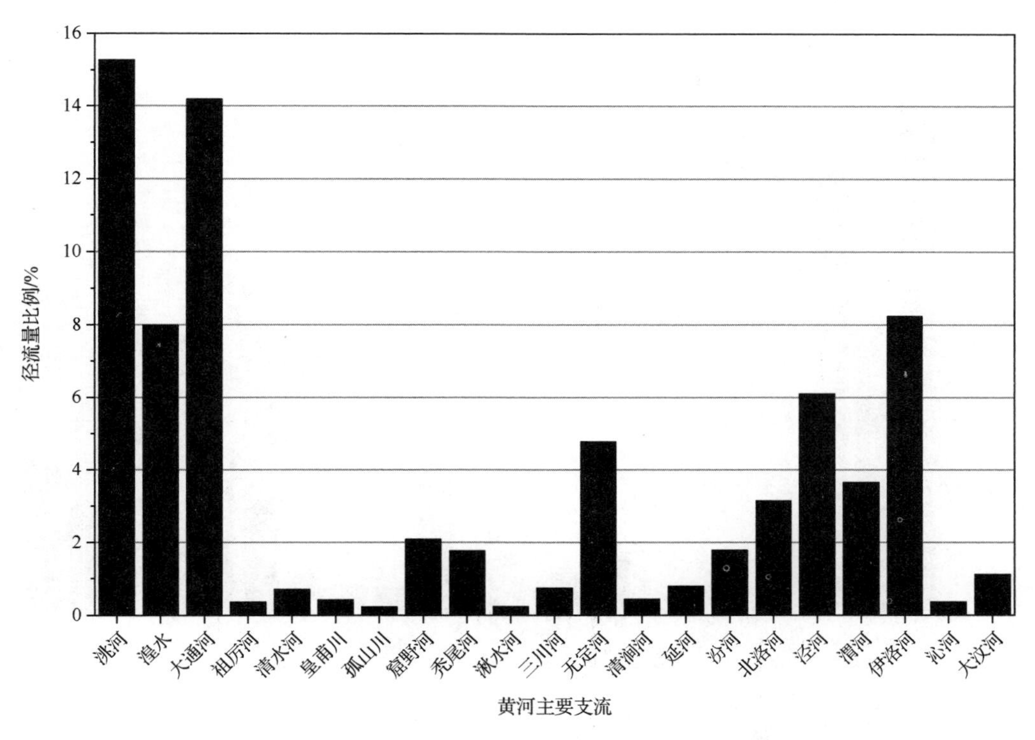

1997年黄河主要支流径流量占黄河上中游总径流量比例图

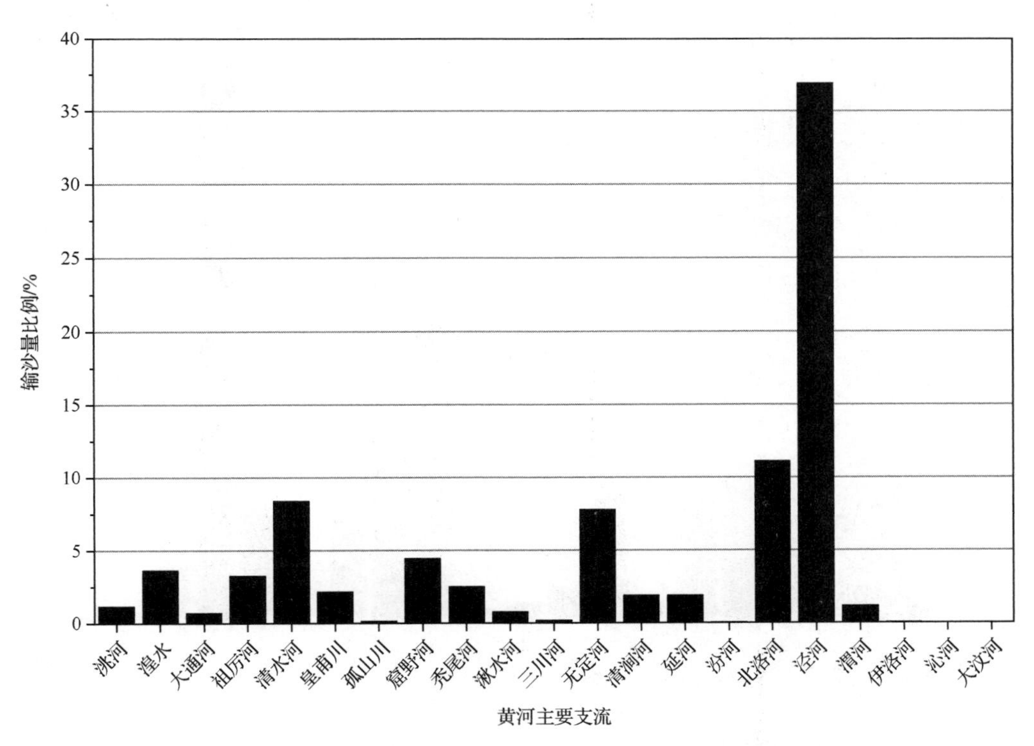

1997年黄河主要支流输沙量占黄河上中游总输沙量比例图

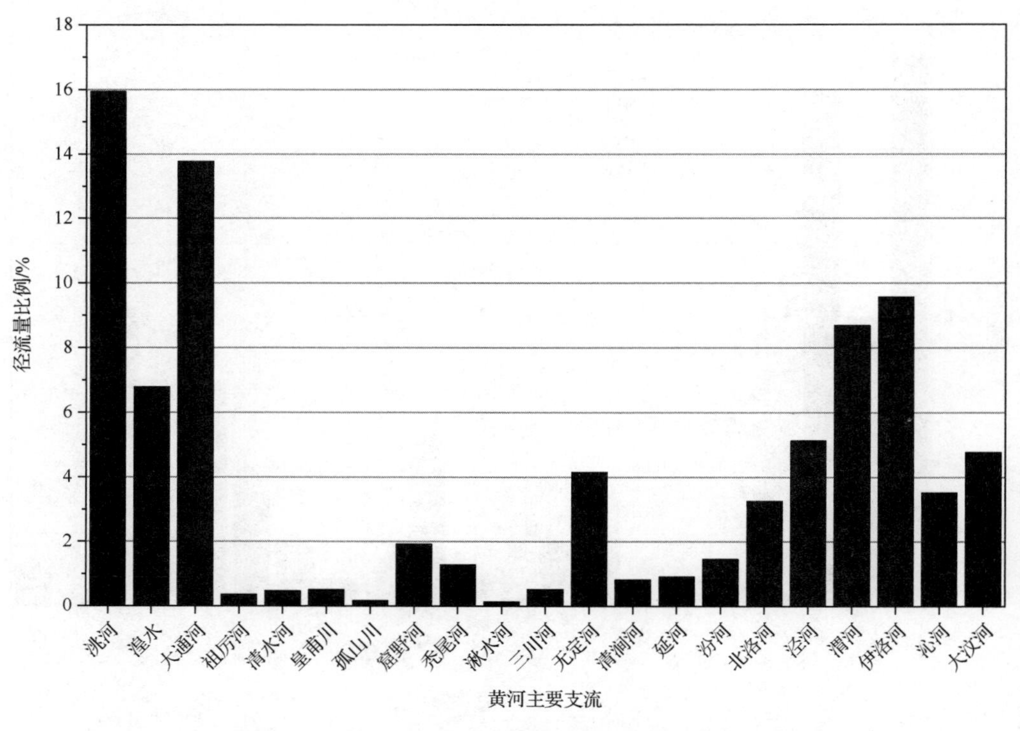

1998年黄河主要支流径流量占黄河上中游总径流量比例图

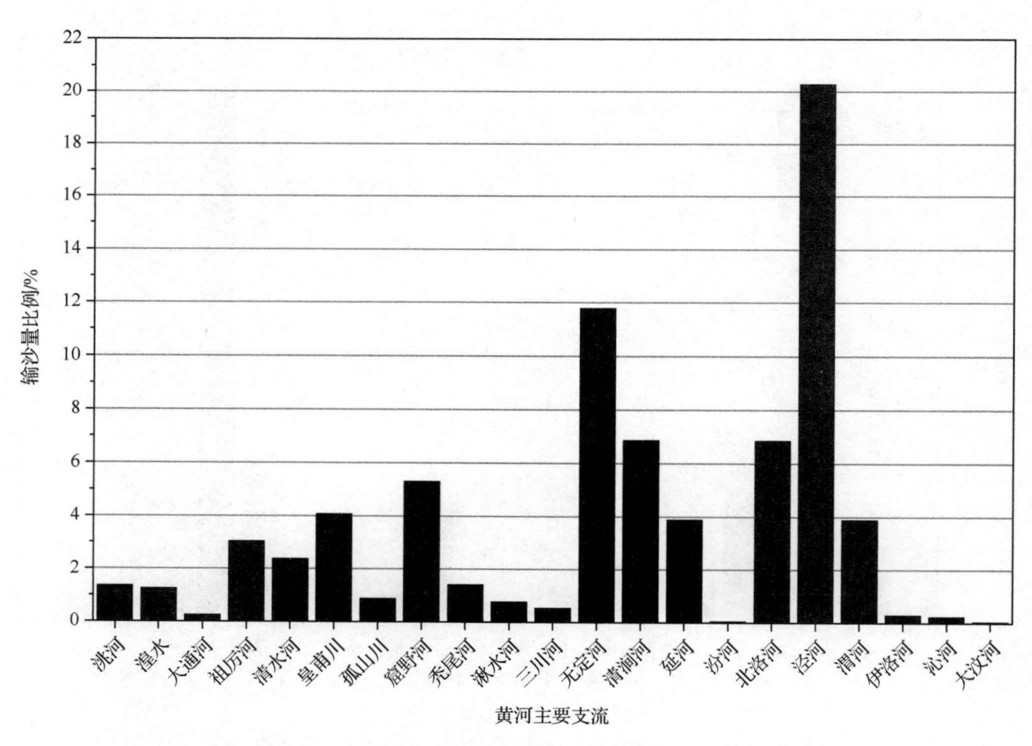

1998年黄河主要支流输沙量占黄河上中游总输沙量比例图

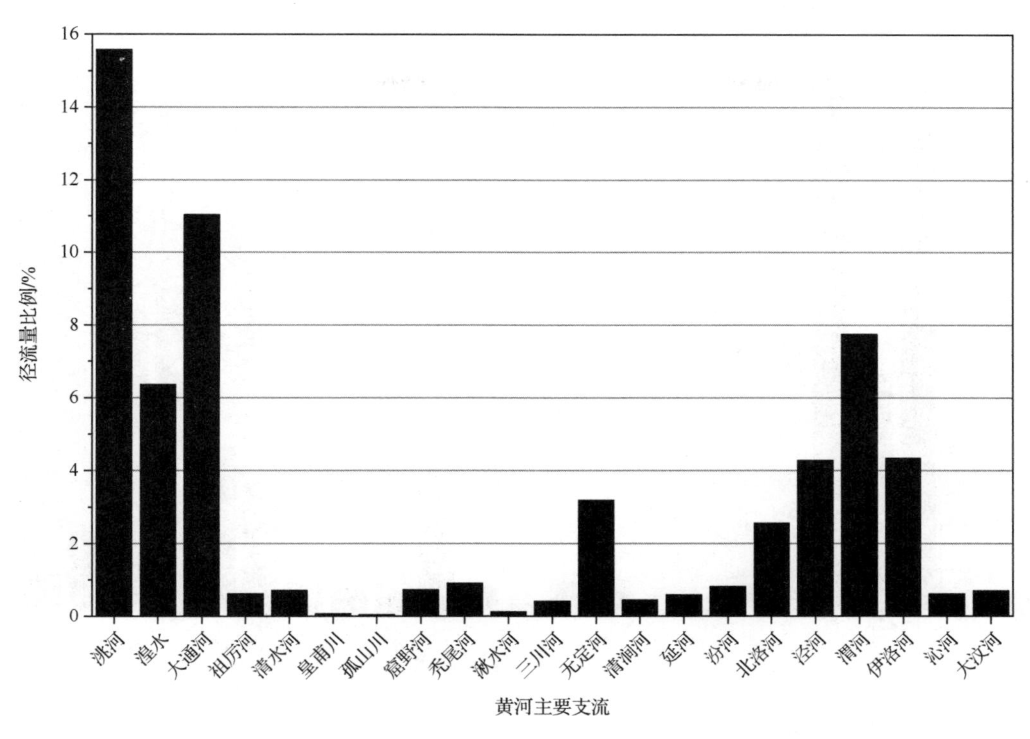

1999年黄河主要支流径流量占黄河上中游总径流量比例图

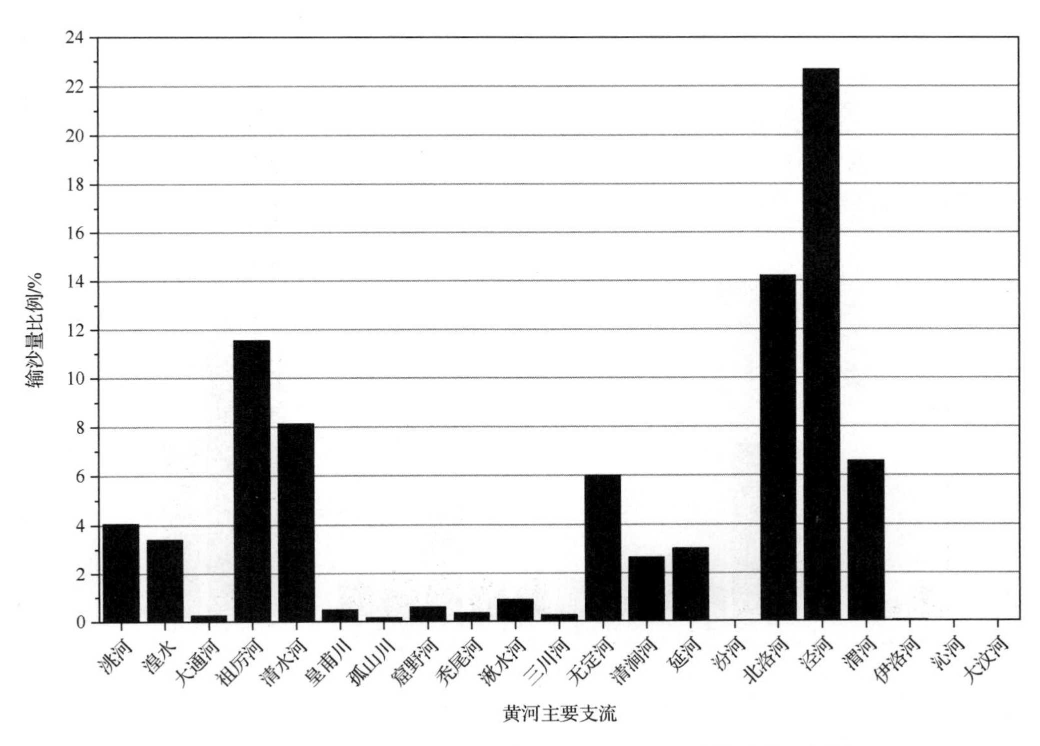

1999年黄河主要支流输沙量占黄河上中游总输沙量比例图

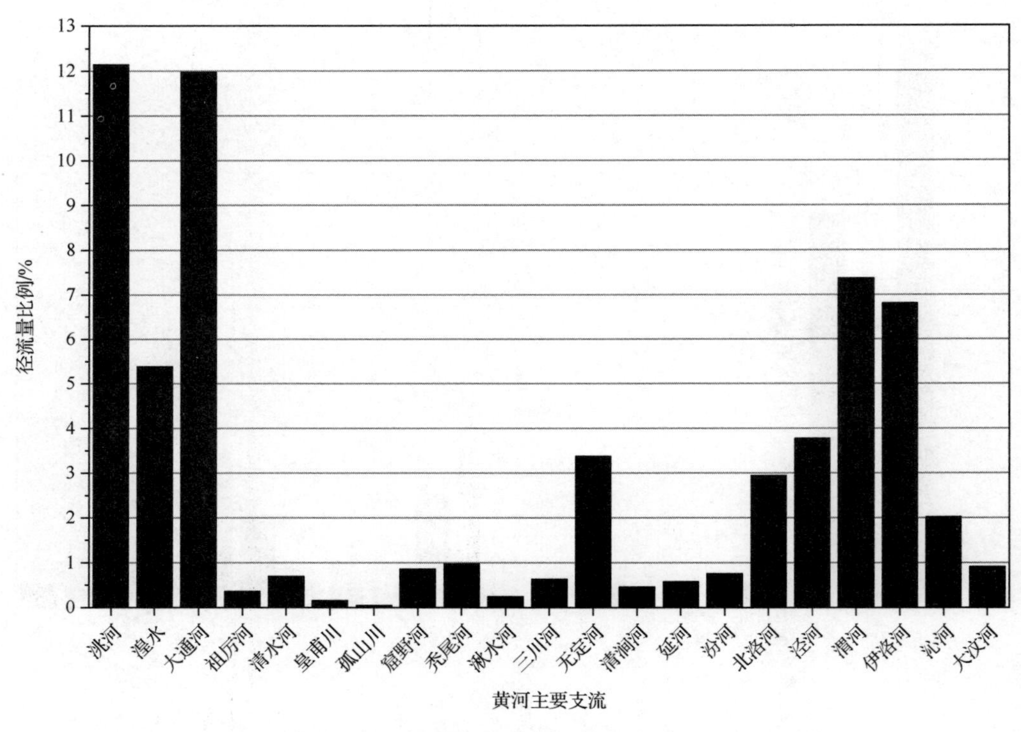

2000年黄河主要支流径流量占黄河上中游总径流量比例图

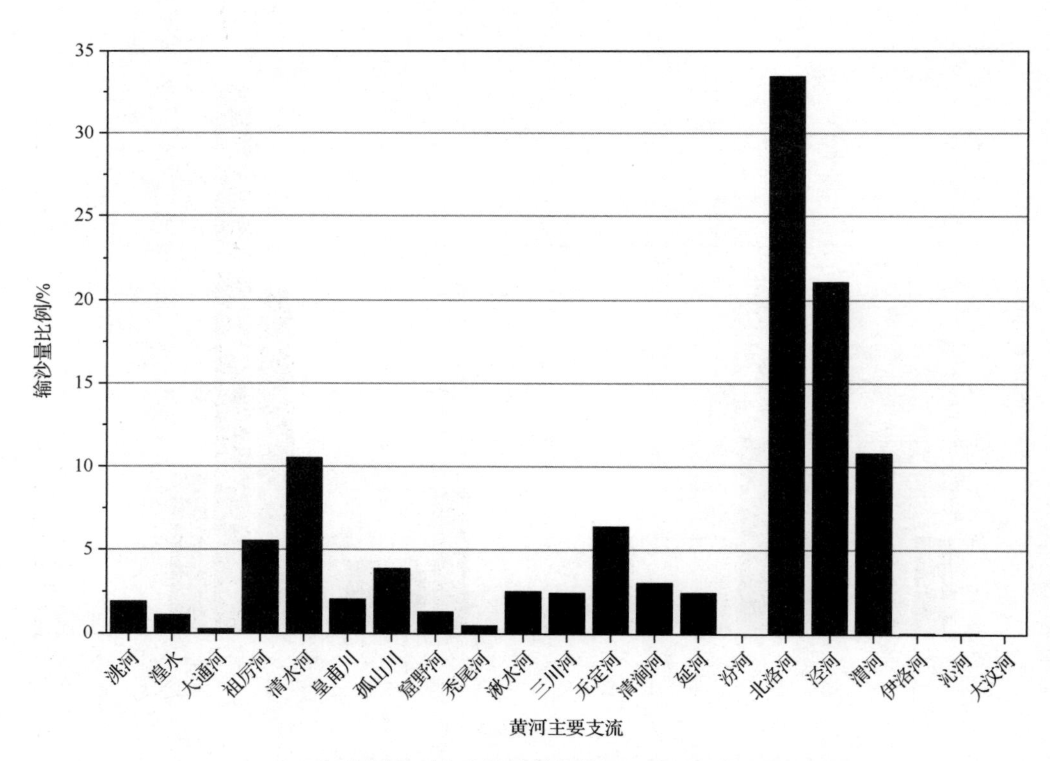

2000年黄河主要支流输沙量占黄河上中游总输沙量比例图

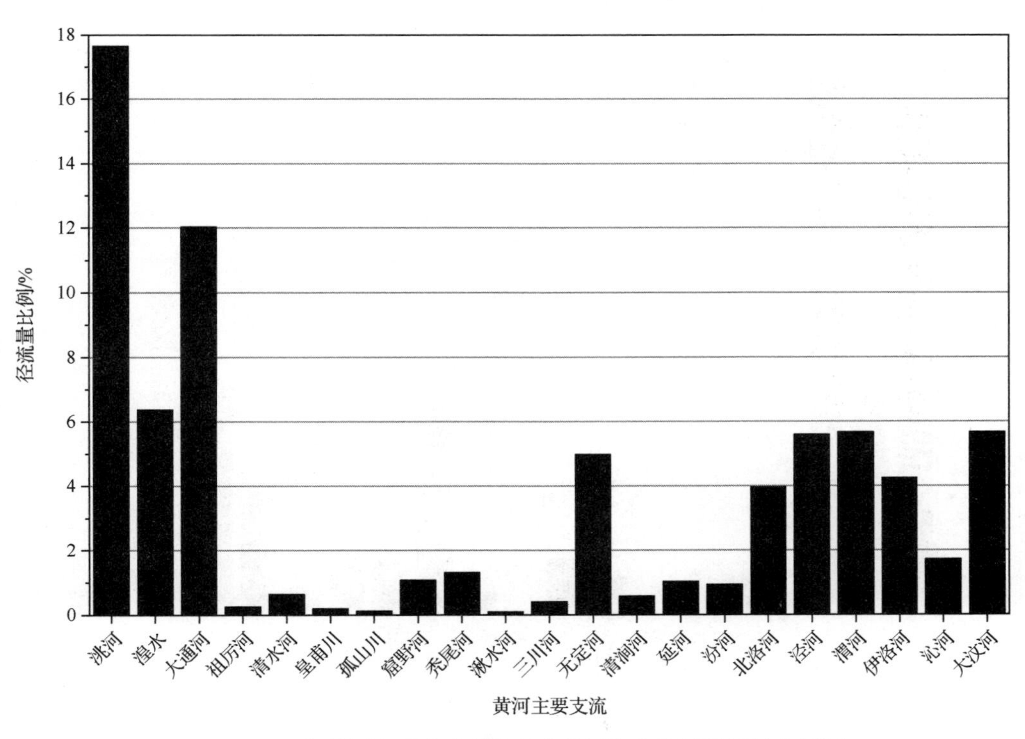

2001年黄河主要支流径流量占黄河上中游总径流量比例图

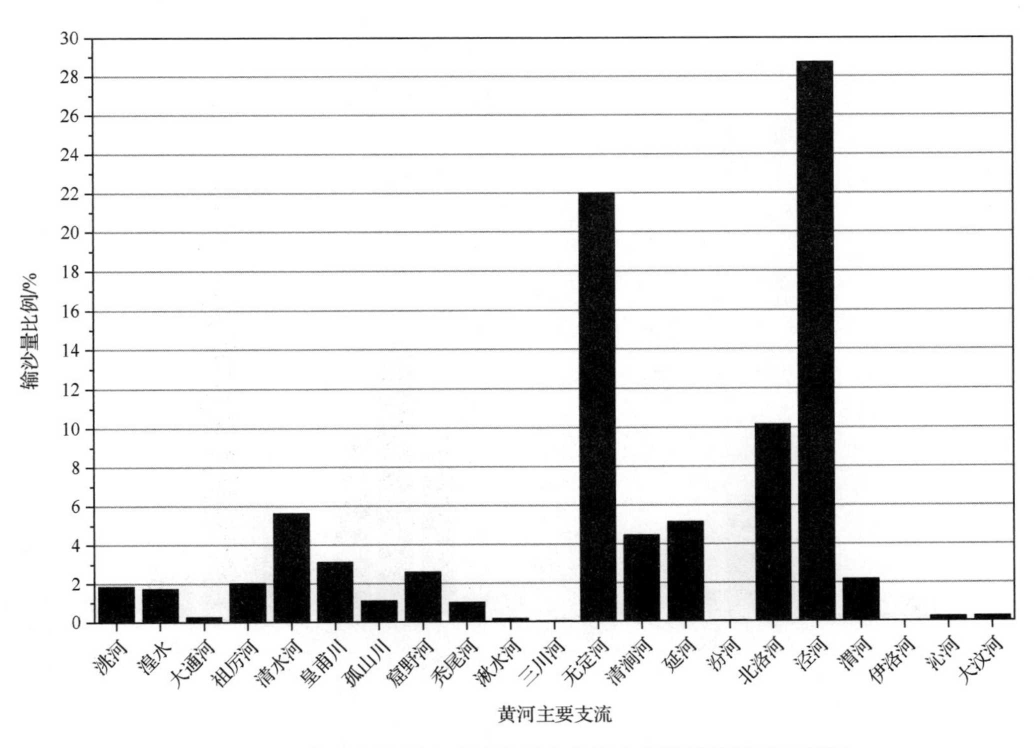

2001年黄河主要支流输沙量占黄河上中游总输沙量比例图

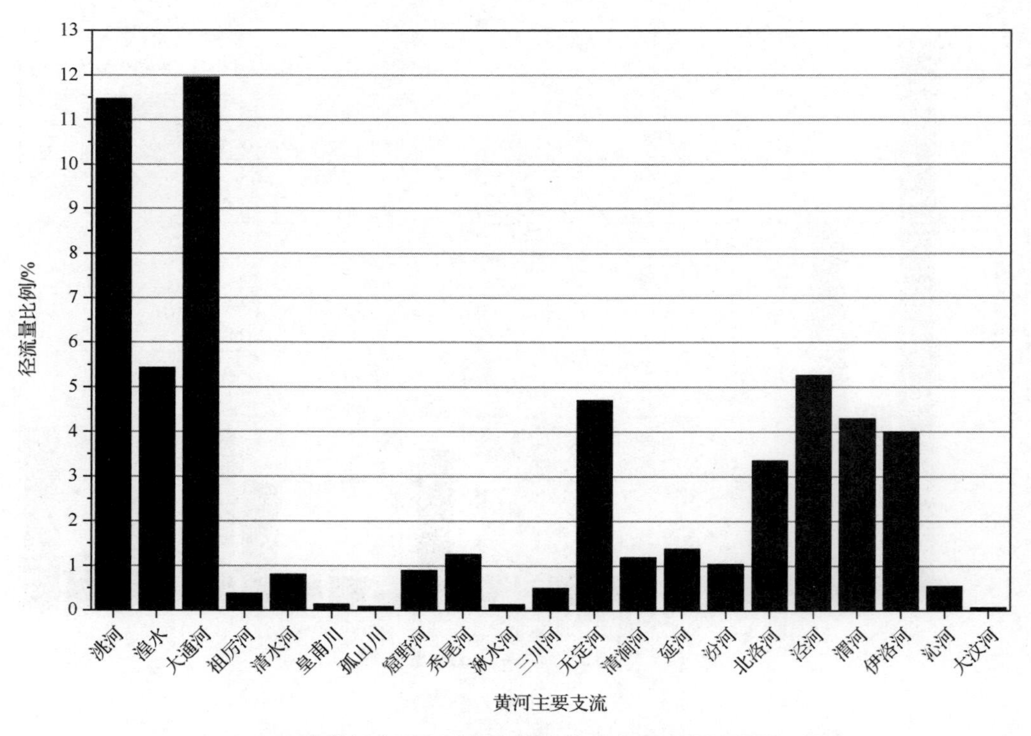

2002年黄河主要支流径流量占黄河上中游总径流量比例图

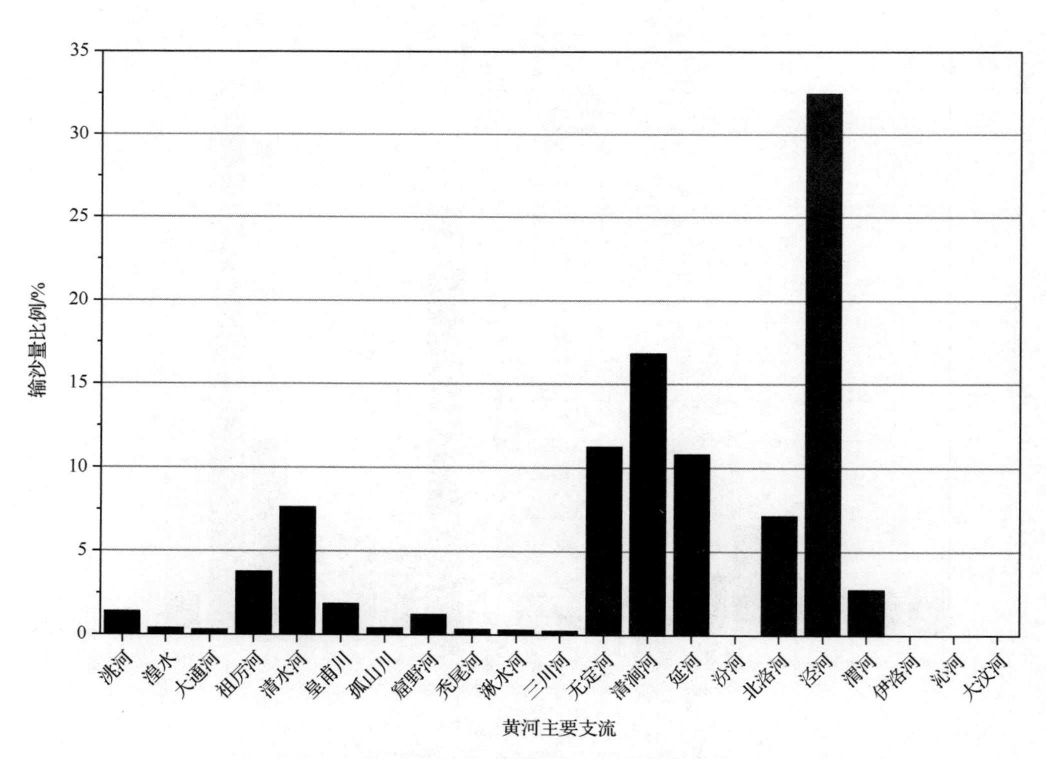

2002年黄河主要支流输沙量占黄河上中游总输沙量比例图

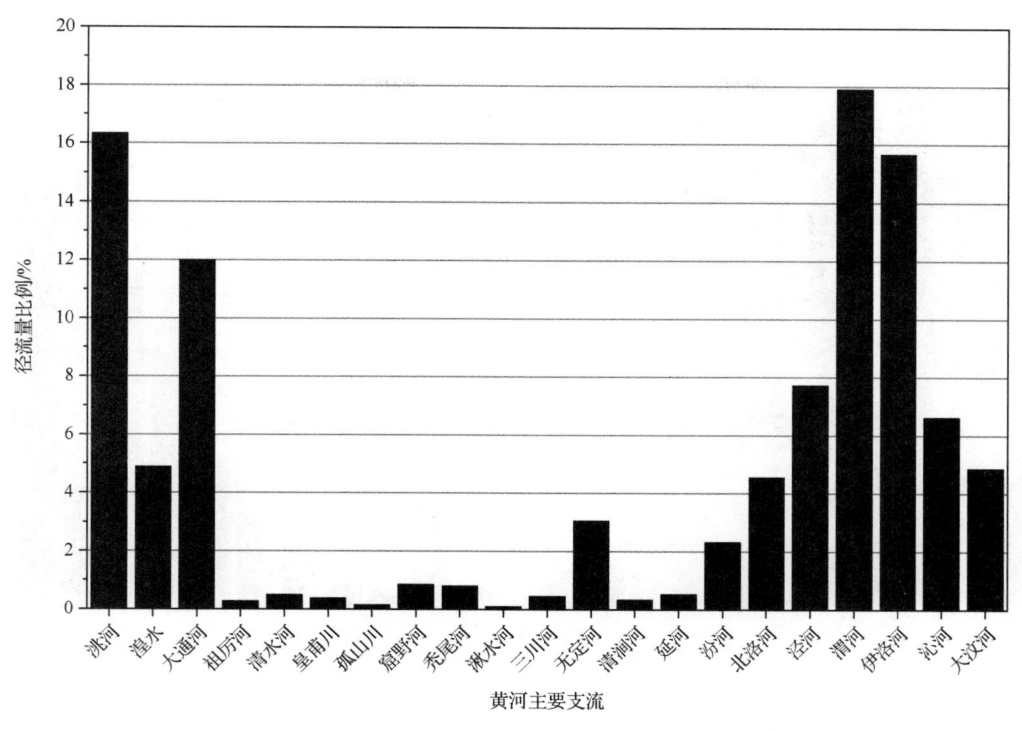

2003年黄河主要支流径流量占黄河上中游总径流量比例图

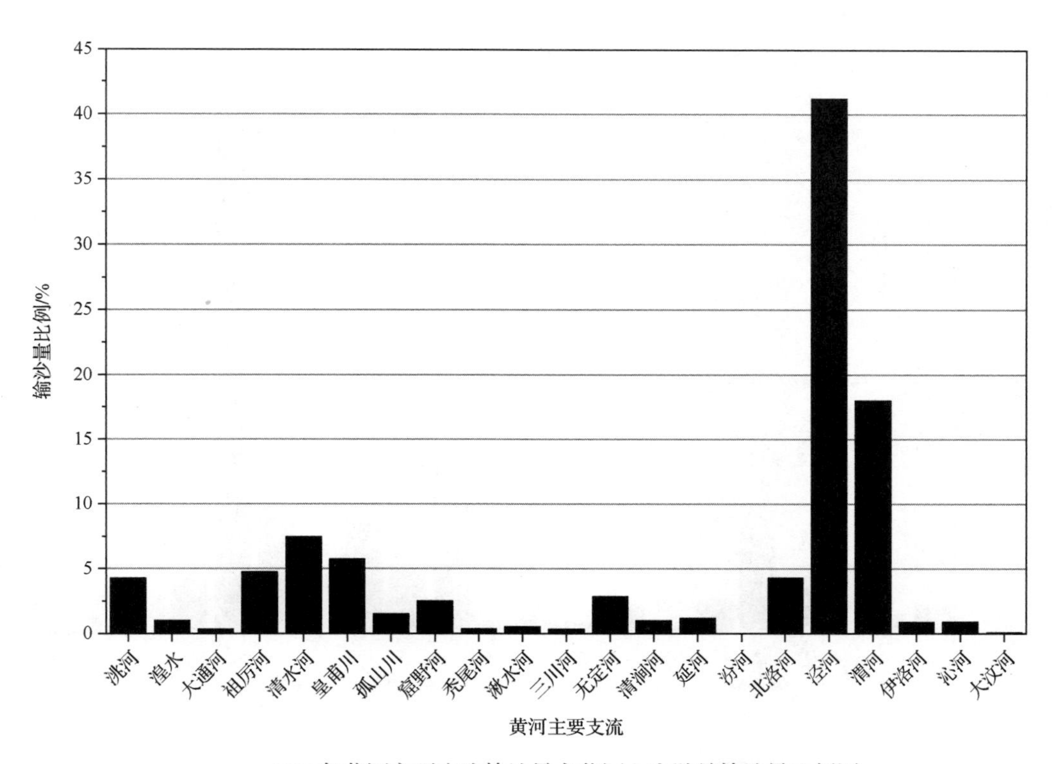

2003年黄河主要支流输沙量占黄河上中游总输沙量比例图

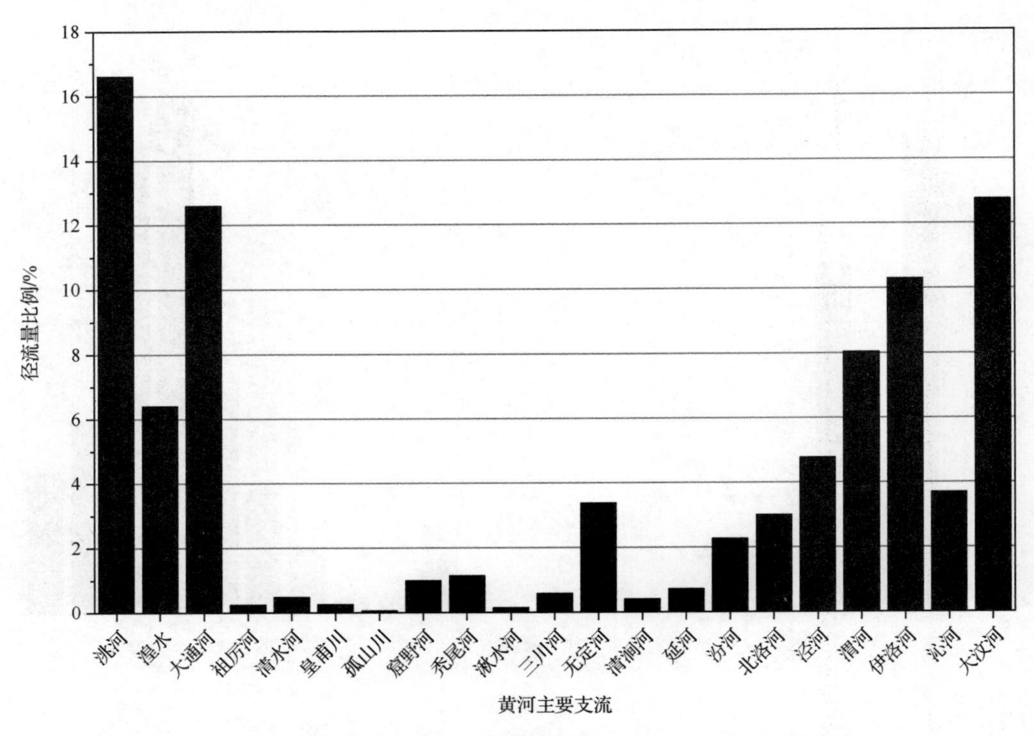

2004年黄河主要支流径流量占黄河上中游总径流量比例图

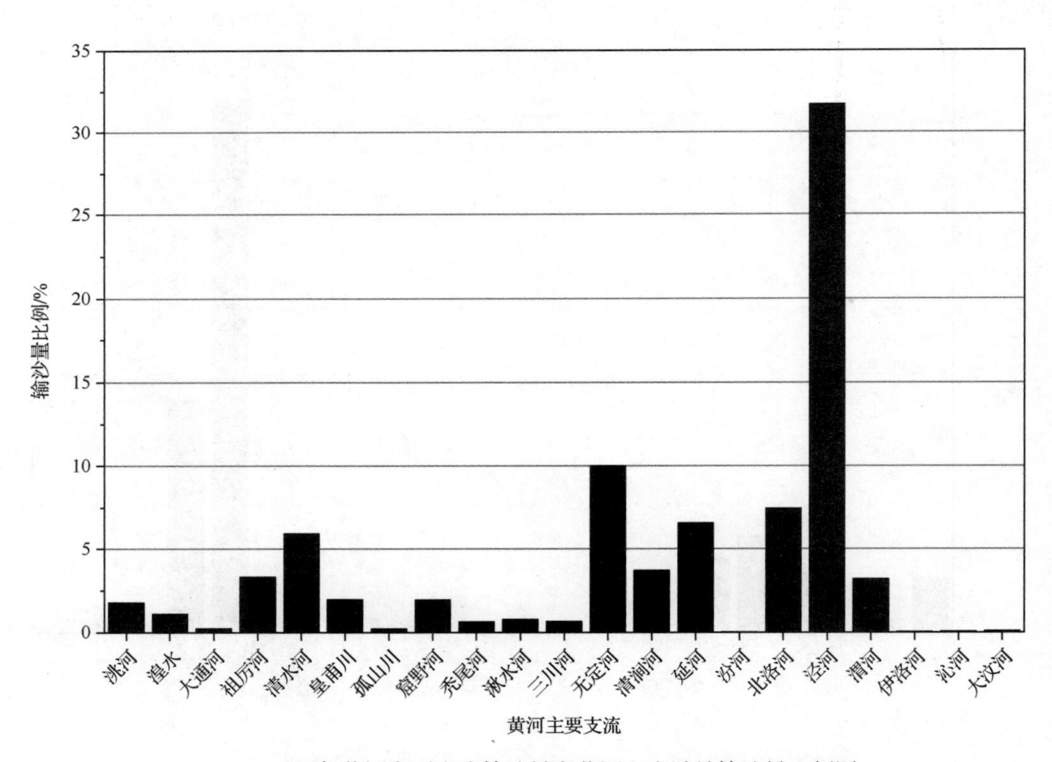

2004年黄河主要支流输沙量占黄河上中游总输沙量比例图

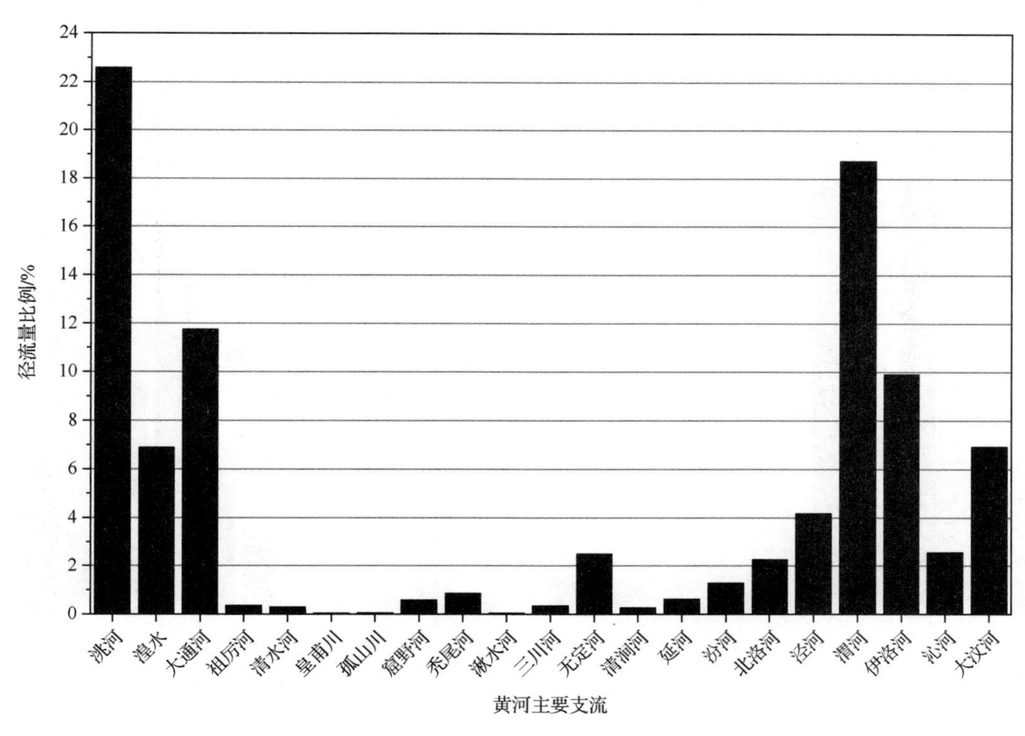

2005年黄河主要支流径流量占黄河上中游总径流量比例图

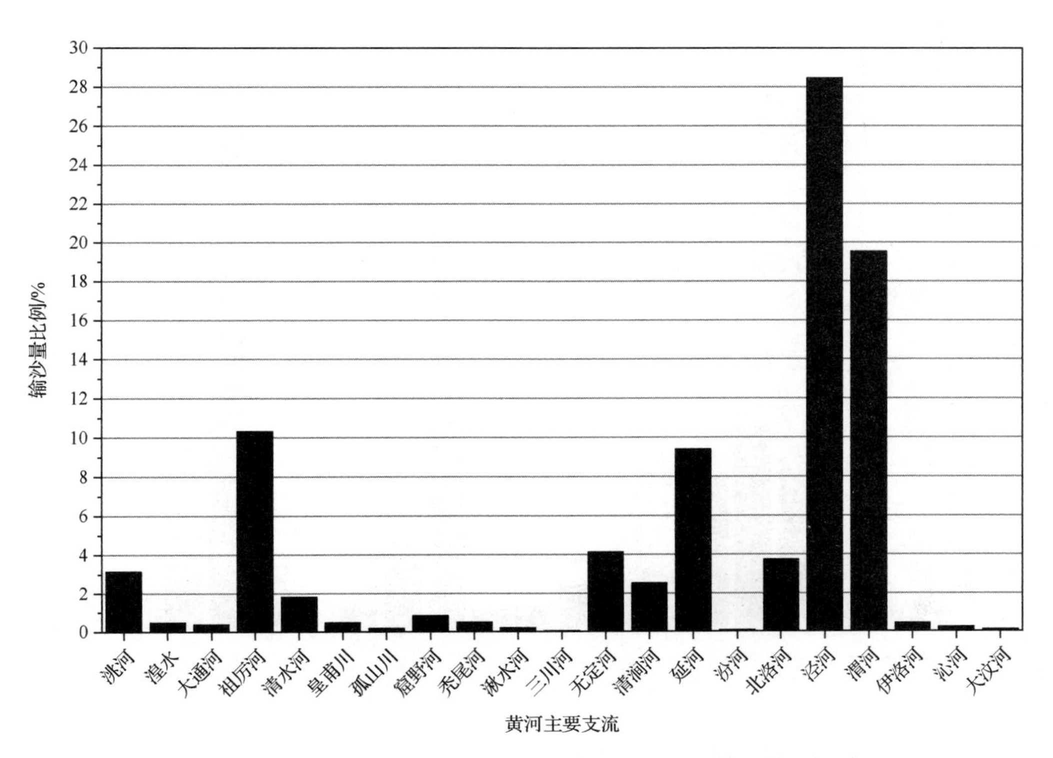

2005年黄河主要支流输沙量占黄河上中游总输沙量比例图

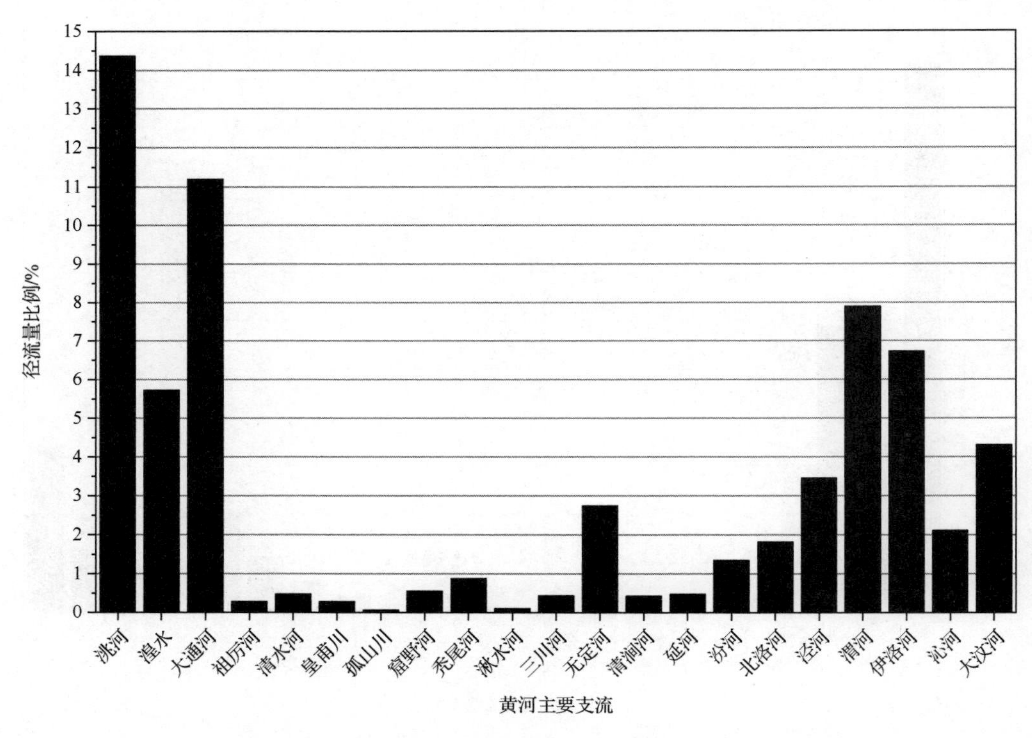

2006年黄河主要支流径流量占黄河上中游总径流量比例图

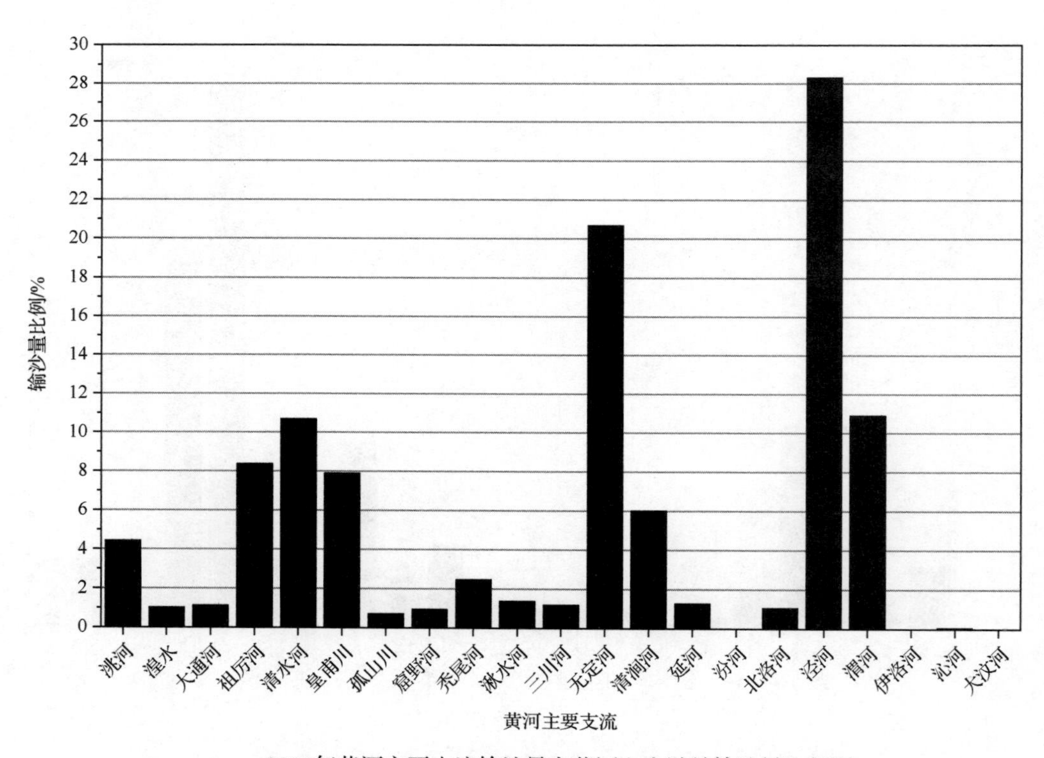

2006年黄河主要支流输沙量占黄河上中游总输沙量比例图

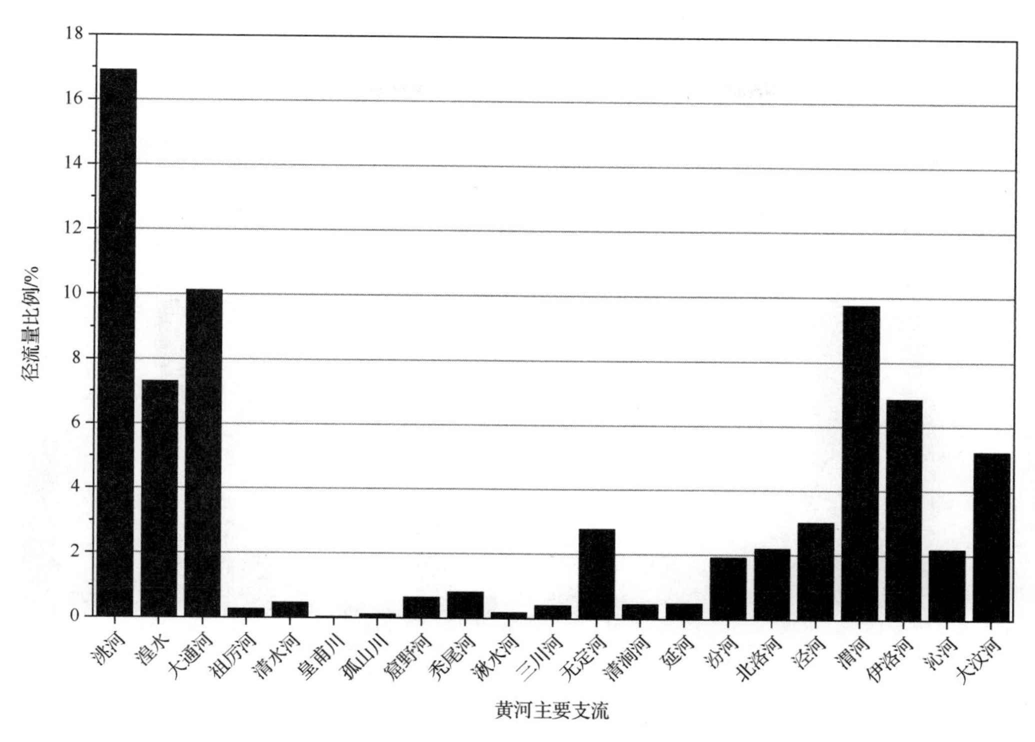

2007年黄河主要支流径流量占黄河上中游总径流量比例图

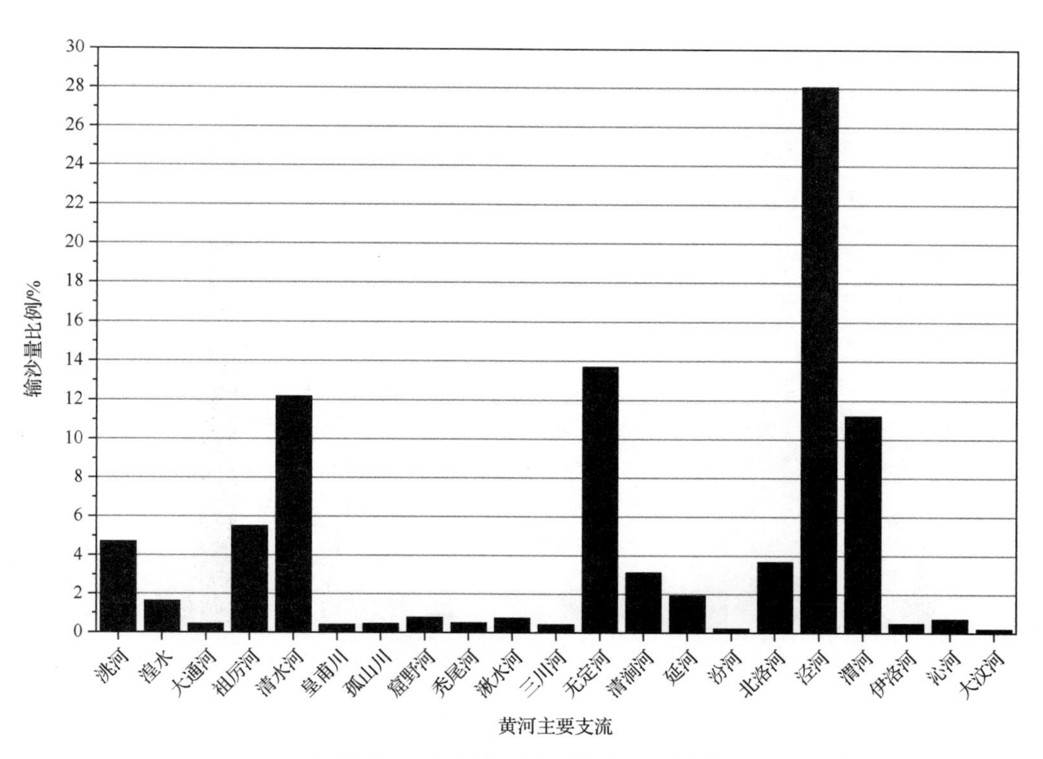

2007年黄河主要支流输沙量占黄河上中游总输沙量比例图

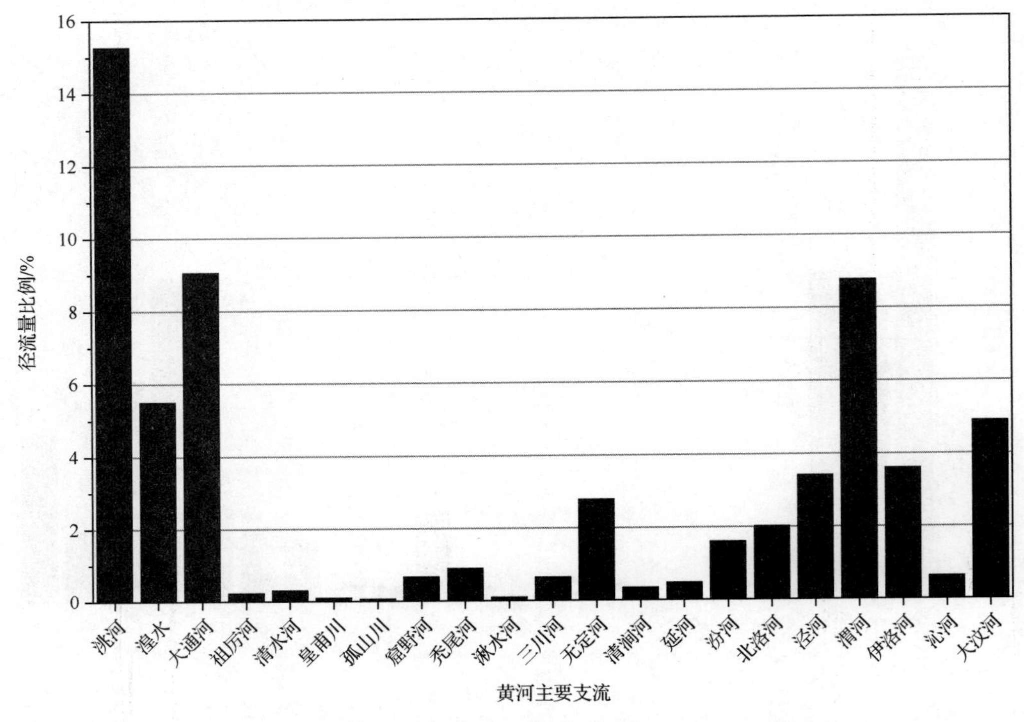

2008年黄河主要支流径流量占黄河上中游总径流量比例图

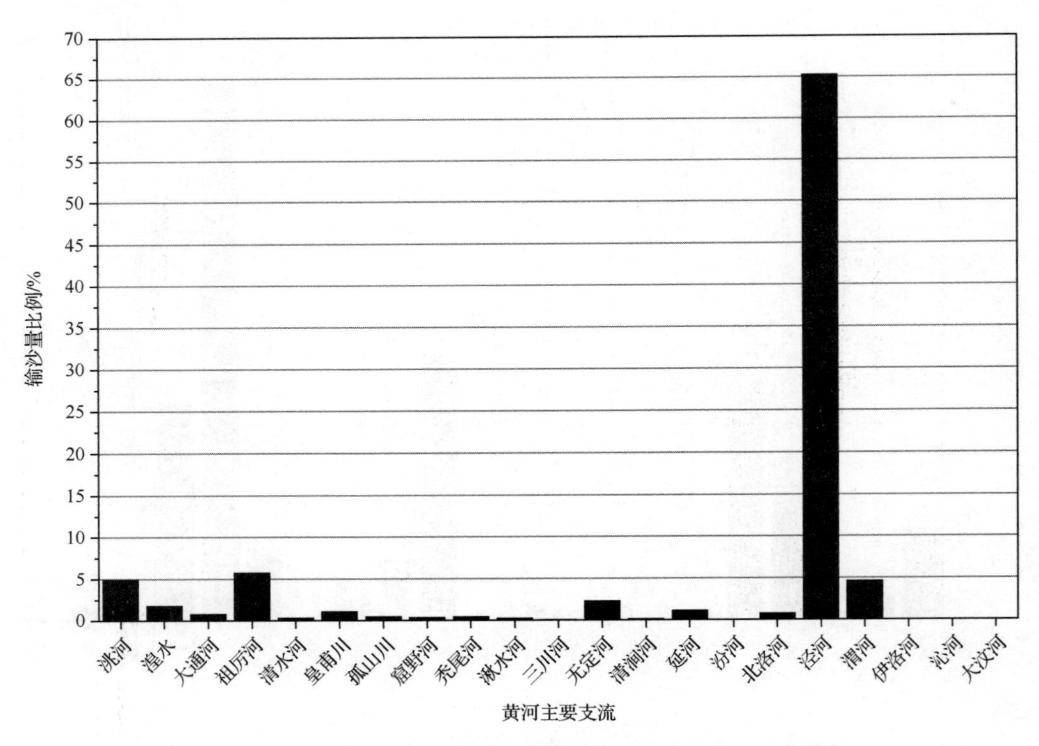

2008年黄河主要支流输沙量占黄河上中游总输沙量比例图

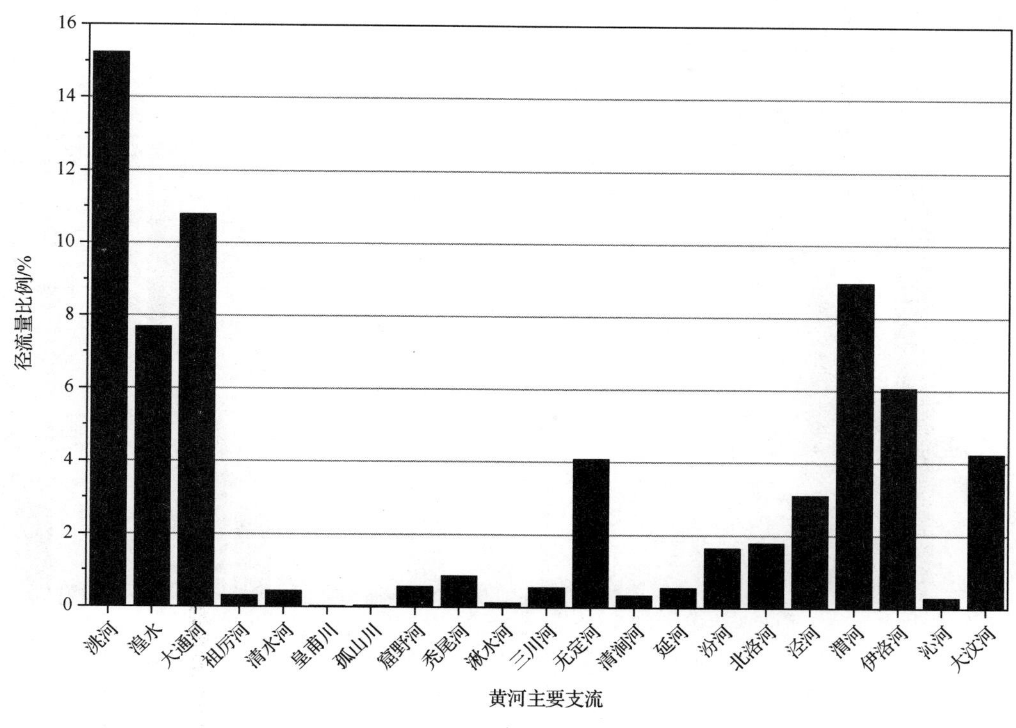

2009年黄河主要支流径流量占黄河上中游总径流量比例图

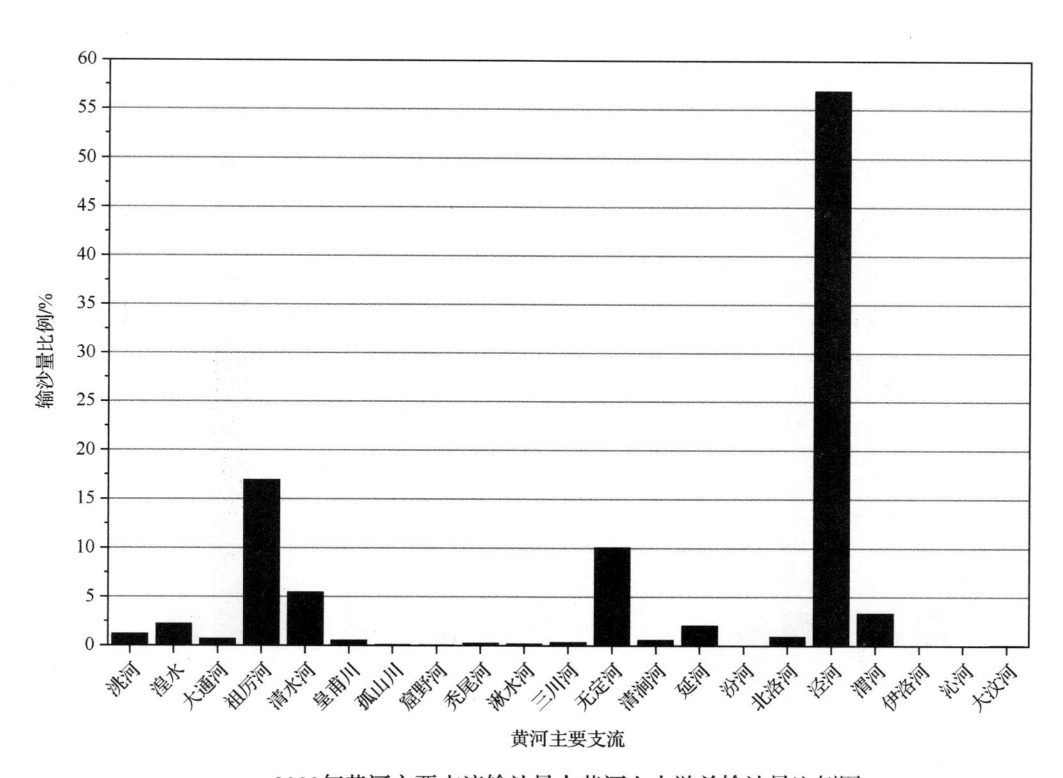

2009年黄河主要支流输沙量占黄河上中游总输沙量比例图

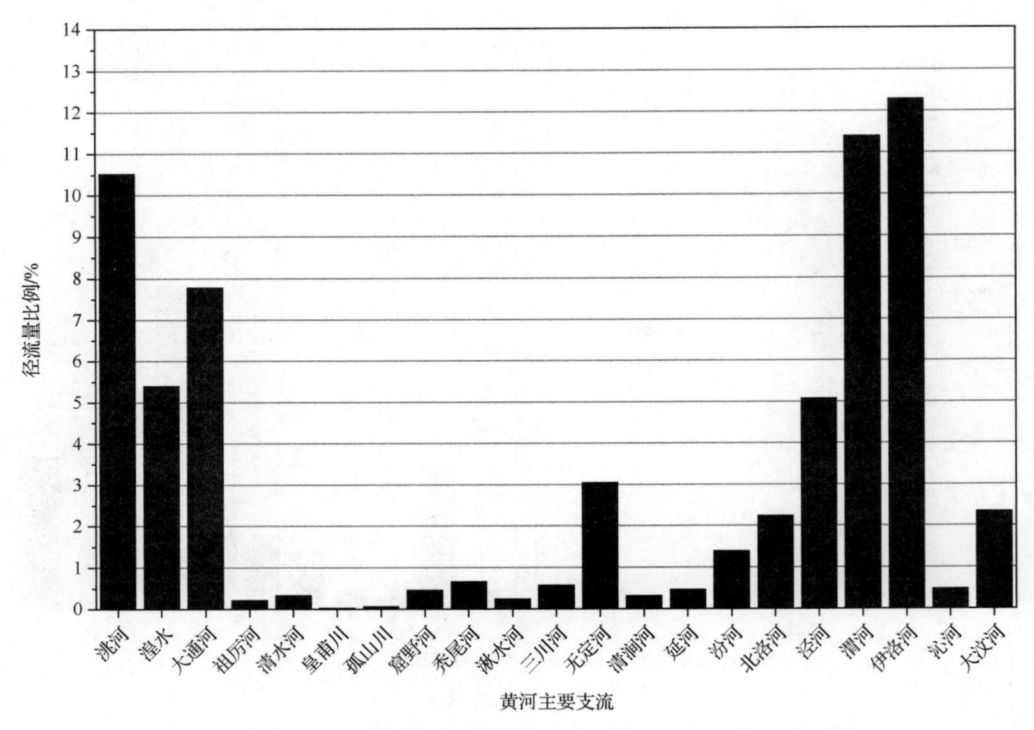

2010年黄河主要支流径流量占黄河上中游总径流量比例图

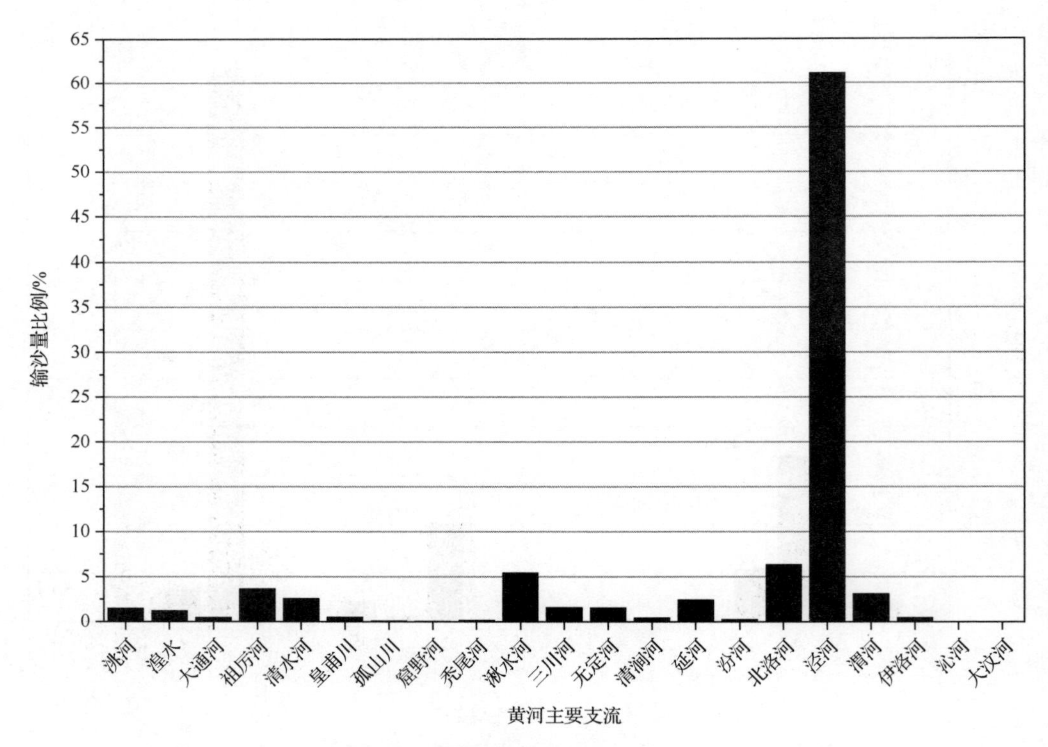

2010年黄河主要支流输沙量占黄河上中游总输沙量比例图

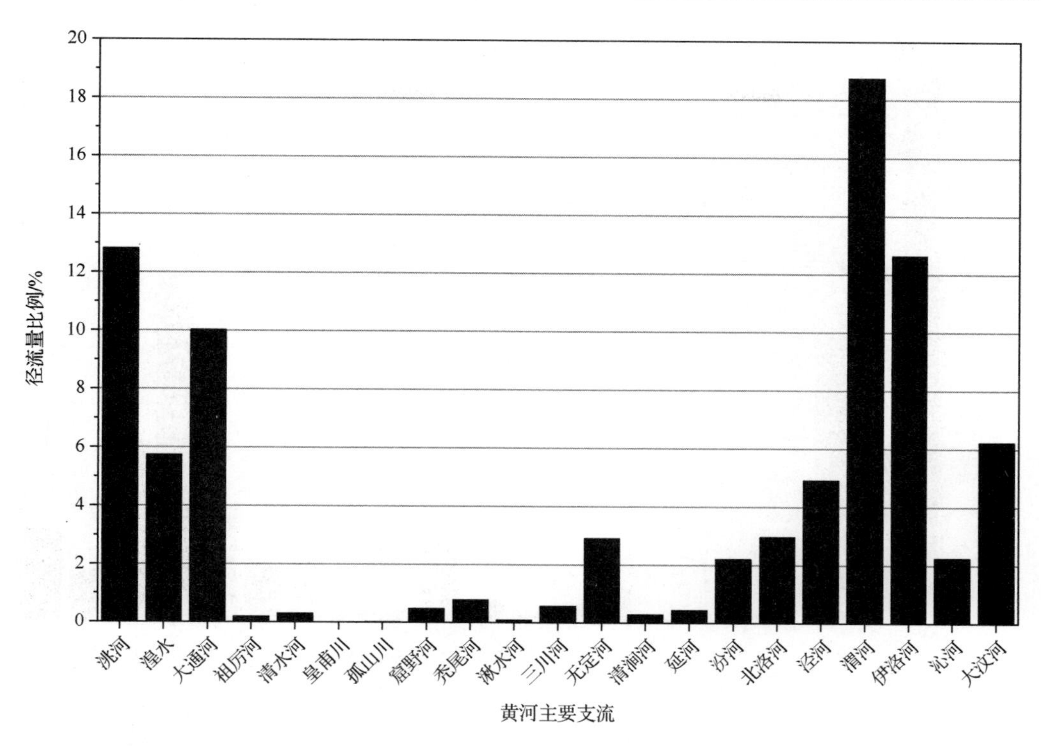

2011年黄河主要支流径流量占黄河上中游总径流量比例图

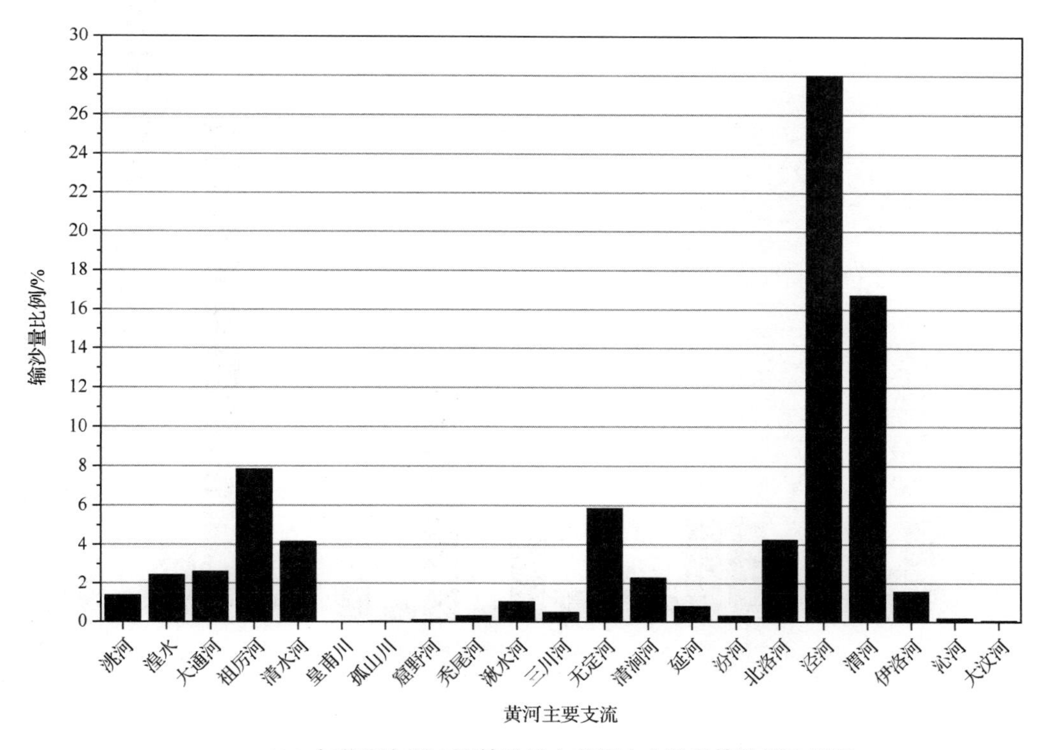

2011年黄河主要支流输沙量占黄河上中游总输沙量比例图

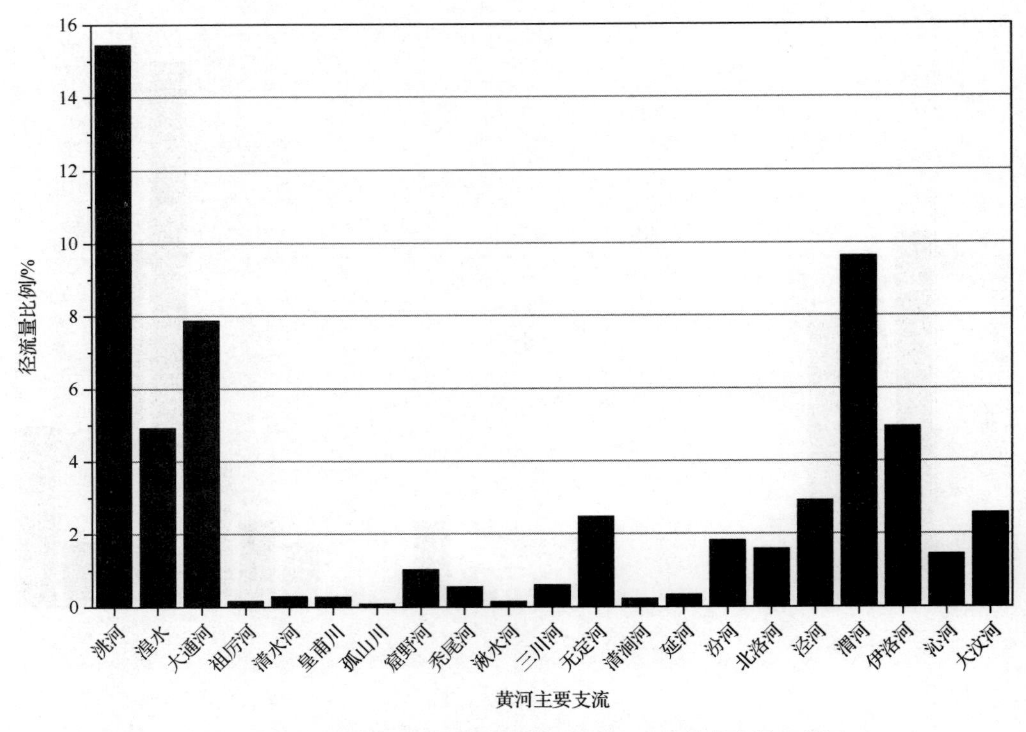

2012年黄河主要支流径流量占黄河上中游总径流量比例图

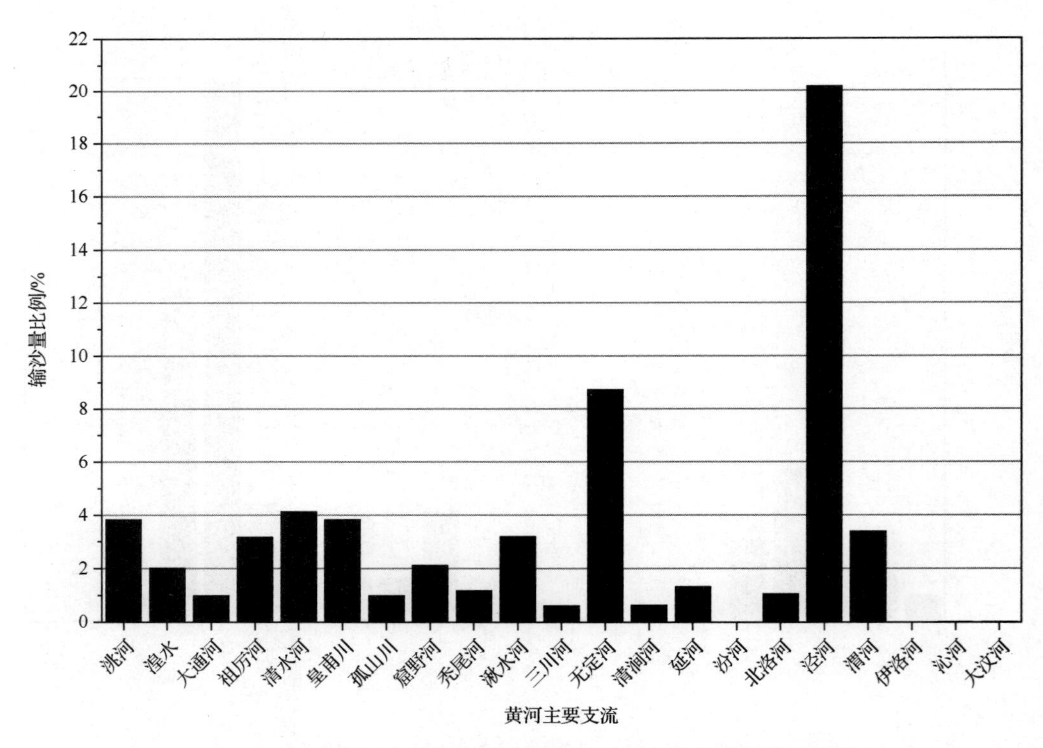

2012年黄河主要支流输沙量占黄河上中游总输沙量比例图

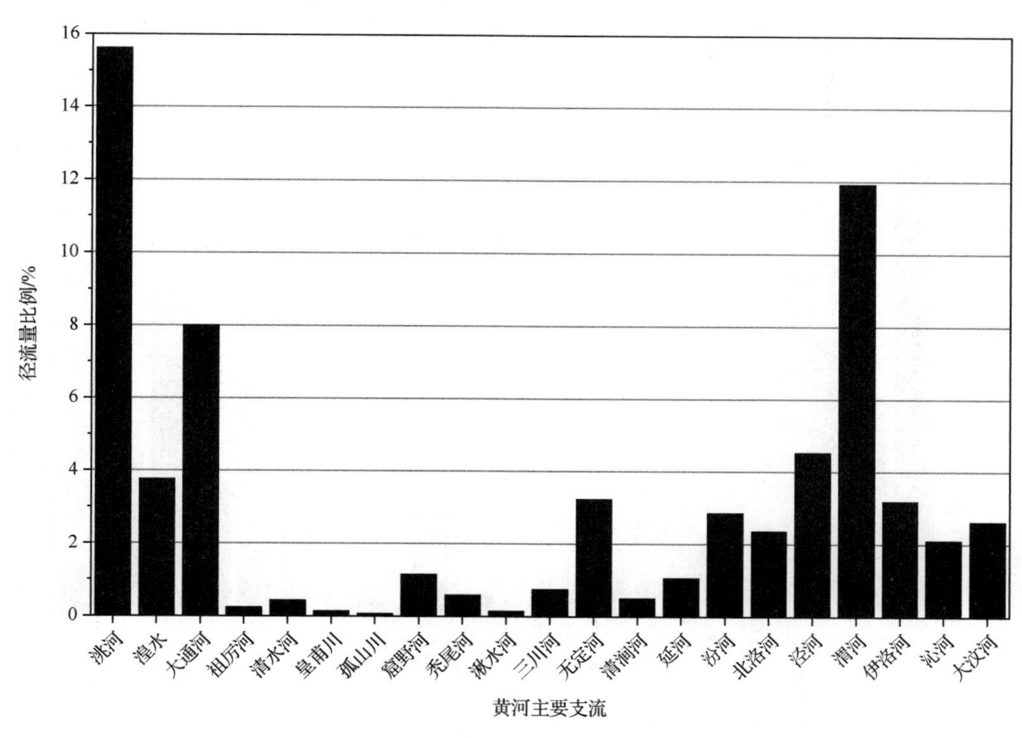

2013年黄河主要支流径流量占黄河上中游总径流量比例图

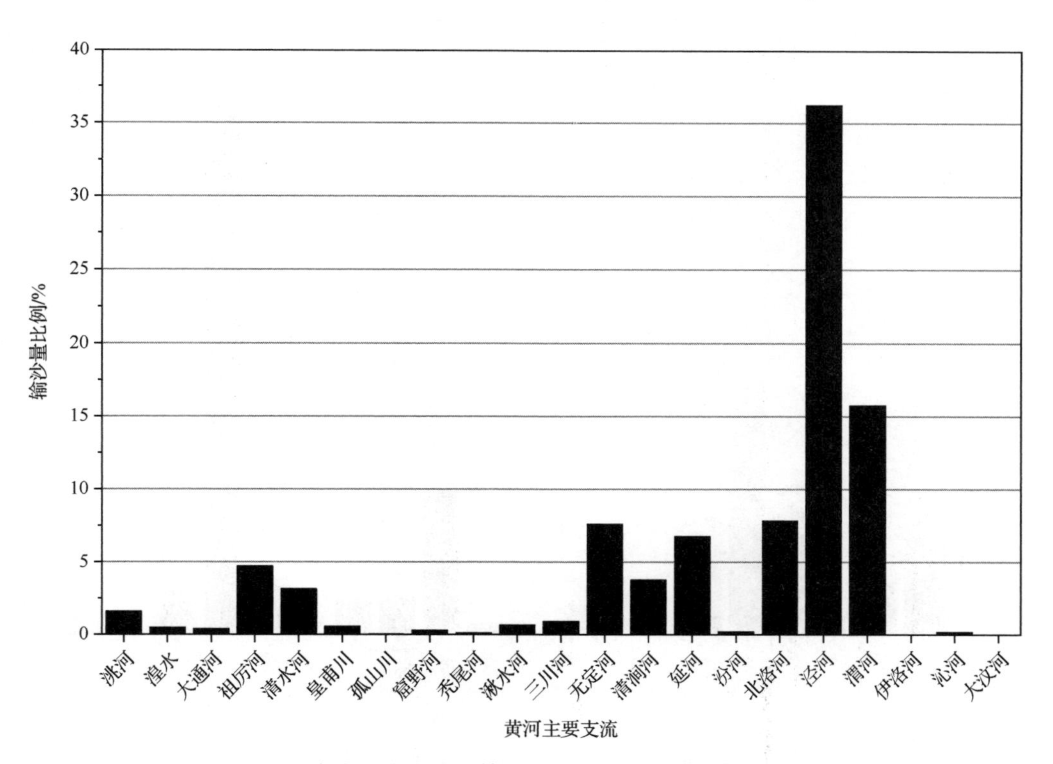

2013年黄河主要支流输沙量占黄河上中游总输沙量比例图

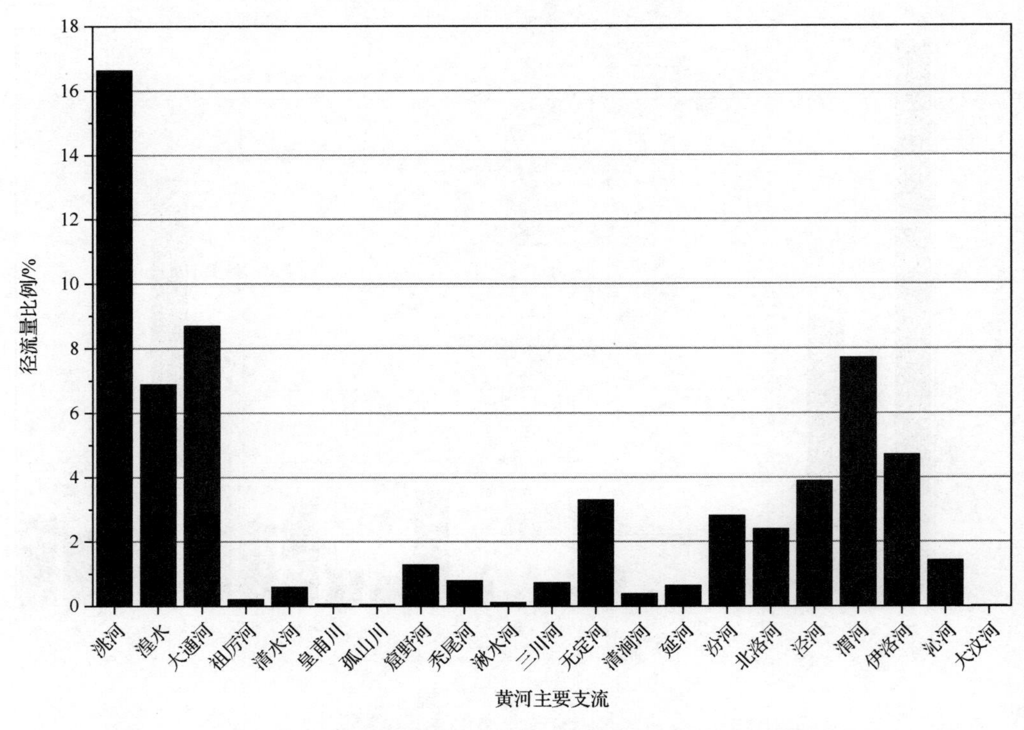

2014年黄河主要支流径流量占黄河上中游总径流量比例图

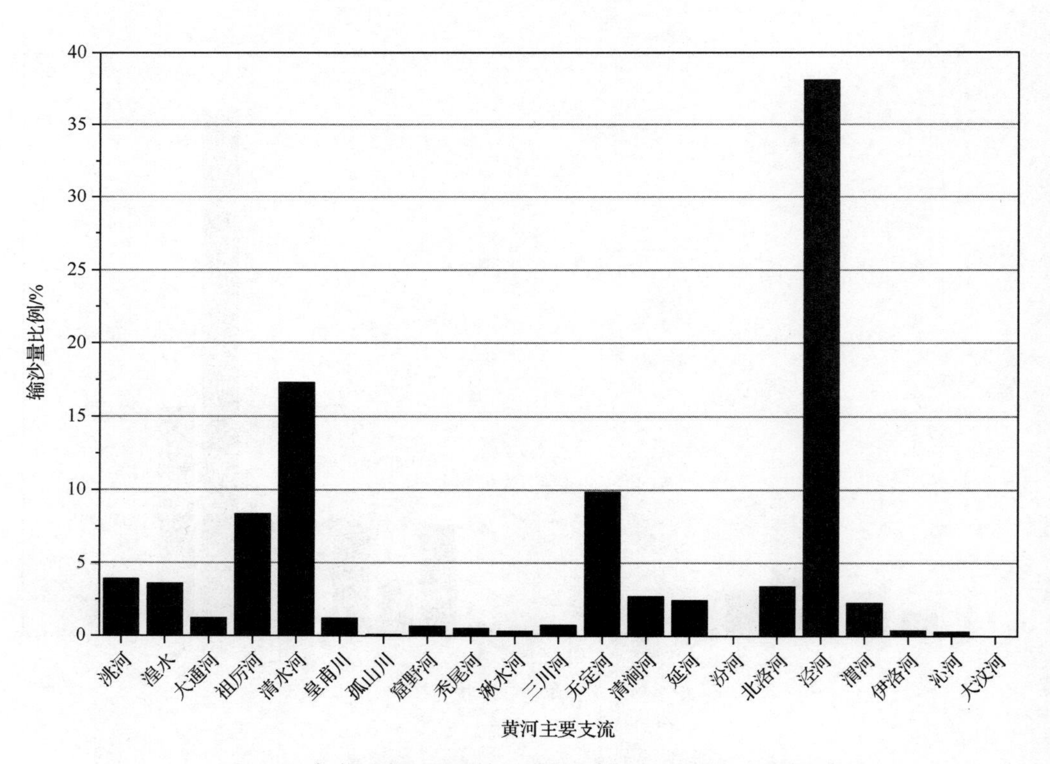

2014年黄河主要支流输沙量占黄河上中游总输沙量比例图

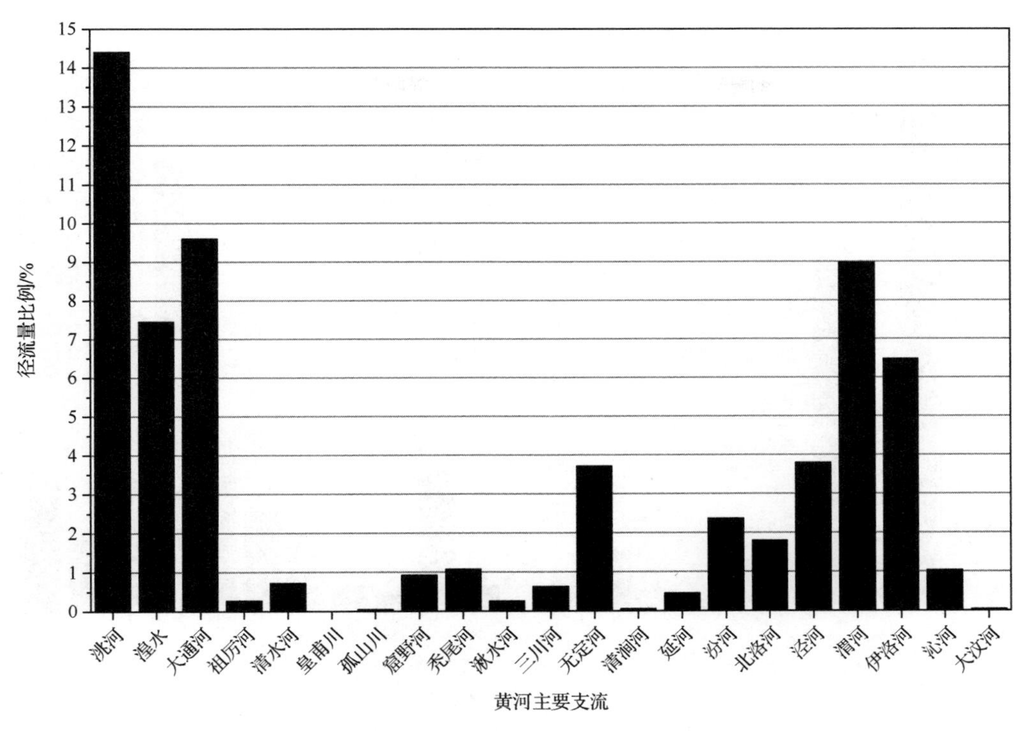

2015年黄河主要支流径流量占黄河上中游总径流量比例图

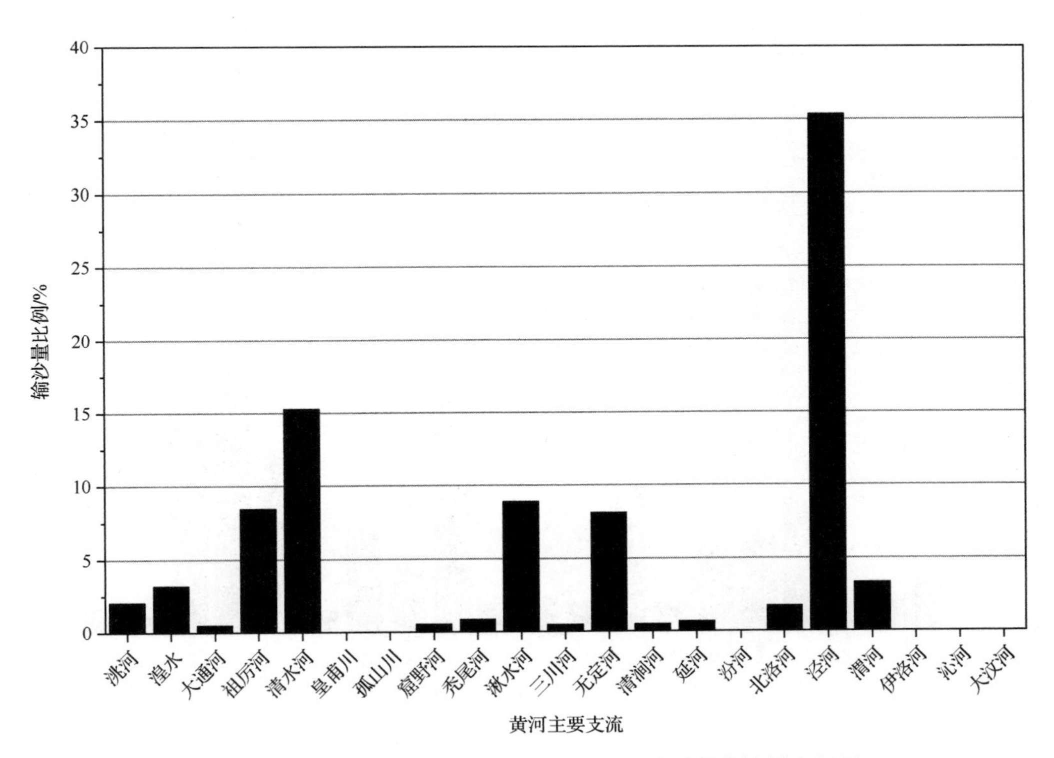

2015年黄河主要支流输沙量占黄河上中游总输沙量比例图

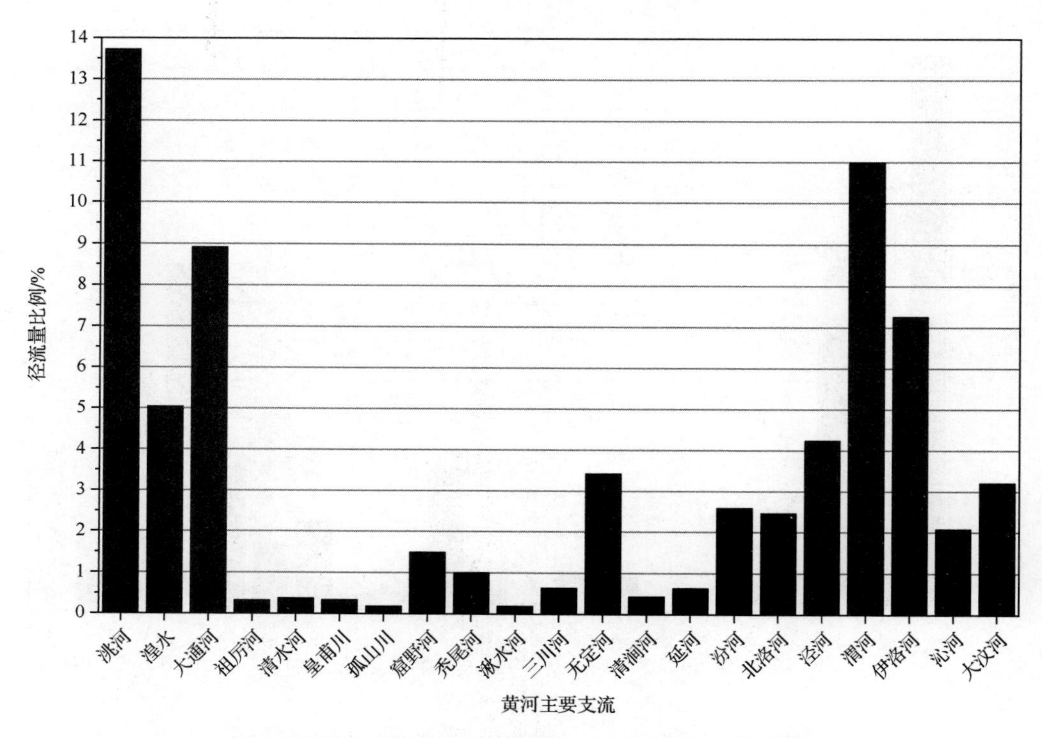

1956~2015年黄河主要支流径流量占黄河上中游总径流量比例图

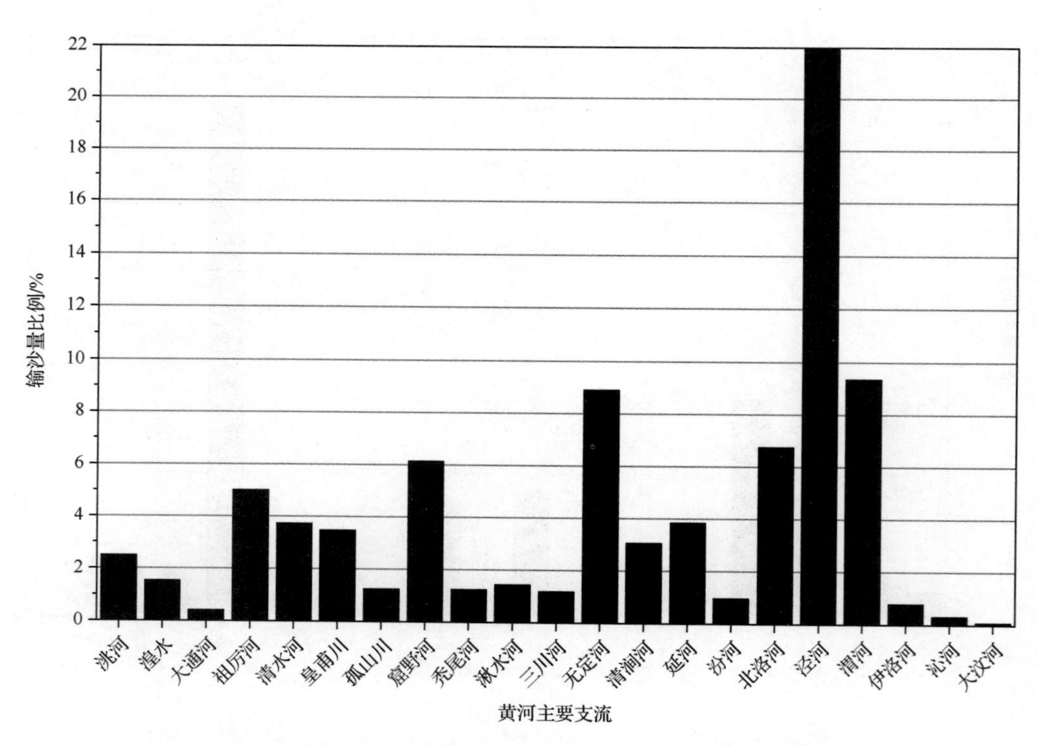

1956~2015年黄河主要支流输沙量占黄河上中游总输沙量比例图

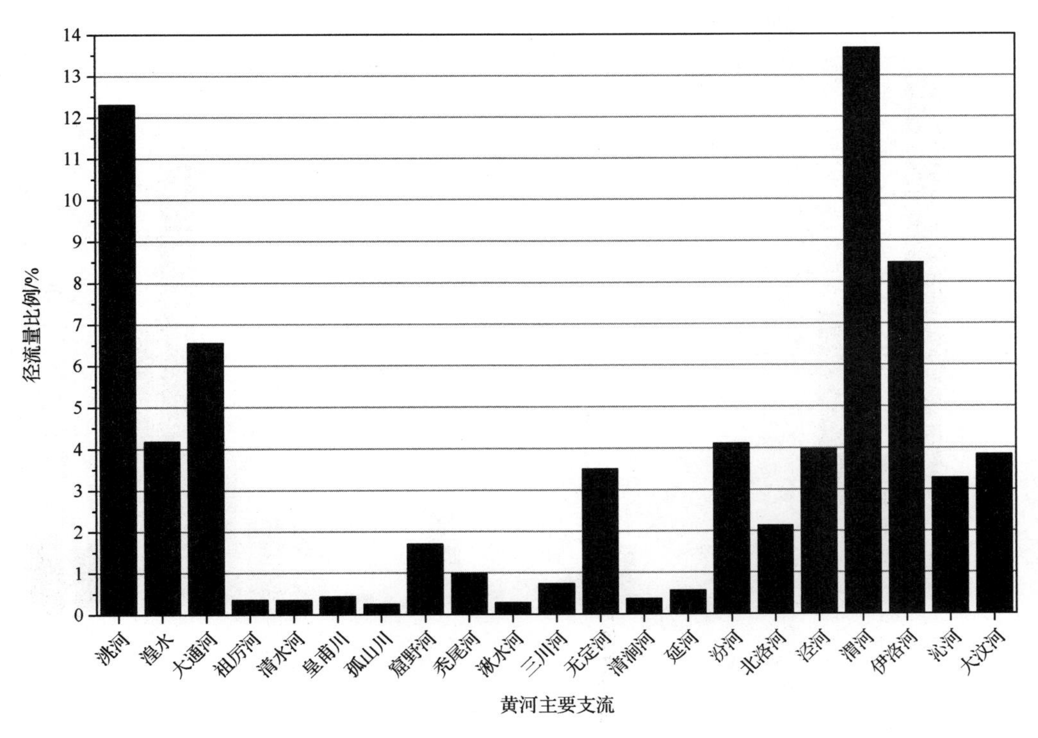

1956~1970年黄河主要支流径流量占黄河上中游总径流量比例图

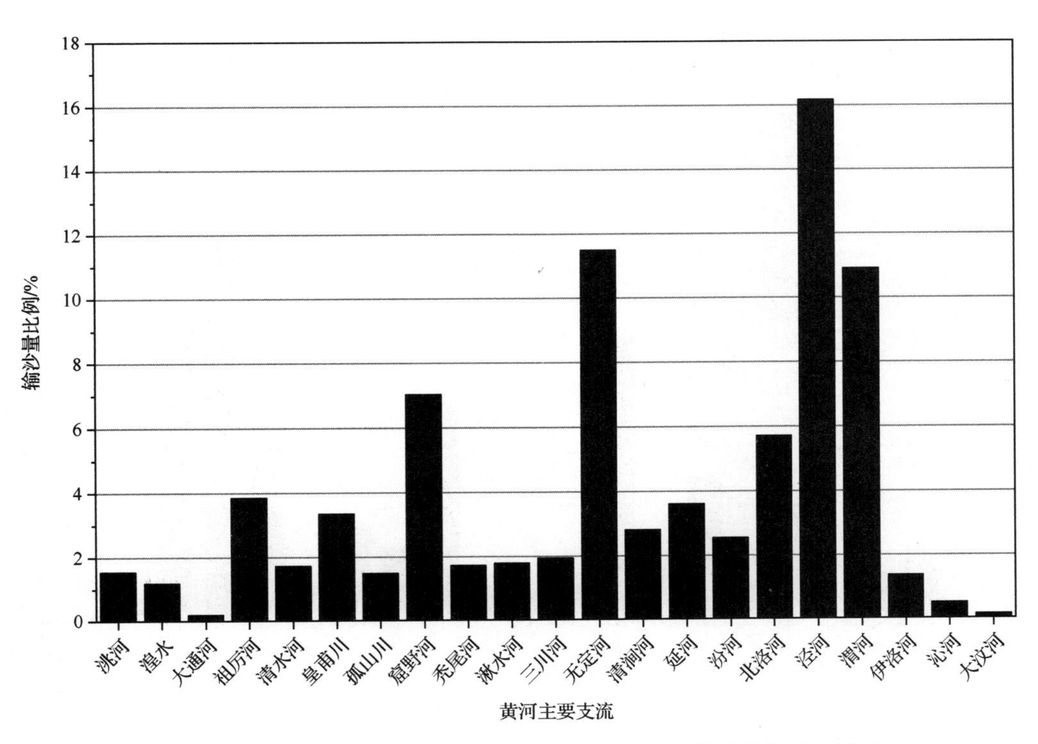

1956~1970年黄河主要支流输沙量占黄河上中游总输沙量比例图

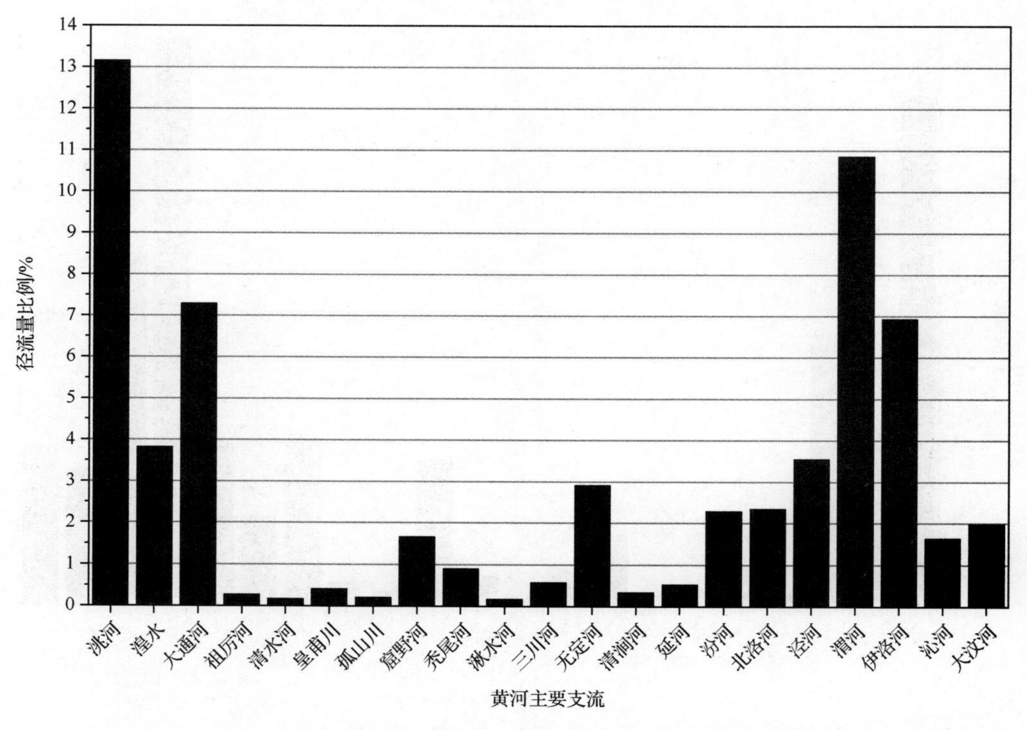

1971~1985年黄河主要支流径流量占黄河上中游总径流量比例图

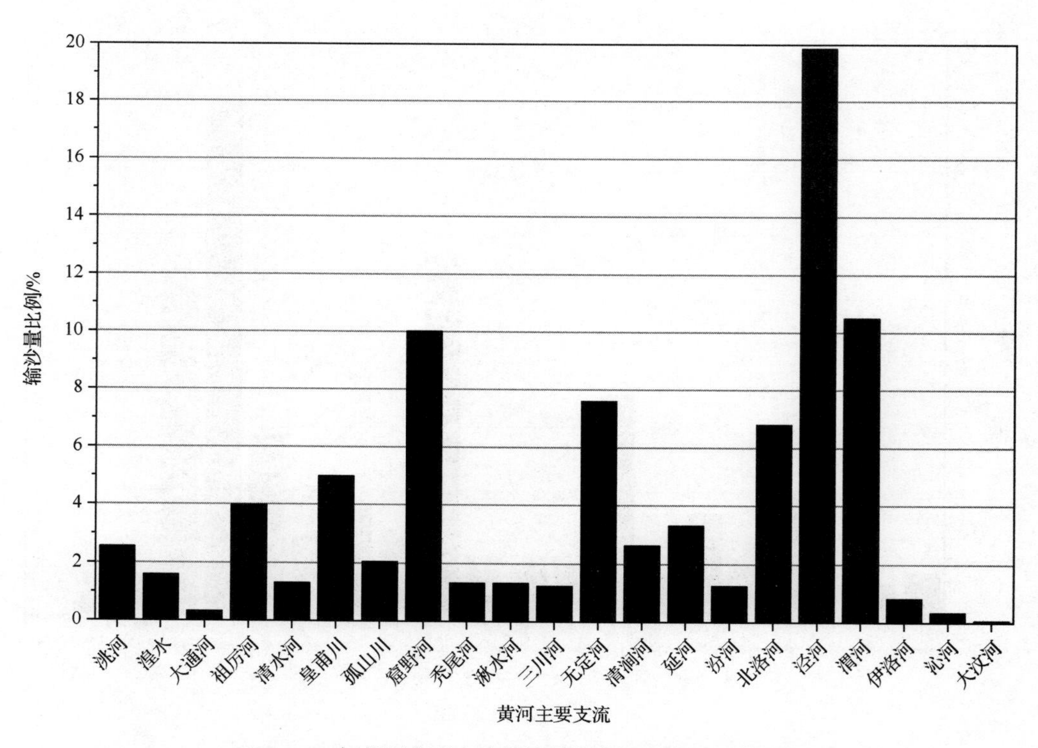

1971~1985年黄河主要支流输沙量占黄河上中游总输沙量比例图

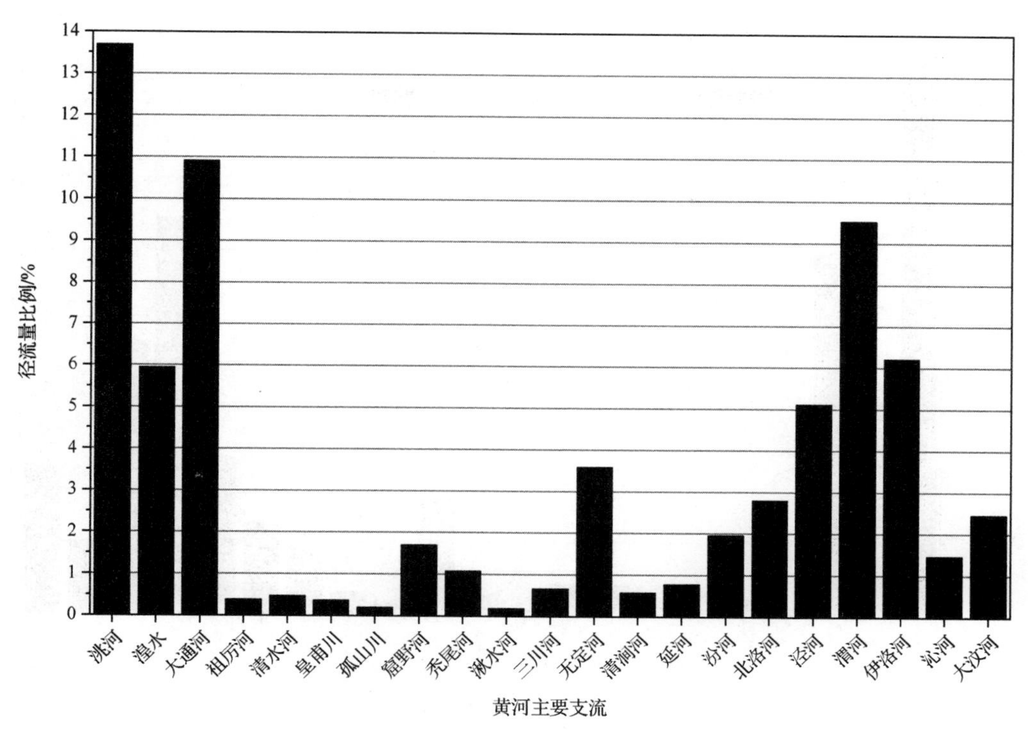

1986~2000年黄河主要支流径流量占黄河上中游总径流量比例图

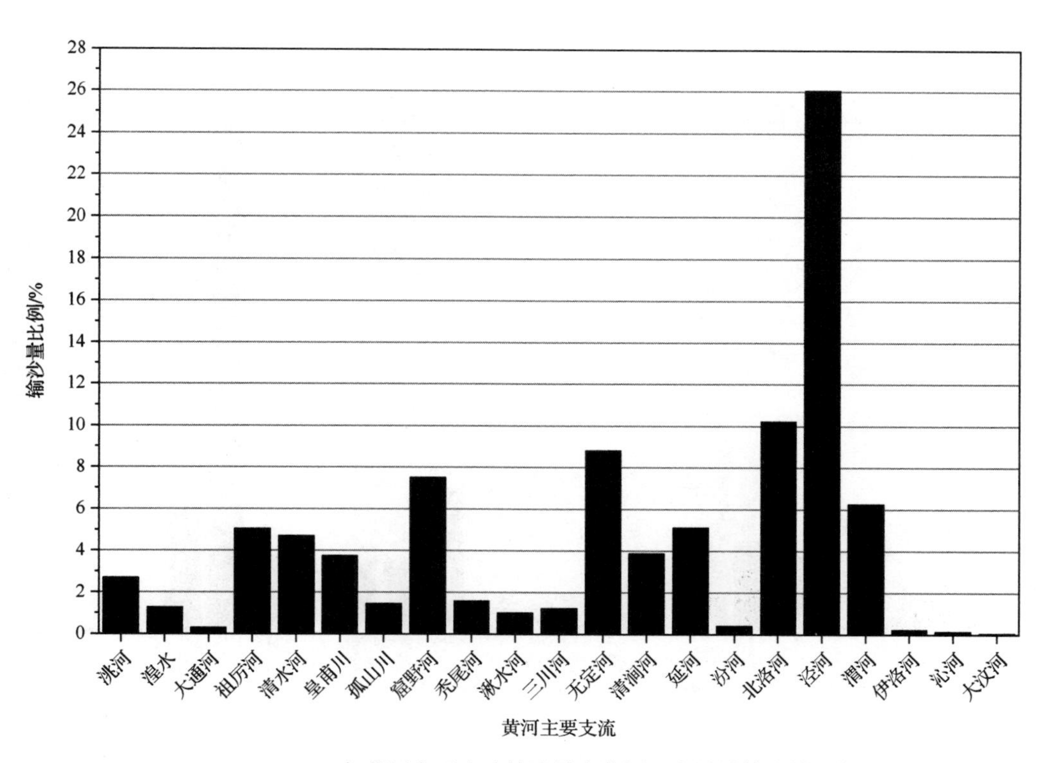

1986~2000年黄河主要支流输沙量占黄河上中游总输沙量比例图

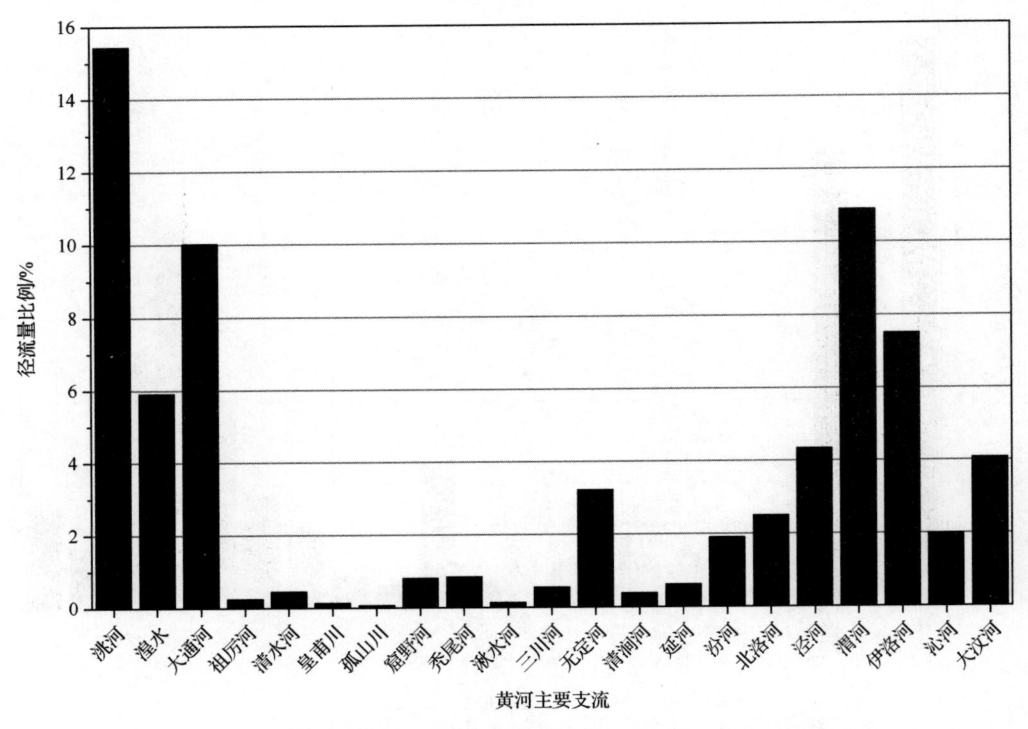

2001~2015年黄河主要支流径流量占黄河上中游总径流量比例图

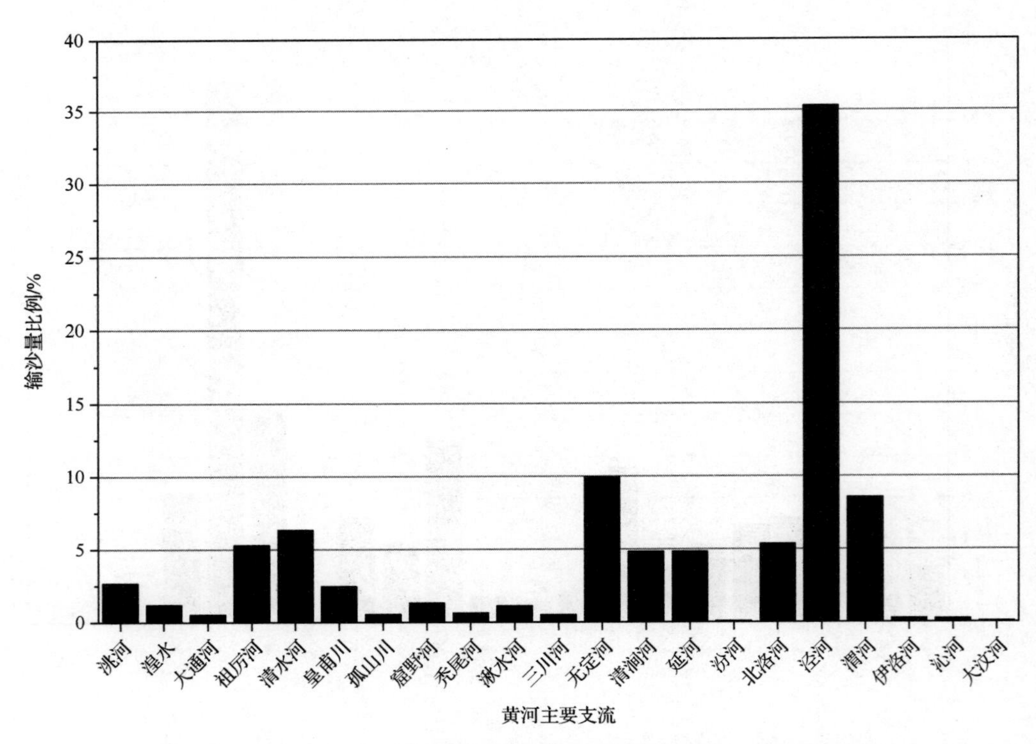

2001~2015年黄河主要支流输沙量占黄河上中游总输沙量比例图

7 黄河流域水沙区域分异序列图

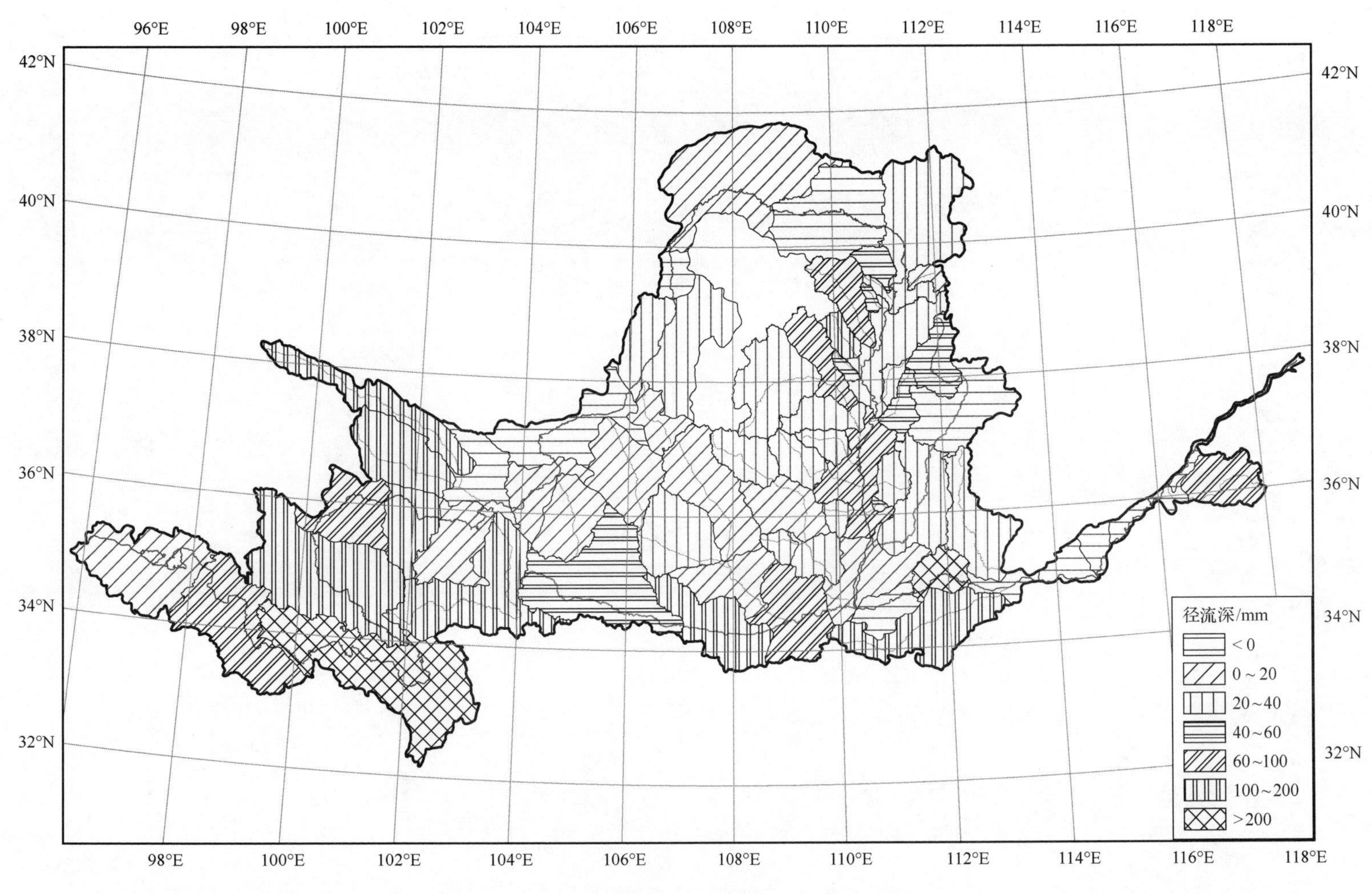

1960年黄河流域径流深空间分布图

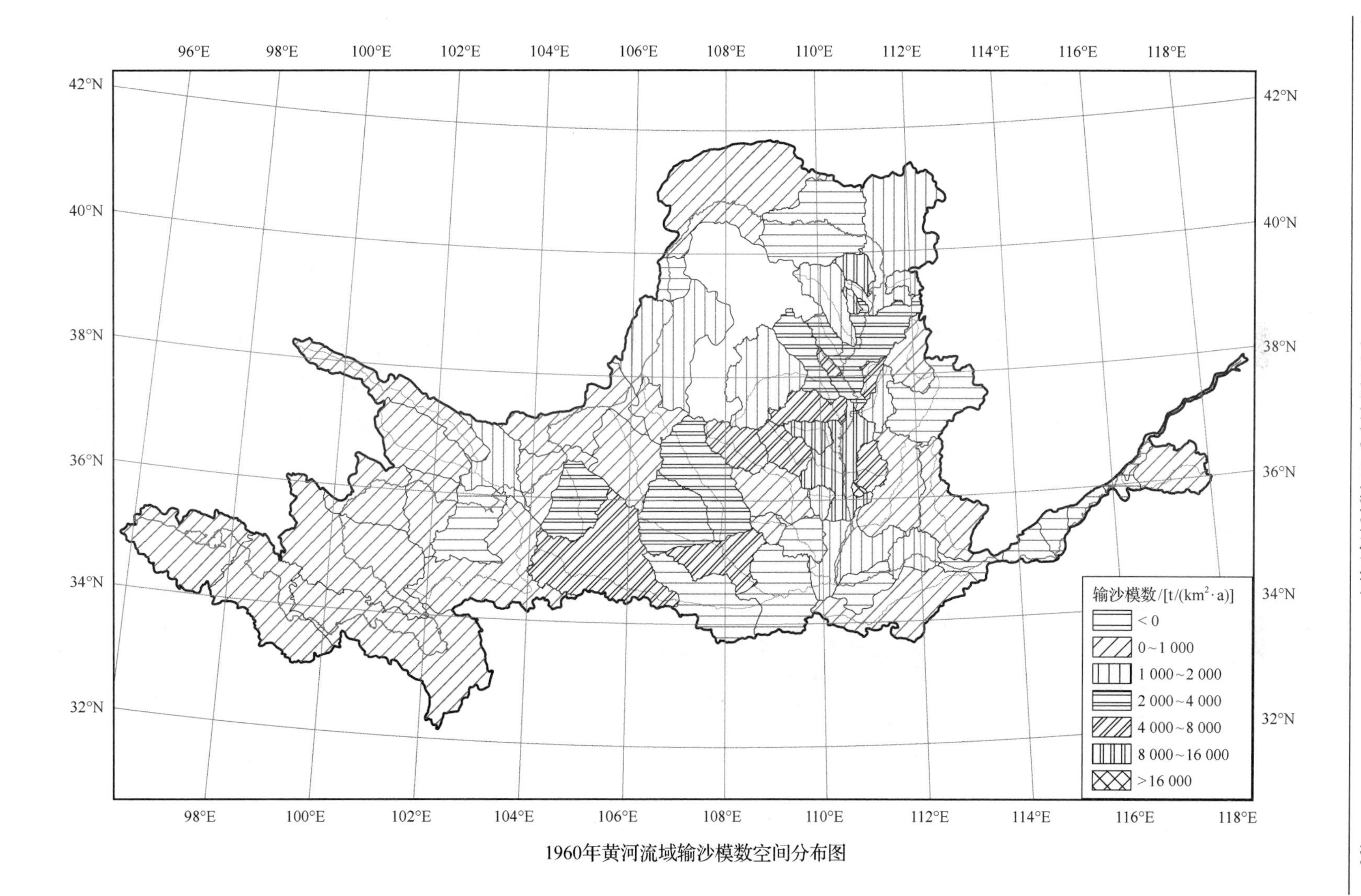

1960年黄河流域输沙模数空间分布图

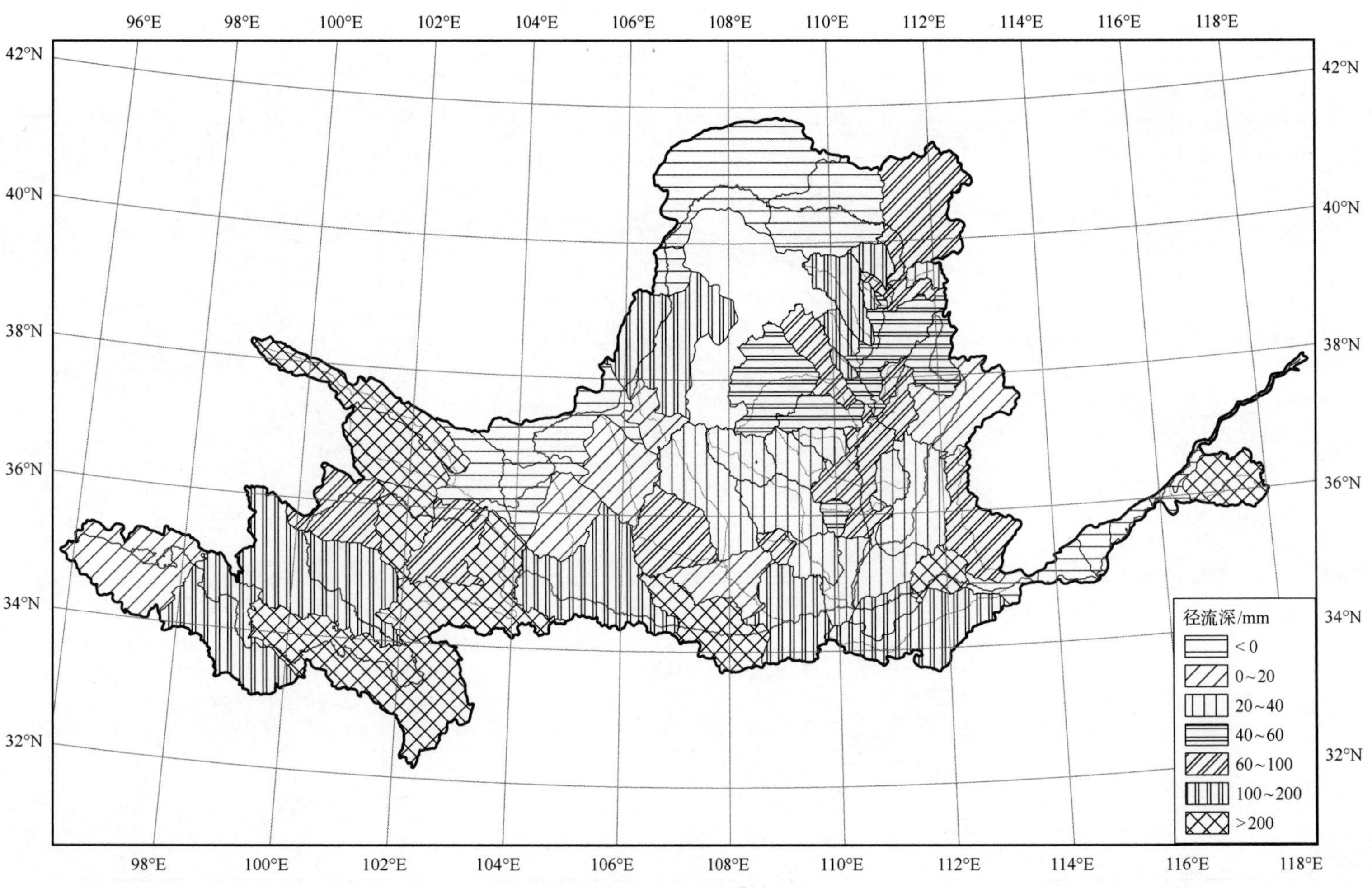

1961年黄河流域径流深空间分布图

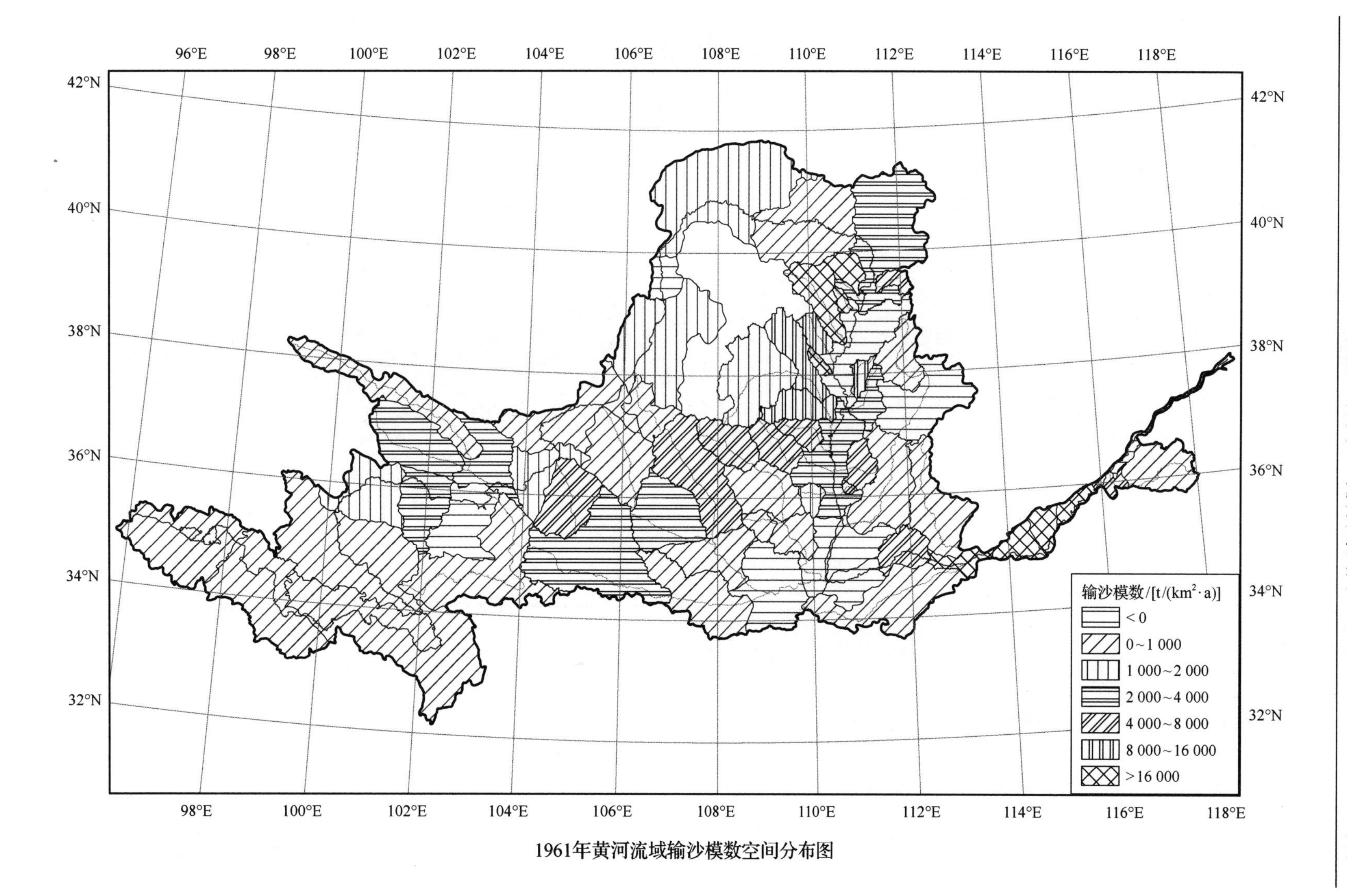

1961年黄河流域输沙模数空间分布图

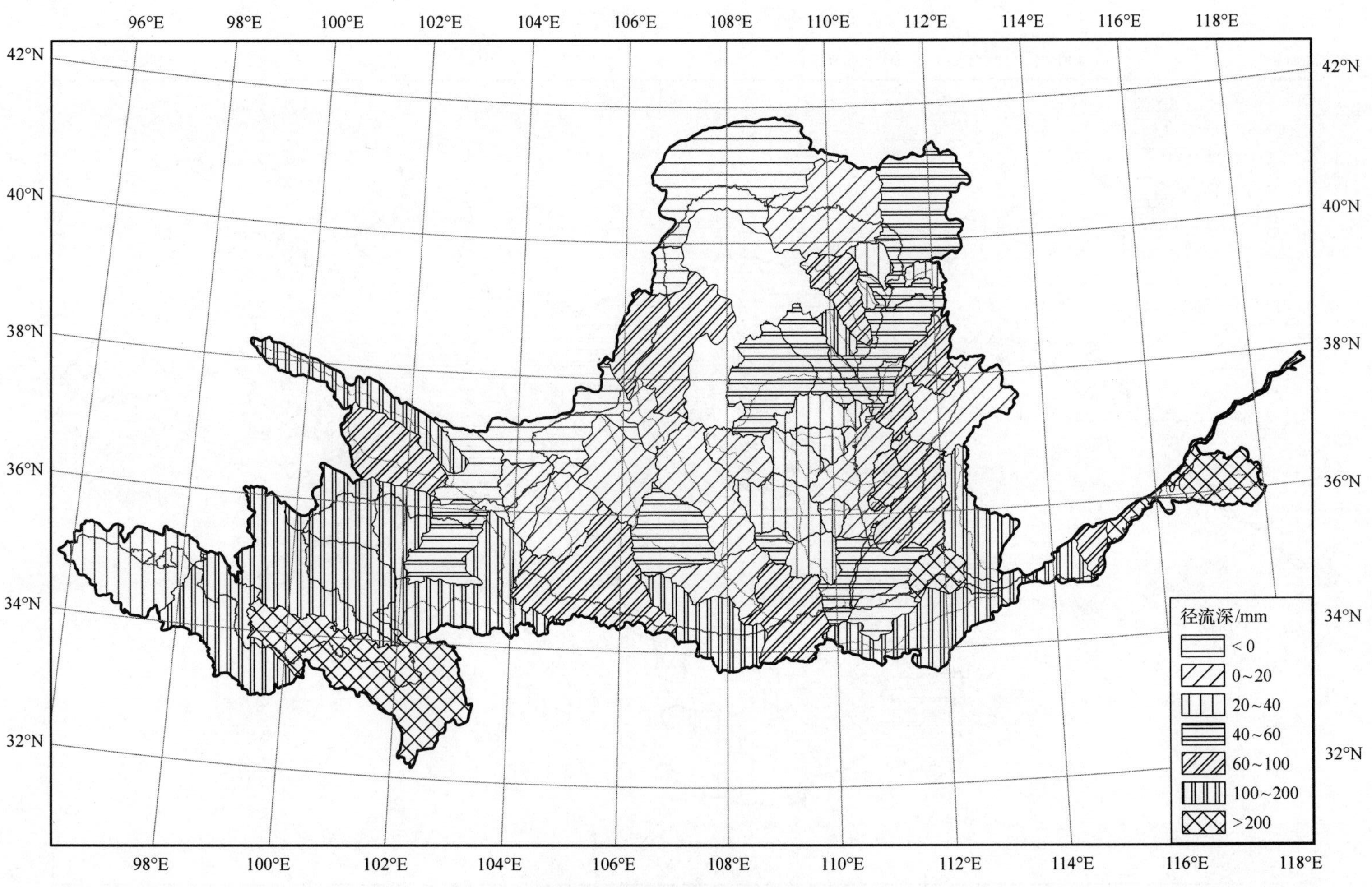

1962年黄河流域径流深空间分布图

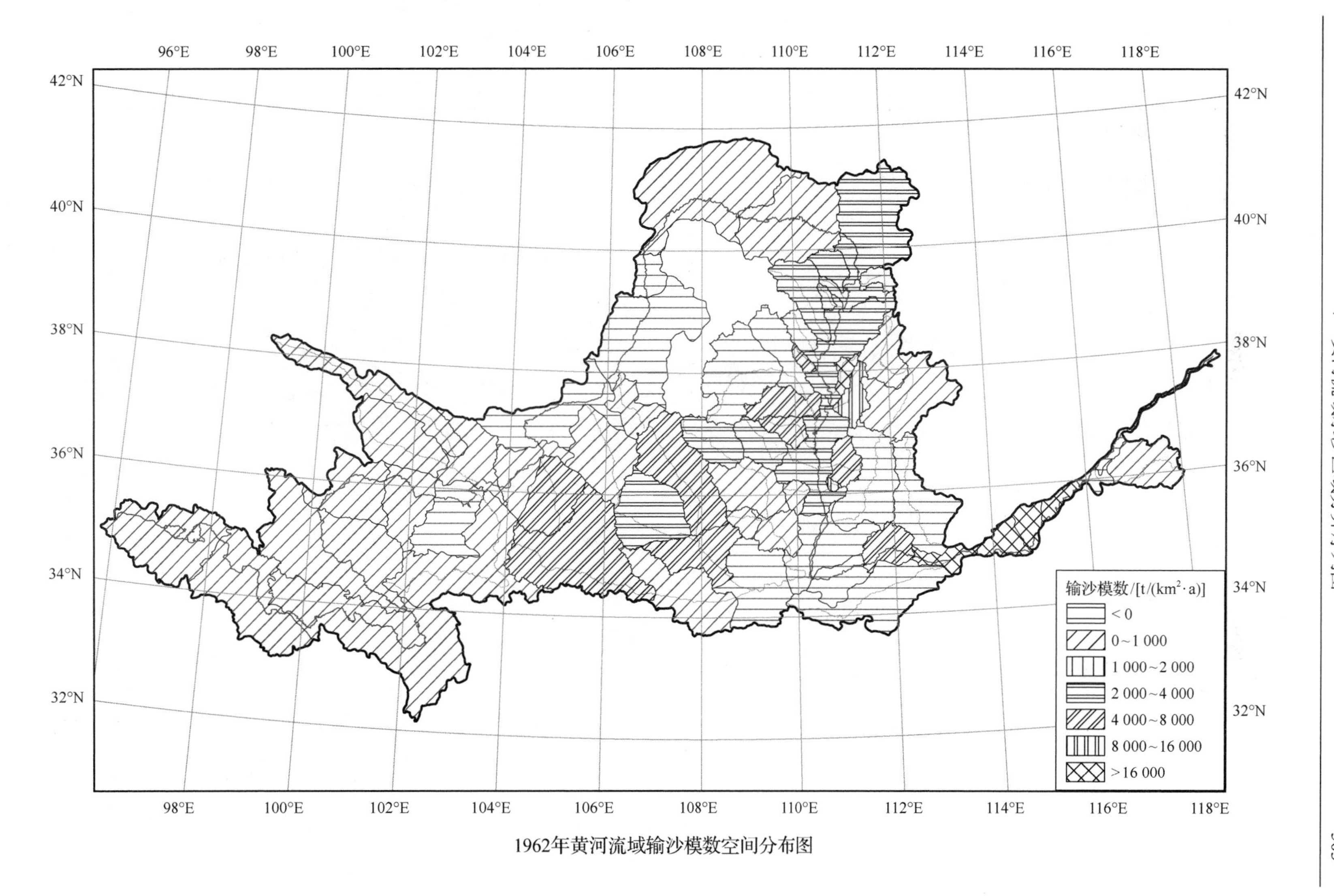

1962年黄河流域输沙模数空间分布图

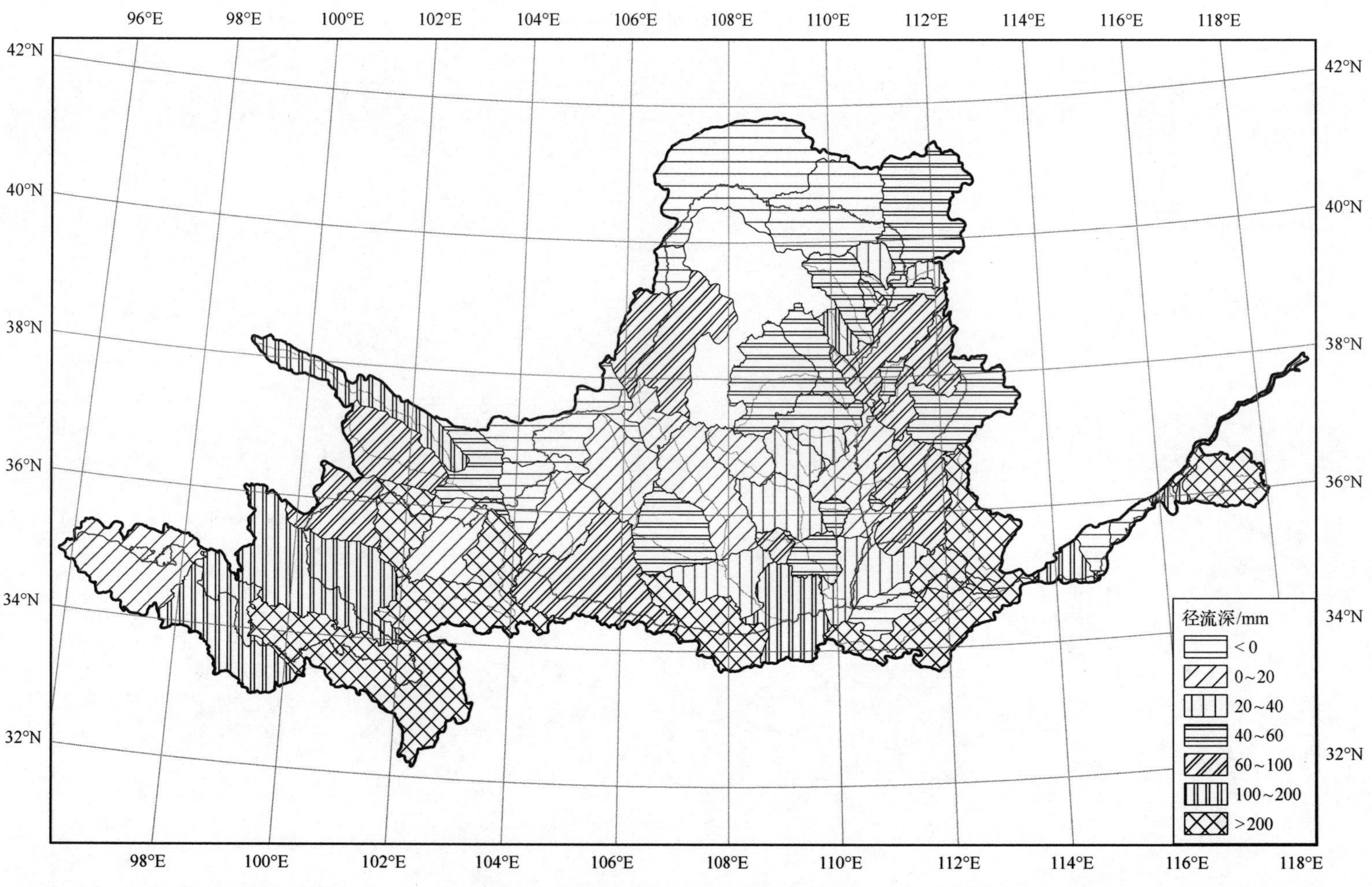

1963年黄河流域径流深空间分布图

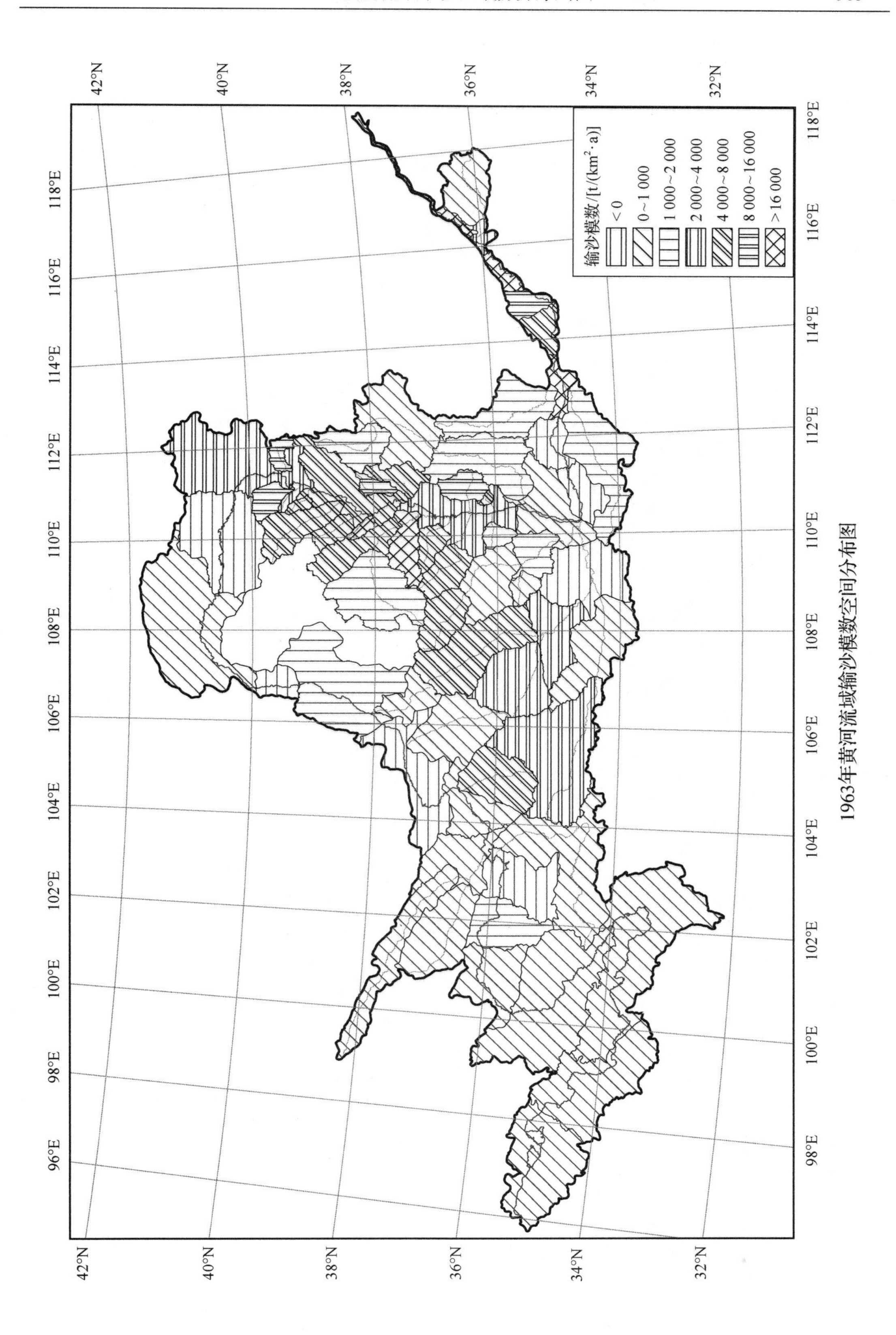

1963年黄河流域输沙模数空间分布图

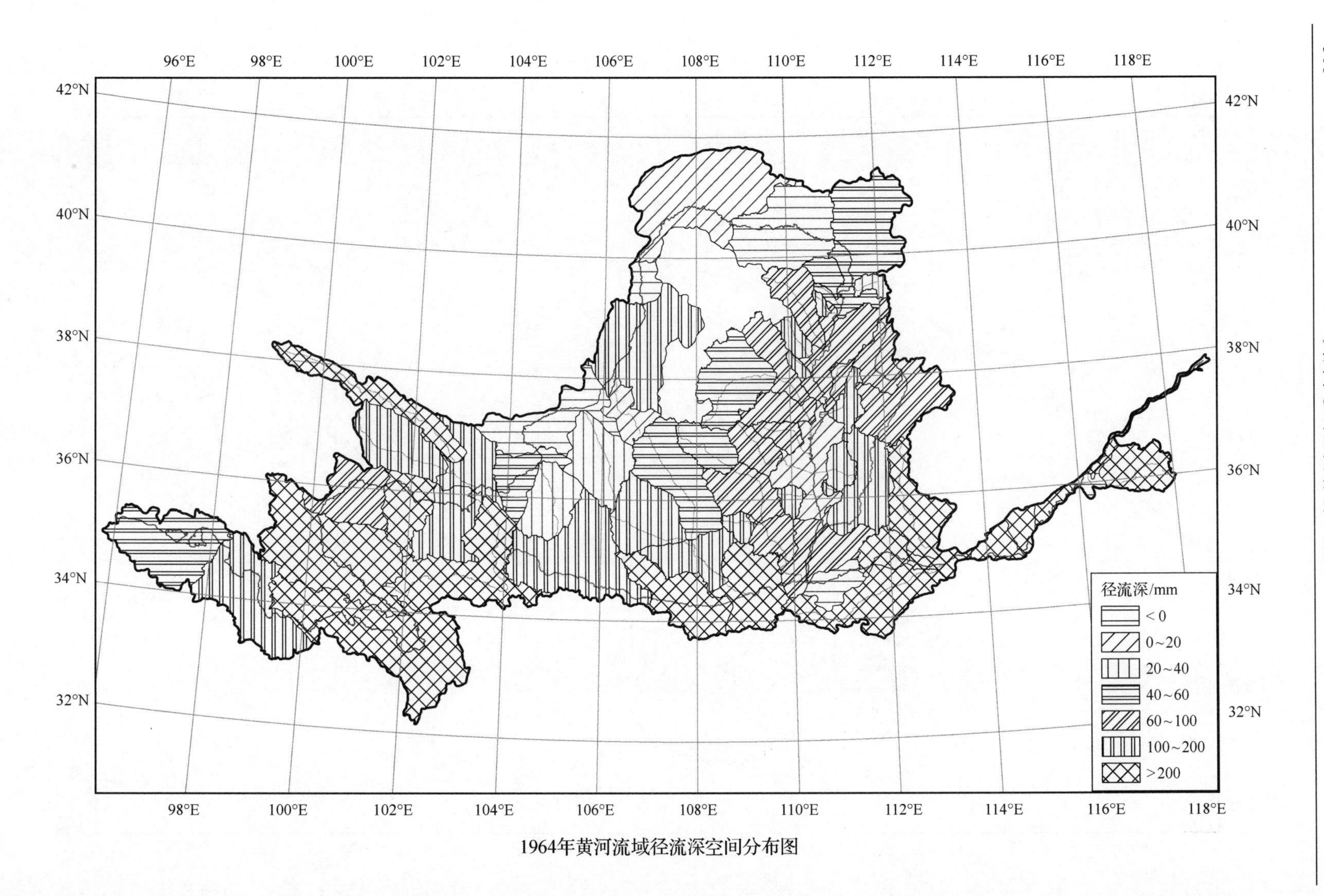

1964年黄河流域径流深空间分布图

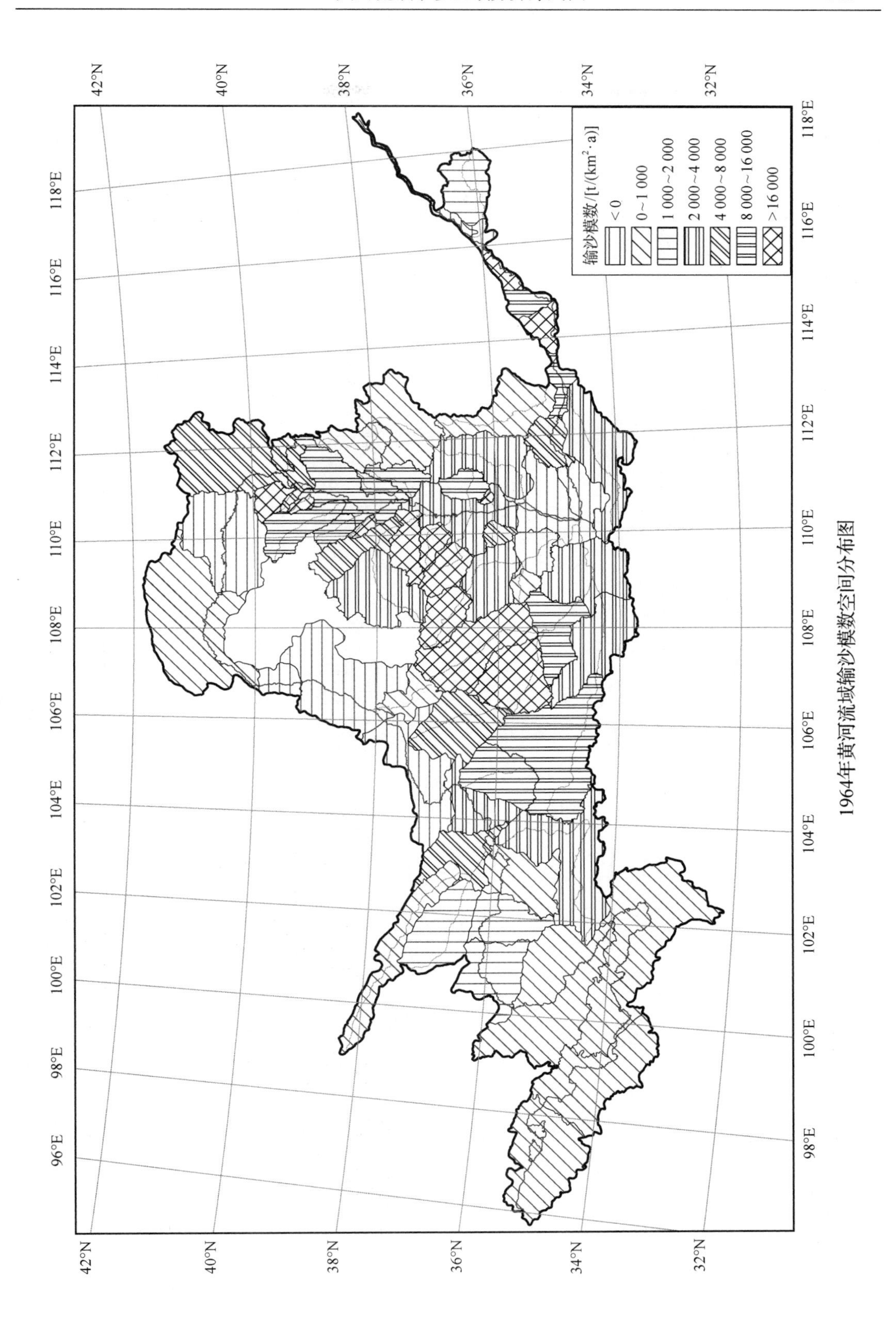

1964年黄河流域输沙模数空间分布图

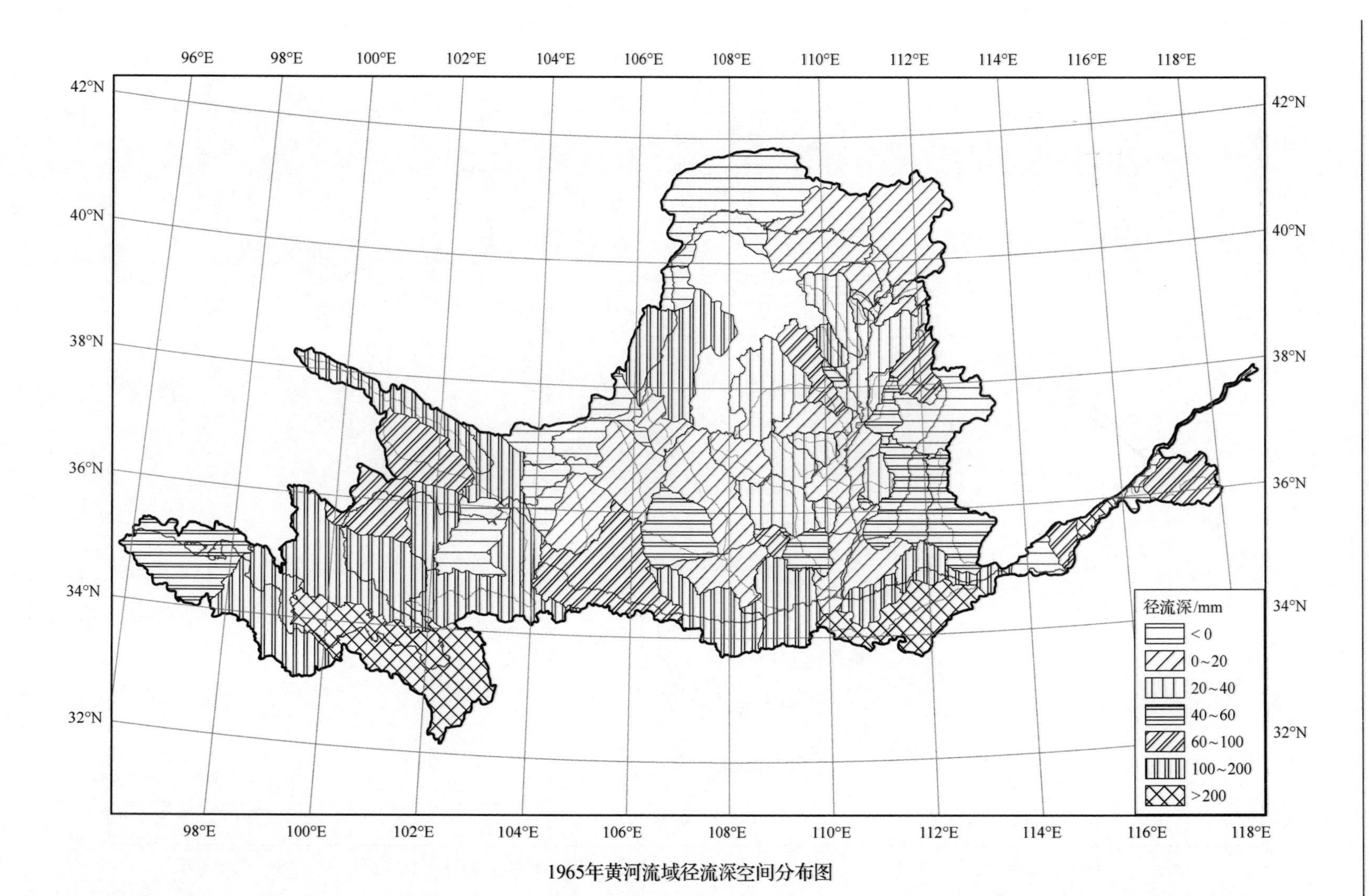

1965年黄河流域径流深空间分布图

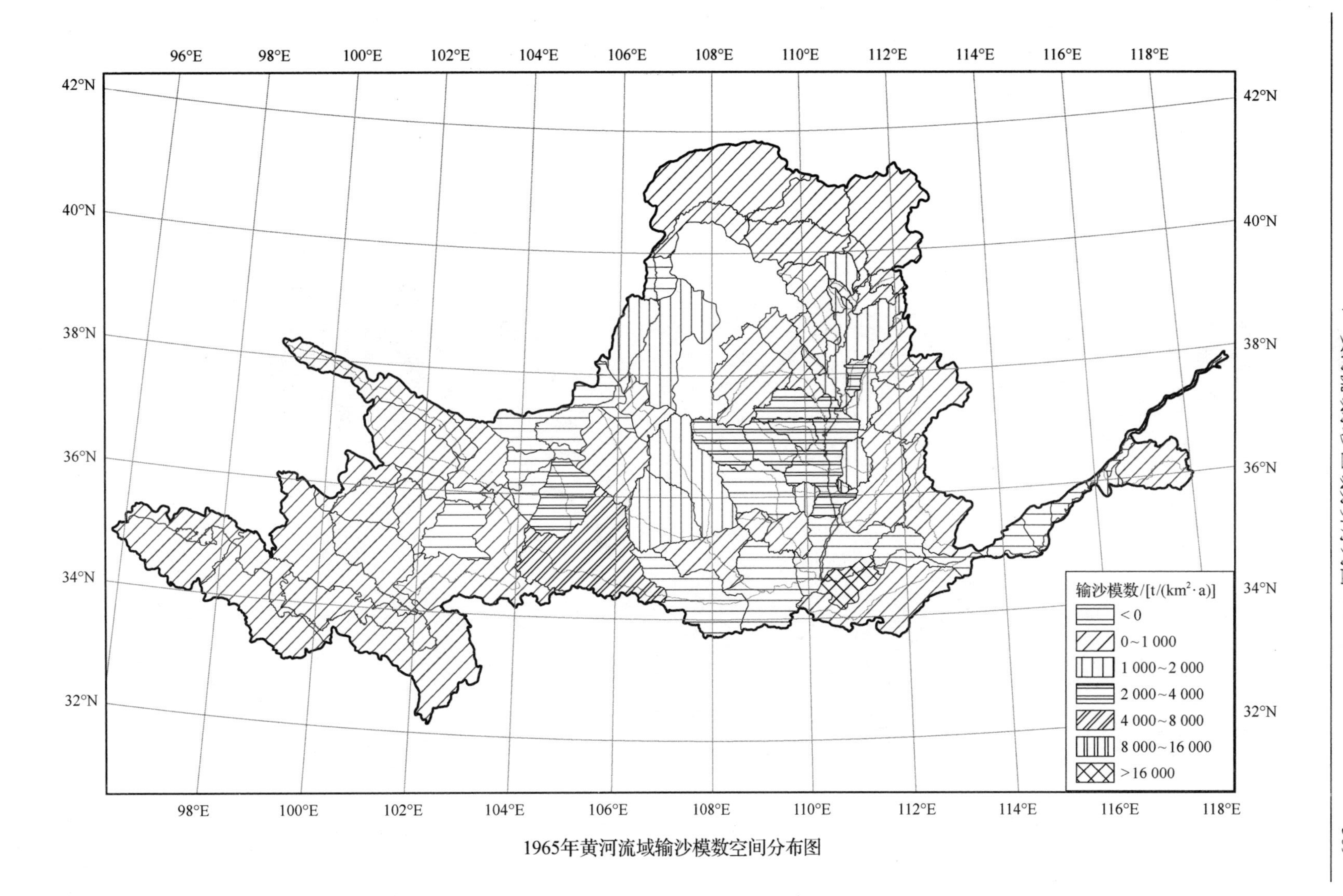

1965年黄河流域输沙模数空间分布图

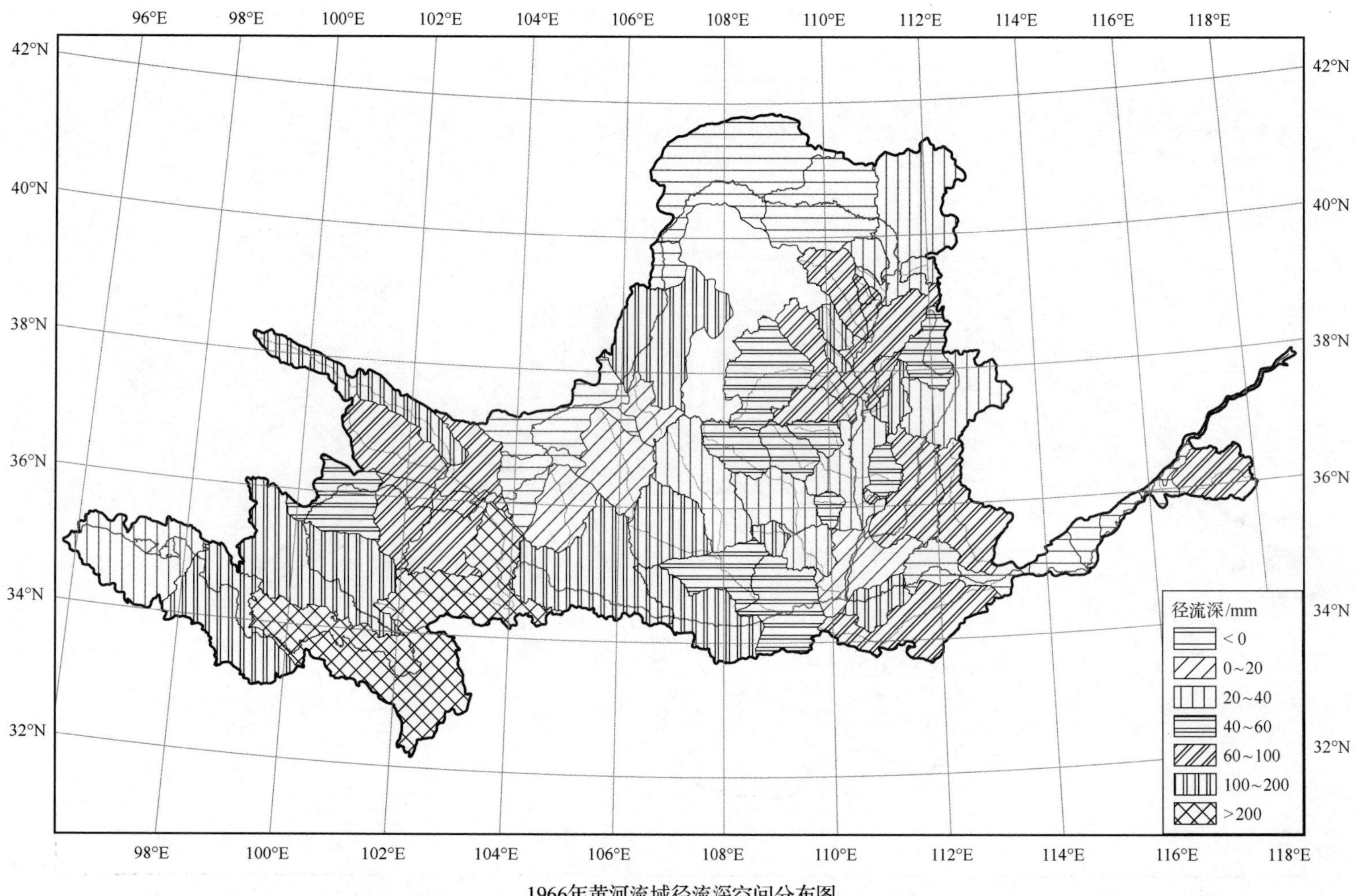

1966年黄河流域径流深空间分布图

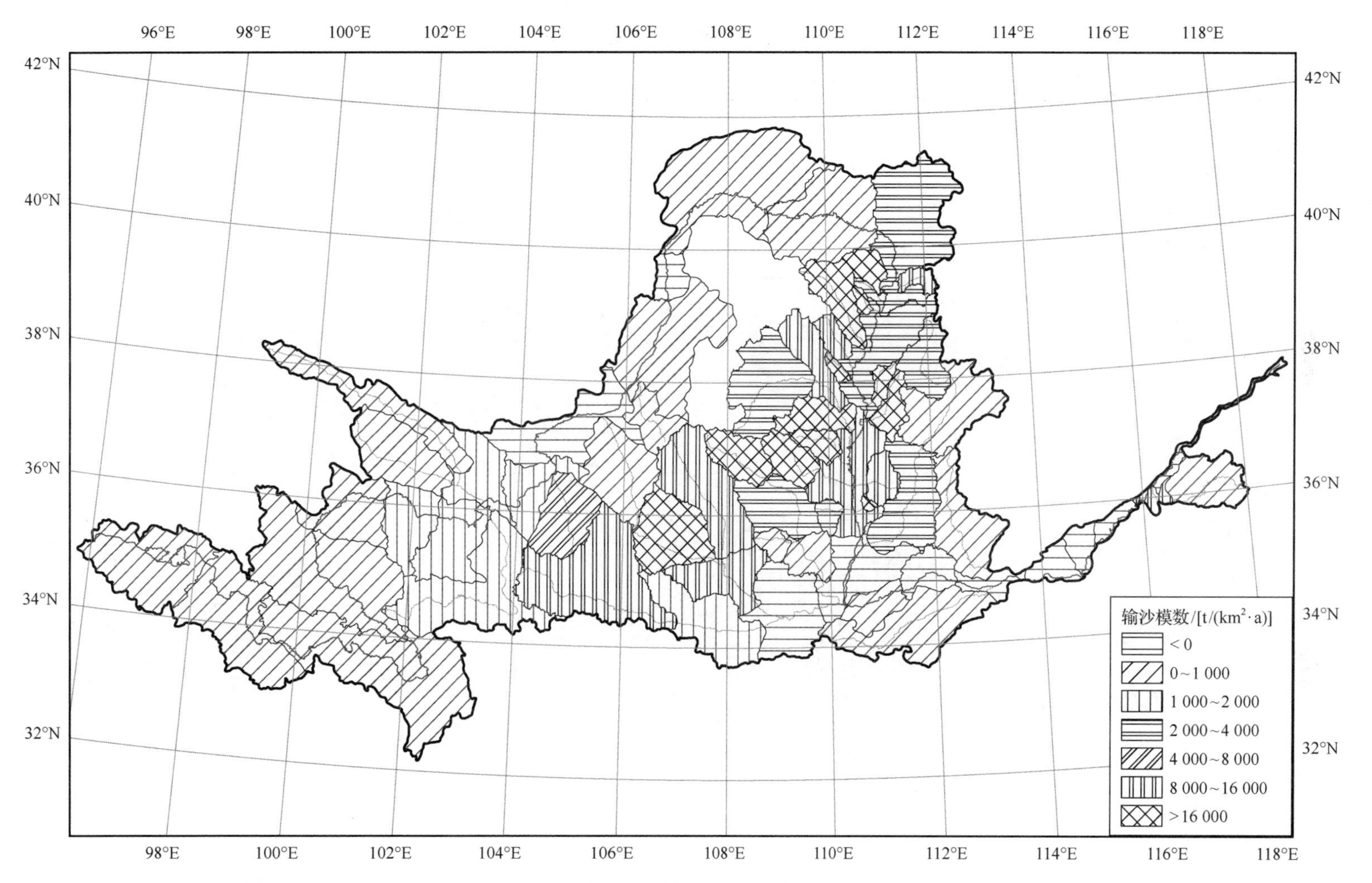

1966年黄河流域输沙模数空间分布图

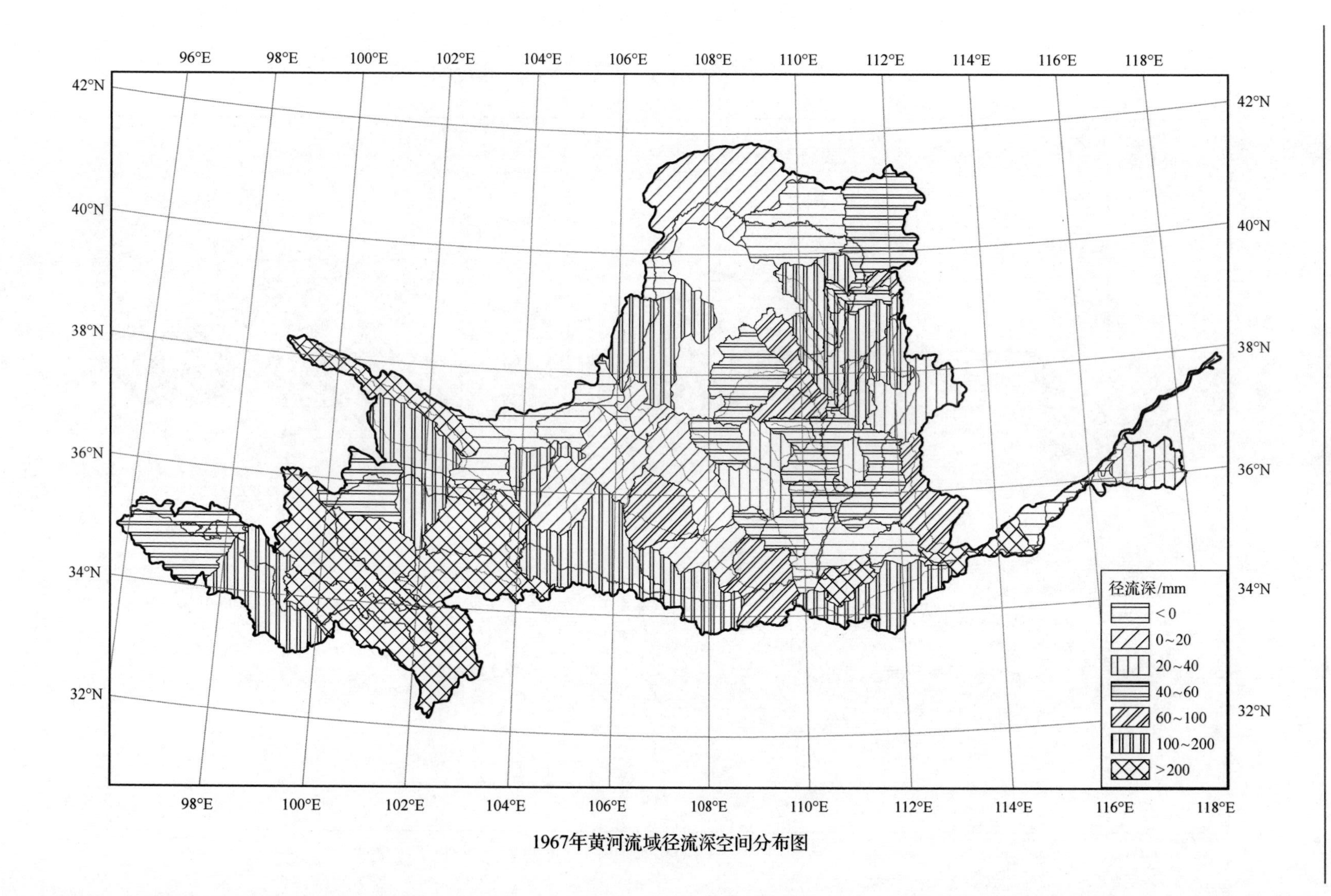

1967年黄河流域径流深空间分布图

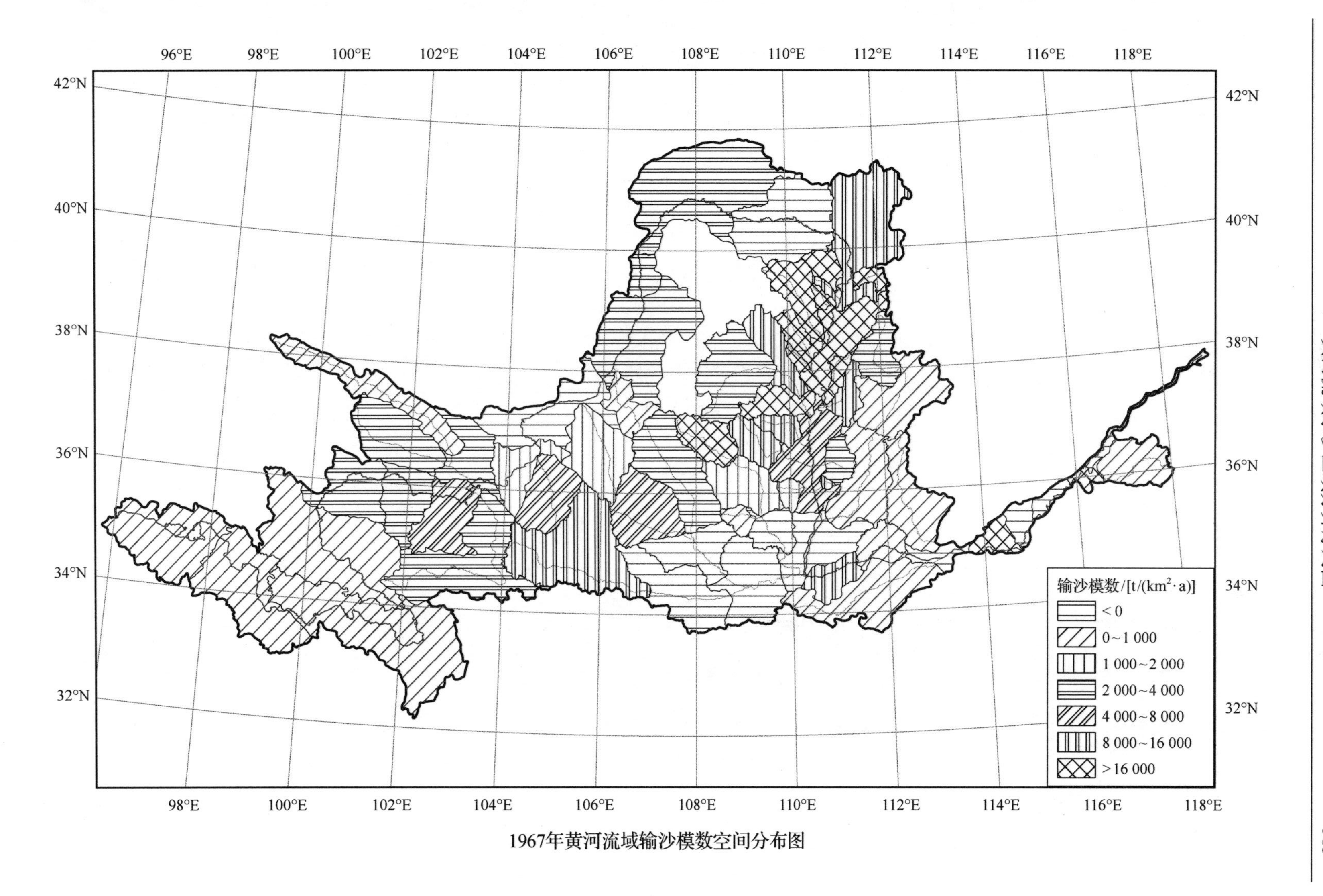

1967年黄河流域输沙模数空间分布图

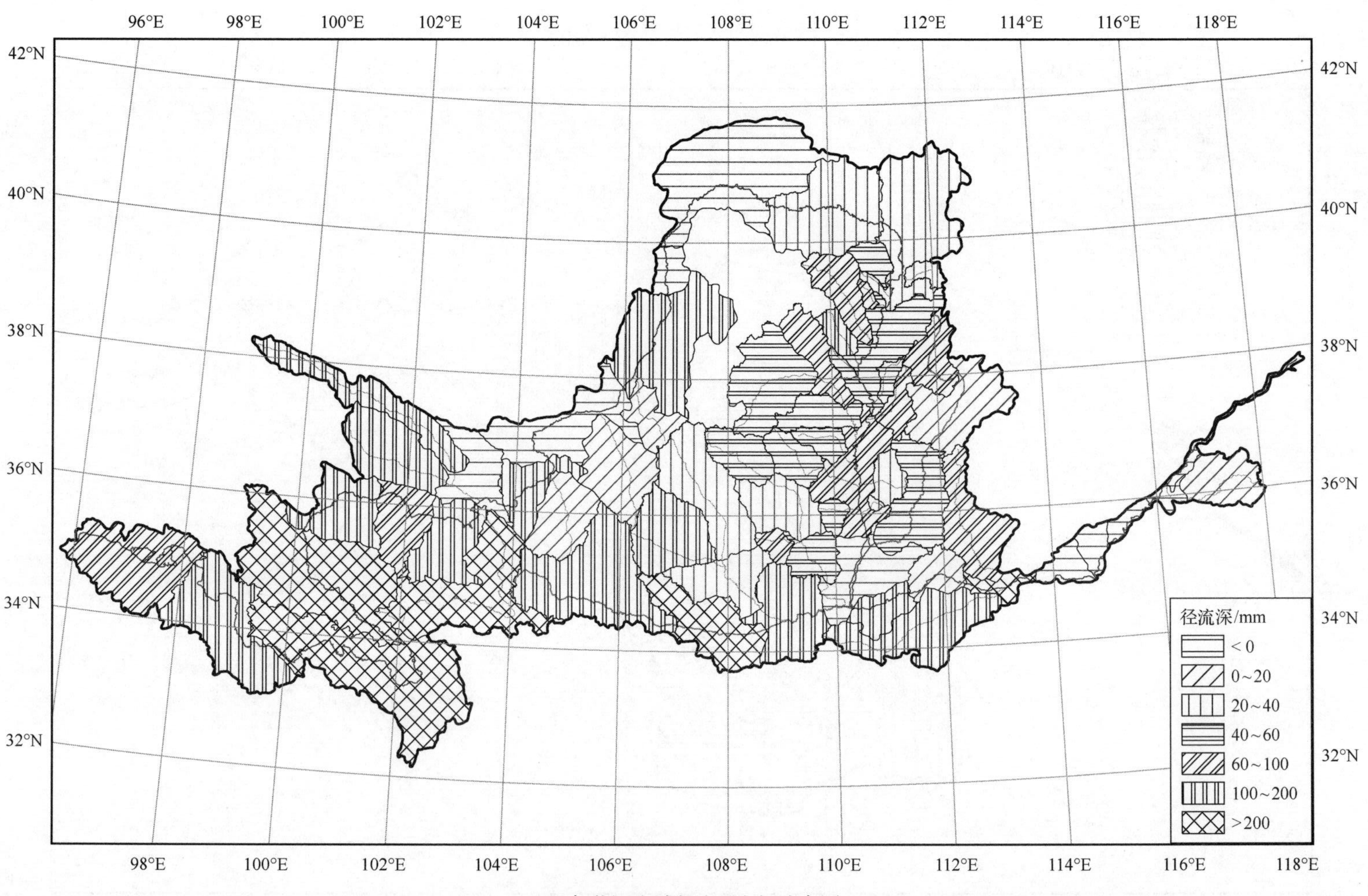

1968年黄河流域径流深空间分布图

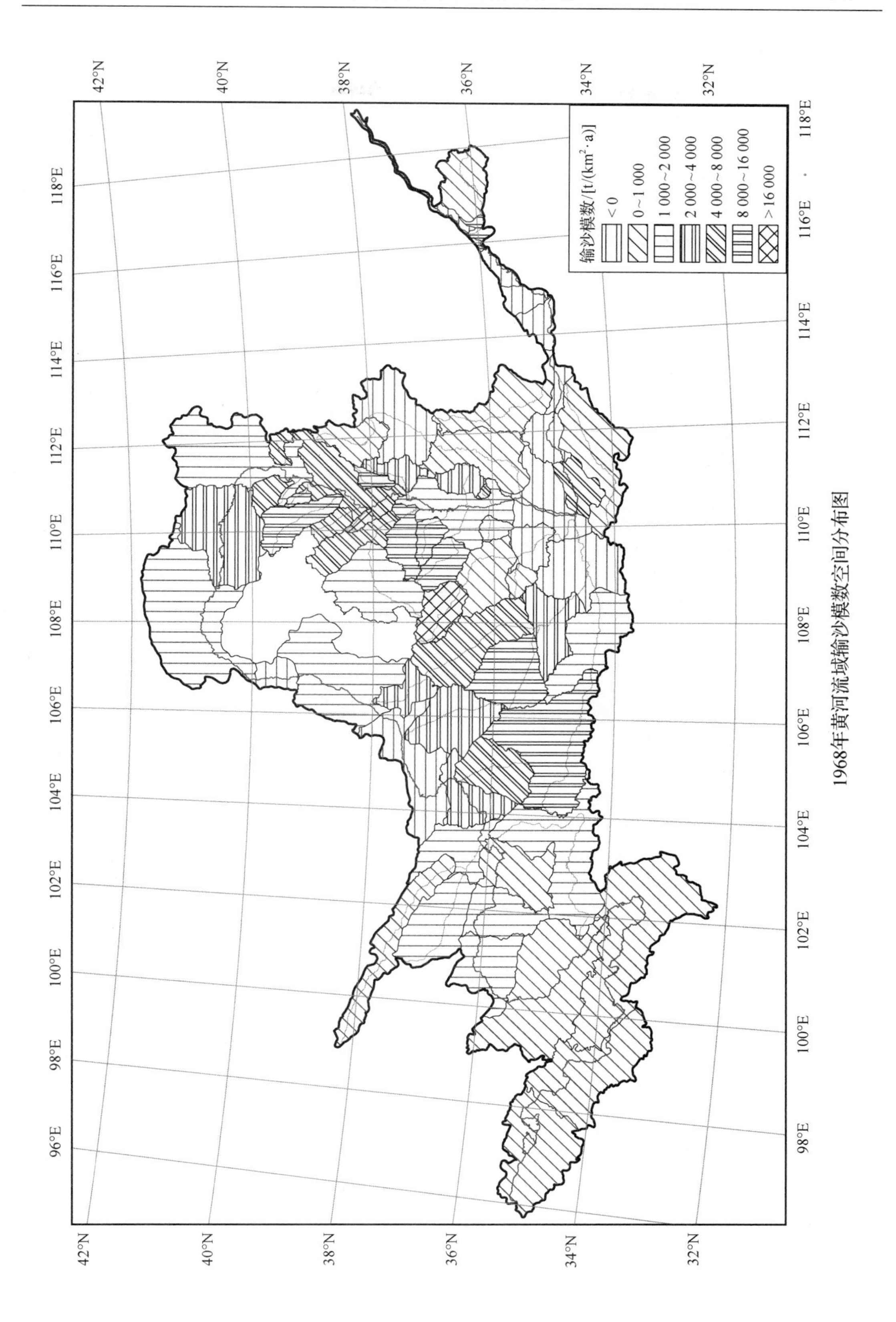

1968年黄河流域输沙模数空间分布图

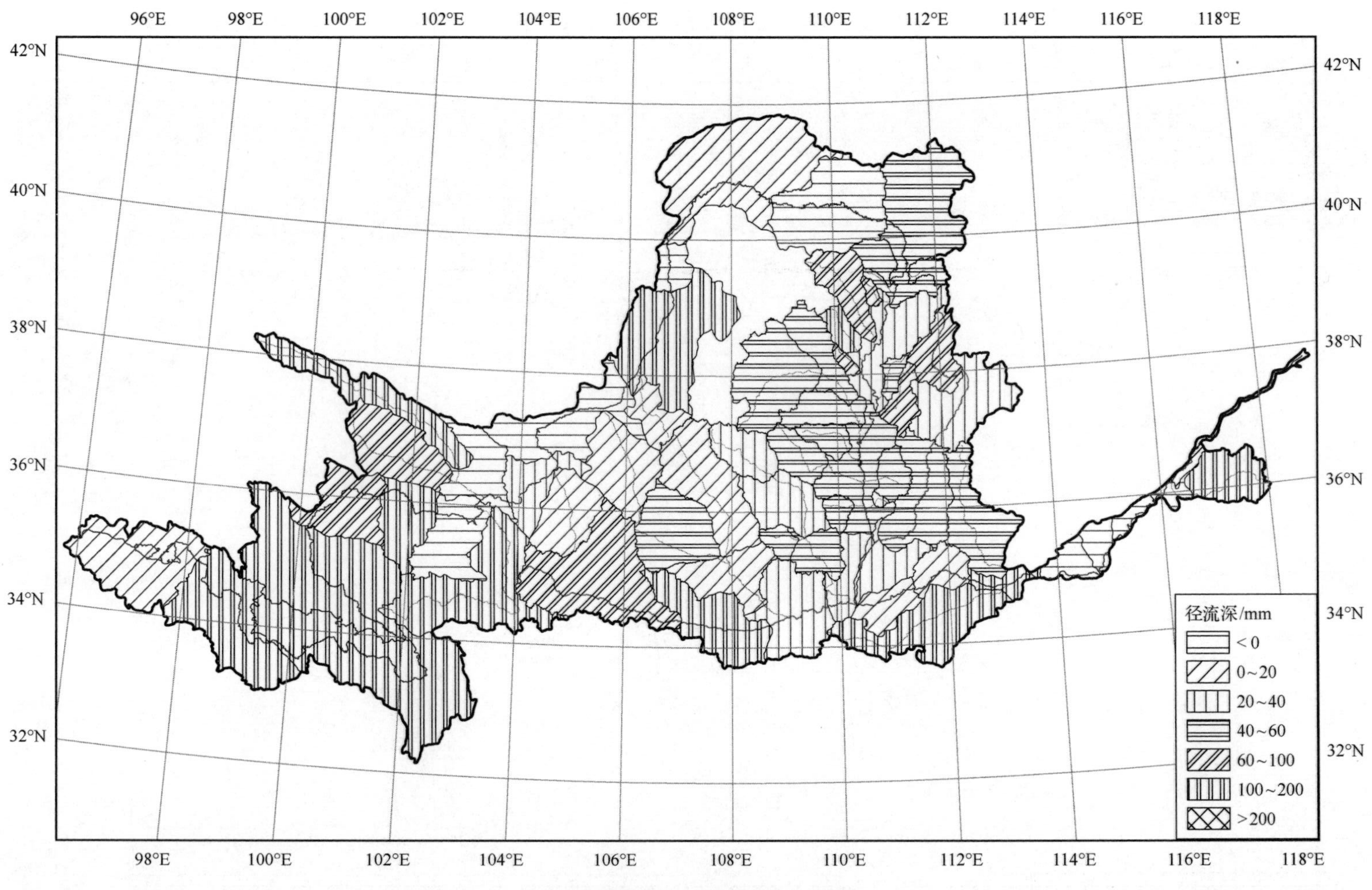

1969年黄河流域径流深空间分布图

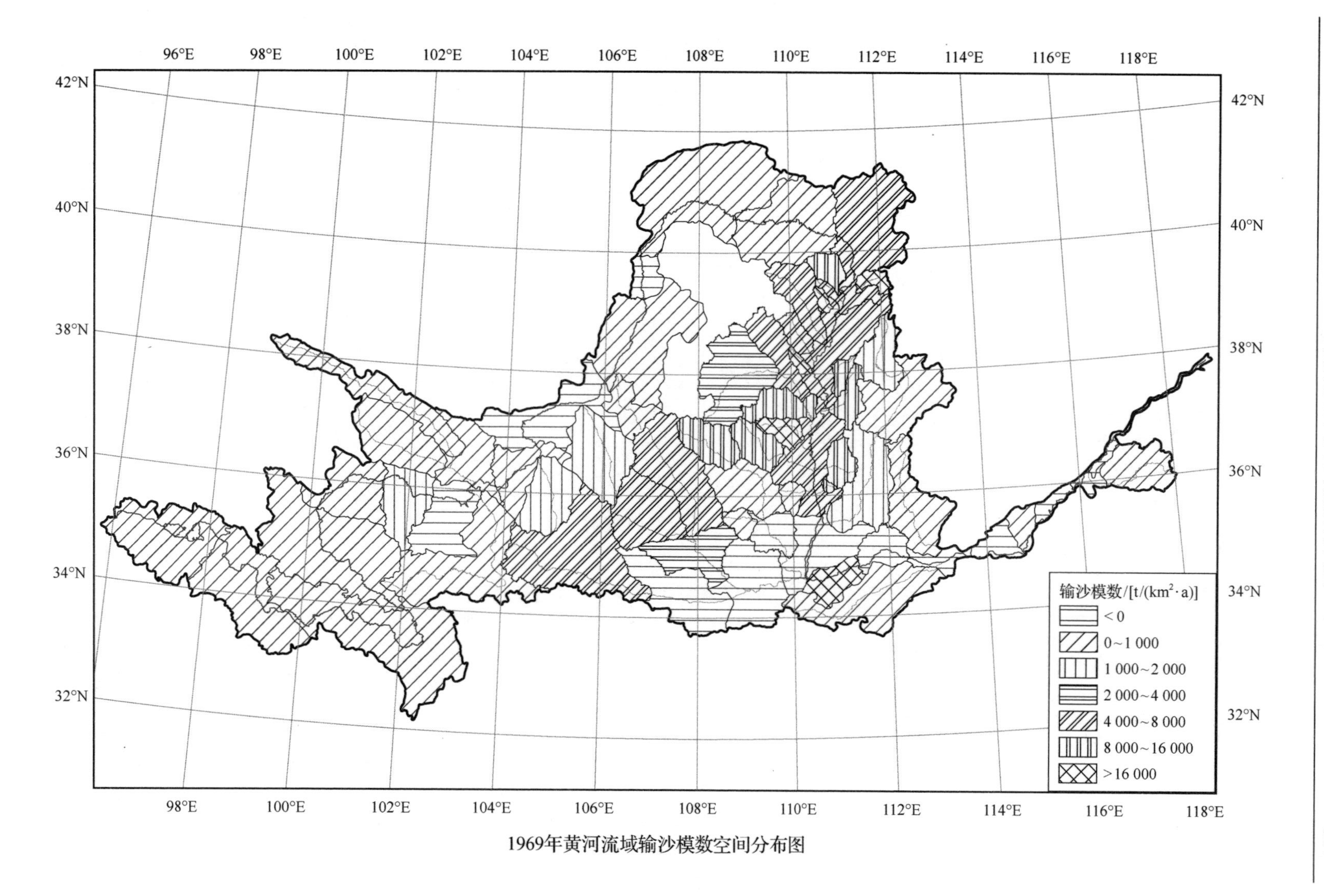

1969年黄河流域输沙模数空间分布图

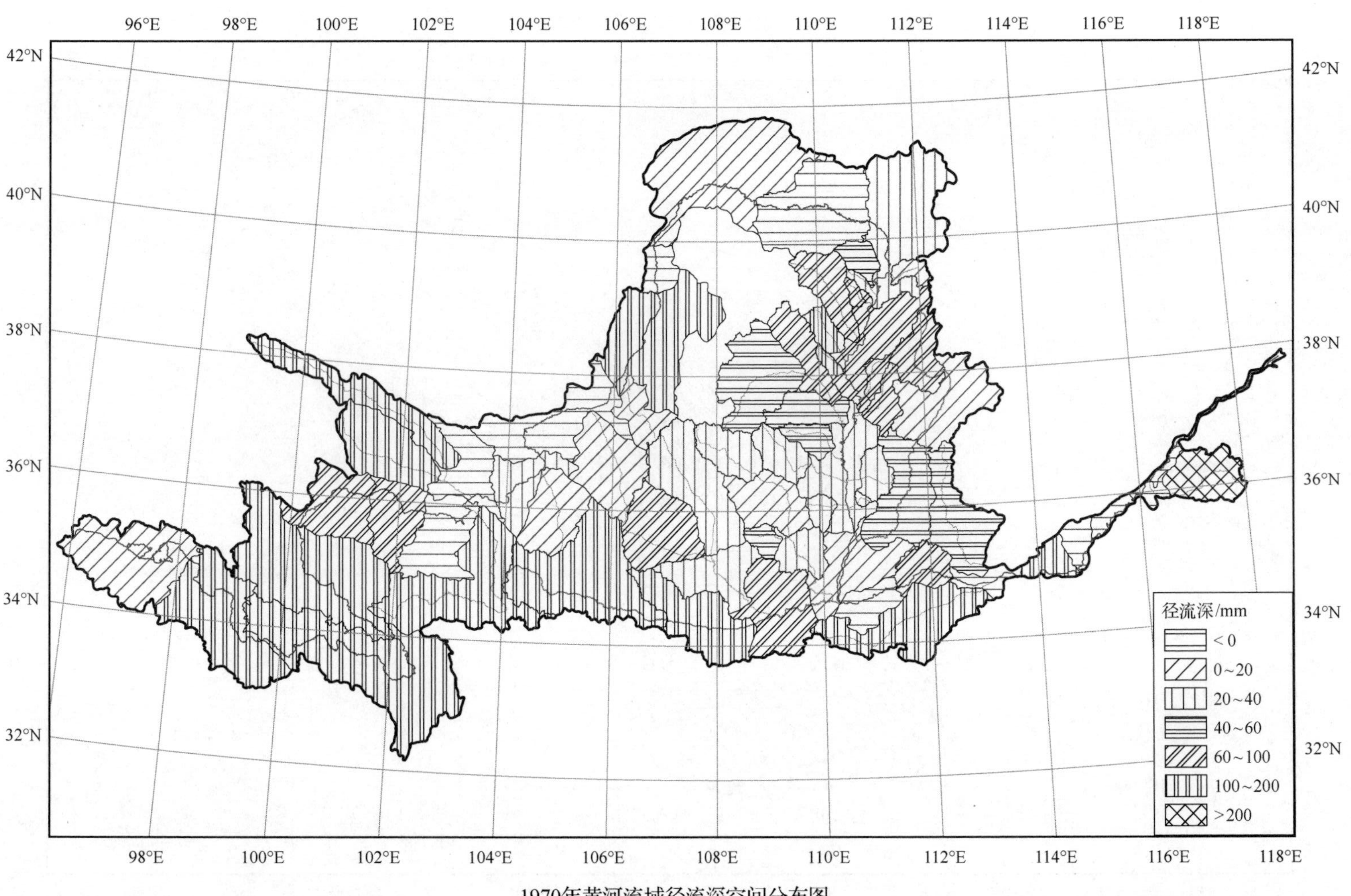

1970年黄河流域径流深空间分布图

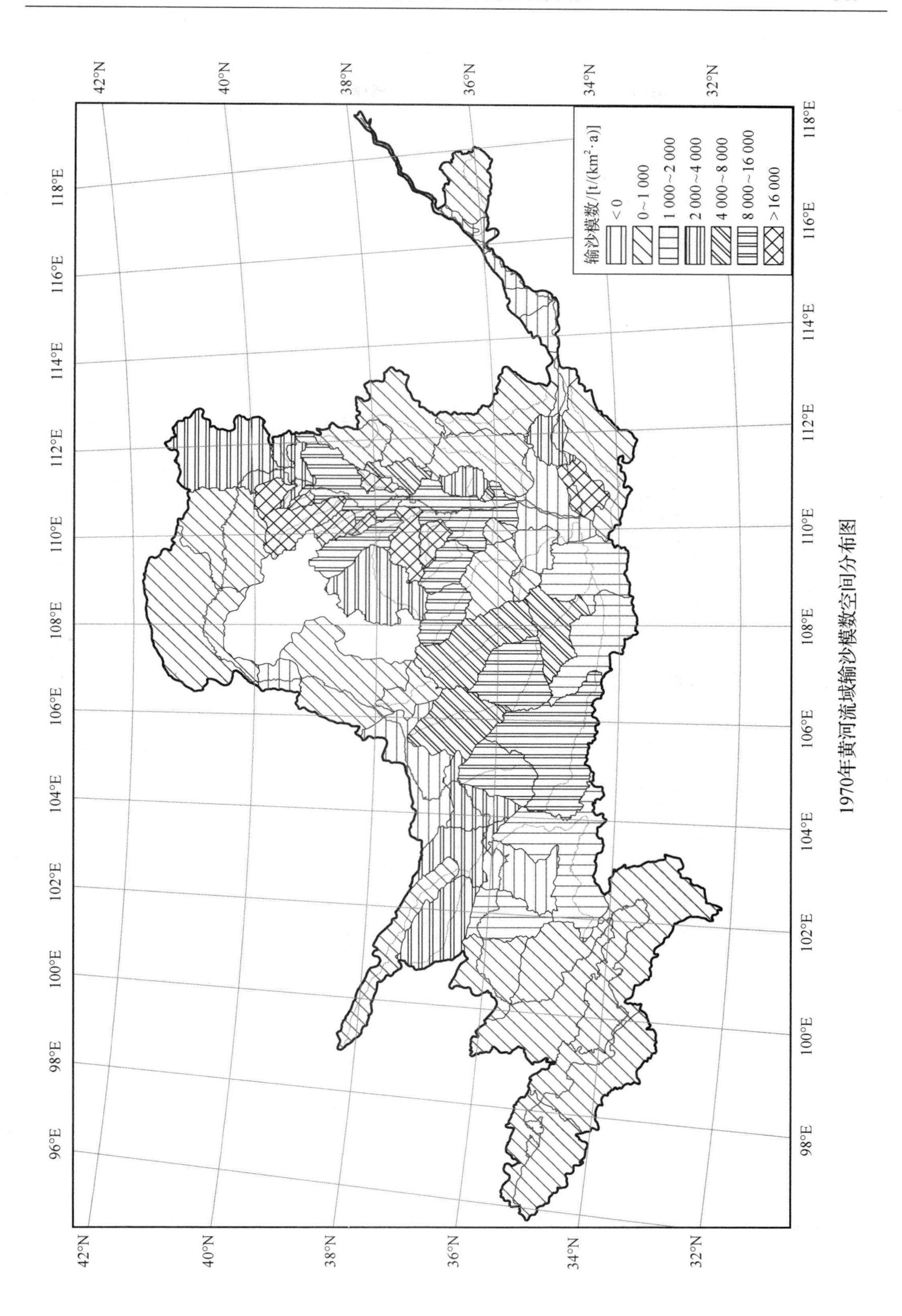

1970年黄河流域输沙模数空间分布图

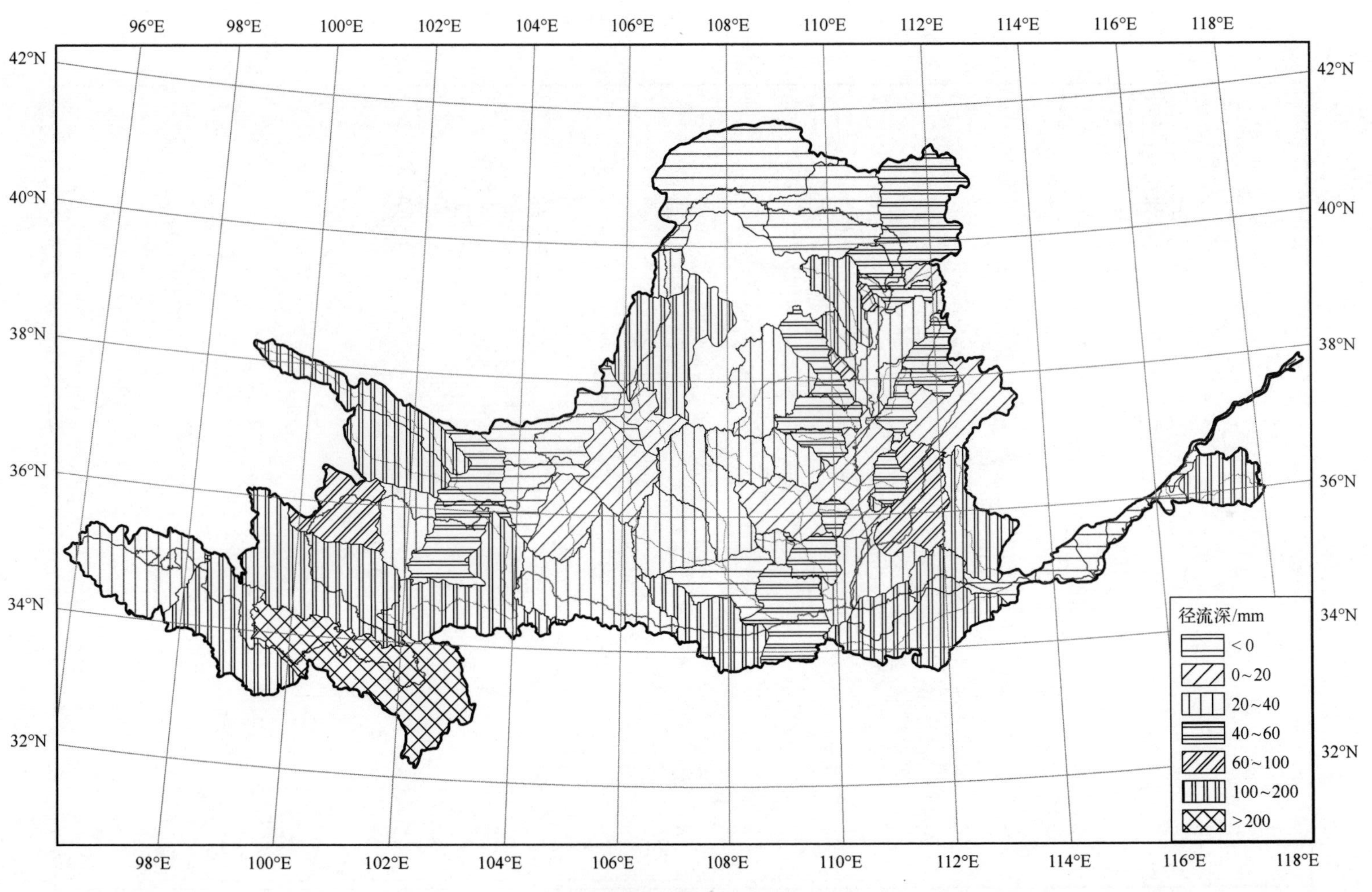

1971年黄河流域径流深空间分布图

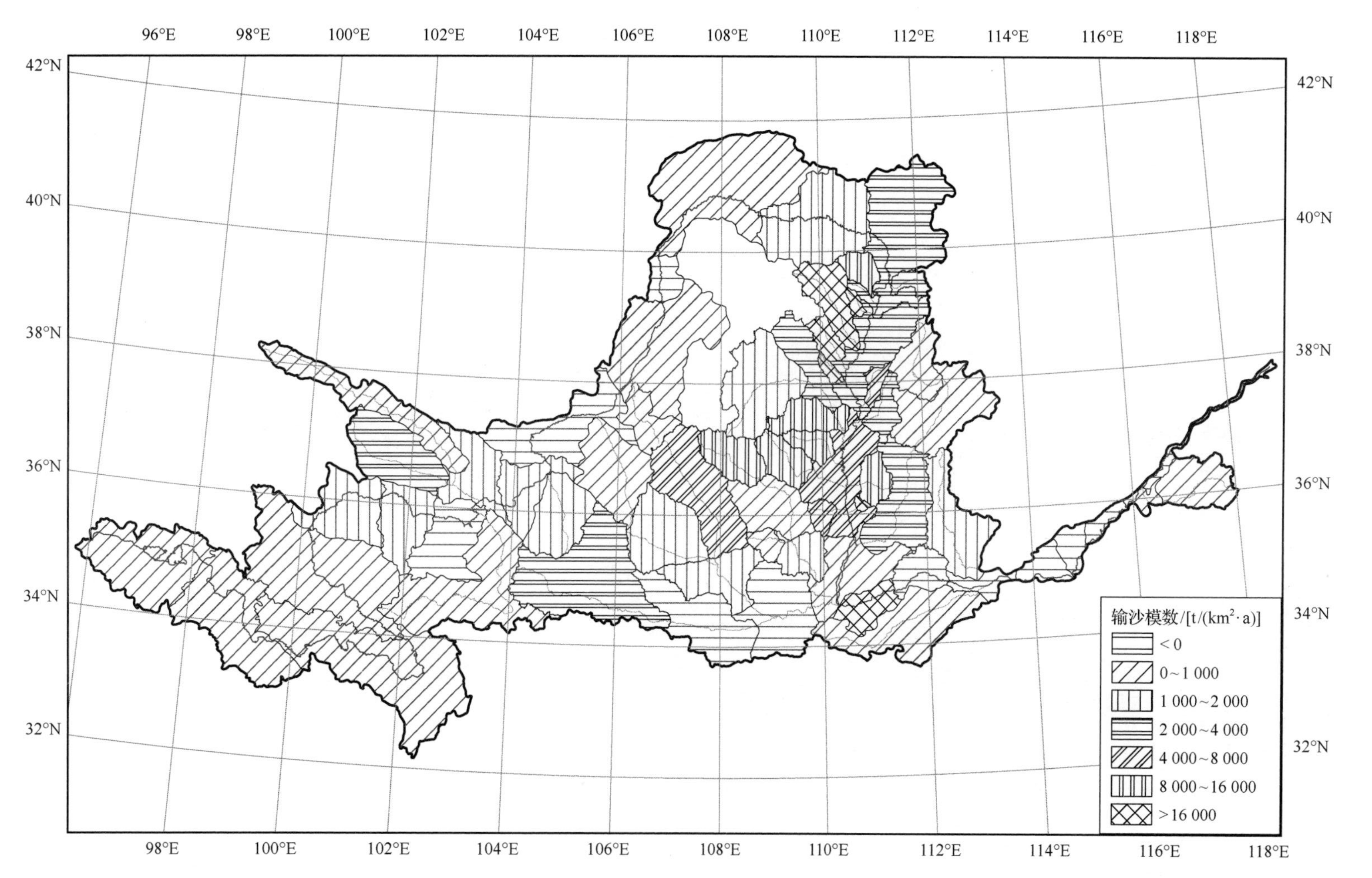

1971年黄河流域输沙模数空间分布图

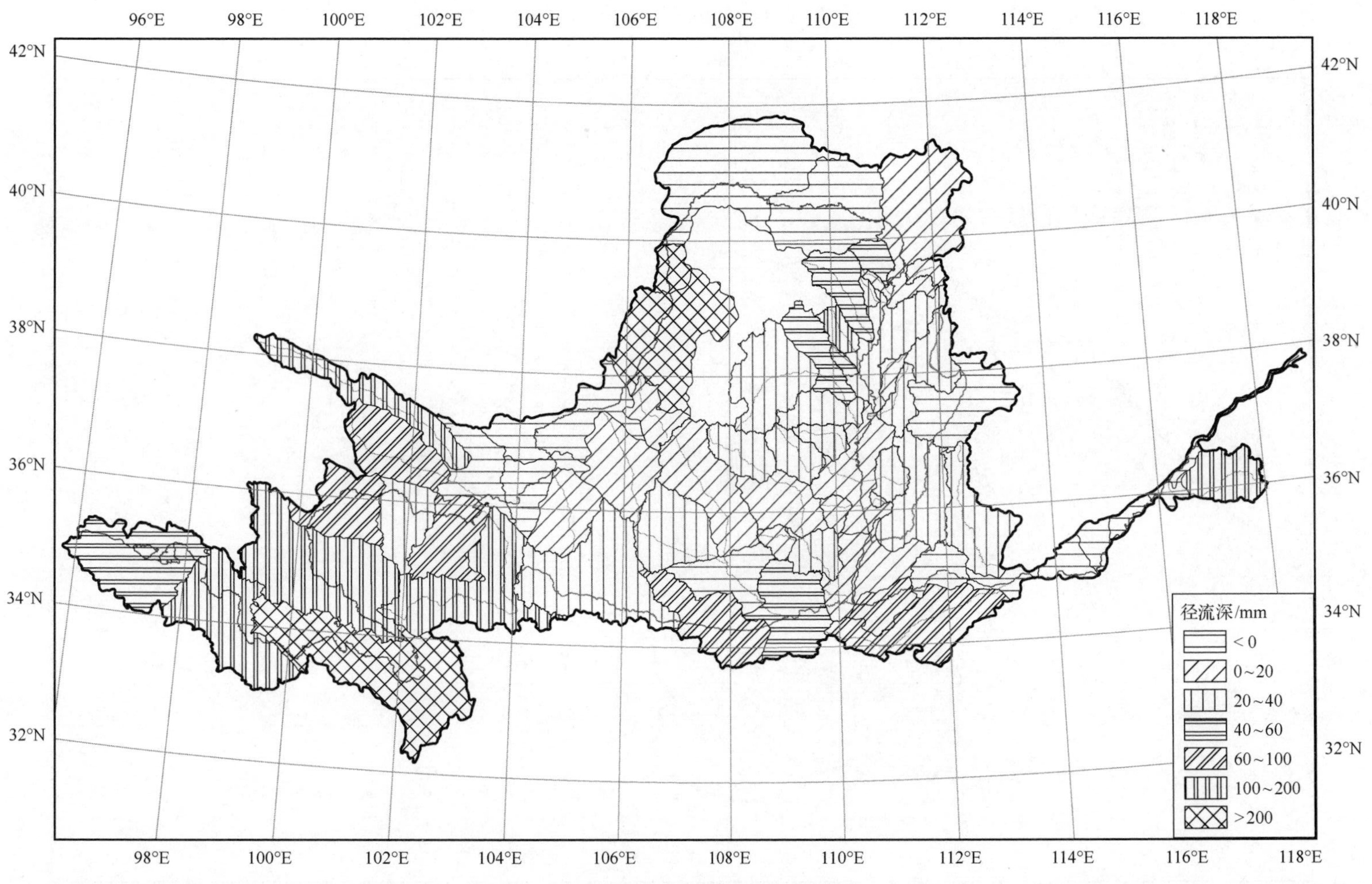

1972年黄河流域径流深空间分布图

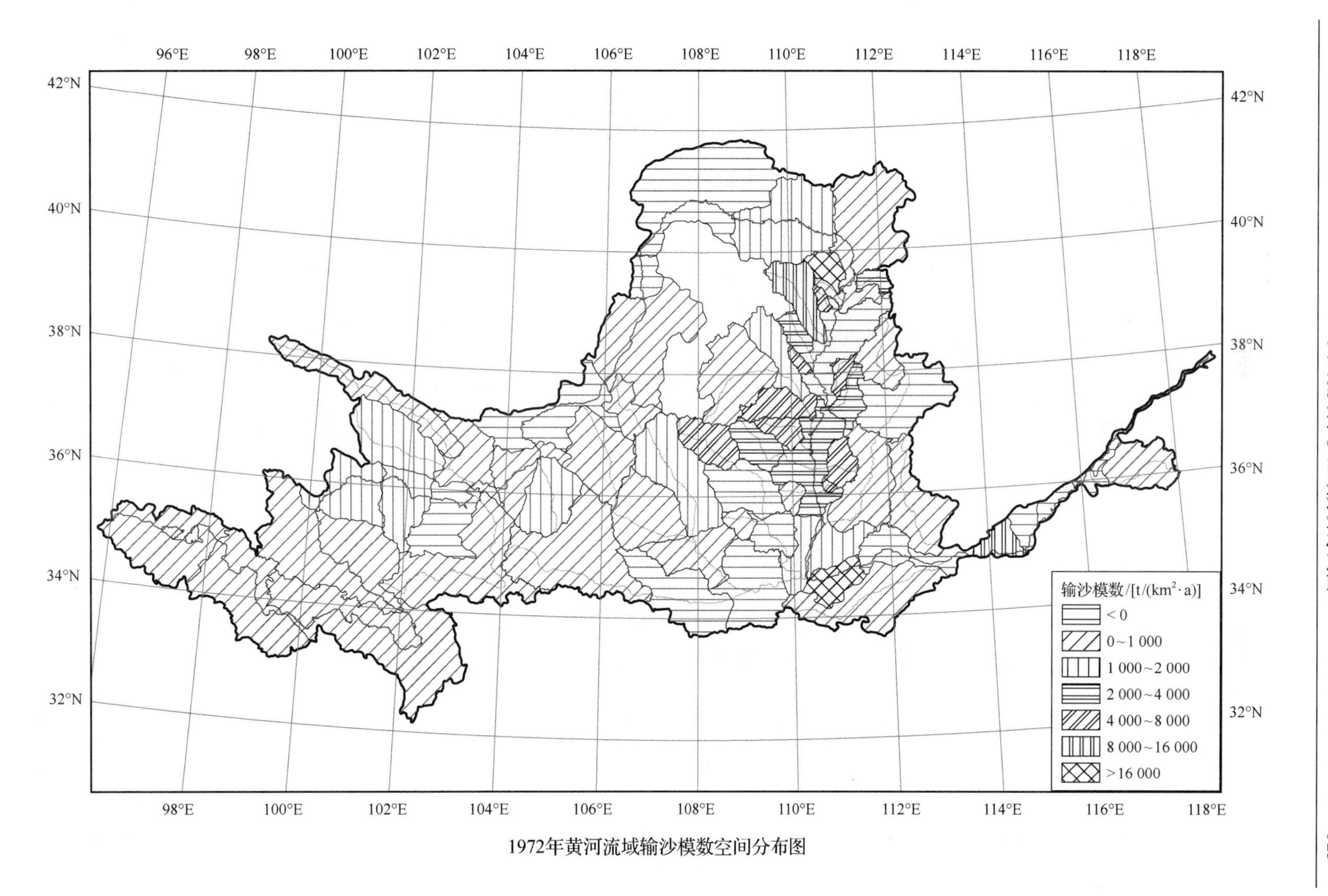

1972年黄河流域输沙模数空间分布图

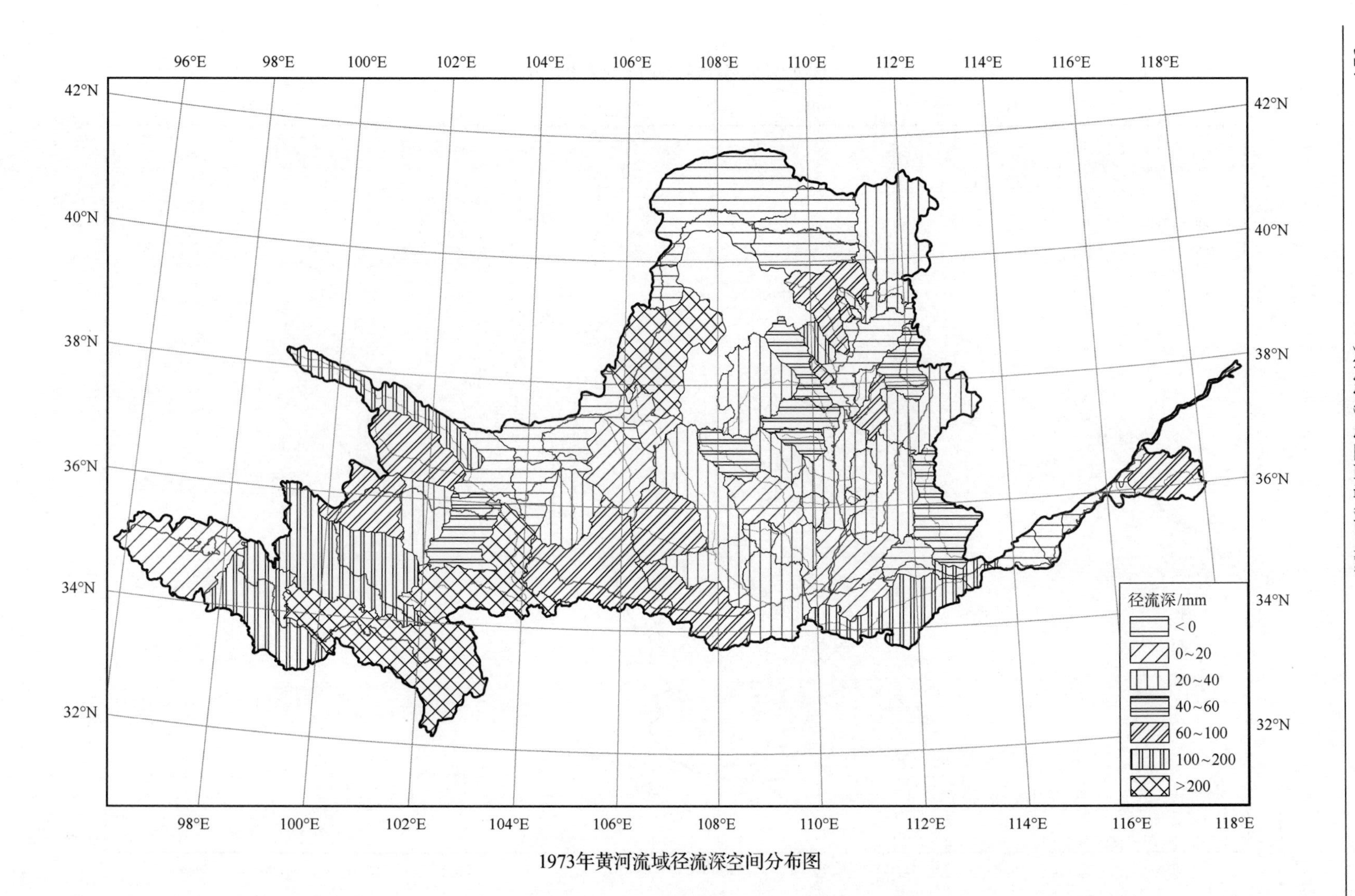

1973年黄河流域径流深空间分布图

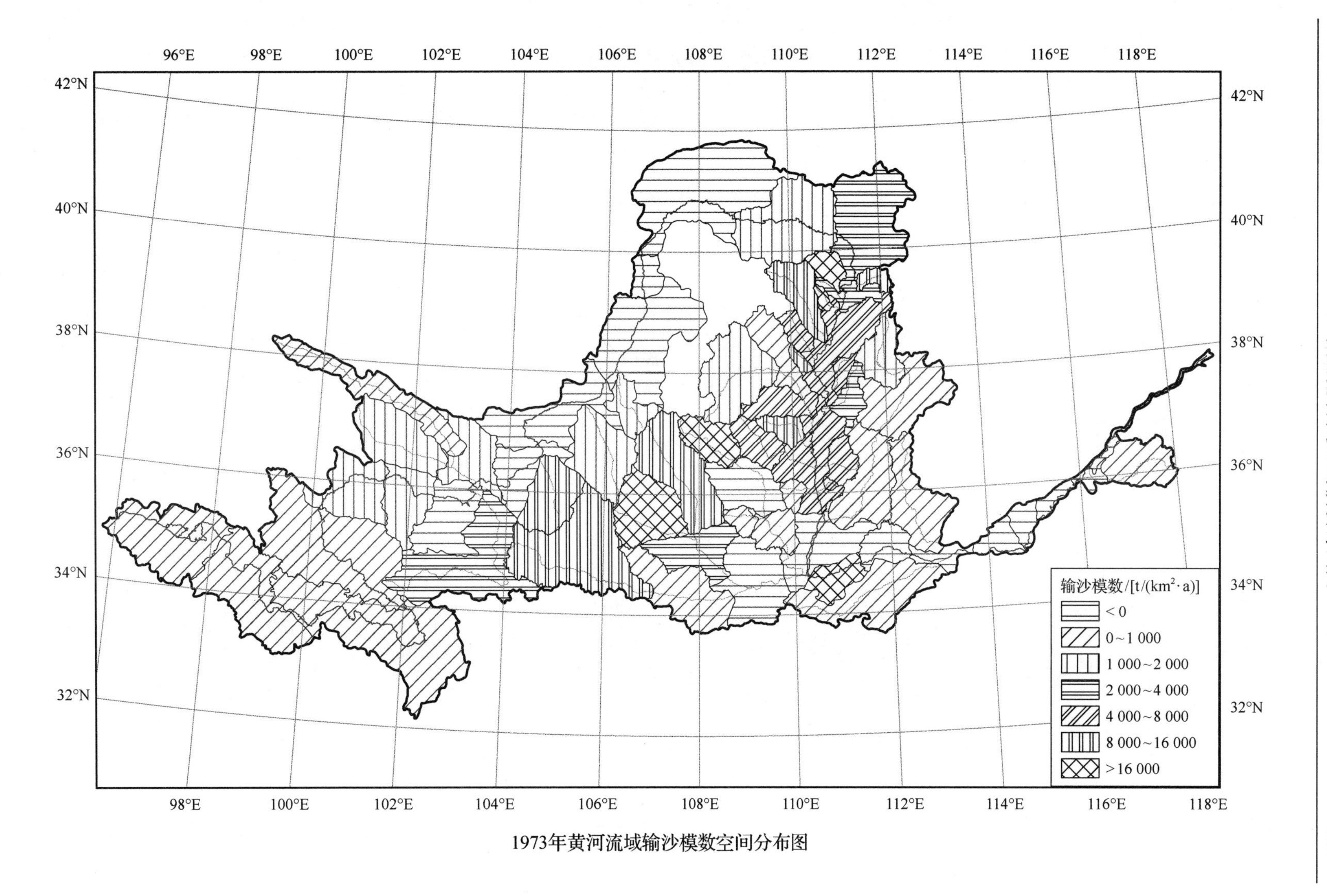

1973年黄河流域输沙模数空间分布图

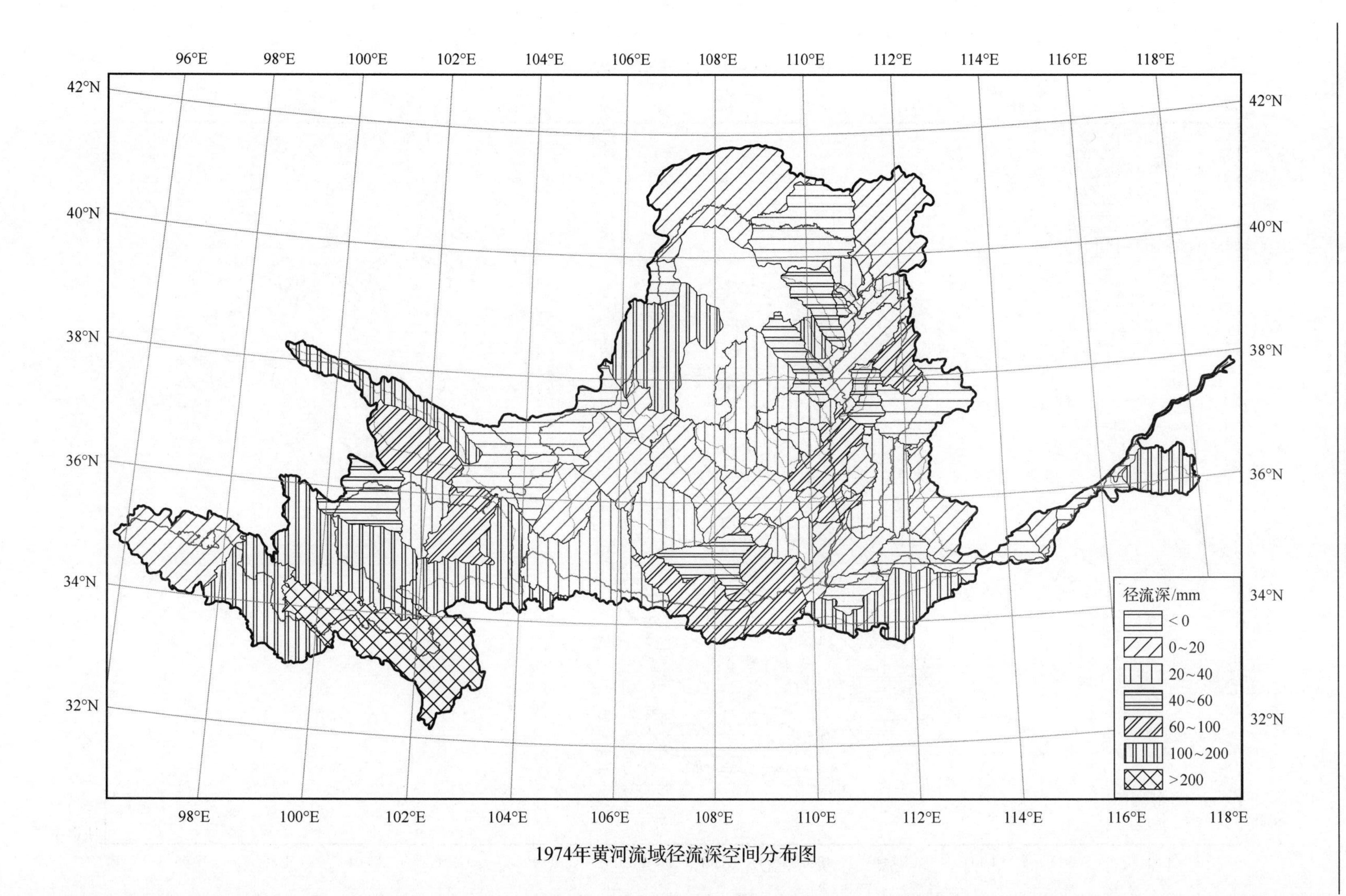

1974年黄河流域径流深空间分布图

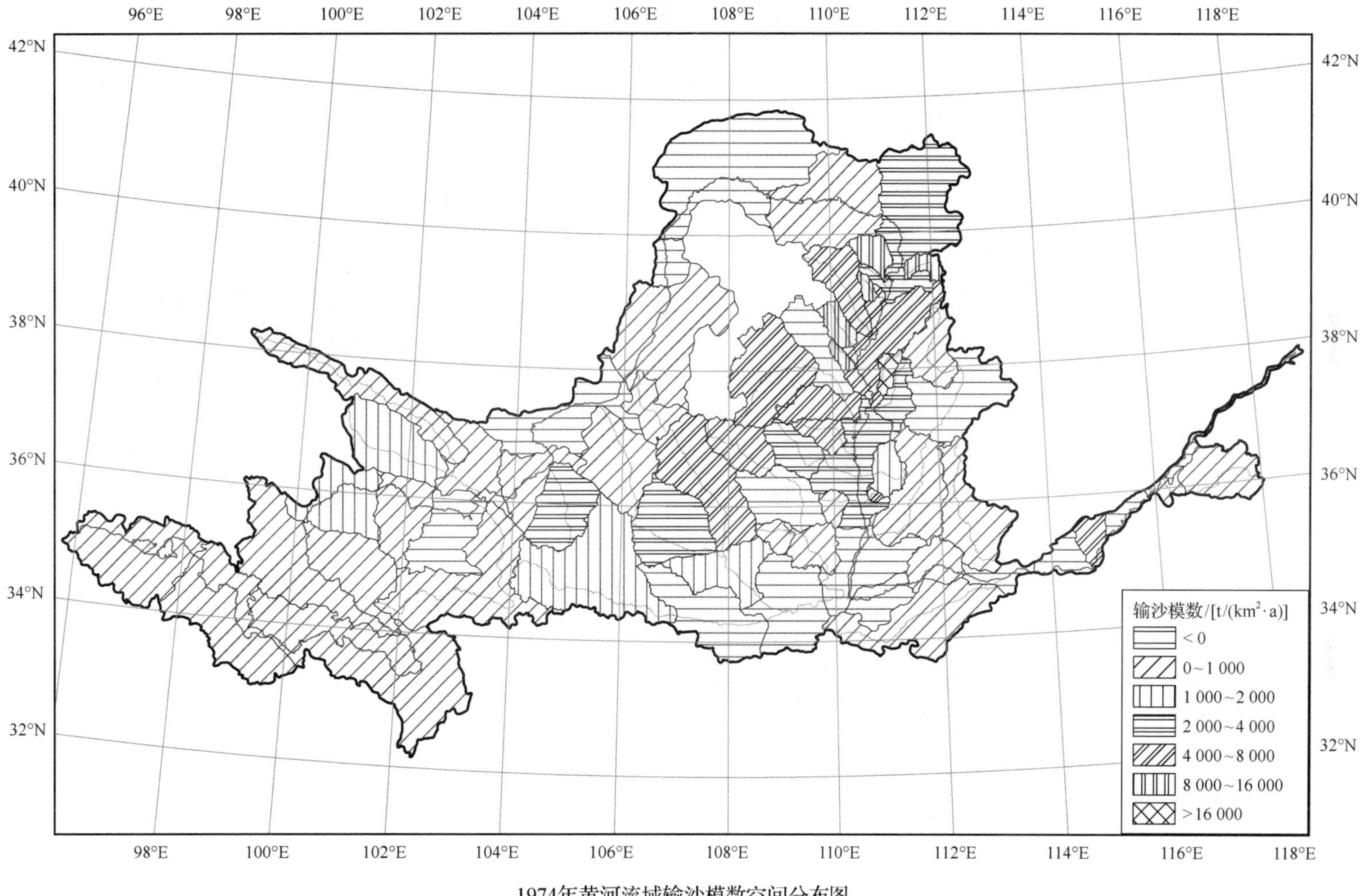

1974年黄河流域输沙模数空间分布图

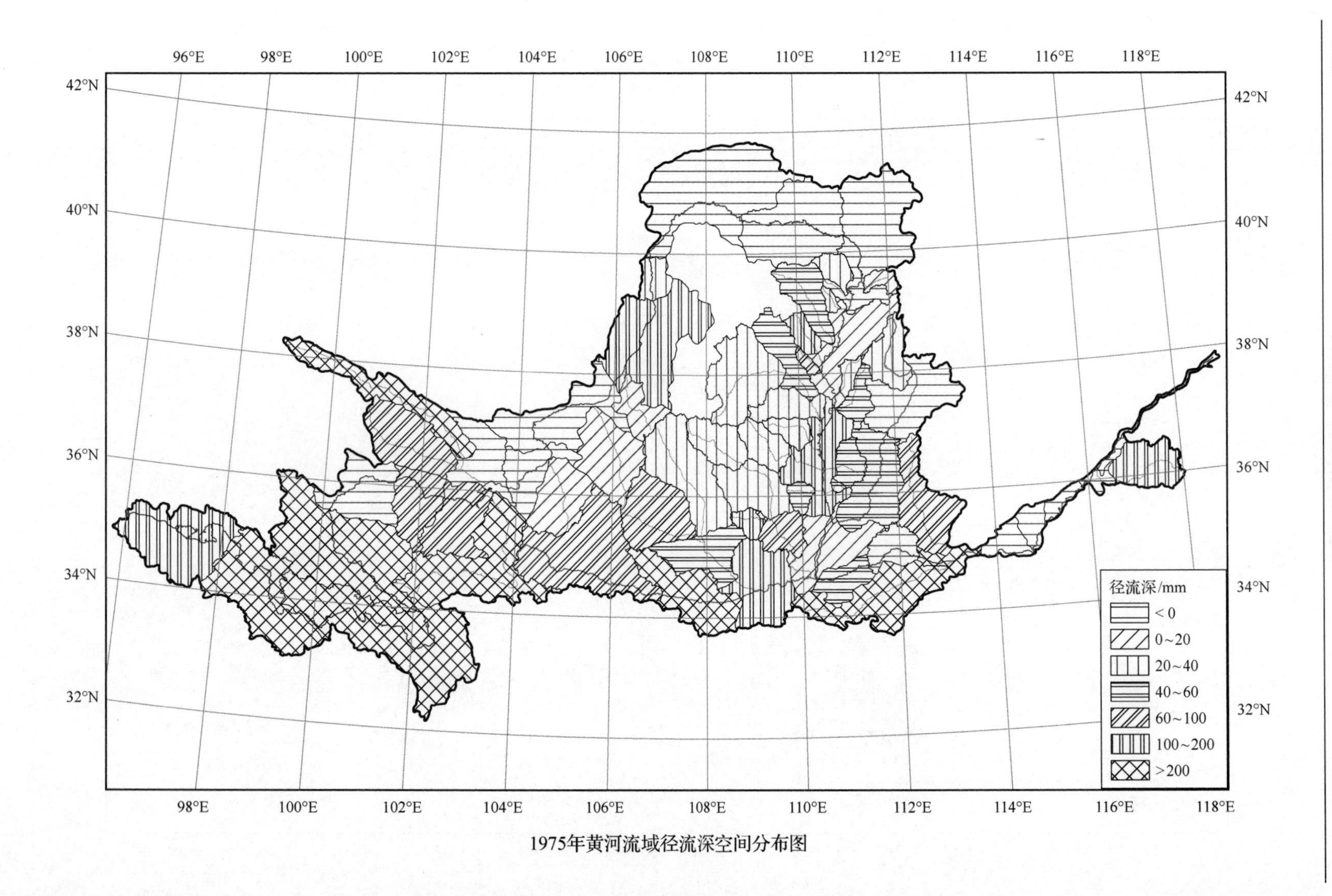

1975年黄河流域径流深空间分布图

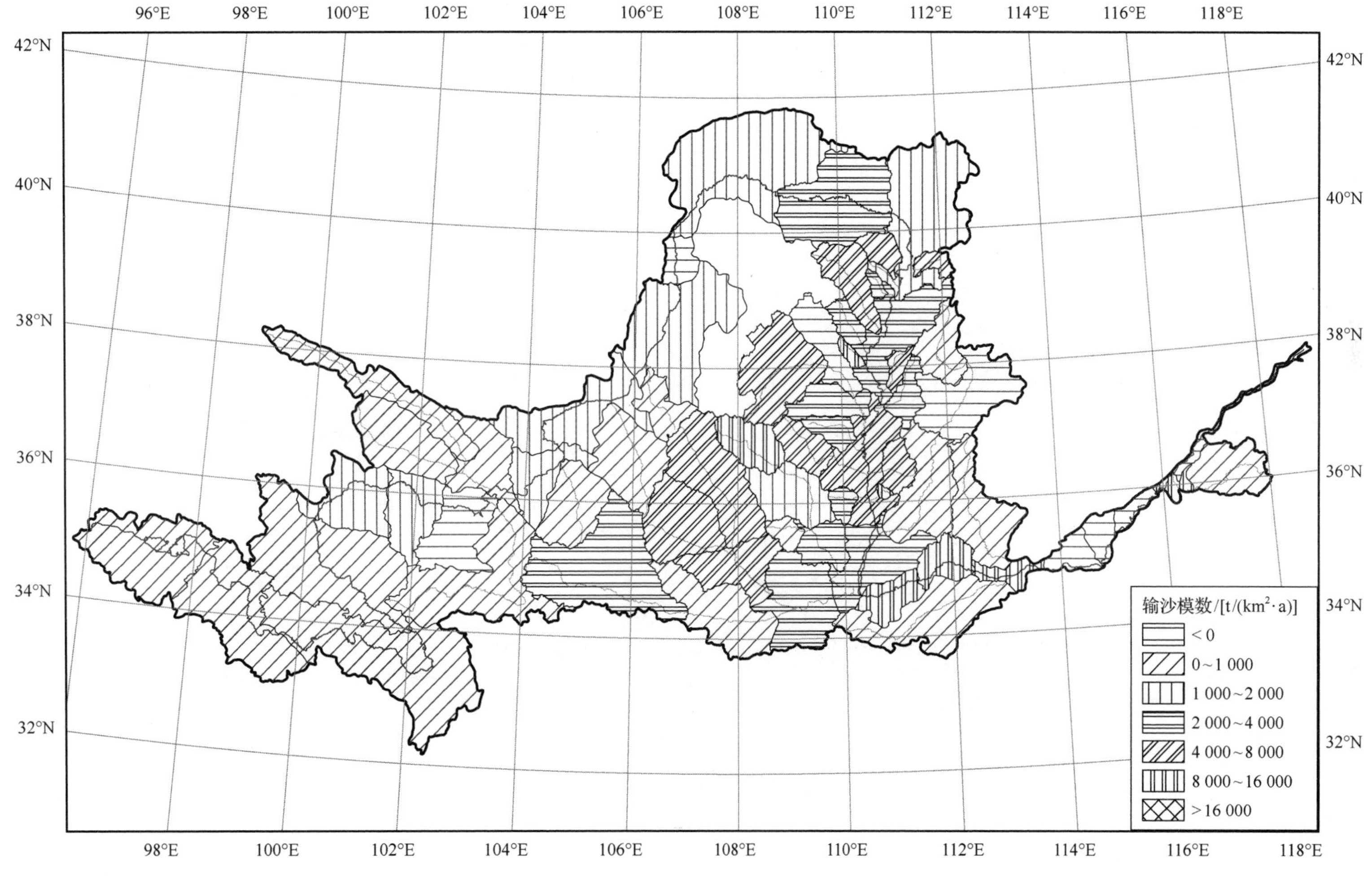

1975年黄河流域输沙模数空间分布图

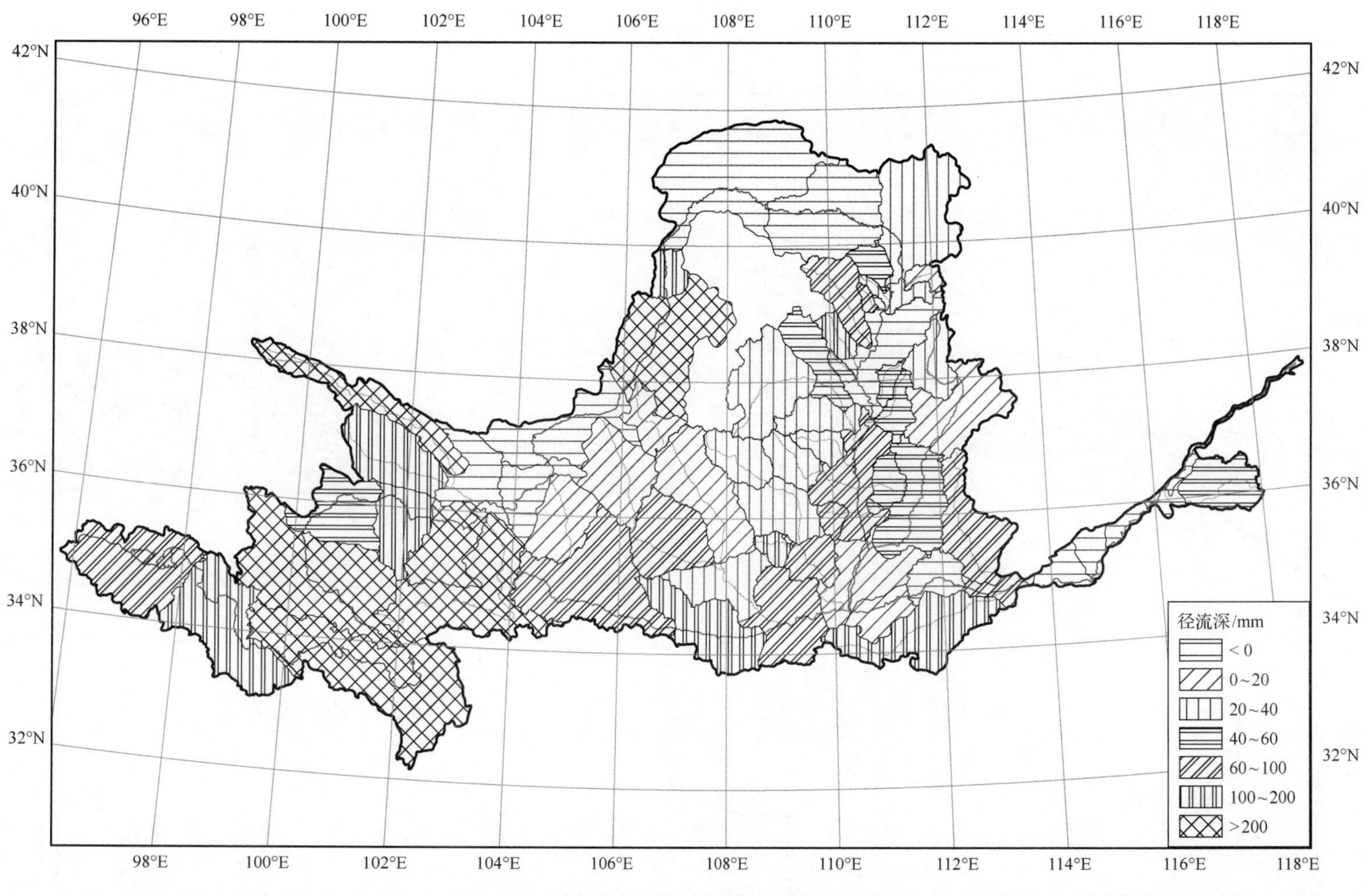

1976年黄河流域径流深空间分布图

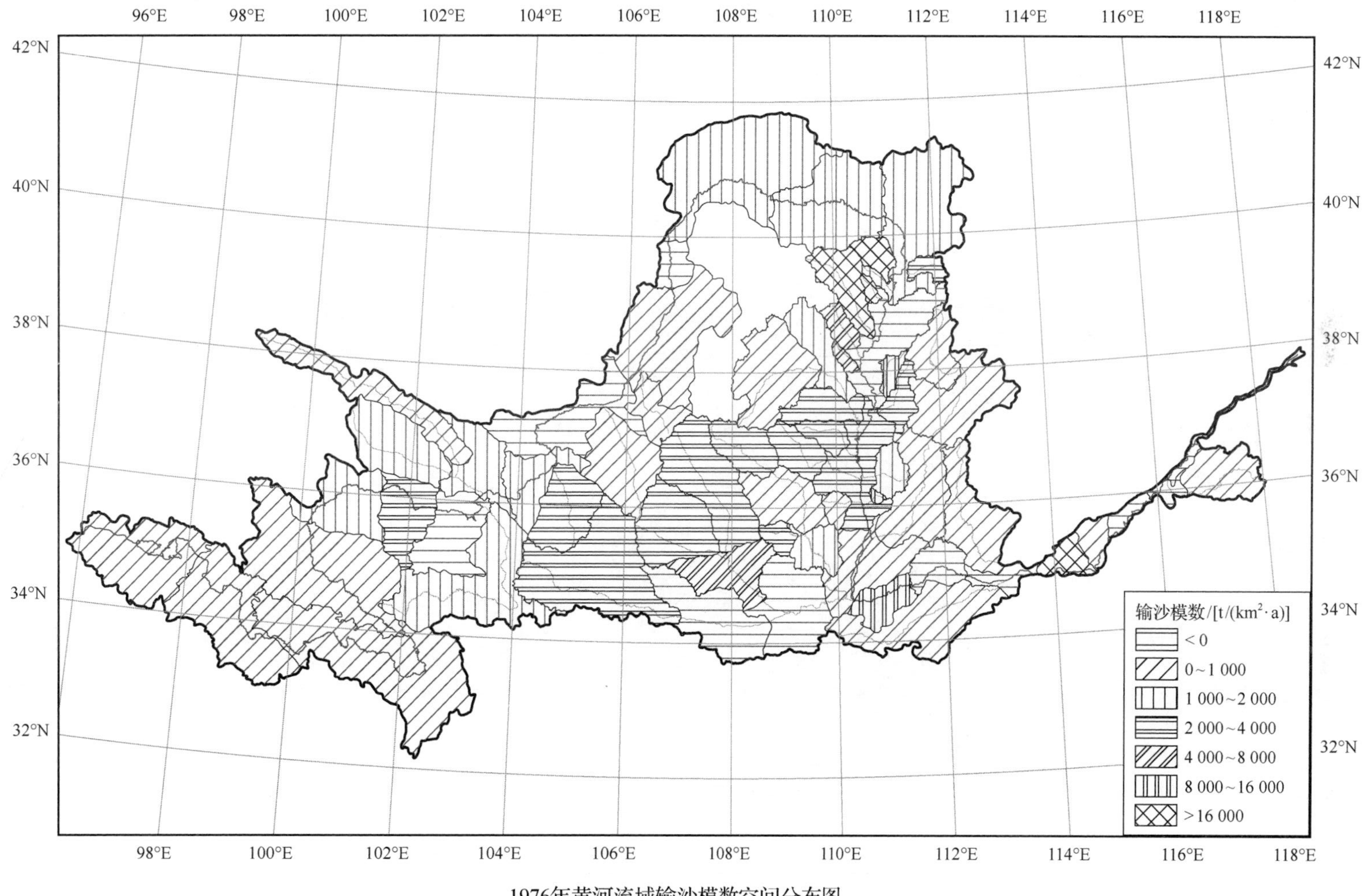

1976年黄河流域输沙模数空间分布图

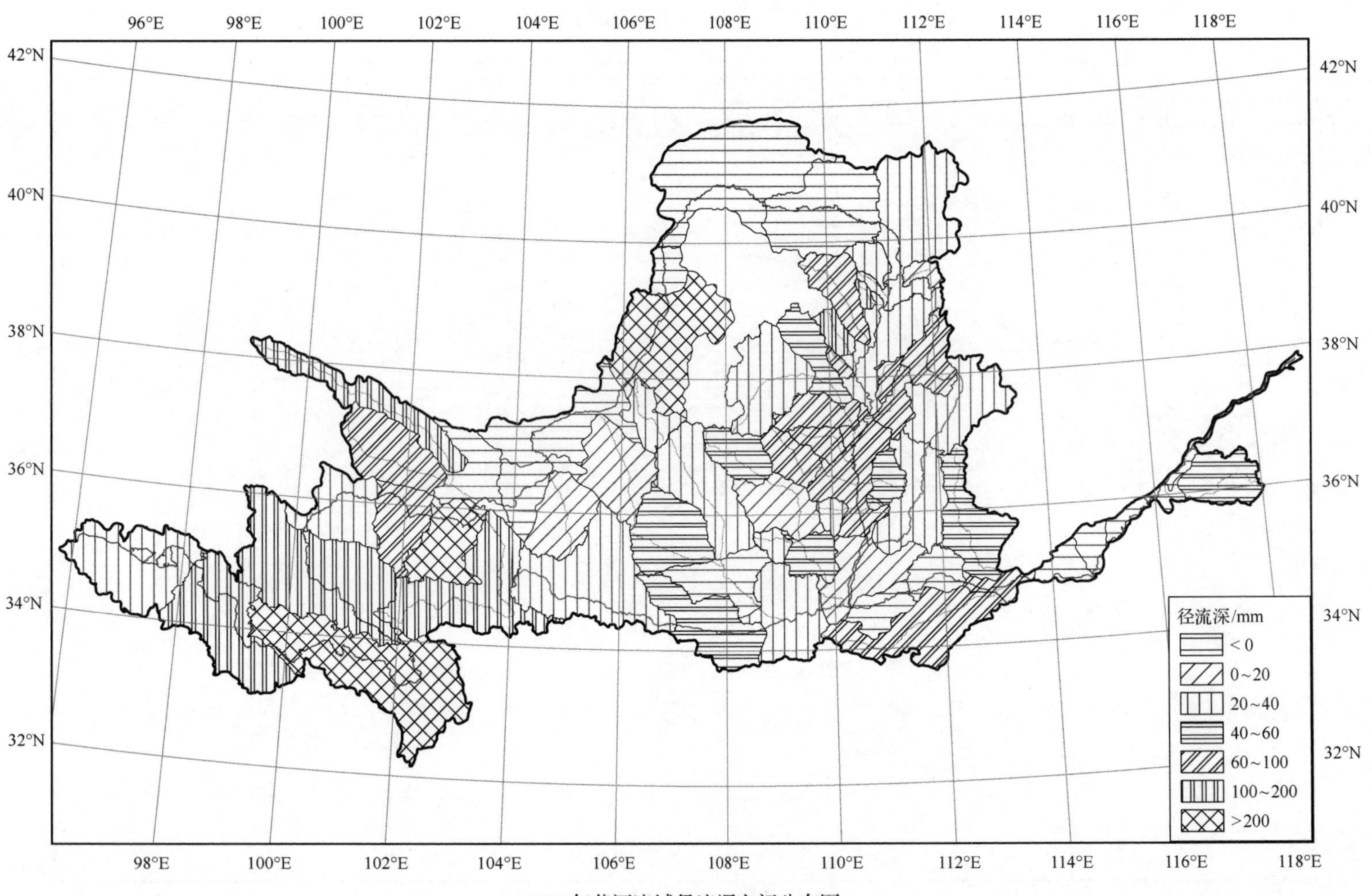

1977年黄河流域径流深空间分布图

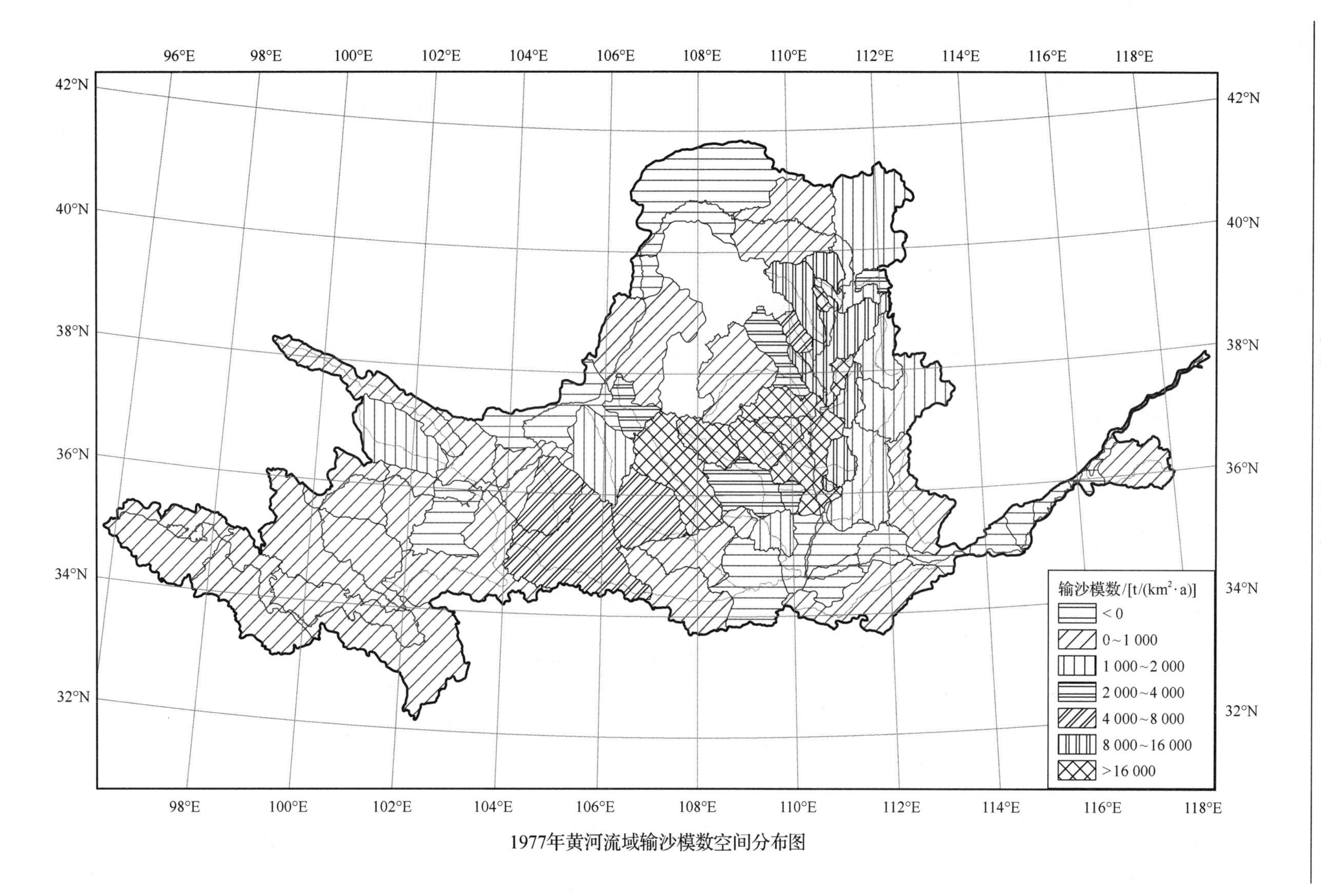

1977年黄河流域输沙模数空间分布图

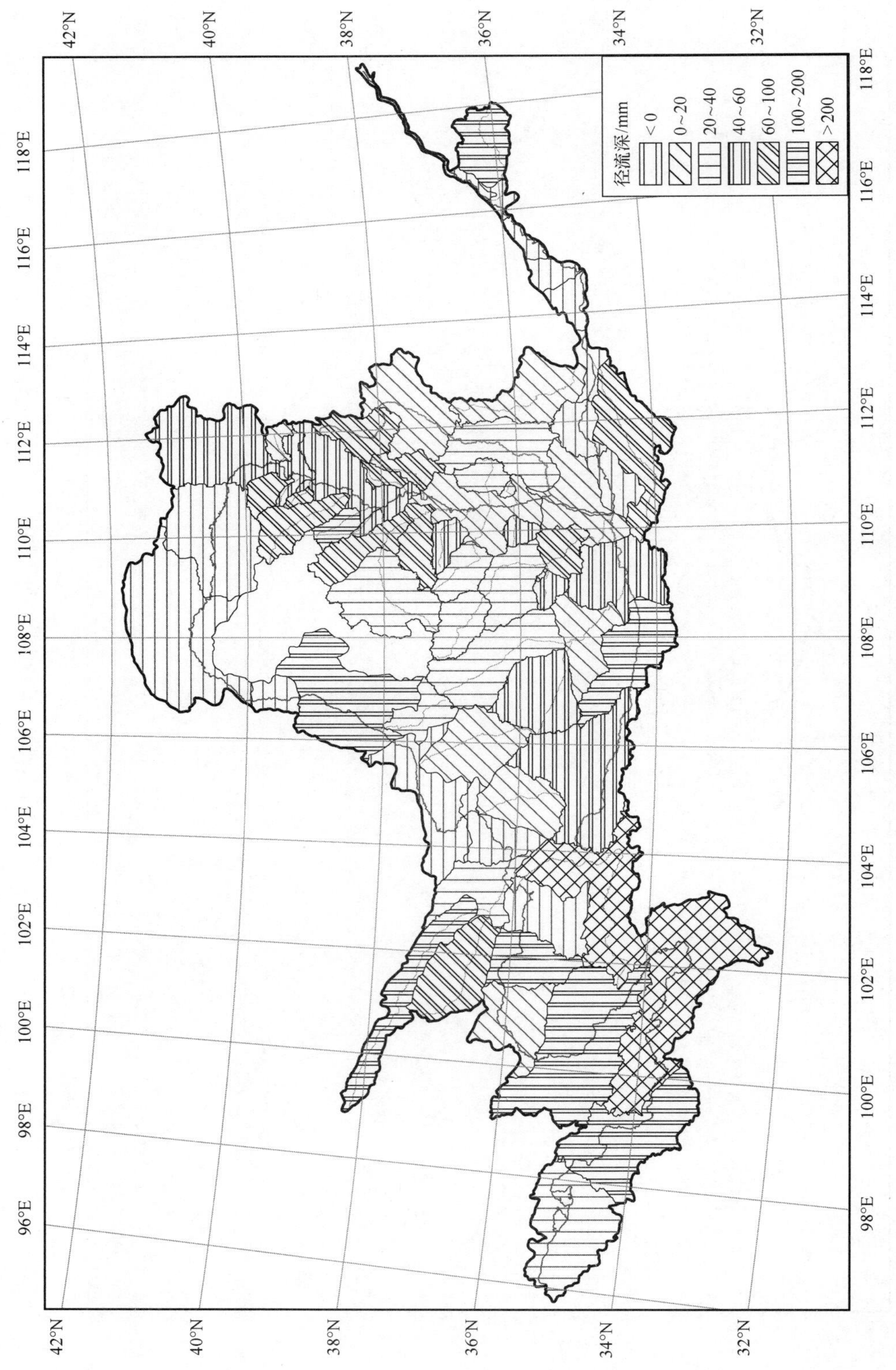

1978年黄河流域径流深空间分布图

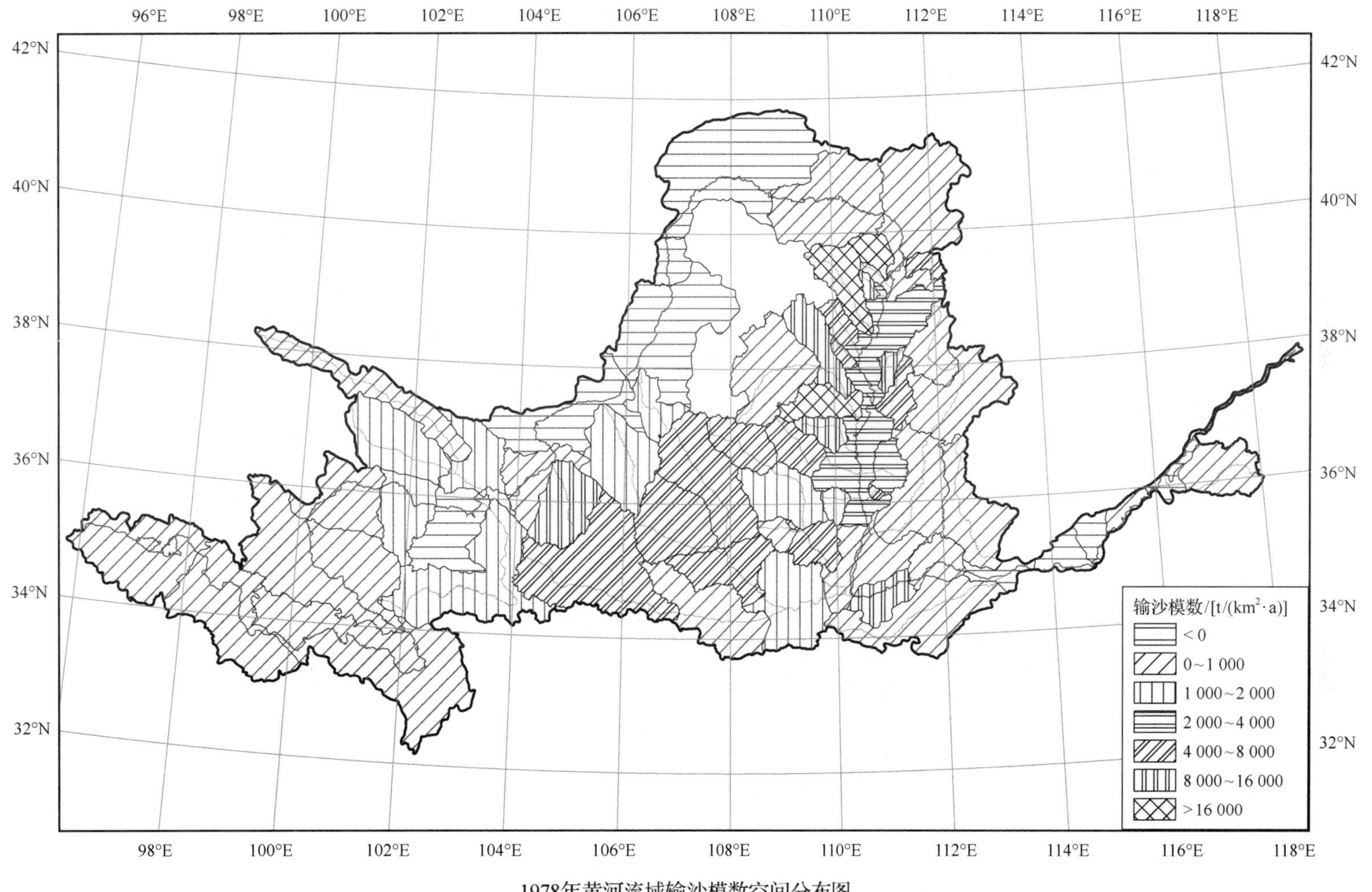

1978年黄河流域输沙模数空间分布图

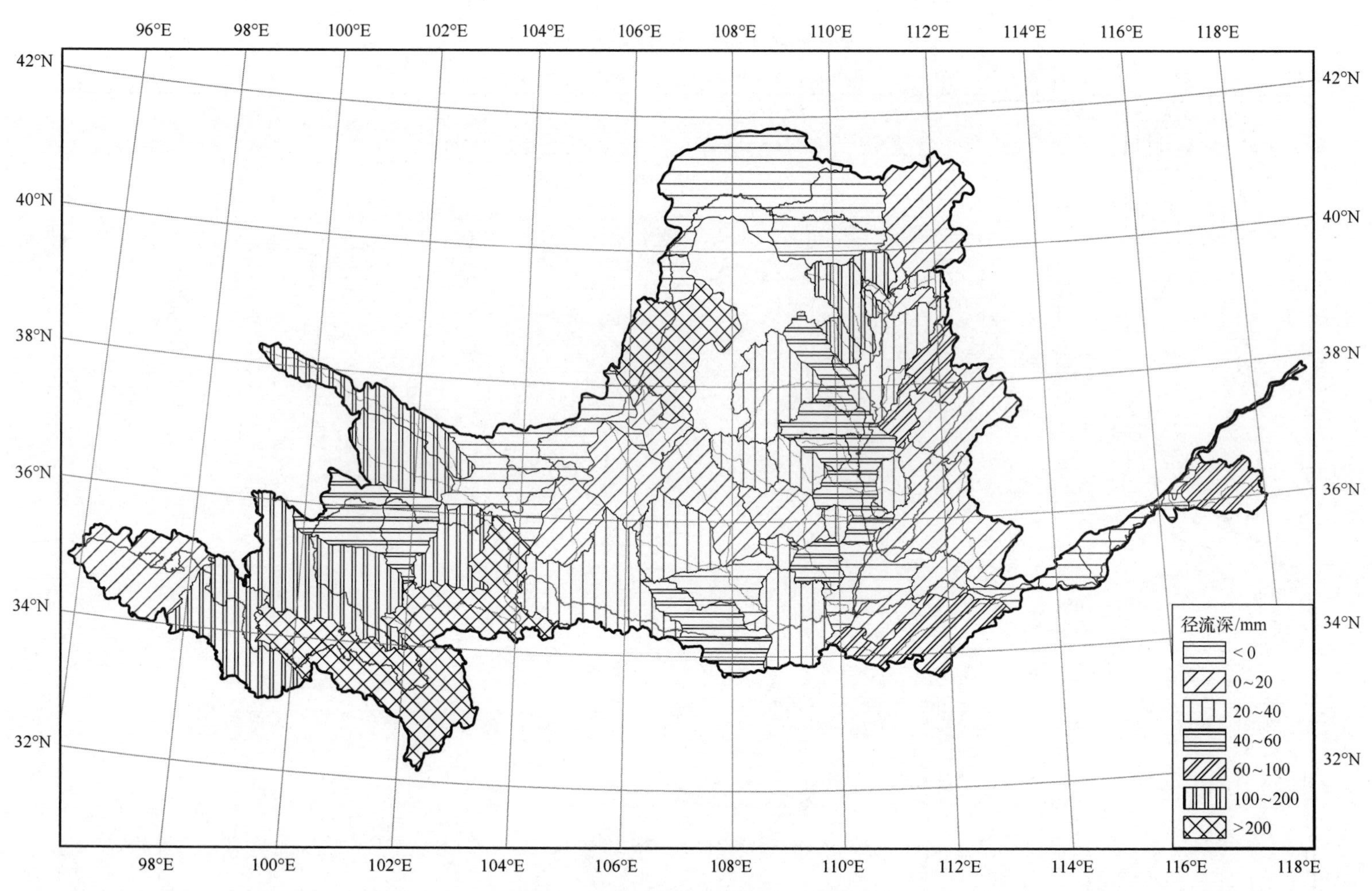

1979年黄河流域径流深空间分布图

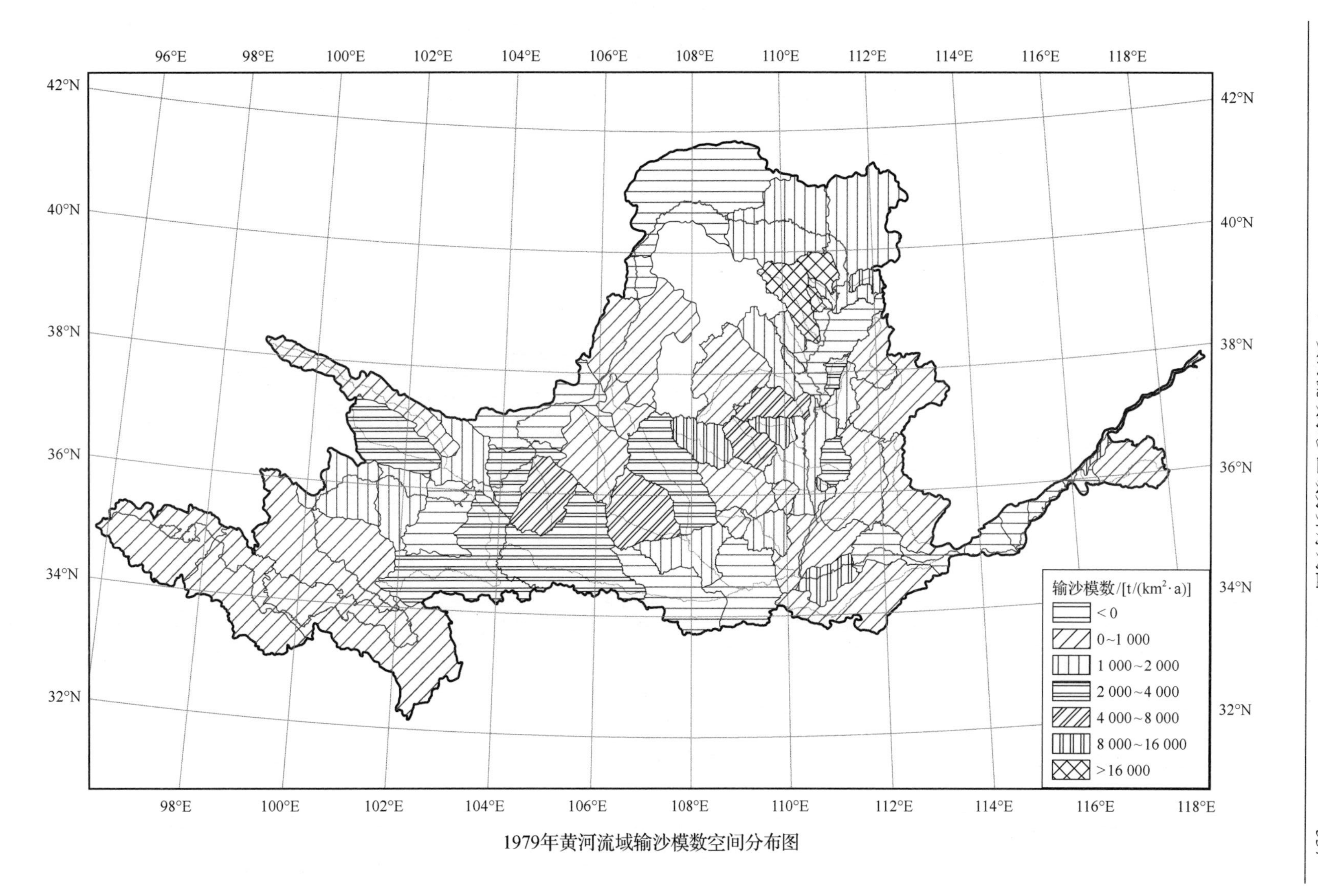

1979年黄河流域输沙模数空间分布图

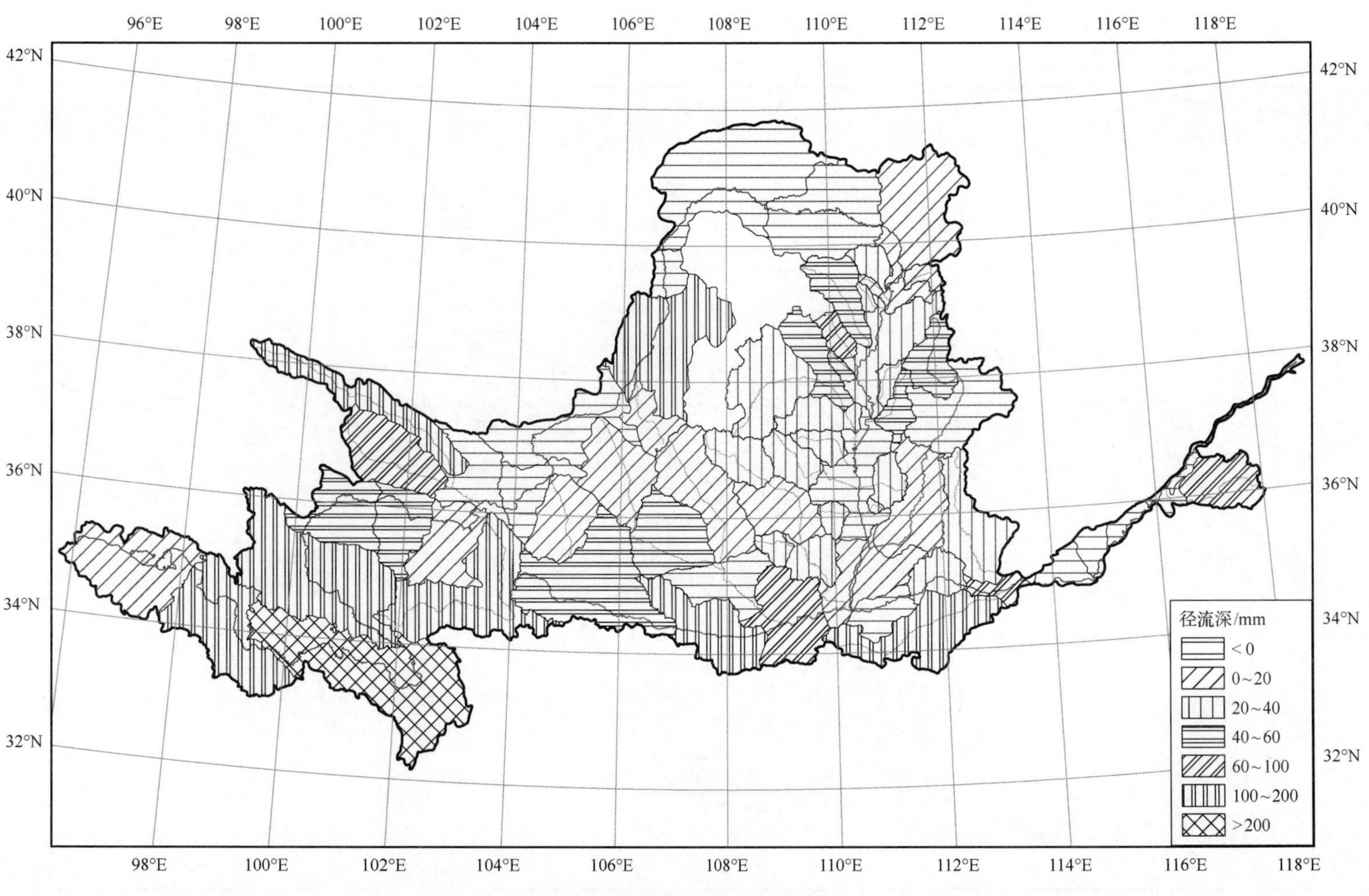

1980年黄河流域径流深空间分布图

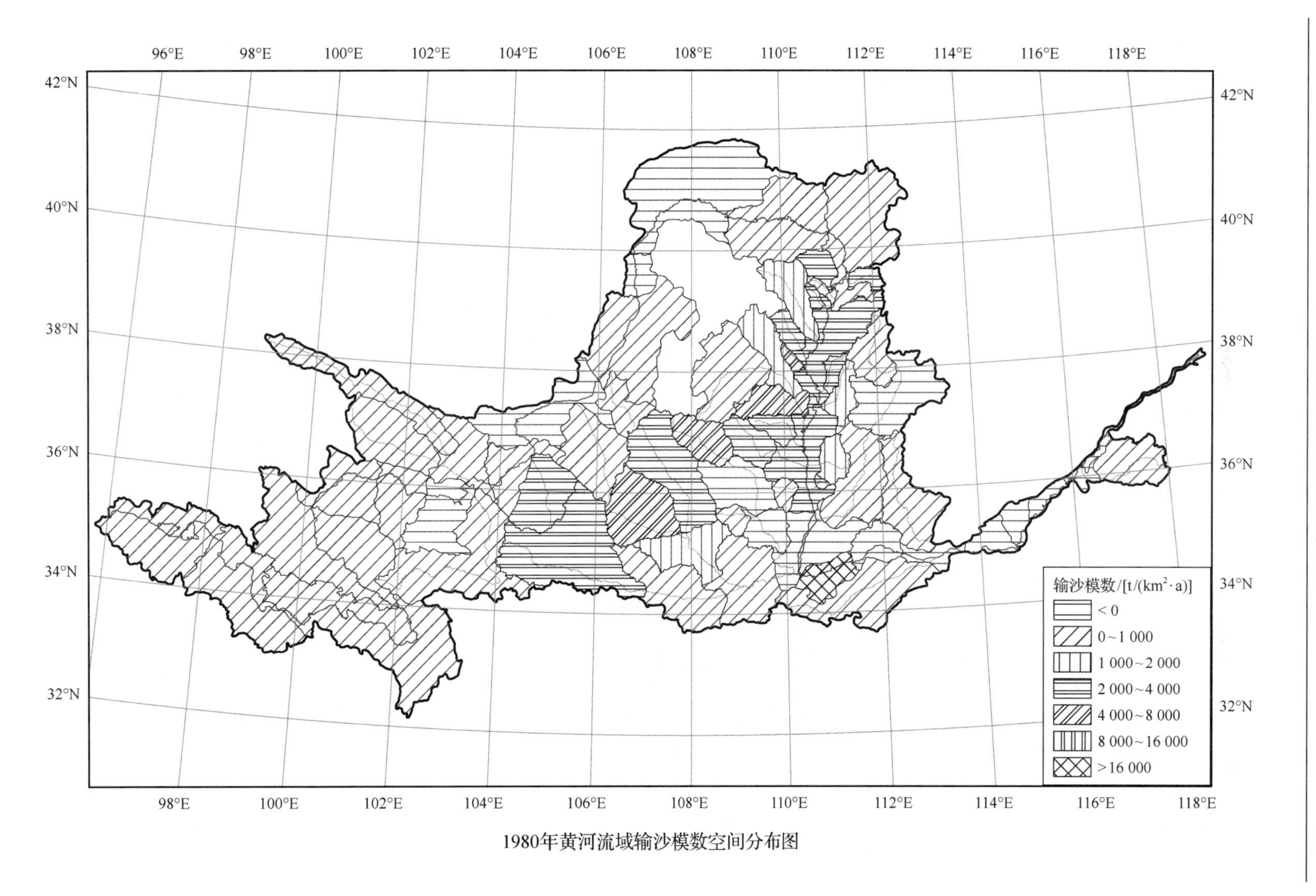

1980年黄河流域输沙模数空间分布图

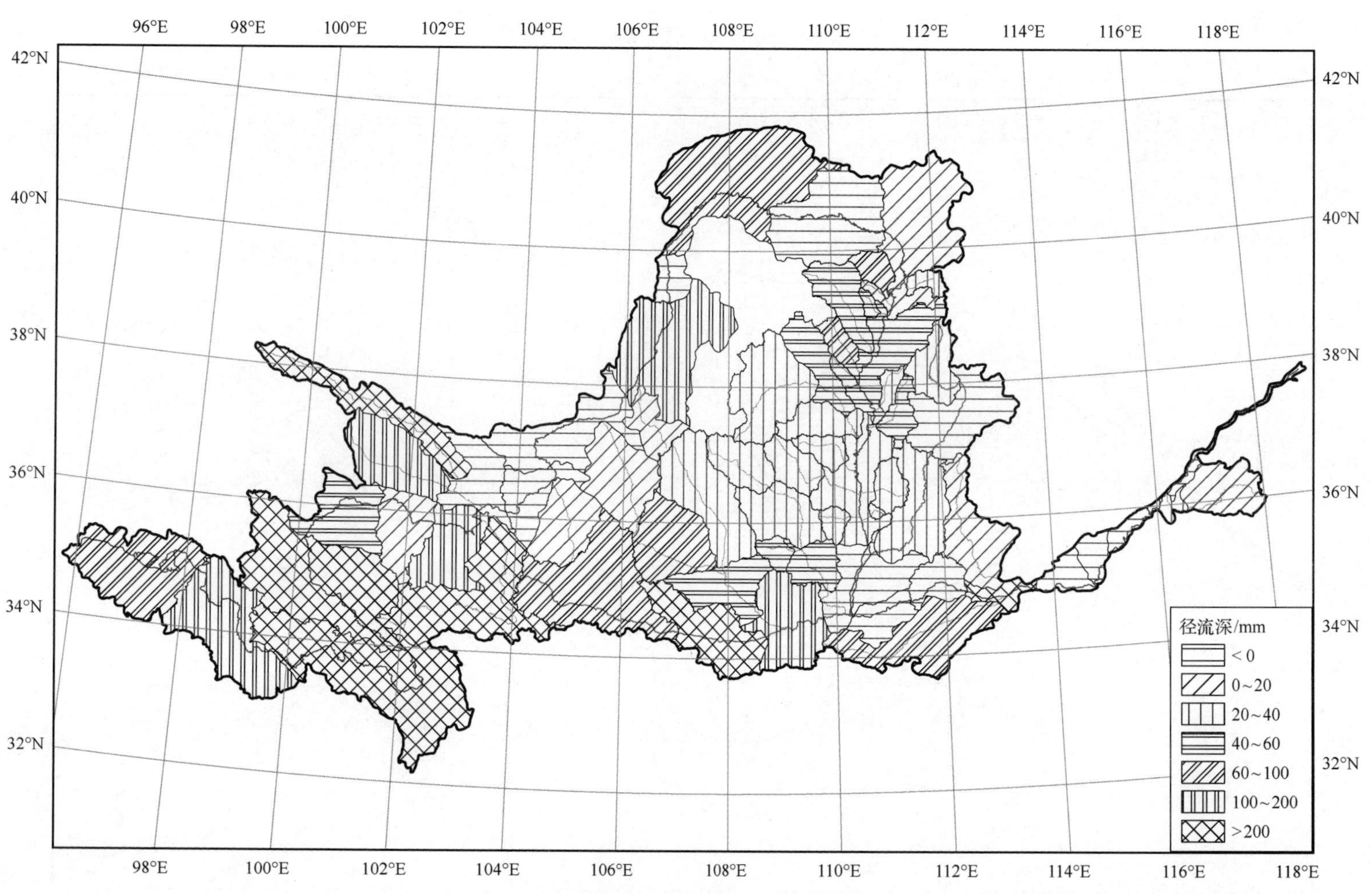

1981年黄河流域径流深空间分布图

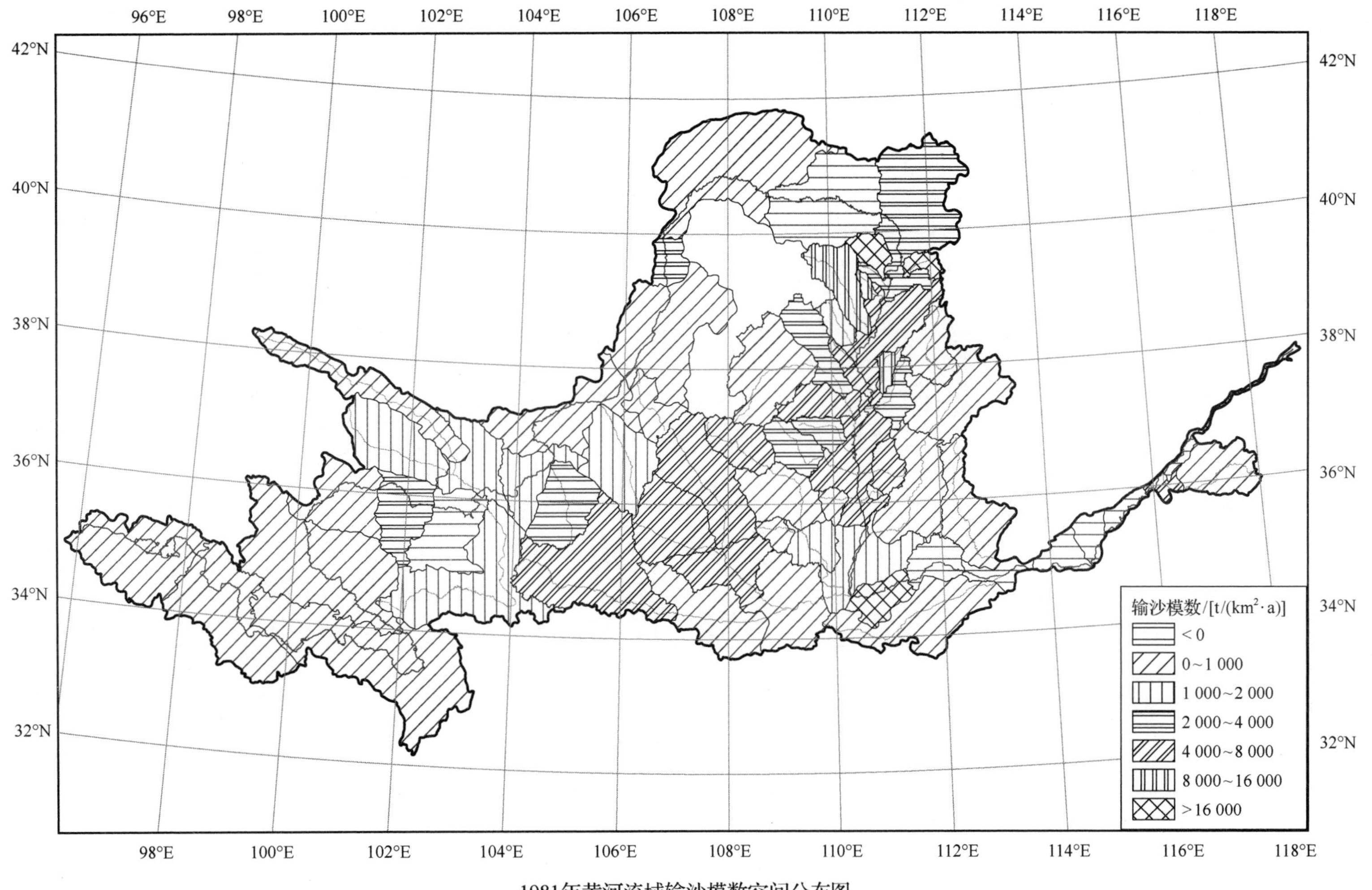

1981年黄河流域输沙模数空间分布图

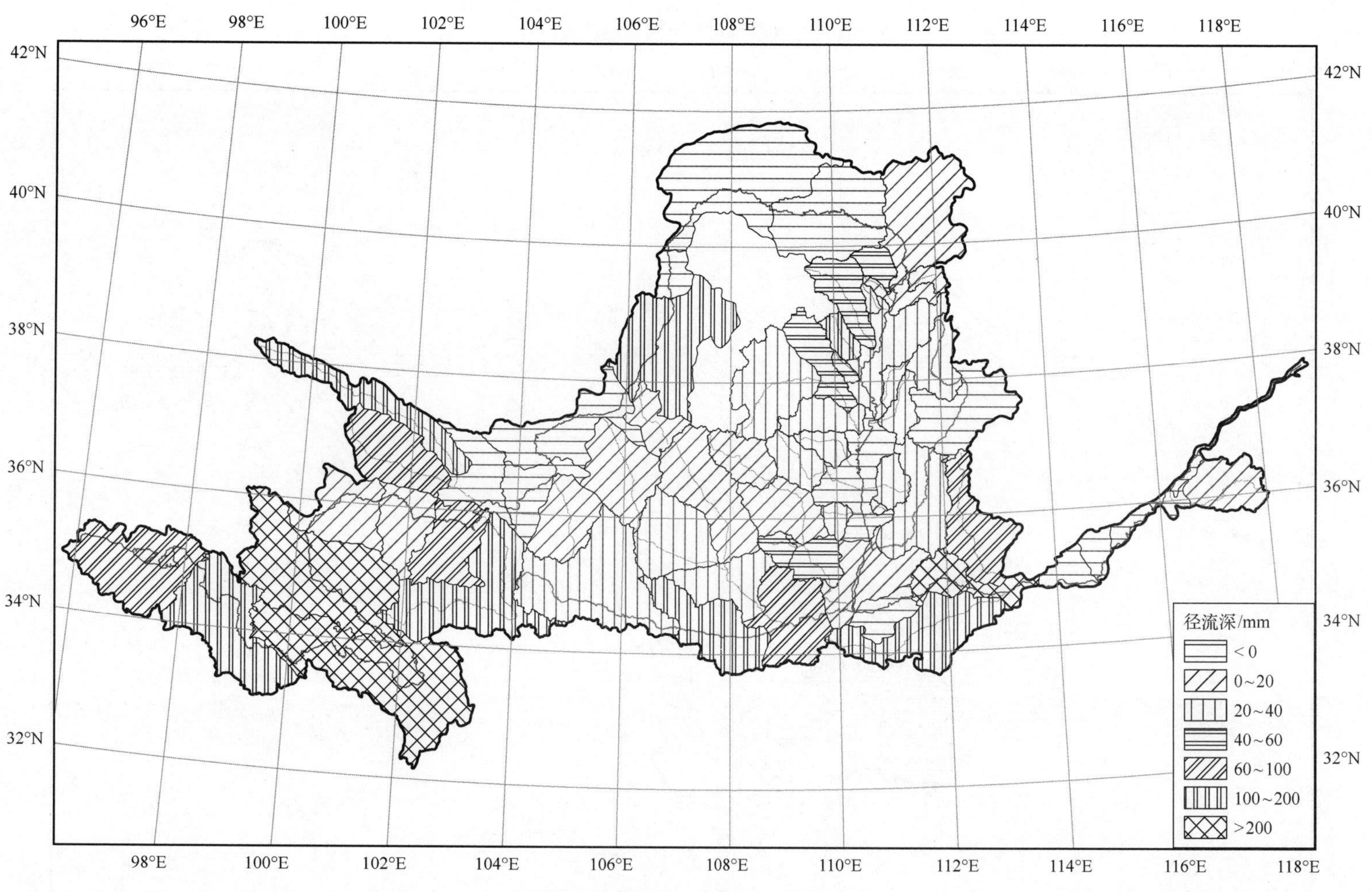

1982年黄河流域径流深空间分布图

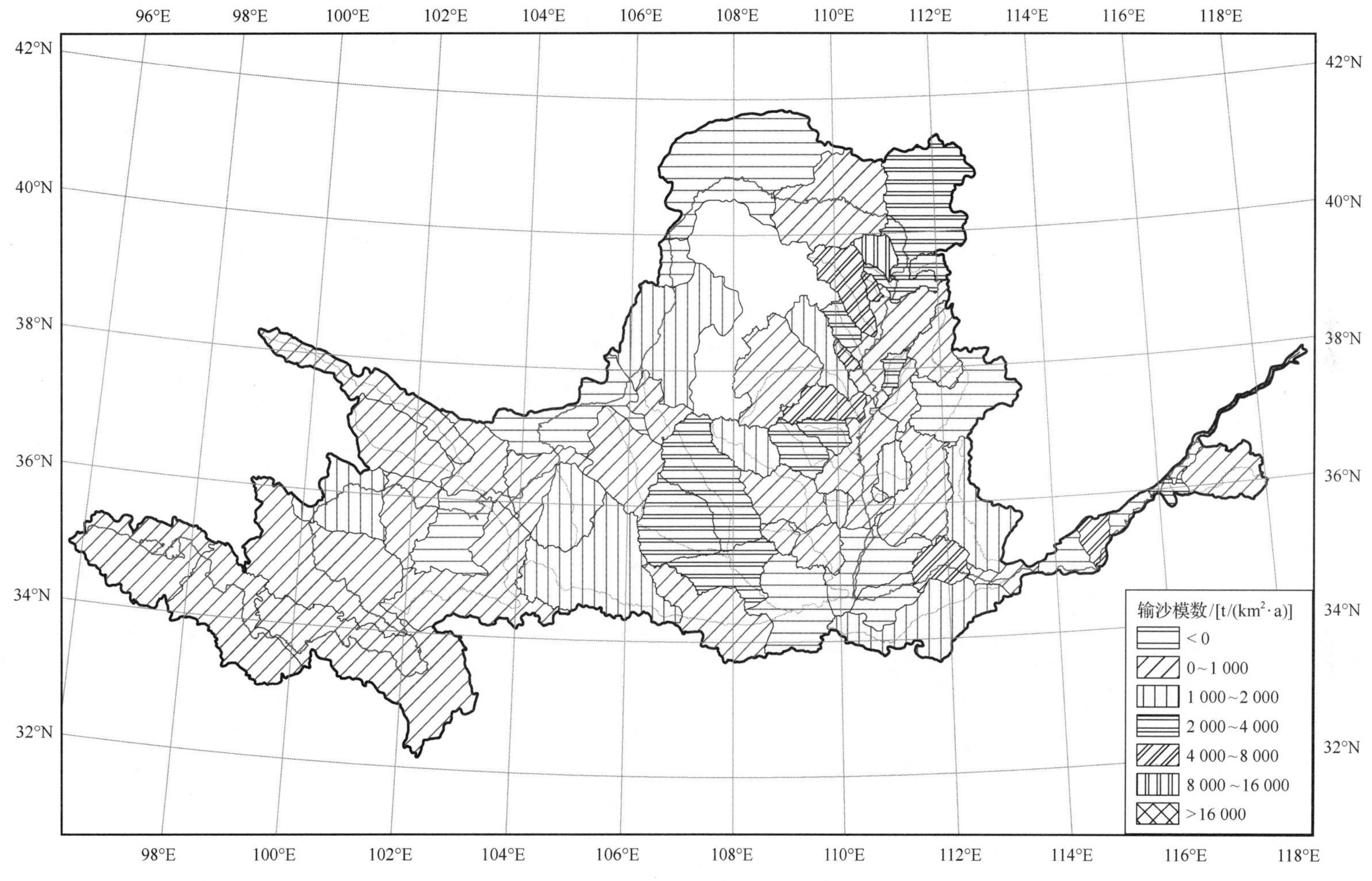

1982年黄河流域输沙模数空间分布图

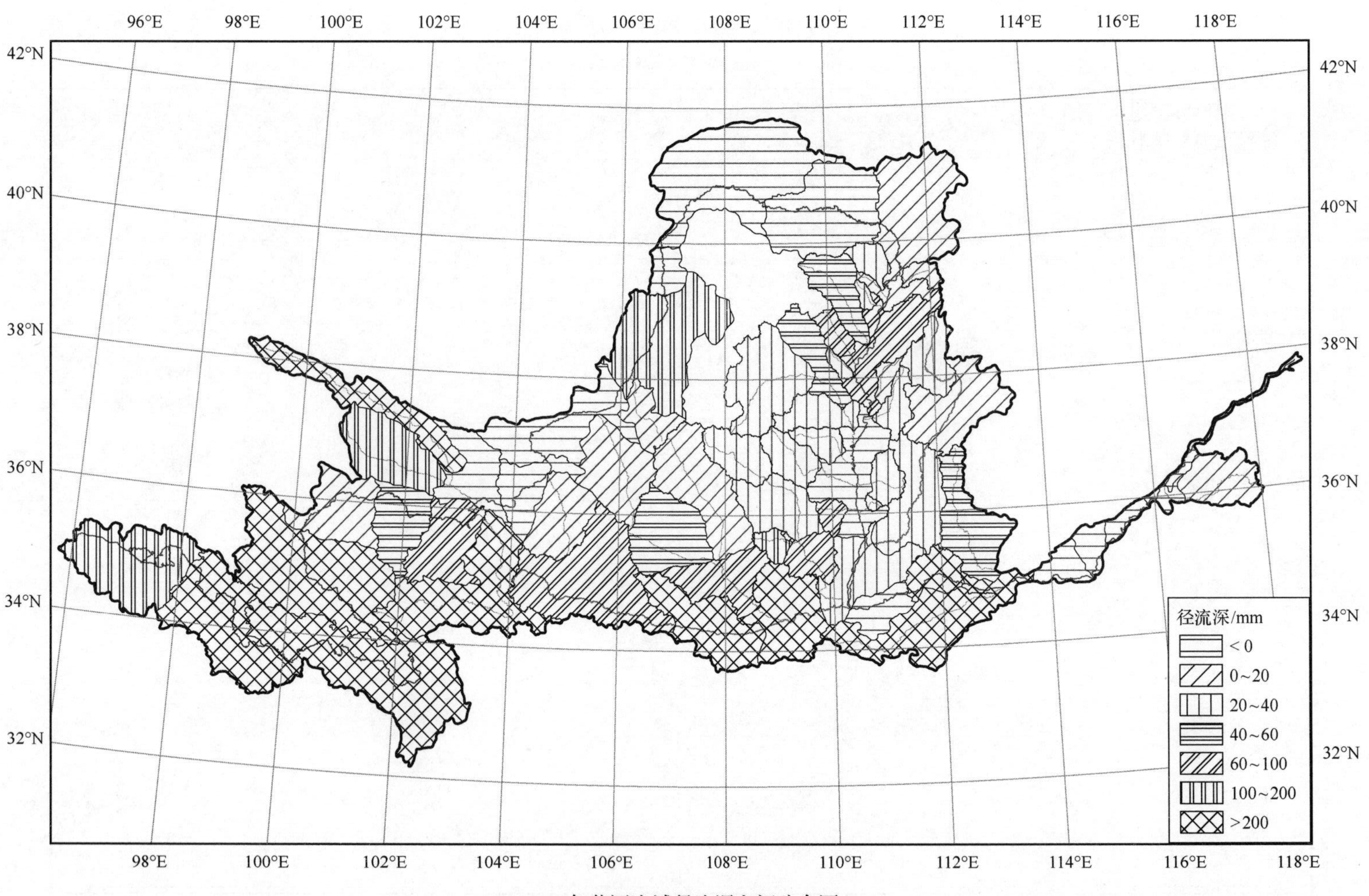

1983年黄河流域径流深空间分布图

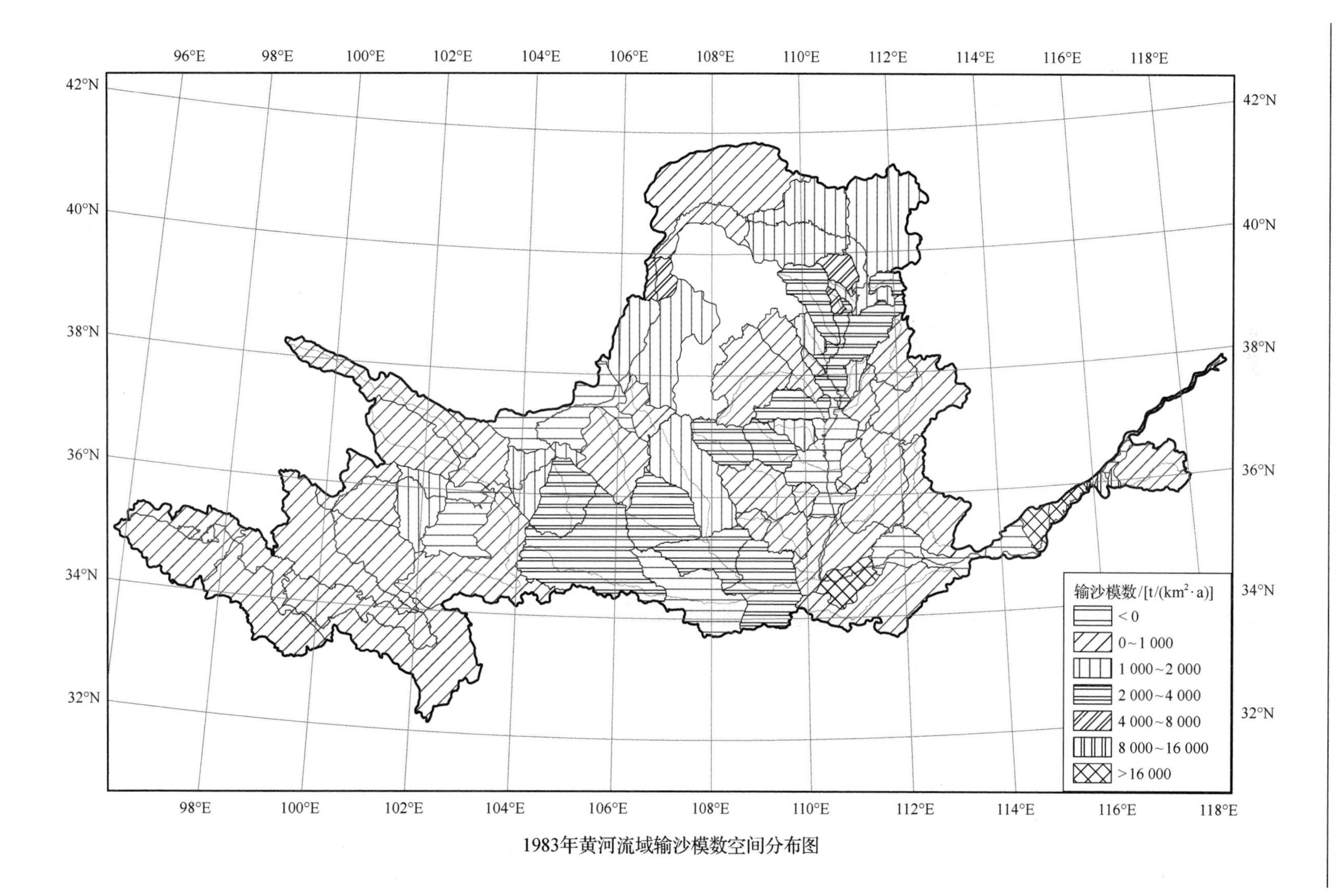

1983年黄河流域输沙模数空间分布图

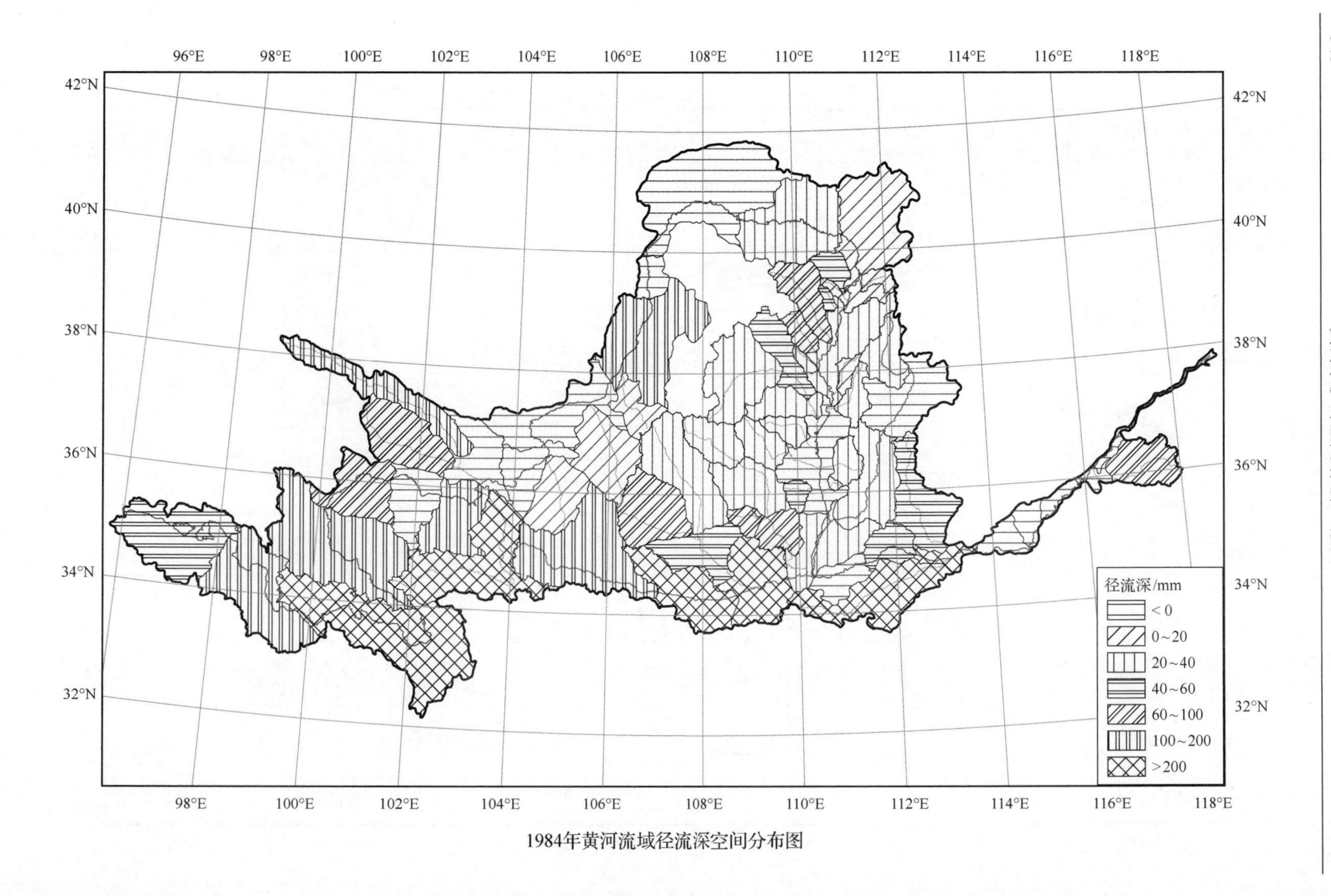

1984年黄河流域径流深空间分布图

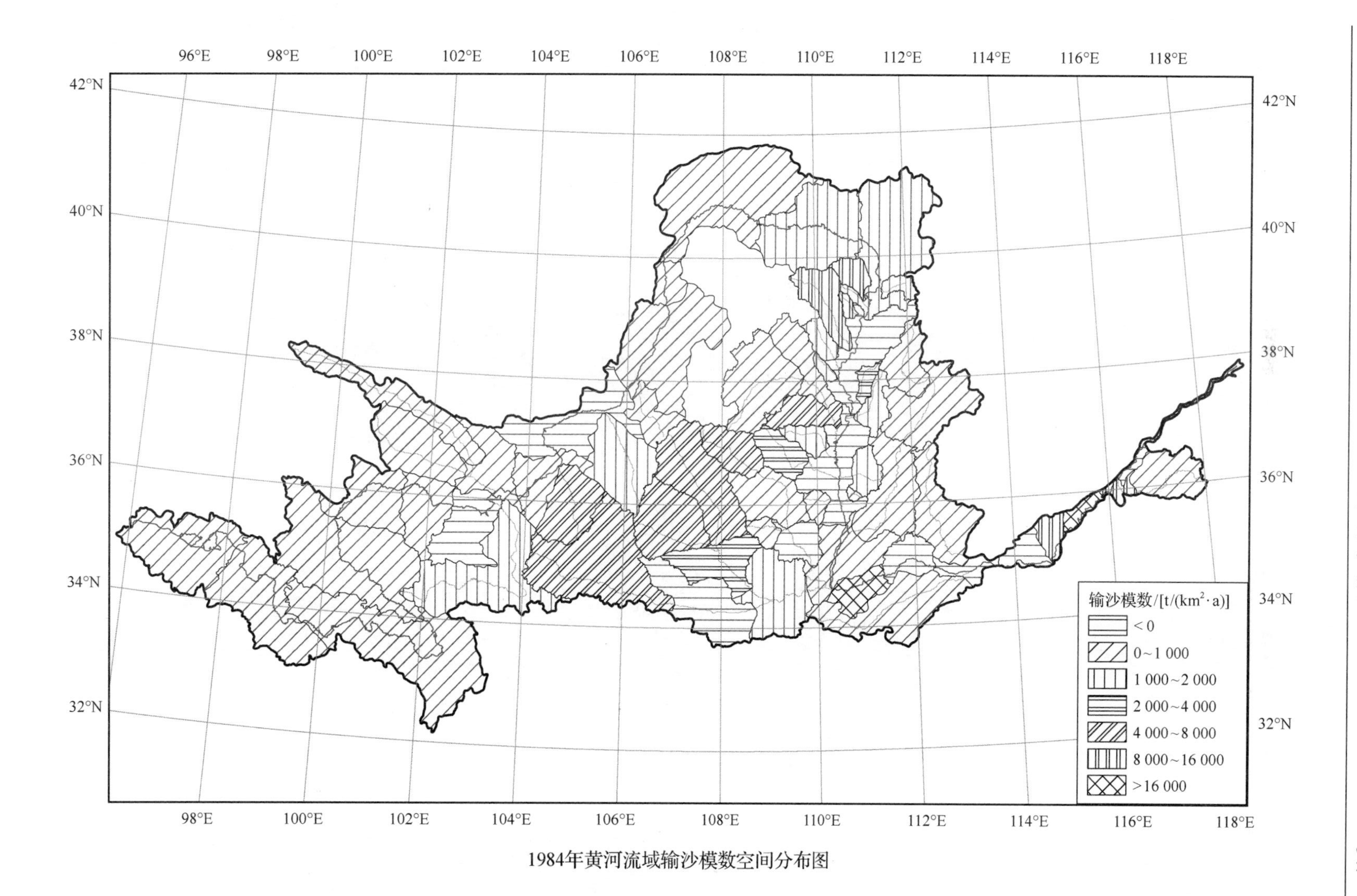

1984年黄河流域输沙模数空间分布图

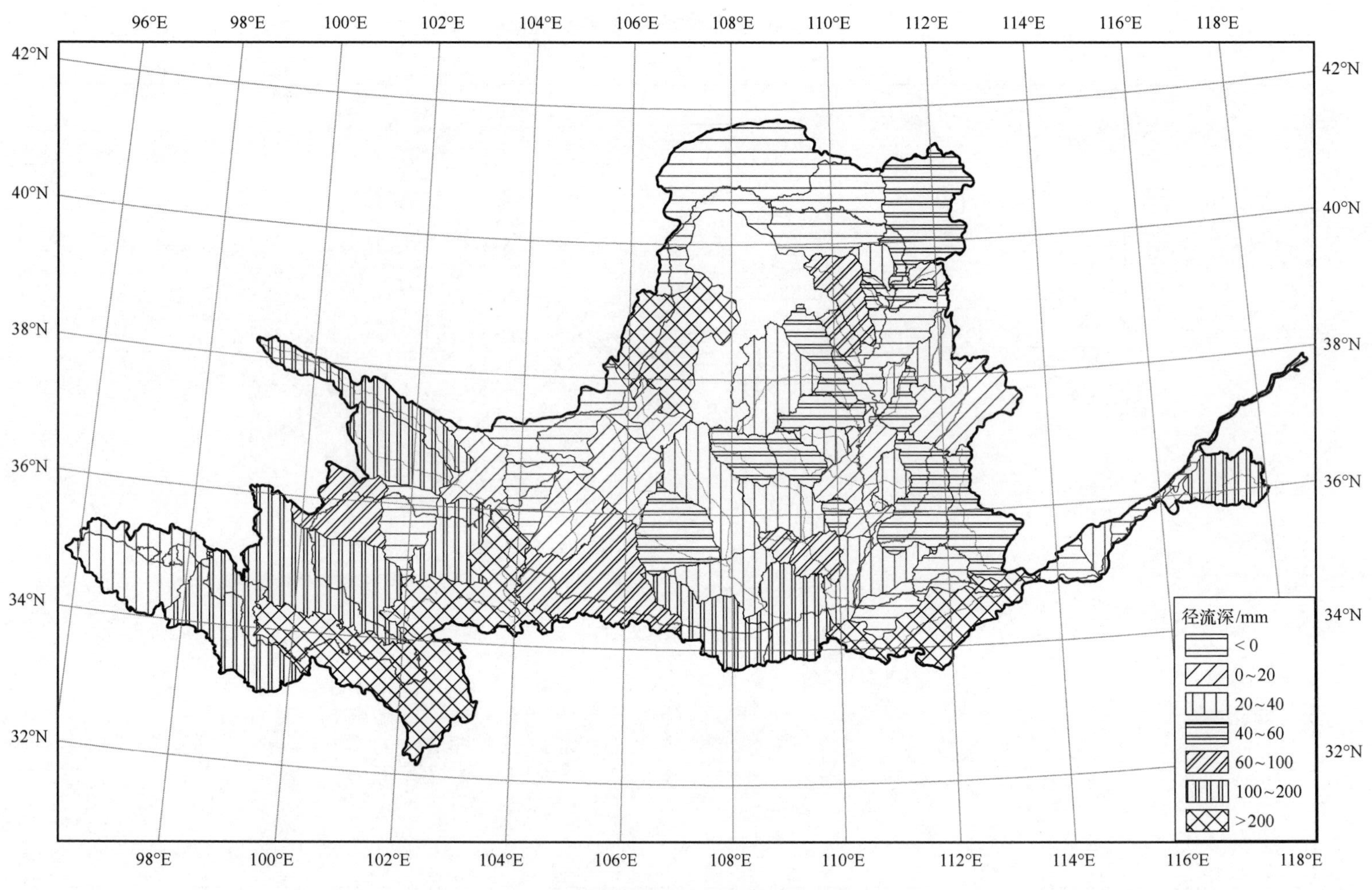

1985年黄河流域径流深空间分布图

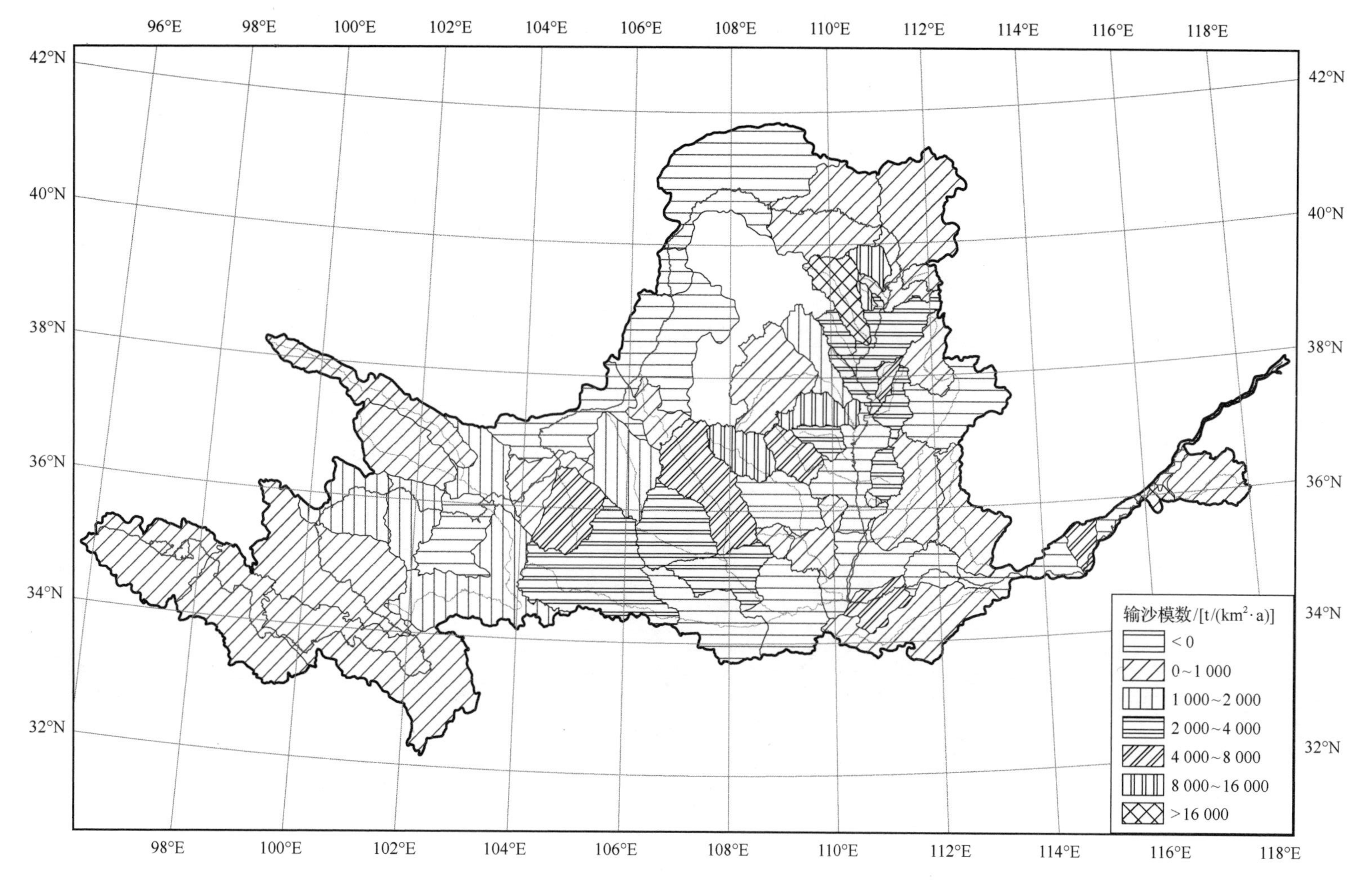

1985年黄河流域输沙模数空间分布图

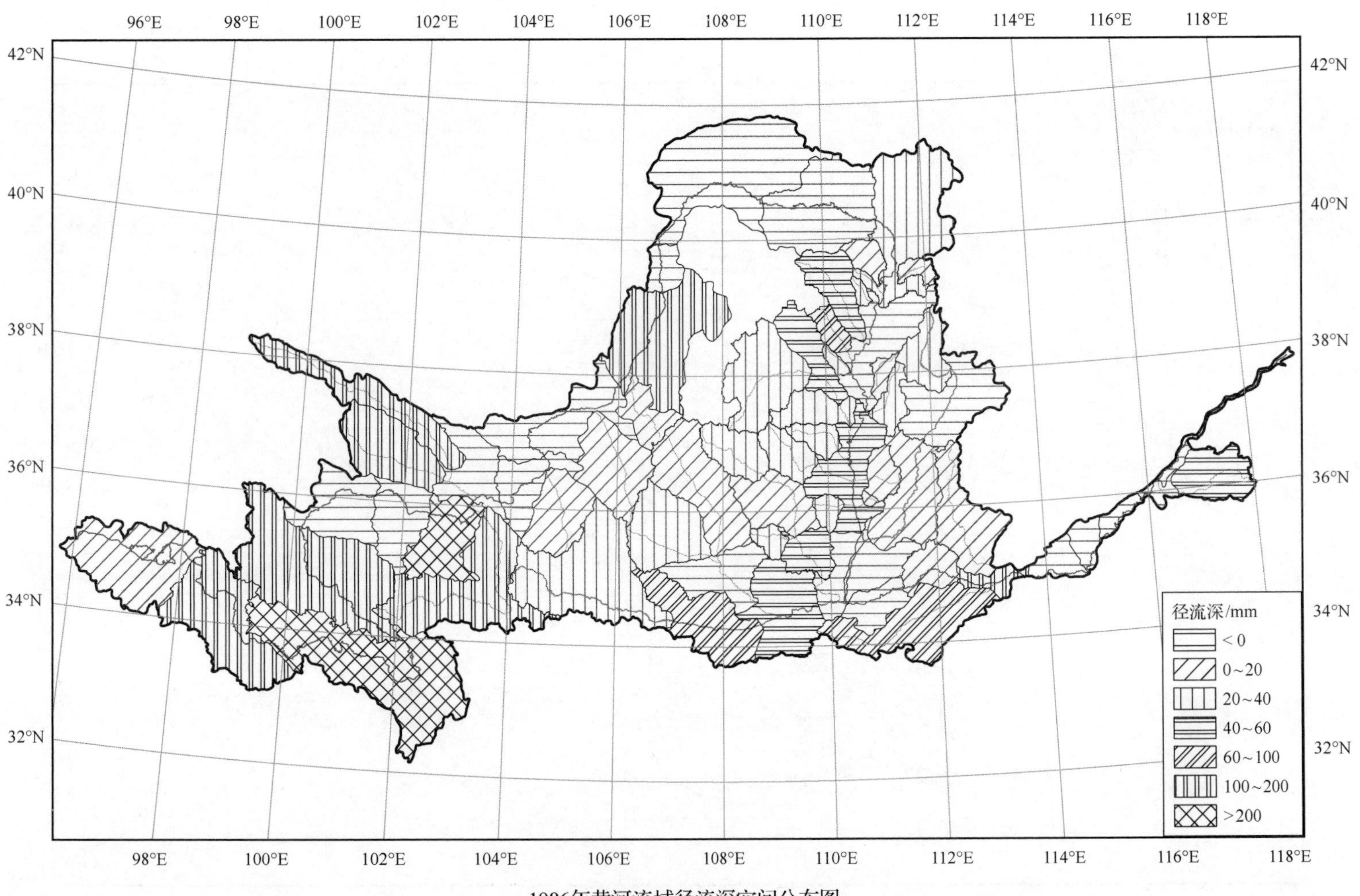

1986年黄河流域径流深空间分布图

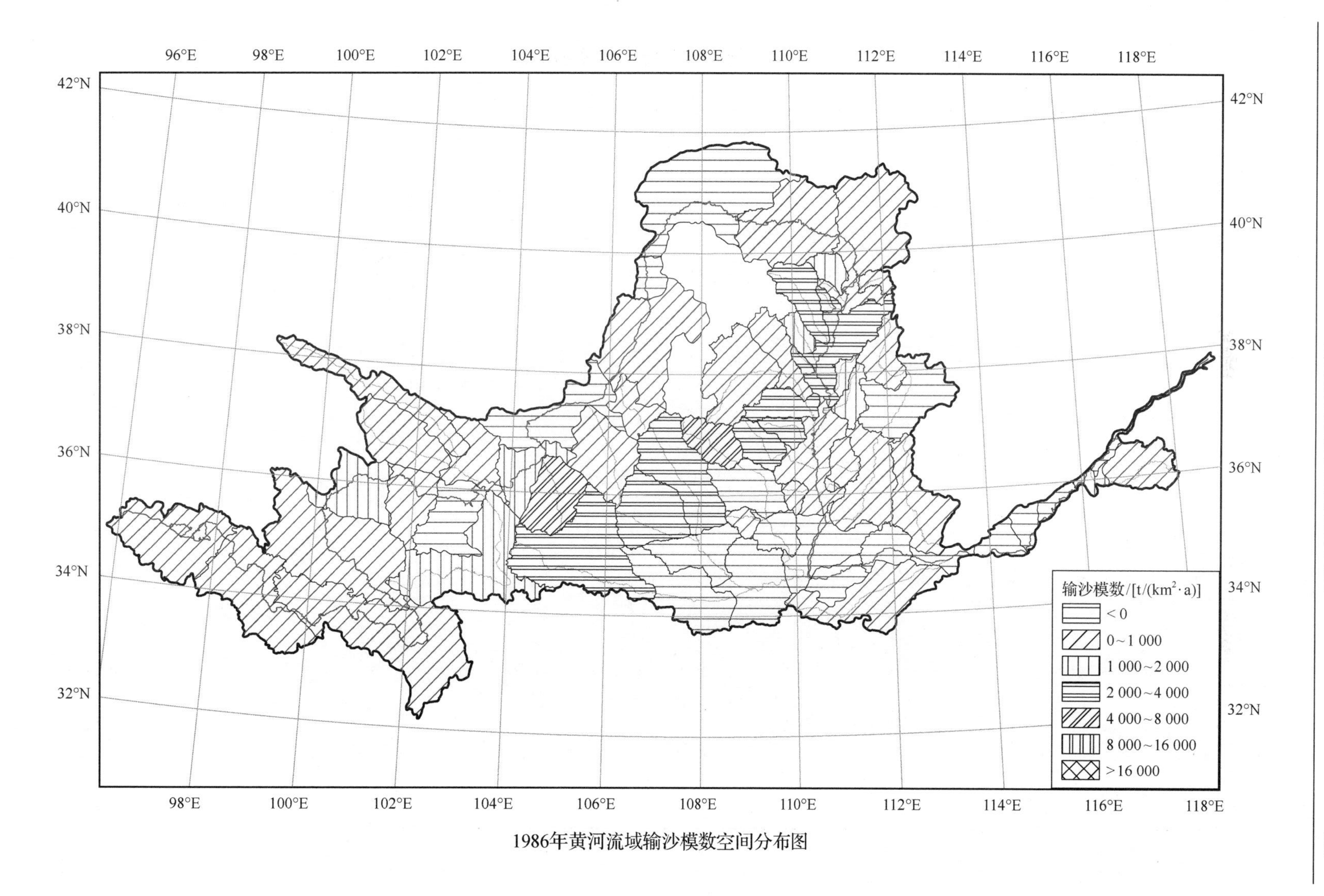

1986年黄河流域输沙模数空间分布图

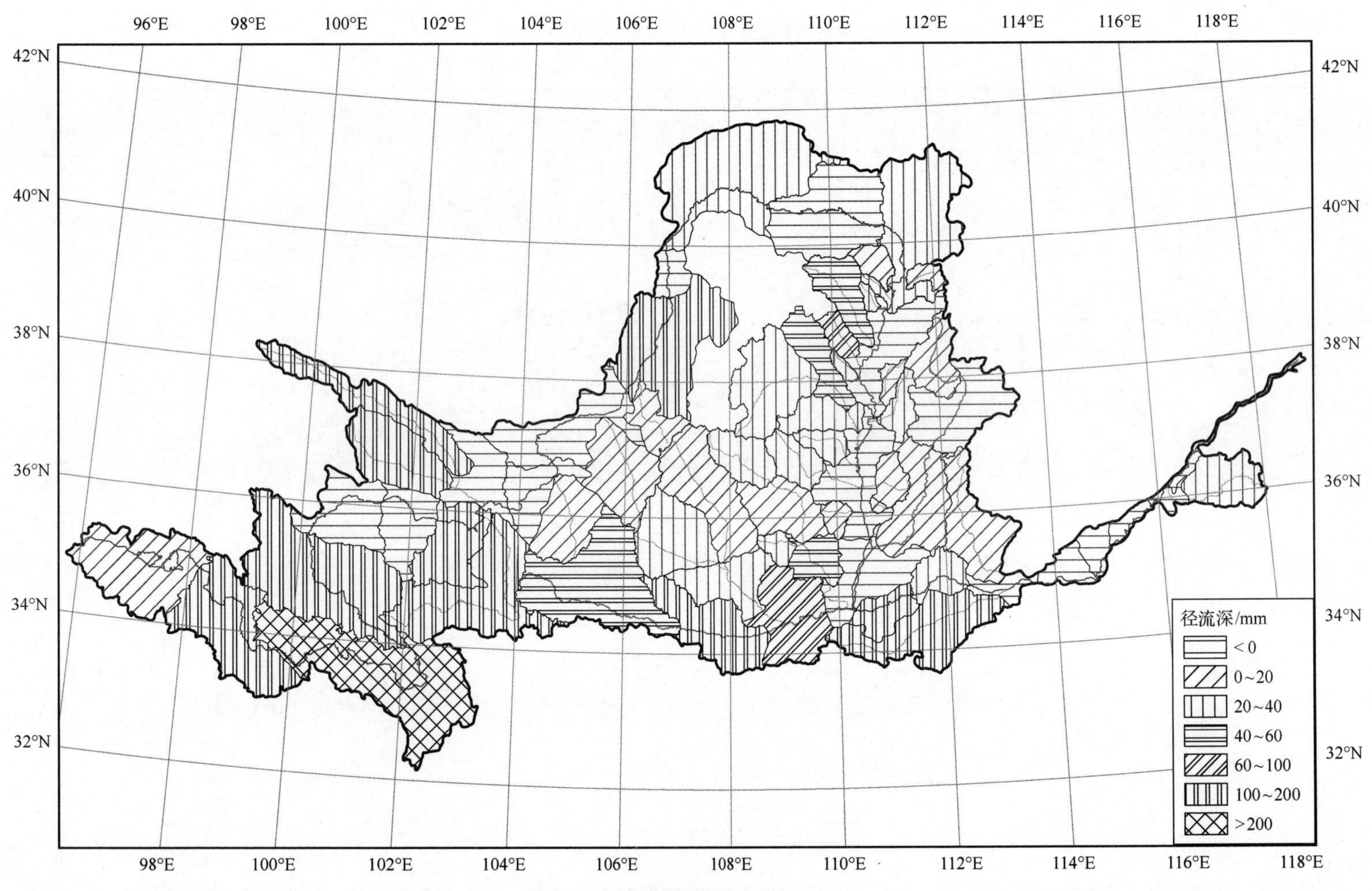

1987年黄河流域径流深空间分布图

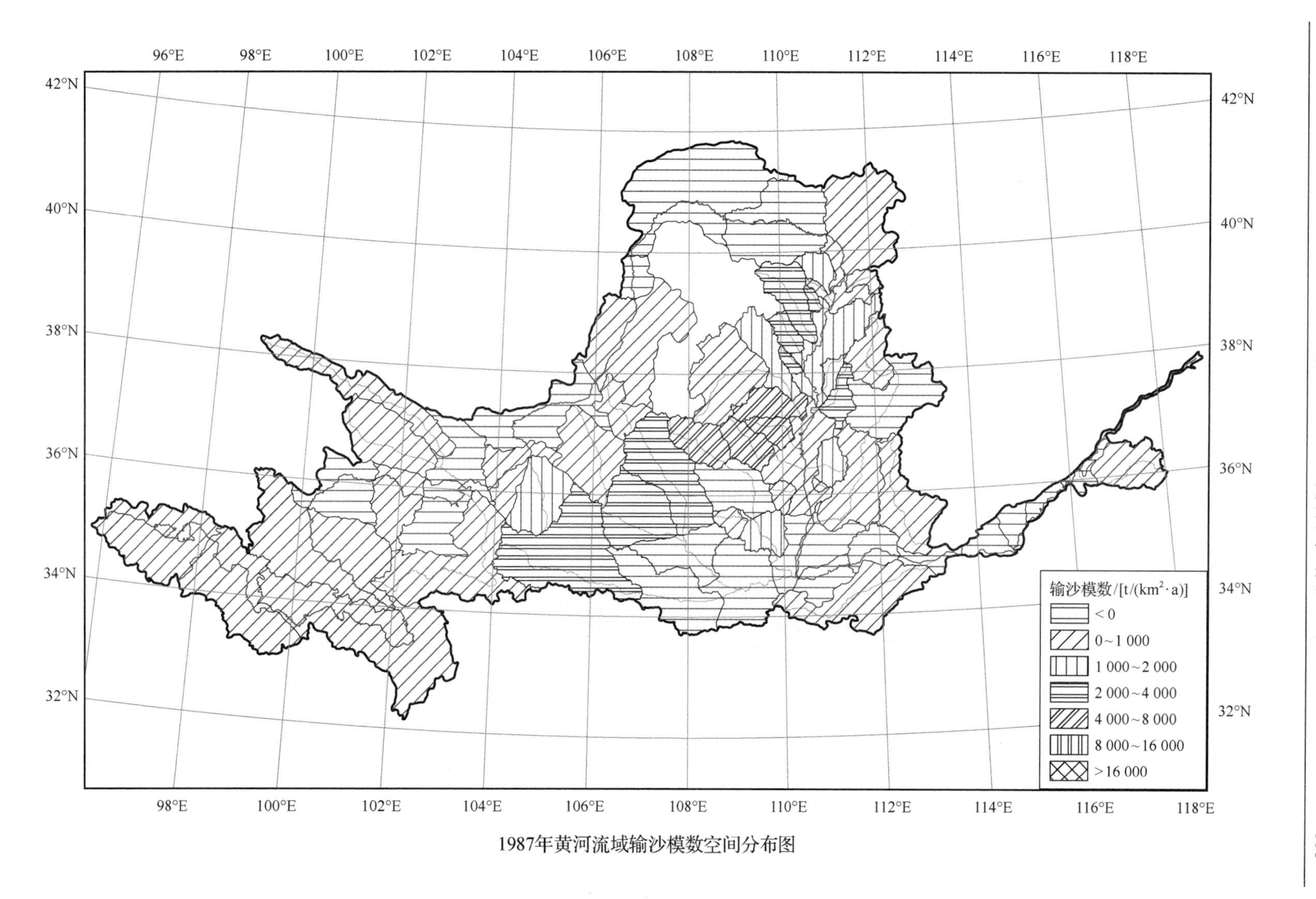

1987年黄河流域输沙模数空间分布图

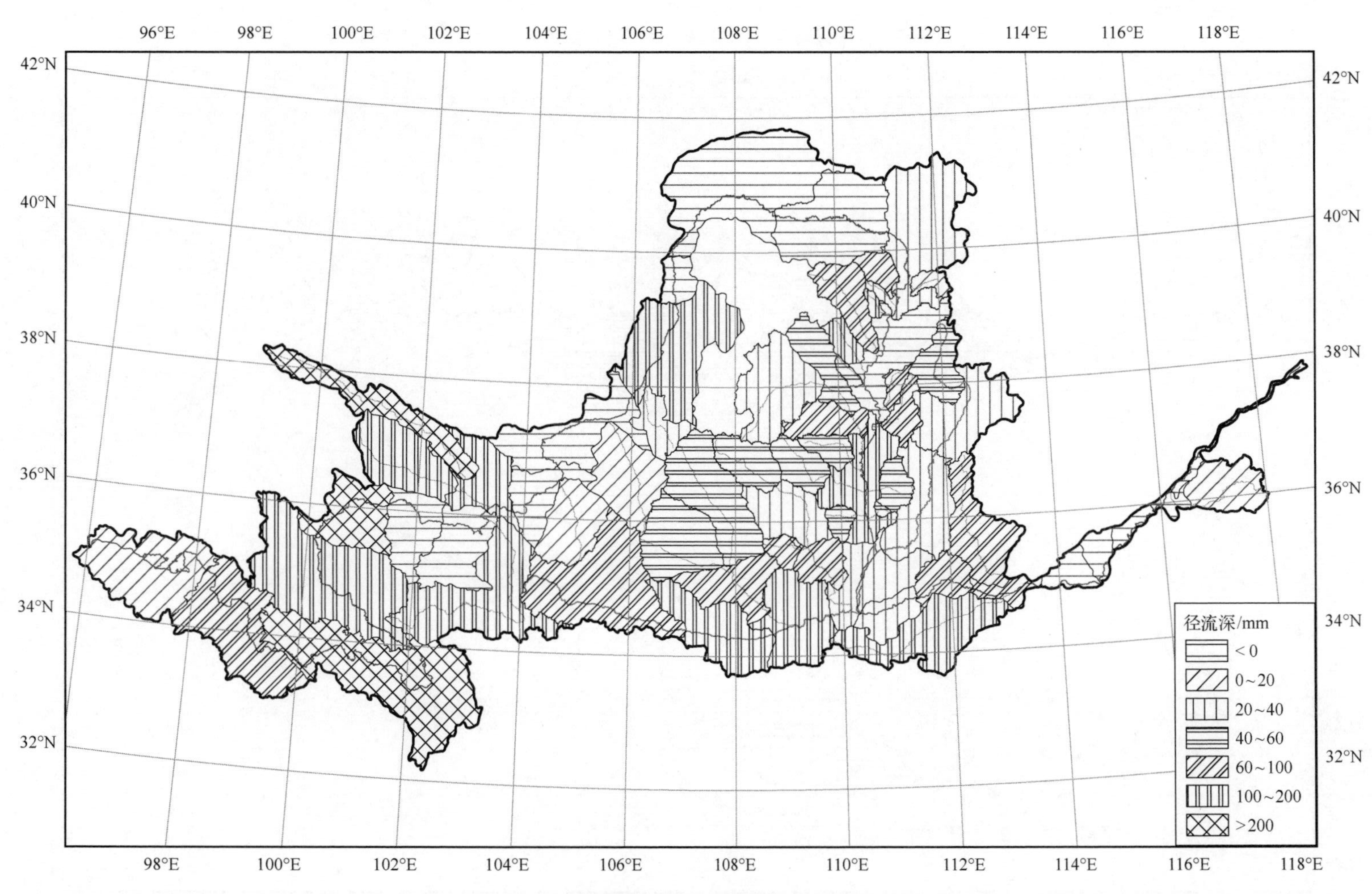

1988年黄河流域径流深空间分布图

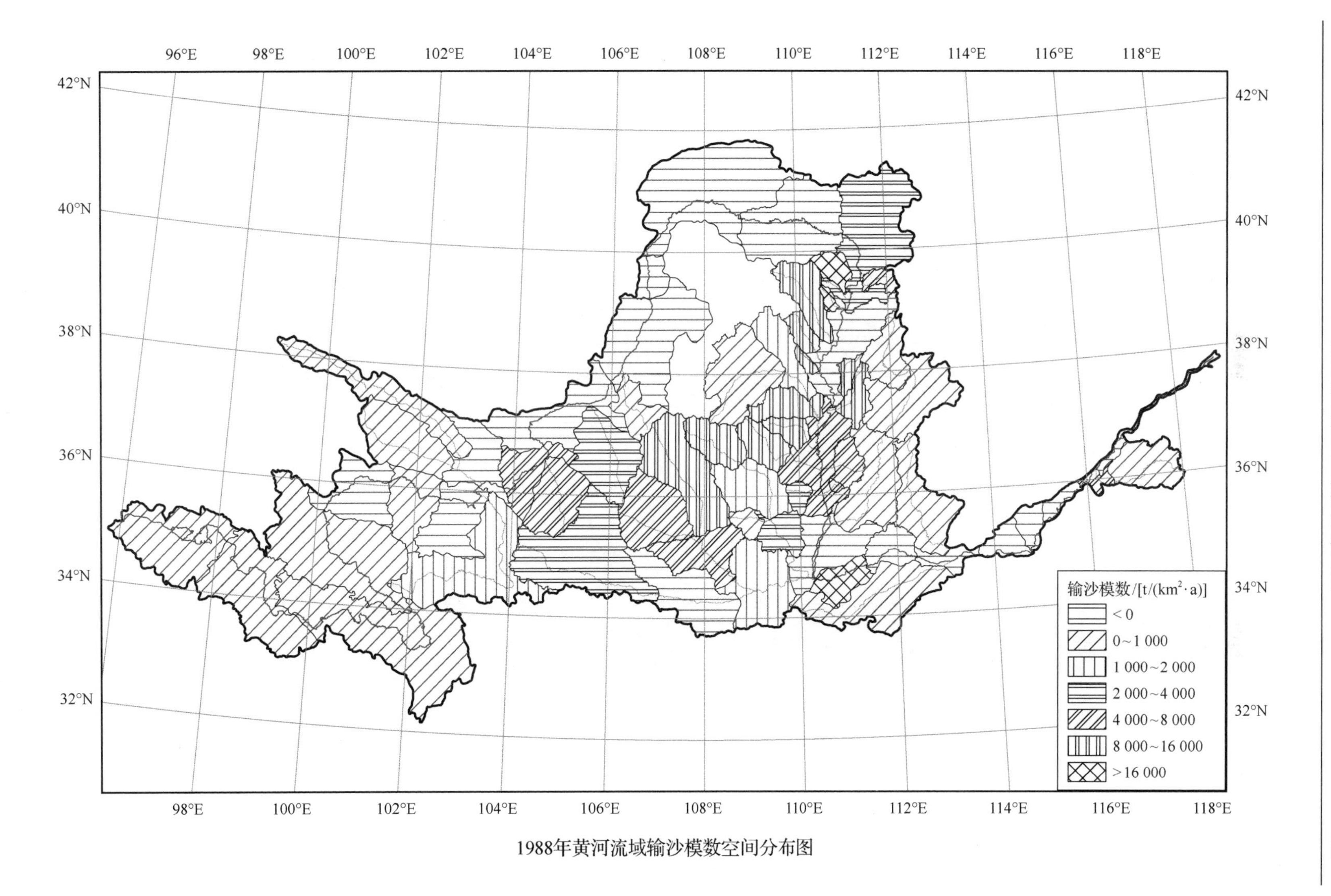

1988年黄河流域输沙模数空间分布图

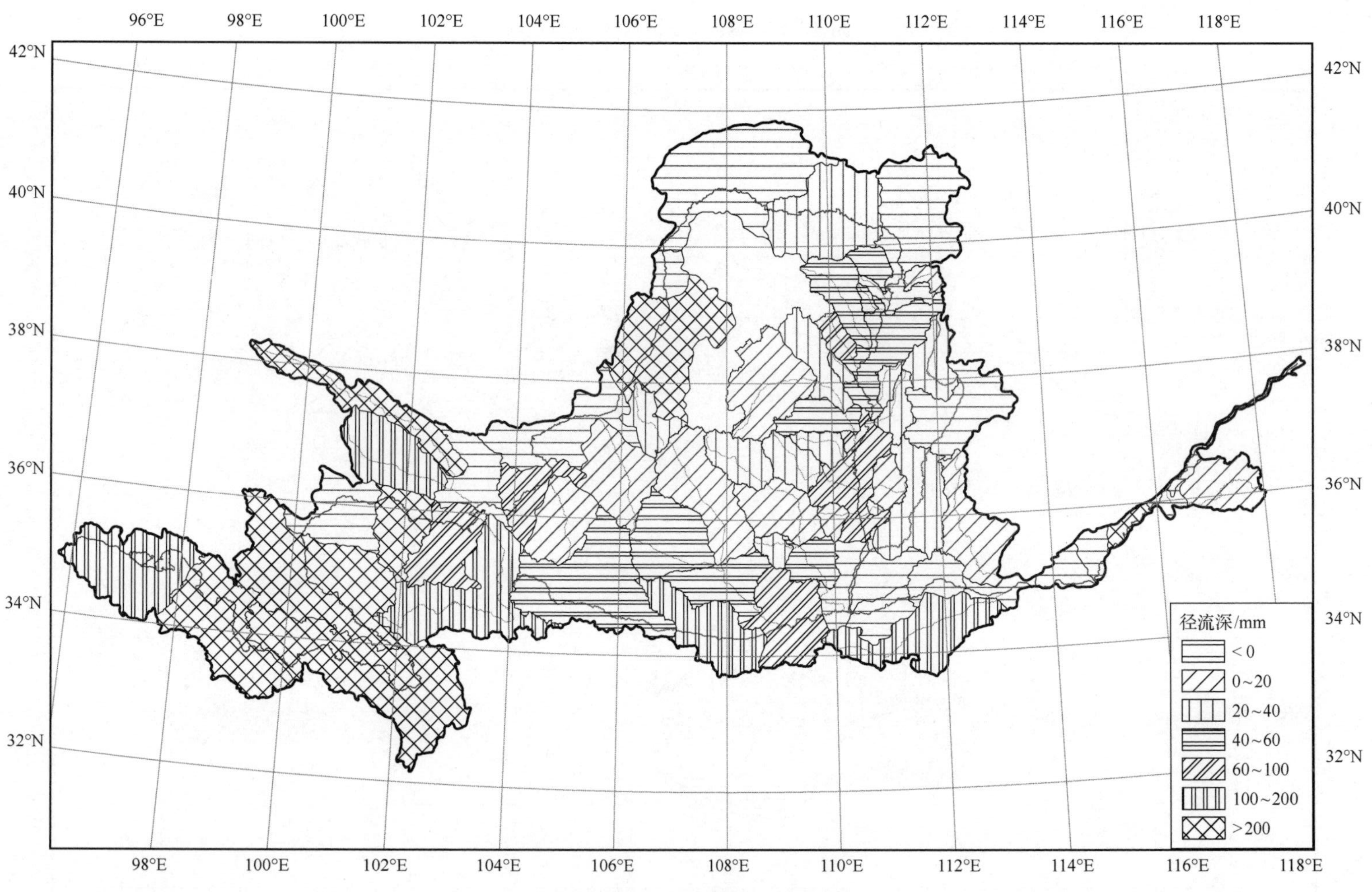

1989年黄河流域径流深空间分布图

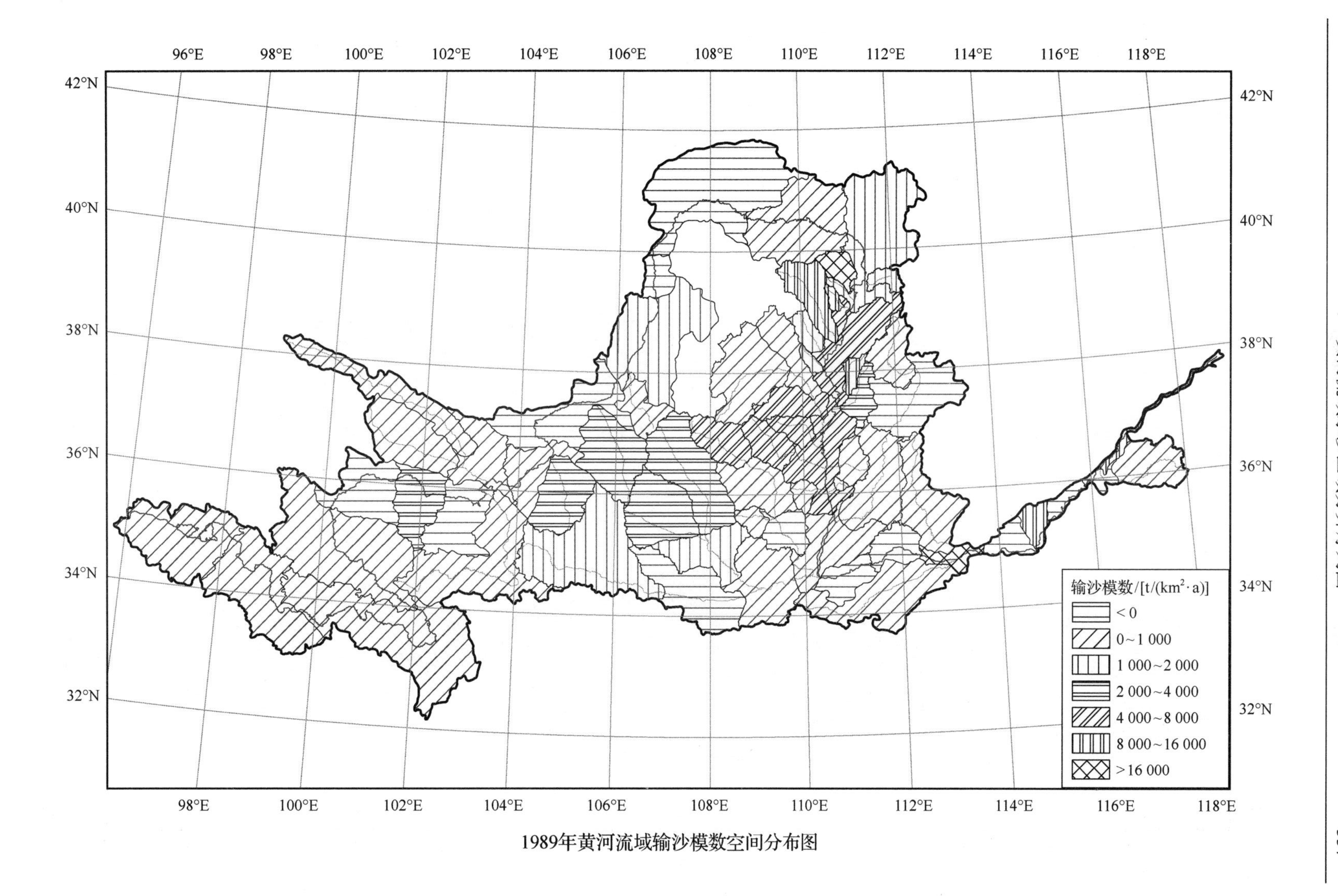

1989年黄河流域输沙模数空间分布图

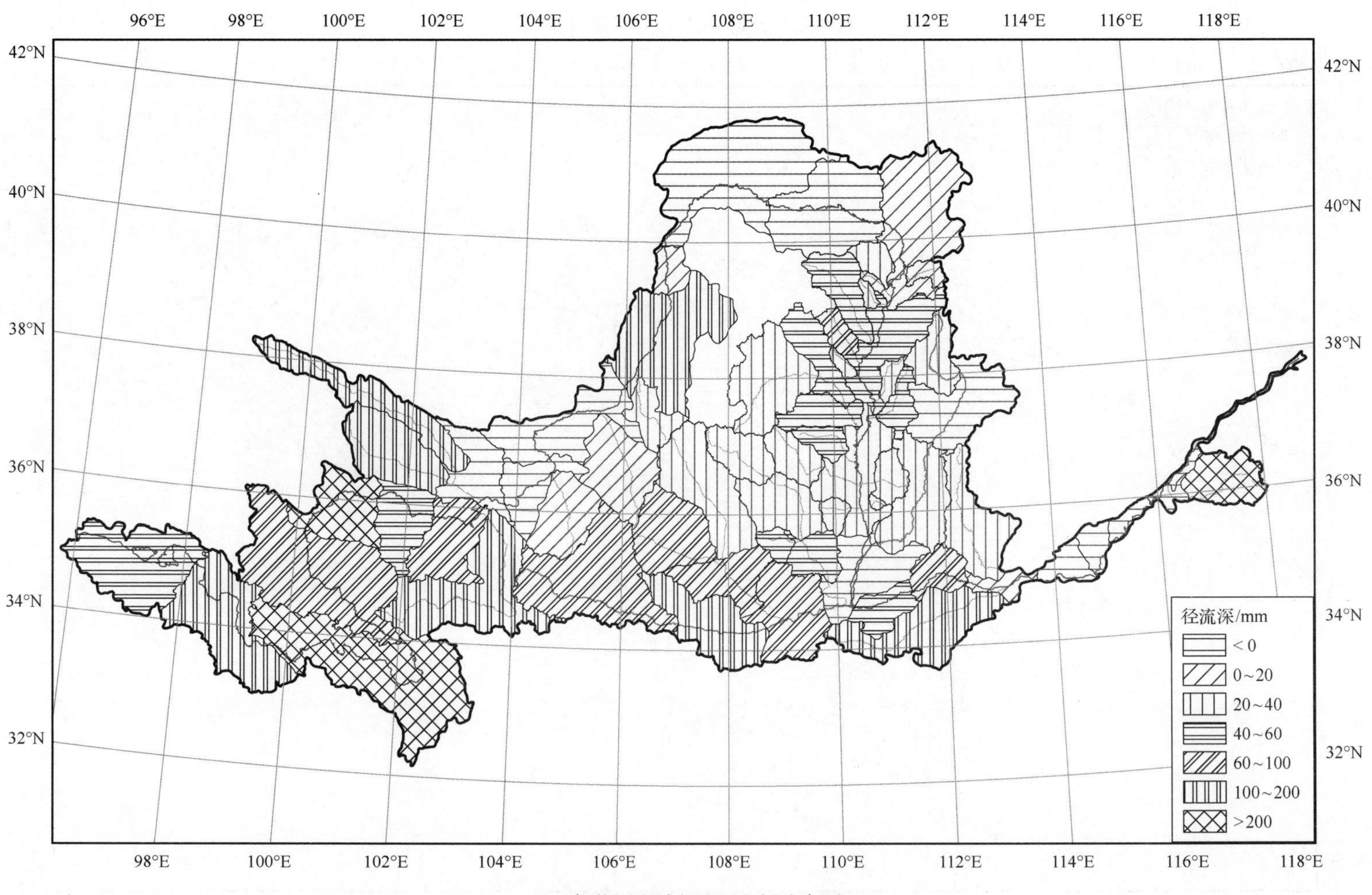

1990年黄河流域径流深空间分布图

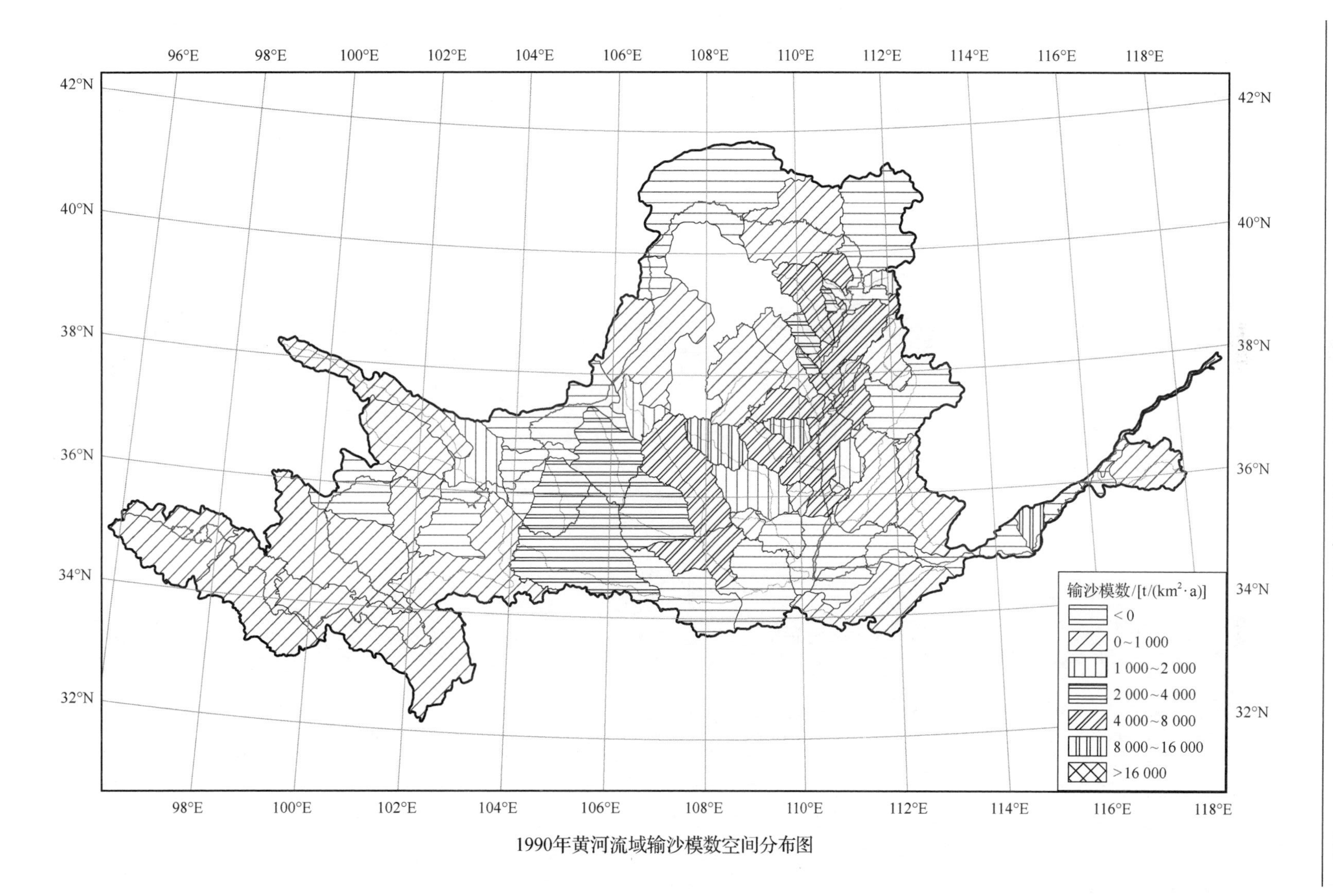

1990年黄河流域输沙模数空间分布图

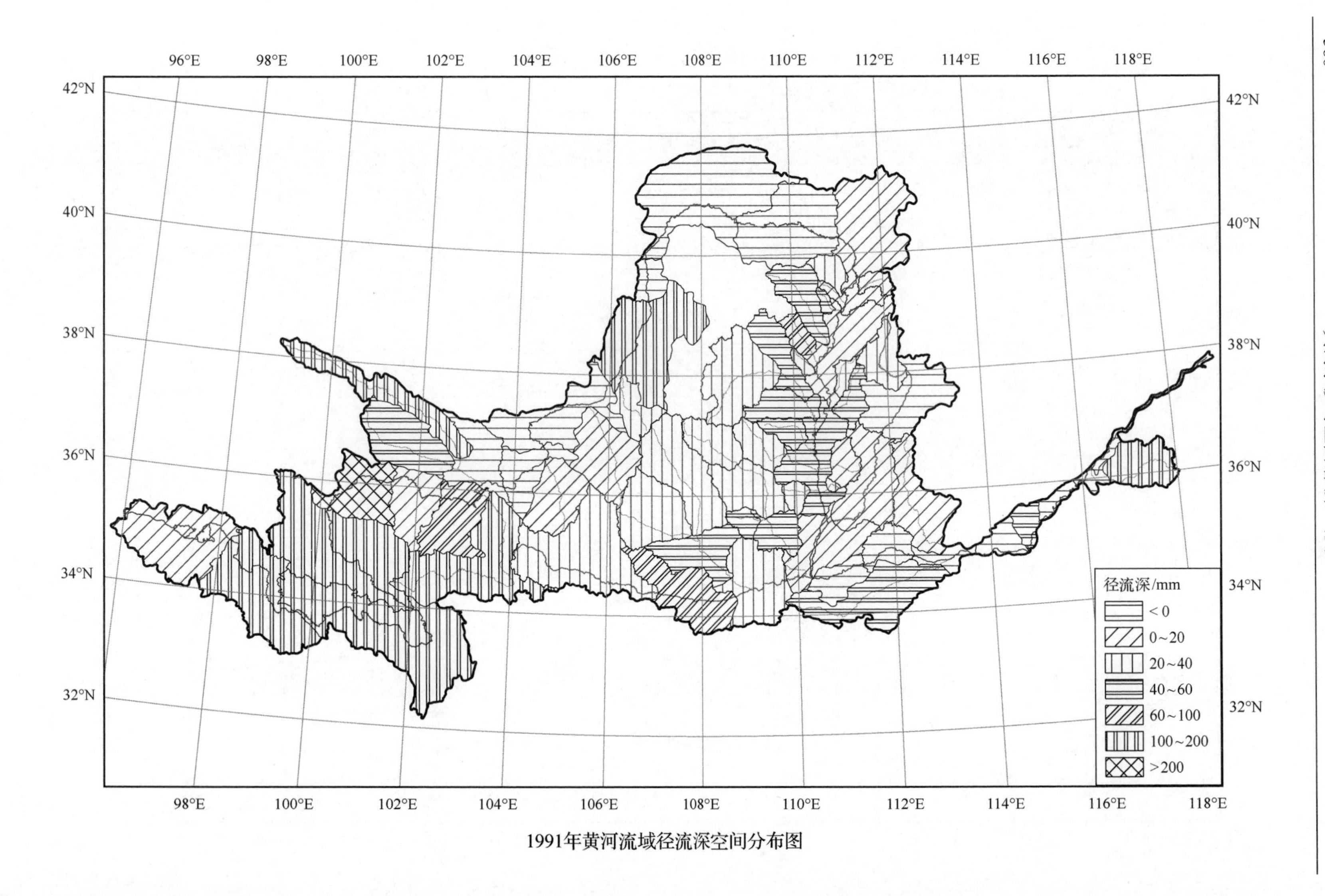

1991年黄河流域径流深空间分布图

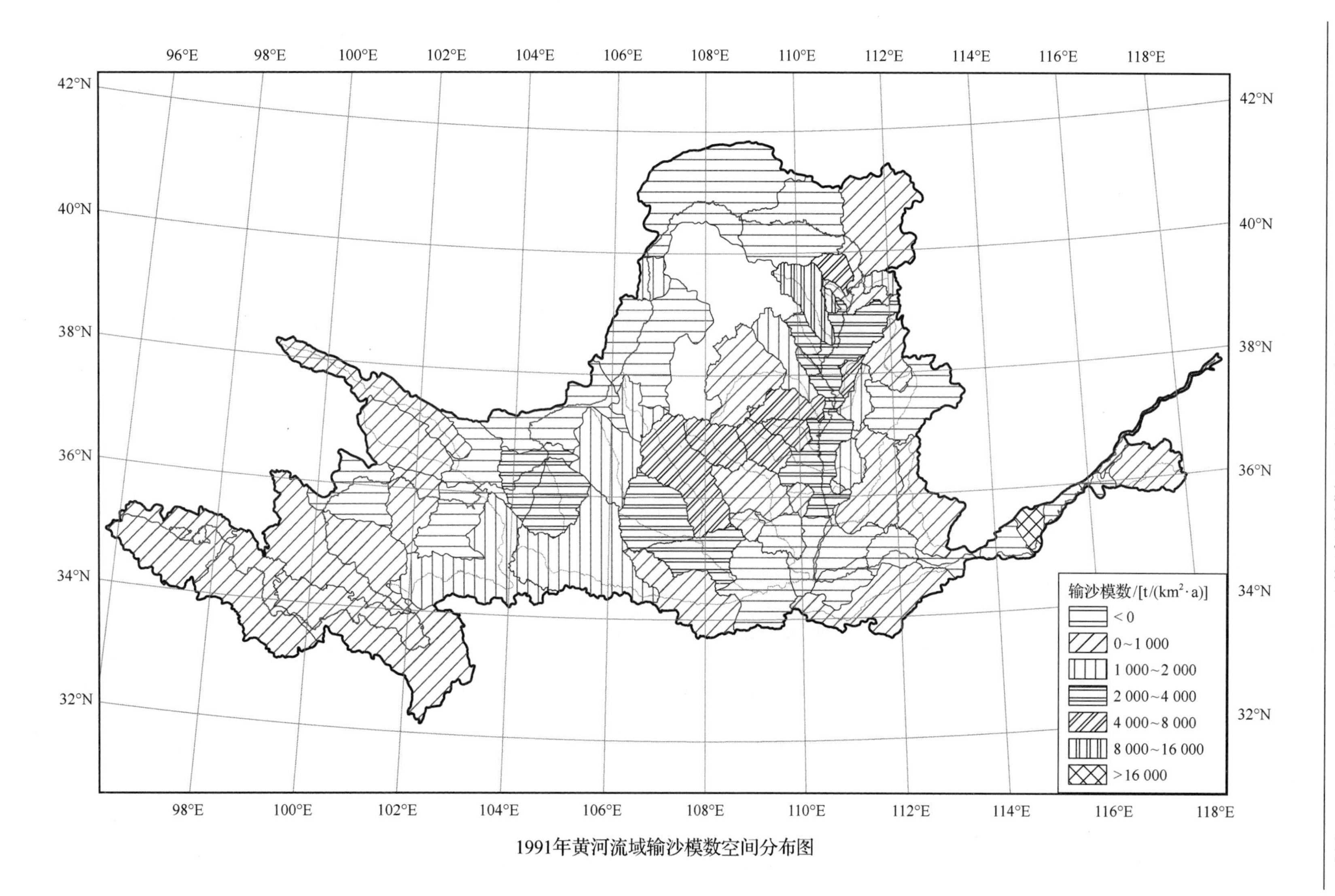

1991年黄河流域输沙模数空间分布图

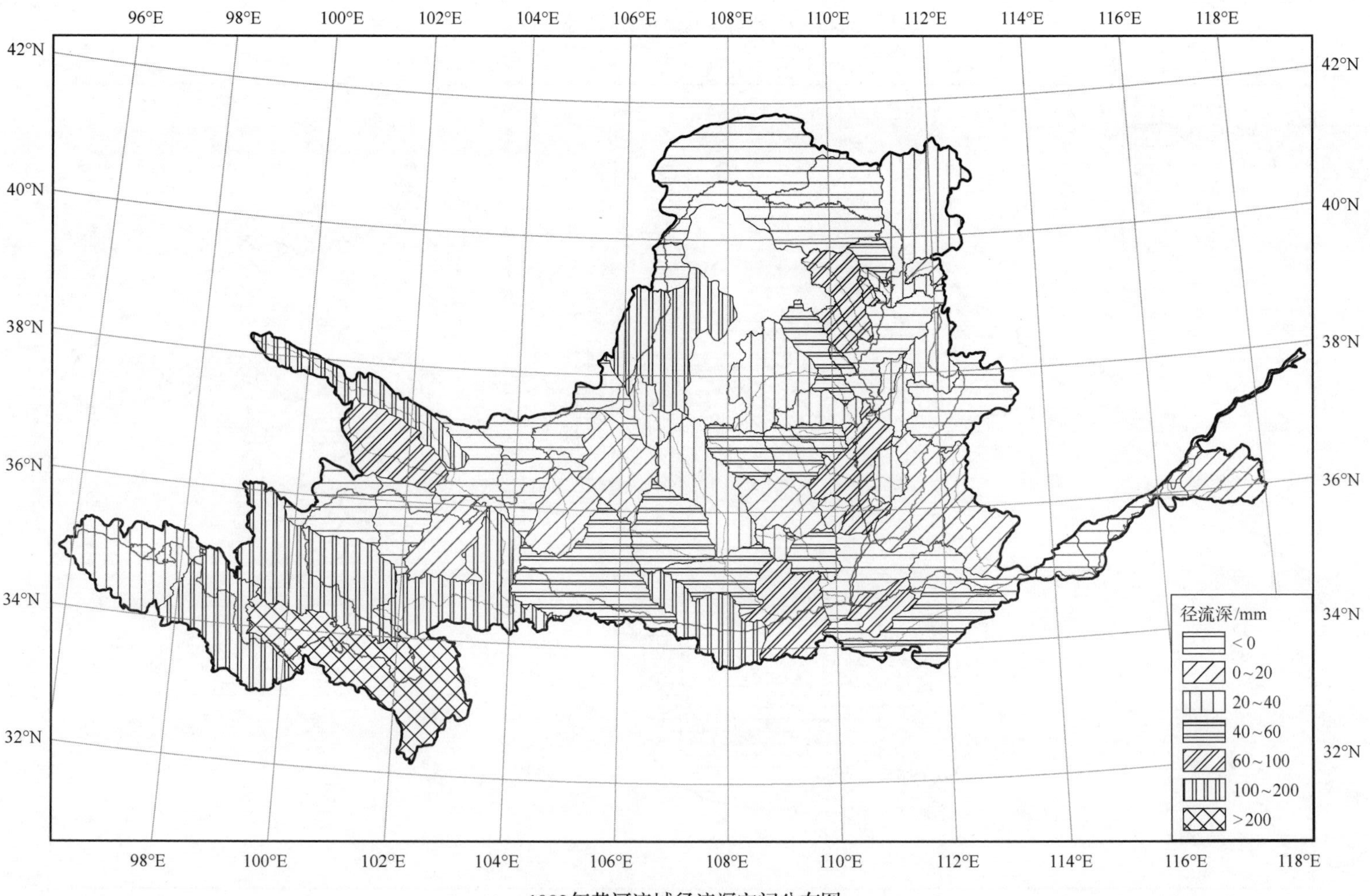

1992年黄河流域径流深空间分布图

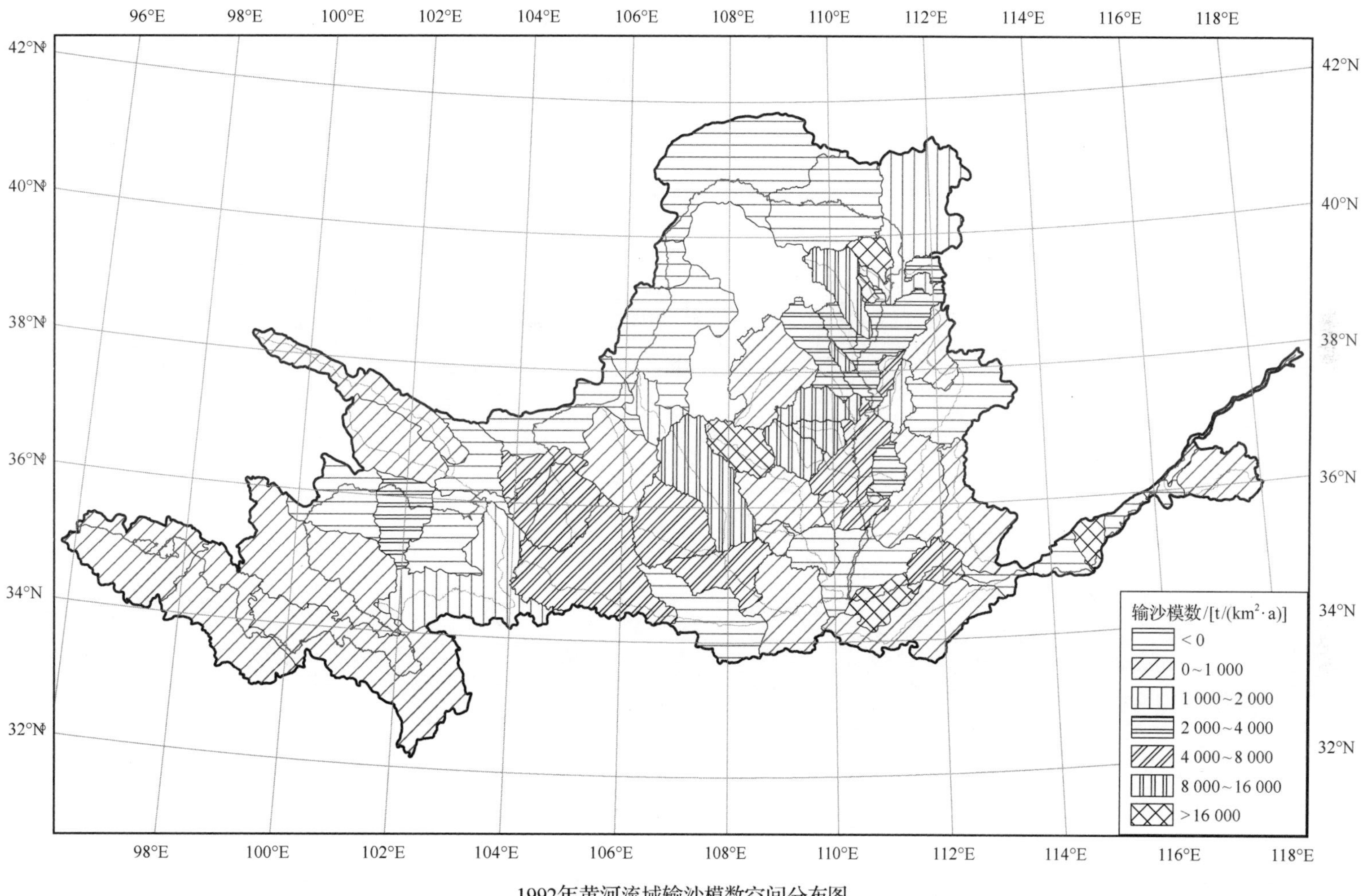

1992年黄河流域输沙模数空间分布图

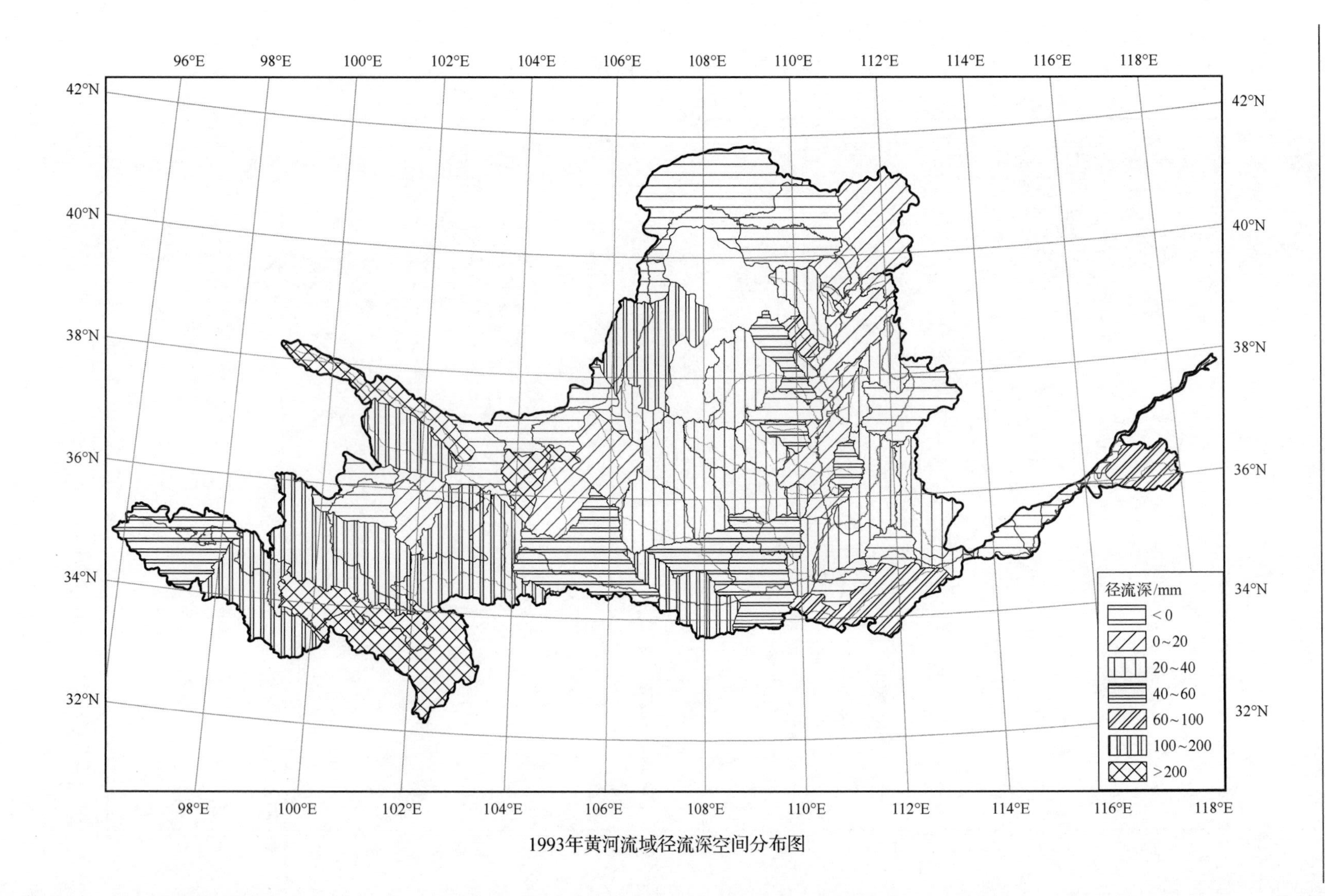

1993年黄河流域径流深空间分布图

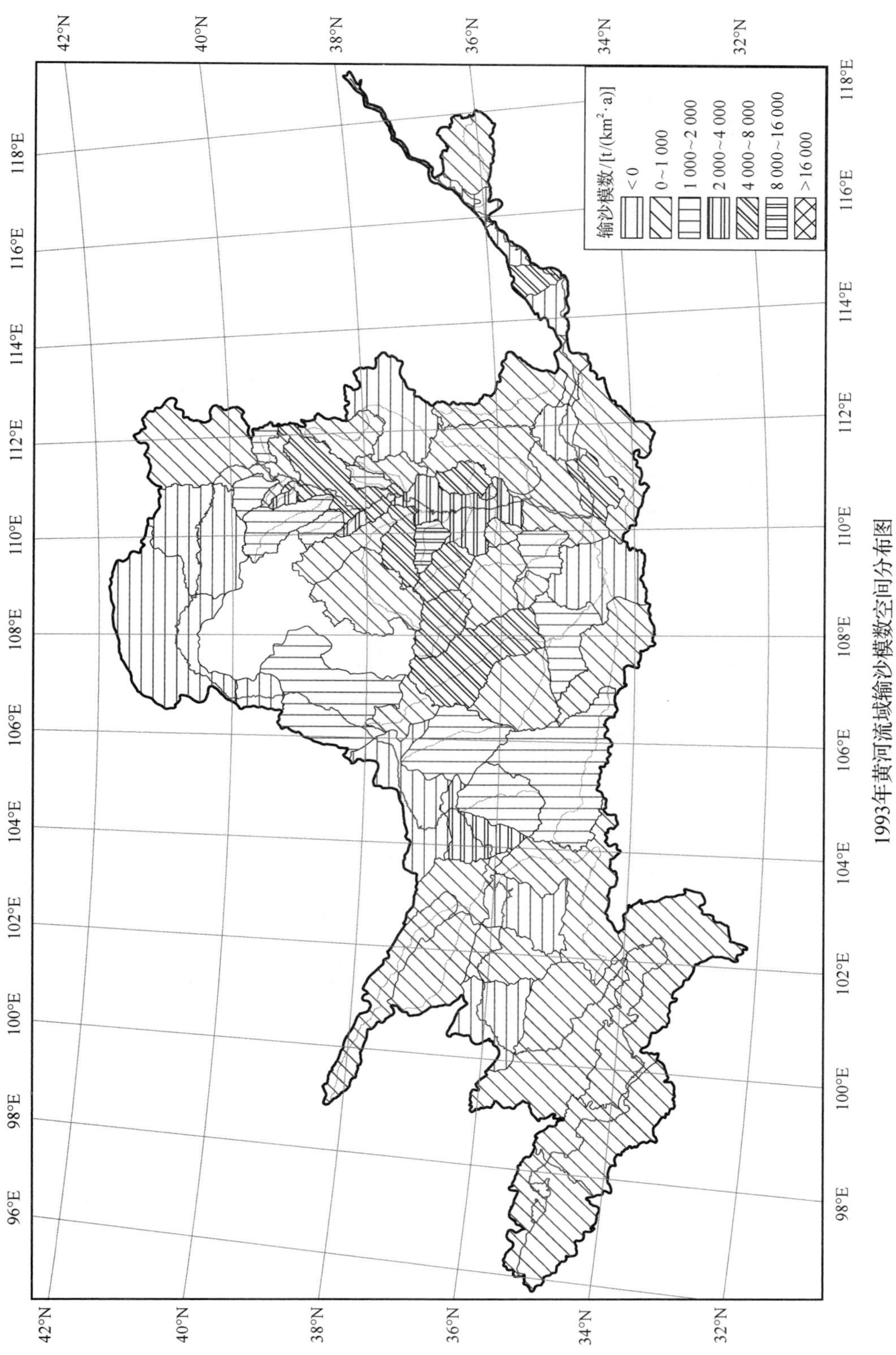

1993年黄河流域输沙模数空间分布图

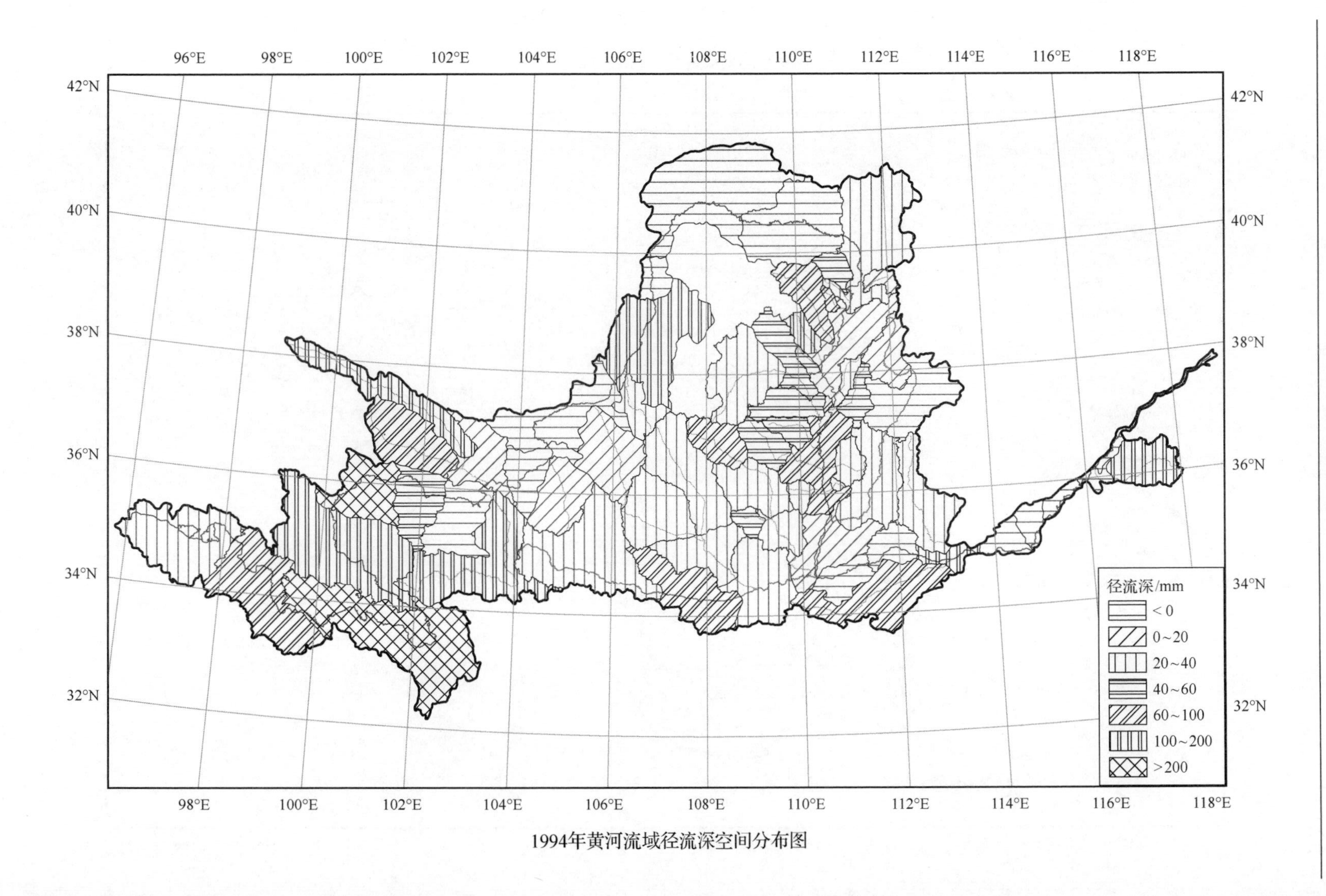

1994年黄河流域径流深空间分布图

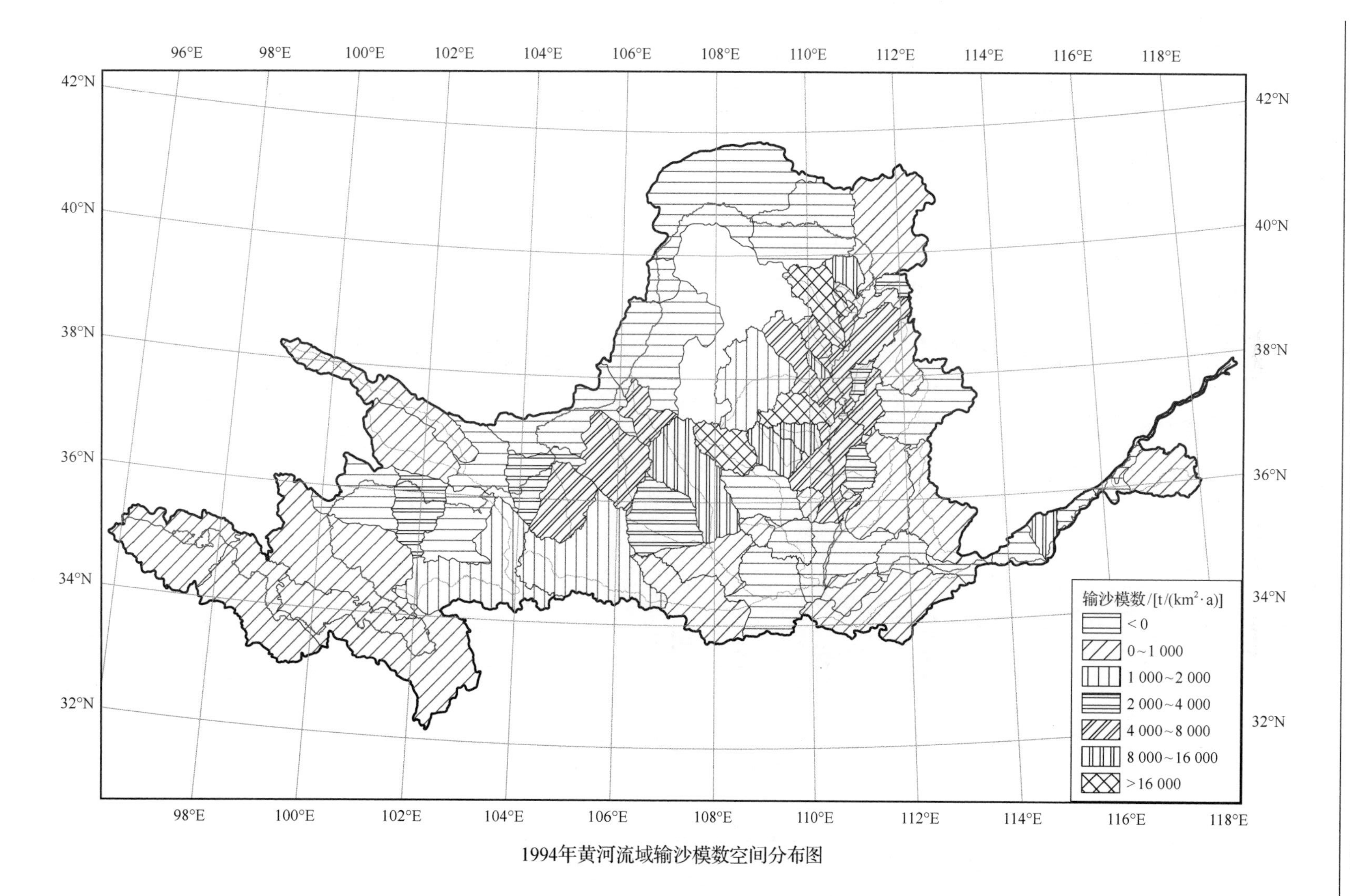

1994年黄河流域输沙模数空间分布图

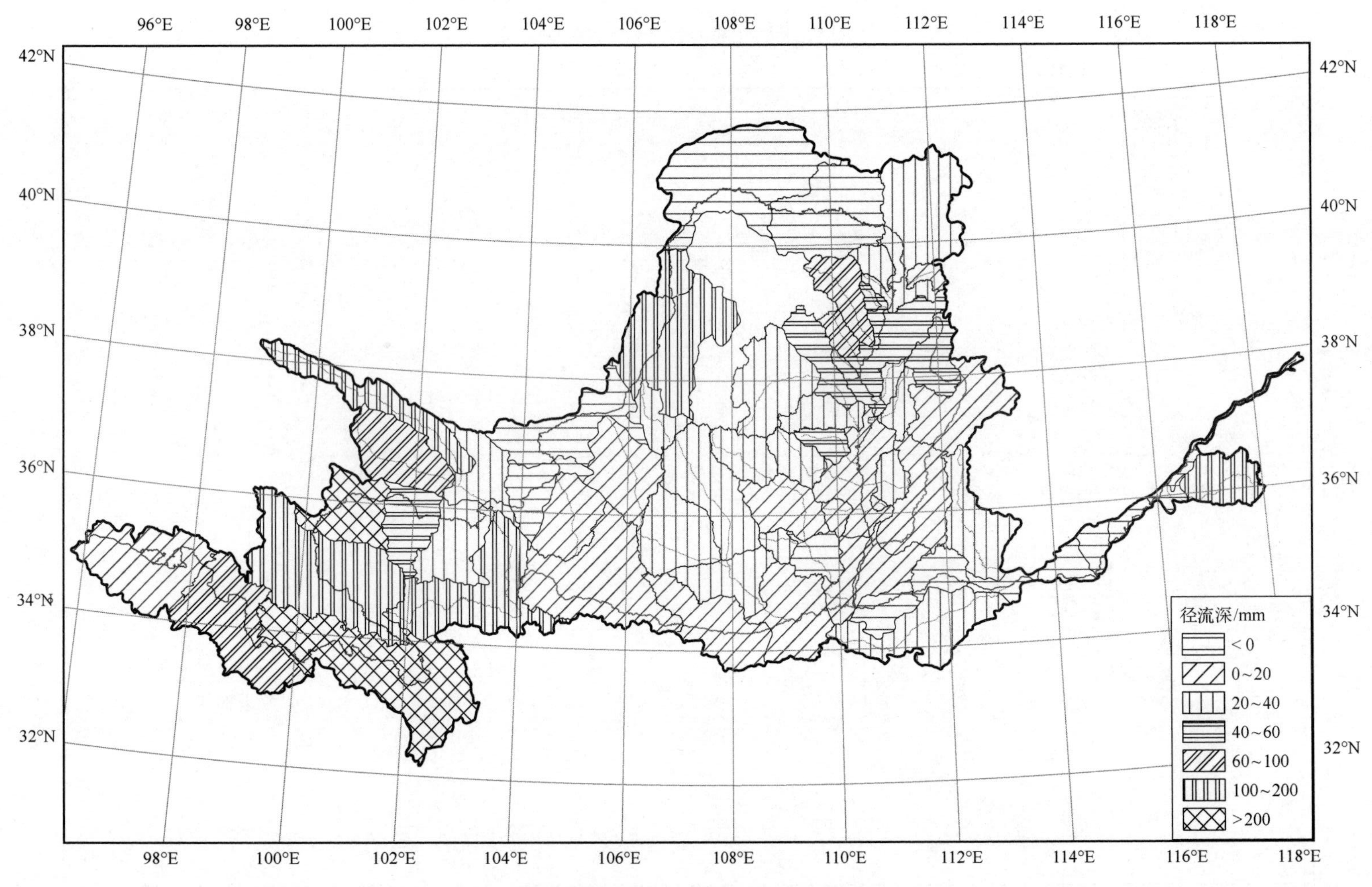

1995年黄河流域径流深空间分布图

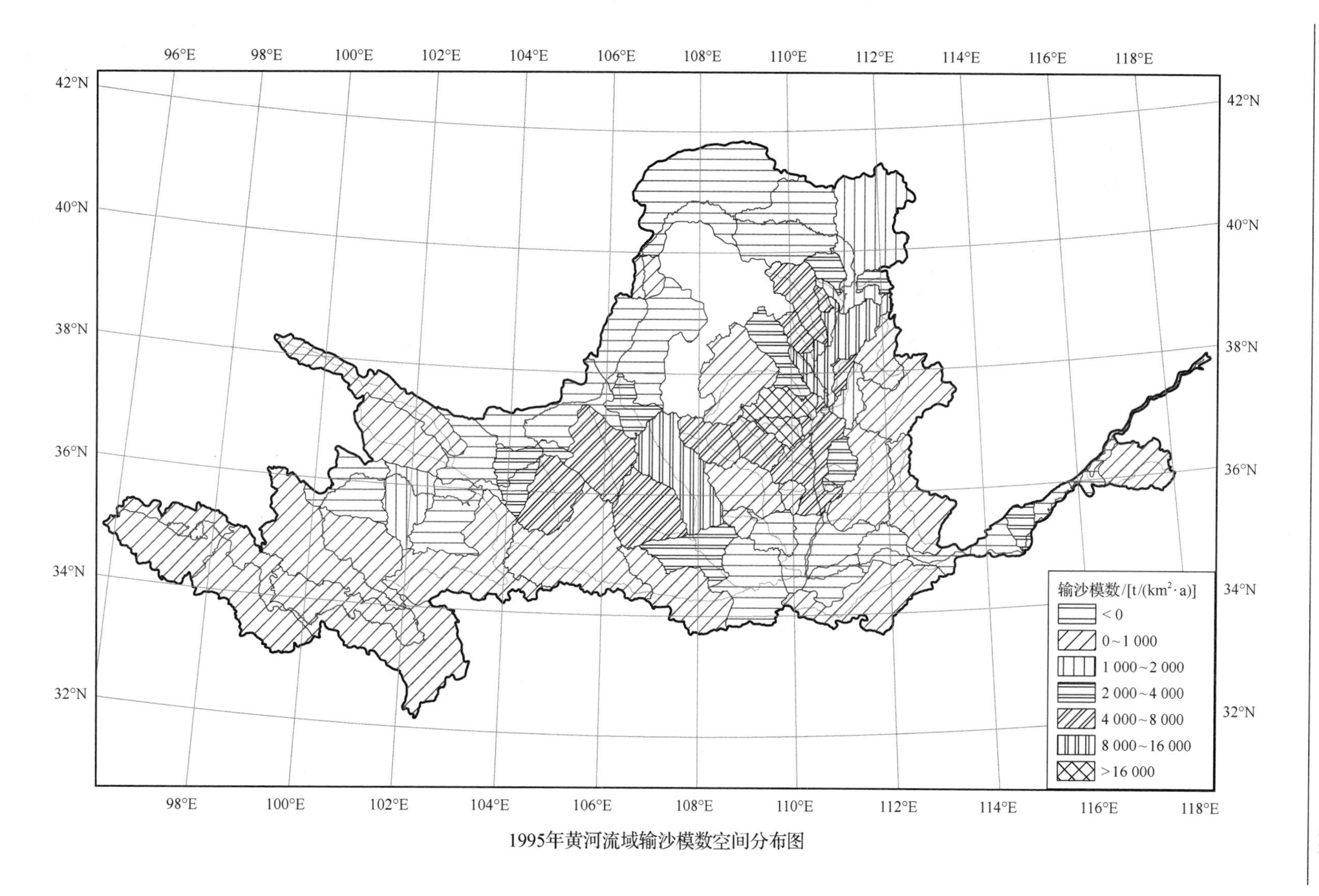

1995年黄河流域输沙模数空间分布图

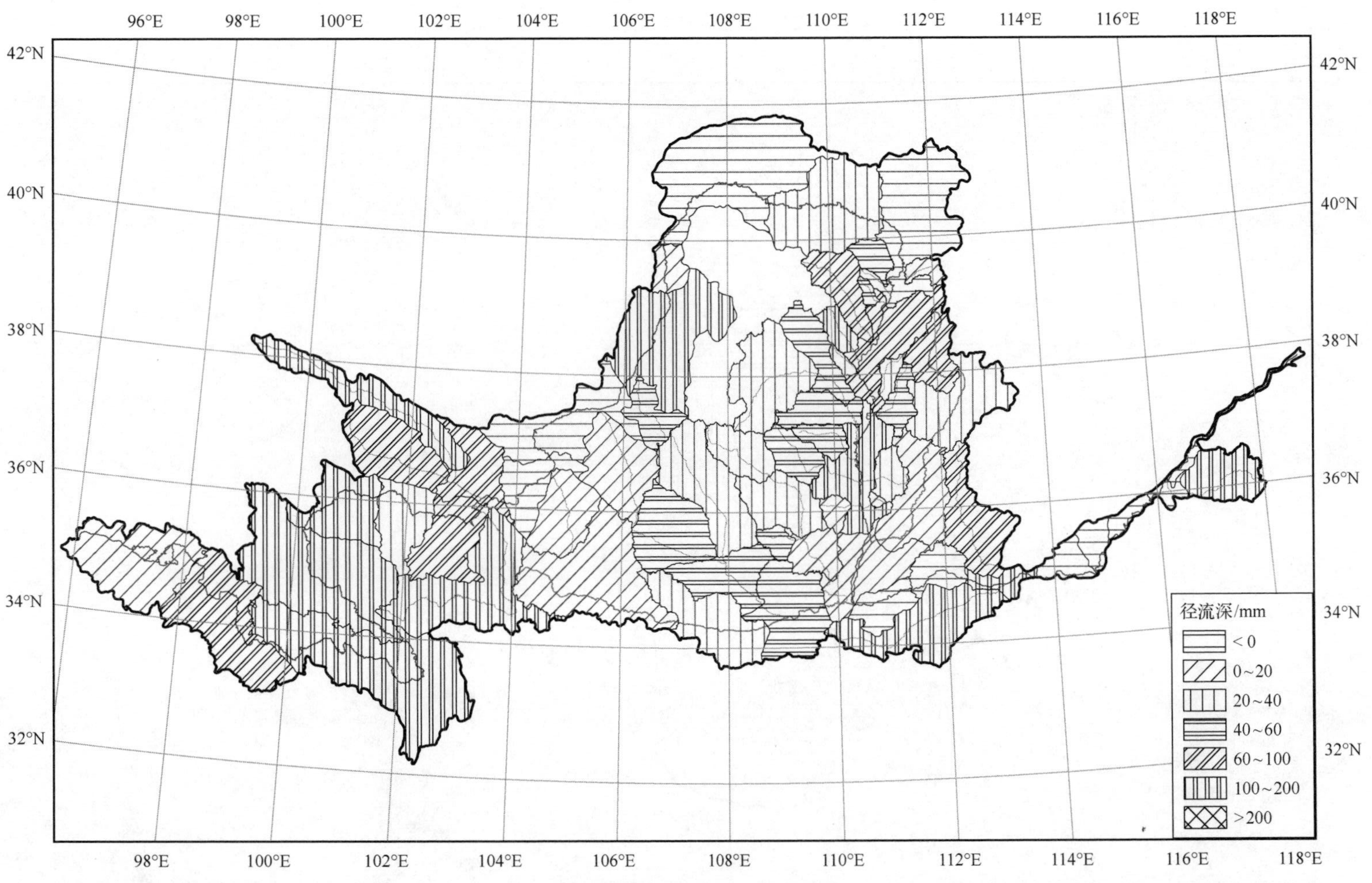

1996年黄河流域径流深空间分布图

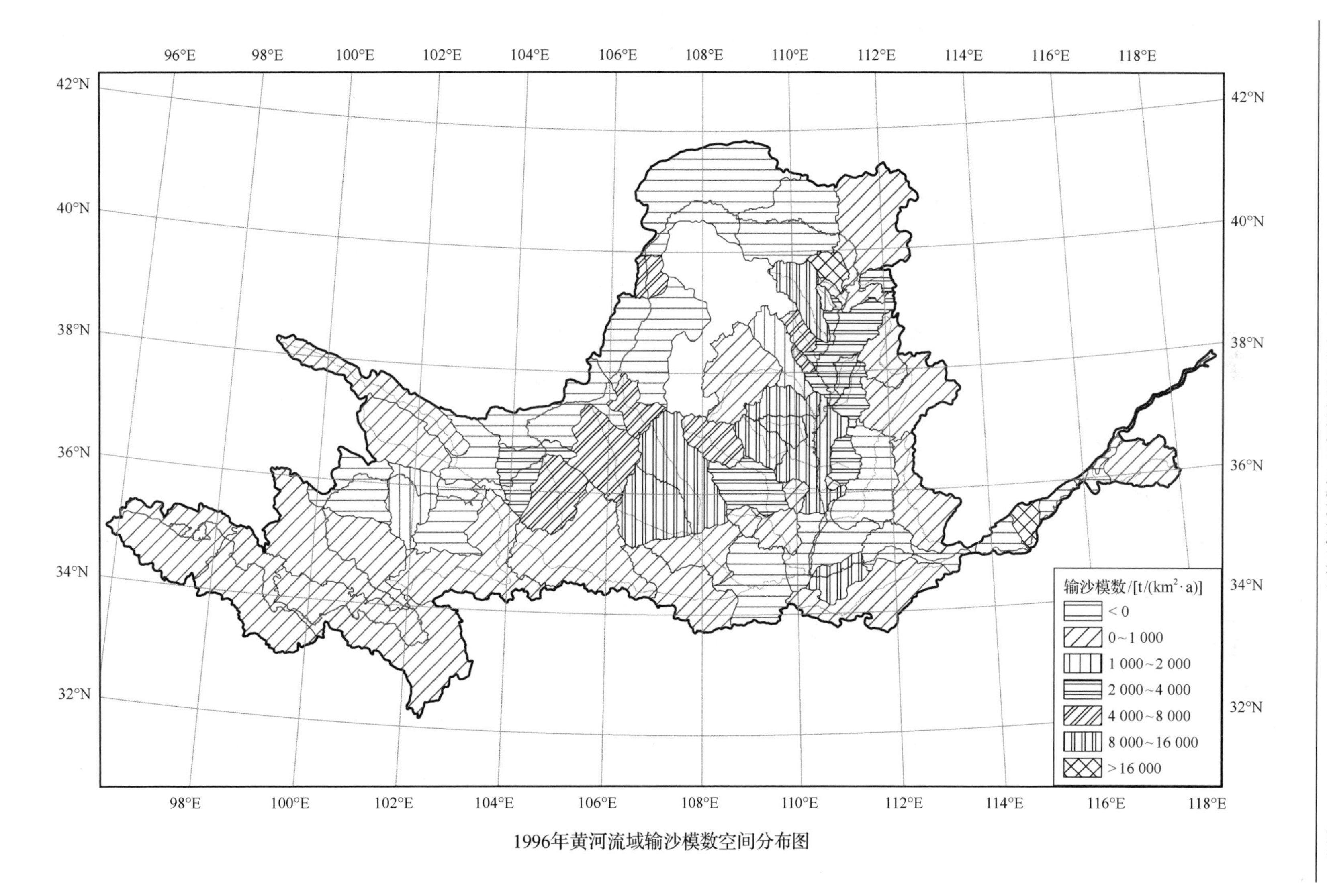

1996年黄河流域输沙模数空间分布图

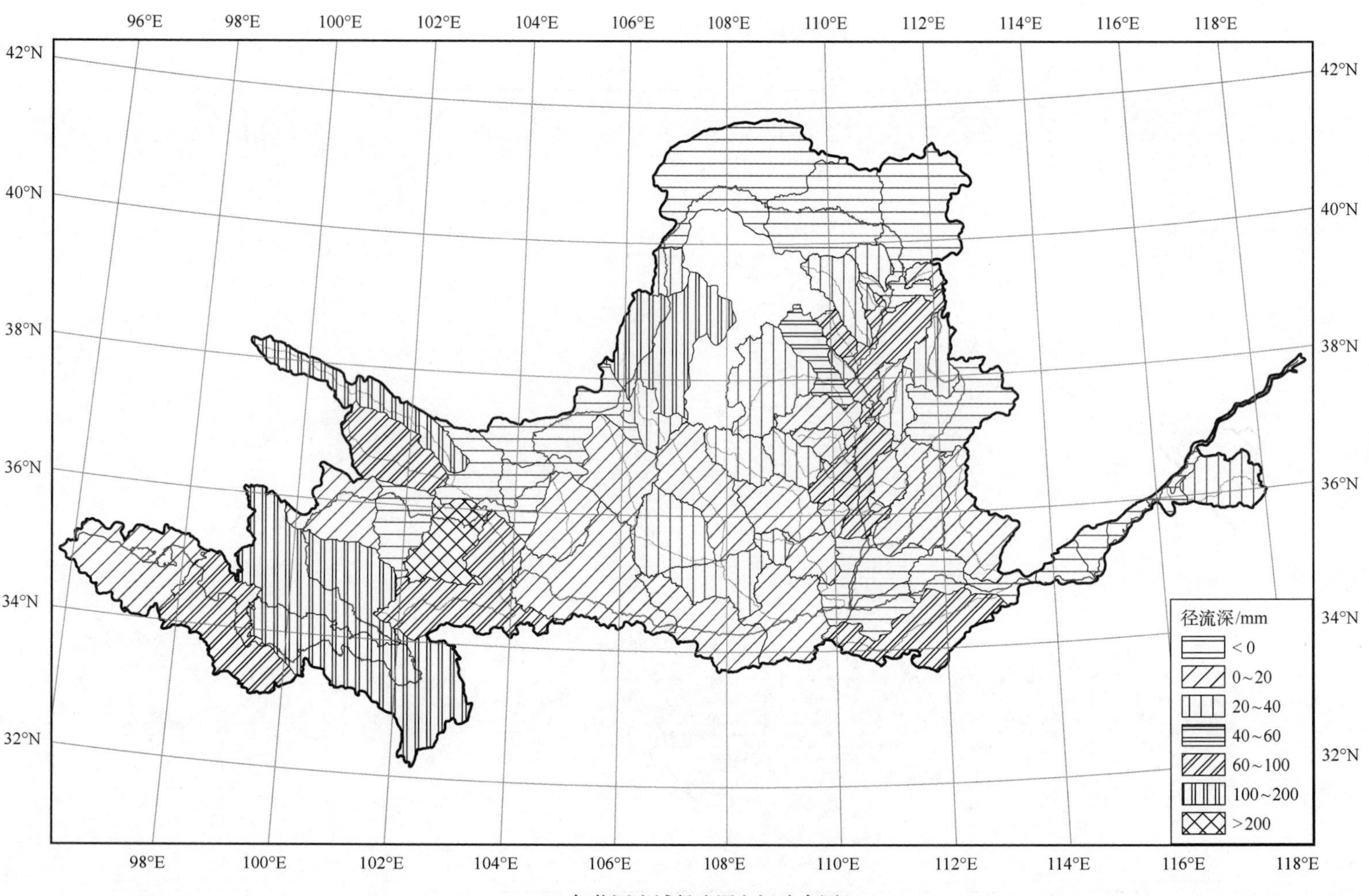

1997年黄河流域径流深空间分布图

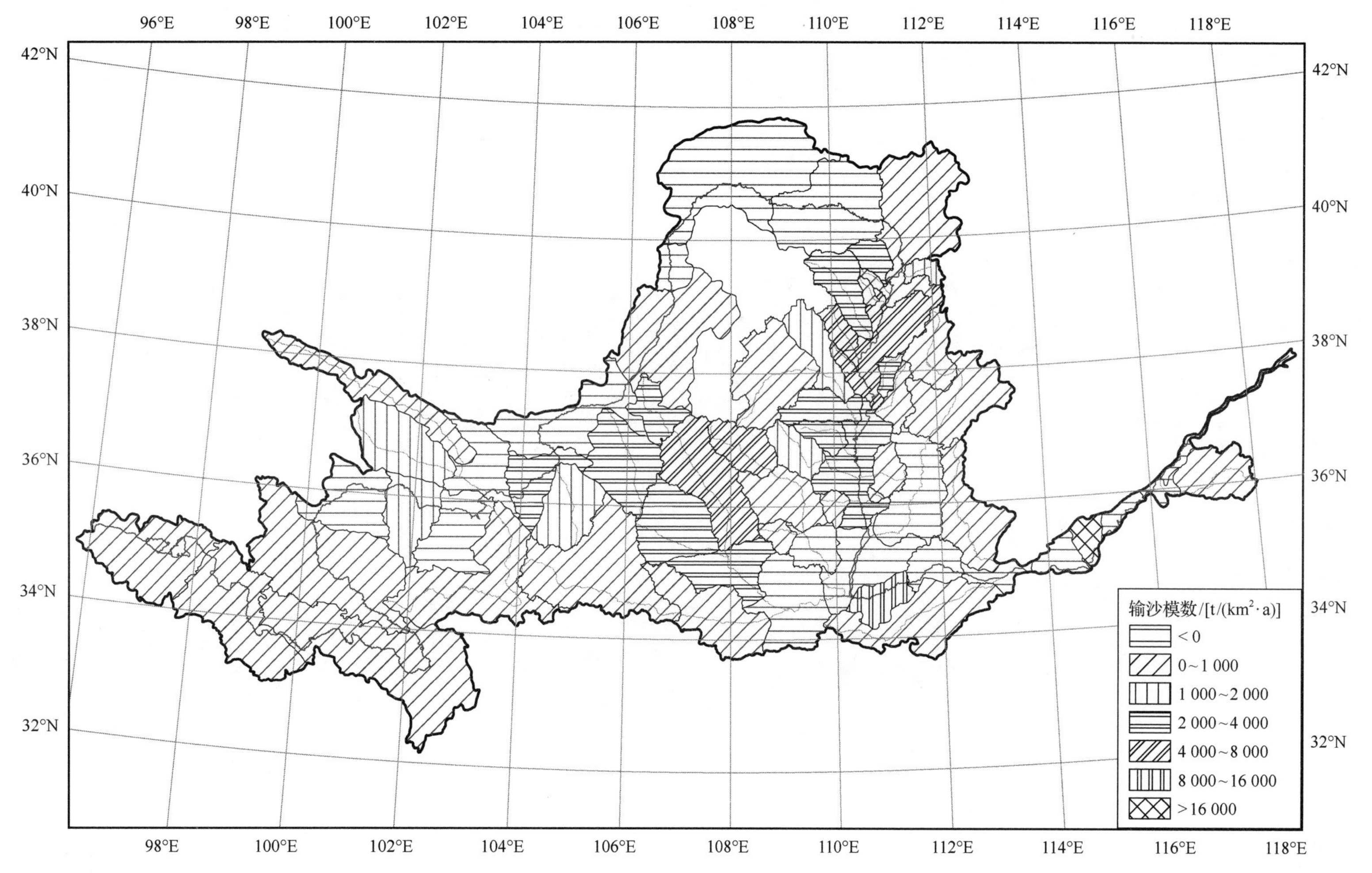

1997年黄河流域输沙模数空间分布图

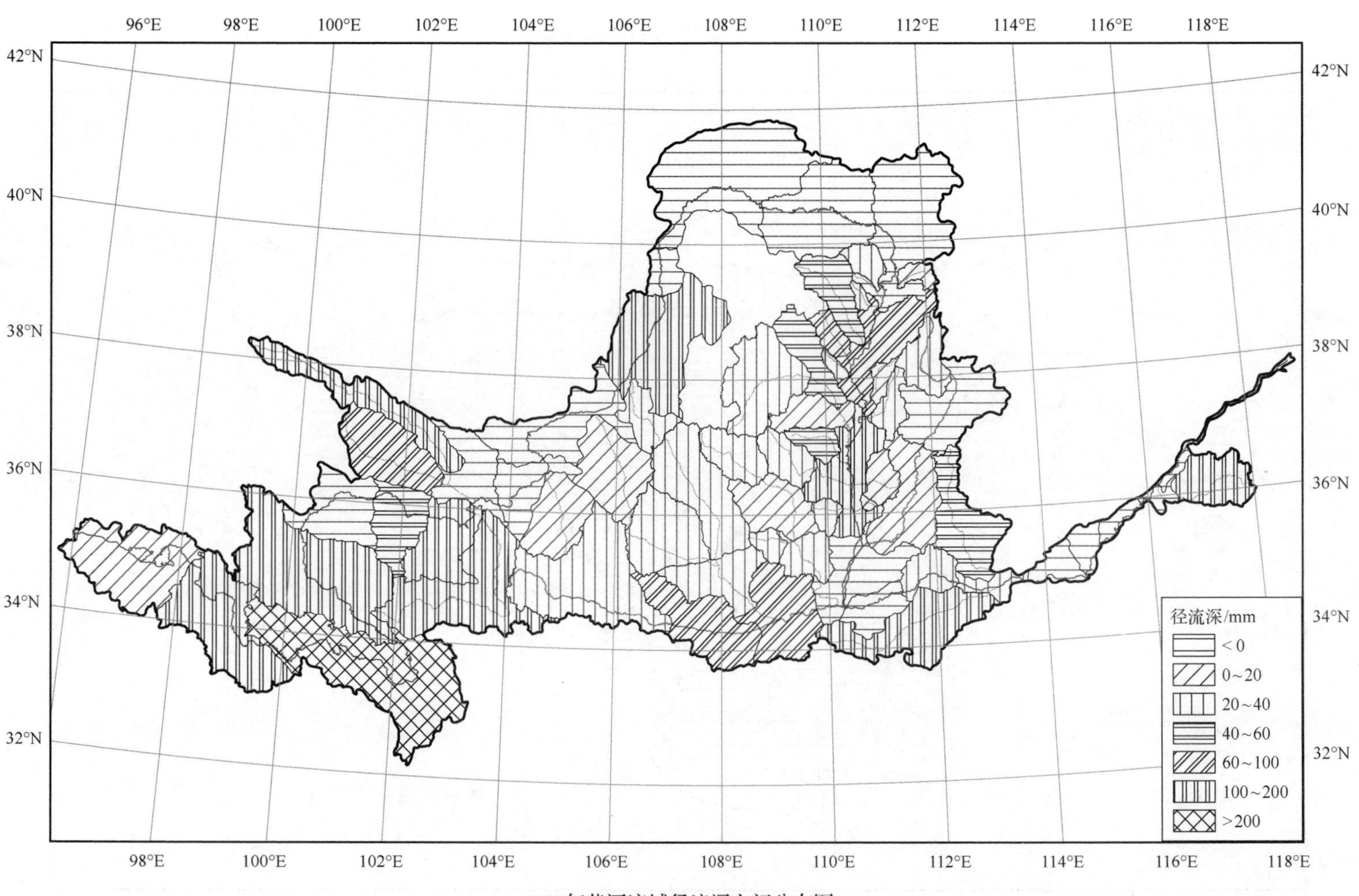

1998年黄河流域径流深空间分布图

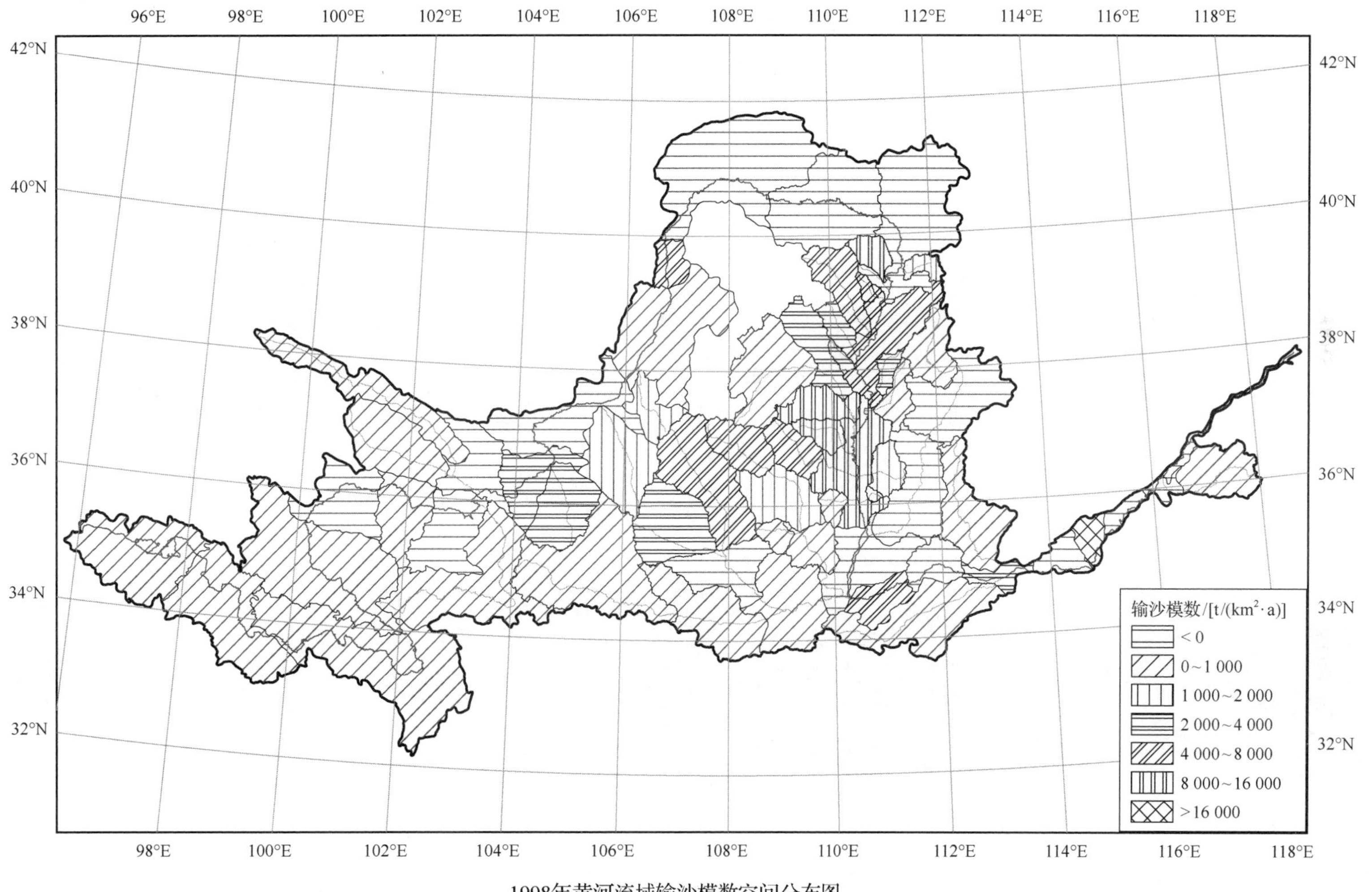

1998年黄河流域输沙模数空间分布图

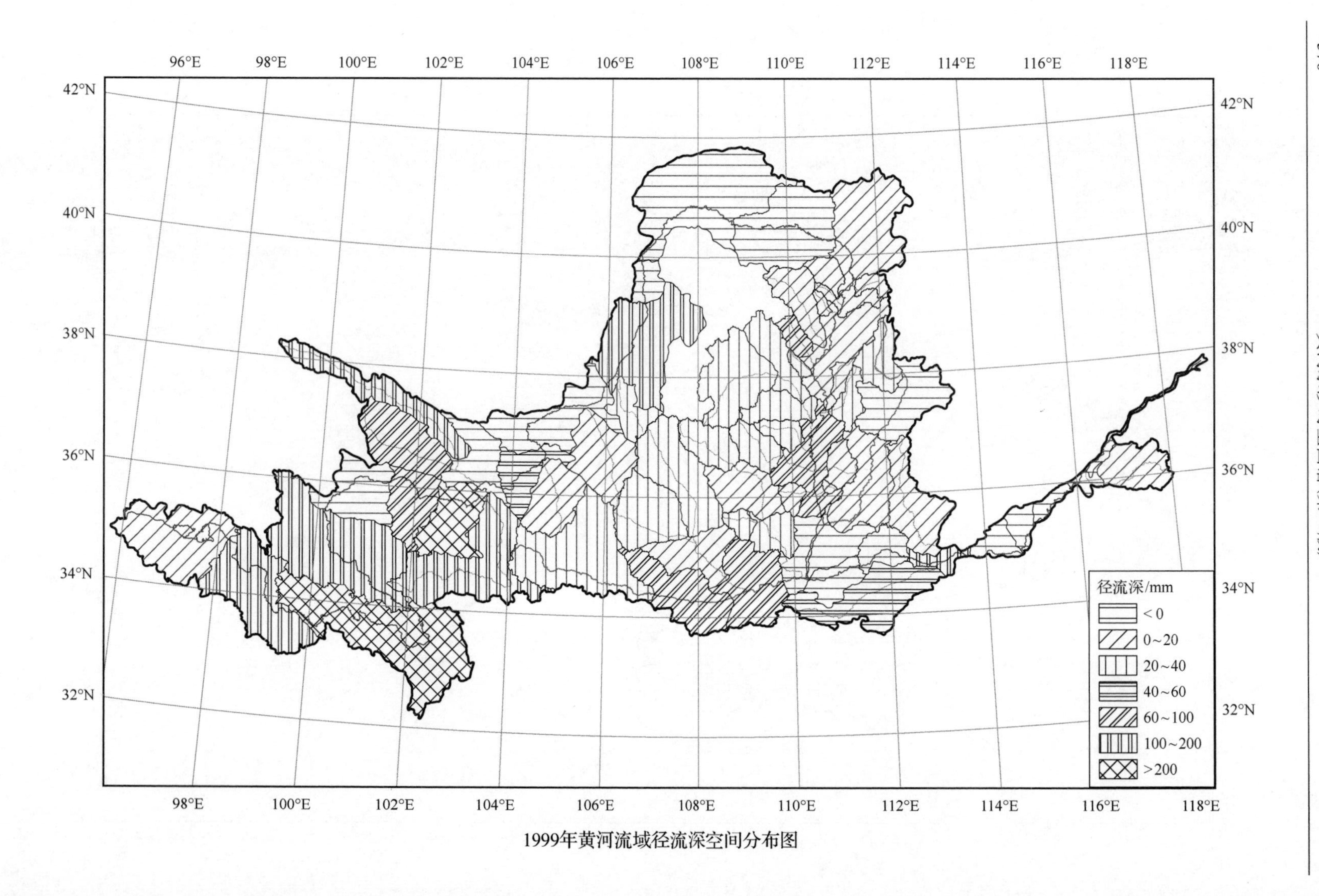

1999年黄河流域径流深空间分布图

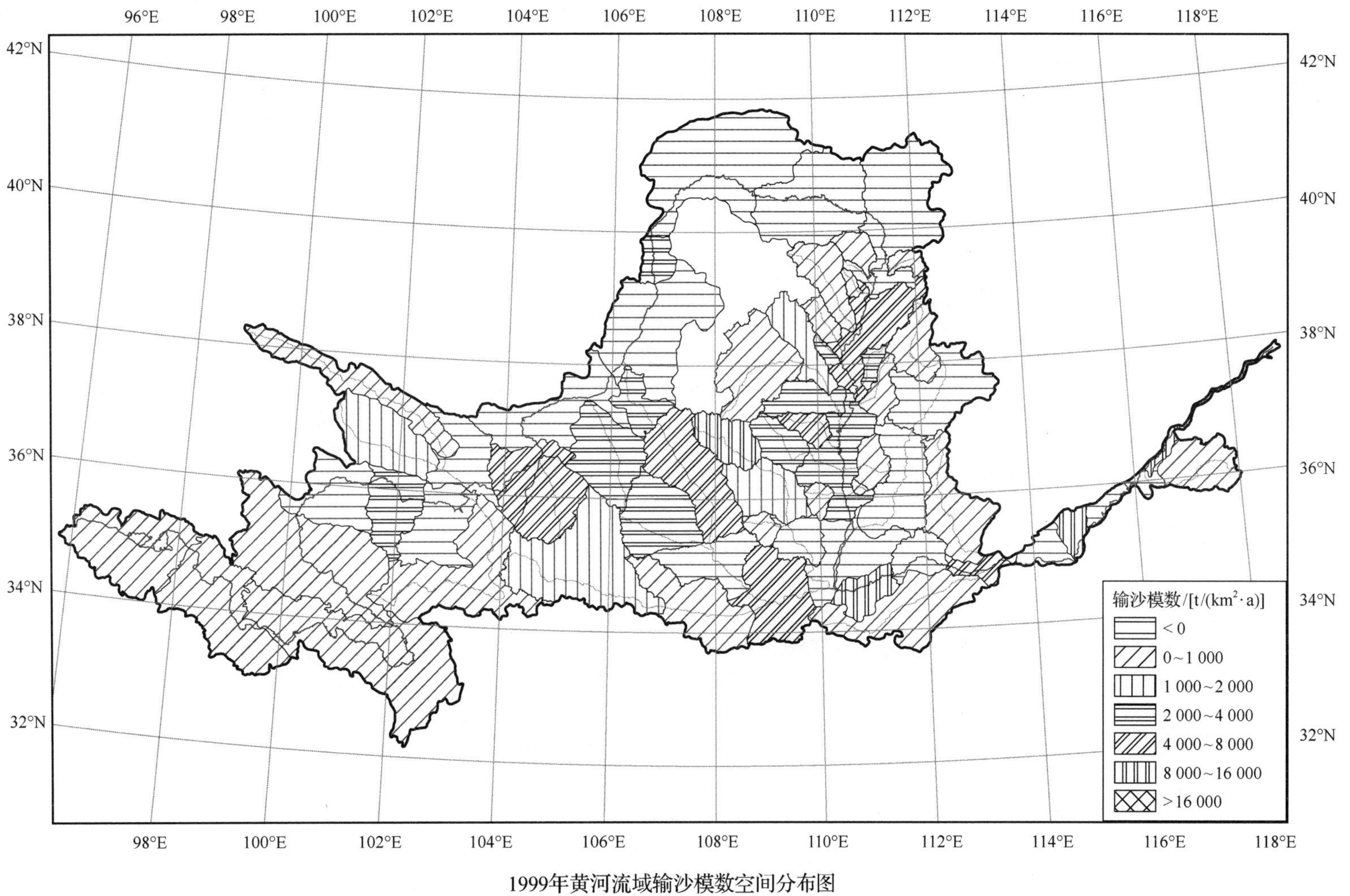

1999年黄河流域输沙模数空间分布图

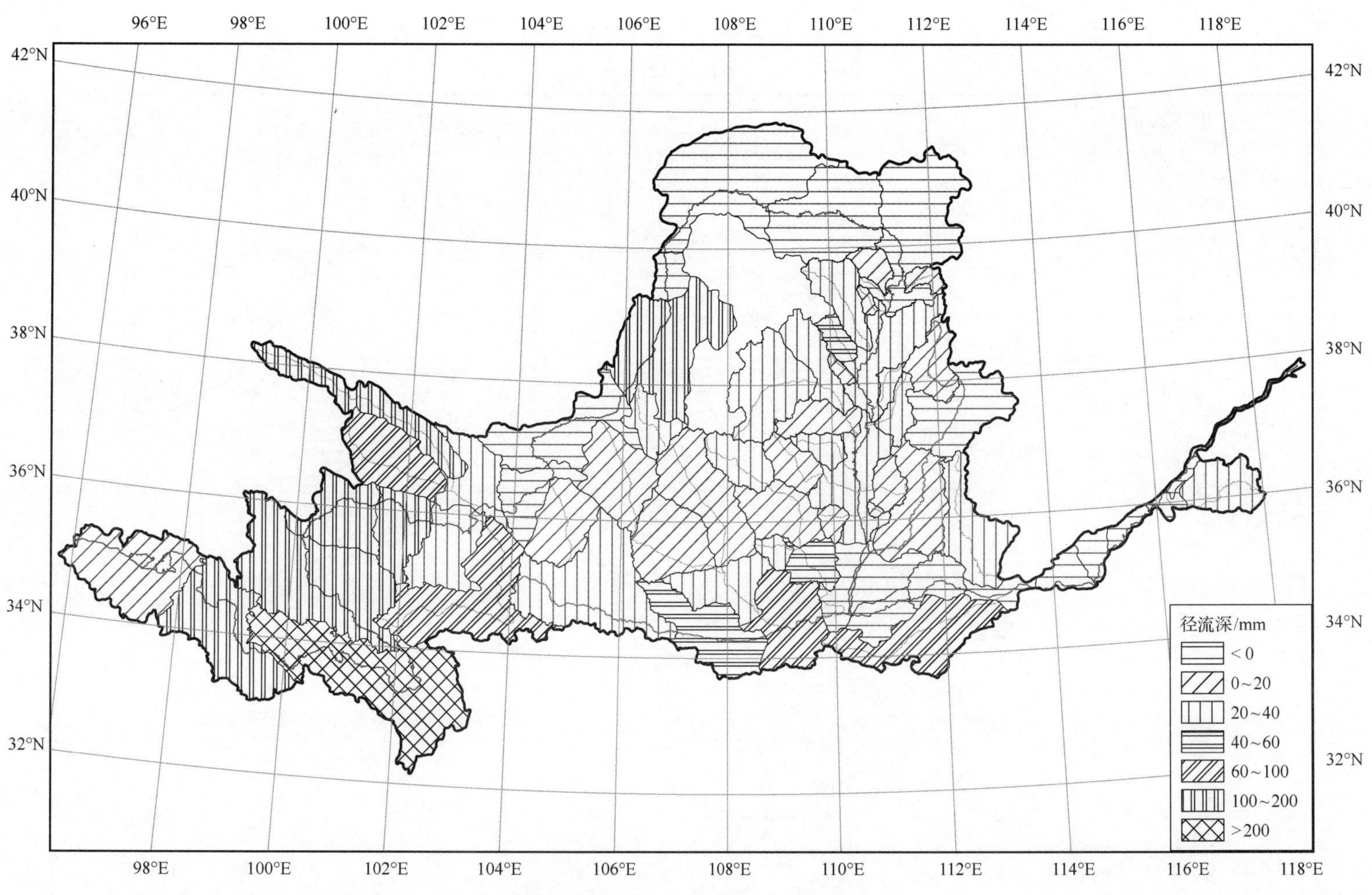

2000年黄河流域径流深空间分布图

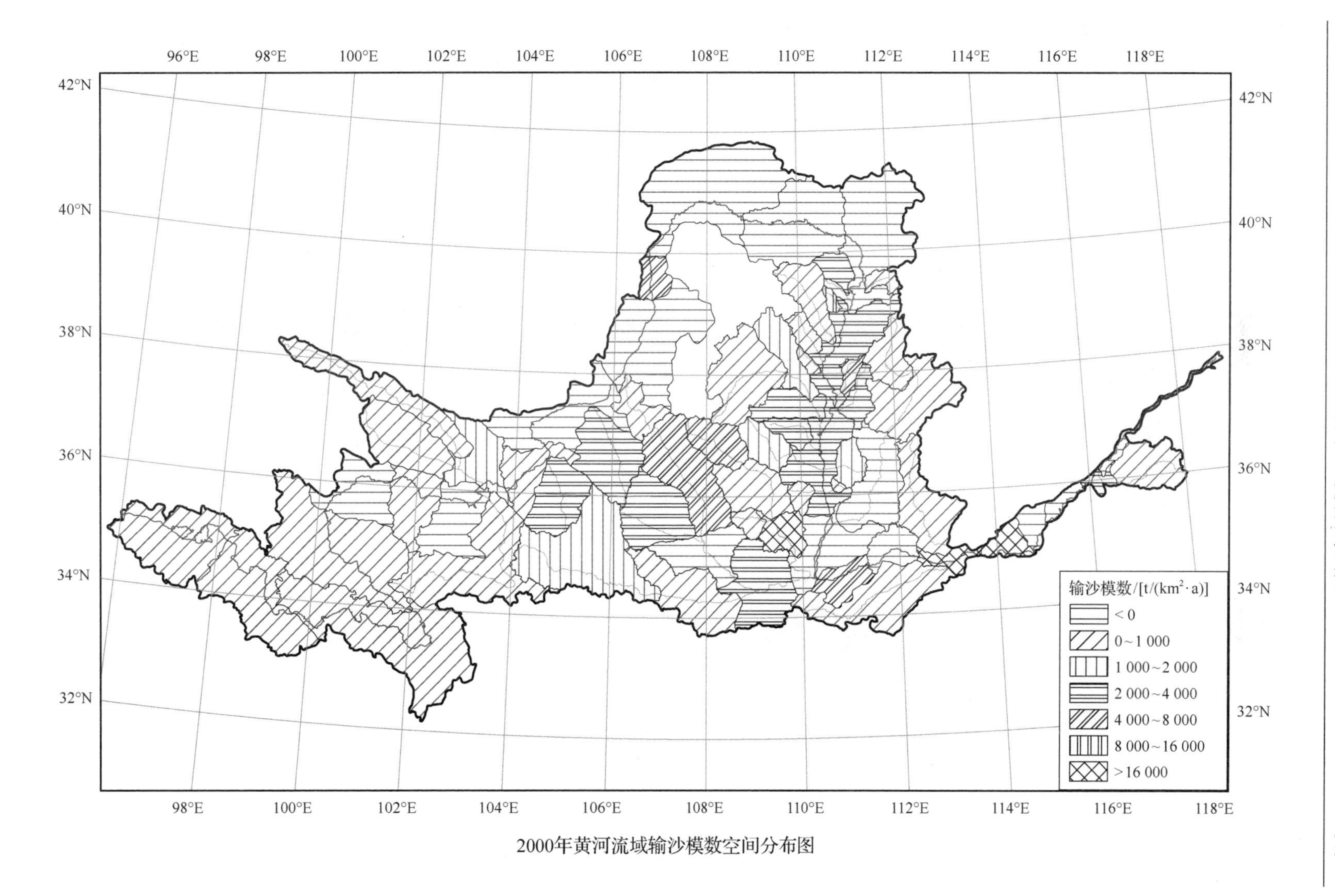

2000年黄河流域输沙模数空间分布图

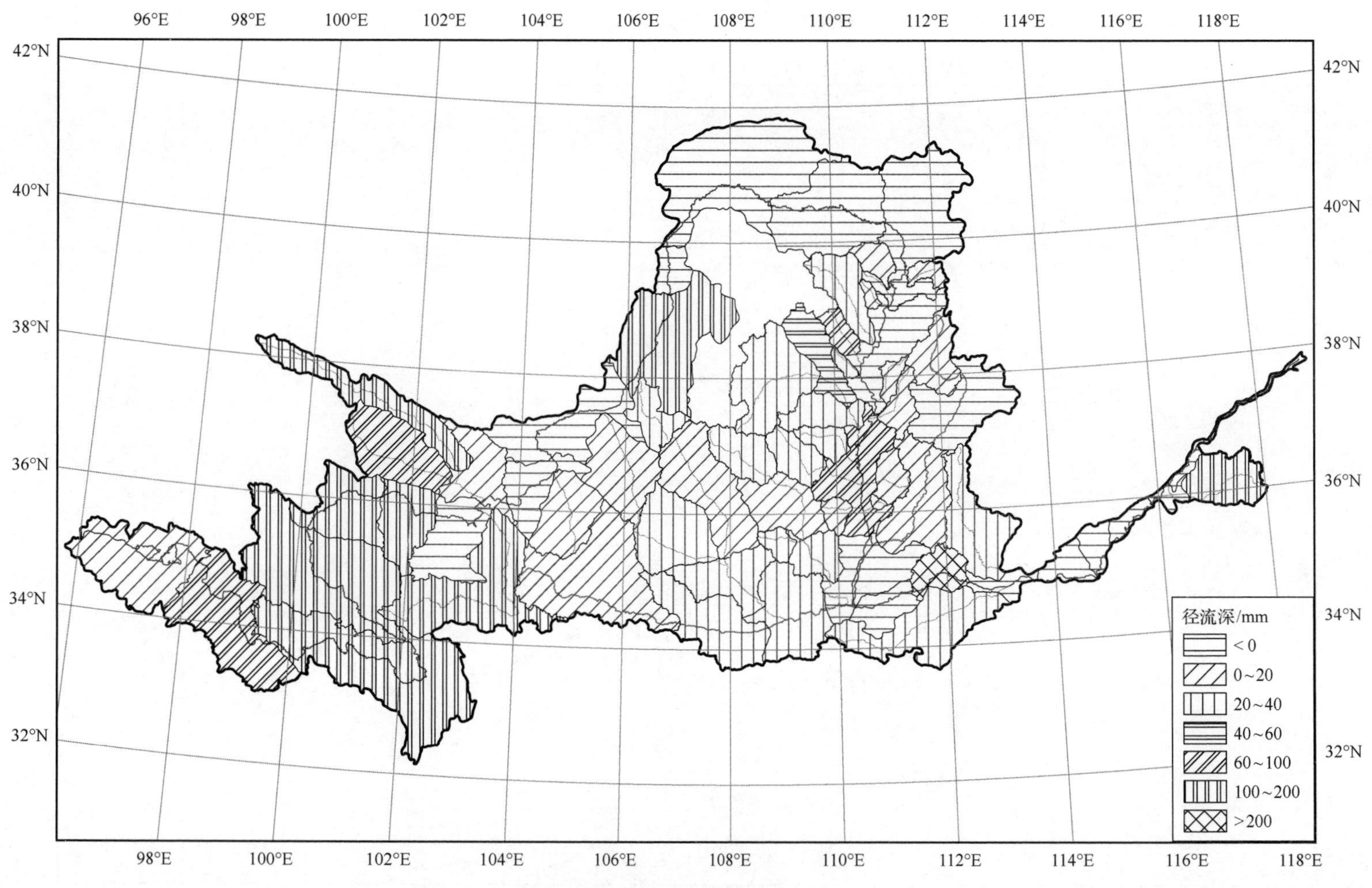

2001年黄河流域径流深空间分布图

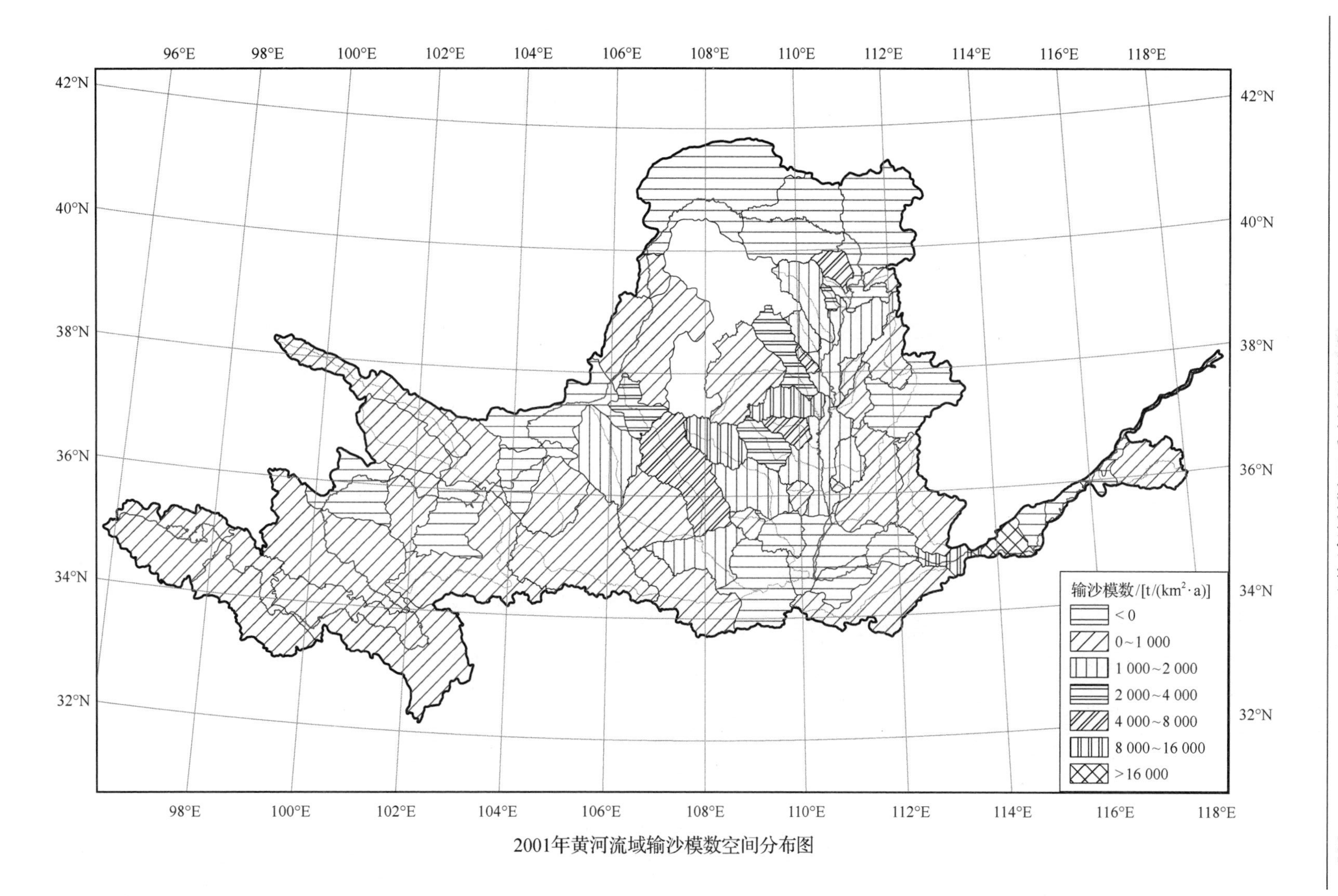

2001年黄河流域输沙模数空间分布图

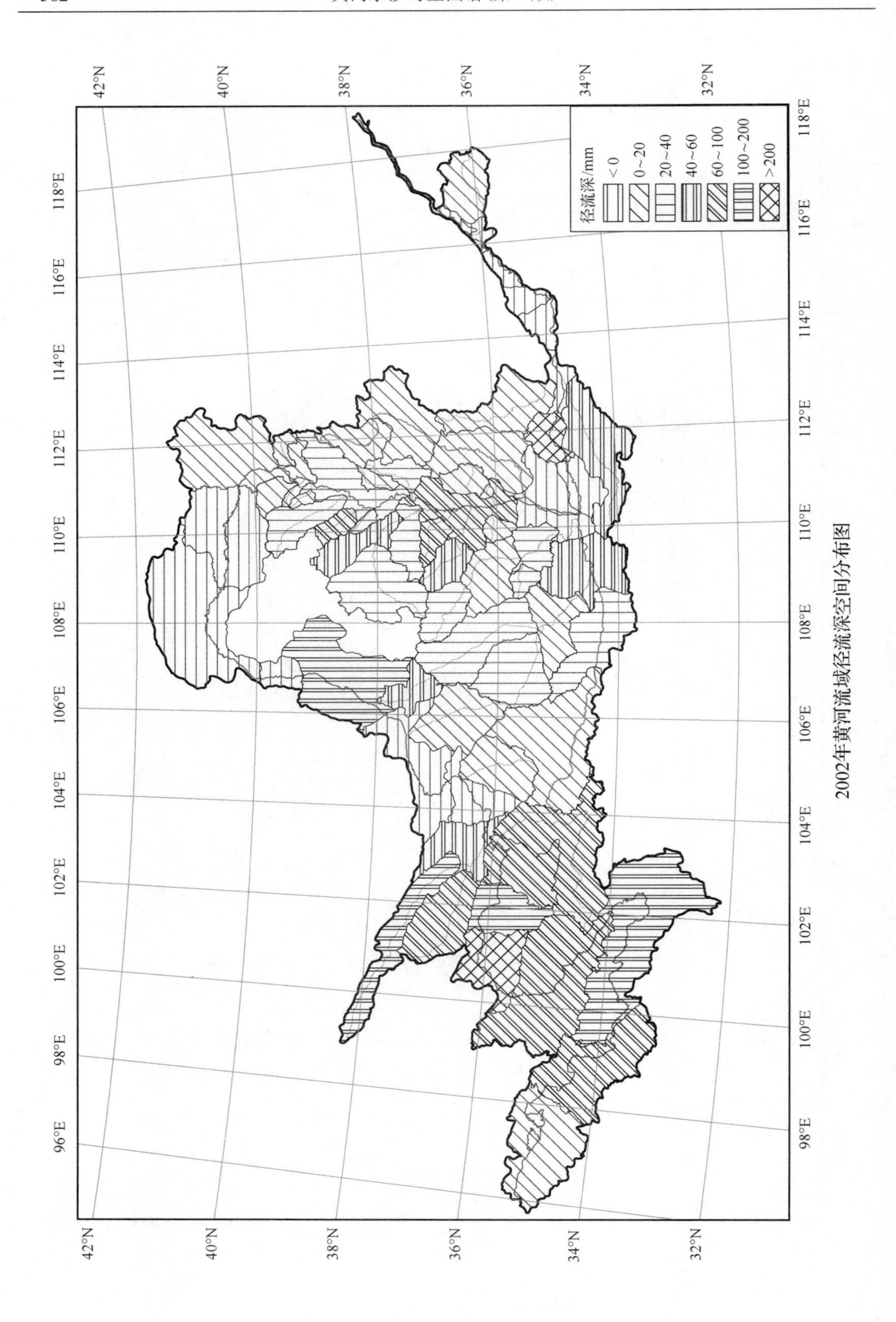

2002年黄河流域径流深空间分布图

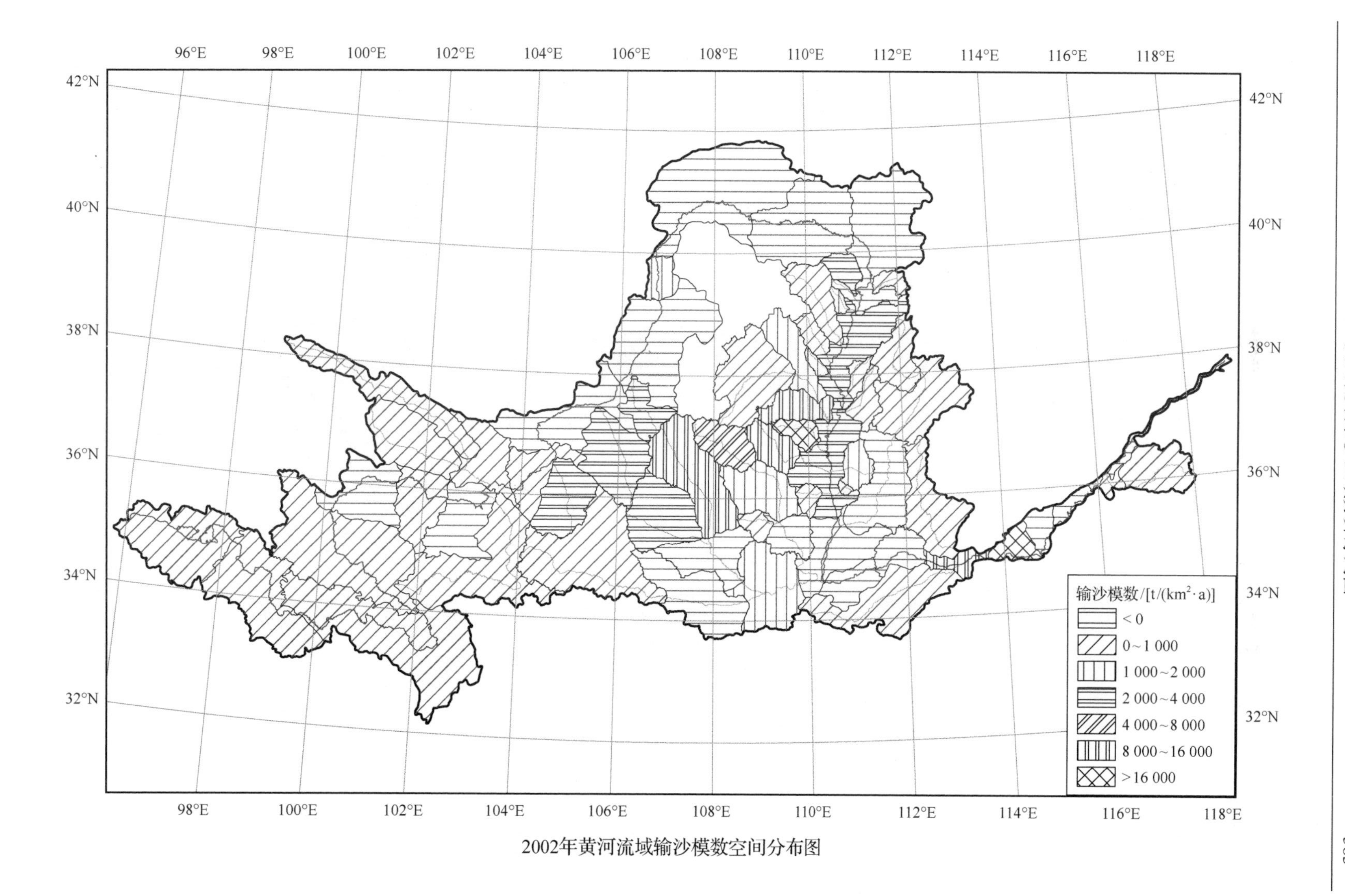

2002年黄河流域输沙模数空间分布图

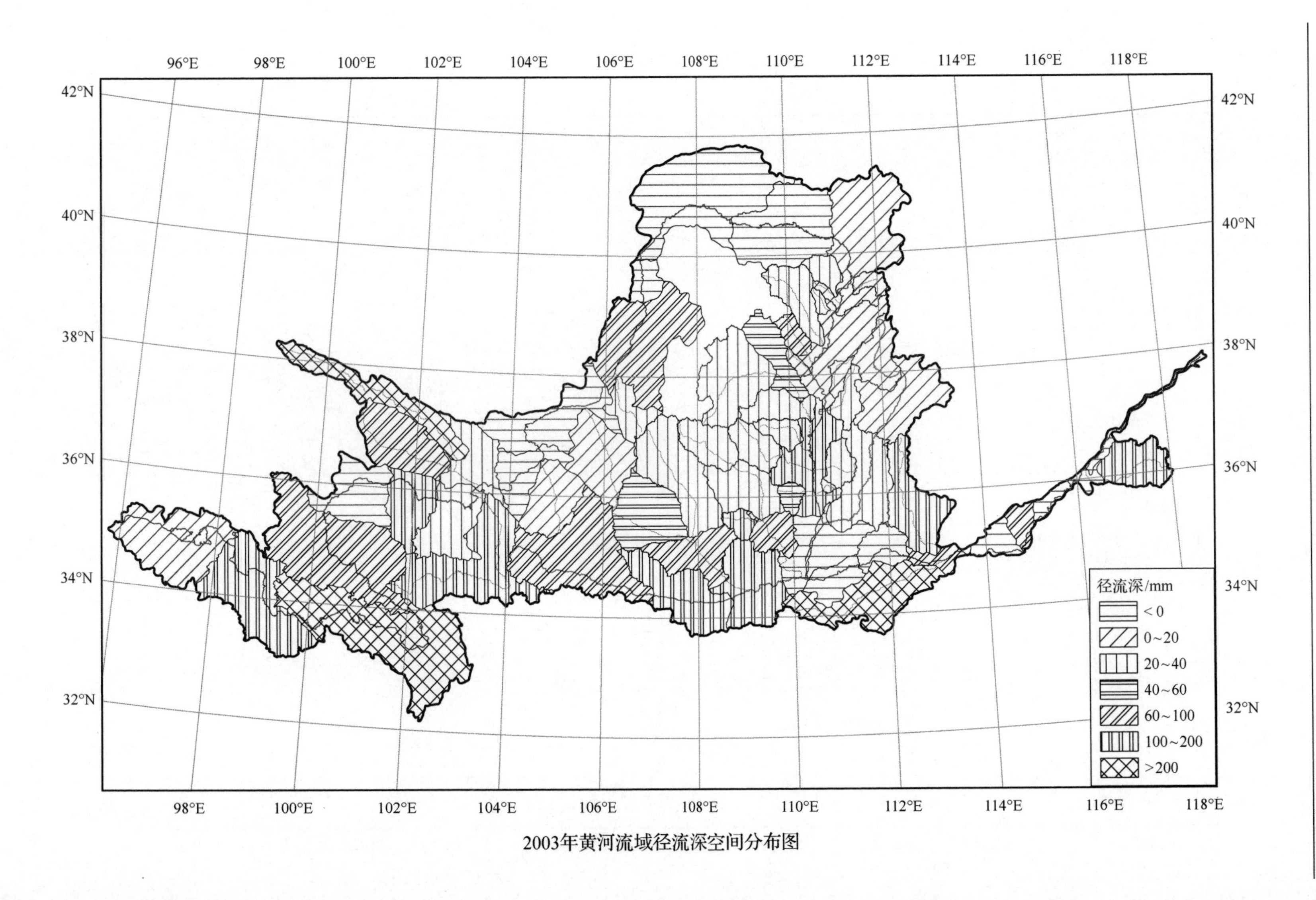

2003年黄河流域径流深空间分布图

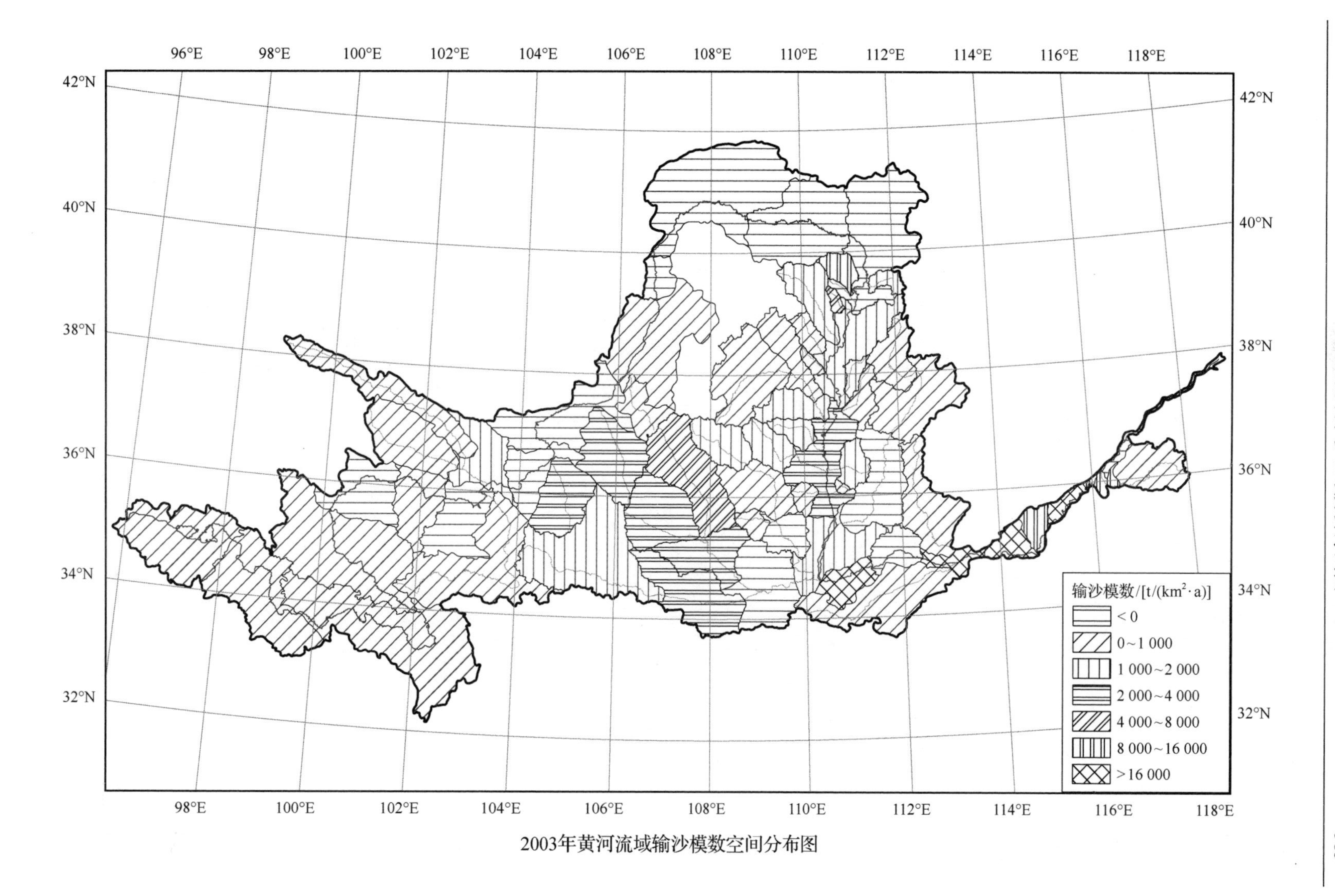

2003年黄河流域输沙模数空间分布图

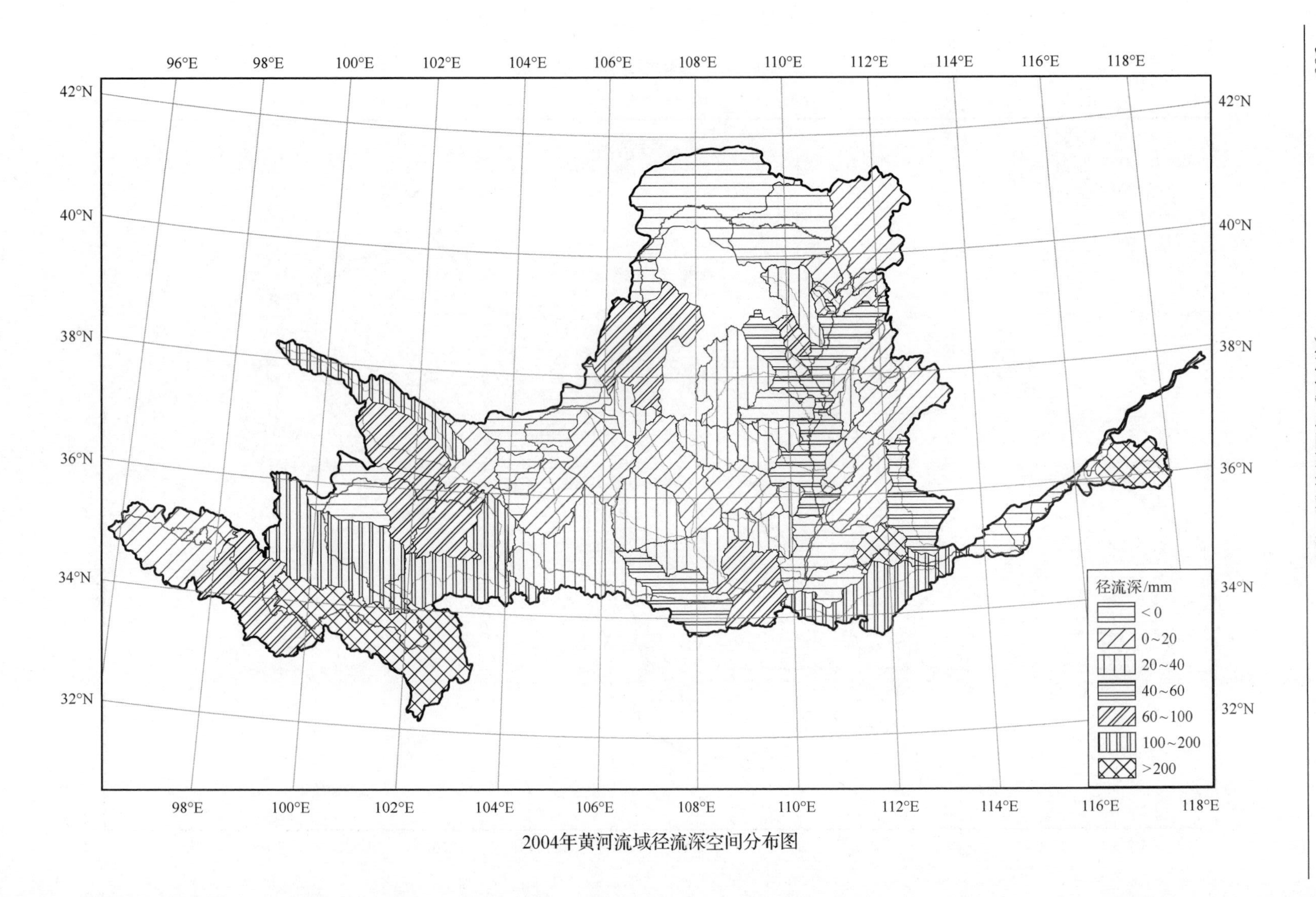

2004年黄河流域径流深空间分布图

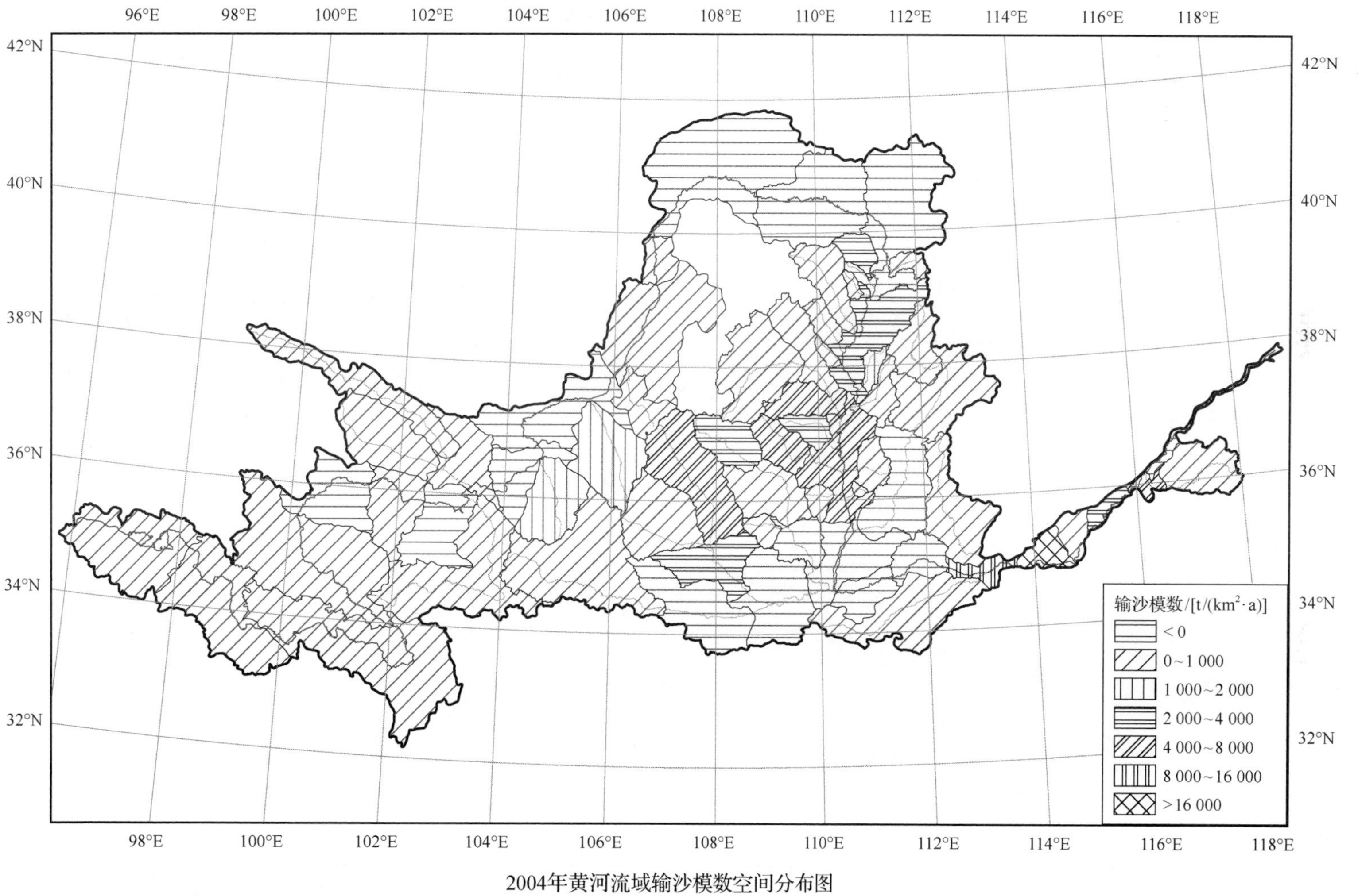

2004年黄河流域输沙模数空间分布图

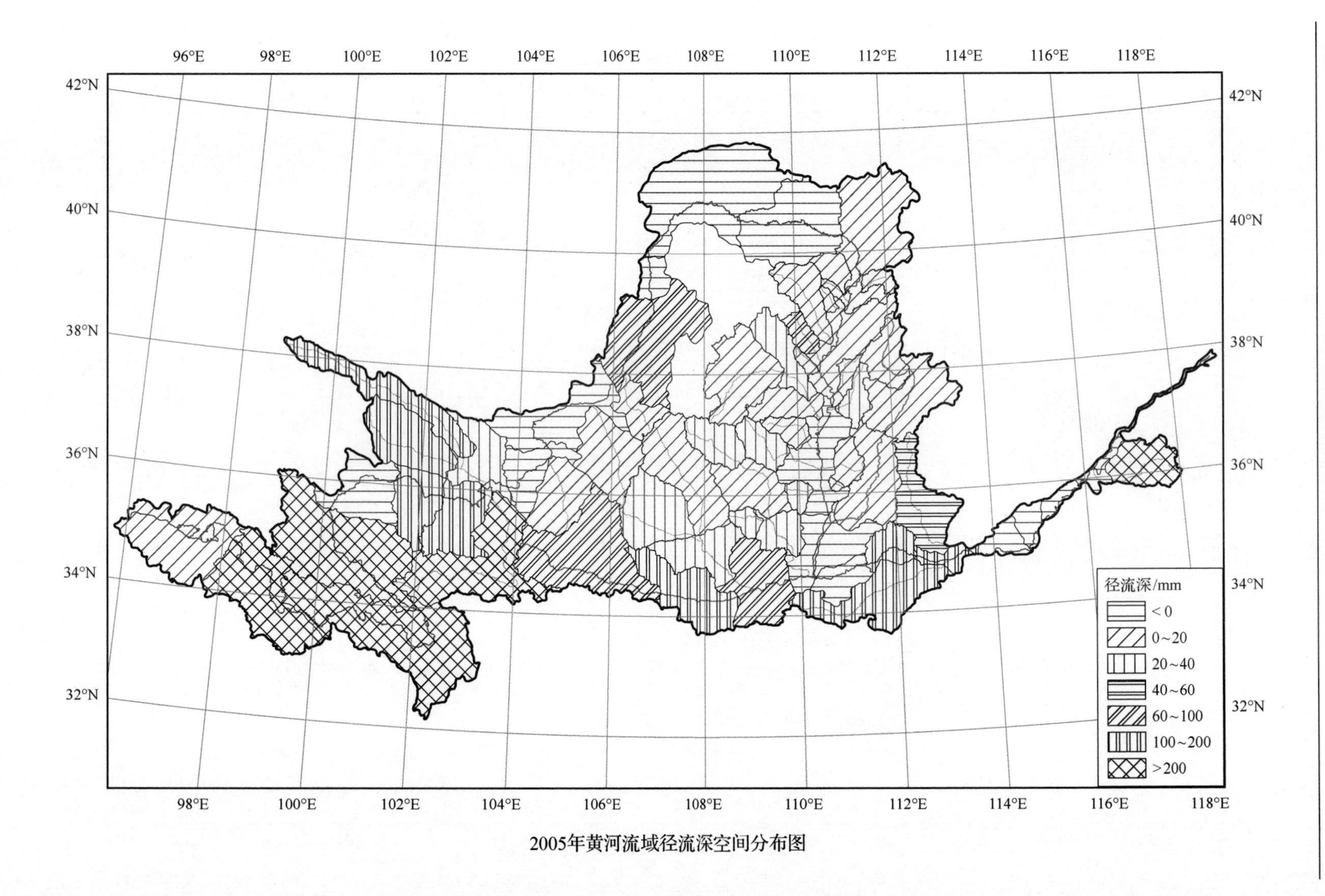

2005年黄河流域径流深空间分布图

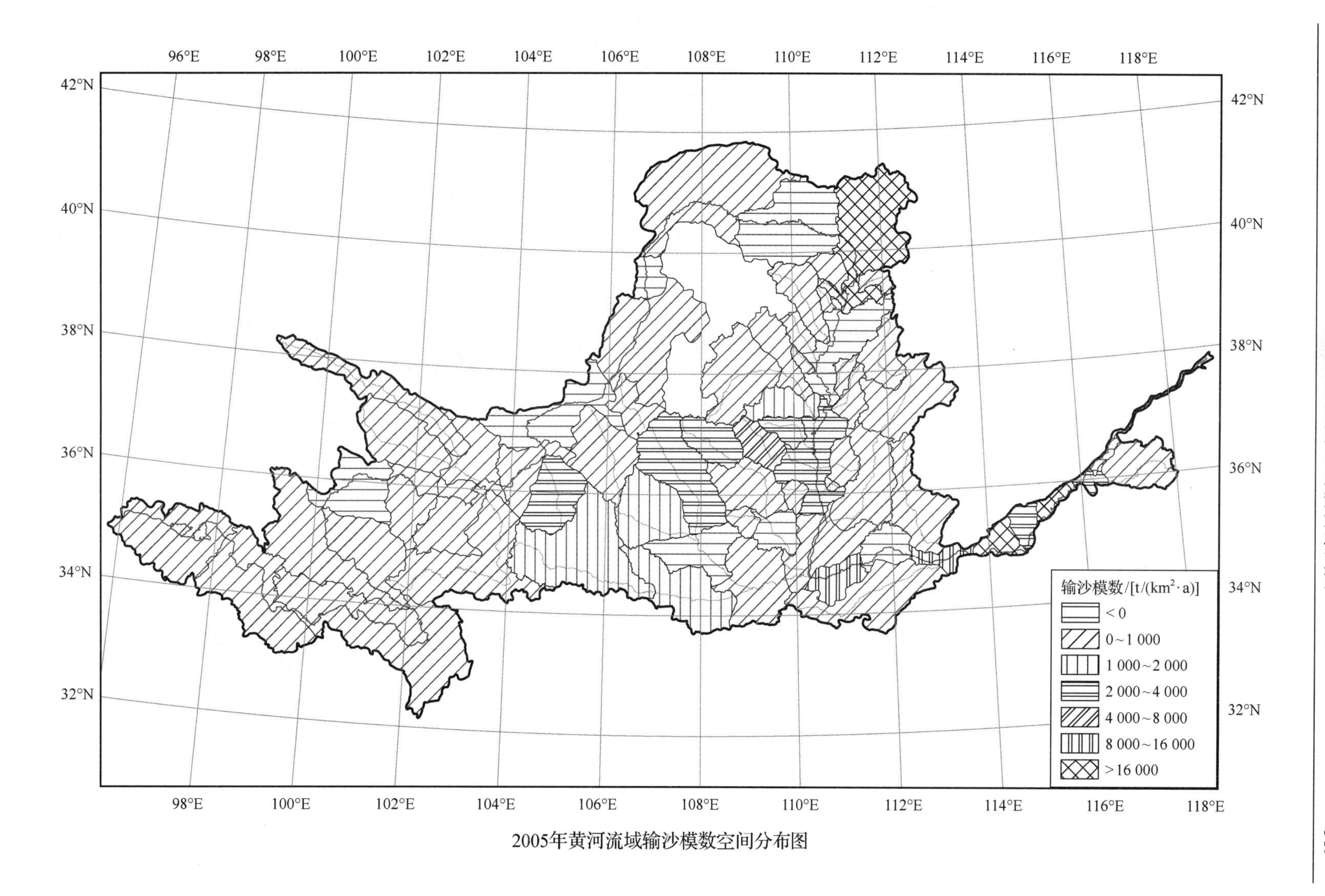

2005年黄河流域输沙模数空间分布图

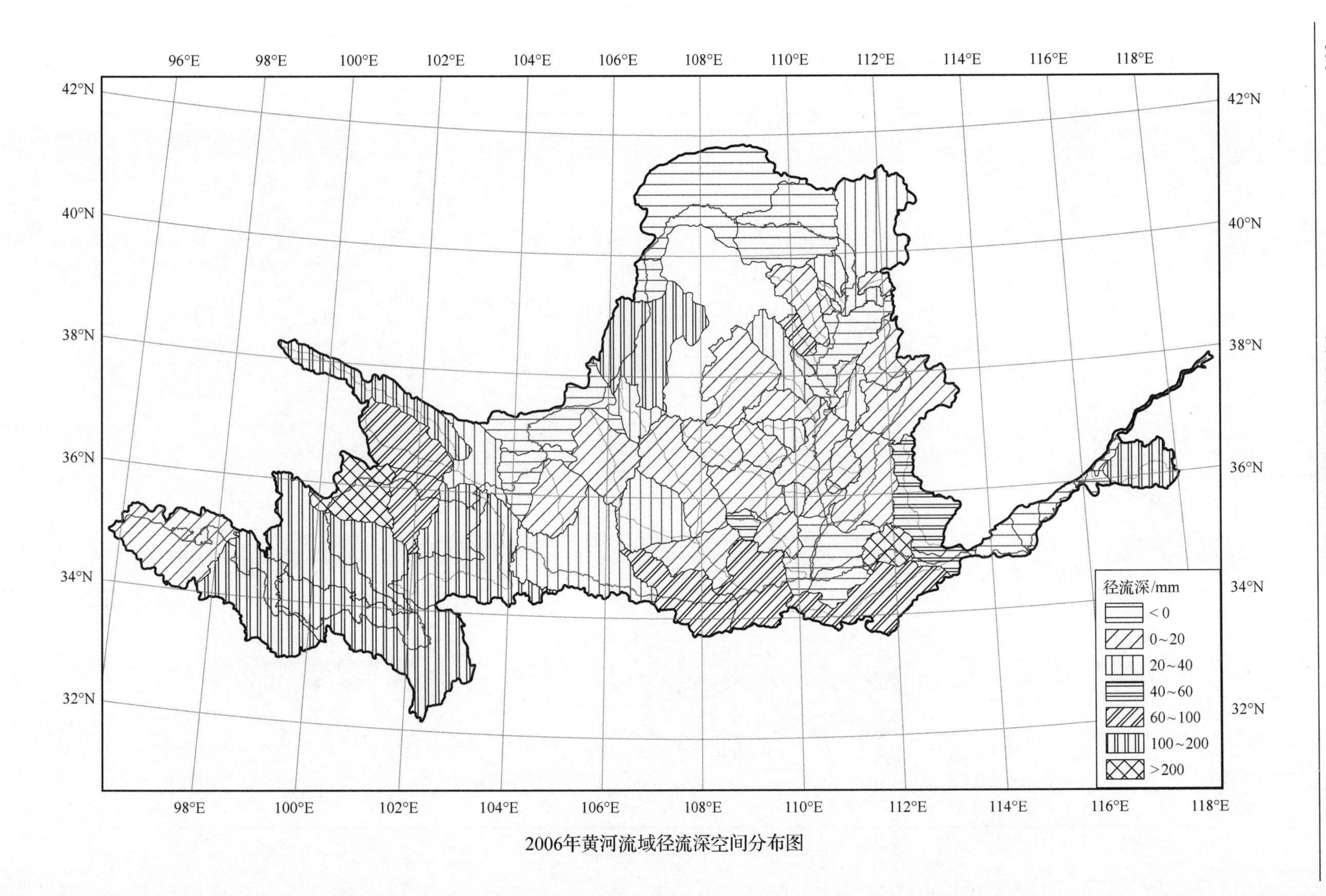

2006年黄河流域径流深空间分布图

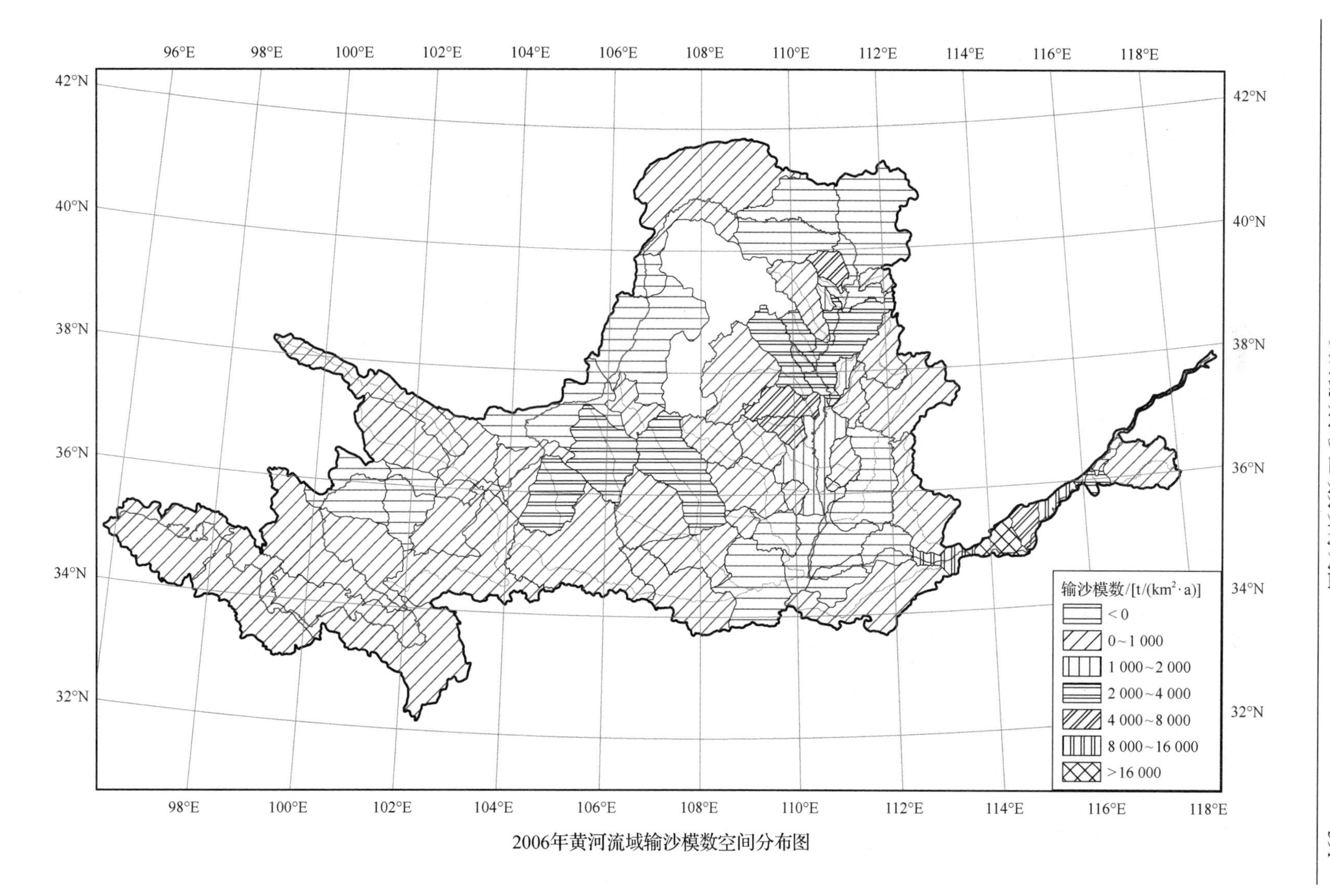

2006年黄河流域输沙模数空间分布图

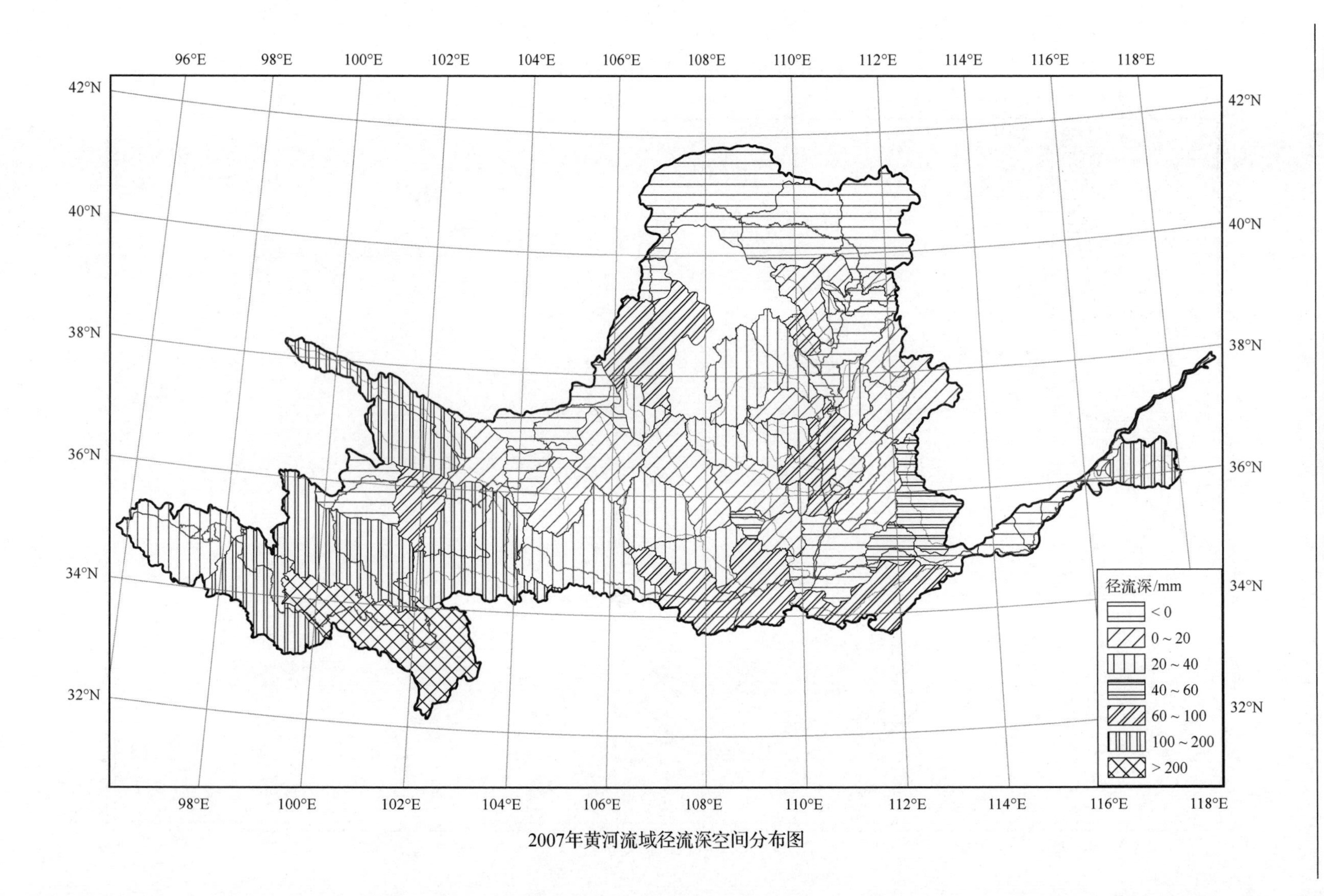

2007年黄河流域径流深空间分布图

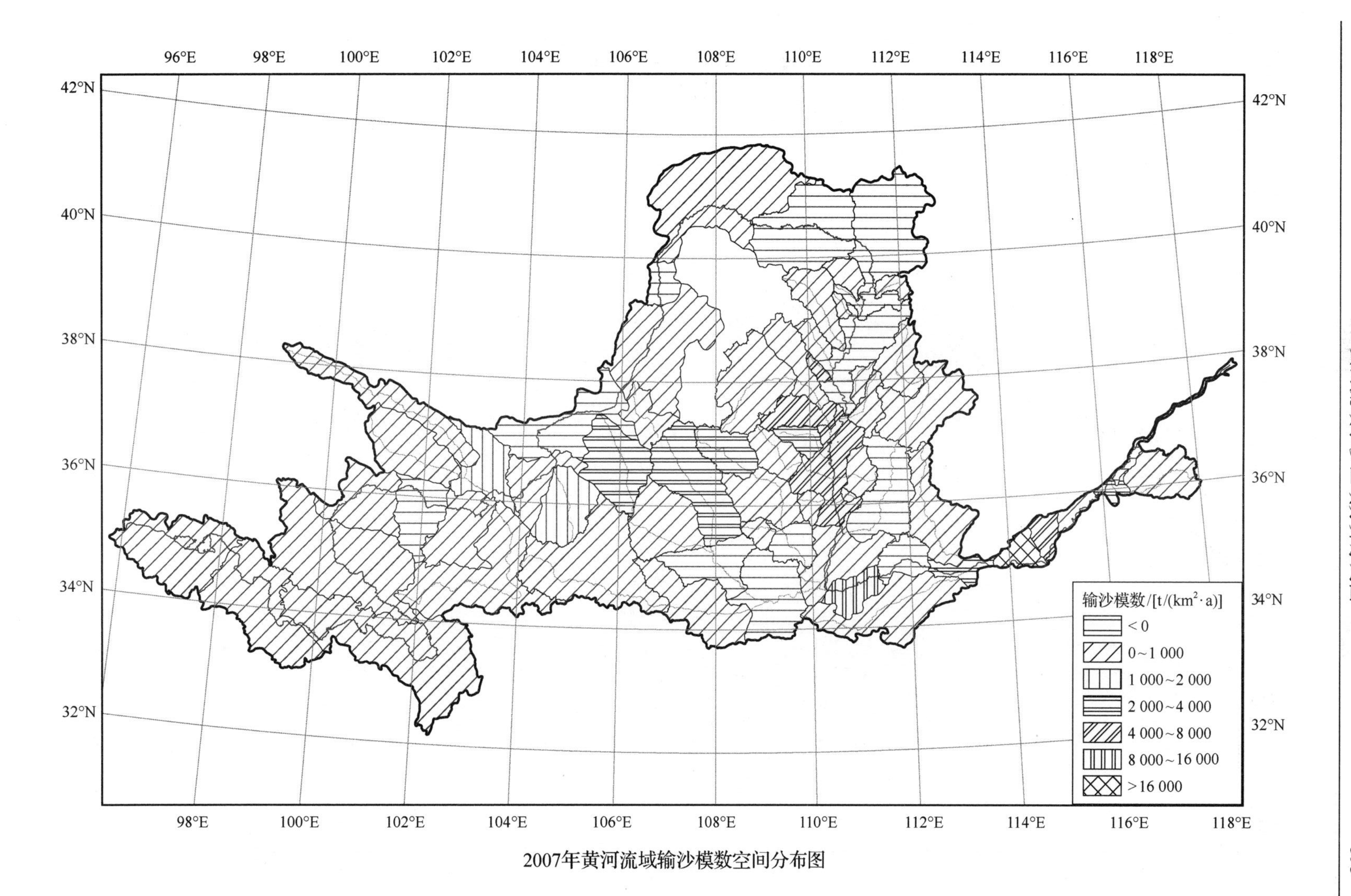

2007年黄河流域输沙模数空间分布图

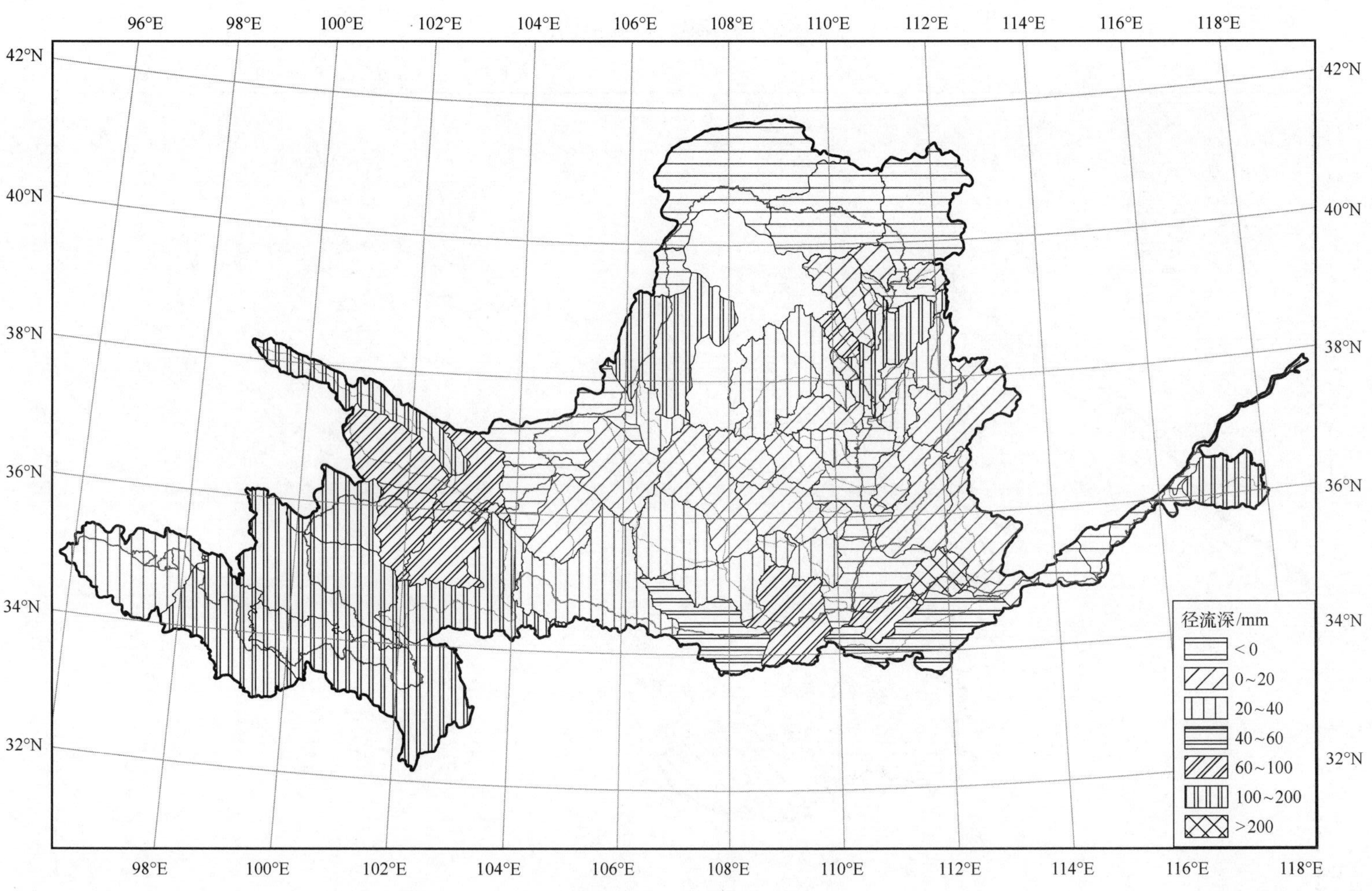

2008年黄河流域径流深空间分布图

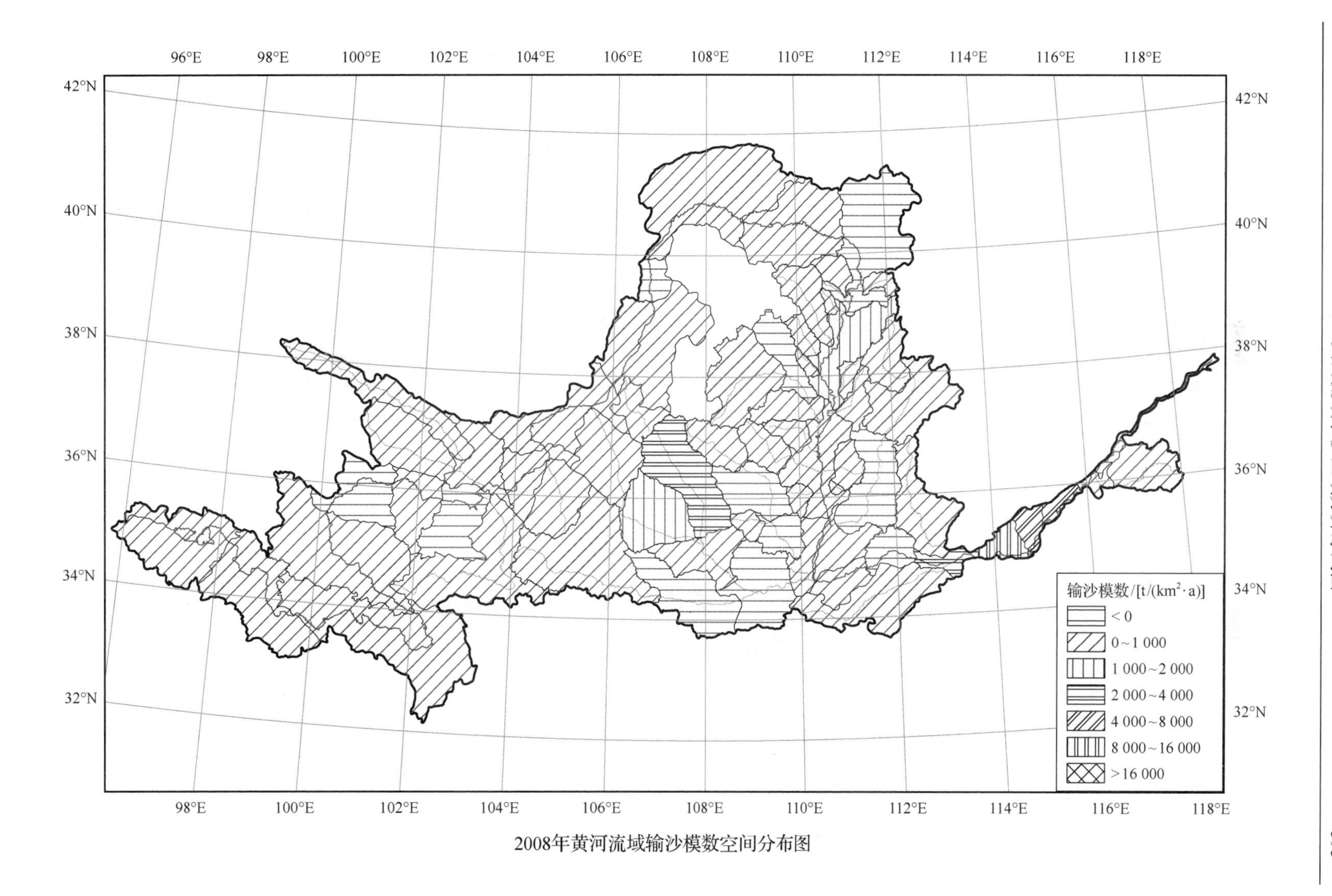

2008年黄河流域输沙模数空间分布图

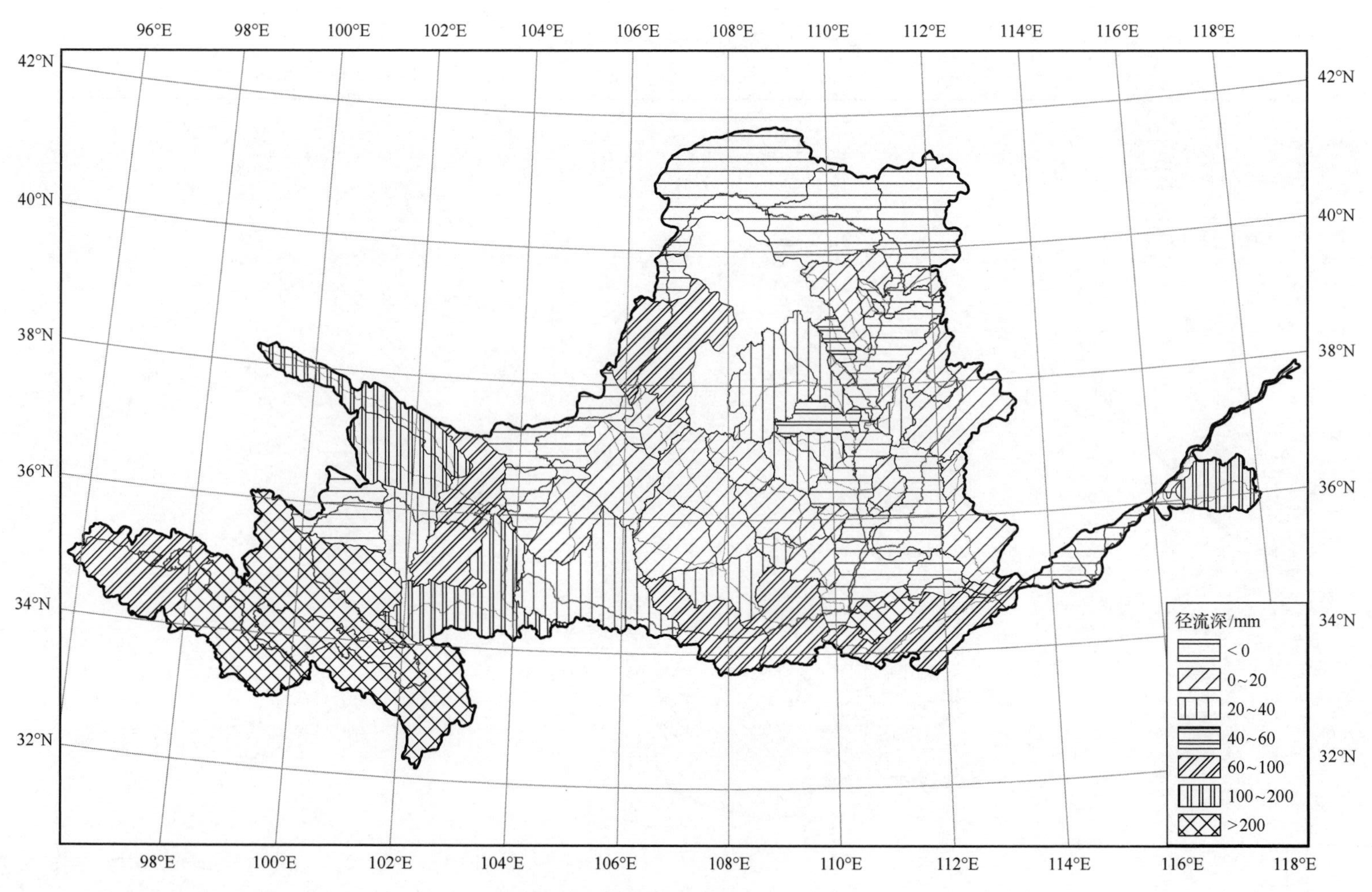

2009年黄河流域径流深空间分布图

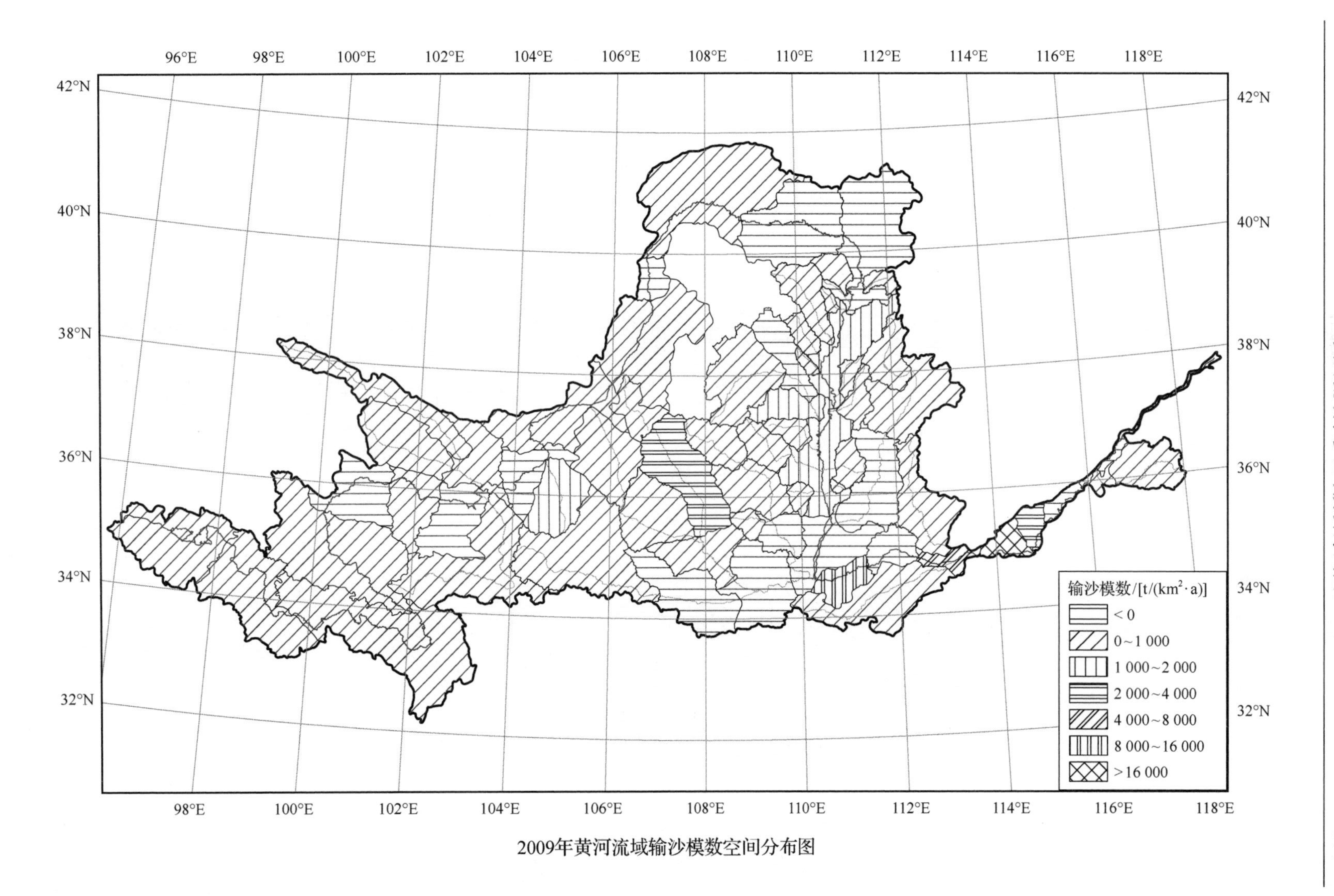

2009年黄河流域输沙模数空间分布图

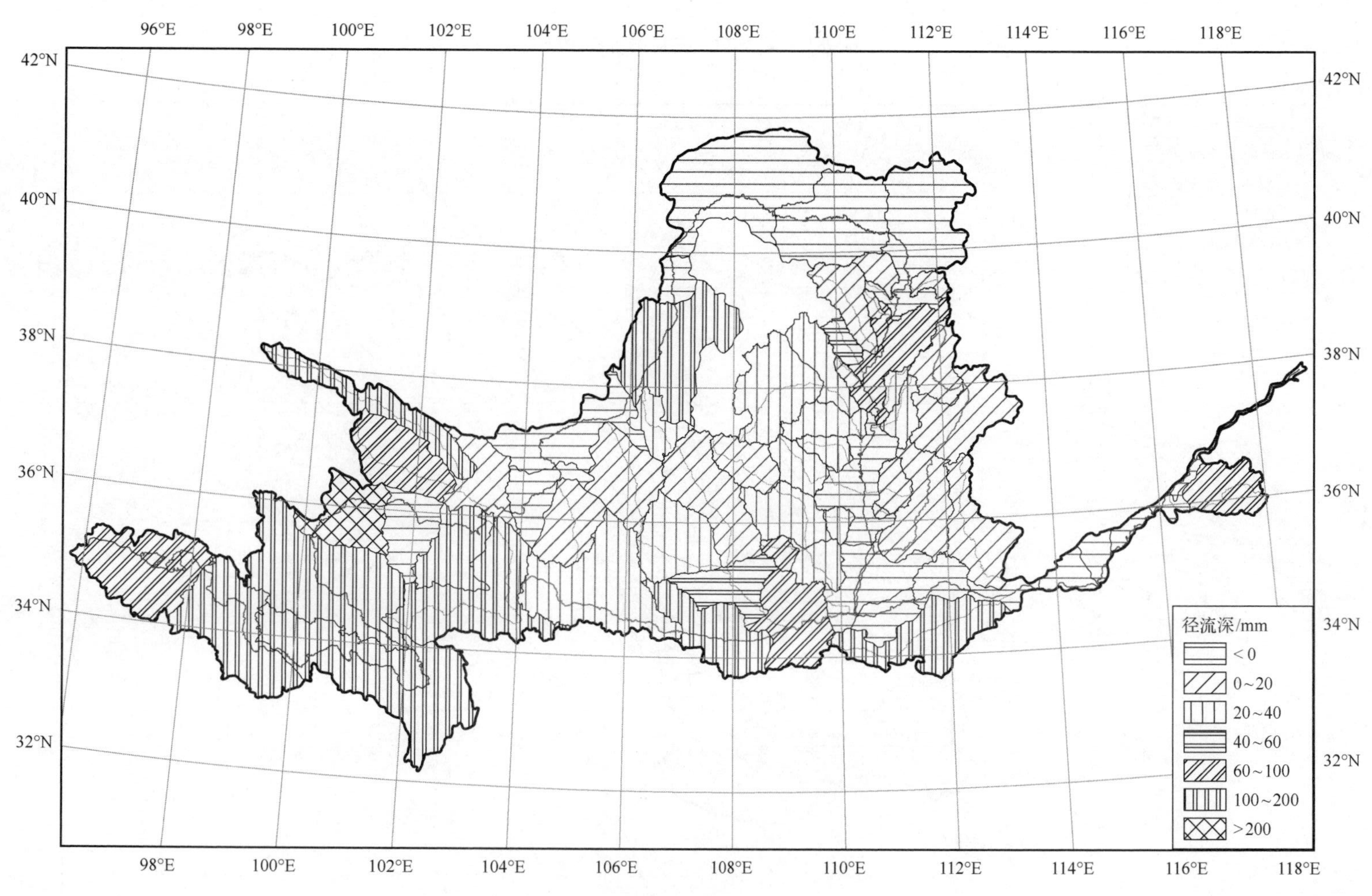

2010年黄河流域径流深空间分布图

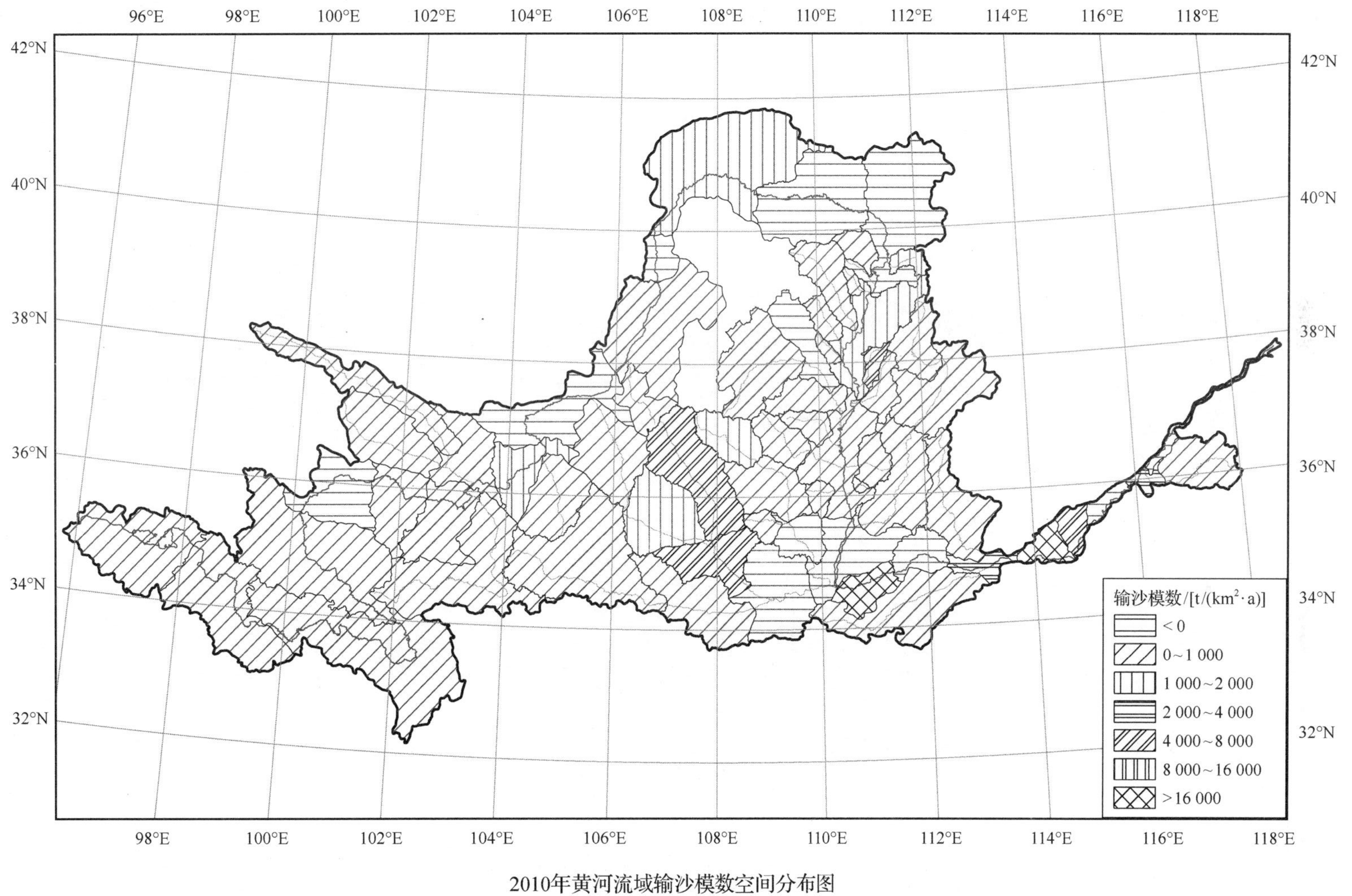

2010年黄河流域输沙模数空间分布图

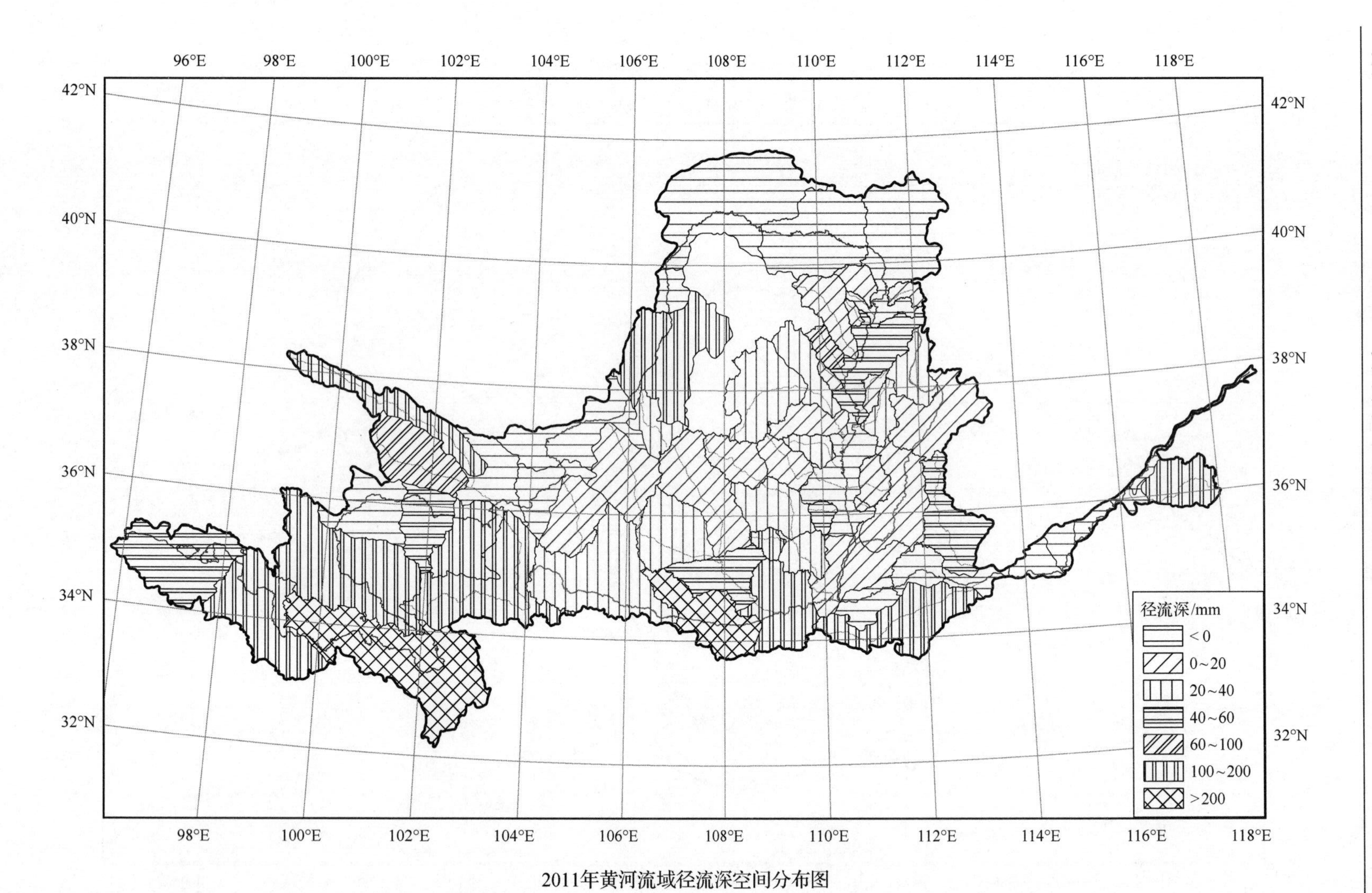

2011年黄河流域径流深空间分布图

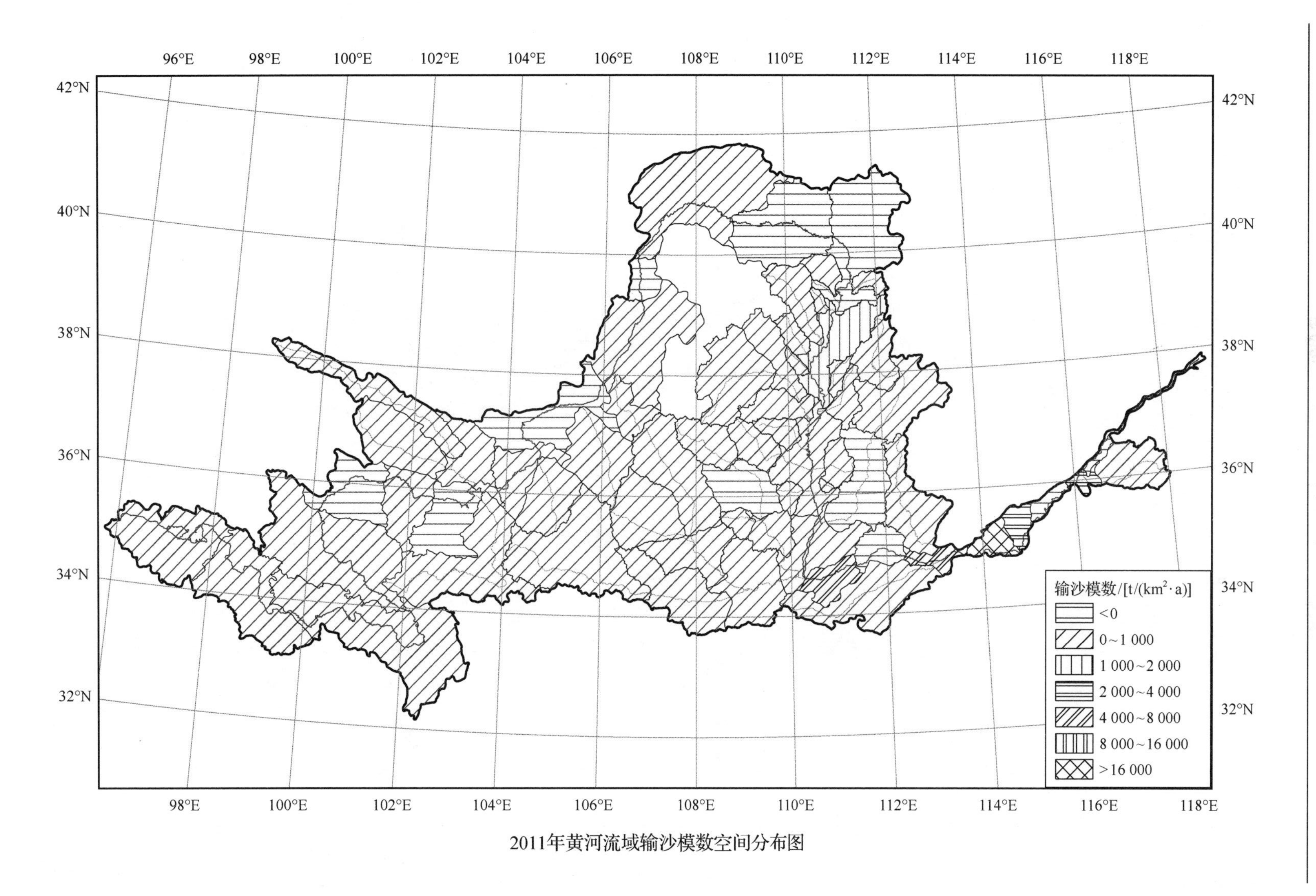

2011年黄河流域输沙模数空间分布图

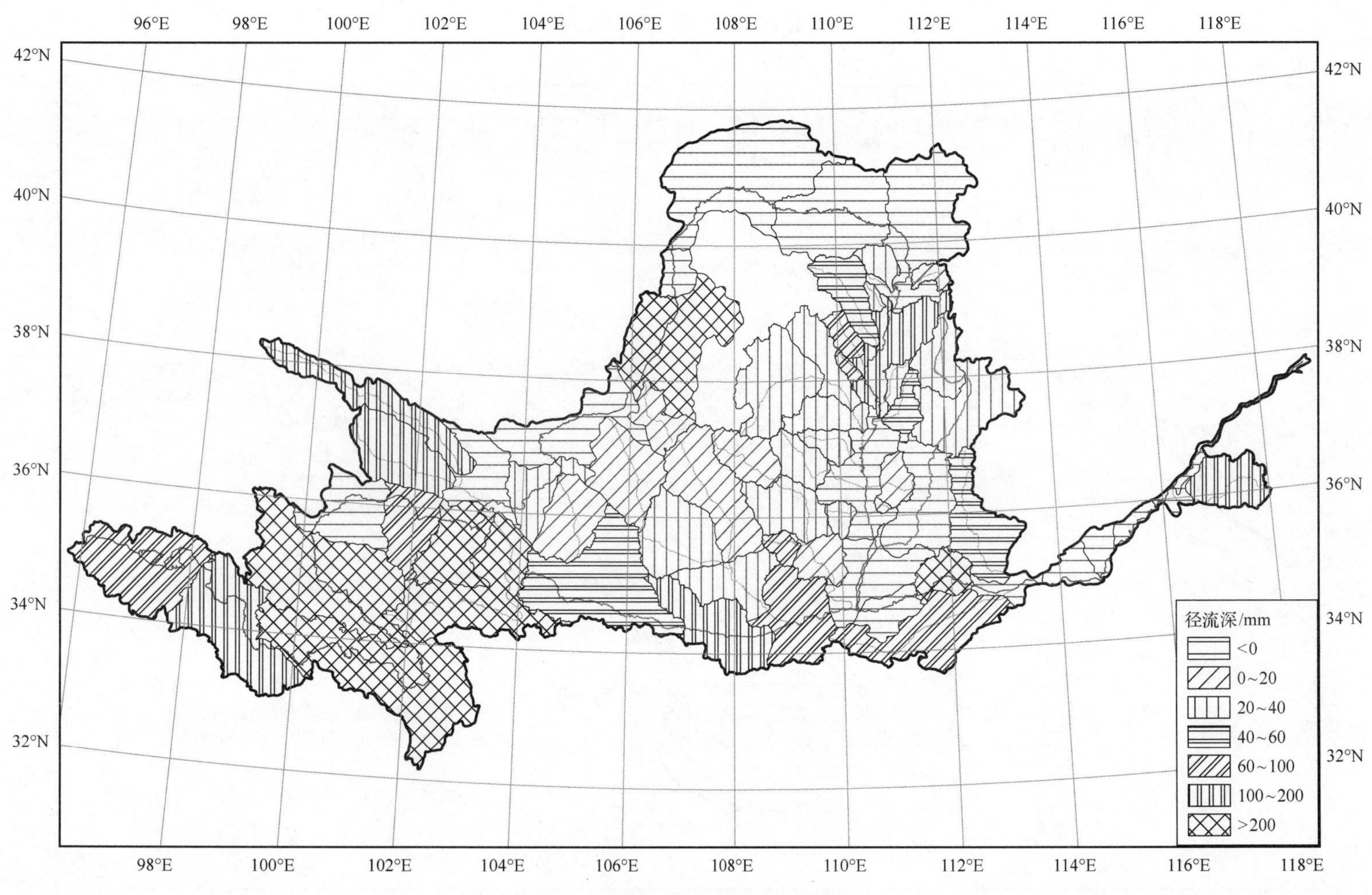

2012年黄河流域径流深空间分布图

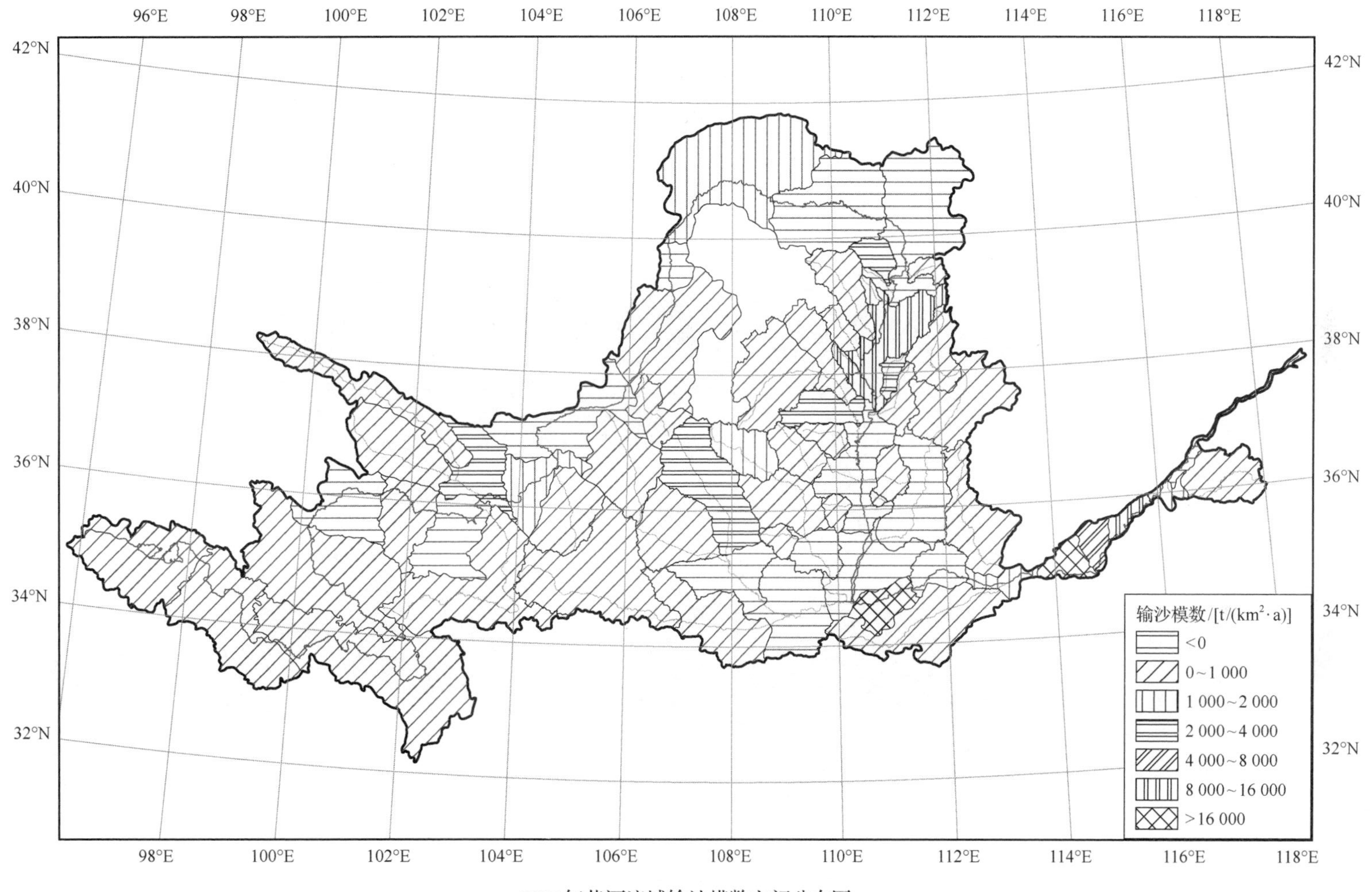

2012年黄河流域输沙模数空间分布图

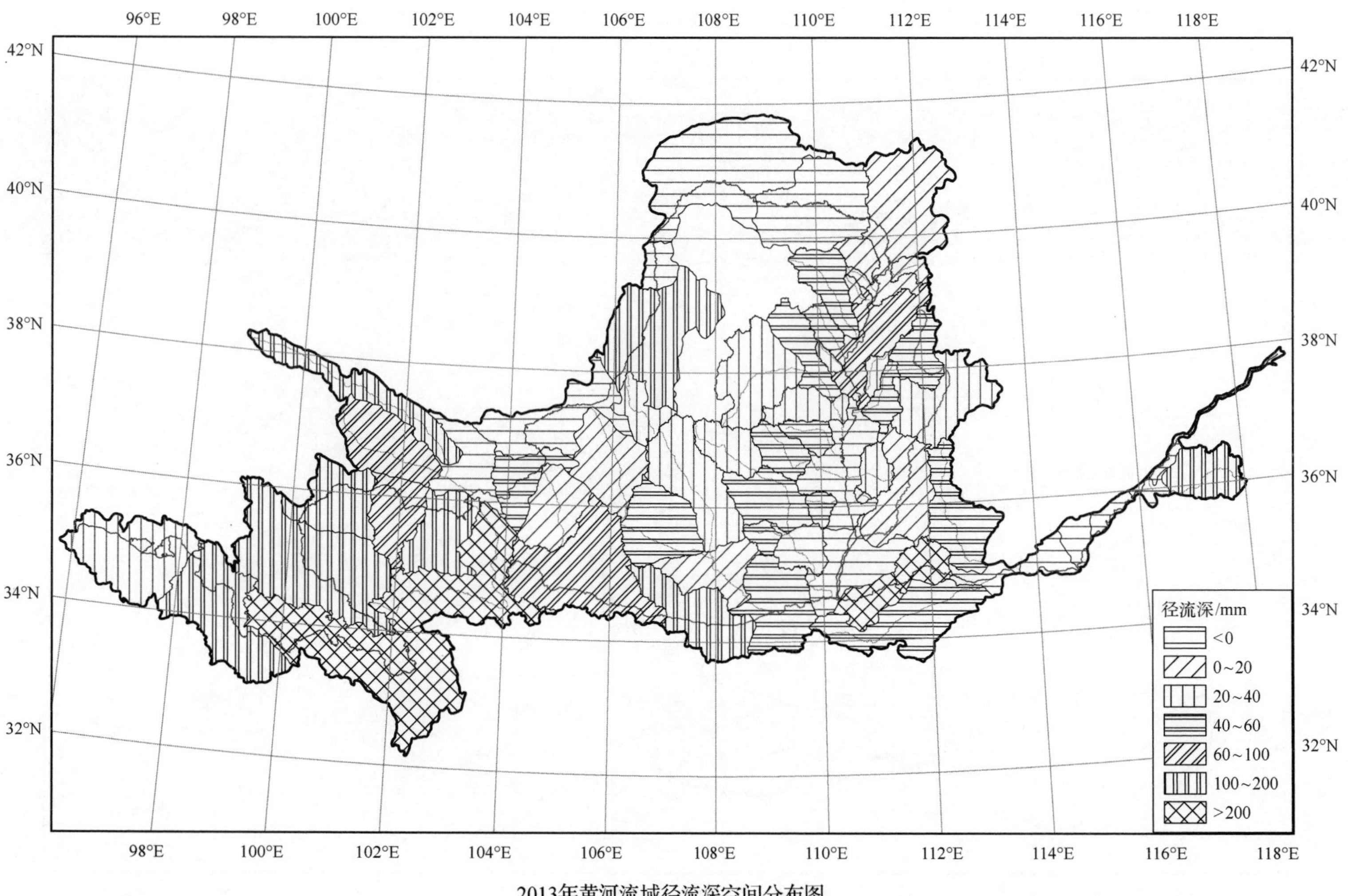

2013年黄河流域径流深空间分布图

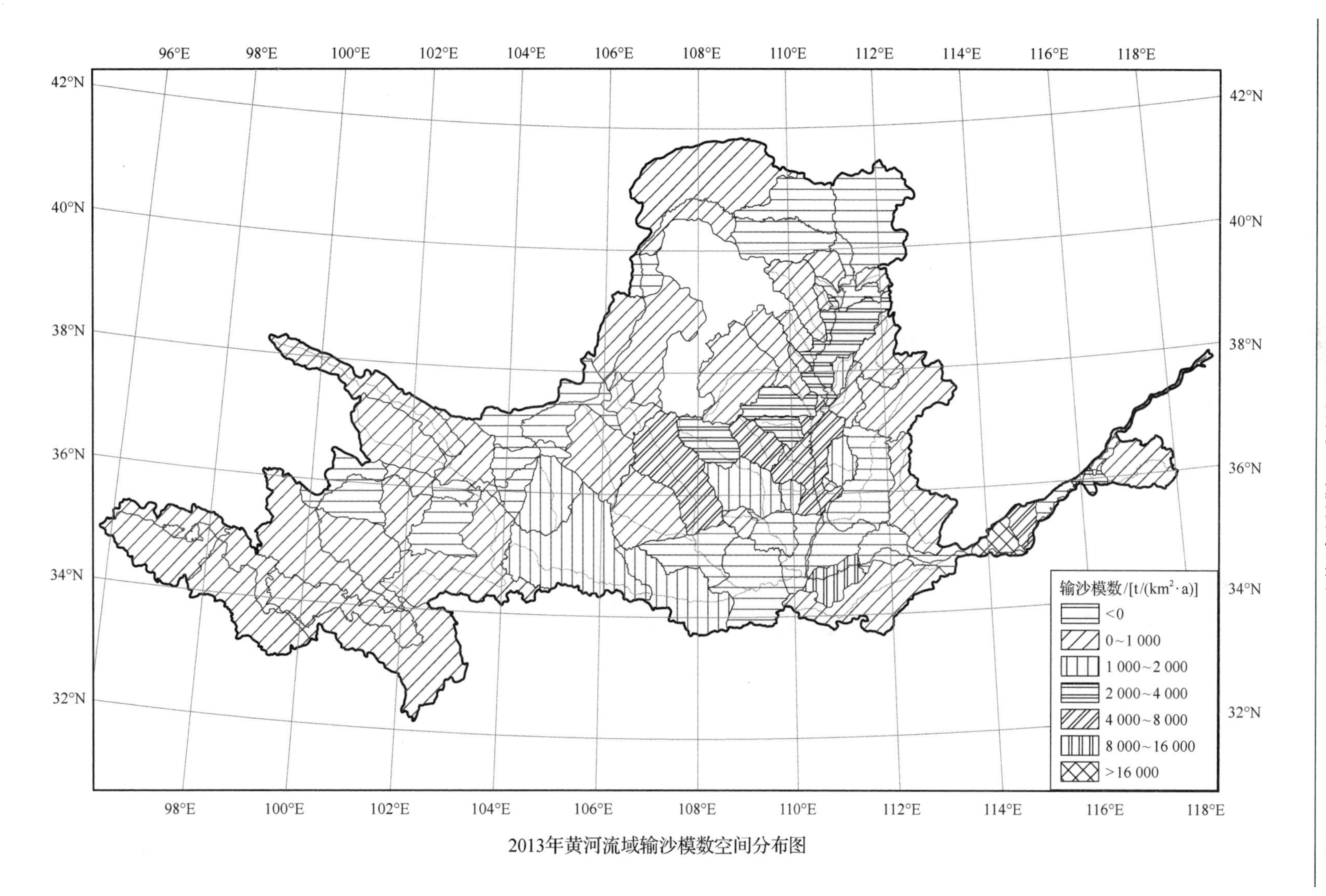

2013年黄河流域输沙模数空间分布图

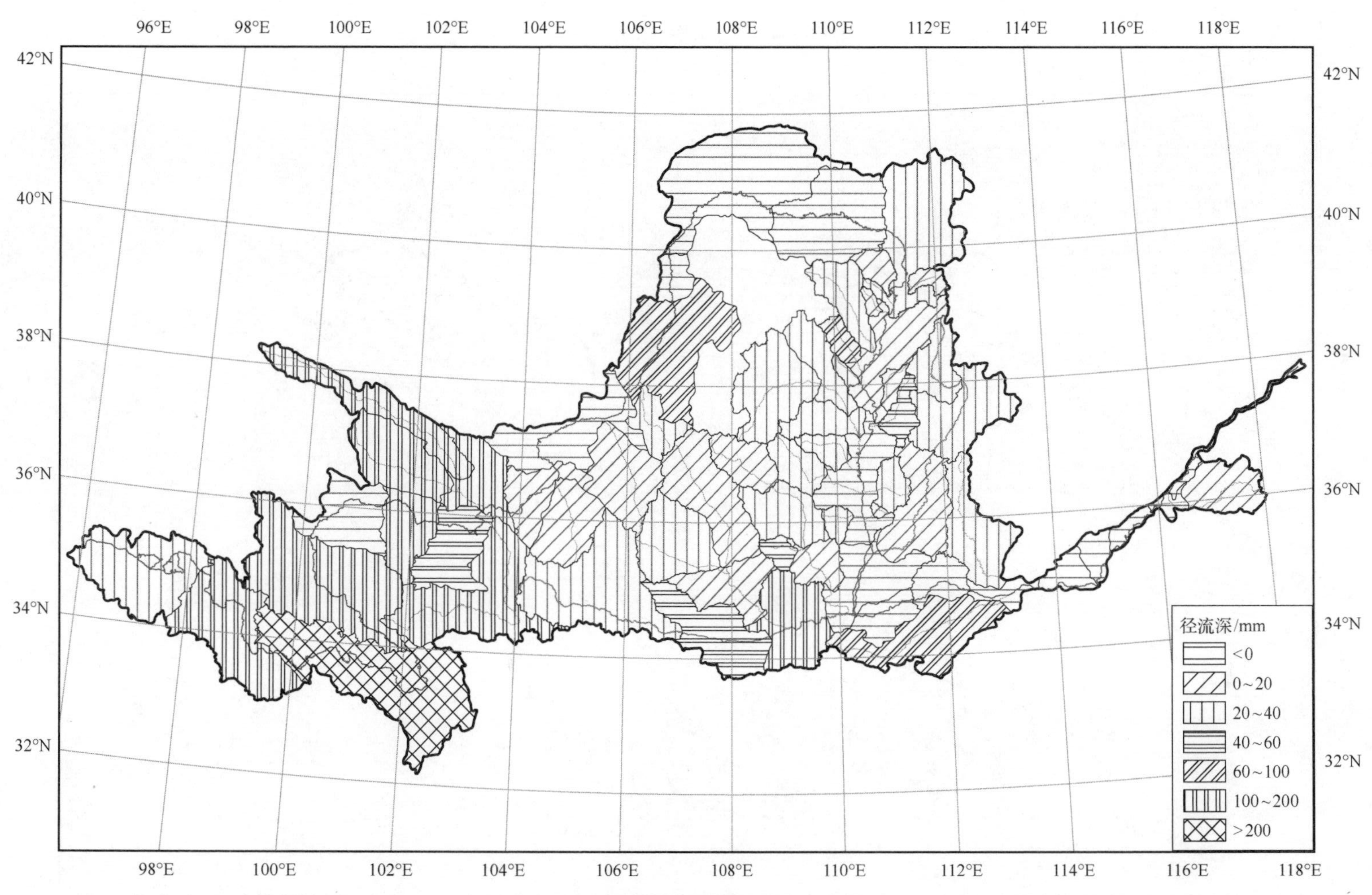

2014年黄河流域径流深空间分布图

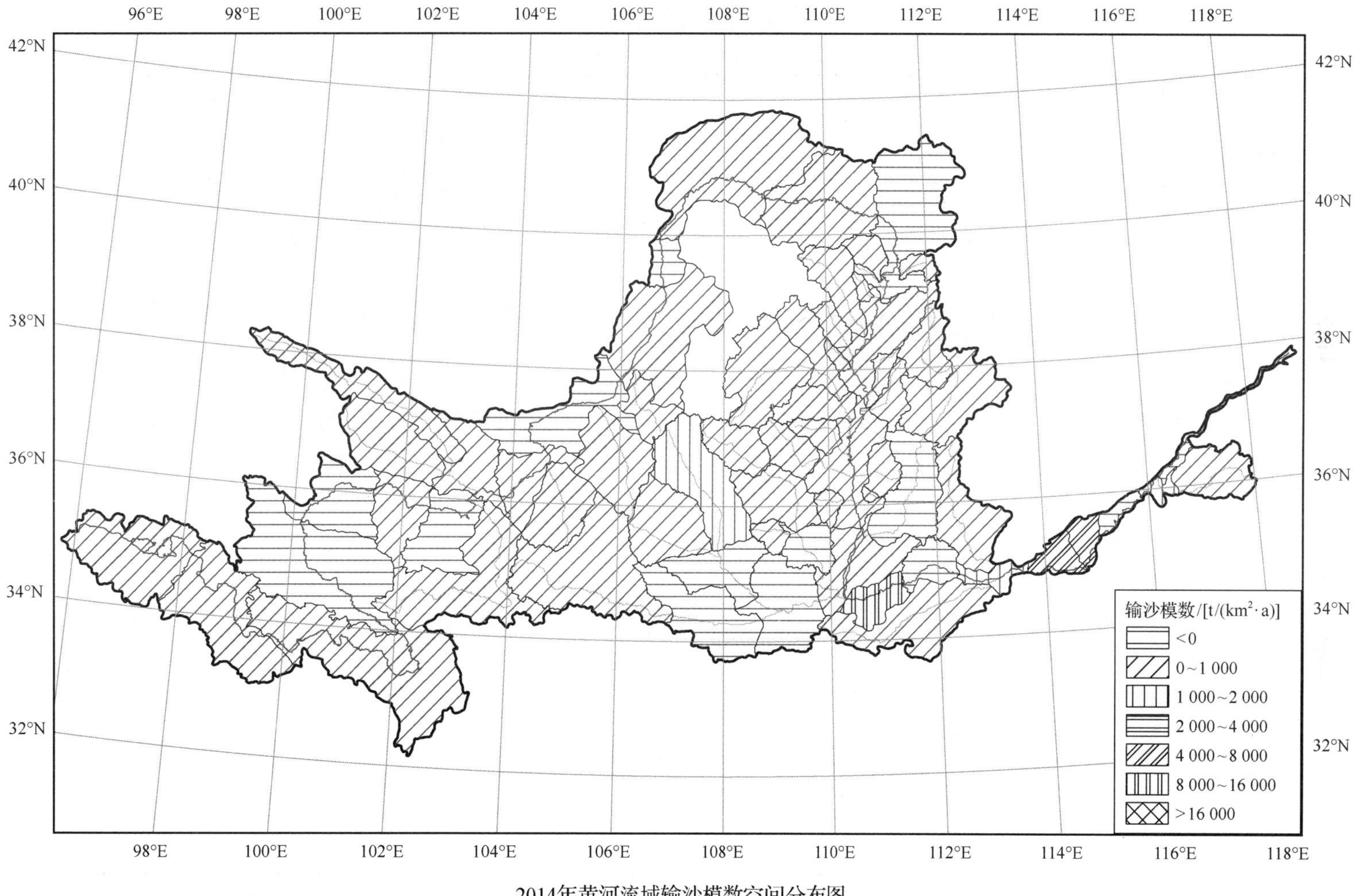

2014年黄河流域输沙模数空间分布图

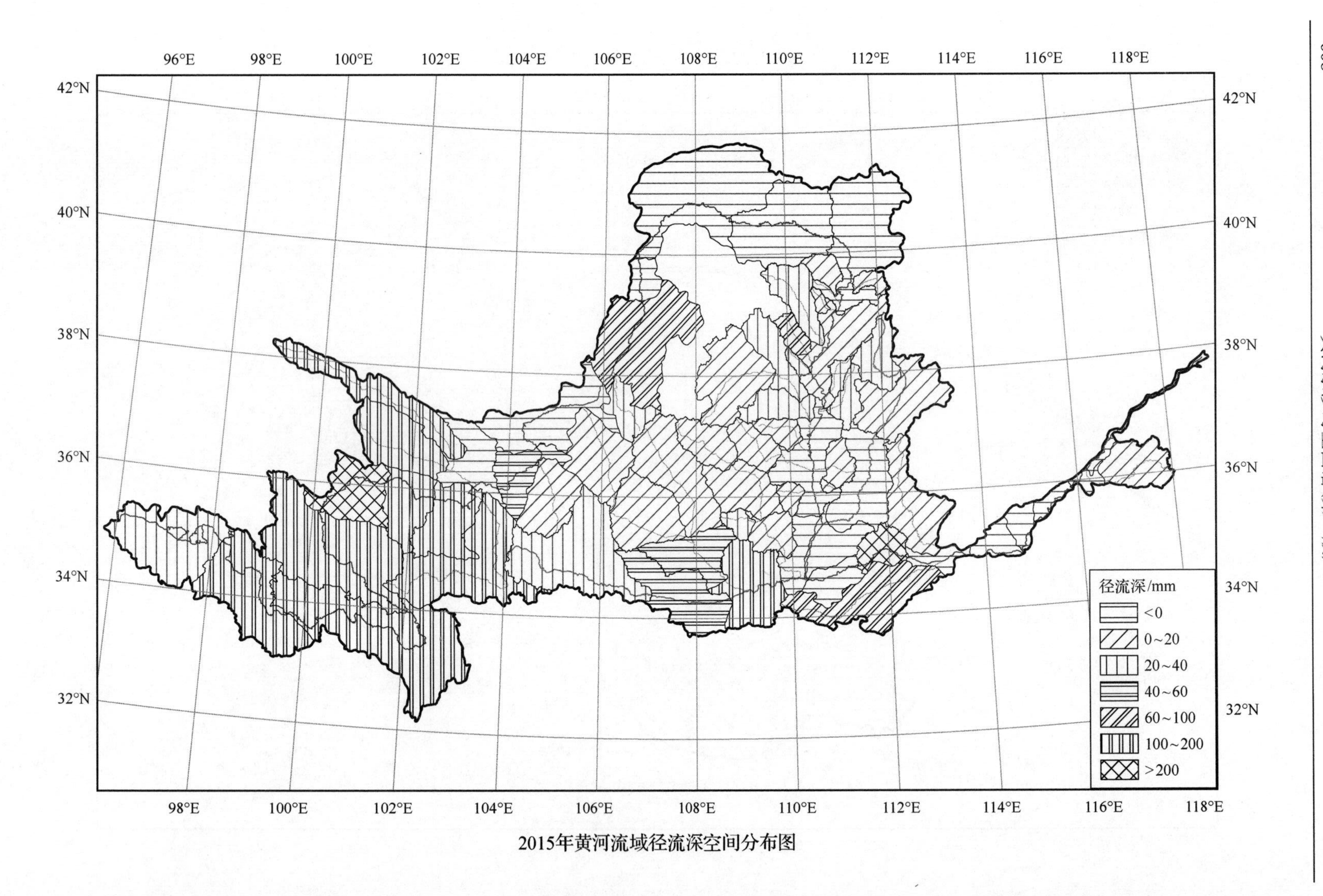

2015年黄河流域径流深空间分布图

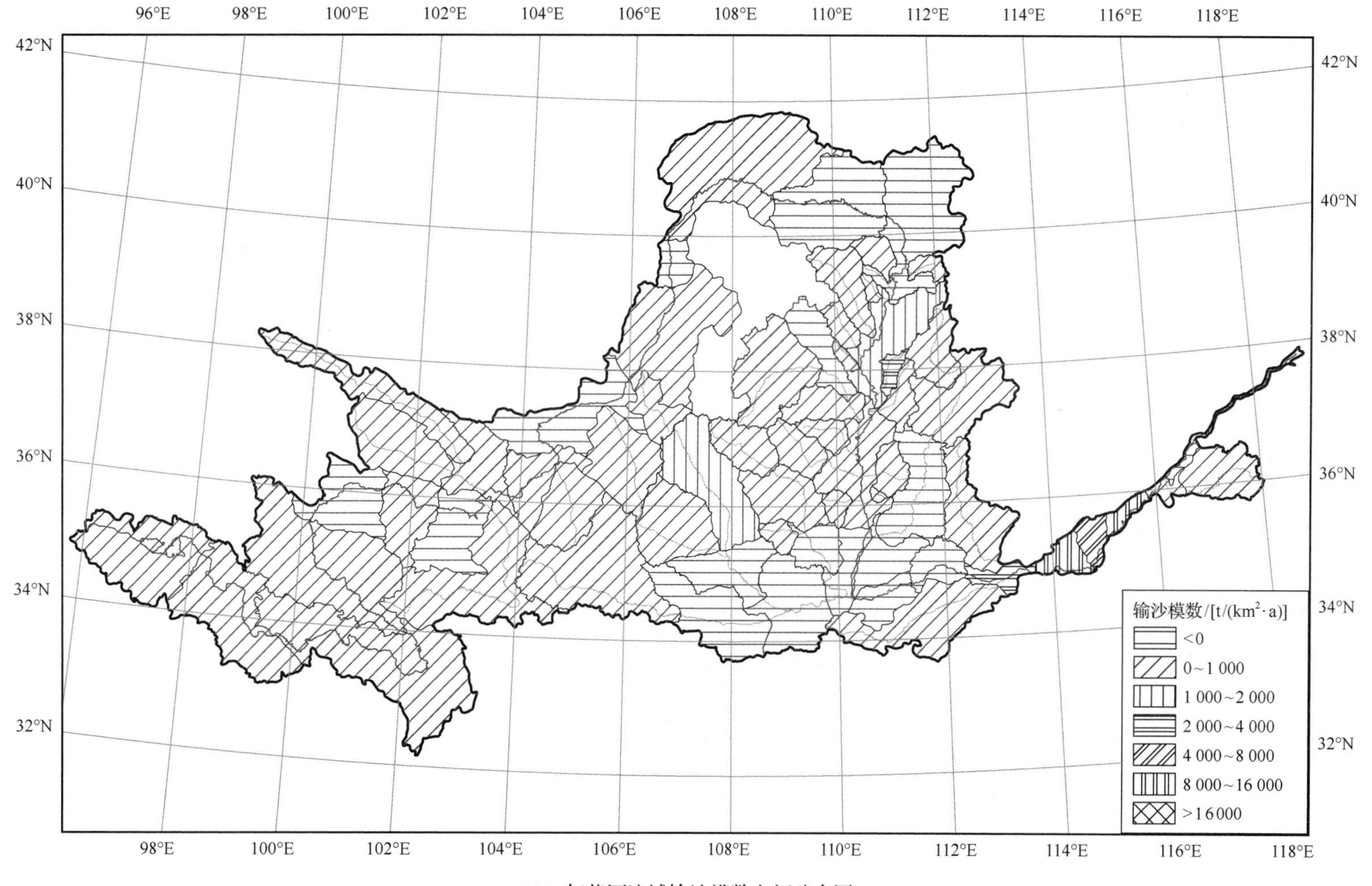

2015年黄河流域输沙模数空间分布图

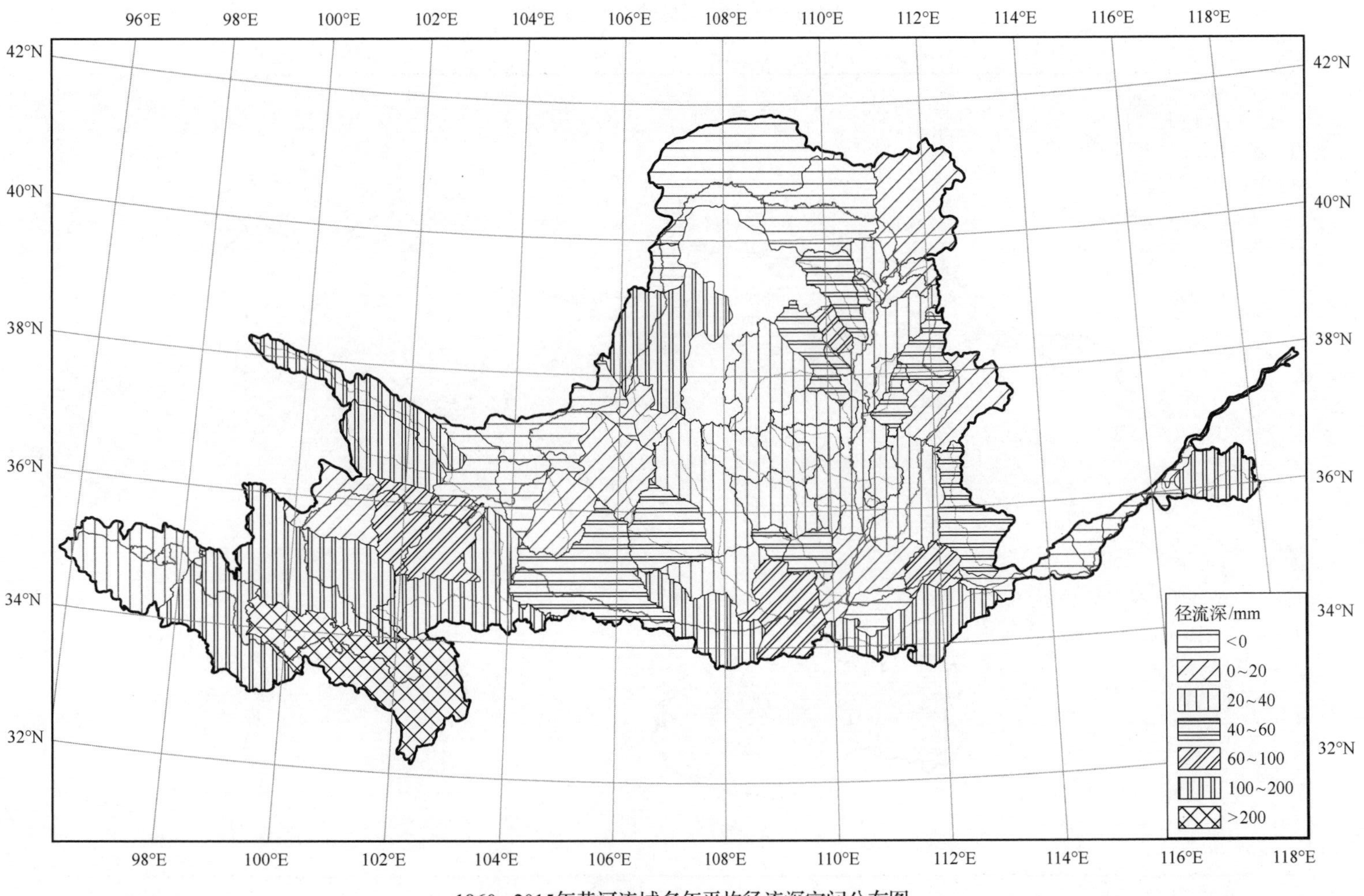

1960~2015年黄河流域多年平均径流深空间分布图

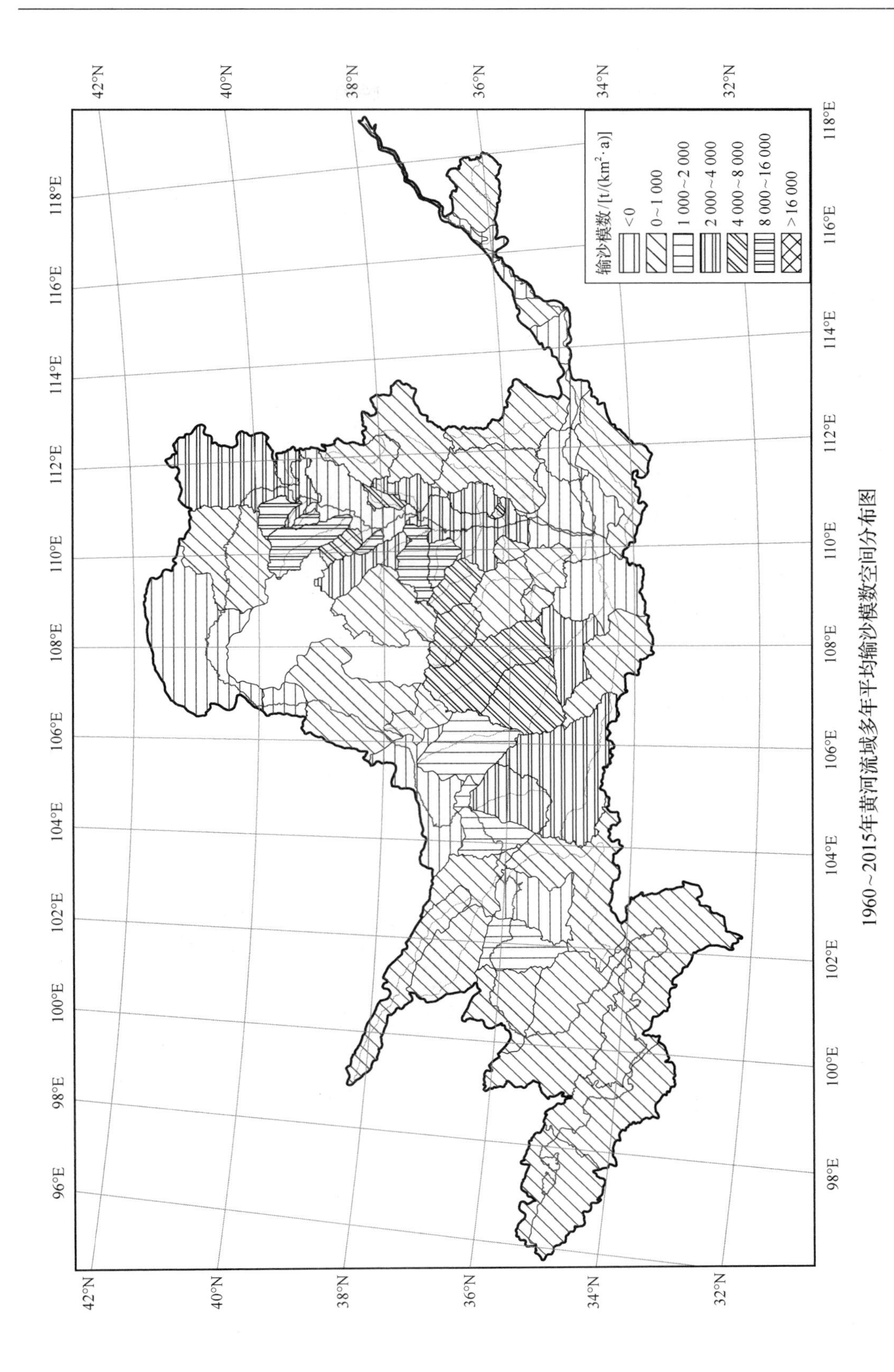

1960~2015年黄河流域多年平均输沙模数空间分布图

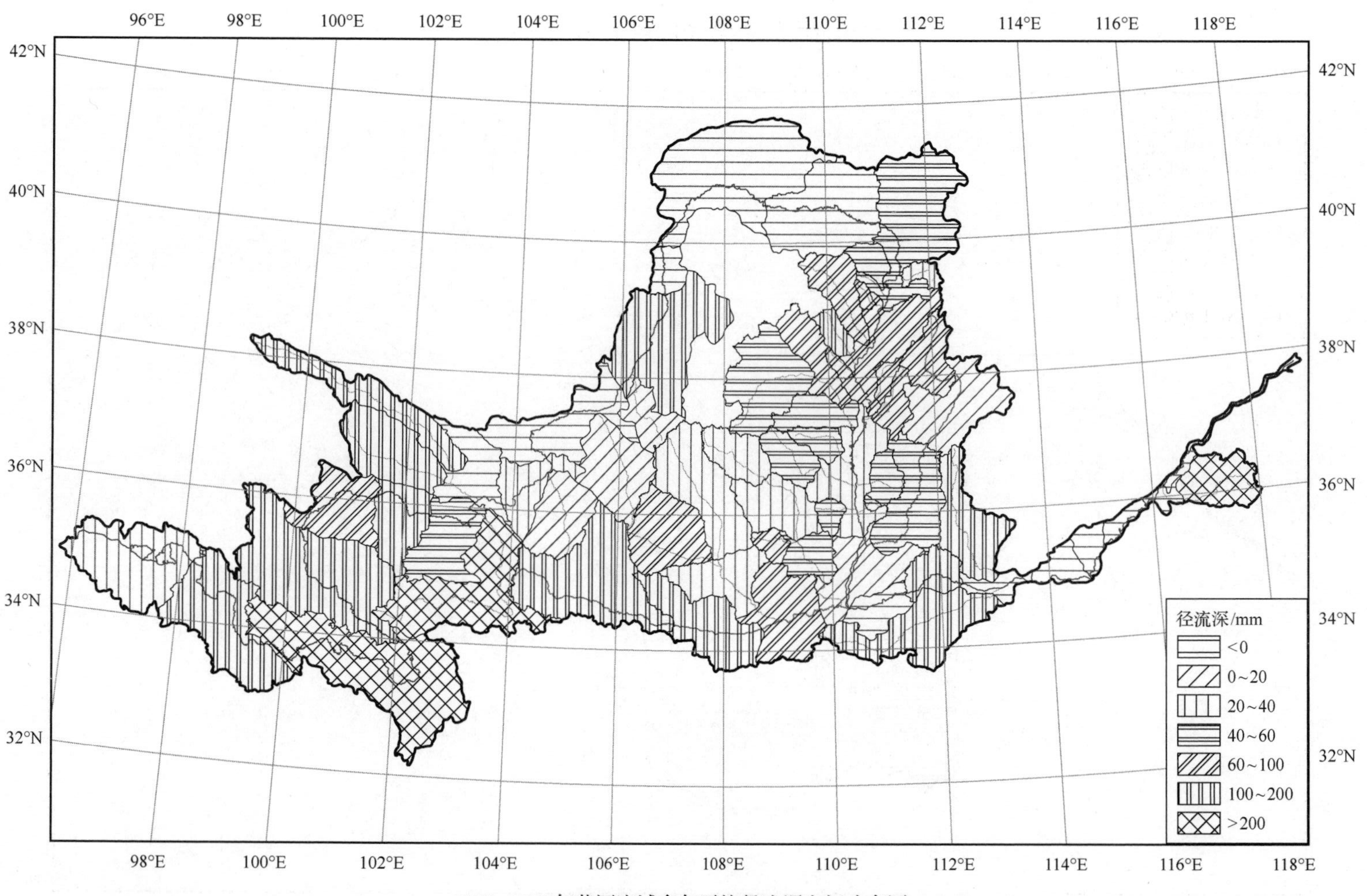

1960~1970年黄河流域多年平均径流深空间分布图

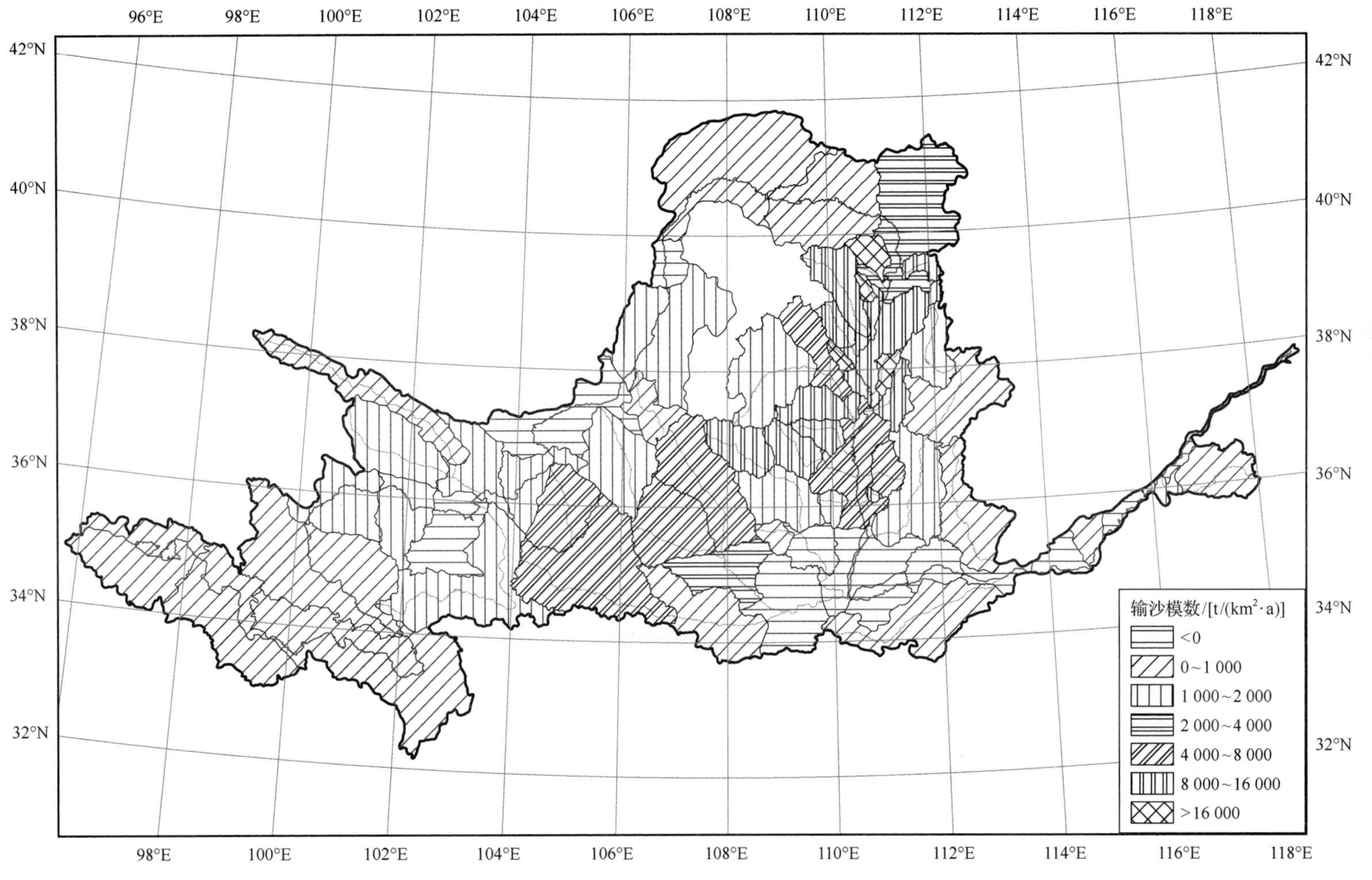

1960~1970年黄河流域多年平均输沙模数空间分布图

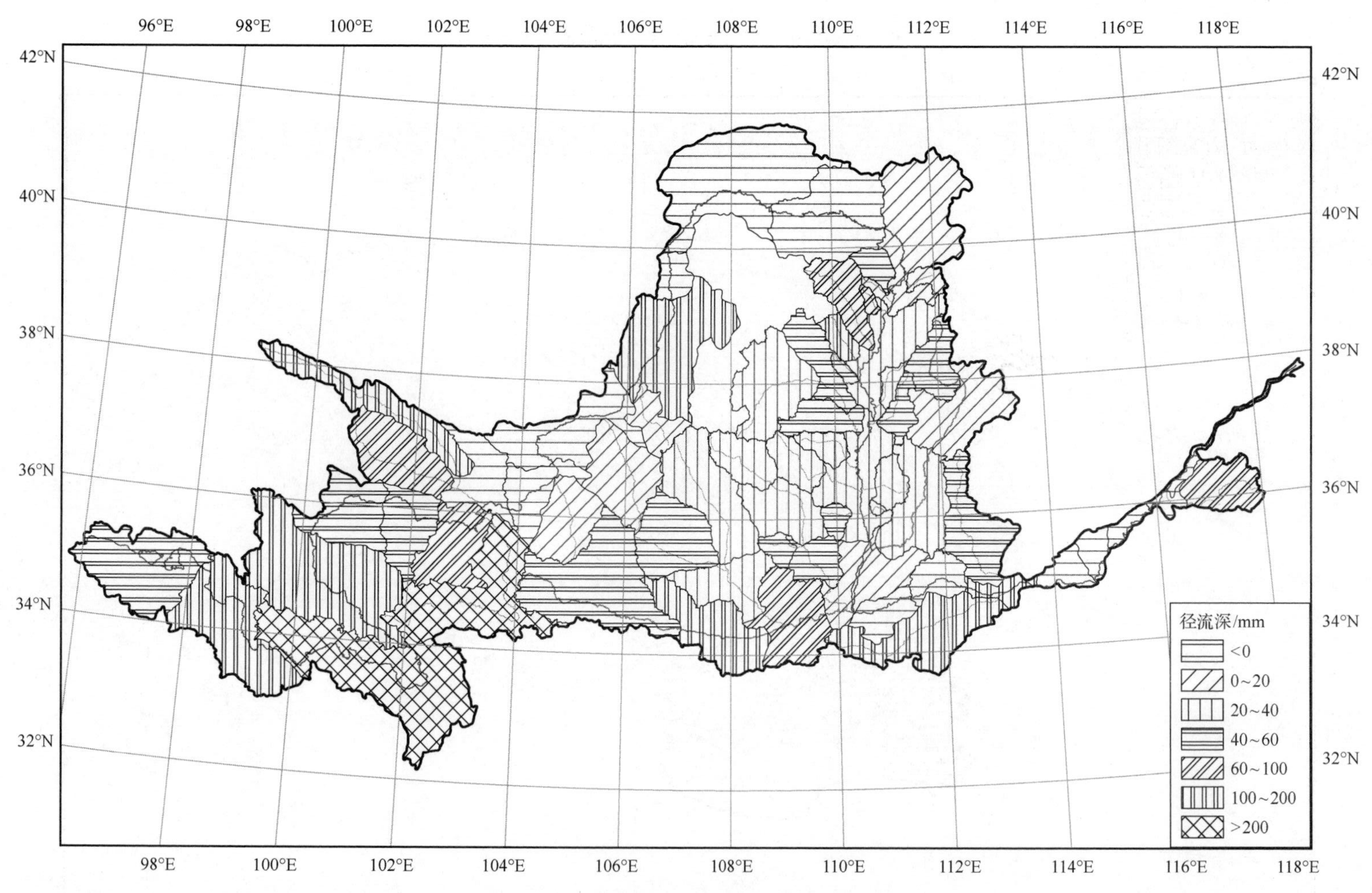

1971~1985年黄河流域多年平均径流深空间分布图

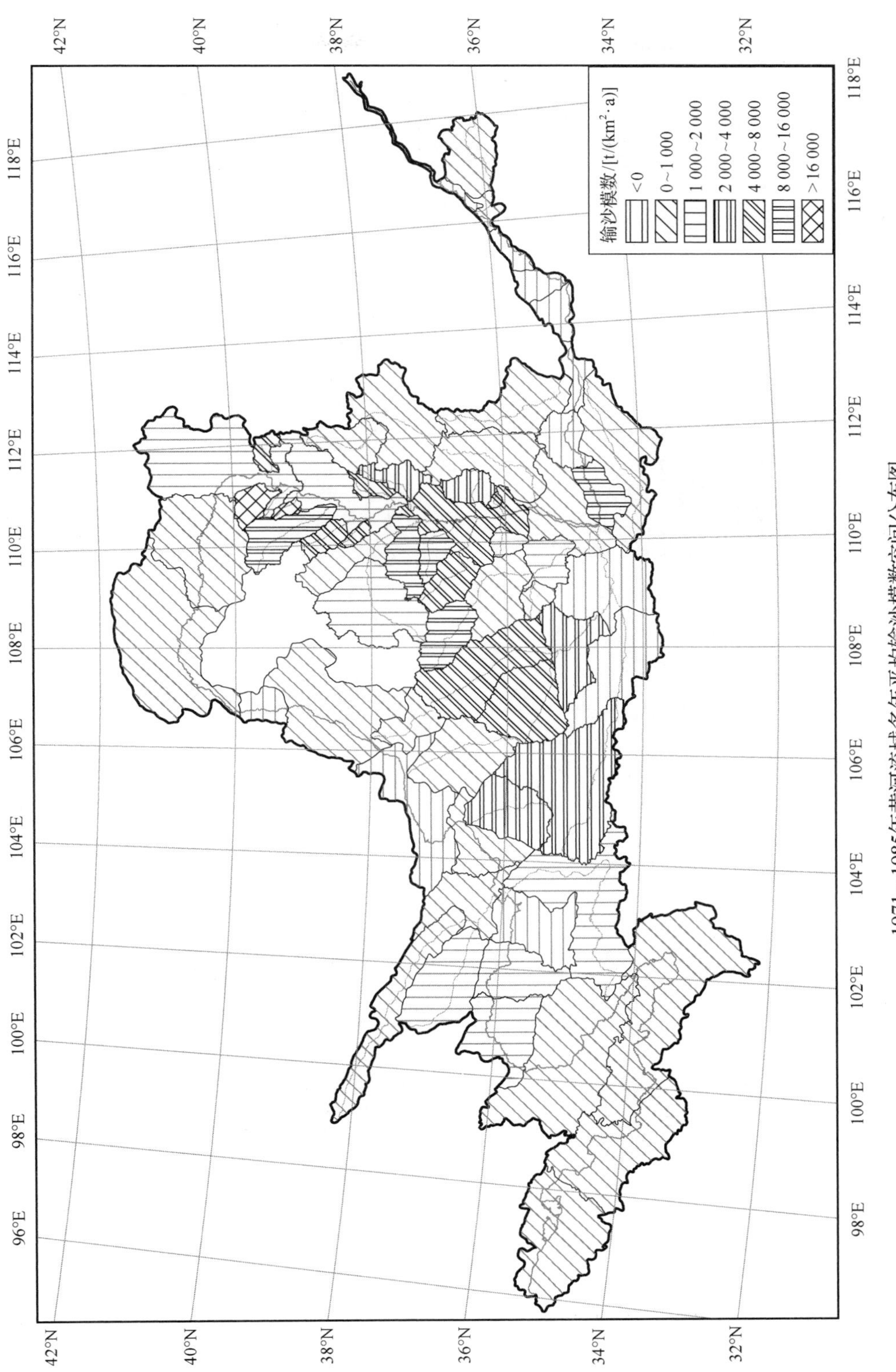

1971~1985年黄河流域多年平均输沙模数空间分布图

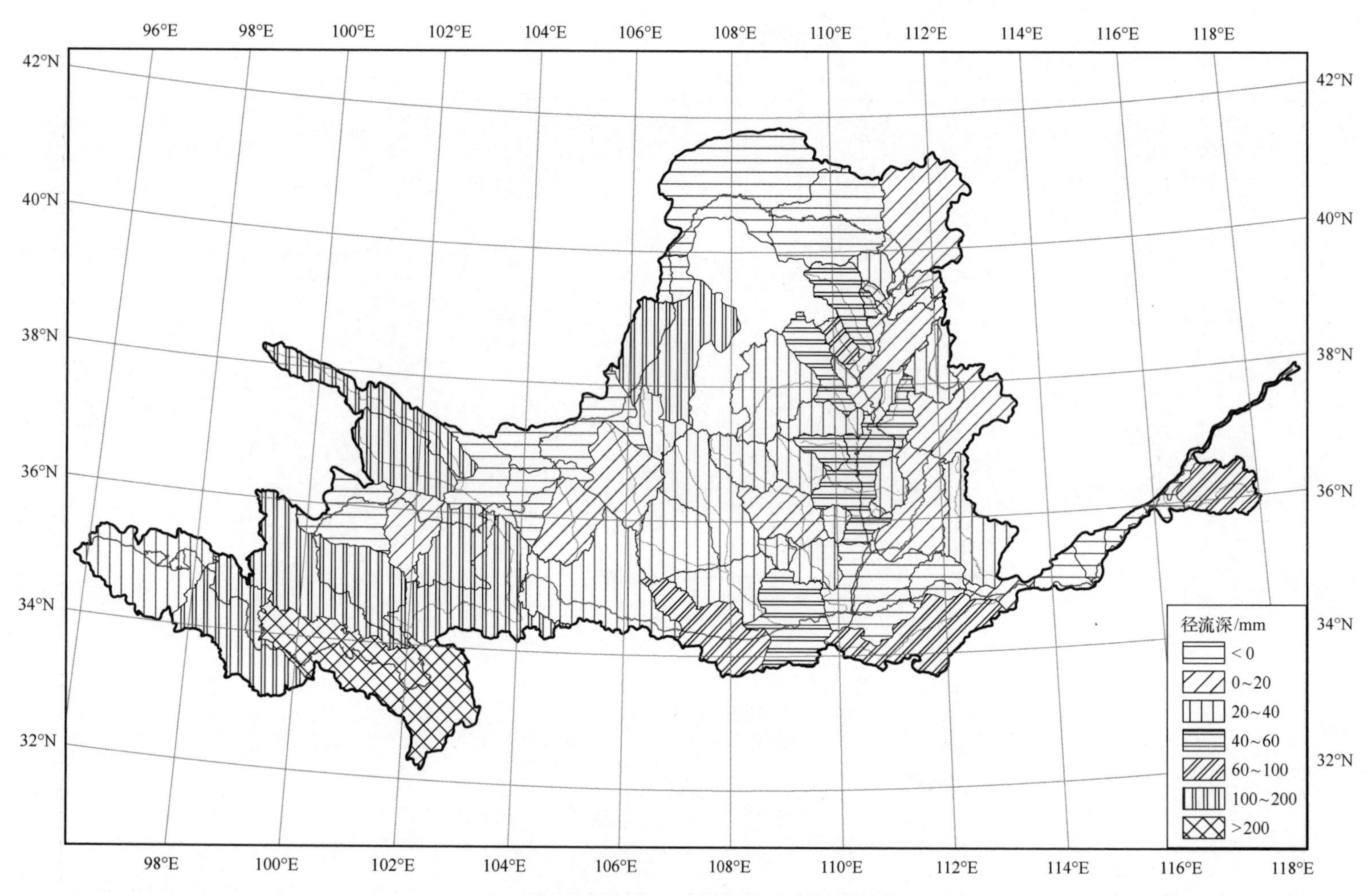

1986~2000年黄河流域多年平均径流深空间分布图

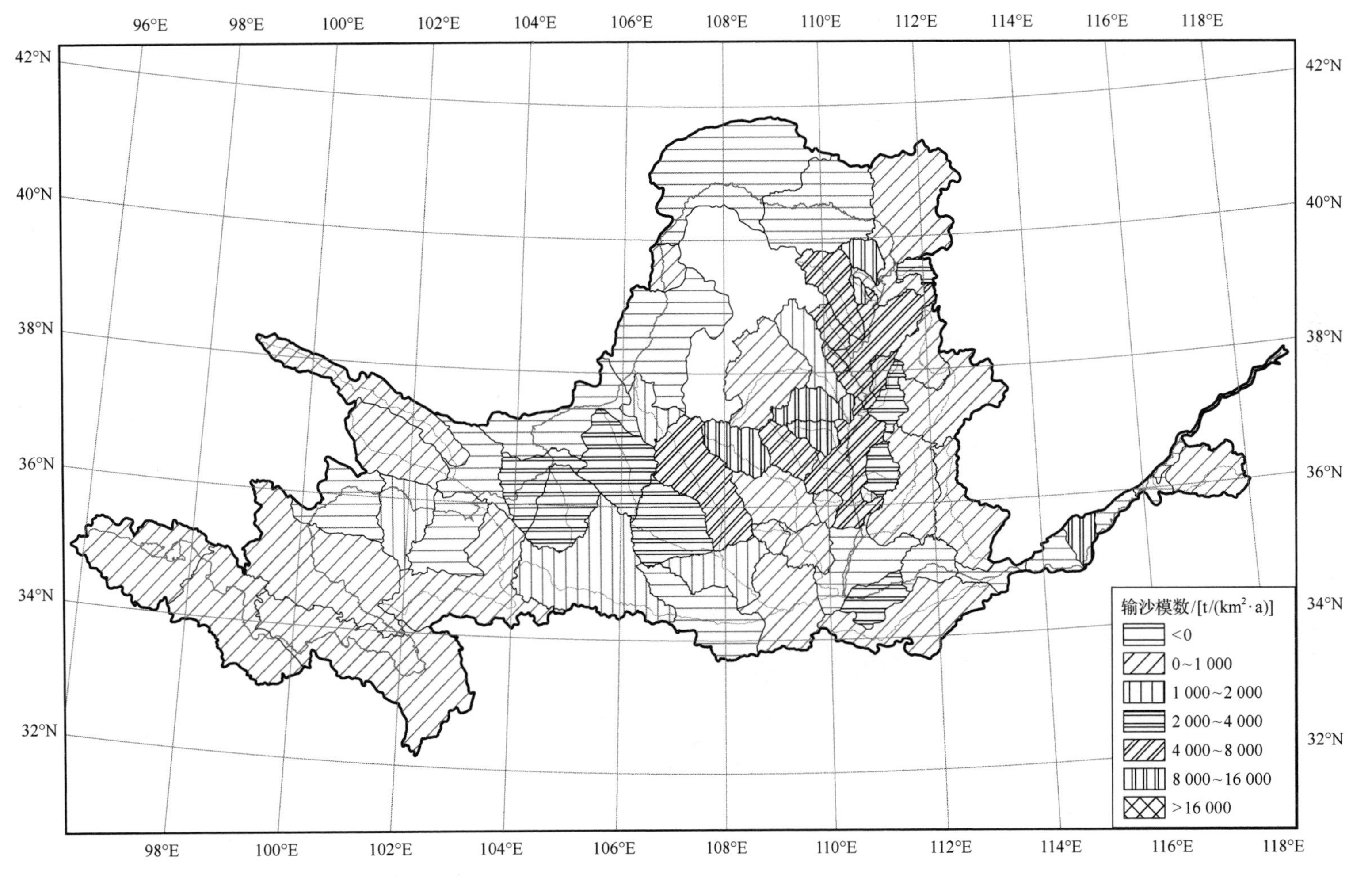

1986~2000年黄河流域多年平均输沙模数空间分布图

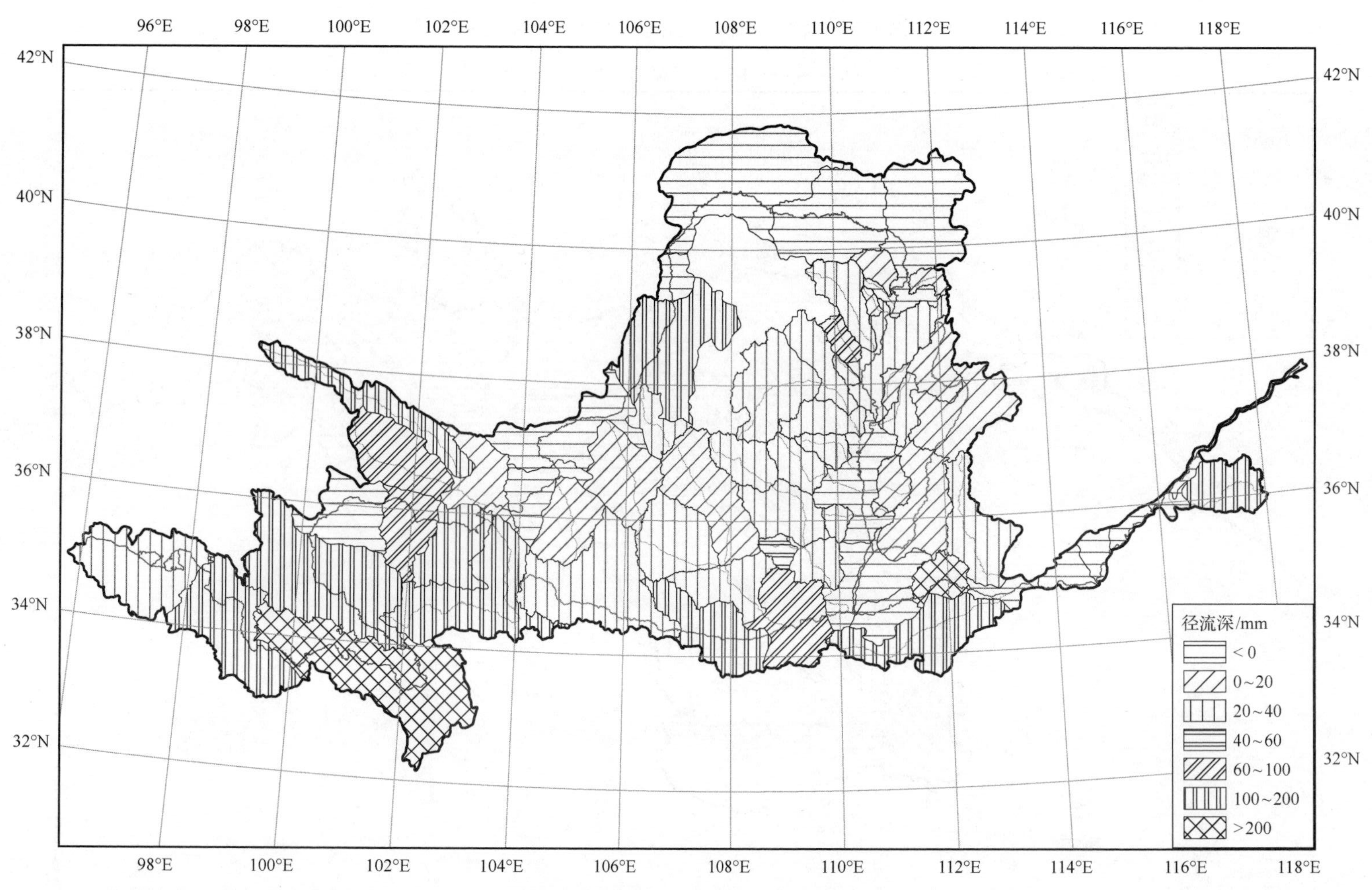

2001~2015年黄河流域多年平均径流深空间分布图

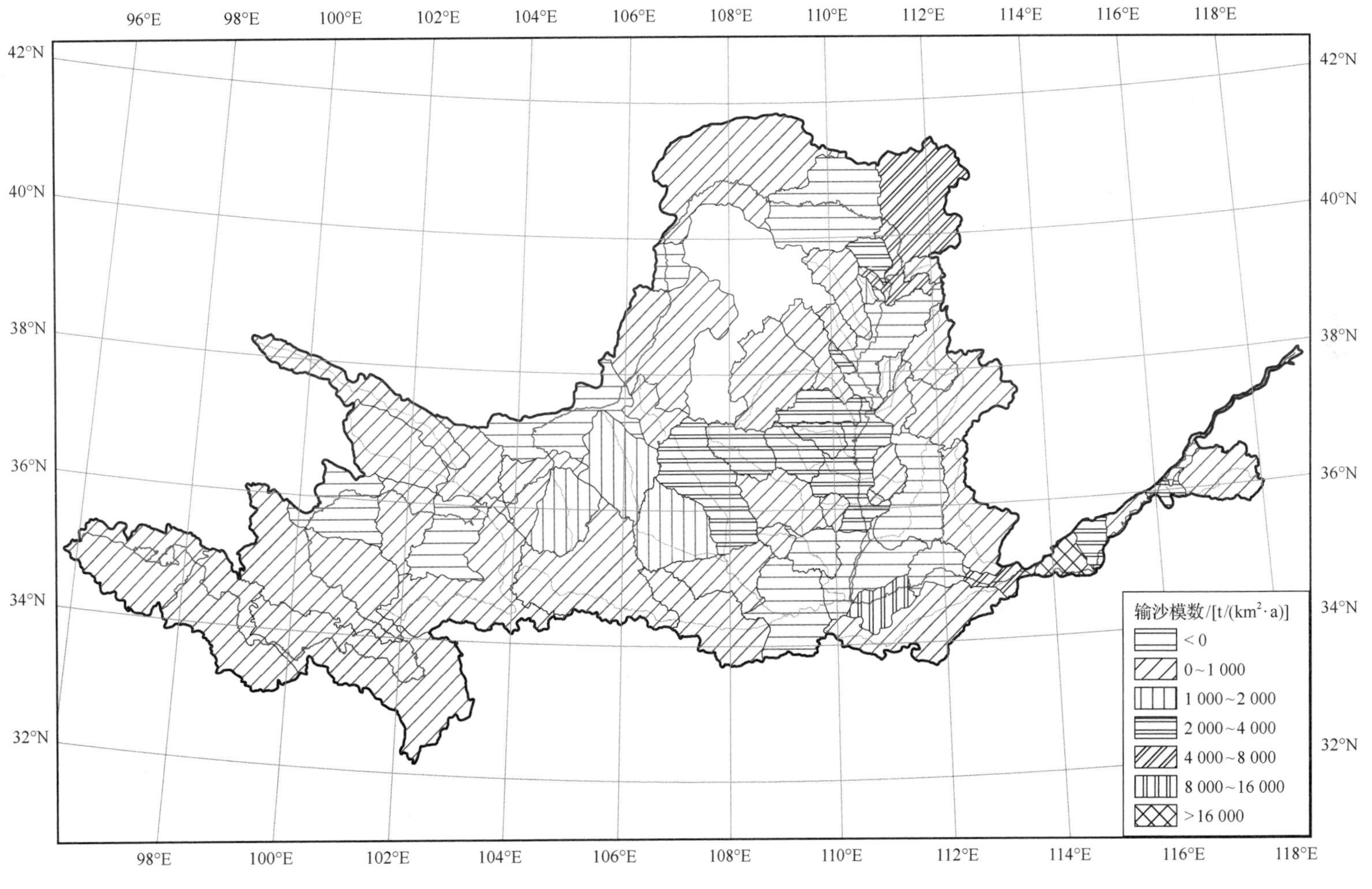

2001~2015年黄河流域多年平均输沙模数空间分布图

参考文献

陈永宗. 1988. 黄河泥沙来源及侵蚀产沙的时间变化. 中国水土保持, (1): 23-30.

陈枝霖. 1986. 黄河来沙变化的初步分析. 中国水土保持, (11): 12-18.

龚时旸, 蒋德麒. 1978. 黄河中游黄土丘陵沟壑区沟道小流域的水土流失及治理. 中国科学, (6): 671-679.

龚时旸, 熊贵枢. 1979. 黄河泥沙的来源和地区分布. 人民黄河, (1): 7-18.

龚时旸, 熊贵枢. 1980. 黄河泥沙的来源和输移//中国水利学会. 河流泥沙国际学术讨论会论文集. 北京: 光华出版社.

黄河水利委员会. 1962. 黄河干支流各主要断面 1919～1960 年水量、沙量计算成果. (内部资料).

黄河水利委员会黄河上中游管理局. 1995. 黄河中游河口镇至龙门区间水土保持措施减水减沙效益研究. 内部资料.

黄河水利委员会水土保持局. 1997. 黄河流域水土保持研究. 郑州: 黄河水利出版社.

黄河水沙变化研究基金会. 1993. 黄河水沙变化研究论文集(第一、二、三、四、五卷). 郑州: 黄河水利出版社.

景可, 卢金发, 梁季阳. 1997. 黄河中游侵蚀环境特征和变化趋势. 郑州: 黄河水利出版社.

刘宝元, 唐克丽, 焦菊英, 等. 1993. 黄河水沙时空图谱. 北京: 科学出版社.

刘晓燕, 等. 2016. 黄河近年水沙锐减成因. 北京: 科学出版社.

齐璞. 1989. 黄河中下游水沙变化趋势. 地理研究, 8(2): 74-81.

钱宁. 1980. 黄河中游粗沙泥沙来源区对黄河下游冲淤的影响//中国水利学会. 河流泥沙国际学术讨论会论文集第 1 卷. 北京: 光华出版社: 1-12.

钱意颖, 叶青超, 周文浩. 1993. 黄河干流水沙变化与河床演变. 北京: 中国建材工业出版社.

冉大川, 柳林旺, 赵力仪等. 2000. 黄河中游河口镇至龙门区间水土保持于水沙变化. 郑州: 黄河水利出版社.

唐克丽. 1993. 黄河流域的侵蚀与径流泥沙变化. 北京: 中国科学技术出版社.

汪岗, 范昭. 2002. 黄河水沙变化研究(第一卷, 上、下册; 第二卷)(论文集). 郑州: 黄河水利出版社.

王涌泉. 1986. 黄河中游近期水沙变化及设计输沙量. 水土保持科技信息, (5): 25.

王云璋, 彭梅香, 温丽叶. 1992. 80 年代黄河中游降雨特点及其对入黄沙量的影响. 人民黄河, (5): 10-15.

熊贵枢. 1986. 黄河中上游水利、水土保持措施对减少入黄泥沙的作用. 人民黄河, (4): 3-7.

熊贵枢. 1992. 黄河 1919～1989 年的水沙变化. 人民黄河, (6): 9-14 .

姚文艺, 徐建华, 冉大川, 等. 2011. 黄河流域水沙变化情势分析与评价. 郑州: 黄河水利出版社.

叶青超. 1994. 黄河流域环境演变与水沙运行规律研究. 济南: 山东科学技术出版社.

于一鸣. 1993. 黄河中游多沙粗沙区水土保持减水减沙效益及水沙变化趋势研究报告, 黄河流域水土保持科研基金第四攻关课题组. 内部资料.

张启舜. 1986. 在黄河中游近期水沙变化情况研讨会上的发言. 水土保持科技信息, (5): 13-14.

张胜利, 曹太身. 1987. 黄河中上游来沙减少的原因分析. 山西水土保持科技, (2): 6-11.

张胜利, 李倬, 赵文林, 等. 1998. 黄河中游多沙粗沙区水沙变化原因及发展趋势. 郑州: 黄河水利出版社.

张胜利, 王铁睿. 1992. 80 年代黄河中游来沙减少的原因分析. 水土保持通报, 12(2): 1-15.

张胜利, 于一鸣, 姚文艺. 1994. 水土保持减水减沙效益计算方法. 北京: 中国环境科学出版社.

赵业安. 1986. 对黄河中上游近期水沙变化的几点认识. 水土保持科技信息, (5): 封 3-封 4.

赵业安, 潘贤娣, 申冠卿. 1992. 80 年代黄河水沙基本情况及特点. 人民黄河, (4): 11-21.

中华人民共和国水利部. 2000. 中国河流泥沙公报(长江、黄河). 内部资料.

中华人民共和国水利部水文局. 黄河流域水文资料(中华人民共和国水文年鉴). 北京: 中华人民共和国水利部水文局刊印, 1953～1985; 1986～1990; 2002～2015.

左大康. 1991. 黄河流域环境演变与水沙运行规律研究文集(第一集). 北京: 地质出版社.